建设工程质量检测人员岗位培训教材

建设工程质量检测人员岗位培训教材习题集

江苏省建设工程质量监督总站 编

中国建筑工业出版社

图书在版编目（CIP）数据

建设工程质量检测人员岗位培训教材习题集/江苏省建设工程质量监督总站编．—北京：中国建筑工业出版社，2009
（建设工程质量检测人员岗位培训教材）
ISBN 978-7-112-11176-3

Ⅰ.建… Ⅱ.江… Ⅲ.建筑工程—质量检测—技术培训—习题 Ⅳ.TU712-44

中国版本图书馆CIP数据核字（2009）第151592号

本书是建设工程质量检测人员岗位培训教材习题集，书中对工程建设中所涉及的检测基础知识、建筑材料检测、建筑主体结构工程检测、市政基础设施检测、建筑节能与环境检测、建筑安装工程与建筑智能检测等六大部分中汇集了多种类型的习题，包括填空题、单选题、多选题、判断题、简答题、计算题、综合题、案例题等，并给出答案，供答题和学习时参考。同时，在每一章（节）之后，还列出模拟试卷，通过自考自学，以巩固相关检测知识，更深入地理解、掌握各类检测项目的原理、方法和步骤。

本书可作为工程质量检测人员的培训教材，也可作为建设、监理单位工程质量见证人员、施工单位技术人员和现场取样人员的工具书，还可作为大专院校土建专业师生学习参考书。

责任编辑：郦锁林
责任设计：郑秋菊
责任校对：陈 波 刘 钰

建设工程质量检测人员岗位培训教材
建设工程质量检测人员岗位培训教材习题集
江苏省建设工程质量监督总站 编
*
中国建筑工业出版社出版、发行（北京西郊百万庄）
各地新华书店、建筑书店经销
南京碧峰印务有限公司制版
北京富生印刷厂印刷
*
开本：850×1168毫米 1/16 印张：60 字数：1728千字
2010年4月第一版 2010年11月第二次印刷
印数：3001—6000册 定价：**136.00**元
ISBN 978-7-112-11176-3
（18481）

版权所有 翻印必究
如有印装质量问题，可寄本社退换
（邮政编码100037）

《建设工程质量检测人员岗位培训教材》编写单位

主编单位： 江苏省建设工程质量监督总站
参编单位： 江苏省建筑工程质量检测中心有限公司
　　　　　　东南大学
　　　　　　南京市建筑安装工程质量检测中心
　　　　　　南京工业大学
　　　　　　江苏方建工程质量鉴定检测有限公司
　　　　　　昆山市建设工程质量检测中心
　　　　　　扬州市建伟建设工程检测中心有限公司
　　　　　　南通市建筑工程质量检测中心
　　　　　　常州市建筑科学研究院有限公司
　　　　　　南京市政公用工程质量检测中心站
　　　　　　镇江市建科工程质量检测中心
　　　　　　吴江市交通局
　　　　　　解放军理工大学
　　　　　　无锡市市政工程质量检测中心
　　　　　　南京科杰建设工程质量检测有限公司
　　　　　　徐州市建设工程检测中心
　　　　　　苏州市中信节能与环境检测研究发展中心有限公司
　　　　　　江苏祥瑞工程检测有限公司
　　　　　　苏州市建设工程质量检测中心有限公司
　　　　　　连云港市建设工程质量检测中心有限公司
　　　　　　江苏科永和检测中心
　　　　　　南京华建工业设备安装检测调试有限公司

《建设工程质量检测人员岗位培训教材》
编写委员会

主　任：张大春
副主任：蔡　杰　　金孝权　　顾　颖
委　员：周明华　　庄明耿　　唐国才　　牟晓芳　　陆伟东
　　　　谭跃虎　　王　源　　韩晓健　　吴小翔　　唐祖萍
　　　　季玲龙　　杨晓虹　　方　平　　韩　勤　　周冬林
　　　　丁素兰　　褚　炎　　梅　菁　　蒋其刚　　胡建安
　　　　陈　波　　朱晓旻　　徐莅春　　黄跃平　　邰扣霞
　　　　邱草熙　　张亚挺　　沈东明　　黄锡明　　陆震宇
　　　　石平府　　陆建民　　张永乐　　唐德高　　季　鹏
　　　　许　斌　　陈新杰　　孙正华　　汤东婴　　王　瑞
　　　　胥　明　　秦鸿根　　杨会峰　　金　元　　史春乐
　　　　王小军　　王鹏飞　　张　蓓　　詹　谦　　钱培舒
　　　　王　伦　　李　伟　　徐向荣　　张　慧　　李天艳
　　　　姜美琴　　陈福霞　　钱奕技　　陈新虎　　杨新成
　　　　许　鸣　　周剑峰　　程　尧　　赵雪磊　　吴　尧
　　　　李书恒　　吴成启　　杜立春　　朱　坚　　董国强
　　　　刘咏梅　　唐笋翀　　龚延风　　李正美　　卜青青
　　　　李勇智

《建设工程质量检测人员岗位培训教材》
审定委员会

主　任：刘伟庆
委　员：缪雪荣　　毕　佳　　伊　立　　赵永利　　姜永基
　　　　殷成波　　田　新　　陈　春　　缪汉良　　刘亚文
　　　　徐　宏　　张培新　　樊　军　　罗　韧　　董　军
　　　　陈新民　　郑廷银　　韩爱民

前 言

随着我国建设工程领域内各项法律、法规的不断完善与工程质量意识的普遍提高,作为其中一个不可或缺的组成部分,建设工程质量检测受到了全社会日益广泛的关注。建设工程质量检测的首要任务,是为工程材料及工程实体提供科学、准确、公正的检测报告,检测报告的重要性体现在它是工程竣工验收的重要依据,也是工程质量可追溯性的重要依据,宏观上讲,检测报告的科学性、公正性、准确性关乎国计民生,容不得丝毫轻忽。

《建设工程质量检测管理办法》(建设部第141号令)、《江苏省建设工程质量检测管理实施细则》、江苏省地方标准《建设工程质量检测规程》(DGJ 32/J21-2009)等的相继颁布实施,为规范建设工程质量检测行为提供了法律依据;对工程质量检测人员的技术素质提出了明确要求。在此基础上,江苏省建设工程质量监督总站组织编写了本套教材。

本套教材较全面系统地阐述了建设工程所使用的各种原材料、半成品、构配件及工程实体的检测要求、注意事项等。教材的编写以上述规范性文件为基本框架,依据相应的检测标准、规范、规程及相关的施工质量验收规范等,结合检测行业的特点,力求使读者通过本教材的学习,提高对工程质量检测特殊性的认识,掌握工程质量检测的基本理论、基本知识和基本方法。

本套教材以实用为原则,它既是工程质量检测人员的培训教材,也是建设、监理单位的工程质量见证人员、施工单位的技术人员和现场取样人员的工具书。本套教材共分九册,分别是《检测基础知识》、《建筑材料检测》、《建筑地基与基础检测》、《建筑主体结构工程检测》、《市政基础设施检测》、《建筑节能与环境检测》、《建筑安装工程与建筑智能检测》、《建设工程质量检测人员岗位培训考核大纲》、《建设工程质量检测人员岗位培训教材习题集》。

本套教材在编写过程中广泛征求了检测机构、科研院所和高等院校等方面有关专家的意见,经多次研讨和反复修改,最后审查定稿。

所有标准、规范、规程及相关法律、法规都有被修订的可能,使用本套教材时应关注所引用标准、规范、规程等的发布、变更,应使用现行有效版本。

本套教材的编写尽管参阅、学习了许多文献和有关资料,但错漏之处在所难免,敬请谅解。为不断完善本套教材,请读者随时将意见和建议反馈至江苏省建设工程质量监督总站(南京市鼓楼区草场门大街88号,邮编210036),以供今后修订时参考。

目　录

检测基础知识

第一章　概论 ·· 1
　第一节　建设工程质量检测的目的和意义 ··· 1
　第二节　建设工程质量检测的历史、现状及发展 ······································· 1
　第三节　建设工程质量检测的机构及人员 ··· 2
第二章　工程质量检测基础知识 ·· 4
　第一节　数理统计 ·· 4
　第二节　误差分析与数据处理 ·· 4
　第三节　不确定度原理和应用 ·· 8
　第四节　法定计量单位及其应用 ·· 12

建筑材料检测

第一章　见证取样类检测 ··· 15
　第一节　水泥物理力学性能 ·· 15
　第二节　钢筋(连接件)性能 ·· 27
　第三节　砂、石常规 ··· 42
　第四节　混凝土、砂浆性能 ·· 63
　第五节　简易土工 ··· 102
　第六节　混凝土外加剂 ··· 111
　第七节　沥青、沥青混合料 ··· 136
　第八节　预应力钢材、锚夹具、波纹管 ·· 155
第二章　墙体、屋面材料 ·· 179
　第一节　砌块 ·· 179
　第二节　砖 ··· 190
　第三节　蒸压轻质加气混凝土板 ··· 202
　第四节　屋面瓦 ··· 203
第三章　饰面材料 ··· 215
　第一节　饰面石材 ·· 215
　第二节　陶瓷砖 ··· 221
　第三节　建筑涂料 ·· 237
第四章　防水材料 ··· 250
　第一节　防水卷材 ·· 250
　第二节　止水带、膨胀橡胶 ··· 261
　第三节　防水涂料 ·· 268

第四节　油膏及接缝材料 …………………………………… 292
第五章　门窗 ………………………………………………………… 299
第六章　化学分析 …………………………………………………… 306
　　第一节　钢材 ……………………………………………………… 306
　　第二节　水泥 ……………………………………………………… 313
　　第三节　混凝土拌合用水 ………………………………………… 320

建筑主体结构工程检测

第一章　主体结构现场检测 ………………………………………… 328
　　第一节　混凝土结构及构件实体的非破损检测 ………………… 328
　　第二节　后置埋件 ………………………………………………… 351
　　第三节　混凝土构件结构性能 …………………………………… 364
　　第四节　砌体结构 ………………………………………………… 382
　　第五节　沉降观测 ………………………………………………… 399
第二章　钢结构工程检测 …………………………………………… 413
　　第一节　钢结构工程用钢材、连接件 …………………………… 413
　　第二节　钢结构节点连接件及高强螺栓 ………………………… 425
　　第三节　钢结构焊缝质量 ………………………………………… 437
　　第四节　钢结构防腐防火涂装 …………………………………… 454
　　第五节　 钢结构与钢网架变形检测 ……………………………… 463
第三章　粘钢、碳纤维加固检测 …………………………………… 466
　　第一节　碳纤维布力学性能检测 ………………………………… 466
　　第二节　粘钢、碳纤维粘结力现场检测 ………………………… 466
　　第三节　钢纤维 …………………………………………………… 493
第四章　木结构 ……………………………………………………… 497
第五章　基坑监测 …………………………………………………… 506
　　第一节　概述 ……………………………………………………… 506
　　第二节　监测方案的编制 ………………………………………… 506
　　第三节　建筑基坑基本知识 ……………………………………… 508
　　第四节　位移监测 ………………………………………………… 509
　　第五节　内力监测 ………………………………………………… 512
　　第六节　水位监测 ………………………………………………… 514
　　第七节　数据处理与信息反馈 …………………………………… 514

市政基础设施检测

第一章　市政工程常用材料 ………………………………………… 519
　　第一节　土工 ……………………………………………………… 519
　　第二节　土工合成材料 …………………………………………… 534
　　第三节　水泥土 …………………………………………………… 542
　　第四节　石灰（建筑用石灰、道路用石灰）…………………… 548

第五节	道路用粉煤灰	558
第六节	道路工程用粗细集料（粗、细集料、矿粉、木质素纤维）	562
第七节	埋地排水管	572
第八节	路面砖与路缘石	588
第九节	沥青与沥青混合料	604
第十节	路面石材与岩石	613
第十一节	检查井盖及雨水箅	623

第二章　桥梁伸缩装置 … 631
第三章　桥梁橡胶支座 … 640
第四章　市政道路 … 657
第五章　市政桥梁 … 669

建筑节能与环境检测

第一章　建筑节能检测 … 677
- 第一节　板类建筑材料 … 677
- 第二节　保温抗裂界面砂浆胶粘剂 … 689
- 第三节　绝热材料 … 699
- 第四节　电焊网 … 707
- 第五节　网格布 … 712
- 第六节　保温系统试验室检测 … 721
- 第七节　热工性能现场检测 … 729
- 第八节　围护结构实体 … 744
- 第九节　幕墙玻璃 … 754
- 第十节　门窗 … 756
- 第十一节　系统节能性能检测 … 759
- 第十二节　风机盘管试验室检测 … 763
- 第十三节　太阳能热水系统 … 768
- 第十四节　太阳能热水设备试验室检测 … 768

第二章　室内环境检测 … 785
- 第一节　室内空气有害物质 … 785
- 第二节　土壤有害物质 … 798
- 第三节　人造木板 … 806
- 第四节　胶粘剂有害物质 … 814
- 第五节　涂料有害物质 … 819
- 第六节　建筑材料放射性核素镭、钍、钾 … 825

建筑安装工程与建筑智能检测

第一章　空调系统检测 … 834
- 第一节　综合效能 … 834
- 第二节　洁净室测试 … 838

第二章　建筑水电检测 ... 842
第一节　给排水系统 ... 842
第二节　绝缘、接地电阻 ... 845
第三节　防雷接地系统 ... 848
第四节　电线电缆 ... 851
第五节　排水管材（件） ... 861
第六节　给水管材（件） ... 866
第七节　阀门 ... 873
第八节　电工套管 ... 874
第九节　开关 ... 877
第十节　插座 ... 877

第三章　建筑智能 ... 883
第一节　通信网络系统检测、信息网络系统检测 ... 883
第二节　综合布线系统检测 ... 896
第三节　智能化系统集成、电源与接地检测、环境系统检测 ... 912
第四节　建筑设备监控系统检测 ... 918
第五节　安全防范系统检测 ... 924
第六节　住宅智能化系统检测 ... 936

检测基础知识

第一章 概 论

第一节 建设工程质量检测的目的和意义

简答题
1. 建设工程质量检测有哪些主要特点?
2. 开展建设工程质量检测的目的是什么?

参考答案:
简答题
1. 答:
(1) 建设工程质量检测的公正性;
(2) 建设工程质量检测的科学性;
(3) 建设工程质量检测的真实性;
(4) 建设工程质量检测的准确性;
(5) 建设工程质量检测的时效性;
(6) 建设工程质量检测的严肃性。
2. 答
(1) 为确保建筑产品的内在质量提供依据;
(2) 为工程科学设计提供依据;
(3) 为加强质量安全控制提供依据;
(4) 为工程质量认定和验收提供依据;
(5) 为质量监督机构提供最有效的监督手段;
(6) 为做好工程质量工作提供强大的威慑力。

第二节 建设工程质量检测的历史、现状及发展

简答题
检测机构的社会化是由哪些因素决定的?
参考答案:
答:工程质量检测机构的社会化是社会发展的大趋势。这是由以下四方面原因决定的:第一,是由检测机构的性质和工作任务决定的。检测机构是利用专业知识和专业技能接受政府部门、司法机关、社会团体、企业、公众及各类机构的委托,出具鉴证报告或发表专业技术意见,实行有偿服务并承担法律责任的机构,属于社会中介机构;第二,是由国家有关法律、法规的规定决定的。工程

质量检测机构是属于社会中介机构,则必须具有独立的法人地位,就不得与行政机关和其他国家机关存在隶属关系或者其他利益关系;第三,是由检测机构成为工程质量责任主体之一的要求决定的。检测机构在工程建设中提供与工程质量相关的检测数据,并对其出具的检测结果和数据承担相应的法律责任,对因检测机构的过失而造成的损失,还要承担相应的民事赔偿责任;第四,是人们的质量意识不断提高的需要。随着人们法律意识不断增强,对于工程质量方面的纠纷,当事方往往要求通过法律程序解决,法院在审理和判定工程质量纠纷时,也要委托具有司法鉴定资格的工程质量检测机构进行检测和提供鉴定报告。

第三节　建设工程质量检测的机构及人员

一、填空题

1. 建设工程质量检测机构按照其承担的业务内容分为_____、_____和_____。
2. 我省建设工程质量监督总站受_____的委托,具体负责全省建设工程质量检测活动的监督管理。
3. 检测人员必须持有_____上岗;检测机构的技术负责人应具有_____以上的技术职称,从事检测工作_____年以上,并持有岗位合格证书。
4. 检测报告签发人必须是_____、_____或_____,签发人对检测报告负责。
5. 检测机构应对开展的检测项目配备足够的检测人员,每个检测项目的持有岗位合格证书人员均不少于_____人。检测人员在岗检测项目不多于_____项,审核人员在岗检测项目不多于_____项,_____签发项目不限。

二、简答题

1. 建设工程质量检测机构资质申请的主要条件是什么?
2. 检测人员的职业道德主要有哪几方面要求?

参考答案:

一、填空题

1. 专项检测机构　　见证取样检测机构　　备案类检测机构;
2. 江苏省建设厅
3. 岗位合格证书　　工程类高级工程师　　3
4. 法定代表人　　法定代表人授权的人员　　技术负责人
5. 3　　5　　8　　签发人员

二、简答题

1. 答:
（1）检测机构具有独立的法人资格;
（2）取得工商营业执照,注册资金满足检测机构资质相应要求;
（3）取得申请检测资质范围相对应的计量认证证书;
（4）具有与开展检测工作相适应的办公场所、试验场所、试验仪器和工作环境,试验仪器均计量检定合格;

(5)检测机构技术负责人、质量负责人、授权签字人应具有一定年限以上从事建设工程技术管理工作经历,满足与工作岗位相适应的学历(学位)和职称的要求;检测人员必须取得与从事检测项目相对应的岗位合格证书;开展的检测项目需配备足够的检测人员,每个检测项目的持有岗位合格证书人员均不少于3人;

(6)检测机构具有完善的质量管理体系和内部管理的各项规章制度。

2.答:

(1)勤奋工作,爱岗敬业

热爱检测工作,有强烈的事业心和高度的社会责任感,工作有条不紊,处事认真负责,恪尽职守,踏实勤恳。

(2)科学检测,公正公平

遵循科学、公正、准确的原则开展检测工作,检测行为要公正公平,检测数据要真实,可靠。

(3)程序规范,保质保量

严格按检测标准、规范、操作规程进行检测,检测工作保质保量,检测资料齐全,检测结论规范。

(4)遵章守纪,尽职尽责

遵守国家法律、法规和本单位规章制度,认真履行岗位职责;不在与检测工作相关的机构兼职,不得利用检测工作之便谋求私利。

(5)热情服务,维护权益

树立为社会服务意识,维护委托方的合法利益,对委托方提供的样品、文件和检测数据应按规定严格保密。

(6)坚持原则,刚直清正

坚持真理,实事求是;不做假试验,不出假报告;敢于揭露、举报各种违法违规行为。

(7)顾全大局,团结协作

树立全局观念,团结协作,维护集体荣誉;谦虚谨慎,尊重同志,协调好各方面关系。

(8)廉洁自律,反腐拒贿

廉洁自律、自尊自爱;不参加可能影响检测公正的宴请和娱乐活动;不进行违规检测;不接受委托人的礼品、礼金和各种有价证券;杜绝吃、拿、卡、要现象,清正廉明,反腐拒贿。

第二章　工程质量检测基础知识

第一节　数理统计
第二节　误差分析与数据处理

一、填空题

1. 检测数据和结论是对工程质量进行评判的最有力的依据，其_____、_____、_____、_____显得尤为重要。
2. 随机变量 X 服从参数为 μ,σ 的正态分布，可记为 $X \sim$ _____，其概率密度函数 $f(x) =$ _____。
3. 服从正态分布的随机变量，在区间内取值 $\Phi(t) = 0.6$，$\Phi(-t) =$ _____。
4. 对于两个任意的随机变量 X 和 Y，有 $E(X \pm Y) =$ _____。
5. 若 $D(X) = 2.5$，$D(2X + a) =$ _____（a 为常数）。
6. 相互独立的随机变量 X 和 Y，有 $D(X \pm Y) =$ _____。
7. 依据《普通混凝土配合比设计规程》JGJ 55—2000，混凝土强度标准差宜根据同类混凝土统计资料计算确定，其计算值、强度试件组数不应少于_____组，混凝土强度等级为 C20 和 C25 级时，其等级强度标准差计算值小于 2.5MPa 时，计算配制强度用的标准差应取不小于_____；混凝土强度等级等于或大于 C30 时，其等级强度标准差计算值小于 3.0MPa 时，计算配制强度用的标准差应取不小于_____。
8. 抽样方法通常包括_____、_____、_____。
9. 根据误差产生的原因，可将误差分为：_____、_____、_____。
10. 常用的平均值有算术平均值、_____、_____。
11. 将 1.150001 按 0.1 修约间隔进行修约，其修约数为_____，将 1.2505 按 "5" 间隔修约至十分位，其修约间隔应为_____，其修约数为_____。
12. 将 1.500 按 0.2 修约间隔修约，其修约数应为_____；将 1150 按 100 修约间隔修约，其修约数应为_____。

二、选择题

1. 有 20 块混凝土预制板，其中有 3 块为不合格品。从中任意抽取 4 块进行检查，4 块中恰有一块不合格的概率是_____。
   A. 40%　　　　　　B. 50%　　　　　　C. 42.1%　　　　　　D. 45.3%
2. 对于连续随机变量 X，其概率密度函数 $f(x)$ 为偶函数，则 $f(0) =$ _____。
   A. 1　　　　　　　B. 0.5　　　　　　C. 0　　　　　　　　D. 不确定
3. 若 X 是随机变量，$a、c$ 为常数，由此_____。
   A. $E(cx + a) = cE(X) + a$　　　　　　B. $E(cx + a) = cE(X)$
   C. $D(cx + a) = cD(X) + a$　　　　　　D. $D(cx + a) = cD(X)$
4. 检查批量生产的产品质量一般有两种方法，它们是_____。

A. 全数检查和批量检查　　　　　　B. 全部检查和批量检查
C. 全数检查和抽样检查　　　　　　D. 全部检查和抽样检查

5. 如在分段随机抽样的第一段,将抽到的 k 组产品中的所有产品都作为样本单位,这种抽样方法称为_____。

A. 简单随机抽样　　B. 分层随机抽样　　C. 系统随机抽样　　D. 整群随机抽样

6. 经验方程系数确定通常方法有_____。

A. 选线法　　　　　B. 选点法　　　　　C. 经验值法　　　　D. 平均值法

7. 在用传统方法对测量结果进行误差评定时,一般会遇到的问题有_____。

A. 逻辑概念上的问题　　　　　　　B. 评定方法问题
C. 选择测量方法上的问题　　　　　D. 人为问题

8. 经过整理的数据可用一定的方式表达出来,以供进一步分析、使用,其常用的表达方式有_____。

A. 列表表示法　　　B. 曲线表示法　　　C. 方程表示法　　　D. 单元表示法

9. 下面描述不正确的有_____。

A. 摄氏温度单位"摄氏度"表示的量可写成"摄氏20度"
B. 30km/h 应读成"三十千米每小时"
C. 旋转频率的量值可写为 3 千秒$^{-1}$
D. 体积的量值可写为 2 千米^3

10. 下面说法正确的有_____。

A. 分子无量纲而分母有量纲的组合单位即分子为1的组合单位符号,一般不用分式而用负数幂的形式
B. 在用斜线表示相除时,单位符号的分子和分母都与斜线处于同一行内
C. 词头的符号和单位的符号之间不得有间隙,也不加表示相乘的任何符号
D. 单位和词头的符号应按其名称或者简称读音,而不得按字母读音

三、判断题

1. 检测数据和结论是对工程质量的一种反映,对工程质量进行评判作用是可有可无的。（　）
2. 对于分布函数 $F(x)$,当 $x_1 < x_2$ 时,有 $F(x_1) \leqslant F(x_2)$。（　）
3. 正态分布的临界值一般分为单侧临界值和双侧临界值两种。（　）
4. 在用产品的不合格品数的平均值衡量产品好坏时,其平均值越高,对应的产品质量越好。（　）
5. 若随机变量 X 的均值 $E(X)$,标准差为 σ,则其变异系数为 $C_v = \sigma^2/E(X)$。（　）
6. 相同强度等级、相同配合比的混凝土,σ 或 C_v 值越小,生产管理水平越差。（　）
7. 按质量特性表示单位产品质量的重要性,或按质量特性不符合的严重程度,不合格分为 A 类、B 类、C 类。A 类不合格最为轻微,B 类不合格较重些,C 类不合格最为严重。（　）
8. 确定单位产品是合格品还是不合格品的检查,称为"计点检查"。（　）
9. 所谓真值,是指一个现象中物理量客观存在的真实数值。（　）
10. 要将 1.2505 按 5 间隔修约至十分位,其修约数为 1.0。（　）

四、综合题

1. 试述精确度、准确度的概念及关系
2. 何谓加权平均值?并写出其表达式。

3. 试述数据修约的基本概念。
4. 试述评定测量不确定度的主要步骤。
5. 有两公司 A、B 生产同一规格的产品,每批 100 份产品中的不合格品数分别用 X 和 Y 表示,经过长期质量检验,两公司不合格品数的概率分布如下:

公司 A:

X	1	2	3	4	5
P	0.4	0.2	0.15	0.05	0.02

公司 B:

Y	1	2	3	4	5
P	0.76	0.3	0.25	0.03	0.01

试问哪一公司的产品质量较好些?

6. 有甲、乙两施工队生产同一设计 C20 级的混凝土,以 X 和 Y 分别表示两队的混凝土抗压强度。由资料知,两队混凝土抗压强度的概率分布如下(单位:MPa):

甲:

X	37.9	38.9	39.9	40.9	41.9
P	0.15	0.3	0.15	0.35	0.02

乙:

X	37.9	38.9	39.9	40.9	41.9
P	0.25	0.4	0.05	0.05	0.22

试计算两施工队生产的混凝土抗压强度的方差。

7. 从一批混凝土中抽取 8 组试件,测得 28d 抗压强度如下(单位:MPa):27.0、31.0、33.0、37.0、40.0、41.0、43.0、45.0,试估计这些混凝土的 28d 抗压强度平均值、方差和标准差 σ。

8. 有一组实验数据如下表:

X	2	4	8	9	13	16
Y	3.0	5.0	7.0	12.5	14.5	17

设选用 $Y = aX + b$ 的方程形式,分别用选点法求此经验方程。

9. 某一指针式仪表其满刻度为 200kN,分度值为 0.5kN,可估读到五分之一分度,即 0.1kN,并假设断裂发生在该处,其仪器校准不确定度 $U_{95} = 0.15\%$,仪器测量不确定度 $U_{95} = 0.8\%$,试求拉力 F 的测量不确定度 $\mu_{rel}(F)$。

参考答案:

一、填空题

1. 科学性　准确性　客观性　有效性

2. $N(\mu,\sigma^2)$　　$\dfrac{1}{\sqrt{2\pi}\sigma}e^{\dfrac{-(x-\mu)^2}{2\sigma^2}}$ $(-\infty<x<+\infty)$

3. 0.4

4. $E(X)\pm E(Y)$

5. 10

6. $D(X)+D(Y)$

7. 25　　2.5MPa　　3.0MPa

8. 简单随机抽样　分层随机抽样　系统随机抽样　分段随机抽样　整群随机抽样

9. 系统误差　偶然误差　过失误差

10. 均方根平均值　加权平均值　中位值　几何平均值

11. 1.2　0.5　1.5

12. 1.6　1.2×10^3

二、选择题

1. C　　　　　　2. B　　　　　　3. A　　　　　　4. C
5. D　　　　　　6. B、D　　　　7. A、B　　　　8. A、B、C
9. A、C、D　　 10. A、B、C、D

三、判断题

1. ×　　　　　　2. √　　　　　　3. √　　　　　　4. ×
5. ×　　　　　　6. ×　　　　　　7. ×　　　　　　8. ×
9. √　　　　　10. ×

四、综合题

1. 答：精确度是指多次测量时，各次量测数据最接近的程度。而准确度则表示所测数值与真值相符合的程度。

在一组测量值中，若其准确度越好，则精确度一定也高；但若精确度很高，则准确度不一定很好。

2. 答：当同一物理量用不同的方法去测定，或由不同的人去测定时，常对可靠的数值予以加权平均，称这些平均值为加权平均值。其表达式为：

$$X_k=\dfrac{k_1x_1+k_2x_2+\cdots\cdots+k_nx_n}{k_1+k_2+\cdots\cdots+k_n}=\dfrac{\sum\limits_{i=1}^{n}k_ix_i}{\sum\limits_{i=1}^{n}k_i}$$

式中 $k_1+k_2\cdots\cdots k_n$ 代表各观测值的对应的权，其权数可依据经验多少、技术高低而定。

3. 答：对某一拟修约数，根据保留数位的要求，将多余位数的数字进行取舍，按照一定的规则，选取一个其值为修约间隔整数倍的数来代替拟修约数，这一过程称为数据修约，也称为数的化整或数的凑整。

4. 答：主要步骤有：

一是确定被测量和测量方法；二是找出所有影响测量不确定度的影响量；三是建立满足测量不确定度评定所需的数学模型；四是确定各输入量的标准不确定度 $\mu(x_i)$；五是确定对应于各输入量的标准不确定分量 $\mu_i(y)$；六是对各标准不确定度分量 $\mu_i(y)$ 进行合成得到合成标准不确定度 $\mu_c(y)$；七是确定被测量 Y 可能值分布的包含因子；八是确定扩展不确定度 U；九是给出测量不确定度

报告。

5. 解：

衡量产品质量好坏的指标之一是不合格品数的平均值。两公司的产品不合格品数分别为：

$E(X) = 1 \times 0.4 + 2 \times 0.2 + 3 \times 0.15 + 4 \times 0.05 + 5 \times 0.02 = 1.55$

$E(Y) = 1 \times 0.76 + 2 \times 0.3 + 3 \times 0.25 + 4 \times 0.03 + 5 \times 0.01 = 2.28$

因 $E(Y) > E(X)$，故从均值的意义上说，公司 A 的产品质量较好些。

6. 解：两队混凝土抗压强度的平均值分别为：

$E(X) = 37.9 \times 0.15 + 38.9 \times 0.3 + 39.9 \times 0.15 + 40.9 \times 0.35 + 41.9 \times 0.02 = 38.493$

$E(Y) = 37.9 \times 0.25 + 38.9 \times 0.4 + 39.9 \times 0.05 + 40.9 \times 0.05 + 41.9 \times 0.22 = 38.293$

$D(X) = (37.9 - 38.493)^2 \times 0.15 + (38.9 - 38.493)^2 \times 0.3 + (39.9 - 38.493)^2 \times 0.15 + (40.9 - 38.493)^2 \times 0.35 + (41.9 - 38.493)^2 \times 0.02 = 2.66$

$D(Y) = (37.9 - 38.293)^2 \times 0.25 + (38.9 - 38.293)^2 \times 0.4 + (39.9 - 38.293)^2 \times 0.05 + (40.9 - 38.293)^2 \times 0.05 + (41.9 - 38.293)^2 \times 0.22 = 3.52$

7. 解：

$\mu = (27.0 + 31.0 + 33.0 + 37.0 + 40.0 + 41.0 + 43.0 + 45.0)/8 = 37.125 \text{(MPa)}$

$s^2 = [(27.0^2 + 31.0^2 + 33.0^2 + 37.0^2 + 40.0^2 + 41.0^2 + 43.0^2 + 45.0^2) - (27.0 + 31.0 + 33.0 + 37.0 + 40.0 + 41.0 + 43.0 + 45.0)^2/8]/(8-1)$ $s = \sqrt{39.55} \approx 6.289 \text{(MPa)}$

因 $n = 8$，查表得 $C_2^* = 0.9650$，故：$\sigma \approx s/C_2^* = 6.517 \text{(MPa)}$，$\sigma^2 = 42.47$

8. 解：设先将第一次与第六次两组代入方程，得：

$2a + b = 3$

$16a + b = 17$

解之得：$a = 1$，$b = 1$。

故此经验方程为：$Y = X + 1$

（可以得到 15 个不完全相同的解）。

9. 解：

先求标准不确定度 $\mu_{1\text{rel}}(F) = 0.15\%/k = 0.15\%$

再求标准不确定度 $\mu_{2\text{rel}}(F) = 0.8\%/k = 0.4\%$

最后求标准不确定度 $\mu_{3\text{rel}}(F)$

由于试件不一定在满刻度处断裂，并在选择仪器的测量范围时通常使断裂时指针的位置不小于满刻度的五分之一。假设测量时断裂即发生在该处，则 0.1kN 即相当于 0.25%。假定其为均匀分布，标准不确定度 $\mu_{1\text{rel}}(F) = \dfrac{0.25\%}{\sqrt{3}} = 0.144\%$

于是拉力测量的不确定度为：

$\mu_{\text{rel}}(F) = \sqrt{\mu_{1\text{rel}}^2(F) + \mu_{2\text{rel}}^2(F) + \mu_{3\text{rel}}^2(F)} = 0.45\%$

第三节 不确定度原理和应用

一、填空题

1. 按照测量误差的特点、性质和规律以及对测量结果的影响方式，可将其分为_____、_____和粗大误差三类。

2. 采用合成标准不确定度"( )"表达式，$L = 100.02147\text{mm}$，$u_c = 0.35\mu\text{m}$，可表示为 $L =$ ————

mm 或 L _____ mm。

3. 已知某地重力加速度值为 9.794m/s^2，甲、乙、丙三人测量的结果依次分别为：9.790 ± 0.024m/s^2、9.811 ± 0.004m/s^2、9.795 ± 0.006m/s^2，其中精密度最高的是_____，准确度最高的是_____。

4. 已知 $y = 2X_1 - 3X_2 + 5X_3$，直接测量 X_1，X_2，X_3 的不确定度分别为 ΔX_1、ΔX_2、ΔX_3，则间接测量的不确定度 $\Delta_y =$ _____。

5. 对于 0.5 级的电压表，使用量程为 3V，若用它单次测量某一电压 U，测量值为 2.763V，则测量结果应表示为 $U =$ _____，相对不确定度为_____。

6. 测量一规则木板的面积，已知其长约为 30cm，宽约为 5cm，要求结果有四位有效位数，则长至少用_____来测量，宽至少用_____来测量。

7. 用 1/50 的游标卡尺测得一组长度的数据为：(1) 20.02mm，(2) 20.50mm，(3) 20.25mm，(4) 20.20cm；则其中一定有错的数据编号是_____、_____。

8. 测量结果的有效数字的位数由_____和_____共同决定。

9. 系统误差有_____的特点，偶然误差有_____的特点。

10. 对于连续读数的仪器，如米尺、螺旋测微计等，就以_____作为仪器误差。

二、选择题

1. 下列测量结果正确的表达式是：_____
A. $L = (23.68 \pm 0.01)$mm
B. $I = (4.091 \pm 0.100)$mA
C. $Y = (1.67 \pm 0.15) \times 10^{11}$Pa
D. $T = (12.563 \pm 0.01)$s

2. 下列不确定度的传递公式中，正确的是：_____

A. $N = \dfrac{x-y}{x+y}$ $\sigma_N = \sqrt{\dfrac{y^2 \sigma_y^2}{x^2+y^2} + \dfrac{y^2 \sigma_x^2}{x^2+y^2}}$

B. $L = x + y - 2z$ $\sigma_z = \sqrt{\sigma_x^2 + \sigma_y^2 + 4\sigma_z^2}$

C. $M = \dfrac{V}{\sqrt{1+at}}$ $\sigma_M = \sqrt{\dfrac{\sigma_V^2}{4(1+at)} + \dfrac{a^2 V^2 \sigma_t^2}{(1+at)^3}}$ (a 为常数)

D. $V = \dfrac{\pi d^2 h}{4}$ $\sigma_V = \sqrt{4\sigma_d^2 + \sigma_z^2}$

3. 下列正确的说法是：_____
A. 多次测量可以减小偶然误差
B. 多次测量可以减小系统误差
C. 系统误差都由 B 类不确定度决定
D. A 类不确定度评定的都是偶然误差

4. 以标准差表征的测量结果分散性，称为_____。
A. 标准不确定度   B. 扩展不确定度   C. B 类不确定度   D. A 类不确定度

5. 测量不确定度可用_____表示。
A. 标准差
B. 最大允许误差
C. 标准差的倍数
D. 说明了置信水平的区间的半宽度

6. 任何测量误差都可表示为_____的代数和。
A. 系统误差与真值
B. 随机误差与系统误差
C. 随机误差与真值
D. 测量值与随机误差

7. 将 5.0851 修约到十分位的 0.1 单位，则修约数为_____。
A. 5.08   B. 5.9   C. 5.8   D. 5.09

8. 测量不确定度表示测量值之间的_____。

A. 差异性　　　　B. 分散性　　　　C. 波动性　　　　D. 随机性

9. 对给定的测量仪器,由规范、规程等所允许的误差极限值称为_____。

A. 示值误差　　　B. 相对误差　　　C. 最大允许误差　　D. 绝对误差

10. 在选择测量仪器的最大允许误差时,通常应为所测量对象所要求误差的_____。

A. 1/3～1/2　　　B. 1/2～1　　　C. 1/5～1/3　　　D. 1/10～1/5

11. 用一台数字多用表对生产用1MΩ电阻进行测量,评定后$U_A=0.082$kΩ,$u=0.046$kΩ,取包含因子$k=2$,那么该数字多用表的扩展不确定度U为_____。

A. 0.188kΩ　　　B. 0.190kΩ　　　C. 0.19kΩ　　　D. 0.18824kΩ

12. 不确定度的定义是_____。

A. 表征被测量的误差所处量值范围的评定
B. 表征被测量的可信程度所处量值范围的评定
C. 表征被测量的真值所处量值范围的评定
D. 表征被测量的示值评定

13. 当测量结果遵从正态分布时,测量结果中随机误差小于0的概率是_____。

A. 50%　　　　B. 68.3%　　　　C. 99.7%　　　　D. 95%

14. 下面列出了4个(绝对)测量误差的定义,其中国际通用定义是_____。

A. 含有误差的量值与其真值之差　　　B. 测量结果减去被测量的(约定)真值
C. 计量器具的示值与实际值之差　　　D. 某量仪的给出值与客观真值之差

15. 有9只不等值的电阻,误差彼此无关,不确定度均为0.2Ω,当将它们串联使用时,总电阻的不确定度是_____。

A. 1.8Ω　　　　B. 0.6Ω　　　　C. 0.2Ω　　　　D. 0.02Ω

三、判断题

1. 单次测量的实验标准偏差σ_s只测量一次就能得到。　　　　　　　　　　　　　（　）
2. 单次测量的极限误差是测量中随机误差的极限值。　　　　　　　　　　　　　　（　）
3. 按不确定度的定义,对被测量进行一次测量所得结果也有不确定度。　　　　　　　（　）
4. 修正值等于零时,不存在不确定度。　　　　　　　　　　　　　　　　　　　　（　）
5. 误差是指测量值与真值之差,即误差=测量值−真值,如此定义的误差反映的是测量值偏离真值的大小和方向,既有大小又有正负符号。　　　　　　　　　　　　　　　　　　　（　）
6. 残差(偏差)是指测量值与其算术平均值之差,它与误差定义一样。　　　　　　　（　）
7. 精密度是指重复测量所得结果相互接近程度,反映的是随机误差大小的程度。　　（　）
8. 测量不确定度是评价测量质量的一个重要指标,是指测量误差可能出现的范围。　（　）
9. 交换抵消法可以消除周期性系统误差,对称测量法可以消除线性系统误差。　　　（　）
10. 系统误差在测量条件不变时有确定的大小和正负号,因此,在同一测量条件下多次测量求平均值能够减少或消除系统误差。　　　　　　　　　　　　　　　　　　　　　　　（　）

四、综合题

1. 简述测量不确定度的评定和表示一般步骤。
2. 用流体静力称衡法测固体密度的公式为$\rho=\dfrac{m}{m-m_1}\rho_0$,若测得$m=(29.05\pm0.09)$g,$m_1=(19.07\pm0.03)$g,$\rho_0=(0.9998\pm0.0002)$g/cm³,求固体密度的测量结果。
3. 一个标准电阻,在20℃时的校准值为100.05Ω。证书给出校准不确定度为0.01Ω($k=2$);电

阻的温度数 α 为 $15 \times 10^{-3}/℃$，其误差极限为 $\pm 1 \times 10^{-3}/℃$。现在 25℃ 时使用，测温用的温度计的允许误差极限为 $\pm 0.02℃$。问该电阻在 25℃ 时的电阻值及其合成不确定度。

参考答案：

一、填空题

1. 系统误差　随机误差
2. 100.02147(35)　100.02147(0.00035)
3. 乙　丙
4. $\sqrt{4\triangle x_1^2 + 9\triangle x_2^2 + 25\triangle x_3^2}$
5. $2.763 \pm 0.009\,V$　0.3%
6. 毫米尺　1/50 游标卡尺
7. (3)　(4)
8. 被测量的大小　测量仪器
9. 确定性　随机性
10. 最小分度/2

二、选择题

1. A	2. C	3. A	4. A
5. A、C、D	6. B	7. D	8. B
9. C	10. C	11. C	12. C
13. A	14. D	15. A	

三、判断题

1. ×	2. √	3. √	4. ×
5. √	6. ×	7. √	8. √
9. ×	10. ×		

四、综合题

1. 答：
(1) 确定被测量 Y 和输入量 X_i 之间的关系；
(2) 确定输入量的估计值 X_i 它们已包括所有系统影响的修正值；
(3) 计算 x_i 的标准不确定度 $u(X_i)$ 和自由度 V_i 包括 A 类或 B 类方法，在初步应用中可暂不考虑自由度的问题；
(4) 计算误差传递系数（灵敏系数）暂不确定度可用偏导法、数值法、实验法等；
(5) 确定相关输入量的相关系数可用统计法或公式法。如果各输入量相互独立，则可省略此步骤；
(6) 由 X_i 计算输出量的估计值即测量结果 y，$y = f(X_1, X_2, \cdots X_N)$；
(7) 确定 y 的合成标准不确定度 $u_c(y)$ 和有效自由度 V_{eff} 在初步应用中可暂不计算自由度；
(8) 选择 k 值确定扩展不确定度 $U = ku_c(y)$ 并估计区间 $[y-U, y+U]$ 具有的置信度 p；
(9) 报告测量结果。

2. 解：密度的最佳估计值为 $\rho = \dfrac{m}{m - m_1}\rho_0 = 2.910\,g/cm^3$

密度的不确定度：

$$\sigma_\rho = \sqrt{\left(\frac{\partial \rho}{\partial m}\right)^2 \sigma_m^2 + \left(\frac{\partial \rho}{\partial m_1}\right)^2 \sigma_{m1}^2 + \left(\frac{\partial \rho}{\partial \rho_0}\right)^2 \sigma_{\rho 0}^2}$$

$$= \sqrt{\left[\frac{m_1}{(m-m_1)^2}\rho_0\right]^2 \sigma_m^2 + \left[\frac{m_1}{(m-m_1)^2}\rho_0\right]^2 \sigma_{m1}^2 + \left[\frac{m_1}{(m-m_1)}\right]^2 \sigma_{\rho 0}^2}$$

$$= 0.019 \text{g/cm}^3$$

相对不确定度：$B = \dfrac{\sigma_\rho}{\rho} \times 100\% = 0.7\%$

密度结果为：$\rho = (2.91 \pm 0.02) \text{g/cm}^3$ 或 $\rho = (2.910 \pm 0.019) \text{g/cm}^3$

$B = 0.7\%$

3. 解：$R_t = R_0 [1 + a(t - 20℃)]$

（1）已知 $R_0 = 100.05, a = 15 \times 10^{-3}/℃, t = 25℃$

$\therefore R_{25} = 100.05[1 - 15 \times 10^{-3}(25 - 20)] = 100.125(\Omega)$

（2）$U_{C2}(R_t) = \{[c_1 u(R_0)]^2 + [c_2 u(a)]^2 + [c_3 u(t)]^2\}^{1/2}$

$c_1 = \dfrac{\partial R_t}{\partial R_0} = 1 + a(t - t_0) = 1.075$

$c_2 = \dfrac{\partial R_t}{\partial a} = R_0(t - t_0) = 100.05 \times 5 = 500.25 \Omega \cdot ℃$

$c_3 = \dfrac{\partial R_t}{\partial t} = R_0 \alpha = 100.05 \times 15 \times 10^{-3} = 1.50075 \Omega \cdot ℃$

$u(R_0) = 0.01/2 = 0.005(\Omega)$

$u(a) = \dfrac{1 \times 10^{-5}/℃}{\sqrt{3}} = 0.57 \times 10^{-5}/℃$（设为均匀分布）

$u(t) = \dfrac{0.02℃}{\sqrt{3}} = 0.0112℃$（设为均匀分布）

$u_c(R_t) = \sqrt{(1.075 \times 0.005)^2 + (500.25 \times 0.57 \times 10^{-5})^2 + (1.50057 \times 0.0112)^2}$

$= 0.018(\Omega)$

测量结果 $R(25℃) = 100.125(\Omega), U_C = 0.018(\Omega)$

第四节 法定计量单位及其应用

一、填空题：

1. 国际单位制是在_____基础上发展起来的单位制，其国际简称为_____。
2. 国际单位制包括_____、_____、_____与分数单位三部分。
3. 组合单位的中文名称与其符号表示的顺序_____。
4. 单位符号的字母一般用_____体，若单位名称来源于人名，则其符号的第一个字母用_____体。
5. 由两个以上单位相除所构成的组合单位，其中文符号可采用以下两种形式千克/米³ 和_____。
6. 单位的名称或符号必须作为一个_____使用，不得拆开。

7. 分子无量纲而分母有量纲的组合单位,一般不用分式而用_____的形式。

8. 由两个以上单位相乘构成的组合单位,其中文形式只用一种形式,即用居中_____代表乘号。

9. 书写单位名称时,_____表示乘或除的符号或其他符号。

10. 只是通过相乘构成的组合单位在加词头时,词头通常加在组合单位中的_____之前。

二、选择题

1. 用来表示 10^{12} 的词头名称是_____。
A. 艾　　　　　　B. 拍　　　　　　C. 太　　　　　　D. 吉

2. 下面哪一个不属于国际单位制的基本单位_____。
A. 米　　　　　　B. 牛顿　　　　　　C. 摩尔　　　　　　D. 秒

3. 动力学黏度单位"Pa·s"的中文符号是_____。
A. 帕–秒　　　　B. 帕秒　　　　C. 帕斯卡·秒　　　　D. 帕·秒

4. 国务院于_____颁布《关于在我国统一实行法定计量单位的命令》。
A. 1986 年 2 月 27 日　B. 1982 年 10 月 27 日　C. 1984 年 2 月 27 日　D. 1980 年 10 月 27 日

5. 摄氏温度 T 和热力学温度 T_0 的换算关系是_____。
A. $T = T_0 - 273.15$　B. $T = T_0 - 173.15$　C. $T = T_0 + 173.15$　D. $T = T_0 + 273.15$

6. 电阻率单位 $\Omega \cdot m$ 的名称是_____。
A. 欧姆·米　　　　B. 欧姆米　　　　C. 欧姆–米　　　　D. [欧姆][米]

7. 国际单位制的基本单位共有_____。
A. 7 个　　　　B. 8 个　　　　C. 10 个　　　　D. 9 个

8. 下面哪一个是热阻的单位符号:_____。
A. $W/(m \cdot K)$　B. $W/(m^2 \cdot K)$　C. $m^2 \cdot K/W$　D. $kJ/(kg \cdot K)$

9. 关于法定单位和词头的使用规则,下面说法错误的是_____。
A. 单位的名称或符号必须作为一个整体使用,不得分开
B. 不得使用重迭的词头
C. 倍数单位和分数单位的指数,指包括词头在内的单位的幂
D. 选用 SI 单位的倍数单位或分数单位,一般应使量的数值处于 0.01~100 范围内

10. 表示平面角的单位"度"(°)和"弧度"(rad)之间的换算关系是_____。
A. $1° = (\pi/180) \text{rad}$　　　　　　B. $1° = (\pi/360) \text{rad}$
C. $1° = (\pi/90) \text{rad}$　　　　　　D. $1° = (\pi/270) \text{rad}$

三、判断题

1. 词头名称为艾可萨的所表示的因数为 10^{15}。　　　　　　　　　　　　　　　(　)
2. 词头名称为飞母拖的所表示的因数为 10^{-15}。　　　　　　　　　　　　　　(　)
3. 压强的单位符号为 Pa。　　　　　　　　　　　　　　　　　　　　　　　　(　)
4. 物质的量的单位符号为 Mol。　　　　　　　　　　　　　　　　　　　　　(　)
5. 导热系数的单位符号为 $W/(m \cdot k)$。　　　　　　　　　　　　　　　　　　(　)
6. 40℃可以写成或读成摄氏 40 度。　　　　　　　　　　　　　　　　　　　(　)
7. 电阻率单位 $\Omega \cdot m$ 的名称为欧姆米。　　　　　　　　　　　　　　　　　(　)
8. 10μm 可写成 10mmm。　　　　　　　　　　　　　　　　　　　　　　　(　)
9. 100 兆帕斯卡可写成 100mPa。　　　　　　　　　　　　　　　　　　　　(　)

10. 10.5m 可以写成 1.05dam。 ( )

参考答案：

一、填空题

1. 米制　SI
2. SI 单位　SI 词头　SI 单位的十进倍数
3. 一致
4. 小写　大写
5. 千克·米$^{-3}$
6. 整体
7. 负数幂
8. 圆点
9. 不加
10. 第一个单位

二、选择题

1. C	2. B	3. D	4. C
5. A	6. B	7. A	8. C
9. D	10. A		

三、判断题

1. ×	2. √	3. √	4. ×
5. ×	6. ×	7. √	8. ×
9. ×	10. √		

建筑材料检测

第一章 见证取样类检测

第一节 水泥物理力学性能

一、填空题

1. 目前我国常用的水泥品种有：_____、_____、_____、_____、_____。
2. 进行水泥试验前,应将水泥样品通过_____,均分为试验样和封存样,封存样应加封条,密封保管_____月。
3. 沸煮法只适用于检验_____对体积安定性的影响。
4. 进场的水泥应进行复验,按同一厂家、同一等级、同一品种、同一批号且连续进场的水泥,袋装水泥_____为一批,散装水泥_____为一批,每批抽样不少于一次。
5. 进行水泥检测的试验室温度应为_____,相对湿度_____。
6. 进行水泥标准稠度用水量检测时,使用量水器的最小刻度不小于_____,精度为_____。
7. 水泥标准稠度用水量代用法检测有_____和_____两种方法。
8. 进行水泥凝结时间测定时,应以_____作为凝结时间的起始时间。
9. 进行水泥安定性检测时,应调整沸煮箱内的水位,使之能在_____时间内达到沸腾,且保证在整个沸煮过程中水位都超过试件,不需中途加水。
10. 标准法进行水泥安定性检测,测量雷氏夹指针尖端的距离,应准确至_____。
11. 在使用水泥胶砂强度试模前,应用_____试模的外接缝,在试模内表面_____。
12. 当试验水泥从取样至试验要保持_____以上时,应把它存放在可基本装满、气密且不与水泥反应的容器里。
13. 每锅胶砂制三条胶砂强度试条,每锅材料用量为水泥_____、标准砂_____、水_____。
14. 对于24h以上龄期的胶砂强度试体应在成型后_____脱模,如因脱模会对强度造成损害时,可以延迟脱模时间,但应_____。
15. 水泥胶砂试体在养护期间,试件上表面的水深_____。
16. 进行水泥抗折强度试验时,试验加荷的速率为_____。
17. 进行水泥抗压强度试验时,试验加荷的速率为_____。
18. 将经抗折试验折断的水泥胶砂半截棱柱体放入抗压夹具进行抗压试验,半截棱柱体的中心应与试验机压板的中心差不超过_____,棱柱体应露出抗压夹具压板_____。
19. 水泥细度试验有_____、_____、_____三种方法。
20. 负压筛析仪的负压可调范围应为_____。
21. 水泥细度试验筛的筛孔尺寸有_____和_____两种。
22. 进行水泥试验筛的标定时,应称取_____个标准样品连续进行,中间不得_____。

23. 水泥跳桌安装好后,应采用_____进行检定。
24. 凡由_____、_____适量石膏磨细制成的水硬性胶凝材料,称为普通硅酸盐水泥。
25. 复合硅酸盐水泥中混合材料总掺加量按质量百分比计,应大于_____,但不超过_____。

二、选择题

1. 进行水泥强度检测时,脱模前的试样应放置在温度为_____,湿度为不低于_____养护箱内。
   A. 20±2℃ 90%　　B. 20±1℃ 95%　　C. 20±1℃ 90%　　D. 20±2℃ 95%

2. 水泥胶砂搅拌机的叶片与锅壁之间的间隙应_____。
   A. 每周检查一次　　B. 每2周检查一次　　C. 每月检查一次　　D. 每半年查一次

3. 用标准法进行水泥标准稠度用水量检测时,试杆沉入净浆后距底板的距离应在_____的范围内。
   A. 4±1mm　　B. 5±1mm　　C. 6±1mm　　D. 7±1mm

4. 进行水泥凝结时间测定时,当初凝针沉至距底板_____时,为水泥达到初凝状态。
   A. 4±1mm　　B. 5±1mm　　C. 6±1mm　　D. 7±1mm

5. 进行水泥凝结时间测定时,临近初凝时间时,每隔_____测定一次,临近终凝时间时,每隔_____测定一次。
   A. 15min 30min　　B. 10min 20min　　C. 5min 15min　　D. 5min 10min

6. 进行水泥安定性检测时,调整沸煮箱内水位并将试样放入,然后在_____时间内加热至沸,并恒沸_____时间。
   A. 30±5min 180±5min　　B. 45±5min 180±5min
   C. 30±5min 240±5min　　D. 45±5min 240±5min

7. 水泥强度试件的养护池水温应控制在_____。
   A. 20±2℃　　B. 25±2℃　　C. 20±1℃　　D. 25±1℃

8. 在进行水泥胶砂制备的各个搅拌阶段,时间误差应控制在_____内。
   A. ±10s　　B. ±2s　　C. ±5s　　D. ±1s

9. 水泥胶砂强度试件制备时,应分_____层装模,每层振实_____次。
   A. 三、30　　B. 二、60　　C. 三、60　　D. 二、30

10. 到龄期的胶砂强度试件应在破型前_____内从养护水中取出,准备试验。
    A. 10min　　B. 5min　　C. 15min　　D. 20min

11. 水泥胶砂试体龄期是从_____算起。
    A. 水泥加水搅拌时　　B. 胶砂搅拌结束时
    C. 装模并抹面结束时　　D. 试体放入湿气养护箱时

12. 水泥抗折强度以三个棱柱体的抗折强度平均值为试验结果,三个强度中超出平均值_____的值应剔除,再取平均值作为抗折强度结果。
    A. ±5%　　B. ±10%　　C. ±15%　　D. ±20%

13. 水泥抗折强度的计算应精确至_____。
    A. 1MPa　　B. 0.5MPa　　C. 0.1MPa　　D. 5MPa

14. 水泥抗压强度以六个棱柱体的抗压强度平均值为试验结果,六个强度中有一个超出平均值_____的值应剔除,再取其他的平均值作为抗压强度结果。若五个测定值中再有超出它们平均值_____的值时,此组结果作废。
    A. ±10% ±5%　　B. ±10% ±10%　　C. ±15% ±10%　　D. ±15% ±5%

15. 水泥抗压强度的计算应精确至_____。
A.1MPa   B.0.5MPa   C.0.1MPa   D.5MPa

16. 水泥细度试验筛每使用_____后,应进行标定。
A.200 次   B. 一个月   C.100 次   D. 三个月

17. 用于进行细度试验的天平最小分度值不应大于_____。
A.0.5g   B.0.1g   C.0.01g   D.0.001g

18. 水泥细度试验用80μm试验筛时,应称水泥试样_____;用45μm试验筛时,应称水泥试样_____。
A.50g 25g   B.25g 10g   C.10g 25g   D.25g 50g

19. 水泥细度进行合格评定时,每个样品应称取_____试样分别筛析,取筛余平均值为筛析结果。
A. 二个   B. 三个   C. 四个   D. 五个

20. 水泥细度检测的筛余值大于5.0%时,两次筛余结果的绝对误差大于_____,应再做一次试验。
A.0.1%   B.0.3%   C.0.5%   D.1%

21. 水泥细度试验筛标定时,当二个样品筛余结果相差大于_____时,应再称第三个样品进行试验,并取接近的两个结果进行平均作为结果。
A.0.1%   B.0.3%   C.0.5%   D.1%

22. 当水泥细度试验筛的标定修正系数 C 在_____范围时,试验筛可以继续使用,否则应予淘汰。
A.0.90~1.10   B.0.70~1.30   C.0.80~1.20   D.0.85~1.15

23. 当水泥跳桌在_____内未使用,在用于试验前,应空跳一个周期_____次。
A.24h 25次   B.48h 25次   C.24h 30次   D.48h 30次

24. 进行水泥胶砂流动度试验,胶砂分两层装入试模,第一层装至截锥圆模高度的_____处。
A.2/3   B.1/2   C.1/3   D.1/4

25. 水泥胶砂流动度测定,应在_____内,完成_____跳动。
A.30s±1s、25次   B.25s±1s、25次   C.30s±1s、30次   D.25s±1s、30次

26. 水泥胶砂流动度试验,从胶砂加水开始到测量扩散直径结束,应_____内完成。
A.5min   B.8min   C.10min   D.6min

27. 复合硅酸盐水泥的代号为_____。
A.P·O   B.P·F   C.P·P   D.P·C

28. 矿渣硅酸盐水泥的代号为_____。
A.P·I   B.P·F   C.P·S   D.P·C

29. _____水泥的细度以比表面积表示。
A. 普通硅酸盐水泥和复合硅酸盐水泥   B. 硅酸盐水泥和普通硅酸盐水泥
C. 矿渣水泥和粉煤灰水泥   D. 矿渣水泥和复合硅酸盐水泥

30. 沸煮法只适用于检验_____对体积安定性的影响。
A. 游离氧化镁   B. 石膏   C. 游离氧化钙   D. 三氧化硫

三、判断题

1. 用标准法进行水泥标准稠度用水量的测定时,应用湿布擦拭搅拌锅和搅拌叶后,将称好的水泥加入搅拌锅中,再准确量取预估好的拌合水用量,倒入搅拌锅内。(   )

2. 采用不变水量方法进行水泥标准稠度用水量检测时,当试锥的下沉深度大于13mm时,应改用调整水量法测定。（　　）

3. 进行水泥凝结时间测定时,当终凝时间测试针沉入试体0.5mm时,即环形附件开始不能在试体上留下痕迹时,水泥达到终凝状态。（　　）

4. 代用法检测水泥安定性时,目测试饼未发现裂缝,用钢直尺检查也没有弯曲,则认为该水泥安定性合格,反之为不合格。当两个试饼判别结果有矛盾时,应重新进行试验。（　　）

5. 标准法检测水泥安定性,当两个试件的($C-A$)值超过4.0mm时,应用同一样品立即重做一次试验,如果结果仍然如此,则认为该水泥安定性不合格。（　　）

6. 水泥试验室空气温度和相对湿度及养护池的水温每天应至少记录一次。（　　）

7. 对胶砂强度试体进行编号时,应将同一试模中的三条试体分在同一个龄期内。（　　）

8. 对于72h龄期的强度试验应在72±60min内进行,对于28d龄期的强度试验应在28d±12h内进行。（　　）

9. 水泥胶砂试体在养护期间养护池不允许加水和换水。（　　）

10. 每个养护池只能养护同类型的水泥试件。（　　）

11. 水泥胶砂强度试件,从养护池中取出后应擦干,在进行抗折和抗压试验过程中保持表面干燥。（　　）

12. 水泥细度的筛余值小于或等于5.0%,而两次筛余结果绝对误差大于1%时,应再做一次试验。（　　）

13. 将水泥细度试验筛标定用标准样装入干燥洁净的密闭广口瓶中,盖下盖子摇动2min,消除结块。静置2min后,立即进行精确称量。（　　）

14. 水泥胶砂流动度试验,拌好的胶砂分两层装模,第一层用捣棒由边缘至中心均匀捣压15次,每二层再用捣棒由边缘至中心均匀捣压10次。（　　）

15. 水泥胶砂流动度试验,拌好的胶砂分两层装模,第一层的捣压深度为胶砂高度的三分之二,第二层捣压深度应超过已捣实的底层表面。（　　）

16. 检测水泥胶砂流动度时,跳桌跳动完毕后,用卡尺测量胶砂底面互相垂直的的两个方向直径,计算平均值,取整数,单位为毫米。该平均值即为该水量的水泥胶砂流动度。（　　）

17. 六大通用水泥的初凝时间均不得早于45min,终凝时间均不得迟于10h。（　　）

18. 硅酸盐水泥和普通硅酸盐水泥的细度以比表面积表示。（　　）

四、简答题

1. 请问六大通用水泥的名称及各自的代号是什么?
2. 简述体积安定性不良产生的原因。
3. 进场水泥复验时,取样批量应如何确定?应如何进行取样及处理、保存所取样品?
4. 进行水泥强度检验的各试验阶段,应如何控制试验室的环境条件和试件的养护条件?应如何记录?
5. 简述水泥胶砂强度试件的装模及成型过程。
6. 简述制备标准稠度用水量的水泥净浆的的过程。
7. 简述水泥细度负压筛的标定试验过程。
8. 简述进行复合硅酸盐水泥强度检验时如何确定用水量。

五、计算题

1. 一强度等级为42.5的复合硅酸盐水泥样品,进行28d龄期胶砂强度检验的结果如下:抗折荷载分别为：3.28kN、3.35kN 及 2.86kN，抗压荷载分别为：73.6kN、75.2kN、72.9kN、74.3kN、63.1kN 及 74.6kN，计算该水泥的抗压强度和抗折强度。

2. 用负压筛析法进行普通硅酸盐水泥水泥细度试验。试验前先标定负压筛，选用的水泥细度标准样的标准筛余量为 4.04%。称取两个标准样，质量分别为 25.12g 和 25.08g，筛毕后称量全部筛余物分别重 1.11g 和 1.05g。称取两个待测样品质量分别为 25.01g 和 25.09g，筛毕后称量全部筛余物分别重 1.89g 和 2.10g。计算该水泥的细度。

参考答案：

一、填空题

1. 普通硅酸盐水泥　矿渣硅酸盐水泥　火山灰质硅酸盐水泥　粉煤灰硅酸盐水泥　复合硅酸盐水泥

2. 0.9mm 方孔筛　3 个　　　　　　　3. 游离氧化钙
4. 不超过 200t　不超过 500t　　　　5. 20 ±2℃　不低于 50%
6. 0.1ml　1%　　　　　　　　　　　7. 调整用水量法　不变水量法
8. 水泥全部加入水中的时间　　　　　9. 30 ±5min
10. 0.5mm　　　　　　　　　　　　 11. 干黄油涂覆　涂上一层薄机油
12. 24h　　　　　　　　　　　　　　13. 450 ±2g　1350 ±5g　225 ±1g
14. 20~24h 之间　在试验报告中予以说明　15. 不得小于 5mm
16. 50N/s ±10N/s　　　　　　　　　17. 2400N/s ±200N/s
18. ±0.5mm　10mm 左右　　　　　　19. 负压筛析法　水筛法　手工筛法
20. 4000~6000Pa　　　　　　　　　　21. 80μm　45μm
22. 二　插做其他样品　　　　　　　　23. 流动度标准样
24. 硅酸盐水泥熟料　5%~20% 混合材料　25. 20%　50%

二、选择题

1. C	2. C	3. C	4. A
5. C	6. A	7. C	8. D
9. B	10. C	11. A	12. B
13. C	14. B	15. C	16. C
17. C	18. B	19. A	20. D
21. B	22. C	23. A	24. A
25. B	26. D	27. D	28. C
29. B	30. C		

三、判断题

1. ×	2. ×	3. √	4. ×
5. √	6. √	7. ×	8. ×
9. ×	10. √	11. ×	12. ×
13. ×	14. √	15. ×	16. √
17. ×	18. √		

四、简答题

1. 答：硅酸盐水泥，代号为 P·Ⅰ 或 P·Ⅱ；普通硅酸盐水泥，代号为 P·O；矿渣硅酸盐水泥，代号为 P·S；火山灰质硅酸盐水泥，代号为 P·P；粉煤灰硅酸盐水泥，代号 P·F；复合硅酸盐水泥，代号为 P·C。

2. 答：体积安定性不良主要是指水泥在硬化后，产生不均匀的体积变化。一般是由于熟料中所含的游离氧化钙过多，也可能是由于熟料中所含的游离氧化镁过多或掺入的石膏过多。熟料中所含的游离氧化钙或氧化镁都是过烧的，熟化很慢，在水泥已经硬化后才进行熟化，此时体积发生膨胀，引起不均匀的体积变化，造成水泥石开裂现象。

3. 答：进场的水泥应按批进行复验。按同一生产厂家、同一等级、同一品种、同一批号且连续进场的水泥，袋装不超过200t为一批，散装不超过500t为一批，每批抽样不少于一次。

取样应具有代表性，可连续取样、亦可从20个以上不同部位取等量样品，总量不应少于12kg，将所取样品充分混合后通过0.9mm方孔筛，均分为试验样和封存样。封存样应加封条，密封保管三个月

4. 答：试验室的温度控制为20±2℃，相对湿度不低于50%；试体带模养护的湿气养护箱的温度20±1℃，相对湿度不低于90%；试体养护池水温应在20±1℃范围内。

试验室空气温度和相对湿度及养护池水温每天至少记录一次；湿气养护箱的温度与相对湿度至少每4h记录一次，在自动控制的情况下可一天记录二次。

5. 答：胶砂制备完毕后，立即进行试件的成型。将空试模和模套固定在振实台上，用一个适当的勺子直接将胶砂分两层装入试模，装第一层时，每个槽里约放300g胶砂，用大播料器垂直架在模套顶部沿每个模槽来回一次将料层播平，接着振实60次。再装入第二层胶砂，用小播料器播平，再振实60次，移走模套，从振实台上取下试模，用一金属直尺以近似90°的角度架在试模模顶的一端，然后沿试模长度方向以横向锯割动作慢慢向另一端移动，一次将超过试模部分的胶砂刮去，并用同一直尺以近乎水平的情况下将试体表面抹平。

在试模上做标记或加字条标明试件编号、各试件相对于振实台的位置。

6. 答：用湿布擦拭搅拌锅和搅拌叶后，预估拌合水用量，并准确量取后倒入搅拌锅内，然后在5~10s内小心将称好的500g水泥加入水中，防止水和水泥溅出；将搅拌锅放在搅拌机的锅座上，升至搅拌位置，启动搅拌机，低速搅拌120s，停15s，同时将叶片和锅壁上的水泥浆刮入锅中间，接着高速搅拌120s后停机。

检查维卡仪的金属棒能否自由滑动，调整维卡仪标准稠度用试杆至接触玻璃板时指针对准零点。

立即将拌制好的水泥净浆装入置于玻璃板上的盛装水泥净浆的试模中，用小刀插捣，轻轻振动数次，刮去多余的净浆；抹平后迅速将玻璃底板和试模移到维卡仪上，并将其中心定在试杆下，降低试杆直至与水泥净浆表面接触，拧紧螺钉1~2s后，突然放松，使试杆垂直自由地沉入水泥净浆中。在试杆停止沉入或释放试杆30s时记录试杆距底板之间的距离，升起试杆后，立即擦净。整个操作应在搅拌后1.5min内完成。以试杆沉入净浆并距底板6±1mm的水泥净浆为标准稠度净浆。

7. 答：被标定的试验筛应事先经过清洗、去污、干燥（水筛除外）并和标定试验室温度一致。

将水泥细度标准样品装入干燥的密闭广口瓶中，盖上盖子摇动2min，消除结块。静置2min后，用一根干燥洁净的搅拌棒搅匀样品。

负压筛放在筛座上，盖上筛盖，接通电源，检查控制系统，调节负压至4000~6000Pa范围内。

称取水泥细度标准样品，置于洁净的负压筛中，放在筛座上，盖上筛盖，开动筛析仪连续筛析2min，在此期间如有试样附着在筛盖上，可轻轻地敲击，使试样落下。筛毕，用天平称量全部筛余

物。

每个试验筛的标定应称取二个标准样品连续进行,中间不得插做其他样品。

以两个样品结果的算术平均值为最终值,但当二个样品筛余结果相差大于0.3%时,应称第三个样品进行试验,并取接近的两个结果进行平均作为结果。

8. 答:用水量应按0.50水灰比和胶砂流动度不小于180mm来确定。当流动度小于180mm时,应以0.01的整倍数递增的方法将水灰比调整至胶砂流动度不小于180mm。

五、计算题

1. 解:

抗折强度:$R_f1 = \dfrac{1.5F_fL}{b^3} = \dfrac{1.5 \times 3.28 \times 100}{4^3} = 7.7\text{MPa}$

$R_f2 = \dfrac{1.5F_fL}{b^3} = \dfrac{1.5 \times 3.35 \times 100}{4^3} = 7.8\text{MPa}$

$R_f3 = \dfrac{1.5F_fL}{b^3} = \dfrac{1.5 \times 2.86 \times 100}{4^3} = 6.5\text{MPa}$

平均值 $= \dfrac{R_f1 + R_f2 + R_f3}{3} = \dfrac{7.7 + 7.8 + 6.5}{3} = 7.3\text{MPa}$,

因 $\dfrac{7.3 - 6.5}{7.3} \times 100 = 11.0\% > 10\%$,故 R_f3 值应舍弃。

抗折强度值 $= \dfrac{R_f1 + R_f2}{2} = \dfrac{7.7 + 7.8}{2} = 7.8\text{MPa}$

抗压强度:$R_c1 = \dfrac{F_c}{A} = \dfrac{73600}{1600} = 46.0\text{MPa}$

$R_c2 = \dfrac{F_c}{A} = \dfrac{75200}{1600} = 47.0\text{MPa}$

$R_c3 = \dfrac{F_c}{A} = \dfrac{72900}{1600} = 45.6\text{MPa}$

$R_c4 = \dfrac{F_c}{A} = \dfrac{74300}{1600} = 46.4\text{MPa}$

$R_c5 = \dfrac{F_c}{A} = \dfrac{63100}{1600} = 39.4\text{MPa}$

$R_c6 = \dfrac{F_c}{A} = \dfrac{74600}{1600} = 46.6\text{MPa}$

平均值 $= \dfrac{R_c1 + R_c2 + R_c3 + R_c4 + R_c5 + R_c6}{6}$

$= \dfrac{46.0 + 47.0 + 45.6 + 46.4 + 39.4 + 46.6}{6} = 45.2$

因 $\dfrac{45.2 + 39.4}{45.2} \times 100 = 12.8\% > 10\%$,故 R_c3 应舍弃。

抗压强度值 $= \dfrac{R_c1 + R_c2 + R_c4 + R_c5 + R_c6}{5}$

$= \dfrac{46.0 + 47.0 + 45.6 + 46.4 + 46.6}{5} = 46.3\text{MPa}$

该组水泥样品28d抗折强度值为7.8MPa,抗压强度值为46.3MPa。

2. 解：$F_{标1} = R_t/W = 1.11/25.12 = 4.42\%$

$F_{标2} = R_t/W = 1.05/25.08 = 4.19\%$

$F = (4.42\% + 4.19\%)/2 = 4.30\%$

$C = 4.30/4.04 = 1.06$

C 值在 $0.80 \sim 1.20$ 之间，试验筛可以用。

$F_{样1} = R_t/W = 1.89/25.01 = 7.6\%$

$F_{样2} = R_t/W = 2.10/25.09 = 8.4\%$

$F = (7.6\% + 8.4\%)/2 = 8.0\%$

$1.06 \times 8.0\% = 8.5\%$

所以，该水泥细度为 8.5%。

水泥物理力学性能模拟试卷（A）

一、填空题

1. 水泥比表面积是_____具有的总表面积，以_____表示。
2. 硅酸盐水泥分为两种类型，_____的称 I 类硅酸盐水泥，在粉磨时掺加不超过水泥质量 5% 的_____或_____的称 II 型硅酸盐水泥。
3. 水泥跳桌安装好后，应采用_____进行检定。
4. 水泥胶砂搅拌机的叶片与锅壁之间的间隙检查频率应为_____。
5. 采用不变水量方法进行水泥标准稠度用水量检测时，当试锥的下沉深度_____，应改用调整水量法测定。
6. 对于 24h 以上龄期的胶砂强度试体应在成型后_____脱模，如因脱模会对强度造成损害时，可以延迟脱模时间，但应_____。
7. 水泥中凡_____、_____、_____中任一项不符合标准规定时，均为废品。
8. 在使用水泥胶砂强度试模前，应用_____试模的外接缝，在试模内表面_____。
9. 将经抗折试验折断的水泥胶砂半截棱柱体放入抗压夹具进行抗压试验，半截棱柱体的中心应与试验机压板的中心差不超过_____，棱柱体应露出抗压夹具压板_____。
10. 进行水泥试验筛的标定时，应称取_____个标准样品连续进行，中间不得_____。

二、单项选择题

1. 沸煮法只适用于检验_____对体积安定性的影响。
   A. 游离氧化镁　　　B. 石膏　　　C. 游离氧化钙　　　D. 三氧化硫
2. 火山灰质硅酸盐水泥的代号为_____。
   A. P·P　　　B. P·F　　　C. P·S　　　D. P·C
3. 进行水泥凝结时间测定时，临近初凝时间时，每隔_____测定一次，临近终凝时间时，每隔_____测定一次。
   A. 15min　30min　　B. 10min　20min　　C. 5min　15min　　D. 5min　10min
4. 进行水泥安定性检测时，调整沸煮箱内水位并将试样放入，然后在_____时间内加热至沸，并恒沸_____时间。
   A. 30 ± 5min　180 ± 5min　　　　B. 45 ± 5min　180 ± 5min
   C. 30 ± 5min　240 ± 5min　　　　D. 45 ± 5min　240 ± 5min

5. 复合硅酸盐水泥中混合材料总掺加量按质量百分比计应大于_____,但不超过_____。
   A. 20%　30%　　　　B. 15%　50%　　　　C. 20%　50%　　　　D. 15%　30%
6. 水泥细度的筛余值小于或等于5.0%,而两次筛余结果绝对误差大于_____时,应再做一次试验。
   A. 0.1%　　　　　　B. 1%　　　　　　　C. 0.3%　　　　　　D. 0.5%
7. 水泥胶砂流动度试验,从胶砂加水开始到测量扩散直径结束,应在_____内完成。
   A. 5min　　　　　　B. 8min　　　　　　C. 10min　　　　　　D. 6min
8. 进行水泥标准稠度用水量检测时,使用量水器的最小刻度不小于_____,精度为_____。
   A. 0.1ml　1%　　　B. 0.5ml　2%　　　C. 1ml　2%　　　　D. 0.2ml　1%
9. 用于进行细度试验的天平最小分度值不应大于_____。
   A. 0.5g　　　　　　B. 0.1g　　　　　　C. 0.01g　　　　　　D. 0.001g
10. 当水泥细度试验筛的标定修正系数 C 在_____范围时,试验筛可以继续使用,否则应予淘汰。
    A. 0.90～1.10　　　B. 0.70～1.30　　　C. 0.80～1.20　　　D. 0.85～1.15
11. _____细度是用比表面积来表示的。
    A. 火山灰质硅酸盐水泥　　　　　　　　B. 硅酸盐水泥
    C. 粉煤灰硅酸盐水泥　　　　　　　　　D. 矿渣硅酸盐水泥
12. 当水泥跳桌在_____内未使用,在用于试验前,应空跳一个周期_____次。
    A. 24h　25次　　　B. 48h　25次　　　C. 24h　30次　　　D. 48h　30次
13. 进行水泥强度检测时,脱模前的试样应放置在温度为_____,湿度为不低于_____养护箱内。
    A. 20±2℃　90%　　B. 20±1℃　95%　　C. 20±1℃　90%　　D. 20±2℃　95%
14. 水泥胶砂强度试件制备时,应分_____层装模,每层振实_____次。
    A. 三、30　　　　　B. 二、60　　　　　C. 三、60　　　　　D. 二、30
15. 雷氏夹法测水泥安定性时,每个试件需配备两片质量约_____的玻璃片。
    A. 55～65g　　　　B. 65～75g　　　　C. 75～85g　　　　D. 85～95g
16. 进行水泥标准稠度用水量测定时,净浆拌合完毕后进行沉入深度的测量应在_____内完成。
    A. 1.5min　　　　　B. 2min　　　　　　C. 2.5min　　　　　D. 3min
17. 当负压筛析法、水筛法和手工筛法测定的结果发生争议时,以_____为准。
    A. 负压筛析法　　　B. 水筛法　　　　　C. 手工筛法　　　　D. 视情况而定
18. 进行水泥强度试件成型时配备了二个播料器,其作用是_____。
    A. 便于操作　　　　B. 使装料均匀　　　C. 刮平胶砂　　　　D. 控制料层厚度
19. 当试验水泥从取样至试验要保持_____以上时,应把它存放在可基本装满、气密且不与水泥反应的容器里。
    A. 12h　　　　　　　B. 24h　　　　　　C. 36h　　　　　　D. 48h
20. 进行水泥抗折强度试验时,试验加荷的速率为_____。
    A. 100N/s±10N/s　　B. 150N/s±10N/s　　C. 50N/s±10N/s　　D. 10N/s±1N/s

三、判断题

1. 水泥试验室的温度为20±2℃,相对湿度应不小于50%,水泥试样、拌合水、仪器和用具的温

度应与试验室一致。（ ）

2. 标准法检测水泥安定性,当两个试件的$(C-A)$值超过4.0mm时,应用同一样品立即重做一次试验,如果结果仍然如此,则认为该水泥安定性不合格。（ ）

3. 对于72h龄期的强度试验应在72±60min内进行,对于28d龄期的强度试验应在28d±12h内进行。（ ）

4. 水泥胶砂试体在养护期间养护池不允许加水和换水。（ ）

5. 水泥胶砂流动度试验,拌好的胶砂分两层装模,第一层的捣压深度为胶砂高度的三分之二,第二层捣压深度应超过已捣实的底层表面。（ ）

6. 六大通用水泥的初凝时间均不得早于45min,终凝时间均不得迟于10h。（ ）

7. 水泥抗压强度是在抗折试验折断后的棱柱体上进行,受压面是试体成型时的两个侧面,面积为40mm×40mm。（ ）

8. 水泥抗压强度试件脱模后做好标记,立即水平或垂直放在20±1℃水中养护,水平放置时刮平面应朝下。（ ）

9. 如有外部振源时,水泥振实台的整个混凝土基座应放在天然橡胶这样的弹性衬垫上。（ ）

10. 将水泥细度试验筛标定用标准样装入干燥洁净的密闭广口瓶中,盖下盖子摇动2h,消除结块。静置2h后,立即进行精确称量。（ ）

四、简答题

1. 进场水泥复验时,取样批量应如何确定？应如何进行取样并如何处理、保存所取样品？
2. 简述水泥强度试验中水泥胶砂的制备过程。
3. 简述进行水泥胶砂流动度测定的过程(胶砂制备过程可省略)。
4. 进行水泥强度检验的各试验阶段,应如何控制试验室的环境条件和试件的养护条件？应如何记录？

五、计算题

1. 一强度等级为42.5的普通硅酸盐水泥样品,进行3d龄期胶砂强度检验的结果如下：抗折荷载分别为：1.64kN、1.72kN及1.60kN,抗压荷载分别为：28.2kN、28.0kN、22.9kN、28.6kN、27.2kN及27.1kN,计算该水泥的3d抗压强度和抗折强度。

2. 用负压筛析法进行普通硅酸盐水泥水泥细度试验。试验前先标定负压筛,选用的水泥细度标准样的标准筛余量为2.88%。称取两个标准样,质量分别为25.18g及25.00g,筛毕后称量全部筛余物分别重0.66g和0.61g。称取两个待测样品质量分别为25.01g及25.09g,筛毕后称量全部筛余物分别重1.29g和1.23g。计算该水泥的细度。

水泥物理力学性能模拟试卷(B)

一、填空题

1. 凡由硅酸盐水泥熟料、_____、适量石膏磨细制成的水硬性胶凝材料,称为普通硅酸盐水泥。

2. 当试验水泥从取样至试验要保持_____以上时,应把它存放在可基本装满、气密且不与水泥反应的容器里。

3. 水泥的强度等级是按规定龄期的_____和_____来划分。

4. 每锅胶砂制三条胶砂强度试条,每锅材料用量为水泥_____、标准砂_____、水_____。

5. 复合硅酸盐水泥进行胶砂强度检验的用水量按_____和_____来确定。

6. 将经抗折试验折断的水泥胶砂半截棱柱体放入抗压夹具进行抗压试验,半截棱柱体的中心应与试验机压板的中心差不超过_____,棱柱体应露出抗压夹具压板_____。

7. 水泥胶砂试体在养护期间,试件上表面的水深_____。

8. 标准法进行水泥安定性检测,测量雷氏夹指针尖端的距离,应准确至_____。

9. 用调整水量法测定标准稠度用水量时,以试锥下沉深度为_____时的净浆为标准稠度净浆。

10. 进行水泥凝结时间测定时,应以_____作为凝结时间的起始时间。

二、单项选择题

1. 水泥胶砂试体龄期是从_____算起。
   A. 水泥加水搅拌时   B. 胶砂搅拌结束时
   C. 装模并抹面结束时   D. 试体放入湿气养护箱时

2. 粉煤灰硅酸盐水泥的代号为_____。
   A. P·P   B. P·F   C. P·S   D. P·C

3. 水泥细度试验筛每使用_____后,应进行标定。
   A. 200 次   B. 一个月后   C. 100 次   D. 三个月后

4. 当水泥跳桌在_____内未使用,在用于试验前,应空跳一个周期_____次。
   A. 24h 25 次   B. 48h 25 次   C. 24h 30 次   D. 48h 30 次

5. 复合硅酸盐水泥中混合材料总掺加量按质量百分比计应大于_____,但不超过_____。
   A. 20% 30%   B. 15% 50%   C. 20% 50%   D. 15% 30%

6. 当水泥细度试验筛的标定修正系数 C 在_____范围时,试验筛可以继续使用,否则,应予淘汰。
   A. 0.90~1.10   B. 0.70~1.30   C. 0.80~1.20   D. 0.85~1.15

7. 水泥细度试验用 80μm 试验筛时,应称水泥试样_____;用 45μm 试验筛时,应称水泥试样_____。
   A. 50g 25g   B. 25g 10g   C. 10g 25g   D. 25g 50g

8. 在进行水泥胶砂制备的各个搅拌阶段,时间误差应控制在_____内。
   A. ±10s   B. ±2s   C. ±5s   D. ±1s

9. 用于进行细度试验的天平最小分度值不应大于_____。
   A. 0.5g   B. 0.1g   C. 0.01g   D. 0.001g

10. 进行水泥强度试件成型时配备了二个播料器,其作用是_____。
    A. 便于操作   B. 使装料均匀   C. 刮平胶砂   D. 控制料层厚度

11. _____细度是用比表面积来表示的。
    A. 火山灰质硅酸盐水泥   B. 普通硅酸盐水泥
    C. 粉煤灰硅酸盐水泥   D. 矿渣硅酸盐水泥

12. 水泥胶砂流动度试验,从胶砂加水开始到测量扩散直径结束,应在_____内完成。
    A. 5min   B. 8min   C. 10min   D. 6min

13. 水泥凝结时间的待测试件应放置在温度为_____,湿度为不低于_____养护箱内。
    A. 20±2℃ 90%   B. 20±1℃ 95%   C. 20±1℃ 90%   D. 20±2℃ 95%

14. 水泥胶砂强度试件制备时,应分_____层装模,每层振实_____次。
   A. 三 30   B. 二 60   C. 三 60   D. 二 30
15. 当将雷氏夹的一根指针的根部先悬挂在一根金属丝上,另一根指针的根部挂上300g砝码时,两根指针针尖的距离增加应在_____。
   A. 17.5mm±2.5mm   B. 10.0mm±1.0mm
   C. 20.0mm±3.0mm   D. 22.5mm±2.5mm
16. 到龄期的胶砂强度试体应在破型前_____内从养护水中取出,准备试验。
   A. 10min   B. 5min   C. 15min   D. 20min
17. 当负压筛析法、水筛法和手工筛法测定的结果发生争议时,以_____为准。
   A. 负压筛析法   B. 水筛法   C. 手工筛法   D. 视情况而定
18. 用标准法进行水泥标准稠度用水量检测时,试杆沉入净浆后距底板的距离应在_____的范围内。
   A. 4±1mm   B. 5±1mm   C. 6±1mm   D. 7±1mm
19. 进行水泥抗压强度试验时,试验加荷的速率为_____。
   A. 500±50N/s   B. 1000±100N/s C. 2400±200N/s D. 2500±250N/s

三、判断题

1. 用标准法进行水泥标准稠度用水量的测定时,应用湿布擦拭搅拌锅和搅拌叶后,将称好的水泥加入搅拌锅中,再准确量取预估好的拌合水用量,倒入搅拌锅内。（ ）
2. 进行水泥凝结时间测定时,当终凝时间测试针沉入试体0.5mm时,即环形附件开始不能在试体上留下痕迹时,水泥达到终凝状态。（ ）
3. 水泥胶砂强度试件,从养护池中取出后应擦干,在进行抗折和抗压试验过程中保持表面干燥。（ ）
4. 六大通用水泥的初凝时间均不得早于45min,终凝时间均不得迟于10h。（ ）
5. 将水泥细度试验筛标定用标准样装入干燥洁净的密闭广口瓶中,盖下盖子摇动2h,消除结块。静置2h后,立即进行精确称量。（ ）
6. 水泥振实台应安装在适当高度的普通混凝土基座上,混凝土的体积不少于$0.25m^3$,质量不低于600kg。（ ）
7. 水泥抗压强度是在抗折试验折断后的棱柱体上进行,受压面是试体成型时的两个侧面,面积为40mm×40mm。（ ）
8. 水泥抗压强度试件脱模后做好标记,立即水平或垂直放在20±1℃水中养护,水平放置时刮平面应朝下。（ ）
9. 水泥胶砂强度试件,从养护池中取出后应擦干,在进行抗折和抗压试验过程中保持表面干燥。（ ）
10. 代用法检测水泥安定性时,目测试饼未发现裂缝,用钢直尺检查也没有弯曲,则认为该水泥安定性合格,反之为不合格。当两个试饼判别结果有矛盾时,应重新进行试验。（ ）

四、简答题

1. 简述体积安定性不良产生的原因。
2. 简述进行复合硅酸盐水泥强度检验时如何确定用水量。
3. 简述水泥胶砂强度试件的装模及成型过程。
4. 简述水泥细度负压筛的标定试验过程。

五、计算题

1. 一强度等级为 42.5 的复合硅酸盐水泥样品,进行 28d 龄期胶砂强度检验的结果如下:抗折荷载分别为:2.32kN、2.86kN 及 2.78kN,抗压荷载分别为:71.0kN、69.8kN、68.9kN、71.2kN、61.6kN 及 70.5kN。计算该水泥的 28d 抗压强度和抗折强度。

2. 用负压筛析法进行普通硅酸盐水泥水泥细度试验。试验前先标定负压筛,选用的水泥细度标准样的标准筛余量为 1.68%。称取两个标准样,质量分别为 25.08g 和 25.05g,筛毕后称量全部筛余物分别重 0.43g 和 0.39g。称取两个待测样品质量分别为 24.96g 和 25.02g,筛毕后称量全部筛余物分别重 2.33g 和 2.41g。计算该水泥的细度。

第二节 钢筋(连接件)性能

一、填空题

1. 金属材料拉伸试验一般在室温_____℃范围内进行。
2. 屈服点是指金属材料在试验期间达到_____。
3. 屈服强度分为上屈服强度和下屈服强度。上屈服强度为_____,下屈服强度为_____。
4. 钢筋拉伸试验强度≤200MPa 时,应修约至_____MPa。
5. 钢材试样原始截面可以为圆形、方形、矩形或特殊情况时为其他形状,矩形截面试样推荐其宽厚比不超过_____。
6. 金属管材试样用纵向弧形试样时,一般适用于管壁厚度大于_____mm 的管材。
7. 钢筋焊接接头试件用静拉伸力对试样轴向拉伸时应连续而平稳,加载速率宜为_____。
8. 热影响区宽度主要决定于焊接方法,钢筋电阻电焊焊点为_____;钢筋闪光对焊接头为_____;钢筋电弧焊接头为_____;钢筋电渣压力焊接头为_____;钢筋气压焊接头为_____;预埋件钢筋埋弧压力焊接头为_____。
9. 钢筋焊接接头弯曲试件应将试样受压面进行_____的处理。
10. 屈服强度的测定有三种方法:_____、_____、_____。
11. 钢筋闪光对焊接头力学性能检验时,应从每批接头中随机切取_____个接头,其中_____个作拉伸试验,_____个作冷弯试验。
12. 金属材料室温拉伸试验中测定下屈服强度,在试样平行长度的屈服期间,应变速率应在_____之间。
13. 钢筋机械接头的破坏形态有_____、_____、_____。
14. 钢筋机械接头的性能等级根据_____以及高应力和大变形条件下_____的差异分为_____等级。
15. 钢筋连接工程开始前及施工过程中,应对每批进场钢筋进行接头_____。
16. 冷轧带肋钢筋 CRB550 中 550 代表_____。
17. 热轧光圆钢筋有两个牌号,分别为_____和_____。
18. 冷轧扭钢筋试验时的加载速率不宜大于_____。
19. 冷轧扭钢筋拉伸试验时,试样的夹持,应使冷轧扭钢筋在上下夹具中_____。
20. 冷轧扭钢筋截取拉伸试样时,取样部位距钢筋末端不小于_____,试样的长度应取_____。
21. 冷轧扭钢筋验收批应由同一型号、同一强度等级、同一规格尺寸、同一台轧机生产的钢筋组成且每批不应大于_____,不足_____按一批计。

22. 冷轧扭钢筋截面近似矩形截面为_____,近似正方形截面为_____,近似圆形截面为_____。

23. CTB550ΦT10-Ⅱ表示_____。

24. 冷轧扭钢筋的标志直径为_____。

25. 冷轧扭钢筋的节距为_____。

26. HRB400 中 400 表示_____。

27. 热轧光圆钢筋可按_____或_____两种形式供货。

28. 厚度大于 35mm 的 Q345 级低合金高强度结构钢板的伸长率值标准值可降低_____。

二、选择题

1. 热轧带肋钢筋应按批进行检查试验,每批应由同一牌号、同一炉罐号、同一规格的钢材组成,每批重量不大于_____。
   A. 30t   B. 60t   C. 50t   D. 100t

2. 钢筋混凝土用热轧光圆钢筋的力学工艺性能试验,每批试样数量应为:拉伸试样_____,弯曲试样_____。
   A. 一个 一个   B. 二个 一个   C. 一个 二个   D. 二个 二个

3. 当钢筋用于有抗震设防要求的框架结构时,其纵向受力钢筋的强度应满足设计要求;当设计无具体要求时,对一、二级抗震等级,钢筋检验所得的强度值应符合_____。
   A. 钢筋实测抗拉强度值与实测屈服强度值之比不应小于 1.25;钢筋实测屈服强度值与屈服强度标准值之比不应大于 1.3
   B. 钢筋实测抗拉强度值与实测屈服强度值之比不应小于 1.3;钢筋实测屈服强度值与屈服强度标准值之比不应大于 1.25
   C. 钢筋实测抗拉强度值与实测屈服强度值之比不应小于 1.3;钢筋实测屈服强度值与屈服强度标准值之比不应小于 1.25
   D. 钢筋实测抗拉强度值与实测屈服强度值之比不应大于 1.25;钢筋实测屈服强度值与屈服强度标准值之比不应小于 1.30

4. 钢筋混凝土用热轧带肋钢筋的力学工艺性能试验,每批试样数量应为_____拉伸试样,_____弯曲试样。
   A. 一个 一个   B. 二个 一个   C. 一个 二个   D. 二个 二个

5. 进行冷轧带肋钢筋反复弯曲试验,当钢筋公称直径为 4mm 时,弯曲半径为_____。
   A. 4mm   B. 6mm   C. 8mm   D. 10mm

6. 进行冷轧带肋钢筋反复弯曲试验,当钢筋公称直径为 5mm 或 6mm 时,弯曲半径为_____。
   A. 15mm   B. 12mm   C. 10mm   D. 8mm

7. 碳素结构钢进行拉伸和弯曲试验时,钢板和钢带_____。
   A. 应取纵向试样   B. 应取横向试样
   C. 横向、纵向试样均应取   D. 取样方向没有规定

8. 进行钢材拉伸试验,通过计算得出的原始横截面积应至少保留_____有效数字。
   A. 二位   B. 三位   C. 四位   D. 五位

9. 碳素结构钢 Q235,钢板厚度 d 为 20mm,弯心直径为:_____
   A. $1d$ B. $1.5d$ C. $2d$ D. $2.5d$

10. 碳素结构钢的力学工艺性能试验,每批试样数量应为:_____拉伸试样,_____弯曲试样。
    A. 一个 一个   B. 二个 一个   C. 一个 二个   D. 二个 二个
11. 拉丝用低碳钢热轧圆盘条采用 k 值为_____的比例试样,原始标距为_____倍的钢筋直径。
    A. 5.65 5   B. 11.3 5   C. 5.65 10   D. 11.3 10
12. 对于比例试样应将原始标距的计算修约至最接近_____的倍数,中间值向_____一方修约。
    A. 2mm 较大   B. 2mm 较小   C. 5mm 较大   D. 5mm 较小
13. 冷轧扭钢筋的弯心直径为_____。
    A. $1d$ B. $0.5d$ C. $3d$ D. $4d$
14. 冷轧扭钢筋的的力学工艺性能试验,每批试样数量应为:_____拉伸试样,弯曲试样。
    A. 一个 一个   B. 二个 一个   C. 一个 二个   D. 二个 二个
15. 进行板材、带材和型材的弯曲试验,当产品厚度不大于_____时,试样厚度为原产品的厚度。
    A. 15mm   B. 20mm   C. 25mm   D. 30mm
16. 闪光对焊接头同一台班内,由同一焊工完成的_____同牌号、同直径钢筋焊接接头为一批。
    A. 250 个   B. 300 个   C. 350 个   D. 500 个
17. 一组电渣压力焊钢筋焊接接头初次拉伸试验结果为:3 个试件抗拉强度均大于钢筋规定的抗拉强度,其中 2 个试件在焊缝外延断,1 个试件在焊缝处脆断,且其抗拉强度小于规定值的 1.10 倍,则该批接头拉伸性能为_____。
    A. 合格   B. 不合格品   C. 需复验   D. 结果无效
18. 一组电弧焊钢筋焊接接头初验试件,拉伸试验结果为:3 个试件抗拉强度均大于钢筋规定的抗拉强度,其中 2 个试件在焊缝处脆断且其抗拉强度小于规定值的 1.10 倍,1 个在焊缝外延断,则该批接头拉伸性能为:_____。
    A. 合格   B. 不合格品   C. 需复验   D. 结果无效
19. 一组闪光对焊钢筋焊接接头初验试件,拉伸试验结果为:3 个试件抗拉强度均大于钢筋规定的抗拉强度但均小于钢筋规定抗拉强度的 1.10 倍,3 个试件均在焊缝处脆性断裂,则该批接头拉伸性能为:_____。
    A. 合格   B. 不合格品   C. 需复验   D. 结果无效
20. 一组电渣压力焊钢筋焊接接头初验试件,拉伸试验结果为:2 个试件抗拉强度均大于钢筋规定的抗拉强度,1 个抗拉强度小于钢筋规定的抗拉强度,3 个试件均在焊缝外延断,则该批接头拉伸性能为:_____。
    A. 合格   B. 不合格品   C. 需复验   D. 结果无效
21. 一组闪光对焊钢筋焊接接头初验试件,拉伸试验结果为:2 个试件抗拉强度小于钢筋规定的抗拉强度,1 个试件抗拉强度大于钢筋规定的抗拉强度,3 个试件均在焊缝外延断,则该批接头拉伸性能为:_____。
    A. 合格   B. 不合格品   C. 需复验   D. 结果无效
22. 一组电渣压力焊钢筋焊接接头初验试件,拉伸试验结果为:1 个试件抗拉强度大于钢筋规定的抗拉强度,在焊缝外延性断裂,另外 2 个试件均在焊缝处脆断,抗拉强度大于钢筋规定的抗拉强度且其中 1 个大于钢筋规定抗拉强度的 1.10 倍,则该批接头拉伸性能为:_____。

A. 合格 B. 不合格品 C. 需复验 D. 结果无效

23. 一组电弧焊钢筋焊接接头复验试件,拉伸试验结果为:有1个试件抗拉强度小于钢筋规定的抗拉强度,其余均大于钢筋规定的抗拉强度,试件均在焊缝外延断,则该批接头复验结果为_____。
   A. 合格 B. 不合格品 C. 需复验 D. 结果无效

24. 一组闪光对焊钢筋焊接接头复验试件,拉伸试验结果为:试件抗拉强度均大于钢筋规定的抗拉强度,有3个试件在焊缝处脆断,且抗拉强度均小于规定值的1.10倍,则该批接头复验结果为:_____。
   A. 合格 B. 不合格品 C. 需复验 D. 结果无效

25. 一组闪光对焊钢筋焊接接头初验试件,弯曲试验结果为:弯至90°,有2个试件外侧发生破裂,1个试件未发生破裂,则该批接头弯曲试验结果为:_____。
   A. 合格 B. 不合格品 C. 需复验 D. 结果无效

26. 一组闪光对焊钢筋焊接接头初验试件,弯曲试验结果为:弯至90°,3个试件外侧均发生破裂,则该批接头弯曲试验结果为:_____。
   A. 合格 B. 不合格品 C. 需复验 D. 结果无效

27. 一组闪光对焊钢筋焊接接头复验试件,弯曲试验结果为:3个试件外侧发生破裂,3个试件外侧未发生破裂,则该批接头复验结果为:_____。
   A. 合格 B. 不合格品 C. 需复验 D. 结果无效

28. 一组闪光对焊钢筋焊接接头复验试件,弯曲试验结果为:2个试件外侧发生破裂,4个试件外侧未发生破裂,则该批接头为:_____。
   A. 合格 B. 不合格品 C. 需复验 D. 结果无效

29. 一组预埋件钢筋T形接头初验试件,拉伸试验结果为:3个试件中有2个小于规定值,则该批接头拉伸性能为:_____。
   A. 合格 B. 不合格品 C. 需复验 D. 结果无效

30. 一组钢筋机械连接接头复验试件,拉伸试验结果为:有1个试件不符合相应等级要求,其余试件均符合相应等级要求,则该批接头复验结果为:_____。
   A. 合格 B. 不合格品 C. 需复验 D. 结果无效

31. 一个热轧带肋钢筋试件,经拉伸试验后,屈服强度、抗拉强度、伸长率均为合格,但试样出现了两个缩颈,则该试件_____。
   A. 合格 B. 不合格品 C. 需复验 D. 结果无效

32. 牌号为HRB400、直径为28mm的钢筋闪光对焊接头弯曲试验的弯心直径为:_____。
   A. 112mm B. 140mm C. 168mm D. 196mm

33. 接头的现场检验按验收批进行。同一施工条件下采用同一批材料的同等级、同形式、同规格接头,以_____为一验收批。
   A. 200个 B. 250个 C. 350个 D. 500个

34. I级钢筋机械连接I级接头应满足接头抗拉强度不小于被连接钢筋_____或1.10倍钢筋_____,并具有高延性及反复拉压性能。
   A. 抗拉强度标准值 屈服强度标准值 B. 钢筋实际抗拉强度 抗拉强度标准值
   C. 抗拉强度标准值 钢筋实际抗拉强度 D. 钢筋实际抗拉强度 屈服强度标准值

35. 钢筋机械连接接头的现场检验,连续_____个验收批抽样试件抗拉强度1次合格率为_____时,验收批接头数量可以扩大1倍。
   A. 5 98% B. 10 98% C. 5 100% D. 10 100%

三、判断题

1. 测量断后伸长率时,原则上只有断裂处与最接近的标距的距离不小于原始标距的三分之一方为有效。（　）
2. 测量矩形截面试样横截面积,应在标距的两端及中间三处测量宽度和厚度,取用三处测得的平均截面积。（　）
3. 试样断在标距外或断在机械刻划的标距标记上,而且断后伸长率小于规定的最小值时,试验结果无效,应作同样数量试样的试验。（　）
4. 延性断裂是指伴随明显塑性变形而形成延性断口,断裂面与拉应力垂直或倾斜,其上具有细小的凹凸,呈纤维状的断裂。（　）
5. 脆性断裂是几乎不伴随塑性变形而形成脆性断口,断裂面通常与拉应力垂直,宏观上由有光泽的亮面组成的断裂。（　）
6. 套筒挤压连接接头不可以连接不同直径的钢筋。（　）
7. 钢筋机械连接接头现场检验时,一般只进行外观质量检查和单面拉伸强度试验。（　）
8. 低碳钢热轧圆盘条应在冷拉校直后进行力学性能试验。（　）
9. 一组热轧带肋钢筋拉伸性能检测不合格,应在该批中再取相同数量的钢筋原材检验,检验合格后方可用于工程中。（　）
10. 比例试样是指试样原始标距 L_0 与原始横截面积 S_0 有 $L_0 = k\sqrt{S_0}$ 关系。（　）
11. 钢筋焊接接头拉伸试验计算横截面积是按钢筋的公称横截面积来计算的。（　）
12. 预埋件钢筋T形接头试验只对其抗拉强度做出了要求,对其断裂方式没有要求。（　）
13. 钢筋原材拉伸试验断后标距的测定:试样拉断后,将其断裂部分在断裂处紧密对接在一起,尽量使其轴线位于一直线上,如断裂处形成缝隙,则此缝隙不应计入该试样拉断后的标距内。（　）
14. 钢材进行反复弯曲试验时,试样断裂的最后一次弯曲应计入弯曲次数。（　）
15. 碳素结构钢中所有的Q235牌号的钢材屈服点都必须达到235MPa。（　）
16. 碳素结构钢中随着钢材的厚度的增加其要求达到的屈服强度、抗拉强度标准值随之增加。（　）
17. 碳素结构钢中随着钢材的厚度的增加其要求达到的伸长率随之减小。（　）
18. 对于腿部长度不等的角钢,从长度较长的腿步取样。（　）
19. 碳素结构钢A级钢冷弯试验合格时,抗拉强度上限可以不作为交货条件。（　）
20. 碳素结构钢钢板、钢带取横向试样,断后伸长率允许比标准值降低1%。（　）
21. 低合金高强度结构钢钢板、钢带取横向试样,断后伸长率允许比标准值降低2%。（　）
22. 厚度或直径大于25mm钢材的弯曲试验试样,可经单面刨削使其厚度减至不小于25mm,进行试验时未加工面应位于受拉变形一侧。（　）
23. Φ6.5的热轧光圆钢筋进行拉伸试验时,原始标距应为65mm。（　）
24. 用于梁、板的水平构件中的闪光对焊接头、气压焊接头应进行弯曲试验。（　）
25. 钢筋机械连接接头进行工艺检验时,Ⅰ、Ⅱ级接头尚应进行相应的母材的的抗拉强度试验。（　）
26. 甲级低碳冷拔钢丝的直径、抗拉强度、断后伸长率及反复弯曲次数如有某项检验不合格时,不得进行复检。（　）

四、简答题

1. 简述钢材进行拉伸可分为哪几个阶段？各阶段的特征是什么？

2. 什么叫钢材的上屈服强度和下屈服强度? 在度盘式试验机上应如何确定?
3. 什么是规定非比例延伸强度? $R_{p0.2}$ 的含义是什么?
4. 钢材原材的复验和判定是如何规定的?
5. 简述钢材发生延性断裂和脆性断裂的特征。
6. 简述进行钢材原材弯曲试验的过程。
7. 简述钢筋焊接接头拉伸试验的结果判定规则。
8. 简述钢筋机械连接接头各等级的要求。

五、计算题

1. 进行一组直径为 25mm 的 HRB400E 钢筋的拉伸试验,二根钢筋的屈服力分别为 279.7kN、282.4kN,抗拉力分别为 342.6、342.8kN,断后标距分别为 152.14mm 及 152.96mm,最大力总伸长率测定时,Y 和 V 拉伸前的距离均为 115mm,断裂后分别为 124.75mm 及 124.25。计算该组钢筋的屈服强度、抗拉强度、断后伸长率及最大力总伸长率,并判定该钢筋拉伸性能是否满足 HRB400E 的要求。

2. 进行一组直径为 20mm 的 HRB400 的电渣压力焊接头的拉伸试验,三个接头的拉伸结果分别为:
第一根:抗拉力为 190.0kN、呈延性断裂,断口距焊缝距离为 22mm;断在焊缝处处;
第三根:抗拉力为 188.0kN、断在焊缝处;
第三根:抗拉力为 189.4kN、断在焊缝处。
计算该组接头的抗拉强度并判定是否合格。

3. 进行一组直径为 25mm 的 HRB400 的机械连接 I 级接头的拉伸试验,三个接头的拉伸结果分别为:
第一根:抗拉力为 276.8kN、钢筋从连接件中拔出
第三根:抗拉力为 278.5kN、钢筋从连接件中拔出;
第三根:抗拉力为 292.2kN、钢筋拉断。
计算该组接头的抗拉强度并判定是否合格。

参考答案:

一、填空题

1. 10 ~ 35
2. 塑性变形发生而力不增加的应力点
3. 试样发生屈服而力首次下降前的最高应力　不计初始瞬间效应时的最低应力
4. 1
5. 8:1
6. 0.5
7. 10 ~ 30MPa/s
8. 0.5d　0.7d　6 ~ 10mm　0.8d　1.0d　0.8d
9. 金属毛刺和镦粗变形部分去除至与母材外表齐平
10. 图解　指针　自动采集
11. 6　3　3
12. 0.00025/s ~ 0.0025/s

13. 钢筋拉断　接头连接件破坏　钢筋从连接件中拔出
14. 抗拉强度　反复拉压性能　3 个
15. 工艺检验
16. 钢筋的抗拉强度最小值为 550MPa
17. HPB235　HPB300
18. 2kN/min
19. 截面位置基本在同一平面
20. 500mm　偶数倍节距,不宜小于 4 倍节距,且不小于 400mm
21. 20t　20t
22. Ⅰ型　Ⅱ型　Ⅲ型
23. 冷轧扭钢筋 550 级Ⅱ型,标志直径 10mm
24. 冷轧扭钢筋加工前原材料的公称直径
25. 截面位置沿钢筋轴线旋转变化的前进距离
26. 热轧带肋钢筋的屈服点最小值
27. 直条　盘卷
28. 1%

二、选择题

1. B	2. D	3. A	4. D
5. D	6. A	7. B	8. C
9. B	10. A	11. D	12. C
13. C	14. C	15. B	16. B
17. A	18. C	19. B	20. C
21. B	22. A	23. B	24. C
25. C	26. B	27. B	28. A
29. C	30. B	31. D	32. C
33. D	34. B	35. D	

三、判断题

1. √	2. ×	3. √	4. √
5. √	6. ×	7. √	8. ×
9. ×	10. √	11. √	12. √
13. ×	14. ×	15. ×	16. ×
17. √	18. ×	19. √	20. ×
21. √	22. √	23. ×	24. √
25. √	26. √		

四、简答题

1. 答:划分为四个阶段:弹性阶段、屈服阶段、强化阶段和颈缩阶段。

弹性阶段如卸去外力,试件能恢复原状,对应的应力与应变的比值为常数;屈服阶段如卸去外力,试件变形不能完全消失,应力随应变的增加很小;强化阶段钢材抵抗塑性变形的能力又重新提高,应力随应变的增加明显增加;颈缩阶段试件薄弱处急剧缩小,塑性变形迅速增加,产生"颈缩"现象直至断裂。

2. 答:上屈服强度为试样发生屈服而力首次下降前的最高应力,下屈服强度为不计初始瞬间效应时最低应力或力保持恒定时的恒定力。

测力指针首次回转前指示的最大力为上屈服强度的力,不计初始瞬间效应时屈服阶段中指针指示的最小力或指针首次停止转动时指示的恒定力。

3. 答:对于无明显屈服现象的钢材往往应进行规定非比例延伸强度的测定。非比例延伸强度即钢材变形的非比例延伸率达到规定的引伸计标距百分率时对应的强度。$R_{p0.2}$即表示钢材的非比例延伸率达到0.2%时对应的强度。

4. 答:钢材的任何一项试验结果不符合标准要求,则从同一批中再取双倍数量的试样进行该不合格项目的复验。复验结果即使有一个指标不合格,则判定整批不合格。

5. 答:延性断裂断口有明显塑性变形,,断裂面与拉应力垂直或倾斜,断口呈杯锥状,一侧呈杯形,一侧呈锥形,其上具有细小的凹凸,呈纤维状。

脆性断裂断口几乎无塑性变形,断裂面通常与拉应力垂直,宏观上由具有光泽的亮面组成。

6. 答:根据产品标准选择正确的弯曲压头,明确弯曲角度;调节支辊间的距离,一般支辊间的距离(l)应为:$l = (d + 3a) \pm 0.5a$,其中,d为弯曲压头的弯心直径;a为试样的厚度或直径。将试样放于两支辊上,试样轴线应与弯曲压头轴线垂直。弯曲压头在两支座之间的中点处对试样连续并缓慢施加压力,直至试样弯曲达到规定的角度。如不能直接达到规定的弯曲角度,应将试样置于两平行压板之间,连续施加压力使其进一步弯曲,直至达到规定的弯曲角度。

7. 答:闪光对焊接头、电弧焊接头、电渣压力焊接头、气压焊接头拉伸试验均应符合下列要求:

条件1:3个热轧钢筋接头试件的抗拉强度均不得小于该牌号钢筋规定的抗拉强度;RRB400钢筋接头试件的抗拉强度均不得小于570N/mm^2。

条件2:至少应有2个试件断于焊缝之外,并应呈延性断裂。

①当达到上述2项条件时,评定该批接头为抗拉强度合格。

②当试验结果有2个试件抗拉强度小于钢筋规定的抗拉强度或3个试件均在焊缝或热影响区发生脆性断裂时,则一次判定该批接头为不合格。

③当试验结果有1个试件的抗拉强度小于规定值,或2个试件在焊缝或热影响区发生脆性断裂,其抗拉强度均小于钢筋规定抗拉强度的1.10倍时(当接头试件虽断于焊缝或热影响区,呈脆性断裂,但其抗拉强度大于或等于钢筋规定抗拉强度的1.10倍时,可按断于焊缝或热影响区之外,呈延性断裂同等对待),应进行复验。

④复验时,应再切取6个试件。复验结果,当仍有1个试件的抗拉强度小于规定值,或有3个试件断于焊缝或热影响区呈脆性断裂,其抗拉强度小于钢筋规定抗拉强度的1.10倍时,应判定该批接头为不合格品。

预埋件钢筋T形接头拉伸试验结果,3个试件的抗拉强度均应符合下列要求:

①HPB235钢筋接头不得小于350N/mm^2;

②HRB335钢筋接头不得小于470N/mm^2;

③HRB400钢筋接头不得小于550N/mm^2;

④当试验结果,3个试件中有小于规定值时,应进行复验。复验时,应再取6个试件。复验结果,其抗拉强度均达到上述要求时,评定该批接头为合格品。

8. 答:Ⅰ级:接头抗拉强度不小于被连接钢筋实际抗拉强度或1.10倍钢筋抗拉强度标准值,并具有高延性及反复拉压性能。

Ⅱ级:接头抗拉强度不小于被连接钢筋抗拉强度标准值,并具有高延性及反复拉压性能。

Ⅲ级:接头抗拉强度不小于被连接钢筋屈服强度标准值的1.35倍,并具有一定的延性及反复拉压性能。

五、计算题

1. 解：屈服强度分别为：$R_{eL}1 = \dfrac{F_{eL}}{S_0} = \dfrac{279700}{490.9} = 570 \text{MPa}$

$$R_{eL}2 = \dfrac{F_{eL}}{S_0} = \dfrac{272400}{490.9} = 575 \text{MPa}$$

抗拉强度分别为：$R_{m1} = \dfrac{F_m}{S_0} = \dfrac{342600}{490.9} = 700 \text{MPa}$

$$R_{m2} = \dfrac{F_{eL}}{S_0} = \dfrac{342800}{490.9} = 700 \text{MPa}$$

断后伸长率分别为：$A1 = \dfrac{L_U - L_0}{L_0} \times 100 = \dfrac{152.14 - 125}{125} \times 100 = 21.5\%$

$$A2 = \dfrac{L_U - L_0}{L_0} \times 100 = \dfrac{152.96 - 125}{125} \times 100 = 22.5\%$$

最大力总伸长率分别为：$A_{gt1} = \left[\dfrac{L - L_0}{L} + \dfrac{R_m^0}{E}\right] \times 100\%$

$$= \left[\dfrac{124.75 - 115}{115} + \dfrac{700}{200000}\right] \times 100\% = 9.0\%$$

$$A_{gt2} = \left[\dfrac{L - L_0}{L} + \dfrac{R_m^0}{E}\right] \times 100\%$$

$$= \left[\dfrac{124.25 - 115}{115} + \dfrac{700}{200000}\right] \times 100\% = 8.5\%$$

钢筋实测抗拉强度值与实测屈服强度值之比：700/570 = 1.23 < 1.25
$\qquad\qquad\qquad\qquad\qquad\qquad\qquad\qquad\quad$ 700/575 = 1.22 < 1.25
钢筋实测屈服强度值与屈服强度标准值之比：570/400 = 1.42 > 1.3
$\qquad\qquad\qquad\qquad\qquad\qquad\qquad\qquad\quad$ 575/400 = 1.44 > 1.3
结果为：判该组钢筋的拉伸性能不满足 HRB400E 的要求。

2. 解：

$$\sigma_b 1 = \dfrac{F_b}{S_0} = \dfrac{190000}{314.2} = 605 \text{MPa}$$

$$\sigma_b 2 = \dfrac{F_b}{S_0} = \dfrac{188000}{314.2} = 600 \text{MPa}(\geqslant 1.10 \times 540 \text{MPa，应视为延性断裂})$$

$$\sigma_b 3 = \dfrac{F_b}{S_0} = \dfrac{189400}{314.2} = 605 \text{MPa}(\geqslant 1.10 \times 540 \text{MPa，应视为延性断裂})$$

结果为：该组钢筋接头评为合格。

3. 解：

$$\sigma_b 1 = \dfrac{F_b}{S_0} = \dfrac{276800}{490.9} = 565 \text{MPa}$$

$$\sigma_b 2 = \dfrac{F_b}{S_0} = \dfrac{278500}{490.9} = 565 \text{MPa}$$

$$\sigma_b 3 = \dfrac{F_b}{S_0} = \dfrac{292200}{490.9} = 595 \text{MPa}$$

结果为：该组钢筋接头需双倍复检。

钢筋(连接件)性能模拟试卷(A)

一、填空题

1. 金属材料拉伸试验机的准确度应为_____级或优于_____级准确度。
2. 钢筋拉伸试验强度大于 200MPa 至小于等于 1000MPa 时,应修约至_____MPa。
3. 进行钢材弯曲试验时,两弯曲支辊间的距离应为_____。
4. 进行伸长率测定时,原始标距应不小于_____。
5. 焊接接头中,焊缝与热影响区相互过渡的区域为_____。
6. 预埋件钢筋 T 形接头拉伸试验结果,抗拉强度均应符合下列要求:
HPB235 钢筋接头不得小于_____N/mm²;
HRB335 钢筋接头不得小于_____N/mm²;
HRB400 钢筋接头不得小于_____N/mm²。
7. 冷轧扭钢筋按_____不同分为三种类型,按_____不同分为二级。
8. 冷轧带肋钢筋 CRB550 直径为 10mm 的原始标距为_____,CRB650 直径为 5mm 的原始标距为_____。
9. 牌号为 HRB335 直径为 28mm 热轧带肋钢筋弯曲试验时弯心直径为_____mm。
10. 牌号为 HRB400 直径为 16mm 热轧带肋钢筋弯曲试验时弯心直径为_____mm。
11. 碳素结构钢 Q235,Q 代表_____,235 代表_____。
12. 低合金高强度结构钢弯曲试验的弯心直径根据试样的厚度(直径)进行选择,厚度_____时,弯心为_____;厚度_____时,弯心为_____,弯曲角度为_____。
13. HRB400 公称直径 20mm,其弯心直径为_____,HRB400 公称直径 30mm,其弯心直径为_____。
14. 热轧带肋钢筋的公称直径为_____。
15. 冷轧扭钢筋 CTB550,550 代表其_____,180°度弯曲试验弯心直径为_____。

二、选择题

1. 工字形碳素结构钢进行拉伸和弯曲试验时,钢板和钢带_____。
A. 应取纵向试样   B. 应取横向试样
C. 横向、纵向试样均应取   D. 取样方向没有规定
2. 金属材料拉伸试验一般在室温_____范围内进行。
A. 5～25℃   B. 10～35℃   C. 10～25℃   D. 5～35℃
3. 拉丝用低碳钢热轧圆盘条采用 k 值为_____的比例试样,原始标距为_____倍的钢筋直径。
A. 5.65 5   B. 11.3 5   C. 5.65 10   D. 11.3 10
4. 低合金高强度结构钢的力学工艺性能试验,每批试样数量应为:_____拉伸试样,_____弯曲试样。
A. 一个 一个   B. 二个 一个   C. 一个 二个   D. 二个 二个
5. 一组闪光对焊钢筋焊接接头初验试件,弯曲试验结果为:弯至 90°时有 1 个试件外侧发生破裂,其余均未发生破裂,则该批接头弯曲试验结果_____。
A. 合格   B. 不合格   C. 需复验   D. 结果无效

6. 一组电渣压力焊钢筋焊接接头复验试件,拉伸试验结果为:试件抗拉强度均大于规定值,有3个试件在焊缝处脆断,且抗拉强度均小于规定值的1.10倍,则该批接头复验结果为：_____。
   A. 合格　　　　　B. 不合格　　　　C. 需再复验　　　D. 结果无效
7. 一组钢筋机械连接接头初验试件,拉伸试验结果为:3个试件均不符合相应等级要求,则该批接头拉伸性能为：_____。
   A. 合格　　　　　B. 不合格品　　　C. 需复验　　　　D. 结果无效
8. 钢筋拉伸试验强度不大于200MPa时,应修约至_____。
   A. 1MPa　　　　 B. 2MPa　　　　 C. 0.5MPa　　　　D. 5MPa
9. 公称直径为12mm的热轧光圆钢筋进行拉伸试验的原始标距为_____,冷弯直径为_____。
   A. 120mm 24mm　B. 60mm 24mm　C. 60mm 12mm　D. 120mm 12mm
10. 牌号为Q235、厚度为10mm的碳素结构钢窄钢带进行弯曲试验的弯心直径为_____。
    A. 10mm　　　　B. 15mm　　　　C. 20mm　　　　D. 25mm
11. 直径为30mm的HRB335闪光对焊接头的弯曲试验的弯心直径为_____。
    A. 90mm　　　　B. 120mm　　　 C. 150mm　　　　D. 180mm
12. 一个热轧带肋钢筋试件,拉伸试验结果为:屈服强度.抗拉强度.伸长率均为合格,但试样出现了两个缩颈,则该试件拉伸性能为_____。
    A. 合格　　　　　B. 不合格　　　　C. 需复验　　　　D. 结果无效
13. _____应进行弯曲试验。
    A. 电渣压力焊接头　B. 电弧焊接头　　C. 气压焊接头　　D. 预埋件钢筋T形接头
14. 冷轧扭钢筋验收批应由同一型号、同一强度等级、同一规格尺寸、同一台轧机生产的钢筋组成且每批不应大于_____。
    A. 10t　　　　　 B. 20t　　　　　 C. 30t　　　　　D. 60t
15. 进行钢材拉伸试验,通过计算得出的原始横截面积应至少保留_____有效数字。
    A. 二位　　　　　B. 三位　　　　　C. 四位　　　　　D. 五位
16. 进行板材、带材和型材的弯曲试验,当产品厚度不大于_____时,试样厚度为原产品的厚度。
    A. 15mm　　　　B. 20mm　　　　C. 25mm　　　　D. 30mm
17. 接头的现场检验按验收批进行。同一施工条件下采用同一批材料的同等级、同形式、同规格接头,以_____为一验收批。
    A. 200个　　　　B. 250个　　　　C. 350个　　　　D. 500个
18. 厚度为8mm的角钢的冷弯试验的弯心直径为_____,弯曲角度为_____。
    A. 8mm 180°　　B. 12mm 180°　C. 8mm 90°　　D. 12mm 90°
19. 冷轧带肋钢筋按批抽样时,应_____。
    A. 每批抽取一盘,在所抽盘上取一根拉伸和一根冷弯试件
    B. 每批任取二盘,二盘上各取一根拉伸和一根冷弯试件
    C. 每批任取二盘,在其中一盘上取一根拉伸试件,在另一盘上取一根冷弯试件
    D. 每批逐盘取一根拉伸试件,并每批抽两盘每盘各抽一个冷弯试件
20. 冷拔低碳钢丝进行反复弯曲的次数不少于_____次为合格。
    A. 2次　　　　　B. 4次　　　　　C. 6次　　　　　D. 8次

三、判断题

1. 钢材按有害元素硫、磷的含量可分为碳素钢和合金钢两大类。　　　　　　　　( )

2. 对于矩形横截面试样,应在标距两端及中间三处测量宽度和厚度,取三处测得的横截面积平均值作为原始横截面积。（ ）
3. 冷轧扭钢筋的标志直径是指用钢筋横截面积换算成圆截面后的直径。（ ）
4. 冷轧扭钢筋拉伸试验时应使冷轧扭钢筋在上下夹具中截面位置保持一致。（ ）
5. 碳素结构钢各牌号 A 级钢,当冷弯试验合格时,抗拉强度上限可以不作为交货条件。（ ）
6. 钢筋焊接接头拉伸试验计算横截面积是按钢筋的实测面积进行计算。（ ）
7. 甲级冷拔低碳钢丝抗拉强度、断后伸长率及反复弯曲次数每批抽查数量应不少于三盘。（ ）
8. 钢筋连接工程开始前及施工过程中,应对每批进场钢筋进行接头工艺检验。（ ）
9. 低合金高强度结构钢钢板、钢带取纵向试样,断后伸长率允许比标准值降低2%。（ ）
10. Φ6.5 的热轧光圆钢筋进行拉伸试验时,原始标距应为 35mm。（ ）
11. 试样断在标距外或断在机械刻划的标距标记上,而且断后伸长率小于规定的最小值时,试验结果无效,应取双倍数量的试样重新试验。（ ）
12. 用静拉伸力对试样轴向拉伸时应连续而平稳,加载速率宜为 10～30MPa/s,将试样拉至断裂或出现缩颈。（ ）
13. 进行反复弯曲的线材试样应尽可能平直。必要时可以用手矫直。有局部硬弯的线材用手不能进行矫直时,可在木材、塑料或铜材料的平面上用相同材料的锤头进行矫直。（ ）
14. 拉丝用低碳钢热轧圆盘条应在冷拉校直后进行力学性能试验。（ ）
15. 预埋件钢筋 T 形接头试验只对其抗拉强度作出了要求,对其断裂方式没有要求。（ ）

四、简答题：

1. 进行钢材反复弯曲试验时,应如何计算弯曲次数？
2. 如何进行钢筋连接工程的接头工艺检验和评定？
3. 如何进行钢筋焊接接头的弯曲试验的结果评定？

五、计算题

1. 进行一组直径为 18mm 的 HRB400E 钢筋的拉伸试验,二根钢筋的屈服力分别为 138.4kN、140.1kN；抗拉力分别为 173.9、174.5kN；断后标距分别为 112.40mm 及 109.80mm；最大力总伸长率测定时,拉伸前 Y 和 V 间的距离均为 110mm,断裂后分别为 120.00mm 和 119.50mm。计算该组钢筋的屈服强度、抗拉强度、断后伸长率及最大力总伸长率,并判定该钢筋拉伸能是否满足 HRB400E 的要求。

2. 进行一组直径为 22mm 的 HRB335 的电渣压力焊接头的拉伸试验,三个接头的拉伸结果分别为：
第一根：抗拉力为 153.2kN、断在焊缝处；
第三根：抗拉力为 204.5kN、断在焊缝处；
第三根：抗拉力为 199.7kN、断在焊缝处。
计算该组接头的抗拉强度并判定是否合格。

钢筋（连接件）性能模拟试卷（B）

一、填空题

1. 金属反复弯曲试验的速度为每秒不超过_____次,弯曲时应_____。

2. 钢筋拉伸试验强度大于 1000MPa 时,应修约至_____MPa。

3. 1494.9 修约至 10 的倍数应为_____。337.4 修约至 5 的倍数应为_____。8.751%修约至 0.5%的倍数应为_____%。

4. δ_5 表示标距为_____的试样拉断伸长率。δ_{10} 表示标距为_____的试样拉断伸长率。δ_{100} 表示标距为_____的试样拉断伸长率。

5. 碳素结构钢的组批规则是由_____、_____、同一等级、同一品种、同一尺寸、同一交货状态的钢材组成。

6. 断后伸长率测定有_____和_____,仲裁试验_____为准。

7. 钢筋拉伸试验断后伸长率,应修约至_____%。

8. 钢筋机械连接接头检验验收批以_____个同一施工条件下采用同一批材料的同等级、同形式、同规格接头作为一个验收批,不足时按一批考虑。

9. 混凝土结构中要求充分发挥钢筋强度或对接头延性要求较高的部位,应采用_____级或_____级钢筋机械连接接头。

10. 冷轧带肋钢筋拉伸试验取样为_____、弯曲试验为_____、反复弯曲试验_____。

11. 碳素结构钢冷弯的角度为_____,冷弯试件的宽度为_____。

12. 屈服强度分为上屈服强度和下屈服强度。上屈服强度为_____,下屈服强度为_____。

13. 碳素结构钢拉伸和冷弯试验,钢板、钢带试样的纵向轴线应_____于轧制方向;型钢、钢棒和受宽度限制的窄钢带试样的纵向轴线应_____于轧制方向。

14. 碳素结构钢厚度大于 10mm 的钢材,抗拉强度的下限值允许_____。

15. 测量断后标距应使用分辨率优于_____的量具,准确至_____。

二、选择题

1. 热轧光圆钢筋应按批进行检查试验,每批应由同一牌号、同一炉罐号、同一规格的钢材组成,每批重量不大于_____。

    A. 100t   B. 50t   C. 60t   D. 30t

2. 钢筋机械连接接头的现场检验连续_____个验收批抽样试件抗拉强度 1 次合格率为_____时,验收批接头数量可以扩大 1 倍。

    A. 5;98%   B. 10 98%   C. 5 100%;   D. 10 100%

3. 牌号为 HPB235、直径为 8mm 的热轧光圆钢筋的冷弯试验弯心直径为_____。

    A. 0   B. 4mm   C. 8mm   D. 12mm

4. 对于比例试样,应将原始标距的计算修约至最接近_____的倍数,中间值向_____一方修约。

    A. 2mm 较大 B. 2mm 较小 C. 5mm 较大 D. 5mm 较小

5. 牌号为 CRB550、直径为 10mm 的冷轧带肋钢筋的弯曲试验弯心直径为_____。

    A. 15mm   B. 20mm   C. 25mm   D. 30mm

6. 一组闪光对焊钢筋焊接接头复验试件,弯曲试验结果为:3 个试件外侧发生破裂,3 个试件外侧未发生破裂,则该批接头复验结果为:_____。

    A. 合格   B. 不合格品 C. 需复验   D. 结果无效

7. 热轧光圆 HPB235ϕ8 的原始标距为_____,冷弯直径为_____。

    A. 80mm 4mm B. 40mm 4mm C. 80mm 4mm D. 40mm 8mm

8. 强度级别为 CTB550、标志直径为 6.5mm 的冷轧扭钢筋弯曲试验的弯心直径为_____。

A. 19.5mm　　　　B. 6.5mm　　　　C. 13mm　　　　D. 10mm

9. 接头的现场检验按验收批进行。同一施工条件下采用同一批材料的同等级、同形式、同规格接头,以_____为一验收批。
   A. 200 个　　　　B. 250 个　　　　C. 350 个　　　　D. 500 个

10. Ⅰ级钢筋机械连接Ⅰ级接头应满足接头抗拉强度不小于被连接钢筋_____或 1.10 倍钢筋_____,并具有高延性及反复拉压性能。
    A. 抗拉强度标准值　屈服强度标准值
    B. 钢筋实际抗拉强度　抗拉强度标准值
    C. 抗拉强度标准值　钢筋实际抗拉强度
    D. 钢筋实际抗拉强度　屈服强度标准值

11. 一组电渣压力焊钢筋焊接接头复验试件,拉伸试验结果为:试件抗拉强度均大于规定值,有3个试件在焊缝处脆断,其中2个试件抗拉强度小于规定值的1.10倍,1个试件抗拉强度大于规定值的1.10倍,则该批接头复验结果为:_____。
    A. 合格　　　　B. 不合格品　　　　C. 需复验　　　　D. 结果无效

12. 一个热轧带肋钢筋试件,拉伸试验结果为:屈服强度.抗拉强度.伸长率均为合格,但试样出现了两个缩颈,则该试件拉伸性能为:_____。
    A. 合格　　　　B. 不合格品　　　　C. 需复验　　　　D. 结果无效

13. 一组钢筋机械连接接头复验试件,拉伸试验结果为:有1个试件不符合相应等级要求,其余试件均符合相应等级要求,则该批接头复验结果为:_____。
    A. 合格　　　　B. 不合格品　　　　C. 需复验　　　　D. 结果无效

14. 公称直径为 5.0mm 的甲级冷拔低碳钢丝拉伸试验的原始标距为_____。
    A. 50mm　　　　B. 100mm　　　　C. 75mm　　　　D. 150mm

15. 一组电渣压力焊钢筋焊接接头初次拉伸试验结果为:3个试件抗拉强度均大于钢筋规定的抗拉强度,其中2个试件在焊缝外延断,1个试件在焊缝处脆断,且其抗拉强度小于规定值的1.10倍,则该批接头拉伸性能为:_____。
    A. 合格　　　　B. 不合格品　　　　C. 需复验　　　　D. 结果无效

16. _____应进行弯曲试验。
    A. 电渣压力焊接头　　　　B. 电弧焊接头
    C. 气压焊接头　　　　D. 预埋件钢筋T形接头

17. 低合金高强度结构钢的力学工艺性能试验,每批试样数量应为:_____拉伸试样,_____弯曲试样。
    A. 一个　一个　　B. 二个　一个　　C. 一个　二个　　D. 二个　二个

18. 直径为 28mm 的 HRB400 闪光对焊接头的弯曲试验的弯心直径为_____,弯曲角度为_____。
    A. 112mm　180°　　B. 140mm　180°　　C. 112mm　90°　　D. 140mm　90°

19. 拉丝用低碳钢热轧圆盘条采用 k 值为_____的比例试样,原始标距为_____倍的钢筋直径。
    A. 5.65　5　　B. 11.3　5　　C. 5.65　10　　D. 11.3　10

20. 一组电弧焊钢筋焊接接头复验试件,拉伸试验结果为:有1个试件抗拉强度小于钢筋规定的抗拉强度,其余均大于钢筋规定的抗拉强度,试件均在焊缝外延断,则该批接头复验结果为:_____。
    A. 合格　　　　B. 不合格品　　　　C. 需复验　　　　D. 结果无效

三、判断题

1. 脆性断裂是几乎不伴随塑性变形而形成脆性断口,断裂面通常与拉应力垂直,宏观上由有光泽的亮面组成。（ ）
2. 钢筋机械连接接头现场检验时,一般只进行外观质量检查和单面拉伸强度试验。（ ）
3. 电渣压力焊钢筋接头可横置于混凝土板中作水平钢筋用。（ ）
4. 套筒挤压连接接头不可以连接不同直径的钢筋。（ ）
5. 低碳钢热轧圆盘条可在冷拉校直后进行力学性能试验。（ ）
6. 钢筋原材拉伸试验断后标距的测定:试样拉断后,将其断裂部分在断裂处紧密对接在一起,尽量使其轴线位于一直线上,如断裂处形成缝隙,则此缝隙不应计入该试样拉断后的标距内。（ ）
7. 甲级低碳冷拔钢丝的直径、抗拉强度、断后伸长率及反复弯曲次数如有某项检验不合格时,应双倍取样对该项目进行复检。（ ）
8. 冷轧带肋钢筋的伸长率检测不合格,应在该批中再取双倍数量的钢筋对所有检测项目进行复检,检验合格后方可用于工程中。（ ）
9. 用静拉伸力对试样轴向拉伸时应连续而平稳,加载速率宜为10～30MPa/s,将试样拉至断裂或出现缩颈。（ ）
10. 碳素结构钢钢板、钢带取横向试样,断后伸长率允许比标准值降低1%。（ ）
11. 厚度或直径大于25mm钢材的弯曲试验试样,可经单面刨削使其厚度减至小于25mm,进行试验时未加工面应位于受拉变形一侧。（ ）
12. ϕ6.5的热轧光圆钢筋进行拉伸试验时,原始标距应为65mm。（ ）
13. 碳素结构钢各牌号A级钢,当冷弯试验合格时,抗拉强度上限可以不作为交货条件。（ ）
14. 钢材进行反复弯曲试验时,试样断裂的最后一次弯曲应计入弯曲次数。（ ）
15. 套筒挤压连接接头只能用于连接不同直径的钢筋。（ ）

四、简答题

1. 简述钢筋机械连接接头各等级的要求。
2. 简述进行钢材原材弯曲试验的过程。
3. 电渣压力焊接头的拉伸结果应如何进行判定?
4. 简述钢材进行拉伸可分为哪几个阶段?各阶段的特征是什么?

五、计算题

1. 进行一组直径为16mm的HRB400E钢筋的拉伸试验,二根钢筋的屈服力分别为124.0kN、122.7kN;抗拉力分别为146.9、146.5kN;断后标距分别为99.75mm及95.25mm;最大力总伸长率测定时,拉伸前Y和V的距离均为100mm,断裂后分别为107.50mm及108.25mm。计算该组钢筋的屈服强度、抗拉强度、断后伸长率及最大力总伸长率,并判定该钢筋拉伸性能是否满足HRB400E的要求。

2. 进行一组直径为32mm的HRB400的机械连接Ⅱ级接头的拉伸试验,三个接头的拉伸结果分别为:

第一根:抗拉力为435.1kN、钢筋从连接件中拔出
第三根:抗拉力为438.6kN、钢筋从连接件中拔出;
第三根:抗拉力为422.2kN、钢筋拉断。
计算该组接头的抗拉强度并判定是否合格。

第三节 砂、石常规

砂习题

一、填空

1. 砂按细度模数大小分为：_____、_____、_____和_____。
2. 在配置混凝土时，宜优先选用_____砂。
3. 砂的坚固性指标对于有腐蚀介质作用或经常处于水位变化的地下结构混凝土，5次循环后的质量损失应_____。
4. 对于有抗冻、抗渗要求的混凝土用砂，其云母含量_____。
5. 对于钢筋混凝土用砂，其氯离子含量不得大于_____（以干砂的质量百分率计）；
6. 在料堆上取样时，取样部位应均匀分布。取样前先将取样部位表层铲除。然后由各部位抽取大致相等的砂共_____份，组成一组样品；
7. 砂的细度模数以两次试验结果的算术平均值为测定值。如两次试验所得的细度模数之差大于_____时，应重新取试样进行试验。
8. 含泥量试验以两个试样试验结果的算术平均值作为测定值。两次结果的差值超过_____时，应重新取样进行试验。
9. 泥块含量试验样品烘干用_____筛筛分，取筛上的砂400g分为两份备用。
10. 人工砂压碎值指标试验将装好试样的受压钢模置于压力机的支承板上，对准压板中心后，开动机器，以每_____的速度加荷。加荷至_____时持荷5s，而后以同样速度卸荷。

二、单项选择题

1. 在配置泵送混凝土，宜选用_____。
   A. 粗砂　　　　　B. 中砂　　　　　C. 细砂　　　　　D. 特细砂
2. 对于有抗冻、抗渗或其他特殊要求的小于或等于C25混凝土用砂，其含泥量不应大于_____%。
   A. 1.0　　　　　B. 3.0　　　　　C. 5.0　　　　　D. 7.0
3. 对于有抗冻、抗渗或其他特殊要求的小于或等于C25混凝土用砂，其泥块含量不应大于_____%。
   A. 1.0　　　　　B. 2.0　　　　　C. 3.0　　　　　D. 4.0
4. 对人工砂的总压碎值指标应小于_____%。
   A. 10　　　　　B. 20　　　　　C. 30　　　　　D. 50
5. 砂中的轻物质含量(按质量计,%)应_____。
   A. ≤1.0　　　　B. ≤3.0　　　　C. ≤5.0　　　　D. ≤7.0
6. 砂的筛分析试验，将套筛装入摇筛机内后，筛分时间_____。
   A. 5min　　　　B. 10min　　　　C. 20min　　　　D. 30min
7. 砂的表观密度试验标准方法称取烘干的试样_____。
   A. 100g　　　　B. 300g　　　　C. 500g　　　　D. 1000g
8. 砂的泥块含量试验，样品烘干后用_____筛筛分，取筛上的砂进行试验。
   A. 2.50mm　　　B. 1.25mm　　　C. 630μm　　　D. 315μm

9. 砂中的石粉含量试验中,当 MB 值_____时,则判定是以石粉为主。
A. <1.0 B. <1.2 C. <1.4 D. <1.6

10. 检验判断为有潜在危害时,应控制混凝土中的碱含量不超过_____ kg/m³。
A. 1 B. 2 C. 3 D. 5

三、多项选择题

1. 砂的筛分试验中,颗粒级配表中的累积筛余不可超出分界线的公称粒径_____。
A. 5.00mm B. 2.50mm C. 1.25mm D. 0.630mm

2. 砂的含泥量试验中的标准方法适用于_____。
A. 粗砂 B. 中砂 C. 细砂 D. 特细砂

3. 人工砂压碎值指标试验,筛分成粒级为_____。
A. 5.00~2.50mm B. 2.50~1.25mm C. 1.25~630μm D. 630~315μm

4. 砂的表观密度试验的温度控制应符合以下要求:_____。
A. 水温允许 15~25℃ B. 水温允许 10~30℃
C. 两次水体积测定的温差不得大于2℃ D. 两次水体积测定的温差不得大于5℃

5. 砂碱活性试验(砂浆长度方法),以3个试件膨胀率的平均值作为某一龄期的膨胀率的测定值。任一试件膨胀率与平均值之差应符合_____的要求。
A. 当平均膨胀率小于或等于0.05%时,其差值均应小于0.01%
B. 当平均膨胀率大于0.05%时,其差值均应小于20%
C. 当三根的膨胀值均超过0.10%时,无精度要求
D. 当不符合上述要求时,去掉膨胀率最小的,用剩余的二根的平均值作为该龄期的膨胀值

四、判断题

1. 对于长期处于潮湿环境的重要混凝土结构所用的砂,应进行碱活性检验。( )
2. 当天然砂的实际颗粒级配不符合要求,不允许使用。( )
3. 当筛分析存在不合格时,应加倍取样进行复检。( )
4. 恒重系指相邻两次称量间隔时间不大于1h的情况下,前后两次称量之差小于该试验所要求的称量精度。( )
5. 在进行筛分析试验时,当试样含泥量超过3%,应先用水洗,然后烘干至恒重,再进行筛分试验。( )
6. 在砂的表观密度试验过程中应测量并控制水的温度,试验的各项称量可以在15~25℃的温度范围内进行。从试样加水静置的最后2h起直至试验结束,其温度相差不应超过5℃。( )
7. 砂的泥块含量试验,取两次试样试验结果的算术平均值作为测定值。两次结果的差值超过5%时,应重新取样进行试验。( )
8. 砂中石粉含量试验,亚甲蓝溶液应保存在深色储藏瓶中,标明制备日期、失效日期(亚甲蓝溶液保质期应不超过6个月),并置于阴暗处保存。( )
9. 人工砂压碎值指标试验以两份试样试验结果的算术平均值作为各单粒级试样的测定值。( )
10. 砂中轻物质含量试验,氯化锌溶液相对密度应 1950~2000kg/m³。( )

五、简答题

1. 每验收批砂如何进行取样?

2. 在进行砂筛分析试验时,当再现何种情况时试验无效需重新再做?

3. 简述砂含泥量试验标准方法过程。

六、计算题

1. 有一组天然砂,采用行标进行砂筛分检验,试验数据如下,请计算其细度模数,并判断其级配情况。

次数	1			2		
筛孔尺寸（mm）	筛余量（g）	分计筛余（%）	累计筛余（%）	筛余量（g）	分计筛余（%）	累计筛余（%）
5.00	12			12		
2.50	59			63		
1.25	54			57		
0.630	45			40		
0.315	175			178		
0.160	140			132		
0.080	0			3		
筛底	13			15		
合计						

2. 有一组天然砂,密度试验,试验数据如下,请计算其表观密度、松散体积密度。

	次数	试样干质量（g）	试样、水、容量瓶总质量(g)	水、容量瓶总质量(g)	密度（g/cm³）	平均值（g/cm³）	温度（℃）
表观密度	1	300	839	651			20
	2	300	845	657			
	次数	容量筒质量（kg）	容量筒、试样总质量(kg)	筒质量容积（L）	密度（kg/m³）	平均值（kg/m³）	空隙率（%）
松散体积密度	1	0.443	1.983	1			
	2	0.443	1.971	1			

不同水温下砂的表面密度温度修正系数

水温(℃)	15	16	17	18	19	20
α_t	0.002	0.003	0.003	0.004	0.004	0.005
水温(℃)	21	22	23	24	25	—
α_t	0.005	0.006	0.006	0.007	0.008	—

参考答案：

一、填空题

1. 粗砂 中砂 细砂 特细砂　　2. Ⅱ区

3. ≤8%　　4. ≤1.0%　　5. 0.06%　　6. 8

7. 0.2　　8. 3　　9. 1.25mm　　10. 500N/s　25kN

二、单项选择题

1. B 2. B 3. A 4. C
5. A 6. B 7. D 8. B
9. C

三、多项选择题

1. A、B 2. A、B、C 3. A、B、C、D 4. A、C
5. A、B、C、D

四、判断题

1. √ 2. × 3. × 4. √
5. × 6. × 7. × 8. ×
9. × 10. √

五、简答题

（略）

六、计算题

1. 答：数据如下：
细度模数：2.3，
Ⅱ区。
2. 答：数据如下：
表观密度：2.67kg/m³、2.67kg/m³，平均值：2.67kg/m³。
松散体积密度：1540kg/m³、1530kg/m³，平均值：1540kg/m³。

砂、石常规模拟试卷
砂模拟试卷（A）

一、填空

1. 砂按细度模数大小分为：_____、_____、_____和_____。
2. 在配置混凝土时，宜优先选用_____砂。
3. 砂的坚固性指标对于有腐蚀介质作用或经常处于水位变化的地下结构混凝土，5次循环后的质量损失应_____。
4. 对于有抗冻、抗渗要求的混凝土用砂，其云母含量_____。
5. 对于钢筋混凝土用砂，其氯离子含量不得大于_____（以干砂的质量百分率计）；
6. 在料堆上取样时，取样部位应均匀分布。取样前先将取样部位表层铲除。然后由各部位抽取大致相等的砂共_____份，组成一组样品；
7. 砂的细度模数以两次试验结果的算术平均值为测定值。如两次试验所得的细度模数之差大于_____时，应重新取试样进行试验。
8. 含泥量试验以两个试样试验结果的算术平均值作为测定值。两次结果的差值超过_____

时,应重新取样进行试验。

9. 砂中氯离子含量应符合下列规定:对于预应力混凝土用砂,其氯离子含量不得大于_____(以干砂的质量百分率计)。

10. 人工砂压碎值指标试验将装好试样的受压钢模置于压力机的支承板上,对准压板中心后,开动机器,以每_____的速度加荷。加荷至_____时持荷5s,而后以同样速度卸荷。

二、单项选择题

1. 在配置泵送混凝土,宜选用_____。
   A. 粗砂 B. 中砂 C. 细砂 D. 特细砂

2. 对于有抗冻、抗渗或其他特殊要求的小于或等于C25混凝土用砂,其含泥量不应大于_____%。
   A. 1.0 B. 3.0 C. 5.0 D. 7.0

3. 对于有抗冻、抗渗或其他特殊要求的小于或等于C25混凝土用砂,其含泥量不应大于_____%。
   A. 1.0 B. 2.0 C. 3.0 D. 4.0

4. 砂中的轻物质含量(按质量计,%)应_____。
   A. ≤1.0 B. ≤3.0 C. ≤5.0 D. ≤7.0

5. 砂的筛分析试验,将套筛装入摇筛机内后,筛分时间_____。
   A. 5min B. 10min C. 20min D. 30min

三、多项选择题

1. 砂的筛分试验中,颗粒级配表中的累积筛余不可超出分界线的公称粒径_____。
   A. 5.00mm B. 2.50mm C. 1.25mm D. 0.630mm

2. 砂的含泥量试验中的标准方法适用于_____。
   A. 粗砂 B. 中砂 C. 细砂 D. 特细砂

3. 人工砂压碎值指标试验,筛分成粒级为_____。
   A. 5.00~2.50mm B. 2.50~1.25mm C. 1.25mm~630μm D. 630~315μm

4. 砂的表观密度试验的温度控制应符合_____要求。
   A. 水温允许15~25℃
   B. 水温允许10~30℃
   C. 两次水体积测定的温差不得大于2℃
   D. 两次水体积测定的温差不得大于5℃

5. 砂碱活性试验(砂浆长度方法),以3个试件膨胀率的平均值作为某一龄期的膨胀率的测定值。任一试件膨胀率与平均值之差应符合的_____要求。
   A. 当平均膨胀率小于或等于0.05%时,其差值均应小于0.01%
   B. 当平均膨胀率大于0.05%时,其差值均应小于20%
   C. 当三根的膨胀值均超过0.10%时,无精度要求
   D. 当不符合上述要求时,去掉膨胀率最小的,用剩余的二根的平均值作为该龄期的膨胀值

四、判断题

1. 对于长期处于潮湿环境的重要混凝土结构所用的砂,应进行碱活性检验。( )
2. 当天然砂的实际颗粒级配不符合要求,不允许使用。( )
3. 当筛分析存在不合格时,应加倍取样进行复检。( )
4. 恒重系指相邻两次称量间隔时间不大于1h的情况下,前后两次称量之差小于该试验所要求

的称量精度。( )

5.在进行筛分析试验时,当试样含泥量超过3%,应先用水洗,然后烘干至恒重,再进行筛分试验。( )

6.在砂的表观密度试验过程中应测量并控制水的温度,试验的各项称量可以在15~25℃的温度范围内进行。从试样加水静置的最后2h起直至试验结束,其温度相差不应超过5℃。( )

7.砂的泥块含量试验,取两次试样试验结果的算术平均值作为测定值。两次结果的差值超过5%时,应重新取样进行试验。( )

8.砂中石粉含量试验,亚甲蓝溶液应保存在深色储藏瓶中,标明制备日期、失效日期(亚甲蓝溶液保质期应不超过6个月),并置于阴暗处保存。( )

9.人工砂压碎值指标试验以两份试样试验结果的算术平均值作为各单粒级试样的测定值。( )

10.砂中轻物质含量试验,氯化锌溶液相对密度应为1950~2000kg/m³。( )

五、简答题

1.每验收批砂如何进行取样?

2.在进行砂筛分析试验时,当再现何种情况时试验无效需重新再做?

六、计算题

1.有一组天然砂,采用行标进行砂筛分检验,试验数据如下,请计算其细度模数,并判断其级配情况。

次数	1			2		
筛孔尺寸 (mm)	筛余量 (g)	分计筛余 (%)	累计筛余 (%)	筛余量 (g)	分计筛余 (%)	累计筛余 (%)
5.00	45			45		
2.50	77			79		
1.25	66			64		
0.630	70			72		
0.315	192			194		
0.160	40			38		
0.080	0			0		
筛底	10			8		
合计						

2.有一组天然砂,密度试验,试验数据如下,请计算其表观密度、松散体积密度、空隙率。

	次数	试样干质量 (g)	试样、水、 容量瓶总质量 (g)	水、容量瓶 总质量 (g)	密度 (g/cm³)	平均值 (g/cm³)	温度 (℃)
表观密度	1	300	866	679			20
	2	300	870	684			

续表

松散体积密度	次数	容量筒质量（kg）	容量筒、试样总质量（kg）	筒质量容积（L）	密度（kg/m³）	平均值（kg/m³）	空隙率（%）
	1	0.443	1.968	1			
	2	0.443	1.977	1			

不同水温下砂的表面密度温度修正系数

水温(℃)	15	16	17	18	19	20
α_t	0.002	0.003	0.003	0.004	0.004	0.005
水温(℃)	21	22	23	24	25	
α_t	0.005	0.006	0.006	0.007	0.008	

砂、石常规模拟试卷
砂模拟试卷(B)

一、填空

1. 砂按细度模数分别为：_____；_____；_____；_____。
2. 在配置混凝土时，宜优先选用_____砂。
3. 砂的坚固性指标对于有腐蚀介质作用或经常处于水位变化的地下结构混凝土，5次循环后的质量损失应_____。
4. 普通混凝土用砂，其云母含量_____。
5. 对于钢筋混凝土用砂，其氯离子含量不得大于_____（以干砂的质量百分率计）；
6. 在料堆上取样时，取样部位应均匀分布。取样前先将取样部位表层铲除。然后由各部位抽取大致相等的砂共_____份，组成一组样品；
7. 砂中氯离子含量应符合下列规定：对于预应力混凝土用砂，其氯离子含量不得_____0.06%（以干砂的质量百分率计）。
8. 含泥量试验以两个试样试验结果的算术平均值作为测定值。两次结果的差值超过_____时，应重新取样进行试验。
9. 泥块含量试验样品烘干用_____筛筛分，取筛上的砂400g分为两份备用。
10. 人工砂压碎值指标试验将装好试样的受压钢模置于压力机的支承板上，对准压板中心后，开动机器，以每_____的速度加荷。加荷至_____时持荷5s，而后以同样速度卸荷。

二、单项选择题

1. 对于有抗冻、抗渗或其他特殊要求的小于或等于C25混凝土用砂，其含泥量不应大于_____%。
   A.1.0　　　　　B.3.0　　　　　C.5.0　　　　　D.7.0

2. 对于有抗冻、抗渗或其他特殊要求的小于或等于C25混凝土用砂，其含泥量不应大于_____%。
   A.1.0　　　　　B.2.0　　　　　C.3.0　　　　　D.4.0

3. 对人工砂的总压碎值指标应小于_____%。
A. 10　　　　　B. 20　　　　　C. 30　　　　　D. 50
4. 砂的筛分析试验,取各筛筛余试样的重量时精确至_____。
A. 0.01g　　　B. <0.1g　　　C. <1g　　　　D. <10g
5. 砂中的石粉含量试验中,当 MB 值_____时,则判定是以石粉为主。
A. <1.0　　　B. <1.2　　　C. <1.4　　　D. <1.6

三、多项选择题

1. 砂的筛分试验中,颗粒级配表中的累积筛余不可超出分界线的公称粒径_____。
A. 5.00mm　　B. 2.50mm　　C. 1.25mm　　D. 0.630mm
2. 砂的含泥量试验中的标准方法适用于_____。
A. 粗砂　　　　B. 中砂　　　　C. 细砂　　　　D. 特细砂
3. 人工砂压碎值指标试验,筛分成粒级为_____。
A. 5.00～2.50mm　B. 2.50～1.25mm　C. 1.25mm～630μm　D. 630～315μm
4. 砂的表观密度试验的温度控制应符合以下要求:_____
A. 水温允许 15～25℃　　　　　　B. 水温允许 10～30℃
C. 两次水体积测定的温差不得大于 2℃　D. 两次水体积测定的温差不得大于 5℃
5. 砂碱活性试验(砂浆长度方法),无潜在危害结果评定应符合下列规定。
A. 砂浆 6 个月膨胀率小于 0.10%
B. 3 个月的膨胀率小于 0.05%(无 6 个月膨胀率)
C. 砂浆 6 个月膨胀率小于 0.20%
D. 3 个月的膨胀率小于 0.10%(无 6 个月膨胀率)

四、判断题

1. 对于长期处于潮湿环境的重要混凝土结构所用的砂,应进行碱活性检验。　　　　(　)
2. 当天然砂的实际颗粒级配不符合要求,不允许使用。　　　　　　　　　　　　(　)
3. JGJ 52—2006 标准不适用于特细砂。　　　　　　　　　　　　　　　　　　(　)
4. 恒重系指相邻两次称量间隔时间不大于 1h 的情况下,前后两次称量之差小于该试验所要求的称量精度。　　　　　　　　　　　　　　　　　　　　　　　　　　　　　(　)
5. 在进行当筛分析试验时,当试样含泥量超过 3%,应先用水洗,然后烘干至恒重,再进行筛分试验。　　　　　　　　　　　　　　　　　　　　　　　　　　　　　　　(　)
6. 砂的含泥量检验所用的试样可不经缩分,在拌匀后直接进行试验。　　　　　　(　)
7. 砂的泥块含量试验,取两次试样试验结果的算术平均值作为测定值。两次结果的差值超过 5%时,应重新取样进行试验。　　　　　　　　　　　　　　　　　　　　　(　)
8. 砂中石粉含量试验,亚甲蓝溶液应保存在深色储藏瓶中,标明制备日期、失效日期(亚甲蓝溶液保质期应不超过 6 个月),并置于阴暗处保存。　　　　　　　　　　　　(　)
9. 人工砂压碎值指标试验以两份试样试验结果的算术平均值作为各单粒级试样的测定值。
　　　　　　　　　　　　　　　　　　　　　　　　　　　　　　　　　　　　(　)
10. 砂中氯离子含量应符合下列规定:对于钢筋混凝土用砂,其氯离子含量不得大于 0.06%(以干砂的质量百分率计)。　　　　　　　　　　　　　　　　　　　　　(　)

五、简答题

1. 每验收批砂如何进行取样?

2. 简述砂含泥量试验标准方法过程。

六、计算题

1. 有一组天然砂,采用行标进行砂分检验,试验数据如下表,请计算其细度模数,并判断其级配情况。

次数	1			2		
筛孔尺寸(mm)	筛余量(g)	分计筛余(%)	累计筛余(%)	筛余量(g)	分计筛余(%)	累计筛余(%)
5.00	29			26		
2.50	48			47		
1.25	48			52		
0.630	60			62		
0.315	204			206		
0.160	95			92		
0.080	0			0		
筛底	15			15		
合计						

2. 有一组天然砂,密度试验,试验数据如下,请计算其表观密度、松散体积密度、空隙率。

	次数	试样干质量(g)	试样、水、容量瓶总质量(g)	水、容量瓶总质量(g)	密度(g/cm³)	平均值(g/cm³)	温度(℃)
表观密度	1	300	851	664			20
	2	300	860	672			

	次数	容量筒质量(kg)	容量筒、试样总质量(kg)	筒质量容积(L)	密度(kg/m³)	平均值(kg/m³)	空隙率(%)
松散体积密度	1	0.443	1.929	1			
	2	0.443	1.936	1			

不同水温下砂的表面密度温度修正系数

水温(℃)	15	16	17	18	19	20
α_t	0.002	0.003	0.003	0.004	0.004	0.005
水温(℃)	21	22	23	24	25	—
α_t	0.005	0.006	0.006	0.007	0.008	—

石习题

一、填空

1. 凡岩石颗粒的长度大于该颗粒所属粒级的平均粒径_____倍者为针状颗粒。
2. 凡岩石颗粒的厚度小于该颗粒所属粒级的平均粒径_____倍者为片状颗粒。

3. 对于有抗冻、抗渗或其他特殊要求的强度小于 C30 的混凝土,其所用碎石或卵石中含泥量不应大于_____。

4. 对于有腐蚀介质作用或经常处于水位变化的地下结构混凝土,所用碎石的坚固性,在 5 次循环后的质量损失应_____。

5. 碎石中的硫化物及硫酸盐含量(折算成 SO_3,按质量计)应_____。

6. 石子在料堆上取样时,取样部位应均匀分布。取样前先将取样部位表层铲除,然后由各部位抽取大致相等的石子_____份,组成一组样品;

7. 石子压碎指标测定试验中,试验机上应加荷到_____ kN,稳定 5s。

8. 岩石的抗压强度试验,将试件置于水中浸泡 48h,水面应至少高出试件顶面_____ mm。

9. 石子容量筒容积的校正,应_____℃的饮用水来校正。

10. 石子紧密密度试验中,容量筒中的石子分三层装入容量筒,装完一层后,在筒底垫放一根直径为_____ mm 的钢筋,将试样颠实。

二、单项选择题

1. 配置混凝土强度等级为 C30 的混凝土,石子针状、片状颗粒含量(按质量计,%)应_____。
A. ≤5 B. ≤10 C. ≤15 D. ≤20

2. 配置混凝土强度等级为 C40 的混凝土,石灰石碎石的压碎值指标应为_____。
A. ≤5% B. ≤10% C. ≤15% D. ≤20%

3. 在石子表观密度试验中,表观密度计算结果精确至_____。
A. $1kg/m^3$ B. $5kg/m^3$ C. $10kg/m^3$ D. $100kg/m^3$

4. 石子压碎指标测定试验中,石子颗粒的公称粒级为_____ mm。
A. 5.0~10.0 B. 10.0~16.0 C. 10.0~20.0 D. 20.0~40.0

5. 岩石的抗压强度试验,试验时加压速度为_____ MPa/s。
A. 0.3~0.5 B. 0.5~0.8 C. 0.5~1.0 D. 0.8~1.5

三、多项选择题

1. 当石子采用汽车运输时,应以_____为一验收批。
A. $200m^3$ B. 300t C. $400m^3$ D. 600t

2. 每验收批石子至少应进行试验参数有_____。
A. 颗粒级配 B. 含泥量 C. 泥块含量 D. 针片状颗粒含量

3. 石子的表观密度试验,表观密度试验结果应满足下列要求_____。
A. 两次结果之差值大于 $20kg/m^3$ 时,以两次试验结果的算术平均值作为测定值
B. 如两次结果之差值大于 $20kg/m^3$ 时,应重新取样进行试验
C. 对颗粒材质不均匀的试样,如两次试验结果之差超过规定时,判石子不合格
D. 对颗粒材质不均匀的试样,如两次试验结果之差超过规定时,可取四次测定结果的算术平均值作为测定值

4. 石子的表观密度试验的温度控制应符合_____。
A. 水温允许 15~25℃ B. 水温允许 10~30℃
C. 两次水体积测定的温差不得大于 2℃ D. 两次水体积测定的温差不得大于 5℃

5. 石子在进行堆积密度试验时,容量筒容积为 10L 的筒,可以碎石或卵石的最大粒径_____ mm。
A. 10.0 B. 16.0 C. 20.0 D. 25.0

四、判断题

1. 对于长期处于潮湿环境的重要混凝土结构所用的石,应进行碱活性检验。（　）
2. 配置混凝土时应采用连续粒级石子。（　）
3. 当卵石的颗粒级配不符合本标准碎石或卵石的颗粒级配范围要求时,不允许使用。（　）
4. 岩石的抗压强度应比所配制的混凝土强度至少高20%。（　）
5. 除筛分析外,当其余检验项目存在不合格时,应加倍取样进行复检。当复验仍有一项不满足标准要求时,应按不合格品处理。（　）
6. 在石子筛分析试验中,当筛余颗粒的粒径大于5.0mm时,在筛分过程中,允许用手指拨动颗粒。（　）
7. 在石子表观密度试验中试验前,将样品筛去5.00mm以下的颗粒,并缩分至略重于所规定的数量,刷洗干净后分成两份备用。（　）
8. 恒重系指相邻两次称量间隔时间大于3h的情况下,其前后两次称量之差小于该项试验所要求的称量精度。（　）
9. 在石子表观密度试验中试验前试验各项称重可以在15~25℃的温度范围内进行,但从试样加水静置的最后2h直至试验结束,其温度相差不应超过5℃。（　）
10. 对于有抗冻、抗渗或其他特殊要求的混凝土,其所用碎石或卵石中含泥量不应大于1.0%。（　）

五、简答题

1. 简述石子筛分析试验步骤。
2. 简述石子含泥量试验步骤。
3. 简述石子泥块含量试验步骤。
4. 简述石子表观密度试验步骤。
5. 简述压碎值测定试验步骤。

六、计算题

1. 有一组碎石,采用进行石子筛分检验,试验数据如下表,请计算筛分,并判断其级配情况。

次数	1			2		
筛孔尺寸 (mm)	筛余量 (g)	分计筛余 (%)	累计筛余 (%)	筛余量 (g)	分计筛余 (%)	累计筛余 (%)
75.0						
63.0						
53.0						
37.5						
31.5	217					
26.5	434					
19.0	1663					
16.0	1448					
9.50	2242					

续表

次数	1			2		
筛孔尺寸（mm）	筛余量（g）	分计筛余（%）	累计筛余（%）	筛余量（g）	分计筛余（%）	累计筛余（%）
4.75	653					
2.36	505					
筛底	72					
筛分总质量	7248					

2. 有一组碎石，密度试验，试验数据如下表，请计算其表观密度、松散体积密度、空隙率。

	次数	试样干质量（g）	试样和网篮在水中质量（g）	网篮质量（g）	密度（g/cm³）	平均值（g/cm³）	温度（℃）
表观密度	1	2929	1853	0			20
	2	2968	1876	0			

	次数	容量筒质量（kg）	容量筒、试样总质量（kg）	筒质量容积（L）	密度（kg/m³）	平均值（kg/m³）	空隙率（%）
松散体积密度	1	3.05	31.29	20			
	2	3.05	30.96	20			

不同水温下碎石或卵石的表观密度温度修正修正系数

水温(℃)	15	16	17	18	19	20	21	22	23	24	25
αt	0.002	0.003	0.003	0.004	0.004	0.005	0.005	0.006	0.006	0.007	0.008

参考答案：

一、填空

1. 2.4   2. 0.4   3. 0.5%   4. ≤8%
5. ≤1.0%   6. 16   7. 200   8. 20
9. 20±5   10. 25

二、单项选择题

1. C   2. B   3. C   4. C   5. C

三、多项选择题

1. C、D   2. A、B、C   3. B、D   4. A、C
5. A、B、C、D

四、判断题

1. √   2. √   3. ×   4. √

5. √   6. √   7. √   8. √
9. ×   10. √

五、简答题

1. 答:石子筛分析试验步骤

(1)试样制备:

试验前,用四分法将样品缩分至标准规定的试样所需量,烘干或风干后备用。

(2)按规定规定称取试样。

(3)将试样按筛孔大小顺序过筛,当每号筛上筛余层的厚度大于试样的最大粒径时,应将该号筛上的筛余分成两份,再次进行筛分,直至各筛每分钟的通过量不超过试样总量的0.1%。

注:当筛余颗粒的粒径大于20mm时,在筛分过程中,允许用手指拨动颗粒。

(4)称取各筛余的重量,精确至试样总重要的0.1%。在筛上的所有分计筛余量和筛底剩余的总和与筛分前测定的试样总量相比,其相差不得超过1%。

(5)数据处理:

1)由各筛上的筛余量除以试样总重量计算得出该号筛的分计筛余百分率(精确到0.1%)。

2)每号筛计算得出的分计筛余百分率与大于该筛筛号各筛的分计筛余百分率相加,计算得出其累计筛余百分率(精确至1%)。

3)根据各筛的累计筛余百分率,评定该试样的颗料级配。

2. 答:石子含泥量试验步骤

(1)试样制备

试验前,将来样用四分法缩分至所规定的量(注意防止细粉丢失),并置于温度为105±5℃的烘箱内烘干至恒重,冷却至室温后分成两份备用。

(2)称取一份试样装入容器中摊平,并注入饮用水,使水面高出石子表面150mm;用手在水中淘洗颗粒,使尘屑、淤泥和黏土与较粗颗粒分离,并使之悬浮或溶解于水。缓缓地将浑浊液倒入1.25mm及80μm的套筛(1.25mm筛放置上面)上,滤去小于80μm的颗粒。试验前筛子的两面应先用水湿润。在整个试验过程中应注意避免大于80μm的颗粒丢失。

(3)再次加水于容器中,重复上述过程,直至洗出的水清澈为止。

(4)用水冲洗剩留在筛上的细粒,并将80μm筛放在水中(使水面略高出筛内颗粒)来回摇动,以充分洗除小于80μm的颗粒。然后,将两只筛上剩留的颗粒和筒中已洗净的试样一并装入浅盘,置于温度为105±5℃的烘箱中烘干至恒重。

(5)数据处理:

以上两个试验结果的算术平均值作为测定值。如两次结果的差值超过0.2%,应重新取样进行试验。

3. 答:石子泥块含量试验步骤

(1)试样制备

试验前,将样品用四分法缩分至略大于含泥量试验中表所示的量,缩分应注意防止所含黏土被压碎。缩分后的试样在105±5℃烘箱内烘干至恒重,冷却至室温后分成两份备用。

(2)筛去5.00mm以下颗粒,称重。

(3)将试样在容器中摊平,加入饮用水使水面高出试样表面,24h后把水放出,用手碾压泥块,然后把试样放在2.5mm筛上摇动淘洗,直至洗出的水清澈为止。

(4)将筛上的试样小心地从筛里取出,置于温度为105±5℃烘箱中烘干至恒重。取出冷却至室温后称重。

(5)数据处理：

以两个试验结果的算术平均值作为测定值。如两次结果的差值超过0.2%,应重新取样进行试验。

4.答:石子表观密度试验步骤

(1)试样制备：

试验前,将样品筛去5.00mm以下的颗粒,并缩分至略重于所规定的数量,刷洗干净后分成两分备用。

(2)按上表的规定称取试样。

(3)取试样一份装入吊篮,并浸入盛水的容器中,水面至少高出试样50mm。

(4)浸水24h后,移放到称量用的盛水容器中,并用上下升降吊篮的方法排除气泡(试样不得露出水面)。吊篮每升降一次约为1s,升降高度为30~50mm。

(5)测定水温后(此时吊篮应全浸入水中),用天平称取吊篮及试样在水中的重量。称量时盛水容器中水面高度由容器的溢流孔控制。

(6)提起吊篮,将试样置于浅盘中,放入105±5℃的烘箱中烘干至恒重。取出来放在带盖的容器中冷却至室温后,称重。

(7)称取吊篮在同样温度的水中重量,称量时盛水的容器的水面高度仍应由溢流口控制。

(8)数据处理：

以两次试验结果的算术平均值作为测定值。如两次结果之差值大于$20kg/m^3$时,应重新取样进行试验。对颗粒材质不均匀的试样,如两次试验结果之差超过规定时,可取四次测定结果的算术平均值作为测定值。

5.答:压碎值测定试验步骤

(1)试样制备：

标准试样一律采用10.0~20.0mm的颗粒,并在风干状态下进行试验。

对多种岩石组成的卵石,如其粒径大于20.0mm颗粒的岩石矿物成分与10~20mm的颗粒有显著的差异时,对大于20.0mm颗粒应经人工破碎后筛取10~20mm的标准粒级,另外进行压碎指标值试验。

将缩分后的样品,先筛去10.0mm以下及20.0mm以上的颗粒,再用针状和片状规准仪剔除其针状和片状颗粒,然后称取每份3kg的试样3份备用。

(2)试验步骤：

1)置圆筒于底盘上,取试样一份,分二层装入筒内,每装完一层试样后,在底盘下面垫放一根直径为10mm的圆钢筋,将筒按住,左右交替颠击地面各25下。第二层颠实后,试样表面距底盘的高度控制为100mm左右。

2)整平筒内试样表面,把压头装好(注意应使加压头保持平正),放到试验机上在160~300s内均匀地加荷到200kN,稳定5s。然后卸荷,取出测定筒,倒出筒中的试样并称其重量。用孔径2.50mm的筛筛除被压碎的细粒,称量剩留在筛上的试样的重量。

(3)数据处理与结果判定：

以三次试验结果的算术平均值作为压碎指标测定值。

六、计算题

1.解:有一组碎石,采用进行石子筛分检验,试验数据如下,请计算筛分,并判断其级配情况。

次数 筛孔尺寸 (mm)	1			2		
	筛余量 (g)	分计筛余 (%)	累计筛余 (%)	筛余量 (g)	分计筛余 (%)	累计筛余 (%)
75.0						
63.0						
53.0						
37.5						
31.5	217	3.0	3			
26.5	434	6.0	9			
19.0	1663	22.9	32			
16.0	1448	20.0	52			
9.50	2242	30.9	83			
4.75	653	9.0	92			
2.36	505	7.0	99			
筛分总质量	7248					

级配区:5~31.5mm 连续粒级颗粒级配。

2.解:有一组碎石,密度试验,试验数据如下,请计算其表观密度、松散体积密度、空隙率。

	次数	试样干质量 (g)	试样和网篮 在水中质量(g)	网篮质量 (g)	密度 (g/cm³)	平均值 (g/cm³)	温度 (℃)
表观密度	1	2929	1853	0	2720	2720	20
	2	2968	1876	0	27102		
	次数	容量筒质量(kg)	容量筒、试样 总质量(kg)	筒质量容积 (L)	密度 (kg/m³)	平均值 (kg/m³)	空隙率 (%)
松散体积密度	1	3.05	31.29	20	1410	1400	49
	2	3.05	30.96	20	1400		

不同水温下碎石或卵石的表观密度温度修正修正系数

水温(℃)	15	16	17	18	19	20	21	22	23	24	25
α_t	0.002	0.003	0.003	0.004	0.004	0.005	0.005	0.006	0.006	0.007	0.008

砂、石常规模拟试卷
石模拟试卷(A)

一、填空

1.凡岩石颗粒的长度大于该颗粒所属粒级的平均粒径_____倍者为针状颗粒。

2.对于有抗冻、抗渗或其他特殊要求的强度小于 C30 的混凝土,其所用碎石或卵石中含泥量不应大于_____。

3.对于有腐蚀介质作用或经常处于水位变化的地下结构混凝土,所用碎石的坚固性,在5次循环后的质量损失应_____。

4. 碎石中的硫化物及硫酸盐含量(折算成SO_3,按质量计)应≤_____。

5. 石子在料堆上取样时,取样部位应均匀分布。取样前先将取样部位表层铲除。然后由各部位抽取大致相等的石子_____份,组成一组样品;

6. 石子压碎指标测定试验中,试验机上应加荷到_____kN,稳定5s。

7. 岩石的抗压强度试验,将试件置于水中浸泡_____h,水面应至少高出试件顶面20mm。

8. 石子容量筒容积的校正,应_____℃的饮用水来校正。

9. 石子紧密密度试验中,容量筒中的石子分三层装入容量筒,装完一层后,在筒底垫放一根直径为_____mm的钢筋,将试样颠实。

10. 石子堆积密度试验中,用平头铁锹铲起试样,使石子自由落入容量筒内。此时,从铁锹的齐口至容量筒上口的距离应保持为_____mm左右。

二、单项选择题

1. 配置混凝土强度等级为C30的混凝土,石子针状、片状颗粒含量(按质量计,%)应_____。
   A. ≤5   B. ≤10   C. ≤15   D. ≤20

2. 配置混凝土强度等级为C40的混凝土,石灰石碎石的压碎值指标应为_____。
   A. ≤5%   B. ≤10%   C. ≤15%   D. ≤20%

3. 在石子表观密度试验中,表观密度计算结果精确至_____。
   A. $1kg/m^3$ B. $5kg/m^3$ C. $10kg/m^3$ D. $100kg/m^3$

4. 石子压碎指标测定试验中,石子颗粒的公称粒级为_____mm。
   A. 5.0~10.0   B. 10.0~16.0   C. 10.0~20.0   D. 20.0~40.0

5. 岩石的抗压强度试验,试验时加压速度为_____MPa/s。
   A. 0.3~0.5   B. 0.5~0.8   C. 0.5~1.0   D. 0.8~1.5

三、多项选择题

1. 当石子采用汽车运输时,应以_____为一验收批。
   A. $200m^3$ B. 300t   C. $400m^3$ D. 600t

2. 每验收批石子至少应进行试验参数有_____。
   A. 颗粒级配   B. 含泥量   C. 泥块含量   D. 针片状颗粒含量

3. 石子的表观密度试验,表观密度试验结果应满足下列要求_____。
   A. 两次结果之差值大于$20kg/m^3$时,以两次试验结果的算术平均值作为测定值
   B. 如两次结果之差值大于$20kg/m^3$时,应重新取样进行试验
   C. 对颗粒材质不均匀的试样,如两次试验结果之差超过规定时,判石子不合格
   D. 对颗粒材质不均匀的试样,如两次试验结果之差超过规定时,可取四次测定结果的算术平均值作为测定值

4. 石子的表观密度试验的温度控制应符合_____。
   A. 水温允许15~25℃   B. 水温允许10~30℃
   C. 两次水体积测定的温差不得大于2℃   D. 两次水体积测定的温差不得大于5℃

5. 石子在进行堆积密度试验时,容量筒容积为10L的筒,可以碎石或卵石的最大粒径(mm)_____。
   A. 10.0   B. 16.0   C. 20.0   D. 25.0

四、判断题

1. 对于长期处于潮湿环境的重要混凝土结构所用的石子,应进行碱活性检验。（ ）
2. 配置混凝土时应采用连续颗粒级配石子。（ ）
3. 当卵石的颗粒级配不符合本标准碎石或卵石的颗粒级配范围要求时,不允许使用。（ ）
4. 岩石的抗压强度应比所配制的混凝土强度至少高20%。（ ）
5. 除筛分析外,当其余检验项目存在不合格时,应加倍取样进行复检。当复验仍有一项不满足标准要求时,应按不合格品处理。（ ）
6. 在石子筛分析试验中当筛余颗粒的粒径大于5.0mm时,在筛分过程中,允许用手指拨动颗粒。（ ）
7. 在石子表观密度试验中试验前,将样品筛去5.00mm以下的颗粒,并缩分至略重于所规定的数量,刷洗干净后分成两份备用。（ ）
8. 恒重系指相邻两次称量间隔时间大于3h的情况下,其前后两次称量之差小于该项试验所要求的称量精度。（ ）
9. 在石子表观密度试验中试验前试验各项称重可以在15~25℃的温度范围内进行,但从试样加水静置的最后2h直至试验结束,其温度相差不应超过5℃。（ ）
10. 对于有抗冻、抗渗或其他特殊要求的混凝土,其所用碎石或卵石中含泥量不应大于1.0%。（ ）

五、简答题

1. 石子筛分析试验步骤。
2. 石子含泥量试验步骤。
3. 石子表观密度试验步骤。

六、计算题

1. 有一组碎石,采用进行石子筛分析检验,试验数据如下表,请计算筛分,并判断其级配情况。

次数	1			2		
筛孔尺寸（mm）	筛余量（g）	分计筛余（%）	累计筛余（%）	筛余量（g）	分计筛余（%）	累计筛余（%）
75.0						
63.0						
53.0						
37.5						
31.5	217					
26.5	434					
19.0	1663					
16.0	1448					
9.50	2242					
4.75	653					
2.36	505					
筛底	72					
筛分总质量	7248					

级配情况	公称粒级	累计筛余,按质量(%)										
		方孔筛筛孔边长尺寸(mm)										
		2.36	4.75	9.5	16.0	19.0	26.5	31.5	37.5	53	63	75	90
连续粒级	5~10	95~100	80~100	0~15	0	—	—	—	—	—	—	—	—
	5~16	95~100	85~100	30~60	0~10	0	—	—	—	—	—	—	—
	5~20	95~100	90~100	40~80	—	0~10	0	—	—	—	—	—	—
	5~25	95~100	90~100	—	30~70	—	0~5	0	—	—	—	—	—
	5~31.5	95~100	90~100	70~90	—	15~45	—	0~5	0	—	—	—	—
	5~40	—	95~100	70~90	—	30~65	—	—	0~5	0	—	—	—
单粒级	10~20	—	95~100	85~100	—	0~15	—	0	—	—	—	—	—
	16~31.5	—	95~100	—	85~100	—	—	0~10	—	—	—	—	—
	20~40	—	—	95~100	—	80~100	—	—	0~100	—	—	—	—
	31.5~63	—	—	—	95~100	—	—	75~100	45~75	—	0~10	—	—
	40~80	—	—	—	—	95~100	—	—	70~100	—	30~60	0~10	—

2. 有一组碎石,密度试验,试验数据如下表,请计算其表观密度、松散体积密度、空隙率。

	次数	试样干质量(g)	试样和网篮在水中质量(g)	网篮质量(g)	密度(g/cm³)	平均值(g/cm³)	温度(℃)
表观密度	1	2929	1853	0			20
	2	2968	1876	0			
松散体积密度	次数	容量筒质量(kg)	容量筒、试样总质量(kg)	筒质量容积(L)	密度(kg/m³)	平均值(kg/m³)	空隙率(%)
	1	3.05	31.29	20			
	2	3.05	30.96	20			

不同水温下碎石或卵石的表观密度温度修正修正系数

水温(℃)	15	16	17	18	19	20	21	22	23	24	25
α_t	0.002	0.003	0.003	0.004	0.004	0.005	0.005	0.006	0.006	0.007	0.008

砂、石常规模拟试卷
石模拟试卷(B)

一、填空

1. 凡岩石颗粒的厚度小于该颗粒所属粒级的平均粒径_____倍者为片状颗粒。
2. 对于有抗冻、抗渗或其他特殊要求的强度小于 C30 的混凝土,其所用碎石或卵石中含泥量不应大于_____。
3. 对于有腐蚀介质作用或经常处于水位变化的地下结构混凝土,所用碎石的坚固性,在 5 次循环后的质量损失应_____。
4. 碎石中的硫化物及硫酸盐含量(折算成 SO_3,按质量计)应_____。
5. 石子在料堆上取样时,取样部位应均匀分布。取样前先将取样部位表层铲除。然后由各部位抽取大致相等的石子_____份,组成一组样品。
6. 石子压碎指标测定试验中,试验机上应加荷到 200kN,稳定_____s。
7. 岩石的抗压强度试验,将试件置于水中浸泡 48h,水面应至少高出试件顶面_____mm。
8. 石子容量筒容积的校正,应_____℃的饮用水来校正。
9. 石子紧密密度试验中,容量筒中的石子分_____层装入容量筒,装完一层后,在筒底垫放一根直径为 25mm 的钢筋,将试样颠实。
10. 石子堆积密度试验中,用平头铁锹铲起试样,使石子自由落入容量筒内。此时,从铁锹的齐口至容量筒上口的距离应保持为_____mm 左右。

二、单项选择题

1. 配置混凝土强度等级为 C30 的混凝土,石子针状、片状颗粒含量(按质量计,%)应_____。
   A. ≤5   B. ≤10   C. ≤15   D. ≤20
2. 配置混凝土强度等级为 C40 的混凝土,石灰石碎石的压碎值指标应为_____。
   A. ≤5%   B. ≤10%   C. ≤15%   D. ≤20%
3. 石子压碎指标测定试验中,石子颗粒的公称粒级为_____mm。
   A. 5.0~10.0   B. 10.0~16.0   C. 10.0~20.0   D. 20.0~40.0
4. 石子压碎指标测定试验中,试验时加压时间为_____s。
   A. 50~80   B. 80~160   C. 160~300   D. 300~400
5. 石子筛分析试验中,称取各筛筛余的质量时,称量精确至试样总质量的_____。
   A. 0.01%   B. 0.1%   C. 0.5%   D. 1%

三、多项选择题

1. 当石子采用汽车运输时,应以_____为一验收批。
   A. 200m³   B. 300t   C. 400m³   D. 600t
2. 石子在进行堆积密度试验时,容量筒容积为 10L 的筒,可用以碎石或卵石的最大粒径_____mm。
   A. 10.0   B. 16.0   C. 20.0   D. 25.0
3. 石子含泥量试验试验中,需用到的方孔筛规格有:_____。

A. 2.50mm　　　　B. 1.25mm　　　　C. 630μm　　　　D. 80μm

4. 石子泥块含量试验试验中,需用到的方孔筛规格有_____。

A. 5.00mm　　　　B. 2.50mm　　　　C. 1.25mm　　　　D. 630μm

5. 岩石的抗压强度试验,试样的规格为_____。

A. 50mm×50mm×50mm　　　　B. 100mm×100mm×100mm

C. ϕ50×50mm　　　　D. ϕ100×100mm

四、判断题

1. 对于长期处于潮湿环境的重要混凝土结构所用的石,应进行碱活性检验。（　）
2. 配置混凝土时应采用连续颗粒级配石子。（　）
3. 当卵石的颗粒级配不符合本标准碎石或卵石的颗粒级配范围要求时,不允许使用。（　）
4. 岩石的抗压强度应比所配制的混凝土强度至少高20%。（　）
5. 除筛分析外,当其余检验项目存在不合格时,应加倍取样进行复检。当复验仍有一项不满足标准要求时,应按不合格品处理。（　）
6. 在石子筛分析试验中当筛余颗粒的粒径大于5.0mm时,在筛分过程中,允许用手指拨动颗粒。（　）
7. 在石子表观密度试验中试验前,将样品筛去5.00mm以下的颗粒,并缩分至略重于所规定的数量,刷洗干净后分成两份备用。（　）
8. 对于有抗冻、抗渗或其他特殊要求的混凝土,其所用碎石或卵石中含泥量不应大于1.0%。（　）
9. 石子碱活性试验,当砂浆的半年膨胀率低于0.50%时,可判定为无潜在危害。（　）
10. 对于有抗冻、抗渗或其他特殊要求的混凝土,其所用碎石或卵石中含泥量不应大于2.0%。（　）

五、简答题

1. 简述石子筛分析试验步骤。
2. 简述石子泥块含量试验步骤。
3. 简述压碎值测定试验步骤。

六、计算题

1. 有一组碎石,采用进行石子筛分析检验,试验数据如下表,请计算筛分,并判断其级配情况。

次数	1			2		
筛孔尺寸(mm)	筛余量(g)	分计筛余(%)	累计筛余(%)	筛余量(g)	分计筛余(%)	累计筛余(%)
75.0						
63.0						
53.0						
37.5						
31.5	695					
26.5	3243					

续表

次数	1			2		
筛孔尺寸（mm）	筛余量（g）	分计筛余（%）	累计筛余（%）	筛余量（g）	分计筛余（%）	累计筛余（%）
19.0	2162					
16.0	758					
9.50						
4.75						
2.36						
筛底	36					
筛分总质量		6941				

级配情况	公称粒级	累计筛余，按质量（%）											
		方孔筛筛孔边长尺寸（mm）											
		2.36	4.75	9.5	16.0	19.0	26.5	31.5	37.5	53	63	75	90
连续粒级	5～10	95～100	80～100	0～15	0	—	—	—	—	—	—	—	—
	5～16	95～100	85～100	30～60	0～10	0	—	—	—	—	—	—	—
	5～20	95～100	90～100	40～80	—	0～10	0	—	—	—	—	—	—
	5～25	95～100	90～100	—	30～70	—	0～5	0	—	—	—	—	—
	5～31.5	95～100	90～100	70～90	—	15～45	—	0～5	0	—	—	—	—
	5～40	—	95～100	70～90	—	30～65	—	—	0～5	0	—	—	—
单粒级	10～20	—	95～100	85～100	—	0～15	0	—	—	—	—	—	—
	16～31.5	—	95～100	—	85～100	—	—	0～10	—	—	—	—	—
	20～40	—	—	95～100	—	80～100	—	—	0～10	—	—	—	—
	31.5～63	—	—	—	95～100	—	—	75～100	45～75	—	0～10	—	—
	40～80	—	—	—	—	95～100	—	—	70～100	—	30～60	0～10	—

2. 有一组碎石，密度试验，试验数据如下表，请计算其表观密度、松散体积密度、空隙率。

	次数	试样干质量（g）	试样和网篮在水中质量（g）	网篮质量（g）	密度（g/cm³）	平均值（g/cm³）	温度（℃）
表观密度	1	1973	1252	0			20
	2	2968	1876	0			

松散体积密度	次数	容量筒质量（kg）	容量筒、试样总质量（kg）	筒质量容积（L）	密度（kg/m³）	平均值（kg/m³）	空隙率（%）
	1	1.840	16.32	10			
	2	1.840	16.24	10			

不同水温下碎石或卵石的表观密度温度修正修正系数

水温（℃）	15	16	17	18	19	20	21	22	23	24	25
α_t	0.002	0.003	0.003	0.004	0.004	0.005	0.005	0.006	0.006	0.007	0.008

第四节　混凝土、砂浆性能

混凝土拌合物性能及配合比习题

一、填空题

1. 在试验室制备混凝土拌合物时，拌合时试验室的温度应保持在_____，所用材料的温度与试验室温度保持一致。
2. 坍落度与扩展坍落度适用于骨粒最大粒径不大于_____坍落度不小于_____的拌合物稠度测定。
3. 坍落度筒的提离过程应在_____内完成。
4. _____的检查方法是用捣棒在已坍落的混凝土锥体侧面轻轻敲打，观察锥体下沉情况。
5. 当混凝土拌合物的坍落度大于_____时，用钢尺测量混凝土扩展后最终的_____和_____。
6. 贯入阻力的计算公式_____。
7. 凝结时间可用绘图拟合方法确定，是以_____为纵坐标，_____为横坐标。
8. 混凝土的装料及捣实方法可根据拌合物的_____，而采用为_____和_____捣实。
9. 混凝土贯入阻力仪由_____、_____、_____和标准筛组成。
10. 为了使混凝土拌合物外露面积的大小以及泌水后的蒸发量不受影响，在吸取混凝土拌合物表面泌水的整个过程中，应使试样筒_____、_____。
11. 为避免因取样试件影响混凝土拌合物的性能，规定从第一次取样到最后一次取样不宜超过_____。
12. 混凝土拌合物初凝和终凝试件分别定义为贯入阻力等于_____和_____时的时间。
13. 坍落度法测定混凝土稠度适用于骨料最大粒径不大于_____、坍落度值不小于_____的混凝土拌合物稠度测定。
14. 混凝土配合比设计的基本原则是根据选用的材料，通过试验定出既能满足_____、_____、_____和其他要求而且_____的混凝土各组成部分的用量比例。
15. 混凝土配合比计算公式中的 f_{ce} 代表_____。
16. 检验混凝土强度时至少应采用三个不同的配合比。除基准配合比以外，另外两个配合比的水灰比值应按基准配合比分别相应增加及减少_____,其用水量应该与基准配合比相同,砂率可分别增加和减少_____。

17. 保水性以混凝土拌合物中稀浆析出的程度来评定,坍落度筒提起后如_____则表明此混凝土拌合物的保水性能不好。如坍落度筒提起_____,则表示此混凝土拌合物保水性良好。

18. 当混凝土坍落度大于220mm时,一般以坍落扩展度表征混凝土拌合物的稠度。用钢尺测量混凝土扩展后最终的_____,在这两个直径之差小于50mm的条件下,用其_____值作为坍落扩展度值。

19. 混凝土拌合物的和易性包括_____、_____和_____三个方面等的含义。其中_____通常采用坍落度法和维勃稠度法两种方法来测定,_____和_____凭经验目测。

20. 若发现粗骨料在中央集堆或边缘有水泥浆析出,正是混凝土在扩展的过程中产生离析而造成的,说明此混凝土_____性能不好。

21. 混凝土的合理砂率是指在_____和_____一定的情况下,能使混凝土获得最大的流动性,并能获得良好黏聚性和保水性的砂率。

22. 普通混凝土配合比设计时的单位用水量,主要根据_____和粗骨料的_____选用。

23. 影响混凝土拌合物和易性的主要因素有_____、_____、_____,及其他影响因素。

24. 确定混凝土配合比的三个基本参数是:_____、_____、_____。

二、单选题

1. 原材料相同时,影响混凝土强度的决定性因素是_____
   A. 水泥用量　　B. 水灰比　　C. 骨料的质量　　D. 坍落度大小

2. 从开始装料到坍落度筒的整个过程应不间断地进行,并应在_____内完成。
   A. 100s　　B. 200s　　C. 150s　　D. 250s

3. 混凝土坍落度试验时,把按要求取得的混凝土试样用小铲分三层均匀地装入筒内,使捣实后每层高度为筒高的_____左右。
   A. 三分之一　　B. 二分之一　　C. 四分之一　　D. 三分之二

4. 对于混凝土坍落度_____的混凝土,应用钢尺测量混凝土扩展后最终的最大直径和最小直径。
   A. 大于220mm　　B. 小于220mm　　C. 等于220mm　　D. 大于200mm

5. 凝结时间测定从_____开始计时。
   A. 开始试验　　B. 水泥与水接触　　C. 装料　　D. 搅拌

6. 混凝土拌合物坍落度和扩展坍落度以_____为单位。
   A. 毫米　　B. 厘米　　C. 分米　　D. 米

7. 根据混凝土拌合物的性能,确定测针试验时间,以后每隔_____测试一次,在临近初、终凝时可增加测定次数。
   A. 1h　　B. 0.5h　　C. 2h　　D. 1.5h

8. 泌水试验在吸取混凝土拌合物表面泌水的整个过程中,应使试样筒保持水平,不受振动,除了吸水操作外,应始终盖好盖子,室温应保持在_____。
   A. 20±1℃　　B. 20±2℃　　C. 20±3℃　　D. 21±2℃

9. 凝结时间测定前_____,将一片20mm厚的垫块垫入筒底一侧使其倾斜,吸水后平稳地复原,然后进行贯入阻力测定。
   A. 1min　　B. 2min　　C. 5min　　D. 10min

10. 含气量测定时开启进气阀,用气泵向气室内注入空气,使气室内的压力略大于_____,待压力表显示值稳定。
   A.0.1MPa   B.0.2MPa   C.0.3MPa   D.0.15MPa
11. 凝结时间测定各测点的间距应大于测针直径的两倍且不小于_____,测点与试样筒壁的距离应不小于25mm。
   A.20mm   B.25mm   C.15mm   D.30mm
12. 泌水试验吸出的水放入量筒中,记录每次吸水的水量并计算累计水量,精确至_____。
   A.10mL   B.1mL   C.0.1mL   D.0.5mL
13. 泌水率三个测值中的最大值或最小值,如果有一个与中间值之差超过中间值的_____。
   A.20%   B.25%   C.15%   D.10%
14. 试验室拌制混凝土时,称量的精度:_____为±1%。
   A.水泥   B.掺合料   C.水和外加剂   D.骨料
15. 根据混凝土拌合物的_____,确定混凝土的成型方法。
   A.重量   B.稠度   C.密度   D.强度
16. 用插入式振捣棒振实制作试件插入试模振捣时,振捣棒距试模底板_____且不得接触及试模底板。
   A.5~10mm   B.10~15mm   C.10~20mm   D.15~20mm
17. 坍落度不大于_____的混凝土宜用振动台振实。
   A.50mm   B.60mm   C.70mm   D.80mm
18. 插捣用的钢制捣棒应为长600mm,直径_____。
   A.4mm   B.8mm   C.16mm   D.32mm
19. 插捣上层时,捣棒应穿入下层深度约_____。
   A.20~30mm   B.30~40mm   C.40~50mm   D.50~60mm
20. 采用标准养护的试件成型后应覆盖表面,以防止水分蒸发,并应在室温为_____情况下静置一至二昼夜。
   A.5±5℃   B.10±5℃   C.15±5℃   D.20±5℃
21. 对于流动性和大流动性混凝土的用水量,一般以坍落度90mm的用水量为基础,按坍落度每增大20mm用水量增加_____,计算出未掺外加剂的混凝土的用水量。
   A.5kg   B.10kg   C.2kg   D.20kg
22. 砂(细集料)在_____中所占的比例称为砂率
   A.水泥   B.集料总量   C.胶凝材料   D.石子
23. 水泥混凝土在未凝结硬化前,称为_____。
   A.石灰拌合物   B.砂石拌合物   C.水泥拌合物   D.混凝土拌合物
24. 混凝土拌合物必须具有良好的_____,便于施工,以保证能获得良好的浇筑质量。
   A.和易性   B.保水性   C.流动性   D.黏结性
25. 工地上常用_____的方法来测定拌合物的流动性。
   A.抗压试验   B.维勃稠度试验   C.灌入度试验   D.坍落度试验
26. 影响混凝土和易性的最主要因素是_____。
   A.单位体积用灰量   B.单位体积用水量
   C.单位面积用灰量   D.单位面积用水量
27. 砂率是指混凝土中砂的质量占_____的百分率。
   A.石总质量   B.灰总质量   C.砂、灰总质量   D.砂、石总质量

28. 拌合物拌制后,随时间延长而逐渐变得干稠,且流动性_____。
   A. 减小   B. 增大   C. 不变   D. 不能确定
29. 拌合物的和易性也受温度影响,随着温度升高,拌合物的流动性也随之_____。
   A. 降低   B. 升高   C. 不变   D. 不能确定
30. 混凝土配合比的试配调整中规定,在混凝土强度试验时至少采用三个不同的配合比,其中一个应为_____配合比。
   A. 初步   B. 实验室   C. 施工   D. 基准

三、多项选择题

1. 每组试件所用的拌合物应从_____中取样。
   A. 同一盘混凝土 B. 同一个工地 C. 同一车混凝土 D. 同一个搅拌站
2. 试验室拌制混凝土时,其称量精度为±0.5%的有_____。
   A 骨料   B. 水泥   C. 掺合料   D. 外加剂
3. 压力泌水仪的主要部件包括_____等。
   A. 压力表   B. 缸体   C. 工作活塞   D. 筛网
4. 混凝土搅拌机或搅拌运输机在出料的开始和结束阶段,容易离析,不宜取样;在_____处分别取样,然后人工搅拌均匀,才能代表该车或该盘混凝土。
   A. 1/4   B. 1/2   C. 3/4   D. 3/1
5. 贯入阻力仪由_____组成。
   A. 加荷装置   B. 测针   C. 砂浆试样筒 D. 标准筛
6. 配合比分析试验方法适用于用水洗法测定普通混凝土拌合物中各大组份的含量,其中各大组份为_____。
   A. 水泥   B. 水   C. 砂   D. 石
7. 进行配合比分析试验前,应对_____进行有关试验项目的测定。
   A. 水泥表观密度   B. 水泥标准稠度用水量
   C. 粗细骨料饱和面干燥的表观密度 D. 细骨料修正系数
8. 测量混凝土扩展后的最大直径和最小直径的差值大于50mm,可能的原因_____。
   A. 插捣不均匀 B. 提筒时歪斜 C. 底板干湿不匀 D. 底板倾斜
9. 根据我国的测试经验,测针采用三个尺寸的规格,测针截面积分别为_____。
   A. 100mm^2 B. 150mm^2 C. 50mm^2 D. 20mm^2
10. 观察坍落后混凝土试体的黏聚性,用捣棒在已坍落的混凝土锥体侧面轻轻敲打,若_____则表示黏聚性不好。
    A. 锥体倒塌   B. 锥体逐渐下沉 C. 部分崩裂   D. 出现离析现象
11. 凝结时间的绘图拟合确定是以_____划两条平行于横坐标的直线。
    A. 3MPa   B. 3.5MPa   C. 28MPa   D. 30MPa
12. 泌水试验在吸取混凝土拌合物表面泌水的整个过程中,应使试样筒_____。
    A. 保持水平   B. 盖好盖子   C. 不受振动   D. 外加剂
13. 容器的容积的计算公式 $V = \dfrac{m_2 - m_1}{\rho_w} \times 1000$,下列正确的有_____。
    A. V——含气量仪的容积(L)   B. m_1——干燥含气量仪的总质量(kg)
    C. m_2——含气量仪的总质量(kg)   D. ρ_w——容积内水的密度(kg/m^3)
14. 为了科学地确定配合比,在试验室进行配合比设计时一般要经过_____三个阶段。

A. 计算　　　　　　B. 试配　　　　　　C. 作图　　　　　　D. 调整
15. 下列哪几种情况需要适当增加砂率_____。
   A. 粗砂　　　　　　B. 细砂　　　　　　C. 单粒级粗集料　　D. 连续级配粗集料
16. 当出现_____时,认为混凝土的和易性不好。
   A. 坍落度太小　　　B. 崩塌　　　　　　C. 剪切　　　　　　D. 底部稀浆析出
17. 和易性是一项综合的技术性质,它包括的内容有_____。
   A. 流动性　　　　　B. 黏聚性　　　　　C. 稳定性　　　　　D. 保水性
   E. 粘结性
18. 拌合物的流动性常用_____来测定。
   A. 坍落度试验　　　B. 抗压试验　　　　C. 抗裂度试验　　　D. 灌入度试验
   E. 维勃稠度试验
19. 影响混凝土拌合物和易性的主要因素有_____。
   A. 单位体积用水量　　　　　　　　　　B. 水泥品种细度和集料特性的影响
   C. 砂率的影响　　　　　　　　　　　　D. 单位体积用灰量
   E. 外加剂、掺合料、时间和温度的影响
20. 按坍落度的大小,将混凝土拌合物分为_____。
   A. 低塑性混凝土　　B. 塑性混凝土　　　C. 流动性混凝土　　D. 大流动性混凝土
   E. 普通混凝土

四、判断题

1. 测定混凝土拌合物表观密度的容器的最小尺寸应不大于骨料最大粒径的4倍。（　）
2. 试验用圆筒直径为150mm,允许粗骨料最大粒径为40mm。（　）
3. 用捣棒捣实时,应将混凝土拌合物分3层装入,每层捣实后高度约为1/3容器高度。（　）
4. 坍落度不大于70mm的混凝土,用振动台振实为宜。（　）
5. 由于环境温度对混凝土拌合物泌水比较敏感,故要求试验过程中除装料外,室温应保持在20±5℃。（　）
6. 凝结时间试验中,为确保其精度,测点应均匀分布在贯入阻力测值的0.2~28MPa并至少有5个测点。（　）
7. 采用捣棒捣实时,混凝土拌合物应分为三层装入,每层的插捣次数应为25次。（　）
8. 混凝土拌合物应分两层装入压力泌水仪的缸体容器内,每层的插捣次数应为20次。（　）
9. 抗离析性能的优劣,从坍落扩展度的表观形状中就能观察出来。（　）
10. 取样或试验室拌制的混凝土应在拌制后尽短的时间内成型,一般不宜超过15min。（　）
11. 坍落度不大于70mm的混凝土宜用捣棒人工捣实;大于70mm的宜用振动台振实。（　）
12. 取样或拌制好的混凝土拌合物应至少用铁锹再来回拌合二次。（　）
13. 按查表法选取砂率时,当粗骨料为单粒级时,应适当减小砂率。（　）
14. 坍落度筒提离后,如混凝土发生崩塌或一边剪坏现象,则应重新取样另行测定。如第二次试验仍出现上述现象,则表示该混凝土和易性不好,应予记录备查。（　）

五、简答题

1. 混凝土坍落度试验时,如何评定其黏聚性和保水性?
2. 简述试验室混凝土配合比设计步骤。
3. 简述粗砂和细砂分别对混凝土的用水量和砂率选取时的影响。

4. 什么是混凝土的和易性？和易性包括哪几方面内容？影响和易性的因素有哪些？
5. 简述引气剂加入到混凝土中，混凝土性能的变化。
6. 如何通过坍落度试验法测定混凝土拌合物的流动性、黏聚性和保水性？
7. 实验室配合比在基准配合比的基础上作强度试验时，应采用哪三个不同的配合比？
8. 混凝土配合比设计中的三个基本参数是什么？分别由哪些因素确定？

六、计算题

设某工程制作钢筋混凝土梁，所用原材料水泥为普通硅酸盐水泥42.5级（$r_s=1.15$），中砂（细度模数2.8），石子粒级为5~20mm，混凝土设计强度等级为C35，坍落度为120~160mm。试设计配合比。

七、操作题

1. 简述混凝土坍落度试验方法。
2. 简述混凝土泌水试验步骤。
3. 简述凝结时间试验方法。

参考答案：

一、填空题

1. 20 ± 5℃
2. 40mm　10mm
3. 5~10s
4. 黏聚性
5. 220mm　最大直径　最小直径
6. $f_{PR}=\dfrac{P}{A}$
7. 贯入阻力　经过的时间
8. 稠度　用捣棒　用振动台
9. 加荷装置　测针　砂浆试验筒
10. 保持水平　不受振动
11. 15min
12. 3.5MPa　28MPa
13. 40mm　10mm
14. 工作性　强度　耐久性　经济合理
15. 水泥的28d抗压强度实测值
16. 0.05　1%
17. 有较多的稀浆从底部析出，锥体部分的混凝土也因失浆而骨料外露　后无稀浆或仅有少量稀浆自底部析出
18. 最大直径和最小直径　算术平均值
19. 流动性　保水性　黏聚性　流动性　保水性　黏聚性
20. 抗离析性能。
21. 用水量　水泥用量
22. 坍落度　最大粒径。
23. 用水量　W/C　砂率
24. W/C　砂率　用水量

二、单选题

1. B	2. C	3. A	4. A
5. B	6. A	7. B	8. B
9. B	10. A	11. C	12. C
13. C	14. D	15. B	16. C
17. C	18. C	19. A	20. D

21. A	22. B	23. D	24. A
25. D	26. B	27. D	28. A
29. A	30. D		

三、多项选择题

1. A、C	2. B、C、D	3. A、B、C、D	4. A、B、C
5. A、B、C、D	6. A、B、C、D	7. A、C、D	8. A、B、C、D
9. A、C、D	10. A、C、D	11. B、C	12. A、C
13. A、B、D	14. A、B、C	15. A、C	16. B、C
17. A、B、D	18. A、E	19. A、B、C、E	20. A、B、C、D

四、判断题

1. ×	2. √	3. √	4. ×
5. √	6. ×	7. ×	8. √
9. √	10. √	11. ×	12. ×
13. ×	14. √		

五、简答题

1. 答:黏聚性　用捣棒在已塌落的拌合物锥体侧面轻轻敲打,如果锥体逐渐下沉,表示黏聚性良好,如果锥体倒塌,部分崩裂或出现离析现象,即为黏聚性不好。

保水性:提起坍落度筒后如有较多的稀浆从底部析出,锥体部分的拌合物也因失浆而骨料外露,则表明此拌合物保水性不好,如无这种现象,则表明保水性良好。

2. 答:(1)计算混凝土配制强度。

(2)确定用水量。

(3)确定水灰比和水泥用量。

(4)确定砂率。

(5)确定骨料用量。

(6)得出初步配合比。

(7)试配与调整,得出试验室配合比。

3. 答:在利用普通混凝土配合比设计规程进行配合比设计时,当所用细集料为粗砂或细砂时,需要对用水量和砂率作适当调整,因为规范表中的数值是根据中砂来确定的。中砂的集配较好,大小颗粒适当,能够填补混凝土中各种原材料的间隙。而粗砂中较大颗粒的成分相对较多,相同体积的砂,粗砂的比表面积小。细砂则相反。因此,当原材料为粗砂时,应适当减少用水量,为保证混凝土浆料的和易性,应适当调高砂率。细砂则反之。

4. 答:和易性:混凝土易于施工操作(搅拌、运输、浇筑、捣实),并获得质量均匀,成型密实的混凝土的性能。和易性包括三方面内容:流动性、黏聚性、保水性。影响和易性的因素:(1)水泥浆的数量和水灰比;(2)砂率;(3)温度和时间;(4)组成材料。

5. 答:(1)改善混凝土拌合物的工作性;(2)提高混凝土的抗渗性、抗冻性;(3)降低了混凝土的强度。

6. 答:通过坍落度试验法测定混凝土拌合物的流动性、黏聚性和保水性:

坍落度是流动性(亦称稠度)的指标,坍落度值越大,流动性越大。

在测定坍落度的同时,观察确定黏聚性。用捣棒侧击混凝土拌合物的侧面,如其逐渐下沉,表示黏聚性良好;若混凝土拌合物发生坍塌,部分崩裂,或出现离析,则表示黏聚性不好。保水性以在混凝土拌合物中稀浆析出的程度来评定。坍落度筒提起后如有较多稀浆自底部析出,部分混凝土因失浆而骨料外露,则表示保水性不好。若坍落度筒提起后无稀浆或仅有少数稀浆自底部析出,则表示保水性好。

7. 答:实验室配合比在基准配合比的基础上作强度试验时,应采用三个不同的配合比,其中一个为基准配合比中的水灰比,另外两个较基准配合比的水灰比分别增加和减少 0.05。其用水量应与基准配合比的用水量相同,砂率可分别增加和减少 1%。

8. 答:混凝土配合比设计中的三个基本参数是:水灰比,即水和水泥之间的比例;砂率,即砂和石子间的比例;单位用水量,即骨料与水泥浆之间的比例。这三个基本参数一旦确定,混凝土的配合比也就确定了。

水灰比的确定主要取决于混凝土的强度和耐久性。从强度角度看,水灰比应小些,水灰比可根据混凝土的强度公式来确定。从耐久性角度看,水灰比小些,水泥用量多些,混凝土的密实度就高,耐久性则优良,这可通过控制最大水灰比和最小水泥用量的来满足。由强度和耐久性分别决定的水灰比往往是不同的,此时应取较小值。但当强度和耐久性都已满足的前提下,水灰比应取较大值,以获得较高的流动性。

砂率主要应从满足工作性和节约水泥两个方面考虑。在水灰比和水泥用量(即水泥浆量)不变的前提下,砂率应取坍落度最大,而黏聚性和保水性又好的砂率即为合理砂率,这可由查表初步决定,经试拌调整而定。在工作性满足的情况下,砂率尽可能取小值,以达到节约水泥的目的。

单位用水量在水灰比和水泥用量不变的情况下,实际反映的是水泥浆量与骨料用量之间的比例关系。水泥浆量要满足包裹粗、细骨料表面并保持足够流动性的要求,但用水量过大,会降低混凝土的耐久性。水灰比在 0.40~0.80 范围内时,根据粗骨料的品种、最大粒径,单位用水量可通过查表确定。

六、计算题

答:
(1)确定混凝土配制强度($f_{cu,0}$)
$f_{cu,0} \geq f_{cu,k} + 1.645\sigma$,取标准差 $\sigma = 5\text{MPa}$
$f_{cu,0} = 35 + 1.645 \times 5 = 43.2\text{MPa}$

(2)计算水灰比(W/C)
采用的集料是碎石,最大粒径为 20mm
$$\frac{W}{C} = \frac{a_a \cdot f_{ce}}{f_{cu,0} + a_a \cdot a_b \cdot f_{ce}}$$
$f_{ce} = \gamma_c \cdot f_{ce,g} = 1.15 \times 42.5 = 48.9\text{MPa}$
$$\frac{W}{C} = \frac{0.46 \times 48.9}{43.2 + 0.46 \times 0.07 \times 48.9} = 0.50$$

(3)确定用水量(m_{w0})
查表,坍落度为 90mm 碎石最大粒径为 20mm 时,$m_{w0} = 215\text{kg/m}^3$,要求坍落度为 120~160mm,因此设计用水量为 $215 + \frac{150-90}{20} \times 5 = 230\text{kg/m}^3$

(4)计算水泥用量(m_{c0})
$$m_{c0} = \frac{m_{w0}}{C/W} = 230 \div 0.50 = 460\text{kg/m}^3$$

(5)确定砂率(β_s)

采用查表法,查表可知,$W/C=0.50$,碎石最大粒径为20mm,坍落度为60mm 时的砂率为34%,坍落度为120~160mm 时砂率为:$\beta_s = 34\% + \dfrac{150-60}{20} \times 1\% = 38.5\%$

(6)采用重量法,计算砂、石用量(m_{s0}、m_{g0})

用下列两个关系式计算

$$\begin{cases} m_{w0} + m_{c0} + m_{s0} + m_{g0} = 2450 \\ \dfrac{m_{s0}}{m_{s0} + m_{g0}} = \beta_s \end{cases}$$

解联立方程 $\begin{cases} 230 + 460 + m_{s0} + m_{g0} = 2400 \\ \dfrac{m_{s0}}{m_{s0} + m_{g0}} = 38.5\% \end{cases}$

得 $m_{s0} = 658 \text{(kg)}$ $m_{g0} = 1052 \text{(kg)}$

(7)计算初步配合比,见下表

$m_{c0} : m_{s0} : m_{g0} = 460 : 658 : 1052$; $W/C = 0.44$

混凝土设计初步配合比

用料名称	水	水泥	砂	石
每立方米混凝土材料用量(kg)	230	460	658	1052
配合比	0.50	1	1.43	2.29

七、操作题

1.答:(1)湿润坍落度筒及其他用具,并把筒放在不吸水的刚性水平底板上,然后用脚踩住二边的脚踏板,使坍落度筒在装料时保持位置固定。

(2)把按要求取得的混凝土试样用小铲分三层均匀地装入筒内,使捣实后每层高度为筒高的三分之一左右。每层用捣棒插捣25次。插捣应沿螺旋方向由外向中心进行,各次插捣应在截面上均匀分布。插捣筒边混凝土时,捣棒可以稍稍倾斜。插捣底层时,捣棒应贯穿整个深度,插捣第二层和顶层时,捣棒应插透本层至下一层的表面。浇灌顶层时,混凝土应灌到高出筒口。插捣过程中,如混凝土沉落到低于筒口,则应随时添加。顶层插捣完后,刮去多余的混凝土,并用抹刀抹平。

(3)清除筒边底板上的混凝土后,垂直平稳地提起坍落度筒。坍落度筒的提离过程应在5~10s内完成。从开始装料到提坍落度筒的整个过程应不间断地进行,并应在150s内完成。

(4)提起坍落度筒后,量测筒高与坍落后混凝土试体最高点之间的高度差,即为该混凝土拌合物的坍落度值。

2.答:(1)装料及密实成型。

应用湿布湿润试样筒内壁后立即称量,记录试样筒的质量。再将混凝土试样装入试样筒,为了使混凝土拌合物外露面积的大小以及泌水后的蒸发量不受影响,在以下吸取混凝土拌合物表面泌水的整个过程中,应使试样筒保持水平、不受振动;除了吸水操作外,应始终盖好盖子;由于环境温度对混凝土拌合物泌水比较敏感,因此,室温应保持在20±2℃。

(2)计时和称重。

从计时开始后60min内,每隔10min吸取1次试样表面渗出的水。60min后,每30min吸一次水,直至认为不再泌水为止。为了便于吸水,每次吸水前2min,将一片35mm厚的垫块垫入筒底一侧使其倾斜,吸水后平稳地复原。吸出的水放入量筒中,记录每次吸水的水量并计算累计水量,精确到1mL。

3.答:(1)对制备或现场取样的混凝土拌合物试样中,用5mm标准筛筛出砂浆,筛砂浆时应注意尽量筛净,然后将其拌合均匀。将砂浆一次分别装入三个试样筒中,做三个试验。

(2) 环境温度对混凝土拌合物凝结时间影响较大,环境温度应始终保持 20±2℃。现场同条件测试时,应与现场条件保持一致,但应避免阳光直射。在整个测试过程中,除在吸取泌水或进行贯入试验外,试样筒应始终加盖。

(3) 凝结时间测定从水泥与水接触开始计时。根据混凝土拌合物的性能,确定测针试验时间,以后每隔 0.5h 测试一次,在临近初、终凝时可增加测定次数。

(4) 在每次测试前 2min,将一片 20mm 厚的垫块垫入筒底一侧使其倾斜,用吸管吸去表面的泌水,吸水后平稳地复原。

(5) 测试时将砂浆试样筒置于贯入阻力仪上,测针端部与砂浆表面接触,然后在 10±2s 内均匀地使测针贯入砂浆 25±2mm 深度,记录贯入压力,精确至 10N;记录测试时间,精确至 1min;记录环境温度,精确至 0.5℃。

(6) 各测点的间距应大于测针直径的两倍且不小于 15mm,测点与试样筒壁的距离应不小于 25mm。

(7) 为确保试验精度,贯入阻力测试在 0.2~28MPa 之间应至少进行 6 次,直至贯入阻力大于 28MPa 为止。

混凝土、砂浆性能
混凝土拌合物性能及配合比模拟试卷(A)

一、填空题

1. 在试验室制备混凝土拌合物时,拌合时试验室的温度应保持在_____,所用材料的温度与试验室温度保持一致。
2. 坍落度筒的提离过程应在_____内完成。
3. 当混凝土拌合物的坍落度大于_____时,用钢尺测量混凝土扩展后最终的_____和_____。
4. 凝结时间可用绘图拟合方法确定,是以_____为纵坐标,_____为横坐标。
5. 为避免因取样试件影响混凝土拌合物的性能,规定从第一次取样到最后一次取样不宜超过_____。
6. 坍落度法测定混凝土稠度适用于骨料最大粒径不大于_____、坍落度值不小于_____的混凝土拌合物稠度测定。
7. 混凝土配合比计算公式中的 $f_{cu,o}$ 代表_____。
8. 保水性以混凝土拌合物中稀浆析出的程度来评定,坍落度筒提起后如_____,则表明此混凝土拌合物的保水性能不好。如坍落度筒提起_____,则表示此混凝土拌合物保水性良好。
9. 混凝土拌合物的和易性包括_____、_____和_____三个方面等的含义。其中_____通常采用坍落度法和维勃稠度法两种方法来测定,_____和_____凭经验目测。
10. 确定混凝土配合比的三个基本参数是:_____、_____、_____。

二、单选题

1. 从开始装料到提离坍落度筒的整个过程应不间断地进行,并应在_____内完成。
A. 100s B. 200s C. 150s D. 250s
2. 对于混凝土坍落度_____的混凝土,应用钢尺测量混凝土扩展后最终的最大直径和最小直径。

　　A. 大于 220mm　　　　B. 小于 220mm　　　　C. 等于 220mm　　　　D. 大于 200mm

　3. 泌水试验在吸取混凝土拌合物表面泌水的整个过程中,应使试样筒保持水平,不受振动,除了吸水操作外,应始终盖好盖子,室温应保持在_____。

　　A. 20±1℃　　　　B. 20±2℃　　　　C. 20±3℃　　　　D. 21±2℃

　4. 含气量测定时开启进气阀,用气泵向气室内注入空气,使气室内的压力略大于_____,待压力表显示值稳定。

　　A. 0.1MPa　　　　B. 0.2MPa　　　　C. 0.3MPa　　　　D. 0.15MPa

　5. 泌水试验吸出的水放入量筒中,记录每次吸水的水量并计算累计水量,精确至_____。

　　A. 10mL　　　　B. 1mL　　　　C. 0.1mL　　　　D. 0.5mL

　6. 试验室拌制混凝土时,称量的精度:_____为±1%。

　　A. 水泥　　　　B. 掺合料　　　　C. 水和外加剂　　　　D. 骨料

　7. 插捣用的钢制捣棒应为长600mm,直径_____。

　　A. 4mm　　　　B. 8mm　　　　C. 16mm　　　　D. 32mm

　8. 采用标准养护的试件成型后应覆盖表面,以防止水分蒸发,并应在室温为_____情况下静置一至二昼夜。

　　A. 5±5℃　　　　B. 10±5℃　　　　C. 15±5℃　　　　D. 20±5℃

　9. 对于流动性和大流动性混凝土的用水量一般以坍落度90mm的用水量为基础,按坍落度每增大20mm用水量增加_____,计算出未掺外加剂的混凝土的用水量。

　　A. 5kg　　　　B. 10kg　　　　C. 2kg　　　　D. 20kg

　10. 影响混凝土和易性的最主要因素是_____。

　　A. 单位体积用灰量　　B. 单位体积用水量　　C. 单位面积用灰量　　D. 单位面积用水量

三、多项选择题

　1. 每组试件所用的拌合物应从_____中取样。

　　A. 同一盘混凝土　　B. 同一个工地　　C. 同一车混凝土　　D. 同一个搅拌站

　2. 压力泌水仪的主要部件包括_____等。

　　A. 压力表　　　　B. 缸体　　　　C. 工作活塞　　　　D. 筛网

　3. 贯入阻力仪由_____组成。

　　A. 加荷装置　　　　B. 测针　　　　C. 砂浆试样筒　　　　D. 标准筛

　4. 进行配合比分析试验前,应对_____进行有关试验项目的测定。

　　A. 水泥表观密度　　　　　　　　B. 水泥标准稠度用水量
　　C. 粗细骨料饱和面干燥的表观密度　　D. 细骨料修正系数

　5. 根据我国的测试经验,测针采用三个尺寸的规格,测针截面积分别为_____。

　　A. 100mm²　　　　B. 150mm²　　　　C. 50mm²　　　　D. 20mm²

　6. 凝结时间的绘图拟合确定是以_____划两条平行于横坐标的直线。

　　A. 3MPa　　　　B. 3.5MPa　　　　C. 28MPa　　　　D. 30MPa

　7. 容器的容积的计算公式 $V=\dfrac{m_2-m_1}{\rho_w}\times 1000$,下列正确的有_____。

　　A. V——含气量仪的容积(L)　　　　　B. m_1——干燥含气量仪的总质量(kg)
　　C. m_2——含气量仪的总质量(kg)　　　D. ρ_w——容积内水的密度(kg/m³)

　8. 下列哪几种情况需要适当增加砂率_____。

A. 粗砂　　　　　B. 细砂　　　　　C. 单粒级粗集料　　　D. 连续级配粗骨料

9. 和易性是一项综合的技术性质,它包括的内容有_____。

A. 流动性　　　　B. 黏聚性　　　　C. 稳定性　　　　D. 保水性

E. 粘结性

10. 影响混凝土拌合物和易性的主要因素有_____。

A. 单位体积用水量　　　　　　　　B. 水泥品种细度和集料特性的影响
C. 砂率的影响　　　　　　　　　　D. 单位体积用灰量

E. 外加剂、掺合料、时间和温度的影响

四、判断题

1. 试验用圆筒直径为150mm,允许粗骨料最大粒径为40mm。（　）
2. 用捣棒捣实时,应将混凝土拌合物分3层装入,每层捣实后高度约为1/3容器高度。（　）
3. 坍落度不大于70mm的混凝土,用振动台振实为宜。（　）
4. 由于环境温度对混凝土拌合物泌水比较敏感,故要求试验过程中除装料外,室温应保持在20±5℃。（　）
5. 采用捣棒捣实时,混凝土拌合物应分为三层装入,每层的插捣次数应为25次。（　）
6. 混凝土拌合物应分两层装入压力泌水仪的缸体容器内,每层的插捣次数应为20次。（　）
7. 抗离析性能的优劣,从坍落扩展度的表观形状中就能观察出来。（　）
8. 取样或试验室拌制的混凝土拌制后应在尽短的时间内成型,一般不宜超过15min。（　）
9. 取样或拌制好的混凝土拌合物应至少用铁锹再来回拌合二次。（　）
10. 按查表法选取砂率时,当粗骨料为单粒级时,应适当减小砂率。（　）

五、简答题

1. 简述试验室混凝土配合比设计步骤。
2. 什么是混凝土的和易性？和易性包括哪几方面内容？影响和易性的因素有哪些？
3. 如何通过坍落度试验法测定混凝土拌合物的流动性、黏聚性和保水性？

六、计算题

设某工程制作钢筋混凝土梁,所用原材料为水泥为普通硅酸盐水泥42.5级（$r_s=1.15$）,中砂（细度模数2.8）,石子粒级为5~20mm,混凝土设计强度等级为C35,,坍落度为120~160mm,试设计配合比。

七、操作题

1. 混凝土坍落度试验方法。
2. 凝结时间试验方法。

混凝土、砂浆性能
混凝土拌合物性能及配合比模拟试卷（B）

一、填空题

1. 坍落度与扩展坍落度适用于骨粒最大粒径不大于_____坍落度不小于_____拌合物稠

度测定。

2. _____的检查方法是用捣棒在已坍落的混凝土锥体侧面轻轻敲打,观察锥体下沉情况。

3. 混凝土的装料及捣实方法可根据拌合物的_____而采用_____和_____捣实。

4. 为了使混凝土拌合物外露面积的大小以及泌水后的蒸发量不受影响,在吸取混凝土拌合物表面泌水的整个过程中,应使试样筒_____、_____。

5. 混凝土拌合物初凝和终凝试件分别定义为贯入阻力等于_____和_____时的时间。

6. 混凝土配合比设计的基本原则是根据选用的材料,通过试验定出既能满足_____、_____、和其他要求而且_____的混凝土各组成部分的用量比例。

7. 检验混凝土强度时至少应采用三个不同的配合比。除基准配合比以外,另外两个配合比的水灰比值应按基准配合比分别相应增加及减少_____,其用水量应该与基准配合比相同,砂率可分别增加和减少_____。

8. 当混凝土坍落度大于220mm时,一般以坍落扩展度表征混凝土拌合物的稠度。用钢尺测量混凝土扩展后最终的_____,在这两个直径之差小于50mm的条件下,用其_____值作为坍落扩展度值。

9. 若发现粗骨料在中央集堆或边缘有水泥浆析出,正是混凝土在扩展的过程中产生离析而造成的,说明此混凝土_____性能不好。

10. 普通混凝土配合比设计时的单位用水量,主要根据_____和粗骨料的_____选用。

二、单选题

1. 原材料相同时,影响混凝土强度的决定性因素是_____。
   A. 水泥用量　　B. 水灰比　　C. 骨料的质量　　D. 坍落度大小

2. 混凝土坍落度试验时,把按要求取得的混凝土试样用小铲分三层均匀地装入筒内,使捣实后每层高度为筒高的_____左右。
   A. 三分之一　　B. 二分之一　　C. 四分之一　　D. 三分之二

3. 根据混凝土拌合物的性能,确定测针试验时间,以后每隔_____测试一次,在临近初、终凝时可增加测定次数。
   A. 1h　　B. 0.5h　　C. 2h　　D. 1.5h

4. 凝结时间测定前_____,将一片20mm厚的垫块垫入筒底一侧使其倾斜,吸水后平稳地复原,然后进行贯入阻力测定。
   A. 1min　　B. 2min　　C. 5min　　D. 10min

5. 泌水率三个测值中的最大值或最小值,如果有一个与中间值之差超过中间值的_____。
   A. 20%　　B. 25%　　C. 15%　　D. 10%

6. 坍落度不大于_____的混凝土宜用振动台振实。
   A. 50mm　　B. 60mm　　C. 70mm　　D. 80mm

7. 插捣上层时,捣棒应穿入下层深度约_____。
   A. 20~30mm　　B. 30~40mm　　C. 40~50mm　　D. 50~60mm

8. 对于流动性和大流动性混凝土的用水量一般以坍落度90mm的用水量为基础,按坍落度每增大20mm用水量增加_____,计算出未掺外加剂的混凝土的用水量。
   A. 5kg　　B. 10kg　　C. 2kg　　D. 20kg

9. 砂(细集料)在_____中所占的比例称为砂率
   A. 水泥　　B. 集料总量　　C. 胶凝材料　　D. 石子

10. 混凝土配合比的试配调整中规定,在混凝土强度试验时至少采用三个不同的配合比,其中一个应为_____配合比。
　　A. 初步　　　　　B. 实验室　　　　C. 施工　　　　D. 基准

三、多项选择题

1. 试验室拌制混凝土时,其称量精度为±0.5% 的有_____。
　　A 骨料　　　　　B. 水泥　　　　　C. 掺合料　　　D. 外加剂
2. 混凝土搅拌机或搅拌运输机在出料的开始和结束阶段,容易离析,不宜取样;在_____处分别取样,然后人工搅拌均匀,才能代表该车或该盘混凝土。
　　A. 1/4　　　　　B. 1/2　　　　　C. 3/4　　　　D. 3/1
3. 配合比分析试验方法适用于用水洗法测定普通混凝土拌合物中各大组份的含量,其中各大组份为_____。
　　A. 水泥　　　　　B. 水　　　　　　C. 砂　　　　　D. 石
4. 测量混凝土扩展后的最大直径和最小直径的差值大于 50mm 时,可能的原因_____。
　　A. 插捣不均匀　　B. 提筒时歪斜　　C. 底板干湿不匀　D. 底板倾斜
5. 观察坍落后混凝土试体的黏聚性,用捣棒在已坍落的混凝土锥体侧面轻轻敲打,若_____则表示黏聚性不好。
　　A. 锥体倒塌　　　B. 锥体逐渐下沉　C. 部分崩裂　　　D. 出现离析现象
6. 泌水试验在吸取混凝土拌合物表面泌水的整个过程中,应使试样筒_____。
　　A. 保持水平　　　B. 盖好盖子　　　C. 不受振动　　　D. 外加剂
7. 为了科学地确定配合比,在试验室进行配合比设计时,一般要经过_____三个阶段。
　　A. 计算　　　　　B. 试配　　　　　C. 作图　　　　D. 调整
8. 当出现_____时,认为混凝土的和易性不好。
　　A. 坍落度太小　　B. 崩坍　　　　　C. 剪切　　　　D. 底部稀浆析出.
9. 拌合物的流动性常用_____来测定。
　　A. 坍落度试验　　B. 抗压试验　　　C. 抗裂度试验　　D. 灌入度试验
　　E. 维勃稠度试验
10. 按坍落度的大小将混凝土拌合物分为_____。
　　A. 低塑性混凝土　B. 塑性混凝土　　C. 流动性混凝土　D. 大流动性混凝土
　　E. 普通混凝土

四、判断题

1. 测定混凝土拌合物表观密度的容器的最小尺寸应不大于骨料最大粒径的 4 倍。（　）
2. 用捣棒捣实时,应将混凝土拌合物分 3 层装入,每层捣实后高度约为 1/3 容器高度。（　）
3. 坍落度不大于 70mm 的混凝土,用振动台振实为宜。（　）
4. 由于环境温度对混凝土拌合物泌水比较敏感,故要求试验过程中除装料外,室温应保持在 20±5℃。（　）
5. 凝结时间试验中,为确保其精度,测点应均匀分布在贯入阻力测值的 0.2～28MPa 并至少有 5 个测点。（　）
6. 采用捣棒捣实时,混凝土拌合物应分为三层装入,每层的插捣次数应为 25 次。（　）
7. 抗离析性能的优劣,从坍落扩展度的表观形状中就能观察出来。（　）
8. 取样或试验室拌制的混凝土应在拌制后尽短的时间内成型,一般不宜超过 15min。（　）

9. 坍落度不大于 70mm 的混凝土宜用捣棒人工捣实；大于 70mm 的宜用振动台振实。（ ）
10. 坍落度筒提离后，如混凝土发生崩塌或一边剪坏现象，则应重新取样另行测定。如第二次试验仍出现上述现象，则表示该混凝土和易性不好，应予记录备查。（ ）

五、简答题

1. 混凝土坍落度试验时，如何评定其黏聚性和保水性？
2. 简述粗砂和细砂分别对混凝土的用水量和砂率选取时的影响。
3. 实验室配合比在基准配合比的基础上作强度试验时，应采用哪三个不同的配合比？

六、计算题

设某工程制作钢筋混凝土梁，所用原材料为水泥为普通硅酸盐水泥 42.5（$\gamma_s = 1.15$），中砂（细度模数 2.8），石子粒级为 5~20mm，混凝土设计强度等级为 C35，，坍落度为 120~160mm，试设计配合比。

七、操作题

1. 混凝土坍落度试验方法。
2. 混凝土泌水试验步骤。

混凝土、砂浆性能
混凝土物理力学性能习题

一、填空

1. 同一组混凝土拌合物的取样应从同一盘混凝土或同一车混凝土中取样。取样量应多于试验所需量的 1.5 倍，且宜不小于_____。
2. 混凝土应在拌制后尽短的时间内成型，一般不宜超过_____。
3. 混凝土标准养护室温度为_____、相对湿度为_____以上的标准养护室中养护。
4. 混凝土抗冻性能在试验中应经常对冻融试件进行外观检查。发现有严重破坏时应进行称重，如试件的平均失重率超过_____，即可停止其冻融循环试验。
5. 混凝土抗渗试验从水压为 0.1MPa 开始加压，以后每隔_____h 增加水压 0.1MPa，并且要随时注意观察试件端面的渗水情况。
6. 混凝土试块的大小应根据混凝土石子粒径确定，试件尺寸大于_____倍的骨料最大直径。
7. 混凝土抗折试件的支座为硬钢圆柱，支座立脚点固定铰支，其他应为_____。
8. 混凝土收缩试验恒温恒湿室：温度_____、相对湿度_____。
9. 混凝土劈裂试验当采用 100mm×100mm×100mm 非标准试件试验时，强度值的尺寸换算系数为_____。
10. 混凝土收缩试验测定代表某一混凝土收缩性能的特征值时，试件应在_____d 龄期，从标准养护室取出并立即移入恒温恒湿室测定其初始长度。

二、单项选择题

1. 同一组混凝土凝土拌合物从取样完毕，到开始做混凝土各项拌合物性能试验不宜超过

_____。
  A. 5min   B. 10min   C. 5min   D. 30min

2. 在试验室拌制混凝土时,其材料用量应以质量计,称量水泥的精度为_____。
  A. ±0.1%   B. ±0.5%   C. ±1.0%   D. ±5.0%

3. 100mm×100mm×100mm 混凝土立方体抗压试件所用骨料最大粒径为_____mm。
  A. 25   B. 31.5   C. 40   D. 63

4. 混凝土的抗渗等级是以每组 6 个试件中_____个试件未出现渗水时的最大水压力计算。
  A. 1   B. 2   C. 3   D. 4

5. 混凝土收缩试验,测量前应先用标准杆校正仪表的零点,并应在半天的测定过程中至少再复核 1~2 次。如复核时发现零点与原值的偏差超过_____mm,调零后应重新测定。
  A. ±0.01   B. ±0.02   C. ±0.05   D. ±0.10

三、多项选择题

1. 混凝土收缩试验的恒温恒湿室条件为_____。
  A. 20±2℃   B. 20±3℃   C. 50±5%   D. 60±5%

2. 混凝土抗压强度试验机的要求_____。
  A. 其精度为 ±1%
  B. 试件破坏荷载应大于压力机全量程的 20% 且不小于压力机全量程的 80%
  C. 应具有有效期内的计量检定证书
  D. 应具有加荷速度控制装置,并能均匀、连续地加荷

3. 混凝土轴心抗压强度试验强度值的确定应符合下列规定_____。
  A. 三个试件测值的算术平均值作为该组试件的强度值
  B. 三个测值中的最大值或最小值中如有一个与中间值的差值超过中间的 15% 时,则把最大及最小值一并舍除,取中间值作为该组试件的抗压强度值
  C. 如最大值和最小值与中间值的差均超过中间值的 15%,则该组试件的试验结果无效
  D. 非标准试件测得强度值均应乘以尺寸换算系数

4. 混凝土强度等级为 C20 抗压强度试验加荷速度为_____。
  A. 0.3MPa/s   B. 0.5MPa/s   C. 0.8MPa/s   D. 1.0MPa/s

5. 混凝土劈裂试验的标准试件为_____。
  A. 100mm×100mm×100mm   B. 150mm×150mm×150mm
  C. φ100mm×100mm   D. φ150mm×150mm

四、判断题

1. 混凝土抗压试验时,用非标准试件测得强度值均应乘以尺寸换算系数,其值为对 200mm×200mm×200mm 试件为 1.05;对 100mm×100mm×100mm 试件为 0.95。 ( )

2. 混凝土强度如最大值和最小值与平均值的差均超过中间值的 15%,则该组试件的试验结果无效。 ( )

3. 混凝土劈裂抗拉强度所用垫条为三层胶合板制成,宽度为 20mm,厚度 3~4mm,长度不小于试件长度,垫条可以重复使用。 ( )

4. 混凝土静力受压弹性模量试验微变形测量仪测量精度不得低于 0.001mm。 ( )

5. 混凝土抗冻性能试验,如果混凝土试件表面破损严重,则应用石膏找平后再进行试压。( )

6. 混凝土收缩试验试件每次在收缩仪上放置的位置、方向均应保持一致。 ( )

7.混凝土的养护龄期从拆模开始时计。   (   )
8.混凝土抗压试验,将试件安放在试验机的下压板或垫板上,试件的承压面应与成型时的顶面垂直。   (   )
9.混凝土自缩试验期间,试件应无重量变化,如在180d试验间隔期内重量变化超过100g,该试件的试验结果无效。   (   )
10.混凝土劈裂抗拉强度计算精确到0.1MPa。   (   )

五、简答题

1.简述混凝土试件用人工插捣制作步骤。
2.简述混凝土抗冻性试验步骤。
3.简述混凝土抗渗性试验步骤。
4.简述混凝土抗折强度试验方法。

六、计算题

1.现有一组混凝土立方体试件,其有关数据如下表:

强度等级	成型日期	试压日期	龄期(d)	养护条件	试件尺寸(mm)	破坏荷载(kN)	抗压强度(MPa) 单块	代表值
C25	2008-04-07	2008-05-5	28	标样	100	310.7		
					100	432.3		
					100	485.5		

请计算该组混凝土抗压强度。

2.现有一组混凝土立方体试件,其有关数据如下表:

强度等级	成型日期	试压日期	龄期(d)	养护条件	试件尺寸(mm)	破坏荷载(kN)	抗压强度(MPa) 单块	代表值
C25	2008-04-07	2008-05-5	28	标样	150	633.7		
					150	753.8		
					150	671.3		

请计算该组混凝土抗压龄期及强度。

3.现有一组混凝土抗渗试件,其有关数据如下表:

强度等级	成型日期	试压日期	龄期(d)	养护条件	试件水压(MPa)	渗透情况	深水高度
C25	2008-04-07	2008-06-08	62	标养	0.8	渗透	150
					0.7	渗透	150
					0.8	不渗透	90
					0.7	渗透	150
					0.8	渗透	150
					0.8	不渗透	100

请计算该组混凝土抗渗等级。

4.现有一组混凝土抗折试件,其有关数据如下表:

强度等级	成型日期	试件尺寸(mm)	破坏荷载(kN)	折断面位置	抗折强度(MPa) 单块	代表值
C25	2008-04-21	150mm×150mm×600mm	31.4	两个集中荷载之间		
			37.8	两个集中荷载之间		
			44.5	两个集中荷载之间		

请计算该组混凝土抗折强度。

5. 现有一组混凝土抗折试件，其有关数据如下表：

强度等级	成型日期	试件尺寸(mm)	破坏荷载(kN)	折断面位置	抗折强度(MPa) 单块	代表值
C25	2008-06-14	150mm×150mm×600mm	27.8	两个集中荷载之间		
			31.7	两个集中荷载之外		
			35.2	两个集中荷载之间		

请计算该组混凝土抗折强度。

参考答案：

一、填空

1. 20L 2. 15min 3. 20±2℃ 95% 4. 5%
5. 8 6. 3 7. 滚动支点 8. 20±2℃ 60±5%
9. 0.85 10. 3

二、单项选择题

1. A 2. B 3. B 4. C
5. A

三、多项选择题

1. A、B 2. A、B、C、D 3. A、B、C、D 4. A、B
5. B、D

四、判断题

1. √ 2. × 3. × 4. √
5. √ 6. √ 7. × 8. √
9. × 10. ×

五、简答题

（略）

六、计算题

1. 答：数据如下：
单块值：29.5、41.1、46.1，代表值：41.1。

2. 答:数据如下:
单块值:28.2、33.5、29.8,代表值:30.5。
3. 答:数据如下:
抗渗等级:P7。
4. 答:数据如下:
单块值:4.2、5.0、5.9,代表值:5.0。
5. 答:数据如下:
单块值:3.7、——、4.7,代表值:4.2。

混凝土、砂浆性能
混凝土物理力学性能试卷(A)

一、填空

1. 同一组混凝土拌合物的取样应从同一盘混凝土或同一车混凝土中取样。取样量应多于试验所需量的1.5倍,且宜不小于_____。
2. 混凝土应在拌制后应在尽短的时间内成型,一般不宜超过_____。
3. 混凝土标准养护室温度为_____、相对湿度为_____以上的标准养护室中养护。
4. 混凝土抗冻性能在试验中应经常对冻融试件进行外观检查。发现有严重破坏时应进行称重,如试件的平均失重率超过_____,即可停止其冻融循环试验。
5. 混凝土抗折试件的支座为硬钢圆柱,支座立脚点固定铰支,其他应为_____。
6. 混凝土抗渗试验从水压为0.1MPa开始加压,以后每隔_____h增加水压0.1MPa,并且要随时注意观察试件端面的渗水情况。
7. 混凝土试块的大小应根据混凝土石子粒径确定,试件尺寸大于_____倍的骨料最大直径。
8. 混凝土收缩试验测定代表某一混凝土收缩性能的特征值时,试件应在_____d龄期,从标准养护室取出并立即移入恒温恒湿室测定其初始长度。
9. 混凝土收缩试验恒温恒湿室:温度_____、相对湿度_____。
10. 混凝土劈裂试验当采用100mm×100mm×100mm非标准试件试验时,强度值得尺寸换算系数为_____。

二、单项选择题

1. 同一组混凝土凝土拌合物从取样完毕,到开始做混凝土各项拌合物性能试验不宜超过_____。
A. 5min B. 10min C. 15min D. 30min
2. 在试验室拌制混凝土时,其材料用量应以质量计,称量水泥的精度为_____。
A. ±0.1% B. ±0.5% C. ±1.0% D. ±5.0%
3. 100mm×100mm×100mm混凝土立方体抗压试件所用骨料最大粒径_____。
A. 25 B. 31.5 C. 40 D. 63
4. 混凝土的抗渗等级是以每组6个试件中_____个试件未出现渗水时的最大水压力计算。
A. 1 B. 2 C. 3 D. 4
5. 混凝土收缩试验,测量前应先用标准杆校正仪表的零点,并应在半天的测定过程中至少再复核1~2次。如复核时发现零点与原值的偏差超过_____mm调零后应重新测定。

A. ±0.01　　　　B. ±0.02　　　　C. ±0.05　　　　D. ±0.10

三、多项选择题

1. 混凝土收缩试验的恒温恒湿室条件为_____。
A. 20±2℃　　　B. 20±3℃　　　C. 50±5%　　　D. 60±5%

2. 混凝土抗压强度试验机的要求是_____。
A. 其精度为±1%
B. 试件破坏荷载应大于压力机全量程的20%且不小于压力机全量程的80%
C. 应具有有效期内的计量检定证书
D. 应具有加荷速度控制装置，并应能均匀、连续地加荷

3. 混凝土轴心抗压强度试验强度值的确定应符合下列规定_____。
A. 三个试件测值的算术平均值作为该组试件的强度值
B. 三个测值中的最大值或最小值中如有一个与中间值的差值超过中间的15%时，则把最大及最小值一并舍除，取中间值作为该组试件的抗压强度值
C. 如最大值和最小值与中间值的差均超过中间值的15%，则该组试件的试验结果无效
D. 非标准试件测得强度值均应乘以尺寸换算系数

4. 混凝土强度等级为C20抗压强度试验加荷速度为_____。
A. 0.3MPa/s　　B. 0.5MPa/s　　C. 0.8MPa/s　　D. 1.0MPa/s

5. 混凝土劈裂试验的标准试件为_____。
A. 100mm×100mm×100mm　　　　B. 150mm×150mm×150mm
C. φ100mm×100mm　　　　　　　D. φ150mm×150mm

四、判断题

1. 混凝土抗压试验时，用非标准试件测得强度值均应乘以尺寸换算系数，其值为：对200mm×200mm×200mm试件为1.05；对100mm×100mm×100mm试件为0.95。（　）
2. 混凝土强度如最大值和最小值与平均值的差均超过中间值的15%，则该组试件的试验结果无效。（　）
3. 混凝土劈裂抗拉强度所用垫条为三层胶合板制成，宽度为20mm，厚度3～4mm，长度不小于试件长度，垫条可以重复使用。（　）
4. 混凝土静力受压弹性模量试验微变形测量仪测量精度不得低于0.001mm。（　）
5. 混凝土抗冻性能试验，如果混凝土试件表面破损严重，则应用石膏找平后再进行试压。（　）
6. 混凝土收缩试验试件每次在收缩仪上放置的位置、方向均应保持一致。（　）
7. 混凝土的养护龄期从拆模开始时计。（　）
8. 混凝土抗压试验，将试件安放在试验机的下压板或垫板上，试件的承压面应与成型时的顶面垂直。（　）
9. 混凝土自缩试验期间，试件应无重量变化，如在180d试验间隔期内重量变化超过100g，该试件的试验结果无效。（　）
10. 混凝土劈裂抗拉强度计算精确到0.1MPa。（　）

五、简答题

1. 简述混凝土试件用人工插捣制作步骤。
2. 简述混凝土抗冻性试验步骤。

六、计算题

1. 现有一组混凝土立方体试件，其有关数据如下表：

强度等级	成型日期	试压日期	龄期(d)	养护条件	试件尺寸(mm)	破坏荷载(kN)	抗压强度(MPa) 单块	抗压强度(MPa) 代表值
C20	2008-08-18	2008-09-18		标样	100	310.7		
					100	432.3		
					100	485.5		

请计算该组混凝土抗压龄期及强度。

2. 现有一组混凝土抗渗试件，其有关数据如下表：

强度等级	成型日期	试压日期	龄期(d)	养护条件	试件水压(MPa)	渗透情况	深水高度
C25	2008-04-07	2008-06-08		标养	0.8	渗透	150
					0.7	渗透	150
					0.8	不渗透	90
					0.7	渗透	150
					0.8	渗透	150
					0.8	不渗透	100

请计算该组混凝土抗渗龄期及等级。

3. 现有一组混凝土抗折试件，其有关数据如下表：

强度等级	成型日期	试件尺寸(mm)	破坏荷载(kN)	折断面位置	抗折强度(MPa) 单块	抗折强度(MPa) 代表值
C25	2008-04-21	150mm×150mm×600mm	31.4	两个集中荷载之间		
			37.8	两个集中荷载之间		
			44.5	两个集中荷载之间		

请计算该组混凝土抗折强度。

混凝土、砂浆性能
混凝土物理力学性能试卷(B)

一、填空

1. 同一组混凝土凝土拌合物从取样完毕，到开始做混凝土各项拌合物性能试验不宜超过_____。

2. 混凝土试块的大小应根据混凝土石子粒径确定，试件尺寸大于_____倍的骨料最大直径。

3. 混凝土抗渗试验从水压为 0.1MPa 开始加压，以后每隔_____h 增加水压 0.1MPa，并且要随时注意观察试件端面的渗水情况。

4. 混凝土劈裂抗拉强度采用 100mm×100mm×100mm 非标准试件测得劈裂抗拉强度值，应乘以尺寸换算系数_____。

5. 混凝土收缩试验，测量前应先用标准杆校正仪表的零点，并应在半天的测定过程中至少再复核 1~2 次。如复核是发现零点与原值的偏差超过_____调零后应重新测定。

6. 同一组混凝土拌合物的取样应从同一盘混凝土或同一车混凝土中取样。取样量应多于试验所需量的 1.5 倍,且宜不小于_____。

7. 混凝土抗冻性能在试验中应经常对冻融试件进行外观检查。发现有严重破坏时应进行称重,如试件的平均失重率超过_____,即可停止其冻融循环试验。

8. 混凝土收缩试验测定代表某一混凝土收缩性能的特征值时,试件应在_____d 龄期,从标准养护室取出并立即移入恒温恒湿室测定其初始长度。

9. 混凝土收缩试验恒温恒湿室:温度_____、相对湿度_____。

10. 混凝土劈裂试验当采用 100mm×100mm×100mm 非标准试件试验时,强度值得尺寸换算系数为_____。

二、单项选择题

1. 混凝土应在拌制后尽短的时间内成型,一般不宜超过_____。
A. 5min   B. 10min   C. 5min   D. 30min

2. 在试验室拌制混凝土时,其材料用量应以质量计,称量水泥的精度为_____。
A. ±0.1%   B. ±0.5%   C. ±1.0%   D. ±5.0%

3. 150mm×150mm×150mm 混凝土立方体抗压试件所用骨料最大粒径_____。
A. 25   B. 31.5   C. 40   D. 63

4. 混凝土静力受压弹性模量试验变形测量装置的精度为_____。
A. 1.0mm   B. 0.1mm   C. 0.01mm   D. 0.001mm

5. 混凝土的抗渗等级是以每组 6 个试件中_____个试件未出现渗水时的最大水压力计算。
A. 1   B. 2   C. 3   D. 4

三、多项选择题

1. 混凝土收缩试验的恒温恒湿室条件为_____。
A. 20±2℃   B. 20±3℃   C. 50±5%   D. 60±5%

2. 混凝土静力受压弹性模量试验机的要求是_____。
A. 其精度为 ±1%
B. 试件破坏荷载应大于压力机全量程的 20% 且不小于压力机全量程的 80%
C. 应具有有效期内的计量检定证书
D. 应具有自动采集、自动加荷、自动卸荷能力

3. 混凝土轴心抗压强度试验强度值的确定应符合_____。
A. 三个试件测值的算术平均值作为该组试件的强度值
B. 三个测值中的最大值或最小值中如有一个与中间值的差值超过中间的 15% 时,则把最大及最小值一并舍除,取中间值作为该组试件的抗压强度值
C. 如最大值和最小值与中间值的差均超过中间值的 15%,则该组试件的试验结果无效
D. 非标准试件测得强度值均应乘以尺寸换算系数

4. 混凝土强度等级为 C40 抗压强度试验加荷速度为_____。
A. 0.3MPa/s   B. 0.5MPa/s   C. 0.8MPa/s   D. 1.0MPa/s

5. 混凝土劈裂试验的标准试件为_____。
A. 100mm×100mm×100mm   B. 150mm×150mm×150mm
C. φ100mm×100mm   D. φ150mm×150mm

四、判断题

1. 混凝土抗压试验时,用非标准试件测得强度值均应乘以尺寸换算系数,其值为:对 200mm×200mm×200mm 试件为 1.05;对 100mm×100mm×100mm 试件为 0.95。（ ）
2. 混凝土强度如最大值和最小值与平均值的差均超过中间值的 15%,则该组试件的试验结果无效。（ ）
3. 混凝土劈裂抗拉强度所用垫条为三层胶合板制成,宽度为 20mm,厚度 3~4mm,长度不小于试件长度,垫条可以重复使用。（ ）
4. 抗冻性能试验慢冻法对 200mm×200mm×200mm 试件冻结时间应小于 4h。（ ）
5. 混凝土抗冻性能试验,如果混凝土试件表面破损严重,则应用石膏找平后再进行试压。（ ）
6. 混凝土收缩试验试件每次在收缩仪上放置的位置,方向均应保持一致。（ ）
7. 混凝土的养护龄期从拆模开始时计。（ ）
8. 混凝土抗压试验,将试件安放在试验机的下压板或垫板上,试件的承压面应与成型时的顶面垂直。（ ）
9. 混凝土自缩试验期间,试件应无重量变化,如在 180d 试验间隔期内重量变化超过 100g,该试件的试验结果无效。（ ）
10. 混凝土自缩试验期间,试件应无重量变化,如在 180d 试验间隔期内重量变化超过 10g,该试件的试验结果无效。（ ）

五、简答题

1. 简述混凝土抗渗性试验步骤。
2. 简述混凝土抗折强度试验方法。

六、计算题

1. 现有一组混凝土立方体试件,其有关数据如下表:

强度等级	成型日期	试压日期	龄期(d)	养护条件	试件尺寸(mm)	破坏荷载(kN)	抗压强度(MPa) 单块	代表值
C25	2008-04-07	2008-05-23		同养	150	633.7		
					150	753.8		
					150	671.3		

请计算该组混凝土抗压龄期及强度。

2. 现有一组混凝土抗渗试件,其有关数据如下表:

强度等级	成型日期	试压日期	龄期(d)	养护条件	试件水压(MPa)	渗透情况	深水高度
C25	2008-04-07	2008-06-08		标养	0.9	渗透	150
					1.0	渗透	150
					1.0	不渗透	110
					0.9	渗透	150
					1.0	渗透	150
					1.0	不渗透	120

请计算该组混凝土抗渗龄期及等级。

3. 现有一组混凝土抗折试件,其有关数据如下表:

强度等级	成型日期	试件尺寸(mm)	破坏荷载(kN)	折断面位置	抗折强度(MPa) 单块	抗折强度(MPa) 代表值
C25	2008-06-14	150mm×150mm×600mm	27.8	两个集中荷载之间		
			31.7	两个集中荷载之外		
			35.2	两个集中荷载之间		

请计算该组混凝土抗折强度。

混凝土、砂浆性能
砂浆性能习题

一、填空题

1. 进行砂浆试验所取试样的数量应多于试验用料的_____倍。
2. 试验室拌制砂浆试验时,试验室温度应保持在_____℃。
3. 试验室用搅拌机搅拌砂浆时,搅拌时间不应少于_____。
4. 砂浆稠度试验中将砂浆搅拌物装入容器,使砂浆表面低于容器口约_____左右。
5. 砂浆稠度试验结果应取_____。
6. 测砂浆的密度时,将拌好的砂浆装入容量筒,当砂浆稠度大于50mm时,宜采用_____法。
7. 砂浆密度试验前应称出容量筒重,精确至_____。
8. 砂浆密度试验中,当采用振动法时,将砂浆拌合物一次装满容量筒连同漏斗在振动台上振动_____。
9. 砂浆分层试验中,拌合物装入容量筒后,应静止_____。
10. 砂浆分层试验,两次分层试验值之差如大于_____,应重新试验。
11. 砂浆凝结时间测定试验中,应将装有砂浆的容器放在_____的室温条件下保存。
12. 砂浆贯入阻力值精确至_____。
13. 砂浆抗冻性能试验,溶解水槽装入试件后水温应保持在_____范围内。
14. 水泥混合砂浆的标准养护条件是_____。
15. 砂浆立方体抗压强度试验中,压力试验机的加荷速度为_____。
16. 砂浆抗冻性能试验中,试件冻结温度应控制在_____。
17. 砂浆稠度试验适用于确定配合比或施工过程中控制砂浆的稠度,以达到控制____的目的。
18. 砂浆抗冻性能试验中,试块冻后在水中溶化时间不应小于_____。
19. 砂浆收缩试验的试模尺寸_____。
20. 砂浆收缩试验的试件经7d养护后,移入温度20±2℃,相对湿度60%±5%的测试室中预置_____。
21. 砂浆是由_____、_____、_____和_____配置而成的建筑工程材料。
22. 水泥砂浆采用的水泥,其强度等级不宜大于_____级。
23. 砌筑砂浆的分层度不得大于_____。
24. 砂浆试配强度计算公式:_____。
25. 砂浆配合比计算时,其特征系数_____,_____。
26. 低于M5以下的水泥混合砂浆的砂子泥含量才允许放宽,但不应超过_____。

27. 为保证砂浆质量,需将生石灰熟化成_____后,方可使用。
28. _____的石灰膏是禁止使用的。
29. 水泥砂浆密度不应小于_____。
30. 水泥混合砂浆的密度不应小于_____。
31. 砌筑砂浆的_____,是评判砂浆施工时保水性能是否良好的主要指标。
32. 水泥砂浆最小水泥用量不宜小于_____。
33. 砂浆搅拌应采用_____。
34. 砂浆强度与_____成为正比关系。
35. 经数理统计分析,水泥混合砂浆抗压强度与水泥用量呈_____。
36. 1m³ 砂浆所用的干砂用量即为_____。
37. 为使砂浆强度能在计算范围内,所以使用_____水泥用量进行试配。
38. 砂浆中的用水量的多少,应根据_____来选用。
39. 选择符合强度要求的并且_____的砂浆配合比。

二、单选题

1. 砂浆稠度试验中的钢制捣棒的直径为_____。
   A. 8mm   B. 10mm   C. 20mm   D. 12mm
2. 砂浆稠度试验中一次装入圆锥形容器内的砂浆,允许测_____次稠度。
   A. 1 次   B. 2 次   C. 3 次   D. 4 次
3. 砂浆稠度试验,两次稠度试验值之差如大于_____,则另取砂浆搅拌后重新测定。
   A. 20mm   B. 15mm   C. 10mm   D. 30mm
4. 砂浆密度试验中,称取砂浆和容量筒总重的精确度为_____。
   A. 1g   B. 0.5g   C. 5g   D. 10g
5. 砂浆分层度试验中当去掉上节 200mm 砂浆后,剩余砂浆倒在搅拌锅内拌_____。
   A. 1min   B. 2min   C. 3min   D. 10min
6. 测定砂浆凝结时间所用不锈钢针截面积为_____。
   A. 10mm²   B. 15mm²   C. 20mm²   D. 30mm²
7. 砂浆凝结时间测定试验中,刚开始每隔半小时测一次,至贯入阻力达到_____MPa 改为每隔 15min 测一次。
   A. 0.3   B. 0.4   C. 0.5   D. 0.7
8. 砂浆凝结时间测定值 f_s 对应的贯入阻力值为_____MPa。
   A. 0.3   B. 0.4   C. 0.5   D. 0.7
9. 砂浆凝结时间的测定二次试验结果的误差不应大于_____。
   A. 10min   B. 20min   C. 30min   D. 40min
10. 保水性试验取二次试验结果的平均值作为结果,如两个测定值有一个超出平均值的_____,则此组试验结果无效。
    A. 10%   B. 15%   C. 5%   D. 20%
11. 水泥砂浆和微末砂浆的标准养护温度为_____。
    A. 20±1℃   B. 20±3℃   C. 20±2℃   D. 20±5℃
12. 制作砂浆试件时,用捣棒及油灰刀捣插完后,使砂浆高出试模顶面_____。
    A. 6~8mm   B. 3~5mm   C. 10~15mm   D. 5~7mm
13. 测定砂浆凝结时间时贯入杆至少离开容器边缘或任何早先贯入部位_____。

A. 8mm B. 10mm C. 12mm D. 15mm

14. 砂浆贯入阻力值计算精确至_____MPa。
A. 0.1 B. 1 C. 0.01 D. 0.5

15. 砂浆拉伸粘结强度用的基底水泥砂浆试件的配合比(质量比):水泥:砂:水=_____。
A. 1:2:0.5 B. 1:3:0.5 C. 1:2.5:0.5 D. 1:3:1

16. 砂浆拉伸粘结强度的计算结果精确至_____MPa。
A. 0.1 B. 0.08 C. 0.05 D. 0.01

17. 砂浆抗冻性能试验中,试件在水中浸泡时,浸泡的水面应至少高出试件顶面_____。
A. 5mm B. 10mm C. 20mm D. 40mm

18. 砂浆抗冻性能试验中,每次冻结时间为_____。
A. 1h B. 4h C. 6h D. 8h

19. 砂浆抗冻性能试验中,每_____次循环,应进行一次外观检查,并记录试件的破坏情况。
A. 1 B. 3 C. 4 D. 5

20. 砂浆收缩试验中,在试模两个端面中心,各开一个_____的孔洞。
A. $\phi 6.5mm$ B. $\phi 5.5mm$ C. $\phi 4.5mm$ D. $\phi 3mm$

21. 砌筑砂浆用砂宜选用_____。
A. 细砂 B. 中砂 C. 粗砂 D. 特细砂

22. 毛石砌体宜用_____。
A. 细砂 B. 中砂 C. 粗砂 D. 特细砂

23. 生石灰熟化成石灰膏时,熟化时间不得小于_____。
A. 1d B. 3d C. 5d D. 7d

24. 水泥混合砂浆拌合物的密度不宜小于_____。
A. 1800kg/m³ B. 1900kg/m³ C. 1700kg/m³ D. 2000kg/m³

25. 具有冻融循环次数要求的砌筑砂浆,经冻融试验后,质量损失率不得大于_____。
A. 2% B. 3% C. 4% D. 5%

26. 具有冻融循环次数要求的砌筑砂浆,经冻融试验后,抗压强度损失率不得大于_____。
A. 20% B. 25% C. 28% D. 30%

27. 烧结多孔砖,空心砖砌体用的砂浆稠度为_____mm。
A. 70~80 B. 80~90 C. 60~80 D. 50~70

28. 对水泥砂浆和水泥混合砂浆,机械搅拌时间为_____。
A. 120s B. 130s C. 100s D. 80s

29. 对掺用粉煤灰和外加剂的砂浆,机械搅拌时间为_____。
A. 120s B. 150s C. 180s D. 200s

30. 砂浆现场强度标准差精确至_____。
A. 0.1MPa B. 0.01MPa C. 1MPa D. 1.2MPa

31. 砌筑砂浆配合比设计时,水泥强度等级值的富余系数在无统计资料时,γ_c取_____。
A. 0.8 B. 0.5 C. 1.0 D. 1.2

32. _____指标是评判砂浆施工时保水性能是否良好的主要指标。
A. 保水性能 B. 稠度 C. 分层度 D. 强度

33. 水泥混合砂浆分层度一般不会超过_____。
A. 20mm B. 25mm C. 30mm D. 10mm

34. 砌筑砂浆的试配强度为:$f_{m,o} = f_2 + $_____$\sigma$。

A. 0.645　　　　　B. 1.645　　　　　C. 2.645　　　　　D. 0.845

35. M2.5砌筑砂浆进行立方体抗压强度试验时,压力试验机的加荷速度为_____ kN/s。
A. 0.25　　　　　B. 0.5　　　　　C. 0.3　　　　　D. 1.5

36. M7.5砌筑砂浆进行立方体抗压强度试验时,压力试验机的加荷速度为_____ kN/s。
A. 5.0　　　　　B. 0.25　　　　　C. 3.0　　　　　D. 1.5

37. 测定砂浆凝结时间时,贯入杆的贯入深度为_____ mm。
A. 20　　　　　B. 30　　　　　C. 25　　　　　D. 35

38. 砂浆中用水量多少,应根据砂浆_____要求来选用。
A. 稠度　　　　　B. 分层度　　　　　C. 强度　　　　　D. 保水性

39. 制作电石膏的电石渣用孔径不大于_____的网过滤。
A. 5mm×5mm　　B. 0.5mm×0.5mm　　C. 2mm×2mm　　D. 3mm×3mm

40. 砂浆中砂的用量必须按_____为基准计算。
A. 自然状态　　　B. 面饱和状态　　　C. 吸满水状态　　　D. 干燥状态

三、多选题

1. 砂浆密度试验对仪器设备的要求是：_____。
A. 水泥胶砂振实台：振幅0.5±0.05mm,频率50±3Hz
B. 托盘天平 称量5kg,感量5g
C. 砂浆稠度仪；钢制捣棒 直径10mm,长350mm,端部磨圆
D. 容量筒：金属制成,内径108mm,净高109mm,筒壁2mm,容积1L

2. 砂浆稠度仪由_____组成。
A. 试锥　　　　　B. 容器　　　　　C. 秒表　　　　　D. 支座

3. 下列对砂浆稠度试验的说法正确的有_____。
A. 盛浆容器和试锥边面用湿布擦干净
B. 将砂浆分两次装入容器使容器表面低于容器口约10mm左右
C. 拧开制动螺丝,同时计时间,等待10s立即固定螺丝
D. 取两次试验结果的算术平均值,计算值精确至1mm

4. 下列对砂浆分层度筒的叙述正确的是_____。
A. 分层度筒内径为150mm
B. 上节高度为200mm,下节带底净高为100mm
C. 用金属板制成,上、下层连接处需加宽到3~5mm
D. 上下节之间直接金属连接,不加橡皮垫圈

5. 以下对砂浆分层度试验的说法正确的有_____。
A. 应将砂浆拌合物一次装入分层度筒内
B. 装满后,用木锤在容器周围距离大致相等的四个不同的地方轻轻敲击1~2下
C. 取两次试验结果的算术平均值作为该砂浆的分层度
D. 两次分层度试验值之差大于10mm,应重做试验

6. 下面对测定砂浆凝结时间的试验叙述正确的是_____。
A. 制备好的砂浆装入砂浆容器内,低于容器上口10mm。
B. 测贯入阻力值,用截面为30mm²的贯入试针与砂浆表面接触
C. 在15s内缓慢而均匀地垂直压入砂浆内部25mm深
D. 当阻力达到0.3MPa后,改为每隔15min测一次

7. 砂浆抗压强度试验所用设备必须符合的规定有：_____。
    A. 试模 70.7mm×70.7mm×70.7mm 立方体
    B. 试模内表面不平度为每 100mm 不超过 0.05mm
    C. 组装后各相邻面不垂直度不应超过 ±0.5°
    D. 钢垫板的不平度为每 100mm 不超过 0.05mm
8. 砂浆抗渗性能试验论述正确的有_____。
    A. 试模：上口直径 70mm，下口直径 80mm，高 30mm 的截头圆锥带底金属试模
    B. 试验从水压为 0.2MPa 开始
    C. 恒压 2h 后增至 0.3MPa，以后每隔 1h 增加水压 0.1MPa
    D. 并且要随时注意观察试件端面的渗水情况
9. 砂浆立方体抗压强度计算规则有_____。
    A. 砂浆立方体抗压强度计算应精确至 0.1MPa
    B. 以三个试件测值的算术平均值作为该组件的抗压强度值，计算精确至 0.1MPa
    C. 计算公式为：$F_{mcu} = K \dfrac{N_u}{A}$
    D. 当三个试件的最大值或最小值与中间值的差超过中间值 15% 时，以中间值作为该组试件的抗压强度值。如有两个测值与中间值的差超过中间值 15% 时，则该组试件的试验结果无效
10. 砂浆立方体试件放在试验机上受压时必须注意_____。
    A. 试件的承压面与成型的顶面垂直
    B. 试件中心应与试验机下压板中心对准
    C. 当上板与试件接近时，调整球座，使接触面均衡受压，并控制好加荷速度
    D. 当试件接近破坏面开始迅速变形时，停止调整试验机油门，直至试件破坏
11. 砂浆吸水率试验中论述正确的有：_____。
    A. 在 105±5℃ 温度下烘干 48±0.5h，称其重量 m_0
    B. 将试件成型面朝下放入水槽，下面用 φ10mm 的两根钢筋垫起
    C. 试件浸入水中的高度为 20mm，应经常加水，并在水槽要求的水面高度处开溢水孔，以保持水面恒定
    D. 水槽应放入温度 20±2℃ 的恒温室内
12. 砂浆保水性试验论述正确的有：_____。
    A. 试验用试模为金属或硬塑料圆环试模：内径 100mm、内部高度 25mm
    B. 试验中可从砂浆的配合比及加水量计算砂浆的含水率
    C. 取二次试验结果的平均值作为结果
    D. 如两个测定值有一个超出平均值的 2%，则此组试验结果无效
13. 下列属于砂浆试块明显破坏的为_____。
    A. 缺棱掉角   B. 分层   C. 裂开   D. 贯通缝
14. 在砂浆试块收缩试验中，下列天数属测量试件长度的有_____。
    A. 7d   B. 21d   C. 35d   D. 90d
15. 建筑砂浆以_____为主要材料。
    A. 水泥   B. 砂   C. 石灰   D. 掺合料
16. 制定《建筑砂浆基本性能试验方法》JGJ 70—2009 的意义是_____。
    A. 制定砂浆验收方法
    B. 确定建筑砂浆性能特征值

C. 制定确定砂浆质量的评判标准
D. 检验或控制现场拌制砂浆的质量时采用统一试验方法

17. 以下拌制砂浆时材料称量精度为0.5%的有_____。
A. 水泥　　　　　B. 砂　　　　　C. 外加剂　　　　　D. 粉煤灰

18. 下列4组砂浆干燥收缩值中有需剔除的是_____。
A. $2.4×10^{-6}$　$2.6×10^{-6}$　$3.5×10^{-6}$　　B. $1.3×10^{-6}$　$1.7×10^{-6}$　$1.9×10^{-6}$
C. $1.2×10^{-6}$　$1.3×10^{-6}$　$1.4×10^{-6}$　　D. $1.4×10^{-6}$　$1.7×10^{-6}$　$2.0×10^{-6}$

19. 下列对砂浆抗冻性能试验叙述正确的有_____。
A. 试验用天平或案秤称量为2kg、感量为1g
B. 试件在28d龄期时进行冻融试验
C. 试样冻融前擦去表面水分以后，编号，称重
D. 试压前如冻融试块表面破坏严重，用水泥净浆修补，再养护2d后与比对试件同时进行试压

20. 水泥混合砂浆是由_____配制成的砂浆。
A. 水泥　　　　　B. 细集料　　　　　C. 掺加料　　　　　D. 水

21. 下列物质属于砂浆中掺加料的有_____。
A. 石灰膏　　　　　B. 电石膏　　　　　C. 粉煤灰　　　　　D. 黏土膏

22. 砌筑砂浆的强度等级有_____。
A. M10　　　　　B. M7.5　　　　　C. M5　　　　　D. M3.5

23. 砌筑砂浆的_____必须同时符合要求。
A. 稠度　　　　　B. 保水性　　　　　C. 分层度　　　　　D. 试配抗压强度

24. 下列砂浆稠度属于轻骨料混凝土小型空心砌块砌体用稠度范围的是_____ Pa·s。
A. 50　　　　　B. 60　　　　　C. 70　　　　　D. 80

25. 按公式计算查表所得砂浆配合比进行试拌时，应测定其拌合物的_____。
A. 稠度　　　　　B. 保水性　　　　　C. 强度　　　　　D. 分层度

26. 砂浆配合比设计，应根据_____进行计算并经试配后确定。
A. 施工水平　　　　　B. 原材料的性能　　　　　C. 国家标准　　　　　D. 砂浆的技术要求

27. 当采用中砂拌制砂浆时，其优点是：_____。
A. 砂浆强度高　　　　　B. 满足和易性要求　　　　　C. 节约水泥　　　　　D. 易达到技术要求

28. 黏土膏加入砂浆中作用_____。
A. 改善砂浆和易性　　B. 填充孔隙　　C. 减少用水量　　D. 增加砂浆强度

29. 砂浆配合比设计时的必控项目有_____。
A. 稠度　　　　　B. 分层度　　　　　C. 强度　　　　　D. 保水性

30. 如果砂浆中水泥用量太少，则砂浆的_____将无法保证。
A. 稠度　　　　　B. 强度　　　　　C. 分层度　　　　　D. 和易性

31. 基准配合比是计算配合比经试拌后，_____已合格的配合比。
A. 稠度　　　　　B. 强度　　　　　C. 保水性　　　　　D. 分层度

32. 水泥砂浆是由_____配制成的砂浆。
A. 水泥　　　　　B. 细集料　　　　　C. 掺加料　　　　　D. 水

33. 砂浆配合比设计，应根据经_____计算、试配所确定。
A. 原材料的性能　　　　　B. 砂浆的技术要求　　　　　C. 施工水平　　　　　D. 施工环境

34. 砂浆在建筑工程中起_____的作用。
A. 粘结　　　　　B. 美观　　　　　C. 衬垫　　　　　D. 传递应力

35. 沉淀池中贮存的石灰膏,应采取防止_____的措施。
 A. 干燥　　　　　　B. 冻结　　　　　　C. 污染　　　　　　D. 移动
36. 下列试验步骤中属于砂浆配合比试验的有_____。
 A. 计算砂浆试配强度 $f_{m,0}$　　　　B. 进行砂浆试配
 C. 确定每平方米拌合物石子用量　　　D. 配合比确定
37. 砂浆试配时,在保证_____合格的条件下,可将用水量或掺加料用量作相应调整。
 A. 稠度　　　　　　B. 砂率　　　　　　C. 保水性　　　　　　D. 分层度
38. 砂中含泥量过大的影响:_____
 A. 增加砂浆水泥用量　B. 砂浆收缩值增大　C. 耐水性降低　　　D. 影响砌筑质量

四、判断题

1. 施工中取样进行砂浆试验时,应在使用地点的砂浆槽,砂浆运送车或搅拌机出料口,至少从两个不同部位集取。　　　　　　　　　　　　　　　　　　　　　　　　　　　　(　)
2. 试验中用的水泥如有结块,应充分混合均匀,以 0.75mm 筛过筛。砂也应以 5mm 筛过筛。(　)
3. 砂浆拌合物取样后,应尽快进行试验。现场取来的试样,在试验前应经人工再翻样,以保证其质量均匀。　　　　　　　　　　　　　　　　　　　　　　　　　　　　　　(　)
4. 砂浆稠度试验中将砂浆拌合物一次装入容器中,用捣棒自容器中心向边缘插捣 25 次。(　)
5. 砂浆稠度试验中,当拧开制动螺丝,同时计时,待 10s 后立即固定螺丝。　　　　(　)
6. 砂浆质量密度由二次试验结果的算术平均值确定,计算精确至 $10kg/m^3$。　　　(　)
7. 用快速法测砂浆分层度时,将分层度筒固定在振动台上振动 20s。　　　　　　　(　)
8. 测定砂浆凝结时间,砂浆稠度应控制在 80~120mm。　　　　　　　　　　　　(　)
9. 砂浆凝结时间试验中,应清除砂浆表面泌水后,测定贯入阻力值。　　　　　　　(　)
10. 砂浆凝结时间试验的实际贯入阻力值在成型后 2h 开始测定。　　　　　　　　(　)
11. 砂浆凝结时间的二次试验结果的误差不应大于 30min,否则,应重新测定。　　(　)
12. 制作砂浆拉伸粘结强度试件用的成型框:外框尺寸 70 mm×70mm,内框尺寸 40 mm×40mm,厚度 6mm,材料为硬聚氯乙烯或金属。　　　　　　　　　　　　　　　　　(　)
13. 砂浆试件养护期间,试件间彼此间隔不少于 5mm。　　　　　　　　　　　　　(　)
14. 砂浆立方体抗压强度试验中,如实测尺寸与公称尺寸之差不超过 1mm,可按公称尺寸进行计算。　　　　　　　　　　　　　　　　　　　　　　　　　　　　　　　　　(　)
15. 砂浆立方体抗压强度,当三个试件的最大值和最小值与中间值的差超过中间值 15% 时,以中间值作为该组试件的抗压强度值。　　　　　　　　　　　　　　　　　　　　(　)
16. 砂浆拉伸粘结强度试验中标准试验条件为温度 20±5℃,相对湿度 45%~75%。(　)
17. 砂浆抗冻性能试验方法适用于砂浆强度等级大于 M2.5 的试件。　　　　　　　(　)
18. 砂浆抗冻性能试验中,冻融时,篮框内各试件之间至少保持 50mm 的间距。　　(　)
19. 砂浆抗冻性能试验,当每组试件 6 块中的 3 块出现明显破坏时,则该组试件的抗冻性能试验应终止。　　　　　　　　　　　　　　　　　　　　　　　　　　　　　　(　)
20. 砂浆收缩试验每块试件的干燥收缩值取二位有效数字。　　　　　　　　　　　(　)
21. 进行砂浆配合比设计时仅应遵守 JGJ 98—2000 规程的规定。　　　　　　　　(　)
22. 外加剂是在拌制混凝土过程中掺入,用以改善混凝土性能的物质。　　　　　　(　)
23. 水泥混合砂浆采用的水泥,其强度等级不宜大于 32.5 级。　　　　　　　　　　(　)
24. 消石粉不得直接用于砌筑砂浆中。　　　　　　　　　　　　　　　　　　　　(　)

25. 石灰膏、黏土膏和电石膏试配时的稠度,应为120±5mm。（   ）
26. 烧结普通砖砌体的砂浆稠度为70~90mm。（   ）
27. 水泥砂浆中水泥用量不应小于250kg/m³。（   ）
28. 砂浆试配时,应采用机械搅拌。（   ）
29. 砂浆搅拌时间应自投料结束算起。（   ）
30. 砂浆的试配强度,精确至0.1MPa。（   ）
31. 砂浆抗压强度平均值,精确至0.01MPa。（   ）
32. 砂浆配合比计算时,各地区用本地区试验资料确定α、β值统计用的试验组数不得少于30组。（   ）
33. 每立方米砂浆中水泥和掺合料的总量宜在250~300kg之间。（   ）
34. 混合砂浆中的用水量包括石灰膏或黏土膏中的水。（   ）
35. 为合理利用资源,节约材料,在配置砂浆时需尽量选用低强度等级水泥和砌筑浆水泥。（   ）
36. 磨细生石灰粉,熟化时间不得小于24h。（   ）
37. 以砂浆试件质量损失率不小于5%,抗压强度损失率不小于25%的两项指标同时满足与否,来衡量该组砂浆试件抗冻性是否合格。（   ）
38. 用水量多少与浆强度关系密切。（   ）
39. 基准配合比是计算配合比经试拌后稠度、分层度已合格的配合比。（   ）

五. 简答题

1. 砂浆配合比对常用原材料(水泥、砂)有哪些技术要求？
2. 砂浆配合比设计的步骤是什么？
3. 立方体抗压强度试验试件的制作步骤是什么？
4. 砂浆抗压强度试验的加荷速度应如何控制？
5. 立方体抗压强度试验试件的养护要求是什么？

六. 计算题

1. 一组M10的砂浆试件受压面尺寸及破坏荷载分别如下表,计算其抗压强度代表值。

某砂浆试件受压面尺寸及破坏荷载表

项目　　试件编号	1	2	3
尺寸(mm×mm)	70×71	71×71	72×71
破坏荷载(kN)	50.5	59.0	65.5

2. 一组M7.5的砂浆试件受压面尺寸及破坏荷载分别如下表。计算其抗压强度代表值。

某砂浆试件受压面尺寸及破坏荷载表

项目　　试件编号	1	2	3
尺寸(mm×mm)	71×70	70×70	70×71
破坏荷载(kN)	73.0	59.0	51.5

七、实践题

1. 砂浆稠度的试验。
2. 密度的试验。
3. 分层度的试验。
4. 凝结时间的测定。
5. 立方体抗压强度的测定。

参考答案：

一、填空题

1. 1~2	2. 20±5	3. 2min	4. 10mm
5. 两次试验结果的算术平均值		6. 插捣	7. 5g
8. 10s	9. 30min	10. 10mm	11. 20±2℃
12. 0.01MPa	13. 15~20℃	14. 温度20±2℃,相对湿度90%以上	
15. 0.25~1.5kN/s	16. -15~-20℃	17. 用水量	18. 4h
19. 40mm×40mm×160mm		20. 4h	21. 水泥 细集料 掺加料 水
22. 32.5	23. 30mm	24. $f_{m,o} = f_2 + 0.645\sigma$	25. 3.03 -15.09
26. 10%	27. 石灰膏	28. 脱水硬化	29. 1900kg/m³
30. 1800kg/m³	31. 分层度指标	32. 200kg/m³	33. 机械搅拌
34. 水泥用量的多少	35. 线型关系	36. 1m³ 干燥状态的砂子的堆积密度值	
37. 3个	38. 砂浆稠度要求	39. 水泥用量最低	

二、单选题

1. B	2. A	3. C	4. C
5. B	6. D	7. A	8. C
9. C	10. C	11. C	12. A
13. C	14. A	15. B	16. D
17. C	18. B	19. D	20. A
21. A	22. C	23. D	24. A
25. D	26. B	27. C	28. A
29. C	30. B	31. C	32. C
33. C	34. A	35. A	36. D
37. C	38. A	39. D	40. D

三、多选题

1. A、B、C、D	2. A、B、D	3. A、C、D	4. A、B、C
5. A、B、C、D	6. A、B、D	7. A、B、C	8. A、B、C、D
9. A、B、C、D	10. A、B、C、D	11. A、B、C	12. A、B、C
13. B、C、D	14. A、B、D	15. A、B、D	16. B、D
17. A、C、D	18. A、B	19. A、B、D	20. A、B、C
21. A、B、C、D	22. A、B、C	23. A、C、D	24. B、C、D

25. A、D	26. A、B、D	27. B、C	28. A、B
29. A、B、C	30. A、C	31. A、D	32. A、B、D
33. A、B、C	34. A、C、D	35. A、B、C	36. A、B、D
37. A、B	38. A、B、C、D		

四、判断题

1. ×	2. ×	3. √	4. √
5. √	6. √	7. √	8. ×
9. ×	10. √	11. √	12. √
13. ×	14. √	15. ×	16. √
17. √	18. √	19. ×	20. √
21. √	22. √	23. √	24. √
25. √	26. √	27. ×	28. √
29. √	30. √	31. √	32. √
33. ×	34. √	35. √	36. ×
37. √	38. ×	39. √	

五、简答题

1. 答:(1)砌筑砂浆用水泥的强度等级应根据设计要求进行选择。水泥砂浆采用的水泥,其强度等级不宜大于32.5级;水泥混合砂浆采用的水泥,其强度等级不宜大于42.5级。

(2)砌筑砂浆用砂宜选用中砂,其中毛石砌体宜选用粗砂。砂的含泥量不应超过5%。强度等级为M2.5的水泥混合砂浆,砂的含泥量不应超过10%。

2. 答:步骤为:

(1)选择标准差σ;(2)计算砂浆试配强度;(3)水泥用量的计算;(4)混合砂浆中掺加料用量的计算;(5)每立方米砂浆中的砂子用量的确定,按干燥状态(含水率小于0.5%)的堆积密度值作为计算值;(6)试拌,确定每立方米砂浆中的用水量。

3. 答:(1)采用立方体试件,每组试件3个。

(2)试模:尺寸为70.7mm×70.7mm×70.7mm的带底试模,材质应具有足够的刚度并拆装方便。试模的内表面应机械加工,其不平度应为每100mm不超过0.05mm,组装后各相邻面的不垂直度不应超过±0.5°。

(3)应用黄油等密封材料涂抹试模的外接缝,试模内涂刷薄层机油或脱模剂,将拌制好的砂浆一次装满砂浆试模,成型方法根据稠度而定。当砂浆稠度大于50mm时,应采用人工插捣法,当砂浆稠度不大于50mm时,采用机械振动法;

①采用人工插捣法时,用捣棒均匀由外向里按螺旋方向插捣25次,插捣过程中如砂浆沉落到低于试模口,应随时添加砂浆,用油灰刀沿模壁插数次,并用手将试模一边抬高5mm~10mm各振动5次,使砂浆高出试模顶面6~8mm。

②采用机械振动法时,将砂浆拌合物一次装满试模,放置在振动台上,振动时试模不得跳动,振5~10s或持续到表面出浆为止,不得过振。振动过程中如沉入到低于试模口,应随时添加砂浆。

(4)当砂浆表面水分稍干后,将高出部分的砂浆沿试模顶面削去并抹平。

4. 答:试验过程中应连续而均匀地加荷,加荷速度为每秒钟0.25~1.5kN(砂浆强度2.5MPa及2.5MPa以下时,取下限为宜)。

5. 答:试件制作后应在20±5℃温度环境下停置24±2h,当气温较低时,可适当延长时间,但不应超过两昼夜,然后对试件进行编号并拆模。试件拆模后,应立即放入温度为 20±2℃、相对湿度 90%以上的标准养护室中养护。养护期间,试件彼此间隔不小于 10mm,混合砂浆试件上面应覆盖以防有水滴在试件上。

六、计算题

1. (1) 试件受压面尺寸计算

∵ 试件 1、试件 2、的受压面尺寸与公称尺寸之差均小于 1 mm。

∴ A_1、A_2 均取 5000 mm^2

$A_3 = 72 \times 71 = 5112$ mm^2,取 5110 mm^2

(2) 试件抗压强度计算

$$F_{ce1} = K\frac{N_U}{A} = \frac{50.5}{5000} \times 1000 \times 1.35 = 13.6 \text{MPa}$$

$$F_{ce2} = K\frac{N_U}{A} = \frac{59.0}{5000} \times 1000 \times 1.35 = 15.9 \text{MPa}$$

$$F_{ce3} = K\frac{N_U}{A} = \frac{65.5}{5110} \times 1000 \times 1.35 = 17.3 \text{MPa}$$

∴ $\frac{F_{cemax} - F_{ce2}}{F_{ce2}} = \frac{17.3 - 15.9}{15.9} \times 100\% = 8.8\% < 15\%$

$\frac{F_{cemin} - F_{ce2}}{F_{ce2}} = \frac{|13.6 - 15.9|}{15.9} \times 100\% = 14.5\% < 15\%$

(3) 三个试件算术值计算 ∴ $\overline{F} = \frac{F_{ce1} + F_{ce2} + F_{ce3}}{3} = \frac{13.6 + 15.9 + 17.3}{3} = 15.6$ MPa

(4) 砂浆立方体试件抗压强度平均值 F_2 计算

$F_2 = \overline{F} = 15.6$ MPa

2. (1) 试件受压面尺寸计算

∵ 试件 1、试件 2、试件 3 的受压面尺寸与公称尺寸之差均小于 1 mm。

∴ A_1、A_2、A_3 均取 5000 mm^2

(2) 试件抗压强度计算

$$F_{ce1} = K\frac{N_U}{A} = \frac{73.0}{5000} \times 1000 \times 1.35 = 19.7 \text{MPa}$$

$$F_{ce2} = K\frac{N_U}{A} = \frac{59.0}{5000} \times 1000 \times 1.35 = 15.9 \text{MPa}$$

$$F_{ce3} = K\frac{N_U}{A} = \frac{51.5}{5110} \times 1000 \times 1.35 = 13.6 \text{MPa}$$

∴ $\frac{F_{ce,max} - F_{ce2}}{F_{ce2}} = \frac{19.7 - 15.9}{15.9} \times 100\% = 23.9\% > 15\%$

$\frac{F_{cemin} - F_{ce2}}{F_{ce \cdot 2}} = \frac{|13.6 - 15.9|}{15.9} \times 100\% = 14.5\% < 15\%$

∴ 该组砂浆试件立方体抗压强度值 F_2 取 $F_{ce2} = 15.9$ MPa

七、实践题

答案(略)。

混凝土、砂浆性能
砂浆性能模拟试卷(A)

一、填空题(每题2分,共20分)

1. 试验室拌制砂浆试验时,试验室温度应保持在_____。
2. 试验室用搅拌机搅拌砂浆时,搅拌时间不应少于_____。
3. 测砂浆的密度时,将拌好的砂浆装入容量筒,当砂浆稠度大于50mm时,应采用_____法。
4. 砂浆分层试验,两次分层试验值之差如大于_____,应重新试验。
5. 砂浆抗冻性能试验,溶解水槽装入试件后水温应保持在_____范围内。
6. 砂浆立方体抗压强度试验中,压力试验机的加荷速度为。
7. 砂浆收缩试验的试件7d养护后,移入温度20±2℃、相对湿度60%±5%的测试室中预置_____。
8. 为保证砂浆质量,需将生石灰熟化成_____后,方可使用。
9. 砌筑砂浆的_____,是评判砂浆施工时保水性能是否良好的主要指标。
10. 砂浆中的用水量的多少,应根据_____来选用。

二、单选题(每题1分,共10分)

1. 水泥混合砂浆分层度一般不会超过_____。
   A. 20mm   B. 25mm   C. 30mm   D. 10mm
2. M7.5砌筑砂浆进行立方体抗压强度试验时,压力试验机的加荷速度为_____kN/s。
   A. 5.0   B. 0.25   C. 3.0   D. 1.5
3. 测定砂浆凝结时间时,贯入杆的贯入深度为_____mm。
   A. 20   B. 30   C. 25   D. 35
4. 砂浆中用水量多少,应根据砂浆_____要求来选用。
   A. 稠度   B. 分层度   C. 强度   D. 保水性
5. 对掺用粉煤灰和外加剂的砂浆,机械搅拌时间为_____。
   A. 120s   B. 150s   C. 180s   D. 200s
6. 具有冻融循环次数要求的砌筑砂浆,经冻融试验后,抗压强度损失率不得大于_____。
   A. 20%   B. 25%   C. 28%   D. 30%
7. 毛石砌体宜用_____。
   A. 细砂   B. 中砂   C. 粗砂   D. 特细砂
8. 砂浆抗冻性能试验中,每_____次循环,应进行一次外观检查,并记录试件的破坏情况。
   A. 1   B. 3   C. 4   D. 5
9. 砂浆吸水率试验的计算结果精确至_____MPa。
   A. 10   B. 8   C. 5   D. 1
10. 测定砂浆凝结时间时贯入杆至少离开容器边缘或任何早先贯入部位_____。
    A. 8mm   B. 10mm   C. 12mm   D. 15mm

三、多选题(每题2分,多选不得分,共20分)

1. 砂浆标准养护条件是:_____。

A. 水泥混合砂浆应为温度 20±2℃,相对湿度 90% 以上
B. 养护期间,若湿度不满足要求,可在试件上洒水加湿
C. 养护期间,试件彼此间隔不小于 10mm
D. 水泥砂浆和微沫砂浆应为温度 20±2℃,相对湿度 90% 以上

2. 砂浆稠度仪由_____组成。
   A. 试锥　　　　B. 容器　　　　C. 秒表　　　　D. 支座

3. 下列对砂浆分层度筒的叙述正确的是_____。
   A. 分层度筒内径为 150mm
   B. 上节高度为 200mm,下节带底净高为 100mm
   C. 用金属板制成,上、下层连接处需加宽到 3~5mm
   D. 上下节之间直接金属连接,不加橡皮垫圈

4. 砂浆抗压强度试验所用设备必须符合的规定有_____。
   A. 试模 70.7mm×70.7mm×70.7mm 立方体
   B. 试模内表面不平度为每 100mm 不超过 0.05mm
   C. 组装后各相邻面不垂直度不应超过 ±0.5
   D. 钢垫板的不平度为每 100mm 不超过 0.05mm

5. 砂浆立方体抗压强度计算规则有_____。
   A. 砂浆立方体抗压强度计算应精确至 0.1MPa
   B. 以三个试件测值的算术平均值的 1.3 倍作为该组件的抗压强度值,计算精确至 0.1MPa
   C. 计算公式为:$F_{ce} = \dfrac{N_u}{A}$
   D. 当三个试件的最大值或最小值与中间值的差超过 15% 时,以中间值作为该组试件的抗压强度值

6. 在砂浆试块收缩试验中下列天数属测量试件长度的有_____。
   A. 7d　　　　B. 21d　　　　C. 35d　　　　D. 90d

7. 制定《建筑砂浆基本性能试验方法》JGJ 70—2009 的意义是_____。
   A. 制定砂浆验收方法
   B. 确定建筑砂浆性能特征值
   C. 制定确定砂浆质量的评判标准
   D. 检验或控制现场拌制砂浆的质量时采用统一试验方法

8. 下列对砂浆抗冻性能试验叙述正确的有_____。
   A. 试验用天平或案秤称量为 2kg、感量为 1g
   B. 试件在 28d 龄期时进行冻融试验
   C. 试样冻融前在掠去表面水分,以后编号、称重
   D. 试压前如冻融试块表面破坏严重,用水泥净浆修补,再养护 2d 后与比对试件同时进行试压

9. 下列物质属于砂浆中掺加料的有_____。
   A. 石灰膏　　　B. 电石膏　　　C. 粉煤灰　　　D. 黏土膏

10. 砂浆配合比设计时的必控项目有_____。
    A. 稠度　　　　B. 分层度　　　C. 强度　　　　D. 保水性

四、判断题(每题 2 分,共 20 分)

1. 消石灰粉不得直接用于砌筑砂浆中。　　　　　　　　　　　　　　　　　　　(　)

2. 砂浆配合比计算时,各地区用本地区试验资料确定 α、β 值,统计用的试验组数不得少于 30 组。( )
3. 每立方米砂浆中水泥和掺加料的总量宜在 250~300kg 之间。( )
4. 为合理利用资源,节约材料,在配置砂浆时需尽量选用低强度等级水泥和砌筑砂浆水泥。( )
5. 水泥混合砂浆采用的水泥,其强度等级不宜大于 32.5 级。( )
6. 砂浆抗冻性能试验,当每组试件 3 块中的 2 块出现明显破坏时,则该组试件的抗冻性能试验应终止。( )
7. 砂浆凝结时间的二次试验结果的误差不应大于 30min,否则,应重新测定。( )
8. 砂浆凝结时间试验中,应清除砂浆表面泌水后,测定贯入阻力值。( )
9. 用快速法测砂浆分层度时,将分层度筒固定在振动台上振动 20s。( )
10. 试验中用的水泥如有结块应充分混合均匀,以 0.75mm 筛过筛。砂也应以 5mm 筛过筛。( )

五. 简答题(每题 8 分,共 16 分)

1. 砂浆配合比设计的步骤是什么?
2. 水泥砂浆和水泥混合砂浆的养护条件是什么?
3. 砂浆抗压强度结果如何评定?

六. 计算题(14 分)

一组 M7.5 的砂浆试件受压面尺寸及破坏荷载分别如下表,计算其抗压强度代表值。

某砂浆试件受压面尺寸及破坏荷载表

项目 \ 试件编号	1	2	3
尺寸(mm×mm)	71×70	70×70	70×71
破坏荷载(kN)	73.0	59.0	51.5

混凝土、砂浆性能
砂浆性能模拟试卷(B)

一、填空题(每题 2 分,共 20 分)

1. 砂浆稠度试验结果应取_____。
2. 砂浆密度试验中,当采用振动法时,将砂浆拌合物一次装满容量筒连同漏斗在震动台上振动_____。
3. 砂浆分层试验中,拌合物装入容量筒后,应静止_____。
4. 砂浆贯入阻力值精确至_____。
5. 水泥混合砂浆的标准养护条件是:_____。
6. 砂浆稠度试验适用于确定配合比或施工过程中控制砂浆的稠度,以达到控制_____的目的。

7. 砂浆收缩试验的试模尺寸_____。
8. 砂浆由_____、_____、_____和配置而成的建筑工程材料。
9. 砂浆配合比计算时,其特征系数_____,_____。
10. 低于 M5 以下的水泥混合砂浆的砂子泥含量才允许放宽,但不应超过_____。

二、单选题(每题 1 分,共 10 分)

1. 砂浆稠度试验中的钢制捣棒的直径为_____。
   A. 8mm　　　　　B. 10mm　　　　　C. 20mm　　　　　D. 12mm
2. 砂浆稠度试验,两次稠度试验值之差如大于_____,则另取砂浆搅拌后重新测定。
   A. 10mm　　　　　B. 15mm　　　　　C. 20mm　　　　　D. 30mm
3. 砂浆分层度试验中,当去掉上节 200mm 砂浆后,剩余砂浆倒在搅拌锅内拌_____。
   A. 1min　　　　　B. 2min　　　　　C. 3min　　　　　D. 10min
4. 测定砂浆凝结时间所用不锈钢针截面积_____。
   A. $10mm^2$　　　B. $15mm^2$　　　C. $20mm^2$　　　D. $30mm^2$
5. 立方体抗压强度试验每组试件的数量是_____个。
   A. 6　　　　　　　B. 8　　　　　　　C. 10　　　　　　D. 3
6. 制作砂浆试件时,用捣棒及油灰刀捣插完后,使砂浆高出试模顶面_____。
   A. 6~8mm　　　　B. 3~5mm　　　　C. 10~15mm　　　D. 5~7mm
7. 立方体抗压强度试验试件的试模不平整度为每 100mm 不超过_____。
   A. 0.1mm　　　　B. 0.05mm　　　　C. 0.02mm　　　　D. 0.01mm
8. 砂浆抗冻性能试验中试件在水中浸泡时,浸泡的水面应至少高出试件顶面_____。
   A. 5mm　　　　　B. 10mm　　　　　C. 20mm　　　　　D. 40mm
9. 砂浆收缩试验中在试模两个端面中心,各开一个_____的孔洞。
   A. ϕ6.5mm　　B. ϕ5.5mm　　C. ϕ4.5mm　　D. ϕ3mm
10. _____指标是评判砂浆施工时保水性能是否良好的主要指标。
    A. 保水性能　　　B. 稠度　　　　　C. 分层度　　　　D. 强度

三、多选题(每题 2 分,多选不得分,共 20 分)

1. 下列对砂浆稠度试验的说法正确的有_____。
   A. 盛浆容器和试锥边面用湿布擦干净
   B. 将砂浆分两次装入容器使容器表面低于容器口约 10mm 左右
   C. 拧开制动螺丝,同时计时间,等待 10s 立即固定螺丝
   D. 取两次试验结果的算术平均值,计算值精确至 1mm
2. 砂浆立方体抗压强度试验试块制作后应_____。
   A. 在 20±5℃温度环境下停置 24±2h
   B. 当气温较低时,可适当延长时间,但不应超过两昼夜
   C. 然后对试件进行编号并拆模。试件拆模后,应立即放入温度为 20±2℃,相对湿度 90% 以上的标准养护室中养护
   D. 养护期间,试件彼此间隔不小于 10mm,混合砂浆试件上面应覆盖以防有水滴在试件上
3. 砂浆立方体试件放在试验机上受压时必须注意_____。
   A. 试件的承压面与成型的顶面垂直
   B. 试件中心应与试验机下压板中心对准

C. 当上板与试件接近时,调整球座,使接触面均衡受压,并控制好加荷速度
D. 当试件接近破坏面开始迅速变形时,停止调整试验机油门,直至试件破坏.

4. 砂浆保水性试验计算结果的论述正确的有_____。
A. 取二次试验结果的平均值作为结果
B. 如两个测定值有一个超出平均值的2%,则此组试验结果无效
C. 如两个测定值有一个超出平均值的10%,则此组试验结果无效
D. 如两个测定值有一个超出平均值的15%,则此组试验结果无效

5. 下列4组砂浆干燥收缩值中有需剔除的是_____。
A. $2.4×10^{-6}$　$2.6×10^{-6}$　$3.5×10^{-6}$　　B. $1.3×10^{-6}$　$1.7×10^{-6}$　$1.9×10^{-6}$
C. $1.2×10^{-6}$　$1.3×10^{-6}$　$1.4×10^{-6}$　　D. $1.4×10^{-6}$　$1.7×10^{-6}$　$2.0×10^{-6}$

6. 下列砂浆稠度属于轻骨料混凝土小型空心砌块砌体用稠度范围的是_____Pa·s。
A. 50　　　　　　B. 60　　　　　　C. 70　　　　　　D. 80

7. 按公式计算查表所得砂浆配合比进行试拌时,应测定其拌合物的_____。
A. 稠度　　　　　B. 保水性　　　　C. 强度　　　　　D. 分层度

8. 砂浆配合比设计,应根据_____进行计算并经试配后确定。
A. 施工水平　　　B. 原材料的性能　　C. 国家标准　　　D. 砂浆的技术要求

9. 砂浆在建筑工程中起_____的作用。
A. 粘结　　　　　B. 美观　　　　　C. 衬垫　　　　　D. 传递应力

10. 沉淀池中贮存的石灰膏,应采取防止_____的措施。
A. 干燥　　　　　B. 冻结　　　　　C. 污染　　　　　D. 移动

四、判断题(每题2分,共20分)

1. 施工中取样进行砂浆试验时,应在使用地点的砂浆槽,砂浆运送车或搅拌机出料口,至少从两个不同部位集取。　　　　　　　　　　　　　　　　　　　　　　　　( )
2. 砂浆稠度试验中将砂浆拌合物一次装入容器中,用捣棒自容器中心向边缘插捣25次。( )
3. 砂浆质量密度由二次试验结果的算术平均值确定,计算精确至10kg/m³。　　　　( )
4. 测定砂浆凝结时间,砂浆稠度应控制在80~120mm。　　　　　　　　　　　　( )
5. 砂浆试件养护期间,试件间彼此间隔不少于5mm。　　　　　　　　　　　　　( )
6. 砂浆立方体抗压强度试验中,如实测尺寸与公称尺寸之差不超过1mm,可按公称尺寸进行计算。　　　　　　　　　　　　　　　　　　　　　　　　　　　　　　　　　　( )
7. 砂浆保水性试验用滤纸应符合《化学分析滤纸》GB/T1914中速定性滤纸,直径110mm,200g/m²　　　　　　　　　　　　　　　　　　　　　　　　　　　　　　　　　( )
8. 砂浆抗冻性能试验中,冻融时,篮框内各试件之间至少保持50mm的间距。　　　( )
9. 砂浆收缩试验每块试件的干燥收缩值取二位有效数字。　　　　　　　　　　　( )
10. 砂浆搅拌时间应自投料结束算起。　　　　　　　　　　　　　　　　　　　( )

五.简答题(每题8分,共16分)

1. 砂浆配合比对常用原材料(水泥、砂)有哪些技术要求?
2. 砂浆抗压强度试验的加荷速度应如何控制?
3. 砂浆抗压强度结果如何评定?

六.计算题(14分)

一组M10的砂浆试件受压面尺寸及破坏荷载分别如下表,计算其抗压强度代表值。

某砂浆试件受压面尺寸及破坏荷载表

项目 \ 试件编号	1	2	3
尺寸(mm×mm)	70×71	71×71	72×71
破坏荷载(kN)	50.5	59.0	65.5

第五节 简易土工

一、填空题

1. 当采用抽样法测定土样含水率时，必须抽取两份样品进行平行测定，当含水量<40%时，平行测定两个含水率的差值应_____。
2. 当测定土样含水率时，在105~110℃下烘干时间对黏土、粉土不得少于_____h，对于砂性土不得少于_____h。
3. 当测定土样含水率时，对有机质含量超过5%的土，应在_____℃恒温下烘至恒量。
4. 当采用_____测定含水率时，必须抽取两份样品进行平行测定。
5. 在含水率测定时，称量10~50g精度要求_____g。
6. 当测定土样含水率时烘干恒量的概念一般为间隔2h质量差不大于_____。
7. 国标中两种标准环刀体积分别为_____cm³和_____cm³。
8. 灌砂法密度试验用灌砂筒以直径分为_____cm和_____cm和_____cm三种。
9. 国标轻型击实试验要求击实仪锤重为_____kg，锤底直径为_____mm，锤上下落差_____mm。
10. 国标重型击实试验分_____层，每层击实_____次，或分_____层，每层击实_____次。
11. 标准击实轻型单位体积击实功为_____kJ/m³。
12. 标准击实重型单位体积击实功为_____kJ/m³。
13. 国标重型击实试验要求击实仪锤重为_____kg，锤底直径为_____mm，锤上下落差_____mm。
14. 国标轻型击实试验分_____层，每层击实_____次。

二、单选题

1. 当测定土样含水率时，在105~110℃下烘干时间对砂土不得少于_____h。
   A.10　　　　　　B.8　　　　　　C.6　　　　　　D.4
2. 灌砂法密度试验取样频率按验收规范执行，市政工程路基每_____m²每层取一组。
   A.500　　　　　B.1000　　　　C.2000　　　　D.4000
3. 击实试验时一般需要配制_____组不同含水量的试样。
   A.2　　　　　　B.3　　　　　　C.4　　　　　　D.5
4. 标准击实所制备样品含水量间隔一般为_____%。
   A.1　　　　　　B.1~2　　　　　C.2　　　　　　D.2~3
5. 测含水率时，对有机质超过_____%的土，应将温度控制在65~70℃的恒温下烘干。

A. 15 B. 10 C. 5 D. 2

6. 含水量是在_____℃下烘至恒量时所失去的水分质量和达恒量后干土质量的比值,以百分数表示。

A. 105 B. 105 – 110 C. 100 – 105 D. 100

7. 环刀法密度试验所用环刀体积有 100cm³ 和_____cm³。

A. 60 B. 80 C. 150 D. 200

8. 标准击实重型单位体积击实功为_____kJ/m³。

A. 488.7 B. 592.2 C. 2644.3 D. 2684.9

9. 标准击实轻型单位体积击实功为_____kJ/m³。

A. 488.7 B. 592.2 C. 2644.3 D. 2684.9

10. 当采用抽样法测定土样含水率时,必须抽取两份样品进行平行测定,当含水量 <40%时,平行测定两个含水率的差值应_____。

A. ≤0.5% B. ≤1% C. ≤2% D. ≤3%

11. 当采用抽样法测定含水率时,必须抽取_____个样品进行平行测定。

A. 5 B. 3 C. 2 D. 1

12. 测定粗粒土路基密度灌砂法最常用的是直径_____mm 的灌砂筒。

A. 100 B. 150 C. 200 D. 250

三、多选题

1. 当采用抽样法测定土样含水率时,必须抽取两份样品进行平行测定,平行测定两个含水率的差值应符合_____要求:

A. 含水率 <10%,差值 ≤0.5% B. 含水率 <40%,差值 ≤1%
C. 含水率 ≥40%,差值 ≤2% D. 冻土,差值 ≤3%

2. 国标环刀法测定密度试验所用环刀的标准体积为_____cm³ 和_____cm³。

A. 60 B. 100 C. 200 D. 300

3. 要确保环刀法密度的准确性需注意_____。

A. 环刀体积准确 B. 选位具有代表性
C. 取样过程中不扰动环刀内的土并上下表面削平 D. 烘干到位
E. 环境温度 20 ±2℃ F. 准确称量

4. 国标灌砂法测定二灰碎石路基密度试验称量精度应符合_____要求:

A. 现场称量,精度 10g B. 现场称量,精度 5g
C. 含水率取样测定,精度 5g D. 含水率取样测定,精度 1g

5. 国标重型击实试验要求击实仪锤重为_____kg,锤底直径为_____mm,锤上下落差_____mm。

A. 2.5 B. 4.5 C. 51 D. 450 E. 457

6. 国标重型击实试验应符合_____要求。

A. 分三层每层击实 94 次 B. 分四层每层击实 70 次
C. 分五层每层击实 56 次 D. 分六层每层击实 47 次

7. 标准击实试验中土样制备方法有_____。

A. 干土法(土样重复使用) B. 干土法(土样不重复使用)
C. 湿土法(土样不重复使用) D. 湿土法(土样重复使用)

8. 通过标准击实试验所得到的参数为_____。

A. 最佳击实功　　　B. 最大湿密度　　　C. 最大干密度　　　D. 最佳含水量

9. 国标密度试验方法有_____。

A. 环刀法　　　B. 蜡封法　　　C. 灌水法　　　D. 灌砂法

10. 采用抽样法测含水率时环刀法密度试验称量精度应符合_____要求。

A. 整体称量，精度0.1g　　　　　　　B. 整体称量，精度1g
C. 含水率取样测定，精度0.01g　　　D. 含水率取样测定，精度0.1g

11. 国标轻型击实试验要求击实仪锤重为_____kg，锤底直径为_____mm，锤上下落差_____mm。

A. 2.5　　　B. 4.5　　　C. 51　　　D. 305　　　E. 457

四、判断题

1. 有机质超过5%的土，应将温度控制在70~75℃的恒温下烘干。（　）
2. 含水量是在105~110℃下烘至恒量时所失去的水分质量和达恒量后干土质量的比值，以百分数表示。（　）
3. 只要环刀体积准确，称量准确就可以确保环刀法测定密度的准确性。（　）
4. 灌砂法只能测定粗粒土的密度。（　）
5. 击实试验测定素土试件含水量要求取2个代表性试样，其误差要求≤1%。（　）
6. 击实试验的目的是获得在规定击实功下所能达到的最大干密度及其最佳用水量。（　）

五、简答题

1. 简述环刀法密度试验的操作要点。
2. 简述灌砂法密度试验的操作要点。
3. 密度的含义。
4. 路基压实度的含义。
5. 轻型、重型击实如何选择？
6. 土含水率的含义。
7. 环刀法测定密度的适用范围是什么？

六、计算题

1. 某一组素土沟槽回填三个环刀试样试验数据如下表。

序号	环刀+湿土重(g)	环刀+干土重(g)	环刀重(g)	干密度(g/cm³)
1	255.9	223.6	66.3	
2	257.7	223.9	67.1	
3	257.2	224.2	66.7	

已知所用环刀体积为100cm³，该素土的最大干密度为1.75g/cm³，设计要求素土沟槽回填压实度≥90%。试计算该组环刀的代表密度和压实度，并作评定。

2. 某一组素土重型击实试验数据如下表。

序号	1	2	3	4	5
试模+湿土重(g)	5106	5256	5323	5343	5294
试模重(g)	3240	3240	3240	3240	3240
湿土重(g)					

序号		1		2		3		4		5	
湿密度(g/cm³)											
盒号		A1	A2	B1	B2	C1	C2	D1	D2	E1	E2
盒+湿土样重(g)		42.42	44.02	43.57	44.54	44.74	43.23	47.15	44.98	44.84	43.94
盒+干土样重(g)		40.55	42.08	41.26	42.05	41.83	40.56	43.55	41.72	41.28	40.36
盒重(g)		20.20	20.50	20.60	20.20	20.40	20.30	20.80	20.40	20.60	20.30
水分重(g)											
干土样重(g)											
含水量(%)											
平均含水量(%)											
干密度(g/cm³)											

击实试模体积为997g/cm³,试计算确定最大干密度和最佳含水量。

3. 某一组二灰碎石灌砂试验数据如下,要求压实度95%。试计算并作判定。(量砂密度为1.450g/cm³)

序号	桩号		1+230
1	取样位置		第一层
2	试坑深度(cm)		15.0
3	筒与原量砂质量(g)		11800
4	筒与第一次剩余量砂质量(g)		10930
5	套环内耗量砂质量(g)		( )
6	量砂密度(g/cm³)		1.450
7	从套环内取回量砂质量(g)		840
8	套环内残留量砂质量(g)		( )
9	筒与第二次剩余量砂质量(g)		8480
10	试坑及套环内耗量砂质量(g)		( )
11	试坑体积(cm³)		( )
12	挖出料质量(g)		3585
13	试样质量(g)		
14	含水量测定	湿样质量(g)	1000
15		干样质量(g)	942
16		含水率(%)	( )
17	试样干密度(g/cm³)		( )
18	最大干密度(g/cm³)		2.050
19	压实度(%)		( )

七、案例

一道路沟槽5%灰土回填压实度要求≥90%,实测结果压实度88%,试分析原因。

参考答案：

一、填空题

1. ≤1% 2. 8、6 3. 65~70 4. 抽样法
5. 0.01 6. 0.1% 7. 60、100 8. 100、150、200
9. 2.5、51、305 10. 3、94、5、56 11. 592.2 12. 2684.9
13. 4.5、51、457 14. 3、25

二、单选题

1. C 2. B 3. D 4. B
5. C 6. B 7. A 8. D
9. B 10. B 11. C 12. B

三、多选题

1. B、C、D 2. A、B 3. A、B、C、D、F 4. B、D
5. B、C、E 6. A、C 7. A、B、C 8. C、D
9. A、B、C、D 10. A、C 11. A、C、D

四、判断题

1. × 2. √ 3. × 4. ×
5. √ 6. √

五、简答题

1. 答：①环刀体积准确。②选取的测量部位要有代表性。③挖出及修土时不得扰动环刀内的土，并修平。④准确称量。⑤烘干到位。

2. 答：①量砂准确标定。②选取的测量部位要有代表性。③挖试坑要注意尽量不扰动旁边的土，挖松的土要全部取出称量，不得漏掉，称量好后要立即装入塑料袋密封，防止水分蒸发影响试样含水率的测定。④准确称量。⑤烘干到位。

3. 答：单位体积内物质的质量。

4. 答：路基实测干密度与最大干密度的百分比。

5. 答：按照实际施工情况进行选择，一般道路路基可以上压路机时用重型，沟槽回填不能上压路机时用轻型。

6. 答：含水量是在105~110℃下烘至恒量时所失去的水分质量和达恒量后干土质量的比值，以百分数表示。

7. 答：测定细粒土的密度和压实度。

六、计算题

1. 解：

序号	环刀+湿土重(g)	环刀+干土重(g)	环刀重(g)	干密度(g/cm³)
1	255.9	223.6	66.3	1.573
2	257.7	223.9	67.1	1.568
3	257.2	224.2	66.7	1.575

(1)干密度=[(环刀+干土重)-环刀重]/环刀体积
(2)平均干密度=(1.573+1.568+1.575)/3=1.572g/cm³
(3)压实度=平均干密度/最大干密度=89.8%≈90%
(4)该组素土沟槽回填的压实度符合设计要求。

2.解：

序号	1		2		3		4		5	
试模+湿土重(g)	5106		5256		5323		5343		5294	
试模重(g)	3240		3240		3240		3240		3240	
湿土重(g)	1886		2016		2083		2103		2054	
湿密度(g/cm³)	1.892		2.022		2.089		2.109		2.060	
盒号	A1	A2	B1	B2	C1	C2	D1	D2	E1	E2
盒+湿土样重(g)	42.42	44.02	43.57	44.54	44.74	43.23	47.15	44.98	44.84	43.94
盒+干土样重(g)	40.55	42.08	41.26	42.05	41.83	40.56	43.55	41.72	41.28	40.36
盒重(g)	20.20	20.50	20.60	20.20	20.40	20.30	20.80	20.40	20.60	20.30
水分重(g)	1.87	1.94	2.31	2.49	2.91	2.67	3.60	3.28	3.56	3.58
干土样重(g)	20.35	21.58	20.66	21.85	21.43	20.26	22.75	21.32	20.68	20.06
含水量(%)	9.19	8.99	11.18	11.40	13.58	13.18	15.82	15.38	17.21	17.85
平均含水量(%)	9.1		11.3		13.4		15.6		17.5	
干密度(g/cm³)	1.73		1.82		1.84		1.82		1.75	

解：①[湿土重]=[试模+湿土重]-[试模重]
②[湿密度]=[湿土重]/[试模体积]
③[失水重]=[盒+湿土样重]-[盒+干土样重]
④[干土样重]=[盒+干土样重]-[盒重]
⑤[含水量]=[水分重]/[干土样重]
⑥[平均含水量]={[含水量1]+[含水量2]}/2
注：当[含水量1]与[含水量2]的差值不大于1%时。
⑦[干密度]=[湿密度]/{1+[平均含水量]}
⑧得到：最大干密度：1.84g/cm³、最佳含水量13.4%。

3.解：

序号	桩　　号	1+230	
1	取样位置	第一层	
2	试坑深度(cm)	15.0	
3	筒与原量砂质量(g)	11800	
4	筒与第一次剩余量砂质量(g)	10930	

续表

序号	桩　　号		1+230	
5	套环内耗量砂质量(g)		(870)	
6	量砂密度(g/cm^3)		1.450	
7	从套环内取回量砂质量(g)		840	
8	套环内残留量砂质量(g)		(30)	
9	筒与第二次剩余量砂质量(g)		8480	
10	试坑及套环内耗量砂质量(g)		(3290)	
11	试坑体积(cm^3)		(1669)	
12	挖出料质量(g)		3585	
13	试样质量(g)		(3555)	
14	含水量测定	湿样质量(g)	1000	
15		干样质量(g)	942	
16		含水率(%)	(6.16)	
17	试样干密度(g/cm^3)		(2.006)	
18	最大干密度(g/cm^3)		2.050	
19	压实度(%)		(98)	

(5) = (3) - (4) = 870　　　　　　　(8) = (5) - (7) = 30
(10) = (3) - (8) - (9) = 3290　　　(11) = [(10) - (5)]/(6) = 1669
(13) = (12) - (8) = 3555　　　　　(16) = [(14) - (15)]/(15) = 6.16
(17) = (13)/(11)/[1 + (16)] = 2.006　(19) = (17)/(18) = 98
答:该组二灰碎石压实度为98%,符合要求。

简易土工模拟试卷

一、填空题(每空1分,共计20分)

1. 检测机构应当科学检测,确保检测数据的真实性和准确性;不得接受委托单位的不合理要求;不得_____;不得出具_____的检测报告;不得隐瞒事实。

2. 遵循科学、公正、准确的原则开展检测工作,检测行为要_____,检测数据要_____。

3. 当测定土样含水率时,在105~110℃下烘干时间对黏土、粉土不得少于_____h,对于砂性土不得少于_____h。

4. 灌砂法密度试验用灌砂筒以直径分为_____cm、_____cm和_____cm三种。

5. 国标轻型击实试验要求击实仪锤重为_____kg,锤底直径为_____mm,锤上下落差_____mm。

6. 当测定土样含水率时,烘干恒量的概念一般为间隔2h质量差不大于_____。

7. 国标中两种标准环刀体积分别为_____cm^3和_____cm^3。

8. 国标重型击实试验分_____层,每层击实_____次,或分_____层,每层击实_____次。

9. 当采用_____测定含水率时,必须抽取两份样品进行平行测定。

二、单选题(每题 2 分,共计 20 分)

1. 灌砂法密度试验取样频率按验收规范执行,市政工程路基每_____ m² 每层取一组。
   A. 500　　　　　B. 1000　　　　　C. 2000　　　　　D. 4000
2. 击实试验时,一般需要配制_____组不同含水量的试样。
   A. 2　　　　　　B. 3　　　　　　C. 4　　　　　　D. 5
3. 测含水率时,对于有机质超过_____%的土,应将温度控制在65~70℃的恒温下烘干。
   A. 15　　　　　 B. 10　　　　　 C. 5　　　　　　D. 2
4. 当采用抽样法测定土样含水率时,必须抽取两份样品进行平行测定,当含水量<40%时,平行测定两个含水率的差值应_____%。
   A. ≤0.5　　　　B. ≤1　　　　　C. ≤2　　　　　D. ≤3
5. 测定粗粒土路基密度灌砂法最常用的是直径_____mm 的灌砂筒。
   A. 100　　　　　B. 150　　　　　C. 200　　　　　D. 250
6. 含水量是在_____℃下烘至恒量时所失去的水分质量和达恒量后干土质量的比值,以百分数表示。
   A. 100　　　　　B. 100~105　　　C. 105~110　　　D. 110
7. 国标环刀法密度试验所用环刀体积有 100cm³ 和_____cm³。
   A. 60　　　　　　B. 80　　　　　　C. 150　　　　　D. 200
8. 标准击实重型单位体积击实功为_____kJ/m³。
   A. 488.7　　　　B. 592.2　　　　C. 2644.3　　　　D. 2684.9
9. 当采用抽样法测定含水率时,必须抽取_____样品进行平行测定。
   A. 5　　　　　　B. 3　　　　　　C. 2　　　　　　D. 1
10. 标准击实所制备样品含水量间隔一般为_____%。
    A. 1　　　　　　B. 1~2　　　　　C. 2　　　　　　D. 2~3

三、多选题(每题 2 分,共计 20 分)

1. 当采用抽样法测定土样含水率时,必须抽取两份样品进行平行测定,平行测定两个含水率的差值应符合_____要求。
   A. 含水率<10%,差值≤0.5%　　　　B. 含水率<40%,差值≤1%
   C. 含水率≥40%,差值≤2%　　　　　D. 冻土,差值≤3%
2. 国标灌砂法测定二灰碎石路基密度试验称量精度应符合_____要求。
   A. 现场称量,精度 10g　　　　　　　B. 现场称量,精度 5g
   C. 含水率取样测定,精度 5g　　　　　D. 含水率取样测定,精度 1g
3. 国标重型击实试验要求击实仪锤重为_____kg,锤底直径为_____mm,锤上下落差_____mm。
   A. 2.5　　　　　B. 4.5　　　　　C. 51　　　　　　D. 450
   E. 457
4. 国标重型击实试验应符合_____要求。
   A. 分三层,每层击实 94 次　　　　　B. 分四层,每层击实 70 次
   C. 分五层,每层击实 56 次　　　　　D. 分六层,每层击实 47 次
5. 标准击实试验中土样制备方法有_____。

A. 干土法(土样重复使用) B. 干土法(土样不重复使用)
C. 湿土法(土样不重复使用) D. 湿土法(土样重复使用)

6. 要确保环刀法密度的准确性,需注意_____。
A. 环刀体积准确 B. 选位具有代表性
C. 取样过程中不扰动环刀内的土并上下表面削平
D. 烘干到位 E. 环境温度20±2℃ F. 准确称量

7. 国标密度试验方法有_____。
A. 环刀法 B. 蜡封法 C. 灌水法 D. 灌砂法

8. 通过标准击实试验所得到的参数为_____。
A. 最佳击实功 B. 最大湿密度 C. 最大干密度 D. 最佳含水量

9. 采用抽样法测含水率时环刀法密度试验称量精度应符合_____要求:
A. 整体称量,精度0.1g B. 整体称量,精度1g
C. 含水率取样测定,精度0.01g D. 含水率取样测定,精度0.1g

10. 国标轻型击实试验要求击实仪锤重为_____kg,锤底直径为_____mm,锤上下落差_____mm。
A. 2.5 B. 4.5 C. 51 D. 305 E. 457

四、简答题(每题5分,共计20分)

1. 湿密度的含义是什么?
2. 路基压实度的含义是什么?
3. 土含水率的含义是什么?
4. 环刀法测定密度的适用范围是什么?

五、计算题(每题10分,共计20分)

1. 某一组素土沟槽回填三个环刀试样试验数据如下表:

	1		2		3	
环刀+湿土重(g)	255.9		257.7		257.2	
环刀重(g)	66.3		67.1		66.7	
铝盒号	A1	A2	A3	A4	A5	A6
铝盒重(g)	21.30	20.20	21.50	22.20	21.60	20.80
铝盒+湿土样重(g)	46.55	46.82	46.23	46.35	47.62	45.95
铝盒+干土样重(g)	42.28	42.25	41.87	42.13	43.12	41.65
失水重(g)						
干土样重(g)						
单个含水量(%)						
平均含水量(%)						
干密度(g/cm³)						
压实度(%)						

已知所用环刀体积为100cm³,该素土的最大干密度为1.75g/cm³,设计要求素土沟槽回填压实度≥90%。试计算该组环刀的代表密度和压实度,并作评定。

2. 某一组素土重型击实试验数据如下表：

序号	1	2	3	4	5
试模+湿土重(g)	5106	5256	5323	5343	5294
试模重(g)	3240	3240	3240	3240	3240
湿土重(g)					
湿密度(g/cm³)					

盒号	A1	A2	B1	B2	C1	C2	D1	D2	E1	E2
盒+湿土样重(g)	42.42	44.02	43.57	44.54	44.74	43.23	47.15	44.98	44.84	43.94
盒+干土样重(g)	40.55	42.08	41.26	42.05	41.83	40.56	43.55	41.72	41.28	40.36
盒重(g)	20.20	20.50	20.60	20.20	20.40	20.30	20.80	20.40	20.60	20.30
水分重(g)										
干土样重(g)										
含水量(%)										
平均含水量(%)										
干密度(g/cm³)										

击实试模体积为997g/cm³，试计算确定最大干密度和最佳含水量。

六、操作题（每题10分，共计20分）

1. 简述环刀法密度试验的操作要点。
2. 简述灌砂法密度试验的操作要点。

第六节　混凝土外加剂

一、填空题

1. GB8076中检测混凝土外加剂要求砂的细度模数为_____的中砂。
2. GB8076中检测混凝土外加剂所用的石子粒径为5～20mm，其中5～10mm占_____、10～20mm占_____。如有争议，以_____试验结果为准。
3. GB8076中外加剂检测，应使混凝土坍落度达_____。
4. 检测外加剂凝结时间，采用_____测定，仪器精度为_____。
5. 测定外加剂初凝时间用截面积为_____的试针，测定终凝时间用截面积为_____的试针。
6. 外加剂凝结时间从水泥与水接触时开始计算，阻力值达_____时对应的时间为初凝时间，阻力值达_____时对应的时间为终凝时间。
7. 抗压强度比以_____与_____抗压强度之比值表示。
8. 混凝土外加剂性能检测用基准水泥的比表面积为_____。
9. 混凝土外加剂匀质性试验所用的水为_____或_____。
10. 测定混凝土外加剂固体含量所用的天平不应低于_____级。
11. 凝结时间指标中，"－"号表示_____，"＋"号表示_____。

12. GB 8076 中细度检验所使用的筛子孔径为_____,筛框有效直径_____,高_____,筛布应紧绷在筛框上,接缝必须_____,并附有筛盖。

13. GB/T 8077 中所用的化学试剂出特别注明外,均为_____化学试剂。

14. 外加剂碱含量试验中,试样用约_____℃的热水溶解,以_____分离钙、镁。滤液中的碱(钾和钠),采用相应的滤光片,用火焰光度计进行测定。

15. GB 8076 中规定外加剂试样按取样分为_____和_____。每一编号外加剂取样量应为不少于_____水泥所需用的外加剂量。

16. GB/T8077-2000 中规定,碱含量(或总碱量)以_____表示。

17. 依据 GB8076,相对耐久性指标中"200 次≥80"表示将_____龄期的掺外加剂混凝土试件动融循环 200 次后,保留值≥80%。

18. 依据 GB8076 标准,进行外加剂收缩率比试验时,恒温恒湿室的温度为_____、相对湿度为_____。

19. 外加剂检测所用的基准水泥强度等级_____的硅盐水泥,碱含量不得超过_____。

20. 测定外加剂减水率是在坍落度其本相同时_____和_____单位用水量之差与_____单位用水量之比。

21. 含气量测定时每批混凝土拌合物取_____试样,含气量以_____测得的算术平均值表示。

22. 外加剂固体含量实验,试样称量,固体产品_____;液体产品_____。

23. 对外加剂密度实验的条件,液体样品直接测试。固体样品液体的浓度为 10g/L。被测溶液的温度为_____。

24. 测试外加剂中硫酸钠含量采用_____和_____两种方法。

二、单项选择题

1. GB8076 中高性能减水剂检验时配制基准混凝土配合比水泥用量为_____kg/m³(采用碎石)。
   A.310　　　　　　　B.330　　　　　　　C.350　　　　　　　D.360

2. 混凝土外加剂性能检验用的基准水泥总碱量_____%。
   A. <1.0　　　　　　B. ≤1.0　　　　　　C.1.0　　　　　　　D. >1.0

3. 基准水泥有效存期为_____。
   A.3 个月　　　　　 B.4 个月　　　　　 C.6 个月　　　　　 D.12 个月

4. GB8076 中混凝土外加剂细度检验采用孔径为_____mm 的试验筛。
   A.0.045　　　　　　B.0.08　　　　　　 C.0.160　　　　　　D.0.315

5. 混凝土外加剂固体含量测定时烘箱升温至_____℃。
   A.100　　　　　　　B.100~105　　　　 C.100~110　　　　 D.105~110

6. 下列属于改善混凝土拌合物流变性能的外加剂的是_____。
   A.缓凝剂　　　　　 B.减水剂　　　　　 C.早强剂　　　　　 D.速凝剂

7. 下列属于调节混凝土凝结时间、硬化性能的外加剂的是_____。
   A.减水剂　　　　　 B.缓凝剂　　　　　 C.引气剂　　　　　 D.泵送剂

8. 下列属于改善混凝土耐久性的外加剂的是_____。
   A.缓凝剂　　　　　 B.速凝剂　　　　　 C.早强剂　　　　　 D.引气剂

9. GB/T 50080—2002 标准中规定实验室温度控制在_____。
   A.20±1℃　　　　　B.20±2℃　　　　　C.20±3℃　　　　　D.20±5℃

10. 混凝土凝结时间测试中,要求所使用的贯入阻力仪的精度为(A)_____N。
 A.5　　　　　　　B.10　　　　　　　C.50　　　　　　　D.100
11. 混凝土外加剂收缩率比试验中,所用的标准试件尺寸为_____(mm)。
 A.100×100×500　B.100×100×515　C.150×150×500　D.150×150×515
12. 混凝土外加剂的抗压强度比试验中,要求所使用的压力试验机的精度等级为:_____。
 A.Ⅰ级　　　　　B.Ⅱ级　　　　　C.Ⅲ级　　　　　D.Ⅳ级
13. 某混凝土引气减水剂,依据 GB 8076 标准进行试验,基准混凝土所用的砂率为38%,则该受检混凝土的砂率宜为_____。
 A.36%~40%　　B.38%　　　　　C.37%~38%　　D.35%~37%
14. 液体外加剂的固含量试验中所用的天平要求精度精确至_____克。
 A.0.001　　　　B.0.01　　　　　C.0.00001　　　　D.0.0001
15. 依据 GB8076 标准,缓凝减水剂没有_____指标要求。
 A.含气量　　　　B.3 天抗压强度比　C.终凝时间差　　D.对钢筋锈蚀作用
16. 某试验室进行某品种外加剂细度试验,该试验室的两名不同检测人员分别进行试验,其试验结果允许差为_____。
 A.0.01%　　　　B.0.10%　　　　C.0.20%　　　　D.0.40%
17. 依据 GB8077 标准,进行外加剂中硫酸钠含量试验时需要采用的试剂有_____。
 A.氨水　　　　　B.氢氧化钠　　　C.硫酸铜　　　　D.盐酸
18. 依据 GB8076 标准,混凝土外加剂的含气量试验中,要求混凝土振动时间总共为_____。
 A.10s　　　　　B.15~20s　　　　C.20s　　　　　D.25~30s
19. 不同试验室对某品种的外加剂进行 pH 值试验,两家试验室允许差为_____。
 A.0.2%　　　　B.0.5%　　　　　C.0.2　　　　　D.0.5
20. 依据 GB8076 标准,每一编号取样量应不少于_____kg 水泥所需要的外加剂量。
 A.0.2　　　　　B.0.5　　　　　　C.200　　　　　D.500
21. 依据 GB8076 标准,外加剂样品应分为两份,一份用于检验,另一份需要封存_____时间,以便有疑问时进行提交相关机构复检或仲裁。
 A.1 个月　　　　B.3 个月　　　　C.6 个月　　　　D.12 个月
22. 依据 GB8076 标准,混凝土外加剂性能检验用基准水泥的碱含量不能超过_____。
 A.0.65%　　　　B.1.0%　　　　　C.0.5%　　　　　D.1.2%
23. 进行混凝土外加剂收缩率比试验,恒温恒湿室的湿度为_____。
 A.50%±10%　　B.55%±10%　　C.60%±10%　　D.60%±5%
24. 测量液体外加剂的密度时,被测溶液温度为_____℃。
 A.23±1　　　　B.23±3　　　　　C.20±1　　　　　D.20±3
25. 某普通减水剂(标准型),基准混凝土初凝时间为420min,掺加该外加剂的混凝土初凝时间应在_____min 范围内。
 A.420~540　　　B.330~540　　　C.330~510　　　D.420~510
26. 依据 GB8077 标准,外加剂匀质性试验每项测定的次数为_____。
 A.一次　　　　　B.二次　　　　　C.三次　　　　　D.五次
27. 依据 GB8076 标准,掺量为 1.2% 的外加剂,每编号最大为_____t。
 A.30　　　　　　B.60　　　　　　C.50　　　　　　D.100
28. 依据 GB8076 标准,基准水泥的比表面积为_____m²/kg。
 A.300±10　　　B.320±10　　　C.330±10　　　D.350±10

29. 依据 GB8076 标准,对于引气型外加剂,其掺加外加剂的混凝土的砂率与基准混凝土的砂率_____。

　　A. 相等　　　　　　B. 高　　　　　　C. 低　　　　　　D. 不确定

三、多项选择题

1. 混凝土外加剂检测密度采用_____。

　　A. 比重瓶法　　　B. 液体比重天平法　　　C. 重量法　　　D. 精密密度计法

2. 普通减水剂检验时需检测的混凝土拌合物项目有_____。

　　A. 减水率　　　　B. 泌水率比　　　C. 凝结时间差　　　D. 含气量

3. 混凝土膨胀剂出厂检验项目为_____。

　　A. 细度　　　　B. 凝结时间　　　C. 限制膨胀率　　　D. 抗压强度

　　E. 抗折强度

4. 混凝土外加剂按其主要功能可分为_____。

　　A. 改善混凝土耐久性的外加剂　　　　B. 改善混凝土拌合物流变性能的外加剂

　　C. 改善混凝土其他性能的外加剂　　　D. 调节混凝土凝结时间、硬化性能的外加剂

　　E. 改善混凝土强度的外加剂

5. 改善混凝土拌合物流变性能的外加剂主要包括_____。

　　A. 缓凝剂　　　　B. 引气剂　　　C. 泵送剂　　　D. 早强剂

　　E. 减水剂

6. 下列选项属于调节混凝土凝结时间、硬化性能的外加剂的是_____。

　　A. 缓凝剂　　　　B. 引气剂　　　C. 泵送剂　　　D. 早强剂

　　E. 速凝剂

7. 下列选项属于改善混凝土耐久性的外加剂的是_____。

　　A. 早强剂　　　　B. 缓凝剂　　　C. 引气剂　　　D. 阻锈剂

　　E. 防水剂

8. 按外加剂化学成分可分为三类,包括_____。

　　A. 无机物类　　　B. 有机物类　　　C. 酸类　　　D. 碱类

　　E. 复合型类

9. 目前建筑工程中应用较多和较成熟的外加剂有_____。

　　A. 减水剂　　　　B. 早强剂　　　C. 引气剂　　　D. 调凝剂

　　E. 阻锈剂

10. 依据 GB8077 标准,进行外加剂中氯离子含量试验时用到的试剂有_____。

　　A. 盐酸　　　　B. 硝酸　　　C. 氯化钠　　　D. 硝酸银

11. 依据 GB8077 标准,进行水泥净浆流动度试验时,可以选用的水量有_____。

　　A. 87g　　　　B. 105g　　　C. 120g　　　D. 155g

12. 依据 GB8076 标准,当满足_____必须进行型式检验。

　　A. 正常生产半年时

　　B. 产品长期停产后,恢复生产

　　C. 出厂检验结果与上次型式检验有较大差异

　　D. 国家质量监督机构提出进行型式试验要求

13. 依据 GB8076 标准,基准混凝土单位水泥用量可以是_____ kg/m³。

　　A. 310　　　　B. 330　　　C. 350　　　D. 360

14. 依据 GB8076 标准,下列哪些外加剂的一等品的含气量指标要求小于等于 3.0% _____。
   A. 普通减水剂   B. 高效减水剂   C. 早强减水剂   D. 缓凝减水剂
15. 依据 GB8077 标准,进行外加剂中硫酸钠含量试验时用到的试剂有 _____。
   A. 盐酸   B. 氯化铵   C. 硫酸铜   D. 硝酸银
16. 进行混凝土外加剂收缩率比试验时,下列做法正确的有: _____。
   A. 测定混凝土收缩时以 100mm×100mm×515mm 的棱柱体试件作为标准试件,适用于骨料最大粒径不超过 30mm 的混凝土
   B. 每次测定混凝土收缩率时,混凝土试件摆放的方向一定要一致
   C. 拆模后应立即送至温度为 20℃,相对湿度为 95% 以上的标准养护室养护
   D. 试件用振动台成型,振动 15~20s,用插入式高频振捣器振捣 8~12s
17. 外加剂密度的试验条件为 _____。
   A. 固体样品溶液的浓度为 10g/L   B. 液体样品溶液的浓度为 510g/L
   C. 被测液体的温度为 20±1℃   D. 被测溶液必须请澈,如有沉淀必须过滤
18. 下列 _____ 指标满足 GB 8076 中基准水泥的技术要求。
   A. 铝酸三钙含量 6%~8%   B. 硅酸三钙含量 50%~55%
   C. 水泥比表比积 330±10m^2/kg   D. 碱含量不得超过 1.0%
19. 外加剂 pH 值检测时,应配备的仪器 _____。
   A. 甘汞电极   B. 酸度计   C. 玻璃电极   D. 电磁电热式搅拌器
20. 普通减水剂出厂检验,每编号应检测 _____ 项目。
   A. 固体含量   B. pH 值   C. 总碱量   D. 硫酸钠含量

四、判断题

1. 能延长混凝土凝结时间,对混凝土后期强度无不利影响的外加剂叫缓凝剂。( )
2. 室内允许差:两个实验室采用同一标准方法对同一试样各自进行分析时,所得结果的平均之差应符合允许差规定。( )
3. 外加剂总碱量的测定亦可采用原子吸收光谱法。( )
4. 表示净浆流动度时,需注明用水量、所用水泥的名称、型号及生产厂和外加剂掺量。( )
5. 固体样品测其密度,其溶液浓度为 20g/L。( )
6. 减水率为坍落度基本相同时基准混凝土和掺外加剂混凝土单位用水量之差与基准混凝土单位用水量之比。( )
7. GB 8076 标准规定,混凝土外加剂的凝结时间试验中,初凝和终凝试验所用的试针面积不一样,且测定时对测点间距的要求也不一样。( )
8. 混凝土凝结时间测试中,如测点间离过小,则会使测定的凝结时间偏长。( )
9. GB 8076 标准规定,混凝土外加剂试验中宜采用自落式搅拌机搅拌。( )
10. GB 8076 标准规定,所有混凝土外加剂基准混凝土的坍落度均应为 80±10mm。( )
11. 混凝土外加剂的匀质性中,各项试验应进行两次试验,在误差允许范围内,取两次试验结果的平均值,如果超过规定的允许误差范围,则试验结果无效,应重新取样进行试验。( )
12. 混凝土外加剂的凝结时间试验中,测点间距对混凝土的影响很大,GB 8076 标准规定,初凝时间的测定时测点与测点之间至少不小于 15mm。( )
13. 依据 GB8076 标准,试验时,检验一种外加剂减水率的三批混凝土应在同一天内完成试验。( )
14. 进行含气量试验时,振动时间应严格控制,振动时间延长会使混凝土中含气量偏大。( )

15. 进行含固量试验,烘干样品的温度应控制在 100～105℃。（ ）
16. 测量外加剂密度的方法有比重瓶法、液体比重天平法和精密密度计法。（ ）
17. 进行外加剂 pH 值试验时,被测溶液的温度应控制在 20±3℃。（ ）
18. 高效减水剂标准型的减水率指标要求是大于 12%。（ ）
19. 依据 GB8076 标准,外加剂中碱总含量室间允许误差为 0.15%。（ ）
20. 混凝土外加剂的抗压强度比试验中,要求所使用的压力试验机的精度等级为Ⅳ级。（ ）
21. GB/T8077－2000 中规定,碱含量（或总碱量）以 $0.658K_2O+Na_2O$ 表示。（ ）
22. 依据 GB8076 标准,初凝时间是指混凝土从加水开始到贯入阻力值达 3.5MPa 所需的时间。（ ）
23. 泌水率比是单位质量混凝土泌出水量与其用水量之比。（ ）
24. 凝结时间差是受检混凝土与基准混凝土终凝凝结时间的差值。（ ）
25. 测定混凝土收缩是以 100mm×100mm×15mm 的棱柱体试件作为标准试件。（ ）
26. 混凝土收缩试件从标准养护室中取出立即移入温度为(20±3)℃,相对湿度为(70±5)% 的恒温环境进行测量其变形读数。（ ）
27. pH 值检测只针对液体外加剂,固体外加剂不需要检测 pH 值。（ ）

五、简答题

1. 混凝土外加剂试样分点样和混合样,分别进行解释。
2. 混凝土外加剂检验中所用的基准水泥是如何定义的？
3. 简述水泥净浆流动度的试验步骤。
4. 写出重量法测定硫酸钠含量的计算公式,并注明各符号的含义。
5. GB/T 8076 中细度检验,是如何判断试验结果的？
6. GB 8076 标准中,混凝土外加剂试验对所用水泥、砂、石、水有何要求？
7. 简述凝结时间差测定所用的主要仪器设备。
8. GB 8076 标准中,混凝土外加剂检测对配合比有何基本要求。
9. 在混凝土中掺入外加剂的主要目的是什么？
10. 简要说明混凝土外加剂泌水率比试验步骤。
11. 简要说明混凝土外加剂细度试验的主要步骤。
12. 凝结时间差测定的步骤以及应注意哪些问题。
13. 外加剂的主要功能有哪些？
14. GB 8076 用硬化砂浆法快速测定钢筋锈蚀,钢筋如何制备？
15. 外加剂匀质性指标检测时室内允许差的要求是什么？
16. 外加剂匀质性指标检测时室间允许差的要求是什么？
17. 减水率的定义是什么？
18. 泌水率、泌水率比的定义各是什么？
19. 外加剂检验取样与编号有何规定？
20. 叙述精密密度计法试验外加剂密度的方法？

六、计算题

1. 有一种混凝土外加剂检验氧化钠含量为 1.745%,氧化钾含量为 1.894%。计算该混凝土总碱含量。
2. 某高效减水剂抗压强度比试验结果如下表所示,试分别计算其 3、7、28d 抗压强度比？试件

尺寸150mm×150mm×150mm）

<table>
<tr><td colspan="3">龄期</td><td colspan="3">3d</td><td colspan="3">7d</td><td colspan="3">28d</td></tr>
<tr><td rowspan="3">基准混凝土</td><td colspan="2">抗压荷载(kN)</td><td>290</td><td>280</td><td>210</td><td>375</td><td>385</td><td>370</td><td>550</td><td>570</td><td>590</td></tr>
<tr><td rowspan="2">抗压强度
（MPa）</td><td>单个值</td><td></td><td></td><td></td><td></td><td></td><td></td><td></td><td></td><td></td></tr>
<tr><td>评定值</td><td></td><td></td><td></td><td></td><td></td><td></td><td></td><td></td><td></td></tr>
<tr><td rowspan="3">受检混凝土</td><td colspan="2">抗压荷载(kN)</td><td>386</td><td>375</td><td>378</td><td>515</td><td>575</td><td>570</td><td>665</td><td>680</td><td>710</td></tr>
<tr><td rowspan="2">抗压强度
（MPa）</td><td>单个值</td><td></td><td></td><td></td><td></td><td></td><td></td><td></td><td></td><td></td></tr>
<tr><td>评定值</td><td></td><td></td><td></td><td></td><td></td><td></td><td></td><td></td><td></td></tr>
<tr><td colspan="3">抗压强度比(%)</td><td colspan="9"></td></tr>
</table>

3. 某早强减水剂进行泌水率比试验，拌合25L，试验结果如下：

	基准混凝土			掺加外加剂混凝土		
	1	2	3	1	2	3
拌合用水量(g)	4700	4580	4650	3850	3800	3700
筒质量(g)	2500	2500	2500	2500	2500	2500
泌水总质量(g)	67	66	72	23	27	30
筒及试样质量(g)	14370	14430	14500	13640	13550	13960
拌合物总质量(g)	59950	59850	60150	55900	55750	57800

试判定该外加剂是否满足泌水率比的要求？

参考答案：

一、填充题

1. 2.6~2.9
2. 40% 60% 卵石
3. 80±10mm
4. 贯入阻力仪 5N
5. 100mm² 20mm²
6. 3.5MPa 28MPa
7. 掺外加剂混凝土 基准混凝土同龄期
8. 320±20m²/kg
9. 蒸馏水 同等纯度的水
10. 四
11. 提前 延缓
12. 0.315mm 150mm 50mm 严密
13. 分析纯
14. 80 氨气
15. 点样 混样 0.2t
16. $Na_2O + 0.658K_2O$
17. 28d 动弹性模量
18. 20±2℃ 60%±5%
19. 大于（含）42.5 1.0%
20. 基准混凝土 受检混凝土 基准混凝土
21. 一个 三个试样
22. 1.0000~2.0000g 3.0000~5.0000g
23. 20±1℃
24. 重量法 离子交换重量法

二、单项选择题

1. D
2. B
3. C
4. D
5. B
6. B
7. B
8. D
9. D
10. B
11. B
12. A

13. D	14. D	15. C	16. D
17. D	18. B	19. D	20. C
21. C	22. B	23. D	24. C
25. B	26. B	27. D	28. D
29. C			

三、多项选择题

1. A、B、C	2. A、B、C、D	3. A、B、C、D、E	4. A、B、C、D
5. B、C、E	6. A、D、E	7. C、D、E	8. A、B、E
9. A、B、C、D	10. B、C、D	11. A、B	12. B、C、D
13. B、D	14. A、B、C	15. A、C、D	16. A、B、D
17. A、C、D	18. A、D	19. A、B、C	20. A、B、C

四、判断题

1. √	2. ×	3. ×	4. ×
5. ×	6. √	7. √	8. √
9. √	10. ×	11. √	12. √
13. √	14. ×	15. √	16. √
17. √	18. √	19. ×	20. ×
21. √	22. √	23. √	24. ×
25. √	26. ×	27. ×	

五、简答题

1. 答：点样：是在一次生产的产品所得的试样。混合样：是三个或更多的点样等量均匀混合而取得的试样。

2. 答：由符合下列品质指标的硅酸盐水泥熟料与二水石膏共同粉磨而成的强度等级大于（含）42.5 级的硅酸盐水泥。水泥品质指标：铝酸三钙含量 6% ~ 8%。硅酸三钙含量 50% ~ 55%，游离氧化钙含量不得超过 1.2%，碱含量（$Na_2O + 0.658K_2O$）不得超过 1.0%，水泥比表面积（320 ± 20）m^2/kg；

3. 答：将玻璃板放置在水平位置，用湿布抹擦玻璃板、搅拌器、搅拌锅，使其表面湿而不带水渍。将截锥圆模放在玻璃板的中央，并用湿布覆盖待用。称取水泥 300g，倒入搅拌锅内，加入推荐掺量的外加剂及 87g 或 105g 的水，搅拌 3min。将拌好的净浆迅速注入截锥圆模内，用刮刀刮平，将截锥圆模按垂直方向提起，任水泥净浆在玻璃板上流动，至 30s，用直尺量取流淌部分相互垂直的两个方向的最大直径，取平均值作为水泥净浆流动度。

4. 答：$X_{Na_2SO_4} = \dfrac{(m_2 - m_1) \times 0.6086}{m} \times 100$

式中 $X_{Na_2SO_4}$——外加剂中硫酸钠含量%；

m——试样质量(g)；

m_1——空坩埚质量(g)；

m_2——灼烧后滤渣加坩埚质量(g)；

0.6086——硫酸钡换算成硫酸钠的系数。

5. 答：直至每分钟通过质量不超过 0.05g 时为止。

6. 答:(1)水泥,试验所用水泥为基准水泥;(2)砂,符合 GB/T 14684 要求的细度模数为 2.6～2.9 的Ⅱ区中砂含泥量小于 1%,满足连续级配,针片状含量小于 10%,空隙率小于 47%,含泥量小于 0.5%;(3)石子,符合 GB/T 14685 粒径为 5～20mm(圆孔筛)的碎石或卵石,采用二级配,其中 5～10mm 占 40%,10～20mm 占 60%。

7. 答:(1)混凝土搅拌机;(2)混凝土贯入阻力仪,精度为 10N;(3)坍落度筒;(4)捣棒;(5)钢直尺;(6)5mm 圆孔筛。

8. 答:基准混凝土配合比按 JGJ 55 进行设计。掺非引气型外加剂的受检混凝土和其对应的基准混凝土的水泥、砂、石的比例不变。配合比设计应符合如下规定:

(1)水泥用量,掺高性减水剂或泵送剂的基准混凝土和受检混凝土的单位水泥用量为 360kg/m³,掺其他外加剂的基准混凝土和受检混凝土单位水泥用量为 330kg/m³;

(2)砂率:掺高性能减水剂或泵送剂的基准混凝土和受检混凝土的砂率均为 43%～47%,掺其他外加剂的基准混凝土和受检混凝土的砂率为 36%～40%;但掺引气减水剂和引气剂的受检混凝土砂率应比基准混凝土的砂率低 1%～3%;

(3)外加剂掺量:按生产厂家推定掺量;

(4)用水量:掺高性能减水剂或泵送剂的基准混凝土和受检混凝土的坍落度控制在(210±10)mm,用水量为坍落度在(210±10)mm 时的最小用水量;掺其他外加剂的基准混凝土和受检混凝土的坍落度控制在(80±10)mm。用水量包括液体外加剂、砂、石材料中所含的水量。

9. 答:(1)在保持单位用水量和水灰比不变的条件下改善混凝土的工作性能;(2)在保持工作性能不变的条件下,可以通过降低水灰比,提高混凝土强度等性能;(3)在保持工作性能和水灰比不变的条件下,通过降低单位体积用水量,减少水泥用量,达到经济的目的;(4)特殊品种的外加剂还可以起到改变混凝土内气体含量、防止混凝土收缩、提高混凝土可绷性等其他目的。

10. 答:先用湿布润湿容积为 5L 的带盖筒(内径为 185mm,高 200mm),将混凝土拌合物一次装入,在振动台上振动 20s,然后用抹刀轻轻抹平,加盖以防水分蒸发。试验表面应比筒口边低约 20mm。自抹面开始计算时间,在前 60min,每隔 10min 用吸液管吸出泌水一次,以后每隔 20min 吸水一次,直至连续三次无泌水为止。每次吸水前 5min,应将筒底一侧垫高约 20mm,使筒倾斜,以便于吸水。吸水后,将筒轻轻放平盖好。每次吸出的水需要注入带塞的量筒,最后计算总泌水量,准确至 1g。

11. 答:(1)取烘干试样 10g(精度为 0.1g);(2)过筛,人工筛样,在接近筛完时,必须一手往复摇动,一手拍打,摇动速度每分钟约 120 次,其间筛子应向一定方向旋转数次,使试样分散于筛布上;(3)测量筛余物,精确至 0.1 克。停止过筛的标准是每分钟通过质量不超过 0.05g。

12. 答:注意的问题:(1)贯入阻力仪的精度为 10N;(2)筛砂浆应采用 5mm 的圆孔筛;(3)试样应放入指定规格的金属容器,容器规格为上口内径为 160mm,下口内径为 150mm,净高为 150mm,刚性不渗水的金属容器,且金属容器需要有盖子,试验过程中除测试时盖子必须盖住;(4)振动时间 3～5s,不宜长也不宜短;(5)试样在试验过程中应放在(20±2)℃的环境中,防止由于环境温度的变化影响试验结果;(6)开始测量时间与混凝土品种有关,基准混凝土在成型后 3～4h,掺早强剂混凝土在成型后 1～2h,掺缓凝剂混凝土在成型后 4～6h;(7)测量时间间隔可以是 0.5h 或 1h,临近初、终凝时可以缩短时间间隔;(8)测量时测点的位置不能重复,并且相互之间的间距为试针直径的 2 倍,且不小于 15mm,同时距离容器边缘不小于 25mm;(9)测定初终凝时间所用试针不同,初凝用截面积为 100mm² 的试针,测定终凝时间用 20mm² 的试针;(10)初终凝时间通过作图或者回归分析求得,分别以贯入阻力值为 3.5MPa 和 28MPa 所对应的时间作为初、终凝时间;(11)数据应进行取舍,试验时,每批混凝土拌合物取一个试样,凝结时间取三个试样的平均值。如三批试验的最大值或最小值之中有一个与中间值之差超过 30min,则把最大值和最小值一并舍去,取中间值作为改组的试验的凝结时间。如两测值与中间值之差均超过30min,则该组试验结果无效,应重做。

13. 答:其主要功能分为四大类:(1)调节或改善混凝土拌合物流动度性能的外加剂;(2)调节混凝土凝结时间、硬化性能的外加剂;(3)改善混凝土耐久性的外加剂;(4)改善混凝土其他性能的外加剂。

14. 答:同一分析试验、同一分析人员(或两个分析人员),采用相同法分析同试样时,两次分析结果应符合允许差规定。如超出允许范围,应在短时间内进行第三次测定(或第三者的测定),测定结果与前两次或任一次分析结果之差值允许差规定时,则取其平均值,否测,应查找原因,重新按规定分析。

15. 答:两个试验室采用相同方法对同一试样进行各自分析时,所得分析结果的平均值之差应符合允许差规定。如有争议应商定另一单位按相同方法进行仲裁分析。以仲裁单位报告的结果为准,与原分析结果比较,若两个分析结果差值符合允许差规定,则认为原分析结果无误。

16. 答:减水率在坍落度基本相同时,基准混凝土与受检混凝土单位用水量之差与基准混凝土单位用水量之比。

17. 答:泌水率,单位质量混凝土泌水量与其用水量之比。
泌水率比,受检混凝土与基准混凝土的泌水率之比。

18. 答:试样分点样与混合样。点样是在一次生产的产品所得试样。混合样是三个或更多的点样等量均匀混合取得的试样。根据产品的生产设备条件,产品分批编号,掺量大于1%(含1%)同品种的外加剂每编号为100t,掺量小于1%的外加剂每编号为50t,不足100t或50t的也可按一批量计,同编号的产品必须混合均匀。同一编号取样量不少于0.2t水泥所需的外加剂量。

19. 答:将已恒温的外加剂倒入500mL玻璃筒内,以波美比重计插入溶液中测出该溶液的密度。参考波美比重计所测溶液的数据,选择这一刻度范围的精密比重计插入溶液中,精确读出溶液凹液后与精密比重计相齐的刻度即为该溶液的密度。

20. 答(略)。

六、计算题

1. [解]总碱量 $=0.658 \times X\text{K}_2\text{O} + X\text{Na}_2\text{O} = 0.658 \times 1.894\% + 1.745\% = 2.991\%$

2. [解]

龄期		3d			7d			28d		
基准混凝土	抗压荷载(kN)	290	280	210	375	385	370	550	570	590
	抗压强度(MPa) 单个值	12.9	12.4	9.4	16.7	17.1	16.4	24.4	25.3	26.2
	评定值	12.4			16.7			25.3		
受检混凝土	抗压荷载(kN)	386	375	378	515	575	570	665	680	710
	抗压强度(MPa) 单个值	17.2	16.7	16.8	22.9	25.6	25.3	29.6	30.2	31.6
	评定值	16.9			24.6			30.5		
抗压强度比(%)		136			147			121		

3. [解](1)基准混凝土试样质量计算: $G_W = G_1 - G_0$

计算结果分别是:11870g、11930g、12000g

(2)掺外加剂混凝土试样质量计算: $G_W = G_1 - G_0$

计算结果分别是:11140g、11050g、11460g

(3)分别计算基准混凝土的泌水率: $B_R = \dfrac{V_W}{(W/G)G_W} \times 100\%$

计算结果分别是:7.2%、7.2%、7.8%。

(4)分别计算掺外加剂混凝土的泌水率:$B_R = \dfrac{V_W}{(W/G)G_W} \times 100\%$

计算结果分别是:3.0%、3.6%、4.1%。

(5)经计算基准混凝土三组试样的泌水率均有效,平均泌水率为7.4%。

(6)经计算掺外加剂混凝土中最小值与中间值之差大于中间值的15%,最大值不大于中间值的15%,该组泌水率为3.6%。

(7)计算泌水率比:49%。

(8)结论:经检验,该样品泌水率比试验结果满足 GB 806—1997 规定的早强减水剂一等品的指标要求。

混凝土外加剂模拟试卷(A)

一、填空题(每空1分,共计20分)

1. 依据 GB8076 标准,进行外加剂性能检测时,应采用二级配石子,其中 5~10mm 占_____,10~20mm 占_____。

2. 依据 GB8076 标准,进行外加剂试验时应采用_____水泥;当试验结果有争议时,石子应采用_____石。

3. 混凝土普通减水剂检测时,基准混凝土的坍落度应控制_____mm。

4. 依据 GB8076 标准,进行外加剂性能测试时,应采用_____混凝土搅拌机,水泥、砂、石应_____次投入。

5. 依据 GB8076 标准,混凝土外加剂的试验中,均要求以三批试验结果的平均值计,但有不同的允许偏差,含气量试验时,当最大值和最小值与中间值的之差均超过_____,试验结果无效;抗压强度试验中,当一批的最大值和最小值与中间值的偏差均超过中间值的_____,试验结果无效。

6. 依据 GB8077 标准,外加剂密度的试验方法有_____、_____和液体比重天平法。

7. 依据 GB8077 标准,进行外加剂水泥净浆流动度试验的配比如下:水泥 300g,外加剂按生产厂家推荐用量,水用_____g 和_____g。

8. 依据 GB8076 标准,基准混凝土和掺高性能减水剂或泵送剂的混凝土的砂率均为_____,但掺引气减水剂和引气剂的混凝土砂率应比基准混凝土低_____。

9. GB8076 中,细度检验所使用的筛子孔径为_____,筛框有效直径_____,高_____,筛布应紧绷在筛框上,接缝必须_____,并附有筛盖。

10. GB/T8077 中所用的化学试剂除特别注明外,均为_____化学试剂。

二、单项选择题(每题1分,共计20分)

1. 进行混凝土外加剂收缩率比试验,恒温恒湿室的湿度为_____。
A. 50%±5%　　B. 55%±5%　　C. 60%±5%　　D. 65%±5%

2. 测量液体外加剂的密度时,被测溶液温度为_____℃。
A. 23±1　　B. 23±3　　C. 20±1　　D. 20±3

3. 某普通减水剂(标准型),基准混凝土初凝时间为 420min,掺加该外加剂的混凝土初凝时间应在_____min 范围内。
A. 420~540　　B. 330~540　　C. 330~510　　D. 420~510

4. 某试验室进行某品种外加剂细度试验,该试验室的两名不同检测人员分别进行试验,其试验结果允许差应小于_____。
   A.0.01%　　　　　　B.0.10%　　　　　　C.0.20%　　　　　　D.0.40%
5. 依据 GB 8076 标准中基准水泥是满足一定条件的_____。
   A.矿渣水泥　　　　B.粉煤灰水泥　　　C.复合水泥　　　　D.硅酸盐水泥
6. 依据 GB 8077 标准,外加剂匀质性试验每项测定的次数为_____。
   A.一次　　　　　　B.二次　　　　　　C.三次　　　　　　D.五次
7. 依据 GB8076 标准,缓凝减水剂没有_____指标要求。
   A.含气量　　　　　B.3d 抗压强度比　　C.终凝时间差　　　D.对钢筋锈蚀作用
8. 依据 GB8076 标准,采用卵石时,基准混凝土的水泥用量为_____ kg/m^3。
   A.310　　　　　　　B.330　　　　　　　C.350　　　　　　　D.360
9. 依据 GB8076 标准,掺量为 1.2% 的外加剂,每编号最大为_____t。
   A.30　　　　　　　　B.60　　　　　　　　C.50　　　　　　　　D.100
10. 依据 GB8076 标准,基准水泥的比表面积为_____ m^2/kg。
    A.310±10　　　　　B.330±20　　　　　C.350±10　　　　　D.360±10
11. 依据 GB8077 标准,水泥净浆流动度试验时,其搅拌时间为_____s。
    A.60　　　　　　　　B.120　　　　　　　C.180　　　　　　　D.200
12. 混凝土外加剂的抗压强度比试验中,要求所使用的压力试验机的精度等级为:_____。
    A.Ⅰ级　　　　　　　B.Ⅱ级　　　　　　　C.Ⅲ级　　　　　　　D.Ⅳ级
13. 不同试验室对某品种的外加剂进行 pH 试验,两家试验室允许差为_____。
    A.0.2%　　　　　　　B.0.5%　　　　　　　C.0.2　　　　　　　　D.0.5
14. 依据 GB/T8077 标准,进行砂浆减水率试验时,当基准砂浆流动度达到_____ mm 时的用水量为基准砂浆流动度的用水量。
    A.180±5　　　　　　B.150±10　　　　　C.180±10　　　　　D.150±5
15. 依据 GB8076 标准,每一编号取样量应不少于_____kg 水泥所需要的外加剂量。
    A.0.2　　　　　　　　B.0.5　　　　　　　　C.200　　　　　　　　D.500
16. 依据 GB8076 标准,外加剂样品应分为两份,一份用于检验,另一份需要封存_____时间,以便有疑问时进行提交相关机构复检或仲裁。
    A.1 个月　　　　　　B.3 个月　　　　　　C.6 个月　　　　　　D.12 个月
17. 混凝土外加剂固体含量测定时烘箱升温至_____℃。
    A.100　　　　　　　　B.100~105　　　　　C.100~110　　　　　D.105~110
18. 混凝土外加剂性能检验用的基准水泥总碱量_____%。
    A.<1.0　　　　　　　B.≤1.0　　　　　　　C.1.0　　　　　　　　D.>1.0
19. 基准水泥有效存期为_____。
    A.3 个月　　　　　　B.4 个月　　　　　　C.6 个月　　　　　　D.12 个月
20. GB/T 8076 中混凝土外加剂细度检验采用孔径为_____ mm 的试验筛。
    A.0.045　　　　　　　B.0.08　　　　　　　C.0.160　　　　　　　D.0.315

三、多项选择题(每题 2 分,共计 20 分,少选、多选、错选均不得分)

1. 依据 GB 8076 标准,采用火焰光度法测量混凝土外加剂中的碱含量时,采用碳酸钙的目的是为了分离样品中的_____。
   A.钙　　　　　　　　B.镁　　　　　　　　C.铝　　　　　　　　D.铁

2. 依据 GB 8077 标准,进行外加剂中硫酸钠含量试验时用到的试剂有_____。
   A. 盐酸　　　　　　B. 氯化铵　　　　　　C. 硫酸铜　　　　　　D. 硝酸银
3. 下列选项属于改善混凝土耐久性的外加剂的是_____。
   A. 早强剂　　　B. 缓凝剂　　　C. 引气剂　　　D. 阻锈剂　　　E. 防水剂
4. 依据 GB 8076 标准,基准混凝土单位水泥用量可以是_____ kg/m^3。
   A. 310　　　　　　B. 330　　　　　　C. 350　　　　　　D. 360
5. 进行混凝土外加剂收缩率比试验时,下列做法正确的有_____。
   A. 测定混凝土收缩时以 100mm×100mm×515mm 的棱柱体试件作为标准试件,适用于骨料最大粒径不超过 30mm 的混凝土
   B. 每次测定混凝土收缩率时,混凝土试件摆放的方向一定要一致
   C. 拆模后应立即送至温度为 20℃,相对湿度为 95% 以上的标准养护室养护
   D. 试件用振动台成型,振动 15～20s,用插入式高频振捣器振捣 8～12s
6. 下列哪些指标满足 GB 8076 中基准水泥的技术要求_____。
   A. 铝酸三钙含量 6%～8%　　　　　　B. 硅酸三钙含量 50%～55%
   C. 水泥比表面积 330±10 m^2/kg　　　D. 碱含量不得超过 1.0%
7. 依据 GB8077 标准,进行混凝土外加剂砂浆减水率试验时正确做法有_____。
   A. 将砂浆流动度为 180±5mm 时,基准砂浆和掺加外加剂砂浆的用水量进行计算获得砂浆减水率
   B. 砂浆总的搅拌时间为 240s
   C. 拌好的砂浆可以一次装模
   D. 跳桌振动的次数为 30 次
8. 混凝土外加剂检测密度采用_____。
   A. 比重瓶法　　　B. 液体比重天平法　　　C. 重量法　　　D. 精密密度计法
9. 依据 GB8076 标准,当满足_____必须进行型式检验。
   A. 正常生产半年时
   B. 产品长期停产后,恢复生产
   C. 出厂检验结果与上次型式检验有较大差异
   D. 国家质量监督机构提出进行型式试验要求
10. 外加剂 pH 值检测时,应配备的仪器_____。
    A. 甘汞电极　　　　B. 酸度剂　　　　C. 玻璃电极　　　　D. 电磁电热式搅拌器

四、判断题(每题 1 分,共计 10 分,对的打√,错的打×)

1. 高效减水剂标准型的减水率指标要求大于 12%。　　　　　　　　　　　　　　( )
2. 依据 GB 8076 标准,外加剂中碱总含量试验室间允许误差为 0.15%。　　　　( )
3. GB 8076 标准规定,混凝土外加剂试验中宜采用自落式搅拌机搅拌。　　　　( )
4. 混凝土外加剂的抗压强度比试验中,要求所使用的压力试验机的精度等级为Ⅳ级。( )
5. GB/T 8077-2000 中规定,碱含量(或总碱量)以 $0.658K_2O + Na_2O$ 表示。　( )
6. 依据 GB 8076 标准,初凝时间是指混凝土从加水开始到贯入阻力值达 3.5MPa 所需的时间。
　　　　　　　　　　　　　　　　　　　　　　　　　　　　　　　　　　　　( )
7. 进行含气量试验时,振动时间应严格控制,振动时间延长会使混凝土中含气量偏大。( )
8. 进行含固量试验时,烘干样品的温度应控制在 100～105℃。　　　　　　　　( )
9. 混凝土外加剂的匀质性中,各项试验应进行两次试验,在误差允许范围内,取两次试验结果

的平均值,如果超过规定的允许误差范围,则试验结果无效,应重新取样进行试验。（ ）

10. 混凝土外加剂的凝结时间试验中,测点间距对混凝土的影响很大,GB 8076—1997 标准规定,初凝时间的测定时测点与测点之间至少不小于 15 mm。（ ）

五、简答题(每题 3 分,共计 15 分)

1. 简要说明混凝土外加剂细度试验的主要步骤。
2. 按照外加剂的主要功能可以分为哪几大类。
3. 简要说明混凝土外加剂泌水率比试验步骤。
4. 混凝土外加剂试样分点样和混合样,分别进行解释。
5. GB 8076 标准中,混凝土外加剂试验对所用水泥、砂、石、水有何要求。

六、计算题(共计 15 分)

1. 某高效减水剂抗压强度比试验结果如下表所示,试分别计算其 3d、7d、28d 抗压强度比。(本题 7 分)(试件尺寸 100mm×100mm×100mm)

龄期		3d			7d			28d		
基准混凝土	抗压荷载(kN)	140	130	138	251	265	260	360	370	365
	抗压强度(MPa)	单个值								
		评定值								
受检混凝土	抗压荷载(kN)	216	215	208	415	415	420	556	580	560
	抗压强度(MPa)	单个值								
		评定值								
抗压强度比(%)										

2. 某早强减水剂进行泌水率比试验,拌合 25L,试验结果如下表。(本题 8 分)

	基准混凝土			掺加外加剂混凝土		
	1	2	3	1	2	3
拌合用水量(g)	4700	4580	4650	3850	3800	3700
筒质量(g)	2500	2500	2500	2500	2500	2500
泌水总质量(g)	67	66	72	23	27	29
筒及试样质量(g)	11370	11530	12010	11640	11550	11780
拌合物总质量(g)	59950	59850	60150	55900	55750	57800

计算该外加剂泌水率比。

混凝土外加剂模拟试卷(B)

一、填空题(每空 1 分,共计 20 分)

1. 依据 GB8076 标准,相对耐久性指标中"200 次≥80"表示将_____龄期的掺外加剂混凝土试件动融循环 200 次后,_____保留值≥80%。
2. 混凝土普通减水剂检测时,基准混凝土的坍落度应控制在_____,而混凝土泵送剂的检测中,要求基准混凝土坍落度控制在_____。

3. 依据 GB8076 标准,进行外加剂性能检测时,对所用到的原材料有比较严格的要求,砂要求细度模数在_____范围内,石子采用_____级配。

4. 依据 GB8076 标准,进行外加剂性能测试时,拌合量应不少于_____L,不大于_____L。

5. 依据 GB8076 标准,混凝土外加剂的试验中,均要求以三批试验结果的平均值计,但有不同的允许偏差,减水率试验时,当最大值和最小值与中间值的偏差均超过中间值的_____,试验结果无效;凝结时间试验中,当最大值和最小值与中间值的偏差均超过_____,试验结果无效。

6. 依据 GB8076 标准,初凝时间是指混凝土从加水开始到贯入阻力值达_____MPa 所需的时间;终凝时间是指混凝土从加水开始到贯入阻力值达_____MPa 所需的时间。

7. 外加剂碱含量中,试验用的_____℃ 的热水溶解,以_____分离钙、镁。滤液中的碱(钾、钠)采用相应的滤光片,用火焰光度计进行测定。

8. 依据 GB8076 标准,外加剂收缩率比试验时,恒温恒湿室的温度为_____℃,相对湿度为_____。

9. GB8076 标准中,检测混凝土外加剂所用的石子粒径为 5~10mm 占_____、10~20mm 占_____。如有争议,以卵石试验结果为准。

10. 测定外加剂初凝时间用截面积为_____的试针,测定终凝时间用截面积为_____的试针。

二、单项选择题(每题 1 分,共计 20 分)

1. 掺加外加剂的混凝土凝结时间测试中,要求所使用的贯入阻力仪的精度_____N。
 A. 5   B. 10   C. 50   D. 100

2. 进行混凝土外加剂收缩率比试验,所用的标准试件尺寸为_____mm。
 A. 100×100×300   B. 150×150×450   C. 100×100×515   D. 150×150×515

3. 液体外加剂的固含量试验中所用的天平要求精度精确至_____g。
 A. 0.001   B. 0.01   C. 0.00001   D. 0.0001

4. 依据 GB8076 标准,缓凝剂没有_____指标要求。
 A. 含气量   B. 3d 抗压强度比   C. 终凝时间差   D. 减水率

5. 某试验室进行某品种外加剂细度试验,该试验室的两名不同检测人员分别进行试验,其试验结果允许差应小于_____。
 A. 0.01%   B. 0.10%   C. 0.20%   D. 0.40%

6. 依据 GB8077 标准,进行外加剂中硫酸钠含量试验时需要采用的试剂有_____。
 A. 氨水   B. 氢氧化钠   C. 硫酸铜   D. 盐酸

7. 下列属于改善混凝土耐火性的外加剂的是_____。
 A. 缓凝剂   B. 速凝剂   C. 早强剂   D. 引气剂

8. 依据 GB8076 标准,对于引气型外加剂,其掺加外加剂的混凝土的砂率与基准混凝土的砂率_____。
 A. 相等   B. 高   C. 低   D. 不确定

9. 依据 GB8076 标准,混凝土外加剂的含气量试验中,要求混凝土振动时间总共为_____。
 A. 10s   B. 15~20s   C. 20s   D. 25~30s

10. 不同试验室对某品种的外加剂进行 PH 值试验,两家试验室允许差为_____。
 A. 0.2%   B. 0.5%   C. 0.2   D. 0.5

11. 依据 GB8077 标准,进行砂浆减水率试验时,当基准砂浆流动度达到_____mm 时的用水量为基准砂浆流动度的用水量。

A. 180±5　　　　B. 150±10　　　　C. 180±10　　　　D. 150±5

12. 依据 GB8076 标准,每一编号取样量应不少于_____ kg 水泥所需要的外加剂量。

A. 0.2　　　　B. 0.5　　　　C. 200　　　　D. 500

13. 依据 GB8076 标准,外加剂样品应分为两份,一份用于检验,另一份需要封存_____时间,以便有疑问时进行提交相关机构复检或仲裁。

A. 1 个月　　　　B. 3 个月　　　　C. 6 个月　　　　D. 12 个月

14. 依据 GB8076 标准,混凝土外加剂性能检验用基准水泥的碱含量不能超过_____。

A. 0.65%　　　　B. 1.0%　　　　C. 0.5%　　　　D. 1.2%

15. 某试验室间进行某品种外加剂细度试验,其试验结果允许差为_____。

A. 0.001%　　　　B. 0.6%　　　　C. 0.20%　　　　D. 0.40%

16. 依据 GB8077 标准,进行外加剂中硫酸钠含量试验时需要采用的试剂有_____。

A. 氨水　　　　B. 氢氧化钠　　　　C. 硫酸铜　　　　D. 盐酸

17. 混凝土外加剂收缩率比试验中,所用的标准试件尺寸为_____(mm)。

A. 100×100×500　　B. 100×100×515　　C. 150×150×150　　D. 150×150×515

18. 依据 GB8076 标准,掺量为 1.2% 的外加剂,每编号最大为_____ t。

A. 30　　　　B. 60　　　　C. 50　　　　D. 100

19. 依据 GB8076 标准,基准水泥的比表面积为_____ m²/kg。

A. 300±20　　　　B. 330±20　　　　C. 350±10　　　　D. 360±10

20. 依据 GB 8077 标准,外加剂匀质性试验每项测定的次数为_____。

A. 一次　　　　B. 二次　　　　C. 三次　　　　D. 五次

三、多项选择题(每题 2 分,共计 20 分,少选、多选、错选均不得分)

1. 依据 GB8077 标准,进行外加剂中氯离子含量试验时用到的试剂有_____。

A. 盐酸　　　　B. 硝酸　　　　C. 氯化钠　　　　D. 硝酸银

2. 依据 GB8077 标准,进行水泥净浆流动度试验时,可以选用的水量有_____ g。

A. 87g　　　　B. 105g　　　　C. 120g　　　　D. 155g

3. 依据 GB8076 标准,当满足_____必须进行型式检验。

A. 正常生产半年时

B. 产品长期停产后,恢复生产

C. 出厂检验结果与上次型式检验有较大差异

D. 国家质量监督机构提出进行型式试验要求

4. 外加剂 pH 值检测时,应配备的仪器_____。

A. 甘汞电极　　B. 酸度计　　C. 玻璃电极　　D. 电磁电热式搅拌器

5. 依据 GB8076 标准,采用火焰光度法测量混凝土外加剂中的碱含量时,采用氨水的目的是为了分离样品中的_____。

A. 钙　　　　B. 镁　　　　C. 铝　　　　D. 铁

6. 依据 GB8076 标准,_____的含气量指标要求小于等于 4.0%。

A. 普通减水剂早强型　　B. 高效减水剂缓凝型　　C. 普通减水剂标准型　　D. 缓凝剂

7. 依据 GB8076 标准,外加剂匀质性指标要求在生产厂家控制值相对量的 5% 之内的指标有_____。

A. 含固量　　　　B. 氯离子含量　　　　C. 硫酸钠含量　　　　D. 泡沫性能

8. 按外加剂化学成分可分为三类,包括_____。
   A. 无机物类   B. 有机物类   C. 酸类   D. 碱类   E. 复合型类
9. 外加剂密度的试验条件为_____。
   A. 固体样品溶液的浓度为 10g/L   B. 液体样品溶液的浓度为 510g/L
   C. 被测液体的浓度为 20±1℃   D. 被测溶液必须清澈,如有沉淀必须过滤
10. 下列哪些指标满足 GB 8076 中基准水泥的技术要求_____。
    A. 铝酸三钙含量 6% ~8%   B. 硅酸三钙含量 50% ~55%
    C. 水泥比表面积 330±10m²/kg   D. 碱含量不得超过 1%

四、判断题(每题 1 分,共计 10 分,对的打√,错的打×)

1. 依据 GB8076 标准,试验时,检验一种外加剂减水率的三批混凝土应在同一天内完成试验。( )
2. 进行含气量试验时,振动时间应严格控制,振动时间延长会使混凝土中含气量变大。( )
3. 固体样品测其密度,其溶液浓度为 20g/L。( )
4. 进行含固量试验时,烘干样品的温度应控制在 100~105℃。( )
5. 测量外加剂密度的方法有比重瓶法、液体比重天平法和精密密度计法。( )
6. 进行外加剂 pH 值试验时,被测溶液的温度应控制在 20±3℃。( )
7. 外加剂总碱量的测定亦可采用原子吸收光谱法。( )
8. 表示净浆流动时,需注明用水量、所用水泥的名称、型号及生产厂和外加剂掺量。( )
9. 固体样品测其密度,其溶液浓度为 20g/L。( )
10. 减水率为坍落度基本相同时基准混凝土和掺外加剂混凝土单位用水量之差与基准混凝土单位用水量之比。( )

五、简答题(每题 3 分,共计 15 分)

1. 在混凝土中掺入外加剂的主要目的是什么?
2. 简要说明混凝土外加剂泌水率比试验步骤?
3. 减水率的定义是什么?
4. 外加剂匀质性指标检测时室内允许差的要求是什么?
5. GB8076 中细度检验,是如何判断试验最后结果的?

六、计算题(共计 15 分)

1. 某混凝土缓凝高效减水剂,按 GB8076 - 1997 标准设计配合比后,拌合 25L,试验结果如下表所示,计算该混凝土外加剂的减水率。(本题 7 分)

1	2	3	
基准混凝土用水量(kg/m³)	195	189	192
掺外加剂混凝土用水量(kg/m³)	173	171	172

2. 某早强减水剂进行泌水率比试验,拌合 25L,试验结果如下表。(本题 8 分)

	基准混凝土			掺加外加剂混凝土		
	1	2	3	1	2	3
拌合用水量(g)	4700	4580	4650	3850	3800	3700
筒质量(g)	2500	2500	2500	2500	2500	2500
泌水总质量(g)	67	66	72	23	27	29
筒及试样质量(g)	14370	14430	14500	13640	13550	13960
拌合物总质量(g)	59950	59850	60150	55900	55750	57800

计算该外加剂的泌水率比。

混凝土掺加剂
粉煤灰习题

一、填空

1.《用于水泥和混凝土中的粉煤灰》标准适用于_____时作为掺合料的粉煤灰及水泥生产中作为活性材料的粉煤灰。

2. F 类粉煤灰是由_____或_____煅烧收集的粉煤灰。

3. C 类粉煤灰是由_____或_____煅烧收集的粉煤灰。

4. 样品编号以连续供应的_____t 相同等级、相同种类的粉煤灰为一编号;

5. 粉煤灰在运输和贮存时不得_____、_____,同时应防止_____。

6. 拌制混凝土和砂浆用粉煤灰按_____、_____和_____分为三个等级。

7. 粉煤灰检测取样量至少_____kg。

8.《用于水泥和混凝土中的粉煤灰》标准于_____年开始实施。

9. 水泥活性混合材料用粉煤灰,只有当活性指数小于_____时,该粉煤灰可作为水泥生产中的非活性混合材料。

10. 强度活性指数是指_____。

11. 粉煤灰细度试验时,所用试验筛规格尺寸为_____,负压应稳定在_____。

12. 粉煤灰需水量比是测定_____的流动度,以二者流动度达到_____时的加水量之比确定。

13. 拌制混凝土和砂浆用粉煤灰,试验结果中任一项不符合要求,允许_____复检,以复检结果判定,复检不合格可_____。

14. 粉煤灰烧失量检测的灼烧温度为_____。

15. 粉煤灰的烧失量、三氧化硫、游离氧化钙检测时,称量样品的精度为_____;其检验结果以百分数计,精确至_____。

16. 同一实验室的允许差是指_____。

二、单项选择(每题选一个正确答案)

1. 粉煤灰强度活性指数试验胶砂配比为水泥:粉煤灰:标准砂:水(单位:g) = _____。
A. 450:135:1350:255　B. 350:135:1500:255　C. 315:135:1350:225　D. 315:135:1350:255

2. 粉煤灰需水量试验对比胶砂配比为水泥:粉煤灰:标准砂:水(单位:g) = _____。
A. 250:-:750:125　　B. 250:-:750:130　　C. 175:75:750:125　D. 175:75:750:130

3. 对比胶砂指对比样品与 GSB08-1337 中国 ISO 标准砂按_____质量比混合而成。

A.1:3　　　　　　　B.2:3　　　　　　　C.1:2.5　　　　　　D.1:5
4. 试验胶砂指试验样品与 GSB08-1337 中国 ISO 标准砂按＿＿＿＿质量比混合而成。
A.1:5　　　　　　　B.2:3　　　　　　　C.1:2.5　　　　　　D.1:3
5. 粉煤灰细度筛网校正系数范围为＿＿＿＿。
A.1.0~1.2　　　　　B.0.8~1.2　　　　　C.1.0~1.5　　　　　D.0.8~1.0
6. 粉煤灰细度筛析＿＿＿＿个样品后应进行筛网校正。
A.80　　　　　　　B.100　　　　　　　C.120　　　　　　　D.150
7. 袋装粉煤灰每袋净含量不得少于标志质量的＿＿＿＿。
A.95%　　　　　　B.96%　　　　　　　C.97%　　　　　　　D.98%
8. 水泥活性混合材用粉煤灰技术要求项目不包含＿＿＿＿。
A.需水量比　　　　B.安定性　　　　　　C.游离氧化钙　　　　D.强度活性指数
9. 粉煤灰中的碱含量按＿＿＿＿计算值表示。
A. $MgO + 0.658CaO$　　　　　　　　　B. $Na_2O + 0.658K_2O$
C. $MgO + 0.658K_2O$　　　　　　　　　D. $Na_2O + 0.658CaO$
10. 拌制混凝土和砂浆用粉煤灰技术要求项目不包含＿＿＿＿。
A.需水量比　　　　B.安定性　　　　　　C.游离氧化钙　　　　D.强度活性指数
11. 需水量比试验用标准砂应符合 GB/T 17671—1999 规定的＿＿＿＿（粒径）中级砂。
A.0.5~1.0mm　　　B.1.0~1.5mm　　　　C.1.5~2.0mm　　　　D.0.25~0.5mm
12. 粉煤灰烧失量检测时在马弗炉中的每次灼烧时间一般为＿＿＿＿。
A.10~15min　　　　B.15~20min　　　　　C.20~25min　　　　　D.25~30min
13. 粉煤灰三氧化硫的测定（基准法）过程中，沉淀的灼烧温度为＿＿＿＿。
A.700~900℃　　　B.750~900℃　　　　C.800~950℃　　　　D.850~950℃
14. 粉煤灰烧失量检测时，重复性限＿＿＿＿。
A.0.10%　　　　　B.0.12%　　　　　　C.0.15%　　　　　　D.0.18%
15. 滴定管读数的起点每次均应调到＿＿＿＿刻度处。
A.随便　　　　　　B.50.00mL　　　　　C.25.00mL　　　　　D.0.00mL

三、多项选择

1. 水泥活性混合材用粉煤灰技术要求项目包含＿＿＿＿。
A.需水量比　　　　B.三氧化硫　　　　　C.游离氧化钙　　　　D.强度活性指数
2. 粉煤灰按煤种分为＿＿＿＿。
A.E 类　　　　　　B.F 类　　　　　　　C.C 类　　　　　　　D.B 类
3. C 类粉煤灰是由＿＿＿＿煤煅烧收集的粉煤灰。
A.无烟煤　　　　　B.褐煤　　　　　　　C.烟煤　　　　　　　D.次烟煤
4. 拌制混凝土和砂浆用粉煤灰技术要求项目包含＿＿＿＿。
A.需水量比　　　　B.三氧化硫　　　　　C.游离氧化钙　　　　D.强度活性指数
5. 粉煤灰有下列情况之一应进行型式检验＿＿＿＿。
A.原料、工艺有较大改变，可能影响产品性能时
B.正常生产时，每半年检验一次（放射性除外）
C.产品长期停产后，恢复生产时
D.出厂检验结果与上次型式检验有较大差异时
6. 拌制混凝土和砂浆用粉煤灰按＿＿＿＿技术指标分为三个等级。

A. 三氧化硫　　　　B. 细度　　　　　　C. 烧失量　　　　　D. 需水量比

7. 水泥活性混合材用粉煤灰技术要求项目不包含_____。

A. 需水量比　　　　B. 细度　　　　　　C. 游离氧化钙　　　D. 强度活性指数

8. 水泥活性混合材用粉煤灰,出厂检验项目为_____。

A. 三氧化硫　　　　B. 含水量　　　　　C. 烧失量　　　　　D. 安定性

9. 袋装粉煤灰每袋含量为_____。

A. 25kg　　　　　　B. 30kg　　　　　　C. 35kg　　　　　　D. 40kg

10. 下列水泥活性混合材用粉煤灰技术要求中不作为合格判定项目的为_____。

A. 需水量比　　　　B. 安定性　　　　　C. 碱含量　　　　　D. 均匀性

11. 下列拌制混凝土和砂浆用粉煤灰技术要求中不作为合格判定项目的为_____。

A. 放射性　　　　　B. 安定性　　　　　C. 碱含量　　　　　D. 均匀性

12. 粉煤灰的三氧化硫(基准法)检验中,加入氯化钡溶液后,溶液的静置要求为_____。

A. 温热处静置2h　　B. 温热处静置4h　　C. 24h　　　　　　D. 过夜

13. 粉煤灰的三氧化硫(基准法)检验,下列数据为不同实验室的结果误差,其中_____在允许范围内。

A. 0.20%　　　　　B. 0.25%　　　　　C. 0.28%　　　　　D. 0.15%

14. 粉煤灰的检验时,_____应作平行试验,结果取平均值。

A. 细度　　　　　　B. 烧失量　　　　　C. 需水量比　　　　D. 三氧化硫

四、判断题(正确的打√、错误的打×)

1. 试验样品是对比样品和被检验粉煤灰按6:4质量比混合而成。（　）
2. 拌制混凝土和砂浆用粉煤灰分为两个等级：Ⅰ级、Ⅱ级。（　）
3. 对比胶砂指对比样品与GSB08-1337中国ISO标准砂按3:1质量比混合而成。（　）
4. 强度活性指数是指试验胶砂强度与对比胶砂强度之比。（　）
5. 试验胶砂指试验样品与GSB08-1337中国ISO标准砂按1:2质量比混合而成。（　）
6. 粉煤灰是指电厂煤粉炉烟道气体中收集的粉末。（　）
7. 粉煤灰中的碱含量按$MgO+0.658K_2O$计算值表示。（　）
8. 《用于水泥和混凝土中的粉煤灰》标准于2006年发布实施。（　）
9. 水泥活性混合材料用粉煤灰技术要求项目中,烧失量、含水量、三氧化硫、安定性分别不大于8.0%、1.0%、3.5%、5.0mm。（　）
10. 拌制混凝土和砂浆用粉煤灰技术要求项目中,含水量、三氧化硫、安定性分别不大于1.0%、3.0%、5.0mm。（　）

五、简答题

1. 简述粉煤灰细度的检测步骤。
2. 写出粉煤灰中三氧化硫检测结果的计算公式,并说明换算系数的计算方法。
3. 简述粉煤灰灼烧至恒量的试验步骤。
4. 粉煤灰三氧化硫试验时,如何检验滤液中无氯离子。

六、计算题

1. 称烘干至恒量用于搅拌混凝土的Ⅱ级粉煤灰10.26g,按标准方法进行细度检验,筛网内筛余物为1.83g,筛网在检验前进行了校正,其标准样品筛系标准值为1.93%,实测值为2.02%。计算该粉煤灰的系数。

2 粉煤灰中三氧化硫的检验。称取某Ⅰ级粉煤灰0.5068g,按标准方法试验,灼烧后坩埚和沉淀的质量为19.2099g,已恒量的坩埚质量为19.1847g,试计算三氧化硫的含量。

3. 粉煤灰中烧失量的检验,用减量法称取某Ⅱ级粉煤灰,按标准方法试验,检验数据如下表,试计算其烧失量。

次数	样品质量(g)	坩埚质量(g)	残渣坩埚质量(g)
1	1.0188	19.3593	20.2769
2	1.0207	19.5639	20.4828

4. 粉煤灰需水量比的测定,按标准规定方法进行,其试验数据如下表,试计算流动度。

次数	加水量(mL)	胶砂底面两垂直方向直径(mm)
1	130	128、127
2	134	135、136
3	140	142、140

七、实践题

1. 粉煤灰的安定性试验步骤。
2. 粉煤灰的烧失量试验步骤。
3. 粉煤灰需水量比试验操作。
4. 粉煤灰细度用筛的校正。
5. 粉煤灰中三氧化硫的试验操作。
6. 粉煤灰的强度活性指数试验操作。

参考答案:

一、填空

1. 拌制混凝土和砂浆　　　　2. 无烟煤　烟煤　　3. 褐煤　次烟煤
4. 200　5. 受潮　混入杂物　污染环境　　6. 细度　需水量比　烧失量
7. 3　　　　　　8. 2005年8月1日　9. 70%
10. 按GB/T 17671—1999测定试验胶砂和对比胶砂的抗压强度,二者之比即为强度活性指数
11. 45μm方孔筛内径ϕ150mm,高度25mm　4000~6000Pa
12. 试验胶砂和对比胶砂　130~140mm
13. 在同一编号中重新加倍取样进行全部项目　降级处理
14. 950±25℃　　　　　　　15. 0.0001g　0.01%
16. 同一分析试验室同一分析人员,采用标准方法分析同一样品时,两次分析结果应符合允许差规定

二、单项选择

1. C　　　2. A　　　3. A　　　4. D
5. B　　　6. D　　　7. D　　　8. A
9. B　　　10. D　　　11. A　　　12. B

13. C 　　　14. C 　　　15. D

三、多项选择

1. B、C、D 　　2. B、C 　　3. B、D 　　4. A、B、C
5. A、B、C、D 　6. B、C、D 　7. A、B 　　8. A、B、C、D
9. A、D 　　10. A、C 　　11. A、C、D 　12. B、C、D
13. A、D 　　14. B、D

四、判断题

1. × 　　　2. × 　　　3. × 　　　4. ×
5. × 　　　6. √ 　　　7. × 　　　8. ×
9. √ 　　　10. √

五、简答题

（略）

六、计算题

（略）

七、实践题

（略）

混凝土掺加剂
粉煤灰模拟试卷（A）

一、填空

1.《用于水泥和混凝土中的粉煤灰》标准适用于_____时作为掺合料的粉煤灰及水泥生产中作为活性材料的粉煤灰。

2. 样品编号以连续供应的_____吨相同等级、相同种类的粉煤灰为一编号。

3. 粉煤灰在运输和贮存时不得_____、_____，同时应防止_____。

4. 拌制混凝土和砂浆用粉煤灰按_____、_____和_____分为三个等级。

5. 粉煤灰烧失量检测的灼烧温度为_____。

6. 水泥活性混合材料用粉煤灰只有当活性指数小于_____时，该粉煤灰可作为水泥生产中的非活性混合材料。

7. 强度活性指数是指_____。

8. 粉煤灰细度试验时，所用试验筛规格尺寸为_____，负压应稳定在_____。

9. 粉煤灰需水量比是测定试验胶砂和对比胶砂的流动度，以二者流动度达到_____时的加水量之比确定。

10. 拌制混凝土和砂浆用粉煤灰，试验结果中任一项不符合要求，允许在同一编号中重新加倍取样进行_____复检，以复检结果判定，复检不合格_____。

二、单项选择

1. 粉煤灰强度活性指数试验胶砂配比为水泥:粉煤灰:标准砂:水(单位:g) = _____。
   A. 450:135:1350:225   B. 350:135:1500:255
   C. 315:135:1350:225   D. 315:135:1350:255

2. 对比胶砂指对比样品与 GSB08-1337 中国 ISO 标准砂按_____质量比混合而成
   A. 1:3   B. 2:3   C. 1:2.5   D. 1:5

3. 需水量比试验用标准砂应符合 GB/T 17671—1999 规定的_____中级砂
   A. 0.5~1.0mm   B. 1.0~1.5mm   C. 1.5~2.0mm   D. 0.25~0.5mm

4. 试验胶砂指试验样品与 GSB08-1337 中国 ISO 标准砂按_____质量比混合而成
   A. 1:5   B. 2:3   C. 1:2.5   D. 1:3

5. 试验样品指对比样品和被检验粉煤灰按_____质量比混合而成。
   A. 1:3   B. 3:1   C. 3:7   D. 7:3

6. 粉煤灰细度筛网校正系数范围为_____。
   A. 1.0~1.2   B. 0.8~1.2   C. 1.0~1.5   D. 0.8~1.0

7. 粉煤灰细度筛析_____个样品后应进行筛网校正。
   A. 80   B. 100   C. 120   D. 150

8. 水泥活性混合材用粉煤灰技术要求项目不包含_____。
   A. 需水量比   B. 安定性   C. 游离氧化钙   D. 强度活性指数

三、多项选择

1. 粉煤灰按煤种分为_____。
   A. E 类   B. F 类   C. B 类   D. C 类

2. 粉煤灰有下列情况之一应进行型式检验_____。
   A. 原料、工艺有较大改变,可能影响产品性能时
   B. 正常生产时,每半年检验一次(放射性除外)
   C. 产品长期停产后,恢复生产时
   D. 出厂检验结果与上次型式检验有较大差异时

3. 水泥活性混合材用粉煤灰,出厂检验项目为_____。
   A. 三氧化硫   B. 含水量   C. 烧失量   D. 安定性

4. 粉煤灰的三氧化硫(基准法)检验,下列数据为不同实验室的结果误差,其中_____在允许范围内。
   A. 0.20%   B. 0.25%   C. 0.28%   D. 0.15%

5. 下列拌制混凝土和砂浆用粉煤灰技术要求中不作为合格判定项目的为_____。
   A. 放射性   B. 安定性   C. 碱含量   D. 均匀性

四、判断题(正确的打√、错误的打×)

1. 试验样品是对比样品和被检验粉煤灰按 6:4 质量比混合而成。（　）
2. 对比胶砂指对比样品与 GSB08-1337 中国 ISO 标准砂按 3:1 质量比混合而成。（　）
3. 试验胶砂指试验样品与 GSB08-1337 中国 ISO 标准砂按 1:2 质量比混合而成。（　）
4. 粉煤灰中的碱含量按 $MgO + 0.658K_2O$ 计算值表示。（　）
5. 水泥活性混合材料用粉煤灰技术要求项目中烧失量、含水量、三氧化硫、安定性分别不大于

8.0%、1.0%、3.5%、5.0%。   (   )

五、简答题

1. 写出粉煤灰中三氧化硫检测结果的计算公式,并说明换算系数的计算方法。
2. 简述粉煤灰灼烧至恒量的步骤。

六、计算题

1. 称烘干至恒量用于搅拌混凝土的Ⅱ级粉煤灰10.26g;按标准方法进行细度检验,筛网内筛余物为1.83g,筛网在检验前进行了校正,其标准样品筛系标准值为1.93%,实测值为1.72%。计算该粉煤灰的细度。
2. 粉煤灰中烧失量的检验,用减量法称取某Ⅱ级粉煤灰,按标准方法试验,检验数据如下表。试计算其烧失量。

次数	样品质量(g)	坩埚质量(g)	残渣坩埚质量(g)
1	1.0188	19.3593	20.2769
2	1.0207	19.5639	20.4828

七、实践题

粉煤灰中三氧化硫的试验操作。

混凝土掺加剂
粉煤灰模拟试卷(B)

一、填空

1. F类粉煤灰是由_____或_____煅烧收集的粉煤灰。
2. 样品编号以连续供应的_____吨相同等级、相同种类的粉煤灰为一编号。
3. 拌制混凝土和砂浆用粉煤灰按_____、_____和_____分为三个等级。
4. 水泥活性混合材料用粉煤灰只有当活性指数小于_____时,该粉煤灰可作为水泥生产中的非活性混合材料。
5. 粉煤灰需水量比是测定_____的流动度,以二者流动度达到_____时的加水量之比确定。
6. 拌制混凝土和砂浆用粉煤灰,试验结果中任一项不符合要求,允许_____复检,以复检结果判定,复检不合格_____。
7. 粉煤灰检测取样量至少_____kg。
8. 粉煤灰的烧失量、三氧化硫、游离氧化钙检测时,称量样品的精度为_____;其检验结果以百分数计,精确至_____。
9. 同一实验室的允许差是指_____。
10. 粉煤灰化学分析中,"灼烧或烘干至恒量"系指_____。

二、单项选择

1. 粉煤灰需水量试验对比胶砂配比为水泥:粉煤灰:标准砂:水(单位:g) = _____。

A. 250：—：750：125　　　　　　　　　　B. 250：—：750：130
C. 175：75：750：125　　　　　　　　　　D. 175：75：750：130
2. 袋装粉煤灰每袋净含量不得少于标志质量的_____。
A. 95%　　　　B. 96%　　　　C. 97%　　　　D. 98%
3. 粉煤灰中的碱含量按_____计算值表示。
A. $MgO+0.658CaO$　　　　　　　　B. $Na_2O+0.658K_2O$
C. $MgO+0.658K_2O$　　　　　　　　D. $Na_2O+0.658CaO$
4. 拌制混凝土和砂浆用粉煤灰技术要求项目不包含下列_____。
A. 需水量比　　B. 安定性　　C. 游离氧化钙　　D. 强度活性指数
5. 粉煤灰烧失量检测时,在马弗炉中的每次灼烧时间一般为_____。
A. 10~15min　　B. 15~20min　　C. 20~25min　　D. 25~30min
6. 粉煤灰三氧化硫的测定(基准法)过程中,沉淀的灼烧温度为_____。
A. 700℃　　　B. 750℃　　　C. 800℃　　　D. 850℃
7. 粉煤灰烧失量检测时,同一实验室的允许差为_____。
A. 0.10%　　　B. 0.12%　　　C. 0.15%　　　D. 0.18%
8. 滴定管读数的起点每次均应调到_____刻度处。
A. 随便　　　　B. 50.00ml　　　C. 25.00ml　　　D. 0.00ml

三、多项选择

1. 水泥活性混合材用粉煤灰技术要求项目包含_____。
A. 需水量比　　B. 三氧化硫　　C. 游离氧化钙　　D. 强度活性指数
2. 下列水泥活性混合材用粉煤灰技术要求中不作为合格判定项目的为_____。
A. 需水量比　　B. 安定性　　C. 碱含量　　D. 均匀性
3. 粉煤灰的三氧化硫(基准法)检验中,加入氯化钡溶液后,溶液的静置要求为_____。
A. 温热处静置2h　　B. 温热处静置4h　　C. 24h　　D. 过夜
4. 袋装粉煤灰每袋含量为_____。
A. 25kg　　　　B. 30kg　　　　C. 35kg　　　　D. 40kg
5. 粉煤灰的检验时,_____应做平行试验,结果取平均值。
A. 细度　　　　B. 烧失量　　　C. 需水量比　　　D. 三氧化硫

四、判断题(正确的打√、错误的打×)

1. 拌制混凝土和砂浆用粉煤灰分为两个等级：Ⅰ级、Ⅱ级。（　）
2. 强度活性指数是指试验胶砂强度与对比胶砂强度之比。（　）
3. 粉煤灰是指电厂煤粉炉烟道气体中收集的粉末。（　）
4. 《用于水泥和混凝土中的粉煤灰》标准于2006年发布实施。（　）
5. 拌制混凝土和砂浆用粉煤灰技术要求项目中,含水量、三氧化硫、安定性分别不大于1.0%、3.0%、5.0mm。（　）

五、简答题

1. 简述粉煤灰细度的检测步骤。
2. 粉煤灰三氧化硫试验时,如何检验滤液中无氯离子。

六、计算题

1. 粉煤灰中三氧化硫的检验。称取某Ⅰ级粉煤灰 0.5068g，按标准方法试验，灼烧后坩埚和沉淀的质量为 19.2099g，已恒量的坩埚质量为 19.1847g。试计算三氧化硫的含量。

2. 粉煤灰需水量比的测定，按标准规定方法进行，其试验数据如下表，试计算流动度。

次数	加水量(ml)	胶砂底面两垂直方向直径(mm)
1	130	128、127
2	134	135、136
3	140	142、140

七、实践题

1. 粉煤灰的烧失量试验步骤。
2. 粉煤灰细度用筛的校正。

第七节 沥青、沥青混合料

沥 青 习 题

一、填空题

1. 沥青分为_____和_____两大类，柏油是指_____。
2. 按沥青的用途分类主要有_____、_____、_____三大类。
3. 建筑石油沥青的产品标准是_____。
4. 沥青的三大指标是_____。
5. A 级沥青适用于_____。
6. C 级沥青适用于_____。
7. 沥青的标号越小，沥青就_____。
8. 沥青针入度越大，说明沥青的黏稠度_____。
9. 针入度是沥青的_____，反应沥青在一定条件的_____。
10. 沥青针入度测定法的国家标准是_____。
11. 针入度是指在规定条件下，标准针垂直穿入沥青试样中的深度，以_____表示。
12. 针入度试验所用的标准针长约_____，直径为_____。
13. 针入度试验样品制备中，焦油沥青的加热温度不超过软化点的_____，石油沥青不超过软化点的_____，加热时间不超过_____。
14. 针入度试验中，同一试样至少重复测定_____。每一试验点的距离和试验点与试验皿边缘的距离都不得小于_____。
15. 在低温下测定针入度时，水浴中装入_____。
16. 针入度试验中，将试样倒入预先选好的试样皿中，试样深度应大于预计穿入深度_____。
17. 报告三个针入度的平均值，取_____作为实验结果。
18. 软化点(环球法)试验中，石油沥青样品加热至倾倒温度的时间不超过_____h，其加热温度不超过预计沥青软化点的_____。

19. 环球法测定软化点范围在 30～157℃的石油沥青和煤焦油沥青试样,对于软化点在 30～80℃范围内用_____作加热介质,软化点 80～157℃范围内用_____作加热介质。
20. 沥青软化点测定法的国家标准是_____。
21. 沥青软化点指试样在测定条件下,因受热而下坠达_____时的温度。
22. 软化点实验时,从浴槽底部加热,使温度以_____上升。
23. 软化点实验中,如果两个试环所测温度的差值超过_____,则重新试验。
24. 软化点实验中所用隔离剂由_____和_____组成。
25. 沥青延度测定法的国家标准号是_____。
26. 做延度实验时,水位应加到离试件上方_____处。
27. 做延度实验时,试验温度是_____,拉伸速度是_____。
28. 沥青的安全指标用_____进行表征,闪点越高,安全性_____。
29. 溶解度实验时,用溶剂洗涤古氏坩埚上的不溶物,直至_____。
30. 在溶解度试验样品准备时,如怀疑样品含有杂质,须用筛孔为_____金属筛过滤。
31. 溶解度试验仲裁检测时,过滤之前要求把样品溶液在_____水浴中保持 1h。
32. 石油沥青薄膜烘箱试验中,烘箱的试验温度为_____,并保持_____。
33. 闪点是指_____。
34. 燃点是_____。
35. 闪点低于_____的试样脱水时不必加热,其他试样允许加热至_____时用脱水剂脱水。
36. 闪点试验时,一般要求使内坩埚底部与外坩埚底部之间保持_____厚度的砂层。
37. 当试样温度达到预计闪点前_____时,调整加热速度,使试样温度达到闪点前 40℃时能控制升温速度为每分钟升高_____。
38. 脆点试验中,试样三次测定结果的最大值和最小值的差数应在_____以内,计算算术平均值,取至_____报告试样的脆点。
39. 蒸发损失试验中,将两个盛有试样的盛样皿放在烘箱的转盘上,关闭烘箱门,转盘的转速为_____。
40. 在蒸发损失试验过程中,如果发现并确认试样中有泡沫产生,必须_____。

二、单项选择题

1. 俗称柏油是指_____。
   A. 地沥青　　　　B. 焦油沥青　　　　C. 天然沥青　　　　D. 煤沥青
2. B 级沥青适用于_____。
   A. 高级公路　　　B. 三级公路　　　　C. 各个等级的公路
   D. 一级公路沥青下面层以下的层次,二级及二级以下公路的各个层次
3. 针入度试验温度是_____。
   A. 25±0.1℃　　　B. 25±0.5℃　　　　C. 25±0.2℃　　　　D. 25℃
4. 针入度试验中,针身涂有大量隔离剂时所测值_____。
   A. 偏大　　　　　B. 偏小　　　　　　C. 无影响　　　　　D. 既可以偏大也可以偏小
5. 一般做沥青针入度试验用标准针和针连杆及附加砝码的总重为_____。
   A. 100±0.01g　　B. 100±0.05g　　　C. 100±5g　　　　　D. 120±0.01g
6. 软化点试验中,所有石油沥青试样的准备和测试必须在_____h 内完成。
   A. 6　　　　　　　B. 4　　　　　　　　C. 5　　　　　　　　D. 8

7. 软化点试验时如果不用蒸馏水会引起_____。
   A. 使沥青粘结力小　　B. 易剥离　　C. 水温上升不均匀　　D. 边缘效应
8. 软化点试验时,从浴槽底部加热使温度以_____上升。
   A. 6℃/min　　B. 8℃/min　　C. 7℃/min　　D. 5℃/min
9. 测量沥青软化点时所用的温度计最小分度值为_____。
   A. 0.5℃　　B. 0.2℃　　C. 0.1℃　　D. 1℃
10. 沥青软化点的国家标准测定方法是_____。
    A. 真空毛细管法　　B. 环球法　　C. 立方体法　　D. 旋转黏度计法
11. 沥青延度的试验温度是_____。
    A. 25℃±0.2℃　　B. 20℃±5℃　　C. 22℃±1℃　　D. 25℃±0.5℃
12. 沥青延度试验中如果出现沥青沉于水底,应向水中加_____。
    A. 盐酸　　B. 氢氧化钙　　C. 氯化钠　　D. 乙醇
13. 延度试验中,试件浸入水中深度不得小于_____。
    A. 10cm　　B. 5cm　　C. 15cm　　D. 8cm
14. 溶解度试验时,如怀疑样品有杂质,必须要过_____mm 的筛。
    A. 0.5~0.6　　B. 0.2~0.5　　C. 0.8~1.0　　D. 0.6~0.8
15. 对于溶解度大于99.0%的结果,准确到_____,对于溶解度等于或小于99.0%的结果,准确到_____。
    A. 0.01%　　B. 0.01　　C. 0.1%　　D. 0.2%
16. 带有滤纸的古氏坩埚经重复干燥、冷却、称量过程,直至连续称量间的差值不大于_____为止。
    A. 0.0001g　　B. 0.0002g　　C. 0.0003g　　D. 0.005g
17. 薄膜加热试验的温度是_____。
    A. 162±1℃　　B. 163±1℃　　C. 165±1℃　　D. 163±2℃
18. 薄膜加热试验中,温度计的水银球底部应在烘箱内转盘上面_____处。
    A. 10mm　　B. 20mm　　C. 40mm　　D. 50mm
19. 同一操作者重复测定的两个燃点结果之差不应大于_____。
    A. 2℃　　B. 5℃　　C. 6℃　　D. 8℃
20. 测定闪点高于200℃试样时,加热装置必须使用_____。
    A. 煤气灯　　B. 酒精喷灯　　C. 电炉　　D. 高温炉
21. 闪点试验时,点火器的火焰长度,应预先调整为_____。
    A. 2~4mm　　B. 3~4mm　　C. 3~5mm　　D. 2~3mm
22. 沥青的安全指标用_____表示。
    A. 闪点　　B. 针入度　　C. 软化点　　D. 延度
23. 闪点与燃点试验(开口杯法)中的脱水处理是在试样中加入新煅烧并冷却的_____进行。
    A. 食盐　　B. 氯化钙　　C. 硫酸钠　　D. 食盐、硫酸钠或无水氯化钙
24. 脆点试验中,至少要求准备_____张光滑、均匀无裂缝的膜片。
    A. 2　　B. 3　　C. 5　　D. 4
25. 脆点试验样品制备过程中,任何情况下,试样的加热温度都不得超过其软化点的_____℃。
    A. 80　　B. 100　　C. 120　　D. 150

三、多项选择题

1. 沥青具有_____。
   A. 粘结性　　　　B. 耐热性　　　　C. 塑性　　　　D. 感温性及安全性
2. 在常温下,沥青呈_____状态。
   A. 固体　　　　B. 稀薄液体　　　　C. 半固体　　　　D. 黏稠液体
3. 建筑石油沥青按针入度不同分为_____。
   A. 10 号　　　　B. 20 号　　　　C. 30 号　　　　D. 40 号
4. 沥青溶于_____及其他有机溶剂。
   A. 二硫化碳　　　　B. 四氯化碳　　　　C. 水　　　　D. 苯
5. B 级沥青适用于_____。
   A. 高速公路　　　　B. 三级公路
   C. 用作改性沥青、乳化沥青、改性乳化沥青、稀释沥青的基质沥青
   D. 一级公路沥青下面层以下的层次,二级及二级以下公路的各个层次
6. 沥青可分为_____。
   A. 地沥青　　　　B. 焦油沥青　　　　C. 柏油　　　　D. 天然沥青
7. 在沥青延度实验中,如果沥青漂浮于水面或沉入水底,应用_____来调整水的密度。
   A. 盐酸　　　　B. 氢氧化钙　　　　C. 氯化钠　　　　D. 乙醇
8. 沥青的延度试验规定了_____。
   A. 拉伸速度　　　　B. 温度　　　　C. 时间　　　　D. 湿度
9. 闪点试验中所用的加热装置可以是_____。
   A. 煤气灯　　　　B. 酒精喷灯　　　　C. 高温炉　　　　D. 电炉
10. 石油沥青薄膜烘箱试验结果一般用_____表示。
    A. 黏度比　　　　B. 针入度比　　　　C. 质量变化　　　　D. 延度

四、判断题

1. 沥青不溶于水而溶于二硫化碳、四氯化碳、苯及其他有机溶剂。　　　　（　）
2. 沥青是一种有机胶粘材料。　　　　（　）
3. C 级沥青适用于二级及二级以下公路的各个层次。　　　　（　）
4. 沥青必须按品种标号分开存放。　　　　（　）
5. 测针入度时,为了保证试验用针的统一性,对每一根针应附有国家计量部门的检验单。（　）
6. 一般作沥青针入度试验标准针和针连杆及附加砝码的总重为 100±0.05g。　　　　（　）
7. 报告三个针入度的平均值,结果取至 0.1mm。　　　　（　）
8. 沥青软化点用于沥青分类,是沥青产品标准中的重要技术指标。　　　　（　）
9. 沥青软化点试验时所用的水加热介质必须是新煮沸过的蒸馏水。　　　　（　）
10. 沥青软化点试验所用的温度计最小分度值为 0.2℃。　　　　（　）
11. 软化点试验中,所有石油沥青试样的准备和测试必须在 6h 内完成,煤焦油沥青则必须在 5h 内完成。　　　　（　）
12. 软化点试验中,石油沥青样品加热至倾倒温度的时间不超过 2h。　　　　（　）
13. 软化点试验时从浴槽底部加热使温度以 5℃/min 上升。　　　　（　）
14. 软化点同一样品由两个实验室各自提供的实验结果之差不应超过 2.0℃。　　　　（　）
15. 软化点试验报告中要同时报告浴槽中的加热介质的种类。　　　　（　）

16. 软化点试验中,沥青加热过程中要避免试样中进入气泡。( )
17. 软化点试验时,从浴槽底部加热使温度以5℃/min上升,试验期间可以取加热速率的平均值。( )
18. 软化点实验中,如果重复试验,不能重新加热样品,应在干净的容器中用新鲜样品制备试样。( )
19. 延度试验时,如果沥青沉入水底或浮于水面,则试验不正常。( )
20. 延度试验中,同一样品,在不同的实验室测定的结果不应超过平均值的20%。( )
21. 闪点试验时,试样脱水后,取其下层澄清部分供试验使用。( )
22. 闪点与燃点测定(开口杯法)中,试样的水分大于0.1%时,不必脱水。( )
23. 测闪点时,测定装置应放在避风和较暗的地方并用防护屏围着,使闪点现象看得清楚。( )
24. 闪点试验时,试样向内坩埚注入时,不应溅出,而且液面以上的坩埚壁不应沾有试样。( )
25. 取平行测定两个结果的算术平均值作为试样的溶解度。( )
26. 溶解度试验中,将古氏坩埚、滤纸和不溶物放在110~115℃烘箱中至少30min后取出。( )
27. 薄膜烘箱试验中,将烘箱调成水平,当转盘在水平面上旋转时,转盘与水平面的倾斜角不大于3°。( )
28. 允许将不同牌号的沥青同时放在一个烘箱中进行薄膜烘箱试验。( )
29. 沥青涂层出现断裂时的温度即为石油沥青的脆点。( )
30. 脆点试验中,可以使用弯曲和锈蚀的薄钢片。( )

五、简答题

1. 针入度试验中,测得沥青针入度值在0~49之间,当三次测定的数值相差大于多少时,结果无效?
2. 沥青软化点测定有哪两种加热介质?分别适用于软化点什么温度范围内,起始加热介质温度为多少?
3. 延度试验过程中出现沥青浮于水面或沉于槽底的现象,该如何处理?
4. 溶解度试验的数据处理中,对于结果大于、等于或小于99.0%的数据应分别准确到多少?
5. 非经特殊说明,沥青延度测定的试验温度为多少?拉伸速度为多少?
6. 软化点测定,同次试验两个温度差不得超过多少?沥青延度三个试件结果如何处理?
7. 测定针入度三次测定值差值有何规定?
8. 脆点试验中,试样的制备应遵循的原则是什么?
9. 脆点试验中,样品加热时,应如何选择适当的加热温度?
10. 什么是沥青的闪点和燃点?为什么必须测定沥青的闪点和燃点?
11. 针入度试验中如何选取试样皿?
12. 什么是沥青的脆点?

六、计算题

1. 延度试验中,若三个试件的测定值分别为A_1为2.80cm、A_2为3.00cm、A_3为3.10cm,试计算该沥青的延度值A。
2. 延度试验中,若三个试件的测定值分别为A_1为2.90cm、A_2为3.00cm、A_3为3.10cm,试计算该沥青的延度值A。

七、实践题

1. 软化点测定的步骤。
2. 沥青延度测定的步骤。
3. 沥青针入度测定的步骤。

参考答案：

一、填空题

1. 地沥青　焦油沥青　焦油沥青
2. 道路石油沥青　建筑石油沥青　普通石油沥青
3. GB/T 494—1998
4. 针入度、延度和软化点
5. 各个等级的公路,适用于任何场合和层次
6. 三级及三级以下公路的各个层次
7. 越硬
8. 越小
9. 稠度指标　软硬程度
10. GB/T 4509—1998
11. 1/10mm
12. 50mm　1.00～1.02mm
13. 60℃　90℃　30min
14. 3次　10mm
15. 盐水
16. 10mm
17. 整数
18. 2　110℃
19. 蒸馏水　甘油
20. GB/T 4507—1999
21. 25mm
22. 5℃/min
23. 1℃
24. 两份甘油　一份滑石粉
25. GB/T 4508—1999
26. 10cm
27. 25℃　5±0.25cm/min。
28. 闪点　越好
29. 滤液无色为止
30. 0.6～0.8mm
31. 38.0℃±0.5℃
32. 163±1℃　5h
33. 加热沥青至挥发出的可燃气体和空气的混合物。在规定条件下与火焰接触,初次闪火(有蓝色闪光)时的沥青温度。
34. 指加热沥青产生的气体和空气的混合物,与火焰接触能持续燃烧5s以上时,此时沥青的温度。
35. 100℃　50～80℃
36. 5～8mm
37. 60℃　4±1℃
38. 3℃　整数
39. 5～6r/min
40. 用适当的方法对样品进行脱水,重新进行试验

二、单项选择题

1. B	2. D	3. A	4. A
5. B	6. A	7. C	8. D
9. A	10. B	11. D	12. C
13. A	14. D	15. A、C	16. C
17. B	18. C	19. C	20. C
21. B	22. A	23. D	24. B

25. C

三、多项选择题

1. A、C、D	2. A、C、D	3. A、C、D	4. A、B、D
5. A、C、D	6. A、B	7. C、D	8. A、B
9. A、B、D	10. A、B、C、D		

四、判断题

1. √	2. ×	3. ×	4. √
5. √	6. √	7. ×	8. √
9. √	10. ×	11. ×	12. √
13. √	14. √	15. √	16. √
17. ×	18. √	19. √	20. √
21. ×	22. ×	23. √	24. √
25. √	26. ×	27. √	28. ×
29. ×	30. ×		

五、简答题

1. 答:针入度试验中,试样皿为金属或玻璃的圆柱型平底皿,尺寸选择规定如下:针入度小于 200 时,直径为 55mm,深度为 35mm;针入度 200~350 时,直径为 55mm,深度为 70mm;针入度 350~500 时,直径为 50mm,深度为 60mm。

2. 答:针入度试验中,三次测定的针入度值相差不应大于如下数值:针入度 0~49 范围时,最大差值为 2;针入度 50~149 范围时,最大差值为 4;针入度 150~249 范围时,最大差值为 6;针入度 250~350 范围时,最大差值为 8。

3. 答:测定沥青软化所用的加热介质有两种:新煮沸过的蒸馏水、甘油。其中新煮沸过的蒸馏水适用于软化点为 30~80℃ 的沥青,起始加热介质温度为 5±1℃,甘油适用于软化点为 80~157℃ 的沥青,起始加热介质的温度应为 30±1℃。

4. 答:在延度试验过程中,如果沥青浮于水面或沉入槽底时,则试验不正常,应使用乙醇或氯化钠调整水的密度,使沥青材料既不浮于水面,又学沉入槽底。

5. 答:沥青延度试验中,若三个试件测定值在其平均值的 5% 以内,取平行测定三个结果的平均值作为测定结果。若三个试件测定值不在其平均值的 5% 以内,但其中两个较高值在平均值 5% 之内,则弃去最低测定值,取两个较高值的平均值作为测定结果,否则重新测定。

6. 答:溶解度试验中,对于溶解度大于 99.0% 的结果,准确到 0.01%,对于溶解度于或小于 99.0% 的结果,准确到 0.1%。

7. 答:将试样放在直径 55mm 的盛样皿中,于 163±1℃ 的烘箱中保持 5h,计算试样蒸发试验前后质量的变化量占试样的质量分数。

8. 答:脆点试验中,试样的制备应遵循以下原则:样品在试样制备过程中不发生老化分解等性质变化,以免影响试验结果;试样应充分流动,以保证试样中气泡最少。

9. 答:可用于预测石油沥青在通常热拌分过程中(约 150℃)性质的变化情况,通常以黏度、针入度和延度来表示,试验后的石油沥青性质接近于铺于道路中的石油沥青质量。如果热拌分温度与 150℃ 有明显差异,那么对石油沥青质量的影响将大于或小于所测定的数据。

10. 答:闪点是液面气体与空气混合物在规定火焰掠过时瞬闪蓝光但不燃的最低温度,以开口杯法测定。燃点是按闪点试验法,液面气体与空气混合物与火焰接触后可以稳定燃烧5s的最低温度。

11.答(略)
12.答(略)

六、计算题

1. 3.0cm
2. 3.0cm

七、实践题(略)

沥青、沥青混合料
沥青模拟试卷(A)

一、填空题

1. 沥青可分为_____和_____两大类。
2. 沥青的三大指标是_____、_____、_____。
3. 沥青针入度越大,说明沥青的黏稠度_____。
4. 针入度是指在规定条件下,标准针垂直穿入沥青试样中的深度,以_____表示。
5. 针入度试验中,同一试样至少重复测定_____。每一试验点的距离和试验点与试验皿边缘的距离都不得小于_____。
6. 软化点实验中,如果两个试环所测温度的差值超过_____,则重新试验。
7. 做延度实验时,试验温度是_____,拉伸速度是_____。
8. 溶解度试验仲裁检测时,过滤之前要求把样品溶液在_____水浴中保持1h。
9. 闪点试验时,一般要求使内坩埚底部与外坩埚底部之间保持厚度_____的砂层。
10. 蒸发损失试验中,将两个盛有试样的盛样皿放在烘箱的转盘上,关闭烘箱门,转盘的转速为_____。

二、单项选择题

1. 俗称柏油是指_____。
   A. 地沥青 B. 焦油沥青 C. 天然沥青 D. 煤沥青
2. 针入度试验中,针身涂有大量隔离剂时所测值_____。
   A. 偏大 B. 偏小 C. 无影响 D. 既可以偏大也可以偏小
3. 一般做沥青针入度试验用标准针和针连杆及附加砝码的总重为_____。
   A. 100 ± 0.01g B. 100 ± 0.05g C. 100 ± 5g D. 120 ± 0.01g
4. 软化点试验中,所有石油沥青试样的准备和测试必须在_____h内完成。
   A. 6 B. 4 C. 5 D. 8
5. 沥青延度试验中如果出现沥青沉于水底,应向水中加_____。
   A. 盐酸 B. 氢氧化钙 C. 氯化钠 D. 乙醇
6. 溶解度试验时,如怀疑样品有杂质,必须要过_____mm的筛。
   A. 0.5~0.6 B. 0.2~0.5 C. 0.8~1.0 D. 0.6~0.8

7. 薄膜加热试验中,温度计的水银球底部应在烘箱内转盘上面_____处。
   A. 10mm　　　　B. 20mm　　　　C. 40mm　　　　D. 50mm
8. 延度试验中,试件浸入水中深度不得小于_____。
   A. 10cm　　　　B. 5cm　　　　C. 15cm　　　　D. 8cm
9. 闪点试验时,点火器的火焰长度,应预先调整为_____。
   A. 2～4mm　　　B. 3～4mm　　　C. 3～5mm　　　D. 2～3mm
10. 沥青的安全指标用_____表示。
    A. 闪点　　　　B. 针入度　　　C. 软化点　　　D. 延度

三、多项选择题

1. 沥青具有_____。
   A. 粘结性　　　B. 耐热性　　　C. 塑性　　　　D. 感温性及安全性
2. 在常温下,沥青呈_____状态。
   A. 固体　　　　B. 稀薄液体　　C. 半固体　　　D. 黏稠液体
3. 建筑石油沥青按针入度不同分为_____。
   A. 10号　　　　B. 20号　　　　C. 30号　　　　D. 40号
4. 沥青溶于_____及其他有机溶剂。
   A. 二硫化碳　　B. 四氯化碳　　C. 水　　　　　D. 苯
5. B级沥青适用于_____。
   A. 高速公路　　B. 三级公路
   C. 用作改性沥青、乳化沥青、改性乳化沥青、稀释沥青的基质沥青
   D. 一级公路沥青下面层以下的层次,二级及二级以下公路的各个层次
6. 沥青可分为_____。
   A. 地沥青　　　B. 焦油沥青　　C. 柏油　　　　D. 天然沥青
7. 在沥青延度实验中,如果沥青漂浮于水面或沉入水底,应用_____来调整水的密度。
   A. 盐酸　　　　B. 氢氧化钙　　C. 氯化钠　　　D. 乙醇
8. 沥青的延度试验规定了_____。
   A. 拉伸速度　　B. 温度　　　　C. 时间　　　　D. 湿度
9. 闪点试验中所用的加热装置可以是_____。
   A. 煤气灯　　　B. 酒精喷灯　　C. 高温炉　　　D. 电炉
10. 石油沥青薄膜烘箱试验结果一般用_____表示。
    A. 黏度比　　　B. 针入度比　　C. 质量变化　　D. 延度

四、判断题

1. 沥青不溶于水而溶于二硫化碳、四氯化碳、苯及其他有机溶剂。　　　　　　　　　（　）
2. 沥青是一种有机胶粘材料。　　　　　　　　　　　　　　　　　　　　　　　　（　）
3. 报告三个针入度的平均值,结果取至0.1mm。　　　　　　　　　　　　　　　　（　）
4. 沥青软化点试验所用的温度计最小分度值为0.2℃。　　　　　　　　　　　　　　（　）
5. 软化点试验报告中要同时报告浴槽中的加热介质的种类。　　　　　　　　　　　（　）
6. 软化点试验时从浴槽底部加热使温度以5℃/min上升,试验期间可以取加热速率的平均值。
   　　　　　　　　　　　　　　　　　　　　　　　　　　　　　　　　　　　　（　）
7. 延度试验时,如果沥青沉入水底或浮于水面,则试验不正常。　　　　　　　　　　（　）

8. 闪点试验时,试样脱水后,取其下层澄清部分供试验使用。   (   )
9. 溶解度试验中,将古氏坩埚、滤纸和不溶物放在110~115℃烘箱中至少30min后取出。
                                                                                              (   )
10. 沥青涂层出现断裂时的温度即为石油沥青的脆点。   (   )

五、简答题

1. 简述A、B、C级道路石油沥青的适用范围。
2. 针入度试验中如何选取试样皿?
3. 简述测定沥青软化点的方法概要。
4. 溶解度试验的数据处理中,对于结果大于、等于或小于99.0%的数据应分别准确到多少?
5. 什么是沥青的闪点和燃点?为什么必须测定沥青的闪点和燃点?

六、操作题

1. 简述沥青延度测定的步骤。
2. 简述沥青溶解度试验的步骤。

七、计算题

1. 延度试验中,若三个试件的测定值分别为 A_1 为2.80cm、A_2 为3.00cm、A_3 为3.10cm,试计算该沥青的延度值 A。
2. 溶解度试验中,称得古氏坩埚和滤纸质量分别为41.5356g、41.4788g,试样质量分别为2.4015g、2.3566g,古氏坩埚、滤纸和不溶物质量分别为41.5755g、41.5102g。计算该沥青的溶解度值X。

沥青、沥青混合料
沥青模拟试卷(B)

一、填空题

1. 按沥青的用途分类主要有_____、_____、_____三大类。
2. A级沥青适用于_____。
3. 溶解度实验时,用溶剂洗涤古氏坩埚上的不溶物,直至_____。
4. 针入度试验所用的标准针长约_____,直径为_____。
5. 针入度试验中,将试样倒入预先选好的试样皿中,试样深度应大于预计穿入深度_____。
6. 在低温下测定针入度时,水浴中装入_____。
7. 软化点(环球法)试验中,石油沥青样品加热至倾倒温度的时间不超过_____h,其加热温度不超过预计沥青软化点的_____。
8. 环球法测定软化点范围在30~157℃的石油沥青和煤焦油沥青试样,对于软化点在30~80℃范围内用_____作加热介质,软化点80~157℃范围内用_____作加热介质。
9. 当试样温度达到预计闪点前_____时,调整加热速度,使试样温度达到闪点前40℃时能控制升温速度为每分钟升高_____。
10. 脆点试验中,试样三次测定结果的最大值和最小值的差数应在_____以内,计算算术平均值,取至_____报告试样的脆点。

二、单项选择题

1. 软化点试验中所用隔离剂由_____调制而成。
   A. 水与滑石粉　　B. 甘油与滑石粉　　C. 水与甘油　　D. 甘油与石灰
2. 针入度试验温度是_____。
   A. 25±0.1℃　　B. 25±0.5℃　　C. 25±0.2℃　　D. 25℃
3. 软化点试验时,从浴槽底部加热使温度以_____上升。
   A. 6℃/min　　B. 8℃/min　　C. 7℃/min　　D. 5℃/min
4. 测量沥青软化点时所用的温度计最小分度值为_____。
   A. 0.5℃　　B. 0.2℃　　C. 0.1℃　　D. 1℃
5. 沥青软化点的国家标准测定方法是_____。
   A. 真空毛细管法　　B. 环球法　　C. 立方体法　　D. 旋转黏度计法
6. 沥青延度的试验温度是_____。
   A. 25±0.2℃　　B. 20±5℃　　C. 22±1℃　　D. 25±0.5℃
7. 带有滤纸的古氏坩埚经重复干燥、冷却、称量过程,直至连续称量间的差值不大于_____。
   A. 0.0001g　　B. 0.0002g　　C. 0.0003g　　D. 0.005g
8. 薄膜加热试验的温度是_____。
   A. 162±1℃　　B. 163±1℃　　C. 165±1℃　　D. 163±2℃
9. 闪点与燃点试验(开口杯法)中的脱水处理是在试样中加入新煅烧并冷却的_____进行。
   A. 食盐　　B. 氯化钙　　C. 硫酸钠　　D. 食盐、硫酸钠或无水氯化钙
10. 脆点试验中,至少要求准备_____张光滑、均匀无裂缝的膜片。
    A. 2　　B. 3　　C. 5　　D. 4

三、多项选择题

1. 沥青具有_____。
   A. 粘结性　　B. 耐热性　　C. 塑性　　D. 感温性及安全性
2. 在常温下,沥青呈_____状态。
   A. 固体　　B. 稀薄液体　　C. 半固体　　D. 黏稠液体
3. 建筑石油沥青按针入度不同分为_____。
   A. 10号　　B. 20号　　C. 30号　　D. 40号
4. 沥青溶于_____及其他有机溶剂。
   A. 二硫化碳　　B. 四氯化碳　　C. 水　　D. 苯
5. B级沥青适用于_____。
   A. 高速公路　　B. 三级公路
   C. 用作改性沥青、乳化沥青、改性乳化沥青、稀释沥青的基质沥青
   D. 一级公路沥青下面层以下的层次,二级及二级以下公路的各个层次
6. 沥青可分为_____。
   A. 地沥青　　B. 焦油沥青　　C. 柏油　　D. 天然沥青
7. 在沥青延度实验中,如果沥青漂浮于水面或沉入水底,应用_____来调整水的密度。
   A. 盐酸　　B. 氢氧化钙　　C. 氯化钠　　D. 乙醇
8. 沥青的延度试验规定了_____。

A. 拉伸速度　　　　B. 温度　　　　C. 时间　　　　D. 湿度
9. 闪点试验中所用的加热装置可以是_____。
　A. 煤气灯　　　　B. 酒精喷灯　　　C. 高温炉　　　　D. 电炉
10. 石油沥青薄膜烘箱试验结果一般用_____表示。
　A. 黏度比　　　　B. 针入度比　　　C. 质量变化　　　D. 延度

四、判断题

1. C 级沥青适用于二级及二级以下公路的各个层次。（　　）
2. 沥青必须按品种标号分开存放。（　　）
3. 测针入度时，为了保证试验用针的统一性，对每一根针应附有国家计量部门的检验单。（　　）
4. 沥青软化点试验时所用的水加热介质必须是新煮沸过的蒸馏水。（　　）
5. 沥青软化点试验所用的温度计最小分度值为 0.2℃。（　　）
6. 软化点试验中，所有石油沥青试样的准备和测试必须在 6h 内完成，煤焦油沥青则必须在 5h 内完成。（　　）
7. 闪点与燃点测定（开口杯法）中，试样的水分大于 0.1% 时，不必脱水。（　　）
8. 测闪点时，测定装置应放在避风和较暗的地方并用防护屏围着，使闪点现象看得清楚。（　　）
9. 延度试验中，同一样品，在不同的实验室测定的结果不应超过平均值的 20%。（　　）
10. 允许将不同牌号的沥青同时放在一个烘箱中进行薄膜烘箱试验。（　　）

五、简答题

1. 针入度试验中，对三次测定的针入度值相差有何规定？
2. 沥青软化点测定有哪两种加热介质？分别适用于软化点什么温度范围内，起始加热介质温度为多少？
3. 非经特殊说明，沥青延度测定的试验温度为多少？拉伸速度为多少？
4. 沥青延度三个试件结果如何处理？
5. 什么是沥青的脆点？脆点试验中，试样的制备应遵循的原则是什么？

六、操作题

1. 简述软化点测定的步骤。
2. 简述沥青针入度测定的步骤。

七、计算题

1. 延度试验中，若三个试件的测定值分别为 A_1 为 2.90cm、A_2 为 3.00cm、A_3 为 3.10cm，试计算该沥青的延度值 A。
2. 蒸发损失试验中，已知两个试样质量分别为 50.235g、50.337g，称得试样蒸发后的质量分别为 49.875g、49.912g。计算该沥青的蒸发损失质量分数 W。

沥青混合料习题

一、填空题

1. 沥青混合料按其组成结构可分为三类，即_____、_____、_____。

2. 残留稳定度是评价沥青混合料_____的指标。

3. 用马歇尔试验确定沥青混合料的沥青用量时，控制高温稳定性的指标是_____和_____，在沥青混合料配合比确定后，验证高温稳定性的指标是_____。

4. 沥青混合料配合比设计要完成的两项任务是_____和_____。

5. 沥青混合料的油石比是指_____的质量占_____的质量百分率。

6. 沥青混合料粗骨料颗粒级配有_____和_____之分。

7. 沥青混合料的拌合与击实时有一定温度范围：针入度小、稠度大的沥青取_____，针入度大、稠度小的沥青取_____，一般取_____。

8. 标准马歇尔稳定试件的高度应为_____，试件两侧高度差小于_____，如果不符合上述要求试件应_____。

9. 一般石油沥青马歇尔混合料试件稳定度试验的保温温度为_____℃，保温时间为_____min。

10. 沥青混合料密度测定主要有_____、_____、_____、_____四种。

11. 离心分离法所用溶剂为_____。

12. 测定漏入抽提液中的矿粉可以用_____和_____两种方法。

13. 沥青混凝土路面施工与验收规程对各种类型的沥青混合料中的矿料级配范围作出了规定，特别是_____、_____、_____三个筛孔为关键孔。

14. 用于高速公路和一级公路的密级配 AC 型沥青混凝土，制作马歇尔试件时击_____，每面击实_____次。

15. 测定吸水率不大于 2% 的沥青混合料的毛体积密度用_____法，测定吸水率大于 2% 的沥青混合料的毛体积密度用_____法，大空隙的沥青混合料用_____法。

16. 某型沥青混合料，经过马歇尔试验确定最佳油石比为 5.1%，换算后最佳沥青用量为_____。

17. 评定沥青混合料质量检测取样时，沥青混合料应_____取样，拌合均匀作为_____试样。

18. 在进行沥青路面芯样马歇尔试验试件尺寸的测量时，测量试样直径要求测试样_____方向的平均值，准确至_____；测量试样高度要求测试样_____平均值，准确至_____。

19. 车辙试验的试验温度与轮压可根据有关规定和需要选用，非经注明，试验温度为_____，轮压为_____。计算动稳定的时间原则上在试验开始后_____之间。

20. 在抗车辙能力校核检验过程中，按我国现行规范规定，检测用于_____的普通沥青混合料时，为在_____下车辙试验的动稳定度，要求对高速公路、城市愉速路宜不小于_____；对一级公路、城市干路宜不小于_____。

二、单项选择题

1. 测定沥青碎石混合料密度最常用的方法为_____。
   A. 不中重法　　　B. 表干法　　　C. 蜡封法　　　D. 体积法

2. 沥青混合料试件质量为 1200g，高度为 65.5mm，成型标准高度（63.5mm）的试件混合料的用量约为_____g。
   A. 1152　　　B. 1163　　　C. 1171　　　D. 1182

3. 影响沥青路面抗滑性能的因素是_____。
   A. 集料耐磨光性　　B. 沥青用量　　C. 沥青含蜡量　　D. 前三个均是

4. 对水中称重法、表干法、封蜡法、体积法的各自适用条件下，说法正确的是_____。

A. 水中称重法适用于测沥青混合料的密度
B. 表干法适合测沥青混凝的密度
C. 封蜡法适合测定吸水率大于2%的沥青混合料的密度
D. 体积法与蜡封法适用条件相同

5. 为保证沥青混合料沥青与骨料的粘附性,在选用石料时,应优先选用_____石料。
A. 酸性 B. 碱性 C. 中性 D. 无要求

6. 在沥青混合料中,既有较多数量的粗集料可形成空间骨架,同时又有相当数量的细集料可填充骨架的孔隙,这种结构形式称之称_____。
A. 骨架–空隙 B. 密实–骨架 C. 悬浮–密实 D. 空隙–密实

7. 沥青混合料用集料的筛分应采用_____。
A. 干筛法筛分 B. 水筛法筛分 C. 两者都可以 D. 两者都不可以

8. 车辙试验方要是用来评价沥青混合料的_____。
A. 高温稳定性 B. 低温抗裂性 C. 水稳定性 D. 都可以

9. 随着沥青含量增加,沥青混合料的试件空隙率将_____。
A. 增加 B. 出现谷值 C. 减少 D. 保持不变

10. 沥青混合料马歇尔稳定度试验对试件的加载速度是_____。
A. 50℃ B. 60℃ C. 65℃ D. 80℃

11. 沥青混合料马歇尔稳定度试验对试件的加载速度是_____。
A. 10mm/min B. 5mm/min C. 1mm/min D. 50mm/min

12. 离心分离法测定沥青混合料中沥青含量试验中,应考虑泄漏入抽提液中的矿粉的含量,如忽略该部分矿粉量,则沥青含量结果较实际值_____。
A. 小 B. 相同 C. 大 D. 可大可小

13. 测定马歇尔试验稳定度的试验中,从恒温水浴中取出试件到测出最大荷载的时间不得超过_____。
A. 20s B. 30s C. 40s D. 50s

14. 测定马歇尔试件稳定度的试验中,马歇尔试件放入达到规定温度的恒温水浴中保温_____min 后,方可取出试件进行稳定度试验。
A. 10~20 B. 20~30 C. 30~40 D. 40~50

15. 沥青混合料劈裂试验中,当试验机无环境保温箱时,试件从恒温处取出至试验结束的时间应不超过_____。
A. 25s B. 30s C. 40s D. 45s

16. 沥青混合料稳定度试验荷载精度要求是_____。
A. 0.05kN B. 0.1kN C. 0.2kN D. 0.5kN

17. 随着沥青含量增加,普通沥青混合料试件的稳定度将_____。
A. 呈抛物线变化 B. 保持不变 C. 递减 D. 递增

18. 沥青混合料马歇尔试件的高度变化对_____有影响。
A. 稳定度 B. 流值 C. 密度 D. 稳定度、流值和密度

19. 为提高高温稳定性,南方地区选用的沥青针入度通常要比北方地区_____。
A. 大 B. 小 C. 一样 D. 可大可小

20. 沥青混合料配合比设计中,沥青用量为_____质量比的百分率。
A. 沥青质量与矿料质量 B. 沥青质量与集料质量
C. 沥青质量与矿粉质量 D. 沥青质量与沥青混合料的质量

21. 沥青路面芯样马歇尔试验,测稳定度时试件高度修正系数 K,在规定范围内,随着芯样高度增加,K 值_____。
　　A. 增大　　　　　　B. 减小　　　　　　C. 不变　　　　　　D. 时大时小
22. 我国现行规范采用_____等指标来表示沥青混合料的耐久性。
　　A. 空隙率、饱和度、残留稳定度　　　　B. 稳定度、流值、马歇尔模数
　　C. 空隙率、含蜡量、含量水量　　　　　D. 沥青混合料油石比
23. 沥青混合料检测时取样数量,一般不宜少于试验用量的_____倍。
　　A. 1　　　　　　　B. 1.2　　　　　　C. 1.5　　　　　　D. 2

三、多项选择题

1. 沥青混合料抽提试验的目的是检查沥青混合料的_____。
　　A. 沥青用量　　　B. 矿料级配　　　C. 沥青的标号　　D. 矿料与沥青的粘附性
2. 沥青混合料摊铺温度主要与_____因素有关。
　　A. 拌合温度　　　B. 沥青种类　　　C. 沥青标号　　　D. 气温
3. 沥青混合料试件成型时,料装入模后用插刀沿周边插捣_____次,中间_____次。
　　A. 13　　　　　　B. 12　　　　　　C. 15　　　　　　D. 10
4. 沥青混合料中沥青的含量测定方法有_____。
　　A. 脂肪抽提法　　B. 回流式抽提法　　C. 离心分离法　　D. 射线法
5. 沥青混合料的沥青材料的标号应根据_____等因素选择。
　　A. 路面类型　　　B. 矿料级配　　　C. 气候条件　　　D. 施工方法
6. 沥青混合料标准密度的确定方法有_____。
　　A. 马歇尔法　　　　　　　　　　　　B. 试验路法
　　C. 实测最大理论密度法　　　　　　　D. 计算最大密度法
7. 在沥青混合料常温和低温劈裂试验时,一般情况试验温度和加载速度分别是_____。
　　A. 10℃,1mm/min　　　　　　　　　B. 15℃,50mm/min
　　C. -10℃,50mm/min　　　　　　　　D. -10℃,1mm/min
8. SMA 改性沥青混合料的最大特点是使沥青混合料的_____均有显著改善。
　　A. 高温性能　　　B. 低温性能　　　C. 水稳性能　　　D. 抗滑性能
9. 空隙率是影响沥青混合料耐久性的重要因素,其大小决定于_____。
　　A. 矿料级配　　　B. 沥青品种　　　C. 沥青用量　　　D. 压实程度
10. 确定沥青混合料的取样数量与_____因素有关。
　　A. 试验项目　　　B. 试验设备　　　C. 集料公称最大粒径　D. 试验环境
11. 沥青混合料的高温稳定性,在实际工作中通过_____进行评价。
　　A. 马歇尔试验　　B. 浸水马歇尔试验　C. 劈裂试验　　　D. 车辙试验
12. 测定马歇尔稳定度,指在规定的_____条件下,标准试件在马歇尔稳定度仪中测得的最大破坏荷载。
　　A. 温度　　　　　B. 湿度　　　　　C. 变形　　　　　D. 加荷速率
13. 沥青混合料水稳定性的评价指标为_____。
　　A. 吸水率　　　　B. 饱水率　　　　C. 残留强度比　　D. 残留稳定率
14. 在确定沥青混合料最佳沥青用量的初始值 OAC_1 时,取_____的平均值作为 $OAC1$。
　　A. 密度最大对应的沥青用量　　　　　B. 稳定最大对应的沥青用量
　　C. 目标空隙率对应的沥青用量　　　　D. 饱和度范围中指的沥青用量

15. 沥青混合料所用类型的选择根据_____来选定。
   A. 气候条件　　　　B. 道路等级　　　　C. 路面类型　　　　D. 所处的结构层次
16. 沥青混合料中沥青用量可以采用_____来表示。
   A. 沥青含量　　　　B. 粉胶比　　　　　C. 油石比　　　　　D. 沥青膜厚度
17. 沥青混合料设计中发现马歇尔稳定度偏低,措施正确的是_____。
   A. 降低沥青黏度　　B. 调整矿料级配　　C. 调整油石比　　　D. 增加击实次数
18. 下列关于蜡封法测沥青混合料密度的说法中,正确的是_____。
   A. 选择你量值在量程 20% ~ 80% 的浸水力学天平
   B. 当试件为非干燥试件时,应用烘干法,干燥至恒重
   C. 试件在 4 ~ 5℃ 冰箱中冷却不少于 30min
   D. 从冰箱取出试件迅速浸入熔化的石蜡液中,至表面被石蜡封住迅速取出,常温放置 30min。
19. 下列关于沥青混合料弯曲试验的说法正确的是_____。
   A. 棱柱体试件应量取小梁跨中及两支点处的断面尺寸是否合格
   B. 试件在恒温水槽内保温 30min 或恒温空气浴中 2h 即可开始试验
   C. 试件安放在支座上时,试件上下方向应与成型时方向相反
   D. 如试验机无环境箱,自试件从恒温槽取出到实验结束应不超过 45s
20. 下列关于沥青混合料劈裂实验的说法正确的是_____。
   A. 实验温度和加载速度可由当地气候条件或有关规定选取
   B. 如无特殊规定,低温抗裂性能实验温度为 -10℃,加载速度为 5mm/min
   C. 最大粒径不超过 26.5mm 时,试件可采用马歇尔标准试件
   D. 实验结果取几个数据的平均值作为实验结果

四、判断题

1. 沥青混合料的平均线收缩系数是规定尺寸的棱柱体试件在规定的温度区间,以规定速率降温时的收缩变形与试件长度的比值。（　　）
2. 矿料与普通沥青的粘附性越好,说明矿料与普通沥青的粘附等级越高。（　　）
3. 工程中常用油石比来表示沥青混合料中的沥青用量。（　　）
4. 增加沥青混合料的试件成型击实次数,将使其饱和度降低。（　　）
5. 沥青混合料生产配合比调整的目的是为拌合楼计量控制系统提供各热料仓矿料的配合比例。（　　）
6. 沥青混合料的拌合时间越长,混合料的均匀性越好。（　　）
7. 沥青混合料的理论密度随沥青用量的增加而增加。（　　）
8. 成型温度是沥青混合料密实度的主要影响因素。（　　）
9. 沥青混合料的密度与沥青路面性能无必然关系。（　　）
10. 沥青混合料中的剩余空隙率,其作用是以备高温季节沥青材料膨胀。（　　）
11. 沥青混合料用粗集料与细集料分界尺寸一般为 4.75mm。（　　）
12. 沥青混合料的线收缩系数在不同的温度区内值相同。（　　）
13. 普通沥青或改性沥青混合料车辙试件成型后,常温冷却 12h 后,既可脱模,进行车辙试验。（　　）
14. 沥青混合料劈裂试验,试验温度和加载速度可由当地气候条件根据试验目的或有关规定选用,不一定为 15 ± 0.5℃。（　　）
15. 流值是稳定度达到最大值的时试件的垂直压缩变形量。（　　）

16. 蜡封法测沥青混合料密度时,将石蜡在电炉上融化,并稳定在其熔点以上 6~10℃。（　）

17. 沥青混合料弯曲试验中,当试验机无环境保温箱时,自试件从恒温处取出至试验结束的时间应不超过 45s。（　）

18. 残留稳定度是评价沥青混合料水稳定性的一项指标。（　）

19. 沥青混合料质量检测时,试样加热时,可以采用微波炉或烘箱加热重塑,允许多次加热,时间长短不限。（　）

20. 在用表干法测定压实沥青混合料密度试验时,当水温不为标准温度时,因影响较小,沥青芯样密度可不进行水温修订。（　）

五、综合题

1. 简述沥青混合料的组成结构有哪 3 类？各有什么优缺点？

2. 用马歇尔法确定沥青用量的指标(规范规定的常规指标)包括哪几个？各自的含义是什么？分别表征沥青混合料的什么性质？

3. 简述成型马歇尔试件时,当缺乏沥青黏度测定条件时,如何选择和控制沥青混合料的搅拌与击实温度？同时简要说明沥青混合料的搅拌温度与击实温度对马歇尔试验结果的影响。

4. 简述沥青混合料矿质混合料配合组成设计步骤。

5. 简述沥青混合料劈裂试验步骤。

6. 某沥青混合料离心分离法测定沥青含量试验数据如下：

沥青混合料总质量（g）	容器中留下的集料质量（g）	环行滤纸试验后增重（g）	抽提液中的矿粉质量（g）
1174.6	1078.4	3.2	44.3

试计算该沥青混合料油石比。

7. 某一组沥青混合料马歇尔稳定度试验结果如下:9.75kN、11.22kN、9.52kN、9.38kN,假定设计要求稳定度为 7.5kN。试计算并判定(4 个试件 K 值为 1.46)。

8. 某个沥青混合料马歇尔试件有关数据如下:该试件空气中质量 1222.4g,试件水中质量 734.5g,表干质量 1226.2g,该混合料的理论密度为 2.568g/cm³,水的密度为 1g/cm³。试计算该试件的空隙率。

9. 某密实型沥青混合料马歇尔试件密度试验数据如下表(表干法):水温为 4℃(4℃时水的密度 $\rho_w \approx 1$g/cm³)。计算这个试件的吸水率和毛体积密度。

马歇尔试件试验记录表

序号	空气中重 m_a(g)	水中重 m_w(g)	表干重 m_f(g)	体积（cm³）	混合料毛体积密度(g/cm³)
	1158.1	678.3	1162.3		

10. 某个沥青混合料马歇尔试件密度试验数据如下表(蜡封法):水温为 4℃(4℃时水的密度 $\rho_w \approx 1$g/cm³,蜡对水的相对密度 $\gamma_p = 0.82$)。计算这个试件的毛体积密度。

马歇尔试件试验记录表

序号	空气质量 m_a(g)	蜡封后质量 m_p(g)	水中质量 m_c(g)	体积（cm³）	混合料毛体积密度(g/cm³)
	1158.1	678.3	1162.3		

参考答案：

一、填空题

1. 悬浮－密实结构　骨架－空隙结构　密实－骨架结构　2. 水稳定性
3. 稳定度　流值　动稳定度　　　　　　　4. 矿料的组成设计　确定最佳沥青用量
5. 沥青　矿料　　　　　　　　　　　　　6. 连续级配　间断级配
7. 高限　低限　中值　　　　　　　　　　8. 63.5±1.3mm　2mm　作废
9. 60±1　30~40　　　　　　　　　　　　10. 表干法　水中重法　蜡封法　体积法
11. 三氯乙烯　　　　　　　　　　　　　　12. 离心法　燃烧法
13. 0.075mm　2.36mm　4.75mm　　　　　　14. 两面　75
15. 表干　蜡封　体积　　　　　　　　　　16. 4.85%
17. 随机　代表性　　　　　　　　　　　　18. 中间两个　0.1mm　4个对称位置　0.1mm
19. 60℃　0.7MPa　45~60min
20. 上面层、中面层　60℃　800次/mm　600次/mm

二、单项选择题

1. C	2. B	3. D	4. C
5. B	6. B	7. B	8. A
9. C	10. B	11. D	12. C
13. B	14. C	15. D	16. B
17. A	18. D	19. B	20. D
21. B	22. A	23. D	

三、多项选择题

1. A、B	2. B、C、B	3. C、D	4. A、B、C、D
5. A、C、D	6. A、B、C	7. B、D	8. A、B
9. A、C、D	10. A、C	11. A、D	12. A、D
13. C、D	14. A、B、C	15. A、B、C、D	16. A、C
17. B、C	18. A、C、D	19. A、D	20. A、C

四、判断题

1. √	2. √	3. ×	4. ×
5. √	6. ×	7. √	8. ×
9. √	10. √	11. ×	12. ×
13. ×	14. √	15. √	16. ×
17. √	18. √	19. ×	20. ×

五、综合题

1. 答：(1)密实—悬浮结构,粗集料少,不能形成骨架,高温稳定性较差。

(2)骨架—空隙结构,细集料少,不足以填满空隙,水稳定性较差。

(3)密实—骨架结构,粗集料足以形成骨架,细集料也可以填满骨架间的空隙,高温稳定性和水稳定性都较好。

2. 答:用马氏法确定沥青用量的常规指标包括稳定度、流值、空隙率和饱和度四个指标,其含义如下:

稳定度是指标标准尺寸的试件在规定温度和加载速度下,在马氏仪上测得的试件最大破坏荷载(kN);

流值是达到最大破坏荷载时试件的径向压缩变形值(0.1mm);

空隙率是试件中空隙体积占试件总体积的百分数;

饱和度是指沥青填充矿料间隙的程度。

稳定度和流值征混合料的热稳性,空隙率和饱和度表征混合料的耐久性。

3. 答:当缺乏沥青黏度测定条件时,沥青混合料的拌合与击实控制温度见下表:针入度小、稠度大的沥青取高取,针入度大、稠度小的沥青取低限,一般取中值。

沥青种类	拌合温度(℃)	击实温度(℃)
石油沥青	130~160	120~150
煤沥青	90~120	80~110
改性沥青	160~175	140~170

搅拌温度过高,易使沥青老化,马歇尔稳定度值会偏大,流值偏小;拌合温度过低混合料不易拌匀,裹覆矿料的沥青膜厚度不均匀,甚至有花料、结团等现象。稳定度值偏小,流值偏大。击实温度过度,混合料相对较密实,空隙率、流值偏小;稳定度、饱和度偏大。击实温度过低,混合料密度相对较小,空隙率、流值偏大;稳定度、饱和度偏小。

4. 答:(1)确定沥青混合料类型,沥青混合料的类型根据道路等级、路面类型、所处的结构层次选定。

(2)确定矿质混合料的级配范围,根据已确定的沥青混合料类型,确定矿质混合料的级配范围。

(3)矿质混合料配合比例计算:

①组成材料的原始数据测定,对各矿料试样进行筛分试验,得出各矿料的筛分曲线。

②计算组成材料的配合比,根据各矿料筛分曲线,采用图解法或计算法,求出符合要求级配范围的各矿料用量比例。

③上述获得的合成组配应根据下列要求作必要的调整:

a. 通常情况下,合成组配曲线宜尺量接近设计级配范围的中限,尤其应使 0.075mm、2.36mm、4.75mm 筛孔的通过量尽量接近设计级配范围的中限;

b. 对交通量大、轴载重的道路,宜偏向设计级配范围的下(粗)限。对于中小交通量或人行道等宜偏向设计级配范围的上(细)限;

c. 合成级配曲线应接近连续级配或合理的间断级配,不得有过多的犬牙交错。当经过再三调整仍然有两个以上的筛孔超出级配范围时,必须对原材料进行调整或更换原材料。

5. 答:①检查仪器工作正常,根据要求选择适当的试验温度,加载速率。

②从恒温环境中取出试件,迅速置于试验台的夹具中安放稳定,其上下均安放有圆弧形压条,与侧面的十字画线对准,上下压条应居中平行。

③迅速安装试件变形测量装置的支座与试验机下支座固定,上端支于上支座上。

④连接好记录仪,选择好量程和记录走纸速度。

⑤开动试验机,使压头与上下压条刚接触,荷载不超过30N,迅速将记录仪调零。

⑥启动试验机,以规定的加荷速度向试件加荷劈裂直至破坏。记录仪同时记录下荷载及水平位移、垂直位移。

⑦当试验机无环境保温箱时,自试件从恒温处取出至试验结束的时间应不超过45s。

6. 解:混合料中矿料的总质量为:1078.4 + 3.2 + 44.3 = 1125.9g

油石比为:(1174.6 - 1125.9)/1125.9 = 4.3%

7. 解:稳定度平均值为:

(9.75 + 11.22 + 9.52 + 9.38)/4 = 9.97kN

标准差为:

$$\sqrt{\frac{\sum d_i^2 - (\sum d_i)^2/N}{N-1}} = 0.849\text{kN}$$

最大值11.22与平均值的差值为:

11.22 - 9.97 = 1.25kN

K 值为1.46,标准差的 K 倍为:

1.46 × 0.849 = 1.24kN

由于1.25 > 1.24;该值舍去。

取其他三个测定值的平均值9.55 ≈ 9.6kN 作为试验结果。

由于其大于7.5kN,判定为合格。

8. 解: $\gamma_f = 1 \times 1222.4/(1226.2 - 734.5) = 2.486\text{g/cm}^3$

$VV = (1 - 2.486/2.568) \times 100 = 3.2\%$

9. 答:吸水率:

$S_a = 100 \times (m_f - m_a)/(m_f - m_w) = 100 \times (1162.3 - 1158.1)/(1162.3 - 678.3) \approx 0.9\%$

毛体积密度:

$\rho_f = \rho \times m_a/(m_f - m_w) = 1 \times 1158.1/(1162.3 - 678.3) = 2.393\text{g/cm}^3$

10. 解: $\rho_f = \dfrac{m_a}{m_p - m_c - (m_p - m_a)/\gamma_p} \times \rho_w$

$= 1032.3/[1062.3 - 571.8 - (1062.3 - 1032.3)/0.82]$

$= 2.274\text{g/cm}^3$

第八节 预应力钢材、锚夹具、波纹管

预应力用钢材

一、填空题

1. 预应力钢丝是采用直径13mm的82B盘条通过拉拔工艺而成的钢丝,具有强度高、塑性好、松弛性能低以及屈服强度高等特点,强度级别有_____、_____、_____等,主要应用于水泥制品。

2. 高强度预应力钢丝包括_____、_____、_____及_____,直径有φ3、φ4、φ5、φ6、φ7多种。

3. 预应力混凝土用钢绞线是采用82B盘条通过拉拔工艺而成φ5钢丝,然后再由多根钢丝以一定的捻距捻制而成。其中有_____、_____及_____钢绞线。捻向又分_____和_____。广泛应用于工业、民用建筑、桥梁、核电站、水利、港口设施等建设工程。

4. 高强精轧螺纹钢筋特点是在其任意截面处都可拧上带有内螺纹的_____或_____,避免了焊接,连接锚固简便,常用的直径有_____和_____两种。其强度等级有:_____、_____、_____等强度系列。

5. 钢绞线应成批验收,每批钢绞线应由_____、_____、_____捻制的钢绞线组成。每批重量不大于_____ t。

6. 测量 1×7 结构钢绞线最大力总伸长率的原始标距 L_0 国标规定应≥_____ mm;美国标准规定 L_0≥_____ mm,最大力总伸长率规定不小于_____%。

7. 钢绞线的直径应用分度值为_____ mm 的量具测量,在同一截面不同方向上测量_____次取平均值。

8. 钢绞线的弹性模量为_____ GPa,但不作为交货条件。

9. 钢绞线松弛试验时的环境温度为_____。

10. 钢绞线屈服强度与极限抗拉强度之比,即屈强比,应不小于_____%。

11. 钢绞线的捻向分为_____和_____两种,需在合同中注明。

12. 钢绞线的捻距为钢绞线公称直径的_____倍。

13. 标准型钢绞线是由_____捻制成的钢绞线,刻痕钢绞线是由_____捻制成的钢绞线。模拔型钢绞线是捻制后再经_____的钢绞线。钢绞线的捻向一般_____捻,_____捻需在合同中注明。

14. 检测机构应当坚持独立、公正的第三方地位,在承接业务、_____和_____过程中,应当不受任何单位和个人的干预和影响,确保检测工作的独立性和公正性。

15. 成品钢绞线应用_____切割,切断后应不_____,如离开原来位置,可以用手_____到原位。

16. 钢绞线交货时应包括:_____、_____、_____。钢绞线每盘卷质量不小于_____,允许有_____的盘卷质量小于 1000kg,但不能小于_____。

17. 公称直径为 15.20mm,强度级别为 1860MPa 的七根钢丝捻制的标准型钢绞线其标记为_____。

18. 当钢绞线力学性能某一项检验结果不符合规定时,则该盘卷不得交货,并从同_____未经试验的钢绞线盘卷中取_____数量的试样进行该_____的复验,复验结果即使有一个试样不合格,则整批钢绞线不得_____。

19. 钢绞线交货时应捆扎结实,捆扎不少于_____道。经双方协商,可加_____、_____等材料包装。

二、选择题

1. 钢丝按加工状态分为冷拉钢丝及消除应力钢丝两类。按松弛性能分两级:Ⅰ级松弛和Ⅱ级松弛。钢丝按外形分为_____。
  A. 光圆钢丝　　　B. 螺旋肋钢丝　　　C. 刻痕钢丝　　　D. 低松弛钢丝

2. 预应力混凝土用高强度精轧螺纹钢筋,这是利用 Si、Mn、Mo、V 多元合金化及轧后控冷工艺开发出的 735/980MPa 级钢筋,当前性能已达到 800/1000MPa 级水平,牌号为 AJL800。预应力混凝土用高强度精轧螺纹钢筋表面不得有_____。
  A. 横向裂纹　　　B. 结疤　　　C. 标记　　　D. 机械损伤

3. 当初始力相当于公称最大力的 70% 时,其钢绞线 1000h 后的应力松弛率应不大于_____。
  A.1%　　　B.2.5%　　　C.4.5%　　　D.5.5%

4. 弹性模量是衡量材料_____的指标。
  A. 刚度　　　B. 挠度　　　C. 强度　　　D. 硬度

5. GB/T 228—2002 用_____符号表示强度性能的主符号。
  A. σ　　　B. F　　　C. A　　　D. R

6. GB/T 228—2002 用_____符号表示规定非比例延伸力的主符号。
   A. F_p　　　　　B. F_t　　　　　C. F_r　　　　　D. F_m

7. 根据 GB/T 5224—2003 的规定,预应力钢绞线最大力总伸长率应符合_____%。
   A. ≮3.0　　　　B. ≮3.5　　　　C. ≮4.0　　　　D. ≮4.5

8. 预应力钢绞线的最大力总伸长率与断后伸长率比较有_____关系。
   A. $A_{gt} > A$　　B. $A_{gt} < A$　　C. $A_{gt} = A$　　D. 不确定

9. 测定钢绞线的弹性模量时,预加负荷范围为规定非比例延伸荷载 $F_{P0.2}$ 的_____。
   A. 5%～90%　　B. 10%～70%　　C. 15%～65%　　D. 20%～60%

10. 标记为"预应力钢绞线 1×7 – 15.20 – 1860 – GB/T 5224—2003"的钢绞线的参考截面积是_____mm²。
    A. 98.7　　　　B. 139　　　　C. 140　　　　D. 141

11. 钢材在长期保持拉应力时,出现应力逐渐缓慢下降的现象为_____。
    A. 松弛　　　　B. 应力松弛　　C. 蠕变　　　　D. 徐变

12. 钢绞线性能结果数值应按规定进行修约,现行标准中规定 Ae 的修约间隔为_____%。
    A. 0.05　　　　B. 0.1　　　　C. 0.5　　　　D. 1

13. 标记为"预应力钢绞线 1×7 – 15.20 – 1860 – GB/T 5224—2003"的钢绞线的性能结果数值应进行修约,现行标准中规定 R_m 的修约间隔为_____MPa。
    A. 1　　　　　B. 5　　　　　C. 10　　　　　D. 50

14. GB/T 5224—2003 规定如整根钢绞线在夹头内和距钳口_____钢绞线公称直径内断裂,最大力未达到标准规定的性能要求时,则该试验应作废。
    A. 0 倍　　　　B. 1 倍　　　　C. 2 倍　　　　D. 3 倍

15. 引伸计标距应等于或近似等于试样标距。当最大力总延伸率＜5％时,使用_____级引伸计。
    A. 不劣于 1　　B. 不优于 1　　C. 不劣于 2　　D. 不优于 2

16. 预应力钢绞线试验时,弹性阶段应力速率为_____,试验时,记录力–延伸曲线或采集力–延伸数据。
    A. 6～60mm/s　B. 6～60MPa/s　C. 6～60kN/s　D. 6～60N/s

17. 预应力钢绞线试验时,在进入塑性范围后直至 F_p,应变速率不超过_____。试验时,记录力–延伸曲线或采集力–延伸数据。
    A. 0.0025mm/s　B. 0.0025MPa/s　C. 0.0025N/s　D. 0.0025/s

18. 对于 1×7 – 15.24mm 钢绞线,各国标准中已给出了弹性模量取值为_____,且不作为交货条件。
    A. 195±10Pa　B. 195±10kPa　C. 195±10MPa　D. 195±10GPa

19. 钢绞线按结构分为_____类。
    A. 1 类　　　　B. 3 类　　　　C. 5 类　　　　D. 7 类

20. 规定非比例延伸力 $F_{p0.2}$ 值不小于整根钢绞线公称最大力 F_m 的_____%。
    A. 80　　　　　B. 75　　　　　C. 90　　　　　D. 85

21. 供方每一交货批钢绞线的实际强度不能高于其抗拉强度级别_____MPa。
    A. 200　　　　B. 100　　　　C. 150　　　　D. 250

22. 钢绞线试验期间,试样的环境温度应保持在_____内。
    A. 20 + 1℃　　B. 20 + 2℃　　C. 20 + 5℃　　D. 20 + 6℃

23. 钢绞线试样处理后不得进行_____。

A. 热处理　　　　　　B. 热处理和冷加工　　C. 冷加工　　　　　　D. 任何形式加工

24. 整根钢绞线最大力检测的取样数量为_____。

A. 3 根每批　　　　　B. 1 根每批　　　　　C. 逐盘卷　　　　　　D. 5 根每批

三、判断题

1. 钢绞线力学性能试验取样,可以在任一盘卷中取三根。（　）
2. 钢绞线应力松弛性能试验,每合同批取一根。（　）
3. 钢绞线松弛试验的试验标距规定不小于公称直径的 60 倍。（　）
4. A_{gt} 是硬度指标。（　）
5. GB/T 228—2002 用符号 δ 表示伸长率性能的主符号。（　）
6. 预应力钢绞线试验时,规定最小的试验标距为 200mm。（　）
7. 钢绞线出厂时的盘卷内径应不小于 750mm。（　）
8. GB/T 228—2002 用符号 Z 表示收缩率性能的符号。（　）
9. 钢绞线拉断时的破坏状态应为剪切断裂。（　）
10. 现行标准 GB/T 5224—2003 中规定的钢绞线屈强比为不小于 90%。（　）
11. 预应力钢丝应成批验收,每批由同一牌号、同一规格、同一生产工艺制作的钢丝组成,每批重量不大于 50t。（　）
12. GB/T 5224—2003 中规定的钢绞线强度级别有四档,最高为 1860MPa。（　）
13. 我国于 2001 年对预应力混凝土用钢丝、钢绞线国家标准进行了重新修订。（　）
14. 钢绞线应成批验收,每批钢绞线由同一厂家、同一生产线、同一供货商提供的钢绞线组成。（　）
15. 预应力钢材表面硬度较高,这就要求试验机夹具有足够的硬度,否则试样与夹具打滑,不能正常拉伸。（　）
16. 整根钢绞线的最大力试验,如试样在夹头内和距钳口 2 倍钢绞线公称直径内断裂达不到标准要求时,则判不合格。（　）

四、问答题

1. 钢绞线检测时,如何选择执行标准？（5分）
2. 钢绞线出厂时产品标记应包含哪些内容？（5分）
3. 钢绞线试验时,对试验夹具有哪些要求？（5分）
4. 画图说明最大力总伸长率与断后伸长率有何区别？（5分）
5. 你做钢绞线力学性能检测时,如果无自动检测设备,采用什么方法确定钢绞线的屈服强度？（5分）
6. 请问在进行整根钢绞线的最大力试验时应如何判定试验有效与无效？（5分）
7. 请问预应力钢棒试验的规定试验标距为多少,应执行什么标准？

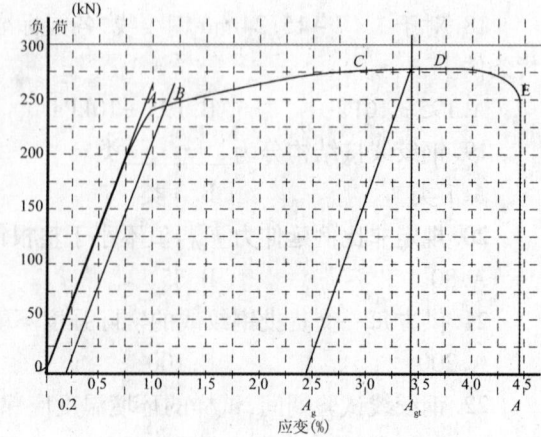

五、计算题

1. 某钢绞线其标记为：预应力钢绞线 1×7 -

15. 20-1860-GB/T 5224—2003,实测弹性模量为 195GPa,$F-\varepsilon$ 曲线如图所示,其中线段 $\overline{OAB}$ 为弹性变形阶段,$\overline{BC}$ 为强化变形阶段,$\overline{CD}$ 为纯塑性变形阶段(负荷保持不变),$\overline{DE}$ 为颈缩阶段。

(1)由图解法求得图中 A、B、C、D、E 各点的坐标;

(2)请按现行标准求出该钢绞线的主要力学性能,并判定。(10 分)

2. 一组三根钢绞线,直径 φ15.24,强度等级 1860MPa,拉伸试验时,实测屈服荷载分别为 261kN、258kN、257kN。破断荷载分别为 270kN、260kN、261kN,实测最大力总伸长率分别为 4.2%、3.7%、3.6%,实测弹性模量为 2.00×10^5 MPa。计算其屈服强度、抗拉强度和屈强比分别为多少?判定该组钢绞线是否合格?并分析其原因。

六、操作题

1. 简述图解法测定抗拉强度 R_m 的要点。(10 分)

2. 简述应力松弛性能试验的要点。(10 分)

3. 简述指针法测定抗拉强度 R_m 的要点。(10 分)

4. 简述测定预应力钢绞线最大力 F_m 的要点。(10 分)

七、案例题

1. 某检测单位接受委托,对某批次预应力混凝土用钢绞线进行力学性能检测,钢绞线规格型号 $1 \times 7-15.24-1860$,强度级别为 1860MPa,实验结果见下表,请你根据现行标准计算 $R_{p0.2}$ 和 R_m,并断定。

样品编号	规定非比例延伸力值 $F_{p0.2}$(kN)	最大力值 F_m(kN)	最大力下总伸长率 A_{gt}(%)	失效形态
1	245	256	1.7	在钳口处断裂
2	249	260	3.4	在钳口处断裂
3	240	245	1.0	在钳口处断裂

2. 某检测单位进行预应力混凝土用钢绞线力学性能检测时所使用的引伸仪标距为 250mm,其引伸仪的刀口是平直的并用橡皮筋固定夹持在钢绞线上,请你根据现行标准分析此方法的合理性与可行性。

参考答案:

一、填空题

1. 1570MPa 1860MPa 1960MPa

2. 消除应力钢丝 消除应力光圆 螺旋肋钢丝 刻痕钢丝

3. 二股 三股 七股 左捻 右捻   4. φ28 φ32 JL540 JL735 JL800

5. 同一牌号 同一规格 同一生产工艺 60

6. 500 610 3.5   7. 0.02mm 两

8. 195±10   9. 20±2℃

10. 90   11. 左(S)捻 右(Z)捻

12. 12~16   13. 冷拉光圆钢丝 刻痕钢丝 冷拔成 左 右

14. 现场检测 检测报告形成   15. 砂轮锯 松散 复原

16. 结构代号　公称直径　强度级别　标准号　1000kg　10%　300kg
17. 预应力钢绞线 1×7 – 75.20 – 1860 – GB/T 5224—2003
18. 一批　双倍　不合格项目　交货
19. 6　防潮纸　麻布

二、选择题

1. A、B、C	2. A、B、D	3. B	4. A
5. D	6. A	7. B	8. D
9. B	10. C	11. B	12. A
13. C	14. C	15. A	16. B
17. A	18. D	19. C	20. C
21. A	22. B	23. B	24. A

三、判断题

1. ×	2. √	3. √	4. ×
5. ×	6. ×	7. √	8. √
9. ×	10. √	11. ×	12. ×
13. ×	14. ×	15. √	16. ×

四、问答题

1. 答:检测方法采用《金属材料室温拉伸试验方法》GB/T 228—2002 和《金属应力松弛试验方法》GB/T10120—1996。(2分)

检测评定标准采用《预应力混凝土用钢绞线》GB/T5224—2003 和《公路桥涵施工技术规范》JTJ041—2000。(2分)

参考标准为《预应力混凝土用无涂层消除应力七丝钢绞线标准技术条件》ASTMA416 – 02A(美国)。(1分)

2. 答:钢绞线出厂时产品标记应包含:

预应力钢绞线,结构代号,公称直径,强度级别,标准号。(各1分)

3. 答:(1)齿形应为细齿,间距1.5mm,角度60°~70°,齿高0.5~0.7mm。(2分)

(2)试验机拉伸钳口最大间距应满足产品标准中原始标距 L_0 的要求。(1分)

(3)试验机夹具应保证夹持可靠,夹头在夹持部分的全长内应均匀地夹紧试样,并应保证在加力状态下或试验过程中试样与夹头不应产生相对滑移。(2分)

4. 答:最大力总伸长率(A_{gt})是在最大力时原始标距的伸长与原始标距的比值(1分),其中含弹性延伸部分和非比例延伸部分;(1分)

断后伸长率(A)是断后原始标距的伸长与原始标距的比值(1分),其中不含弹性延伸部分(1分)。

(画图1分)

5. 答:根据力 – 延伸曲线图测定屈服强度。(1分)

在曲线图上,划一条与曲线的弹性直线段部分平

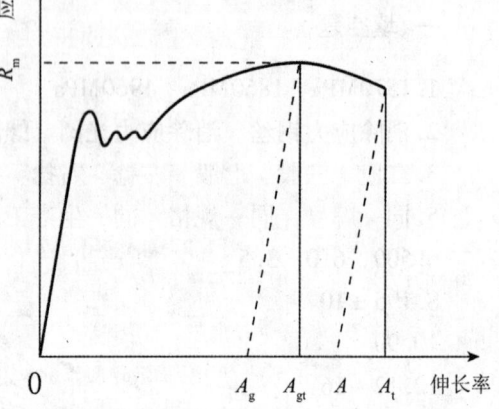

行,且在延伸轴上与此直线段的距离等效于规定非比例延伸率0.2%的平行直线(2分)。根据此平行线与曲线的交点给出所求规定非比例延伸强度的力($F_{p0.2}$),$F_{p0.2}$与试样参考横截面积(S_0)之商即为屈服强度。(2分)

6. 答:以下两种情况为试验无效:
(1)试样断在标距外或机械刻划的标距标记上,而且断后伸长率低于规定最小值;(1分)
(2)在试验时,试验设备发生了故障,影响了试验结果。(1分)
有上述两种情况之一,试验结果无效,重做相同试样相同数量的试验。(1分)
如果标距标记是用无损伤试样表面的方法标记的,断在标距标记上,不列入重试范围。(1分)
如果断在机械刻划的标记上或标距外,但测得的断后伸长率达到了规定最小值的要求,则试验结果有效,无需重试。(1分)

7. 答:(略)。

五、计算题

(1)解:图解结果见下表:

标记	X轴(%)	Y轴(kN)	注
O	0	0	原点
A	1.0	234.8	规定总延伸为1%时的荷载(F_{t1})
B	1.1	240.1	规定非比例伸长0.2%时的荷载值($F_{p0.2}$)
C	3.4	273.3	最大力平台始点
D	3.8	273.3	最大力平台末点
E	4.8	250.0	断裂点,试样断与样品中部

(2)解:试样为$1\times7-15.20$钢绞线,因此试样参考横截面积$S_0=140\text{mm}^2$。
规定总延伸为1%时的强度:
$R_{t1}=F_{t1}/S_0=234800\text{N}/140\text{mm}^2=1680\text{MPa}$(1分)
规定非比例伸长为0.2%时的强度:
$R_{p0.2}=F_{p0.2}/S_0=240100\text{N}/140\text{mm}^2=1720\text{MPa}$(2分)
抗拉强度:
$R_m=F_m/S_0=273300\text{N}/140\text{mm}^2=1950\text{MPa}$(2分)
最大力总伸长率:
$A_{gt}=(3.4+3.8)/2=3.6\%$(2分)
屈强比$=R_{p0.2}/R_m=1720/1950=88\%$(1分)
抗拉强度符合GB/T 5224—2003的规定,判定为合格;
最大力总伸长率大于3.5%,符合GB/T 5224—2003的规定,判定为合格;
屈强比小于90%,不符合GB/T 5224—2003的规定,判定为不合格。(2分)

2. 解:屈服强度:
$R_{p1}=F_{p1}/S_0=261000\text{N}/140\text{mm}^2=1860\text{MPa}$
$R_{p2}=F_{p2}/S_0=258000\text{N}/140\text{mm}^2=1840\text{MPa}$
$R_{p3}=F_{p3}/S_0=257000\text{N}/140\text{mm}^2=1840\text{MPa}$(3分)
抗拉强度:
$R_{m1}=F_{m1}/S_0=270000\text{N}/140\text{mm}^2=1930\text{MPa}$
$R_{m2}=F_{m2}/S_0=260000\text{N}/140\text{mm}^2=1860\text{MPa}$

$R_{m3} = F_{m3}/S_0 = 261000\text{N}/140\text{mm}^2 = 1860\text{MPa}(3\text{分})$

屈强比 $1 = R_{p1}/R_{m1} = 1860/1930 = 96\%$

屈强比 $2 = R_{p2}/R_{m2} = 1840/1860 = 99\%$

屈强比 $3 = R_{p3}/R_{m3} = 1840/1860 = 99\%$（3分）

因 R_m1、R_m2、R_m3 均大于等于 1860MPa，屈强比均大于 90%，且最大力总伸长率均大于 3.5%，依据 GB/T 5224—2003，判定该组钢绞线合格。（1分）

六、操作题

1. 答：图解方法要求试验机不劣于 1 级准确度，引伸计为不劣于 2 级准确度，引伸计标距不小于试样标距的一半（3分），试验时的应变速率不超过 0.008/s（2分）。试验时，记录力~延伸曲线或力~位移曲线或采集相应的数据（2分）。在记录得到的曲线图上按定义判定最大力，对于连续屈服类型，试验过程中的最大力判为最大力 Fm，由最大力计算抗拉强度 Rm。（3分）

2. 答：对于预应力钢绞线，应力松弛性能试验期间试样的环境温度应保持在 20±2℃ 的范围内，试样不得进行任何热处理和冷加工（2分），试样标距长度不小于公称直径的 60 倍，初应力为公称最大力的 70%，初始负荷应在 3 至 5 分钟内施加完毕（3分），对于Ⅰ级松弛保持 2 分钟，对于Ⅱ级松弛保持 1 分钟后开始记录松弛值。（2分）低松弛级别要满足 1000 小时应力松弛率不大于 2.5% 的要求。（3分）

3. 答：指针方法测定抗拉强度是相对简单的方法。它是通过人工读取试验机指示的最大力，进而计算抗拉强度（2分）。由于新标准对最大力的定义与旧标准的不同，所以不能完全借助于被动指针所指示的最大力作为最大力（3分）。试验时，应注视指针的指示，对于连续屈服类型，读取试验过程中指示最大的力。（2分）对于不连续屈服类型，读取屈服阶段之后指示的最大的力作为最大力 F_m，进而计算抗拉强度 R_m。（3分）

4. 答：(1) 试件的夹持装置是否合理，对试件是否造成划伤，这是完成试验的必要条件。（2分）

(2) 适宜的加载速度是做好试验的重要保证；（2分）

(3) 试件破坏后，最大力未达到标准规定数值时，应根据破断钢丝的断口分析破断原因（2分）。如果断口呈明显颈缩，说明数据是真实的（2分），如果由于夹持装置不合理或夹持装置对试件划伤或咬伤，从而在划伤处造成应力集中，导致试件提前在划伤处破断，该试验判为无效，应重新取样测试。（2分）

七、案例题

1. 解：见下表

样品编号	规定非比例延伸		最大力值 F_m(kN)	抗拉强度 R_m(MPa)	最大力下总伸长率 A_{gt}(%)	失效形态	备注
	力值 $F_{p0.2}$(kN)	应力 $R_{p0.2}$(MPa)					
1	245	1750	256	1830	1.7	在钳口处断裂	试验无效
2	249	1780	260	1860	3.4	在钳口处断裂	试验无效
3	240	1710	245	1750	1.0	在钳口处断裂	试验无效

依 GB/T 5224—2003 第 8.4.1 条"如试样在夹头内和距钳口 2 倍钢绞线公称直径内断裂达不到本标准性能要求时，试验无效"之规定，去除试验无效试样后，判定此试验无效，重新取样进行试验。

2. 解：因钢绞线结构特殊，捻距约为170mm，引伸仪的夹持方式应该引起注意的，通常引伸仪的刀口是平直的，用橡皮筋固定只能夹持钢绞线 7 丝中的 2 丝，由于各丝变形有一定程度的不均匀性，因此对弹性模量的测试还是有一些影响，应当使用螺纹固定的环形卡式大于500mm 标距的引伸仪。

预应力钢材模拟试卷（A）

一、填空题（本大题共 4 小题，每小题 2 分，共 8 分）

1. 预应力钢丝是采用直径 13mm 的 82B 盘条通过拉拔工艺而成的钢丝，具有强度高、塑性好、松弛性能低以及屈服强度高等特点，强度级别有_____、_____、_____等，主要应用于水泥制品。

2. 高强度预应力钢丝包括_____、_____、_____及_____，直径有 φ3、φ4、φ5、φ6、φ7 多种。钢绞线交货时应捆扎结实，捆扎不少于_____道。经双方协商，可加_____、_____等材料包装。

3. 预应力混凝土用钢绞线是采用82B 盘条通过拉拔工艺而成 φ5 钢丝，然后再由多根钢丝以一定的捻距捻制而成。其中有_____、_____及_____钢绞线。捻向又分_____和_____。广泛应用于工业、民用建筑、桥梁、核电站、水利、港口设施等建设工程。

4. 高强精轧螺纹钢筋特点是在其任意截面处都可拧上带有内螺纹的_____或_____，避免了焊接，连接锚固简便。常用的直径有_____和_____两种。其强度等级有_____等强度系列。

二、选择题（本大题共 11 小题，每小题 2 分，共 22 分）

在每小题列出的四个备选项中只有一个是符合题目要求的，请将其代码填写在题的_____。错选、多选或未选均无分。

1. 钢丝按加工状态分为冷拉钢丝及消除应力钢丝两类。按松弛性能分两级：Ⅰ级松弛和Ⅱ级松弛。钢丝按外形分为_____。
   A. 光圆钢丝　　B. 螺旋肋钢丝　　C. 刻痕钢丝　　D. 低松弛钢丝

2. 预应力混凝土用高强度精轧螺纹钢筋，这是利用 Si、Mn、Mo、V 多元合金化及轧后控冷工艺开发出的 735/980MPa 级钢筋，当前性能已达到 800/1000MPa 级水平，牌号为 AJL800。预应力混凝土用高强度精轧螺纹钢筋表面不得有_____。
   A. 横向裂纹　　B. 结疤　　C. 标记　　D. 机械损伤

3. 当初始力相当于公称最大力的 70% 时，其钢绞线 1000h 后的应力松弛率应不大于_____。
   A. 1%　　B. 2.5%　　C. 4.5%　　D. 5.5%

4. 弹性模量是衡量材料_____的指标。
   A. 刚度　　B. 挠度　　C. 强度　　D. 硬度

5. GB/T 228—2002 用_____符号表示强度性能的主符号。
   A. σ　　B. F　　C. A　　D. R

6. GB/T 228—2002 用_____符号表示规定非比例延伸力的主符号。
   A. F_p　　B. F_t　　C. F_r　　D. F_m

7. 根据 GB/T 5224—2003 的规定，预应力钢绞线最大力总伸长率应符合_____%。
   A. ≮3.0　　B. ≮3.5　　C. ≮4.0　　D. ≮4.5

8. 预应力钢绞线的最大力总伸长率与断后伸长率比较有_____关系。
A. $A_{gt} > A$ B. $A_{gt} < A$ C. $A_{gt} = A$ D. 不确定
9. 测定钢绞线的弹性模量时,预加负荷范围为规定非比例延伸荷载 $F_{p0.2}$ 的_____。
A. 5% ~ 90%   B. 10% ~ 70%   C. 15% ~ 65%   D. 20% ~ 60%
10. 标记为"预应力钢绞线 1×7 − 15.20 − 1860 − GB/T 5224—2003"的钢绞线的参考截面积是_____ mm²。
A. 98.7   B. 139   C. 140   D. 141
11. 钢材在长期保持拉应力时,出现应力逐渐缓慢下降的现象为_____。
A. 松弛   B. 应力松弛   C. 蠕变   D. 徐变

三、判断题

1. 钢绞线力学性能试验取样,可以在任一盘卷中取三根。(　)
2. 钢绞线应力松弛性能试验,每合同批取一根。(　)
3. 钢绞线松弛试验的试验标距规定不小于公称直径的 60 倍。(　)
4. 现行标准 GB/T 5224—2003 中规定的钢绞线屈强比为不小于 90%。(　)
5. GB/T 228—2002 用符号 δ 表示伸长率性能的主符号。(　)
6. 钢绞线拉断时的破坏状态应为剪切断裂。(　)

四、简答题

1. 简述图解法测定抗拉强度 R_m 的要点。(10 分)
2. 简述指针法测定抗拉强度 R_m 的要点。(10 分)
3. 钢绞线试验时,对试验夹具有哪些要求?
4. 请问在进行整根钢绞线的最大力试验时应如何判定试验有效与无效?
5. 简述测定预应力钢绞线最大力 F_m 的要点。
6. 你做钢绞线力学性能检测时,如果无自动检测设备,采用什么方法确定钢绞线的屈服强度?

五、综合能力题(解答与操作计算)

1. 一组三根钢绞线,直径 ϕ15.24,强度等级 1860MPa,拉伸试验时,实测屈服荷载分别为 261kN、258kN、257kN。破断荷载分别为 270kN、260kN、261kN,实测最大力总伸长率分别为 4.2%、3.7%、3.6%,实测弹性模量为 2.00×10⁵MPa。计算其屈服强度、抗拉强度和屈强比分别为多少?判定该组钢绞线是否合格?并分析其原因。
2. 画图说明最大力总伸长率与断后伸长率有何区别?
3. 简述钢绞线试验时,对试验条件和夹具有哪些要求?钢绞线出厂时产品标记应包含哪些内容?
4. 某检测单位进行预应力混凝土用钢绞线力学性能检测时所使用的引伸仪标距为 250mm,其引伸仪的刀口是平直的并用橡皮筋固定夹持在钢绞线上,请你根据现行标准分析此方法的合理性与可行性。

预应力钢材模拟试卷(B)

一、填空题

1. 高强度预应力钢丝包括_____、_____及_____,直径有 ϕ3、ϕ4、ϕ5、ϕ6、

φ7 多种。钢绞线屈服强度与极限抗拉强度之比,即屈强比应不小于_____%。钢绞线的捻向分为_____和_____两种,需在合同中注明。

2. 高强精轧螺纹钢筋特点是在其任意截面处都可拧上带有内螺纹的_____或_____,避免了焊接。连接锚固简便,常用的直径有_____和_____两种。其强度等级有,_____等强度系列。

3. 钢绞线应成批验收,每批钢绞线应由_____、_____、_____捻制的钢绞线组成。每批重量不大于_____t。钢绞线的直径应用分度值为_____mm 的量具测量,在同一截面不同方向上测量_____次取平均值。

4. 测量 1×7 结构钢绞线最大力总伸长率的原始标距 L_0 国标规定应≥_____mm;美国标准规定 L_0≥_____mm,最大力总伸长率规定不小于_____%。

二、选择题

在每小题列出的四个备选项中只有一个是符合题目要求的,请将其代码填写在题的_____。错选、多选或未选均无分。

1. 钢绞线性能结果数值应按规定进行修约,现行标准中规定 A_e 的修约间隔为_____%。
A. 0.05   B. 0.1   C. 0.5   D. 1

2. 标记为"预应力钢绞线 1×7 – 15.20 – 1860 – GB/T 5224—2003"的钢绞线的性能结果数值应进行修约,现行标准中规定 R_m 的修约间隔为_____MPa。
A. 1   B. 5   C. 10   D. 50

3. GB/T 5224—2003 规定如整根钢绞线在夹头内和距钳口_____钢绞线公称直径内断裂,最大力未达到标准规定的性能要求时,则该试验应作废。
A. 0 倍   B. 1 倍   C. 2 倍   D. 3 倍

4. 引伸计标距应等于或近似等于试样标距。当最大力总延伸率<5%时,使用_____级引伸计。
A. 不劣于 1   B. 不优于 1   C. 不劣于 2   D. 不优于 2

5. 预应力钢绞线试验时,弹性阶段应力速率为_____,试验时,记录力－延伸曲线或采集力－延伸数据。
A. 6～60mm/s   B. 6～60MPa/s   C. 6～60kN/s   D. 6～60N/s

6. 预应力钢绞线试验时,在进入塑性范围后直至 F_p,应变速率不超过_____。试验时,记录力－延伸曲线或采集力－延伸数据。
A. 0.0025mm/s   B. 0.0025MPa/s   C. 0.0025N/s   D. 0.0025/s

7. 对于 1×7 – 15.24mm 钢绞线,各国标准中已给出了弹性模量取值为_____,且不作为交货条件。
A. 195±10Pa   B. 195±10kPa   C. 195±10MPa   D. 195±10GPa

8. 钢绞线按结构分为_____类。
A. 1 类   B. 3 类   C. 5 类

9. 规定非比例延伸力 $F_{p0.2}$ 值不小于整根钢绞线公称最大力 F_m 的_____%。
A. 80   B. 75   C. 90   D. 85

10. 供方每一交货批钢绞线的实际强度不能高于其抗拉强度级别_____MPa。
A. 200   B. 100   C. 150

11. 钢绞线试验期间,试样的环境温度应保持在_____内。
A. 20±1℃   B. 20±2℃   C. 20±5℃

三、判断题

1. 现行标准 GB/T 5224—2003 中规定的钢绞线屈强比为不小于90%。（　）
2. 预应力钢丝应成批验收，每批由同一牌号、同一规格、同一生产工艺制作的钢丝组成，每批重量不大于50t。（　）
3. GB/T 5224—2003 中规定的钢绞线强度级别有四档，最高为1860MPa。（　）
4. 我国于2001年对预应力混凝土用钢丝、钢绞线国家标准进行了重新修订。（　）
5. 钢绞线应成批验收，每批钢绞线由同一厂家、同一生产线、同一供货商提供的钢绞线组成。（　）
6. 整根钢绞线的最大力试验，如试样在夹头内和距钳口2倍钢绞线公称直径内断裂达不到标准要求时，则判不合格。（　）

四、简答题

1. 钢绞线检测时，如何选择执行标准？
2. 钢绞线出厂时产品标记应包含哪些内容？
3. 钢绞线试验时，对试验夹具有哪些要求？
4. 请问在进行整根钢绞线的最大力试验时应如何判定试验有效与无效？
5. 请问预应力钢棒试验规定的试验标距为多少，应执行什么标准？
6. 你做钢绞线力学性能检测时，如果无自动检测设备，采用什么方法确定钢绞线的屈服强度？（5分）

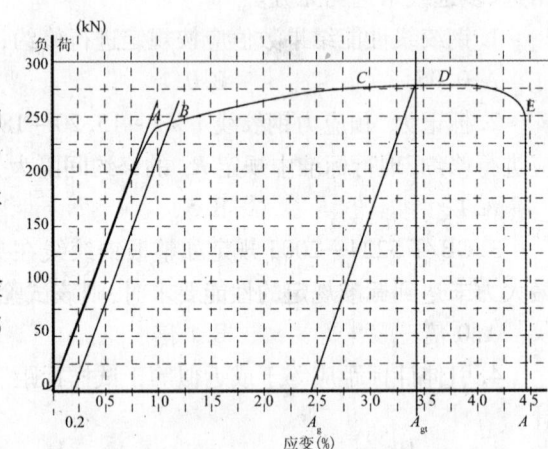

五、综合能力题（解答与操作计算）

1. 某钢绞线其标记为：预应力钢绞线 $1 \times 7 - 15.20 - 1860 - $ GB/T 5224—2003 实测弹性模量为195GPa，$F - \varepsilon$ 曲线如右上图所示，其中线段 OAB 为弹性变形阶段，BC 为强化变形阶段，CD 为纯塑性变形阶段（负荷保持不变），DE 为颈缩阶段。

（1）由图解法求得图中 A、B、C、D、E 各点的坐标：

（2）请按现行标准求出该钢绞线的主要力学性能，并判定。

2. 简述图解法测定抗拉强度 R_m 的要点。
3. 简述应力松弛性能试验的要点。
4. 某检测单位进行预应力混凝土用钢绞线力学性能检测时所使用的引伸仪标距为250mm，其引伸仪的刀口是平直的并用橡皮筋固定夹持在钢绞线上，请你根据现行标准分析此方法的合理性与可行性。

预应力筋锚夹具检测习题

一、填空题

1. 对混凝土结构施加预应力的目的主要是充分发挥混凝土的_____性能和预应力钢筋的_____性能，减小结构_____和_____。

2. 对锚具、夹具和连接器的使用要求应具有_____、_____和_____,以保证充分发挥预应力筋的强度和预应力施工的安全作业。

3. 锚具的质量检验分为_____和_____两大类,其中出厂检测项目有_____、_____和_____。

4. 夹具(又称工具锚)组装件试验时,夹具的全部零件不应出现肉眼可见的裂缝或破坏,要求有良好的_____性能、_____性能和_____性能。

5. 检验锚夹片硬度时,表面必须_____处理后,方可打硬度;当硬度为 HRC 时,硬度的主试验力为_____;硬度为 HRA 时,主试验力为_____。每个零件测试_____点。

6. 出厂检验时,每批产品的数量是指_____、_____、_____一次投料生产的数量。每个验收批不得超过_____套。

7. 国标 GB/T 14370—2000 中规定,锚具静载锚固性能试验时,必须同时满足锚具效率系数 η_a ≥_____和极限总应变 ε_{apu} ≥_____,方可判合格。

8. 锚夹具静载试验时,测量总应变用的量具,其标距的不确定度不得大于标距的_____,指示应变的有确定度不得大于_____。

9. 夹片的硬度值按企业标准执行,一般控制范围在 HRC _____和 HRA _____为宜。

10. 采用精轧螺纹钢时,其螺母锚具和连接器表硬度,当预应力钢材配 φ25mm 钢筋为 HRC _____,配 φ32mm 钢筋为_____。

二、单项选择题

1. 锚环的硬度单位表示方法有_____。
   A. HB 或 HRC   B. HRB   C. HRC 或 HRA   D. HRC

2. 预应力筋锚具组装件试验,要求预应力筋的受力长度_____。
   A. ≥2m   B. ≥3m   C. ≤3m   D. ≤2.5m

3. 夹片式锚具张拉锚固后,国家标准规定夹片的滑移量为_____。
   A. ≤1mm   B. ≤5mm   C. ≥5mm   D. ≥1mm

4. 预应力筋效率系数 η_p,国标 GB/T 14370—2007 中规定为:_____
   A. 0.97   B. 1.00   C. 1.03   D. 按预应力筋根数分别取用

5. 锚具静载试验应进行三个组装件试验,当三个试验结果中的 η_a 和 ε_{apu},如有一个不满足标准 GB/T 14370—2000 规定时,则必须_____。
   A. 补做一个   B. 补做二个   C. 补做三个   D. 加倍复检

6. 锚夹具硬度检验,国际 GB/T 14370—2000 规定,一个验收批抽取_____。
   A. 10 套   B. 5%   C. 不得少于 5 套   D. 不得少于 8 套

7. 国际 GB/T 14370—2000 中规定,夹具的锚固效率系数 η_g ≥_____。
   A. 0.97   B. 0.95   C. 0.92   D. 0.90

8. 单根钢绞线的组件试件,不包括夹持部位的受力长度,不应小于_____。
   A. 3m   B. 2.5m   C. 1m   D. 0.8m

9. 组装件试验的测力系统应经过系统标定,其不确定度不得大于_____。
   A. 2%   B. 0.2%   C. 1%   D. 0.5%

10. 锚具、夹具、连接器组装件试验时,当分级加载到预应力钢材强度的 80% 即 $0.8f_{ptk}$ 时,要求持荷_____,保证锚具充分自锚。
    A. 0.5h   B. 1h   C. 10h   D. 5min

三、多项选择题

1. 锚具现行标准有国标、部标分别为：_____。
   A. GB/T 14370—2000　B. JT 329.2—1997　　C. CRCC/T 0005—2007
   D. GB/T 14370—2007　E. JGJ 85—2002
2. 锚具配套附件有_____。
   A. 限位板　　　　　B. 钢绞线的内缩量△a　C. 螺旋筋　　　　　D. 波纹管
3. 锚夹具静载试验时的测量项目有_____。
   A. 夹片位移量△b　　B. 钢绞线的内缩量△a　C. 实测极取拉力 F_{apu}
   D. 总应变 ε_{apu}　　　E. 锚夹具变形　　　F. 破坏形态
4. 锚夹具外观和尺寸检验项目有_____。
   A. 表面无裂纹　　　B. 表面无锈蚀　　　C. 表面光洁度　　　D. 影响锚固能力的尺寸
5. 抽样检测所指的同批产品是指_____。
   A. 同一批原料　　　B. 同一种工艺　　　C. 同一类产品　　　D. 同一次投料生产
6. 锚具产品合格证书，应包含_____。
   A. 型号、规格　　　　　　　　　　　　B. 适用的预应力钢材品种、规格、强度等级
   C. 锚夹片使用的钢材品种　　　　　　　D. 锚夹片的硬度类型、硬度范围
   E. 适用范围　　　　　　　　　　　　　F. 锚具效率系数数和总应变

四、判断题

1. 夹具又称工具锚，由于有反复使用和拆卸方便的要求，组装件试验时，其锚具效率系数要求与工作锚具(即永久性锚具)相同。　　　　　　　　　　　　　　　　　　　　　　　　（　）
2. 在锚具确定适用于某一强度等级的预应力钢材后，静载试验用的预应力钢材实测极限抗拉强度平均值f_{pm}，可以高于或低于其一个等级的预应力钢材。　　　　　　　　　　　　（　）
3. 组装件试验时，所选用的预应力钢材，只要全部力学性能符合该产品的国家标准或行业标准，其直径公差没有要求。　　　　　　　　　　　　　　　　　　　　　　　　　　（　）
4. 静载试验应连续进行三个，组装件的试验，全部试验数据应做好记录，并按标准中规定公式计算其锚固效率系数 η_a 或 η_g 和相应的总应变 ε_{apu}，然后取其平均值，能满足现行标准的规定即可判合格。　　　　　　　　　　　　　　　　　　　　　　　　　　　　　　　　　　　　　（　）
5. 对新型锚具和连接器，尚未成为定型产品的，除静载试验以外，还应按现行标准做规定的辅助性试验，其试验结果作为观测项目，供设计和施工单位采用，不作合格与否判定。　　（　）
6. 在预应力筋—锚具组装件试验，达到实测极限拉力时，其破坏形态可以是预应力筋断裂，也可以是锚具破坏所致。　　　　　　　　　　　　　　　　　　　　　　　　　　　　（　）

五、综合题

（一）综合问答题

1. 锚具组装件试验前，国标 GB/T 14370—2000 中对锚夹片和预应力钢材有何具体规定和要求？同时对锚环和夹片要作何种处理后方可试验？
2. 精轧螺纹钢锚具-连接器组装件试验，抽样不应少于几个？当锚具、连接器数量超过多少要加倍抽检？
3. 后张预应力构件端部为什么要设置锚垫板和螺旋筋？其目的是什么？要不要检测？
4. 锚具的锚固效率系数 $\eta_a = \dfrac{F_{apu}}{\eta_p \cdot F_{pm}}$ 公式中其符号的含义是什么？其中对 η_p 的取用国标 GB/

T 14370—2000 中有何规定?

5. 锚具摩阻损失(又称锚口摩阻损失)的基本概念是什么?国标 GB/T 14370—2000 中有何规定?如何判定?

6. 静载试验时,如果预应力筋在锚夹具夹持部位有偏转角(部分锚筋孔与锚板底面有倾斜角)例如扁锚和连接器,现行标准对试件安装有何规定和要求?

(二)操作题

1. 试简述采用洛氏硬度计检测锚夹片硬度的操作程序和操作要点。

2. 试简述预应力筋—锚具组装件静载试验的操作和加载程序,检测项目与检测过程。

(三)计算题

某工程抽检预应力夹片式锚具,锚具型号 OVM15-7,钢绞线为 1860 级,实测极限抗拉强度为 1910MPa,弹性模量为 1.95×10^5 MPa,延伸率为 4.5%,锚夹片硬度经检测均符合生产厂企业标准规定,静载锚固试验实测结果如下,判定是否合格?

1. 静载试验时,组装件钢绞线破断荷载为 1768.1kN,试计算其锚具效率系数。

2. 试验台座实测钢绞线受力长度(包括千斤顶尺寸)为 3.5m,当试验张拉力为 $0.2\sigma_k \sim \sigma_p$ 时,组装件实测伸长值为 60mm,夹片位移量 $\triangle b$ 为 4mm,预应力筋内缩量 $\triangle a$ 为 5mm,计算其极限总应变值。

(四)案例分析

1. 某高速公路引桥为 5 跨(5×30m)预应力连续箱梁桥,箱梁底板采用 BM15-5 扁锚预应力束,第一跨 66m,一端张拉工艺,张拉时发现预应力束的伸长量为计算伸长量的 $-10\% \sim -40\%$,规范规定 ±6%),停止张拉,请分析是什么原因造成的。

(1)扁锚锚固质量出问题;

(2)张拉工艺问题;

(3)孔道摩阻问题。

2. 某地大运河上的桥梁为 25m 跨预制预应力空心板梁,采用 QM15-5 夹片式锚具,张拉结束后孔道压浆,几天后板梁吊装。安装后的板梁在施工车辆作业下大面积开裂,不得不体外预应力加固。请分析事故可能产生的原因。

(1)锚具质量问题;

(2)预应力张拉工艺问题。

3. 某高速公路,后张预应力连续箱梁桥,采用了 YML15-19 预应力连接器,施工过程连续三次出现预应力张拉至 50% 左右控制应力时,张拉力上不去,不得不停止张拉。请分析事故可能产生的原因。

(1)挤压 P 型锚具锚固力不够滑出来了;

(2)连接器中间的夹片锚出问题了;

(3)其他问题。

4. 某高速公路送样某检测单位检测一组 YM15-4 夹片式锚具,其检测报告如下,由于锚具效率系数均达不到 BG/T 14370—2007 规定要求,判不合格。生产厂家对其检测结果判定有疑义。请你帮助审查检测报告中所表述的检测信息是否存在问题。

试件编号	锚具型号	钢绞线计算极限拉力之和 F_{pm}(kN)	钢绞线锚具组装件实测极限拉力 F_{apu}(kN)	锚具效率系数 η_a	实测伸长值 L_2 $0.2\sigma_k \to \sigma_p$	总应变 ε_{apu} (%)	组装件内缩量 $\triangle a$ (mm)	夹片滑移量 $\triangle b$ (mm)	破坏情况 颈缩丝数	破坏情况 斜切口断丝数	破坏情况 破坏部位
1-1	YM15-4	1098	1012	0.92	/	3.9	7.0	7.06	3	/	夹持处

续表

试件编号	锚具型号	钢绞线计算极限拉力之和 F_{pm}(kN)	钢绞线锚具组装件实测极限拉力 F_{apu}(kN)	锚具效率系数 η_a	实测伸长值 L_2 $0.2\sigma_k \rightarrow \sigma_p$	总应变 ε_{apu}(%)	组装件内缩量 $\triangle a$(mm)	夹片滑移量 $\triangle b$(mm)	破坏情况 颈缩丝数	破坏情况 斜切口断丝数	破坏情况 破坏部位
1-2	YM15-4	1098	1016	0.93	/	4.2	5.67	8.34	5	/	夹持处
1-3	YM15-4	1098	1024	0.93	/	4.0	8.0	6.67	3	/	夹持处
/	/	/	/	/	/	/	/	/	/	/	/

检测结论	1. 以上检测数据锚固效率系数均不符合国家标准 GB/T 14370—2007 中 $\eta_a \geq 0.95$ 的规定,总应变符合规定 $\varepsilon_{apu} \geq 2.0\%$,判不合格,建议加倍复检。 2. 本报告只对同批抽样锚具负责,复印无效
备注	试验用钢绞线实测强度等级:1960N/mm²,延伸率: %,弹性模量: ×10⁵N/mm²

①分析其检测报告判定是否正确?
②若判定有问题,那么问题出在哪里?应从哪些方面找原因?
③你认为应如何正确判定?

参考答案:

一、填空题

1. 抗压 抗拉 自重 几何尺寸
2. 可靠的锚固能力 足够的承载力 良好的适用性
3. 出厂检验 型式检验 外观 硬度 静载试验
4. 自锚 松锚 重复使用
5. 打磨 1471N 588N 3
6. 同一类产品 同一种原料 同一种工艺 1000
7. $\eta_a \geq 0.95$ $\geq 2\%$
8. 0.2% 0.1%
9. 56~65 78~85
10. 30~35 HRC26-30

二、单项选择题

1. A 2. B 3. B 4. D
5. D 6. B 7. B 8. D
9. A 10. B

三、多项选择题

1. B、C、D、E   2. A、B、C   3. A、B、C、D   4. A、B、C、D
5. A、B、C、D   6. A、B、C、D

四、判断题

1. ×   2. ×   3. ×   4. ×

5. √　　　　　　6. ×

五、综合题

（一）综合问答题

1. 答：锚夹片外观、尺寸、硬度检验合格。

预应力钢材应经过选择，全部力学性能应符合该产品的国家标准或行业标准。所选用的钢材的直径公差应在锚具、夹具和连接器产品设计允许范围内，对符合要求的钢材应先进行的母材试验，试件不少于3根，检验性能合格。

对锚夹片要进行清洗干净，所有锚固零件上不得添加影响锚固性能的物质。

2. 答：抽样不得少于2个，超过500套要加倍抽检。

3. 答：主要防止张拉端锚具锚固部位混凝土局部承压破坏，加强局部承压强度。主要检测锚垫板的尺寸，有无裂纹和缺陷。

4. 答：参看国标，第5.2.1条第3.2节。

5. 答：参看国标第6.5.3条，属于辅助性试验，为观测项目不作合格与否判定。

6. 答：参看国标第6.1.1条规定。

（二）操作题

1. 答：参看培训教材"硬度检验方法和操作要求。"

2. 答：参看国标第6.2节"静载试验。"

（三）计算题

答：参看培训教材例题。

（四）案例分析

1. 答：①锚孔距尺寸偏小而出现裂纹；②扁锚厚度尺寸偏小和扁锚张拉端面未加工坡角而是平面，导致弯曲变形。

2. 答：①夹片齿纹硬度不够，夹持不住钢绞线；②夹片的锥角与锚孔锥度不匹配，导致锚具处自锚能力不足。

3. 答：①第一跨箱梁张拉预应力不足，低于张拉控制应力50%以上。因为当第一跨孔道压浆后，连接器作为第二跨梁的张拉固定端张拉第二跨预应力束时，张拉力未达到50%控制应力时，张拉力值上不去了，即连接器拉脱了。说明第一跨有效预应力低于50%控制应力。②张拉第一跨箱梁时，锚具夹片位移量和钢绞线内缩量过大，导致预应力损失过大，箱梁上的有效预应力减小，其主要原因还是锚具和连接器质量存在问题，夹片齿形加工尺寸不匹配和硬度不足，锚板尺寸偏小等综合原因。

4. 答：（略）

预应力筋锚夹具检测模拟试卷（A卷）

一、填空题（每空1分，共15分）

1. 对混凝土结构施工预应力的目的主要是充分发挥混凝土的_____性能和预应力钢筋的_____性能，减小结构_____和_____。

2. 对锚具、夹具和连接器的使用要求应具有_____、_____和_____，以保证充分发挥预应力筋的强度和预应力施工的安全作业。

3. 检验锚夹片硬度时，表面必须_____处理后，方可打硬度；当硬度为HRC时，硬度的主试验力为_____;硬度为 HRA 时,主试验力为_____。每个零件测试_____点。

4. 锚夹具静载试验时,测量总应变用的量具,其标距的不确定度不得大于标距的_____,指示应变的有确定度不得大于_____。

5. 采用精轧螺纹钢时,其螺母锚具和连接器表面硬度,当预应力钢材配 $\phi 25mm$ 钢筋为 HRC _____,配 $\phi 32mm$ 钢筋为_____。

二、单项选择题(每题 2 分,共 10 分)

1. 锚环的硬度单位表示方法有_____。
   A. HB 或 HRC B. HRB C. HRC 或 HRA D. HRC

2. 预应力筋-锚具组装件试验,要求预应力筋的受力长度_____。
   A. ≥2m B. ≥3m C. ≤3m D. ≤2.5m

3. 预应力筋效率系数 η_p,国标 GB/T 14370—2007 中规定为_____。
   A. 0.97 B. 1.00 C. 1.03 D. 按预应力筋根数分别取用

4. 国标 GB/T 14370—2000 中规定,夹具的锚固效率系数 $\eta_g \geq$ _____。
   A. 0.97 B. 0.95 C. 0.92 D. 0.90

5. 锚具、夹具、连接器组装件试验时,当分级加载到预应力钢材强度的 80% 即 $0.8f_{ptk}$ 时,要求持荷_____,保证锚具充分自锚。
   A. 0.5h B. 1h C. 10min D. 5min

三、多项选择题(每题 3 分,共 12 分)

1. 锚具现行标准有国标、部标分别为_____。
   A. GB/T 14370—2000 B. JT 329.2—1997 C. CRCC/T 0005—2007
   D. GB/T 14370—2007 E. JGJ 85—2002

2. 锚具配套附件有_____。
   A. 限位板 B. 钢绞线的内缩量 $\triangle a$ C. 螺旋筋 D. 波纹管

3. 锚夹具静载试验时的测量项目有_____。
   A. 夹片位移量 $\triangle b$ B. 钢绞线的内缩量 $\triangle a$ C. 实测极限拉力 F_{apu}
   D. 总应变 ε_{apu} E. 锚夹具变形 F. 破坏形态

4. 锚具产品合格证书,应包含_____。
   A. 型号、规格 B. 适用的预应力钢材品种、规格、强度等级
   C. 锚夹片使用的钢材品种 D. 锚夹片的硬度类型、硬度范围

四、判断题(每题 3 分,共 12 分)

1. 夹具又称工具锚,由于有反复使用和拆卸方便的要求,组装件试验时,其锚具效率系数要求与工作锚具(即永久性锚具)相同。( )

2. 在锚具确定适用于某一级的预应力钢材后,静载试验用的预应力钢材实测极限抗拉强度平均值 f_{pm} 可以高于或低于锚具所确定适用的某一等级的预应力钢材。( )

3. 对新型锚具和连接器,尚未成为定型产品的,除静载试验以外,还应按现行标准做规定的辅助性试验,其试验结果作为观测项目,供设计和施工单位采用,不作合格与否判定。( )

4. 在预应力筋—锚具组装件试验,达到实测极限拉力时,其破坏形态可以是预应力筋断裂,也可以是锚具破坏所致。( )

五、综合题(共51分)

(一)问题题(每题5分,共15分)

1. 精轧螺纹钢锚具—连接器组装件试验,抽样不应少于几个?当锚具、连接器数量超过多少要加倍抽检?

2. 后张预应力构件端部为什么要设置锚垫板和螺旋筋?其目的是什么?要不要检测?

3. 静载试验时,如果预应力筋在锚夹具部位有偏转角(部分锚筋孔与锚板底面有倾斜角),例如扁锚和连接器,现行标准对试件安装有何规定和要求?

(二)操作题(每题8分)

试简述采用洛氏硬度计检测锚夹片硬度的操作程序和操作要求。

(三)计算题(每题8分)

某工程抽检预应力夹片式锚具,锚具型号OVM15-7,钢绞线为1860级,实测极限抗拉强度为1910MPa,弹性模量为1.95×10^5MPa,延伸率为4.5%,锚夹片硬度经检测均符合生产厂企业标准规定。静载试验时,组装件钢绞线破断荷载为1768.1kN,试计算其锚具效率系数是否满足国标要求?

(四)案例分析(每题10分,共20分)

1. 某地大运河上的桥梁为25m跨预制预应力空心板梁,采用QM15-5夹片式锚具,张拉结束后孔道压浆。几天后板梁吊装。安装后的板梁在施工车辆作业下大面积开裂,不得不体外预应力加固。请分析事故可能产生的原因。

(1)锚具质量问题;

(2)预应力张拉工艺问题。

2. 某高速公路送样某检测单位检测一组YM154夹片式锚具,其检测报告如下,由于锚具效率系数均达不到GB/T 14370—2007规定要求,判不合格。生产厂家对其检测结果判定有疑义。请你帮助审查检测报告中所表述的检测信息是否存在问题。

试件编号	锚具型号	钢绞线计算极限拉力之和 F_{pm}(kN)	钢绞线锚具组装件实测极限拉力 F_{apu}(kN)	锚具效率系数 η_a	实测伸长值 L_2 $0.2\sigma_k \to \sigma_p$	总应变 ε_{apu} (%)	组装件内缩量 $\triangle a$ (mm)	夹片滑移量 $\triangle b$ (mm)	破坏情况 颈缩丝数	破坏情况 斜切口断丝数	破坏部位
1-1	YM15-4	1098	1012	0.92	/	3.9	7.0	7.06	3	/	夹持处
1-2	YM15-4	1098	1016	0.93	/	4.2	5.67	8.34	5	/	夹持处
1-3	YM15-4	1098	1024	0.93	/	4.0	8.0	6.67	3	/	夹持处
/	/	/	/	/							
检测结论	1. 以上检测数据锚固效率系数均不符合国家标准GB/T 14370—2007中$\eta_a \geq 0.95$的规定,总应变符合规定$\varepsilon_{apu} \geq 2.0\%$,判不合格,建议加倍复检。 2. 本报告只对同批抽样锚具负责,复印无效											
备 注	试验用钢绞线实测强度等级:1960N/mm²,延伸率: %,弹性模量: ×10⁵N/mm²											

①分析其检测报告判定是否正确?

②若判定有问题,问题出在哪里?应从哪些方面找原因?

③你认为应如何正确判定?

预应力筋锚夹具检测模拟试卷(B 卷)

一、填空题

1. 锚具的质量检验分为_____和_____两大类,其中出厂检测项目有_____、_____和_____。
2. 夹具(又称工具锚)组装件试验时,夹具的全部零件不应出现肉眼可见的裂缝或破坏,要求有良好的_____性能、_____性能和_____性能。
3. 出厂检验时,每批产品的数量是指_____、_____、_____一次投料生产的数量。每个验收批不得超过_____套。
4. 国标 GB/T 14370—2000 中规定:锚具静载锚固性能试验时,必须同时满足锚具效率系数 η_a ≥_____和极限总应变 ε_{apu} ≥_____方可判合格。
5. 夹片的硬度值按企业标准执行,一般控制范围在 HRC _____和 HRA _____为宜。

二、单项选择题

1. 夹片式锚具张拉锚固后,国家标准规定夹片的滑移量为_____。
   A. ≤1mm B. ≤5mm C. ≥5mm D. ≥1mm
2. 锚具静载试验应进行三个组装件试验,当三个试验结果中的 η_a 和 ε_{apu},如有一个不满足标准 GB/T 14370—2000 规定时,则必须_____。
   A. 补做一个 B. 补做两个 C. 补做三个 D. 加倍复检
3. 锚夹具硬度检验,国标 GB/T 14370—2000 规定,一个验收批抽取_____。
   A. 10 套 B. 5% C. 不得少于 5 套
4. 单根钢绞线的组装件试件,不包括夹持部位的受力长度,不应小于_____。
   A. 3m B. 2.5mm C. 1m D. 0.8m
5. 组装件试验的测力系统应经过系统标定,其不确定不得大于_____。
   A. 2% B. 0.2% C. 1% D. 0.5%

三、多项选择题

1. 锚具现行标准有国标、部标分别为_____。
   A. GB/T 14370—2000   B. JT329.2—1997
   C. CRCC/T 0005—2007   D. GB/T 14370—2007
2. 锚夹具静载试验时的测量项目有_____。
   A. 夹片位移量 $\triangle b$ B. 钢绞线的内缩量 $\triangle a$
   C. 实测极限拉力 F_{apu} D. 总应变 ε_{apu}
3. 锚夹具外观和尺寸检查项目有_____。
   A. 表面无裂纹   B. 表面无锈蚀
   C. 表面光洁度   D. 影响锚固能力的尺寸
4. 抽样检测所指的同批产品是指_____。
   A. 同一批原料 B. 同一种工艺 C. 同一类产品 D. 同一次投料生产

四、判断题

1. 夹具又称工具锚,由于有反复使用和拆卸方便的要求,组装件试验时,其锚具效率系数要求

与工作锚具(即永久性锚具)相同。（ ）

2. 组装件试验时，所选用的预应力钢材，只要全部力学性能符合该产品的国家标准或行业标准，其直径公差没有要求。（ ）

3. 静载试验应连续进行三个，组装件的试验，全部试验数据应做好记录，并按标准中规定公式计算其锚固效率系数 η_a 或 η_g 和相应的总应变 ε_{apu}，然后取其平均值，能满足现行标准的规定即可判合格。（ ）

4. 在预应力筋—锚具组装件试验，达到实测极限拉力时，其破坏形态可以是预应力筋断裂，也可以是锚具破坏所致。（ ）

五、综合题

（一）问答题

1. 锚具组装件试验前，国标 GB/T 14370—2000 中对锚夹片和预应力钢材有何具体规定和要求？同时对锚环和夹片要作何种处理后方可试验？

2. 后张预应力构件端部为什么要设置锚垫板和螺旋筋？其目的是什么？要不要检测？

3. 锚具的锚固效率系数 $\eta_a = \dfrac{F_{apu}}{\eta_p \cdot F_{pm}}$ 公式中其符合的含义是什么？其中对 η_p 的取用国标 GB/T 14370—2000 中有何规定？

4. 锚具摩阻损失（又称锚口摩阻损失）的基本概念是什么？国标 GB/T 14370—2000 中有何规定？如何判定？

（二）操作题

试简述预应力筋—锚具组装件静载试验的操作和加载程序，检测项目与检测过程。

（三）计算题

某工程抽检预应力夹片式锚具，锚具型号 OVM15-7，钢绞线为 1860 级，实测极限抗拉强度为 1910MPa，弹性模量为 1.95×10^5 MPa，延伸率为 4.5%，钢夹片硬度经检测均符合厂企业标准规定，试验台座实测钢绞线受力长度（包括千斤顶尺寸）为 3.5m，当试验张拉力为 $0.2k \sim \sigma_p$ 时，组装件实测伸长值为 60mm，夹片位移量 $\triangle b$ 为 4mm，预应力筋内缩量 $\triangle a$ 为 5mm，计算其极限总应变值？

（四）案例分析

1. 某高速公路引桥为 5 跨（5×30m）预应力连续箱梁桥，箱梁底板采用 BM15-5 扁锚预应力束，第一跨 66m，一端张拉工艺，张拉时发现预应力束的伸长量为计算伸长量的 -10% ~ -40%，规范规定 ±6% 停止张拉，请分析是什么原因造成的？

(1) 扁锚锚固质量出问题；

(2) 张拉工艺问题；

(3) 孔道摩阻问题。

2. 某高速公路，后张预应力连续箱梁桥，采用了 YML15-19 预应力连接器，施工过程连续三次出现预应力张拉至 50% 左右控制应力时，张拉力上不去，不得不停止张拉。请分析事故可能产生的原因。

(1) 挤压 P 型锚具锚固力不够滑了出来了；

(2) 连接器中间的夹片锚出问题了；

(3) 其他问题。

金属波纹管模拟试卷(A)

一、填空题(20分)

1. 金属波纹管性能检测所依据的标准_____。
2. 金属波纹管按径向刚度分为_____、_____。
3. 金属波纹管按波纹数量分为_____、_____。
4. 标准中规定内径为90mm的标准型圆形金属波纹管的钢带厚度应为_____mm。
5. 检测金属波纹管的径向刚度分为_____和_____两种。

二、单项选择题(10分)

1. 进行金属波纹管径向刚度检测时取样长度为：_____。
   A. 0.3 m B. 0.5 m C. $5d(5d_e)$ m D. $5d(5d_e)$且≥0.3 m
2. 现行《预应力混凝土用金属螺旋管》的标准号是_____。
   A. JG/T 225—2007 B. JG 225—2007 C. JG/T3013—2007 D. JG 3013—2007
3. 下列哪个检测项目不是金属波纹管所要求的_____。
   A. 尺寸允许偏差 B. 径向刚度 C. 落锤冲击 D. 钢带厚度
4. 增强型金属波纹管扁管在进行集中荷载下的径向刚度测量时,应当加载至_____。
   A. 500N B. 800N C. 1000N D. 1200N
5. 内径为50mm的圆形金属波纹管,它的允许偏差为_____。
   A. +0.5mm B. -0.5mm C. ±0.5mm D. ±1.0mm

三、多项选择题(20分)

1. 金属螺旋管截面形状分为_____。
   A. 矩形 B. 圆形 C. 异形 D. 扁形
2. 金属螺旋管主要应用领域为_____。
   A. 排水工程 B. 给水工程 C. 预应力工程 D. 土木工程
3. 金属螺旋管外观尺寸要求应满足_____。
   A. 外观清洁 B. 表面无油污 C. 锈蚀 D. 折皱
4. 金属波纹管外径允许变形量不超过内径的：_____。
   A. 8% B. 0% C. 15% D. 20%
5. 塑料波纹管的主要检测参数有_____。
   A. 外观尺寸 B. 环刚度 C. 局部横向载荷 D. 柔韧性

四、问答题(20分)

1. 金属波纹管的外观尺寸(内径、波高、壁厚等)如何测量？取样有何规定？
2. 金属波纹管外观检查标准中有何规定？
3. 金属波纹管集中荷载下的径向刚度如何检测？荷载如何取值？
4. 标准 JT/T 529—2004 中对塑料波纹管的检测环境有何要求？

五、计算题：(10分)

1. 增强型金属波纹管的内径 d 为 80 mm,若检测均布荷载下的径向刚度,其荷载取值为多少？

2. 对内径为 d 90mm 的标准型圆形金属波纹管进行集中荷载下的径向刚度检测,测得其变形值如下表所示,试判断其径向刚度是否满足要求。

序号 / 读数	荷载	集中荷载加载表(N)						
		10	50	100	200	400	600	800
1	表1	17.10	17.26	17.50	17.81	18.66	20.25	23.05
	表2	13.85	14.11	14.54	15.05	16.54	19.20	23.95
2	表1	16.90	17.14	17.28	17.67	18.62	21.30	23.90
	表2	13.32	13.74	13.98	14.66	16.25	19.09	25.12
3	表1	17.74	17.94	18.24	18.72	19.96	22.17	26.08
	表2	14.73	15.06	15.59	16.41	18.51	22.28	28.90

六、综合问答题(20分)

1. 现行标准中,金属波纹管的检测参数径向刚度的概念是什么?具体包括哪几个方面的检测?对圆管和扁管的具体指标有什么要求?
2. 金属波纹管和塑料波纹管进行比较,各有哪些优缺点?

金属波纹管模拟试卷(B)

一、填空题(20分)

1. 金属波纹管按波纹数量分为_____、_____。
2. 塑料波纹管按截面形状分为_____、_____。
3. 标准中规定内径为 50mm 的标准型圆形金属波纹管的钢带厚度应为_____mm。
4. 检测金属波纹管按径向刚度分为_____和_____两种。
5. 金属波纹管扁管的等效内径为_____。

二、单项选择题(10分)

1. 内径为 70mm 的标准型金属波纹管圆管标记为_____。
   A. JBG - 70B   B. JBG - 70Z   C. JBG - 70S   D. JBG - 70E
2. 现行《预应力混凝土用金属螺旋管》的标准号是:_____。
   A. JG/T 225—2007   B. JG 225—2007   C. JG/T 3013—2007   D. JG 3013—2007
3. _____不是金属波纹管所要求的。
   A. 尺寸允许偏差   B. 径向刚度   C. 落锤冲击   D. 钢带厚度
4. 长轴方向为 78mm、短轴方向为 20mm 的扁形金属波纹管,对长轴方向的允许偏差为_____。
   A. +0.5mm   B. +1.0mm   C. ±0.5mm   D. ±1.0mm
5. 标准型金属波纹管圆管在进行集中荷载下的径向刚度测量时,应当加载至_____。
   A. 500N   B. 800N   C. 1000N   D. 1200N

三、多项选择题(20分)

1. 金属螺旋管按截面形状分为_____。

A. 矩形　　　　　B. 圆形　　　　　C. 异形　　　　　D. 扁形
2. 金属螺旋管主要应用领域为_____。
A. 排水工程　　　B. 给水工程　　　C. 预应力工程　　D. 土木工程
3. 金属螺旋管外观尺寸要求应满足_____。
A. 外观清洁　　　B. 表面无油污　　C. 锈蚀　　　　　D. 折皱
4. 金属波纹管外径允许变形量不超过内径的_____。
A. 8%　　　　　　B. 10%　　　　　C. 15%　　　　　D. 20%
5. 塑料波纹管的主要检测参数有_____。
A. 外观尺寸　　　B. 环刚度　　　　C. 局部横向载荷　D. 柔韧性

四、问答题(20分)

1. 标准中对金属波纹管要求检测哪些项目？取样有何规定？
2. 金属波纹管外观检查标准中有何规定？
3. 圆形金属波纹管均布荷载下的径向刚度如何检测？荷载如何取值？
4. 标准 JT/T 529—2004 中对塑料波纹管的检测环境有何要求？

五、计算题(10分)

1. 金属波纹管的内径 d 为 70 mm，若检测均布荷载下的径向刚度，其荷载取值为多少？
2. 对内径 d 为 55mm 的标准型圆形金属波纹管进行集中载荷下的径向刚度检测，测得其变形值如下表所示，试判断其径向刚度是否满足要求。

序号	荷载\读数	集中荷载加载表(N)						
		10	50	100	200	400	600	800
1	表1	2.74	3.36	3.87	5.63	6.40	7.45	9.67
	表2	20.80	21.48	22.27	25.26	26.51	28.26	32.09
2	表1	1.03	2.44	3.38	4.42	5.61	6.28	8.45
	表2	18.83	19.96	21.56	23.10	25.30	17.02	30.19
3	表1	3.97	4.50	4.74	5.20	6.07	8.03	9.96
	表2	22.85	23.41	23.81	24.55	26.02	29.33	32.62

六、综合问答题(20分)

1. 现行标准中，金属波纹管的检测参数径向刚度的概念是什么？具体包括哪几个方面的检测？对圆管和扁管的具体指标有什么要求？
2. 金属波纹管和塑料波纹管进行比较各有哪些优缺点？

第二章 墙体、屋面材料

第一节 砌 块

一、填空题

1. 目前常用的砌块有_____、_____、_____、_____。
2. 混凝土小型空心砌块进行尺寸偏差检测时，长度在条面的_____，宽度在顶面的_____，高度在顶面的_____测量。每项在对应两面各测_____次，精确到_____。
3. 混凝土小型空心砌块处理坐浆面和铺浆面所用砂浆为_____水泥和_____砂，加入适量的水调成的砂浆。
4. 混凝土小型空心砌块处理坐浆面和铺浆面的砂浆厚度为_____。
5. 混凝土小型空心砌块试件制作后应在温度_____不通风的室内养护_____后做抗压强度试验。
6. 混凝土小型空心砌块进行抗压强度试验时以_____的速度加荷。
7. 混凝土小型空心砌块进行抗压强度试验结果以_____和_____表示，精确至_____。
8. 混凝土小型空心砌块进行抗折强度试验时以_____的速度加荷。
9. 混凝土小型空心砌块进行块体密度试验时，将试件放入电热鼓风干燥箱内，在_____温度下至少干燥_____，然后每间隔_____称量一次，直至两次称量之差不超过后一次称量的_____为止。
10. 混凝土小型空心砌块进行软化系数试验时，一组试件应浸入室温的水中，水面高出试件_____以上，浸泡_____后取出做抗压强度试验。
11. 混凝土小型空心砌块进行抗冻性试验，将试件放入预先降至-15℃的冷冻室后，当温度再次降至_____时开始计时。冷冻_____后将试件取出，再置于水温为_____的水池或水箱中融化_____，这样一个冷冻和融化的过程即为一个冻融循环。
12. 混凝土小型空心砌块进行抗渗性试验时，应在_____内往玻璃筒内加水，使水面高出试件上表面_____。自加水时算起_____后测量玻璃筒内水面下降的高度。
13. 蒸压加气混凝土砌块抗折强度试件在制品中心部分_____于制品膨胀方向锯取。
14. 蒸压加气混凝土砌块导热系数试件在制品_____部分锯取，试件长度方向_____于制品的膨胀方向。
15. 蒸压加气混凝土砌块干燥收缩试件尺寸允许偏差为_____，其他性能试件允许偏差为_____。
16. 蒸压加气混凝土砌块检测平面弯曲：测量弯曲面的_____缝隙尺寸。
17. 蒸压加气混凝土砌块裂纹长度以所在面_____投影尺寸为准，若裂纹从一面延伸到另一面，则以两个面上的_____为准。
18. 蒸压加气混凝土砌块进行抗冻性试验，试件在_____下冻_____取出，放入水温为_____的恒温水槽中，融化_____作为一次冻融循环。
19. 蒸压加气混凝土砌块导热系数按_____试件试验值的算术平均值进行评定，精确至

20. 蒸压加气混凝土砌块干湿循环性能以干湿强度系数表示,干湿强度系数按干湿循环后试件和另一组对比试件分别进行_____试验计算所得。

二、单选题

1. 粉煤灰小型空心砌块干燥收缩率应不大于_____%。
   A. 0.800　　　　　B. 0.600　　　　　C. 0.080　　　　　D. 0.060
2. 普通混凝土小型空心砌块最小外壁厚应不小于_____mm。
   A. 50　　　　　　B. 40　　　　　　C. 30　　　　　　D. 20
3. 普通混凝土小型空心砌块,最小肋厚应不小于_____mm。
   A. 30　　　　　　B. 25　　　　　　C. 20　　　　　　D. 15
4. 普通混凝土小型空心砌块,其抗渗性用水面下降高度测定,要求三块中任一块下降高度不大于_____mm。
   A. 20　　　　　　B. 15　　　　　　C. 10　　　　　　D. 5
5. 普通混凝土小型空心砌块,每批随机抽取_____块作尺寸偏差和外观质量检验。
   A. 50　　　　　　B. 32　　　　　　C. 20　　　　　　D. 10
6. 普通混凝土小型空心砌块,抗压强度试验试件数量为_____个砌块。
   A. 20　　　　　　B. 15　　　　　　C. 10　　　　　　D. 5
7. 普通混凝土小型空心砌块抗压强度试验时,其加荷速度为_____kN/s。
   A. 20~40　　　　 B. 10~40　　　　 C. 10~30　　　　 D. 10~20
8. 蒸压加气混凝土砌块进行型式检验,在受检验的一批产品中,随机抽取_____块砌块,进行尺寸偏差和外观检验。
   A. 100　　　　　 B. 80　　　　　　C. 50　　　　　　D. 20
9. 蒸压加气混凝土砌块进行出厂检验以10000块为一批,不足10000块也为一批,随机抽取_____块砌块进行尺寸偏差,外观检验。
   A. 100　　　　　 B. 80　　　　　　C. 50　　　　　　D. 20
10. 轻集料混凝土小型空心砌块按砌块密度等级分为八级:500级,600级,700级,800级,900级,1000级,1200级和_____。
    A. 1400　　　　 B. 1300　　　　 C. 1100　　　　 D. 400
11. 轻集料混凝土小型空心砌块其轻集料最大料径不宜大于_____mm。
    A. 40　　　　　 B. 20　　　　　 C. 10　　　　　 D. 5
12. 轻集料混凝土小型空心砌块吸水率不应大于_____%。
    A. 30　　　　　 B. 20　　　　　 C. 15　　　　　 D. 10
13. 蒸压加气混凝土砌块试件承压面的不平度应为每100mm不超过_____。
    A. 0.05mm　　　 B. 0.1mm　　　　C. 0.2mm　　　　D. 0.25mm
14. 蒸压加气混凝土砌块试件承压面与相邻面的不垂直度不应超过_____。
    A. ±1°　　　　　B. ±2°　　　　　C. ±0.5°　　　　D. ±1.5°
15. 蒸压加气混凝土砌块恒质,指在烘干过程中间隔4h,前后两次质量差不超过试件质量的_____。
    A. 0.1%　　　　 B. 0.5%　　　　 C. 0.2%　　　　 D. 0.4%
16. 蒸压加气混凝土砌块抗压强度和劈裂抗拉强度试件在质量含水率为_____下进行试验。
    A. 20%~40%　　 B. 20%~45%　　 C. 8%~12%　　　D. 30%~45%

17. 蒸压加气混凝土砌块抗折强度、轴心抗压强度和静力受压弹性模数试件在质量含水率为_____下进行试验。

　　A. 10%～15%　　　B. 8%～15%　　　C. 8%～12%　　　D. 5%～12%

18. 如果蒸压加气混凝土砌块抗压强度试件质量含水率超过规定范围,则在_____下烘至所要求的含水率。

　　A. 60±5℃　　　B. 80±5℃　　　C. 90±5℃　　　D. 100±5℃

19. 蒸压加气混凝土砌块抗压强度以_____的速度连续而均匀地加荷。

　　A. 2.0+0.5kN/s　　　B. 2.0+0.2kN/s　　　C. 2.5+0.5kN/s　　　D. 2.5+0.2kN/s

20. 蒸压加气混凝土砌块抗冻性按_____次冻融试验的结果计算。

　　A. 10　　　B. 15　　　C. 5　　　D. 12

三、多选题

1. 轻集料混凝土小型空心砌块按砌块密度等级分为八级:500级,600级,700级,800级,900级和_____。

　　A. 400级　　　B. 1000级　　　C. 1200级　　　D. 1400级

2. 蒸压加气混凝土砌块强度级别有A2.5、A3.5、A5.0和_____。

　　A. A1.0　　　B. A2.0　　　C. A7.5　　　D. A10

3. 蒸压加气混凝土砌块制作体积密度,抗压强度试件是沿制品膨胀方向中心部分的_____部锯取。

　　A. 上　　　B. 中　　　C. 下　　　D. 底

4. 关于蒸压加气混凝土砌块体积密度试件烘至恒质。下列说法正确的有_____。

　　A. 在60±5℃下保温24h　　　B. 再在100±5℃下烘至恒质
　　C. 然后在80±5℃下保温24h　　　D. 再在105±5℃下烘至恒质

5. 关于普通混凝土小型空心砌块抗压强度试验,下列说法正确的有_____。

　　A. 测量试件的长度和宽度,分别求出各方向的平均值,精确至1mm
　　B. 将试件置于试验机承压板上,使试件的轴线与试验机压板的压力中心重合
　　C. 以10～40kN/s的速度加荷,直至试件破坏
　　D. 抗压强度精确至0.1MPa

6. 关于普通混凝土小型空心砌块抗折强度试验,下列说法正确的有_____。

　　A. 试件数量为五块,试件表面处理同抗压强度试件
　　B. 将抗折支座置于试验机承压板上,调整钢棒轴线之间的距离,使其等于试件长度减一个坐浆面处的肋厚
　　C. 使抗折支座的中线与试验机压板的压力中心重合
　　D. 将试件的坐浆面置于抗折支座上,在试件的上部二分之一长度处放置一根钢棒,以250N/s的速度加荷直至破坏

7. 关于普通混凝土小型空心砌块体密度试验,下列说法正确的有_____。

　　A. 试件数量为五个砌块
　　B. 按尺寸偏差的方法测量试件的长度、宽度、高度,分别求出各个方向的平均值
　　C. 计算每个试件的体积V,精确至$0.001m^3$
　　D. 将试件浸入室温15～25℃的水中,水面应高出试件20mm以上,24h后将其分别移到水桶中,称出试件的悬浸质量,精确至0.05kg

8. 蒸压加气混凝土砌块强度试验包括_____。

A. 抗压强度　　　　B. 劈裂抗拉强度　　　　C. 抗折强度　　　　D. 轴心抗压强度

9. 蒸压加气混凝土砌块外观试验包括_____。

A. 缺棱掉角　　　　B. 平面弯曲　　　　C. 裂纹　　　　D. 爆裂、粘模和损坏深度

E. 砌块表面油污、表面疏松、层裂

10. 关于蒸压加气混凝土砌块抗压强度试验，下列说法正确的有_____。

A. 检查试件外观

B. 测量试件的尺寸，精确至1mm，并计算试件的受压面积

C. 将试件放在材料试验机的下压板的中心位置

D. 试件的受压方向应平行于制品的膨胀方向

11. 关于蒸压加气混凝土砌块劈裂抗拉强度（劈裂法）试验，下列说法正确的有_____。

A. 检查试件外观

B. 在试件中部划线定出劈裂面的位置，劈裂面垂直于制品膨胀方向

C. 测量尺寸，精确至1mm，计算劈裂面面积

D. 将试件放在试验机下压板的中心位置，在上、下压板与试件之间垫以劈裂抗拉钢垫条及垫层各一条。钢垫条与试件中心线重合

12. 关于蒸压加气混凝土砌块抗折强度试验，下列说法正确的有_____。

A. 检查试件外观

B. 在试件端部测量其宽度和高度，精确至1mm

C. 两个支座辊轮和两个加压辊轮应具有直径为30mm的弧形顶面，并应至少比试件的宽度长10mm

D. 将试件放在抗弯支座辊轮上，支点间距为300mm

13. 关于蒸压加气混凝土砌块吸水率试验，下列说法正确的有_____。

A. 在105±5℃下烘至恒质

B. 试件冷却至室温后，放入水温为20±5℃的恒温水槽内，然后加水至试件高度的1/3，保持24h

C. 再加水至试件高度的2/3，经24h后，加水高出试件30mm以上，保持24h

D. 将试件从水中取出，用湿布抹去表面水分，立即称取每块质量，精确至1g

14. 关于蒸压加气混凝土砌块抗冻性评定，下列说法正确的有_____。

A. 抗冻性按冻融试件的质量损失率平均值

B. 按冻后的抗压强度平均值

C. 冻融循环15次　　　　　　　　　　　D. 抗冻试验时的冻温度为-20±5℃

15. 蒸压加气混凝土砌块导热系数试验对试件的要求有_____。

A. 取两块试件，它们应该尽可能地一样，厚度差别应小于2%

B. 试件的尺寸应该完全覆盖加热单元的表面

C. 试件的厚度应是实际使用的厚度或大于能给出被测材料热性质的最小厚度

D. 试件厚度应限制在不平衡热损失和边缘热损失误差之和小于±0.5%

E. 试件的表面应用适当方法加工平整，使试件与面板能紧密接触

四、判断题

1. 粉煤灰小型空心砌块不宜采用粉煤灰硅酸盐水泥。（　　）

2. 粉煤灰小型空心砌块主规格尺寸为390mm×190mm×190mm，其他规格尺寸可由供需双方商定。（　　）

3. 普通混凝土小型空心砌块其抗冻性在非采暖地区不作规定。( )
4. 普通混凝土小型空心砌块抗压强度试验结果以10个试件抗压强度的算术平均值和单块最小值表示,精确至0.1MPa。( )
5. 蒸压加气混凝土试件的制备,采用机锯或刀锯,锯时不得将试件弄湿。( )
6. 蒸压加气混凝土砌块强度级别有:A1.0、A2.0、A2.5、A3.5、A5.0、A7.5、A10 七个级别。( )
7. 蒸压加气混凝土砌块体积密度级别有 B03、B04、B05、B06、B07、B08 六个级别。( )
8. 蒸压加气混凝土砌块型式检验项目包括:标准中全部技术要求。( )
9. 轻集料混凝土小型空心砌块按砌块孔的排数分为五类:实心、单排孔、双排孔、三排孔、四排孔。( )
10. 轻集料混凝土小型空心砌块按砌块强度等级分为七级:1.5、2.0、2.5、3.5、5.0、7.5、10。( )
11. 轻集料混凝土小型空心砌块按砌块尺寸允许偏差和外观质量分为三个等级:优等品、一等品、合格品。( )
12. 粉煤灰小型空心砌块按强度等级分为:MU3.5、MU5.0、MU7.5、MU10.0、MU15.0 五个等级。( )
13. 粉煤灰小型空心砌块按尺寸偏差,外观质量,碳化系数分为:优等品,一等品,合格品三个等级。( )
14. 粉煤灰小型空心砌块强度等级用抗压强度平均值与抗压强度最小值同时评定。( )
15. 粉煤灰小型空心砌块软化系数应不小于0.75。( )

五、简答题

1. 简述蒸压加气混凝土抗压强度试验的操作步骤。
2. 普通混凝土小型空心砌块的抗冻性试验包括哪两个技术指标?
3. 蒸压加气混凝土砌块烘至恒重时温度和时间的要求是什么?
4. 蒸压加气混凝土砌块抗压强度试验时对试件的要求是什么?
5. 蒸压加气混凝土砌块等级评定的依据是什么?
6. 蒸压加气混凝土砌块试件制作的要点有哪些?
7. 混凝土小型空心砌块的强度等级以什么评定?

参考答案:

一、填空题

1. 粉煤灰小型空心砌块 普通混凝土小型空心砌块 轻集料混凝土小型空心砌块 蒸压加气混凝土砌块
2. 中间 中间 中间 — 1mm
3. 1 份重量的 42.5MPa 及以上的普通硅酸盐 2 份细
4. 3~5mm 5. 10℃以上 3d 6. 10~30kN/s
7. 五个试件抗压强度的算术平均值 单块最小值 0.1MPa
8. 250N/s 9. 105±5℃ 24h 2h 0.2%
10. 15~25℃ 20mm 4d 11. -15℃ 4h 10~20℃ 2h
12. 30s 200mm 2h 13. 平行

14. 中心　平行　　　　　　　　15. ±1mm　±2mm
16. 最大　　　　　　　　　　　17. 最大的　投影尺寸之和
18. (−20±2)℃　6h　(20±5)℃　5h
19. 二个　0.01W/(m·K)　　　　20. 劈裂抗拉强度

二、单选题

1. D	2. C	3. B	4. C
5. B	6. D	7. C	8. B
9. C	10. A	11. C	12. B
13. B	14. A	15. B	16. C
17. C	18. A	19. A	20. B

三、多选题

1. B、C、D	2. A、B、C、D	3. A、B、C	4. A、C、D
5. A、B、D	6. A、B、C、D	7. B、C、D	8. A、B、C、D
9. A、B、C、D、E	10. A、B、C	11. A、B、C、D	12. A、C、D
13. B、C、D	14. A、B、C	15. A、B、C、D	

四、判断题

1. √	2. √	3. √	4. ×
5. √	6. √	7. √	8. √
9. √	10. ×	11. ×	12. ×
13. √	14. √	15. √	

五、简答题

1. 答:检查试件外观。测量试件的尺寸,精确至1mm。将试件放在材料试验机的下压板的中心位置,试件的受压方向应垂直于制品的膨胀方向。开动试验机,当上压板与试件接近时,调整球座,使接触均衡。以2.0+0.5kN/s的速度连续而均匀地加荷,直至试件破坏,记录破坏荷载。

2. 答:冻融试件的抗压强度损失率、质量损失率和外观检验结果。

3. 答:试件在60±5℃下保温24h,然后在80±5℃下保温24h,再在105±5℃下烘至恒质。

4. 答:抗压强度试件应在质量含水率为8%~12%下进行抗压强度试验。

5. 答:外观质量、尺寸偏差、强度、干体积密度、抗冻性。

6. 答:(1)试件的制作,采用机锯或刀锯,锯时不得将试件弄湿。
(2)抗压强度试件,沿制品膨胀方向中心部分上、中、下顺序锯取一组,"上"块上表面距离制品顶面30mm,"中"块在制品正中处,"下"块下表面离制品底面30mm。制品的高度不同,试件间隔略有不同。

7. 答:抗压强度平均值和单块最小抗压强度值。

砌块模拟试卷(A)

一、填空题

1. 目前常用的砌块有_____、_____、_____、_____。

2. 混凝土小型空心砌块进行尺寸偏差检测时，长度在条面的_____，宽度在顶面的_____，高度在顶面的_____测量。每项在对应两面各测_____次，精确到_____。

3. 混凝土小型空心砌块处理坐浆面和铺浆面所用砂浆为_____水泥和_____砂，加入适量的水调成的砂浆。

4. 混凝土小型空心砌块处理坐浆面和铺浆面的砂浆厚度为_____。

5. 混凝土小型空心砌块试件制作后应在温度_____不通风的室内养护_____后做抗压强度试验

6. 混凝土小型空心砌块进行抗冻性试验，将试件放入预先降至-15℃的冷冻室后，当温度再次降至_____时开始计时。冷冻_____后将试件取出，再置于水温_____为_____的水池或水箱中融化_____，这样一个冷冻和融化的过程即为一个冻融循环。

7. 混凝土小型空心砌块进行抗渗性试验时，应在_____内往玻璃筒内加水，使水面高出试件上表面_____。自加水时算起_____后测量玻璃筒内水面下降的高度。

8. 加气混凝土砌块抗折强度试件在制品中心部分_____于制品膨胀方向锯取。

9. 加气混凝土砌块导热系数试件在制品_____部分锯取，试件长度方向_____于制品的膨胀方向。

10. 加气混凝土砌块干燥收缩试件尺寸允许偏差为_____，其他性能试件允许偏差为_____。

二、单选题

1. 粉煤灰小型空心砌块干燥收缩率应不大于_____%。
   A.0.800　　　　B.0.600　　　　C.0.080　　　　D.0.060

2. 普通混凝土小型空心砌块，最小外壁厚应不小于_____mm。
   A.50　　　　　B.40　　　　　C.30　　　　　D.20

3. 普通混凝土小型空心砌块，最小肋厚应不小于_____mm。
   A.30　　　　　B.25　　　　　C.20　　　　　D.15

4. 普通混凝土小型空心砌块，其抗渗性用水面下降高度测定，要求三块中任一块下降高度不大于_____mm。
   A.20　　　　　B.15　　　　　C.10　　　　　D.5

5. 普通混凝土小型空心砌块，每批随机抽取_____块作尺寸偏差和外观质量检验。
   A.50　　　　　B.32　　　　　C.20　　　　　D.10

6. 轻集料混凝土小型空心砌块其轻集料最大料径不宜大于_____mm。
   A.40　　　　　B.20　　　　　C.10　　　　　D.5

7. 轻集料混凝土小型空心砌块吸水率不应大于_____%。
   A.30　　　　　B.20　　　　　C.15　　　　　D.10

8. 蒸压加气混凝土砌块试件承压面的不平度应为每100mm不超过_____。
   A.0.05mm　　　B.0.1mm　　　C.0.2mm　　　D.0.25mm

9. 蒸压加气混凝土砌块试件承压面与相邻面的不垂直度不应超过_____。
   A.±1°　　　　B.±2°　　　　C.±0.5°　　　D.±1.5°

10. 蒸压加气混凝土砌块恒质，指在烘干过程中间隔4h，前后两次质量差不超过试件质量的_____。
    A.0.1%　　　　B.0.5%　　　　C.0.2%　　　　D.0.4%

三、多选题

1. 轻集料混凝土小型空心砌块按砌块密度等级分为八级:500级,600级,700级,800级,900级和_____。
   A. 400级   B. 1000级   C. 1200级   D. 1400级

2. 蒸压加气混凝土砌块强度级别有 A2.5、A3.5、A5.0 和_____。
   A. A1.0   B. A2.0   C. A7.5   D. A10

3. 加气混凝土砌块制作体积密度,抗压强度试件是沿制品膨胀方向中心部分的_____部锯取。
   A. 上   B. 中   C. 下   D. 底

4. 关于普通混凝土小型空心砌块抗压强度试验,下列说法正确的有_____。
   A. 测量试件的长度和宽度,分别求出各方向的平均值,精确至1mm
   B. 将试件置于试验机承压板上,使试件的轴线与试验机压板的压力中心重合
   C. 以 10~40kN/s 的速度加荷,直至试件破坏
   D. 抗压强度精确至 0.1MPa

5. 关于普通混凝土小型空心砌块抗折强度试验,下列说法正确的有_____。
   A. 试件数量为五块,试件表面处理同抗压强度试件
   B. 将抗折支座置于试验机承压板上,调整钢棒轴线之间的距离,使其等于试件长度减一个坐浆面处的肋厚
   C. 使抗折支座的中线与试验机压板的压力中心重合
   D. 将试件的坐浆面置于抗折支座上,在试件的上部二分之一长度处放置一根钢棒,以 250N/s 的速度加荷直至破坏

6. 关于蒸压加气混凝土砌块抗折强度试验,下列说法正确的有_____。
   A. 检查试件外观
   B. 在试件端部测量其宽度和高度,精确至 1mm
   C. 两个支座辊轮和两个加压辊轮应具有直径为 30mm 的弧形顶面,并应至少比试件的宽度长 10mm
   D. 将试件放在抗弯支座辊轮上,支点间距为 300mm

7. 关于蒸压加气混凝土砌块吸水率试验,下列说法正确的有_____。
   A. 在 105±5℃ 下烘至恒质
   B. 试件冷却至室温后,放入水温为 20±5℃ 的恒温水槽内,然后加水至试件高度的 1/3,保持 24h
   C. 再加水至试件高度的 2/3,经 24h 后,加水高出试件 30mm 以上,保持 24h
   D. 将试件从水中取出,用湿布抹去表面水分,立即称取每块质量,精确至 1g

8. 蒸压加气混凝土砌块强度试验包括_____。
   A. 抗压强度   B. 劈裂抗拉强度   C. 抗折强度   D. 轴心抗压强度

9. 蒸压加气混凝土砌块外观试验包括_____。
   A. 缺棱掉角   B. 平面弯曲   C. 裂纹   D. 爆裂、粘模和损坏深度
   E. 砌块表面油污、表面疏松、层裂

10. 关于蒸压加气混凝土砌块抗冻性评定,下列说法正确的有_____。
    A. 抗冻性按冻融试件的质量损失率平均值   B. 按冻后的抗压强度平均值
    C. 冻融循环 15 次   D. 抗冻试验时的冻温度为 -20±5℃

四、判断题

1. 粉煤灰小型空心砌块不宜采用粉煤灰硅酸盐水泥。（　　）
2. 粉煤灰小型空心砌块主规格尺寸为390mm×190mm×190mm，其他规格尺寸可同供应双方商定。（　　）
3. 普通混凝土小型空心砌块其抗冻性在非采暖地区不作规定。（　　）
4. 普通混凝土小型空心砌块抗压强度试验结果以10个试件抗压强度的算术平均值和单块最小值表示，精确至0.1MPa。（　　）
5. 蒸压加气混凝土砌块型式检验项目包括：标准中全部技术要求。（　　）
6. 轻集料混凝土小型空心砌块按砌块孔的排数分为五类：实心、单排孔、双排孔、三排孔、四排孔。（　　）
7. 轻集料混凝土小型空心砌块按砌块强度等级分为六级：B1.5、B2.0、B2.5、B3.5、B5.0、B7.5。（　　）
8. 轻集料混凝土小型空心砌块按砌块尺寸允许偏差和外观质量分为三个等级：优等品、一等品、合格品。（　　）
9. 粉煤灰小型空心砌块按强度等级分为MU3.5、MU5.0、MU7.5、MU10.0、MU15.0五个等级。（　　）
10. 粉煤灰小型空心砌块按尺寸偏差、外观质量、碳化系数分为：优等品，一等品，合格品三个等级。（　　）

五、问答题

1. 简述蒸压加气混凝土抗压强度试验的操作步骤。
2. 普通混凝土小型空心砌块的抗冻性试验包括哪些技术指标？
3. 蒸压加气混凝土砌块干体积密度烘至恒重时温度和时间的要求是什么？
4. 蒸压加气混凝土砌块抗压强度试验时对试件的要求是什么？

砌块模拟试卷（B）

一、填空题

1. 蒸压加气混凝土砌块检测平面弯曲：测量弯曲面的_____缝隙尺寸。
2. 蒸压加气混凝土砌块裂纹长度以所在面_____投影尺寸为准，若裂纹从一面延伸到另一面，则以两个面上的_____为准。
3. 蒸压加气混凝土砌块进行抗冻性试验，试件在_____下冻_____取出，放入水温为_____的恒温水槽中，融化_____作为一次冻融循环。
4. 蒸压加气混凝土砌块导热系数按试件试验值的算术平均值进行评定，精确至_____。
5. 蒸压加气混凝土砌块干湿循环性能以干湿强度系数表示，干湿强度系数按干湿循环后试件和另一组对比试件分别进行_____试验计算所得。
6. 混凝土小型空心砌块进行抗压强度试验时以_____的速度加荷。
7. 混凝土小型空心砌块进行抗压强度试验结果以_____和_____表示，精确至_____。
8. 混凝土小型空心砌块进行抗折强度试验时以_____的速度加荷。
9. 混凝土小型空心砌块进行块体密度试验时，将试件放入电热鼓风干燥箱内，在_____温度下至少干燥_____,然后每间隔_____称量一次,直至两次称量之差不超过后一次称量的_____为止。

10. 混凝土小型空心砌块进行软化系数试验时,一组试件应浸入室温的水中,水面高出试件_____以上,浸泡_____后取出作抗压强度试验。

11. 混凝土小型空心砌块进行抗渗性试验时,应在_____内往玻璃筒内加水,使水面高出试件上表面_____。自加水时算起_____后测量玻璃筒内水面下降的高度。

二、单选题

1. 普通混凝土小型空心砌块,抗压强度试验试件数量为_____个砌块。
A. 20 B. 15 C. 10 D. 5

2. 普通混凝土小型空心砌块抗压强度试验时,其加荷速度为_____kN/s。
A. 20~40 B. 10~40 C. 10~30 D. 10~20

3. 蒸压加气混凝土砌块进行型式检验,在受检验的一批产品中,随机抽取_____块砌块,进行尺寸偏差和外观检验。
A. 100 B. 80 C. 50 D. 20

4. 蒸压加气混凝土砌块进行出厂检验以 10000 块为一批,不足 10000 块也为一批,随机抽取_____块砌块进行尺寸偏差,外观检验。
A. 100 B. 80 C. 50 D. 20

5. 轻集料混凝土小型空心砌块按砌块密度等级分为八级:500 级、600 级、700 级、800 级、900 级、1000 级、1200 级和_____。
A. 1400 B. 1300 C. 1100 D. 400

6. 蒸压加气混凝土砌块抗压强度和劈裂抗拉强度试件在质量含水率_____下进行试验。
A. 20%~40% B. 20%~45% C. 25%~45% D. 8%~12%

7. 蒸压加气混凝土砌块抗折强度、轴心抗压强度和静力受压弹性模数试件在质量含水率_____下进行试验。
A. 10%~15% B. 8%~15% C. 8%~12% D. 5%~12%

8. 如果蒸压加气混凝土砌块抗压强度试件质量含水率超过规定范围,则在_____下烘至所要求的含水率。
A. 60±5℃ B. 80±5℃ C. 90±5℃ D. 100±5℃

9. 蒸压加气混凝土砌块抗压强度以_____的速度连续而均匀地加荷。
A. 2.0±0.5kN/s B. 2.0±0.2kN/s C. 2.5±0.5kN/s D. 2.5±0.2kN/s

10. 蒸压加气混凝土砌块抗冻性按_____次冻融试验的结果计算。
A. 10 B. 15 C. 5 D. 12

三、多选题

1. 蒸压加气混凝土砌块强度级别有 A2.5、A3.5、A5.0 和_____。
A. A1.0 B. A2.0 C. A7.5 D. A10

2. 蒸压加气混凝土砌块制作体积密度,抗压强度试件是沿制品膨胀方向中心部分的_____部锯取。
A. 上 B. 中 C. 下 D. 底

3. 蒸压加气混凝土砌块试件根据试验要求,可分阶段升温烘至恒质。在_____下保温 24h,然后在_____下保温 24h,再在_____下烘至恒质。

A. 60±5℃　　　　　B. 100±5℃　　　　　C. 80±5℃　　　　　D. 105±5℃

4. 关于加气混凝土砌块体积密度试件烘至恒质。下列说法正确的有_____。

　　A. 在 60±5℃下保温 24h　　　　　　　B. 再在 100±5℃下烘至恒质
　　C. 然后在 80±5℃下保温 24h　　　　　D. 再在 105±5℃下烘至恒质

5. 关于普通混凝土小型空心砌块抗压强度试验，下列说法正确的有_____。

　　A. 测量试件的长度和宽度，分别求出各方向的平均值，精确至 1mm
　　B. 将试件置于试验机承压板上，使试件的轴线与试验机压板的压力中心重合
　　C. 以 10~40kN/s 的速度加荷，直至试件破坏
　　D. 抗压强度精确至 0.1MPa

6. 关于普通混凝土小型空心砌块抗折强度试验，下列说法正确的有_____。

　　A. 试件数量为五块，试件表面处理同抗压强度试件
　　B. 将抗折支座置于试验机承压板上，调整钢棒轴线之间的距离，使其等于试件长度减一个坐浆面处的肋厚
　　C. 使抗折支座的中线与试验机压板的压力中心重合
　　D. 将试件的坐浆面置于抗折支座上，在试件的上部二分之一长度处放置一根钢棒，以 250N/s 的速度加荷直至破坏

7. 关于普通混凝土小型空心砌块块体密度试验，下列说法正确的有_____。

　　A. 试件数量为五个砌块
　　B. 按尺寸偏差的方法测量试件的长度、宽度、高度，分别求出各个方向的平均值
　　C. 计算每个试件的体积 V，精确至 $0.001m^3$
　　D. 将试件浸入室温 15~25℃的水中，水面应高出试件 20mm 以上，24h 后将其分别移到水桶中，称出试件的悬浸质量，精确至 0.05kg

8. 关于蒸压加气混凝土砌块抗冻性评定，下列说法正确的有_____。

　　A. 抗冻性按冻融试件的质量损失率平均值
　　B. 按冻后的抗压强度平均值
　　C. 冻融循环 15 次　　　　　　　　D. 抗冻试验时的冻温度

9. 蒸压加气混凝土砌块导热系数试验对试件的要求有_____。

　　A. 取两块试件，它们应该尽可能地一样，厚度差别应小于 2%
　　B. 试件的尺寸应该完全覆盖加热单元的表面
　　C. 试件的厚度应是实际使用的厚度或大于能给出被测材料热性质的最小厚度
　　D. 试件厚度应限制在不平衡热损失和边缘热损失误差之和小于 ±0.5%
　　E. 试件的表面应用适当方法加工平整，使试件与面板能紧密接触

10. 关于加气混凝土砌块抗折强度试验，下列说法正确的有_____。

　　A. 检查试件外观　　　　　　　　B. 在试件端部测量其宽度和高度，精确至 1mm
　　C. 两个支座辊轮和两个加压辊轮应具有直径为 30mm 的弧形顶面，并应至少比试件的宽度长 10mm
　　D. 将试件放在抗弯支座辊轮上，支点间距为 300mm

四、判断题

1. 普通混凝土小型空心砌块抗压强度试验结果以 10 个试件抗压强度的算术平均值和单块最小值表示，精确至 0.1MPa。（　　）

2. 蒸压加气混凝土试件的制备，采用机锯或刀锯，锯时不得将试件弄湿。（　　）

3. 蒸压加气混凝土砌块强度级别有：A1.0、A2.0、A2.5、A3.5、A5.0、A7.5 和 A10 七个级别。
（　　）
4. 蒸压加气混凝土砌块体积密度级别有：B03、B04、B05、B06、B07 和 B08 六个级别。（　　）
5. 蒸压加气混凝土砌块型式检验项目包括：标准中全部技术要求。（　　）
6. 轻集料混凝土小型空心砌块按砌块尺寸允许偏差和外观质量分为三个等级：优等品、一等品、合格品。（　　）
7. 粉煤灰小型空心砌块按强度等级分为 MU3.5、MU5.0、MU7.5、MU10.0 和 MU15.0 五个等级。（　　）
8. 粉煤灰小型空心砌块按尺寸偏差，外观质量，碳化系数分为：优等品，一等品，合格品三个等级。（　　）
9. 粉煤灰小型空心砌块强度等级用抗压强度平均值与抗压强度最小值同时评定。（　　）
10. 粉煤灰小型空心砌块软化系数应不小于 0.75。（　　）

五、问答题

1. 蒸压加气混凝土砌块抗压强度试验时对试件的要求是什么？
2. 蒸压加气混凝土砌块等级评定的依据是什么？
3. 蒸压加气混凝土砌块抗压强度试件制作的要点有哪些？
4. 混凝土小型空心砌块的强度等级以什么评定？

第二节　砖

一、填空题

1. 砖按生产工艺分为_____和_____。
2. 尺寸测量，长度应在砖的_____处分别测量两个尺寸。
3. 尺寸测量，宽度应在砖的_____处分别测量两个尺寸。
4. 尺寸测量，高度应在砖的_____处分别测量两个尺寸。
5. 尺寸测量，当被测处有缺损或凸出时，可在其旁边测量，但应选择_____。精确至_____。
6. 烧结普通砖样品制备：将试样切断或锯成两个半截砖，断开的半截砖长不得小于_____，如果不足_____，应另取备用试样补足。
7. 混凝土实心砖制成的抹面试样应置于不低于_____的不通风室内养护不少于 3d 再进行试验。
8. 冻融试验，试样干燥至恒质是指在干燥过程中，前后两次称量相差不超过_____，前后两次称量时间间隔为_____。
9. 烧结砖冻融试验，冰冻温度为_____。
10. 烧结砖冻融试验，冰冻时间为_____。
11. 非烧结砖冻融试验，冰冻时间为_____。
12. 烧结砖冻融试验，融化温度为_____。
13. 非烧结砖冻融试验，融化时间为_____。
14. 烧结砖冻融试验，融化时间为_____。
15. 石灰爆裂试验前检查每块试样，将不属于_____的外观缺陷作标记。

16. 石灰爆裂试验,加盖蒸煮时间是_____。
17. 泛霜试验,浸试样用水应是_____。
18. 泛霜试验过程中要求环境温度为_____,相对湿度_____。
19. 吸水率和饱和系数试验,试样浸水时间为_____,水温是_____。
20. 软化系数试验,试件应浸入室温_____的水中,水面高出试件_____以上。
21. 软化系数试验,试件浸泡时间是_____。
22. 碳化系数试验,碳化箱内二氧化碳浓度(体积分数)应在_____范围内。

二、单选题

1. 烧结多孔砖根据抗压强度可分为 MU25、MU20、MU15、MU10 和_____五个强度等级。
   A. MU40　　　　　　B. MU30　　　　　　C. MU7.5　　　　　　D. MU5
2. 烧结多孔砖 N290×140×90,25AGB13544,其长度方向(290mm)样本平均偏差允许值应为_____。
   A. ±3.0mm　　　　B. ±2.5mm　　　　C. ±2.0mm　　　　D. ±1.5mm
3. 烧结多孔砖 N290×140×90,25AGB13544,其长度方向(140mm)样本平均偏差允许值应为_____。
   A. ±3.0mm　　　　B. ±2.5mm　　　　C. ±2.0mm　　　　D. ±1.5mm
4. 烧结多孔砖 N290×140×90,25AGB13544,其长度方向(90mm)样本平均偏差允许值应为_____。
   A. ±3.0mm　　　　B. ±2.5mm　　　　C. ±2.0mm　　　　D. ±1.5mm
5. 烧结多孔砖 N240×115×90,10BGB13544,其长度方向(240mm)样本极差应为_____。
   A. ≤4mm　　　　　B. ≤5mm　　　　　C. ≤6mm　　　　　D. ≤7mm
6. 烧结多孔砖 N240×115×90,10BGB13544,其长度方向(115mm)样本极差应为_____。
   A. ≤4mm　　　　　B. ≤5mm　　　　　C. ≤6mm　　　　　D. ≤7mm
7. 烧结多孔砖 N240×115×90,10BGB13544,其长度方向(30mm)样本极差应为_____。
   A. ≤4mm　　　　　B. ≤5mm　　　　　C. ≤6mm　　　　　D. ≤7mm
8. 烧结多孔砖尺寸偏差检验样品数量为_____个。
   A. 10　　　　　　　B. 20　　　　　　　C. 30　　　　　　　D. 50
9. 烧结多孔砖外观质量检验样品数量为_____个。
   A. 10　　　　　　　B. 20　　　　　　　C. 30　　　　　　　D. 50
10. 烧结空心砖抗压强度等级分为:MU10、MU7.5、MU5.0、MU3.5 和_____。
    A. MU20　　　　　B. MU15　　　　　C. MU2.5　　　　　D. MU2.0
11. 烧结空心砖体积密度分为 900 级、1000 级、1100 级和_____。
    A. 500 级　　　　　B. 800 级　　　　　C. 1200 级　　　　　D. 1300 级
12. 烧结普通砖抗压强度试样制备时,应将试样切断或锯成两个半截砖,断开的半截砖长不得小于_____mm。
    A. 120　　　　　　B. 110　　　　　　C. 100　　　　　　D. 90
13. 烧结多孔砖的抗压强度平均值为 26MPa,变异系数 δ≤0.21 时强度标准值为 13.8MPa,该砖强度等级为_____。
    A. MU30　　　　　B. MU25　　　　　C. MU20　　　　　D. MU15
14. 混凝土实心砖制备样品用强度等级_____的普通硅酸盐水泥调成稠度适宜的水泥净浆。
    A. 42.5　　　　　　B. 32.5　　　　　　C. 42.5R　　　　　D. 52.5

15. 混凝土实心砖样品制备用水泥净浆水灰比不大于_____。
   A. 0.5   B. 0.2   C. 0.3   D. 0.4

16. 混凝土实心砖制备样品上下两面水泥浆厚度不超过_____。制成的试件上下两面须相互平行,并垂直于侧面。
   A. 5mm   B. 3mm   C. 4mm   D. 2mm

17. 烧结空心砖制成的抹面试样应置于不低于_____的不通风室内养护不少于3d再进行试验。
   A. 15℃   B. 20℃   C. 18℃   D. 10℃

18. 每_____冻融循环,检查一次冻融过程中出现的破坏情况。
   A. 5次   B. 1次   C. 10次   D. 15次

19. 石灰爆裂试验,试样应平行侧立于蒸煮箱内的篦子板上,且试样间隔不得小于_____。
   A. 20mm   B. 50mm   C. 30mm   D. 25mm

20. 泛霜试验,将试样置于浅盘中,水面高度不低于_____。
   A. 15mm   B. 18mm   C. 10mm   D. 20mm

21. 泛霜试验,试样浸在盘中的时间为_____。
   A. 5d   B. 7d   C. 3d   D. 2d

22. 饱和系数试验沸煮时间是_____。
   A. 3h   B. 5h   C. 2h   D. 4h

23. 碳化系数试验,碳化箱内相对湿度在_____范围内。
   A. 50%±5%   B. 60%±5%   C. 70%±5%   D. 80%±5%

24. 碳化系数试验,碳化箱内温度在_____范围内。
   A. 20±2℃   B. 20±5℃   C. 20±1℃   D. 20±3℃

三、多选题

1. 烧结普通砖出厂检验项目为_____。
   A. 尺寸偏差   B. 外观质量   C. 强度等级   D. 石灰爆裂

2. 根据抗压强度烧结多孔砖可分为 MU20、MU15、_____五个强度等级。
   A. MU40   B. MU30   C. MU25   D. MU10

3. 烧结空心砖抗压强度等级为 MU10.0、MU7.5、MU5.0和_____。
   A. MU15   B. MU3.5   C. MU2.5   D. MU2

4. 烧结空心砖体积密度分为900级,1000级和_____。
   A. 500级   B. 800级   C. 1100级   D. 1200级

5. 裂纹分为_____方向、_____方向和_____方向三种。
   A. 长度   B. 宽度   C. 高度   D. 水平

6. 下列测试弯曲的正确方法是_____。
   A 弯曲分别在大面和和条面上测量
   B. 测量时将砖用卡尺的两支脚沿棱边两端放置,择其弯曲最大处将垂直尺推至砖面
   C. 不应将因杂质或碰伤造成的凹处计算在内
   D. 以弯曲中测得的平均值作为测量结果

7. 烧结普通砖样品制备,下列做法正确的是_____。
   A. 将已断开的两个半截砖放入室温的净水中浸 10~20min
   B. 以断口相同方向叠放

C. 两个半截砖中间抹以厚度不超过5mm水泥净浆

D. 上下两面用厚度不超过3mm的同种水泥浆抹平

8. 砖抗压强度试验,下列说法正确的是_____。

A. 测量每个试件连接面或受压面的长、宽尺寸各两个

B. 测量尺寸分别取其平均值,精确至1mm

C. 将试件平放在加压板的中央,垂直于受压面平稳均匀地加荷

D. 加荷速度以4kN/s为宜

9. 当$\delta \leq 0.21$时,抗压强度评定用_____方法评定。

A. 平均值　　　　B. 标准值　　　　C. 最小值　　　　D. 标准差

10. 当$\delta > 0.21$或无变异系数δ要求时,抗压强度评定用_____方法评定。

A. 平均值　　　　B. 标准值　　　　C. 最小值　　　　D. 标准差

11. 冻融过程中可能出现的破坏情况有_____。

A. 冻裂　　　　B. 缺棱　　　　C. 剥落　　　　D. 掉角

12. 冻融试验结果以试样_____表示与评定。

A. 抗压强度　　B. 质量外观　　C. 抗压强度损失率　　D. 质量损失率

13. 石灰爆裂试验要求试样为未经_____的砖样。

A. 雨淋　　　　B. 且近期生产　　　　C. 浸水　　　　D. 日晒

14. 泛霜试验,应将试样_____朝上分别置于浅盘中。

A. 顶面　　　B. 有孔洞的面　　　C. 条面　　　D. 无孔洞的面

15. 泛霜程度划分_____。

A. 严重泛霜　　B. 中等泛霜　　C. 无泛霜　　D. 轻微泛霜

四、判断题

1. 烧结空心砖强度以大面抗压强度结果表示,试验按GB/T2542规定进行。　　　　　　(　)

2. 烧结多孔砖的孔洞尺寸如果是圆孔的直径应小于22mm。　　　　　　　　　　　　(　)

3. 烧结多孔砖的孔洞尺寸如果是非圆孔的内切圆直径应小于等于15mm。　　　　　(　)

4. 强度和抗风化性能合格的烧结多孔砖,根据尺寸偏差,外观质量,孔型及孔洞排列,泛霜,石灰爆裂分为一等品和合格品两个质量等级。　　　　　　　　　　　　　　　　　　(　)

5. 合格品的烧结多孔砖允许出现中等泛霜。　　　　　　　　　　　　　　　　　　(　)

6. 烧结空心砖吸水率按GB/T2542进行,以五块试样的3h沸煮吸水率的算术平均值表示。

(　)

7. 烧结空心砖饱和系数按GB/T2542规定进行,以三块试样的算术平均值表示。　　(　)

8. 烧结空心砖当正常生产时,每半年应进行一次型式检验。　　　　　　　　　　(　)

9. 烧结空心砖外观检验的样品中有欠火砖、酥砖,则判该批产品不合格。　　　　　(　)

10. 优等品的烧结普通砖不允许出现石灰爆裂。　　　　　　　　　　　　　　　(　)

11. 混凝土实心砖样品制备采用非烧结砖样品制备方法。　　　　　　　　　　　(　)

12. 混凝土实心砖样品制备根据样品高度不同制备方法不同。　　　　　　　　　(　)

13. 冻融试验,从试样放于预先降温至-15℃的冷冻箱开始计算冷冻时间。　　　(　)

14. 冻融过程中,发现试样的冻坏超过外观规定时,应结束试验。　　　　　　　　(　)

15. 体积密度试验,所取试样应外观完整。　　　　　　　　　　　　　　　　　(　)

16. 体积密度试验结果以试样体积密度的算术平均值和最小值表示,精确至$1kg/m^3$。(　)

17. 石灰爆裂试验,箱内水面应低于箅板上40mm。　　　　　　　　　　　　　(　)

18. 石灰爆裂试验,以试样石灰爆裂区域的尺寸最大者表示,精确至1mm。 （　）
19. 泛霜试验,试样浸在盘中,应经常加水以保持盘内水面高度。 （　）
20. 泛霜试验,泛霜情况应从试样浸水1天后开始记录,每天一次。 （　）
21. 软化系数试验中,发现任何一个饱和面干试件的单块抗压强度≤0.5R时,直接判定本批次砖的软化系数不合格。 （　）
22. 碳化系数试验,碳化7d后,检查碳化深度。 （　）
23. 碳化系数试验,必须五个试件全部碳化方可和五个对比试件进行抗压强度试验。 （　）

五、问答题

1. 砌墙砖作抗压强度试验时,对试验机的要求有哪些?
2. 烧结空心砖泛霜试验的环境条件要求是什么?
3. 烧结砖强度等级评定的依据是什么?
4. 碳化系数试验对碳化箱有什么?
5. 混凝土实心砖和非烧结砖进行抗压强度试验时,试件制作有何异同?
6. 烧结普通砖冻融试验的温度要求是什么? 冻融循环多少次。

六、计算题

一组烧结多孔砖规格为240mm×115mm×90mm,强度等级为MU10,经检测各试件尺寸和破坏荷载值见下表,试判断该组砖的强度是否符合烧结多孔砖MU10的技术要求?

某烧结多孔砖试件尺寸和破坏荷载值

项　目　＼　试件编号	1	2	3	4	5	6	7	8	9	10
长(mm)	236	237	238	235	237	237	238	238	236	238
宽(mm)	109	111	111	108	109	109	113	111	111	113
破坏荷载(kN)	192.3	200.0	230.2	184.6	175.9	187.2	250.5	207.3	199.0	238.5

参考答案：

一、填空题

1. 烧结砖　非烧结砖
2. 两个大面的中间
3. 两个大面的中间
4. 两个条面的中间
5. 不利的一侧　0.5mm
6. 100mm　100mm
7. 20±5℃
8. 0.2%　2h
9. -15～-20℃
10. 3h
11. 5h
12. 10～20℃
13. 3h
14. 2h
15. 石灰爆裂
16. 6h
17. 蒸馏水
18. 16～32℃　35%～60%
19. 24h　10～30℃
20. 15～25℃　20mm
21. 4d
22. 20%　±3%

二、单选题

1. B	2. C	3. D	4. D
5. D	6. C	7. B	8. D
9. D	10. C	11. B	12. C
13. D	14. A	15. C	16. B
17. D	18. A	19. B	20. D
21. B	22. B	23. C	24. B

三、多选题

1. A、B、C、D	2. B、C、D、	3. B、C	4. B、C
5. A、B、D	6. A、B、C	7. A、C、D	8. A、B、C、D
9. A、B	10. A、C	11. A、B、C、D	12. A、B、C、D
13. A、B、C	14. A、B	15. A、B、C、D	

四、判断题

1. √	2. ×	3. √	4. ×
5. √	6. √	7. ×	8. √
9. √	10. ×	11. ×	12. √
13. ×	14. ×	15. √	16. ×
17. √	18. √	19. ×	20. ×
21. √	22. √	23. ×	

五、问答题

1. 答:示值误差应不大于 ±1%,其下加压板应为铰支座,预期破坏荷载应在量程的 20% ~ 80%。

2. 答:环境温度为 16 ~ 32℃,相对湿度 35% ~ 60%。

3. 答:当 $\delta \leq 0.21$ 时,用平均值 – 标准值方法评定

当 $\delta > 0.21$ 或无变异系数 δ 要求时,用平均值 – 最小值方法评定

4. 答:大小应能容纳一组以上试件;盖子宜紧密;箱内二氧化碳浓度(体积分数)在 20% ±3% 范围内,相对湿度在 70% ±5% 范围内,温度在 20 ±5℃ 范围内

5. 答:(1)相同点:同一块试样的两半截砖切断口相反叠放;

(2)不同点:非烧结砖叠合部分不得小于 100mm;混凝土实心砖叠合部分不得小于 90mm,且叠合部分需用水泥净浆粘结,上下两面用水泥浆抹平。

6. 答: $-15 \sim -20℃$ 下冰冻,$10 \sim 20℃$ 的水中融化,15 次冻融循环。

六、计算题

题解:1.试件受压面尺寸计算

$A_1 = 236 \times 109 = 25724 mm^2$; $A_2 = 237 \times 111 = 26307 mm^2$;

$A_3 = 238 \times 111 = 26418 mm^2$; $A_4 = 235 \times 108 = 25380 mm^2$;

$A_5 = 237 \times 109 = 25833 mm^2$; $A_6 = 237 \times 109 = 25833 mm^2$;

$A_7 = 238 \times 113 = 26894 mm^2$; $A_8 = 238 \times 111 = 26418 mm^2$;

$A_9 = 236 \times 111 = 26196 mm^2$；　　$A_{10} = 238 \times 113 = 26894 mm^2$

2. 试件抗压强度计算

$F_1 = \dfrac{P}{A} = \dfrac{192.3}{25724} \times 1000 = 7.48 MPa$；　　$F_2 = \dfrac{P}{A} = \dfrac{200.0}{26307} \times 1000 = 7.60 MPa$；

$F_3 = \dfrac{P}{A} = \dfrac{230.2}{26418} \times 1000 = 8.71 MPa$；　　$F_4 = \dfrac{P}{A} = \dfrac{184.6}{25380} \times 1000 = 7.27 MPa$；

$F_5 = \dfrac{P}{A} = \dfrac{175.9}{25833} \times 1000 = 6.81 MPa$；　　$F_6 = \dfrac{P}{A} = \dfrac{187.2}{25833} \times 1000 = 7.25 MPa$；

$F_7 = \dfrac{P}{A} = \dfrac{250.5}{26894} \times 1000 = 9.31 MPa$；　　$F_8 = \dfrac{P}{A} = \dfrac{207.3}{26418} \times 1000 = 7.85 MPa$；

$F_9 = \dfrac{P}{A} = \dfrac{199.0}{26196} \times 1000 = 7.60 MPa$；　　$F_{10} = \dfrac{P}{A} = \dfrac{238.5}{26894} \times 1000 = 8.87 MPa$

3. 试件平均抗压强度计算

$$\overline{F} = \dfrac{F_1 + F_2 + F_3 + F_4 + F_5 + F_6 + F_7 + F_8 + F_9 + F_{10}}{10}$$

$$= \dfrac{7.48 + 7.60 + 8.71 + 7.27 + 6.81 + 7.25 + 9.31 + 7.85 + 7.60 + 8.87}{10}$$

$$= 7.88 MPa$$

4. 抗压强度标准差计算

$$S = \sqrt{\dfrac{1}{9}\sum_{i=1}^{10}(F_i - \overline{F})^2} = 0.81 MPa$$

5. 变异系数计算

$$\delta = \dfrac{s}{\overline{F}} = \dfrac{0.81}{7.88} = 0.1$$

6. 结果计算与评定

（1）$\because \delta = 0.10 < 0.21$

$\therefore$ 用平均值 – 标准值方法评定。

（2）强度标准值 F_k 计算

$F_k = \overline{F} - 1.8s = 7.88 - 1.8 \times 0.81 = 6.4 MPa$

（3）评定

$\because \overline{F} = 7.88 < 10.0 MPa$

$F_k = 6.4 < 6.5 MPa$

$\therefore$ 该组砖经检测,抗压强度不符合《烧结多孔砖》GB 13544—2000 的 MU10 的技术要求。

砖模拟试卷（A）

一、填空题（每题 2 分,共 22 分）

1. 砖按生产工艺分为_____和_____。
2. 尺寸测量,长度应在砖的_____处分别测量两个尺寸。
3. 软化系数试验,试件浸泡时间是_____。
4. 冻融试验,试样干燥至恒质是指在干燥过程中,前后两次称量相差不超过_____,前后两次称量时间间隔为_____。

5. 非烧结砖冻融试验,冰冻时间为_____。

6. 烧结砖冻融试验,融化温度为_____。

7. 石灰爆裂试验前检查每块试样,将不属于_____的外观缺陷作标记。

8. 泛霜试验,浸试样用水应是_____。

9. 吸水率和饱和系数试验,试样浸水时间为_____,水温是_____。

10. 尺寸测量,当被测处有缺损或凸出时,可在其旁边测量,但应选择_____。精确至_____。

11. 烧结普通砖样品制备:将试样切断或锯成两个半截砖,断开的半截砖长不得小于_____,如果不足_____,应另取备用试样补足。

二、单选题(每题2分,共24分)

1. 烧结多孔砖根据抗压强度可分为MU25、MU20、MU15、MU10和_____五个强度等级。
   A. MU40　　　B. MU30　　　C. MU7.5　　　D. MU5

2. 烧结多孔砖 N290×140×90,25AGB13544,其长度方向(140mm)样本平均偏差允许值应为_____。
   A. ±3.0mm　　B. ±2.5mm　　C. ±2.0mm　　D. ±1.5mm

3. 烧结多孔砖 N240×115×90,10B GB13544,其长度方向(240mm)样本极差应为_____。
   A. ≤4mm　　　B. ≤5mm　　　C. ≤6mm　　　D. ≤7mm

4. 烧结多孔砖 N240×115×90,10B GB13544,其长度方向(30mm)样本极差应为_____。
   A. ≤4mm　　　B. ≤5mm　　　C. ≤6mm　　　D. ≤7mm

5. 烧结多孔砖外观质量检验样品数量为_____。
   A. 10　　　　　B. 20　　　　　C. 30　　　　　D. 50

6. 烧结空心砖体积密度分为900级、1000级、1100级和_____。
   A. 500级　　　B. 800级　　　C. 1200级　　　D. 1300级

7. 烧结多孔砖的抗压强度平均值为26MPa,变异系数 $\delta \leq 0.21$ 时强度标准值为13.8MPa,该砖强度等级为_____。
   A. MU30　　　B. MU25　　　C. MU20　　　D. MU15

8. 混凝土实心砖样品制备用水泥净浆水灰比不大于_____。
   A. 0.5　　　　B. 0.2　　　　C. 0.3　　　　D. 0.4

9. 泛霜试验,试样浸在盘中的时间为_____。
   A. 5d　　　　B. 7d　　　　C. 3d　　　　D. 2d

10. 石灰爆裂试验,试样应平行侧立于蒸煮箱内的箅子板上,且试样间隔不得小于_____。
    A. 20mm　　　B. 50mm　　　C. 30mm　　　D. 25mm

11. 烧结空心砖制成的抹面试样应置于不低于_____的不通风室内养护不少于3d再进行试验。
    A. 15℃　　　B. 20℃　　　C. 18℃　　　D. 10℃

12. 碳化系数试验,碳化箱内相对湿度在_____范围内。
    A. 50%±5%　　B. 60%±5%　　C. 70%±5%　　D. 80%±5%

三、多选题(每题2分,共20分)

1. 烧结普通砖出厂检验项目为_____。
   A. 尺寸偏差　　B. 外观质量　　C. 强度等级　　D. 石灰爆裂

2. 根据抗压强度烧结多孔砖可分为 Mu20,Mu15,_____五个强度等级。
   A. MU40   B. MU30   C. MU25   D. MU10
3. 烧结空心砖体积密度分为 900 级、1000 级和_____。
   A. 500 级   B. 800 级   C. 1100 级   D. 1200 级
4. 下列测试弯曲的正确方法是_____。
   A. 弯曲分别在大面和和条面上测量
   B. 测量时将砖用卡尺的两支脚沿棱边两端放置,择其弯曲最大处将垂直尺推至砖面
   C. 不应将因杂质或碰伤造成的凹处计算在内
   D. 以弯曲中测得的平均值作为测量结果
5. 砖抗压强度试验,下列说法正确的是_____。
   A. 测量每个试件连接面或受压面的长、宽尺寸各两个
   B. 测量尺寸分别取其平均值,精确至 1mm
   C. 将试件平放在加压板的中央,垂直于受压面平稳均匀地加荷
   D. 加荷速度以 4kN/s 为宜
6. 当 $\delta>0.21$ 或无变异系数 δ 要求时,抗压强度评定用_____方法评定。
   A. 平均值   B. 标准值   C. 最小值   D. 标准差
7. 冻融试验结果以试样_____表示与评定。
   A. 抗压强度   B. 质量外观   C. 抗压强度损失率   D. 质量损失率
8. 石灰爆裂试验要求试样为未经_____的砖样。
   A. 雨淋   B. 且近期生产   C. 浸水   D. 日晒
9. 泛霜试验,应将试样_____朝上分别置于浅盘中。
   A. 顶面   B. 有孔洞的面   C. 条面   D. 无孔洞的面
10. 泛霜程度划分为_____。
    A. 严重泛霜   B. 中等泛霜   C. 无泛霜   D. 轻微泛霜

四、判断题(每题 2 分,共 24 分)

1. 烧结空心砖强度以大面抗压强度结果表示,试验按 GB/T2542 规定进行。( )
2. 烧结多孔砖的孔洞尺寸如果是非圆孔的,内切圆直径应小于等于 15mm。( )
3. 合格品的烧结多孔砖允许出现中等泛霜。( )
4. 烧结空心砖饱和系数按 GB/T2542 规定进行,以三块试样的算术平均值表示。( )
5. 烧结空心砖外观检验的样品中有欠火砖、酥砖,则判该批产品不合格。( )
6. 混凝土实心砖样品制备采用非烧结砖样品制备方法。( )
7. 冻融试验,从试样放于预先降温至 -15℃ 的冷冻箱开始计算冷冻时间。( )
8. 体积密度试验,所取试样应外观完整。( )
9. 泛霜试验,试样浸在盘中,应经常加水以保持盘内水面高度。( )
10. 软化系数试验中,发现任何一个饱和面干试件的单块抗压强度 ≤0.5R 时,直接判定本批次砖的软化系数不合格。( )
11. 碳化系数试验,必须五个试件全部碳化方可和五个对比试件进行抗压强度试验。( )
12. 石灰爆裂试验,箱内水面应低于笆上板 40mm。( )

五、问答题(每题 5 分,共 20 分)

1. 砌墙砖作抗压强度试验时,对试验机的要求有哪些?

2. 烧结空心砖泛霜试验的环境条件要求是什么？
3. 混凝土实心砖和非烧结砖进行抗压强度试验时，试件制作有何异同？
4. 烧结普通砖冻融试验的温度要求是什么？冻融循环多少次

六、计算题（每题10分，共10分）

一组烧结多孔砖规格为240mm×115mm×90mm，强度等级为MU10，经检测，各试件尺寸和破坏荷载值见下表，试判断该组砖的强度是否符合烧结多孔砖MU10的技术要求。

某烧结多孔砖试件尺寸和破坏荷载值

项 目 \ 试件编号	1	2	3	4	5	6	7	8	9	10
长(mm)	236	237	238	235	237	237	238	238	236	238
宽(mm)	109	111	111	108	109	109	113	111	111	113
破坏荷载(kN)	192.3	200.0	230.2	184.6	175.9	187.2	250.5	207.3	199.0	238.5

砖模拟试卷（B）

一、填空题（每题2分，共20分）

1. 碳化系数试验　碳化箱内二氧化碳浓度（体积分数）应在_____范围内。
2. 混凝土实心砖制成的抹面试样应置于不低于_____的不通风室内养护。
3. 烧结砖冻融试验，冰冻温度为_____。
4. 烧结砖冻融试验，冰冻时间为_____。
5. 非烧结砖冻融试验，融化时间为_____。
6. 烧结砖冻融试验，融化时间为_____。
7. 石灰爆裂试验，加盖蒸煮时间是_____。
8. 泛霜试验过程中要求环境温度为_____，相对湿度_____。
9. 软化系数试验，试件应浸入室温_____的水中，水面高出试件_____以上。
10. 尺寸测量，宽度应在砖的_____处分别测量两个尺寸。

二、单选题（每题2分，共24分）

1. 烧结多孔砖 N290×140×90，25AGB13544，其长度方向（290mm）样本平均偏差允许值应为_____。
   A. ±3.0mm　　B. ±2.5mm　　C. ±2.0mm　　D. ±1.5mm
2. 烧结多孔砖 N290×140×90，25AGB13544，其长度方向（90mm）样本平均偏差允许值应为_____。
   A. ±3.0mm　　B. ±2.5mm　　C. ±2.0mm　　D. ±1.5mm
3. 烧结多孔砖 N240×115×90，10B GB13544，其长度方向（115mm）样本极差应为_____。
   A. ≤4mm　　B. ≤5mm　　C. ≤6mm　　D. ≤7mm
4. 烧结多孔砖尺寸偏差检验样品数量为_____。
   A.10　　B.20　　C.30　　D.50
5. 烧结空心砖抗压强度等级分为MU10、MU7.5、MU5.0、MU3.5和_____。

A. MU20　　　　　B. MU15　　　　　C. MU2.5　　　　　D. MU2.0

6. 烧结普通砖抗压强度试样制备时,应将试样切断或锯成两个半截砖,断开的半截砖长不得小于_____mm。

A. 120　　　　　B. 110　　　　　C. 100　　　　　D. 90

7. 混凝土实心砖制备样品用强度等级_____的普通硅酸盐水泥调成稠度适宜的水泥净浆。

A. 42.5　　　　　B. 32.5　　　　　C. 42.5R　　　　　D. 52.5

8. 混凝土实心砖制备样品上下两面水泥浆厚度不超过_____。制成的试件上下两面须相互平行,并垂直于侧面。

A. 5mm　　　　　B. 3mm　　　　　C. 4mm　　　　　D. 2mm

9. 每_____冻融循环,检查一次冻融过程中出现的破坏情况。

A. 5 次　　　　　B. 1 次　　　　　C. 10 次　　　　　D. 15 次

10. 碳化系数试验,碳化箱内温度在_____范围内。

A. 20±2℃　　　　B. 20±5℃　　　　C. 20±1℃　　　　D. 20±3℃

11. 饱和系数试验沸煮时间是_____。

A. 3h　　　　　B. 5h　　　　　C. 2h　　　　　D. 4h

12. 泛霜试验,将试样置于浅盘中,水面高度不低于_____。

A. 15mm　　　　B. 18mm　　　　C. 10mm　　　　D. 20mm

三、多选题(每题 2 分,共 20 分)

1. 烧结普通砖出厂检验项目为_____。

A. 尺寸偏差　　　B. 外观质量　　　C. 强度等级　　　D. 石灰爆裂

2. 烧结空心砖抗压强度等级为 MU10.0、MU7.5、MU5.0 和_____。

A. MU15　　　　　B. MU3.5　　　　　C. MU2.5　　　　　D. MU2

3. 裂纹分为_____方向、_____方向和_____方向三种

A. 长度　　　　　B. 宽度　　　　　C. 高度　　　　　D. 水平

4. 烧结普通砖样品制备,下列做法正确的是_____,两者的用强度等级 42.5 的普通硅酸盐水泥调成稠度适宜的水泥净水粘结,制成的试件上下两面须相互平行,并垂直于侧面。

A. 将已断开的两个半截砖放入室温的净水中浸 10~20min

B. 以断口相同方向叠放

C. 两个半截砖中间抹以厚度不超过 5mm 水泥净浆

D. 上下两面用厚度不超过 3mm 的同种水泥浆抹平

5. 砖抗压强度试验,下列说法正确的是_____。

A. 测量每个试件连接面或受压面的长、宽尺寸各两个

B. 测量尺寸分别取其平均值,精确至 1mm

C. 将试件平放在加压板的中央,垂直于受压面平稳均匀地加荷

D. 加荷速度以 4kN/s 为宜

6. 当 $\delta \leqslant 0.21$ 时,抗压强度评定用_____方法评定。

A. 平均值　　　　B. 标准值　　　　C. 最小值　　　　D. 标准差

7. 冻融过程中可能出现的破坏情况有_____。

A. 冻裂　　　　　B. 缺棱　　　　　C. 剥落　　　　　D. 掉角

8. 石灰爆裂试验要求试样为未经_____的砖样。

A. 雨淋　　　　　B. 且近期生产　　　C. 浸水　　　　　D. 日晒

9. 泛霜试验,应将试样_____朝上分别置于浅盘中。
A. 顶面　　　　　　B. 有孔洞的面　　　　　C. 条面　　　　　　D. 无孔洞的面

10. 下列测试弯曲的正确方法是_____。
A. 弯曲分别在大面和和条面上测量
B. 测量时将砖用卡尺的两支脚沿棱边两端放置,择其弯曲最大处将垂直尺推至砖面
C. 不应将因杂质或碰伤造成的凹处计算在内
D. 以弯曲中测得的平均值作为测量结果

四、判断题(每题2分,共24分)

1. 烧结多孔砖的孔洞尺寸如果是圆孔的直径应小于22mm。　　　　　　　　　　　　(　　)
2. 强度和抗风化性能合格的烧结多孔砖,根据尺寸偏差,外观质量,孔型及孔洞排列,泛霜、石灰爆裂分为一等品和合格品两个质量等级。　　　　　　　　　　　　　　　　　　(　　)
3. 烧结空心砖吸水率按GB/T2542进行,以五块试样的3h沸煮吸水率的算术平均值表示。
　　　　　　　　　　　　　　　　　　　　　　　　　　　　　　　　　　　　　　(　　)
4. 烧结空心砖当正常生产时,每半年应进行一次型式检验。　　　　　　　　　　　　(　　)
5. 优等品的烧结普通砖不允许出现石灰爆裂。　　　　　　　　　　　　　　　　　　(　　)
6. 混凝土实心砖样品制备根据样品高度不同制备方法不同。　　　　　　　　　　　　(　　)
7. 冻融过程中,发现试样的冻坏超过外观规定时,应结束试验。　　　　　　　　　　(　　)
8. 体积密度试验结果以试样体积密度的算术平均值和最小值表示,精确至$1kg/m^3$。(　　)
9. 石灰爆裂试验,以试样石灰爆裂区域的尺寸最大者表示,精确至1mm。　　　　　　(　　)
10. 碳化系数试验,碳化7d后,检查碳化深度。　　　　　　　　　　　　　　　　　　(　　)
11. 软化系数试验中,发现任何一个饱和面干试件的单块抗压强度≤0.5R时,直接判定本批次砖的软化系数不合格。　　　　　　　　　　　　　　　　　　　　　　　　　　　　(　　)
12. 泛霜试验,泛霜情况应从试样浸水1d后开始记录,每天一次。　　　　　　　　　　(　　)

五、问答题(每题5分,共20分)

1. 砖冻融试验的温度要求是什么?冻融循环多少次?
2. 碳化系数试验对碳化箱有什么要求?
3. 混凝土实心砖和非烧结砖进行抗压强度试验时,试件制作有何异同?
4. 烧结砖强度等级评定的依据是什么?

六、计算题(每题12分,共12分)

一组烧结多孔砖规格为240mm×115mm×90mm,强度等级为MU10,经检测,各试件尺寸和破坏荷载值见下表,试判断该组砖的强度是否符合烧结多孔砖MU10的技术要求。

某烧结多孔砖试件尺寸和破坏荷载值

项目＼试件编号	1	2	3	4	5	6	7	8	9	10
长(mm)	236	237	238	235	237	237	238	238	236	238
宽(mm)	109	111	111	108	109	109	113	111	111	113
破坏荷载(kN)	192.3	200.0	230.2	184.6	175.9	187.2	250.5	207.3	199.0	238.5

第三节　蒸压轻质加气混凝土板

问答题

1. 蒸压加气混凝土砌块按强度和干密度可分为几个级别？
2. 蒸压加气混凝土砌块按哪些技术指标分为优等品（A）和合格品（B）二个等级？
3. 蒸压加气混凝土试件承压面的不平度应为每 100mm 不超过多少？承压面与相邻面的不垂直度不应超过多少？
4. 什么状态下可称试件为恒质？
5. 蒸压加气混凝土砌块和蒸压轻质加气混凝土板的抗压强度试件在质量含水率分别是多少进行试验？如果质量含水率超过上述规定范围，应在多少温度下烘至所要求的含水率？
6. 蒸压加气混凝土砌块冻融试验时需冻融循环多少次？
7. 蒸压轻质加气混凝土板防锈材料的防锈性能应符合什么性能指标？
8. 蒸压轻质加气混凝土板防锈性能试验需多少个周期？多少天？
9. 蒸压轻质加气混凝土板的干体积密度应控制在什么范围内？
10. 抗压强度试验时，试验机应以什么速率连续而均匀地加荷？
11. 蒸压轻质加气混凝土板的弯曲试验应选择何种试验装置？精度是多少？
12. 蒸压轻质加气混凝土板的防锈材料的防锈性能试件尺寸是多少？试件数量是多少？

参考答案：

1. 答：强度可分为 7 个级别，干密度可分为 6 个级别。
2. 答：按尺寸偏差与外观质量、干密度、抗压强度和抗冻性分为优等品（A）和合格品（B）二个等级。
3. 答：不平度应为每 100mm 不超过 0.1mm。不垂直度不应超过 ±1°。
4. 答：在烘干过程中间隔 4h，前后两次质量差不超过试件质量的 0.5% 的试件可为恒质。
5. 答：质量含水率是 10% ±2% 下进行试验。应在 60 ±5℃ 下烘至所要求的含水率。
6. 答：需冻融循环 15 次。
7. 答：防锈材料表面锈迹面积比 <5% 为合格。
8. 答：需 112 个周期，28d。
9. 答：应控制在 480 ~ 525kg/m^3。
10. 答：应以 2.0 ±0.5kN/s 的速度连续而均匀的加荷。
11. 答：应选择 2 线荷载试验装置，精度为 50N。
12. 答：尺寸是 40mm × 40mm × 160mm，数量是 3 个。

蒸压轻质加气混凝土板模拟试卷（A）

一、填空题

1. 蒸压加气混凝土砌块可分为_____（A）和_____（B）二个等级。
2. 抗压强度_____×_____×_____（mm）立方体试件一组_____块。
3. 恒质，指在烘干过程中间隔_____h，前后两次质量差不超过试件质量的_____%。

4. 抗压强度测量试件的尺寸,应精确至_____ mm。
5. 蒸压轻质加气混凝土板的抗压强度平均值≥_____ MPa,单组最小值≥_____ MPa。

二、单选题

1. 蒸压加气混凝土砌块按强度可分为_____个级别,干体积密度可分为_____个级别。
A. 6 5   B. 7 5   C. 7 6   D. 6 7
2. 蒸压轻质加气混凝土板的干体积密度应是_____ kg/m³。
A. ≤525   B. 480~525   C. ≤550   D. ≥480

三、判断题(对的打"√",错的打"×")

1. 蒸压轻质加气混凝土板抗压强度试件在质量含水率是35%±10%下进行试验,蒸压加气混凝土砌块抗压强度试件在质量含水率是10%±2%下进行试验。( )
2. 抗压强度试件承压面的不平度应为每100mm不超过0.1mm,承压面与相邻面的不垂直度不应超过±1°。( )

蒸压轻质加气混凝土板模拟试卷(B)

一、填空题

1. 抗压强度试验时,试验机以_____ kN/s的速度连续而_____地加荷。
2. 蒸压轻质加气混凝土板的弯曲试验应选择_____试验装置,精度为_____ N。
3. 蒸压轻质加气混凝土板中厚形板的防锈材料的防锈性能试件尺寸是_____ mm,试件数量是_____个。
4. 抗压强度试件的受压方向应_____制品的_____方向。
5. 蒸压加气混凝土砌块冻融试验时需冻融循环_____次。

二、单选题

1. 抗压强度试件质量含水率超过规定范围,则在_____℃下烘至所要求的含水率。
A. 60±5   B. 80±5   C. 105±5   D. 120±5
2. 蒸压轻质加气混凝土板防锈性能试验需_____ d。
A. 7   B. 14   C. 28   D. 56

三、判断题(对的打"√",错的打"×")

1. 干体积密度试验时,将试件放入电热鼓风干燥箱内在(105±5)℃下烘至恒质。( )
2. 蒸压轻质加气混凝土板防锈材料表面锈迹面积比<5%为合格。( )

第四节 屋 面 瓦

一、填空题

1. 烧结瓦根据_____分为平瓦、脊瓦、三曲瓦、双筒瓦、鱼鳞瓦、牛舌瓦、板瓦、筒瓦、滴水瓦、沟头瓦、J形瓦、S形瓦、波形瓦和其他异形瓦及其配件。
2. 烧结瓦为优等品,石灰爆裂允许范围是_____。

3. 烧结瓦为合格品,石灰爆裂允许范围是_____。
4. 混凝土瓦的吸水率是_____。
5. 混凝土瓦经抗冻性能检验后,承载力应不小于_____。同时_____,应符合技术要求。
6. 烧结瓦测量长度和宽度应在瓦_____处。
7. 烧结瓦长度和宽度测量结果以每件试样测量的长度、宽度与其规格长度、宽度的_____表示。
8. 烧结瓦裂纹测量:应测量裂纹两端点之间最大_____距离。
9. 烧结瓦裂纹测量结果以每件试样的_____长度表示。
10. 烧结瓦石灰爆裂应测量石灰爆裂处的最大_____尺寸。
11. 烧结瓦弯曲强度试验,支座金属棒和压头与试样接触部分均包上厚度为_____、硬度为_____的普通橡胶板。
12. 烧结瓦弯曲强度试验,对于波形瓦类,要在压头和瓦之间放置与瓦表面波浪形状相吻合的_____。
13. 烧结瓦耐急冷急热性试验,试样在烘箱中保持温度的时间是_____。
14. 烧结瓦经_____急冷急热循环不出现炸裂、剥落及裂纹延长现象即为合格。
15. 烧结瓦吸水率试验,试样数量为_____件(块)。
16. 烧结瓦抗渗性能试验,试样数量为_____件(块)。
17. 混凝土瓦在所抽取的试样中,尺寸偏差和外观质量检验不合格试件的总数不超过_____时,允许进行复验。
18. 混凝土瓦在所抽取的试样中,物理力学性能检验不合格试件的总数不超过_____时,允许进行复验。
19. 混凝土瓦的长度检验结果是在瓦的左右两侧测量瓦的长度,取二者中与其规格长度_____。
20. 混凝土瓦承载力检测,试样应浸没在温度为_____的清水中不小于_____,水面应高出试样20mm,于试验前擦干表面水分备用。
21. 混凝土瓦抗渗性能检测,先将试样在温度为_____,空气相对湿度不小于_____,通风良好的条件下,存放不少于24h。

二、单选题

1. 烧结瓦弯曲强度试验机的支座和压头的金属棒直径为_____。
A. 25mm   B. 20mm   C. 15mm   D. 30mm
2. 烧结瓦弯曲强度试样数量为_____。
A. 7件   B. 10件   C. 5件   D. 3件
3. 烧结瓦弯曲强度试验,对于波形瓦类所用平衡物由硬质木块或金属制成,宽度约为_____。
A. 30mm   B. 20mm   C. 25mm   D. 15mm
4. 烧结瓦弯曲强度试验加荷速度是_____。
A. 50~100N/s   B. 40~50N/s   C. 50~80N/s   D. 50~60N/s
5. 烧结瓦抗冻性能试验的冷冻温度应是_____。
A. -20±3℃   B. -20±2℃   C. -15±3℃   D. -15±2℃
6. 烧结瓦抗冻性能试验的融化水温度应是_____。
A. 15~20℃   B. 10~20℃   C. 20~25℃   D. 15~25℃

7. 烧结瓦抗冻性能试验的冻融循环次数是_____。
   A. 10 次   B. 15 次   C. 25 次   D. 20 次

8. 烧结瓦耐急冷急热性试验,测量冷水温度,保持_____为宜。
   A. 10 ±5℃   B. 20 ±5℃   C. 15 ±5℃   D. 18 ±5℃

9. 烧结瓦耐急冷急热性试验,烘箱中的温度比冷水高_____。
   A. 100 ±2℃   B. 110 ±2℃   C. 130 ±2℃   D. 120 ±2℃

10. 烧结瓦耐急冷急热性试验,将试样放入烘箱中的试样架上。试样之间、试样与箱壁之间应有不小于_____的间距。
    A. 20mm   B. 25mm   C. 50mm   D. 30mm

11. 烧结瓦吸水率试验,干燥试样温度保持在_____。
    A. 105℃   B. 100℃   C. 110℃   D. 90℃

12. 烧结瓦吸水率试验,浸泡水的温度为_____。
    A. 10 ~ 25℃ B. 15 ~ 25℃ C. 20 ~ 25℃ D. 15 ~ 20℃

13. 烧结瓦抗渗性能试验,水位高度距瓦面最浅处不小于_____。
    A. 25mm   B. 15mm   C. 20mm   D. 30mm

14. 混凝土瓦检测,承载力检验与抗冻性检验的试样龄期不应小于_____。
    A. 28d   B. 7d   C. 3d   D. 14d

15. 混凝土瓦承载力检验,最高加荷速度为_____。
    A. 5000N/min B. 1500N/min C. 500N/min D. 2500N/min

16. 混凝土瓦吸水率试验,试样的干燥质量是试样经干燥后每间隔2h称量一次,直至两次称量之差小于_____为止。
    A. 15g   B. 10g   C. 5g   D. 1g

17. 混凝土瓦抗渗性能检测,试样经密封蓄水后,在温度为15~30℃,空气相对湿度不小于40%,通风良好的条件下,存放不少于_____。
    A. 72h   B. 24h   C. 12h   D. 3h

18. 混凝土瓦抗渗性能试验,水位高度距瓦脊不小于_____。
    A. 25mm   B. 15mm   C. 20mm   D. 30mm

19. 混凝土瓦抗冻性能试验的冷冻温度应是_____。
    A. -20 ±3℃ B. -15℃以下 C. -15 ±3℃ D. -15 ±2℃

20. 混凝土瓦抗冻性能试验的融化水温度应是_____。
    A. 10 ~ 20℃ B. 15℃ ~ 30℃ C. 20 ~ 25℃ D. 10 ~ 25℃

21. 混凝土瓦抗冻性能试验的冻融循环次数是_____。
    A. 10 次   B. 15 次   C. 25 次   D. 20 次

22. 混凝土瓦抗冻性能试验的冷冻时间应是_____。
    A. 1h   B. 24h   C. 2h   D. 3h

23. 混凝土瓦抗冻性能试验的融化时间应是_____。
    A. 1h   B. 24h   C. 21h   D. 3h

24. 混凝土瓦抗冻性能试验试件数量应是_____。
    A. 3 片   B. 5 片   C. 6 片   D. 10 片

三、多选题

1. 烧结瓦根据吸水率不同分为_____。

A. Ⅰ类瓦　　　　　B. Ⅱ类瓦　　　　　C. Ⅲ类瓦　　　　　D. 青瓦

2. 烧结瓦根据表面状态可分_____。根据形状分为平瓦、脊瓦、三曲瓦、双筒瓦、鱼鳞瓦、牛舌瓦、板瓦、筒瓦、滴水瓦、沟头瓦、J形瓦、S形瓦、波形瓦和其他异形瓦及其配件。

A. 有釉　　　　　B. 无釉　　　　　C. 平瓦　　　　　D. 脊瓦

3. 混凝土瓦可分为_____。

A. 混凝土屋面瓦　　B. 混凝土配件瓦　　C. 波形屋面瓦　　D. 平板屋面瓦

4. 混凝土屋面瓦可分为_____。

A. 混凝土屋面瓦　　B. 混凝土配件瓦　　C. 波形屋面瓦　　D. 平板屋面瓦

5. 烧结瓦按尺寸允许偏差产品可分为_____。

A. 合格品　　　　　B. 优等品　　　　　C. 一等品　　　　　D. 不合格品

6. 混凝土瓦尺寸允许偏差包括_____项目。

A. 平面性　　　　　B. 宽度偏差绝对值　　C. 方正度　　　　　D. 长度偏差绝对值

7. 烧结瓦的抗弯曲性能用弯曲强度表示的有_____。

A. 三曲瓦　　　　　B. 双筒瓦　　　　　C. 鱼鳞瓦　　　　　D. 牛舌瓦

8. 烧结瓦经抗冻性能检验合格的不应出现_____现象。

A. 剥落　　　　　B. 掉角　　　　　C. 掉棱　　　　　D. 裂纹增加

9. 烧结瓦抗冻性能试验,应先检查试样外观,将_____处作标记,并记录其情况。

A. 磕碰　　　　　B. 釉粘　　　　　C. 裂纹　　　　　D. 缺釉

10. 烧结瓦耐急冷急热性试验,应先检查试样外观,将_____处作标记,并记录其情况。

A. 磕碰　　　　　B. 釉粘　　　　　C. 裂纹　　　　　D. 缺釉

11. 混凝土瓦吸水率及耐热性能试验,下列说法正确的_____。

A. 试样擦拭干净,需浸没在温度为 10~25℃ 的清水中不小于 24h

B. 试验过程中试样浸没清水中应保持水面高出试样 30mm

C. 试样浸泡后,存放在温度为 15~30℃,空气相对湿度不小于 40%,通风良好的条件下 24h

D. 试样放入干燥箱,箱内温度保持 105±5℃,干燥 24h

四、判断题

1. 混凝土瓦抗渗性能检验后,一片瓦的背面出现水滴现象,结果仍为合格。（　）
2. 烧结瓦抗渗性能检验后,一片瓦的背面出现水滴现象,结果仍为合格。（　）
3. 烧结瓦耐急冷急热性试验,将试样放入烘箱中的试样架上。在 5min 内使烘箱重新达到预先加热的温度。（　）
4. 烧结瓦耐急冷急热性试验,急冷时间是 5min。（　）
5. 耐急冷急热性此项要求适用于所有烧结瓦。（　）
6. 烧结瓦吸水率试验,干燥试样、浸泡水的时间均是 24h。（　）
7. 烧结瓦抗渗性能试验,蓄水 3h,瓦背面无水滴产生即为合格。（　）
8. 烧结瓦吸水率不大于 10.0% 时,可取消抗渗性能要求。（　）
9. 混凝土瓦施工验收检验,宜参照出厂检验的批量在现场抽取所需试样。（　）
10. 混凝土瓦复验只针对不合格项目进行。复验允许二次。（　）
11. 混凝土瓦复验时样品应从同一批次中抽取,数量为该项目检验数量。（　）
12. 混凝土瓦瓦爪残缺试验是测量瓦爪残留的部分。（　）
13. 混凝土瓦涂层试验是在光线充足条件下,正常视力,目测面积约 $2m^2$ 的试样,判断试样表面涂层是否完好。（　）

14. 混凝土瓦承载力检验,屋面瓦背面朝上置于支座上。（　　）
15. 混凝土瓦承载力即承载力实测平均值。（　　）
16. 混凝土瓦如果在 105±5℃下,干燥 24h 表面出现涂层脱落、鼓包、起泡、花斑等现象,则终止试验。判吸水率不合格。（　　）
17. 混凝土瓦吸水率及耐热性能复试的试样为 5 片整块试样。（　　）
18. 混凝土瓦经冻融后,试样的承载力不小于承载力标准值,则抗冻性合格。（　　）
19. 混凝土瓦冻融循环过程中不得间断。（　　）
20. 混凝土瓦经冻融循环后应立即进行承载力检验。（　　）

五、问答题

1. 混凝土瓦承载力标准值选取的依据是什么？
2. 混凝土瓦和烧结瓦进行抗渗性能检测时有何异同点？
3. 混凝土瓦和烧结瓦进行尺寸偏差检测时有何异同点？
4. 烧结瓦中哪些瓦的弯曲性能用最大载荷表示？哪些瓦的弯曲性能用弯曲强度表示？
5. 烧结瓦按吸水率如何进行分类？
6. 混凝土瓦的抗冻性能评定的依据是什么？

六、计算题

1. 一组混凝土瓦规格为 420mm×330mm,瓦脊高度为 23mm,遮盖宽度为 300mm,经检测,各试件破坏荷载值见下表,试判断该组混凝土瓦承载力是否合格。

某混凝土瓦破坏荷载值

试件编号 项　目	1	2	3	4	5	6	7
破坏荷载(kN)	2410	2390	2273	2230	2310	2276	2382

2. 一组混凝土屋面瓦规格为 430mm×320mm,经检测相关试件尺寸和破坏荷载值见下表,试判断该组瓦的承载力是否符合要求。

某混凝土屋面瓦相关试件尺寸和破坏荷载值

试件编号 项　目	1	2	3	4	5	6	7
瓦脊高度(mm)	25	26	25	26	26	25	25
遮盖宽度(mm)				300			
破坏荷载(kN)	1910	1890	1810	1850	1760	1780	1850

参考答案：

一、填空题

1. 形状　　　　2. 不允许　　　　3. 破坏尺寸≤5mm　　　　4. ≤10.0%
5. 承载力标准值　外观质量　　6. 正面的中间　　　　7. 偏差值
8. 直线　　　　9. 最大裂纹　　　10. 直径　　　　11. 5mm　邵尔 A45~60
12. 平衡物　　　13. 45min　　　　14. 3 次　　　　15. 5

16. 3　　　　　　　　17. 3 块　　　　　　　18. 1 块　　　　　　　19. 最大偏差绝对值
20. 10～30℃　24h　　　　　　　　　　　21. 15～30℃　40%

二、单选题

1. A　　　　　　　　2. C　　　　　　　　3. B　　　　　　　　4. A
5. A　　　　　　　　6. D　　　　　　　　7. B　　　　　　　　8. C
9. C　　　　　　　　10. A　　　　　　　　11. C　　　　　　　　12. B
13. B　　　　　　　　14. A　　　　　　　　15. B　　　　　　　　16. B
17. B　　　　　　　　18. B　　　　　　　　19. B　　　　　　　　20. B
21. C　　　　　　　　22. C　　　　　　　　23. A　　　　　　　　24. A

三、多选题

1. A、B、C、D　　　　2. A、B　　　　　　　3. A、B　　　　　　　4. C、D
5. A、B、C、D　　　　6. A、B、C、D　　　　7. A、B、C、D　　　　8. A、B、C、D
9. A、B、C、D　　　　10. A、B、C、D　　　　11. A、C、D

四、判断题

1. ×　　　　　　　　2. ×　　　　　　　　3. √　　　　　　　　4. √
5. ×　　　　　　　　6. √　　　　　　　　7. √　　　　　　　　8. √
9. √　　　　　　　　10. ×　　　　　　　　11. ×　　　　　　　　12. √
13. ×　　　　　　　　14. ×　　　　　　　　15. ×　　　　　　　　16. ×
17. √　　　　　　　　18. ×　　　　　　　　19. ×　　　　　　　　20. ×

五、问答题

1. 答：瓦脊高度和遮盖宽度。

2. 答：(1)相同点：将水注入以试样为底并用围框密封的容器中，水面要高出瓦脊 15mm，试验过程中一直保持这一高度。试样平面于水平面的偏差角应不大于 10°。

(2)不同点：混凝土瓦在 15～30℃，空气相对湿度不小于 40% 的条件下，存放 24h，观察瓦背面有无水滴产生。烧结瓦经 3h，观察瓦背面有无水滴产生。

3. 答：见下表。

	不同点		相同点
	测量部位	结果表示	
混凝土瓦	在瓦的左右两侧	取二者中与其规格尺寸的最大偏差绝对值	测量尺寸精确至 1mm
烧结瓦	在瓦正面的中间处	每件试样测量值与其规格尺寸的偏差值表示	

4. 答：三曲瓦、双筒瓦、鱼鳞瓦、牛舌瓦、J 形瓦、S 形瓦、波形瓦、平瓦、脊瓦用最大载荷表示，板瓦、筒瓦、滴水瓦、沟头瓦用弯曲强度表示。

5. 答：吸水率≤6.0% 为Ⅰ类瓦，6.0%＜吸水率≤10.0% 为Ⅱ类瓦，10.0%＜吸水率≤18.0% 为Ⅲ类瓦，吸水率≤21.0% 为青瓦。

6. 答：外观质量和承载力标准值。

六、计算题

1. 解：①承载力实测平均值计算

$$F_{\infty} = \frac{F_1 + F_2 + F_3 + F_4 + F_5 + F_6 + F_7}{7}$$

$$= \frac{2410 + 2390 + 2273 + 2230 + 2310 + 2276 + 2382}{7} = 2320\text{N}$$

②承载力标准差计算

$$\sigma = \sqrt{\frac{\sum (F_i - F)^2}{n-1}} = 69.6\text{N}$$

③承载力计算

$F = F_{\infty} - 1.64\sigma = 2320 - 1.64 \times 69.6 = 2205.8 = 2210\text{N}$

④评定

根据瓦脊高度和遮盖宽度查表，取 $F_c = 1800\text{N}$

∵ $F = 2210 > 1800\text{N}$

∴该组混凝土瓦承载力符合《混凝土瓦》JC 746—2007的技术要求。

2. 解：
①承载力实测平均值计算

$$F_{\infty} = \frac{F_1 + F_2 + F_3 \cdots F_n}{n} = \frac{1910 + 1890 + 1810 + 1850 + 1760 + 1780 + 1850}{7} = 1835.7$$

$$= 1840\text{N}$$

②承载力标准差计算：

$$\sigma = \sqrt{\frac{\sum (F_i - F_{\infty})^2}{n-1}} = 55.33\text{N}$$

③承载力计算

$F = F_{\infty} - 1.64\sigma = 1840 - 1.64 \times 55.33 = 1749 = 1750\text{N}$

④评定

根据瓦脊高度和遮盖宽度查表，取 $F_c = 1800\text{N}$

∵ $F = 1750\text{N} <$ 承载力标准值 1800N

∴该组瓦的承载力不符合《混凝土瓦》JC 746—2007的要求。

屋面瓦模拟试卷（A）

一、填空题（每题2分，共22分）

1. 烧结瓦根据_____分为平瓦、脊瓦、三曲瓦、双筒瓦、鱼鳞瓦、牛舌瓦、板瓦、筒瓦、滴水瓦、沟头瓦、J形瓦、S形瓦、波形瓦和其他异形瓦及其配件。

2. 烧结瓦为合格品，石灰爆裂允许范围是_____。

3. 混凝土瓦经抗冻性能检验后，承载力应不小于_____。同时，_____应符合技术要求。

4. 烧结瓦长度和宽度测量结果以每件试样测量的长度、宽度与其规格长度、宽度的_____表示。

5. 烧结瓦裂纹测量结果以每件试样的_____长度表示。

6. 烧结瓦弯曲强度试验,支座金属棒和压头与试样接触部分均包上厚度为_____、硬度为_____度的普通橡胶板。

7. 混凝土瓦抗渗性能检测,先将试样在温度为_____,空气相对湿度不小于_____,通风良好的条件下,存放不少于24h。

8. 烧结瓦吸水率试验,试样数量为_____件(块)。

9. 混凝土瓦在所抽取的试样中,尺寸偏差和外观质量检验不合格试件的总数不超过_____时,允许进行复验。

10. 混凝土瓦的长度检验结果是在瓦的左右两侧测量瓦的长度,取二者中与其规格长度_____。

11. 烧结瓦耐急冷急热性试验,试样在烘箱中保持温度的时间是_____。

二、单选题(每题2.5分,共30分)

1. 烧结瓦弯曲强度试验机的支座和压头的金属棒直径为_____。
A. 25mm   B. 20mm   C. 15mm   D. 30mm

2. 烧结瓦弯曲强度试验,对于波形瓦类所用平衡物由硬质木块或金属制成,宽度约为_____。
A. 30mm   B. 20mm   C. 25mm   D. 15mm

3. 烧结瓦抗冻性能试验的冷冻温度应是_____。
A. -20 ± 3℃   B. -20 ± 2℃   C. -15 ± 3℃   D. -15 ± 2℃

4. 烧结瓦抗冻性能试验的冻融循环次数是_____。
A. 10次   B. 15次   C. 25次   D. 20次

5. 烧结瓦耐急冷急热性试验,烘箱中的温度比冷水高_____。
A. 100 ± 2℃   B. 110 ± 2℃   C. 130 ± 2℃   D. 120 ± 2℃

6. 烧结瓦吸水率试验,干燥试样温度保持在_____。
A. 105℃   B. 100℃   C. 110℃   D. 90℃

7. 烧结瓦抗渗性能试验,水位高度距瓦面最浅处不小于_____。
A. 25mm   B. 15mm   C. 20mm   D. 30mm

8. 混凝土瓦承载力检验,最高加荷速度为_____。
A. 5000N/min   B. 1500N/min   C. 500N/min   D. 2500N/min

9. 混凝土瓦抗渗性能检测,试样经密封蓄水后,在温度为15~30℃,空气相对湿度不小于40%,通风良好的条件下,存放不少于_____。
A. 72h   B. 24h   C. 12h   D. 3h

10. 混凝土瓦抗冻性能试验的融化时间应是_____。
A. 1h   B. 24h   C. 21h   D. 3h

11. 混凝土瓦抗冻性能试验的冻融循环次数是_____。
A. 10次   B. 15次   C. 25次   D. 20次

12. 混凝土瓦抗冻性能试验的冷冻温度应是_____。
A. -20 ± 3℃   B. -15℃以下   C. -15 ± 3℃   D. -15 ± 2℃

三、多选题(每题2分,共16分)

1. 烧结瓦根据表面状态可分_____。根据形状分为平瓦、脊瓦、三曲瓦、双筒瓦、鱼鳞瓦、牛舌瓦、板瓦、筒瓦、滴水瓦、沟头瓦、J形瓦、S形瓦、波形瓦和其他异形瓦及其配件。

  A. 有釉   B. 无釉   C. 平瓦   D. 脊瓦

  2. 混凝土屋面瓦可分为_____。

  A. 混凝土屋面瓦 B. 混凝土配件瓦 C. 波形屋面瓦 D. 平板屋面瓦

  3. 烧结瓦按尺寸允许偏差产品可分为_____。

  A. 合格品   B. 优等品   C. 一等品   D. 不合格品

  4. 混凝土瓦尺寸允许偏差包括_____项目。

  A. 平面性   B. 宽度偏差绝对值 C. 方正度 D. 长度偏差绝对值

  5. 烧结瓦的抗弯曲性能用弯曲强度表示的有_____。

  A. 三曲瓦   B. 双筒瓦   C. 鱼鳞瓦   D. 牛舌瓦

  6. 烧结瓦经抗冻性能检验合格的不应出现_____现象。

  A. 剥落   B. 掉角   C. 掉棱   D. 裂纹增加

  7. 烧结瓦抗冻性能试验,应先检查试样外观,将_____处作标记,并记录其情况。

  A. 磕碰   B. 釉粘   C. 裂纹   D. 缺釉

  8. 混凝土瓦吸水率及耐热性能试验,下列说法正确的_____。

  A. 试样擦拭干净,需浸没在温度为 10～25℃的清水中不小于 24h

  B. 试验过程中试样浸没清水中应保持水面高出试样 30mm

  C. 试样浸泡后,存放在温度为 15～30℃,空气相对湿度不小于 40%,通风良好的条件下 24h

  D. 试样放入干燥箱,箱内温度保持 105±5℃,干燥 24h

四、判断题(每题 2 分,共 20 分)

  1. 混凝土瓦抗渗性能检验后,一片瓦的背面出现水滴现象,结果仍为合格。 ( )

  2. 混凝土瓦冻融循环过程中不得间断。 ( )

  3. 耐急冷急热性此项要求适用于所有烧结瓦。 ( )

  4. 烧结瓦抗渗性能试验,蓄水 3h,瓦背面无水滴产生即为合格。 ( )

  5. 混凝土瓦施工验收检验,宜参照出厂检验的批量在现场抽取所需试样。 ( )

  6. 混凝土瓦复验时样品应从同一批次中抽取,数量为该项目检验数量。 ( )

  7. 混凝土瓦涂层试验是在光线充足条件下,正常视力,目测面积约 2m² 的试样,判断试样表面涂层是否完好。 ( )

  8. 混凝土瓦承载力即承载力实测平均值。 ( )

  9. 混凝土瓦吸水率及耐热性能复试的试样为 5 片整块试样。 ( )

  10. 烧结瓦耐急冷急热性试验,将试样放入烘箱中的试样架上。在 5min 内使烘箱重新达到预先加热的温度。 ( )

五、问答题(每题 4 分,共 20 分)

  1. 混凝土瓦承载力标准值选取的依据是什么?

  2. 混凝土瓦和烧结瓦进行尺寸偏差检测时有何异同点?

  3. 烧结瓦中哪些瓦的弯曲性能用最大载荷表示?哪些瓦的弯曲性能用弯曲强度表示?

  4. 烧结瓦按吸水率如何进行分类?

六、计算题(每题 12 分,共 12 分)

  一组混凝土瓦规格为 420mm×330mm,瓦脊高度为 23mm,遮盖宽度为 300mm,经检测各试件破坏荷载值见下表,试判断该组混凝土瓦承载力是多少?

项目 \ 试件编号	1	2	3	4	5	6	7
破坏荷载(kN)	2410	2390	2273	2230	2310	2276	2382

屋面瓦模拟试卷(B)

一、填空题(每题2分,共22分)

1. 烧结瓦为优等品石灰爆裂允许范围是_____。

2. 混凝土瓦的吸水率是_____。

3. 烧结瓦测量长度和宽度应在瓦_____处。

4. 烧结瓦裂纹测量:应测量裂纹两端点之间最大_____距离。

5. 烧结瓦石灰爆裂应测量石灰爆裂处的最大_____尺寸。

6. 烧结瓦弯曲强度试验,对于波形瓦类,要在压头和瓦之间放置与瓦表面波浪形状相吻合的_____。

7. 烧结瓦经_____急冷急热循环不出现炸裂、剥落及裂纹延长现象即为合格。

8. 烧结瓦抗渗性能试验,试样数量为_____件(块)。

9. 混凝土瓦在所抽取的试样中,物理力学性能检验不合格试件的总数不超过_____时,允许进行复验。

10. 混凝土瓦承载力检测,试样应浸没在温度为_____的清水中不小于_____,水面应高出试样20mm,于试验前拭干表面水分备用。

11. 混凝土瓦抗渗性能检测,先将试样在温度为_____,空气相对湿度不小于_____,通风良好的条件下,存放不少于24h。

二、单选题(每题2.5分,共30分)

1. 烧结瓦弯曲强度试样数量为_____。
A. 7件　　　　B. 10件　　　　C. 5件　　　　C. 3件

2. 烧结瓦弯曲强度试验加荷速度是_____。
A. 50~100N/s　　B. 40~50N/s　　C. 50~80N/s　　C. 50~60N/s

3. 烧结瓦抗冻性能试验的融化水温度应是_____。
A. 15~20℃　　B. 10~20℃　　C. 20~25℃　　C. 15~25℃

4. 烧结瓦耐急冷急热性试验,测量冷水温度,保持_____为宜。
A. 10±5℃　　B. 20±5℃　　C. 15±5℃　　C. 18±5℃

5. 烧结瓦耐急冷急热性试验,将试样放入烘箱中的试样架上。试样之间、试样与箱壁之间应有不小于_____的间距。
A. 20mm　　　　B. 25mm　　　　C. 50mm　　　　C. 30mm

6. 烧结瓦吸水率试验,浸泡水的温度为_____。
A. 10~25℃　　B. 15~25℃　　C. 20~25℃　　C. 15~20℃

7. 混凝土瓦检测,承载力检验与抗冻性检验的试样龄期不应小于_____。

A. 28d　　　　　　B. 7d　　　　　　C. 3d　　　　　　C. 14d

8. 混凝土瓦吸水率试验,试样的干燥质量是试样经干燥后每间隔2h称量一次,直至两次称量之差小于_____为止。
　　A. 15g　　　　　B. 10g　　　　　C. 5g　　　　　　C. 1g

9. 混凝土瓦抗渗性能试验,水位高度距瓦脊不小于_____。
　　A. 25mm　　　　B. 15mm　　　　C. 20mm　　　　 C. 30mm

10. 混凝土瓦抗冻性能试验试件数量应是_____。
　　A. 3 片　　　　　B. 5 片　　　　　C. 6 片　　　　　C. 10 片

11. 混凝土瓦抗冻性能试验的冷冻时间应是_____。
　　A. 1h　　　　　　B. 24h　　　　　C. 2h　　　　　　C. 3h

12. 混凝土瓦抗冻性能试验的融化水温度应是_____。
　　A. 10～20℃　　　B. 15～30℃　　　C. 20～25℃　　　C. 10～25℃

三、多选题(每题2分,共16分)

1. 烧结瓦根据吸水率不同分为_____。
　　A. Ⅰ类瓦　　　　B. Ⅱ类瓦　　　　C. Ⅲ类瓦　　　　C. 青瓦

2. 混凝土瓦可分为。
　　A. 混凝土屋面瓦　B. 混凝土配件瓦　C. 波形屋面瓦　　C. 平板屋面瓦

3. 烧结瓦按尺寸允许偏差,产品可分为_____。
　　A. 合格品　　　　B. 优等品　　　　C. 一等品　　　　C. 不合格品

4. 混凝土瓦尺寸允许偏差包括_____项目。
　　A. 平面性　　　　B. 宽度偏差绝对值　C. 方正度　　　C. 长度偏差绝对值

5. 烧结瓦经抗冻性能检验合格的不应出现_____现象。
　　A. 剥落　　　　　B. 掉角　　　　　C. 掉棱　　　　　C. 裂纹增加

6. 烧结瓦抗冻性能试验,应先检查试样外观,将_____处作标记,并记录其情况。
　　A. 磕碰　　　　　B. 釉粘　　　　　C. 裂纹　　　　　C. 缺釉

7. 烧结瓦耐急冷急热性试验,应先检查试样外观,将_____处作标记,并记录其情况。
　　A. 磕碰　　　　　B. 釉粘　　　　　C. 裂纹　　　　　C. 缺釉

8. 混凝土瓦吸水率及耐热性能试验,下列说法正确的_____。
　　A. 试样擦拭干净,需浸没在温度为10～25℃的清水中不小于24h
　　B. 试验过程中试样浸没清水中应保持水面高出试样30mm
　　C. 试样浸泡后,存放在温度为15～30℃,空气相对湿度不小于40%,通风良好的条件下24h
　　D. 试样放入干燥箱,箱内温度保持105±5℃,干燥24h

四、判断题(每题2分,共20分)

1. 烧结瓦抗渗性能检验后,一片瓦的背面出现水滴现象,结果仍为合格。　　　　　　　( )
2. 烧结瓦耐急冷急热性试验,急冷时间是5min。　　　　　　　　　　　　　　　　　　( )
3. 烧结瓦吸水率试验,干燥试样、浸泡水的时间均是24h。　　　　　　　　　　　　　　( )
4. 烧结瓦吸水率不大于10.0%时,可取消抗渗性能要求。　　　　　　　　　　　　　　( )
5. 混凝土瓦复验只针对不合格项目进行。复验允许二次。　　　　　　　　　　　　　　( )
6. 混凝土瓦瓦爪残缺试验是测量瓦爪残留的部分。　　　　　　　　　　　　　　　　　( )
7. 混凝土瓦承载力检验,屋面瓦背面朝上置于支座上。　　　　　　　　　　　　　　　( )

8.混凝土瓦如果在 105±5℃ 下,干燥 24h 表面出现涂层脱落、鼓包、起泡、花斑等现象,则终止试验。判吸水率不合格。（　）

9.混凝土瓦经冻融后,试样的承载力不小于承载力标准值,则抗冻性合格。（　）

10.混凝土瓦经冻融循环后应立即进行承载力检验。（　）

五、问答题（每题 4 分,共 20 分）

1.混凝土瓦的抗冻性能评定的依据是什么?
2.混凝土瓦和烧结瓦进行抗渗性能检测时有何异同点?
3.烧结瓦中哪些瓦的弯曲性能用最大载荷表示?哪些瓦的弯曲性能用弯曲强度表示?
4.烧结瓦按吸水率如何进行分类?

六、计算题（每题 12 分,共 12 分）

一组混凝土屋面瓦规格为 430mm×320mm,经检测相关试件尺寸和破坏荷载值见下表。试判断该组瓦的承载力是否符合要求?

某混凝土屋面瓦相关试件尺寸和破坏荷载值

项目 \ 试件编号	1	2	3	4	5	6	7
瓦脊高度(mm)	25	26	25	26	26	25	25
遮盖宽度(mm)	300						
破坏荷载(kN)	1910	1890	1810	1850	1760	1780	1850

第三章 饰面材料

第一节 饰面石材

一、填空

1. GB/T 19766—2005 标准规定了天然大理石建筑板材产品的_____、_____、_____、标志、包装、运输、贮存等。
2. 天然花岗石建筑板材按形状分为_____、_____、_____。
3. 天然饰面石材干燥、水饱和、冻融循环后干缩强度的试样尺寸_____,尺寸偏差_____。
4. 天然大理石镜面板材的镜向光泽值应不低于_____光泽单位。天然花岗石镜面板材的镜向光泽值应不低于_____光泽单位。
5. 普型板平面度:钢平尺的长度应_____被检面对角线的长度;当被检面周边和对角线长度_____时,用长度为_____的钢平尺沿_____和_____检测,以_____的测量值表示板材的平面度公差。天然花岗石测量值精确到_____mm,天然大理石测量值精确到_____mm。
6. 天然花岗石建筑板材按表面加工程度分为_____、_____、_____。
7. 普型板(大理石板材)按_____、_____、_____、_____将板材分为优等品、一等品、合格品3个等级。
8. 测量板材长度、宽度分别在板材的_____个部位测量;厚度测量_____条边的_____,分别用偏差的_____表示长度、宽度、厚度的尺寸偏差,测量值精确到_____。
9. 干燥弯曲强度的加载速率_____,试样长度为_____。干燥弯曲强度计算公式_____,数值修约到_____。
10. 吸水率试验方法,将试样置于_____烘至恒重,精确至_____,将试件放在_____蒸馏水中浸泡_____后取出,精确至_____。

二、选择题

1. 花岗石圆弧板线轮廓度圆弧靠模的弧长与被检弧面的弧长之比应不小于_____。
 A. 1:2　　　　　B. 2:3　　　　　C. 3:1　　　　　D. 2:1
2. 普型板角度,用内角垂直公差为_____,内角边长为500mm×400mm的90°钢角尺测量。
 A. 0.10mm　　　B. 0.15mm　　　C. 0.13mm　　　D. 0.05mm
3. 抽样范围小于或等于25块的不合格判定数为_____。
 A. 1　　　　　　B. 2　　　　　　C. 3　　　　　　D. 0
4. 镜向光泽度样品规格尺寸不小于_____。
 A. 350mm×350mm　B. 300mm×350mm　C. 300mm×250mm　D. 300mm×300mm
5. 花岗石普型板厚度小于或等于12mm的粗面板材合格品的规格尺寸允许偏差为_____mm。
 A. 1.0~-3.0　　　B. 2.0~3.0　　　C. 2.0~-3.0　　　D. 1.0~3.0

6. 花岗石体积密度为_____ g/cm³。
   A. 2.56　　　B. ≥2.56　　　C. >2.56　　　D. <2.56

7. 饰面石材的吸水率试验,将试样置于105℃±2℃的干燥箱内干燥至恒重,放入干燥器中冷却至室温后应将试样放在_____的蒸馏水中浸泡_____后取出,用拧干的湿毛巾擦去试样表面水分。立即称其质量(m_1),精确至0.02g。
   A. 20±1℃　24h　　B. 20±1℃　48h　　C. 20±2℃　24h　　D. 20±2℃　48h

8. 饰面石材的吸水率试验,将水饱和的试样置于网篮与试样一起浸入20±2℃的蒸馏水中,称其试样在水中质量(m_2),如在称量时没有除去附着在网篮和试样上的气泡,则试验结果会_____。
   A. 偏大　　　B. 偏小　　　C. 无影响　　　D. 以上都不对

9. 饰面石材的体积密度试验,将水饱和的试样置于网篮与试样一起浸入20±2℃的蒸馏水中,称其试样在水中质量(m_2),如在称量时没有除去附着在网篮和试样上的气泡,则试验结果会_____。
   A. 偏大　　　B. 偏小　　　C. 无影响　　　D. 以上都不对

10. 天然饰面石材燥、水饱和弯曲强度试验用烘箱的温控范围为_____。
    A. 80±2℃　　B. 80±5℃　　C. 105±2℃　　D. 105±5℃

11. 天然饰面石材干燥、水饱和弯曲强度试验,试样的厚度为80mm,则试样的长度和宽度分别为_____mm。
    A. 350和100　　B. 680和100　　C. 800和100　　D. 800和120

12. 干燥、水饱和条件下的垂直和平行层理的弯曲强度试验应制备_____个试样。
    A. 5　　　B. 10　　　C. 15　　　D. 20

13. 干燥压缩强度试验加载速率为_____N/s或压板移动的速率不超过_____mm/min。
    A. 1000±100　1.2　　　　B. 1500±100　1.3
    C. 1800±50　1.2　　　　D. 1800±50　1.3

14. 干燥压缩强度试验用试验机应具有球形支座并能满足试验要求,示值相对误差不超过_____。试验破坏载荷应在示值_____的范围内。
    A. ±1%　20%~80%　　　　B. ±2%　20%~90%
    C. ±1%　20%~90%　　　　D. ±2%　20%~90%

15. 天然饰面石材干燥、水饱和弯曲强度试验,试样的厚度为60mm,则试样的长度和宽度分别为_____mm。
    A. 350和100　　B. 600和90　　C. 650和100　　D. 650和90

三、判断题

1. 普型板拼缝板材正面与侧面的夹角不得大于80°。（　）
2. 板材正面的外观质量缺棱、缺角,优等品要求不得超过2个。（　）
3. 天然花岗石的干燥弯曲强度应≥7.0MPa,天然大理石的干燥弯曲强度应≥8.0MPa。（　）
4. 根据样本检验结果,若样本中发现的等级不合品数小于或等于合格判定数,则判定该批符合该等级,反之,不合格品数大于或等于不合格判定数,则判定该批不符合该等级。（　）
5. 圆弧板侧面角应不小于90°。（　）
6. 干挂板材不允许有裂纹存在。（　）
7. 干燥压缩强度的加载速度为1000±100N/s或压板移动的速率不超过1.3mm/min。（　）
8. 弯曲强度的加载速率为1800±50N。（　）

9. 弯曲强度的试样厚度为20mm,试样长度为200mm。( )

10. 弯曲强度的计算公式为:$P_w = \dfrac{3FL}{2KH^2}$。( )

11. 圆弧板的长度可以用精度为1mm的钢直尺测量。( )

12. 干燥压缩强度和水饱和弯曲强度试验试样上均应标明层理方向。( )

13. 干燥压缩强度和吸水率试验试样尺寸均只能为边长50mm的正方体。( )

14. 弯曲强度试验无需在试样上下两面分别标记出支点的位置。( )

15. 弯曲强度试验,一般情况下应使试样装饰面处于弯曲拉伸状态,即装饰面朝下放在下支架支座上。( )

四、问答题

1. 简述石材的干燥弯曲强度试验过程。
2. 简述石材吸水率的操作过程。
3. 简述石材干燥压缩强度的试验过程。

五、计算题

1. 花岗石材公称厚20mm,破坏荷载分别为1#6244N、2#5982N、3#5913N、4#6072N、5#5439N 实际测量厚度为:1#20.04mm、2#20.02mm、3#20.02mm、4#20.06mm、5#20.18mm,宽度为:1#100.00mm、2#99.76mm、3#99.84mm、4#99.96mm、5#100.04mm。计算其弯曲强度。并判定是否合格?

2. 天然大理石材干燥试样重量为1#163.14g、2#166.28g、3#161.96g、4#166.35g、5#168.13g,浸渍48h后石材的重量分别为1#164.07g、2#166.96g、3#162.57g、4#166.99g、5#168.85g。试求其吸水率。并判定是否合格。

参考答案:

一、填空题

1. 分类　技术要求　试验方法　检验规则
2. 普型板(PX)　圆弧板(HM)　异型板(YX)
3. 50mm×50mm×50mm　±0.5mm
4. 70　80
5. 大于　大于2000mm　2000mm,周边和对角线　以最大间隙　0.05mm　0.1mm
6. 亚光板(YG)　镜面板(JM)　粗面板(CM)
7. 尺寸偏差　平面度公差　角度公差　外观质量
8. 3　4　中点部位　最大值和最小值　0.1mm
9. 1800±50N　10×H+50mm　$3FL/4KH^2$　0.1MPa
10. 105±2℃　0.02g　105±2℃　48h　0.02g。

二、选择题

1. B	2. C	3. A	4. D
5. C	6. B	7. D	8. B
9. C	10. C	11. D	12. D
13. B	14. C	15. C	

三、判断题

1. ×   2. ×   3. ×   4. √
5. √   6. √   7. ×   8. √
9. ×   10. ×   11. ×   12. √
13. ×   14. ×   15. √

四、问答题（略）

五、计算题

1. 解：试样1：
平均值：$(23.3+22.4+22.2+22.6+20.0)/5=22.1\text{MPa}$
该样品弯曲强度合格。

2. 解：试样1：$W_1=(m_1-m_0)/m_0=(164.07-163.14)\times100/163.14=0.57\%$
试样2：$W_2=0.41\%$
试样3：$W_3=0.38\%$
试样4：$W_4=0.37\%$
试样5：$W_5=0.43\%$
平均值：$(0.57\%+0.41\%+0.38\%+0.37\%+0.43\%)/5=0.43\%$
故该样品吸水率合格。

饰面石材模拟试卷(A)

一、填空

1. GB/T 19766—2005标准规定了天然大理石建筑板材产品的_____、_____、_____、_____、标志、包装、运输、贮存等。
2. 天然花岗石建筑板材按形状分为_____、_____、_____。
3. 天然饰面石材干燥、水饱和、冻融循环后干缩强度的试样尺寸_____，尺寸偏差_____。
4. 天然大理石镜面板材的镜向光泽值应不低于_____光泽单位。天然花岗石镜面板材的镜向光泽值应不低于_____光泽单位。
5. 普型板平面度：钢平尺的长度应_____被检面对角线的长度；当被检面周边和对角线长度_____时，用长度为_____的钢平尺沿_____和_____检测，以_____的测量值表示板材的平面度公差。天然花岗石测量值精确到_____mm，天然大理石测量值精确到_____mm。

二、选择题

1. 花岗石圆弧板线轮廓度圆弧靠模的弧长与被检弧面的弧长之比应不小于_____。
A. 1:2   B. 2:3   C. 3:1   D. 2:1

2. 普型板内角垂直公差为_____。
A. 0.10mm   B. 0.15mm   C. 0.13mm   D. 0.05mm

3. 抽样范围小于或等于25块的不合格判定数为_____。

A.1　　　　　　B.2　　　　　　C.3　　　　　　D.0

4.镜向光泽度样品规格尺寸不小于_____。

A.350mm×350mm　　B.300mm×350mm　　C.300mm×250mm　　D.300mm×300mm

5.花岗石普型板厚度小于或等于12mm的粗面板材合格品的规格尺寸允许偏差为_____mm。

A.1.0～-3.0　　　B.2.0～3.0　　　C.2.0～-3.0　　　D.1.0～3.0

三、判断题

1.普型板拼缝板材正面与侧面的夹角不得大于80°。　　　　　　　　　　　　　（　）
2.板材正面的外观质量缺棱、缺角优等品要求不得超过2个。　　　　　　　　　（　）
3.天然花岗石的干燥弯曲强度应≥7.0MPa,天然大理石的干燥弯曲强度应≥8.0MPa。（　）
4.根据样本检验结果,若样本中发现的等级不合格品数小于或等于合格判定数,则判定该批符合该等级,反之,不合格品数大于或等于不合格判定数,则判定该批不符合该等级。（　）
5.圆弧板侧面角应不小于90°。　　　　　　　　　　　　　　　　　　　　　（　）
6.干挂板材不允许有裂纹存在。　　　　　　　　　　　　　　　　　　　　　（　）
7.干燥压缩强度的加载速度为1000±100N/s或压板移动的速率不超过1.3mm/min。（　）
8.弯曲强度的加载速率为1800N±50N。　　　　　　　　　　　　　　　　　（　）
9.弯曲强度的试样厚度为20mm,试样长度为200mm。　　　　　　　　　　　（　）
10.弯曲强度的计算公式为:$P_w = \dfrac{3FL}{2KH^2}$。　　　　　　　　　　　　　　　　（　）

四、简答题

1.简述石材的干燥弯曲强度试验过程。
2.简述石材吸水率的操作过程。

五、计算题

花岗石材公称厚20mm,破坏荷载分别为6244N、5982N、5913N、6072N、5439N,实际测量厚度为:20.04mm、20.02mm、20.02mm、20.06mm、20.18mm,宽度为100.00mm、99.76mm、99.84mm、99.96mm、100.04mm,计算其弯曲强度,并判定是否合格?

饰面石材模拟试卷(B)

一、填空题

1.天然花岗石建筑板材按表面加工程度分为_____、_____、_____。
2.普型板(大理石板材)按_____、_____、_____、_____将板材分为优等品、一等品、合格品3个等级。
3.测量板材长度、宽度分别在板材的_____个部位测量;厚度测量_____条边的_____,分别用偏差的_____和_____表示长度、宽度、厚度的尺寸偏差,测量值精确到_____。
4.干燥弯曲强度的加载速率_____,试样长度为_____。干燥弯曲强度计算公式_____,数值修约到_____。

5. 吸水率试验方法,将试样置于_____烘至恒重,精确至_____、将试件放在_____蒸馏水中浸泡_____后取出,精确至_____。

二、选择题

1. 花岗石圆弧板线轮廓度圆弧靠模的弧长与被检弧面的弧长之比应不小于_____。
   A. 1:2   B. 2:3   C. 3:1   D. 2:1
2. 花岗石体积密度为_____ g/cm³。
   A. 2.56   B. ≥2.56   C. >2.56   D. <2.56
3. 抽样范围小于或等于25块的不合格判定数为_____。
   A. 1   B. 2   C. 3   D. 0
4. 镜向光泽度样品规格尺寸不小于_____。
   A. 350mm×350mm   B. 300mm×350mm   C. 300mm×250mm   D. 300mm×300mm
5. 花岗石普型板厚度小于或等于12mm的粗面板材合格品的规格尺寸允许偏差为_____mm。
   A. 1.0~-3.0   B. 2.0~3.0   C. 2.0~-3.0   D. 1.0~3.0

三、判断题

1. 普型板拼缝板材正面与侧面的夹角不得大于80°。( )
2. 板材正面的外观质量缺棱、缺角优等品要求不得超过2个。( )
3. 天然花岗石的干燥弯曲强度应≥7.0MPa,天然大理石的干燥弯曲强度应≥8.0MPa。( )
4. 根据样本检验结果,若样本中发现的等级不合格品数小于或等于合格判定数,则判定该批符合该等级,反之,不合格品数大于或等于不合格判定数,则判定该批不符合该等级。( )
5. 圆弧板侧面角应不小于90°。( )
6. 干挂板材不允许有裂纹存在。( )
7. 干燥压缩强度的加载速度为1000±100N/s或压板移动的速率不超过1.3mm/min。( )
8. 弯曲强度的加载速率为1800±50N/s。( )
9. 弯曲强度的试样厚度为20mm,试样长度为200mm。( )
10. 弯曲强度的计算公式为: $P_W = \dfrac{3FL}{2KH^2}$。( )

四、问答题

1. 简述石材干燥压缩强度的试验过程。
2. 简述石材吸水率的操作过程。

五、计算题

天然大理石材干燥试样重量为1#163.14g、2#166.28g、3#161.96g、4#166.35g、5#168.13g,浸渍48h后石材的重量分别为1#164.07g、2#166.96g、3#162.57g、4#166.99g、5#168.85g。试求其吸水率,并判定是否合格。

第二节 陶 瓷 砖

陶瓷砖模拟试卷(A)

一、单选题

1. 干压陶瓷砖,瓷质砖(BⅠa类)吸水率 E 为_____。
   A. $E \leq 0.5\%$ B. $0.5\% < E \leq 3\%$ C. $3\% < E \leq 6\%$ D. $6\% < E \leq 10\%$

2. 干压陶瓷砖,细炻砖(BⅡa类)吸水率 E 为:_____。
   A. $E \leq 0.5\%$ B. $0.5\% < E \leq 3\%$ C. $3\% < E \leq 6\%$ D. $6\% < E \leq 10\%$

3. 干压陶瓷砖,陶质砖(BⅢ类)吸水率 E 为:_____。
   A. $0.5\% < E \leq 3\%$ B. $3\% < E \leq 6\%$ C. $6\% < E \leq 10\%$ D. $E > 10\%$

4. 干压陶瓷砖,炻质砖(BⅡb类)长度和宽度之间,每块砖(2 或 4 条边)的平均尺寸相对于工作尺寸的允许偏差,产品表面面积 $90 < S \leq 190 \text{cm}^2$ 时,允许偏差为_____%。
   A. ±0.5   B. ±0.75   C. ±1.0   D. ±1.2

5. 干压陶瓷砖,炻质砖(BⅡb类)长度和宽度之间,每块砖(2 或 4 条边)的平均尺寸相对于工作尺寸的允许偏差,产品表面面积 $410 < S \leq 1600 \text{cm}^2$ 时,允许偏差为_____%。
   A. ±0.5   B. ±0.6   C. ±0.75   D. ±1.0

6. 干压陶瓷砖(瓷质砖),每块抛光砖(2 或 4 条边)的平均尺寸相对于工作尺寸的允许偏差为_____mm。
   A. ±1.5   B. ±1.0   C. ±0.75   D. ±0.5

7. 干压陶瓷砖(瓷质砖)的边直角,直角度和表面平整度允许偏差为_____%,且最大偏差不超过 2.0mm。
   A. ±0.1   B. ±0.2   C. ±0.3   D. ±0.5

8. 干压陶瓷砖,瓷质砖当厚度≥7.5mm 时,破坏强度平均值不小于_____N。
   A. 1000   B. 1200   C. 1300   D. 1500

9. 干压陶瓷砖,瓷质砖抗热震性经_____次抗热震试验不出现炸裂或裂纹。
   A. 50   B. 10   C. 15   D. 20

10. 干压陶瓷砖、瓷质砖正常生产条件下,每年至少进行_____次型式检验。
    A. 1   B. 2   C. 3   D. 4

11. 陶瓷砖长度和宽度的测量,每种类型的砖取_____块整砖进行测量。
    A. 10   B. 20   C. 30   D. 50

二、多选题

1. 干压陶瓷砖、瓷质砖出厂检验项目包括尺寸和_____。
   A. 表面质量   B. 吸水率   C. 破坏强度   D. 断裂模数

2. 干压陶瓷砖、瓷质砖的断裂模数标准要求为_____。
   A. 平均值≥35MPa   B. 平均值≥30MPa   C. 单个值≥32MPa   D. 单个值≥28MPa

3. 干压陶瓷砖的尺寸检验包括:_____。
   A. 长度   B. 边直度   C. 直角度   D. 表面质量

4. 干压陶瓷砖细炻砖的破坏强度要求为：_____。
   A. 厚度≥7.5mm 破坏强度平均值≥800N
   B. 厚度≥7.5mm 破坏强度平均值≥1000N
   C. 厚度≥7.5mm 破坏强度平均值≥600N
   D. 厚度≥7.5mm 破坏强度平均值≥500N
5. 抛光砖的边直度，直角度和表面平整度允许偏差为_____，且最大偏差不超过_____。
   A. ±0.1%　　　　B. ±0.2%　　　　C. 2.5mm　　　　D. 2.0mm
6. 干压陶瓷砖的有釉地砖耐磨性分级除了有5级和4级，还包括_____。
   A. 3级　　　　　B. 2级　　　　　C. 1级　　　　　D. 0级
7. 干压陶瓷砖吸水率试验时，砖的质量和测量精度正确的是_____。
   A. 砖的质量为 $50 \leq m \leq 100(g)$ 时，测量精度为0.02g
   B. 砖的质量为 $500 < m \leq 1000(g)$ 时，测量精度为0.05g
   C. 砖的质量为 $1000 < m \leq 3000(g)$ 时，测量精度为0.50g
   D. 砖的质量为 $m > 3000(g)$ 时，测量精度为1.00g

三、判断题

1. 干压陶瓷砖、瓷质砖优等品质量至少有95%的砖距0.8m远处垂直观察表面无缺陷。（　）
2. 抗釉裂性合格的有釉陶瓷砖经抗釉裂性试验后釉面应无裂纹或剥落。（　）
3. 干压陶瓷砖、瓷质砖型式检验项目包括标准中的全部技术要求项目。（　）
4. 任何可能不同质量的陶瓷砖产品应假设为同质量的产品，才可以构成检验批。（　）
5. 陶瓷砖抗热震性试验用整砖在15℃和145℃两种温度下进行10次循环试验。（　）
6. 陶瓷砖破坏强度：破坏荷载乘以两支撑棒之间的跨距/试样宽度，单位：N。（　）
7. 陶瓷砖只有在宽度与中心棒直径相等的中间部位断裂试样，其结果才能用来计算平均破坏强度和平均断裂模数，计算平均值至少需5个有效的结果。（　）
8. 陶瓷砖浸水饱和后，在5℃与-5℃之间循环，所有砖的面须经受到至少50次冻融循环。
（　）

四、问答题

简述陶瓷砖破坏强度和断裂模数的试验步骤。

五、计算题

一陶瓷砖样品，规格尺寸为300mm×300mm×9mm，进行破坏强度试验时得到如下表数据。跨距 $L=280$ mm。请计算该陶瓷砖样品的平均破坏强度和平均断裂模数。

试样宽度 b(mm)	试样断裂边的最小厚度 h(mm)	试样破坏荷载 F(N)	破坏强度 S(N)	断裂模数 R(MPa)
300	8.7	1103		
300	8.7	1180		
300	8.7	1058		
299	8.7	1092		
300	8.6	1108		
299	8.7	1164		
300	8.7	1172		

陶瓷砖模拟试卷(B)

一、单选题

1. 干压陶瓷砖、炻瓷砖(BⅠb类)吸水率 E 为：_____。
   A. $0.5\% < E \leq 3\%$ B. $3\% < E \leq 6\%$ C. $6\% < E \leq 10\%$ D. $E > 10\%$

2. 干压陶瓷砖、炻质砖(BⅡb类)吸水率 E 为：_____。
   A. $0.5\% < E \leq 3\%$ B. $3\% < E \leq 6\%$ C. $6\% < E \leq 10\%$ D. $E > 10\%$

3. 干压陶瓷砖、炻质砖(BⅡb类)长度和宽度之间,每块砖(2 或 4 条边)的平均尺寸相对于工作尺寸的允许偏差,产品表面面积 $S \leq 90\text{cm}^2$ 时,允许偏差为_____%。
   A. ±0.5   B. ±0.75   C. ±1.0   D. ±1.2

4. 干压陶瓷砖、炻质砖(BⅡb类)长度和宽度之间,每块砖(2 或 4 条边)的平均尺寸相对于工作尺寸的允许偏差,产品表面面积 $190 < S \leq 410\text{cm}^2$ 时,允许偏差为_____%。
   A. ±0.5   B. ±0.75   C. ±1.0   D. ±1.2

5. 对于工作尺寸的允许偏差,产品表面面积 $S > 1600\text{cm}^2$ 时,允许偏差为_____%。
   A. ±0.5   B. ±0.6   C. ±0.75   D. ±1.0

6. 干压陶瓷砖、瓷质砖模数砖名义尺寸连接宽度为 2~5mm,非模数砖工作尺寸与名义尺寸之间的偏差不大于_____%(最大 ±5mm)。
   A. ±4   B. ±3   C. ±2   D. ±1

7. 干压陶瓷砖、瓷质砖的吸水率平均值不大于 0.5%,单个值不大于_____%。
   A. 0.5   B. 0.6   C. 0.8   D. 1.0

8. 干压陶瓷砖、瓷质砖当厚度 <7.5mm 时,破坏强度平均值不小于_____N。
   A. 500   B. 700   C. 800   D. 1000

9. 抛光陶瓷砖的光泽度不低于_____。
   A. 50   B. 55   C. 60   D. 80

10. 干压陶瓷砖、炻瓷砖的吸水率平均值为 $0.5\% < E \leq 3.0\%$,单个值不大于_____%。
    A. 3.0   B. 3.3   C. 4.3   D. 5.0

11. 陶瓷砖吸水率试验,每种类型的砖用_____块整砖测试。
    A. 10   B. 20   C. 30   D. 50

二、多选题

1. 干压陶瓷砖,有下列情况之一应进行型式检验_____。
   A. 原料、工艺有较大改变,可能影响产品性能时
   B. 正常生产时,每半年检验一次
   C. 产品停产半年后,恢复生产时
   D. 出厂检验结果与上次型式检验有较大差异时

2. 干压陶瓷砖炻瓷砖的吸水率要求为_____。
   A. 平均值 $0.5\% < E \leq 3.0\%$ B. 平均值 $1.0\% < E \leq 3\%$
   C. 单个值 $E \leq 3.3\%$ D. 单个值 $E \leq 3.5\%$

3. 干压陶瓷砖的表面平整度检验,包括：_____。
   A. 边直度   B. 弯曲度   C. 直角度

4. 干压陶瓷砖化学性能包括：_____。
A. 耐化学腐蚀性　　B. 耐污染性　　C. 耐高浓度酸和碱　　D. 铅和镉的溶出量
5. 哪几种试验需要取 10 块整砖进行检验：_____。
A. 长度和宽度的测量　　　　　　　B. 厚度的测量
C. 边直度的测量　　　　　　　　　D. 直角度的测量
6. 干压陶瓷砖型式检验的组批规则要求为：_____。
A. 同种产品　　　　　　　　　　　B. 同一级别
C. 同一规程　　　　　　　　　　　D. 实际交货量大于 5000m²

三、判断题

1. 干压陶瓷砖、瓷质砖合格品质量至少有 95% 的砖距 1m 远处垂直观察表面无缺陷。（　）
2. 抗冻性合格的陶瓷砖经抗冻试验后应无裂纹或剥落。（　）
3. 陶瓷砖一个检验批可以由一种或多种同质量产品构成。（　）
4. 陶瓷砖水饱和检验有煮沸法与真空法。（　）
5. 陶瓷砖破坏荷载：从压力表上读出的试样破坏的力，单位：N。（　）
6. 陶瓷砖断裂模数：破坏强度除以破坏断面最小厚度的平方，单位：N/m^2。（　）
7. 陶瓷砖如果用来计算平均破坏强度和平均断裂模数的有效结果少于 5 个，应取加倍数量的砖再作第二组试验，此时至少需要 5 个有效结果来计算平均值。（　）
8. 陶瓷砖抗冻性测定使用不少于 10 块整砖，其最小面积为 $0.25m^2$，两者应同时满足。（　）

四、问答题

简述抗热振性试验步骤。

五、计算题

一陶瓷砖样品，规格尺寸为 300mm×300mm×9mm，进行破坏强度试验时得到如下表数据。跨距 $L = 280$mm。

试样宽度 b(mm)	试样断裂边的最小厚度 h(mm)	试样破坏荷载 F(N)	破坏强度 S(N)	断裂模数 R(MPa)
300	8.7	1103		
300	8.7	1180		
300	8.7	1058		
299	8.7	1092		
300	8.6	1108		
299	8.7	1164		
300	8.7	1172		

请计算该陶瓷砖样品的平均破坏强度和平均断裂模数。

陶瓷砖
饰面砖粘结强度习题

一、填空

1. JGJ 110—2008 适用于建筑工程外墙饰面砖_____的检验,其不仅适用于一般气候条件,也适用于_____等气候条件。

2. 95mm×45mm 标准块适用于除_____以外的饰面砖试样,40mm×40mm 标准块适用于_____试样。

3. 粘结强度检测仪应_____检定一次,发现异常时应_____。

4. 带饰面砖的预制墙板进入施工现场后,应对饰面砖粘结强度进行复验。复验应以每_____同类带饰面砖的预制墙板为一个检验批,不足 1000m² 应按 1000m² 计,每批应取一组,每组应为_____,每块板应制取_____个试样对饰面砖粘结强度进行检验。

5. JGJ 110—2008 规范规定施工前、施工过程中均应对_____粘结强度进行检验。监理单位应从粘贴外墙饰面砖的施工人员中_____一人,在每种类型的基层上应各粘贴至少_____饰面砖样板件,每种类型的样板件应各制取_____饰面砖粘结强度试样。

6. 现场粘贴的外墙饰面砖工程完工后,应对_____进行检验。检验应以每 1000m² _____饰面砖为一个检验批,不足 1000m² 应按 1000m² 计,每批应取_____试样,每相邻的_____应至少取一组试样。

7. 现场粘贴饰面砖粘结强度检验,试样应_____,取样间距不得_____。

8. 采用水泥基胶粘剂粘贴外墙饰面砖时,可按胶粘剂使用说明书的规定时间或在粘贴_____进行饰面砖粘结强度检验。粘贴后 28d 以内达不到标准或有争议时,应以_____内约定时间检验的粘结强度为准。

9. 检测仪器、辅助工具及材料应符合下列要求:粘结强度检测仪应符合现行行业标准《数显式粘结强度检测仪》JG3056 的规定;钢直尺的分度值应为_____;手持切割锯;胶粘剂粘结强度宜_____;胶带应符合要求。

10. 断缝应从饰面砖表面切割至_____,_____应一致。

11. 试样切割长度和宽度宜与_____相同,其中_____应沿饰面砖边缝切割。

12. 有加强处理措施的加气混凝土、轻质砌块、轻质墙板,在_____符合国家有关标准的要求,并有隐蔽工程验收合格证明的前提下,可切割至_____。

13. 外墙外保温系统上粘贴的外墙饰面砖,在_____符合国家有关标准的要求并有隐蔽工程验收合格证明的前提下,可切割至_____。

14. 标准块粘贴前,应清除饰面砖表面污渍并保持干燥,当现场温度低于 5℃时,标准块宜_____后再进行粘贴;标准块粘贴、_____,胶粘剂硬化前不得受水浸;胶粘剂不应_____;标准块粘贴后_____。

15. 粘结强度检测仪操作应符合下列要求:拉力杆通过穿心千斤顶中心并与标准块_____;检测前应先使活塞升出 2 mm 左右,再将数字显示器_____,然后再拧紧拉力杆螺母;检测饰面砖粘结力时,应_____摇转手柄升压,直至饰面砖试样断开,并记录数字显示器_____,即粘结力值;检测后降压至千斤顶复位,取下拉力杆螺母及拉杆。

16. 粘结力检测完毕,应将标准块表面_____清理干净,用 50 号砂布磨擦标准块粘贴面至出现光泽;应将标准块放置_____,再次使用前应将标准块粘贴面的_____清除。

17. 粘结强度计算时,粘结力应精确至_____;断面面积应精确至_____;粘结强度应精确至_____。

18. 饰面砖粘结力检测完毕后,应按受力断开的性质确定_____,测量试样断开面每对切割边的_____作为试样断面边长。

19. 现场粘贴的同类饰面砖,每组试样平均粘结强度不应小于_____;每组可有一个试样的粘结强度小于_____,但不应小于_____。

20. 带饰面砖的预制墙板,每组试样平均粘结强度不应小于_____;每组可有一个试样的粘结强度小于_____,但不应小于_____。

二、单选题

1. 标准块的尺寸为_____。
   A. 95mm×40mm   B. 45mmm×40mm   C. 95mm×45mm   D. 95mm×95mm

2. 粘结强度检测仪应_____至少检定一次。
   A. 半年   B. 一年   C. 二年   D. 三个月

3. 带饰面砖的预制墙板,复验应_____。
   A. 每批取三组,每组取三块板   B. 每批取一组,每组取三块板
   C. 每批取一块板,每块板取三个试样   D. 每批取两组,其中一组备用

4. 带饰面砖的预制墙板,复验应以每_____同类饰面砖的预制墙板为一个检验批。
   A. 200m²   B. 300m²   C. 500m²   D. 1000m²

5. 饰面砖样板件粘结强度检验,每种类型的基层上应各粘贴至少_____饰面砖样板件。
   A. 1m²   B. 2m²   C. 3m²   D. 4m²

6. 现场粘贴的外墙饰面砖粘结强度检验,每批应取一组3个试样,每相邻的_____楼层应至少取一组试样。
   A. 两个   B. 一个   C. 四个   D. 三个

7. 现场粘贴饰面砖粘结强度检验,试样应随机抽取,取样间距不得小于_____。
   A. 300 mm   B. 400 mm   C. 500 mm   D. 600 mm

8. 采用水泥基胶粘剂粘贴外墙饰面砖时,应以_____内约定时间进行检验。
   A. 14d   B. 28d   C. 14~28d   D. 28~60d

9. 饰面砖粘结强度检验所用的胶粘剂,粘结强度宜_____。
   A. 大于2.0MPa   B. 2.0~3.0MPa   C. 大于3.0MPa   D. 小于3.0MPa

10. 外墙外保温系统上粘贴的外墙饰面砖,在保温系统符合国家有关标准的要求,并有隐蔽工程验收合格证明的前提下,可切割至_____。
    A. 加强抹面层表面   B. 保温系统抹面层表面
    C. 混凝土墙体   D. 砌体表面

11. 饰面砖粘结力检测完毕后,测量试样断开面每对切割边的_____。
    A. 最大长度   B. 两端长度   C. 中部长度   D. 最小长度

12. 饰面砖粘结强度试件断开状态表中的断开状态所称"…为主断开",是指试样该种断开形式的断面面积占试样断面面积的_____以上。
    A. 80%   B. 70%   C. 60%   D. 50%

13. 粘结强度计算时,粘结力应精确至_____。
    A. 0.1kN   B. 0.01kN   C. 1kN   D. 1N

14. 现场粘贴饰面砖粘结强度检验,应以每_____同类墙体饰面砖为一个检验批。

A. 1000m² B. 500m² C. 300m² D. 200m²

15. 现场粘贴的外墙饰面砖粘结强度检验,每批应取一组_____试样。
A. 至少两个 B. 三个 C. 大于或等于三个 D. 四个

16. 当检测结果为_____断开状态且粘结强度小于标准平均值要求时,应分析原因并重新选点检测。
A. 粘结层为主断开 B. 基体断开 C. 饰面砖为主断开 D. 粘结层为主断开

17. 带饰面砖的预制墙板,饰面砖粘结强度最小值不应小于_____。
A. 0.5MPa B. 0.6MPa C. 0.3MPa D. 0.4MPa

18. 带饰面砖的预制墙板,饰面砖粘结强度平均值不应小于_____。
A. 0.5MPa B. 0.6MPa C. 0.4MPa D. 0.3MPa

19. 现场粘贴的同类饰面砖,试样粘结强度最小值不应小于_____。
A. 0.6MPa B. 0.5MPa C. 0.4MPa D. 0.3MPa

20. 现场粘贴的同类饰面砖,试样粘结强度平均值不应小于_____。
A. 0.6MPa B. 0.5MPa C. 0.4MPa D. 0.3MPa

三、多选题

1. 标准块尺寸为_____。
A. 95mm×40mm B. 95mm×95mm C. 95mm×45mm D. 40mm×40mm

2. JGJ 110—2008 适用于_____气候条件。
A. 一般 B. 高温、高湿 C. 高寒 D. 高风化

3. 采用水泥基胶粘剂粘贴外墙饰面砖时,可在_____时间进行粘结强度检验。
A. 14d B. 14~28d C. 28d D. 28~60d

4. 测量试样断面边长可用_____。
A. 分度值为1mm的钢直尺 B. 钢卷尺
C. 游标卡尺 D. 量角器

5. 标准块胶粘剂可用_____。
A. 环氧系胶粘剂 B. 914 快速胶粘剂 C. 结构胶 D. 热敏橡胶

6. 表面不平整的饰面砖可以_____。
A. 用合适的厚涂层胶粘剂直接粘贴标准块
B. 先用胶粘剂补平,再用胶粘剂粘贴标准块
C. 用磨光机打磨 D. 以上三种方法都可以

7. 断缝可从饰面砖表面切割至_____。
A. 混凝土墙体表面 B. 砌体表面 C. 加强抹面层表面 D. 保温系统抹面层表面

8. 饰面砖粘结力检测完毕后,应测量试样断开面每对切割边的_____。
A. 中部长度 B. 端部长度
C. 两端和中部三个测量值的平均值 D. 以上三种方法都可以

9. 当检测结果为_____断开状态且粘结强度不小于标准平均值且断缝符合要求,该试样粘结强度符合标准要求。
A. 粘结层为主断开 B. 饰面砖为主断开
C. 保温抹面层为主断开 D. 胶粘剂与饰面砖界面断开

10. 标准块可采用_____材料制作。
A. 普通钢 B. 45号钢 C. 铬钢 D. 锰钢

11. 粘结力是指_____在垂直于表面的拉力作用下断开时的拉力值。
   A. 找平层自身　　　　　　　　　　B. 粘结层自身
   C. 找平层与基体界面　　　　　　　D. 饰面砖与粘结层界面
12. 粘结强度是指_____上单位面积上的粘结力。
   A. 找平层自身　　　　　　　　　　B. 粘结层自身
   C. 找平层与基体界面　　　　　　　D. 饰面砖与粘结层界面
13. 标准块粘贴应符合标准要求，下列说法正确的是_____。
   A. 标准块粘贴前应用清洁剂清洗污渍　　B. 胶粘剂应涂布均匀、随用随配
   C. 温度低时，标准块宜预热后再进行粘贴　D. 胶粘剂不应粘连相邻饰面砖
14. 标准块处理应符合标准要求，下列说法正确的是_____。
   A. 检测完毕应将标准块表面胶粘剂清理干净
   B. 检测完毕可用50号砂布磨擦标准块粘贴面至出现光泽
   C. 暂不用时，应将标准块放置干燥处
   D. 再次使用前应将标准块粘贴面的锈迹、油污清除
15. 带饰面砖的预制墙板，每组试样满足_____可判为合格。
   A. 平均值不应小于0.4MPa　　　　　B. 可有一个值小于0.6MPa，但不应小于0.4MPa
   C. 平均值不应小于0.6MPa　　　　　D. 可有一个值小于0.4MPa，但不应小于0.3MPa
16. 现场粘贴的同类饰面砖，每组试样满足_____可判为合格。
   A. 平均值不应小于0.4MPa　　　　　B. 可有一个值小于0.4MPa，但不应小于0.4MPa
   C. 平均值不应小于0.6MPa　　　　　D. 可有一个值小于0.4MPa，但不应小于0.3MPa
17. 现场粘贴的同类饰面砖_____可构成一个检验批。
   A. 不足1000m²　　B. 相邻两个楼层　　C. 1200m²　　D. 每个楼层
18. 带饰面砖的预制墙板_____可构成一个检验批。
   A. 不足1000m²　　B. 1200m²　　C. 1000m²　　D. 3块板
19. JGJ 110—2008所指的基体包括_____。
   A. 加气混凝土砌体　　　　　　　　B. 轻质墙板砌体
   C. 烧结普通砖砌体　　　　　　　　D. 混凝土墙体
20. 下列说法不正确的是_____。
   A. 施工前对饰面砖样板件粘结强度进行过检验，实体可不做或少做检测
   B. 无论何种基体，断缝均应切割至混凝土墙体或砌体表面
   C. 当出现"胶粘剂与饰面砖界面断开"或"饰面砖为主断开"情况时，均应重新选点检测
   D. 粘结强度计算时，单个值和平均值均可精确到0.01MPa

四、判断题

1. JGJ 110—2008适用于建筑工程内外墙饰面粘结强度的检验　　　　　　　　　　　（　）
2. 陶瓷锦砖试样的标准块尺寸为40mm×40mm×5mm　　　　　　　　　　　　　（　）
3. JGJ 110—2008不仅适用于一般气候条件，也适用于高温、高湿等气候条件。　　　（　）
4. 基体是指混凝土墙体及各类砌体。　　　　　　　　　　　　　　　　　　　　　（　）
5. 施工前应对饰面砖样板件粘结强度进行检验，施工单位应从施工人员中随即抽选一人，在每种类型的基层上各粘贴至少1m²的饰面砖来制作样板件。　　　　　　　　　　　　　　（　）
6. 陶瓷锦砖试样粘结强度包括陶瓷锦砖之间的灰缝。　　　　　　　　　　　　　　（　）
7. 游标卡尺不适合用来测量断开面切割边的长度。　　　　　　　　　　　　　　　（　）

8. 胶粉聚苯颗粒外保温系统,系统成型28d后可进行外墙饰面砖粘结强度试验。（ ）
9. 外墙外保温系统上粘贴的外墙饰面砖,在满足规范要求的前提下,断缝可切割至抗裂防护层表面(不应露出热镀锌电焊网),深度应一致。（ ）
10. 当出现基体断开的断开状态,且粘结强度值小于标准平均值时,应重新选点检测。（ ）
11. 断缝可用湿法切割或干法切割。（ ）
12. 水泥基聚苯颗粒外墙保温系统,外墙饰面砖粘结强度检测结果不低于标准平均值,即可判为合格。（ ）
13. 标准块胶粘剂最好使用914环氧系胶粘剂。（ ）
14. 加气混凝土上粘贴的外墙饰面砖,断缝可切割至加强抹面层表面。（ ）
15. 外墙外保温系统上粘贴的外墙饰面砖,断缝可切割至保温系统抹面层表面。（ ）
16. 带饰面砖的预制墙板和现场粘贴的外墙饰面砖,两者检验批的构成及粘结强度检验评定基本相同。（ ）
17. 粘结强度计算时,平均值和单个值均应精确到0.1MPa。（ ）
18. 饰面砖样板件粘结强度检验合格可不再做饰面砖实体检测。（ ）
19. 饰面砖粘结强度的检验龄期应不小于28d。（ ）
20. 表面不平整的饰面砖可先用胶粘剂补平表面后,再用胶粘剂粘贴标准块。（ ）

五、简答题

1. 解释基体的定义。
2. 解释标准块的定义。
3. 解释断缝的定义。
4. 解释粘结层的定义。
5. 解释粘结力的定义。
6. 解释粘结强度的定义。
7. 带饰面砖的预制墙板粘结强度复验的取样方法及数量。
8. 饰面砖样板件粘结强度的取样方法及数量。
9. 现场粘贴的外墙饰面砖粘结强度的取样方法及数量。
10. 饰面砖粘结强度检验的龄期有何规定？
11. 不同规格标准块的适用范围。
12. 取样时对检测仪器、辅助工具及材料有何要求？
13. 断缝应符合什么要求？
14. 标准块粘贴有何规定？
15. 标准块处理有何规定？
16. 粘结强度检测仪的操作方法。
17. 不带保温加强系统的饰面砖粘结强度试件断开状态有几种？
18. 带保温系统的饰面砖粘结强度试件断开状态有几种？
19. 现场粘贴的同类饰面砖粘结强度检验评定规则。
20. 带饰面砖的预制墙板粘结强度检验评定规则。

六、计算题

1. 某工程外墙饰面砖粘结强度检测记录如下表：

试样编号	断面边长(mm)	粘结力(N)	断开状态
1	95×45	1730	找平层为主断开
2	95×45	1290	找平层为主断开
3	95×45	2140	找平层为主断开

试计算并判定检测结果。

2. 某工程外墙饰面砖粘结强度检测记录如下表：

试样编号	断面边长(mm)	粘结力(N)	断开状态
1	95×45	1750	粘结层为主断开
2	95×45	1026	找平层为主断开
3	95×45	2160	粘结层为主断开

试计算并判定检测结果。

3. 某工程外墙饰面砖粘结强度检测记录如下表：

试样编号	断面边长(mm)	粘结力(N)	断开状态
1	95×45	1450	粘结层与找平层界面为主断开
2	95×45	1290	粘结层与找平层界面为主断开
3	95×45	1710	粘结层与找平层界面为主断开

试计算并判定检测结果。

4. 某工程外墙饰面砖粘结强度检测记录如下表：

试样编号	断面边长(mm)	粘结力(N)	断开状态
1	95×45	1410	粘结层为主断开
2	95×45	1020	找平层为主断开
3	95×45	1370	粘结层为主断开

试计算并判定检测结果。

5. 某工程采用带饰面砖的预制墙板，饰面砖粘结强度复验检测记录如下表：

试样编号	断面边长(mm)	粘结力(N)	断开状态
1	95×45	2660	找平层为主断开
2	95×45	2850	找平层为主断开
3	95×45	2200	找平层为主断开

试计算并判定检测结果。

6. 某工程采用带饰面砖的预制墙板，饰面砖粘结强度复验检测记录如下表：

试样编号	断面边长(mm)	粘结力(N)	断开状态
1	95×45	3120	粘结层与找平层界面为主断开
2	95×45	3000	粘结层与找平层界面为主断开
3	95×45	1450	找平层为主断开

试计算并判定检测结果。

7. 某工程采用带饰面砖的预制墙板,饰面砖粘结强度复验检测记录如下表:

试样编号	断面边长(mm)	粘结力(N)	断开状态
1	95×45	2600	饰面砖与粘结层界面为主断开
2	95×45	2730	饰面砖与粘结层界面为主断开
3	95×45	1800	粘结层为主断开

试计算并判定检测结果。

8. 某工程外墙饰面砖粘结强度检测记录如下表:

试样编号	断面边长(mm)	粘结力(N)	断开状态
1	40×40	660	找平层为主断开
2	40×40	490	找平层为主断开
3	40×40	680	找平层为主断开

试计算并判定检测结果。

9. 某工程外墙饰面砖粘结强度检测记录如下表:

试样编号	断面边长(mm)	粘结力(N)	断开状态
1	93×44	2140	胶粘剂与饰面砖界面断开
2	95×44	1360	基体断开
3	94×45	1270	基体断开

试计算并判定检测结果。

10. 某工程外墙饰面砖粘结强度检测记录如下表:

试样编号	断面边长(mm)	粘结力(N)	断开状态
1	95×45	1450	胶粘剂与饰面砖界面断开
2	93×46	1720	粘结层为主断开
3	96×43	1240	基体断开

试计算并判定检测结果。

七、案例分析

某工程为六层框架结构的办公楼,外墙采用外保温施工,面层镶贴面砖,粘贴面积约2800m²,施工时间为冬季,施工顺序为从上到下,底层面砖粘贴完脚手架即全部拆除,面砖尺寸为145mm×45mm,表面上釉且高低不平。建设单位在项目开工前与某检测机构签订了全部检测协议(包括面砖施工实体质量检测)。该检测机构由于第一次受理此项委托,特意购买了一台新拉拔仪,经过简单的调试即拿到现场测试。由于脚手架已拆除完毕,检测人员仅从底层山墙处抽取一组3个试样,具体步骤为:首先用切割机将面砖表面打磨平整,然后按照规范将断缝切割至基体表面,再将标准块粘贴到面砖上,等到够28d龄期,再进行拉拔试验。为使数据更精确,检测人员使用游标卡尺测量断面边长,检测结果为:单个值:0.54MPa、0.33MPa、0.34MPa。平均值:0.40MPa 结果评定:该组饰面砖粘结强度检验合格。

根据以上叙述,试分析判断某检测机构的检测行为(外墙饰面砖粘结强度检测)有哪些不妥之处?为什么?并把正确答案写出来。

参考答案：

一、填空

1. 粘结强度 高温、高湿 　　　　　2. 陶瓷锦砖 陶瓷锦砖
3. 每年至少 随时维修、检定 　　　4. 1000m² 　3块板　1
5. 饰面砖样板件 随机抽选　1m²　一组3个
6. 饰面砖粘结强度 同类墙体　一组3个　三个楼层
7. 随机抽取 小于500mm 　　　　　8. 14d及以后　28～60d
9. 1mm 大于3.0MPa 　　　　　　　10. 混凝土墙体或砌体表面　深度
11. 标准块 有两道相邻切割线 　　　12. 加强处理措施　加强抹面层表面
13. 保温系统 保温系统抹面层表面
14. 预热 涂布均匀 粘连相邻饰面砖 应及时用胶带固定
15. 垂直 调零 匀速 峰值 　　　　16. 胶粘剂 干燥处 锈迹、油污
17. 0.01kN　1mm²　0.1MPa 　　　　18. 断开状态 中部长度
19. 0.4MPa　0.4MPa　0.3MPa 　　　20. 0.6MPa　0.6MPa　0.4MPa

二、单择题

1. C	2. B	3. B	4. D
5. A	6. B	7. C	8. D
9. C	10. B	11. C	12. D
13. B	14. A	15. B	16. C
17. D	18. B	19. D	20. C

三、多选题

1. C、D	2. A、B、C、D	3. A、B、C、D	4. A、C
5. A、B、C、D	6. A、B	7. A、B、C	8. A、C
9. B、D	10. B、C	11. A、B、C	12. A、B、C、D
13. B、C、D	14. A、B、C、D	15. B、C	16. A、D
17. A、B、D	18. A、C、D	19. A、B、C、D	20. A、B、C

四、判断题

1. ×	2. ×	3. √	4. ×
5. ×	6. √	7. ×	8. ×
9. √	10. ×	11. ×	12. √
13. ×	14. ×	15. ×	16. ×
17. √	18. ×	19. ×	20. √

五、简答题（略）

六、计算题

1. 解：$R1 = 1730 \div (95 \times 45) = 0.4$

　　　$R2 = 1290 \div (95 \times 45) = 0.3$

$R3 = 2140 \div (95 \times 45) = 0.5$
$R_m = (0.4 + 0.3 + 0.5) \div 3 = 0.4$
合格。
2. 解：$R1 = 1750 \div (95 \times 45) = 0.4$
$R2 = 1026 \div (95 \times 45) = 0.2 < 0.3$
$R3 = 2160 \div (95 \times 45) = 0.5$
$R_m = (0.4 + 0.2 + 0.5) \div 3 = 0.4$
双倍复试。
3. 解：$R1 = 1450 \div (95 \times 45) = 0.3 < 0.4$
$R2 = 1290 \div (95 \times 45) = 0.3 < 0.4$
$R3 = 1710 \div (95 \times 45) = 0.4$
$R_m = (0.3 + 0.3 + 0.4) \div 3 = 0.3 < 0.4$
不合格。
4. 解：$R1 = 1410 \div (95 \times 45) = 0.3$
$R2 = 1020 \div (95 \times 45) = 0.2 < 0.3$
$R3 = 1370 \div (95 \times 45) = 0.3$
$R_m = (0.3 + 0.2 + 0.3) \div 3 = 0.3 < 0.4$
不合格。
5. 解：$R1 = 2660 \div (95 \times 45) = 0.6$
$R2 = 2850 \div (95 \times 45) = 0.7$
$R3 = 2200 \div (95 \times 45) = 0.5$
$R_m = (0.6 + 0.7 + 0.5) \div 3 = 0.6$
合格。
6. 解：$R1 = 3120 \div (95 \times 45) = 0.7$
$R2 = 3000 \div (95 \times 45) = 0.7$
$R3 = 1450 \div (95 \times 45) = 0.3 < 0.4$
$R_m = (0.7 + 0.7 + 0.3) \div 3 = 0.6$
双倍复试。
7. 解：$R1 = 2600 \div (95 \times 45) = 0.6$
$R2 = 2730 \div (95 \times 45) = 0.6$
$R3 = 1800 \div (95 \times 45) = 0.4$
$R_m = (0.6 + 0.6 + 0.4) \div 3 = 0.5 < 0.6$
双倍复试。
8. 解：$R1 = 660 \div (40 \times 40) = 0.4$
$R2 = 490 \div (40 \times 40) = 0.3$
$R3 = 680 \div (40 \times 40) = 0.4$
$R_m = (0.4 + 0.3 + 0.4) \div 3 = 0.4$
合格。
9. 解：$R1 = 2140 \div (93 \times 44) = 0.5$
$R2 = 1360 \div (95 \times 44) = 0.3 < 0.4$
$R3 = 1270 \div (94 \times 45) = 0.3 < 0.4$
$R_m = (0.5 + 0.3 + 0.3) \div 3 = 0.4$

双倍复试。

10. 解：$R1 = 1450 \div (95 \times 45) = 0.3 < 0.4$（第1种）
$R2 = 1720 \div (93 \times 46) = 0.4$
$R3 = 1240 \div (96 \times 43) = 0.3 < 0.4$
$R_m = (0.3 + 0.4 + 0.3) \div 3 = 0.3 < 0.4$
重新选点检测。

七、案例分析

答案要点：

(1)施工前没有按照规范要求对饰面砖样板件粘结强度进行检验。

(2)该工程粘贴面积约 2800 ㎡，仅在底层取一组试样偏少。按照规范要求每 1000 ㎡ 不超过 3 个楼层为一个检验批，每批应抽取一组 3 个试样，且应随机抽取。该楼应随机抽取抽取 3 组 9 个试样。

(3)"用切割机将面砖表面打磨平整的做法"不妥。因为这样做容易使面砖受到扰动，检测结果偏低。正确的做法是：①可先用胶粘剂补平面砖表面后，再用胶粘剂粘贴标准块。②用合适的厚涂层胶粘剂直接粘贴标准块。

(4)既然是在冬期施工、检测的，应当遵照规范"当现场温度低于 5℃时，标准块宜预热后再进行粘贴"的要求，这样做可大大增加制样的成功率。

(5)"断缝切割至基体表面"不妥。该工程外墙采用外保温施工，按照规范要求"断缝在外保温系统符合国家有关标准要求且有隐蔽工程验收合格证明的条件下，可切割至保温系统抹面层表面。"

(6)"检验龄期定为 28d"不妥。由于本工程采用外墙外保温施工，检验龄期按照规范 JGJ 110—2008 及有关标准、说明书的要求，最好控制在 56~60d 内。

(7)新购买的仪器没有经过检定是不能拿到工程现场测试的。

(8)"使用游标卡尺测量断面边长"不妥。因为这样做容易损伤断开面边且不易操作，实际操作中使用分度值为 1mm 的钢直尺测量断面尺寸，既方便又能符合规范要求。

(9)粘结强度计算时，单个值和平均值均应精确至 0.1MPa。

(10)评定错误！该组试样平均值虽满足 0.4MPa，但有两个试样单个值为 0.3MPa，按照规范判定：应在该组试样原取样区域内重新抽取两组试样检验（双倍复试）。

陶瓷砖
饰面砖粘结强度试卷(A)

一、填空(5×2分)

1. JGJ 110—2008 规范规定施工前、施工过程中均应对饰面砖_____粘结强度进行检验，每种类型的基层上应各粘贴至少_____饰面砖样板件。

2. 现场粘贴饰面砖粘结强度检验应以每_____同类墙体饰面砖为一个检验批，每相邻的_____楼层应至少取一组试样。

3. 外墙外保温系统上粘贴的外墙饰面砖断缝可切割至_____，_____应沿饰面砖边缝切割。

4. 胶粘剂应随用随配，硬化前不得_____，粘贴后应及时用_____。

5. 检测完毕,应将标准块_____,再次使用前应将标准块上的_____清除。

二、单选题(5×2分)

1. 胶粘剂的粘结强度宜大于_____。
   A. 1.0MPa B. 2.0MPa C. 3.0MPa D. 4.0MPa
2. 粘结强度检测仪应_____至少检定一次。
   A. 半年 B. 一年 C. 二年 D. 三个月
3. 带饰面砖的预制墙板,复验应以每_____同类饰面砖的预制墙板为一个检验批。
   A. 200m² B. 300m² C. 500m² D. 1000m²
4. 饰面砖粘结力检测完毕后,测量试样断开面每对切割边的_____。
   A. 中部长度 B. 两端长度 C. 最小长度 D. 最大长度
5. 带饰面砖的预制墙板,饰面砖粘结强度最小值不应小于_____。
   A. 0.6MPa B. 0.5MPa C. 0.4MPa D. 0.3MPa

三、多选题(5×4分)

1. 当检测结果为_____断开状态及粘结强度不小于标准平均值且断缝符合要求,该试样粘结强度符合标准要求。
   A. 粘结层为主断开 B. 饰面砖为主断开
   C. 保温抹面层为主断开 D. 胶粘剂与饰面砖界面断开
2. 表面不平整的饰面砖可以_____。
   A. 用合适的厚涂层粘结剂直接粘贴标准块
   B. 先用胶粘剂补平,再用胶粘剂粘贴标准块
   C. 用磨光机打磨 D. 以上三种方法都可以
3. 标准块胶粘剂可用_____。
   A. 环氧系胶粘剂 B. 914 快速胶粘剂 C. 结构胶 D. 热敏橡胶
4. 标准块尺寸为_____。
   A. 95mm×40mm B. 95mm×95mm C. 95mm×45mm D. 40mm×40mm
5. JGJ 110—2008 适用于_____气候条件。
   A. 一般 B. 高温 C. 高寒 D. 高湿

四、判断题(5×4分)

1. 水泥基聚苯颗粒外墙保温系统,外墙饰面砖粘结强度检测结果不低于标准平均值,即可判为合格。( )
2. 胶粉聚苯颗粒外保温系统,系统成型28d后可进行外墙饰面砖粘结强度试验。( )
3. 外墙外保温系统上粘贴的外墙饰面砖,在满足规范要求的前提下,断缝可切割至抗裂防护层表面(不应露出热镀锌电焊网),深度应一致。( )
4. 当出现基体断开的断开状态,且粘结强度值小于标准平均值时,应重新选点检测。( )
5. 断缝可用湿法切割或干法切割。( )

五、简答题(1×5分)

解释粘结力、粘结强度的定义。

六、计算题(1×30分)

某工程外墙饰面砖粘结强度检测记录如下表：

试样编号	断面边长(mm)	粘结力(N)	断开状态
1	95×45	1450	胶粘剂与饰面砖界面断开
2	93×46	1720	粘结层为主断开
3	96×43	1240	基体断开

试计算并判定检测结果。

陶瓷砖
饰面砖粘结强度试卷(B)

一、填空(5×2分)

1. JGJ110—2008标准规定：带饰面砖的预制墙板进入施工现场后，应对_____进行复验；现场粘帖的外墙饰面砖工程完工后，应对_____进行检验。
2. 带饰面砖的预制墙板，每组在_____块板中各取1个试样。现场粘帖的外墙饰面砖工程，每相邻_____个楼层应至少取1组试样，试样应随即抽取，取样间距不得小于500mm。
3. 断缝可分为_____切割与_____切割两种。
4. 饰面砖的粘结破坏是由于_____、找平层、_____、_____或其界面之一发生破坏引起的。根据破坏部位的不同，可将破坏状态分为8种状况。
5. 试样的龄期：对于采用水泥基材料粘贴外墙饰面砖时，应按_____或在粘帖的外墙饰面砖龄期达到_____d及以后进行检验。粘贴后_____d以内达不到标准或有争议时，应以_____d内约定时间检验的结果为准。

二、单选题(5×2分)

1. 对饰面砖试样一般采用_____规格的标准块。
   A. 40mm×40mm B. 90mm×45mm C. 95mm×45mm D. 100mm×100mm
2. 饰面砖粘结强度检测每组试样的数量为_____个。
   A. 2 B. 3 C. 5 D. 7
3. 现场粘帖的外墙饰面砖工程完工后，饰面砖粘结强度检验应以每_____同类饰面砖的墙体为一个检验批。
   A. 200m² B. 300m² C. 500m² D. 1000m²
4. 饰面砖粘结力检测完毕后，测量试样断开面每对切割边的_____。
   A. 中部长度 B. 两端长度 C. 最小长度 D. 最大长度
5. 现场粘贴的饰面砖，其粘结强度最小值不应小于_____。
   A. 0.6MPa B. 0.5MPa C. 0.4MPa D. 0.3MPa

三、多选题(5×4分)

1. 当检测结果为_____断开状态且粘结强度不小于标准平均值且断缝符合要求，该试样粘结强度符合标准要求。

A. 粘结层为主断开 B. 饰面砖为主断开
C. 保温抹面层为主断开 D. 胶粘剂与饰面砖界面断开

2. 表面不平整的饰面砖可以_____。
A. 用合适的厚涂层粘结剂直接粘贴标准块
B. 先用胶粘剂补平,再用胶粘剂粘贴标准块
C. 用磨光机打磨 D. 以上三种方法都可以

3. 标准块胶粘剂可用_____。
A. 环氧系胶粘剂 B. 914 快速胶粘剂 C. 结构胶 D. 热敏橡胶

4. 粘结强度是指饰面砖与_____上单位面积上所承受的粘结力。
A. 粘结层界面 B. 粘结层自身
C. 粘结层与找平层界面 D. 找平层自身

5. 在建筑物外墙上镶贴的同类饰面砖,其粘结强度同时符合_____指标时可定为合格。
A. 每组试样平均粘结强度不应小于 0.4MPa
B. 每组可有一个试样的粘结强度小于 0.4MPa,但不应小于 0.3MPa
C. 每组试样平均粘结强度不应小于 0.6MPa
D. 每组可有一个试样的粘结强度小于 0.6MPa,但不应小于 0.4MPa

四、判断题(5×4 分)

1. 水泥基聚苯颗粒外墙保温系统,外墙饰面砖粘结强度检测结果不低于标准平均值,即可判为合格。(   )
2. 胶粉聚苯颗粒外保温系统,系统成型 28d 后可进行外墙饰面砖粘结强度试验。(   )
3. 外墙外保温系统上粘贴的外墙饰面砖,在满足规范要求的前提下,断缝可切割至抗裂防护层表面(不应露出热镀锌电焊网),深度应一致。(   )
4. 当出现基体断开的断开状态,且粘结强度值小于标准平均值时,应重新选点检测。(   )
5. 断缝可用湿法切割或干法切割。(   )

五、简答题(1×10 分)

解释基体、断缝、粘结层的定义。

六、计算题(1×30 分)

某工程外墙饰面砖粘结强度检测记录如下表:

试样编号	断面边长(mm)	粘结力(N)	断开状态
1	93×44	2140	胶粘剂与饰面砖界面断开
2	95×44	1360	基体断开
3	94×45	1270	基体断开

试计算并判定检测结果。

第三节 建筑涂料

一、填空题

1. 建筑涂料检测的标准环境条件是温度_____,相对湿度_____。

2. 合成树脂乳液外墙涂料(合格品)的技术指标:干燥时间_____、对比率_____、耐水性_____、耐碱性_____、耐洗刷性_____。

3. 合成树脂乳液内墙涂料(合格品)的技术指标:干燥时间_____、对比率_____、耐碱性_____、耐洗刷性_____。

4. 溶剂型外墙涂料的(合格品)的技术指标:干燥时间_____、对比率_____、耐水性_____、耐碱性_____、耐洗刷性_____。

5. 外墙弹性建筑涂料的技术指标:干燥时间_____、对比率_____、耐碱性_____、耐水性_____、耐洗刷性_____、拉伸强度_____、断裂伸长率(标准状态下)_____。

6. 内墙弹性建筑涂料的技术指标:干燥时间_____、对比率_____、耐碱性_____、耐洗刷性_____、拉伸强度_____、断裂伸长率(标准状态下)_____。

7. 建筑涂料容器中状态的检测:打开包装容器,用搅棒搅拌时_____则认为合格。

8. 溶剂型外墙涂料检测所用样板除对比率采用_____制板外,其他均采用_____,两道间隔时间应不小于_____。

9. 建筑涂料涂膜外观的检测:将施工性检测结束后的试板放置_____,目视观察涂膜,_____则认为"正常"。

10. 合成树脂乳液外墙涂料施工性的检测:用刷子在试板平滑面上刷涂试样,涂布量为湿膜厚约_____,使试板的_____呈水平方向,_____与水平面成约_____角竖放。放置_____后再用同样方法涂刷第二道试样,在第二道涂刷时,_____,则可视为"刷涂二道无障碍"。

11. 建筑涂料干燥时间的检测:在距膜面边缘不小于 1cm 的范围内,以手指轻触漆膜表面_____,则认为表面干燥。

12. 建筑涂料对比率的检测平行测定_____。

13. 合成树脂乳液内(外)墙涂料耐水性检测:如三块试板中中有两块未出现_____等涂膜病态现象,可评定为"无异常"。

14. 合成树脂乳液砂壁状建筑涂料耐水性检测:浸泡结束后,取出试板,用滤纸轻轻吸干附着板面上的水,在标准环境中放置_____后,观察表面状态。三块试板中应有_____块试板无发现起鼓、开裂、剥落,与未浸泡部分相比,允许颜色轻微变化。

15. 建筑涂料耐碱性检测碱溶液的配制:于_____条件下,以 100mL 蒸馏水中加入_____的比例配制成溶液并进行充分搅拌,该溶液的 pH 值应达到_____。

16. 建筑涂料耐洗刷性检测:将预处理的刷子置于试验样板的涂漆面上,试板承受约_____的负荷。

17. 涂层耐温变性检测:将封好的试板,在标准条件下放置_____,置于水温为_____的恒温水槽中,浸泡_____,浸泡时试板间距不小于_____;取出试板侧放于试架上,试板间距不小于_____。然后,将装有试件的试架放入预先降温至_____的低温箱中,自箱内温度达到_____时起,冷冻_____。取出试板,放入_____烘箱中,恒温_____。

18. 黑白工作板和卡片纸的反射率为:黑色:_____,白色:_____。

19. 弹性建筑涂料拉伸性能试验:采用_____试样,干膜厚度_____。

20. 弹性建筑涂料拉伸强度试验结果以_____试件的算术平均值表示,计算精确至_____、断裂伸长率试验结果精确至_____。

二、单项选择题

1. 合成树脂乳液内、外墙涂料干燥时间检测用样板尺寸为_____mm。

A. 150×70×(4~6)　　　　　　　　　　B. 430×150×(4~6)
C. 160×70×(4~6)　　　　　　　　　　D. 420×150×(4~6)

2. 合成树脂乳液内外墙涂料耐洗刷性检测用样板尺寸为_____mm。
A. 150×70×(4~6)　　　　　　　　　　B. 430×150×(4~6)
C. 160×70×(4~6)　　　　　　　　　　D. 420×150×(4~6)

3. 合成树脂乳液内外墙涂料耐碱性检测：试验样板制备第一道涂布用线棒涂布器规格为_____。
A. 100　　　　　　B. 120　　　　　　C. 80

4. 合成树脂乳液内外墙涂料耐碱性检测：试验样板制备第二道涂布用线棒涂布器规格为_____。
A. 100　　　　　　B. 120　　　　　　C. 80

5. 溶剂型外墙涂料干燥时间检测：试验样板制备第一道刷涂量为_____g。
A. 1.0±0.1　　　B. 1.6±0.1　　　C. 9.7±0.1　　　D. 6.4±0.1

6. 溶剂型外墙涂料耐水性检测：试验样板制备第二道刷涂量为_____g。
A. 9.7±0.1　　　B. 1.6±0.1　　　C. 1.0±0.1　　　D. 6.4±0.1

7. 溶剂型外墙涂料耐洗刷性检测：试验样板制备第二道刷涂量为_____g。
A. 9.7±0.1　　　B. 1.6±0.1　　　C. 1.0±0.1　　　D. 6.4±0.1

8. 弹性建筑涂料耐水性检测：试验样板制备的养护时间为_____。
A. 1d　　　　　　B. 7d　　　　　　C. 14d　　　　　　D. 21d

9. 合成树脂乳液外(内)墙涂料低温稳定性的检测温度为_____。
A. -10±2℃　　　B. -5±2℃　　　C. -15±2℃　　　D. -20±2℃

10. 弹性建筑涂料无处理拉伸性能测定的速度为_____mm/min。
A. 50　　　　　　B. 100　　　　　　C. 200　　　　　　D. 60

11. 弹性建筑涂料热处理拉伸性能测定的速度为_____mm/min。
A. 50　　　　　　B. 100　　　　　　C. 200　　　　　　D. 60

12. 弹性建筑涂料热处理拉伸性能测定：烘箱的温度为_____℃。
A. 105±5　　　B. 120±2　　　C. 80±2　　　D. 115±5

13. 弹性建筑涂料热处理拉伸性能测定，烘箱内恒温_____d。
A. 14　　　　　　B. 7　　　　　　C. 21　　　　　　D. 28

14. 弹性建筑涂料-10℃下的拉伸性测定，应在-10℃时预冷_____。
A. 2h　　　　　　B. 5h　　　　　　C. 1h　　　　　　D. 24h

15. 弹性建筑涂料断裂伸长率测定：标线间距离读数精确到_____mm。
A. 1　　　　　　B. 0.5　　　　　　C. 0.1　　　　　　D. 0.05

三、多项选择题

1. 涂膜外观的检测：将施工性检测结束后的试板放置24h，目视观察涂膜，_____，认为"正常"。
A. 涂膜均匀　　　B. 无针孔　　　C. 无流挂　　　D. 无气泡

2. 合成树脂乳液外(内)墙涂料低温稳定性检测：观察冻融后的试样_____，则认为"不变质"。
A. 无结块　　　　B. 无硬块　　　C. 无凝聚　　　D. 无分离

3. 合成树脂乳液砂壁状建筑涂料低温稳定性检测：观察冻融后的试样_____，则认为"合格"。

A. 无结块　　　　B. 无硬块　　　　C. 无凝聚　　　　D. 无组成物的变化

4. 合成树脂乳液外(内)墙涂料耐水性检测:观察浸水后的试样,＿＿＿＿可评定为无异常。

A. 无开裂　　　　B. 无起泡　　　　C. 无掉粉　　　　D. 无明显变色

5. 合成树脂乳液砂壁状建筑涂料耐水性检测:观察经过浸泡的试样,＿＿＿＿可评定为无异常。

A. 无起鼓　　　　　　　　　　　　B. 无开裂
C. 无剥落　　　　　　　　　　　　D. 与浸泡部分相比,颜色有轻微变化

6. 合成树脂乳液外(内)墙涂料耐碱性检测:观察浸水后的试样,＿＿＿＿可评定为无异常。

A. 无开裂　　　　B. 无起泡　　　　C. 无掉粉　　　　D. 无明显变色

7. 合成树脂乳液砂壁状建筑涂料耐碱性检测:观察经过浸泡的试样,＿＿＿＿可评定为无异常。

A. 无起鼓　　　　　　　　　　　　B. 无开裂
C. 无剥落　　　　　　　　　　　　D. 与浸泡部分相比,颜色有轻微变化

8. 建筑涂料对比率检测所需仪器、设备有＿＿＿＿。

A. 石棉水泥平板　　B. 反射率仪　　　C. 涂料养护箱　　　D. 无色透明聚酯薄膜
E. 200 号溶剂油

9. 建筑涂料耐洗刷性所需仪器、设备有＿＿＿＿。

A. 石棉水泥平板　　B. 涂料养护箱　　C. 耐洗刷性测定仪　　D. 洗刷介质
E. C06 - 1 铁红醇酸底漆

10. 合成树脂乳液内墙涂料的技术指标有＿＿＿＿。

A. 对比率　　　　　B. 施工性　　　　C. 低温稳定性　　　D. 干燥时间
E. 耐人工气候老化　F. 耐碱性　　　　G. 耐洗刷性

四、判断题

1. 建筑涂料检测标准环境条件为:温度 20 ±3℃,相对湿度不低于 50%。（　）
2. 建筑涂料检测制板时,刷涂两道间隔时间应不小于 20h。（　）
3. 涂料低温稳定性检测,将容器放入规定温度的低温箱中,24h 后取出,再于涂料养护箱内放置。（　）
4. 涂料干燥时间的检测:在距膜面边缘不小于 5mm 的范围内,以手指轻触漆膜表面。（　）
5. 涂料对比率检测,平行测定两次,如两次测定结果之差不大于 0.02%,则取两次测定结果的平均值。（　）
6. 涂料耐水性检测制板时,用 1:2 的石蜡和松香混合物封边、封背。（　）
7. 涂料耐水性检测用水为饮用水。（　）
8. 饱和氢氧化钙溶液的 pH 值应达到 11 ~ 12。（　）
9. 涂料耐洗刷性检测,制板的底漆膜厚为 30 ±3μm。（　）
10. 建筑涂料耐沾污性检测平行测定二次。（　）
11. 溶剂型外墙涂料干燥时间用样板制备第二道刷涂量为 1.6 ±0.1g。（　）
12. 合成树脂乳液砂壁状建筑涂料耐碱性检测用试板尺寸为 200mm ×150mm ×3mm。（　）
13. 合成树脂乳液外(内)墙涂料对比率的检测至少在三个位置上测量每张涂漆聚酯膜的反射率。（　）
14. 饱和氢氧化钙溶液的配制,以 100mL 蒸馏水中加入 0.24g 氢氧化钙的比例配制。（　）

15. 涂料耐沾污性检测,用粉煤灰水的配制比例为 1∶1。　　　　　　　　　　　　　　　(　)
16. 涂料涂层耐温变性检测,低温箱的控制温度为 -20±3℃。　　　　　　　　　　　　(　)
17. 涂料涂层耐温变性检测,水温为 25±2℃。　　　　　　　　　　　　　　　　　　(　)
18. 涂料涂层耐温变性检测,水中浸泡 24h。　　　　　　　　　　　　　　　　　　　(　)
19. 建筑涂料粘结强度检测时,拉伸速度为 10mm/min。　　　　　　　　　　　　　　(　)

五、问答题

1. 建筑涂料耐洗刷性检测用试板如何制备?
2. 建筑涂料的耐温变性的一个循环有哪几个步骤?冷冻、热烘、水温各为多少?
3. 建筑涂料耐碱性检测的结果如何判定?
4. 建筑涂料耐水性检测结果如何判定?

六、案例题

1. 对某外墙涂料性能进行检测,耐洗刷性能检测时,洗刷至 498 次后,其中一块露出红色的底漆,判其耐洗刷性能是否合格。
2. 对某外墙涂料性能进行检测,对比率检测在黑板上的反射率分别为 61.2、61.0、60.8、61.2、60.9、61.3、61.2、60.1,白板上的反射率分别为 62.3、62.2、62.4、62.3、62.2、62.1、62.3、62.2。对涂料的此两项性能检测结果进行判定。

参考答案:

一、填空题

1. 23±2℃　50%±5%
2. ≤2h　≥0.87　96h 无异常　48h 无异常　≥500 次
3. ≤2h　≥0.90　24h 无异常　≥200 次
4. ≤2h　≥0.87　168h 无异常　48h 无异常　≥2000 次
5. ≤2h　≥0.90　48h 无异常　96h 无异常　≥2000 次　1.0MPa　≥200%
6. ≤2h　≥0.93　48h 无异常　≥1000 次　≥1.0MPa　≥150%
7. 无硬块,易于混合均匀　　　　　8. 刮涂　刷涂制板　24h
9. 24h　若无针孔和流挂,涂膜均匀
10. 100um　长边　短边　85°　6h　刷子运行无困难
11. 感到有些发粘,但无漆粘在手指上　　12. 两次
13. 起泡、掉粉、明显变色　　14. 3h　二
15. 23±2℃　0.12g 氢氧化钙　12~13　16. 450g
17. 24h　23±2℃　18h　10mm　10mm　-20±2℃　-18℃　3h　50±2℃　3h
18. 不大于 1%　80%±2%　　　　19. Ⅰ 型　(1.0±0.2)mm
20. 5 个　0.1MPa　1%

二、单项选择题

1. A	2. B	3. B	4. C
5. B	6. C	7. D	8. C
9. B	10. C	11. C	12. C

13. B　　　　　14. C　　　　　15. D

三、多项选择题

1. A、B、C　　　　2. B、C、D　　　　3. A、C、D　　　　4. B、C、D
5. A、B、C、D　　6. B、C、D　　　　7. A、B、C、D　　8. B、C、D、E
9. A、B、C、D、E　10. A、B、C、D、F、G

四、判断题

1. ×　　　　　2. ×　　　　　3. ×　　　　　4. ×
5. √　　　　　6. ×　　　　　7. ×　　　　　8. ×
9. √　　　　　10. ×　　　　　11. ×　　　　　12. ×
13. ×　　　　　14. ×　　　　　15. √　　　　　16. ×
17. ×　　　　　18. ×　　　　　19. ×

五、问答题

1. 答：

(1) 涂底漆：

在已处理过的石棉水泥平板上，单面喷涂一道 C06-1 铁红醇酸底漆，使其于 105±2℃下烘烤 30min，干漆膜厚度为 30±3μm。（注：若建筑涂料为深色漆，则可用 C04-83 白色醇酸无光磁漆 (ZBG51037) 作为底漆）

(2) 涂面漆：

在涂有底漆的二块板上，按规定施涂待测试的建筑涂料，并按产品规定的时间，置于标准环境条件下养护。

2. 答：(1) 试板的制备：

按要求进行制备，并在标准条件下进行养护。

(3) 试板的处理：

①称量甲基硅树脂酒精溶液或环氧树脂，加入相应的固化剂。

②用①款规定的材料密封试件的背面及四边，在标准条件下放置 24h。

(3) 将试板置于水温为 23±2℃的恒温水槽中，浸泡 18h。浸泡时试板间距不小于 10mm。

(4) 取出试板，侧放于试架上，试板间距不小于 10mm。然后，将装有试件的试架放入预先降温至 -20±2℃的低温箱中，自箱内温度达到 -18℃时起，冷冻 3h。

(5) 从低温箱中取出试板，立即放入 50±2℃的烘箱中，恒温 3h。

(6) 取出试板，再按照(3)项规定的条件，将试件立即放入水中浸泡 18h。

(7) 按照以上(4)~(6)项的规定，每冷冻 3h、热烘 3h、水中浸泡 18h，为一个循环。循环次数按照产品标准的规定进行。

(8) 取出试板，在标准条件下放置 2h。然后，检查试板涂层有无粉化、开裂、剥落、起泡等现象，并与留样试板对比颜色变化及光泽下降的程度。

3. 答：(1) 合成树脂乳液外(内)墙涂料、溶剂型外墙涂料、弹性建筑涂料。

浸泡结束后，取出试板用水冲洗干净，甩掉板面上的水珠，再用滤纸吸干。立即观察涂层表面是否出现起泡、裂痕、剥落、粉化、软化和溶出等现象，如三块试板中有二块未出现起泡、掉粉、明显变色等涂膜病态现象，可评定为"无异常"，如出现以上涂膜病态现象，按 GB/T1766 进行描述（以两块以上试板涂层现象一致作为试验结果，对试板边缘约 5mm 和液面以下约 10mm 内的涂层区域，评定时不计)。

(2)合成树脂乳液砂壁状建筑涂料：

浸泡结束后，取出试板，用水小心清洗板面，用滤纸轻轻吸干附着板面上的水，在标准环境中放置 3h 后，观察表面状态。三块试板中应有两块试板无发现起鼓、开裂、剥落，与未浸泡部分相比，允许颜色轻微变化。

4. 答：(1)合成树脂乳液内(外)墙涂料、溶剂型外墙涂料、弹性建筑涂料。

如三块试板中有二块未出现起泡、掉粉、明显变色等涂膜病态现象，可评定为无异常，如出现以上涂膜病态现象，按 GB/T1766 进行描述。

(2)合成树脂乳液砂壁状建筑涂料。

试验结束后，取出试板，用滤纸轻轻吸干附着板面上的水，在标准环境中放置 3h 后，观察表面状态。三块试板中应有二块试板无发现起鼓、开裂、剥落，与未浸泡部分相比，允许颜色轻微变化。

六、案例题

1. 解：依据《合成树脂乳液外墙涂料》GB/T 9755—2001 规定，外墙涂料耐洗刷性要求为 500 次，此涂料洗刷至 498 次后，即露出底漆，判其耐洗刷性能不合格。

2. 解：第一次测定结果：

黑板上的反射率平均值为 $\dfrac{61.2+61.0+60.8+61.2}{4}=61.05$

白板上的反射率平均值为 $\dfrac{62.3+62.2+62.4+62.3}{4}=62.3$

对比率 $=\dfrac{61.05}{62.3}=0.98$

第二次测定结果：

黑板上的反射率平均值为 $\dfrac{60.9+61.3+61.2+60.1}{4}=60.88$

白板上的反射率平均值为 $\dfrac{62.2+62.1+62.3+62.2}{4}=62.2$

对比率 $=\dfrac{60.88}{62.2}=0.98$

结论：对比率平均值为 0.98，大于标准值 0.87，对比率合格。

建筑涂料模拟试卷(A)

一、填空题

1. 建筑涂料检测的标准环境条件是温度_____，相对湿度_____。

2. 合成树脂乳液外墙涂料(合格品)的技术指标：干燥时间_____、对比率_____、耐水性_____、耐碱性_____、耐洗刷性_____。

3. 合成树脂乳液内墙涂料(合格品)的技术指标：干燥时间_____、对比率_____、耐碱性_____、耐洗刷性_____。

4. 溶剂型外墙涂料的(合格品)的技术指标：干燥时间_____、对比率_____、耐水性_____、耐碱性_____、耐洗刷性_____。

5. 外墙弹性建筑涂料的技术指标：干燥时间_____、对比率_____、耐碱性_____、耐水

性_____、耐洗刷性_____、
拉伸强度_____、断裂伸长率(标准状态下)_____。

6. 内墙弹性建筑涂料的技术指标:干燥时间_____、对比率_____、耐碱性_____、耐洗刷性_____、拉伸强度_____、断裂伸长率(标准状态下)_____。

7. 建筑涂料容器中状态的检测:打开包装容器用搅棒搅拌时,_____则认为合格。

8. 溶剂型外墙涂料检测所用样板除对比率采用_____制板外,其他均采用_____,两道间隔时间应不小于_____。

9. 建筑涂料涂膜外观的检测:将施工性检测结束后的试板放置_____,目视观察涂膜,_____,则认为"正常"。

10. 合成树脂乳液外墙涂料施工性的检测:用刷子在试板平滑面上刷涂试样,涂布量为湿膜厚约_____,使试板的_____呈水平方向,_____与水平面成约_____角竖放。放置_____后再用同样方法涂刷第二道试样,在第二道涂刷时,_____,则可视为"刷涂二道无障碍"。

二、单项选择题

1. 合成树脂乳液内、外墙涂料时间试件检测用样板尺寸为_____mm。
   A. 150×70×(4~6)   B. 430×150×(4~6)
   C. 160×70×(4~6)   D. 420×150×(4~6)

2. 合成树脂乳液内外墙涂料耐洗刷性检测用样板尺寸为_____mm。
   A. 150×70×(4~6)   B. 430×150×(4~6)
   C. 160×70×(4~6)   D. 420×150×(4~6)

3. 合成树脂乳液内外墙涂料耐碱性检测:试验样板制备第一道涂布用线棒涂布器,规格为_____。
   A. 100   B. 120   C. 80

4. 合成树脂乳液内外墙涂料耐碱性检测:试验样板制备第二道涂布用线棒涂布器,规格为_____。
   A. 100   B. 120   C. 80

5. 溶剂型外墙涂料干燥时间检测:试验样板制备第一道刷涂量为_____g。
   A. 1.0±0.1   B. 1.6±0.1   C. 9.7±0.1   D. 6.4±0.1

6. 溶剂型外墙涂料耐水性检测:试验样板制备第二道刷涂量为_____g。
   A. 9.7±0.1   B. 1.6±0.1   C. 1.0±0.1   D. 6.4±0.1

7. 溶剂型外墙涂料耐洗刷性检测:试验样板制备第二道刷涂量为_____g。
   A. 9.7±0.1   B. 1.6±0.1   C. 1.0±0.1   D. 6.4±0.1

8. 弹性建筑涂料耐水性检测:试验样板制备的养护时间为_____。
   A. 1d   B. 7d   C. 14d   D. 21d

9. 合成树脂乳液外(内)墙涂料低温稳定性的检测温度为_____。
   A. -10±2℃   B. -5±2℃   C. -15±2℃   D. -20±2℃

10. 弹性建筑涂料无处理拉伸性能测定的速度为_____mm/min。
    A. 50   B. 100   C. 200   D. 60

11. 弹性建筑涂料热处理拉伸性能测定的速度为_____mm/min。
    A. 50   B. 100   C. 200   D. 60

12. 弹性建筑涂料热处理拉伸性能测定:烘箱的温度为_____℃。

A. 105±5　　　　　B. 120±2　　　　　C. 80±2　　　　　D. 115±5
13. 弹性建筑涂料热处理拉伸性能测定,烘箱内恒温_____d。
A. 14　　　　　　B. 7　　　　　　　C. 21　　　　　　D. 28
14. 弹性建筑涂料 -10℃下的拉伸性测定,应在 -10℃时预冷_____。
A. 2h　　　　　　B. 5h　　　　　　C. 1h　　　　　　D. 24h
15. 弹性建筑涂料断裂伸长率测定:标线间距离读数精确到_____mm。
A. 1　　　　　　　B. 0.5　　　　　　C. 0.1　　　　　　D. 0.05

三、多项选择题

1. 涂膜外观的检测:将施工性检测结束后的试板放置24h,目视观察涂膜_____,则认为"正常"。
A. 涂膜均匀　　　B. 无针孔　　　　C. 无流挂　　　　D. 无气泡
2. 合成树脂乳液外(内)墙涂料低温稳定性检测:观察冻融后的试样_____,则认为"不变质"。
A. 无结块　　　　B. 无硬块　　　　C. 无凝聚　　　　D. 无分离
3. 合成树脂乳液砂壁状建筑涂料低温稳定性检测:观察冻融后的试样_____,则认为"合格"。
A. 无结块　　　　B. 无硬块　　　　C. 无凝聚　　　　D. 无组成物的变化
4. 合成树脂乳液外(内)墙涂料耐水性检测:观察浸水后的试样_____,可评定为无异常。
A. 无开裂　　　　B. 无起泡　　　　C. 无掉粉　　　　D. 无明显变色
5. 合成树脂乳液砂壁状建筑涂料耐水性检测:观察经过浸泡的试样_____,可评定为无异常。
A. 无起鼓　　　　　　　　　　　　B. 无开裂
C. 无剥落　　　　　　　　　　　　D. 与浸泡部分相比,颜色有轻微变化
6. 合成树脂乳液外(内)墙涂料耐碱性检测:观察浸水后的试样_____,可评定为无异常。
A. 无开裂　　　　B. 无起泡　　　　C. 无掉粉　　　　D. 无明显变色
7. 合成树脂乳液砂壁状建筑涂料耐碱性检测:观察经过浸泡的试样_____,可评定为无异常。
A. 无起鼓　　　　　　　　　　　　B. 无开裂
C. 无剥落　　　　　　　　　　　　D. 与浸泡部分相比,颜色有轻微变化
8. 建筑涂料对比率检测所需仪器、设备为_____。
A. 石棉水泥平板　B. 反射率仪　　　C. 涂料养护箱　　D. 无色透明聚酯薄膜
E. 200号溶剂油
9. 建筑涂料耐洗刷性所需仪器、设备为_____。
A. 石棉水泥平板　B. 涂料养护箱　　C. 耐洗刷性测定仪　D. 洗刷介质
E. C06-1铁红醇酸底漆
10. 合成树脂乳液内墙涂料的技术指标有_____。
A. 对比率　　　　B. 施工性　　　　C. 低温稳定性　　D. 干燥时间
E. 耐人工气候老化　F. 耐碱性　　　　G. 耐洗刷性

四、判断题

1. 建筑涂料检测标准环境条件为:温度20±3℃,相对湿度不低于50%。　　　　　　　　(　　)

2. 建筑涂料检测制板时,刷涂两道间隔时间应不小于20h。（　）
3. 涂料低温稳定性检测,将容器放入规定温度的低温箱中,24h后取出,再于涂料养护箱内放置。（　）
4. 涂料干燥时间的检测:在距膜面边缘不小于5mm的范围内,以手指轻触漆膜表面。（　）
5. 涂料对比率检测,平行测定两次,如两次测定结果之差不大于0.02,则取两次测定结果的平均值。（　）
6. 涂料耐水性检测制板时,用1∶2的石蜡和松香混合物封边、封背。（　）
7. 涂料耐水性检测用水为饮用水。（　）
8. 饱和氢氧化钙溶液的pH值应达到11~12。（　）
9. 涂料耐洗刷性检测,制板的底漆膜厚为30±3μm。（　）
10. 建筑涂料耐沾污性检测平行测定二次。（　）

五、问答题

1. 建筑涂料耐洗刷性检测用试板如何制备?
2. 建筑涂料的耐温变性的一个循环有哪几个步骤?冷冻、热烘,水温各为多少?

六、案例题

对某外墙涂料性能进行检测,耐洗刷性能检测时,洗刷至498次后,其中一块露出红色的底漆,判其耐洗刷性能是否合格。

建筑涂料模拟试卷(B)

一、填空题

1. 建筑涂料干燥时间的检测:在距膜面边缘不小于1cm的范围内,以手指轻触漆膜表面_____,则认为表面干燥。
2. 建筑涂料对比率的检测平行测定_____。
3. 合成树脂乳液内(外)墙涂料耐水性检测:如三块试板中有两块未出现_____等涂膜病态现象,可评定为"无异常"。
4. 合成树脂乳液砂壁状建筑涂料耐水性检测:浸泡结束后,取出试板,用滤纸轻轻吸干附着板面上的水,在标准环境中放置_____后,观察表面状态。三块试板中应有_____块试板无发现起鼓、开裂、剥落,与未浸泡部分相比,允许颜色轻微变化。
5. 建筑涂料耐碱性检测碱溶液的配制:于_____条件下,以100mL蒸馏水中加入_____的比例配制成溶液并进行充分搅拌,该溶液的pH值应达到_____。
6. 建筑涂料耐洗刷性检测:将预处理的刷子置于试验样板的涂漆面上,试板承受约_____的负荷。
7. 涂层耐温变性检测:将封好的试板,在标准条件下放置_____,置于水温为_____的恒温水槽中,浸泡_____,浸泡时试板间距不小于_____;取出试板侧放于试架上,试板间距不小于_____。然后,将装有试件的试架放入预先降温至_____的低温箱中,自箱内温度达到_____时起,冷冻_____。取出试板,放入_____烘箱中,恒温
8. 黑白工作板和卡片纸的反射率为:黑色:_____,白色:_____。
9. 弹性建筑涂料拉伸性能试验:采用_____试样,干膜厚度_____。

10. 弹性建筑涂料拉伸强度试验结果以_____试件的算术平均值表示,计算精确至_____、断裂伸长率试验结果精确至_____。

二、单项选择题

1. 合成树脂乳液内、外墙涂料干燥时间检测用样板尺寸为_____mm。
   A. 150×70×(4~6)   B. 430×150×(4~6)
   C. 160×70×(4~6)   D. 420×150×(4~6)

2. 合成树脂乳液内外墙涂料耐洗刷性检测用样板尺寸为_____mm。
   A. 150×70×(4~6)   B. 430×150×(4~6)
   C. 160×70×(4~6)   D. 420×150×(4~6)

3. 合成树脂乳液内外墙涂料耐碱性检测:试验样板制备第一道涂布用线棒涂布器规格为_____。
   A. 100   B. 120   C. 80

4. 合成树脂乳液内外墙涂料耐碱性检测:试验样板制备第二道涂布用线棒涂布器规格为_____。
   A. 100   B. 120   C. 80

5. 溶剂型外墙涂料干燥时间检测:试验样板制备第一道刷涂量为_____g。
   A. 1.0±0.1   B. 1.6±0.1   C. 9.7±0.1   D. 6.4±0.1

6. 溶剂型外墙涂料耐水性检测:试验样板制备第二道刷涂量为_____g。
   A. 9.7±0.1   B. 1.6±0.1   C. 1.0±0.1   D. 6.4±0.1

7. 溶剂型外墙涂料耐洗刷性检测:试验样板制备第二道刷涂量为_____g。
   A. 9.7±0.1   B. 1.6±0.1   C. 1.0±0.1   D. 6.4±0.1

8. 弹性建筑涂料耐水性检测:试验样板制备的养护时间为_____。
   A. 1d   B. 7d   C. 14d   D. 21d

9. 合成树脂乳液外(内)墙涂料低温稳定性的检测温度为_____。
   A. -10±2℃   B. -5±2℃   C. -15±2℃   D. -20±2℃

10. 弹性建筑涂料无处理拉伸性能测定的速度为_____mm/min。
    A. 50   B. 100   C. 200   D. 60

11. 弹性建筑涂料热处理拉伸性能测定的速度为_____mm/min。
    A. 50   B. 100   C. 200   D. 60

12. 弹性建筑涂料热处理拉伸性能测定:烘箱的温度为_____℃。
    A. 105±5   B. 120±2   C. 80±2   D. 115±5

13. 弹性建筑涂料热处理拉伸性能测定,烘箱内恒温_____d。
    A. 14   B. 7   C. 21   D. 28

14. 弹性建筑涂料-10℃下的拉伸性测定,应在-10℃时预冷_____。
    A. 2h   B. 5h   C. 1h   D. 24h

15. 弹性建筑涂料断裂伸长率测定:标线间距离读数精确到_____mm。
    A. 1   B. 0.5   C. 0.1   D. 0.05

三、多项选择题

1. 涂膜外观的检测:将施工性检测结束后的试板放置24h,目视观察涂膜,_____,则认为"正常"。

A. 涂膜均匀　　　　B. 无针孔　　　　C. 无流挂　　　　D. 无气泡

2. 合成树脂乳液外(内)墙涂料低温稳定性检测：观察冻融后的试样_____，则认为"不变质"。

A. 无结块　　　　B. 无硬块　　　　C. 无凝聚　　　　D. 无分离

3. 合成树脂乳液砂壁状建筑涂料低温稳定性检测：观察冻融后的试样_____，则认为"合格"。

A. 无结块　　　　B. 无硬块　　　　C. 无凝聚　　　　D. 无组成物的变化

4. 合成树脂乳液外(内)墙涂料耐水性检测：观察浸水后的试样_____，可评定为无异常。

A. 无开裂　　　　B. 无起泡　　　　C. 无掉粉　　　　D. 无明显变色

5. 合成树脂乳液砂壁状建筑涂料耐水性检测：观察经过浸泡的试样_____，可评定为无异常。

A. 无起鼓　　　　B. 无开裂　　　　C. 无剥落

D. 与浸泡部分相比，颜色有轻微变化

6. 合成树脂乳液外(内)墙涂料耐碱性检测：观察浸水后的试样_____，可评定为无异常。

A. 无开裂　　　　B. 无起泡　　　　C. 无掉粉　　　　D. 无明显变色

7. 合成树脂乳液砂壁状建筑涂料耐碱性检测：观察经过浸泡的试样_____，可评定为无异常。

A. 无起鼓　　　　B. 无开裂　　　　C. 无剥落　　　　D. 与浸泡部分相比，颜色有轻微变化

8. 建筑涂料对比率检测所需仪器、设备为_____。

A. 石棉水泥平板　　B. 反射率仪　　C. 涂料养护箱　　D. 无色透明聚酯薄膜

E. 200号溶剂油

9. 建筑涂料耐洗刷性所需仪器、设备为_____。

A. 石棉水泥平板　　B. 涂料养护箱　　C. 耐洗刷性测定仪　　D. 洗刷介质

E. C06-1铁红醇酸底漆

10. 合成树脂乳液内墙涂料的技术指标有为_____。

A. 对比率　　　　B. 施工性　　　　C. 低温稳定性　　D. 干燥时间

E. 耐人工气候老化　F. 耐碱性　　　　G. 耐洗刷性

四、判断题

1. 溶剂型外墙涂料干燥时间用样板制备第二道刷涂量为1.6±0.1g。（　）
2. 合成树脂乳液砂壁状建筑涂料耐碱性检测用试板尺寸为200mm×150mm×3mm。（　）
3. 合成树脂乳液外(内)墙涂料对比率的检测至少在三个位置上测量每张涂漆聚酯膜的反射率。（　）
4. 建筑涂料检测制板时，涂刷两道间隔时间应不小于20h。（　）
5. 饱和氢氧化钙溶液的配制，以100mL蒸馏水中加入0.24g氢氧化钙的比例配制。（　）
6. 涂料耐沾污性检测，用粉煤灰水的配制比例为1:1。（　）
7. 涂料涂层耐温变性检测，低温箱的控制温度为-20±3℃。（　）
8. 涂料涂层耐温变性检测，水温为25±2℃。（　）
9. 涂料涂层耐温变性检测，水中浸泡24h。（　）
10. 建筑涂料粘结强度检测时，拉伸速度为10mm/min。（　）

五、问答题

1. 建筑涂料耐碱性检测的结果如何判定？
2. 建筑涂料耐水性检测结果如何判定？

六、案例题

对某外墙涂料性能进行检测，对比率检测在黑板上的反射率分别为 61.2、61.0、60.8、61.2、60.9、61.3、61.2、60.1，白板上的反射率分别为 62.3、62.2、62.4、62.3、62.2、62.1、62.3、62.2。对涂料的此两项性能检测结果进行判定。

第四章 防水材料

第一节 防水卷材

一、填空题

1. 弹性体改性沥青防水卷材分类,按胎基分为_____和_____两类。
2. 弹性体改性沥青防水卷材分类,按物理力学性能分为_____和_____。
3. 弹性体改性沥青防水卷材的试验温度为_____。
4. 弹性体改性沥青防水卷材的拉伸速度为_____。
5. 弹性体改性沥青防水卷材的拉伸试验,启动试验机,至试件拉断为止,记录_____。
6. 弹性体改性沥青防水卷材不透水性试验,卷材_____作为迎水面,上表面为砂面、矿物粒料时,_____作为迎水面。
7. 塑性体改性沥青防水卷材厚度为 2mm、3mm 卷材的低温柔度采用半径_____柔度棒,厚度为 4mm 卷材的低温柔度采用半径_____柔度棒。
8. 塑性体改性沥青防水卷材延伸率试验夹具间距离为_____。
9. 塑性体改性沥青防水卷材的试件放置在试验温度下不少于_____。
10. 塑性体改性沥青防水卷材分别计算纵向或横向_____个试件拉力的算术平均值作为卷材纵向或横向拉力,单位_____。
11. 塑性体改性沥青防水卷材的撕裂强度的速度 50mm/min,将试件夹持在夹具中心,上下夹具间距离为_____。
12. 塑性体改性沥青防水卷材的表面必须_____,矿物粒(片)料粒度应均匀一致并紧密地粘附于卷材表面。
13. 沥青复合胎柔性防水卷材分类,按上表面材料分为_____、_____与_____三种。
14. 沥青复合胎柔性防水卷材最大拉力按_____进行,拉伸速度_____,夹具间距_____。
15. 沥青复合胎柔性防水卷材耐热性按 GB/T 328.11—2007 中_____进行,试验温度为_____。
16. 高分子防水材料片材分为_____。
17. 高分子防水材料片材试样移动速度:橡胶类为_____,树脂类为_____。
18. 高分子防水材料片材的不透水性试验采用_____压板。
19. 氯化聚乙烯防水卷材的标准试验条件温度为_____,相对湿度是_____。
20. 氯化聚乙烯-橡胶共混防水卷材产品按物理力学性能分为_____、_____两种类型。

二、单项选择题

1. 弹性体改性沥青防水卷材成卷卷材应卷紧卷齐,端面里进外出不得超过_____。
A. 5mm B. 15mm C. 10mm D. 8mm
2. 弹性体改性沥青防水卷材聚酯胎Ⅰ型中的低温柔度为_____。

A. -15℃　　　　　B. -18℃　　　　　C. -20℃　　　　　D. -25℃

3.弹性体改性沥青防水卷材低温柔度的试件数量是_____。
A.3 个　　　　　B.4 个　　　　　C.5 个　　　　　D.6 个

4.弹性体改性沥青防水卷材低温柔度的仲裁法是_____。
A.A 法　　　　　B.B 法　　　　　C.C 法　　　　　D.D 法

5.弹性体改性沥青防水卷材组批以同一类型、同一规格 10000 ㎡为一批,不足_____时亦可作为一批。
A.9000 ㎡　　　B.10000 ㎡　　　C.15000 ㎡　　　D.16000 m²

6.塑性体改性沥青防水卷材聚酯胎Ⅰ型的耐热度试验温度为_____。
A.85℃　　　　　B.90℃　　　　　C.100℃　　　　　D.110℃

7.塑性体改性沥青防水卷材抽样在每批产品在随机抽取_____卷进行卷重、面积、厚度与外观检查。
A.3　　　　　　B.4　　　　　　C.5　　　　　　D.6

8.塑性体改性沥青防水卷材不透水性的检测中,下表面材料为细砂时,在细砂面沿密封圈一圈去除表面浮砂,然后涂一圈_____热沥青。
A.10~90 号　　B.70~90 号　　C.60~100 号　　D.60~100 号

9.塑性体改性沥青防水卷材的低温柔度的低温制冷仪,范围为_____。
A.0~-20℃　　B.0~-30℃　　C.0~-40℃

10.塑性体改性沥青防水卷材的耐热度试验,加热_____后观察并记录试件涂盖层有无滑动、流淌、滴落。
A.1h　　　　　B.2h　　　　　C.3h　　　　　D.4h

11.沥青复合胎柔性防水卷材不透水性的技术指标是_____。
A.0.1MPa　　　B.0.2MPa　　　C.0.3MPa　　　D.0.35MPa

12.沥青复合胎柔性防水卷材Ⅰ型低温柔性技术指标是_____。
A. -5℃　　　　　B. -10℃　　　　　C. -15℃　　　　　-20℃

13.高分子防水材料片材尺寸的测定,长度、宽度用钢卷尺测量,精确到_____。
A.1mm　　　　　B.2mm　　　　　C.3mm　　　　　D.0.1mm

14.高分子防水卷材片材的低温弯折试验,从试样制备到试验,时间为_____。
A.12h　　　　　B.24h　　　　　C.48h　　　　　D.36h

15.高分子防水卷材片材的低温弯折性判定,用_____放大镜观察试样表面,以两个试样均无裂纹为合格。
A.6 倍　　　　　B.8 倍　　　　　C.10 倍　　　　　D.12 倍

16.氯化聚乙烯-橡胶共混防水卷材的热处理尺寸变化率的试件尺寸为_____。
A.70mm×70mm　　B.80mm×80mm　　C.90mm×90mm　　D.100mm×100mm

17.聚氯乙烯防水卷材的低温弯折性,将弯折仪上下平板距离调节为卷材厚度的_____。
A.2 倍　　　　　B.3 倍　　　　　C.4 倍　　　　　D.5 倍

18.氯化聚乙烯-橡胶共混防水卷材撕裂强度按_____试样执行。
A.哑铃形　　　B.直角裤形　　　C.月牙形　　　D.无割口直角形

19.氯化聚乙烯防水卷材 L 类、W 类卷材拉伸速度(250±50)mm/min,夹具间距_____。
A.25mm　　　　　B.30mm　　　　　C.50mm　　　　　D.35mm

20.氯化聚乙烯防水卷材 N 类断裂伸长率计算结果精确到_____。
A.0.01%　　　　B.0.1%　　　　C.0.5%　　　　D.1%

三、多项选择题

1. 弹性体改性沥青防水卷材适用于_____建筑的屋面及地下防水工程,尤其适用于较低气温环境的建筑防水。
   A. 工业　　　　　B. 民用　　　　　C. 家用　　　　　D. 农用
2. 弹性体改性沥青防水卷材检验分类为_____两类。
   A. 出厂检验　　　B. 型式检验　　　C. 委托检验　　　D. 见证检验
3. 弹性体改性沥青防水卷材的抽样,按物理力学性能从_____合格的卷材中随机抽取1卷进行物理力学性能试验。
   A. 可溶物含量　　B. 卷重　　　　　C. 面积　　　　　D. 外观
4. 弹性体改性沥青防水卷材出厂检验项目包括_____。
   A. 卷重　　　　　B. 面积　　　　　C. 厚度　　　　　D. 外观
5. 弹性体改性沥青防水卷材聚酯胎卷材的厚度可分为_____。
   A. 2mm　　　　　B. 3mm　　　　　C. 4mm　　　　　D. 5mm
6. 塑性体改性沥青防水卷材胎基分为_____两类。
   A. 聚酯胎　　　　B. 玻纤胎　　　　C. 复合胎　　　　D. 网格胎
7. 塑性体改性沥青防水卷材的可溶物含量时,可用溶剂为_____。
   A. 四氯化碳　　　B. 三氯甲烷　　　C. 三氯乙烯　　　D. 工业醇
8. 塑性体改性沥青防水卷材的包装,可用_____成卷包装。
   A. 布包装　　　　B. 纸包装　　　　C. 塑胶带　　　　D. 铝箔带
9. 塑性体改性沥青防水卷材在_____进行型式检验。
   A. 新产品投产或产品定型鉴定时
   B. 正常生产时,每半年进行一次。人工气候加速老化每两年一次
   C. 原材料、工艺等发生较大变化,可能影响产品质量时
   D. 出厂检验结果与上次型式检验结果有较大差异时
10. 沥青复合胎柔性防水卷材的标记,按_____顺序标记。
    A. 胎基、型号　　B. 本标准号　　　C. 厚度、面积　　D. 上表面材料
11. 沥青复合胎柔性防水卷材的物理力学性能包括_____。
    A. 外观　　　　　B. 耐热性　　　　C. 最大拉力　　　D. 断裂延伸率
12. 沥青复合胎柔性防水卷材规格尺寸的厚度有_____。
    A. 2mm　　　　　B. 3mm　　　　　C. 4mm　　　　　D. 5mm
13. 高分子防水材料片材的外观质量应_____。
    A. 平整　　　　　B. 无裂纹　　　　C. 无杂质、机械损伤、折痕及异常粘着
    D. 无气泡
14. 高分子防水材料均质片中包含_____。
    A. 点粘类　　　　B. 非硫化橡胶类　C. 树脂类　　　　D. 硫化橡胶类
15. 高分子防水卷材片材的低温弯折试验。低温弯折板由_____组成,平板间距可任意调节。
    A. 轴棒　　　　　B. 金属平板　　　C. 转轴　　　　　D. 调距螺丝
16. 高分子防水卷材片材的低温弯折试验,试验室温度可选择在_____内进行。
    A. 19℃　　　　　B. 20℃　　　　　C. 22℃　　　　　D. 23℃
17. 聚氯乙烯防水卷材产品按有无复合层分为三类,其中N类、L类和W类分别为_____。

A. 复合层　　　　　　B. 无复合层　　　　　C. 用纤维单面复合　　D. 织物内增强
18. 聚氯乙烯防水卷材的低温箱温度调节范围为_____。
A. 0～-28℃　　　　B. 0～-31℃　　　　C. 0～-32℃　　　　D. 0～-33℃
19. 氯化聚乙烯防水卷材在试验过程中,标准试验条件相对湿度可控制在_____。
A. 45%～55%　　　B. 50%～60%　　　C. 55%～65%　　　D. 65%～75%
20. 氯化聚乙烯-橡胶共混防水卷材直角撕裂强度的试验温度条件不可在_____下进行。
A. 20℃　　　　　　B. 24℃　　　　　　C. 25℃　　　　　　D. 26℃

四、判断题

1. 弹性体改性沥青防水卷材成卷卷材应卷紧卷齐,端面里进外出不得超过15mm。（　）
2. 弹性体改性沥青防水卷材每卷接头处允许超过1个,较短的一段不应少于1000mm,接头应剪切整齐,并加长150mm。（　）
3. 弹性体改性沥青防水卷材测量拉力和延伸率的拉伸速度的单位为:N/100mm。（　）
4. 弹性体改性沥青防水卷材拉伸试件纵、横向应为3个试件。（　）
5. 弹性体改性沥青防水卷材不透水性检测玻纤胎的Ⅰ型的水压力0.3MPa,30min不透水。（　）
6. 弹性体改性沥青防水卷材撕裂强度的试件尺寸为200mm×80mm,纵横向各5个试件。（　）
7. 塑性体改性沥青防水卷材试件的取样,将卷材切除距外层卷头2500mm后,顺纵向切取长度为800mm的全幅卷材试样2块,一块作物理力学性能检测用,另一块备用。（　）
8. 塑性体改性沥青防水卷材低温柔性检测的试件为150mm×50mm,数量6个。（　）
9. 塑性体改性沥青防水卷材抽样时,在每批产品是随机抽取6卷进行卷重、面积、厚度与外观检查。（　）
10. 塑性体改性沥青防水卷材不透水性、耐热度每组3个试件分别达到标准规定指标时判为该项指标合格。（　）
11. 高分子防水卷材片材在不影响使用的条件下,表面缺陷应符合凹痕深度不得超过片材厚度的50%;树脂类片材不得超过10%。（　）
12. 高分子防水卷材片材厚度小于1.0mm的树脂类复合片材,扯断伸长率不得小于60%,其他性能达到规定值的90%以上。（　）
13. 高分子防水卷材片材的撕裂强度试验按GB/T529中的月牙形试样执行。（　）
14. 高分子防水卷材片材的断裂拉伸强度、扯断伸长率试验按GB/T528的规定进行,测试五个试样,取平均值。（　）
15. 高分子防水卷材片材的检验分类有出厂检验、型式检验和鉴定检验三类。（　）
16. 沥青复合胎柔性防水卷材的最大拉力的测试结果是以三个试样的算术平均值达到标准规定要求判为合格。（　）
17. 沥青复合胎柔性防水卷材的不透水性,以二块试样均未发现渗水判为合格。（　）
18. 氯化聚乙烯防水卷材N类的试件端部宽度为25±1mm。（　）
19. 聚氯乙烯防水卷材N类的拉伸性能是采用GB/T 528—1998中第7.1条规定的哑铃Ⅰ型。（　）
20. 氯化聚乙烯-橡胶共混防水卷材按物理力学性能分为S型、N型和W型三种类型。（　）

五、简答题

1. 标记为NK Ⅰ PE410JC/T 690—2008的卷材是何种防水卷材?

2. 弹性体改性沥青防水卷材低温柔度的测试结果如何判定？
3. 高分子防水材料中 FS2 型片材的拉伸性能试样尺寸及个数是多少？拉伸速度及夹持距离？
4. 高分子防水材料均质片的定义是什么？
5. 塑性体改性沥青防水卷材适用于哪些工程？

六、操作题

1. 弹性体改性沥青防水卷材拉力及最大拉力时延伸率的试验步骤。
2. 塑性体改性沥青防水卷材低温柔度的试验步骤（B 法）。
3. 沥青复合胎柔性防水卷材不透水性的试验步骤。
4. 高分子防水卷材片材的低温弯折试验步骤。

七、计算题

有一 APP 聚酯 I 型防水卷材，测得其拉力及最大拉力时的标距数据如下表，试判定该卷材拉力、最大拉力时延伸率指标是否合格。

试件编号	拉力（N/50mm）		初始标距 L_0（mm）	最大拉力时标距 L_1（mm）	
	纵向 A	横向 A'		纵向	横向
1	727	577	180	239	280
2	715	622		240	274
3	744	592		239	281
4	692	614		238	270
5	716	650			272

参考答案：

一、填空题

1. 聚酯胎（PY） 玻纤胎（G）
2. I 型 II 型
3. 23 ± 2℃
4. 50mm/min
5. 最大拉力 最大拉力时伸长值
6. 上表面 下表面
7. 15mm 25mm
8. 180mm
9. 24h
10. 5 N/50mm
11. 130mm
12. 平整 不允许有孔洞 缺边和裂口
13. 聚乙烯膜（PE） 细砂（S） 矿物粒（片）料（M）
14. GB/T 328.8—2007 50mm/min 200mm
15. B 法 90 ± 2℃
16. 均质片 复合片
17. (500 ± 50)mm/min (250 ± 50)mm/min
18. 十字形
19. 23 ± 2℃ $60\% \pm 15\%$
20. S 型 N 型

二、单项选择题

1. C 2. B 3. D 4. A

5. B	6. D	7. C	8. D
9. B	10. B	11. B	12. A
13. A	14. B	15. B	16. D
17. B	18. B	19. C	20. D

三、多项选择题

1. A、B	2. A、B	3. B、C、D	4. A、B、C、D
5. B、C	6. A、B	7. A、B、C、D	8. B、C
9. A、B、C、D	10. A、B、C、D	11. B、C	12. B、C
13. A、B、C	14. B、C、D	15. B、C、D	16. C、D
17. B、C、D	18. A、B、C	19. A、B、C、D	20. A、D

四、判断题

1. ×	2. ×	3. ×	4. ×
5. ×	6. ×	7. √	8. ×
9. ×	10. √	11. ×	12. ×
13. ×	14. ×	15. ×	16. ×
17. ×	18. √	19. √	20. ×

五、简答题

1. 答:10m² 厚度 4mm 聚乙烯膜Ⅰ型沥青复合胎柔性防水卷材。

2. 答:低温柔度六个试件至少有五个试件达到标准规定指标时判为该项指标合格。

3. 答:200mm×25mm 纵横向各五个,拉伸速度 100±10mm/min,夹持距离 120mm。

4. 答:以同一种或一组高分子材料为主要材料,各部位截面材质均匀一致的防水片材。

5. 答:塑性体改性沥青防水卷材适用于工业与民用建筑的屋面和地下防水工程,以及道路、桥梁等建筑物的防水,尤其适用于较高气温环境的建筑防水。

六、操作题

1. 解:步骤:
①将按标准规定切取的试件放置在试验温度下不少于 24h;
②校准试验机,拉伸速度 50mm/min,将试件夹持在夹具中心,不得歪扭,上下夹具间距离为 180mm;
③启动试验机,至试件拉断为止,记录最大拉力及最大拉力时伸长值。

2. 解:步骤:
①将试件和柔度棒(板)同时放入冷却至标准规定温度的低温制冷仪中;
②待温度达到标准规定的温度后保持时间不少于 2h;
③在标准规定的温度下,在低温制冷仪中将试件于 3s 内匀速绕柔度棒(板)弯曲 180°,6 块试件中,3 块试件的下表面及另外 3 块试件的上表面与柔度棒(板)接触;
④取出试件用肉眼观察,试件涂盖层有无裂缝。

3. 解:步骤:
①在不透水装置中冲水直到满出,彻底排出水管中空气;
②将试件的上表面朝下放置在透水盘上,盖上规定的 7 孔圆盘;

③放上封盖,慢慢夹紧直到试件夹紧在盘上,用布或压缩空气干燥试件的非迎水面,慢慢达到规定压力后,保持压力 30±2min;

④试验时观察试件的不透水性(水压突然下降或试件的非迎水面有水)。

4.解:步骤:

①将制备的试样弯曲 180°,使 50mm 宽的试样边缘重合、平齐,并用定位夹或 10mm 宽的胶布将边缘固定,以保证其在试验中不发生错位,并将低温弯折仪的两平板间距调到片材厚度的三倍;

②将低温弯折仪上平板打开,将厚度相同的两块试样平放在底板上,重合的一边朝向转轴,且距转轴 20mm;

③在规定温度下保持 1h 之后迅速压下上平板,达到所调间距位置,保持 1s 后将试样取出,观察试样弯折处是否断裂,并用放大镜观察试样弯折处受拉面有无裂纹。

七、计算题

解:依据 GB 18243—2000,查得聚酯胎 I 型塑料体改性沥青防水卷材拉力指标为纵向、横向均大于等于 450N/50mm,最大拉力时延伸率纵向、横向均大于等于 25%。

(1) $A_{纵} = \dfrac{A + A_2 + A_3 + A_4 + A_5}{5} = \dfrac{727 + 715 + 744 + 692 + 716}{5}$

$= 718.8\text{N/50mm} > 标准值 450\text{N/50mm}$

$A_{横} = \dfrac{A'_4 + A'_2 + A'_3 + A'_4 + A'_5}{5} = \dfrac{577 + 622 + 592 + 614 + 650}{5}$

$= 611.2\text{N/50mm} > 标准值 450\text{N/50mm}$

(2) $E = \dfrac{100(L_1 - L_2)}{L}$

$E_{纵1} = E_{纵3} = \dfrac{100 \times (239 - 180)}{180} = 32.8\%$

$E_{纵2} = \dfrac{100 \times (240 - 180)}{180} = 33.3\%$

$E_{纵4} = E_{纵5} = \dfrac{100 \times (238 - 180)}{180} = 32.2\%$

同理,算出 $E_{横1} = 55.6\%$,$E_{横2} = 52.2\%$,$E_{横3} = 56.1\%$,$E_{横4} = 50\%$,$E_{横5} = 51.1\%$

$E_{纵} = \dfrac{32.8\% + 33.3\% + 32.8\% + 32.2\%}{5} = 32.7\% > 标准值 25\%$

$E_{横} = \dfrac{55.6\% + 52.2\% + 56.1\% + 56.1\% + 50\% + 51.1\%}{5} = 53\% > 标准值 25\%$

因此,该种防水卷材的拉力及最大拉力时延伸率指标合格。

防水卷材模拟试卷(A)

一、填空题

1. 弹性体改性沥青防水卷材分类,按胎基分为_____和_____两类。
2. 弹性体改性沥青防水卷材分类,按物理力学性能分为_____和_____。
3. 弹性体改性沥青防水卷材的试验温度为_____。
4. 塑性体改性沥青防水卷材延伸率试验夹具间距离为_____。

5. 塑性体改性沥青防水卷材的试件放置在试验温度下不少于_____。
6. 塑性体改性沥青防水卷材分别计算纵向或横向_____个试件拉力的算术平均值作为卷材纵向或横向拉力,单位_____。
7. 沥青复合胎柔性防水卷材分类,按上表面材料分为_____、_____与_____三种。
8. 高分子防水材料片材分为_____。
9. 高分子防水材料片材试样移动速度:橡胶类为_____,树脂类为_____。
10. 氯化聚乙烯防水卷材的标准试验条件温度为_____,相对湿度是_____。

二、单项选择题

1. 弹性体改性沥青防水卷材成卷卷材应卷紧卷齐,端面里进外出不得超过_____。
   A. 5mm   B. 15mm   C. 10mm   D. 8mm
2. 弹性体改性沥青防水卷材聚酯胎Ⅰ型中的低温柔度为_____。
   A. −15℃   B. −18℃   C. −20℃   D. −25℃
3. 弹性体改性沥青防水卷材低温柔度的试件数量是_____。
   A. 3个   B. 4个   C. 5个   D. 6个
4. 塑性体改性沥青防水卷材聚酯胎Ⅰ型的耐热度试验温度为_____。
   A. 85℃   B. 90℃   C. 100℃   D. 110℃
5. 塑性体改性沥青防水卷材抽样在每批产品在随机抽取_____卷进行卷重、面积、厚度与外观检查。
   A. 3   B. 4   C. 5   D. 6
6. 沥青复合胎柔性防水卷材不透水性的技术指标是_____。
   A. 0.1MPa   B. 0.2MPa   C. 0.3MPa   D. 0.35MPa
7. 高分子防水材料片材尺寸的测定,长度、宽度用钢卷尺测量,精确到_____。
   A. 1mm   B. 2mm   C. 3mm   D. 0.1mm
8. 高分子防水卷材片材的低温弯折试验,从试样制备到试验,时间为_____。
   A. 12h   B. 24h   C. 48h   D. 36h
9. 高分子防水卷材片材的低温弯折性判定,用_____放大镜观察试样表面,以两个试样均无裂纹为合格。
   A. 6倍   B. 8倍   C. 10倍   D. 12倍
10. 氯化聚乙烯防水卷材 N 类断裂伸长率计算结果精确到_____。
    A. 0.01%   B. 0.1%   C. 0.5%   D. 1%

三、多项选择题

1. 弹性体改性沥青防水卷材适用于_____建筑的屋面及地下防水工程,尤其适用于较低气温环境的建筑防水。
   A. 工业   B. 民用   C. 家用   D. 农用
2. 弹性体改性沥青防水卷材检验分类为_____两类。
   A. 出厂检验 B. 行式检验   C. 委托检验   D. 见证检验
3. 弹性体改性沥青防水卷材的抽样,按物理力学性能从_____合格的卷材中随机抽取 1 卷进行物理力学性能试验。
   A. 可溶物含量 B. 卷重   C. 面积   D. 外观
4. 塑性体改性沥青防水卷材胎基分为_____两类。

A. 聚酯胎　　　　　B. 玻纤胎　　　　　C. 复合胎　　　　　D. 网格胎

5. 塑性体改性沥青防水卷材的可溶物含量时,可用溶剂为_____。

A. 四氯化碳　　　B. 三氯甲烷　　　C. 三氯乙烯　　　D. 工业纯

6. 沥青复合胎柔性防水卷材的标记,按_____顺序标记。

A. 胎基、型号　　B. 本标准号　　　C. 厚度、面积　　　D. 上表面材料

7. 沥青复合胎柔性防水卷材的物理力学性能包括_____。

A. 外观　　　　　B. 耐热性　　　　C. 最大拉力　　　　D. 断裂延伸率

8. 高分子防水材料片材的外观质量应:_____。

A. 平整　　　　　B. 无裂纹　　　　C. 无杂质、机械损伤、折痕及异常粘着
D. 无气泡

9. 聚氯乙烯防水卷材产品按有无复合层分为三类,其中 N 类、L 类和 W 类分别为_____。

A. 复合层　　　　B. 无复合层　　　C. 用纤维单面复合　　D. 织物内增强

10. 聚氯乙烯防水卷材的低温箱温度调节范围为_____。

A. 0～-28℃　　　B. 0～-31℃　　　C. 0～-32℃　　　D. 0～-33℃

四、判断题

1. 弹性体改性沥青防水卷材成卷卷材应卷紧卷齐,端面里进外出不得超过 15mm。（　）
2. 弹性体改性沥青防水卷材每卷接头处允许超过 1 个,较短的一段不应少于 1000mm,接头应剪切整齐,并加长 150mm。（　）
3. 弹性体改性沥青防水卷材测量拉力和延伸率的拉伸速度的单位为 N/100mm。（　）
4. 塑性体改性沥青防水卷材试件的取样,将卷材切除距外层卷头 2500mm 后,顺纵向切取长度为 800mm 的全幅卷材试样 2 块,一块作物理力学性能检测用,另一块备用。（　）
5. 塑性体改性沥青防水卷材低温柔性检测的试件为 150mm×50mm,数量 6 个。（　）
6. 高分子防水卷材片材在不影响使用的条件下,表面缺陷应符合凹痕深度不得超过片材厚度的 50%;树脂类片材不得超过 10%。（　）
7. 高分子防水卷材片材厚度小于 1.0mm 的树脂类复合片材,扯断伸长率不得小于 60%,其他性能达到规定值的 90% 以上。（　）
8. 沥青复合胎柔性防水卷材的最大拉力的测试结果是以三个试样的算术平均值达到标准规定要求判为合格。（　）
9. 聚氯乙烯防水卷材 N 类的拉伸性能是采用 GB/T 528—1998 中第 7.1 条规定的哑铃 I 型。（　）
10. 氯化聚乙烯-橡胶共混防水卷材按物理力学性能分为 S 型、N 型、W 型三种类型。（　）

五、简答题

1. 标记为 NK I PE410JC/T 690—2008 的卷材是何种防水卷材?
2. 弹性体改性沥青防水卷材低温柔度的测试结果如何判定?

六、操作题

1. 弹性体改性沥青防水卷材拉力及最大拉力时延伸率的试验步骤。
2. 塑性体改性沥青防水卷材低温柔度的试验步骤。（B 法）

防水卷材模拟试卷(B)

一、填空题

1. 弹性体改性沥青防水卷材的拉伸速度为_____。
2. 弹性体改性沥青防水卷材的拉伸试验,启动试验机,至试件拉断为止,记录_____。
3. 弹性体改性沥青防水卷材不透水性试验,卷材_____作为迎水面,上表面为砂面、矿物粒料时,_____作为迎水面。
4. 塑性体改性沥青防水卷材厚度为 2mm、3mm 卷材的低温柔度采用半径_____柔度棒,厚度为 4mm 卷材的低温柔度采用半径_____柔度棒。
5. 塑性体改性沥青防水卷材的撕裂强度的速度 50mm/min,将试件夹持在夹具中心,上下夹具间距离为_____。
6. 塑性体改性沥青防水卷材的表面必须_____,矿物粒(片)料粒度应均匀一致并紧密地粘附于卷材表面。
7. 沥青复合胎柔性防水卷材最大拉力按_____进行,拉伸速度_____,夹具间距_____。
8. 沥青复合胎柔性防水卷材耐热性按 GB/T 328.11—2007 中_____进行,试验温度_____。
9. 高分子防水材料片材的不透水性试验采用_____压板。
10. 氯化聚乙烯 - 橡胶共混防水卷材产品按物理力学性能分为_____、_____两种类型。

二、单项选择题

1. 弹性体改性沥青防水卷材低温柔度的仲裁法是_____。
 A. A 法　　　　　B. B 法　　　　　C. C 法　　　　　D. D 法
2. 弹性体改性沥青防水卷材组批以同一类型、同一规格 10000 ㎡ 为一批,不足_____时亦可作为一批。
 A. 9000 ㎡　　　B. 10000 ㎡　　　C. 15000 ㎡　　　D. 16000 m²
3. 塑性体改性沥青防水卷材不透水性的检测中下表面材料为细砂时,在细砂面沿密封圈一圈去除表面浮砂,然后涂一圈_____热沥青。
 A. 10～90 号　　B. 50～80 号　　C. 70～90 号　　D. 60～100 号
4. 塑性体改性沥青防水卷材的低温柔度的低温制冷仪:范围_____。
 A. 0～-20℃　　B. 0～-30℃　　C. 0～-35℃　　D. 0～-40℃
5. 塑性体改性沥青防水卷材的耐热度试验,加热_____后观察并记录试件涂盖层有无滑动、流淌、滴落。
 A. 1h　　　　　B. 2h　　　　　C. 3h　　　　　D. 4h
6. 沥青复合胎柔性防水卷材Ⅰ型低温柔性技术指标是_____。
 A. -5℃　　　　B. -10℃　　　　C. -15℃　　　　D. -20℃
7. 高分子防水卷材片材的低温弯折性判定,用_____放大镜观察试样表面,以两个试样均无裂纹为合格。
 A. 6 倍　　　　B. 8 倍　　　　C. 10 倍　　　　D. 12 倍
8. 聚氯乙烯防水卷材的低温弯折性,将弯折仪上下平板距离调节为卷材厚度的_____。

A. 2倍　　　　B. 3倍　　　　C. 4倍　　　　D. 5倍

9. 氯化聚乙烯-橡胶共混防水卷材撕裂强度按_____试件执行。
A. 哑铃形　　B. 直角裤形　　C. 月牙形　　D. 无割口直角形

10. 氯化聚乙烯防水卷材L类、W类卷材拉伸速度为250±50mm/min,夹具间距_____。
A. 25mm　　B. 30mm　　C. 50mm　　D. 35mm

三、多项选择题

1. 弹性体改性沥青防水卷材出厂检验项目包括_____。
A. 卷重　　B. 面积　　C. 厚度　　D. 外观

2. 弹性体改性沥青防水卷材聚酯胎卷材的厚度可分为_____。
A. 2mm　　B. 3mm　　C. 4mm　　D. 5mm

3. 塑性体改性沥青防水卷材的包装,可用_____成卷包装。
A. 布包装　　B. 纸包装　　C. 塑胶带　　D. 铝箔带

4. 塑性体改性沥青防水卷材在_____进行型式检验。
A. 新产品投产或产品定型鉴定时
B. 正常生产时,每半年进行一次。人工气候加速老化每两年一次
C. 原材料、工艺等发生较大变化,可能影响产品质量时
D. 出厂检验结果与上次型式检验结果有较大差异时

5. 沥青复合胎柔性防水卷材规格尺寸的厚度有_____。
A. 2mm　　B. 3mm　　C. 4mm　　D. 5mm

6. 高分子防水材料均质片中包含_____。
A. 点粘类　　B. 非硫化橡胶类　　C. 树脂类　　D. 硫化橡胶类

7. 高分子防水卷材片材的低温弯折试验,低温弯折板由_____组成,平板间距可任意调节。
A. 轴棒　　B. 金属平板　　C. 转轴　　D. 调距螺丝

8. 高分子防水卷材片材的低温弯折试验,试验室温度可选择在_____内进行。
A. 19℃　　B. 20℃　　C. 22℃　　D. 23℃
E. 24℃　　F. 26℃

9. 氯化聚乙烯防水卷材在试验过程中,标准试验条件相对湿度可控制在_____。
A. 45%~55%　　B. 50%~60%　　C. 55%~65%　　D. 65%~75%

10. 氯化聚乙烯-橡胶共混防水卷材直角撕裂强度的试验温度条件不可在_____下进行。
A. 20℃　　B. 24℃　　C. 25℃　　D. 26℃

四、判断题

1. 弹性体改性沥青防水卷材拉伸试件纵、横向应为3个试件。（　）

2. 弹性体改性沥青防水卷材不透水性检测玻纤胎的Ⅰ型的水压力0.3MPa,30min不透水。（　）

3. 弹性体改性沥青防水卷材撕裂强度的试件尺寸为200mm×80mm,纵横向各5个试件。（　）

4. 塑性体改性沥青防水卷材抽样时,在每批产品是随机抽取6卷进行卷重、面积、厚度与外观检查。（　）

5. 塑性体改性沥青防水卷材不透水性、耐热度每组3个试件分别达到标准规定指标时判为该项指标合格。（　）

6. 高分子防水卷材片材的撕裂强度试验按 GB/T529 中的月牙形试样执行。（　　）
7. 高分子防水卷材片材的断裂拉伸强度、扯断伸长率试验按 GB/T528 的规定进行,测试五个试样,取平均值。（　　）
8. 高分子防水卷材片材的检验分类有出厂检验、型式检验和鉴定检验三类。（　　）
9. 沥青复合胎柔性防水卷材的不透水性,以二块试样均未发现渗水判为合格。（　　）
10. 氯化聚乙烯防水卷材 N 类的试件端部宽度为 25±1mm。（　　）

五、简答题

1. 高分子防水材料中 FS2 型片材的拉伸性能试样尺寸及个数是多少？拉伸速度及夹持距离为多少？
2. 高分子防水材料均质片的定义是什么？
3. 塑性体改性沥青防水卷材适用于哪些工程？

六、操作题

1. 沥青复合胎柔性防水卷材不透水性的试验步骤。
2. 高分子防水卷材片材的低温弯折试验步骤。

第二节　止水带、膨胀橡胶

一、填空题

1. 止水带表面不允许有_____、_____、_____等影响使用的缺陷,中心孔偏心不允许超过管状断面厚度的_____。
2. 膨胀橡胶的规格尺寸用精度为_____的量具测量,取任意_____点进行测量。
3. 硬度试验时,在试样相距至少_____的不同位置测量硬度值_____。
4. 试件厚度测定时,应用分度值为_____,压力为_____,扁平圆形测定直径为_____的厚度计。
5. 拉伸实验时应采用标准号为 GB/T 528—1998 中的 Ⅱ 型哑铃形试件,其标距段的宽度为_____,标准线间的距离为_____,狭窄部分的标准厚度为_____。
6. 体积膨胀倍率第一种试验方法,将试样制成长、宽各为_____,厚为_____mm,数量为 3 个。用成品制作试样时,应尽可能去掉_____。
7. 止水带表面允许有深度不大于_____,面积不大于_____的_____等缺陷不超过_____;但设计工作面仅允许有深度不大于_____,面积不大于_____的缺陷不超过_____。
8. 每米膨胀橡胶表面不允许有深度大于_____、面积大于_____的凹痕、气泡、杂质、明疤等缺陷不超过_____。
9. 检测硬度的试样厚度若小于_____,可用不多于_____,每层厚度不小于_____的光滑、平行试样进行叠加。
10. 止水带做拉伸试验时对拉力试验机的要求是:保证拉力测试在量程的_____间,精度_____;能够达到_____的拉伸速度,测长装置测量精度_____。
11. 腻子型膨胀橡胶高温流淌性试验是将长、宽、厚各为 20mm×20mm×4mm 的 3 块试件分别放入_____倾角木架的凹槽中,然后再把木架放入到_____温度的恒温箱中保持_____取出。

二、单项选择题

1. 硬度试验时,若试样厚度小于6mm,可采用不多于_____层的试样平行进行叠加。
   A. 2　　　　　　B. 3　　　　　　C. 4　　　　　　D. 5

2. 哑铃形试件检测厚度时,厚度值应取_____。
   A. 平均值　　　　B. 中位数　　　　C. 最小值　　　　D. 最大值

3. 压缩永久变形试验的三个试样高度相差不超过_____。
   A. 1mm　　　　B. 0.1mm　　　　C. 0.01mm　　　　D. 0.001mm

4. 低温脆性试验台在试验温度内可精确控制_____。
   A. ±2℃　　　　B. ±1℃　　　　C. ±0.1℃　　　　D. ±0.5℃

5. 腻子型膨胀橡胶高温流淌性,以不超过凹槽_____为无流淌。
   A. 1mm　　　　B. 2mm　　　　C. 3mm　　　　D. 4mm

6. 硬度试验时,在试样至少相距_____的不同位置测量硬度值5次。
   A. 3mm　　　　B. 4mm　　　　C. 5mm　　　　D. 6mm

7. 直角撕裂试件在检测厚度时,厚度值应取_____。
   A. 平均值　　　　B. 中位数　　　　C. 最小值　　　　D. 最大值

8. 腻子型膨胀橡胶低温试验使用的轴棒直径是_____。
   A. 10mm　　　B. 15mm　　　C. 20mm　　　D. 25mm

9. 体积膨胀率试验所需天平精度要求是_____。
   A. 0.1g　　　B. 0.01g　　　C. 0.001g　　　D. 0.0001g

三、多项选择题

1. 制品型膨胀橡胶在静态蒸馏水中的体积,膨胀倍率_____均属PZ250型。
   A. ≥200%　　B. 250%　　C. 350%　　D. ≤450%

2. 适用于施工逢用止水带其拉伸强度的合格范围为_____。
   A. 8MPa　　B. 10MPa　　C. 12MPa　　D. 15MPa

3. 每米膨胀橡胶表面不允许有深度大于2mm,面积大于16mm²的凹痕、气泡、杂质、明疤等缺陷,_____属允许范围内。
   A. 2处　　　B. 4处　　　C. 6处　　　D. 8处

4. 压缩永久变形试验所用仪器包括_____。
   A. 厚度计　　B. 天平　　C. 试验夹具　　D. 拉力机

5. 涉及到止水带、膨胀橡胶的标准有:_____。
   A. GB/T 18173.1—2000　　　　B. GB/T 18173.2—2000
   C. GB/T 18173.3—2002　　　　D. GB/T 7759—1996

6. 制品型膨胀橡胶在静态蒸馏水水的体积膨胀倍率_____均属PZ150型。
   A. 100%　　B. 150%　　C. 200%　　D. 250%

7. 适用于变形缝用止水带拉伸强度下列哪几个数据属合格范围:_____。
   A. 10MPa　　B. 12MPa　　C. 15MPa　　D. 18MPa

8. 止水带中心孔偏心允许在管断面厚度的_____范围内。
   A. 1/2　　　B. 1/3　　　C. 1/4　　　D. 1/5

9. 拉伸试验所用仪器包括有_____。

A. 厚度计　　　　　　B. 天平　　　　　　C. 试验夹具　　　　D. 拉力机

四、判断题

1. 止水带按其用途分类中,适用于变形缝用止水带用"J"表示。（　）
2. 制品型直径为30mm的圆形膨胀橡胶,其尺寸公差为±1.5mm。（　）
3. 撕裂强度的试件厚度为2.0±0.2mm。（　）
4. 拉伸试验在裁切试样时,试片在标准温度下至少调节1h。（　）
5. 反复浸水试验,试样在蒸馏水中浸泡的水温是23℃±2℃。（　）
6. 止水带按其用途分类中,适用于施工缝用止水带用(S)表示。（　）
7. 拉伸试验按GB/T529的规定用Ⅱ型试样。（　）
8. 压缩永久变形试验GB/T7759的规定用B型试样,压缩率为20%。（　）
9. 拉伸试验在裁切试样时,试片在标准温度下至少调节3h。（　）
10. 反复浸水试验,试样在蒸馏水中浸泡的水温是23℃±5℃。（　）

五、简答题

1. 止水带接头部位的拉伸强度指标不得低于标准性能的百分之几?
2. 硬度试验时,在试样相距至少6mm的不同位置测量硬度值几次?结果如何判定?
3. 撕裂试验的试件其厚度偏差有何要求?
4. 拉伸试验时,对拉力试验机有什么要求?
5. 腻子型膨胀橡胶低温试验的性能要求是什么?
6. 制品型膨胀橡胶成品切片试验应达到标准性能的百分之几?
7. 止水带热空气老化后,标准中要求续做哪些试验?
8. 支架固定邵尔A型硬度计操作时的最大速度是多少?
9. 撕裂强度试验结果如何表示?
10. 厚度测定时对厚度计有何要求?

六、操作题

1. 止水带撕裂强度试验操作步骤。
2. 体积膨胀倍率称量法试验操作步骤。
3. 腻子型膨胀橡胶低温试验操作步骤。
4. 体积膨胀倍率体积法试验操作步骤。

参考答案：

一、填空题

1. 开裂　缺胶　海绵状　1/3　　　　　2. 0.1mm　3
3. 6mm　5次　　　　　　　　　　　　4. 0.01mm　22±5kPa　2~10mm
5. 4.0±0.1mm　20.0±0.5mm　2.0±0.2mm
6. 20.0±0.2mm　2.0±0.2mm　表层
7. 2mm　16mm²　凹痕　气泡　杂质　明疤　4处　1mm　10mm²　3处
8. 2mm　16mm²　4处
9. 6mm　3层　2mm

10. 20%~80%　1%　(500±50)mm/min　1mm
11. 75°　80℃　5h

二、单项选择题

1. B	2. B	3. C	4. D
5. A	6. D	7. B	8. A
9. C			

三、多项选择题

1. B、C	2. C、D	3. A、B	4. A、C
5. B、C、D	6. B、C	7. C、D	8. B、C、D
9. A、C、D			

四、判断题

1. ×	2. ×	3. √	4. ×
5. ×	6. √	7. ×	8. ×
9. ×	10. √		

五、简答题

1. 答:80%。

2. 答:测量5次,取5次硬度值的中位数。

3. 答:厚度值不得偏离所取中位数的2%。

4. 答:能同时测定拉力与延伸率,保证拉力测试值在量程的20%~80%之间,精度1%;能够达到500±50 mm/min的拉伸速度,测长装置测量精度1 mm。

5. 答:在-20℃的温度下保持2h,在ϕ10 mm的棒上缠绕1圈无裂纹。

6. 答:80%。

7. 答:硬度变化度、拉伸强度、扯断伸长率。

8. 答:最大速度为3.2mm/s。

9. 答:试验结果以5个测定值的中位数和最大最小值表示,数值准确到整数位。

10. 答:分度值为0.01mm,压力为22±5kPa,扁平圆形测足直径为2~10mm。

六、操作题

1. 解:①分别在已打磨的试片上裁取5个试样,测量每个试样撕裂区域的厚度不得少于三点,取中位数。②将试样沿轴向对准拉伸方向分别夹入夹持器一定深度,以保证在平行的位置上充分均匀地夹紧。③按500±50mm/min,的速度对试样进行拉伸,直至试样撕裂,记录其最大力值。

2. 解:步骤:①将试样制成长、宽各为20.0±0.2mm,厚为2.0±0.2mm,数量为3个。用成品制作试样时,应尽可能去掉表层。②将制作好的试样先用0.001g精度的天平称出在空气中的质量,然后再称出样品悬挂在蒸馏水中的质量。③将试样浸泡在23℃±5℃的300mL蒸馏水中,试验过程中,应避免试样重叠及水分的挥发。④试样浸泡72h后,先用0.001g精度的天平称出其在蒸馏水中的质量,然后用滤纸轻轻吸干试样表面的水分,称出试样在空气中的质量。

3. 解:步骤:将试件和圆棒一起放入低温箱中,在规定的低温下保持2h后,打开低温箱,迅速把试件在10mm的棒上缠绕一圈,观察试样是否脆裂。

4. 解:步骤:①取试样质量为2.5g,制成直径约为12mm、高度约为12mm的圆柱体,数量为3个。②将制作好的试样先用0.001g精度的天平称出在空气中的质量,然后再称出试样悬挂在蒸馏水中的质量(必须用发丝等特轻细丝悬挂试样)。③先在量筒中注入20mL左右的23±5℃的蒸馏水,放入试样后,加蒸馏水至50mL。然后,在标准环境的条件下放置120h(试样表面和蒸馏水必须充分接触)。④读出量筒中试样占水体积的毫升(mL)数(即试样的高度),把毫升(mL)数换算为克(g)。

止水带、膨胀橡胶模拟试卷(A)

一、填空题

1. 止水带表面不允许有_____、_____、_____等影响使用的缺陷,中心孔偏心不允许超过管状断面厚度的_____。
2. 膨胀橡胶的规格尺寸用精度为_____的量具测量,取任意_____点进行测量。
3. 硬度试验时,在试样相距至少_____的不同位置测量硬度值_____。
4. 试件厚度测定时,应用分度值为_____,压力为_____扁平圆形测定直径为_____的厚度计。
5. 拉伸实验时应采用标准号为GB/T 528—1998中的Ⅱ型哑铃形试件,其标距段的宽度为_____ mm,标准线间的距离为_____ mm,狭窄部分的标准厚度为_____ mm。
6. 体积膨胀倍率第一种试验方法,将试样制成长、宽各为_____ mm,厚为_____ mm,数量为3个。用成品制作试样时,应尽可能去掉_____。

二、单项选择题

1. 硬度试验时,若试样厚度小于6mm,可采用不多于_____层的试样平行进行叠加。
A. 2　　　　　　　B. 3　　　　　　　C. 4　　　　　　　D. 5
2. 哑铃形试件检测厚度时,厚度值应取_____。
A. 平均值　　　　　B. 中位数　　　　　C. 最小值　　　　　D. 最大值
3. 压缩永久变形试验的三个试样高度相差不超过_____。
A. 1mm　　　　　　B. 0.1mm　　　　　C. 0.01mm　　　　　D. 0.001mm
4. 低温脆性试验台在试验温度内可精确控制到_____。
A. ±2℃　　　　　B. ±1℃　　　　　C. ±0.1℃　　　　　D. ±0.5℃
5. 腻子型膨胀橡胶高温流淌性,以不超过凹槽_____为无流淌。
A. 1mm　　　　　　B. 2mm　　　　　　C. 3mm　　　　　　D. 4mm

三、多项选择题

1. 涉及到止水带、膨胀橡胶的标准有_____。
A. GB/T 7762—2003　　　　　　B. GB/T 1817.1—2000
C. GB/T 16777—1997　　　　　　D. GB/T 15256—94
2. 制品型膨胀橡胶在静态蒸馏水中的体积膨胀倍率_____均属PZ250型。
A. ≥200%　　　　　B. 250%　　　　　C. 350%　　　　　D. ≤450%
3. 适用于施工逢用止水带其拉伸强度下列哪几个数据属合格范围:_____。
A. 8MPa　　　　　　B. 10MPa　　　　　C. 12MPa　　　　　D. 15MPa

4. 每米膨胀橡胶表面不允许有深度大于 2mm，面积大于 1mm² 的凹痕、气泡、杂质、明疤等缺陷，下列几处属允许范围内：_____。
   A. 2 处　　　　　　B. 4 处　　　　　　C. 6 处　　　　　　D. 8 处
5. 压缩永久变形试验所用仪器包括有_____。
   A. 厚度计　　　　　B. 天平　　　　　　C. 试验夹具　　　　D. 拉力机

四、判断题

1. 止水带按其用途分类中，适用于变形缝用止水带用"J"表示。（　）
2. 制品型，直径为 30mm 的圆形膨胀橡胶，其尺寸公差为 ±1.5mm。（　）
3. 撕裂强度的试件厚度为 2.0±0.2mm。（　）
4. 拉伸试验在裁切试样时，试片在标准温度下至少调节 1h。（　）
5. 反复浸水试验，试样在蒸馏水中浸泡的水温是 23℃±2℃。（　）

五、简答题

1. 止水带接头部位的拉伸强度指标不得低于标准性能的百分之几？
2. 硬度试验时，在试样相距至少 6mm 的不同位置测量硬度值几次？结果如何判定？
3. 撕裂试验的试件其厚度偏差有何要求？
4. 拉伸试验时对拉力试验机有什么要求？
5. 腻子型膨胀橡胶低温试验的性能要求是什么？

六、操作题

1. 止水带撕裂强度试验操作步骤。
2. 体积膨胀倍率称量法试验操作步骤。

止水带、膨胀橡胶模拟试卷（B）

一、填空题

1. 止水带表面允许有深度不大于_____，面积不大于_____的_____等缺陷不超过_____；但设计工作面仅允许有深度不大于_____，面积不大于_____的缺陷不超过_____。
2. 每米膨胀橡胶表面不允许有深度大于_____、面积大于的_____的凹痕、气泡、杂质、明疤等缺陷不超过_____。
3. 检测硬度的试样厚度若小于_____，可用不多于_____，每层厚度不小于_____的光滑、平行试样进行叠加。
4. 止水带作拉伸试验时，对拉力试验机的要求是：保证拉力测试在量程的_____间，精度_____；能够达到_____的拉伸速度，测长装置测量精度_____。
5. 腻子型膨胀橡胶高温流淌性试验是将长、宽、厚各为 20mm×20mm×4mm 的 3 块试件分别放入_____倾角木架的凹槽中，然后再把木架放入到_____温度的恒温箱中保持_____取出。

二、单项选择题

1. 硬度试验时，在试样至少相距_____的不同位置测量硬度值 5 次。

A. 3mm　　　　　B. 4mm　　　　　C. 5mm　　　　　D. 6mm
2. 直角撕裂试件在检测厚度时,厚度值应取_____。
A. 平均值　　　　B. 中位数　　　　C. 最小值　　　　D. 最大值
3. 压缩永久变形试验的三个试样高度相差不超过_____。
A. 1mm　　　　　B. 0.1mm　　　　C. 0.01mm　　　　D. 0.001mm
4. 腻子型膨胀橡胶低温试验使用的轴棒直径是_____。
A. 10mm　　　　 B. 15mm　　　　 C. 20mm　　　　 D. 25mm
5. 体积膨胀率试验所需天平精度要求是_____。
A. 0.1g　　　　　B. 0.01g　　　　 C. 0.001g　　　　D. 0.0001g

三、多项选择题

1. 涉及到止水带、膨胀橡胶的标准有_____。
A. GB/T 18173.1—2000　　　　　　B. GB/T 18173.2—2000
C. GB/T 18173.3—2002　　　　　　D. GB/T 7759—1996
2. 制品型膨胀橡胶在静态蒸馏水中的体积膨胀倍率_____均属 PZ150 型。
A. 100%　　　　 B. 150%　　　　 C. 200%　　　　 D. 250%
3. 适用于变形缝用止水带拉伸强度,下列哪几个数据属合格范围_____。
A. 10MPa　　　　B. 12MPa　　　　C. 15MPa　　　　D. 18MPa
4. 止水带中心孔偏心允许在管断面厚度的_____范围内。
A. 1/2　　　　　 B. 1/3　　　　　 C. 1/4　　　　　 D. 1/5
5. 拉伸试验所用仪器包括有_____。
A. 厚度计　　　　B. 天平　　　　　C. 试验夹具　　　D. 拉力机

四、判断题

1. 止水带按其用途分类中,适用于施工缝用止水带用(S)表示。（　）
2. 拉伸试验按 GB/T529 的规定用 Ⅱ 型试样。（　）
3. 压缩永久变形试验按 GB/T7759 的规定用 B 型试样,压缩率为 20%。（　）
4. 拉伸试验在裁切试样时,试片在标准温度下至少调节 3h。（　）
5. 反复浸水试验,试样在蒸馏水中浸泡的水温是(23±5)℃。（　）

五、简答题

1. 制品型膨胀橡胶成品切片试验应达到标准性能的百分之几?
2. 止水带热空气老化后,标准中要求续做哪些试验?
3. 支架固定邵尔 A 型硬度计操作时的最大速度是多少?
4. 撕裂强度试验结果如何表示?
5. 厚度测定时对厚度计有何要求?

六、操作题

1. 腻子型膨胀橡胶低温试验操作步骤。
2. 体积膨胀倍率体积法试验操作步骤。

第三节 防水涂料

一、填空题

1. 聚氨酯防水涂料标准中产品按组分分类,(S)代表_____、(M)代表_____。
2. 聚氨酯防水涂料标准中标准试验条件为:温度_____,相对湿度_____。
3. 聚氨酯防水涂料标准中对拉力机的要求:示值精度_____。
4. 聚氨酯防水涂料标准中对厚度计的要求:接触面直径_____,单位面积压力_____,分度值_____。
5. 聚氨酯防水涂料试件制备前,试验样品及所用试验器具_____下放置_____。
6. 聚氨酯防水涂料试件制备时,在标准试验条件下称取所需的试验样品量,保证最终涂膜厚度_____。
7. 聚氨酯防水涂料试件制备时,若样品为多组分涂料,则按产品生产厂要求的配合比混合后充分搅拌_____,在_____的情况下倒入框中。
8. 聚氨酯防水涂料试件制备时,样品按生产厂的要求_____(最多_____次,每次间隔不超过_____)最后一次将表面括平,在标准试验条件下养护_____,然后脱模,涂膜翻过来继续在标准试验条件下养护_____。
9. 聚氨酯防水涂料的涂膜在做拉伸性能测定时,将试件在标准状态下放置_____,然后用直尺在试件上画好两条间距_____的平行线,并用厚度计测出_____三点的厚度,取其_____作为试样厚度。
10. 聚氨酯防水涂料的涂膜在做拉伸性能测定时,将试件装在拉力机夹具之间,夹具的距离为_____,以_____拉伸速度拉伸至试件断裂,记录试件断裂时的_____,并量取此时试件标线间距离,精确到_____。测试五个试件,若有试件断裂在标线外,其结果_____,应采用备用件补做。
11. 聚氨酯防水涂料的涂膜在做撕裂强度测定时,按 GB/T 529—1999 中_____进行试验,无割口。
12. 聚氨酯防水涂料的涂膜在做低温弯折性试验时,其试件尺寸为_____三块。
13. 聚氨酯防水涂料的涂膜在做低温弯折性试验时,按照规定把涂膜放在弯折机上,在规定温度下保持_____后打开冰箱,在_____内将上平板压下,保持_____,取出试件用_____放大镜观察试件。
14. 聚氨酯防水涂料的涂膜在做不透水性试验时,加在试件上的金属网孔径为_____。
15. 聚氨酯防水涂料在做固体含量试验时,将样品搅匀,取_____的样品倒入已干燥称量的直径_____的培养皿中刮平,立即称量,然后在标准试验条件下放置_____。再放入烘箱中,恒温_____,取出放入干燥皿中,在标准试验条件下冷却_____,然后称量。
16. 聚氨酯防水涂料的涂膜干燥时间试验按 GB/T 16777—1997 中的_____法,涂膜用量为_____。
17. 聚氨酯防水涂料在做潮湿基面粘结强度试验时,取五对已养护好的"8"字形砂浆块,用2号砂纸清除表面浮浆,将砂浆块浸入_____的水中浸泡_____。从水中取出砂浆块用_____揩去水渍,凉置_____后,在砂浆块的断口上涂抹准备好的涂料,将两个砂浆块断口对接、压紧,在_____条件下放置_____,然后进行下道养护。
18. 聚氨酯防水涂料在做潮湿基面粘结强度试验时,将养护好的已粘结试件在标准试验条件下放置_____,用游标卡尺测量粘结面的长度、宽度,精确到_____。将试件装在试验机上,以_____的速度拉伸到试件破坏,记录试件的_____。

19. "8"字形砂浆试块制备,用符合 GB/T175 的 42.5 级普通硅酸盐水泥及中砂和水按重量比_____配成砂浆制模后_____脱模,水中养护_____,风干备用。

20. 聚氨酯防水涂料的涂膜定伸热老化时。将试件夹在定伸保持器上,并使试件标线间距离从_____拉伸至_____,在标准试验条件下放置_____。然后将夹有试件的定伸保持器放入烘箱,加热温度为_____,水平放置_____后取出,再在_____条件下放置_____。

21. 聚合物乳液建筑防水涂料产品经搅拌后_____,呈_____。

22. 聚合物乳液建筑防水涂料标准试验条件:温度_____,相对对温度_____。

23. 聚合物乳液建筑防水涂料试验前,所取_____及所用仪器在标准条件下放置_____。

24. 聚合物乳液建筑防水涂料标准中对厚度计要求:压重_____,测量面直径_____,最小分度值_____。

25. 聚合物乳液建筑防水涂料标准中对线棒涂布器要求_____。

26. 聚合物乳液建筑防水涂料试样制备时至少_____涂覆。在 72h 内使涂膜厚度达到_____。

27. 聚合物乳液建筑防水涂料试样制备好后在标准条件下养护_____,脱膜后再经_____干燥箱中烘_____,取出后在标准条件下放置_____。

28. 聚合物乳液建筑防水涂料试样做拉伸性能时,试件在标准条件下放_____,拉伸速度为_____。

29. 聚合物乳液建筑防水涂料试样做紫外线老化,灯管与试件距离_____,距试件表面 50mm 左右空间温度为_____。

30. 聚合物乳液建筑防水涂料试样做碱处理时溶液配制,化学纯氢氧化钠试剂配制成氢氧化钠溶液_____中加入_____试剂,使之达到_____状态。

31. 聚合物乳液建筑防水涂料试样碱处理,在_____碱溶液中放六个试件,液面应高出试件表面_____以上。连续浸泡_____取出,用水充分清洗,用干布擦干,并在_____干燥箱中烘_____后,取出冷却。

32. 聚合物乳液建筑防水涂料试样做酸处理时溶液配制,化学纯硫酸试剂_____配制成硫酸溶液。

33. 聚合物乳液建筑防水涂料试样老化后拉伸强度保持率等于_____。

34. 聚合物乳液建筑防水涂料试样低温柔性试验。将试样和_____的圆棒在规定温度的低温箱中放置_____后,打开低温箱,迅速掐住试件两端,在_____内绕圆棒 180°,观察弯曲处有无_____现象。

35. 聚合物乳液建筑防水涂料试样加热伸缩率试验。脱膜后切取 3 块_____试件,将试件在标准条件下放置_____以上,用直尺量出试件长度,然后将试件放在撒有_____的平板玻璃上一起水平放入鼓风干燥箱中,于_____下恒温_____取出,在标准条件下放置_____以上,然后再测定试件长度。

36. 聚合物乳液建筑防水涂料试样干燥时间试验按 GB/T 16777—1997 中的_____进行。

37. 聚合物乳液建筑防水涂料的低温柔性、不透水性项目试验,每个试件项目均达到规定指标,则判定_____。

38. 聚合物水泥防水涂料的试样制备。为方便脱模,模具表面可用_____或_____进行处理。

39. 聚合物水泥防水涂料的试样制备时分_____涂覆,后道涂覆应在前道涂层实干后进行,在_____之内使试样厚度达到_____。

40. 聚合物水泥防水涂料的试样脱模后在标准条件下放置_____,然后在_____干燥箱处理_____,用切片机将试样冲切成试件。

41. 聚合物水泥防水涂料的试样浸碱_____,取出后用水充分冲洗,擦干后放入_____的干燥箱中烘_____,取出后冷却至室温,用切片机冲切成哑铃形试件,按规定测定拉伸性能。

42. 聚合物水泥防水涂料的不透水性的测定。涂膜试样脱模后切取_____的试件_____,按有关标准的规定进行试验。

43. 聚合物水泥防水涂料的不透水性的试验压力为_____,保持压力时间为_____。

44. 聚合物水泥防水涂料的潮湿基面粘结强度试验。需按有关标准规定制备半_____水泥砂浆块。并清除砂浆块断面上的_____,将砂浆块在_____的水中浸泡_____。

45. 聚合物水泥防水涂料的潮湿基面粘结强度试验。将已粘结好的试件需在标准养护箱中放置_____,养护条件为:温度_____,相对湿度_____。

46. 聚合物水泥防水涂料的潮湿基面粘结强度试验,将养护后的试件在_____下放置_____,用卡尺测量试件粘结面的_____。将试件装在拉力试验机的夹具上,以_____的速度拉伸试件,记录试件破坏时的拉力值。

47. 聚合物水泥防水涂料的抗渗性砂浆试件制备,以砂浆试件在_____压力下透水为准,确定水灰比。

48. 聚合物水泥防水涂料的抗渗性砂浆试件制备,每组试验制备_____试件,脱模后放入_____的水中养护_____。

49. 聚合物水泥防水涂料的抗渗性砂浆试件制备后需进行抗渗试验,水压从_____开始,恒压_____后增至_____,以后每隔_____增加_____,直至三个试件全部透水。

50. 聚合物水泥防水涂料的涂膜抗渗性试验。在三个试件的_____均匀涂抹混合好的试样,第一道_____厚,在_____再涂第二道,使涂膜总厚度为_____。

51. 聚合物水泥防水涂料的涂膜抗渗性试验,待第二道涂膜干燥后,将制备好的抗渗试件放入_____中放置_____,养护条件为:_____,_____。

52. 聚合物水泥防水涂料的干燥时间技术指标为:表干时间_____,实干时间_____。

53. 聚合物水泥防水涂料的无处理拉伸强度技术指标为:Ⅰ型_____,Ⅱ型_____。

54. 聚合物水泥防水涂料的无处理断裂伸长率技术指标为:Ⅰ型_____,Ⅱ型_____。

55. 聚合物水泥防水涂料的潮湿基面粘结强度技术指标为:Ⅰ型_____,Ⅱ型_____。

56. 水乳型沥青防水涂料物理力学性能中L型及H型材料,其耐热度观察不应出现_____现象。

57. 水乳型沥青防水涂料物理力学性能中L型及H型材料,其表干时间指标为_____,实干时间指标为_____。

58. 水乳型沥青防水涂料物理力学性能中L型材料低温测试温度为_____,H型材料为_____。

59. 水乳型沥青防水涂料物理力学性能中L型材料在经老化条件处理的试件,低温测试温度为_____,H型材料为_____。

60. 水乳型沥青防水涂料物理力学性能中L型及H型材料,其断裂伸长率指标均为_____。

61. 水乳型沥青防水涂料在涂膜制备前,_____及所用_____在标准试验条件下放置_____。

62. 水乳型沥青防水涂料涂膜制备时,在_____称取所需的试验样品量,保证最终涂膜厚度_____。

63. 水乳型沥青防水涂料涂膜制备时,样品分 3~5 次涂覆(每次间隔_____),最后一次将表面刮平,在标准试验条件养护_____后脱膜,避免涂膜变形、开裂(宜在低温箱中进行),涂膜翻个面,底面朝上,在_____电热鼓箱中养护_____,再在标准条件下养护_____。

64. 水乳型沥青防水涂料耐热试验。其试件尺寸为_____,数量为_____。

65. 水乳型沥青防水涂料固体含量试验。将样品搅匀后,取 3±0.5g 的试样倒入已干燥称量的底部衬有两张定性滤纸的直径_____的培养皿中刮平,立即称量,然后放入已恒温到_____的烘箱中,恒温_____,取出放入干燥器中,在标准条件下冷却_____,然后称量。

66. 水乳型沥青防水涂料耐热度试验。将样品搅匀后,取表面已用溶剂清洁干净的铝板,将样品分 3~5 次涂覆(每次间隔_____),涂覆面积为_____,总厚度_____,最后一次将表面刮平。

67. 水乳型沥青防水涂料耐热度试验。将已达到标准厚度的试件,在标准试验条件下养护 120h,然后在_____的电热鼓风干燥箱中养护_____。取出试件,将铝板垂直悬挂在已调节到规定温度的电热鼓风干燥箱内,试件与干燥箱壁间的距离_____,试件的中心宜与温度计的探头在_____,达到规定温度后放置_____取出,观察_____。

68. 水乳型沥青防水涂料不透水性试验。从制备好的涂膜上裁取试件,按有关规定进行试验。在金属网和涂膜之间_____防止粘结。

69. 水乳型沥青防水涂料粘结强度试验。将试件装在试验机上,以_____的速度拉伸至试件破坏。

70. 水乳型沥青防水涂料的涂膜碱处理。将试件浸入_____混合溶液中,每_____溶液放入三个试件,液面高出上端_____以上,连续浸泡_____后取出试件。

71. 水乳型沥青防水涂料的涂膜热处理。将试件放入已调节到_____的电热干燥箱中,在该温度下放置_____。

72. 水乳型沥青防水涂料的涂膜紫外线处理,将试件平放在_____,为了防粘,可在其上撒_____。将试件放入紫外线箱中,距试件表面_____左右的空间温度为_____,照射_____,试件在标准状态下放置_____。

73. 水乳型沥青防水涂料的断裂伸长率试验,试件在标准试验条件下放置_____,在试件中间划好两条间距_____的平行线,将试件夹在拉力机的夹具间,夹具间距约_____,以_____的速度拉伸至试件断裂。

74. 水乳型沥青防水涂料的涂膜断裂伸长试验结果计算。若有个别长试件断裂伸长率达到_____不断裂,以_____,若所有试件都达到_____不断裂,试验结果报告为_____。

75. 水乳型沥青防水涂料经试验,若有_____不符合标准规定,则判断该批产品_____不符合。

76. 水乳型沥青防水涂料经试验,耐热度、不透水性、低温柔度每三个试件分别达到标准规定判为_____。

77. 水乳型沥青防水涂料经试验,各项试验结果均符合标准规定,则判该批产品_____。

二、单项选择题

1. 聚氨酯防水涂料标准中,标准试验条件为温度(23±2)℃,相对湿度_____。
A. 50%±5%　　　B. 45%~70%　　　C. 60%±15%　　　D. 50%±10%

2. 聚氨酯防水涂料标准中,对厚度计按接触面的直径要求_____。
A. 6mm　　　　B. 10mm　　　　C. 7mm　　　　D. 8mm

3. 聚氨酯防水涂料在试件制备时,最终涂层厚度为_____。

A. 1.2 ± 0.5mm B. 1.5 ± 0.2mm C. 2.0 ± 0.5mm D. 1.5 ± 0.5mm

4. 聚氨酯防水涂料多组分及单组分的潮湿基面粘结强度指标为≥_____。
A. 0.2MPa B. 0.5MPa C. 1.0MPa D. 0.6MPa

5. 聚氨酯防水涂料在试件制备前,试验样品及所用试验器具在标准试验条件下放置_____。
A. 24h B. 4h C. 2h D. 3h

6. 聚氨酯防水涂料多组分的固体含量为_____。
A. 92% B. 80% C. 85% D. 90%

7. 聚氨酯防水涂料多组分Ⅰ类产品的拉伸强度为_____。
A. 2.45MPa B. 1.65MPa C. 1.90MPa D. 2.00MPa

8. 聚氨酯防水涂料单组分Ⅰ类产品的断裂伸长率为_____。
A. 550% B. 450% C. 500% D. 600%

9. 聚氨酯防水涂料多组分Ⅰ类产品的低温弯折性的温度要求为_____。
A. −40℃ B. −35℃ C. −30℃ D. −25℃

10. 聚氨酯防水涂料的涂膜不透水性要求_____不透水。
A. 0.1MPa,30min B. 0.3MPa,24h C. 0.3MPa,30min D. 0.3MPa,45min

11. 聚氨酯防水涂料多组分Ⅰ类产品经处理后的断裂伸长率为_____。
A. 400% B. 450% C. 500% D. 550%

12. 聚氨酯防水涂料做固体含量试验时,称取的样品量是_____。
A. 8 ± 1g B. 6 ± 1g C. 3 ± 0.5g D. 7 ± 0.5g

13. 聚氨酯防水涂料做固体含量试验时,烘箱设定温度是_____。
A. 120 ± 2℃ B. 105 ± 2℃ C. 110 ± 2℃ D. 110 ± 5℃

14. 聚氨酯防水涂料的涂膜做拉伸试验时,速度控制为_____。
A. 200mm/min B. 250mm/min C. 500 ± 50mm/min D. 500 ± 10mm/mim

15. 聚氨酯防水涂料的涂膜做不透水性试验时,压在试件上的金属网孔径要求为_____。
A. 0.2mm B. 0.5 ± 0.1mm C. 0.7 ± 0.1mm D. 0.8 ± 0.1mm

16. 聚氨酯防水涂料在做涂膜干燥试验时,按 GB/T 16777—2008 中的_____进行。
A. A 法 B. B 法 C. C 法 D. D 法

17. 聚氨酯防水涂料在做潮湿基面粘结强度时,把砂浆块从水中取出,用湿毛巾揩去水渍,凉置_____后。在砂浆块断面上涂抹涂料,再对接压紧。
A. 5min B. 10min C. 30min D. 25min

18. 聚氨酯防水涂料在做潮湿基面粘结强度时,速度控制为_____。
A. 10mm/min B. 50mm/min C. 20mm/min D. 30mm/min

19. 聚合物乳液建筑防水涂料产品经搅拌后_____。
A. 无结块、呈均匀状态 B. 无明显颗粒状
C. 均匀黏稠体 D. 无变质

20. 聚合物乳液建筑防水涂料标准试验条件,温度23 ± 2℃,相对湿度_____。
A. 50% ± 5% B. 60% ± 15% C. 45% ~ 70% D. 60% ± 5%

21. 聚合物乳液建筑防水涂料试验前,所取样品及所用仪器在标准条件下放置_____。
A. 24h B. 12h C. 4h D. 5h

22. 聚合物乳液建筑防水涂料标准中对厚度计要求:_____。
A. 分度为 1/100 mm,压力为(22 ± 5)kPa
B. 压重(100 ± 10)g,测量面直径 10 ± 0.1mm,最小分度值 0.01mm

C. 压重(100±5)g,测量面直径 10±0.1mm,最小分度值 0.01mm

D. 压重(105±10)g,测量面直径 10±0.1mm,最小分度值 0.01mm

23. 聚合物乳液建筑防水涂料试样样制备时,在 72h 内涂膜厚度达到_____。
    A. 1.2±0.5mm　　B. 1.5±0.2mm　　C. 2.0±0.2mm　　D. 2.5±0.2mm

24. 聚合物乳液建筑防水涂料试样制备好后在标准条件下养护 168h,脱膜后再经 50±2℃ 干燥箱中烘_____。
    A. 48h　　B. 24h　　C. 12h　　D. 10h

25. 聚合物乳液建筑防水涂料试样拉伸试验速度为_____。
    A. 200mm/min　　B. 250mm/min　　C. 500mm/min　　D. 600mm/min

26. 聚合物乳液建筑防水涂料试样紫外线老化照射的时间为_____。
    A. 250h　　B. 240h　　C. 200h　　D. 300h

27. 聚合物乳液建筑防水涂料试样在做低温柔性试验时,试样和圆棒在规定温度的低温箱内放置_____。
    A. 0.5h　　B. 1h　　C. 2h　　D. 1.5h

28. 聚合物乳液建筑防水涂料试样在做低温柔性试验时,所用的圆棒直径为_____。
    A. 10mm　　B. 20mm　　C. 30mm　　D. 15mm

29. 聚合物乳液建筑防水涂料试样在做不透水性试验时,在规定压力下持压时间是_____。
    A. 2h　　B. 0.5h　　C. 24h　　D. 1.5h

30. 聚合物乳液建筑防水涂料试样在做加热伸缩率试验时,试件尺寸为_____。
    A. 100mm×100mm　　B. 25mm×200mm　　C. 30mm×300mm　　D. 25mm×300mm

31. 聚合物乳液建筑防水涂料试样在做加热伸缩率试验时,试件在 80±2℃ 的干燥箱内时间是_____。
    A. 168h　　B. 24h　　C. 6h　　D. 10h

32. 聚合物乳液建筑防水涂料试样在作干燥时间试验时,按《建筑防水涂料试验方法》GB/T 16777—2008 中的_____进行。
    A. A 法　　B. B 法　　C. C 法　　D. D 法

33. 聚合物乳液建筑防水涂料试样在做酸处理试验时,化学纯硫酸试剂配制的硫酸溶液浓度是_____。
    A. 0.2mol/L　　B. 0.3mol/L　　C. 0.5mol/L　　D. 0.4mol/L

34. 聚合物乳液建筑防水涂料试样在做碱处理后,清洗、擦干,还需要在_____的干燥箱中烘 6h。
    A. 80±2℃　　B. 40±2℃　　C. 50±2℃　　D. 60±2℃

35. 聚合物乳液建筑防水涂料标准物理力学性能中,Ⅱ类产品的拉伸强度指标是_____。
    A. 1.0MPa　　B. 1.5MPa　　C. 1.8MPa　　D. 2.0MPa

36. 聚合物乳液建筑防水涂料标准物理力学性能中,固体含量指标是_____。
    A. 92%　　B. 45%　　C. 65%　　D. 50%

37. 聚合物乳液建筑防水涂料标准物理力学性能中,酸处理后的拉伸强度保持率是_____。
    A. 40%　　B. 60%　　C. 80%　　D. 50%

38. 聚合物乳液建筑防水涂料标准物理力学性能中,常温下的断裂延伸率Ⅰ、Ⅱ类产品是_____。

    A. Ⅰ类 200%、Ⅱ类 300%　　　　B. Ⅰ类 300%、Ⅱ类 200%
    C. Ⅰ类Ⅱ类均为 300%　　　　　　D. Ⅰ类Ⅱ类均为 200%

39. 聚合物水泥防水涂料干燥时间的测定。实干时间按《建筑防水涂料试验方法》GB/T 16777—2008 中的_____测定。
    A. A 法 B. B 法 C. C 法 D. D 法
40. 聚合物水泥防水涂料干燥时间的测定。试验条件为温度 23±2℃,相对湿度_____。
    A. 45%~70% B. 40%~60% C. 45%~55% D. 45%~50%
41. 聚合物水泥防水涂料干燥时间的测定。在规定制备的试件上,涂料用量为_____。
    A. 8±1g B. 12±1g C. 15±1g D. 15±2g
42. 聚合物水泥防水涂料的试样制备。分别称取适量液体和固体组分,混合后机械搅拌_____。
    A. 3min B. 5min C. 10min
43. 聚合物水泥防水涂料的试样脱模后在标准条件放置_____。
    A. 24h B. 72h C. 168h D. 48h
44. 聚合物水泥防水涂料的试样做拉伸性能测定时,其拉伸速度为_____mm/min。
    A. 200 B. 250 C. 500 D. 300
45. 聚合物水泥防水涂料的试样做紫外线处理时,距试件表面 50mm 左右的空间温度为_____。
    A. 23±2℃ B. 45±2℃ C. 80±2℃ D. 90±2℃
46. 聚合物水泥防水涂料的拉伸强度试验结果以_____表示。
    A. 三个相近值试件的算术平均值 B. 中值
    C. 五个试件的算术平均值 D. 中位值
47. 聚合物水泥防水涂料的拉伸强度试验结果,其精度应精确至_____。
    A. 0.1MPa B. 0.01MPa C. 1.0MPa D. 0.5MPa
48. 聚合物水泥防水涂料的低温柔性试验,其圆棒直径是_____。
    A. 25mm B. 20mm C. 10mm D. 15mm
49. 聚合物水泥防水涂料的不透水性试验,其试验压力是_____。
    A. 0.1MPa B. 0.2MPa C. 0.3MPa D. 0.5MPa
50. 聚合物水泥防水涂料的潮湿基面粘结强度试验,将两个砂浆块粘结后需在标准条件下放置_____,然后进行下道养护。
    A. 1h B. 4h C. 24h D. 10h
51. 聚合物水泥防水涂料的潮湿基面粘结强度试验。将砂浆块从水中取出需晾置_____后才能进行下道工序。
    A. 5min B. 30min C. 1h D. 5h
52. 聚合物水泥防水涂料的抗渗性砂浆制备。以砂浆试件在_____压力透水为准,确定水灰比。
    A. 0.1~0.2MPa B. 0.2~0.3MPa
    C. 0.3~0.4MPa D. 0.4~05MPa
53. 聚合物水泥防水涂料的涂膜抗渗性试验。在三个试件的_____均匀涂抹混合好的试样。
    A. 背水面 B. 透水面 C. 侧面 D. 表面
54. 聚合物水泥防水涂料的涂膜抗渗性试验。第一道涂层厚度应为_____。
    A. 0.4~0.5mm B. 0.5~0.6mm C. 0.6~0.7mm D. 0.7~0.8mm
55. 聚合物水泥防水涂料的涂膜抗渗性试验。待第二道涂膜干燥后,将制备好的抗渗试件进行标准养护_____。

A. 1d　　　　　　B. 3d　　　　　　C. 7d　　　　　　D. 28d

56. 聚合物水泥防水涂料试样制备好并养护后,应在_____处理24h。
A. 室温　　　　B. 50±2℃干燥箱中　　C. 80±2℃干燥箱中　　D. 100±5℃

57. 聚合物水泥防水涂料的固体含量技术指标为_____。
A. 65%　　　　　B. 55%　　　　　C. 70%　　　　　D. 90%

58. 聚合物水泥防水涂料的抗渗性技术指标为_____未透水。
A. 0.3MPa　　　B. 0.6MPa　　　C. 1.0MPa　　　D. 1.5MPa

59. 聚合物水泥防水涂料试验前样品及所用器具应在标准条件下放置_____。
A. 16h　　　　　B. 20h　　　　　C. 24h　　　　　D. 28h

60. 水乳型沥青防水涂料物理力学性能中L型及H型材料,其固体含量应≥_____。
A. 42%　　　　　B. 45%　　　　　C. 65%　　　　　D. 50%

61. 水乳型沥青防水涂料物理力学性能中L型及H型材料,其粘结强度指标为≥_____。
A. 0.3MPa　　　B. 0.2MPa　　　C. 0.1MPa　　　D. 0.5MPa

62. 水乳型沥青防水涂料物理力学性能中L型材料低温测试温度为_____。
A. -20℃　　　　B. -15℃　　　　C. -10℃　　　　D. -25℃

63. 水乳型沥青防水涂料物理力学性能中H型材料低温测试温度为_____。
A. -10℃　　　　B. -5℃　　　　C. 0℃　　　　D. 5℃

64. 水乳型沥青防水涂料物理力学性能中L型材料在经老化条件处理的试件低温测试温度为_____。
A. -20℃　　　　B. -15℃　　　　C. -10℃　　　　D. -25℃

65. 水乳型沥青防水涂料物理力学性能中H型材料在经老化条件处理的试件低温测试温度为_____。
A. -10℃　　　　B. -5℃　　　　C. 0℃　　　　D. 5℃

66. 水乳型沥青防水涂料涂膜制备时,在标准条件下,称取所需的试验样品量,保证最终涂膜厚度_____。
A. 1.0±0.2mm　　　　　　　B. 1.2±0.2mm
C. 1.5±0.2mm　　　　　　　D. 2.0±0.2mm

67. 水乳型沥青防水涂料涂膜制备时,样品分_____涂覆(每次间隔8~24h)。
A. 2~3次　　　B. 3~5次　　　C. 1~2次　　　D. 4~5次

68. 水乳型沥青防水涂料固体含量的试验,取_____的搅匀样品作为试验样。
A. 3±0.5g　　　B. 5±0.5g　　　C. 8±0.5g　　　D. 10±0.5g

69. 水乳型沥青防水涂料固体含量的试验,将已称量的试样放入已恒温到_____的烘箱中恒温3h。
A. 105±2℃　　　B. 100±2℃　　　C. 120±2℃　　　D. 100±5℃

70. 水乳型沥青防水涂料粘结强度试验,两对接的半"8"字形砂浆块之间的涂料厚度不超过_____。
A. 0.3mm　　　B. 0.5mm　　　C. 1.0mm　　　D. 1.5mm

71. 水乳型沥青防水涂料粘结强度试验,试验机的拉件速度为_____。
A. 50mm/mn　　B. 100mm/mn　　C. 200mm/mn　　D. 150mm/mn

72. 水乳型沥青防水涂料的涂膜表干时间与实干时间的涂料用量均为_____。
A. 0.3kg/m²　　B. 0.5kg/m²　　C. 1.0kg/m²　　D. 0.8kg/m²

73. 水乳型沥青防水涂料的涂膜的低温柔度试验,弯板或圆棒的直径为_____。

A. 10mm　　　　　B. 20mm　　　　　C. 30mm　　　　　D. 15mm

74. 水乳型沥青防水涂料的涂膜的热处理,其中电热干燥箱的温度设定_____。
A. 50±2℃　　　B. 70±2℃　　　C. 80±2℃　　　D. 80±5℃

75. 水乳型沥青防水涂料的涂膜紫外线处理,其恒温照射时间为_____。
A. 120h　　　　　B. 168h　　　　　C. 240h　　　　　D. 280h

76. 水乳型沥青防水涂料的涂膜紫外线处理时,涂膜与灯管间的距离为_____。
A. 47~50cm　　　B. 45~50cm　　　C. 40~45cm　　　D. 50~55cm

77. 水乳型沥青防水涂料涂膜断裂伸长率试验,其拉力机的试验速度为_____。
A. 100mm/min　　B. 250mm/min　　C. 500±50mm/min　　D. 500±10mm/min

78. 水乳型沥青防水涂料涂膜试验选用的拉力机,其测量在量程的_____之间。
A. 15%~85%　　　B. 10%~100%　　C. 10%~90%　　　D. 10%~50%

79. 水乳型沥青防水涂料涂膜的不透水性试验,在规定的压力和时间下,_____可判为该项合格。
A. 三个试件均无渗水　　　　　　B. 三个试件有一个渗水
C. 三个试件有两个渗水　　　　　D. 三个试件均渗水

三、多项选择题

1. 聚氨酯防水涂料产品外观为_____。
A. 膏体状　　　B. 均匀黏稠体　　　C. 无色透明体　　　D. 无凝胶、结块

2. 聚氨酯防水涂料物理力学性能中低温弯折性的检测包含_____。
A. 无处理　　　B. 水处理　　　C. 碱处理　　　D. 酸处理

3. 聚氨酯防水涂料物理力学性能中定伸时老化的检测包含_____。
A. 无处理　　　B. 水处理　　　C. 加热老化　　　D. 人工气候老化

4. 聚氨酯防水涂料在试验过程中,物理力学性能拉伸强度保持率的检测包括_____。
A. 无物理　　　B. 水处理　　　C. 碱处理　　　D. 酸处理

5. 聚氨酯防水涂料的涂膜定伸时老化的结果处理,记录每个试件有无_____。
A. 变形　　　B. 翘曲　　　C. 裂纹　　　D. 流淌

6. 聚氨酯防水涂料的涂膜低温弯折性试验结果评定时,应记录试件表面_____。
A. 收缩　　　B. 折皱　　　C. 开裂　　　D. 裂纹

7. 聚合物乳液建筑防水涂料产品搅拌后为_____。
A. 无结块　　　B. 膏状体　　　C. 均匀状态　　　D. 无色透明体

8. 聚合物乳液建筑防水涂料标准物理力学性能中,拉伸性能的检测包含_____。
A. 无处理　　　B. 盐处理　　　C. 酸处理　　　D. 热处理

9. 聚合物乳液建筑防水涂料在制涂膜时,膜具内可用_____作为脱膜剂。
A. 石蜡松香液　　B. 硅油　　　C. 液体石蜡　　　D. 光滑塑料膜

10. 聚合物乳液建筑防水涂料产品出厂检验项目有_____。
A. 外观　　　B. 拉伸性能　　　C. 低温柔性　　　D. 不透水性

11. 聚合物乳液建筑防水涂料产品拉伸性能的老化项目有_____。
A. 加热处理　　B. 紫外线处理　　C. 碱处理　　　D. 酸处理

12. 聚合物水泥防水涂料的二组分分别搅拌后,其液体组分应为_____的均匀乳液。
A. 无杂质　　　B. 无凝胶　　　C. 透明体　　　D. 高黏性

13. 聚合物水泥防水涂料的拉伸强度和断裂伸长率的检测包含_____。

A. 无处理   B. 加热处理   C. 紫外线处理   D. 碱处理

14. 聚合物水泥防水涂料的抗渗性砂浆试件的制备。以砂浆试件在_____的压力下透水为准,确定水灰比。
A. 0.2MPa   B. 0.3MPa   C. 0.4MPa   D. 0.5MPa

15. 聚合物水泥防水涂料的Ⅰ型材料的出厂检验项目有_____。
A. 外观   B. 固体含量   C. 干燥时间   D. 无处理的拉伸性能

16. 聚合物水泥防水涂料的Ⅱ型材料的出厂检验项目有_____。
A. 不透水性   B. 外观   C. 抗渗性   D. 干燥时间

17. 水乳型沥青防水涂料样品搅拌后的外观应_____。
A. 无结块   B. 无凝胶   C. 均匀无色差   D. 无明显沥青丝

18. 水乳型沥青防水涂料物理力学性能中低温柔度的检测包含_____。
A. 标准条件处理   B. 热处理   C. 碱处理   D. 紫外线处理

19. 水乳型沥青防水涂料在试验过程中,试验室温度可控制在_____。
A. 20~22℃   B. 21~23℃   C. 22~24℃   D. 23~25℃
E. 24~26℃

20. 水乳型沥青防水涂料在试验过程中,相对湿度可控制在_____。
A. 60%~75%   B. 45%~60%   C. 50%~65%   D. 55~70%

21. 水乳型沥青防水涂料涂膜制备时,样品_____涂覆(每次间隔8~24h)。
A. 1~2次   B. 2~3次   C. 3~4次   D. 4~5次   E. 5~6次

22. 水乳型沥青防水涂料的涂膜低温柔试验时,试件在低温箱中经弯曲,取出试件后用肉眼观察试件表面有无_____。
A. 收缩   B. 褶皱   C. 裂纹   D. 断裂

23. 水乳型沥青防水涂料耐热度试验时,在达到规定温度及时间后取出,观察试件表面有_____。
A. 滴落   B. 翘曲   C. 流淌   D. 滑动

24. 水乳型沥青防水涂料的涂膜紫外线处理时,涂膜与灯管间的距离可选择_____。
A. 49cm   B. 50cm   C. 47cm   D. 48cm

25. 水乳型沥青防水涂料的涂膜断裂伸长率试验结果计算,_____结果以1000%计算。
A. 1001%   B. 1200%   C. 999%   D. 1500%

26. 水乳型沥青防水涂料出厂检验包括_____。
A. 外观   B. 固体含量   C. 耐热度   D. 干燥时间

四、判断题

1. 聚氨酯防水涂料标准中产品按组分分类,(S)代表单组分、(M)代表多组分。（ ）
2. 聚氨酯防水涂料物理力学性能中多组分及单组分材料,其不透水性能指标为0.1MPa,30min不透水。（ ）
3. 聚氨酯防水涂料物理力学性能中多组分及单组分材料,其潮湿基面粘结强度指标为≥0.2MPa。（ ）
4. 聚氨酯防水涂料物理力学性能中多组分及单组分材料,其表干时间≤12h。（ ）
5. 聚氨酯防水涂料物理力学性能中多组分及单组分材料,其实干时间≤24h。（ ）
6. 聚氨酯防水涂料物理力学性能中多组分及单组分材料,其固体含量≥92%。（ ）

7. 聚氨酯防水涂料物理力学性能中多组分及单组分材料,其潮湿基面粘结强度指标适用于地下工程。(　　)

8. 聚氨酯防水涂料物理力学性能中多组分及单组分材料,其加热伸缩率指标要求≤1.0%,≥-4.0%。(　　)

9. 聚氨酯防水涂料物理力学性能中多组分及单组分材料,其Ⅰ型产品拉伸强度指标要求≥1.65MPa。(　　)

10. 聚氨酯防水涂料物理力学性能中多组分及单组分材料,Ⅱ型产品断裂伸长率指标要求≥450%。(　　)

11. 聚氨酯防水涂料物理力学性能中多组分及单组分材料,Ⅰ型产品撕裂强度指标要求≥12N/mm。(　　)

12. 聚氨酯防水涂料物理力学性能中多组分及单组分材料,其低温弯折性的无处理温度指标要求是-40℃。(　　)

13. 聚氨酯防水涂料物理力学性能中多组分及单组分材料,其经处理后的低温弯折性温度指标要求是-30℃。(　　)

14. 聚氨酯防水涂料物理力学性能中多组分及单组分材料,其Ⅱ型断裂伸长率经处理后的指标要求是≥400%。(　　)

15. 聚氨酯防水涂料在试件制备前,试验样品及所用试验器具在标准试验条件下放置4h。(　　)

16. 聚氨酯防水涂料在试件制备时,在标准试验条件下称取所需的试验样品量,保证最终涂膜厚度1.5±0.2mm。(　　)

17. 聚氨酯防水涂料的涂膜在做拉伸性能时,其速度控制为200mm/min。(　　)

18. 聚氨酯防水涂料的涂膜在做不透水性试验时,加在试件上的金属网孔径为0.2mm。(　　)

19. 聚氨酯防水涂料在固体含量试验时,将样品搅匀,取6±1g的样品倒入已干燥称量的培养皿中刮平。(　　)

20. 聚氨酯防水涂料在固体含量试验时,烘箱设定温度为105℃±2℃。(　　)

21. 聚氨酯防水涂料在做涂膜干燥时间试验时,按GB/T 16777—1997中的B法,涂膜用量为0.5kg/㎡。(　　)

22. 聚氨酯防水涂料在做潮湿基面粘结强度试验时,把砂浆试块从水中取出,用湿毛巾揩去水渍,即涂抹涂料后对接。(　　)

23. 聚合物乳液建筑防水涂料产品经搅拌后无结块,呈均匀状态。(　　)

24. 聚合物乳液建筑防水涂料标准试验条件,温度23±2℃,相对湿度60%±15%。(　　)

25. 聚合物乳液建筑防水涂料标准中对厚度计的要求:压重100±10g,测量面直径10±0.1mm,最小分度值0.01mm。(　　)

26. 聚合物乳液建筑防水涂料试样制备时,在72h内使涂膜厚度达到1.5±0.2mm。(　　)

27. 聚合物乳液建筑防水涂料试样制备好后,在标准条件下养护168h脱膜后再经50±2℃干燥箱中烘24h。(　　)

28. 聚合物乳液建筑防水涂料试验前,所取样品及所用仪器在标准条件下放置24h。(　　)

29. 聚合物乳液建筑防水涂料试样拉伸速度为250mm/min。(　　)

30. 聚合物乳液建筑防水涂料试样紫外线老化照射的时间为250h。(　　)

31. 聚合物乳液建筑防水涂料试样在做低温柔性时,试样和圆棒在规定的低温箱内放置2h。(　　)

32. 聚合物乳液建筑防水涂料试样在做低温柔性时,所用的圆棒直径为10mm。(　　)

33. 聚合物乳液建筑防水涂料试样在做不透水性时,在规定压力下持压时间为2h。（ ）
34. 聚合物乳液建筑防水涂料试样在做加热伸缩率时,试件尺寸为300mm×300mm。（ ）
35. 聚合物乳液建筑防水涂料试样在做加热伸缩率时,试件在80℃±2℃的干燥箱内时间为168h。（ ）
36. 聚合物乳液建筑防水涂料试样做干燥时间试验按GB/T 16777—2008中的A法进行。（ ）
37. 聚合物乳液建筑防水涂料试样在做酸处理时,硫酸溶液浓度是0.1mol/L。（ ）
38. 聚合物乳液建筑防水涂料试样在做碱处理后,清洗、擦干,还需在50℃±2℃的干燥箱中烘6h。（ ）
39. 聚合物乳液建筑防水涂料标准物理力学性能中Ⅱ类产品的拉伸强度指标是1.8MPa。（ ）
40. 聚合物乳液建筑防水涂料标准物理力学性能中固体含量指标是65%。（ ）
41. 聚合物乳液建筑防水涂料标准物理力学性能中常温下的断裂延伸率Ⅰ、Ⅱ类产品均为300%。（ ）
42. 聚合物乳液建筑防水涂料标准物理力学性能中酸处理后的拉伸强度保持率是60%。（ ）
43. 聚合物水泥防水涂料中以聚合物为主的防水涂料,在该产品的标准中为Ⅱ型。（ ）
44. 聚合物水泥防水涂料中以水泥为主的防水涂料,在该产品的标准中为Ⅰ型。（ ）
45. 聚合物水泥防水涂料所用原材料不应对环境构成危害。（ ）
46. 聚合物水泥防水涂料中Ⅰ型产品主要用于非长期浸水环境下的建筑防水工程。（ ）
47. 聚合物水泥防水涂料Ⅱ型产品适用于长期浸水环境下的建筑防水工程。（ ）
48. 聚合物水泥防水涂料的二组分经分别搅拌后,固体组分应为无结块的粉末。（ ）
49. 聚合物水泥防水涂料的拉伸强度和断裂伸长率的试件数量为5个。（ ）
50. 聚合物水泥防水涂料的拉伸强度和断裂伸长率的试件采用GB/T 528—1998中规定的Ⅰ型哑铃形试件。（ ）
51. 聚合物水泥防水涂料的热处理试件在温度80℃±2℃,时间168h后,即可按规定测定拉伸性能。（ ）
52. 聚合物水泥防水涂料的紫外线处理试件,其照灯时间是240h。（ ）
53. 聚合物水泥防水涂料的拉伸强度计算,其荷载值是取试件的断裂荷载。（ ）
54. 聚合物水泥防水涂料的拉伸强度计算,其厚度是取试件试验长度部分的平均厚度。（ ）
55. 聚合物水泥防水涂料的断裂伸长率试验结果以五个试件的算术平均值表示,精确至0.1%。（ ）
56. 聚合物水泥防水涂料的低温柔性的涂膜试样是脱模后切取100mm×25mm的试件三块。（ ）
57. 聚合物水泥防水涂料的潮湿基面粘结强度的试验,其拉力试验机的量程为0~500N。（ ）
58. 聚合物水泥防水涂料的潮湿基面粘结强度的试验,其拉力试验机的拉伸速度为100mm/min。（ ）
59. 聚合物水泥防水涂料的潮湿基面粘结强度的试验结果以五个试件的算术平均值表示。（ ）
60. 聚合物水泥防水涂料的抗渗性砂浆制备,以砂浆试件在0.2MPa压力下透水为准,确定水灰比。（ ）
61. 聚合物水泥防水涂料涂膜抗渗性试验,在三个试件的迎水面均匀涂抹混合好的试样。（ ）
62. 聚合物水泥防水涂料涂膜抗渗性试验的总厚度应为1.0~1.2mm。（ ）
63. 聚合物水泥防水涂料的试样,在养护168h后,再在50±2℃干燥箱中处理24h,然后用切片

机将试样切成试件。( )
64. 聚合物水泥防水涂料的物理力学性能技术指标中Ⅰ型材料需做抗渗性指标。( )
65. 水乳型沥青防水涂料物理力学性能中L型及H型材料,其不透水性指标为0.3MPa,30min不透水。( )
66. 水乳型沥青防水涂料物理力学性能中L型及H型材料,其粘结强度指标为≥0.30MPa。
( )
67. 水乳型沥青防水涂料物理力学性能中L型材料低温测试温度为-10℃。( )
68. 水乳型沥青防水涂料物理力学性能中H型材料在经标准条件处理的试件低温测试温度为0℃。( )
69. 水乳型沥青防水涂料L型材料在经老化条件下处理的试件低温测试温度为-10℃。( )
70. 水乳型沥青防水涂料H型材料在经老化条件下处理的试件低温测试温度为0℃。( )
71. 水乳型沥青防水涂料在涂膜制备前,试验样品在标准条件下放置24h。( )
72. 水乳型沥青防水涂料在涂膜制备时,标准试验条件下称取所需的试验样品量,保证最终涂膜厚度1.5±0.2mm。( )
73. 水乳型沥青防水涂料涂膜制备时,样品分3~5次涂覆(每次8~24h)。( )
74. 水乳型沥青防水涂料涂膜达到厚度后,在标准条件下养护120h后脱膜,再涂膜底面朝上放在40±2℃的电热鼓风干燥箱中养护48h后即可裁取试样。( )
75. 水乳型沥青防水涂料的断裂伸长率试验,其试件数量均为5个。( )
76. 水乳型沥青防水涂料的断裂伸长率试验,其试件裁刀应符合GB/T528规定的哑铃Ⅰ型。
( )
77. 水乳型沥青防水涂料的固体含量试验。将已称量的试样放入已恒温到105±2℃的烘箱中恒温3h,然后取出称量。( )
78. 水乳型沥青防水涂料的粘结强度试验结果以五个试件的算术平均值表示。( )
79. 水乳型沥青防水涂料的涂膜表干时间与实干时间的涂料用量均为$0.5kg/m^2$。( )
80. 水乳型沥青防水涂料的涂膜碱处理是将试件浸入23±2℃的0.1%的氢氧化钠或氧化钙溶液中。( )
81. 水乳型沥青防水涂料的涂膜热处理时,其电热干燥箱的温度设定为70±2℃。( )
82. 水乳型沥青防水涂料紫外线处理时,距试件表面50mm左右的空间温度为性45±2℃。
( )
83. 水乳型沥青防水涂料紫外线处理时,其恒温照射时间为168h。( )
84. 水乳型沥青防水涂料的涂膜断裂伸长率试验,其拉力试验机速度为500±50mm/min。
( )
85. 水乳型沥青防水涂料的涂膜断裂伸长率试验结果计算,若所有试件都达到1000%不断裂,试验结果报告为大于1000%。( )

五、简答题

1. 防水涂料进行耐热性检测时,若有1块试件表面有流滴现象,如何判定?
2. 防水涂料进行低温柔性检测时,若有1块试件表面出现裂纹,如何判定?
3. 聚氨酯防水涂料拉伸强度检测,结果取几位有效数字?

六、案例题

对某Ⅱ型聚合物水泥防水涂料进行拉伸性能检测,5个试件测得的宽度、厚度分别为6.0mm、

1.40mm、6.0mm、1.42mm、6.0mm、1.41mm、6.0mm、1.42mm、6.0mm、1.41mm。试件断裂时的最大荷载为19.4N、18.0N、19.2N、18.4N、19.0N;断裂时标线间距离为53.1mm、55.0mm、61.2mm、60.0mm、54mm。计算此涂料的拉伸强度值,并对其进行判定。

参考答案:

一、填空题

1. 单组分　多组分
2. $23\pm2℃$　$60\%\pm15\%$
3. 不低于1%
4. 6mm　0.2MPa　0.01mm
5. 在标准试验条件　2h
6. 1.5 ± 0.2mm
7. 5min　不混入气泡
8. 一次或多次涂覆　三　24h　96h　72h
9. 至少2h　25mm　中间和两端　算术平均值
10. 70mm　500mm/min　最大荷载　0.1mm　无效
11. 直角形试件
12. 100mm×25mm
13. 2h　1s　1s　8倍
14. 0.5 ± 0.1mm
15. 6 ± 1g　65 ± 5mm　24h　$120\pm2℃$　3h　2h
16. B　0.5kg/m^2
17. $23\pm2℃$　24h　湿毛巾　5min　标准试验　4h
18. 1h　0.02mm　50mm/min　最大拉力
19. 1:2:0.4　24h　7h
20. 25mm　50mm　24h　$80\pm2℃$　168h　标准试验　4h
21. 无结块　均匀状态
22. $23\pm2℃$　$45\%\sim70\%$
23. 样品　24h
24. 100 ± 10g　10 ± 0.1mm　0.01mm
25. 250μm
26. 三次　2.0 ± 0.2mm
27. 168h　$50\pm2℃$　24h　4h以上
28. 4h以上　200mm/min
29. 470~500mm　$45\pm2℃$
30. 1g/L　氢氧化钙　饱和
31. 600ml　10mm　168h　$50\pm2℃$　6h
32. 0.2mol/L
33. (老化处理后的拉伸强度/无处理时的拉伸强度)×100
34. ϕ10mm　2h　2~3s　裂纹或断裂
35. 30mm×300mm　24h　滑石粉　$80\pm2℃$　168h　4h
36. B法
37. 该项目合格
38. 硅油　石蜡
39. 二次或三次　72h　1.5 ± 0.2mm
40. 168h,　$50\pm2℃$　24h
41. 168h,　$50\pm2℃$　6h
42. 150mm×150mm　3块
43. 0.3MPa　30min
44. "8"字形　浮浆$23\pm2℃$　24h
45. 168h　$20\pm1℃$　不小于90%。
46. 标准条件　2h　长度和宽度　50mm/min
47. 0.3~0.4MPa
48. 3个　$20\pm2℃$　7d
49. 0.2MPa　2h　0.3MPa　1h　0.1MPa
50. 上口表面(背水面)　0.5~0.6mm　涂膜表面干燥后　1.0~1.2mm
51. 标准养护箱(室)　168h,温度$20\pm1℃$　相对湿度不小于90%
52. 4h　8h
53. 1.2MPa　1.8MPa
54. 200%　80%
55. 0.5MPa　1.0MPa
56. 流淌、滑动、滴落
57. ≤8h　≤12h
58. -15℃　0℃
59. -10℃　5℃
60. 600%
61. 试验样品　试验器具　24h

62. 标准试验条件下　1.5±0.2mm　　63. 8~24h　120h　40℃±2℃　48h　4h
64. 100mm×50mm　3个　　　　　　65. 65±5mm　105℃±2℃　3h　2h
66. 8h~24h　100mm×50mm　1.5±0.2mm
67. 40±2℃　48h　不小于50mm　同一水平位置　5h　表面现象
68. 加一张滤纸　　　　　　　　　　69. 50mm/min
70. 40℃±2℃的0.1%的氢氧化钠和饱和的氢氧化钙　400mL　10mm　168h
71. 70℃±2℃　168h
72. 釉面砖上　滑石粉　50mm　45℃±2℃　240h　4h
73. 2h　25mm　70mm　(500±50)mm/min
74. 1000%　1000%计算　1000%　大于1000%
75. 两项或两项以上　物理力学性能　　76. 该项合格
77. 物理力学性能合格

二、单项选择题

1. C	2. A	3. B	4. B
5. A	6. A	7. C	8. A
9. B	10. C	11. A	12. B
13. A	14. C	15. B	16. B
17. A	18. B	19. A	20. C
21. A	22. B	23. C	24. B
25. A	26. B	27. C	28. A
29. B	30. C	31. A	32. B
33. A	34. C	35. B	36. C
37. A	38. C	39. B	40. C
41. A	42. B	43. C	44. A
45. B	46. C	47. A	48. C
49. C	50. B	51. A	52. C
53. A	54. C	55. C	56. B
57. A	58. B	59. C	60. B
61. A	62. B	63. C	64. C
65. D	66. C	67. B	68. A
69. A	70. B	71. A	72. B
73. C	74. B	75. C	76. A
77. C	78. A	79. A	

三、多项选择题

1. B、D	2. A、C、D	3. C、D	4. C、D
5. A、C	6. C、D	7. A、C	8. A、D
9. B、C	10. A、B、C、D	11. A、B、C、D	12. A、B
13. A、C、D	14. C	15. A、B、C、D	16. B
17. A、B、C、D	18. A、B、C、D	19. B、D	20. A、B、C、D
21. C、D	22. C、D	23. A、C、D	24. A、B、C、D

25. A、B、D   26. A、B、C、D

四、判断题

1. √	2. ×	3. ×	4. ×
5. √	6. ×	7. √	8. √
9. ×	10. √	11. √	12. ×
13. ×	14. √	15. ×	16. √
17. ×	18. ×	19. √	20. √
21. √	22. ×	23. √	24. ×
25. √	26. ×	27. √	28. √
29. ×	30. ×	31. ×	32. √
33. ×	34. √	35. √	36. √
37. ×	38. √	39. ×	40. √
41. √	42. ×	43. ×	44. √
45. ×	46. √	47. √	48. ×
49. ×	50. √	51. ×	52. √
53. ×	54. √	55. ×	56. √
57. ×	58. √	59. √	60. √
61. ×	62. √	63. ×	64. √
65. √	66. √	67. √	68. √
69. √	70. ×	71. ×	72. √
73. √	74. √	75. ×	76. √
77. ×	78. ×	79. √	80. ×
81. √	82. √	83. ×	84. √
85. √			

五、简答题

1. 答：判为不合格。

2. 答：判为不合格。

3. 答：取 3 位有效数字。

六、案例题

解：拉伸强度 $P = \dfrac{F}{b \cdot d}$

第一块试件 $P_1 = \dfrac{19.4}{6.0 \times 1.40} = 2.309 \text{MPa}$

同样原理 $P_2 = \dfrac{18.0}{6.0 \times 1.42} = 2.113 \text{MPa}$

$P_3 = \dfrac{19.2}{6.0 \times 1.41} = 2.269 \text{MPa}$

$P_4 = \dfrac{18.4}{6.0 \times 1.42} = 2.160 \text{MPa}$

$P_5 = \dfrac{19.0}{6.0 \times 1.41} = 2.246 \text{MPa}$

平均值 = 2.22MPa > 1.8MPa，合格。

断裂伸长率 $L = \dfrac{L_1 - 25}{25} \times 100\%$

第一块试件 $L = 112.4\%$

第二块试件 $L = 120.0\%$

第三块试件 $L = 144.8\%$

第四块试件 $L = 140.0\%$

第五块试件 $L = 116.0\%$

平均值 = 127% > 80%，合格。

防水涂料模拟试卷（A）

一、填空题

1. 聚氨酯防水涂料标准中产品按组分分类，(S)代表_____、(M)代表_____。
2. 聚氨酯防水涂料标准中标准试验条件为：温度_____，相对湿度_____。
3. 聚氨酯防水涂料试件制备前，试验样品及所用试验器具在_____下放置_____。
4. 聚氨酯防水涂料试件制备时，在标准试验条件下称取所需的试验样品量，保证最终涂膜厚度_____。
5. 聚氨酯防水涂料试件制备时，若样品为多组分涂料，则按产品生产厂要求的配合比混合后充分搅拌_____，在_____的情况下倒入框中。
6. 聚氨酯防水涂料试件制备时，样品按生产厂的要求_____（最多_____次，每次间隔不超过_____）最后一次将表面刮平，在标准试验条件下养护_____，然后脱模，涂膜翻过来继续在标准试验条件下养护_____。
7. 聚氨酯防水涂料的涂膜在做拉伸性能测定时，将试件在标准状态下放置_____，然后用直尺在试件上画好两条间距_____的平行线，并用厚度计测出_____三点的厚度，取其_____作为试样厚度。
8. 聚氨酯防水涂料的涂膜在做低温弯折性试验时，其试件尺寸为_____三块_____。
9. 聚氨酯防水涂料的涂膜在做低温弯折性试验时，按照规定把涂膜放弯折机上，在规定温度下保持_____后打开冰箱，在_____内将上平板压下，保持_____，取出试件，用_____放大镜观察试件。
10. 聚氨酯防水涂料的涂膜在做不透水性试验时，加在试件上的金属网孔径为_____。
11. 聚氨酯防水涂料在做固体含量试验时，将样品搅匀，取_____的样品倒入已干燥称量的直径_____的培养皿中刮平，立即称量，然后在标准试验条件下放置_____，再放入烘箱中，恒温_____，取出放入干燥皿中，在标准试验条件下冷却_____，然后称量。
12. 聚氨酯防水涂料的涂膜干燥时间试验按 GB/T 16777—1997 中的_____法，涂膜用量为_____。
13. 聚氨酯防水涂料的涂膜定伸时加热老化时。将试件夹在定伸保持器上，并使试件标线间距离从_____拉伸至_____，在标准试验条件下放置_____。然后将夹有试件的定伸保持器放入烘箱，加热温度为_____，水平放置_____后取出，再在_____条件下放置_____。
14. 聚合物乳液建筑防水涂料标准试验条件：温度_____，相对对温度_____。
15. 聚合物乳液建筑防水涂料试验前，所取_____及所用仪器在标准条件下放置_____。

16. 聚合物乳液建筑防水涂料试样制备时至少_____涂覆。在72h内使涂膜厚度达到_____。

17. 聚合物乳液建筑防水涂料试样制备好后在标准条件下养护_____，脱膜后再经_____干燥箱中烘_____，取出后在标准条件下放置_____。

18. 聚合物乳液建筑防水涂料试样做拉伸性能时，试件在标准条件下放_____，拉伸速度为_____。

19. 聚合物乳液建筑防水涂料试样低温柔性试验。将试样和_____的圆棒在规定温度的低温箱中放置_____后，打开低温箱，迅速掐住试件两端，在_____内绕圆棒180°，观察弯曲处有无_____现象。

20. 聚合物乳液建筑防水涂料试样加热伸缩率试验。脱膜后切取三块_____试件，将试件在标准条件下放置_____以上，用直尺量出试件长度，然后将试件放在撒有_____的平板玻璃上一起水平放入鼓风干燥箱中，于_____下恒温_____取出，在标准条件下放置_____以上，然后再测定试件长度。

二、判断题

1. 聚氨酯防水涂料物理力学性能中多组分及单组分材料，其不透水性能指标为0.1MPa，30min不透水。（　）
2. 聚氨酯防水涂料物理力学性能中多组分及单组分材料，其潮湿基面粘结强度指标为≥0.2MPa。（　）
3. 聚氨酯防水涂料物理力学性能中多组分及单组分材料，其表干时间≤12h。（　）
4. 聚氨酯防水涂料物理力学性能中多组分及单组分材料，其实干时间≤24h。（　）
5. 聚氨酯防水涂料物理力学性能中多组分及单组分材料，其固体含量≥92%。（　）
6. 聚氨酯防水涂料物理力学性能中多组分及单组分材料，其潮湿基面粘结强度指标适用于地下工程。（　）
7. 聚氨酯防水涂料物理力学性能中多组分及单组分材料，其加热伸缩率指标要求≤1.0%，≥-4.0%。（　）
8. 聚氨酯防水涂料物理力学性能中多组分及单组分材料，其低温弯折性的无处理温度指标要求是-40℃。（　）
9. 聚氨酯防水涂料物理力学性能中多组分及单组分材料，其经处理后的低温弯折性温度指标要求是-30℃。（　）
10. 聚氨酯防水涂料物理力学性能中多组分及单组分材料，其Ⅱ型断裂伸长率经处理后的指标要求是≥400%。（　）
11. 聚氨酯防水涂料的涂膜在做拉伸性能时，其速度控制为200mm/min。（　）
12. 聚氨酯防水涂料在固体含量试验时，烘箱设定温度为105±2℃。（　）
13. 聚氨酯防水涂料在做潮湿基面粘结强度试验时，把砂浆试块从水中取出，用湿毛巾揩去水渍，即涂抹涂料后对接。（　）
14. 聚合物乳液建筑防水涂料试样拉伸速度为250mm/min。（　）
15. 聚合物乳液建筑防水涂料试样在做低温柔性时，试样和圆棒在规定的低温箱内放置2h。（　）
16. 聚合物乳液建筑防水涂料试样在做低温柔性时，所用的圆棒直径为10mm。（　）
17. 聚合物乳液建筑防水涂料试样在做不透水性时，在规定压力下持压时间为2h。（　）
18. 聚合物乳液建筑防水涂料试样在做加热伸缩率时，试件在80±2℃的干燥箱内时间为

168h。( )

19. 聚合物乳液建筑防水涂料试样在做酸处理时,硫酸溶液浓度是 0.1mol/L。( )

20. 聚合物乳液建筑防水涂料试样在做碱处理后,清洗、擦干,还需在 50±2℃ 的干燥箱中烘 6h。( )

三、单项选择题

1. 聚氨酯防水涂料标准中,对厚度计按接触面的直径要求_____。
   A. 6mm　　　　　　B. 10mm　　　　　　C. 7mm　　　　　　D. 8mm

2. 聚氨酯防水涂料在试件制备时,最终涂层厚度_____。
   A. 1.2~1.5mm　　　B. 1.5±0.2mm　　　C. 2.0±0.5mm　　　D. 1.5±0.5mm

3. 聚氨酯防水涂料多组分的固体含量为_____。
   A. 92%　　　　　　B. 80%　　　　　　C. 85%　　　　　　D. 90%

4. 聚氨酯防水涂料多组分Ⅰ类产品的拉伸强度为_____。
   A. 2.45MPa　　　　B. 1.65MPa　　　　C. 1.90MPa　　　　D. 2.00MPa

5. 聚氨酯防水涂料单组分Ⅰ类产品的断裂伸长率为_____。
   A. 550%　　　　　　B. 450%　　　　　　C. 500%　　　　　　D. 600%

6. 聚氨酯防水涂料的涂膜不透水性要求_____不透水。
   A. 0.1MPa,30min　　B. 0.3MPa,24h　　　C. 0.3MPa,30min　　D. 0.3MPa,45min

7. 聚氨酯防水涂料做固体含量试验时,称取的样品量是_____。
   A. 8±1g　　　　　　B. 6±1g　　　　　　C. 3±0.5g　　　　　D. 7±0.5g

8. 聚氨酯防水涂料做固体含量试验时,烘箱设定温度是_____。
   A. 120±2℃　　　　B. 105±2℃　　　　C. 110±2℃　　　　D. 110±5℃

9. 聚氨酯防水涂料在做潮湿基面粘结强度时,速度控制为_____。
   A. 10mm/min　　　B. 50mm/min　　　C. 20mm/min　　　D. 30mm/min

10. 聚合物乳液建筑防水涂料产品经搅拌后_____。
    A. 无结块、呈均匀状态　　　　　　B. 无明显颗粒状
    C. 均匀黏稠体　　　　　　　　　　D. 无变质

11. 聚合物乳液建筑防水涂料试样紫外线老化照射的时间为_____。
    A. 250h　　　　　　B. 240h　　　　　　C. 200h　　　　　　D. 300h

12. 聚合物乳液建筑防水涂料试样在做低温柔性试验时,试样和圆棒在规定温度的低温箱内放置_____。
    A. 0.5h　　　　　　B. 1h　　　　　　　C. 2h　　　　　　　D. 1.5h

13. 聚合物乳液建筑防水涂料试样在做加热伸缩率试验时,试件在 80±2℃ 的干燥箱内时间是_____。
    A. 168h　　　　　　B. 24h　　　　　　　C. 6h　　　　　　　D. 10h

14. 聚合物乳液建筑防水涂料试样在做酸处理试验时,化学纯硫酸试剂配制的硫酸溶液浓度是_____。
    A. 0.2mol/L　　　　B. 0.3mol/L　　　　C. 0.5mol/L　　　　D. 0.4mol/L

15. 聚合物乳液建筑防水涂料试样在做碱处理后,清洗、擦干,还需要在_____的干燥箱中烘 6h。
    A. 80±2℃　　　　　B. 40±2℃　　　　　C. 50±2℃　　　　　D. 60±2℃

16. 聚合物乳液建筑防水涂料标准物理力学性能中,酸处理后的拉伸强度保持率是_____。

A.40%　　　　B.60%　　　　C.80%　　　　D.50%

17.聚合物乳液建筑防水涂料标准物理力学性能中,常温下的断裂延伸率Ⅰ、Ⅱ类产品是_____。
　A.Ⅰ类200%、Ⅱ类300%　　　　B.Ⅰ类300%、Ⅱ类200%
　C.Ⅰ类、Ⅱ类均为300%　　　　D.Ⅰ类、Ⅱ类均为200%

18.聚合物水泥防水涂料干燥时间的测定。实干时间按 GB/T 1677—2008 中的_____测定。
　A.A 法　　　　B.B 法　　　　C.C 法　　　　D.D 法

19.聚合物水泥防水涂料干燥时间的测定。试验条件为温度23±2℃,相对湿度为_____。
　A.45%～70%　　B.40%～60%　　C.45%～55%　　D.45%～50%

20.聚合物水泥防水涂料的试样制备。分别称取适量液体和固体组分,混合后机械搅拌_____。
　A.3min　　　　B.5min　　　　C.10min　　　　D.8min

21.聚合物水泥防水涂料的试样脱模后在标准条件放置_____。
　A.24h　　　　B.72h　　　　C.168h　　　　D.48h

四、多项选择题

1.聚氨酯防水涂料产品外观为_____。
　A.膏体状　　　B.均匀黏稠体　　　C.无色透明体　　　D.无凝胶、结块

2.聚氨酯防水涂料物理力学性能中低温弯折性的检测包含_____。
　A.无处理　　　B.水处理　　　C.碱处理　　　D.酸处理

3.聚氨酯防水涂料物理力学性能中定伸时老化的检测包含_____。
　A.无处理　　　B.水处理　　　C.加热老化　　　D.人工气候老化

4.聚氨酯防水涂料在试验过程中,物理力学性能中拉伸强度保持率的检测包括_____。
　A.无物理　　　B.水处理　　　C.碱处理　　　D.酸处理

5.聚氨酯防水涂料的涂膜定伸时老化的结果处理,记录每个试件有无_____。
　A.变形　　　　B.翘曲　　　　C.裂纹　　　　D.流淌

6.聚氨酯防水涂料的涂膜低温弯折性试验结果评定时,应记录试件表面_____。
　A.收缩　　　　B.折皱　　　　C.开裂　　　　D.裂纹

7.聚合物乳液建筑防水涂料产品搅拌后_____。
　A.无结块　　　B.膏状体　　　C.呈均匀状态　　　D.无色透明体

8.聚合物乳液建筑防水涂料标准物理力学性能中,拉伸性能的检测包含_____。
　A.无处理　　　B.盐处理　　　C.酸处理　　　D.热处理

9.聚合物乳液建筑防水涂料在制涂膜时,膜具内可用_____作为脱膜剂。
　A.石蜡松香液　　B.硅油　　　C.液体石蜡　　　D.光滑塑料膜

10.聚合物乳液建筑防水涂料产品出厂检验项目有_____。
　A.外观　　　　B.拉伸性能　　　C.低温柔性　　　D.不透水性

五、简答题

1.防水涂料进行耐热性检测时,若有1块试件表面有流淌现象,如何判定?
2.防水涂料进行低温柔性检测时,若有1块试件表面出现裂纹,如何判定?
3.聚氨酯防水涂料拉伸强度检测,结果取几位有效数字?

防水涂料模拟试卷(B)

一、填空题

1. 聚合物水泥防水涂料的试样制备。为方便脱模，模具表面可用_____或_____进行处理。

2. 聚合物水泥防水涂料的试样制备时分_____涂覆，后道涂覆应在前道涂层实干后进行，在_____之内使试样厚度达到_____。

3. 聚合物水泥防水涂料的试样浸碱_____，取出后用水充分冲洗，擦干后放入_____的干燥箱中烘_____，取出后冷却至室温，用切片机冲切成哑铃形试件，按规定测定拉伸性能。

4. 聚合物水泥防水涂料的不透水性的测定。涂膜试样脱模后切取_____的试件_____，按有关标准的规定进行试验。

5. 聚合物水泥防水涂料的不透水性的试验压力_____，保持压力_____。

6. 聚合物水泥防水涂料的抗渗性砂浆试件制备，以砂浆试件在_____压力下透水为准，确定水灰比。

7. 聚合物水泥防水涂料的抗渗性砂浆试件制备后需进行抗渗试验，水压从_____开始，恒压_____后增至_____，以后每隔_____增加_____，直至三个试件全部透水。

8. 聚合物水泥防水涂料的涂膜抗渗性试验，在三个试件的_____均匀涂抹混合好的试样，第一道_____厚，在_____再涂第二道，使涂膜总厚度为_____。

9. 聚合物水泥防水涂料的涂膜抗渗性试验，待第二道涂膜干燥后，将制备好的抗渗试件放入_____中放置_____，养护条件为：_____，_____，_____。

10. 水乳型沥青防水涂料物理力学性能中 L 型及 H 型材料，其耐热度观察不应出现_____现象。

11. 水乳型沥青防水涂料物理力学性能中 L 型及 H 型材料，其表干时间指标为_____，实干时间指标为_____。

12. 水乳型沥青防水涂料物理力学性能中 L 型材料低温测试温度为_____，H 型材料为_____。

13. 水乳型沥青防水涂料物理力学性能中 L 型材料在经老化条件处理的试件，低温测试温度为_____，H 型材料为_____。

14. 水乳型沥青防水涂料物理力学性能中 L 型及 H 型材料，其断裂伸长率指标均为_____。

15. 水乳型沥青防水涂料在涂膜制备前，_____及所用_____在标准试验条件下放置_____。

16. 水乳型沥青防水涂料涂膜制备时，在_____称取所需的试验样品量，保证最终涂膜厚度_____。

17. 水乳型沥青防水涂料涂膜制备时，样品分3～5次涂覆(每次间隔_____)，最后一次将表面刮平，在标准试验条件养护_____后脱膜，避免涂膜变形、开裂(宜在低温箱中进行)。涂膜翻个面，底面朝上，在_____电热鼓箱中养护_____，再在标准条件下养护_____。

18. 水乳型沥青防水涂料耐热试验。其试件尺寸为_____数量为_____。

19. 水乳型沥青防水涂料耐热度试验。将样品搅匀后，取表面已用溶剂清洁干净的铝板，将样品分3～5次涂覆(每次间隔_____)，涂覆面积为_____，总厚度为_____，最后一次将表面括平。

20. 水乳型沥青防水涂料耐热度试验。将已达到标准厚度的试件,在标准试验条件下养护120h,然后在_____的电热鼓风干燥箱中养护_____。取出试件,将铝板垂直悬挂在已调节到规定温度的电热鼓风干燥箱内,试件与干燥箱壁间的距离_____,试件的中心宜与温度计的探头在_____,达到规定温度后放置_____取出,观察_____。

二、判断题

1. 聚合物水泥防水涂料中以聚合物为主的防水涂料,在该产品的标准中为Ⅱ型。（ ）
2. 聚合物水泥防水涂料中以水泥为主的防水涂料,在该产品的标准中为Ⅰ型。（ ）
3. 聚合物水泥防水涂料所用原材料不应对环境构成危害。（ ）
4. 聚合物水泥防水涂料中Ⅰ型产品主要用于非长期浸水环境下的建筑防水工程。（ ）
5. 聚合物水泥防水涂料Ⅱ型产品适用于长期浸水环境下的建筑防水工程。（ ）
6. 聚合物水泥防水涂料的二组分经分别搅拌后,固体组份应为无结块的粉末。（ ）
7. 聚合物水泥防水涂料的拉伸强度和断裂伸长率的试件数量为5个。（ ）
8. 聚合物水泥防水涂料的拉伸强度和断裂伸长率的试件采用 GB/T 528—1998 中规定的Ⅰ型哑铃形试件。（ ）
9. 聚合物水泥防水涂料的热处理试件在温度80℃±2℃,时间168h后,即可按规定测定拉伸性能。（ ）
10. 聚合物水泥防水涂料的拉伸强度计算,其荷载值是取试件的断裂荷载。（ ）
11. 聚合物水泥防水涂料的拉伸强度计算,其厚度是取试件试验长度部分的平均厚度。（ ）
12. 聚合物水泥防水涂料的断裂伸长率试验结果以五个试件的算术平均值表示,精确至0.1%。（ ）
13. 聚合物水泥防水涂料的潮湿基面粘结强度的试验,其拉力试验机的量程为0~500N。（ ）
14. 聚合物水泥防水涂料的潮湿基面粘结强度的试验,其拉力试验机的拉伸速度为100mm/min。（ ）
15. 聚合物水泥防水涂料的潮湿基面粘结强度的试验结果以五个试件的算术平均值表示。（ ）
16. 水乳型沥青防水涂料物理力学性能中L型及H型材料,其不透水性指标为0.3MPa,30min不透水。（ ）
17. 水乳型沥青防水涂料物理力学性能中L型材料低温测试温度为－10℃。（ ）
18. 水乳型沥青防水涂料物理力学性能中H型材料在经标准条件处理的试件低温测试温度为0℃。（ ）
19. 水乳型沥青防水涂料L型材料在经老化条件下处理的试件低温测试温度为－10℃。（ ）
20. 水乳型沥青防水涂料H型材料在经老化条件下处理的试件低温测试温度为0℃。（ ）
21. 水乳型沥青防水涂料在涂膜制备前,试验样品在标准条件下放置24h。（ ）
22. 水乳型沥青防水涂料涂膜制备时,样品分3~5次涂覆(每次8~24h)。（ ）
23. 水乳型沥青防水涂料涂膜达到厚度后,在标准条件下养护120h后脱膜,再涂膜底面朝上放在40℃±2℃的电热鼓风干燥箱中养护48h后即可裁取试样。（ ）
24. 水乳型沥青防水涂料的断裂伸长率试验,其试件数量均为5个。（ ）
25. 水乳型沥青防水涂料的粘结强度试验结果以五个试件的算术平均值表示。（ ）
26. 水乳型沥青防水涂料的涂膜碱处理是将试件浸入23℃±2℃的0.1%的氢氧化钠和饱或氧化钙溶液中。（ ）
27. 水乳型沥青防水涂料的涂膜热处理时,其电热干燥箱的温度设定为70℃±2℃。（ ）

28. 水乳型沥青防水涂料紫外线处理时,其恒温照射时间为168h。（　　）
29. 水乳型沥青防水涂料的涂膜断裂伸长率试验,其拉力试验机速度为500±50mm/min。（　　）
30. 水乳型沥青防水涂料的涂膜断裂伸长率试验结果计算,若所有试件都达到1000%不断裂,试验结果报告为大于1000%。（　　）

三、单项选择题

1. 聚合物水泥防水涂料的试样做拉伸性能测定时,其拉伸速度为_____mm/min。
　A. 200　　　　　B. 250　　　　　C. 500　　　　　D. 300

2. 聚合物水泥防水涂料的试样做紫外线处理时,距试件表面50mm左右的空间温度为_____。
　A. 23±2℃　　　B. 45±2℃　　　C. 80±2℃　　　D. 90±2℃

3. 聚合物水泥防水涂料的拉伸强度试验结果以_____表示。
　A. 三个相近值试件的算术平均值　　B. 中值
　C. 五个试件的算术平均值　　　　　D. 中位值

4. 聚合物水泥防水涂料的拉伸强度试验结果,其精度应精确至_____。
　A. 0.1MPa　　　B. 0.01MPa　　　C. 1.0MPa　　　D. 0.5MPa

5. 聚合物水泥防水涂料的不透水性试验,其试验压力是_____。
　A. 0.1MPa　　　B. 0.2MPa　　　C. 0.3MPa　　　D. 0.5MPa

6. 聚合物水泥防水涂料的潮湿基面粘结强度试验,将两个砂浆块粘结后需在标准条件下放置_____,然后进行下道养护。
　A. 1h　　　　　B. 4h　　　　　C. 24h　　　　　D. 10h

7. 聚合物水泥防水涂料的潮湿基面粘结强度试验。将砂浆块从水中取出需晾置_____后才能进行下道工序。
　A. 5min　　　　B. 30min　　　　C. 1h　　　　　D. 5h

8. 聚合物水泥防水涂料的涂膜抗渗性试验。在三个试件的_____均匀涂抹混合好的试样。
　A. 背水面　　　B. 透水面　　　C. 侧面　　　　D. 表面

9. 聚合物水泥防水涂料试样制备好并养护后,应在_____处理24h。
　A. 室温　　　　B. 50±2℃干燥箱中　　C. 80±2℃干燥箱中　　D. 100±5℃干燥箱中

10. 聚合物水泥防水涂料的固体含量技术指标为_____。
　A. 65%　　　　B. 55%　　　　　C. 70%　　　　　D. 90%

11. 聚合物水泥防水涂料的抗渗性技术指标为_____未透水。
　A. 0.3MPa　　　B. 0.6MPa　　　C. 1.0MPa　　　D. 1.5MPa

12. 水乳型沥青防水涂料物理力学性能中L型及H型材料,其固体含量应≥_____。
　A. 42%　　　　B. 45%　　　　　C. 65%　　　　　D. 50%

13. 水乳型沥青防水涂料物理力学性能中L型及H型材料,其粘结强度指标为≥_____。
　A. 0.3MPa　　　B. 0.2MPa　　　C. 0.1MPa　　　D. 0.5MPa

14. 水乳型沥青防水涂料物理力学性能中L型材料低温测试温度为_____。
　A. -20℃　　　B. -15℃　　　C. -10℃　　　D. -25℃

15. 水乳型沥青防水涂料物理力学性能中H型材料低温测试温度为_____。
　A. -10℃　　　B. -5℃　　　　C. 0℃　　　　D. 5℃

16. 水乳型沥青防水涂料物理力学性能中L型材料在经老化条件处理的试件低温测试温度为

_____。
　　A. -20℃　　　　B. -15℃　　　　C. -10℃　　　　D. -25℃
　17. 水乳型沥青防水涂料物理力学性能中 H 型材料在经老化条件处理的试件低温测试温度为_____。
　　A. -10℃　　　　B. -5℃　　　　C. 0℃　　　　D. 5℃
　18. 水乳型沥青防水涂料涂膜制备时在标准条件下,称取所需的试验样品量,保证最终涂膜厚度_____。
　　A. 1.0±0.2mm　　B. 1.2±0.2mm　　C. 1.5±0.2mm　　D. 2.0±0.2mm
　19. 水乳型沥青防水涂料涂膜制备时,样品分_____涂覆(每次间隔8~24h)。
　　A. 2~3 次　　　B. 3~5 次　　　C. 1~2 次　　　D. 4~5 次
　20. 水乳型沥青防水涂料固体含量的试验,将已称量的试样放入已恒温到_____的烘箱中恒温3h。
　　A. 105±2℃　　B. 100±2℃　　C. 120±2℃　　D. 100±5℃
　21. 水乳型沥青防水涂料粘结强度试验,两对接的半"8"字形砂浆块之间的涂料厚度不超过_____。
　　A. 0.3mm　　　B. 0.5mm　　　C. 1.0mm　　　D. 1.5mm
　22. 水乳型沥青防水涂料粘结强度试验,试验机的拉件速度为_____。
　　A. 50mm/mn　　B. 100mm/mn　　C. 200mm/mn　　D. 150mm
　23. 水乳型沥青防水涂料的涂膜表干时间与实干时间的涂料用量均为_____。
　　A. 0.3kg/m^2　　B. 0.5kg/m^2　　C. 1.0kg/m^2　　D. 0.8kg/m^2
　24. 水乳型沥青防水涂料的涂膜的低温柔度试验,弯板或圆棒的直径为_____。
　　A. 10mm　　　B. 20mm　　　C. 30mm　　　D. 15mm
　25. 水乳型沥青防水涂料的涂膜的热处理,其中电热干燥箱的温度设定_____。
　　A. 50±2℃　　B. 70±2℃　　C. 80±2℃　　D. 80±5℃

四、多项选择题

　1. 聚合物乳液建筑防水涂料产品拉伸性能的老化项目有_____。
　　A. 加热处理　　B. 紫外线处理　　C. 碱处理　　D. 酸处理
　2. 聚合物水泥防水涂料的二组分经分别搅拌后,其液体组分应为_____的均匀乳液。
　　A. 无杂质　　　B. 无凝胶　　　C. 透明体　　　D. 高黏性
　3. 聚合物水泥防水涂料的拉伸强度和断裂伸长率的检测包含_____。
　　A. 无处理　　　B. 加热处理　　C. 紫外线处理　　D. 碱处理
　4. 水乳型沥青防水涂料样品搅拌后的外观应_____。
　　A. 无结块　　　B. 无凝胶　　　C. 均匀无色差　　D. 无明显沥青丝
　5. 水乳型沥青防水涂料物理力学性能中低温柔度的检测包含_____。
　　A. 标准条件处理　B. 热处理　　　C. 碱处理　　　D. 紫外线处理
　6. 水乳型沥青防水涂料在试验过程中,试验室温度可控制在_____。
　　A. 20~22℃　　B. 21~23℃　　C. 22~24℃　　D. 23~25℃
　7. 水乳型沥青防水涂料在试验过程中,相对湿度可控制在_____。
　　A. 60%~75%　B. 45%~60%　C. 50%~65%　D. 55%~70%
　8. 水乳型沥青防水涂料的涂膜低温柔试验时,试件在低温箱中经弯曲,取出试件后用肉眼观察试件表面有无_____。

A. 收缩 　　　　　B. 褶皱 　　　　　C. 裂纹 　　　　　D. 断裂
9. 水乳型沥青防水涂料耐热度试验时,在达到规定温度及时间后取出,观察试件表面有_____。
A. 滴落 　　　　　B. 翘曲 　　　　　C. 流淌 　　　　　D. 滑动
10. 水乳型沥青防水涂料的涂膜紫外线处理时,涂膜与灯管间的距离可选择_____。
A. 49cm 　　　　　B. 50cm 　　　　　C. 47cm 　　　　　D. 48cm

五、实践题

对某Ⅱ型聚合物水泥防水涂料进行拉伸性能检测,5个试件测得的宽度、厚度分别为6.0mm、1.40mm、6.0mm、1.42mm、6.0mm、1.41mm、6.0mm、1.42mm、6.0mm、1.41mm。试件断裂时的最大荷载为19.4N、18.0N、19.2N、18.4N、19.0N;断裂时标线间距离为53.1mm、55.0mm、61.2mm、60.0mm、54mm。计算此涂料的拉伸强度值,并对其进行判定。

第四节　油膏及接缝材料

一、填空题

1. J型试样塑化时,边搅拌,边加热至_____,保持_____,降温至_____注模,在G型试样溶化时,边搅拌,边加热至_____注模。
2. 密度试验前,待测样品及可用器具,应在标准条件下至少放置_____。
3. 下垂度模具尺寸要求是:长度_____,两端开口,其中一端底面延伸_____,槽的横截面内部尺寸为:宽_____,深_____。
4. 低温柔性操作步骤:将_____一起放入已降温到要求温度的低温箱中,待温度再降至要求温度时,开始记时,恒温_____,用手将试件绕圆棒弯曲_____,弯曲操作在_____内完成,立即检查试件开裂及破损情况。
5. 挥发率操作步骤,把已称量试件放入定温(80±2)℃的恒温箱内保温_____后取出,放入干燥器内冷却_____,称量。
6. J型:是指用热塑法施工的产品,俗称_____。G型:是指用热熔法施工的产品,俗称_____。
7. PVC接缝材料按耐热性_____和低温柔性_____为801型及耐热性_____和低温柔性_____为802型两个型号。
8. 试样注模后,在室温下放置_____,再在标准试验条件下放置_____后脱模。
9. 水泥砂浆基材表面应具有足够的_____,以承受_____试验过程中产生的_____,与密封材料粘结的表面_____和_____。
10. 制作水泥砂浆基材的砂浆配合比(质量比)为_____。
11. 制备低温柔性试样用的隔离剂配比是_____。

二、单项选择题

1. 实验室标准温度为_____。
A. 18℃±2℃ 　　　B. 20℃±2℃ 　　　C. 23℃±2℃ 　　　D. 25℃±2℃
2. 下垂度测定前,待测样品应在标准条件下放置_____。
A. 1h 　　　　　　B. 5h 　　　　　　C. 12h 　　　　　　D. 24h

3. 隔离剂:甘油:滑石粉 = _____。
A. 1:1　　　　B. 1:2　　　　C. 1:3　　　　D. 1:1.5

4. 拉伸粘结性试验时,拉力机速度应为_____。
A. 3~4mm/min　　B. 5~6mm/min　　C. 10~12mm/min　　D. 12~15mm/min

5. 恢复率测定是将试件拉到规定长度保持5min后,放在有滑石粉的玻璃板上恢复_____,再测其长度。
A. 24h　　　　B. 5h　　　　C. 1h　　　　D. 0.5h

6. 标准试验条件要求相对湿度为_____。
A. 45%±5%　　B. 50%±5%　　C. 55%±5%　　D. 60%±5%

7. J型试样塑化时,加搅拌,边加热至_____,保持3mm注模。
A. 120℃±5℃　　B. 125℃±5℃　　C. 135℃±5℃　　D. 145℃±5℃

8. G型试样熔化时,边搅拌,边加热至_____注模。
A. 120℃±5℃　　B. 125℃±5℃　　C. 135℃±5℃　　D. 145℃±5℃

9. 试样注模后,在室稳下放置24h,再在标准试验条件下放置_____后脱模。
A. 24h　　　　B. 16h　　　　C. 5h　　　　D. 2h

10. 浸水拉伸粘结性测定,试件先要在自来水中浸泡_____处理。
A. 168h　　　B. 72h　　　C. 24h　　　D. 5h

三、多项选择题

1. 在拉伸粘结性最大抗拉强度的标准要求内的值是_____。
A. 0.05MPa　　B. 0.10MPa　　C. 0.15MPa　　D. 0.2MPa

2. 涉及到PVC建筑防水接缝材料的标准有_____。
A. GB/T 13477—2002　　　B. GB/T 16777—1997
C. JC 674—1997　　　　　D. JC/T 798—1997

3. 属于标准试验室条件中的湿度要求是_____。
A. 45%　　　B. 50%　　　C. 55%　　　D. 60%

4. 属于下垂度的标准要求是_____。
A. 0mm　　B. 1mm　　C. 2mm　　D. 3mm　　E. 4mm

5. 恢复率所用仪器设备包括有:_____。
A. 恒温箱　　B. 天平　　C. 游标卡尺　　D. 拉力机

6. 达到试验室标准温度是:_____。
A. 16℃　　B. 18℃　　C. 20℃　　D. 22℃　　E. 24℃

7. 恢复率值符合标准要求是:_____。
A. 76%　　B. 80%　　C. 85%　　D. 90%

8. 标准规定挥发率测定时注入培养皿内试样允许的质量是:_____。
A. 10g　　B. 15g　　C. 20g　　D. 25g　　E. 30g

9. 延伸率符合拉伸粘结性最大延伸率的标准要求是:_____。
A. 250%　　B. 280%　　C. 300%　　D. 350%　　E. 400%

10. 下垂度试验所用仪器设备包括_____。
A. 鼓风干燥箱　　B. 拉力机　　C. 天平　　D. 钢板尺
E. 下垂度模具　　F. 45°坡度支架

四、判断题

1. J 型:是指用热熔法施工的产品,俗称塑料油膏。( )
2. PVC 接缝材料耐热性为 80℃和低温柔性为 -20℃为 802 型 ( )
3. 砂浆块制作是按 GB/T16777 规定进行。( )
4. J 型 PVC 接缝材料需进行挥发率测定。( )
5. 拉伸粘结性是以 5 个数据的算术平均值符合标准为合格。( )
6. G 型:是指用热熔法施工的产品,俗称聚氯乙烯胶泥。( )
7. PVC 接缝材料耐热性为 80℃和低温柔性为 -10℃为 802 型。( )
8. 砂浆块制作是按 GB/T13477 规定进行。( )
9. G 型 PVC 接缝材料需进行挥发率测定。( )
10. 拉伸粘结性是取五个数据中的三个相近数据的算术平均值符合标准为合格。( )

五、简答题

1. 物理力学性能中密度是如何规定的?
2. 试样注模后在何种情况下才能脱模?
3. 下垂度测定的坡度支架是多少度?在 80℃恒温箱中的恒温时间是多少?
4. 低温柔性需用的圆棒直径是多少?
5. 挥发率测定时天平称量精度是多少?
6. 涉及 PVC 接缝材料的标准有哪几个?
7. J 型试样塑化及 G 型试样熔化温度各是多少?
8. 低温柔性测定试件在低温箱中的恒温时间及试件弯曲操作时间各是多少?
9. 拉伸粘结性试验要求拉力机的速度是多少?
10. 恢复率测定时最终试件在放有滑石粉的玻璃板上让其恢复时间是多少?

六、操作题

1. PVC 接缝材料的低温柔性试验操作步骤。
2. PVC 接缝材料恢复率试验的操作步骤。
3. 简述 PVC 接缝材料拉伸粘结性试验操作步骤。
4. PVC 接缝材料下垂度试验操作步骤。

参考答案:

一、填空题

1. 135±5℃ 3min 120±5℃ 120±5℃
2. 24h
3. 150±0.2mm 50±0.5mm 20±0.2mm 10±0.2mm
4. 试件与圆棒 2h 180° 1~2s
5. 5h 30min
6. 聚氯乙烯胶泥 塑料油膏
7. 80℃ -10℃ 80℃ -20℃
8. 24h 2h

9. 内聚强度　密封材料　应力　应无浮浆　无松动砂粒　脱模剂
10. 水泥：砂：水 = 1:2:0.4
11. 甘油：滑石粉 = 1:2

二、单项选择题

1. B   2. D   3. B   4. B
5. C   6. B   7. C   8. A
9. D   10. C

三、多项选择题

1. A．B．C   2. A．D   3. A．B．C   4. A．B．C．D．E
5. C．D   6. B．C．D   7. B．C．D   8. B．C．D
9. C．D．E   10. A．D．E．F

四、判断题

1. ×   2. √   3. ×   4. ×
5. ×   6. ×   7. ×   8. √
9. √   10. √

五、简答题

1. 答：企业标准或产品说明书所规定密度为 ±0.1g/cm³。
2. 答：试样注模后，在室温下放置24h，再在标准试验室条件下放置2h后脱模。
3. 答：45°坡度支架；恒温时间5h。
4. 答：ϕ25mm。
5. 答：精确至0.001g。
6. 答：GB/T 13477—2002；JC/T 798—1997。
7. 答：J型为135 ±5℃；G型为120 ±5℃。
8. 答：恒温时间为2h；弯曲操作时间为1~2s。
9. 答：5~6mm/min。
10. 答：1h。

六、操作题

1. 解：步骤为：将试件与圆棒一起放入已降温到要求温度的低温箱中，待温度再降到要求温度时，开始记时，恒温2h后，用手将试件绕圆棒弯曲180°，弯曲操作在1~2s内完成。弯曲后，立即检查试件开裂及破损情况。

2. 解：步骤：①试验前，待测样品在标准条件下放置24h；②除去试件垫块，将试件装入拉力试验机，以5~6mm/min的速度，将试件由原12mm拉伸到31mm，并在拉力机上保持5min，然后将试件取下移至平放的上面撒有滑石粉的玻璃板上，让试件恢复1h，再用精度为0.1mm的游标卡尺在每一试件两端测量初始宽度的地方测量弹性恢复后的宽度，精确到0.1mm。

3. 解：步骤：①试验前，待测样品应在标准条件下放置至少24h。②除去试件上隔离垫块，将试件装入拉力试验机，以5~6mm/min的速度将试件拉伸至破坏，记录应力——应变曲线。

4. 解：步骤：①试验前，待测样品应在标准条件下放置24h。②将三个试件竖向搁置在45°坡度支架上,放入已调节到规定温度的鼓风干燥箱内,试件与干燥箱壁间的距离不小于50mm,试件的中心宜与温度计的探头在同一水平位置。达到规定温度后放置5h取出,用钢板尺在垂直方向上测量每个试件中的试样从底面往延伸端向下移动的距离,精确至1mm。

油膏及接缝材料模拟试卷(A)

一、填空题

1. J 型试样塑化时,边搅拌,边加热至_____,保持_____,降温至_____注模,在 G 型试样溶化时,边搅拌,边加热至_____注模。

2. 密度试验前,待测样品及可用器具,应在标准条件下至少放置_____。

3. 下垂度模具尺寸要求是:长度_____,两端开口,其中一端底面延伸_____,槽的横截面内部尺寸为:宽_____,深_____。

4. 低温柔性操作步骤:将_____一起放入已降温到要求温度的低温箱中,待温度再降至要求温度时,开始记时,恒温_____,用手将试件绕圆棒弯曲_____,弯曲操作在_____内完成,立即检查试件开裂及破损情况。

5. 挥发率操作步骤,把已称量试件放入定温80℃±2℃的恒温箱内保温_____后取出,放入干燥器内冷却_____后称量。

二、单项选择题

1. 实验室标准温度为_____。
 A. 18℃±2℃　　　B. 20℃±2℃　　　C. 23℃±2℃　　　D. 25℃±2℃

2. 下垂度测定前,待测样品应在标准条件下放置_____。
 A. 1h　　　　　　B. 5h　　　　　　C. 12h　　　　　D. 24h

3. 隔离剂:甘油:滑石粉 = _____。
 A. 1:1　　　　　B. 1:2　　　　　C. 1:3　　　　　D. 1:1.5

4. 拉伸粘结性试验时,拉力机速度应为_____。
 A. 3~4mm/min　　B. 5~6mm/min　　C. 10~12mm/min　　D. 12~15mm/min

5. 恢复率测定是将试件拉到规定长度保持5min后,放在有滑石粉的玻璃板上恢复_____,再测其长度。
 A. 24h　　　　　B. 5h　　　　　　C. 1h　　　　　　D. 0.5h

三、多项选择题

1. 下列哪几个值是在拉伸粘结性最大抗拉强度的标准要求内:_____。
 A. 0.05MPa　　　B. 0.10MPa　　　C. 0.15MPa　　　D. 0.2MPa

2. 涉及到 PVC 建筑防水接缝材料的标准有:_____。
 A. GB/T 13477—2002　　　　　　B. GB/T 16777—1997
 C. JC 674—1997　　　　　　　　D. JC/T 798—1997

3. 下列哪几个湿度属于标准试验室条件中的湿度要求:_____。
 A. 45%　　　　　B. 50%　　　　　C. 55%　　　　　D. 60%

4. 下列哪几个值属于下垂度的标准要求:_____。
 A. 0mm　　　B. 1mm　　　C. 2mm　　　D. 3mm　　　E. 4mm

5. 恢复率试验所用仪器设备包括_____。
A. 恒温箱　　　　　B. 天平　　　　　C. 游标卡尺　　　　　D. 拉力机

四、判断题

1. J 型：是指用热熔法施工的产品，俗称塑料油膏。（　　）
2. PVC 接缝材料耐热性为 80℃ 和低温柔性为 -20℃ 为 802 型。（　　）
3. 砂浆块制作是按 GB/T16777 规定进行。（　　）
4. J 型 PVC 接缝材料需进行挥发率测定。（　　）
5. 拉伸粘结性是以 5 个数据的算术平均值符合标准为合格。（　　）

五、简答题

1. 物理力学性能中密度是如何规定的？
2. 试样注模后在何种情况下才能脱模？
3. 下垂度测定的坡度支架是多少度？在 80℃ 恒温箱中的恒温时间是多少？
4. 低温柔性需用的圆棒直径是多少？
5. 挥发率测定时天平称量精度是多少？

六、操作题

1. PVC 接缝材料的低温柔性试验操作步骤。
1. PVC 接缝材料恢复率试验的操作步骤。

油膏及接缝材料模拟试卷(B)

一、填空题

1. J 型：是指用热塑法施工的产品，俗称_____。G 型：是指用热熔法施工的产品，俗称_____。
2. PVC 接缝材料按耐热性为_____和低温柔性为_____为 801 型及耐热性为_____和低温柔性为_____为 802 型两个型号。
3. 试样注模后，在室温下放置_____，再在标准试验条件下放置_____后脱模。
4. 水泥砂浆基材表面应具有足够的_____，以承受_____试验过程中产生的_____，与密封材料粘结的表面_____和_____。
5. 制作水泥砂浆基材的砂浆配合比(质量比)为_____。
6. 制备低温柔性试样用的隔离剂配比是_____。

二、单项选择题

1. 标准试验条件要求相对湿度为_____。
A. 45% ±5%　　　B. 50% ±5%　　　C. 55% ±5%　　　D. 60% ±5%
2. J 型试样塑化时，加热搅拌，边加热至_____，保持 3min 注模。
A. 120℃ ±5℃　　B. 125℃ ±5℃　　C. 135℃ ±5℃　　D. 145℃ ±5℃
3. G 型试样熔化时，边搅拌，边加热至_____注模。
A. 120℃ ±5℃　　B. 125℃ ±5℃　　C. 135℃ ±5℃　　D. 145℃ ±5℃

4. 试样注模后,在室稳下放置24h,再在标准试验条件下放置_____后脱模。
A. 24h　　　　　B. 16h　　　　　C. 5h　　　　　D. 2h
5. 浸水拉伸粘结性测定,试件先要在自来水中浸泡_____处理。
A. 168h　　　　B. 72h　　　　　C. 24h　　　　D. 5h

三、多项选择题

1. 下列哪几个温度达到试验室标准温度:_____。
A. 16℃　　　B. 18℃　　　C. 20℃　　　D. 22℃　　　E. 24℃
2. 下列哪几个恢复率值符合标准要求:_____。
A. 76%　　　B. 80%　　　C. 85%　　　D. 90%
3. 下列哪几个质量是标准规定挥发率测定时注入培养皿内试样允许的质量:_____。
A. 10g　　　B. 15g　　　C. 20g　　　D. 25g　　　E. 30g
4. 下列哪几个延伸率符合拉伸粘结性最大延伸率的标准要求:_____。
A. 250%　　　B. 280%　　　C. 300%　　　D. 350%　　　E. 400%
5. 下垂度试验所用仪器设备包括有_____。
A. 鼓风干燥箱　　B. 拉力机　　　C. 天平　　　D. 钢板尺
E. 下垂度模具　　F. 45°坡度支架

四、判断题

1. G型:是指用热熔法施工的产品,俗称聚氯乙烯胶泥。　　　　　　　　　　(　)
2. PVC接缝材料耐热性为80℃和低温柔性为-10℃为802型。　　　　　　(　)
3. 砂浆块制作是按GB/T13477规定进行。　　　　　　　　　　　　　　(　)
4. G型PVC接缝材料需进行挥发率测定。　　　　　　　　　　　　　　(　)
5. 拉伸粘结性是取五个数据中的三个相近数据的算术平均值符合标准为合格。(　)

五、简答题

1. 涉及PVC接缝材料的标准有哪几个?
2. J型试样塑化及G型试样熔化温度各是多少?
3. 低温柔性测定试件在低温箱中的恒温时间及试件弯曲操作时间各是多少?
4. 拉伸粘结性试验要求拉力机的速度是多少?
5. 恢复率测定时最终试件在放有滑石粉的玻璃板上让其恢复时间是多少?

六、操作题

1. 简述PVC接缝材料拉伸粘结性试验操作步骤。
2. PVC接缝材料下垂度试验操作步骤。

第五章 门 窗

问答题：

1. 进行塑料门窗检测时有何环境要求？
2. 如何测量和计算现有试件的开启缝长？
3. 如何进行建筑外窗水密性能检测及评定？
4. 建筑外窗抗风压检测时，位移计如何安装？
5. 建筑外窗水密性能检测有哪些步骤？
6. 试述建筑外窗抗风压性的定义。
7. 试述建筑外窗气密性的定义。
8. 试述建筑外窗水密性的定义。
9. 塑料型材加热后尺寸变化率试验对于主型材和辅型材有何区别？
10. 型材韦氏硬度试验方法是什么？
11. 铝合金隔热型材横向抗拉强度、纵向抗剪强度试验制备条件有哪些？
12. 塑料型材主型材的落锤冲击过程及技术指标有哪些？
13. 如何进行铝合金壁厚检测？
14. 型材外形尺寸与极限偏差间的关系。
15. 门窗传热系数（K值）的定义是什么？
16. 总半球发射率定义是什么？
17. 外窗保温性能是如何分级的？
18. 简述外窗保温性能检测原理。
19. 外窗保温性能检测对试样安装有何要求？
20. 外窗保温性能检测如何选用热点偶？
21. 简述中空玻璃露点试验的试验步骤。
22. 简述玻璃遮阳系数的概念、计算方法及其使用意义？
23. 如何计算单层玻璃的向室内二次传热系数 q_i？
24. 简述太阳光谱组成及光谱范围。
25. 简述遮阳系数如何测定。

参考答案：

问答题：

1. 答：检测前，试件应在 18～28℃ 的条件下放置 16h 以上，并在同样的条件下检测。
2. 答：外窗开启扇周长的总和，以内表面测定值为准。如遇两扇相互搭接时，其搭接部分的两段缝长按一段计算。
3. 答：(1) 检测方法：

可分别采用稳定加压法和波动加压法。定级检测和工程所在地为非热带风暴和台风地区时，采用稳定加压法；如工程所在地为热带风暴和台风地区时，采用波动加压法。

①预备加压。在检测前分别施加三个压力脉冲。压力差值为 500Pa，压力稳定作用时间为 3s。

②淋水：对整个试件均匀地淋水，稳定加压法淋水量为 2L/(m²·min)，波动加压法淋水量为 3L/(m²·min)。淋水时间为 10min。

③加压：在稳定淋水的同时，逐级加压，每级加压时间为 5min。定级检测时，加压至出现严重渗漏。工程检验时，稳定加压法加压至设计指标值，波动加压法加压至平均值为设计指标值；

④观察：在逐级加压及持续作用过程中，观察并记录渗漏情况。

（2）评定：

记录每个试件严重渗漏时的检测压力差值。以严重渗漏时所受压力差值的前一级检测压力差值作为该试件水密性能检测值。如果检测至委托方确认的检测值尚未渗漏，则此值为该试件的检测值。

三试件水密性检测值综合方法为：一般取三樘检测值的算数平均值。如果三樘检测值中最高值和中间值相差两个检测压力级以上时，将最高值降至比中间值高两个检测压力级后，再进行算术平均。

最后，以此三樘窗的综合检测值向下套级。综合值应大于或等于分级指标值。

4. 答：将位移计安装在规定位置上。中间测点在测试杆件的中点位置，两端测点在距该杆件端点向中点方向 10mm 处。当试件的相对挠度最大的杆件难以判定时，也可选取两根或多根测试杆件，分别布点测量。

5. 答：①确定加压方法；

②施加三个压力脉冲；

③对整个试件均匀地淋水；

④逐级加压，直至出现严重渗漏，记录出现严重渗漏时的压力值；

⑤确定每个试件水密性能检测值；

⑥确定三樘窗的综合检测值。

6. 答：关闭着的外窗在风压作用下不发生损坏和功能障碍的能力。

7. 答：外窗在关闭状态下，阻止空气渗透的能力。

8. 答：关闭着的外窗在风雨同时作用下，阻止雨水渗漏的能力。

9. 答：在试样画标线，主型材在两个相对最大可视面各做一对标线，辅型材只在一面做标线。计算结果时，主型材要计算每一可视面的加热后尺寸变化率 R，取三个试样的平均值；并计算每个试样两个相对可视面的加热后尺寸变化率的差值 $\triangle R$，取三个试样中的最大值。主型材两个相对最大可视面的加热后尺寸变化率为 ±2.0%；每个试样两可视面的加热后尺寸变化率之差应 ≤0.4%。辅型材的加热后尺寸变化率为 ±3.0%。辅型材则不需要计算 $\triangle R$。

10. 答：①将试样置于占座和压针之间，压针应与实验面垂直，轻轻压下手柄，使压针压住试样。

②快速压下手柄，施加足够的力，使压针套筒的端面紧压在试样上，在表头上读出硬度值（精确到 0.5HW）。

③再次测量时，两相邻压痕中心间的距离应不小于 6mm。

④在测量较软的材料时，表头指针在瞬间达到最大值，随后可能会稍稍下降，此时测量值以观察到的最大值为准。

⑤在一般情况下，每个试样至少应测量三点。

11. 答：①每批取 2 根，每根于中部和两端各取 5 个试样，共 10 个试样，做好标识。

②试样长 100mm ±1mm，拉伸试验试样的长度允许缩短至 18mm。

③试验前试样应在温度为 23℃ ±2℃ 和相对湿度 45% ~55% 的环境条件下放置 48h。

12. 答：将试样在 -10 ~ -20℃ 条件下放置 1h 后，开始测试。在标准环境 23℃ ±2℃ 下，试验应在 10s 内完成。将试样的可视面向上放在支撑物上，使落锤冲击在试样可视面的中心位置上。

上下可视面各冲击五次,每个试样冲击一次。落锤高度 I 类为 $1000^{+10}_{\ 0}$ mm, II 类为 $1500^{+10}_{\ 0}$ mm。观察并记录型材可视面破裂、分离的试样个数。

在可视面上破裂的试样数≤1 个。对于共挤的型材,共挤层不能出现分离。

13. 答:用千分尺测量门、窗、幕墙用受力杆件型材的壁厚。

门、窗型材最小公称壁厚应不小于 1.20mm,外门、外窗用铝合金型材最小实测壁厚应分别符合 GB/T8478、GB/T8479 的规定,幕墙用铝合金型材最小实测壁厚应符合有关工程建设国家标准或行业标准的规定。

注意:①阳极氧化、着色型材的壁厚(包括氧化膜在内),电泳型材的壁厚(包括复合膜在内)应符合上述壁厚规定。

②粉末喷涂型材去掉涂层的壁厚、氟碳漆喷涂型材去掉漆膜的壁厚应符合上述壁厚规定。

③对于经过国家认可的铝合金型材的尺寸可不受上述限制,可参考生产厂家提供的经认可的图集进行判定。

14. 答:外形尺寸和极限偏差见下表:

外形尺寸(mm)		极限偏差(mm)	
厚度(D)≤80	>80	±0.3	±0.5
宽度(W)		±0.5	

15. 答:在稳定传热条件下外窗两侧空气温差为单位时间内通过单位面积的传热量以 W/(m²·K)计。

16. 答:表面的总的半球发射密度与相同温度黑体的总的半球发射密度之比。

17. 答:见下表:

外窗保温性能分级[W/(m²·K)]

分级	1	2	3	4	5
分级指标准	$K≥5.5$	$5.5>K≥5.0$	$5.0>K≥4.5$	$4.5>K≥4.0$	$4.0>K≥3.5$
分级	6	7	8	9	10
分级指标准	$3.5>K≥3.0$	$3.0>K≥2.5$	$2.5>K≥2.0$	$2.0>K≥1.5$	$K<1.5$

18. 答:基于稳定传热原理,采用标定热箱法检测窗户保温性能。试件一侧为热箱,模拟采暖建筑冬季室内气候条件,另一侧为冷箱,模拟冬季室外气候条件。在对试件缝隙进行密封处理,试件两侧各自保持稳定的空气温度、气流速度和热辐射条件下,测量热箱中电暖器的发热量,减去通过热箱外壁和试件框的热损失,除以试件面积与两侧空气温差的乘积,即可计算出试件的传热系数 K 值。

19. 答:试件框外缘尺寸应不小于热箱开口部处的内缘尺寸。试件框应采用不透气、构造均匀的保温材料,热阻值不得小于 7.0(m²·K)/W,其容重应为 20 kg/m² 左右。安装试件的洞口尺寸不应小于 1500mm×1500mm。洞口下部应留有不小于 600 mm 高的窗台。窗台及洞口周边应采用不吸水、传热系数小于 0.25W/(m²·K)的材料。

20. 答:感温元件采用铜—康铜热电耦,测量不确定度应小于 0.25K。铜—康铜热电耦必须使用同批生产、丝径为 0.2~0.4 mm 的铜丝和康铜丝制作。铜丝和康铜丝应有绝缘包皮。铜—康铜热电耦感应头应作绝缘处理。铜—康铜热电耦应定期进行校验

21. 答:①向露点仪的容器中注入深约 25mm 的乙醇或丙酮,再加入干冰,使其温度冷却到等于或低于 -40℃ 并在试验中保持该温度。

②将试样水平放置,在上表面涂一层乙醇或丙酮,使露点仪与该表面紧密接触,停留时间按下表的规定。

停留时间

原片玻璃厚度(mm)	接触时间(min)
≤4	3
5	4
6	5
8	7
≥10	10

③移开露点仪,立刻观察玻璃试样的内表面上有无结露或结霜。

22. 答:遮阳系数指太阳辐射能量透过窗玻璃的量与透过相同面积 3mm 透明玻璃的量之比。

遮阳系数用样品玻璃太阳能总透射比除以标准 3mm 白玻的太阳能总透射比(GB/T2680 中理论值取 0.889,)进行计算。是在建筑节能设计标准中对玻璃的重要限制指标,遮阳系数越小,阻挡阳光热量向室内辐射的性能越好。但只在炎热气候地区和大窗墙比时,低遮阳系数的玻璃才有利于节能,在寒冷地区和小窗墙比时,高遮阳系数的玻璃更有利于利用太阳热量降低采暖能耗而实现节能。

23. 解:

$$q_i = a_e \times \frac{h_i}{h_i + h_e}$$

$$h_i = 3.6 + \frac{4.4\varepsilon_i}{0.83}$$

式中　q_i——单层玻璃向室内侧的二次传热系数(%);

　　　a_e——单层玻璃太阳光直接吸收比(%);

　　　h_i——玻璃试样内侧表面的传热系数[W/(m²·K)];

　　　h_e——玻璃试样外侧表面的传热系数[W/(m²·K)];

　　　ε_i——半球辐射率。

24. 答:太阳光是由紫外线、可见光和近红外线组成的辐射光,波长范围 300~2500nm。

25. 答:

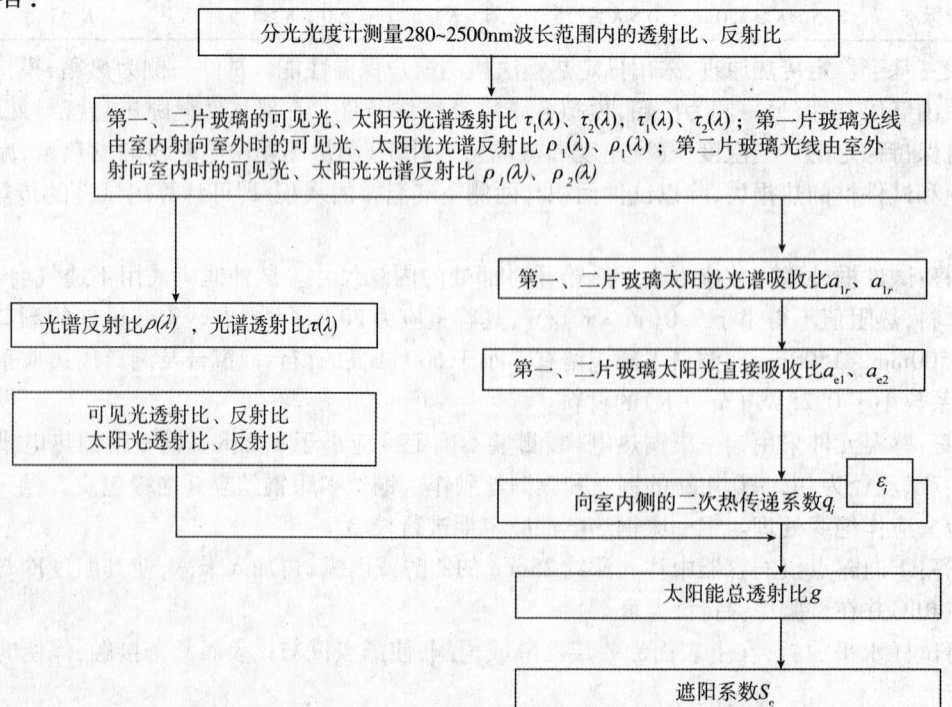

门窗模拟试卷

一、填空题(每空 1 分,共计 20 分)

1. 检测机构应当自觉遵守_____,严格按_____开展检测工作。
2. 检测机构应遵循科学、公正、准确的原则开展检测工作,检测行为要_____,检测数据要_____。
3. 建筑外门窗的品种、规格应符合_____和_____的规定。
4. 标准状态是指温度_____K(20℃);压力_____kPa;空气密度 1.202kg/m²。
5. 抗风压性能是指关闭着的外窗在_____作用下不发生损坏和功能障碍的能力。
6. 铝合金型材采用_____、_____、_____、_____进行表面处理时,应符合现行国家标准《铝合金建筑型材》GB/T5237 的质量要求。
7. 阳极氧化膜的厚度未注明时,门、窗型材应符合_____级,幕墙型材应符合_____级。
8. 型材装饰面上涂层最小局部膜厚应_____,最大局部膜厚应_____。
9. 露点试验中,试验应在温度_____,相对湿度_____的条件下进行。
10. 遮阳系数指_____透过窗玻璃的量与透过相同面积 3mm 透明玻璃的量之比。

二、单项选择题(每题 1 分,共计 20 分)

1. 建筑外窗抗风压性能检测结果为 3.2kPa 判定为_____级。
   A.3 级　　　　　B.4 级　　　　　C.5 级　　　　　D.6 级
2. 测量塑料型材外形尺寸和壁厚,用游标卡尺各测量_____。
   A. 二点　　　　B. 三点　　　　C. 四点　　　　D. 五点
3. 塑料型材的 I 值的单位是_____。
   A. mm　　　　B. mm²　　　　C. mm³　　　　D. mm⁴
4. 阳极氧化、着色型材在测试时应去掉氧化膜,电泳涂漆型材应去掉复合膜,粉末喷涂型材去掉涂层,氟碳喷涂型材去掉漆膜的韦氏硬度都应不小于_____。
   A.6.0HW　　　B.7.0HW　　　C.8.0HW　　　D.9.0HW
5. 用穿条工艺生产的隔热铝型材,不得采用_____材料。
   A. 尼龙　　　B. PVC　　　C. PA66GF25　　　D. 聚酰胺 66+25 玻璃纤维
6. 中空玻璃的露点应_____。
   A. ≥ -40℃　　B. ≤ -40℃　　C. ≥ -20℃　　D. ≤ -20℃
7. 塑料窗外窗主型材内外侧可视面最小壁厚:平开窗不应小于_____mm。
   A.2.2　　　　B.2.5　　　　C.2.8　　　　D.3.0
8. 门窗受力构件应经计算或试验确定。未经表面处理的铝合金型材最小实测壁厚:窗不应小于_____mm。
   A.1.0　　　　B.1.2　　　　C.1.4　　　　D.2.0
9. 用于门窗的_____必须有强制性的认证标识且提供证书复印件。
   A. 浮法玻璃　　B. 普通玻璃　　C. 安全玻璃　　D. 平板玻璃
10. K 值 2.7W/(m²·K)外窗,根据保温性能分级为_____级。
    A.5　　　　　B.6　　　　　C.7　　　　　D.8
11. 建筑外窗水密性能检测稳定加压时的淋水量为_____L/(m²·min)。

A. 2　　　　　　　B. 3　　　　　　　C. 4　　　　　　　D. 5

12. 露点这一指标是测量中空玻璃气体间隔层内_____的含量。
A. 空气　　　　　B. 水气　　　　　C. 杂质　　　　　D. 雾气

13. 如果露点不合格,那么中空玻璃的 U 值[传热系数 W/(m^2·K)]会_____。
A. 升高　　　　　B. 降低　　　　　C. 不变　　　　　D. 都可能

14. 玻璃的可见光透射比试样数量为_____块。
A. 10　　　　　　B. 8　　　　　　C. 6　　　　　　D. 3

15. 现场气密性检测设备的压力测量仪器的误差不应大于_____Pa。
A. 3　　　　　　 B. 1　　　　　　C. 2　　　　　　D. 5

16. 现场气密性检测后数据计算时的标准状态,温度为_____K。
A. 293　　　　　 B. 290　　　　　C. 295　　　　　D. 300

17. 根据检测方法标准,气密性检测同一厂家,同一种品种、类型的产品各抽查不少于_____樘窗。
A. 3　　　　　　 B. 6　　　　　　C. 9　　　　　　D. 12

18. 门窗采用阳极氧化铝合金型材时,按照现行标准的质量要求,氧化膜厚应符合_____的要求。
A. AA10　　　　 B. AA15　　　　C. AA20　　　　D. AA25

19. 门窗传热系数测量结束后,取各参数_____次测量的平均值计算。
A. 3　　　　　　 B. 5　　　　　　C. 6　　　　　　D. 9

三、多项选择题(每题2分,共计20分)

1. 门窗用材料应符合现行国家标准和行业标准及有关规定,并应有_____。主要材料进场前应经复验合格才能使用。
A. 出厂合格证　　B. 性能检测报告　　C. 气密性报告　　D. 质量保证书

2. 检验人员应遵循_____的原则开展检测工作,检测行为要公正公平,检测数据要真实可靠。
A. 科学　　　　　B. 典型结构　　　C. 公正　　　　　D. 准确

3. 夏热冬冷地区建筑外窗进入施工现场时应对_____进行见证复验。
A. 传热系数　　　B. 玻璃遮阳系数　C. 玻璃可见光透射比　D. 中空玻璃露点
E. 气密性

4. 玻璃的可见光透射比检测的分光光度计应满足_____几方面的要求。
A. 测试波长范围:覆盖可见光区 380~780nm
B. 波长准确度:可见光区 ±1nm 以内
C. 光度测量准确度:可见光区 1% 以内,重复性 0.5%
D. 波长间隔:可见光区 10nm

5. 建筑门窗玻璃的_____,应根据建筑物的功能要求选用。
A. 品种　　　　　B. 颜色　　　　　C. 运输　　　　　D. 性能

6. 铝合金型材采用_____进行表面处理时,应符合现行国家标准《铝合金建筑型材》GB/T5237 的质量要求。
A. 阳极氧化　　　B. 电泳涂漆　　　C. 粉末喷涂　　　D. 氟碳漆喷涂

7. 可见光透射比检测设备可选用_____。
A. 红外测试仪　　B. 分光光度计　　C. 可见光测定仪　D. 半球测定仪

8. 检测机构要做到_____的竞争。反对低价、违规承诺等恶性竞争手段承接检测业务,共同维护检测市场秩序和行业整体利益,促进检测行业健康发展。
   A. 公平公正   B. 合法有序   C. 低价   D. 违规
9. 门窗保温隔热性能检测测量结束后,应记录_____。
   A. 热室相对湿度   B. 窗户热侧表面温度
   C. 玻璃夹层结露状况   D. 玻璃结霜状况
10. 建筑外窗气密性检测,是检测10Pa时_____。
    A. 可开启部分的单位缝长空气渗透量
    B. 可开启部分的单位面积空气渗透量
    C. 整体外窗试件(含可开启部分)单位缝长空气渗透量
    D. 整体外窗试件(含可开启部分)单位面积空气渗透量
11. 太阳光直接透射比是在太阳光谱(300~2500nm)范围内,直接透过玻璃的太阳能强度对入射太阳能强度的比值。它包括了_____能量的透射程度。
    A. 紫外线   B. 可见光
    C. 玻璃吸收直接入射的太阳光能量后向外界的二次传递
    D. 近红外光
12. GB50411第6.2.3条规定:建筑外窗进入施工现场时,应按地区类别对其下列性能进行复验,复验应为见证取样送检。检验数量:_____的产品各抽查不少于3樘(件)。
    A. 同一厂家   B. 同一种品种   C. 同一类型   D. 不同类型
13. 建筑门窗保温隔热性能检测报告中,检测结果应包括_____的内容。
    A. K值   B. 保温性能等级   C. 试件热侧表面温度   D. 试件结露结霜情况
14. 增强型钢表面(包括内腔)均应进行热镀锌处理,镀锌层厚度应不小于$12\mu m$。不得使用_____的增强型钢,严禁使用未经防锈处理的增强型钢。
    A. 发黑   B. 喷漆   C. 刷漆   D. 热镀锌处理
15. 门窗玻璃的_____应符合现行国家和行业标准的规定。
    A. 尺寸偏差   B. 表面温度   C. 外观质量   D. 性能

四、简答题(每题5分,共计20分)

1. 建筑外窗进行三项物理性能检测时,对试件本身有何要求?
2. 建筑外窗抗风压性能检测时,位移计如何安装?
3. 露点试验原理是什么?
4. 简述建筑门窗保温隔热性能检测测试原理。

五、计算题(共计10分)

某窗试件主要受力杆件长$L=1350mm$,进行正压变形检测时,测点A、B(中)、C的初始读数分别为0.5mm、0.5mm、0.5mm。加压至1000Pa时,测点A、B(中)、C的读数分别为3.46mm、7.51mm、3.46mm。加压至1250Pa时,测点A、B(中)、C的读数分别为3.93mm、9.02mm、3.93mm。试确定$P1$值。

六、操作题(共计10分)

请描述建筑门窗三项物理性能检测步骤。

第六章 化学分析

第一节 钢材

一、填空题

1. 钢的化学分析用试样取样法及化学成分允许偏差标准代号为_____。
2. 钢的成品分析是指在经过加工的_____上采取试样,然后对其进行的化学分析。
3. 钢化学分析的取样时,当用钻头采取试样样屑时,对熔炼分析或小断面钢材成品分析,钻头直径应尽可能的大,至少不应_____mm;对大断面钢材成品分析,钻头直径不应_____mm。
4. 钢材及合金化学分析方法管式炉内燃烧后气体容量法测定碳含量适用于_____、_____、高温合金和精密合金中_____碳含量的测定。
5. 在钢材及合金化学分析方法管式炉内燃烧后气体容量法测定碳含量和钢材及合金化学分析方法管式炉内燃烧后碘酸钾滴定法测定硫含量中,所用氧纯度不低于_____,管式炉温度应该控制在_____℃。
6. 钢材及合金化学分析方法管式炉内燃烧后气体容量法测定碳含量试验中,所用的除硫管里装的是_____,两端塞有_____。
7. 用于标定与配制标准溶液的试剂,除另有说明外,应为_____。
8. 如分析钢材中高硫试料后,要测低硫试料,应做_____试验,直至_____,才能接着做低硫试料分析。
9. 重复性是指用标准方法,在正常和正确操作情况下,由_____,在_____,使用_____,并在短期内,对相同试样所作两个单次测试结果,在95%概率水平两个独立测试结果的最大差值。
10. 再现性是指用标准方法,在正常和正确操作情况下,由_____,在_____,对相同试样各作单次测试结果,在95%概率水平两个独立测试结果的最大差值。
11. 《钢铁及合金化学分析方法 高碘酸钠(钾)光度法测定锰量》GB223.63-1988,其检测锰的方法原理为,试样经酸溶解后,在_____介质中,用高碘酸钠(钾)将锰氧化至七价,测量其_____。
12. 化学分析中,"灼烧或烘干至恒量"系指_____。

二、单项选择题

1. 下列属于系统误差的是_____。
   A. 两次测定温度不同产生的误差 B. 分解时有损失产生的误差
   C. 同时测10次同一份溶液产生的误差 D. 计算方法不同产生的误差
2. 光的吸收定律适用于_____。
   A. 被测定组分浓度低的稀溶液 B. 被测定组分比干扰组分浓度低的稀溶液
   C. 所有组分低的稀溶液
3. 在钢材及合金化学分析方法管式炉内燃烧后气体容量法测定碳含量中,所用的丙酮溶剂适于洗涤试样表面的_____。

　　A. 油质或污垢　　　　B. 镀膜或被氧化的表面　　　C. 杂质或灰尘

4. 在钢材及合金化学分析方法管式炉内燃烧后碘酸钾滴定法测定硫含量中,用于吸收的淀粉溶液是_____。

　　A. 酸性　　　　　　B. 碱性　　　　　　C. 中型　　　D. 根据实验的实际情况进行调整

5. 在钢材及合金化学分析方法管式炉内燃烧后碘酸钾滴定法测定硫含量中,燃烧时通入氧,其流量应该调节为_____。

　　A. 1000～1500mL/min　　　　　　　　B. 1500～1750mL/min
　　C. 1500～2000mL/min　　　　　　　　D. 1750～2500mL/min

6. 在钢材及合金化学分析方法管式炉内燃烧后气体容量法测定碳含量中,中高合金钢、高温合金能难溶试样,升温至_____。

　　A. 1200℃　　　　B. 1250℃　　　　C. 1300℃　　　　D. 1350℃

7. 钢材及合金化学分析方法高碘酸钠(钾)光度法测定锰量适用的测定范围为_____。

　　A. 0.010%～2.00%　　B. 0.005%～1.90%　　C. 0.020%～1.50%　　D. 0.030%～1.70%

8. 钢材及合金化学分析方法还原型硅钼酸盐光度法测定磷量称取试样质量为_____。

　　A. 0.1000g　　　　B. 0.2500g　　　　C. 0.2000g　　　　D. 0.1000g

9. 钢材及合金化学分析方法锑磷钼光度法测定磷量适用于测定范围为_____。

　　A. 0.01%～0.80%　　B. 0.05%～0.80%　　C. 0.10%～0.90%　　D. 0.20～1.00%

10. 称量法校正滴定管:将蒸馏水注入洁净的滴定管至刻度 0 处,记录水温,然后放出一段水(如 5mL 或 10mL)注入已称重的具塞锥瓶中称量,准确至 0.01g。如此反复进行,直至刻度 50 处。例如,21℃时,由滴定管中放出 10.03mL 水,其质量为 10.04g。由校正用水数据表知,21℃时每毫升(mL)水重 0.997g,则实际容积与标示容积之差为_____mL。

　　A. 0.03　　　　B. 0.04　　　　C. 0.05　　　　D. 0.06

三、多项选择题

1. 化学分析用试样样屑,可以采用_____。

　　A. 钻取　　　　B. 刨取　　　　C. 切取　　　　D. 某些工具机制取

2. 供仪器分析用的的试样样块,使用前应根据分析仪器的要求,适当予以_____。

　　A. 磨平　　　　B. 钻孔　　　　C. 切割　　　　D. 抛光

3. 钢材化学分析制取样屑时,不能用_____。

　　A. 水　　　　B. 油　　　　C. 磁铁　　　　D. 其他润滑剂

4. 分析化学中,常用试剂的规格有_____。

　　A. 优级纯　　　　B. 化学纯　　　　C. 工业纯　　　　D. 分析纯

5. 化学分析中,一般的称量方法有_____。

　　A. 直接法　　　　B. 固定法　　　　C. 递增法　　　　D. 递减法

6. 浓酸、浓碱具有强烈的腐蚀性,如不小心溅到皮肤和眼内,应立即用水冲洗,然后用_____冲洗,最后用水冲洗。

　　A. 5% 碳酸氢钠溶液　　B. 5% 醋酸钠　　C. 5% 硼酸溶液　　D. 5% 醋酸溶液

四、判断题

1. 标准样品必须是国家二级及二级以上的标准物质。　　　　　　　　　　　　　　　(　　)

2. 在钢材及合金化学分析方法管式炉内燃烧后气体容量法测定碳含量中,用氢氧化钠溶液吸

收二氧化碳。（　　）

3. 在钢材及合金化学分析方法管式炉内燃烧后气体容量法测定碳含量时,如分析高碳试样后要测低碳试样,应作空白试验,做完一个空白试验后才能做低碳试样的分析。（　　）

4. 在钢材及合金化学分析方法管式炉内燃烧后碘酸钾滴定法测定硫含量时,硫含量在0.035%应该取的试料量为0.25±0.01g。（　　）

5. Q235B和Q235A级沸腾钢锰含量上限为0.60%。（　　）

6. 成品分析所得的值,不能超过规定上限加上偏差,或不能超过规定化学成分范围的下限减下偏差。（　　）

7. 配制好的溶液盛装在试剂瓶中,应马上贴好标签,注明溶液的浓度、名称、配制日期以及配制人。（　　）

8. 废酸、废碱等应小心倒入废液缸（或塑料提桶内）,切勿倒入水槽内,以免腐蚀下水管及污染环境。（　　）

五、简答题

1. 简述标准《钢铁及合金　碳含量的测定　管式炉内燃烧后气体容管法》GB/T 223.69—2008测定的方法原理。

2. 简述标准《钢铁　酸溶硅和全硅含量的测定　还原型硅钼酸盐分光光度法》GB/T 223.5—1997测定的方法原理。

3. 简述标准《钢铁及合金化学分析方法 管式炉内燃烧后碘酸钾滴定法测定硫含量》GB/T 223.68—1997测定的方法原理。

4. 如何确定玻璃器皿已洗涤洁净？

5. 使用移液管移取溶液时,一般分为三步,即洗涤、润洗、移液,简述其中移液管的润洗操作步骤。

6. 如何进行分光光度计的维护？

六、计算题

1. 某HRB335钢筋中硅含量的分析。称取样屑0.2106g,按标准规定的方法进行检测分析,其显色液的吸光度为0.316。已知硅标准溶液的工作曲线数据如下：

硅含量($\mu g/mL$)	100	200	400	600	800	1000
吸光度	0.086	0.167	0.312	0.493	0.655	0.838

试计算样品中硅含量。

2. 100mL容量瓶校正,如果与标线相差0.4mL,则体积的相对误差是多少？如分析试样时,称取试样0.5000g,溶解后定量转入该容量瓶中,移取25.00mL测定,则所测溶液中样品质量差值为多少？其相对误差为多少？

七、实践题

1. 简述分光光度计的正确使用方法。

2. 简述钢材中锰含量测定时,锰标准工作曲线的试验操作及绘制。

参考答案：

一、填充题

1. GB222-1984
2. 成品钢材
3. 小于6 小于12
4. 铁 钢 0.1%(m/m)~2.00%(m/m)
5. 99.5%(m/m) 1200~1250
6. 活性二氧锰或粒状硫酸银 脱脂棉
7. 基准试剂
8. 空白 空白试验结果稳定后
9. 同一操作人员 同一实验室 同一仪器
10. 两名操作人员 不同实验室
11. 硫酸、磷酸 吸光度
12. 经第一次灼烧、冷却、称量后，通过连续对每次15min的灼烧，然后冷却、称量的方法来检查恒定质量，当连续两次称量之差小于0.0005g时，即达到恒量

二、单项选择题

1. A	2. C	3. A	4. A
5. C	6. D	7. A	8. C
9. A	10. B		

三、多项选择题

1. A、B、D	2. A、D	3. A、B、D	4. A、B、D
5. B、D	6. A、C		

四、判断题

1. ×	2. ×	3. ×	4. ×
5. √	6. √	7. √	8. √

五、简答题

1~3. 答：(略)

4. 答：当玻璃器皿的内壁能被水均匀地润湿而无水的条纹，且不挂水珠，即认为玻璃器皿已洗涤洁净。

5. 答：移取溶液前，用吸水纸将移液管的尖端内外的水除去，然后用待吸溶液润洗三次。方法为：(1)用左手持洗耳球，将食指或拇指放在洗耳球的上方，其余手指自然地握住洗耳球，用右手的拇指和中指拿住移液或吸量标线以上的部分，无名指和小指辅助拿住移液管；(2)将洗耳球对准移液管口，管尖贴在吸水纸上，用洗耳球压气，吹去其中残留的水，然后排除洗耳球中的空气；(3)将管尖伸入待吸液吸至移液管的1/4处(勿使溶液流回，以免稀释溶液)，如此反复荡洗(荡洗是使管的内壁及有关部位，保证与待吸溶液处于同一体系浓度状态)三次，润洗过的溶液从尖口放出、弃去。

6. 答：分光光度计的维护包括：

(1)防潮——分光光度计的光电池受潮后，灵敏度会急剧下降，甚至失效。分光光度计应放在干燥的地方，在光电池附近即比色槽架内放入干燥剂。

(2)防光——分光光度计的光电池不应受光照射，防止长时间连续照射，以免缩短其使用寿命。

(3)防振——分光光度计应安放在坚固的工作台上，否则，影响检流计的读数。

(4)防腐蚀——使用过程中要防止腐蚀性气体如酸、碱或其他化学药品侵入机件内部；比色皿架内注意保持清洁；避免在酸雾较多的室内使用仪器。

六、计算题

1. 解:(略)

2. 解:体积的相对误差: $\frac{0.4}{100} \times 100 = 0.4\%$

溶液中样品质量差值为:$0.5000g \times 0.4\% \times 1/4 = 0.0005g$;其相对误差为:$0.4\%$。

七、实践题

1. 解:(1)检查仪器各个调节旋钮的起始位置是否正确,接通电源开关,打开比色皿暗箱盖,仪器预热 10～15min,选择确定的波长和相应的灵敏度档。

(2)在一比色皿中放入参比溶液(约3/4处),待测试液放入另一比色皿中,将此两比色皿放入比色槽架内,然后盖上比色槽的暗盒,旋转仪器的光量调节器,使参比液处于 $T=100\%$ 位置,然后将待测溶液装入比色皿中推入光路中,即可读数,读完吸光度值后,立即打开比色槽暗盒的盖子。

(3)实验完毕,拔下插头,复原仪器。

2. 解:(略)

钢材模拟试卷(A)

一、填空题

1. 钢的成品分析是指在经过加工的_____上采取试样,然后对其进行的化学分析。

2. 钢材及合金化学分析方法管式炉内燃烧后气体容量法测定碳含量适用于_____、_____、高温合金和精密合金中_____碳含量的测定。

3. 在钢材及合金化学分析方法管式炉内燃烧后气体容量法测定碳含量和钢材及合金化学分析方法管式炉内燃烧后碘酸钾滴定法测定硫含量中,所用氧纯度不低于_____,管式炉温度应该控制在_____℃。

4. 如分析钢材中高硫试料后,要测低硫试料,应做_____试验,直至_____,才能接着做低硫试料分析。

5. 重复性是指用标准方法,在正常和正确操作情况下,由_____,在_____,使用_____,并在短期内,对相同试样所做两个单次测试结果,在95%概率水平两个独立测试结果的最大差值。

二、单项选择题

1. 下列属于系统误差的是_____。
A. 两次测定温度不同产生的误差 B. 分解时有损失产生的误差
C. 同时测10次同一份溶液产生的误差 D. 计算方法不同产生的误差

2. 在钢材及合金化学分析方法管式炉内燃烧后气体容量法测定碳含量中,所用的丙酮溶剂适于洗涤试样表面的_____。
A. 油质或污垢 B. 镀膜或被氧化的表面 C. 杂质或灰尘

3. 钢材及合金化学分析方法锑磷钼光度法测定磷量称取试样质量为_____。
A. 0.1000g B. 0.2500g C. 0.2000g D. 0.1000g

4. 在钢材及合金化学分析方法管式炉内燃烧后碘酸钾滴定法测定硫含量中,燃烧时通入氧,其流量应该调节为_____。

A. 1000~1500mL/min　　　　　　　　B. 1500~1750mL/min
C. 1500~2000mL/min　　　　　　　　D. 1750~2500mL/min

5. 称量法校正滴定管：将蒸馏水注入洁净的滴定管至刻度0处，记录水温，然后放出一段水（如5mL或10mL）注入已称重的具塞锥瓶中称量，准确至0.01g。如此反复进行，直至刻度50处。例如，21℃时，由滴定管中放出10.03mL水，其质量为10.04g。由校正用水数据表知，21℃时每毫升（mL）水重0.997g，则实际容积与标示容积之差为_____mL。

A. 0.02　　　B. 0.03　　　C. 0.04　　　D. 0.05

三、多项选择题

1. 钢材化学分析用试样样屑，可以采用_____。
A. 钻取　　　B. 刨取　　　C. 切取　　　D. 某些工具机制取

2. 钢材化学分析制取样屑时，不能用_____。
A. 水　　　B. 油　　　C. 磁铁　　　D. 其他润滑剂

3. 定量滤纸一般分为_____类型。
A. 快速　　　B. 中速　　　C. 慢速

4. 化学分析中，一般的称量方法有_____。
A. 直接法　　　B. 固定法　　　C. 递增法　　　D. 递减法

四、判断题

1. 标准样品必须是国家二级及二级以上的标准物质。（　）
2. 在钢材及合金化学分析方法管式炉内燃烧后气体容量法测定碳含量中，用氢氧化钠溶液吸收二氧化碳。（　）
3. 在钢材及合金化学分析方法管式炉内燃烧后碘酸钾滴定法测定硫含量时，硫含量在0.035%应该取的试料量为0.25±0.01g。（　）
4. Q235B和Q235A级沸腾钢锰含量上限为0.60%。（　）
5. 成品分析所得的值，不能超过规定上限加上偏差，或不能超过规定化学成分范围的下限减下偏差。（　）

五、简答题

1. 简述标准《钢铁及合金化学分析方法还原型硅钼酸盐光度法测定酸溶硅含量》GB/T 223.5—1997测定的方法原理。
2. 如何确定玻璃器皿已洗涤洁净？

六、实践题

分光光度计的正确使用方法。

钢材模拟试卷（B）

一、填空题

1. 钢化学分析的取样时，当用钻头采取试样样屑时，对熔炼分析或小断面钢材成品分析，钻头直径应尽可能的大，至少不应_____mm；对大断面钢材成品分析，钻头直径不应_____mm。

2. 钢材及合金化学分析方法管式炉内燃烧后气体容量法测定碳含量试验中,所用的除硫管里装的是_____,两端塞有_____。

3. 再现性性是指用标准方法,在正常和正确操作情况下,由_____,在_____,对相同试样各作单次测试结果,在95%概率水平两个独立测试结果的最大差值。

4.《钢铁及合金化学分析方法 高碘酸钠(钾)光度法测定锰量》GB223.63-1988,其检测锰的方法原理为,试样经酸溶解后,在_____介质中,用高碘酸钠(钾)将锰氧化至七价,测量其_____。

5. 用于标定与配制标准溶液的试剂,除另有说明外应为_____。

二、单项选择题

1. 光的吸收定律适用于_____。
   A. 被测定组分浓度低的稀溶液　　　　B. 所有组分低的稀溶液
   C. 被测定组分比干扰组分浓度低的稀溶液

2. 在钢材及合金化学分析方法管式炉内燃烧后碘酸钾滴定法测定硫含量中,用于吸收的淀粉溶液是_____。
   A. 酸性　　　B. 碱性　　　C. 中型　　D. 根据实验的实际情况进行调整

3. 在钢材及合金化学分析方法管式炉内燃烧后气体容量法测定碳含量中,中高合金钢、高温合金能难溶试样,升温至_____。
   A. 1200℃　　　B. 1250℃　　　C. 1300℃　　　D. 1350℃

4. 钢材及合金化学分析方法高碘酸钠(钾)光度法测定锰量适用的测定范围_____。
   A. 0.010%~2.00%　B. 0.005%~1.90%　C. 0.020%~1.50%　D. 0.030%~1.70%

5. 9、钢材及合金化学分析方法锑磷钼光度法测定磷量适用于测定范围为_____。
   A. 0.01%~0.80%　B. 0.05%~0.80%　C. 0.10%~0.90%　D. 0.20%~1.00%

三、多项选择题

1. 供仪器分析用的试样样块,使用前应根据分析仪器的要求,适当的予以_____。
   A. 磨平　　　B. 钻孔　　　C. 切割　　　D. 抛光

2. 定量滤纸一般分为_____类型。
   A. 快速　　　B. 中速　　　C. 慢速

3. 分析化学中常用试剂的规格有_____。
   A. 优级纯　　　B. 化学纯　　　C. 工业纯　　　D. 分析纯

4. 浓酸、浓碱具有强烈的腐蚀性,如不小心溅到皮肤和眼内,应立即用水冲洗,然后用_____冲洗,最后用水冲洗。
   A. 5%碳酸氢钠溶液　B. 5%醋酸钠　C. 5%硼酸溶液　D. 5%醋酸溶液

四、判断题

1. Q235B和Q235A级沸腾钢锰含量上限为0.60%。　　　　　　　　　　　　　( )

2. 在钢材及合金化学分析方法管式炉内燃烧后气体容量法测定碳含量时,如分析高碳试样后要测低碳试样,应做空白试验,做完一个空白试验后才能作低碳试样的分析。　( )

3. 配制好的溶液盛装在试剂瓶中,应马上贴好标签,注明溶液的浓度、名称、配制日期以及配制人。　　　　　　　　　　　　　　　　　　　　　　　　　　　　　　　　( )

4. 废酸、废碱等应小心倒入废液缸(或塑料提桶内),切勿倒入水槽内,以免腐蚀下水管及污染

环境 （ ）

5. 成品分析所得的值,不能超过规定上限加上上偏差,或不能超过规定化学成分范围的下限减下偏差。 （ ）

五、简答题

1. 使用移液管移取溶液时,一般分为三步,即洗涤、润洗、移液,简述其中移液管的润洗操作步骤。

2. 如何进行分光光度计的维护?

六、计算题

100mL 容量瓶校正,如果与标线相差 0.4mL,则体积的相对误差是多少?如分析试样时,称取试样 0.5000g,溶解后定量转入该容量瓶中,移取 25.00mL 测定,则所测溶液中样品质量差值为多少?其相对误差为多少?

第二节 水 泥

一、填空题

1. 用于标定与配制标准溶液的试剂,除另有说明外应为_____。
2. 浓度为 200g/L 的氢氧化钾溶液的配制方法是:将_____氢氧化钾溶于水中,加水稀释至_____,贮存于塑料瓶中。
3. 化学分析中,"灼烧或烘干至恒量"系指_____。
4. 水泥烧失量测定时,灼烧温度为_____。
5. 碳酸钙标准溶液的配制:称取 0.6g 已于 105～110℃ 烘过 2h 的碳酸钙,精确至_____,置于 400mL 烧杯中,加入约 100mL 水,盖上表面皿,沿杯口滴加盐酸(1+1)至碳酸钙全部溶解,加热煮沸数分钟。将溶液冷却至室温,移入 250mL 容量瓶中,用水稀释至标线,摇匀。此溶液的浓度为_____ mol/L。
6. 为了使 0.2032g 硫酸铵中的 SO_4^{2-} 沉淀完全,需要每升含 $BaCl_2 \cdot 2H_2O$ 的溶液_____ mL。
7. 水泥中氧化钙、氧化镁的测定时,加入三乙醇胺的目的是_____。
8. 同一试验室的允许差是指:_____试验室_____分析人员,采用标准方法分析_____时,两次分析结果应符合允许差规定。
9. 在化学分析过程中,一般使用的水为_____;所用试剂的纯度为_____。
10. 滴定管、移液管、容量瓶是化学分析中量取溶液体积的三种准确量器,记录体积时应记准小数点后_____位。
11. 不同试验室的允许差是指:_____试验室采用标准方法分析_____时,所得分析结果的平均值之差应符合允许差规定。

二、单项选择题

1. 下列属于系统误差的是_____。
   A. 两次测定温度不同产生的误差　　B. 分解时有损失产生的误差
   C. 同时测 10 次同一份溶液产生的误差　　D. 计算方法不同产生的误差
2. 滴定管读数的起点每次均应调到_____刻度处。

A. 随便   B. 50.00mL   C. 25.00mL   D. 0.00mL

3. 光的吸收定律适用于_____。
A. 被测定组分浓度低的稀溶液   B. 被测定组分比干扰组分浓度低的稀溶液
C. 所有组分低的稀溶液   D. 所有组分高的稀溶液

4. 浓度为 50g/L 的钼酸铵溶液配制:将_____g 钼酸铵溶于水中,加水稀释至_____mL,过滤后贮存于塑料瓶中。
A. 50　100   B. 50　95   C. 5　100   D. 5　95

5. 水泥中三氧化硫的测定,过滤硫酸钡沉淀时采用的滤纸为_____。
A. 中速定性   B. 中速定量   C. 慢速定量   D. 快速定量

6. 称量法校正滴定管:将蒸馏水注入洁净的滴定管至刻度 0 处,记录水温,然后放出一段水(如 5mL 或 10mL)注入已称重的具塞锥瓶中称量,准确至 0.01g。如此反复进行,直至刻度 50 处。例如,21℃时,由滴定管中放出 10.03mL 水,其质量为 10.04g。由校正用水数据表知,21℃时每毫升(mL)水重 0.997g,则实际容积与标示容积之差为_____mL。
A. 0.03   B. 0.04   C. 0.05   D. 0.06

7. 水泥中氯离子的测定,在处理后的溶液中滴加二苯偶氮碳酰肼的作用是_____。
A. 指示剂   B. 掩蔽剂   C. 沉淀剂   D. 显色剂

8. 水泥中三氧化硫的测定,在处理后在溶液中加入氯化钡,其作用是_____。
A. 指示剂   B. 掩蔽剂   C. 沉淀剂   D. 显色剂

9. 下端带有_____的为酸式滴定管,用于盛放酸性溶液或氧化性溶液。
A. 玻璃旋塞   B. 玻璃珠的橡皮管   C. 尖嘴玻璃管   D. 圆嘴玻璃管

10. 水泥中三氧化硫测定时,其试验次数为_____次。
A. 1   B. 2   C. 3   D. 4

三、多项选择题

1. 定量滤纸一般分为_____类型。
A. 快速   B. 中速   C. 慢速   D. 特慢速

2. 分析化学中常用试剂的规格有_____。
A. 优级纯   B. 化学纯   C. 工业纯   D. 分析纯

3. 化学分析中,一般的称量方法有_____。
A. 直接法   B. 固定法   C. 递增法   D. 递减法

4. 浓酸、浓碱具有强烈的腐蚀性,如不小心溅到皮肤和眼内,应立即用水冲洗,然后用_____冲洗,最后用水冲洗。
A. 5%碳酸氢钠溶液   B. 5%醋酸钠   C. 5%硼酸溶液   D. 5%醋酸溶液

5. 可在瓷坩埚中熔融的样品为_____。
A. 粉煤灰   B. NaOH   C. $K_2S_2O_7$ D. Na_2CO_3

6. 容量瓶在使用前应检查的项目有_____。
A. 容积是否准确   B. 瓶塞是否漏水   C. 标度刻线距瓶口是否太近

四、判断题

1. 水泥化学分析的样品制备:采用四分法缩分至约 100g,经 0.080mm 方孔筛筛析,将筛余物研磨后使其全部通过 0.080mm 方孔筛,充分混匀,装入带有磨口塞的瓶中密封。 (　　)

2. 配制好的溶液盛装在试剂瓶中,应马上贴好标签,注明溶液的浓度、名称、配制日期以及配制

人。( )

3. 废酸、废碱等应小心倒入废液缸(或塑料提桶内),切勿倒入水槽内,以免腐蚀下水管及污染环境。( )

4. 在日常的滴定分析中,除了强碱溶液外,一般均可采用酸式滴定管进行滴定。( )

5. 水泥中氯的分析,进行蒸馏抽气的气流速度应在 200±50mL/min,蒸馏时间为 5min。( )

6. 水泥烧失量的测定方法提要:试样在 950~1000℃的马弗炉中灼烧,驱除水分,同时将存在的易氧化元素氧化。( )

五、简答题

1. 如何进行滤纸的灼烧?
2. 如何检查滤液中的 Cl^- 离子(硝酸盐法)?
3. 如何确定玻璃器皿已洗涤洁净?
4. 配制 HCl 和 NaOH 溶液时,需加蒸馏水,是否要准确量度其体积?为什么?
5. 滴定分析时,如何读取滴定管中消耗的溶液体积?
6. 使用移液管移取溶液时,一般分为三步,即洗涤、润洗、移液,简述其中移液管的移液操作步骤。
7. 简述水泥中氯离子的分析方法原理。

六、计算题

1. EDTA 标准滴定溶液浓度的标定。称取 0.5921g 已于 105~110℃烘过 2h 的碳酸钙,置于 400mL 烧杯中,加入约 100mL 水,沿杯口滴加盐酸(1+1)至碳酸钙全部溶解,加热煮沸数分钟。将溶液冷至室温,移入 250mL 容量瓶中,用水稀释至标线,摇匀。吸取上述碳酸钙标准溶液 25.00mL 于 400mL 烧杯中,加水稀释至约 200mL,加入适量的 CMP 混合指示剂,在搅拌下加入氢氧化钾溶液(200g/L)至出现绿色荧光后再过量 2~3mL,以 EDTA 标准滴定溶液滴定至绿色荧光消失并呈现红色,消耗 EDTA 标准滴定溶液的体积为 38.28mL。试计算 EDTA 标准滴定溶液的浓度及对氧化镁的滴定度。

2. 水泥中氧化镁的测定。根据标准方法进行试验,称取水泥试样 0.5018g,氧化钙、氧化镁滴定时消耗 EDTA 标准滴定液的体积分别为 36.76mL、38.52mL,已知 EDTA 对氧化镁的滴定度为 0.5990mg/mL,一氧化锰的含量低于 0.5%。计算该次测定的氧化镁含量?

3. 100mL 容量瓶校正,如果与标线相差 0.4mL,则体积的相对误差是多少?如分析试样时,称取试样 0.5000g,溶解后定量转入该容量瓶中,移取 25.00mL 测定,则所测溶液中样品质量差值为多少?其相对误差为多少?

七、实践题

1. 对 1000mL 的容量瓶校正操作。
2. 分光光度计的正确使用方法。
3. 水泥中三氧化硫检测时,过滤操作前滤纸的折叠和漏斗的准备。
4. EDTA 标准溶液的标定。
5. 移取 25.00mL 0.1mol/mL HCL 溶液于 250mL 锥形瓶中,加 2~3 滴酚酞指示剂,用 0.1mol/mL NaOH 进行中和滴定。

参考答案：

一、填空题

1. 基准试剂　　　　　　　　　　2. 200g　1000mL
3. 经连续两次灼烧或烘干并于干燥器中冷至室温后,两次称重之差不超过0.5毫克
4. 950~1000℃　　　　　　　　　5. 0.0001g　0.024mol/L
6. 6~7mL　　　　7. 掩蔽剂　　　8. 同一分析　同一　同一样品
9. 蒸馏水或同等纯度的水分析纯或优级纯　　10. 2　　　　11. 两个　同一样品

二、单项选择题

1. A　　　　　　2. D　　　　　　3. C　　　　　　4. C
5. B　　　　　　6. B　　　　　　7. A　　　　　　8. C
9. A　　　　　　10. B

三、多项选择题

1. A、B、C　　　2. A、B、D　　　3. B、D　　　　4. A、C
5. A、C　　　　6. B、C

四、判断题

1. ×　　　　　　2. √　　　　　　3. √　　　　　　4. √
5. ×　　　　　　6. ×

五、简答题

1. 答：灼烧——特滤纸和沉淀放入预先灼烧并恒量的坩埚中,烘干。在氧化性气氛中慢慢灰化,不使有火焰产生,灰化至无黑色炭颗粒后,放入马弗炉中,在规定的温度下灼烧。在干燥器中冷却至室温、称量。

2. 答：检查Cl^-离子(硝酸银检验),按规定洗涤沉淀数次后,用数滴水淋洗漏斗的下端,用数毫升水洗涤滤纸和沉淀,将滤液收集在试管中,加几滴硝酸银溶液(5g/L),观察试管中溶液是否浑浊。如果浑浊,继续洗涤并定期检查,直至用硝酸银检验不再浑浊为止。

3. 答：当玻璃器皿的内壁能被水均匀地润湿而无水的条纹,且不挂水珠,即认为玻璃器皿已洗涤洁净。

4. 答：配制HCl和NaOH溶液时,需加蒸馏水,不要准确量度其体积。因为浓HCl易挥发,NaOH易吸收空气中的水分和二氧化碳,无法直接准确配制,只能先配制近似浓度的溶液,然后用基准物质标定其浓度。

5. 答：(1)滴定管读数前,注意管出口嘴尖上有无挂着水珠。

(2)读数时应将滴定管从滴定管架上取下,用右手大拇指和食指捏住滴定管上部无刻度处,其他手指从旁辅助,使滴定管保持垂直。

(3)由于水的附着力和内聚力的作用,滴定管内的液面呈弯月形,读数时视线应与弯月面下缘实线的最低点相切,即视线应与弯月面下缘实线的最低点在同一水平面上。

(4)为便于读数准确,在管装满或放出溶液后,必须等1~2min,使附着在内壁的游泳流下来后,再读数。

(5)读取的值必须读至毫升小数后第二位,即要求估计到0.01mL。

6. 答:(1)称液管经润洗后,移取溶液时,将管直接伸入待吸液液面下约 1~2cm 深处。

(2)吸液时,应注意容器中液面和管尖的位置,应使管尖随液面下降而下降,而洗耳球慢慢放松时,管中的液面徐徐上升,当液面上升至标线以上时,迅速移去洗耳球。

(3)与此同时,用右手食指堵住管口,左手改拿盛待吸液的容器,然后将移液管往上提起,使之离开液面,并将管的下部原伸入溶液的部分沿待吸液容器内壁轻转两圈,以除去管壁上的溶液。

(4)使容器倾斜成约 45°,其内壁与移液管尖紧贴,右手食指微微松动,使液面缓慢下降,直到视线平视时弯月面与标线相切,这时立即用食指按紧管口。

(5)移开待吸液容器,左手改拿接收溶液的容器,并将接收容器倾斜,使内壁紧贴移液管尖,成45°左右,放松右手食指,使溶液自然地顺壁流下。

(6)待液面下降到管尖后,等 15s 左右,移出移液管。

7. 答:用规定的蒸装置在 170~390℃ 温度梯度下,以磷酸和过氧化氢分解试样,以净化空气作载体,进行蒸馏分离氯,用 0.1mol/L 硝酸作吸收液,蒸馏 5~8min 后,向蒸馏液中加入相当于体积 75%(V/V)的乙醇。在 pH3.5 左右,以二苯偶氮碳酰肼为指示剂,用硝酸汞标准溶液进行滴定。

六、计算题

1. 解:EDTA 标准滴定溶液的浓度:
$$C(EDTA) = \frac{m \times 25 \times 1000}{250 \times V \times 100.09} = \frac{m}{V} \times \frac{1}{1.0009} = \frac{0.5921}{38.28} \times \frac{1}{1.0009} = 0.015 \text{mol/L}$$

EDTA 标准滴定溶液对氧化镁的滴定度
$$T_{MgO} = C(EDTA) \times 40.31 = 0.015 \times 40.13 = 0.60 \text{mg/mL}$$

2. 解:$T_{MgO} = \frac{T_{MgO} \times (V_2 - V_1) \times 10}{m \times 1000} \times 100 = \frac{T_{MgO} \times (V_2 - V_1) \times 10}{m} = \frac{0.5990 \times (38.52 - 36.76)}{0.5018}$
$= 2.10\%$

3. 体积的相对误差:$\frac{0.4}{100} \times 100\% = 0.4\%$

溶液中样品质量差值为:$0.5000g \times 0.4\% \times 1/4 = 0.0005g$;其相对误差为:$0.4\%$。

七、实践题

1. 解:洗净容量瓶,倒挂在漏斗架上使它自然晾干,不能烘烧干。将已洗净且晾干的容量瓶放在天平上称其质量(精确至 0.01g),取下容量瓶,然后加入蒸馏水到标线,再将称其质量,并测定水的温度。两次质量之差,即为容量中水的质量,除以此温度时每毫升(mL)水的质量,即为容量瓶的实际容积。

2. 解:(1)检查仪器各个调节旋钮的起始位置是否正确,接通电源开关,打开比色皿暗箱盖,仪器预试 10~15min,选择确定的波长和相应的灵敏度档;

(2)在一比色皿中放入参比溶液(约 3/4 处),待测试液放入另一比色皿中,将此两比色皿放入比色槽架内,然后盖上比色槽的暗盒,旋转仪器的光量调节器,使参比液处于 $T = 100\%$ 位置,然后将待测溶液装入比色皿中推入路中,即可读数,读完吸光度值后,立即打开比色槽暗盒的盖子;

(3)实验完毕,拔下插头,复原仪器。

3~5. 解:(略)

水泥模拟试卷(A)

一、填空题

1. 浓度为 200g/L 的氢氧化钾溶液的配制方法是:将_____氢氧化钾溶于水中,加水稀释至

_____,贮存于塑料瓶中。

2. 化学分析中,"灼烧或烘干至恒量"系指_____。

3. 碳酸钙标准溶液的配制:称取 0.6g 已于 105～110℃烘过 2h 的碳酸钙,精确至_____,置于 400mL 烧杯中,加入约 100mL 水,盖上表面皿,沿杯口滴加盐酸(1+1)至碳酸钙全部溶解,加热煮沸数分钟。将溶液冷却至室温,移入 250mL 容量瓶中,用水稀释至标线,摇匀。此溶液的浓度为_____mol/L。

4. 为了使 0.2032g 硫酸铵中的 SO_4^{2-} 沉淀完全,需要每升含 $63gBaCl_2 \cdot 2H_2O$ 的溶液体积_____mL。

5. 水泥中氧化钙、氧化镁的测定时,加入三乙醇胺的目的是_____。

6. 同一试验室的允许差是指:_____试验室_____分析人员,采用标准方法分析_____时,两次分析结果应符合允许差规定。

二、单项选择题

1. 下列属于系统误差的是_____。
   A. 两次测定温度不同产生的误差 B. 分解时有损失产生的误差
   C. 同时测 10 次同一份溶液产生的误差 D. 计算方法不同产生的误差

2. 浓度为 50g/L 的钼酸铵溶液配制:将_____g 钼酸铵溶于水中,加水稀释至_____mL,过滤后贮存于塑料瓶中。
   A. 50 100 B. 50 95 C. 5 100 D. 5 95

3. 称量法校正滴定管:将蒸馏水注入洁净的滴定管至刻度 0 处,记录水温,然后放出一段水(如 5mL 或 10mL)注入已称重的具塞锥瓶中称量,准确至 0.01 克。如此反复进行,直至刻度 50 处。例如,21℃时,由滴定管中放出 10.03 毫升水,其质量为 10.04 克。由校正用水数据表知,21℃时每毫升水重 0.997 克,则实际容积与标示容积之差为_____mL。
   A. 0.03 B. 0.04 C. 0.05 D. 0.06

4. 滴定管读数的起点每次均应调到_____刻度处。
   A. 随便 B. 50.00mL C. 25.00mL D. 0.00mL

5. 水泥中三氧化硫测定时,其试验次数为_____次。
   A. 1 B. 2 C. 3 D. 4

三、多项选择题

1. 定量滤纸一般分为_____类型。
   A. 快速 B. 中速 C. 慢速 D. 特慢速

2. 化学分析中,一般的称量方法有_____。
   A. 直接法 B. 固定法 C. 递增法 D. 递减法

3. 容量瓶在使用前应检查的项目有_____。
   A. 容积是否准确 B. 瓶塞是否漏水 C. 标度刻线距瓶口是否太近

四、判断题

1. 水泥化学分析的样品制备:采用四分法缩分至约 100g,经 0.080mm 方孔筛筛析,将筛余物研磨后使其全部通过 0.080mm 方孔筛,充分混匀,装入带有磨口塞的瓶中密封。 ( )

2. 配制好的溶液盛装在试剂瓶中,应马上贴好标签,注明溶液的浓度、名称、配制日期以及配制人。 ( )

3. 水泥烧失量的测定方法提要:试样在950~1000℃的马弗炉中灼烧,驱除水分,同时将存在的易氧化元素氧化。（   ）

五、简答题

1. 如何进行滤纸的灼烧?
2. 如何确定玻璃器皿已洗涤洁净?
3. 配制 HCl 和 NaOH 溶液时,需加蒸馏水,是否要准确量度其体积? 为什么?

六、计算题

EDTA 标准滴定溶液浓度的标定。称取 0.5921g 已于 105~110℃ 烘过 2h 的碳酸钙,置于 400mL 烧杯中,加入约 100mL 水,沿杯口滴加盐酸(1+1)至碳酸钙全部溶解,加热煮沸数分钟。将溶液冷至室温,移入 250mL 容量瓶中,用水稀释至标线,摇匀。吸取上述碳酸钙标准溶液 25.00mL 于 400mL 烧杯中,加水稀释至约 200mL,加入适量的 CMP 混合指示剂,在搅拌下加入氢氧化钾溶液(200g/L)至出现绿色荧光后再过量 2~3mL,以 EDTA 标准滴定溶液滴定至绿色荧光消失并呈现红色,消耗 EDTA 标准滴定溶液的体积为 38.28mL。试计算 EDTA 标准滴定溶液的浓度及对氧化镁的滴定度。

七、实践题

对 250mL 的容量瓶校正操作。

水泥模拟试卷(B)

一、填空题

1. 用于标定与配制标准溶液的试剂,除另有说明外应为_____。
2. 浓度为 50g/L 的钼酸铵溶液的配制方法是:将_____ g 钼酸铵[$(NH_4)_6MO_7O_{24} \cdot 4H_2O$]溶于水中,加水稀释至_____ mL,贮存于塑料瓶中。
3. 水泥烧失量测定时,灼烧温度为_____。
4. 不同试验室的允许差是指:_____试验室采用标准方法对_____各自进行分析,所得分析结果的平均值之差应符合允许差规定。
5. 在化学分析过程中,一般使用的水为_____;所用试剂的纯度为_____。
6. 滴定管、移液管、容量瓶是化学分析中量取溶液体积的三种准确量量器,记录体积时应记准小数点后_____位。

二、单项选择题

1. 光的吸收定律适用于_____。
   A. 被测定组分浓度低的稀溶液　　　　　　B. 所有组分低的稀溶液
   C. 被测定组分比干扰组分浓度低的稀溶液
2. 水泥中三氧化硫的测定,过滤硫酸钡沉淀时采用的滤纸为_____。
   A. 中速定性　　B. 中速定量　　C. 慢速定量　　D. 快速定量
3. 水泥中氯离子的测定,在处理后的溶液中滴加二苯偶氮碳酰肼的作用是_____。
   A. 指示剂　　B. 掩蔽剂　　C. 沉淀剂　　D. 显色剂

4. 水泥中三氧化硫的测定,在处理后在溶液中加入氯化钡,其作用是_____。
   A. 指示剂　　　　　B. 掩蔽剂　　　　　C. 沉淀剂　　　　　D. 显色剂
5. 下端带有_____和_____的为碱式滴定管,用于盛放氧化性溶液。
   A. 玻璃旋塞　　　B. 玻璃珠的橡皮管　　C. 尖嘴玻璃管　　　D. 圆嘴玻璃管

三、多项选择题

1. 可在瓷坩埚中熔融的样品为_____。
   A. 粉煤灰　　　　　B. NaOH　　　　　C. $K_2S_2O_7$　　　　D. Na_2CO_3
2. 分析化学中常用试剂的规格有_____。
   A. 优级纯　　　　　B. 化学纯　　　　　C. 工业纯　　　　　D. 分析纯
3. 浓酸、浓碱具有强烈的腐蚀性,如不小心溅到皮肤和眼内,应立即用水冲洗,然后用_____冲洗,最后用水冲洗。
   A. 5%碳酸氢钠溶液　　B. 5%醋酸钠　　　C. 5%硼酸溶液　　　D. 5%醋酸溶液

四、判断题

1. 废酸、废碱等应小心倒入废液缸(或塑料提桶内),切勿倒入水槽内,以免腐蚀下水管及污染环境。　　　　　　　　　　　　　　　　　　　　　　　　　　　　　　　　(　)
2. 在日常的滴定分析中,除了强碱溶液外,一般均可采用酸式滴定管进行滴定。　(　)
3. 水泥中氯的分析,进行蒸馏抽气的气流速度应在 200 ± 50 mL/min,蒸馏时间为 5min。(　)

五、简答题

1. 如何检查滤液中的 Cl^- 离子(硝酸盐法)?
2. 简述水泥中氯离子的分析方法原理。
3. 滴定分析时,如何读取滴定管中消耗的溶液体积?

六、计算题

水泥中氧化镁的测定。根据标准方法进行试验,称取水泥试样 0.5018g,氧化钙、氧化镁滴定时消耗 EDTA 标准滴定液的体积分别为 36.76mL,38.52mL,已知 EDTA 对氧化镁的滴定度为 0.5990 mg/mL,一氧化锰的含量低于 0.5%。计算该次测定的氧化镁含量?

七、实践题

EDTA 标准溶液的标定。

第三节　混凝土拌合用水

一、填空题

1. 混凝土用水是混凝土拌合用水和混凝土养护用水的总称,包括_____、_____、_____、混凝土企业设备洗刷水和海水。
2. 混凝土用水是_____和_____的总称。
3. 再生水指_____经适当再生工艺处理后具有_____的水。
4. 对于设计使用年限为 100 年的结构混凝土,氯离子含量不得超过_____。

5. 对使用钢丝或经热处理钢筋的预应力混凝土,氯离子含量不得超过_____。
6. _____严禁用于钢筋混凝土和预应力混凝土。
7. 采用非碱活性骨料时,可不检验混凝土用水的_____。
8. 《混凝土用水标准》JGJ 63—2006 适用于_____与_____及_____的混凝土用水。
9. 不溶物的检验应符合现行国家标准_____的要求。
10. 可溶物的检验应符合现行国家标准_____中溶解性总固体检验法的要求。
11. 氯化物的检验应符合现行国家标准_____的要求。
12. 硫酸盐的检验应符合现行国家标准_____的要求。
13. 碱含量的检验应符合现行国家标准_____中关于_____、_____测定的_____法的要求。
14. 采集水样的容器应_____;容器应用_____冲洗三次再灌装,并应_____待用。
15. 取水应具有代表性,水样不少于_____,地表水宜在水域中心部位、距水面_____以下采集。
16. 测定 pH 值时,配制试剂均应使用_____的纯水。
17. pH 标准缓冲液分为_____种,在20℃时的 pH 分别为_____。
18. 对于长期不用的电极,参考所使用说明书进行_____后使用。
19. 电极中的电解液应及时补充,可用滴管将_____从电极上部的小口加入。
20. 测定可溶物时,恒重的标准是_____。
21. 测定氯离子时,以_____作指示剂,在_____条件下,用_____标准溶液滴定水样中的氯化物,由于氯化银的溶解度小于铬酸银的溶解度,氯化物首先被完全沉淀出来,然后铬酸盐以铬酸银的形式沉淀出来,产生_____,指示滴定终点到达。
22. 测定氯离子调整水样 pH 值时,先在水样中加 2～3 滴_____指示剂,用_____和_____溶液调节至水样恰由_____。
23. 测定水样中硫酸盐的原理是在_____条件下,硫酸盐与氯化钡溶液反应生成_____沉淀,根据沉淀的_____计算硫酸盐的含量。
24. 测定硫酸盐时,恒重的标准是_____。
25. 混凝土用水碱含量测定采用的方法是_____ GB/T176。
26. 测得某样品氧化钠含量为520mg/L,氧化钾含量为115mg/L,则样品的碱含量是_____。
27. 水质全部检验项目宜在取样后_____内完成。
28. 在使用期间,地表水_____检验一次;地下水_____检验一次。

二、选择题

1. 在无法获得水源的情况下,海水可用于_____,但不宜用于装饰混凝土。
   A. 钢筋混凝土　　　B. 预应力混凝土　　　C. 素混凝土
2. 未经处理的_____严禁用于钢筋混凝土和预应力混凝土。
   A. 海水　　　B. 饮用水　　　C. 再生水　　　D. 地下水
3. 混凝土养护用水可不检验不溶物和_____指标。
   A. 氯离子　　　B. 碱含量　　　C. 可溶物　　　D. 硫酸盐
4. 不溶物测定时,烘干的温度是_____。
   A. 150℃±3℃　　　B. 108℃±3℃　　　C. 180℃±3℃　　　D. 105℃±3℃
5. 测定氯离子时,滴定的 pH 范围是_____。
   A. 4～6　　　B. 6.5～10.5　　　C. 11～13　　　D. 2～3

6. 某水样测定不溶物,水样体积 100mL,滤膜和称量瓶的质量为 23.4576g,不溶物 + 滤膜 + 称量瓶的质量为 23.6768g,该水样的不溶物含量为_____。
   A. 2112mg/L　　　　B. 1292mg/L　　　　C. 2192mg/L　　　　D. 2113mg/L

7. 某水样测定氯化物,取 100mL 进行滴定,消耗 0.014mol/L 的硝酸银 11.85mL,同时测定空白,消耗硝酸银 0.37mL,则该水样的氯化物含量是_____。
   A. 41.08mg/L　　　　B. 56.98mg/L　　　　C. 65.89mg/L　　　　D. 24.48mg/L

8. 测定 pH 值的 pH 计读数精度不低于_____。
   A. 1pH 单位　　　　B. 0.05pH 单位　　　　C. 0.1pH 单位　　　　D. 0.5pH 单位

9. pH 复合电极中的电解液需要及时补充,该电解液是_____。
   A. 0.5mol/L KCl 溶液　　　　　　　　B. 0.5mol/L KNO_3 溶液
   C. 饱和 KCl 溶液　　　　　　　　　　D. 饱和 KNO_3 溶液

10. 测定硫酸盐时,恒重的要求是两次称量之差小于等于_____。
    A. 0.2mg　　　　B. 0.3mg　　　　C. 0.4mg　　　　D. 0.5mg

11. 测定硫酸盐时,硫酸钡的灼烧温度是_____。
    A. 500~600℃　　　　B. 1000℃　　　　C. 800℃　　　　D. 1100℃

三、计算题

1. 某水样测定氯化物,样品体积 50mL,消耗 0.014mol/L 的硝酸银 8.95mL,同时测定空白,消耗硝酸银 0.12mL,则该水样的氯化物含量是多少?

2. 测定某水样的硫酸盐含量,水样体积均为 200ml,1、2、3、4 号坩埚分别重 15.1931g、16.3217g、13.1181g、15.3219g,其中 1、2 号分析样品,3、4 号为空白。沉淀灼烧后 1、2、3、4 号坩埚分别重 15.2973g、16.4261g、13.1184g、15.3221g。则该水样的硫酸盐含量为多少?

四、问答题

1. 为什么氯离子测定时必须在中性到弱碱性条件下进行?
2. 什么是不溶物?什么是可溶物?
3. 简述重量法测定硫酸盐的原理。
4. 为什么滤纸要先灰化,然后灼烧,可否直接灼烧?
5. 若发现沉淀呈浅灰色和黑色,可能是什么原因引起的?应如何处理?
6. 简述硝酸银容量法测定氯离子的原理。
7. 简述 pH 计的校准过程。

参考答案:

一、填空题

1. 饮用水　地表水　地下水　再生水　　2. 混凝土拌合用水　混凝土养护用水
3. 污水　使用功能　　　　　　　　　　4. 500mg/L
5. 350mg/L　　　　　　　　　　　　　 6. 未经处理的海水
7. 碱含量　　　　　　　　　　　　　　8. 工业　民用建筑　一般构筑物
9. 《水质　悬浮物的测定　重量法》GB/T11901
10. 《生活饮用水标准检验法》GB5750
11. 《水质　氯化物的测定　硝酸银滴定法》GB/T11896

12.《水质 硫酸盐的测定 质量法》GB/T11899
13.《水泥化学分析方法》GB/T176 氧化钾 氧化钠 火焰光度计
14. 无污染 采集水样 密封　　　　15. 5L 100mm
16. 新煮沸并放冷　　　　　　　　17. 3 4.00、6.88、9.23
18. 活化　　　　　　　　　　　　19. 饱和KCl溶液
20. 两次称量差≤0.4mg　　　　　　21. 铬酸钾 中性至弱碱性 硝酸银 砖红色
22. 酚酞 硫酸 氢氧化钠 红色刚刚褪去
23. 酸性 硫酸钡 准确重量　　　　24. 两次称量差≤0.2mg
25. 水泥化学分析方法　　　　　　26. 596mg/L
27. 7h　　　　　　　　　　　　　28. 每6个月 每年

二、选择题

1. C　　　　2. A　　　　3. C　　　　4. D
5. B　　　　6. C　　　　7. B　　　　8. C
9. C　　　　10. A　　　　11. C

三、计算题

1. 解：$c_{cl} = \dfrac{(8.95-0.12)\times 0.014 \times 35.45}{50}\times 1000 = 87.65 \text{mg/L}$

2. 解：

$$m_0 = \dfrac{(13.1184-13.1181)+(15.3221-15.3219)}{2} = \dfrac{0.0003+0.0002}{2} = 0.0002\text{g}$$

$$m_1 = \dfrac{(15.2973-15.1931)+(16.4261-16.3217)}{2} = \dfrac{0.1042+0.1044}{2} = 0.1043\text{g}$$

$$C_{SO_4} = \dfrac{(m_1-m_0)\times 0.4116 \times 10^6}{V} = \dfrac{(0.1043-0.0002)\times 0.4116 \times 10^6}{200} = 214.2\text{mg/L}$$

四、问答题

1. 答：①本方法滴定不能在酸性条件下进行，因在酸性介质中铬酸根与酸反应使得浓度降低，影响等当点时铬酸银沉淀的生成。②本方法滴定不能在强碱性条件下进行，因为银离子将被氧化为氧化银沉淀。

2. 答：不溶物：在规定的条件下，水样经过滤，未通过滤膜部分干燥后留下的物质。可溶物：在规定的条件下，水样经过滤，通过滤膜部分干燥蒸发后留下的物质。

3. 答：本方法采用在酸性条件下，硫酸盐与氯化钡溶液反应生成白色硫酸钡沉淀，沉淀反应在接近沸腾的温度下进行，在陈化一段时间后将沉淀过滤，用纯水洗至水氯离子，烘干、灼烧沉淀，根据硫酸钡的准确重量计算硫酸盐的含量。

4. 答：硫酸钡沉淀同滤纸灰化时，应保证有充分的空气。否则，沉淀易被滤纸烧成碳所还原：$BaSO_4 + C \rightarrow BaS + CO$。

5. 答：沉淀呈灰色和黑色，可能是滤纸灰化时空气不充分，导致沉淀被滤纸烧成的碳还原。此时可在冷却后的沉淀中加入2~3滴浓硫酸，然后小心加热至三氧化硫白烟不再发生为止，再在800℃的温度下灼烧至恒重。炉温不能过高，否则$BaSO_4$开始分解。

6. 答：以铬酸钾作指示剂，在中性至弱碱性(pH6.5~pH10.5)条件下，用硝酸银标准溶液滴定水样中的氯化物，由于氯化银的溶角度小于铬酸银的溶解度，氯化物首先被完全沉淀出来，然后铬酸盐以铬酸银的形式沉淀出来,产生砖红色,指示滴定终点到达。

7. 答:①先将水样与标准缓冲溶液调到同一温度,记录测定温度,并将仪器温度补偿旋钮调至该温度上。②将电极用纯水彻底冲洗并用滤纸吸干,用与水样 pH 相近的一种标准缓冲溶液校正仪器(可先用 pH 试纸测定水样的 pH 范围,通常接近中性),调整定位旋钮,使仪器显示第一种缓冲液在该温度下的 pH 值。③从标准缓冲溶液中取出电极,用纯水彻底冲洗并用滤纸吸干。再将电极浸入第二种标准缓冲溶液中,小心摇动,静置,仪器示值与第二种标准缓冲溶液在该温度时的 pH 值之差不应超过 0.1pH 单位,否则应调节仪器斜率旋钮。④重复上述校正工作,直到示值正常时,方可用于测定水样。

混凝土拌合用水模拟试卷(A)

一、填空题

1. 混凝土用水是混凝土拌合用水和混凝土养护用水的总称,包括_____、_____、_____、_____、混凝土企业设备洗刷水和海水。
2. 再生水指_____经适当再生工艺处理后具有_____的水。
3. 对于设计使用年限为100年的结构混凝土,氯离子含量不得超过_____。
4. _____严禁用于钢筋混凝土和预应力混凝土。
5. 采用非碱活性骨料时,可不检验混凝土用水的_____。
6. 《混凝土用水标准》JGJ 63—2006 适用于_____与_____及_____的混凝土用水。
7. 不溶物的检验应符合现行国家标准_____的要求。
8. 硫酸盐的检验应符合现行国家标准_____的要求。
9. 采集水样的容器应_____;容器应用_____冲洗三次再灌装,并应_____待用。
10. 测定 pH 值时,配制试剂均应使用_____的纯水。
11. 对于长期不用的电极,参考所使用说明书进行_____后使用。
12. 测定可溶物时,恒重的标准是_____。
13. 测定氯离子调整水样 pH 值时,先在水样中加 2~3 滴_____指示剂,用_____和_____溶液调节至水样恰由_____。
14. 测定水样中硫酸盐的原理是在_____条件下,硫酸盐与氯化钡溶液反应生成_____沉淀,根据沉淀的_____计算硫酸盐的含量。
15. 混凝土用水碱含量测定采用的方法是《_____》GB/T176。
16. 测得某样品氧化钠含量为520mg/L,氧化钾含量为115mg/L,则样品的碱含量是_____。
17. 水质全部检验项目宜在取样后_____内完成。

二、选择题

1. 在无法获得水源的情况下,海水可用于_____,但不宜用于装饰混凝土。
   A. 钢筋混凝土　　B. 预应力混凝土　　C. 素混凝土
2. 混凝土养护用水可不检验_____和可溶物指标。
   A. 氯离子　　B. 碱含量　　C. 不溶物　　D. 硫酸盐
3. 不溶物测定时,烘干的温度是_____。
   A. 150±3℃　　B. 108±3℃　　C. 180±3℃　　D. 105±3℃
4. 测定氯离子时,滴定的 pH 范围是_____。

A. 4~6　　　　　　B. 6.5~10.5　　　　C. 11~13　　　　　D. 2~3

5. 某水样测定不溶物,水样体积 100mL,滤膜和称量瓶的质量为 20.1568g,不溶物+滤膜+称量瓶的质量为 20.2449g,该水样的不溶物含量为_____。

A. 818mg/L　　　　B. 1881mg/L　　　　C. 881mg/L　　　　D. 1088mg/L

6. 某水样测定氯化物,取 100mL 进行滴定,消耗 0.014mol/L 的硝酸银 11.85mL,同时测定空白,消耗硝酸银 0.37mL,则该水样的氯化物含量是_____。

A. 41.08mg/L　　　B. 56.98mg/L　　　C. 65.89mg/L　　　D. 24.48mg/L

7. 测定 pH 值的 pH 计读数精度不低于_____。

A. 1pH 单位　　　　B. 0.05pH 单位　　　C. 0.1pH 单位　　　D. 0.5pH 单位

8. pH 复合电极中的电解液需要及时补充,该电解液是_____。

A. 0.5mol/L KCl 溶液　　　　　　　　B. 0.5mol/L KNO_3 溶液

C. 饱和 KCl 溶液　　　　　　　　　　D. 饱和 KNO_3 溶液

9. 测定硫酸盐时,恒重的要求是两次称量之差小于等于_____。

A. 0.2mg　　　　　B. 0.3mg　　　　　C. 0.4mg　　　　　D. 0.5mg

10 测定硫酸盐时,硫酸钡的灼烧温度是_____。

A. 500~600℃　　　B. 1000℃　　　　　C. 800℃　　　　　D. 1100℃

三、计算题

1. 某水样测定氯化物,样品体积 50mL,消耗 0.014mol/L 的硝酸银 8.95mL,同时测定空白,消耗硝酸银 0.12mL,则该水样的氯化物含量是多少?

2. 测定某水样的硫酸盐含量,水样体积均为 200ml,1、2、3、4 号坩埚分别重 15.1931g、16.3217g、13.1181g、15.3219g,其中 1、2 号分析样品,3、4 号为空白。沉淀灼烧后 1、2、3、4 号坩埚分别重 15.2973g、16.4261g、13.1184g、15.3221g。则该水样的硫酸盐含量为多少?

四、问答题

1. 简述硝酸银容量法测定氯离子的原理。
2. 简述重量法测定硫酸盐的原理。
3. 简述 pH 计的校准过程。
4. 为什么氯离子测定时必须在中性到弱碱性条件下进行?

混凝土拌合用水模拟试卷(B)

一、填空题

1. 混凝土用水是_____和_____的总称。
2. 再生水指_____经适当再生工艺处理后具有_____的水。
4. 采用非碱活性骨料时,可不检验混凝土水的_____。
3. 对使用钢丝或经热处理钢筋的预应力混凝土,氯离子含量不得超过
5.《混凝土用水标准》JGJ 63—2006 适用于_____与_____及_____的混凝土用水。
6. 可溶物的检验应符合现行国家标准_____中溶解性总固体检验法的要求。
7. 碱含量的检验应符合现行国家标准_____中关于_____、_____测定的_____法的要求。

8. 取水应具有代表性,水样不少于_____,地表水宜在水域中心部位、距水面_____以下采集。

9. 测定 pH 值时,配制试剂均应使用_____的纯水。

10. pH 标准缓冲液分为_____种,在 20℃ 时的 pH 分别为_____、_____、_____。

11. 电极中的电解液应及时补充,可用滴管将_____从电极上部的小口加入。

12. 测定硫酸盐时,恒重的标准是_____。

13. 测定氯离子时,以_____作指示剂,在_____条件下,用_____标准溶液滴定水样中的氯化物,由于氯化银的溶解度小于铬酸银的溶解度,氯化物首先被完全沉淀出来,然后铬酸盐以铬酸银的形式沉淀出来,产生_____,指示滴定终点到达。

14. 测得某样品氧化钠含量为 520mg/L,氧化钾含量为,115mg/L,则样品的碱含量是_____。

15. 在使用期间,地表水_____检验一次;地下水_____检验一次。

二、选择题

1. 在无法获得水源的情况下,海水可用于_____,但不宜用于装饰混凝土。
   A. 钢筋混凝土　　　　B. 预应力混凝土　　　　C. 素混凝土

2. 未经处理的_____严禁用于钢筋混凝土和预应力混凝土。
   A. 海水　　　　B. 饮用水　　　　C. 再生水　　　　D. 地下水

3. 混凝土养护用水可不检验不溶物和_____指标。
   A. 氯离子　　　　B. 碱含量　　　　C. 可溶物　　　　D. 硫酸盐

4. 不溶物测定时,烘干的温度是_____。
   A. 150±3℃　　　　B. 108±3℃　　　　C. 180±3℃　　　　D. 105±3℃

5. 测定氯离子时,滴定的 pH 范围是_____。
   A. 4~6　　　　B. 6.5~10.5　　　　C. 11~13　　　　D. 2~3

6. 某水样测定不溶物,水样体积 100mL,滤膜和称量瓶的质量为 23.4576g,不溶物+滤膜+称量瓶的质量为 23.5683g,该水样的不溶物含量为_____。
   A. 1107mg/L　　　　B. 1017mg/L　　　　C. 1007mg/L　　　　D. 1071mg/L

7. 某水样测定氯化物,取 100mL 进行滴定,消耗 0.014mol/L 的硝酸银 10.74mL,同时测定空白,消耗硝酸银 0.26mL,则该水样的氯化物含量是_____。
   A. 52.01mg/L　　　　B. 25.01mg/L　　　　C. 1.46mg/L　　　　D. 24.48mg/L

8. 测定 pH 值的 pH 计读数精度不低于_____。
   A. 1pH 单位　　　　B. 0.05pH 单位　　　　C. 0.1pH 单位　　　　D. 0.5pH 单位

9. 可溶物不包括_____。
   A. 不易挥发的可溶盐类　　　　B. 有机物
   C. 能通过滤膜的不溶解微粒　　　　D. 尘土

10. 测定不溶物时硫酸盐时,硫酸钡的灼烧温度是_____。
    A. 800℃　　　　B. 1000℃　　　　C. 500~600℃　　　　D. 1100℃

三、计算题

1. 某水样测定氯化物,样品体积 50mL,消耗 0.014mol/L 的硝酸银 8.95mL,同时测定空白,消耗硝酸银 0.12mL,则该水样的氯化物含量是多少?

2. 测定某水样的硫酸盐含量,水样体积均为 200ml,1、2、3、4 号坩埚分别重 14.0820g、16.4706g、13.0092g、15.6548g,其中 1、2 号分析样品,3、4 号为空白。沉淀灼烧后 1、2、3、4 号坩埚分别重

14.1562g、16.5441g、13.0104g、15.6562g。则该水样的硫酸盐含量为多少?

四、问答题

1. 什么是不溶物?什么是可溶物?
2. 若发现沉淀呈浅灰色和黑色,可能是什么原因引起的?应如何处理?
3. 简述 pH 计的校准过程。
4. 简述硝酸银容量法测定氯离子的原理。

建筑主体结构工程检测

第一章 主体结构现场检测

第一节 混凝土结构及构件实体的非破损检测

一、填空题

1. 混凝土强度的检测方法根据检测原理可分为_____、_____、_____。
2. 根据对结构或构件的损伤程度,回弹法检测属于_____法,钻芯法检测属于_____法。
3. 混凝土缺陷的检测可采用_____法。
4. 超声波法检测混凝土缺陷主要是利用超声波在技术条件相同的混凝土中传播的_____、接收波的_____和_____等声学参数的相对变化,来判定混凝土的缺陷。
5. 回弹法是利用混凝土_____与_____之间的相关关系,同时考虑混凝土表面_____的影响,从而推定混凝土强度的非破损检测方法。
6. 回弹法检测混凝土抗压强度检测依据是现行行业标准_____。
7. 混凝土回弹仪率定值应为_____。
8. 回弹法测混凝土抗压强度时,相邻两测区的间距应控制在_____m 以内,测区离构件端部的距离不宜大于_____m,且不小于_____m,测区的面积不宜大于_____m²。
9. 混凝土回弹仪使用的环境温度是_____℃。
10. 混凝土回弹仪率定试验宜在_____、室温为_____℃的条件进行。
11. 普通混凝土用回弹仪的标准能量为_____J。
12. 一般情况下,回弹法检测混凝土强度时,每一结构或构件测区数不应少于____个。
13. 回弹法按批检测混凝土构件强度时,抽检数量不得少于同批构件总数的_____,且构件数量不得少于_____件。
14. 采用回弹法检测混凝土楼板构件时,应首先进行_____修正,然后对修正后的值进行修正。
15. 根据规程 JGJ/T23-2001,混凝土龄期在_____天时,可采用规程附录 A 进行测区强度换算。
16. 回弹法检测混凝土强度时,测点距外露钢筋的距离不宜小于_____mm,同一测点只能弹击____次,每一测区应记取____个回弹值。
17. 进行混凝土碳化深度测量时,可采用浓度为_____溶液作为试剂。
18. 回弹法检测泵送混凝土强度时,当碳化深度大于_____mm 时,可钻取数量不少于____个芯样进行修正。
19. 依据 CECS02:2005 标准,进行超声回弹综合法检测混凝土强度,同批构件按抽样检测时,构件抽样数量不应少于同批构件的_____,且不应少于_____件。

20. 依据 CECS02:2005 标准,进行超声回弹综合法检测混凝土强度,当构件满足某一方向尺寸不大于_____ m,且另一方向尺寸不大于_____ m 时,其测区数量可以适当减少,但不应少于 5 个。

21. 用于抗压试验的标准芯样试件,其公称直径一般不宜小于骨料最大粒径的_____倍;也可采用小直径芯样,但其公称直径不应小于_____mm 且不得小于骨料最大粒径的_____倍。

22. 用于抗压强度试验的标准芯样试件内最多只允许含有_____根直径小于_____mm 的钢筋。

23. 钻芯确定单个构件的混凝土强度推定值时,有效芯样试件的数量不应少于_____个,对于较小构件,有效芯样数量不得少于_____个。

24. 有效抗压芯样试件的高径比宜在_____范围内,芯样高度测量应精确至_____mm。

25. 当需要确定潮湿环境中的混凝土强度时,芯样试件宜在_____的清水中浸泡_____小时后方可进行试验。

26. 钻芯法确定检验批的混凝土强度推定值时,芯样的数量应根据_____确定,标准芯样试件的最小样本量不宜小于_____个。

27. 钻芯法按批检测混凝土强度时,应采用_____抽取方式从检验批的结构构件中抽取,每个构件抽取_____个芯样。

28. 依据 CECS03:2007 规程,当采用修正量的方法对间接测强方法进行钻芯修正时,标准芯样试件的数量不应小于_____个。小直径芯样的数量个数宜_____。

29. 依据 CECS03:2007 规程,按批检验混凝土强度推定值时,应计算推定区间,推定区间的上、下限差值不宜大于 max{____MPa,0.10 倍的平均值}。

30. 依据 CECS21:2000 标准,进行混凝土缺陷检测的换能器主要有两种类型,分别是_____方式和_____方式。

31. 超声法检测混凝土裂缝深度时,当裂缝部位只有一个可测表面时采用_____法,当裂缝部位具有两个相互平行的测试表面时可采用_____法检测。

32. 采用单面平测法进行裂缝深度检测时,应以不同的测距,按_____和_____分别布置测点进行声时测量。

33. 钻孔对测法检测裂缝深度时,对应的两个测试孔,必须始终位于裂缝两侧,其轴线应保持_____。

34. 钢筋探测仪和雷达仪在进行钢筋间距和保护层厚度检测前应采用_____进行校准,当混凝土保护层厚度为 10~50mm 时,混凝土保护层厚度检测的允许误差为_____,钢筋间距检测的允许误差为_____。

35. 当采用混凝土材料作为电磁感应法钢筋探测仪的校准试件时,混凝土龄期宜达到_____d 后使用。

36. 梁类构件纵向受力钢筋保护层允许正偏差为_____,负偏差为_____。

37. GB50204 附录 E 规定的钢筋保护层厚度检验的检验误差不超过_____。

38. 按 GB50204 标准,260 根小梁应至少抽取_____小梁进行钢筋保护层厚度检验,100 根同规格小梁至少抽取_____进行钢筋保护层厚度检验。

39. 对厚度超过_____的饰面层,应考虑清除再进行保护层检验。

40. 对于板类构件,应抽取不少于_____纵向受力钢筋进行保护层检验。

41. 每次抽验结果中不合格点的最大偏差均不应大于规定允许偏差的_____倍。

42. 一次保护层厚度检验 40 点,其中 5 点不满足要求,要想通过复检,问再次检验最多可以有

_____不满足要求；如有6点不满足要求,问复检时最多可以有_____不满足要求方能通过。

43. 板类构件,保护层设计厚度为15mm,在合格范围内其最小厚度为_____。

44. 一根梁长6m,配制了3φ28受力主筋,2φ20构造筋,箍筋间距为200mm。对其进行保护层测定至少需要测量_____。

45. 板类构件纵向受力钢筋保护层允许正偏差为_____,负偏差为_____。

46. 当全部钢筋保护层厚度检验合格率为_____时,检验结果判为合格；合格率为_____判为不合格；合格率为_____可复检。

47. 29根梁,其中4根悬挑梁,进行保护层厚度测定时最好选择_____悬挑梁；如41根梁中有3根悬挑梁时,进行保护层厚度测定时最好选择_____悬挑梁。

48. 同一点保护层厚度无损检验时应检验_____次且不同次测量结果不得大于_____。

49. 梁类构件,受力钢筋保护层设计为25mm,其允许不合格点最大正偏差为_____,最大负偏差为_____。

50. 钢筋保护层厚度是指混凝土表面到受力主筋_____的距离。

51. 所选中测定保护层厚度的钢筋应在其有代表性的部位测量_____点。

52. 同种构件、同类环境随着混凝土强度提高,保护层最小厚度可适当_____。

二、单选题

1. 混凝土回弹仪率定试验时,弹击杆应分_____次旋转,每次旋转宜为_____。
   A. 两 180°　　B. 三 120°　　C. 4 90°　　D. 两 90°

2. 混凝土回弹仪使用的环境温度是_____℃。
   A. -5～40　　B. -4～30　　C. -4～40　　D. -5～30

3. 回弹法检测混凝土抗压强度时,统一测强曲线平均相对误差不应大于_____。
   A. ±12%　　B. ±14%　　C. ±15%　　D. ±16%

4. 回弹法检测混凝土抗压强度时,地区测强曲线平均相对误差不应大于_____。
   A. ±12%　　B. ±14%　　C. ±15%　　D. ±16%

5. 回弹法检测混凝土抗压强度时,在代表性位置测量碳化深度,测量读数精确至_____mm。
   A. 0.1　　B. 0.25　　C. 0.5　　D. 1.0

6. 回弹法检测混凝土抗压强度时,当碳化深度极差大于_____mm时,应在每一测区测量碳化深度。
   A. 0.5　　B. 1.0　　C. 2.0　　D. 6.0

7. 混凝土回弹仪累计弹击超过_____次应送检定单位检定。
   A. 2000　　B. 4000　　C. 6000　　D. 8000

8. 混凝土回弹仪弹击超过_____次应进行常规保养。
   A. 1000　　B. 2000　　C. 4000　　D. 6000

9. 回弹仪的检定有效期为_____。
   A. 三个月　　B. 半年　　C. 九个月　　D. 一年

10. 采用回弹法检测混凝土抗压强度时,对回弹平均值应最先进行_____修正。
    A. 碳化　　B. 取芯　　C. 浇筑面　　D. 角度

11. 回弹法检测混凝土强度时,每一测点回弹值读数精确至_____MPa。
    A. 1　　B. 0.1　　C. 0.01　　D. 0.001

12. 用于混凝土回弹仪率定的钢砧的洛氏硬度为_____。

| A. 60±2 | B. 60±5 | C. 70±2 | D. 80±2 |

13. 采用回弹法检测泵送混凝土抗压强度,当碳化深度大于_____mm时,可进行钻芯修正。
 A. 1.0　　　　　　B. 2.0　　　　　　C. 3.0　　　　　　D. 6.0

14. 混凝土表面碳化深度测量可采用浓度为_____的酚酞酒精溶液。
 A. 0.5%　　　　　B. 1%　　　　　　C. 2%　　　　　　D. 5%

15. 超声回弹综合法,如采用超声波角测法时,换能器中心与构件边缘的距离不宜小于_____mm。
 A. 50　　　　　　B. 100　　　　　　C. 150　　　　　　D. 200

16. 超声回弹综合法,如采用超声波平测法时,两换能器连线与附近钢筋轴线形成_____为宜。
 A. 0°　　　　　　B. 30°　　　　　　C. 45°　　　　　　D. 60°

17. 超声回弹综合法中,声速计算应精确至_____。
 A. 0.01m/s　　　B. 0.1m/s　　　　C. 0.01km/s　　　D. 0.1km/s

18. 超声回弹综合法,如构件材料与制定测强曲线所用材料有很大区别时,可采取从构件测区中钻取芯样的方法来进行修正,芯样数量不应少于_____个。
 A. 3　　　　　　B. 4　　　　　　　C. 5　　　　　　　D. 6

19. 超声回弹综合法中所使用的换能器实测主频与标称频率相差不应超过_____。
 A. ±5%　　　　　B. ±10%　　　　　C. 5%　　　　　　D. 10%

20. 超声回弹综合法,如采用超声波平测法时,超声测距宜采用_____mm。
 A. 100　　　　　B. 200　　　　　　C. 300　　　　　　D. 400

21. 超声回弹综合法中,超声测距测量应精确至_____mm。
 A. 0.1　　　　　B. 0.5　　　　　　C. 1　　　　　　　D. 5

22. 超声回弹综合法,如相对误差_____方可使用全国统一测强曲线。
 A. ≤12%　　　　B. ≤15%　　　　　C. <12%　　　　　D. <15%

23. 芯样宜在与被检测结构或构件混凝土湿度一致条件下进行抗压强度试验,如芯样按照潮湿状态试验时,应在_____℃的清水中浸泡40~48h。
 A. 20±2　　　　B. 20±5　　　　　C. 25±2　　　　　D. 25±5

24. 采用水泥砂浆对芯样进行补平时,补平层厚度不宜大于_____。
 A. 1.0　　　　　B. 1.5　　　　　　C. 2.5　　　　　　D. 5.0

25. 采用硫磺胶泥对芯样进行补平时,补平层厚度不宜大于_____。
 A. 1.0　　　　　B. 1.5　　　　　　C. 2.5　　　　　　D. 5.0

26. 对芯样垂直度测量时,要求精确至_____。
 A. 0.1°　　　　　B. 0.2°　　　　　C. 0.5°　　　　　D. 1°

27. 钻芯法检测现场混凝土强度,探测钢筋位置的定位仪,其最大探测深度不应小于_____mm。
 A. 50　　　　　　B. 70　　　　　　　C. 60　　　　　　D. 80

28. 钻芯法检测混凝土抗压强度时,有效芯样试件端面与轴线的不垂直度不得大于_____。
 A. 0.1°　　　　　B. 1°　　　　　　C. 0.2°　　　　　D. 2°

29. 钻芯法检测混凝土抗压强度时,有效芯样试件端面的不平整度在100mm长度内不得大于_____mm。
 A. 0.01　　　　　B. 0.1　　　　　　C. 1　　　　　　　D. 2

30. 钻芯法确定检验批的混凝土强度推定值时,宜以_____作为检验批混凝土强度的推定值。

　　A. 上限值　　　　　B. 下限值　　　　　C. 平均值　　　　　D. 中间值

31. 依据 CECS03:2007 规程,应取有效芯样试件混凝土抗压强度值的_____作为单个构件混凝土强度推定值。

　　A. 根据标准差确定　　B. 最大值　　　　　C. 最小值　　　　　D. 平均值

32. 超声法检测混凝土缺陷时应避免超声传播路径与附近钢筋轴线平行,如无法避免时,应使两个换能器连线与钢筋的最短距离不小于超声测距_____。

　　A. 1/2　　　　　　　B. 1/3　　　　　　　C. 1/4　　　　　　　D. 1/6

33. 钻孔对测法检测裂缝深度时应选用_____kHz 的径向振动式换能器。

　　A. 10　　　　　　　　B. 50　　　　　　　　C. 80　　　　　　　　D. 100

34. 当结构的裂缝部位只有一个可测表面,且估计裂缝深度又不大于_____mm 时。可采用单面平测法检测混凝土缺陷。

　　A. 100　　　　　　　B. 300　　　　　　　C. 500　　　　　　　D. 600

35. 钻孔对测法检测裂缝深度时,以换能器所处深度与对应的_____绘制关系曲线来判断裂缝深度。

　　A. 声时　　　　　　　B. 波幅　　　　　　　C. 灵敏度　　　　　　D. 波速

36. 单面平测法检测裂缝深度时,以两个换能器_____距离作为测距进行测量。

　　A. 外边缘　　　　　　B. 内边缘　　　　　　C. 中心　　　　　　　D. 直径

37. 超声法检测混凝土不密区时,用于对比的正常混凝土也应布置测点,且对比测点数不应少于_____个。

　　A. 5　　　　　　　　B. 10　　　　　　　　C. 15　　　　　　　　D. 20

38. 当钢筋探测仪测得的钢筋公称直径与钢筋实际公称直径之差大于_____mm 时,应以实测结果为准。

　　A. 1　　　　　　　　B. 2　　　　　　　　C. 3　　　　　　　　D. 4

39. 测量钢筋间距应精确到_____mm。

　　A. 1　　　　　　　　B. 0.5　　　　　　　C. 0.01　　　　　　　D. 0.02

40. 在不知道钢筋直径的情况下,采用电磁感应法进行保护层测定,共计测量 30 点,那么至少应抽取_____点进行钻孔验证。

　　A. 9　　　　　　　　B. 12　　　　　　　　C. 6　　　　　　　　D. 3

41. 采用雷达法测量保护层厚度在任何情况下,检验误差不超过_____。

　　A. ±1%　　　　　　　B. ±3%　　　　　　　C. ±5%　　　　　　　D. ±10%

42. 检测钢筋间距时,不宜少于_____根钢筋进行测量。

　　A. 5　　　　　　　　B. 6　　　　　　　　C. 7　　　　　　　　D. 8

43. 如果进行钢筋保护层厚度复检时,重新取样数量为原来检验数量的_____。

　　A. 50%　　　　　　　B. 100%　　　　　　C. 150%　　　　　　D. 200%

44. 在不知道钢筋直径的情况下,采用电磁感应法进行保护层测定,共计测量 30 点,那么至少应抽取_____点进行钻孔验证。

　　A. 9　　　　　　　　B. 12　　　　　　　　C. 6　　　　　　　　D. 3

45. 当混凝土采用铁渣作为集料时,采用电磁感应法测出保护层厚度将_____。

　　A. 变小　　　　　　　B. 变大　　　　　　　C. 不变　　　　　　　D. 不一定

46. 一次保护层检验 30 点,如想一次通过检验,最多可以_____个点不合格。

　　A. 0　　　　　　　　B. 1　　　　　　　　C. 2　　　　　　　　D. 3

47. 梁类构件，保护层厚度设计为30mm，在合格范围内其最大厚度是_____。
A. 35mm　　　　　B. 40mm　　　　　C. 45mm　　　　　D. 28mm
48. 采用破损方法来修正无损钢筋保护层测定方法时，破损方法测量精度应为_____mm。
A. 1　　　　　　B. 0.1　　　　　　C. 0.02　　　　　D. 0.01
49. 对于校准试件，钢筋探测仪对钢筋公称直径的检测允许误差为_____mm。
A. 0　　　　　　B. ±1　　　　　　C. ±2　　　　　　D. ±0.1

三、多项选择题

1. 回弹法检测混凝土抗压强度时，下列哪些情况不得采用统一测强曲线，必须通过制定专用测强曲线或通过试验修正_____。
   A. 粗集料最大粒径为50mm
   B. 喷射混凝土
   C. 检测部位曲率半径为300mm
   D. 潮湿混凝土

2. 回弹法检测混凝土抗压强度时，关于混凝土强度推定值说法正确的有_____。
   A. 当结构或构件测区数少于10个，强度推定值为最小的测区混凝土强度换算值
   B. 当结构或构件的测区强度值出现小于10.0MPa时，强度推定值为10.0MPa
   C. 结构或构件测区混凝土强度换算值的标准差精确至0.01MPa
   D. 结构或构件的混凝土强度推定值是指相应于强度换算值总体分布中保证率不低于95%的结构或构件中的混凝土抗压强度值

3. 回弹法检测混凝土强度时，下列哪些混凝土不能采用JGJ/T23规程附录A进行测区混凝土强度换算_____。
   A. 混凝土强度等级为C80
   B. 混凝土龄期为2年
   C. 混凝土中掺加发泡剂
   D. 混凝土表面潮湿

4. 进行回弹法检测混凝土抗压强度试验时所取测区应满足：_____。
   A. 优先选择使回弹仪处于水平方向检测混凝土浇筑侧面
   B. 对弹击时产生颤动的薄壁构件应进行固定
   C. 检测面应进行砂轮打磨
   D. 测区应标有清晰的编号

5. 下列关于碳化深度测量的说法错误的有：_____。
   A. 测点数不应小于构件测区数的10%
   B. 碳化深度值的测量应在有代表性的位置上进行
   C. 当测得两测点间碳化深度值相差为2.0mm时，应在每一回弹测区测量碳化深度值
   D. 每测区的碳化深度值应测量3次，并取其平均值作为该测区的碳化深度值

6. 当按批抽样检测混凝土强度时，符合下列条件的可作为同批构件：_____。
   A. 混凝土强度等级相同
   B. 构件种类相同
   C. 混凝土原材料、配合比、成型工艺、养护条件基本一致
   D. 龄期相近

7. 超声回弹综合法中所用的超声波检测仪使用时应满足_____等要求。

A. 超声波检测仪器使用时,环境温度应为0~40℃

B. 对于模拟式超声波检测仪要求其数字显示稳定,声时调节在20~30μs范围内,连续静置1h数字变化不超过±0.2μs

C. 超声波检测仪器应定期保养

D. 检测过程中如更换高频电缆线,应重新测定声时初读数

8. 超声回弹综合法适用于符合下列哪些条件的普通混凝土：_____。
A. 龄期3~2000d　　　　　　　　B. 混凝土强度10~70MPa
C. 自然养护　　　　　　　　　　D. 泵送混凝土

9. 超声回弹综合法中所用的超声波检测仪应满足_____等要求。
A. 具有波形清晰、显示稳定的示波装置
B. 声时最小分度值为0.1ms
C. 连续正常工作时间不少于4h
D. 接受放大器频响范围10~500kHz,总增益不小于50dB,接收灵敏度(信噪比3：1)不大于50mV

10. 采用超声回弹综合法检测混凝土强度,哪些批不能按批进行强度推定：_____。
A. 抗压强度平均值为16.8MPa,标准差为4.56MPa
B. 抗压强度平均值为25.0MPa,标准差为5.50MPa
C. 抗压强度平均值为50.0MPa,标准差为5.55MPa
D. 抗压强度平均值为66.8MPa,标准差为6.50MPa

11. 钻芯法检测混凝土强度主要用_____。
A. 对试块抗压强度的测试结果有怀疑时
B. 因材料、施工或养护不良而发生混凝土质量问题时
C. 混凝土遭受冻害、火灾、化学侵蚀或其他损害时
D. 需检测经多年使用的建筑结构或构筑物中混凝土强度时

12. 采用钻芯法检测混凝土强度时,芯样宜在_____钻取。
A. 结构或构件受力较小的部位　　　B. 混凝土强度具有代表性的部位
C. 便于钻芯机安放与操作的部位　　D. 避开主筋、预埋件和管线的位置

13. 钻取混凝土芯样试件时应注意_____。
A. 钻芯机在安装钻头前,应先通电检查主轴旋转方向
B. 用于冷却钻头和排除混凝土碎屑的冷却水的流量宜为3~5L/min
C. 应控制进钻的速度
D. 芯样应进行标记,并采取保护措施,避免在运输和贮存中损坏
E. 钻芯后应对留下的孔洞及时进行修补

14. 用于试验的混凝土芯样试件,其尺寸偏差及外观质量必须满足_____。
A. 抗压芯样试件端面的不平整度在100mm长度内不得大于1mm
B. 芯样试件端面与轴线的不垂直度不得大于0.1
C. 芯样不得有裂缝或其他较大缺陷
D. 沿芯样试件高度的任一直径与平均直径相差小于等于2mm

15. 依据CECS03：2007规程,用于抗压强度试验的芯样试件,下列说法正确的有：_____。
A. 芯样试件内不宜含有钢筋
B. 对标准芯样试件,每个试件内最多只允许有2根直径小于12mm的钢筋
C. 对公称直径为70mm的芯样试件,每个试件内最多只允许有一根直径小于10mm的钢筋

D. 芯样内的钢筋应与芯样试件的轴线基本垂直并离开端面 10mm 以上

16. 钻孔对测法检测混凝土裂缝深度时，所钻测试孔应满足_____。
    A. 孔径应比所用换能器直径大 5~10mm
    B. 孔深应不小于比裂缝预计深度深 700mm
    C. 两个对应测试孔的间距宜为 2000mm，同一检测对象应保持各对测试孔间距相同
    D. 应保证测试孔清洁、干燥

17. 采用超声波检测混凝土空洞位置和范围时应注意_____。
    A. 被测部位应至少具有一对相互平行的测试面
    B. 测试范围应大于有怀疑的区域
    C. 应与同条件的正常混凝土进行对比
    D. 对比测点数不应少于 20%

18. 钢筋的公称直径检测应采用钢筋探测仪检测并结合钻孔、剔凿的方法进行，钢筋钻孔、剔凿的数量不应少于该规格已测钢筋的_____且不应少于_____。
    A. 20%　　　　　　B. 30%　　　　　　C. 2 处　　　　　　D. 3 处

19. 当发生下列哪些情况时，应对钢筋探测仪和雷达仪进行校准_____。
    A. 新仪器启动前　　　　　　B. 校准有效期达半年
    C. 检测数据异常，无法进行调整　　　　　　D. 经过维修或更换主要零配件

20. 下列关于雷达仪检验钢筋保护层厚度说法正确的有：_____。
    A. 雷达仪法适用于混凝土结构大面积扫描检验
    B. 雷达仪法精度较高，不需要进行系数修正
    C. 雷达仪法钢筋间距偏差宜小于 ±3mm
    D. 雷达仪探头应平行于钢筋轴线进行扫描

21. 梁类构件保护层厚度设计为 35mm，下列哪些组别完全符合要求：_____。
    A. 35　45　42　39　40(mm)　　　　　　B. 28　25　35　41　32(mm)
    C. 22　36　40　35　34(mm)　　　　　　D. 29　29　30　31　33(mm)

22. 哪些因素会影响到电磁感应法测量保护层厚度的准确性：_____。
    A. 环境温度　　　　　　B. 构件表面平整度
    C. 构件种类　　　　　　D. 混凝土中含有铁杂质

23. 下列哪些情况优先考虑采用无损检测方法来检验保护层厚度：_____。
    A. 钢筋密集区　　　　　　B. 大面积检测
    C. 大量预制构件　　　　　　D. 梁柱节点处

24. 某仪器设备所能测量的最小保护层厚度为 50mm，某板类构件设计保护层厚度为 15mm，所选用的垫块厚度为_____。
    A. 50mm　　　　　　B. 35mm　　　　　　C. 30mm　　　　　　D. 55mm

25. 影响混凝土最小保护层的主要因素有_____。
    A. 混凝土强度　　　　B. 环境条件　　　　C. 钢筋性能　　　　D. 构件种类

26. 在进行保护层厚度检验时应优先选取_____部位和构件。
    A. 悬挑梁　　　　　B. 悬挑板　　　　　C. 构造柱　　　　　D. 梁柱节点

27. 下列说法错误的有：_____。
    A. 在混凝土中预留孔道附近测量保护层厚度不会产生不利影响
    B. 雷达法一般比电磁感应法准确
    C. 更换过探头后需对仪器进行重新校准

D. 表面潮湿的混凝土不会对钢筋保护层厚度无损检验结果产生影响

28. 下列做法正确的有：_____。
A. 使用电磁感应法测量钢筋保护层厚度前应注意调零
B. 在检测过程中不能调零
C. 不应在架空的饰面层测量钢筋保护层厚度
D. 采用电磁感应法测量钢筋保护层厚度一般需要预先知道钢筋直径

29. 下列属于钢筋保护层厚度无损检验方法有：_____。
A. 电磁感应法　　　B. 雷达仪检测法　　　C. 冲击钻孔法　　　D. 开槽法

四、判断题

1. 回弹法检测混凝土强度时，可直接进行实体检测，检测后必须在钢砧上进行率定试验。（　）
2. 回弹法检测混凝土抗压强度时，如某批构件混凝土强度平均值为 25.0MPa，该批构件混凝土强度标准差为 5.0MPa，该批构件不能按批评定。（　）
3. 回弹法检测混凝土抗压强度时，如某批构件混凝土强度平均值为 24.9MPa，该批构件混凝土强度标准差为 5.5MPa，该批构件不能按批评定。（　）
4. 回弹法检测混凝土抗压强度时，当构件混凝土抗压强度大于 60MPa 时，可采用特殊回弹仪，并应另行制定检测方法及专用测强曲线进行检测。（　）
5. 回弹法检测混凝土抗压强度时，检测单位应按照专用测强曲线、地区测强曲线、统一测强曲线的次序选用测强曲线。（　）
6. 回弹法检测混凝土强度时，当结构或构件的测区强度值出现小于 10.0MPa 时，强度推定值取 10.0MPa。（　）
7. 当构件混凝土抗压强度大于 60MPa 时，可采用重型回弹仪，并按照 JGJ/T23 规程附录 A 进行计算。（　）
8. 回弹法检测混凝土强度时，对于泵送混凝土，当碳化深度不大于 2.0mm 时，需对测区混凝土强度换算值进行泵送修正。（　）
9. 使用回弹仪检测混凝土强度时，回弹仪轴线允许与检测面有一定角度，但必须对检测值进行角度修正。（　）
10. 回弹法检测混凝土强度时，每一测区应记取 10 个回弹值，并对 10 个值取平均值。（　）
11. 混凝土碳化深度测量时，应在测区表面凿取孔径约 15mm 的孔洞，孔洞中的粉末和碎屑可用水擦洗清除。（　）
12. 超声回弹综合法中所用换能器的工作频率宜为 50~100kHz 范围内。（　）
13. 超声回弹综合法，采用顶面平测，其超声测试面的声速修正系数为 0.95。（　）
14. 用于混凝土抗压强度检测的芯样试件内不应含有钢筋。（　）
15. 钻芯法检测混凝土抗压强度时，用游标卡尺在芯样试件端部相互垂直的两个位置上测量芯样直径，取测量的算术平均值作为芯样试件的直径。（　）
16. 超声回弹综合法中所使用的超声波检测仪检定有效期为 18 个月。（　）
17. 超声回弹综合法，在混凝土浇筑的顶面和底面对测时，超声测试面的声速修正系数为 1.05。（　）
18. 根据 CECS03:2007 规程，在进行芯样试件的混凝土抗压强度计算时，不用考虑芯样的尺寸效应。（　）
19. 钻芯时用于冷却钻头和排除混凝土料屑的冷却水流量宜为 3~5L/min，出口水温不宜超过 30℃。（　）

20. 采用超声波进行检测时,换能器的实测主频与标称频率应不大于 ±10%。（　　）
21. 在满足首批幅度测读精度的条件下,一般应选用较低频率的换能器。（　　）
22. 采用超声法检测混凝土裂缝深度时,被测裂缝中不得有积水或泥浆等。（　　）
23. 采用超声法检测混凝土内部不密实区域,对于工业民用建筑其测试面的网格间距为 100~300mm。（　　）
24. 超声法检测混凝土缺陷时测位混凝土在必要的情况下可用高强度快凝砂浆抹平。（　　）
25. 超声法检测混凝土缺陷时用于水中的换能器其水密性应满足在 0.1MPa 水压下不渗漏。（　　）
26. 当实际混凝土保护层厚度小于钢筋探测仪最小示值时,应采用在探头下附加垫块的方法进行检测。（　　）
27. 当混凝土采用铁渣作为集料时,采用电磁感应法测出保护层厚度将变大。（　　）
28. 钢筋保护层厚度是指混凝土表面到受力主筋中心的距离。（　　）
29. 采用钻孔等破损方法测量保护层厚度,其精度为 0.1mm。（　　）
30. 同种构件、同类环境随着混凝土强度的降低,保护层最小厚度要适当降低。（　　）
31. 所选中测定保护层厚度的钢筋应在其有代表性的部位测量 1 点。（　　）
32. 保护层修正系数一般 >1.00。（　　）
33. 雷达法钢筋间距偏差宜小于 ±4mm。（　　）
34. 对于含有铁磁性原材料的混凝土应进行足够的实验室认证后方可进行检测。（　　）
35. 对梁类、板类构件纵向受力钢筋的保护层厚度可合并在一起进行验收。（　　）
36. 检测钢筋间距时,被测钢筋根数不宜少于 6 根。（　　）
37. 采用钢筋探测仪检测钢筋直径时,每根钢筋重复检测 2 次,第 2 次检测探头旋转 180°,取两次读数的平均值作为此次检测的结果。（　　）

五、简答题

1. 如何进行混凝土回弹仪的率定?
2. 什么情况下回弹仪需要送检定单位进行检定?
3. 采用回弹法按批评定混凝土构件强度时对抽样数量有何要求?
4. 回弹法检测混凝土抗压强度时,如何正确进行混凝土回弹值测量?
5. 回弹法检测混凝土抗压强度时,如何正确进行碳化深度测量?
6. 超声回弹综合法检测混凝土强度时,对测区布置有何要求?
7. 钻芯法检测混凝土强度时,如何选取芯样的钻取部位?
8. 依据 CECS03:2007 规程,当芯样试件尺寸偏差及外观不满足什么要求时,所测数据无效?
9. 进行超声法检测混凝土缺陷时,检测前应取得哪些相关资料?
10. 采用钢筋探测仪在钢筋位置确定后应怎样进行混凝土保护层厚度检测?
11. 简述半电池电位值评价钢筋锈蚀性状的判据。
12. 简述采用钢筋探测仪检测钢筋位置的步骤。
13. 雷达法测量钢筋保护层的操作步骤以及注意事项?

六、计算题

1. 采用超声回弹综合法对某混凝土梁进行强度检测,测区选择梁的两个侧面,采用对测的方法,仪器设备等条件均满足标准要求,经验证后可以采用全国统一计算公式,粗骨料为碎石:$f_{cu,i}^c = 0.0162(v_{ai})^{1.656}(R_{ai})^{1.410}$,部分原始记录如下表(假定初声时为0)。

测区	回弹值															
	1	2	3	4	5	6	7	8	9	10	11	12	13	14	15	16
1	38	44	42	40	43	42	40	45	45	41	43	41	40	42	43	42
2	38	45	45	37	45	44	45	43	44	46	34	49	43	44	45	47
3	39	43	45	45	45	50	44	47	41	40	40	44	45	43	45	45
4	43	45	45	43	42	46	47	45	43	43	44	42	41	41	40	43
5	45	34	38	45	48	45	43	39	40	42	42	41	44	43	42	41
6	50	45	46	52	45	43	44	43	46	47	45	45	43	44	45	43
7	43	45	39	45	45	45	45	43	42	40	43	46	48	47	45	47
8	46	43	37	45	45	46	41	40	43	44	45	43	45	40	40	43
9	39	40	43	45	45	46	44	45	43	45	43	43	42	43	39	40
10	45	43	43	43	42	40	41	57	47	49	51	44	45	45	47	50

测区	测距/声时(mm/μs)			测区	测距/声时(mm/μs)		
	1	2	3		1	2	3
1	1450	1453	1451	2	1453	1449	1452
	330.9	327.5	331.0		319.9	321.4	322.1
3	1447	1443	1452	4	1450	1445	1443
	321.1	318.8	319.6		320.4	321.0	318.8
5	1453	1449	1448	6	1448	1459	1452
	328.2	324.5	325.6		322.0	319.9	319.8
7	1461	1453	1458	8	1452	1450	1455
	321.8	319.8	324.1		322.3	327.4	325.6
9	1449	1445	1447	10	1448	1449	1452
	323.8	324.2	327.1		326.6	326.8	325.6

试分别给出每个测区回弹平均值、声速平均值、强度换算值以及问该混凝土构件是否满足 C30 强度等级要求？

2. 已知：采用电磁感应法测量 5 根梁，5 块板，共计测得 40 个测点。结果如下表所示：梁保护层厚度为 30mm、板保护层厚度为 20mm。

板 1	22、24、17、13	梁 1	30、31、31、33
板 2	25、24、16、15	梁 2	44、40、39、43
板 3	22、23、20、20	梁 3	32、27、43、36
板 4	19、19、22、21	梁 4	33、37、40、22
板 5	32、30、28、24	梁 5	30、33、22、37

试计算该批梁板的最大偏差并判定是否满足保护层厚度要求？

3. 某综合楼混凝土圈梁设计强度等级 C20，现场对该构件钻取混凝土芯样 3 只，经锯切、水泥砂浆找平后放置于自然干燥环境，采用游标卡尺量得芯样①、芯样②、芯样③平均直径分别为100.0 mm、99.5mm、100.5mm，高度分别为 102mm、103mm、101mm。芯样试压最大压力分别为 157kN、121kN、165kN。试计算该混凝土构件现龄期混凝土强度推定值（要求高径比为 1.00）。

七、实操题

1. 简述回弹法检测混凝土现浇板构件抗压强度的步骤。
2. 采用雷达仪时,遇到哪些情况,应选取不少于30%的已测钢筋,且不少于6处(当实际检测数量不到6处时应全部选取),采用钻孔、剔凿等方法验证。
3. 采用钢筋半电池电位检测技术评估混凝土结构及构件中钢筋的锈蚀性状时,导线与钢筋的连接步骤是什么。
4. 钢筋保护层厚度的检验结果判定规则。
5. 超声波检测混凝土缺陷原理。
6. 混凝土保护层厚度检验取样要求。
7. 电磁感应法测量钢筋保护层的操作步骤以及注意事项。

参考答案:

一、填空题

1. 半破损法　非破损法　综合法	2. 非破损　半破损
3. 超声波	4. 时间　振幅　频率
5. 表面硬度　强度　碳化后硬度变化	
6.《回弹法检测混凝土抗压强度技术规程》JGJ/T 23—2001	
7. 80%　±2%	8. 2　0.5　0.2　0.04
9. −4～40	10. 干燥　5～35
11. 2.207	12. 10
13. 30%　10	14. 角度,浇筑面
15. 14～1000	16. 30　一　16
17. 1%的酚酞酒精	18. 2.0　6
19. 30%　10	20. 4.5　0.3
21. 3　70　2	22. 2　10
23. 3　2	24. 0.95～1.05　1
25. 20±5℃　40～48	26. 检验批的容量　15
27. 随机　1	28. 6　适当增加
29. 5	30. 厚度振动　径向振动
31. 单面平测　双面斜测	32. 跨缝　不跨缝
33. 平行	34. 校准试件　±1mm　±3mm
35. 28	36. +10mm　−7mm
37. 1mm	38. 6根　5根
39. 50mm	40. 6根
41. 1.5	42. 3点　0点
43. 10mm	44. 3点
45. +8mm　−5mm	
46. 90%及以上　小于80%　小于90%但不小于80%	
47. 3根　3根	48. 2　1mm
49. 15mm　−10.5mm	50. 外侧

51. 1   52. 减小

二、单选题

1. C   2. C   3. C   4. B
5. C   6. C   7. C   8. B
9. B   10. D 11. A 12. A
13. B 14. B 15. D 16. C
17. C 18. B 19. D 20. D
21. C 22. B 23. B 24. D
25. B 26. A 27. C 28. B
29. B 30. A 31. C 32. D
33. B 34. C 35. B 36. B
37. D 38. A 39. A 40. A
41. B 42. C 43. B 44. A
45. D 46. D 47. B 48. B
49. B

三、多项选择题

1. B、D   2. A、C、D   3. A、C、D   4. A、B、C、D
5. A、C   6. A、B、C、D   7. A、B、C、D   8. B、C、D
9. A、C   10. A、C   11. A、B、C、D   12. A、B、C、D
13. A、B、C、D、E 14. C、D   15. A、C、D   16. A、B、C
17. A、B、C   18. B、D   19. A、C、D   20. A、C
21. A、D   22. A、B、D   23. B、C   24. A、D
25. A、B、D   26. A、B   27. A、B、D   28. A、C、D
29. A、B

四、判断题：

1. ×   2. ×   3. √   4. √
5. √   6. ×   7. ×   8. √
9. ×   10. × 11. × 12. √
13. × 14. × 15. × 16. ×
17. × 18. × 19. √ 20. √
21. × 22. √ 23. √ 24. √
25. × 26. √ 27. × 28. ×
29. √ 30. × 31. √ 32. ×
33. × 34. √ 35. × 36. ×
37. ×

五、简答题

1. 答：见 JGJ/T 23—2001 第 3.2.4 条。
2. 答：见 JGJ/T 23—2001 第 3.2.1 条。

3. 答：见 JGJ/T 23—2001 第 4.1.2 条第 2 款。
4. 答：见 JGJ/T 23—2001 第 4.2.1 条、第 4.2.2 条。
5. 答：见 JGJ/T 23—2001 第 4.3.1 条、第 4.3.2 条。
6. 答：见 CECS02:2005 第 5.1.4 条。
7. 答：见 CECS03:2007 第 5.0.2 条。
8. 答：见 CECS03:2007 第 6.0.5 条。
9. 答：见 CECS21:2000 第 4.1.1 条。
10. 答：见 JGJ/T 152—2008 第 3.3.4 条。
11. 答：见 JGJ/T 152—2008 第 5.5.3 条。
12. 答：见 JGJ/T 152—2008 第 3.3.3 条。
13. 答：见 JGJ/T 152—2008 第 3.4.1 条至第 3.4.2 条。

六、计算题

1. 解：①每个测区剔除 3 个较大值和 3 个较小值，根据其余 10 个有效回弹值计算，10 个测区的回弹平均值分别为：41.9、44.3、44.0、43.0、42.3、44.8、44.2、43.2、42.9、45.1；

②第 1 测区声速平均值为：$(1450/330.9 + 1453/327.5 + 1451/331.0)/3 = 4.40$ km/s；类似的，其余 9 个测区的声速平均值分别为：4.52km/s、4.53km/s、4.52km/s、4.45km/s、4.53km/s、4.53km/s、4.47km/s、4.45km/s、4.44km/s；

③根据公式 $f^c_{cu,i} = 0.0162(v_{ai})^{1.656}(R_{ai})^{1.410}$，各测区的强度换算值分别为：36.5MPa、41.3MPa、41.0MPa、39.6MPa、37.7MPa、42.1MPa、41.3MPa、39.1MPa、38.5MPa、41.1MPa；

④该构件测区数不少于 10 个，$m_{f^c_{cu}} = 39.8$MPa，$s_{f^c_{cu}} = 1.84$MPa，$f_{cu,e} = m_{f^c_{cu}} - 1.645 f^c_{cu} = 36.7$MPa，该构件满足 C30 的强度等级要求。

2. 解：对于板：
(1) 计算出板允许的保护层厚度范围：15~28mm
(2) 计算出不合格点最大允许值：$20 + 1.5 \times 8 = 32$mm
$$20 - 1.5 \times 5 = 12.5\text{mm}$$
(3. 统计不合格点数目：$1 + 0 + 0 + 0 + 2 = 3$ 个
(4) 计算最大偏差：$32 - 20 = 12$mm，$13 - 20 = -7$mm
(5) 计算不合格点率：$(20 - 3)/20 = 85\%$
(6) 判定：需复检。

对于梁：
(1) 算出梁允许的保护层厚度范围：23~40mm
(2) 算出不合格点最大允许值：$30 + 1.5 \times 10 = 45$mm
$$30 - 1.5 \times 7 = 19.5\text{mm}$$
(3) 统计不合格点数目：$0 + 2 + 1 + 1 + 1 = 5$ 个
(4) 计算最大偏差：$44 - 30 = 14$mm，$22 - 30 = -8$mm
(5) 计算不合格点率：$(20 - 5)/20 = 75\%$
(6) 判定：不合格。

3. 解：(1) 求各芯样的实际高径比：芯样①：$102/100.0 = 1.02$，芯样②：$103/99.5 = 1.04$；芯样③$= 101/100.5 = 1.00$，3 只芯样的实际高径比不小于 0.95，亦不大于 1.05；

(2) 求各芯样试件的混凝土抗压强度值：

芯样①：$f_{cu,cor} = F_c/A = \dfrac{4F_c}{\pi d^2} = (4 \times 157000)/(\pi \times 100.0^2) = 20.0$MPa；

芯样②：$f_{cu,cor} = F_c/A = \dfrac{4F_c}{\pi d^2} = (4 \times 121000)/(\pi \times 99.5^2) = 15.6 \text{MPa}$；

芯样③：$f_{cu,cor} = F_c/A = \dfrac{4F_c}{\pi d^2} = (4 \times 165000)/(\pi \times 100.5^2) = 20.8 \text{MPa}$；

(3)单个构件的混凝土强度推定值按有效芯样试件混凝土抗压强度值中的最小值确定,即该混凝土构件现龄期混凝土强度推定值为15.6MPa。

七、实操题

1. 解：①回弹值检测；
②碳化深度检测；
③回弹测区平均值计算；
④角度修正；
⑤浇灌面修正；
⑥测区强度值计算；
⑦构件强度计算。

2. 解 JGJ/T 152—2008 第3.4.3条。

3. 解 JGJ/T 152—2008 第5.4.3条。

4. 解(1)钢筋保护层厚度检验时,纵向受力钢筋保护层厚度的允许偏差,对梁类构件为+10mm,-7mm;对板类构件为+8mm,-5mm。

(2)对梁类、板类构件纵向受力钢筋的保护层厚度应分别进行验收。

(3)结构实体钢筋保护层厚度验收合格应符合下列规定：

①当全部钢筋保护层厚度检验的合格点率为90%及以上时,钢筋保护层厚度的检验结果应判为合格；

②当全部钢筋保护层厚度检验的合格点率小于90%但不小于80%,可再抽取相同数量的构件进行检验；当按两次抽样总和计算的合格点率为90%及以上时,钢筋保护层厚度的检验结果仍应判为合格；

③每次抽样检验结果中不合格点的最大偏差均不应大于1条规定允许偏差的1.5倍。

5. 答：采用超声波检测结构混凝土缺陷是利用脉冲波在技术条件相同(指混凝土的原材料、配合比、龄期和测试距离一致)的混凝土中传播的时间(或速度)、接收波的振幅和频率等声学参数的相对变化,来判断混凝土的缺陷。

因为超声波传播速度的快慢,与混凝土的密实程度有直接关系,对于原材料、配合比、龄期及测试距离一定的混凝土来说,声速高则混凝土密实,相反则混凝土不密实。当有空洞或裂缝存在时,便破坏了混凝土的整体性,声波脉冲只能绕过空洞或裂缝传播到接收换能器,因此传播的路程增大,测得的声时必然偏长或声速降低。

另外,由于空气的声阻抗率远小于混凝土的声阻抗率,脉冲波在混凝土中传播时,遇着蜂窝、空洞或裂缝等缺陷,便在缺陷界面发生反射或散射,声能被衰减,其中频率较高的成分衰减更快,因此接收信号的波幅明显降低,频率明显减小或者频率谱中高频成分明显减少。再者经缺陷反射或绕过缺陷传播的脉冲波信号与直达波信号之间存在声程和相位差,又叠加后互相干扰,致使接收信号的波形发生畸变。

根据上述原理,可以利用混凝土声学参数测量值和相对变化综合分析、判别其缺陷的位置和范围,或者估算缺陷的尺寸。

6. 答：(1)钢筋保护层厚度检验的结构部位,应由监理(建设)、施工等各方根据结构构件的重要性共同选定；

(2)对梁类、板类构件，应各抽取构件数量的2%且不少于5个构件进行检验；当有悬挑构件时，抽取的构件中是挑梁类、板类构件所占比例均不宜小于50%。对选定的梁类构件，应对全部纵向受力钢筋的保护层厚度进行检验；对选定的板类构件，应抽取不少于6根纵向受力钢筋的保护层厚度进行检验。对每根钢筋，应在有代表性的部位测量1点。

7. 答：(1)检测前应根据检测结构构件所采用的混凝土，对电磁感应法钢筋探测仪进行校准。

(2)当混凝土保护层厚度为10~50mm时，混凝土保护层厚度检测的允许误差为±1mm，钢筋间距检测的允许误差为±3mm。

(3)检测前，应对钢筋探测仪进行预热和调零，调零时探头应远离金属物体。在检测过程中，应核查钢筋探测仪的零点状态。

(4)进行检测前，宜结合设计资料了解钢筋布置状况。检测时，应避开钢筋接头和绑丝，钢筋间距应满足钢筋探测仪的检测要求。探头在检测面上移动，直到钢筋探测仪保护层厚度示值最小，此时探头中心线与钢筋轴线应重合，在相应位置做好标记。按上述步骤将相邻的其他钢筋位置逐一标出。

(5)钢筋位置确定后，应按下列方法进行混凝土保护层厚度的检测：

①首先应设定钢筋探测仪量程范围及钢筋公称直径，沿被测钢筋轴线选择相邻钢筋影响较小的位置，并应避开钢筋接头和绑丝，读取第1次检测的混凝土保护层厚度检测值。在被测钢筋的同一位置应重复检测1次，读取第2次检测的混凝土保护层厚度检测值。

②当同一处读取的2个混凝土保护层厚度检测值相差大于1mm时，该组检测数据应无效，并查明原因，在该处应重新进行检测。仍不满足要求时，应更换钢筋探测仪或采用钻孔、剔凿的方法验证。

注：大多数钢筋探测仪要求钢筋公称直径已知方能准确检测混凝土保护层厚度，此时钢筋探测仪必须按照钢筋公称直径对应进行设置。

(6)当实际混凝土保护层厚度小于钢筋探测仪最小示值时，应采用在探头下附加垫块的方法进行检测。垫块对钢筋探测仪检测结果不应产生干扰，表面应光滑平整，其各方向厚度值偏差不应大于0.1mm。所加垫块厚度在计算时应予扣除。

(7)钢筋间距检测应按上述第(4)条进行。应将检测范围内的设计间距相同的连续相邻钢筋逐一标出，并应逐个量测钢筋的间距。

(8)遇到下列情况之一时，应选取不少于30%的已测钢筋，且不应少于6次（当实际检测数量不到6处时应全部选取），采用钻孔、剔凿等方法验证：

①认为相信钢筋对检测结果有影响；
②钢筋公认直径未知或有异议；
③钢筋实际根数、位置与设计有较大偏差；
④钢筋以及混凝土材质与校准试件有显著差异。

混凝土结构及构件实体的非破损检测模拟试卷(A)

一、填空题（每空1分，共计20分）

1. 对于光圆钢筋，钢筋保护层厚度是指_____与_____的最小距离。
2. 对于设计环境类别为二(b)类，设计强度等级为C30的混凝土柱，受拉钢筋的混凝土保护层最小厚度为_____mm。

3. 混凝土缺陷的检测可采用_____法。
4. 混凝土回弹仪率定值应为_____。
5. 采用单面平测法进行裂缝深度检测时,应以不同的测距,按_____分别布置测点进行声时测量。
6. 有效抗压芯样试件的高径比宜在_____范围内,芯样高度测量应精确至1mm。
7. 每一构件的钢筋保护层厚度检测应符合:被测构件的全部受力钢筋,均应测定其钢筋保护层厚度。每一根钢筋应检测_____点。
8. 对于柱类构件,保护层厚度设计值为35mm,在合格范围内其最大厚度为_____。
9. 对梁类、板类构件,保护层厚度检测时应各抽取构件数量的_____且不少于_____构件进行检验;当有悬挑构件时,抽取的构件中是挑梁类、板类构件所占比例均不宜小于_____。
10. 用于抗压强度试验的标准芯样试件内最多只允许含有_____根直径小于_____mm的钢筋。
11. 钻孔对测法检测裂缝深度时,对应的两个测试孔,必须始终位于裂缝两侧,其轴线应保持_____。
12. 混凝土回弹仪使用的环境温度是_____。
13. 普通混凝土用回弹仪的标准能量为_____J。
14. 检测机构应当坚持_____的第三方地位,在承接业务、现场检测和检测报告形成过程中,应当不受任何单位和个人的干预和影响,确保检测工作的_____和_____。

二、单选题(每题2分,共20分)

1. 按照规范GB50204标准,50根混凝土梁至少抽取_____根梁进行保护层厚度检测。
   A. 5　　　　　　B. 10　　　　　　C. 15　　　　　　D. 25
2. 回弹法检测混凝土抗压强度时,当碳化深度极差大于_____mm,应在每一测区测量碳化深度。
   A. 0.5　　　　　B. 1.0　　　　　C. 2.0　　　　　D. 6.0
3. 对选定的板类构件,应抽取不少于_____根纵向受力钢筋的保护层厚度进行检验。
   A. 1　　　　　　B. 5　　　　　　C. 6　　　　　　D. 8
4. 混凝土回弹仪率定试验时,弹击杆应分_____次旋转,每次旋转宜为_____。
   A. 两　180°　　B. 三　120°　　C. 4　90°　　　D. 两　90°
5. 超声回弹综合法中,声速计算应精确至_____。
   A. 0.01m/s　　B. 0.1m/s　　　C. 0.01km/s　　D. 0.1km/s
6. 对芯样垂直度测量时,要求精确至_____度。
   A. 0.1　　　　　B. 0.2　　　　　C. 0.5　　　　　D. 1
7. 当钢筋探测仪测得的钢筋公称直径与钢筋实际公称直径之差大于_____mm时,应以实测结果为准。
   A. 1　　　　　　B. 2　　　　　　C. 3　　　　　　D. 4
8. 超声法检测混凝土不密区时,用于对比的正常混凝土也应布置测点,且对比测点数不应少于_____个。
   A. 5　　　　　　B. 10　　　　　C. 15　　　　　D. 20
9. 依据CECS03:2007规程,应取有效芯样试件混凝土抗压强度值的_____作为单个构件混凝土强度推定值。
   A. 根据标准差确定　　B. 最大值　　　C. 最小值　　　D. 平均值

10. 钻孔对测法检测裂缝深度时应选用_____kHz 的径向振动式换能器。
   A. 10   B. 50   C. 80   D. 100

三、多选题(每题 2 分,共 20 分)

1. 钢筋保护层的意义有以下几点:_____。
   A. 保护钢筋不受外界环境介质腐蚀
   B. 确保钢筋在正确的位置承受设计的应力
   C. 限制构件外侧混凝土开裂倾向。因而保护层厚度不宜过小,也不宜过大

2. 钢筋保护层厚度检测仪器具有下列情况之一时,应进行校准_____。
   A. 新仪器启用前   B. 达到或超过校准时效期限
   C. 仪器维修后   D. 对仪器测量结果怀疑时
   E. 仪器比对试验出现异常时

3. 回弹法检测混凝土抗压强度时,下列哪些情况不得采用统一测强曲线,必须通过制定专用测强曲线或通过试验修正_____。
   A. 粗集料最大粒径为 50mm   B. 喷射混凝土
   C. 检测部位曲率半径为 300mm   D. 潮湿混凝土

4. 回弹法检测混凝土抗压强度时,关于混凝土强度推定值说法正确的有_____。
   A. 当结构或构件测区数少于 10 个,强度推定值为最小的测区混凝土强度换算值
   B. 当结构或构件的测区强度值出现小于 10.0MPa 时,强度推定值为 10.0MPa
   C. 结构或构件测区混凝土强度换算值的标准差精确至 0.01MPa
   D. 结构或构件的混凝土强度推定值是指相应于强度换算值总体分布中保证率不低于 95% 的结构或构件中的混凝土抗压强度值

5. 超声回弹综合法中所用的超声波检测仪使用时应满足_____等要求。
   A. 超声波检测仪器使用时,环境温度应为 0 ~ 40℃
   B. 对于模拟式超声波检测仪要求其数字显示稳定,声时调节在 20 ~ 30μs 范围内,连续静置 1h 数字变化不超过 ±0.2μs
   C. 超声波检测仪器应定期保养
   D. 检测过程中如更换高频电缆线,应重新测定声时初读数

6. 采用超声回弹综合法检测混凝土强度,哪些批不能按批进行强度推定_____。
   A. 抗压强度平均值为 16.8MPa,标准差为 4.56MPa
   B. 抗压强度平均值为 25.0MPa,标准差为 5.50MPa
   C. 抗压强度平均值为 50.0MPa,标准差为 5.55MPa
   D. 抗压强度平均值为 66.8MPa,标准差为 6.50MPa

7. 钻芯法检测混凝土强度主要用于下列情况_____。
   A. 对试块抗压强度的测试结果有怀疑时
   B. 因材料、施工或养护不良而发生混凝土质量问题时
   C. 混凝土遭受冻害、火灾、化学侵蚀或其他损害时
   D. 需检测经多年使用的建筑结构或构筑物中混凝土强度时

8. 钢筋的公称直径检测应采用钢筋探测仪检测并结合钻孔、剔凿的方法进行,钢筋钻孔、剔凿的数量不应少于该规格已测钢筋的_____且不应少于_____。
   A. 20%   B. 30%   C. 2 处   D. 3 处

9. 依据 CECS03:2007 规程,用于抗压强度试验的芯样试件,下列说法正确的有_____。

A. 芯样试件内不宜含有钢筋
B. 对标准芯样试件,每个试件内最多只允许有 2 根直径小于 12mm 的钢筋
C. 对公称直径为 70mm 的芯样试件,每个试件内最多只允许有一根直径小于 10mm 的钢筋
D. 芯样内的钢筋应与芯样试件的轴线基本垂直并离开端面 10mm 以上

10. 梁类构件保护层厚度设计为 35mm,下列哪些组别完全符合要求_____。

A. 35　45　42　39　40(mm)　　　B. 28　25　35　41　32(mm)
C. 22　36　40　35　34(mm)　　　D. 29　29　30　31　33(mm)

四、判断题(每题 1 分,共 10 分)

1. 如果需要对钢筋保护层厚度进行复检时,重新取样数量为原来检验数量的 100%。（　）
2. 回弹法检测混凝土强度时,可直接进行实体检测,检测后必须在钢砧上进行率定试验。（　）
3. 回弹法检测混凝土抗压强度时,如某批构件混凝土强度平均值为 25.0MPa,该批构件混凝土强度标准差为 5.0MPa,该批构件不能按批评定。（　）
4. 对于检测钢筋保护层厚度的检测仪器校准周期为半年。（　）
5. 超声回弹综合法,在混凝土浇筑的顶面和底面对测时,超声测试面的声速修正系数为 1.05。（　）
6. 当实际混凝土保护层厚度小于钢筋探测仪最小示值时,应采用在探头下附加垫块的方法进行检测。（　）
7. 采用钢筋探测仪检测钢筋直径时,每根钢筋重复检测 2 次,第 2 次检测探头旋转 180°,取两次读数的平均值作为此次检测的结果。（　）
8. 超声法检测混凝土缺陷时测位混凝土在必要的情况下可用高强度快凝砂浆抹平。（　）
9. 采用超声法检测混凝土内部不密实区域,对于工业民用建筑其测试面的网格间距为 100~300mm。（　）
10. 在满足首播幅度测读精度的条件下,一般应选用较低频率的换能器。（　）

五、简答题(每题 5 分,共 20 分)

1. 回弹法检测混凝土抗压强度时,如何正确进行碳化深度测量?
2. 进行超声法检测混凝土缺陷时,检测前应取得哪些相关资料?
3. 简述半电池电位值评价钢筋锈蚀性状的判据。
4. 雷达法测量钢筋保护层的操作步骤以及注意事项有哪些?

六、计算题(每题 10 分,共 20 分)

1. 采用超声回弹综合法对某混凝土梁进行强度检测,测区选择梁的两个侧面,采用对测的方法,仪器设备等条件均满足标准要求,经验证后可以采用全国统一计算公式,粗骨料为碎石:

$$f_{cu,i}^c = 0.0162(v_{ai})^{1.656}(R_{ai})^{1.410}$$

部分原始记录如下表(假定初声时为 0):

测区	回弹值															
	1	2	3	4	5	6	7	8	9	10	11	12	13	14	15	16
1	38	44	42	40	43	42	40	45	45	41	43	41	40	42	43	42
2	38	45	45	37	45	44	45	43	44	46	34	49	43	44	45	47
3	39	43	45	45	45	50	44	47	41	40	40	44	45	43	45	45
4	43	45	45	45	42	46	47	42	43	43	44	42	41	41	40	43
5	45	34	38	45	48	45	43	39	40	42	42	41	44	43	42	41
6	50	45	46	52	45	43	44	43	46	47	45	45	43	44	45	43
7	43	45	39	43	43	45	43	42	46	45	45	43	48	47	46	47
8	46	43	37	45	45	46	41	40	43	44	45	43	45	40	40	43
9	39	40	43	45	45	46	43	44	45	43	43	43	42	43	39	40
10	45	43	43	43	42	40	41	57	47	49	51	44	45	45	47	50

测区	测距/声时(mm/μs)			测区	测距/声时(mm/μs)		
	1	2	3		1	2	3
1	1450	1453	1451	2	1453	1449	1452
	330.9	327.5	331.0		319.9	321.4	322.1
3	1447	1443	1452	4	1450	1445	1443
	321.1	318.8	319.6		320.4	321.0	318.8
5	1453	1449	1448	6	1448	1459	1452
	328.2	324.5	325.6		322.0	319.9	319.8
7	1461	1453	1458	8	1452	1450	1455
	321.8	319.8	324.1		322.3	327.4	325.6
9	1449	1445	1447	10	1448	1449	1452
	323.8	324.2	327.1		326.6	326.8	325.6

试分别给出每个测区回弹平均值、声速平均值、强度换算值以及问该混凝土构件是否满足 C30 强度等级要求?

2. 某综合楼混凝土圈梁设计强度等级 C20,现场对该构件钻取混凝土芯样 3 只,经锯切,水泥砂浆找平后放置于自然干燥环境,采用游标卡尺量得芯样①、芯样②、芯样③平均直径分别为100.0 mm、99.5mm、100.5mm,高度分别为 102mm、103mm、101mm。芯样试压最大压力分别为 157kN、121kN、165kN。试计算该混凝土构件现龄期混凝土强度推定值(要求高径比为 1.00)。

七、操作题(10 分)

电磁感应法测量钢筋保护层的操作步骤以及注意事项。

混凝土结构及构件实体的非破损检测模拟试卷(B)

一、填空题(每空 1 分,共计 20 分)

1. 依据 CECS02:2005 标准,进行超声回弹综合法检测混凝土强度,同批构件按抽样检测时,构件抽样数量不应少于同批构件的_____,且不应少于_____件。

2. 对于设计环境类别为二(a)类,设计强度等级为 C30 的混凝土梁,受拉钢筋的混凝土保护层最小厚度为_____mm。

3. 一次保护层厚度检验 20 点,其中 3 点不满足要求,要想通过复检,问再次检验最多可以有_____不满足要求;如有 4 点不满足要求,问复检最多可以有_____不满足要求方能通过。

4. 对于检测钢筋保护层厚度的检测仪器校准周期为_____。

5. 进行混凝土碳化深度测量时,可采用浓度为_____溶液作为试剂。

6. 当需要确定潮湿环境中的混凝土强度时,芯样试件宜在_____的清水中浸泡 40~48h 后方可进行试验。

7. 每一构件的钢筋保护层厚度检测应符合:被测构件的全部受力钢筋,均应测定其钢筋保护层厚度。每一根钢筋应检测_____点。

8. 对于梁类构件,保护层厚度设计值为 30mm,在合格范围内其最小厚度为_____。

9. 依据 CECS02:2005 标准,进行超声回弹综合法检测混凝土强度,当构件满足某一方向尺寸不大于_____m,且另一方向尺寸不大于_____m 时,其测区数量可以适当减少,但不应少于 5 个。

10. 钻芯确定单个构件的混凝土强度推定值时,有效芯样试件的数量不应少于_____个,对于较小构件,有效芯样数量不得少于_____个。

11. 超声法检测混凝土裂缝深度时,当裂缝部位只有一个可测表面采用_____法,当裂缝部位具有两个相互平行的测试表面时可采用_____法检测。

12. 依据 CECS03:2007 规程,按批检验混凝土强度推定值时,应计算推定区间,推定区间的上、下限差值不宜大于 max{____MPa,0.10 倍的平均值}。

13. 严格按检测_____进行检测,检测工作保质保量,检测资料_____,检测结论_____。

二、单选题(每题 2 分,共 20 分)

1. 钻芯法确定检验批的混凝土强度推定值时,宜以_____作为检验批混凝土强度的推定值。
   A. 上限值   B. 下限值   C. 平均值   D. 中间值

2. 对于梁类构件,受力钢筋保护层厚度设计值为 30mm,抽样检测时,其允许不合格点的最大正偏差为_____。
   A. 8mm   B. 10mm   C. 15mm   D. 12mm

3. 钻芯法检测混凝土抗压强度时;有效芯样试件端面与轴线的不垂直度不得大于_____。
   A. 0.1   B. 1   C. 0.2   D. 2

4. 钻孔对测法检测裂缝深度时以换能器所处深度与对应的_____绘制关系曲线来判断裂缝深度。
   A. 声时   B. 波幅   C. 灵敏度   D. 波速

5. 15 根梁,其中有 6 根是悬挑梁,进行保护层厚度测定时最好选择_____根悬挑梁。
   A. 3   B. 4   C. 5   D. 6

6. 回弹法检测混凝土强度时,每一测点回弹值读数精确至_____MPa。
   A. 1   B. 0.1   C. 0.01   D. 0.001

7. 混凝土回弹仪累计弹击超过_____次应送检定单位检定。
   A. 2000   B. 4000   C. 6000   D. 8000

8. 在不知道钢筋直径的情况下,采用电磁感应法进行保护层测定,共计测量 30 点,那么至少应抽取_____点进行钻孔验证。
   A. 9   B. 12   C. 6   D. 3

9. 当混凝土采用铁渣作为集料时,采用电磁感应法测出保护层厚度将_____。
A. 变小　　　　　B. 变大　　　　　C. 不变　　　　　D. 不一定
10. 超声回弹综合法,如相对误差_____方可使用全国统一测强曲线。
A. ≤12%　　　　B. ≤15%　　　　C. <12%　　　　D. <15%

三、多选题(每题 2 分,共 20 分)

1. 钢筋保护层厚度检测仪器应满足下列要求_____。
A. 具有测量、显示功能外,宜具有记录、存储等功能
B. 钢筋保护层厚度的测量精度应≤2mm
C. 检测仪器应能在 -10 ~40℃环境条件下正常使用
D. 钢筋直径的测量精度应≤2mm
2. 板类构件保护层厚度设计值为25mm,下列哪些组别完全符合要求:_____。
A. 35　28　26　20　31(mm)　　　　B. 30　25　27　31　23(mm)
C. 21　24　25　26　30(mm)　　　　D. 20　23　29　33　35(mm)
3. 钻取混凝土芯样试件时应注意_____。
A. 钻芯机在安装钻头前,应先通电检查主轴旋转方向
B. 用于冷却钻头和排除混凝土碎屑的冷却水的流量宜为 3 ~5L/min
C. 应控制进钻的速度
D. 芯样应进行标记,并采取保护措施,避免在运输和贮存中损坏
E. 钻芯后应对留下的孔洞及时进行修补
4. 钻芯法检测混凝土强度主要用于_____。
A. 对试块抗压强度的测试结果有怀疑时
B. 因材料、施工或养护不良而发生混凝土质量问题时
C. 混凝土遭受冻害、火灾、化学侵蚀或其他损害时
D. 需检测经多年使用的建筑结构或构筑物中混凝土强度时
5. 钢筋保护层的意义有_____。
A. 保护钢筋不受外界环境介质腐蚀
B. 确保钢筋在正确的位置承受设计的应力
C. 限制构件外侧混凝土开裂倾向。因而保护层厚度不宜过小,也不宜过大
6. 超声回弹综合法中所用的超声波检测仪使用时应满足_____等要求。
A. 超声波检测仪器使用时,环境温度应为 0 ~45℃
B. 对于模拟式超声波检测仪要求其数字显示稳定,声时调节在 20 ~30μs 范围内,连续静置 1h 数字变化不超过 ±0.2μs
C. 超声波检测仪器应定期保养
D. 检测过程中如更换高频电缆线,应重新测定声时初读数
7. 超声回弹综合法适用于符合_____的普通混凝土。
A. 龄期 3 ~2000d　　　　　　　　　B. 混凝土强度 10 ~80MPa
C. 自然养护　　　　　　　　　　　D. 泵送混凝土
8. 进行回弹法检测混凝土抗压强度试验时所取测区应满足_____。
A. 优先选择使回弹仪处于水平方向检测混凝土浇筑侧面
B. 对弹击时产生颤动的薄壁构件应进行固定
C. 检测面应进行砂轮打磨

D. 测区应标有清晰的编号

9. 回弹法检测混凝土抗压强度时,关于混凝土强度推定值说法正确的有_____。
A. 当结构或构件测区数少于 10 个,强度推定值为最小的测区混凝土强度换算值
B. 当结构或构件的测区强度值出现小于 10.0MPa 时,强度推定值为 10.0MPa
C. 结构或构件测区混凝土强度换算值的标准差精确至 0.01MPa
D. 结构或构件的混凝土强度推定值是指相应于强度换算值总体分布中保证率不低于 95% 的结构或构件中的混凝土抗压强度值

10. 采用超声波检测混凝土空洞位置和范围时应注意_____。
A. 被测部位应至少具有一对相互平行的测试面
B. 测试范围应大于有怀疑的区域
C. 应与同条件的正常混凝土进行对比
D. 对比测点数不应少于 20%

四、判断题(每题 1 分,共 10 分)

1. 检测钢筋保护层厚度时,电磁感应法一般比雷达法准确。( )
2. 超声法检测混凝土缺陷时用于水中的换能器其水密性应满足在 0.1MPa 水压下不渗漏。( )
3. 当实际混凝土保护层厚度小于钢筋探测仪最小示值时,应采用在探头下附加垫块的方法进行检测。( )
4. 采用超声法检测混凝土裂缝深度时,被测裂缝中不得有积水或泥浆等。( )
5. 检测钢筋保护层厚度可以在架空的饰面层测量。( )
6. 钻芯法检测混凝土抗压强度时,用游标卡尺在芯样试件端部相互垂直的两个位置上测量芯样直径,取测量的算术平均值作为芯样试件的直径。( )
7. 超声回弹综合法,采用顶面平测,其超声测试面的声速修正系数为 0.95。( )
8. 检测钢筋间距时,被测钢筋根数不宜少于 6 根。( )
9. 根据 CECS03:2007 规程,在进行芯样试件的混凝土抗压强度计算时,不用考虑芯样的尺寸效应。( )
10. 钻芯时用于冷却钻头和排除混凝土料屑的冷却水流量宜为 3~5L/min,出口水温不宜超过 30℃。( )

五、简答题(每题 5 分,共 20 分)

1. 如何进行混凝土回弹仪的率定?
2. 依据 CECS03:2007 规程,当芯样试件尺寸偏差及外观不满足什么要求时所测数据无效?
3. 简述半电池电位值评价钢筋锈蚀性状的判据。
4. 简述采用钢筋探测仪检测钢筋位置的步骤。

六、计算题(每题 10 分,共 20 分)

1. 已知:采用电磁感应法测量 5 根梁,5 块板,共计测得 40 个测点。结果如下表所示,梁保护层厚度为 30mm、板保护层厚度为 20mm。

板 1	22、24、17、13	梁 1	30、31、31、33
板 2	25、24、16、15	梁 2	44、40、39、43
板 3	22、23、20、20	梁 3	32、27、43、36
板 4	19、19、22、21	梁 4	33、37、40、21
板 5	32、30、28、24	梁 5	30、33、22、37

试计算该批梁板的最大偏差并判定是否满足保护层厚度要求？

2. 某综合楼混凝土圈梁设计强度等级 C20，现场对该构件钻取混凝土芯样 3 只，经锯切、水泥砂浆找平后放置于自然干燥环境，采用游标卡尺量得芯样①、芯样②、芯样③平均直径分别为100.0mm、99.5mm、100.5mm，高度分别为 102mm、103mm、101mm。芯样试压最大压力分别为 157kN、121kN、165kN，试计算该混凝土构件现龄期混凝土强度推定值（要求高径比为1.00）。

七、实践题（10 分）

采用钢筋半电池电位检测技术评估混凝土结构及构件中钢筋的锈蚀性状时，导线与钢筋的连接步骤是什么？

第二节 后置埋件

一、填空题

1. 锚固承载力现场检验的测力系统误差应不超过全量程的_____。
2. 锚固承载力现场检验位移测量误差应不超过_____。
3. 锚固承载力现场检验时，_____、_____、_____锚栓组成一个检验批。抽取数量按每批锚栓总数的_____计算，且不少于_____根。
4. 采用分级加荷制度进行锚栓拉拔检验时以预计极限荷载的_____为一级。
5. 已知化学植筋的钢筋直径为18mm，加荷设备支撑环内径应大于_____。
6. 已知化学植筋的钢筋直径为25mm，加荷设备支撑环内径应大于_____。
7. 后锚固连接设计所采用的设计使用年限应与整个被连接结构的设计使用年限_____。
8. 破坏后果很严重的、重要的锚固类型，其锚固连接安全等级为_____。
9. 锚固安全等级为二级的，其锚固连接重要性系数为_____。
10. 锚固安全等级为一级的，其锚固连接重要性系数为_____。
11. 合金钢锚栓等级为4.8，抗拉强度标准值为400MPa，屈服强度标准值应该为_____。
12. 已知合金钢锚栓等级为5.6，抗拉强度标准值为_____，屈服强度标准值应该为_____。
13. 对于混凝土锥体受拉破坏的非结构构件，其锚固连接承载力分项系数为_____。
14. 采用连续加荷方式进行锚固力现场检验时，其总加荷时间为_____。
15. 进行非破坏性锚固承载力检验时，持荷时间为_____。
16. 进行非破坏性锚固承载力检验时，在持荷时间内荷载降低值不大于_____，为合格判据之一。
17. 锚栓弹性模量取_____。
18. 作为后锚固基材的混凝土强度应不低于_____。
19. 后锚固设计采用_____方法。
20. 地震作用下锚固承载力降低系数最大为_____，最小为_____。

21. 随着基材混凝土强度降低,同种锚栓最小锚固深度应_____。
22. 处于室外条件下的锚栓,应控制受力最大锚栓的温度应力变幅不大于_____。
23. 4000 根锚栓组成一个检验批,其最少抽检数量为_____。
24. 2000 根锚栓组成一个检验批,其最少抽检数量为_____。
25. 直径为 20mm 的钢筋,采用化学植筋法锚固,锚固后该钢筋需要进行焊接操作,则该钢筋离开基面预留长度为_____。
26. 当非破坏性为不合格时,应抽取不少于_____锚栓进行破坏性检验。
27. 扩孔型锚栓,有效埋置深度为 50mm,则混凝土基材最小厚度为_____。
28. 膨胀型锚栓,有效埋置深度为 80mm,则混凝土基材最小厚度为_____。
29. 直径为 8mm 的钢筋,采用化学植筋法锚固,锚固后该钢筋需要进行焊接操作,则该钢筋离开基面预留长度为_____。
30. 锚栓安装方式通常有_____、_____、_____。
31. 后锚固连接破坏类型总体可分为_____、_____、_____三类。
32. 对于扩孔型锚栓,其锚孔深度允许正偏差为_____ mm,锚孔垂直度允许偏差为_____,位置允许偏差为_____ mm。
33. 对于化学植筋,其锚孔深度允许正偏差为_____ mm,锚孔垂直度允许偏差为_____,位置允许偏差为_____ mm。

二、单选题

1. JGJ145-2004 中规定的后锚固基材可以是_____。
   A. 多孔混凝土 B. 小型混凝土空心砌块
   C. C50 预制箱梁 D. 轻质混凝土隔墙
2. 后锚固与预埋锚栓相比,优点是_____。
   A. 失效概率低 B. 失效概率高 C. 耐久性好 D. 使用场合广
3. 性能等级为 5.6 级的合金钢锚栓,其抗拉强度标准值为_____。
   A. 500MPa B. 300MPa C. 600MPa D. 400MPa
4. 性能等级为 6.8 级的碳素钢锚栓,其屈服强度标准值为_____。
   A. 600MPa B. 480MPa C. 800MPa D. 640MPa
5. 性能等级为 5.0 级的不锈钢锚栓的屈服强度标准值为_____。
   A. 210MPa B. 450MPa C. 500MPa D. 600MPa
6. 锚固承载力分项系数应_____。
   A. 小于 1.0 B. 等于 1.0 C. 大于 1.0 D. 大于 1.5
7. 对于锚栓穿出破坏的结构构件,后锚固连接承载力分项系数为_____。
   A. 2.0 B. 2.5 C. 3.0 D. 1.8
8. 新建工程采用锚栓锚固连接时,对于重要的锚固,锚固区应具有直径不小于_____ mm,间距不大于_____ mm 规格的钢筋网。
   A. 10 150 B. 8 150 C. 6 150 D. 8 200
9. 对于埋置深度为 60mm 的膨胀型锚栓,其混凝土基材的厚度至少为_____。
   A. 50mm B. 60mm C. 90mm D. 100mm
10. 膨胀型锚孔深度和直径应_____。
    A. 都不允许正偏差 B. 都不允许负偏差
    C. 深度允许负偏差 D. 直径允许负偏差

11. _____结构构件宜采用非破坏性锚固承载力检验。
A. 桁架　　　　　　B. 大梁　　　　　　C. 小型梁板结构　　　D. 网架
12. 后锚固连接破坏类型总体可分为_____。
A. 3 类　　　　　　B. 4 类　　　　　　C. 5 类　　　　　　D. 6 类
13. 对于锚固安全等级为一级的后锚固,其锚固连接重要性系数为_____。
A. 1.0　　　　　　B. 1.1　　　　　　C. 1.2　　　　　　D. 1.3
14. 对于膨胀型锚栓,其有效锚固深度是指_____。
A. 膨胀锥体与孔壁最大挤压点深度　　　B. 膨胀锥体与孔壁最小挤压点深度
C. 锚栓本体长度　　　　　　　　　　　D. 膨胀套筒长度
15. 在相同的锚固破坏类型下,结构构件的承载力分项系数_____非结构构件承载力。
A. 小于　　　　　　B. 大于　　　　　　C. 等于　　　　　　D. 不确定
16. 随着地震设防烈度提高,同种锚栓最小锚固深度应_____。
A. 增大　　　　　　B. 不变　　　　　　C. 降低　　　　　　D. 无关系
17. 下列说法正确的一个是_____。
A. 新建建筑物不采用后锚固连接方式
B. 有抗震要求的地区,新建建筑物不采用后锚固连接方式
C. 后锚固破坏方式比先锚固破坏方式多
D. 锚固承载力抗震调整系数一般小于 1.0
18. 对于非破坏性检验,其判定标准是_____。
A. 锚栓无滑移　　　　　　　　　　　B. 混凝土不开裂
C. 持荷期荷载下降在一定范围内　　　D. 以上三个条件同时满足
19. 锚栓应布置在_____。
A. 保护层　　　　　B. 抹灰层　　　　　C. 结构本体层　　　D. 装饰层
20. 对于破坏性检验,其判定指标应_____。
A. 满足平均值要求
B. 满足最小值要求
C. 满足最小值或平均值要求
D. 同时满足最小值和平均值要求

三、多选题

1. 化学植筋的钢筋应采用_____。
A. HPB235　　　　B. HRB335　　　　C. HRB400　　　　D. RRB400
2. 锚固胶按使用形态的不同分为_____。
A. 机械注入式　　　B. 管装式　　　　　C. 现场配制式　　　D. 环氧基锚固胶
3. 锚栓选用应考虑的因素有_____。
A. 锚栓本身的性能　　　　　　　　　B. 基材性状
C. 锚固连接的受力性质　　　　　　　D. 被连接结构类型
E. 抗震设防要求
4. 属于机械锚栓连接方式的有_____。
A. 膨胀型锚栓　　　B. 扩孔型锚栓　　　C. 粘结型锚栓　　　D. 化学植筋
5. 锚栓按工作原理及构造的不同可分为_____。
A. 膨胀型锚栓　　　B. 扩孔型锚栓　　　C. 化学植筋　　　　D. 其他类型锚栓
6. 化学植筋拔出试验有_____形式。
A. 钢筋屈服　　　　B. 混合型破坏　　　C. 胶混界面破坏　　D. 胶筋界面破坏

7. 后锚固连接设计,应根据被连接结构类型、锚固连接受力性质及锚栓类型的不同,对其破坏形态加以控制。对于化学植筋以及长螺杆,不应出现_____形态。
   A. 混凝土基材破坏   B. 锚栓或植筋钢材破坏
   C. 胶筋界面破坏   D. 胶混界面破坏
8. JGJ145—2004 中规定的锚栓类型有_____。
   A. 自扩孔专用栓   B. 套筒式膨胀螺栓   C. 混凝土螺钉   D. 粘结型锚栓
9. 无抗震要求的拉剪复合结构构件不得选用_____。
   A. 化学植筋   B. 预扩孔普通栓   C. 光杆式膨胀锚栓 D. 长螺杆
10. 有抗震设防要求的锚固连接所用的锚栓,应选用_____。
    A. 化学植筋   B. 扩孔型锚栓
    C. 扭矩控制式膨胀型锚栓   D. 位移控制式膨胀型锚栓
11. 劈裂破坏与_____有关。
    A. 锚栓类型   B. 边距   C. 间距   D. 混凝土厚度
12. 导致膨胀型锚栓发生穿出破坏的原因有_____。
    A. 混凝土强度不够   B. 膨胀套筒过于光滑
    C. 膨胀片硬度不够   D. 锚固深度不够
13. 一般可能发生锚栓拉断破坏的区域有_____。
    A. 素混凝土区   B. 钢筋密集区
    C. 锚栓强度薄弱区   D. 锚固深度超过临界深度区
14. 破坏类型与_____有关。
    A. 承载力性质   B. 锚栓品种   C. 锚固参数   D. 基材性能
15. 单个化学植筋不可能发生的破坏类型有_____。
    A. 穿出破坏   B. 劈裂破坏   C. 混凝土边缘破坏 D. 钢材拉断
16. 锚栓在进行锚固承载力现场检验时,所考虑的破坏形态有_____。
    A. 混凝土锥体破坏 B. 劈裂破坏   C. 剪撬破坏   D. 锚栓受拉破坏
17. 下列哪些措施属于构造措施用于保证锚固的可靠性_____。
    A. 规定基材最小厚度   B. 规定群锚最大间距值
    C. 规定锚栓所引起的最小附加剪力 D. 规定锚栓不得布置的位置
18. 锚孔质量检查应包括_____。
    A. 锚孔位置   B. 锚孔直径   C. 锚孔深度   D. 锚孔周围混凝土情况
19. 发生混凝土锥体破坏时,受拉承载力标准值计算中考虑_____。
    A. 分项系数   B. 边距对受拉承载力降低系数
    C. 荷载偏心降低系数   D. 未裂混凝土对受拉承载力提高系数

四、判断题

1. 锚栓破坏是指锚栓或植筋本身钢材被拉断、剪坏或复合受力破坏形式。（　）
2. 穿出破坏是指拉力作用下锚栓整体从锚孔中被拉出的破坏形式。（　）
3. 胶筋界面破坏是指化学植筋受拉时,沿胶粘剂与混凝土孔壁界面之拔出破坏形式。（　）
4. 结构装饰层可作为锚固基材。（　）
5. 性能等级为 5.6 级的合金钢锚栓的屈服强度标准值为 500MPa。（　）
6. 性能等级为 6.8 级的碳素钢锚栓的抗拉强度标准值为 600MPa。（　）
7. 性能等级为 7.0 级的不锈钢锚栓的抗拉强度标准值为 700MPa。（　）

8. 混凝土结构后锚固连接设计可低于被连接结构的安全等级。（　）
9. 锚固承载力抗震调整系数一般小于1.0。（　）
10. 有抗震要求的地区,新建建筑物不得采用后锚固连接方式。（　）
11. 后锚固破坏方式比先锚固破坏方式多。（　）
12. 随着地震设防烈度提高,同种锚栓最小锚固深度应增大。（　）
13. 在相同的锚固破坏类型下,结构构件的承载力分项系数大于非结构构件。（　）
14. 新建建筑物不得采用后锚固连接方式。（　）
15. 膨胀型锚孔深度和直径应都不允许负偏差。（　）
16. 对于膨胀型锚栓,其有效锚固深度是指膨胀锥体与孔壁最大挤压点深度。（　）
17. 随着地震设防烈度提高,同种锚栓最小锚固深度应降低。（　）
18. 膨胀型锚栓可用于受拉结构构件及生命线工程非结构构件的后锚固连接。（　）
19. 对于混凝土锥体受拉破坏的结构构件,其锚固承载力分项系数为3.0。（　）
20. 对于锚栓穿出破坏,其锚固承载力分项系数为2.5。（　）
21. 对于抗震设防为7度的地区,基材混凝土强度等级为C30的锚栓受拉结构构件连接的化学植筋,其锚栓最小有效锚固深度为26mm。（　）
22. 新建工程采用锚栓锚固连接时,对于重要的锚固,锚固区钢筋网的直径应不小于6mm,间距应不大于150mm。（　）

五、简答题

1. 为什么要规定加荷设备支撑环内径?
2. 给出破坏性试验结果评定公式,并对其中参数进行说明。
3. 如何改善后锚固的抗震性能?
4. 不同品种锚栓选用时应考虑的因素有哪些?
5. 作为后锚固基材混凝土有哪些要求?

六、论述题

1. 比较不同锚栓、不同破坏类型的影响因素,以及发生场合。
2. 简述锚固承载力现场检验方法及检验结果评定。

七、计算题

化学植筋承载力非破坏性检验,钢筋直径为25mm,规格型号为HRB400,非钢材破坏承载力标准值为250kN,采用连续加荷方式,三根钢筋试验结果如下表。

序号	1	2	3
所加荷载(kN)	180	181	178
持荷2min后荷载(kN)	173	175	170

钢筋无明显滑移,混凝土无明显开裂,计算该组化学植筋是否满足要求。需不需要进一步判定?

参考答案:

一、填空题

1. ±2%　　　2. 0.02mm　　　3. 同规格　同型号　基本相同部位的　1‰　3

4. 10% 5. 250mm 6. 300mm 7. 一致
8. 一级 9. 1.1 10. 1.2 11. 320MPa
12. 500MPa 300MPa 13. 2.15
14. 2～3min 15. 2min 16. 5%
17. 200GPa 18. C20 19. 极限状态
20. 1.0 0.6 21. 增大 22. 100MPa 23. 4 根
24. 3 根 25. 400mm 26. 3 个 27. 100mm
28. 120mm 29. 200mm
30. 预插式安装 穿透式安装 离开基面的安装
31. 锚栓或植筋钢材拔出破坏 基材混凝土破坏 锚栓或植筋钢材拔出破坏
32. 10 5° 5 33. 20 5° 5

二、单选题

1. C 2. D 3. A 4. B
5. A 6. C 7. C 8. B
9. D 10. B 11. C 12. A
13. C 14. A 15. B 16. A
17. C 18. D 19. C 20. D

三、多选题

1. B、C 2. A、B、C 3. A、B、C、D、E 4. A、B
5. A、B、C、D 6. C、D 7. A、C、D 8. A、B
9. B、C 10. A、B、C 11. A、B、C、D 12. B、C
13. B、C、D 14. A、B、C、D 15. A、B 16. A、D
17. A、D 18. A、B、C、D 19. B、C、D

四、判断题

1. √ 2. × 3. × 4. ×
5. × 6. √ 7. √ 8. ×
9. √ 10. × 11. × 12. √
13. √ 14. × 15. √ 16. √
17. × 18. × 19. √ 20. ×
21. × 22. ×

五、简答题

1. 答：主要是考虑破坏类型的影响，如果不规定最小内径会导致破坏类型发生变化，不满足混凝土破坏圆锥直径要求，从混凝土锥体破坏转变成锚栓受拉破坏，导致承载力试验结果变大。

2. 答：对于破坏性检验，该批锚栓的极限抗拔力满足下列规定为合格：

$$N_{Rm}^c \geq [\gamma_u] N_{sd}$$

$$N_{Rmin}^c \geq N_{Rk,*}$$

式中 N_{sd}——锚栓拉力设计值；

N_{Rm}^c——锚栓极限抗拔力实测平均值；

N_{Rmin}^c ——锚栓极限抗拔力实测最小值;

$N_{Rk,*}$ ——锚栓极限抗拔力标准值,根据破坏类型的不同,分别按有关规定计算;

$[\gamma_u]$ ——锚固承载力检验系数允许值,近似取$[\gamma_u]=1.1\gamma_{R*}$。

3. 答:(1)锚栓种类;(2)锚固参数:(最小间距、锚固深度、边距);(3)从锚栓位置选择;(4)设计考虑(锚固承载力降低系数、抗震调整系数、内力计算);(5)满足地震作用下应力状态;(6)满足破坏形式要求;(7)新建工程加设钢筋网片。

4. 答:锚栓本身性能、基材混凝土性状、受力性质、被连接结构类型、抗震要求等。

5. 答:混凝土基材应坚实,且具有较大体量,能承担对被连接件的锚固和全部附加荷载。风化混凝土、严重裂损混凝土、不密实混凝土、结构抹灰层、装饰层等,均不得作为锚固基材。基材混凝土强度等级不应低于C20。基材混凝土强度指标及弹性模量取值应根据现场实测结果按现行国家标准《混凝土结构设计规范》GB 50010—2002确定。

六、论述题

1. 答:影响因素及发生场合见下表:

破坏类型	锚栓类型	破坏荷载	影响破坏荷载因素	常发生场合
锚栓或锚筋钢材破坏(拉断破坏、剪切破坏、拉剪破坏等)	膨胀型锚栓 扩孔型锚栓 化学植筋	有塑性变形,破坏荷载一般较高,离散性小	锚栓或植筋本身性能为主要控制因素	锚固深度较深、混凝土强度高、锚固区钢筋密集、锚栓或锚筋材质差以及有效截面面积小
混凝土锥体破坏	膨胀型锚栓 扩孔型锚栓	破坏为脆性、离散性大	混凝土强度、锚固深度	机械锚受拉场合特别是粗短锚
混合破坏形式	化学植筋 粘结锚固	脆性比混凝土锥体破坏小,锚固件有明显位移	锚固深度、胶粘剂性能以及混凝土强度	锚固深度小于临界深度
混凝土边缘破坏	机械锚 化学植筋	楔体形破坏,锚固件位置有一定偏移	边距、锚深、锚栓外径、混凝土抗剪强度	机械锚受剪且距边缘较近的场合
剪撬破坏	机械锚 化学植筋	锚固件位置有一定偏移	锚栓类型、混凝土抗剪强度	基材中部受剪,一般为粗短锚栓
劈裂破坏	群锚	脆性破坏,本质为混凝土抗拉破坏	锚栓类型、边距、间距基材厚度	锚栓轴线或群锚轴线连线
拔出破坏	机械锚	承载力低、离散性大	施工质量	施工安装
穿出破坏	膨胀型锚栓	离散性较大、脆性破坏	锚栓质量	膨胀套筒材质软或薄、接触面过于光滑
胶筋界面破坏	化学植筋	脆性破坏	锚固胶质量、钢筋表面	胶粘剂强度低、施工质量、混凝土强度高、钢筋密集、钢筋表面光滑
胶混界面破坏	化学植筋	脆性破坏	锚孔质量、混凝土强度	锚孔表面未除尘干燥、混凝土强度低

2. 答:

(1)仪器设备:

①现场检验用的仪器、设备,如拉拔仪、x-y记录仪、电子荷载位移测量仪等,应定期检定。

②加荷设备应能按规定的速度加荷,测力系统整机误差不应超过全量程的±2%。

③加荷设备应能保证所施加的拉伸荷载始终与锚栓的轴线一致。

④当后锚固设计中对锚栓或化学植筋的位移有规定时需对位移进行测量。测量方法有两种：连续测量和分阶段测量；位移测量记录仪宜能连续记录。当不能连续记录荷载位移曲线时，可分阶段记录，在到达荷载峰值前，记录点应在10点以上。位移测量误差不应超过0.02mm。

⑤位移仪应保证能够测量出锚栓相对于基材表面的垂直位移，直至锚固破坏。

(2)检验方法：

①加荷设备支撑环内径 D_0 应满足下述要求：化学植筋 $D_0 \geq \max(12d, 250\text{mm})$，膨胀型锚栓和扩孔型锚栓 $D_0 \geq 4h_{ef}$。支撑环过小会导致破坏形态发生变化，限制混凝土锥体破坏直径，并有可能导致出现锚栓受拉破坏，使测量结果变大。

②锚栓拉拔检验可选用以下两种加荷制度：

(a)连续加载，以匀速加载至设定荷载或锚固破坏，总加荷时间为2~3min。

(b)分级加载，以预计极限荷载的10%为一级，逐级加荷，每级荷载保持1~2min，至设定荷载或锚固破坏。

③非破坏性检验，荷载检验值应取 $0.9A_sf_{yk}$ 及 $0.8N_{Rk,c}$ 计算之较小值，其中，$N_{Rk,c}$ 为非钢材破坏承载力标准值，可按 JGJ 145—2004 的有关规定计算。

(3)检验结果评定：

①非破坏性检验荷载下，以混凝土基材无裂缝、锚栓或植筋无滑移等宏观裂损现象，且2min持荷期间荷载降低≤5%时为合格。当非破坏性检验为不合格时，应另抽不少于3个锚栓做破坏性检验判断。

②对于破坏性检验，该批锚栓的极限抗拔力满足下列规定为合格：

$$N_{Rm}^c \geq [\gamma_u]N_{sd}$$

$$N_{Rmin}^c \geq N_{Rk,*}$$

式中 N_{sd}——锚栓拉力设计值；

N_{Rm}^c——锚栓极限抗拔力实测平均值；

N_{Rmin}^c——锚栓极限抗拔力实测最小值；

$N_{Rk,*}$——锚栓极限抗拔力标准值，根据破坏类型的不同，分别按有关规定计算；

$[\gamma_u]$——锚固承载力检验系数允许值，近似取 $[\gamma_u] = 1.1\gamma_{R*}$

③当试验结果不满足上述第①条及第②条相应规定时，应会同有关部门依据试验结果，研究采取专门措施处理。

七、计算题

解：(1)计算荷载检验值：

$0.8N_{Rk,c} = 0.8 \times 250\text{kN} = 200\text{kN}$

$0.9A_sf_{yk} = 400 \times 0.9 \times \pi \times 25 \times 25/4 = 177\text{kN}$

选择177kN作为荷载检验值。

(2)比较所加荷载值与荷载检验值

试验时所加荷载值均超过荷载检验值，数据有效。

(3)计算持荷期间荷载下降

$(180 - 173)/180 = 3.9\% < 5\%$

$(181 - 175)/181 = 3.3\% < 5\%$

$(178 - 170)/178 = 4.5\% < 5\%$

(4)钢筋无滑移，混凝土无开裂。

结论:该组化学植筋样品,经检验满足 JGJ145-2004 标准规定的要求,不需要作进一步判定。

后置埋件模拟试卷(A)

一、填空题

1. 锚固承载力现场检验的测力系统误差应不超过全量程的_____。
2. 锚固承载力现场检验位移测量误差应不超过_____。
3. 采用分级加荷制度进行锚栓拉拔检验时,以预计极限荷载的_____为一级。
4. 已知化学植筋的钢筋直径为18mm,加荷设备支撑环内径应大于_____。
5. 性能等级为7.0的不锈钢锚栓的抗拉强度标准值为_____,屈服强度标准值为_____。
6. 后锚固连接设计基准期应比新建筑物设计基准期_____。
7. 锚固安全等级为二级的,其重要性系数为_____。
8. 合金钢锚栓性能等级为4.8,抗拉强度标准值为_____,屈服强度标准值应该为_____。
9. 采用连续加荷方式进行锚固力现场检验时,其总加荷时间为_____。
10. 进行非破坏性锚固承载力检验时在持荷时间内荷载降低值不大于_____为合格判据之一。
11. 锚栓弹性模量取_____。
12. 作为后锚固基材的混凝土强度应不低于_____。
13. 后锚固设计采用_____方法。
14. 地震作用下锚固承载力降低系数最大为_____。
15. 随着基材混凝土强度降低,同种锚栓最小锚固深度应_____。
16. 处于室外条件下的锚栓,其温度应力变幅应不大于_____。
17. 4000根锚栓组成一个检验批,其最少抽检数量为_____。
18. 直径为20mm的钢筋,采用化学植筋法锚固,锚固后该钢筋需要进行焊接操作,则该钢筋离开基面预留长度为_____。
19. 当非破坏性试验为不合格时,应抽取不少于_____锚栓进行破坏性检验。

二、单选题

1. 后锚固与预埋锚相比优点是_____。
   A. 失效概率低　　　　B. 失效概率高　　　　C. 耐久性好　　　　D. 使用场合广
2. JGJ145-2004中规定的后锚固基材可以是_____。
   A. 多孔混凝土　　　　　　　　　　　　　B. 小型混凝土空心砌块
   C. C50预制箱梁　　　　　　　　　　　　D. 轻质混凝土隔墙
3. 锚固承载力分项系数应_____。
   A. 小于1.0　　　B. 等于1.0　　　C. 大于1.0　　　D. 大于1.5
4. 膨胀型锚孔深度和直径应_____。
   A. 都不允许正偏差　　　　　　　　　　　B. 都不允许负偏差
   C. 深度允许负偏差　　　　　　　　　　　D. 直径允许负偏差
5. 下列_____结构构件宜采用非破坏性锚固承载力检验。
   A. 桁架　　　　　B. 大梁　　　　　C. 小型梁板结构　　　　D. 网架
6. 后锚固连接破坏类型总体可分为_____类。

A. 3 类   B. 4 类   C. 5 类   D. 6 类

7. 对于埋置深度为 60mm 的膨胀型锚栓,其混凝土基材的厚度至少为_____。

A. 50mm   B. 60mm   C. 90mm   D. 100mm

8. 对于膨胀型锚栓,其有效锚固深度是指_____。

A. 膨胀锥体与孔壁最大挤压点深度   B. 膨胀锥体与孔壁最小挤压点深度
C. 锚栓本体长度   D. 膨胀套筒长度

9. 随着地震设防烈度提高,同种锚栓最小锚固深度应_____。

A. 增大   B. 不变   C. 降低   D. 无关系

10. 下列说法正确的一个是_____。

A. 新建建筑物不采用后锚固连接方式
B. 有抗震要求的地区,新建建筑物不采用后锚固连接方式
C. 后锚固破坏方式比先锚固破坏方式多
D. 锚固承载力抗震调整系数一般小于 1.0

三、多选题

1. 属于机械锚栓连接方式的有_____。

A. 膨胀型锚栓   B. 扩孔型锚栓   C. 粘结型锚栓   D. 化学植筋

2. 化学植筋拔出试验有以下_____几种形式。

A. 钢筋屈服   B. 混合型破坏   C. 胶混界面破坏   D. 胶筋界面破坏

3. 化学植筋的钢筋应采用_____。

A. HPB235   B. HRB335   C. HRB400   D. RRB400

4. JGJ145－2004 中规定的锚栓类型有_____。

A. 自扩孔专用栓   B. 套筒式膨胀螺栓
C. 混凝土螺钉   D. 粘结型锚栓

5. 后锚固连接设计,应根据被连接结构类型、锚固连接受力性质及锚栓类型的不同,对其破坏形态加以控制。对于化学植筋以及长螺杆,不应出现下列_____破坏形态。

A. 混凝土基材破坏   B. 锚栓或植筋钢材破坏
C. 胶筋界面破坏   D. 胶混界面破坏

6. 无抗震要求的拉剪复合结构构件不得选用下列_____几类锚栓。

A. 化学植筋   B. 预扩孔普通栓
C. 光杆式膨胀锚栓   D. 长螺杆

7. 劈裂破坏与下列_____因素有关。

A. 锚栓类型   B. 边距   C. 间距   D. 混凝土厚度

8. 导致膨胀型锚栓发生穿出破坏的原因有_____。

A. 混凝土强度不够   B. 膨胀套筒过于光滑
C. 膨胀片硬度不够   D. 锚固深度不够

9. 一般可能锚栓发生拉断破坏的区域有_____。

A. 素混凝土区   B. 钢筋密集区
C. 锚栓强度薄弱区   D. 锚固深度超过临界深度区

10. 破坏类型与_____因素有关。

A. 承载力性质   B. 锚栓品种   C. 锚固参数   D. 基材性能

四、判断题

1. 锚栓破坏是指锚栓或植筋本身钢材被拉断、剪坏或复合受力破坏形式。（ ）
2. 性能等级为 5.6 级的合金钢锚栓的屈服强度标准值为 500MPa。（ ）
3. 混凝土结构后锚固连接设计可低于被连接结构的安全等级。（ ）
4. 有抗震要求的地区,新建建筑物不采用后锚固连接方式。（ ）
5. 随着地震设防烈度提高,同种锚栓最小锚固深度应增大。（ ）
6. 在相同的锚固破坏类型下,结构构件的承载力分项系数大于非结构构件。（ ）
7. 随着地震设防烈度提高,同种锚栓最小锚固深度应降低。（ ）
8. 对于混凝土锥体受拉破坏的结构构件,其锚固承载力分项系数为 3.0。（ ）
9. 对于抗震设防为 7 度的地区,基材混凝土强度等级为 C30 的锚栓受拉结构构件连接的化学植筋,其锚栓最小有效锚固深度为 26mm。（ ）
10. 新建工程采用锚栓锚固连接时,对于重要的锚固,锚固区钢筋网的直径应不小于 6mm,间距应不大于 150mm。（ ）

五、简答题

1. 为什么要规定加荷设备支撑环内径?
2. 如何改善后锚固的抗震性能?
3. 不同品种锚栓选用时应考虑的因素?
4. 作为后锚固基材混凝土有哪些要求?

六、论述题

比较不同锚栓、不同破坏类型的影响因素,以及发生场合。

七、计算题

已知:化学植筋承载力非破坏性检验,钢筋直径为 25mm,规格型号为 HRB400,非钢材破坏承载力标准值为 250kN;采用连续加荷方式,三根钢筋试验结果如下表。

序号	1	2	3
所加荷载(kN)	180	181	178
持荷 2min 后荷载(kN)	173	175	170

钢筋无明显滑移,混凝土无明显开裂,计算该组化学植筋是否满足要求?需不需要进一步判定?

后置埋件模拟试卷(B)

一、填空题

1. 扩孔型锚栓,有效埋置深度为 50mm,则混凝土基材最小厚度为_____。
2. 处于室外条件下的锚栓,其温度应力变幅应不大于_____。
3. 采用分级加荷制度进行锚栓拉拔检验时以预计极限荷载的_____为一级。
4. 已知化学植筋的钢筋直径为 18mm,加荷设备支撑环内径应大于_____。

5. 锚固安全等级为一级的,其重要性系数为_____。
6. 非破坏性检验持荷时间为_____。
7. 锚固承载力现场检验位移测量误差应不超过_____。
8. 已知碳素钢锚栓等级为5.6,抗拉强度标准值为_____,屈服强度标准值应该为_____。
9. 2000根锚栓组成一个检验批,其最少抽检数量为_____。
10. 进行非破坏性锚固承载力检验时在持荷时间内荷载降低值不大于_____为合格判据之一。
11. 作为后锚固基材的混凝土强度应不低于_____。
12. 当非破坏性为不合格时,应抽取不少于_____锚栓进行破坏性检验。
13. 锚栓安装方式通常有_____、_____、_____。
14. 后锚固设计采用_____设计方法。
15. 锚栓弹性模量取_____。
16. 直径为20mm的钢筋,采用化学植筋法锚固,锚固后该钢筋需要进行焊接操作,则该钢筋离开基面预留长度为_____。

二、单选题

1. 对于非破坏性检验,其判定标准是_____。
   A. 锚栓无滑移　　　　　　　　　B. 混凝土不开裂
   C. 持荷期荷载下降在一定范围内　　D. 以上三个条件同时满足
2. 锚栓应布置在_____。
   A. 保护层　　　B. 抹灰层　　　C. 结构本体层　　　D. 装饰层
3. 随着地震设防烈度提高,同种锚栓最小锚固深度应_____。
   A. 增大　　　B. 不变　　　C. 降低　　　D. 无关系
4. JGJ145-2004中规定的后锚固基材可以是_____。
   A. 多孔混凝土　　　　　　　　　B. 小型混凝土空心砌块
   C. C50预制箱梁　　　　　　　　D. 轻质混凝土隔墙
5. 后锚固连接设计基准期应比新建建筑物设计基准期_____。
   A. 短　　　B. 长　　　C. 相等　　　D. 不确定
6. 锚固承载力分项系数应_____。
   A. 小于1.0　　　B. 等于1.0　　　C. 大于1.0　　　D. 大于1.5
7. 下列哪一个后接构件宜采用非破坏性锚固承载力检验_____。
   A. 桁架　　　B. 大梁　　　C. 小型梁板结构　　　D. 网架
8. 对于破坏性检验,其判定指标应_____。
   A. 满足平均值要求　　　　　　　B. 满足最小值要求
   C. 满足最小值或平均值要求　　　D. 同时满足最小值和平均值要求
9. 新建工程采用锚栓锚固连接时,对于重要的锚固,锚固区应具有直径不小于_____mm,间距不大于_____mm规格的钢筋网。
   A. 10　　150　　　B. 8　　150　　　C. 6　　150　　　D. 8　　200

三、多选题

1. 无抗震要求的拉剪复合结构构件不得选用_____。
   A. 化学植筋　　　　　　　　　　B. 预扩孔普通锚栓

C. 光杆式膨胀锚栓　　　　　　　　　D. 长螺杆
2. 劈裂破坏与_____。
  A. 锚栓类型　　　B. 边距　　　C. 间距　　　D. 混凝土厚度
3. 破坏类型与_____有关。
  A. 承载力性质　　　B. 锚栓品种　　　C. 锚固参数　　　D. 基材性能
4. 单个化学植筋不可能发生的破坏类型有_____。
  A. 穿出破坏　　　　　　　　　　B. 劈裂破坏
  C. 混凝土边缘破坏　　　　　　　D. 钢材拉断
5. 锚栓在进行锚固承载力现场检验时，所考虑的破坏形态有_____。
  A. 混凝土锥体破坏　　　　　　　B. 劈裂破坏
  C. 剪撬破坏　　　　　　　　　　D. 锚栓受拉破坏
6. _____措施属于构造措施用于保证锚固的可靠性。
  A. 规定基材最小厚度　　　　　　B. 规定群锚最大间距值
  C. 规定锚栓所引起的最小附加剪力　　D. 规定锚栓不得布置的位置
7. 锚孔质量检查应包括_____。
  A. 锚孔位置　　　B. 锚孔直径　　　C. 锚孔深度　　　D. 锚孔周围混凝土情况
8. 发生混凝土锥体破坏时，受拉承载力标准值计算中应考虑_____。
  A. 分项系数　　　　　　　　　　B. 边距受拉承载力降低系数
  C. 荷载偏心降低系数　　　　　　D. 未裂混凝土对受拉承载力提高系数
9. 在相同的锚固破坏类型下，结构构件的承载力分项系数_____非结构构件。
  A. 小于　　　B. 大于　　　C. 等于　　　D. 不确定
10. 对于非破坏性检验，其判定标准是_____。
  A. 锚栓无滑移　　　　　　　　　B. 混凝土不开裂
  C. 持荷期荷载下降在一定范围内　D. 以上三个条件同时满足

四、判断题

1. 穿出破坏是指拉力作用下锚栓整体从锚孔中被拉出的破坏形式。　　　　　　（　）
2. 胶筋界面破坏是指化学植筋受拉时，沿胶粘剂与混凝土孔壁界面之拔出破坏形式。（　）
3. 结构装饰层可作为锚固基材。　　　　　　　　　　　　　　　　　　　　（　）
4. 性能等级为 70MPa 的不锈钢锚栓的抗拉强度标准值为 700MPa。　　　　　（　）
5. 混凝土结构后锚固连接设计可低于被连接结构的安全等级。　　　　　　　（　）
6. 有抗震要求的地区，新建建筑物不采用后锚固连接方式。　　　　　　　　（　）
7. 新建建筑物不得采用后锚固连接方式。　　　　　　　　　　　　　　　　（　）
8. 膨胀型锚孔深度和直径应都不允许负偏差。　　　　　　　　　　　　　　（　）
9. 对于锚栓穿出破坏，其锚固承载力分项系数为 2.5。　　　　　　　　　　　（　）
10. 对于抗震设防为 7 度的地区，基材混凝土强度等级为 C30 的锚栓受拉结构构件连接的化学植筋，其锚栓最小有效锚固深度为 26mm。　　　　　　　　　　　　　　　　　　（　）

五、简答题

1. 为什么要规定加荷设备支撑环内径？
2. 给出破坏性试验结果评定公式，并对其中参数进行说明。
3. 如何改善后锚固的抗震性能？

4. 不同品种锚栓选用时应考虑哪些因素?

六、论述题

简述锚固承载力现场检验方法及检验结果评定。

七、计算题

已知:化学植筋承载力非破坏性检验,钢筋直径为 30mm,规格型号为 HRB400 非钢材破坏承载力标准值为 250kN;采用连续加荷方式,三根钢筋试验结果如下表。

序号	1	2	3
所加荷载(kN)	200	203	198
持荷 2min 后荷载(kN)	193	195	190

钢筋无明显滑移,混凝土无明显开裂,计算该组化学植筋是否满足要求?需不需要进一步判定?

第三节 混凝土构件结构性能

一、填充题

1. 按 GB 50152—92 是为确保混凝土结构试验的质量,正确的基本性能,统一_____,特制定本标准。

2. GB 50192—92 标准适用于工业与民用建筑和一般构筑物的_____、_____的荷载试验。不适用于有特殊要求的研究性试验,以及于_____等环境条件下的结构试验。

3. 试验构件的荷载布置中,当试验荷载布置不能完全与标准图或设计的要求相符时,应按_____的原则换算,即使构件试验的内力图形与设计的内力图形相似,并使_____相等,但应考虑荷载布置改变后对构件其他部位的不利影响。

4. 结构构件进行抗裂试验中,当在加载过程中第一次出现裂缝时,应取_____作为开裂荷载实测值;当在规定的荷载持续时间内第一次出现裂缝时,应取_____作为开裂荷载实测值;当在规定的荷载持续时间结束后第一次出现裂缝时,应取_____作为开裂荷载实测值。

5. 荷载试验按其在结构上作用荷载的特性不同,可分为_____(简称静载或静力试验)和_____(简称动载或动力试验)。又可按荷载在试验结构上的持续时间不同,分为_____和_____。我们平时工作主要是指钢筋混凝土构件结构性能检验的_____。

6. 当采用电阻应变计量测构件应变时,应有_____措施。在温度变化较大的地方采用机械式应变仪量测应变时,应考虑_____进行修正。

7. 对宽度大于 600mm 的受弯或偏心受压构件,挠度测点应_____,对具有边肋的单向板,除应量测_____外,还宜量测_____。

8. 万能试验机、_____、_____的精度不应低于_____;结构疲劳试验机静态测力误差应为_____;当使用其他加载设备对试验结构构件施加荷载时,加载量误差应为_____,对于现场试验的误差应为_____。

9. 结构试验应设_____负责检查安全工作;试验用的_____、_____、_____、_____等应有足够的安全储备;对可能发生突然破坏的试验结构构件进行试验时应采取特别防护措施以防止物体飞出危及人身、仪表和设备的安全。

10. 试验结构构件的_____、_____、_____和_____应符合设计计算简图,且在整个试验过程中保持不变;试验装置不应分担试验结构构件承受的试验荷载,且不应阻碍_____自由发展。

11. 检测机构应当坚持独立、公正的第三方地位,在承接业务、_____和_____过程中,应当不受任何单位和个人的干预和影响,确保检测工作的独立性和公正性。

12. 作静载试验时,红砖等小型块状材料宜_____称量,对于块体大小均匀,含水量一致又经抽样核实块重均匀的小型块材,可按_____计算加载量。

13. 作静载试验时,不允许出现裂缝的预应力混凝土构件应进行_____、_____和_____的检验。

14. 作静载试验时,千斤顶加载适用于_____。千斤顶的加载值可采用_____量测,也可采用_____量测。

15. 每级加载完成后,应持续_____;在荷载标准值作用下,应持续_____。在持续时间内,应观察_____的出现和开展,以及钢筋有无滑移等;在持续时间结束时,应观察并记录各项读数。

16. 采用重物的重力作_____时,重物在单向试验结构构件受荷面上应分堆堆放,沿试验结构构件的跨度方向的每堆长度不应大于试验结构构件跨度的_____;对于跨度为4m和4m以下的试验结构构件,每堆长度不应大于构件跨度的_____;堆间宜留_____的间隙;对于双向受力板的试验,堆放重物在_____的每堆长度和间隙均应满足上述要求;

17. 散粒状材料应装袋或装入放在试验构件表面上的_____,并_____。

18. 垂直裂缝的观测位置应在结构构件的_____,斜裂缝的观测位置应在_____的区段及截面的宽度、高度等外形尺寸改变处;垂直裂缝的宽度应在结构构件的侧面相应于_____量测;斜裂缝的宽度应在_____或斜裂缝与弯起钢筋交汇处量测;对无腹筋的结构构件应在裂缝_____量测斜裂缝宽度。

19. 结构构件采用异位(卧位、反位)试验时,应防止试验结构构件在就位过程中产生_____、_____或_____。

20. 在进行混凝土结构试验前,应根据试验要求分别确定下列试验荷载值:
（1）对结构构件的挠度、裂缝宽度试验,应确定_____(简称为使用状态试验荷载值);
（2）对结构构件的抗裂试验,应确定_____;
（3）对结构构件的承载力试验,应确定_____,简称为承载力试验荷载值。

21. 作静载试验时,单跨简支结构构件和连续梁的支座除一端支座应为_____,其他支座应为_____。

22. 采用重物的重力作均布试验荷载时,重物在单向试验结构构件受荷面上应_____,沿试验结构构件的跨度方向的每堆长度不应大于试验结构构件跨度的_____,堆间宜留_____的间隙。

23. 试验结构构件支座下的支墩和地基应有_____,在试验荷载作用下的总压缩变形不宜超过_____。

24. 构件静载试验后变形恢复持续时间,对于一般结构构件为_____,对于新结构构件和跨度较大的结构构件为_____。

25. 对受弯或偏心受压构件的挠度测点应布置在构件_____或_____。

26. 对宽度大于600mm的受弯或偏心受压构件,挠度测点应_____,对具有边肋的单向板,除应量测_____外,还宜量测_____。

27. 结构构件进行抗裂试验时,应在加载过程中仔细观察和判别试验结构构件中_____,并在构件上绘出_____,标出相应的_____。

28. 结构构件进行抗裂试验时,垂直裂缝的观察位置应在结构构件的_____;斜裂缝的观察位置应在_____。

29. 对预应力混凝土结构构件,在确定预应力钢筋的有效预应力实测值时,应从预应力钢筋张拉控制应力实测值中扣除_____。在先张法构件中还应扣除_____。

30. 正常使用极限状态检验的荷载标准值是指_____,根据_____,经换算后确定的荷载值。

31. 作静载试验时,构件应分级加载,当荷载小于荷载标准值时,每级荷载不应大于荷载标准值的_____;当荷载大于荷载标准值时,每级荷载不应大于荷载标准值的_____;当荷载接近抗裂检验荷载值时,每级荷载不应大于荷载标准值的_____。

32. 受弯及偏心受压构件量测挠度曲线的测点应沿构件_____,包括量测支座沉降和变形的测点在内,测点不应少于_____点。

33. 作静载试验时,不允许出现裂缝的预应力混凝土构件应进行_____、_____和_____的检验。

34. 作静载试验时,当试验荷载布置不能完全与标准图或设计的要求相符时,应按_____的原则换算。

35. 作静载试验时,加载方法应根据标准图或设计的_____、_____及_____等进行选择。

36. 作静载试验时,千斤顶加载适用于_____。千斤顶的加载值可采用_____量测,也可采用_____量测。

37. 构件挠度可采用_____、_____、_____等进行观测。

38. 作静载试验时,试验装置不应分担_____,且不应阻碍_____。

39. 作静载试验时,红砖等小型块状材料,宜_____称量,对于块体大小均匀,含水量一致又经抽样核实块重确系均匀的小型块材,可按_____计算加载量。

二、单项选择题

1. 需要控制变形的结构构件,应量测其_____。
   A. 局部变形　　　B. 跨中变形　　　C. 支座变形　　　D. 整体变形

2. 观测裂缝宽度的仪表,其最小分度值不宜大于_____。
   A. 0.01mm　　　B. 0.02mm　　　C. 0.05mm　　　D. 0.1mm

3. 悬臂梁作结构性能检测时,上支座中心线和下支座中心线至梁端的距离应分别为设计嵌固长度的_____。
   A. 1/3、2/3　　　B. 1/4、3/4　　　C. 1/6、5/6　　　D. 1/5、4/5

4. 对正截面裂缝,应量测_____处的最大裂缝宽度;确定构件受拉主筋处的裂缝宽度时,应在构件_____量测。
   A. 受拉主筋　　　B. 受压主筋　　　C. 侧面　　　D. 底面

5. 单向简支试验结构构件的两个铰支座的高差,应符合结构构件支座设计高差的要求,其偏差不宜大于试验结构构件跨度的_____。
   A. 1/50　　　B. 1/100　　　C. 1/150　　　D. 1/200

6. 板、梁和桁架等简支构件,试验时应一端采用_____,另一端采用_____。
   A. 滚动支承　　　B. 铰支承　　　C. 固端支承　　　D. 悬臂支承

7. 常用结构性能检验仪器一般分为_____和_____。

A. 加载设备 　　　　B. 搬运工具 　　　　C. 量测设备 　　　　D. 计算工具

8. 结构试验宜进行预加载,以检查试验装置的工作是否正常,同时应防止构件因预加载而产生_____。预加载值不宜超过结构构件开裂试验荷载计算值的_____。

A. 裂缝 　　　　B. 变形 　　　　C. 80% 　　　　D. 70%

9. 在到达使用状态短期试验荷载值以前,每级加载值不宜大于使用状态短期试验荷载值的_____。

A. 5% 　　　　B. 10% 　　　　C. 20% 　　　　D. 30%

10. 对变形和裂缝宽度的结构构件试验,在使用状态短期试验荷载作用下的持续时间不应少于_____。

A. 10min 　　　　B. 20min 　　　　C. 30min 　　　　D. 45min

11. 观测裂缝宽度的仪表,其最小分度值不宜大于_____。

A. 0.01mm 　　　　B. 0.02mm 　　　　C. 0.05mm 　　　　D. 0.1mm

12. 对结构构件的挠度、裂缝宽度进行试验,应确定哪种试验荷载值_____。

A. 正常使用极限状态试验荷载值 　　　　B. 开裂试验荷载值
C. 承载力试验荷载值 　　　　D. 长期试验荷载值

13. 结构试验宜进行预加载,预加载值不宜超过结构构件开裂试验荷载计算值的_____。

A. 50% 　　　　B. 70% 　　　　C. 75% 　　　　D. 80%

14. 在到达使用状态短期试验荷载值以前,每级加载值不宜大于使用状态短期试验荷载值的_____。

A. 5% 　　　　B. 10% 　　　　C. 20% 　　　　D. 30%

15. 每级荷载加载后的持续时间不应少于_____。

A. 5min 　　　　B. 10min 　　　　C. 15min 　　　　D. 20min

16. 对变形和裂缝宽度的结构构件试验,在使用状态短期试验荷载作用下的持续时间不应少于_____。

A. 10min 　　　　B. 20min 　　　　C. 30min 　　　　D. 45min

17. 对新结构构件、跨度较大的屋架及薄腹梁等试验,在使用状态短期试验荷载作用下的持续时间不宜少于_____。

A. 1h 　　　　B. 6h 　　　　C. 12h 　　　　D. 24h

18. 当在规定的荷载持续时间内第一次出现裂缝时,开裂荷载实测值应取_____。

A. 前级荷载 　　　　B. 本级荷载 　　　　C. 后一级荷载
D. 本级荷载值与前一级荷载的平均值

19. 对成批生产的构件进行结构性能检验时,可按_____。

A. 同一工艺正常生产的不超过500件且不超过6个月的同类型产品为一批
B. 同一工艺正常生产的不超过1000件且不超过6个月的同类型产品为一批
C. 同一工艺正常生产的不超过1000件且不超过3个月的同类型产品为一批
D. 同一工艺正常生产的不超过2000件且不超过3个月的同类型产品为一批

三、多项选择题

1. 荷重块加载适用于均布加载试验,荷重块堆放应_____。

A. 荷重块应按区格成垛堆放,沿试验结构构件的跨度方向的每堆长度不应大于试验结构构件跨度的1/6

B. 对于跨度为4m和4m以下的试验结构构件,每堆长度不应大于构件跨度的1/4

C. 堆间宜留 150~250mm 的间隙

D. 对于块体大小均匀,含水量一致又经抽样核实块重确系均匀的小型块材,可按平均块重计算加载量

2. 预制构件结构性能试验条件应满足_____要求。

A. 构件应在 0℃ 以上的温度中进行试验

B. 蒸汽养护后的构件应在冷却至常温后进行试验

C. 构件在试验前应量测其实际尺寸,并检查构件表面,所有的缺陷和裂缝应在构件上标出

D. 试验用的加荷设备及量测仪表应预先进行标定或校准

3. 铰支承可采用_____,滚动支承可采用圆钢。

A. 角钢
B. 半圆形钢
C. 焊于钢板上的圆钢
D. 圆钢

4. 预制构件应按标准图或设计要求的试验参数及检验指标进行结构性能检验,检验内容包括:_____。

A. 钢筋混凝土构件和允许出现裂缝的预应力混凝土构件进行承载力、挠度和裂缝宽度检验

B. 不允许出现裂缝的预应力混凝土构件进行承载力、挠度和抗裂检验

C. 预应力混凝土构件中的非预应力杆件按钢筋混凝土构件的要求进行检验

D. 对设计成熟、生产数量较少的大型构件,可不作结构性能检验

5. 需要进行应力应变分析的结构构件,应量测其控制截面的应变。量测结构构件应变时,测点布置应符合下列要求:_____。

A. 对受弯构件应首先在弯矩最大的截面上沿截面高度布置测点,每个截面不宜少于二个

B. 当需要量测沿截面高度的应变分布规律时,布置测点数不宜少于五个

C. 在同一截面的受拉区主筋上应布置应变测点

6. 每级加载或卸载后的荷载持续时间应符合_____规定。

A. 每级加载完成后,应持续 10~15min

B. 在荷载标准值作用下,应持续 30min。在持续时间内,应观察裂缝的出现和开展,以及钢筋有无滑移等

C. 每级加载完成后,应持续 30min

D. 在持续时间结束时,应观察并记录各项读数

7. 试验结构构件、设备及量测仪表均应有_____等保护设施。

A. 防风
B. 防雨
C. 防晒
D. 防摔

8. 对于挠度量测仪表的设置,正确的设置包括:_____。

A. 现场试验不应消除地基变形对仪表支架的影响

B. 应在构件两端支座处布置测点

C. 量测挠度的仪表应安装在独立不动的仪表架上

D. 挠度测点应在构件跨中截面的中轴线上沿构件两侧对称布置

9. 试验构件的支承方式应符合_____规定。

A. 当试验的构件承受较大集中力或支座反力时,应对支承部分进行局部受压承载力验算

B. 构件与支承面应紧密接触,钢垫板与构件、钢垫板与支墩间,宜铺砂浆垫平

C. 构件支承的中心线位置应符合标准图或设计的要求

D. 铰支承可采用角钢、半圆形钢或焊于钢板上的圆钢,滚动支承可采用圆钢

10. 钢筋混凝土构件和允许出现裂缝的预应力混凝土构件进行_____检验;不允许出现裂缝的预应力混凝土构件进行_____检验。

A. 承载力　　　　　B. 挠度　　　　　C. 裂缝宽度　　　　　D. 抗裂

11. 结构构件受力情况为轴心受拉,受弯、大偏心受压时,出现下列标志之一时,可认为已达到或超过承载能力极限状态_____。

　　A. 挠度达到跨度的1/100,对悬臂结构,挠度达到悬臂长的1/50

　　B. 受拉主钢筋拉断

　　C. 受拉主钢筋处最大垂直裂缝宽度达到1.5mm

　　D. 受压区混凝土压坏

12. 预制构件结构性能试验条件应满足_____要求。

　　A. 构件应在0℃以上的温度中进行试验

　　B. 蒸汽养护后的构件应在冷却至常温后进行试验

　　C. 构件在试验前应量测其实际尺寸,并检查构件表面,所有的缺陷和裂缝应在构件上标出

　　D. 试验用的加荷设备及量测仪表应预先进行标定或校准

13. 板、梁和桁架等简支构件,静载试验时铰支承可采用_____。

　　A. 角钢　　　　　　　　　　B. 半圆形钢

　　C. 圆钢　　　　　　　　　　D. 焊于钢板上的圆钢

14. 试验装置设计和配置应满足_____要求。

　　A. 试验结构构件的跨度、支承方式、支撑等条件和受力状态应符合设计计算简图

　　B. 试验装置不应分担试验结构构件承受的试验荷载

　　C. 试验装置不应阻碍结构构件的变形自由发展

　　D. 试验装置应有足够刚度

15. 结构构件受力情况为受剪时,其达到或超过承载能力极限状态的标志是_____。

　　A. 斜裂缝端部受压区混凝土剪压破坏

　　B. 沿斜截面混凝土斜向受压破坏

　　C. 沿斜截面撕裂形成斜拉破坏

　　D. 箍筋或弯起钢筋与斜裂缝交会处的斜裂缝宽度达到1.5mm

16. 下列叙述正确的是_____。

　　A. 当在规定的荷载持续时间结束后出现承载能力极限状态的标志时,应以前一级荷载值作为试验结构构件极限荷载的实测值

　　B. 当在规定的荷载持续时间结束后出现承载能力极限状态的标志时,应以此时的荷载值作为试验结构构件极限荷载的实测值

　　C. 当在加载过程中,出现承载能力极限状态的标志时,应取前一级荷载值作为结构构件的极限荷载实测值

　　D. 当在规定的荷载持续时间出现承载能力极限状态的标志时,应取本级荷载与前一级荷载的平均值作为极限荷载实测值

17. 结构静载试验原始资料应包括_____。

　　A. 试验对象的考察与检查

　　B. 材料的力学性能试验结果

　　C. 试验计划与方案及实施过程中的一切变动情况记录

　　D. 测读数据记录及裂缝图

18. 混凝土受弯构件疲劳试验应包括:_____。

　　A. 检验在吊车荷载标准值作用下,能否通过规定的重复次数

　　B. 量测构件的挠度

C. 量测构件的抗裂情况

D. 量测构件的裂缝宽度

19. 位移量测仪表的精度、误差应符合_____。

A. 水准仪精度不应低于3级精度(DS3)

B. 位移传感器的准确度不应低于1.0级

C. 经纬仪的精度不低于2级精度(DS2)

D. 倾角仪的最小分度值不宜大于5″

20. 作均布荷载施压时,可采用_____进行。

A. 红砖　　　　　B. 千斤顶　　　　　C. 静水压力　　　　　D. 气压

21. 试验结构构件的钢筋应取试件作以下力学性能试验：_____。

A. 屈服强度　　　B. 抗拉强度　　　　C. 伸长率　　　　　D. 冷弯

22. 对于预应力混凝土构件,应观测_____部位的裂缝出现和开展。

A. 构件拉应力最大区段及薄弱环节

B. 构件弯矩和剪力均较大的区段及外形尺寸改变处

C. 预拉区

D. 端部锚固区

四、判断题

1. 当结构构件受力情况为受弯时,对有明显物理流限的热轧钢筋,其受拉主钢筋应力达到屈服强度,受拉应变达到0.01时,可判断为已达到或超过承载能力极限状态。（　）

2. 四角简支或四边简支的双向板,其支承方式应保证支承处构件能自由转动,支承面可以相对水平移动。（　）

3. 屋架量测挠度曲线的测点应沿跨度方向各下弦节点处布置。（　）

4. 采用试验机,对受压构件加荷载时,应取整个破坏试验过程中所达到的最大荷载值,作为极限荷载实测值。（　）

5. 每级卸载值可取为使用状态短期试验荷载值的30%~60%;每级卸载后在构件上的试验荷载剩余值宜与加载时的某一荷载值相对应。（　）

6. 试验结构构件的自重和作用在其上的加载设备的重力,不应作为试验荷载的一部分。（　）

7. 结构构件在试验加载前,应在没有外加荷载的条件下测读仪表的初始读数。（　）

8. 当采用电阻应变计量测构件内部钢筋应变时,宜事先进行贴片,但不必作防护处理。（　）

9. 最大裂缝宽度应在使用状态短期试验荷载值持续作用1h结束时进行量测。（　）

10. 各级荷载持续时间结束时,可选三条或三条以上较大裂缝宽度进行量测,取其中的最大值为最大裂缝宽度。（　）

11. 作静载试验时,采用装有散粒材料的无底箱子加载时,沿试验结构构件跨度方向放置的箱数不应少于两个。（　）

12. 对于检验性试验,荷载接近抗裂检验荷载时,每级荷载不宜大于该荷载值的10%。（　）

13. 试验结构构件的自重和作用在其上的加载设备的重力,不应作为试验荷载的一部分。（　）

14. 作抗裂试验时,最大裂缝宽度应在使用状态短期试验荷载值持续作用10min结束时进行量测。（　）

15. 当结构构件受力情况为轴心受压或小偏心受压时,其达到或超过承载能力极限状态的标志是混凝土受压破坏。（　）

16. 当屋架仅作挠度、抗裂或裂缝宽度检验时,可将两榀屋架并列,安放屋面板后进行加载试

验。　　　　　　　　　　　　　　　　　　　　　　　　　　　　　　　　　　　　　(　)

17. 屋架量测挠度曲线的测点应沿跨度方向各下弦节点处布置。　　　　　　　　　　(　)

18. 对单次量测的直接量测结果的误差,可取所用量测仪表的精度作为基本的试验误差。(　)

19. 四边简支或四角简支的双向板,其支承方式应保证支承处构件能自由转动,支承面不可相对水平移动。　　　　　　　　　　　　　　　　　　　　　　　　　　　　　　　　　　(　)

20. 当一种加载图示不能反映试验要求的几种极限状态时,应采用几种不同的加载图示分别在几个试验结构构件上进行试验,不可在同一试件上先后进行两种不同加载图示的试验。　　(　)

21. 采用相互并联的数个同规格液压加载器施加静荷载时,可只在一个加载器上测定作用力,并计算总的加载量。　　　　　　　　　　　　　　　　　　　　　　　　　　　　　　　(　)

22. 采用试验机,对受压构件加荷载时,应取整个破坏试验过程中所达到的最大荷载值,作为极限荷载实测值。　　　　　　　　　　　　　　　　　　　　　　　　　　　　　　　　　(　)

五、简答题

1. 简述轴心受拉、偏心受拉、受弯、大偏心受压结构构件达到或超过承载能力极限状态的检验标志。

2. 混凝土构件结构性能检验的检测依据有哪些?

3. 在进行混凝土结构试验前,应根据试验要求分别确定哪些试验荷载值?

4. 结构荷载试验时,试验荷载应如何分级加载和卸载?

5. 检验性试验结构构件的检验荷载标准值应按哪些方法确定?

6. 简述构件在各级荷载作用下的短期挠度实测值公式计算方法。

六、计算题

1. 空心板 HWS42-4 进行出厂检验,挠度实测值 $a_s^0 = 5.20$ mm,挠度允许值 $[a_s] = 9.54$ mm;抗裂检验荷载允许值 $[q_{cr}]$ 为 20.54kN(包括板自重),开裂荷载实测值 q_{cr}^0 为 24.05kN(包括板自重);该板的挠度达到跨度的 1/50 时,计算荷载为 30.00kN(包括板自重),检验荷载加至 34.44kN(包括板自重)时,板的挠度达到跨度的 1/50。试分析试验结果。

2. 某综合楼为四层框架结构,ⓒ～Ⓓ轴柱距 7.5m,④～⑤轴和⑤～⑥轴柱距 12.0m,现需对二层⑤/(ⓒ～Ⓓ)轴楼面梁进行结构性能试验。楼面梁截面尺寸 $b \times h = 300$mm$\times 800$mm,楼面板厚 120mm,楼面均布活荷载取 6.0kN/m²,构件的承载力检验系数取 1.50。试叙述对该楼面梁结构性能试验的过程。梁板平面布置如下图所示:

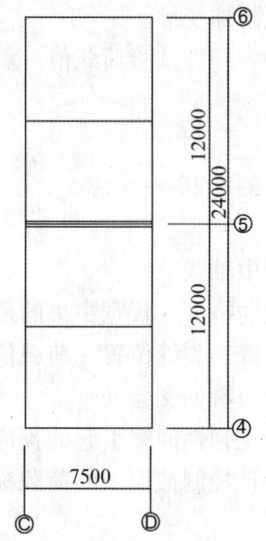

七、实践题

1. 简述各类型混凝土构件进行结构性能试验时的参数。
2. 简述试验分级加载的过程。
3. 叙述进行混凝土结构荷载试验时,挠度或位移的量测方法。
4. 叙述进行混凝土结构荷载试验时,抗裂试验与裂缝量测方法。

参考答案:

一、填充题

1. 混凝土结构的试验方法
2. 钢筋混凝土结构　预应力混凝土结构　高温、负温、侵蚀性介质
3. 荷载效应等效　控制截面上的内力值
4. 前一级荷载值　本级荷载值与前一级荷载的平均值　本级荷载值
5. 静荷载试验　动荷载试验　短期荷载试验　长期荷载试验　短期静荷载试验
6. 可靠的温度补偿　温度影响
7. 沿构件两侧对称布置　构件边肋挠度　板宽中央的最大挠度
8. 拉力试验机　压力试验机　2级　±2%　±3.0%　±5.0%
9. 安全员　加载设备　荷载架　支座　支敦
10. 跨度　支承方式　支撑等条件　受力状态　结构构件的变形
11. 现场检测　检测报告形成
12. 逐级分堆　平均块重
13. 承载力　挠度　抗裂
14. 集中加载试验　荷载传感器　油压表
15. 10~15min　30min　裂缝
16. 均布试验荷载　1/6　1/4　50~150mm　两个跨度方向上
17. 无底箱中　逐级称量
18. 拉应力最大区段及薄弱环节　弯矩和剪力均较大　受拉主筋高度处　斜裂缝与箍筋交汇处　最宽处
19. 裂缝　不可恢复的扭曲　其他附加变形
20. 正常使用极限状态试验荷载值　开裂试验荷载值　承载能力极限状态试验荷载值
21. 固定铰支座　滚动铰支座
22. 分堆堆放　1/6　50~150mm
23. 足够刚度　试验结构构件挠度的1/10
24. 45min　18h
25. 跨中　挠度最大的部位截面的中轴线上
26. 沿构件两侧对称布置　构件边肋挠度　板宽中央的最大挠度
27. 第一次出现的垂直裂缝或斜裂缝　裂缝位置　荷载值
28. 受拉主筋高度处量测　斜裂缝与箍筋交会处
29. 各项预应力损失实测值　混凝土弹性回缩引起的预应力损失实测值
30. 正常使用极限状态下　构件设计控制截面上的荷载标准组合效应
31. 20%　10%　5%

32. 跨度方向布置　5
33. 承载力　挠度　抗裂
34. 荷载效应等效
35. 加载要求　构件类型　设备条件
36. 集中加载试验　荷载传感器　油压表
37. 百分表　位移传感器　水平仪
38. 试验结构构件承受的试验荷载　结构构件的受力变形自由发展
39. 逐级分堆　平均块重

二、单项选择题

1. D	2. C	3. C	4. A、C
5. D	6. A、B	7. A、C	8. A、D
9. C	10. C	11. C	12. A
13. B	14. C	15. B	16. C
17. C	18. D	19. C	

三、多项选择题

1. A、B、D	2. A、B、C、D	3. A、B、C	4. A、B、C
5. A、B、C	6. A、B、D	7. A、B、C、D	8. B、C、D
9. A、B、C、D	10. C、D	11. B、C、D	12. A、B、C、D
13. B、D	14. C、D	15. A、B、C、D	16. B、D
17. A、B、C、D	18. A、B、C、D	19. A、B、C、D	20. A、C、D
21. A、B、C、D	22. A、B、C、D		

四、判断题

1. √	2. √	3. √	4. √
5. ×	6. ×	7. √	8. ×
9. ×	10. √	11. √	12. ×
13. ×	14. ×	15. √	16. √
17. √	18. √	19. ×	20. ×
21. √	22. √		

五、简答题

1. 答:在加载或持载过程中出现下列标志之一即认为该结构构件已达到或超过承载能力极限状态:

①对有明显物理流限的热轧钢筋,其受拉主钢筋应力达到屈服强度,受拉应变达到0.01;对无明显物理流限的钢筋,其受拉主钢筋的受拉应变达到0.01;

②受拉主钢筋拉断;

③受拉主钢筋处最大垂直裂缝宽度达到1.5mm;

④挠度达到跨度的1/50;对悬臂结构,挠度达到悬臂长的1/25;

⑤受压区混凝土压坏。

2. 答:①《混凝土结构工程施工质量验收规范》GB 50204—2002。

②《混凝土结构试验方法标准》GB 50152—92。
③《混凝土结构设计规范》GB 50010—2002。
④《建筑结构荷载规范》GB 50009—2001。
⑤《建筑结构检测技术标准》GB/T 50344—2004。

3. 答：在进行混凝土结构试验前，应根据试验要求分别确定下列试验荷载值：
①对结构构件的挠度、裂缝宽度试验，应确定正常使用极限状态试验荷载值或检验荷载标准值；
②对结构构件的抗裂试验，应确定开裂试验荷载值；
③对结构构件的承载力试验，应确定承载能力极限状态试验荷载值，或称为承载力检验荷载设计值；
④对试验结构构件进行承载力试验时，在加载或持载过程中出现哪些标志即认为该结构构件已达到或超过承载能力极限状态。

4. 答：构件应分级加载。当荷载小于检验荷载标准值时，每级荷载不应大于检验荷载标准值的20%；当荷载大于检验荷载标准值时，每级荷载不应大于检验荷载标准值的10%；当荷载接近抗裂检验荷载值时，每级荷载不应大于检验荷载标准值的5%；当荷载接近承载力检验值时，每级荷载不应大于承载力检验值的5%。

对仅作挠度、抗裂或裂缝宽度检验的构件应分级卸载。

作用在构件上的试验设备重量及构件自重应作为第一次加载的一部分。

每级卸载值可取为使用状态短期试验荷载值的20%～50%；每级卸载后在构件上的试验荷载剩余值宜与加载时的某一荷载值相对应。

5. 答：预应力混凝土空心板的检验荷载标准值，按相应所测空心板规格查图集结构性能检验参数表中检验荷载标准值 q_k^c(kN/m)乘以板计算跨度计算得到。

现浇混凝土结构构件的正常使用极限状态试验荷载值应根据结构构件控制截面上的荷载短期效应组合的设计值 S_s 和试验加载图示经换算确定。

荷载短期效应组合的设计值 S_s 应按国家标准《建筑结构荷载规范》GB 50009—2001 公式 3.2.8 计算确定，或由设计文件提供。

注：《建筑结构荷载规范》GB 50009—2001 公式 3.2.8 荷载标准值 S：

$$S = S_{G_k} + S_{Q1k} + \sum_{i=2}^{n}\psi_{ci}S_{Qik}$$

式中 S_{GK}——按永久荷载标准值计算的荷载效应值；
S_{Qik}——按可变荷载标准值 Q_{ik} 计算的荷载效应值，其中 S_{Q1k} 为诸可变荷载效应中起控制作用者；
ψ_{ci}——可变荷载 Q_i 的组合值系数，应分别按各章的规定采用。

6. 答：确定构件在各级荷载作用下的短期挠度实测值，按下列公式计算：

$$\alpha_t^0 = \alpha_q^0 \psi$$

$$\alpha_q^0 = v_m^0 - \frac{1}{2}(v_l^0 + v_r^0)$$

式中 α_t^0——全部荷载作用下构件跨中的挠度实测值(mm)；
ψ——用等效集中荷载代替实际的均布荷载进行试验时的加载图式修正系数；
α_q^0——外加试验荷载作用下构件跨中的挠度实测值(mm)；
v_m^0——外加试验荷载作用下构件跨中的位移实测值(mm)；
v_l^0——外加试验荷载作用下构件左端支座沉陷位移的实测值(mm)；
v_r^0——外加试验荷载作用下构件右端支座沉陷位移的实测值(mm)。

六、计算题

1. 解：试验结果及分析

设试件在检验荷载标准值(扣除自重)作用下挠度实测值 $a_s^0 = 5.20$mm,而$[\alpha_s]$为9.54mm,$a_s^0 < [\alpha_s]$,故该试件挠度检验合格;

设开裂荷载实测值为24.05kN(包括板自重)大于抗裂检验荷载允许值$[q_{cr}]$为20.54kN(包括板自重),故该试件抗裂检验合格;

板的挠度达到跨度的1/50,该检验荷载加至34.44kN(包括板自重)大于计算荷载为30.00kN(包括板自重),故该试件承载力检验合格;

由于上述三项检验指标全部合格,则判该试件结构性能合格。

2.解:(1)荷载设计数据

该梁承受相邻两块板所传递的荷载,在二层⑤/(ⓒ~ⓓ)轴楼面梁相邻两块板上加载,加载面积7.5m×24m=180m²。

恒载:

楼面板自重:120mm 楼板+水磨石地面

25kN/m³×0.12m+0.65kN/m²=3.65kN/m²;

框架梁自重:25kN/m³×0.3m×0.8m=6.0kN/m;

活载:板面均布活载6.0kN/m²。

(2)使用状态短期试验荷载值:

a.楼面均布荷载恒载+活载=3.65kN/m²+6.0kN/m²=9.65kN/m²;

b.梁自重6.0kN/m。

短期荷载检验值合计:

恒载+活载=9.65kN/m²×180m²+6.0kN/m×7.5m=1782.0kN。

(3)按荷载准永久组合计算:

楼面均布荷载准永久系数取0.85。

(4)承载力最大加荷值:

a.楼面均布荷载恒载分项系数取1.2,活载分项系数取1.4:

1.2×恒载+1.4×活载=1.2×3.65kN/m²+1.4×6.0kN/m²=12.78kN/m²;

b.梁自重分项系数取1.2,

1.2×恒载=1.2×6.0kN/m=7.2kN/m

c.承载力检验系数允许值$[\gamma_u]$取1.50

承载力最大加荷值合计:

1.50×(1.2×恒载+1.4×活载)

=1.50×(12.78kN/m²×180m²+7.2kN/m×7.5m)=3531.6kN。

(5)加载程序

采用标准砖作为荷载加载,单个砖体自重按2.25kg/块。已有梁板自重荷载(3.65kN/m²×24m+6.0kN/m)×7.5m=702.0kN。

当荷载小于使用状态短期试验荷载值时,每级荷载取20%使用状态短期试验荷载值(356.4kN)分级加载,持荷15min;在使用状态短期试验荷载值作用下持荷30min;其中自重占短期试验荷载值的39.4%(约40%)。荷载大于使用状态短期试验荷载值时,每级荷载取5%的承载力最大加荷值(176.6kN),加载至承载力最大加荷值,持荷30min。允许最大挠度值$[\alpha_s]$=l/250=30.0mm。检测结果如下表(百分表表位示意图见下图):

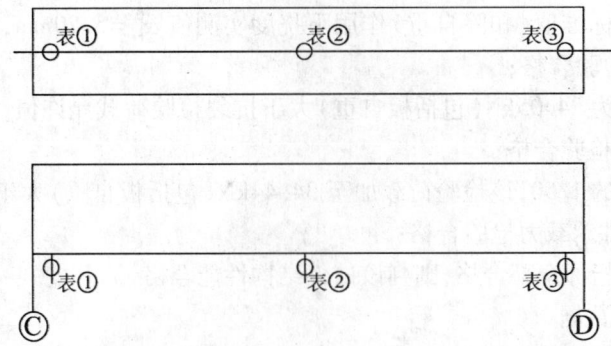

分级加载后各级挠度值检测结果(单位:mm)

荷载(kN)		表①		表②		表③		实测挠度值
		本级	累计	本级	累计	本级	累计	
自重	702.0	0.00		0.00		0.00		0.00
第1级	1069.2	-0.02	-0.02	0.27	0.27	-0.03	-0.03	0.30
第2级	1425.6	-0.04	-0.06	0.31	0.58	-0.07	-0.10	0.66
第3级	1782.0	-0.05	-0.11	0.24	0.82	-0.12	-0.22	0.98
第4级	1958.6	-0.02	-0.13	0.23	1.05	-0.13	-0.35	1.29
第5级	2135.2	-0.03	-0.16	0.22	1.27	-0.09	-0.44	1.57
第6级	2311.8	-0.03	-0.19	0.45	1.72	-0.16	-0.60	2.11
第7级	2488.4	-0.02	-0.21	1.23	2.95	-0.13	-0.93	3.40
第8级	2665.0	-0.01	-0.22	2.36	5.31	-0.19	-1.12	5.86
第9级	2841.6	-0.01	-0.23	3.58	8.89	-0.16	-1.28	9.52
第10级	3018.2	-0.02	-0.25	4.80	13.69	-0.18	-1.46	14.40
第11级	3194.8	-0.01	-0.26	3.21	16.90	-0.19	-1.65	17.70
第12级	3371.4	0.00	-0.26	5.01	21.91	-0.20	-1.85	22.80
第13级	3531.6	0.00	-0.26	5.20	27.11	-0.15	-2.00	28.07

检验指标	挠度(mm)		最大裂缝宽度(mm)	
	$[\alpha_s]$	30.0	$[w_{max}]$	0.20
检验结果	α_l^0	3.34	$w_{s,max}$	0.10
检验结论	试验至最大加荷值时,未出现承载力极限状态的检验标志			

注:α_l^0 为正常使用短期试验荷载值作用下的实测挠度(包括自重挠度)并考虑长期效应影响后的挠度计算值;

$w_{s,max}$ 为正常使用短期试验荷载作用下,受拉主筋处最大裂缝宽度实测值。

(6)卸载程序

$w_{s,max}$ 每级卸载值取20%,使用状态短期试验荷载值分级加载,持荷15min;在使用状态短期试验荷载值作用下持荷30min。

七、实践题

1.解:①钢筋混凝土构件和允许出现裂缝的预应力构件:承载力、挠度、裂缝宽度检验;

②不允许出现裂缝的预应力构件:承载力、挠度、抗裂度检验;

③预应力构件中的非预应力杆件按钢筋混凝土构件要求检验;

④设计成熟、生产量较少的大型构件,当采取相应检验措施时,可仅作挠度、抗裂或裂缝宽度检

验；

⑤当采取上述措施并实践经验可靠时,可不作结构性能试验。

2.解:①应分级加载。

②荷载小于检验荷载标准值时,每级不应大于检验荷载标准值的20%,大于检验荷载标准值时每级不应大于检验荷载标准值的10%;当荷载接近抗裂检验荷载值时,每级不应大于检验荷载标准值的5%;荷载接近承载力检验值时,每级不应大于承载力检验值的5%。

③试验设备和构件自重应作为第一次加载的一部分。

3.解:(1)挠度量测仪表的设置

挠度测点应在构件跨中截面的中轴线上沿构件两侧对称布置,还应在构件两端支座处布置测点;量测挠度的仪表应安装在独立不动的仪表架上,现场试验应消除地基变形对仪表支架的影响。

(2)试验结构构件变形的量测时间:

①结构构件在试验加载前,应在没有外加荷载的条件下测读仪表的初始读数。

②试验时在每级荷载作用下,应在规定的荷载持续时间结束时量测结构构件的变形。结构构件各部位测点的测读程序在整个试验过程中宜保持一致,各测点间读数时间间隔不宜过长。

4.解:①结构构件进行抗裂试验时,应在加载过程中仔细观察和判别试验结构构件中第一次出现的垂直裂缝或斜裂缝,并在构件上绘出裂缝位置,标出相应的荷载值。

当在加载过程中第一次出现裂缝时,应取前一级荷载值作为开裂荷载实测值;当在规定的荷载持续时间内第一次出现裂缝时,应取本级荷载值与前一级荷载的平均值作为开裂荷载实测值;当在规定的荷载持续时间结束后第一次出现裂缝时,应取本级荷载值作为开裂荷载实测值。

②用放大倍率不低于四倍的放大镜观察裂缝的出现;试验结构构件开裂后应立即对裂缝的发生发展情况进行详细观测,并应量测使用状态试验荷载值作用下的最大裂缝宽度及各级荷载作用下的主要裂缝宽度、长度及裂缝间距,并应在试件上标出。

③最大裂缝宽度应在使用状态短期试验荷载值持续作用30min结束时进行量测。

混凝土构件结构性能模拟试卷(A)

一、填空题(每空1分,共计20分)

1.常用检测仪器一般分为_____和_____。

2.四角简支或四边简支的双向板,其支承方式应保证支承处构件能_____,支承面可以相对_____。

3.当试验的构件承受较大集中力或支座反力时,应对支承部分进行_____。

4.当试验荷载布置不能完全与标准图或设计的要求相符时,应按_____原则换算,即使构件试验的内力图形与_____相似,并使_____相等,但应考虑荷载布置改变后对_____的不利影响。

5.千斤顶加载适用于_____试验。千斤顶的加载值宜采用_____量测,也可采用_____量测。

6.结构试验用的各类量测仪表的量程应满足结构构件最大测值的要求,最大测值不宜大于选用仪表最大量程的_____。

7.不允许出现裂缝的预应力混凝土构件进行_____、_____和_____。

8.检测机构应当科学检测,确保检测数据的_____和_____;不得接受委托单位的_____;不得弄虚作假;不得出具_____检测报告;不得隐瞒事实

二、单选题(每空2分,共20分)

1. 对成批生产的构件,应按同一工艺正常生产的不超过_____且不超过3个月的同类型产品为一批。当连续检验10批且每批的结构性能检验结果均符合本规范规定的要求时,对同一工艺正常生产的构件,可改为不超过_____且不超过3个月的同类型产品为一批。

 A. 500件　　B. 1000件　　C. 1000件　　D. 1000件

2. 结构试验宜进行预加载,以检查试验装置的工作是否正常,同时应防止构件因预加载而产生裂缝。预加载值不宜超过结构构件开裂试验荷载计算值的_____。

 A. 60%　　B. 70%　　C. 80%　　D. 90%

3. 荷重块加载适用于均布加载试验。荷重块应按区格成垛堆放,沿试验结构构件的跨度方向的每堆长度不应大于试验结构构件跨度的_____;对于跨度为4m和4m以下的试验结构构件,每堆长度不应大于构件跨度的_____。

 A. 1/5　　B. 1/6　　C. 1/4　　D. 1/3

4. 对受弯构件应首先在弯矩最大的截面上沿截面高度布置测点,每个截面不宜少于_____个。当需要量测沿截面高度的应变分布规律时,布置测点数不宜少于_____个。

 A. 2　　B. 3　　C. 4　　D. 5

5. 结构构件进行抗裂试验中,当在加载过程中第一次出现裂缝时,应取_____作为开裂荷载实测值;当在规定的荷载持续时间内第一次出现裂缝时,应取_____作为开裂荷载实测值;当在规定的荷载持续时间结束后第一次出现裂缝时,应取_____作为开裂荷载实测值。

 A. 本级荷载值　　　　　　　　B. 前一级荷载值
 C. 本级荷载值与前一级荷载的平均值

三、多选题(每题4分,共20分)

1. 混凝土构件结构性能的检测依据有:_____。

 A.《混凝土结构工程施工质量验收规范》GB 50204—2002
 B.《混凝土结构试验方法标准》GB 50152—92
 C.《混凝土结构设计规范》GB 50010—2002
 D.《建筑结构荷载规范》GB 50009—2001
 E.《建筑结构检测技术标准》GB 50344—2004

2. 每级加载或卸载后的荷载持续时间应符合下列规定:_____。

 A. 每级加载完成后,应持续10~15min
 B. 每级加载完成后,应持续30min
 C. 在荷载标准值作用下,应持续10~15min
 D. 在荷载标准值作用下,应持续30min

3. 试验结构构件、设备及量测仪表均应有_____等保护设施。

 A. 防风　　B. 防雨　　C. 防晒　　D. 防振

4. 钢筋混凝土构件和允许出现裂缝的预应力混凝土构件进行_____检验。

 A. 承载力　　B. 挠度　　C. 抗裂　　D. 裂缝宽度

5. 在进行混凝土结构试验前,应根据试验要求分别确定下列试验荷载值_____。

 A. 对结构构件的挠度、裂缝宽度试验,应确定正常使用极限状态试验荷载值或检验荷载标准值
 B. 对结构构件的抗裂试验,应确定开裂试验荷载值
 C. 对结构构件的承载力试验,应确定承载能力极限状态试验荷载值,或称为承载力检验荷载设

计值

四、判断题(每题2分,共10分)

1. 抗裂试验与裂缝量测的试验中,观察裂缝出现可采用精度为0.01mm的刻度放大镜等仪器进行观测。（　）
2. 进行结构抗裂试验时,设计要求的最大裂缝宽度限值为0.3mm,构件检验的最大裂缝宽度允许值取0.2mm。（　）
3. 对钢筋混凝土构件和允许出现裂缝的预应力混凝土构件进行承载力、挠度和抗裂检验。（　）
4. 结构试验用的各类量测仪表的量程应满足结构构件最大测值的要求,最大测值不宜大于选用仪表最大量程的70%。（　）
5. 构件应分级加载,当荷载接近于承载力检验值时,每级荷载不应大于承载力检验值的10%。（　）

五、简答题(每题5分,共20分)

1. 预制构件结构性能试验条件应满足哪些要求?
2. 对试验结构构件进行承载力试验时,在加载或持载过程中出现哪些标志即认为该结构构件已达到或超过承载能力极限状态?
3. 结构荷载试验的加载程序?
4. 简述构件在各级荷载作用下的短期挠度实测值公式及计算方法。

六、计算题(20分)

某综合楼为四层框架结构,ⓒ~Ⓓ轴柱距7.5m,④~⑤轴和⑤~⑥轴柱距12m,现需对二层⑤/(ⓒ~Ⓓ)轴楼面梁进行结构性能试验。该楼面梁截面尺寸 $b \times h = 300\text{mm} \times 800\text{mm}$,跨度7.5m,相邻钢筋混凝土楼面板厚120mm,水磨石楼地面,板面均布活载取6.0kN/m²,构件的承载力检验系数允许值$[\gamma_u]$取1.50。计算单元如下图所示。试设计该综合楼二层⑤/(ⓒ~Ⓓ)轴楼面梁结构性能试验(包括所加荷载、加卸载方案)。

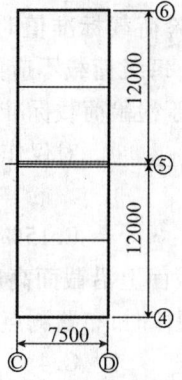

七、实践题(15分)

1. 叙述进行混凝土结构荷载试验时,抗裂试验与裂缝量测方法。(7分)
2. 叙述进行混凝土结构荷载试验时,结构承载力的测定和判定方法。(8分)

混凝土构件结构性能模拟试卷(B)

一、填空题(每空1分,共计20分)

1. 板、梁和桁架等简支构件,试验时应一端采用_____,另一端采用_____。
2. 构件的试验荷载布置应符合_____或_____的要求。
3. 当试验的构件承受较大集中力或支座反力时,应对支承部分进行_____。
4. 荷重块加载适用于_____试验。荷重块应按区格成垛堆放,沿试验结构构件的跨度方向的每堆长度不应大于试验结构构件跨度的_____;对于跨度为_____的试验结构构件,每堆长度不应大于构件跨度的1/4;堆间宜留_____的间隙。红砖等小型块状材料,宜_____称量;对于块体大小均匀,含水量一致又经抽样核实块重确系均匀的小型块材,可按_____加载。
5. 结构试验用的各类量测仪表的量程应满足结构构件_____的要求,最大测值不宜大于选用仪表最大量程的_____。
6. 钢筋混凝土构件和允许出现裂缝的预应力混凝土构件进行_____、_____和_____。
7. 检测机构要做到制度公开:公开_____;公开_____;公开_____;公开_____;公开检测项目承诺期;公开投诉方式等,主动接受社会监督。

二、单选题(每空2分,共20分)

1. 在每批中应随机抽取_____构件作为试件进行检验。
   A.1个　　　　B.2个　　　　C.3个　　　　D.4个
2. 在进行混凝土结构构件的抗裂试验前,应确定_____。
   A. 正常使用极限状态试验荷载值　　　　B. 检验荷载标准值
   C. 开裂试验荷载值　　　　D. 承载力检验荷载设计值
3. 对于轴心受压、小偏心受压构件,达到承载能力极限状态即混凝土受压破坏,构件的承载力检验系数允许值为_____。
   A.1.2　　　　B.1.3　　　　C.1.4　　　　D.1.5
4. 构件应分级加载。当荷载小于检验荷载标准值时,每级荷载不应大于检验荷载标准值的_____;当荷载大于检验荷载标准值时,每级荷载不应大于检验荷载标准值的_____;当荷载接近抗裂检验荷载值时,每级荷载不应大于检验荷载标准值的_____;当荷载接近承载力检验值时,每级荷载不应大于承载力检验值的_____。对仅作挠度、抗裂或裂缝宽度检验的构件应分级卸载。
   A.5%　　　　B.10%　　　　C.15%　　　　D.20%
5. 对受弯构件应首先在弯矩最大的截面上沿截面高度布置测点,每个截面不宜少于_____个。当需要量测沿截面高度的应变分布规律时,布置测点数不宜少于_____个。
   A.2　　　　B.3　　　　C.4　　　　D.5
6. 进行结构抗裂试验时,最大裂缝宽度应在使用状态短期试验荷载值持续作用_____结束时进行量测。
   A.5min　　　　B.10min　　　　C.20min　　　　D.30min

三、多选题(每题4分,共20分)

1. 混凝土构件结构性能的检测依据有_____。

A.《混凝土结构工程施工质量验收规范》GB 50204—2002
B.《混凝土结构试验方法标准》GB 50152—92
C.《混凝土结构设计规范》GB 50010—2002
D.《建筑结构荷载规范》GB 50009—2001
E.《建筑结构检测技术标准》GB 50344—2004

2. 试验结构构件、设备及量测仪表均应有_____等保护设施。
A. 防风　　　　B. 防振　　　　C. 防晒
D. 防雨　　　　E. 防摔

3. 预制构件结构性能试验条件应满足下列要求_____。
A. 构件应在0℃以上的温度中进行试验
B. 蒸汽养护后的构件应在冷却至常温后进行试验
C. 构件在试验前应量测其实际尺寸,并检查构件表面,所有的缺陷和裂缝应在构件上标出
D. 试验用的加荷设备及量测仪表应预先进行标定或校准

4. 需要进行应力应变分析的结构构件,应量测其控制截面的应变。量测结构构件应变时,测点布置应符合下列要求:_____。
A. 对受弯构件应首先在弯矩最大的截面上沿截面高度布置测点,每个截面不宜少于二个
B. 当需要量测沿截面高度的应变分布规律时,布置测点数不宜少于五个
C. 在同一截面的受拉区主筋上应布置应变测点

5. 对试验结构构件进行承载力试验时,在加载或持载过程中出现下列标志之一即认为该结构构件已达到或超过承载能力极限状态:_____。
A. 对有明显物理流限的热轧钢筋,其受拉主钢筋应力达到屈服强度,受拉应变达到0.01;对无明显物理流限的钢筋,其受拉主钢筋的受拉应变达到0.01
B. 受拉主钢筋拉断
C. 受拉主钢筋处最大垂直裂缝宽度达到1.5mm
D. 挠度达到跨度的1/50;对悬臂结构,挠度达到悬臂长的1/25
E. 受压区混凝土压坏

四、判断题(每题2分,共10分)

1. 对不允许出现裂缝的预应力混凝土构件进行承载力、挠度和裂缝宽度检验。（　）
2. 进行结构抗裂试验时,设计要求的最大裂缝宽度限值为0.2mm,构件检验的最大裂缝宽度允许值取0.2mm。（　）
3. 抗裂试验与裂缝量测的试验中,观察裂缝出现可采用精度为0.5mm的刻度放大镜等仪器进行观测。（　）
4. 结构试验用的各类量测仪表的量程应满足结构构件最大测值的要求,最大测值不宜大于选用仪表最大量程的80%。（　）
5. 试验构件应分级加载,每级加载完成后,应持续30min。（　）

五、简答题(每题5分,共20分)

1. 在进行混凝土结构试验前,应根据试验要求分别确定哪些试验荷载值?
2. 结构荷载试验时,试验荷载应如何分级加载和卸载?
3. 简述构件在各级荷载作用下的短期挠度实测值公式及计算方法。
4. 简述抗裂试验与裂缝量测方法。

六、计算题(15 分)

某综合楼为四层框架结构,ⓒ~Ⓓ轴柱距 7.5m,④~⑤轴和⑤~⑥轴柱距 12m,现需对二层⑤/(ⓒ~Ⓓ)轴楼面梁进行结构性能试验。该楼面梁截面尺寸 $b \times h = 300mm \times 800mm$,跨度 7.5m,相邻钢筋混凝土楼面板厚 120mm,水磨石楼地面,板面均布活载取 $6.0kN/m^2$,构件的承载力检验系数允许值$[\gamma_u]$取 1.50。计算单元如下图所示。试设计该综合楼二层⑤/(ⓒ~Ⓓ)轴楼面梁结构性能试验(包括所加荷载、加卸载方案)。

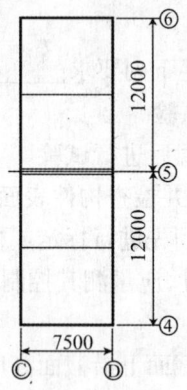

七、实践题(15 分)

1. 叙述进行混凝土结构荷载试验时,挠度或位移的量测方法。(7 分)
2. 叙述进行混凝土结构荷载试验时,结构承载力的测定和判定方法。(8 分)

第四节 砌体结构

一、填空题

1. 砌体工程的现场检测主要检测_____、_____、_____。
2. 砌体力学性能的现场检测技术主要有_____、_____、_____、_____等(填写 4 个以上即可)。
3. 原位轴压仪应_____校验一次;砂浆回弹仪应_____校验一次;贯入仪、贯入深度测量表应_____。
4. 砌体工程的现场检测方法,按对墙体损伤程度,可分为以下两类_____、_____。
5. 筒压法取样时,从距墙表面_____ mm 以内的水平灰缝中凿取砂浆约_____g,砂浆片(块)的最小厚度不得小于_____mm。
6. 原位轴压法检测砌体抗压强度时,测试部位不得选在_____、_____以及_____。
7. 回弹法检测砌筑砂浆抗压强度时,应用回弹仪测试砂浆_____,用_____试剂测试砂浆_____,以此两项指标换算为砂浆强度。墙面上每个测位的面积宜大于_____ m^2。
8. 当砌体抗压强度检测结果的变异系数 δ 大于_____时;砌体抗剪强度检测结果的变异系数 δ 大于_____时,应检查检测结果离散性较大的原因,若系混入不同总体的样本所致,宜分别进行统计,并分别确定标准值。
9. 贯入法检测砌筑砂浆抗压强度时,每一构件应测试_____点。测点应均匀分布在构件的_____灰缝上,相邻测点水平间距不宜小于_____mm,每条灰缝测点不宜多于_____点。
10. 扁顶法可以用来检测砌体的_____、_____和_____。

二、单项选择题

1. 对于筒压法,当计算出各测区的砂浆筒压比,不同品种的砂浆应选择不同的计算公式进行测区砂浆强度平均值计算,请指出:$f_{2i}=34.58(T_i)^{2.06}$适用于_____计算。
   A. 水泥砂浆　　　　　　　　　　B. 水泥石灰混合砂浆
   C. 粉煤灰砂浆　　　　　　　　　D. 石粉砂浆

2. 回弹法检测砖砌体的砌筑砂浆强度时,相邻两弹击点的间距不应小于_____ mm。
   A. 10　　　　　B. 20　　　　　C. 50　　　　　D. 100

3. GB/T 50315—2000 中,射钉法适用于检测以下_____测试内容。
   A. 砌体抗压强度　　B. 砌筑砂浆强度　　C. 砌体抗剪强度　　D. 砌体弹性模量

4. 原位轴压法进行砌体强度检测时,应分级加载,每级荷载可取预估破坏荷载的_____%,并应在1~1.5min内均匀加完,然后恒载2min。加荷至预估破坏荷载的_____%后,应按原定加荷速度连续加荷,直至砌体破坏。
   A. 10　　　　　B. 90　　　　　C. 80　　　　　D. 30

5. 回弹法检测砖砌体的砌筑砂浆强度时,砂浆强度不能小于_____ MPa。
   A. 0.5　　　　　B. 1　　　　　C. 2　　　　　D. 3

6. GB/T 50315—2000 规定,作为可以独立分析的结构单元可划分为若干个检测单元,每一检测单元内,应随机选择_____个构件,作为_____个测区。
   A. 5　　　　　B. 6　　　　　C. 8　　　　　D. 10

7. 对于筒压法,当计算出各测区的砂浆筒压比,不同品种的砂浆应选择不同的计算公式进行测区砂浆强度平均值计算,请指出:$f_{2,i}=6.1(T_i)+11(T_i)^2$适用于哪种砂浆计算:_____。
   A. 水泥砂浆　　　　　　　　　　B. 水泥石灰混合砂浆
   C. 粉煤灰砂浆　　　　　　　　　D. 石粉砂浆

8. GB/T 50315—2000 中,原位轴压法适用于检测以下哪种参数,正确答案为_____。
   A. 砌体抗压强度　　B. 砌筑砂浆强度　　C. 砌体抗剪强度　　D. 砌体弹性模量

9. GB/T 50315—2000 中,贯入法适用于检测_____测试内容。
   A. 砌体抗压强度　　B. 砌筑砂浆强度　　C. 砌体抗剪强度　　D. 砌体弹性模量

10. 回弹法检测砌筑砂浆强度时,每个测位的平均碳化深度应精确到_____。
    A. 0.1mm　　　　B. 0.2mm　　　　C. 0.5mm　　　　D. 1mm

三、多项选择题

1. 砌体工程现场检测,需要用到以下哪些规范:_____。
   A.《砌体工程现场检测技术标准》GB/T 50315—2000
   B.《贯入法检测砌筑砂浆抗压强度技术规程》JGJ/T 136—2001
   C.《建筑结构检测技术标准》GB/T 50344—2004
   D.《砌体基本力学性能试验方法标准》GBJ1 29—90

2. 扁顶法可以用来检测_____。
   A. 砌体抗剪强度　　B. 砌体弹性模量　　C. 砂浆抗压强度　　D 砌体抗压强度

3. 切割法试件进行抗压试验之前,应做好以下几种准备工作:_____。
   A. 在试件四个侧面上画出竖向中线
   B. 采用分级加荷办法加荷
   C. 试验过程中,应观察与捕捉第一条受力的发丝裂缝,并记录初始荷载值

D. 在试件高度的 1/4、1/2、和 3/4 处,分别测量试件的宽度与厚度

E. 清除垫板下杂物后置于试验机上,垫平对中。拆除上下压板间的螺杆

4. 原位轴压法测试时,所选测试部位应有代表性,但测试部位不得选在:_____。

A. 墙梁的墙体计算高度范围内　　　　B. 挑梁下

C. 沿墙体长度的中间部位　　　　　　D. 靠近门窗洞口边缘

5. 以下可用于检测砌体抗压强度的测试方法有_____。

A. 原位轴压法　　B. 原位单剪法　　C. 扁顶法　　D. 贯入法

6. 回弹法不适用于推定下列情况下的砂浆抗压强度:_____。

A. 高温　　　　　B. 长期浸水　　　C. 化学侵蚀　　D. 火灾

7. 原位轴压法测试时,所选测试部位应有代表性,并应符合下列规定:_____。

A. 宜在墙体中部距楼、地面 1m 左右的高度处

B. 不宜在墙梁的墙体计算高度范围内

C. 槽间砌体每侧的墙体宽度不应小于 1.5m

D. 宜在沿墙体长度的中间部位

E. 宜在靠近门窗洞口边缘

8. 以下可用于检测砌筑砂浆强度的测试方法有_____。

A. 扁顶法　　　　B. 点荷法　　　　C. 原位单剪法　　D. 筒压法

E. 贯入法　　　　　　　　　　　　F. 回弹法

9. 以下可用于检测砌体抗压强度的测试方法有_____。

A. 原位轴压法　　B. 扁顶法　　　　C. 原位单剪法　　D. 射钉法

10. 采用扁顶法测试砌体抗压强度时,需要用到_____。

A. 扁顶　　　　　B. 手持式应变仪　C. 螺旋千斤顶　　D. 千分表

四、判断题(判断正确与否,错误的需简单说明理由)

1. 筒压法既适用于推定烧结普通砖墙中的砌筑砂浆强度,也适用于推定遭受火灾、化学侵蚀等砌筑砂浆的强度。( )

2. 砂浆回弹仪应每一年校验一次。( )

3. 回弹法一样适用于推定高温、长期浸水、化学侵蚀、火灾等情况下的砂浆抗压强度。( )

4. 原位单剪法的测试部位宜选在窗洞口或其他洞口下三皮砖范围内。( )

5. 扁顶法扁顶的定型尺寸有 250mm×250mm×5mm 和 250mm×380mm×5mm,可视被测墙体的厚度加以选用。( )

6. 扁顶法测试部位布置要求与原位轴压法相同。( )

7. 原位单剪法试件的预估破坏荷载应在千斤顶、传感器最大测量值的 10% 左右。( )

8. 筒压法测试砂浆强度时,砂浆片(块)的最小厚度不得小于 3mm,最大厚度不得大于 8mm。( )

9. 砌体强度各种检测方法的测点数,不同的方法测点数不一样,对于筒压法,测点数不应少于 5 个。( )

10. 贯入仪使用时的环境温度应为 -4~40℃。( )

五、简答题

1. 简述一下原位轴压法测量砌体抗压强度时,测试部位选择的注意事项。

2. 采用扁顶法实测墙内砌体抗压强度或弹性模量时,试验记录内容应包括哪些内容?

3. 简述筒压法取样后,样品加工、测试步骤。
4. 采用回弹法检测砌筑砂浆强度时,当已知每个测位的平均回弹值、平均值碳化深度值,写出砂浆强度换算值的3个计算公式。
5. 简述贯入法检测砌筑砂浆强度的步骤。
6. 分别给出原位轴压法、回弹法对测点数的要求。
7. 分别写出回弹法检测砂浆强度时,不同碳化深度对应的砂浆强度换算值计算公式。
8. 砌体工程现场检测方法中,按测试内容可分为哪几类?各类检测中分别用哪种方法检测?
9. 简述原位轴压法试验过程中需注意观察哪些现象、需记录哪些数据?
10. 简述筒压法所测试的砂浆品种及其强度范围应符合哪些要求?
11. 简述回弹法测试砂浆强度的操作步骤。
12. 砌筑砂浆抗压强度的检测报告,应包括哪些主要内容?
13. 简述采用回弹法检测砌筑砂浆强度得到的数据如何处理。

六、计算题

1. 某工程水泥混合砂浆的设计强度等级为M10,根据要求,现对其中一片墙体采用回弹法检测砂浆强度,回弹测试数据见下表,请算出该片墙体的砂浆强度平均值。

构件	测位	回弹值(MPa)													碳化深度 d (mm)		
		1	2	3	4	5	6	7	8	9	10	11	12	R	1	2	3
一层墙体A	1	25	31	30	26	22	29	30	31	31	29	30	26		2.0	1.5	1.5
	2	25	30	23	29	30	26	28	27	28	29	31	30		2.0	2.0	1.5
	3	30	25	28	31	32	29	28	29	21	23	20	33		2.0	2.0	1.0
	4	31	29	27	30	24	25	26	26	20	24	32	33		2.5	2.5	3.0
	5	24	31	26	24	30	20	31	24	29	27	30	23		2.5	3.0	3.0

提示:

(1) $d \leqslant 1.0$ mm 时:
$$f_{2ij} = 13.97 \times 10^{-5} R^{2.57}$$

(2) 1.0 mm $< d < 3.0$ m 时:
$$f_{2ij} = 4.85 \times 10^{-4} R^{3.04}$$

(3) $d \geqslant 3.0$ mm 时:
$$f_{2ij} = 6.34 \times 10^{-5} R^{3.60}$$

2. 某住宅楼为五层砖混结构(不含车库及阁楼),±0.000以上~5.200m以下墙体,采用MU10承重多空黏土砖、MU10混合砂浆砌筑,5.200m以上墙体采用MU10承重多孔黏土砖、MU7.5混合砂浆砌筑。

根据要求,对±0.000以上~5.200m以下墙体,作为一个检测单元,抽取6片墙体,凿除墙体粉刷层,对其用回弹法进行砌筑砂浆抗压强度等级推定。

测区部位	测区数	F_{2i1} (MPa)	F_{2i2} (MPa)	F_{2i3} (MPa)	F_{2i4} (MPa)	F_{2i5} (MPa)	平均值 (MPa)
1号墙体	5	13.23	19.24	16.84	21.19	16.00	
2号墙体	5	12.61	11.25	6.83	10.46	12.11	

续表

测区部位	测区数	F_{2i1}(MPa)	F_{2i2}(MPa)	F_{2i3}(MPa)	F_{2i4}(MPa)	F_{2i5}(MPa)	平均值(MPa)
3号墙体	5	9.87	16.11	9.96	7.27	9.27	
4号墙体	5	11.93	12.13	7.32	15.31	8.18	
5号墙体	5	15.55	12.81	11.03	9.49	15.00	
6号墙体	5	23.04	12.74	13.75	10.28	12.74	

3. 现有一砖混结构,墙体采用水泥混合砂浆砌筑八五砖而成。为了解工程质量,,现采用贯入法进行砌筑砂浆强度检测。下表为其中一个构件的初始数据,其中不平整度、贯入深度测量表读数均已给出,请计算该水泥混合砂浆的抗压强度。

序号	不平整度读数 d_i^0(mm)	贯入深度测量表读数 d_i(mm)	贯入深度 d_i(mm)	序号	不平整度读数 d_i^0(mm)	贯入深度测量表读数 d_i(mm)	贯入深度 d_i(mm)
1	0.70	5.20		7	0.12	4.19	
2	1.63	6.03		8	1.59	5.19	
3	0.65	3.15		9	0.14	4.45	
4	1.64	4.25		10	1.16	6.15	
5	0.70	5.22		11	1.65	4.15	
6	0.71	4.54		12	1.10	5.28	
13	0.72	4.52		15	1.15	6.12	
14	0.73	4.25		16	1.66	4.07	

贯入深度平均值 $m_{dj} = \frac{1}{10}\sum_{i=1}^{n} d_i =$

砂浆抗压强度换算值 $f_{2j}^c =$

4. 一框架结构填充墙体,采用水泥砂浆砌筑九五砖而成。现抽取1片墙体,采用贯入法进行砌筑砂浆强度检测。下表为其中一个构件的初始数据,其中不平整度、贯入深度测量表读数均已给出,请计算该水泥砂浆的抗压强度。

序号	不平整度读数 d_i^0(mm)	贯入深度测量表读数 d_i(mm)	贯入深度 d_i(mm)	序号	不平整度读数 d_i^0(mm)	贯入深度测量表读数 d_i(mm)	贯入深度 d_i(mm)
1	0.92	5.20		9	0.64	5.23	
2	0.63	4.28		10	0.78	6.21	
3	0.65	4.62		11	0.89	6.25	
4	0.64	4.56		12	0.70	5.56	
5	0.70	4.65		13	0.92	6.31	
6	0.71	4.62		14	0.75	4.26	
7	0.72	4.36		15	0.86	5.52	
8	0.59	4.89		16	0.66	5.19	

贯入深度平均值 $m_{dj} = \frac{1}{10}\sum_{i=1}^{n} d_i =$

砂浆抗压强度换算值 $f_{2j}^c =$

砂浆抗压强度换算表(MPa)

贯入深度(mm)	砂浆抗压强度换算值(MPa) 水泥混合砂浆	水泥砂浆	贯入深度(mm)	砂浆抗压强度换算值(MPa) 水泥混合砂浆	水泥砂浆
2.90	15.6	—	6.20	3.0	3.4
3.00	14.5	—	6.30	2.9	3.3
3.10	13.5	15.5	6.40	2.8	3.2
3.20	12.6	14.5	6.50	2.7	3.1
3.30	11.8	13.5	6.60	2.6	3.0
3.40	11.1	12.7	6.70	2.5	2.9
3.50	10.4	11.9	6.80	2.4	2.8
3.60	9.8	11.2	6.90	2.4	2.7
3.70	9.2	10.5	7.00	2.3	2.6
3.80	8.7	10.0	7.10	2.2	2.6
3.90	8.2	9.4	7.20	2.2	2.5
4.00	7.8	8.9	7.30	2.1	2.4
4.10	7.3	8.4	7.40	2.0	2.3
4.20	7.0	8.0	7.50	2.0	2.3
4.30	6.6	7.6	7.60	1.9	2.2
4.40	6.3	7.2	7.70	1.9	2.1
4.50	6.0	6.9	7.80	1.8	2.1
4.60	5.7	6.6	7.90	1.8	2.0
4.70	5.5	6.3	8.00	1.7	2.0
4.80	5.2	6.0	8.10	1.7	1.9
4.90	5.0	5.7	8.20	1.6	1.9
5.00	4.8	5.5	8.30	1.6	1.8
5.10	4.6	5.3	8.40	1.5	1.8
5.20	4.4	5.0	8.50	1.5	1.7
5.30	4.2	4.8	8.60	1.2	1.7
5.40	4.0	4.6	8.70	1.4	1.6
5.50	3.9	4.5	8.80	1.4	1.6
5.60	3.7	4.3	8.90	1.4	1.6
5.70	3.6	4.1	9.00	1.3	1.5
5.80	3.4	4.0	9.10	1.3	1.5
5.90	3.3	3.8	9.20	1.3	1.5
6.00	3.2	3.7	9.30	1.2	1.4
6.10	3.1	3.6	9.40	1.2	1.4

续表

贯入深度(mm)	砂浆抗压强度换算值(MPa)		贯入深度(mm)	砂浆抗压强度换算值(MPa)	
	水泥混合砂浆	水泥砂浆		水泥混合砂浆	水泥砂浆
9.50	1.2	1.4	12.80	0.6	0.7
9.60	1.2	1.3	12.90	0.6	0.7
9.70	1.1	1.3	13.00	0.6	0.7
9.80	1.1	1.3	13.10	0.6	0.7
9.90	1.1	1.2	13.20	0.6	0.7
10.00	1.1	1.2	13.30	0.6	0.7
10.10	1.0	1.2	13.40	0.6	0.6
10.20	1.0	1.2	13.50	0.6	0.6
10.30	1.0	1.1	13.60	0.5	0.6
10.40	1.0	1.1	13.70	0.5	0.6
10.50	1.0	1.1	13.80	0.5	0.6
10.60	0.9	1.1	13.90	0.5	0.6
10.70	0.9	1.1	14.00	0.5	0.6
10.80	0.9	1.0	14.10	0.5	0.6
10.90	0.9	1.0	14.20	0.5	0.6
11.00	0.9	1.0	14.30	0.5	0.6
11.10	0.8	1.0	14.40	0.5	0.6
11.20	0.8	1.0	14.50	0.5	0.5
11.30	0.8	0.9	14.60	0.5	0.5
11.40	0.8	0.9	14.70	0.5	0.5
11.50	0.8	0.9	14.80	0.5	0.5
11.60	0.8	0.9	14.90	0.4	0.5
11.70	0.8	0.9	15.00	0.4	0.5
11.80	0.7	0.9	15.10	0.4	0.5
11.90	0.7	0.8	15.20	0.4	0.5
12.00	0.7	0.8	15.30	0.4	0.5
12.10	0.7	0.8	15.40	0.4	0.5
12.20	0.7	0.8	15.50	0.4	0.5
12.30	0.7	0.8	15.60	0.4	0.5
12.40	0.7	0.8	15.70	0.4	0.5
12.50	0.7	0.8	15.80	0.4	0.5
12.60	0.6	0.7	15.90	0.4	0.4
12.70	0.6	0.7	16.00	0.4	0.4

续表

贯入深度(mm)	砂浆抗压强度换算值(MPa)		贯入深度(mm)	砂浆抗压强度换算值(MPa)	
	水泥混合砂浆	水泥砂浆		水泥混合砂浆	水泥砂浆
16.10	0.4	0.4	17.00	—	0.4
16.20	0.4	0.4	17.10	—	0.4
16.30	0.4	0.4	17.20	—	0.4
16.40	0.4	0.4	17.30	—	0.4
16.50	0.4	0.4	17.40	—	0.4
16.60	0.4	0.4	17.50	—	0.4
16.70	—	0.4	17.60	—	0.4
16.80	—	0.4	17.70	—	0.4
16.90	—	0.4	—	—	—

注：1. 表内数据在应用时不得外推；
2. 表中未列数据，可用内插法求得，精确至0.1MPa。

参考答案：

一、填空题

1. 砌体的抗压强度　砌体的抗剪强度　砌筑砂浆强度
2. 切割法　原位轴压法　扁顶法　原位单剪法　筒压法　回弹法　射钉法（贯入法）
3. 每半年　每半年　每年至少校准一次
4. 原位无损检测　局部破损检测（或：非破损检测方法、局部破损检测）
5. 20　4000　5
6. 挑梁下　应力集中部位　墙梁的墙体计算高度范围内
7. 表面硬度　酚酞　碳化深度　0.3
8. 0.2　0.25
9. 16　水平　240　2
10. 受压工作应力　弹性模量　抗压强度

二、单项选择题

1. A	2. B	3. B	4. A、C
5. A	6. B	7. B	8. A
9. B	10. C		

三、多项选择题

1. A、B、C、D	2. B、D	3. A、B、C、D、E	4. A、B、D
5. A、C	6. A、B、C、D	7. A、B、C、D	8. B、D、E、F
9. A、B	10. A、B、D		

四、判断题

1. ×，后者不适用　　　　　　　　　　2. ×，每半年需校验一次

3. ×,均不适用 4. √
5. × 6. √ 7. ×,应为20%~80%之间
8. ×,最小厚度不得小于5mm、最大厚度不做要求
9. ×,筒压法测点数不少于1个 10. √

五、简答题

1. 答:测试部位应具有代表性,并应符合下列规定:

①测试部位宜选在墙体中部距楼、地面1m左右的高度处;槽间砌体每侧的强度宽度不应小于1.5m。

②同一墙体上,测点不宜多于一个,且宜选在沿墙体长度的中间部位;多于1个时,其水平净距不得小于2.0m。

③测试部位不得选在挑梁下、应力集中部位以及墙梁的墙体计算高度范围内。

2. 答:采用扁顶法实测墙内砌体抗压强度或弹性模量时,试验记录内容应包括:描绘测点布置图、墙体砌筑方式、扁顶位置、脚标位置、轴向变形值、逐级荷载下的油压表读数裂缝随荷载变化情况简图等。

3. 答:主要步骤如下:

①使用手锤击碎样品,筛取5~15mm的砂浆颗粒约3000g,在105±5℃的温度下烘干至恒重,待冷却至室温后备用。

②每次取烘干样品约1000g,置于孔径5mm、10mm、15mm标准筛所组成的套筛中,机械摇筛2min或手工摇筛1.5min。称取粒级5~10mm和10~15mm的砂浆颗粒各250g,混合均匀后即为一个试样。共制备三个试样。

③每个试样应分两次装入承压筒。每次约装1/2,在水泥跳桌上跳振5次。第二次装料并跳振后,整平表面,安上承压盖。如无水泥跳桌,可按照砂、石紧密体积密度的试验方法颠击密实。

④将装料的承压筒置于试验机上,盖上承压盖,开动压力试验机,应于20~40s内均匀加荷至规定的筒压荷载值后,立即卸荷。不同品种砂浆的筒压荷载值分别为:

a. 水泥砂浆、石粉砂浆为20kN;

b. 水泥石灰混合砂浆、粉煤灰砂浆为10kN。

⑤将施压后的试样倒入由孔径5mm和10mm标准筛组成的套筛中,装入摇筛机摇筛2min或人工摇筛1.5min,筛至每隔的筛出量基本相等。

⑥称量各筛筛余试样的重量(精确至0.1g),各筛的分计筛余量和底盘剩余量的总和,与筛分前的试样重量相比,相对差值不得超过试样重量的0.5%,当超过时应重新进行试验。

4. 答:

第i个测区第j个测位的砂浆强度换算值,应根据该测位的平均回弹值和平均碳化深度值,分别按下列公式计算:

(1) $d \leq 1.0$mm 时:

$$f_{2ij} = 13.97 \times 10^{-5} R^{2.57}$$

(2) 1.0mm $< d < 3.0$m 时:

$$f_{2ij} = 4.85 \times 10^{-4} R^{3.04}$$

(3) $d \geq 3.0$mm 时:

$$f_{2ij} = 6.34 \times 10^{-5} R^{3.60}$$

式中 f_{2ij}——第i个测区第j个测位的砂浆强度值(MPa);

d——第i个测区第j个测位的平均碳化深度(mm);

R——第i个测区第j个测位的平均回弹值。

5. 答:基本步骤如下:

(1) 试验前先清除测钉上附着的水泥灰渣等杂物,同时用测钉量规检验测钉的长度;如测钉能够通过测钉量规槽时,应重新选用新的测钉。

(2) 将测钉插入贯入杆的测钉座中,测钉尖端朝外,固定好测钉;用摇柄旋紧螺母,直至挂钩挂上为止,然后将螺母退至贯入杆顶端;将贯入仪扁头对准灰缝中间,并垂直贴在被测砌体灰缝砂浆的表面,握住贯入仪把手,扳动扳机,将测钉贯入被测砂浆中。当测点处的灰缝砂浆存在空洞或测孔周围砂浆不完整时,该测点应作废,另选测点补测。

(3) 贯入深度的测量应按下列程序操作:①将测钉拔出,用吹风器将测孔中的粉尘吹干净;②将贯入深度测量表扁头对准灰缝,同时将测头插入测孔中,并保持测量表垂直于被测砌体灰缝砂浆的表面,从表盘中直接读取测量表显示值d_i',贯入深度应按下式计算:

$$d_i = 20.00 - d_i'$$

式中 d_i'——第i个测点贯入深度测量表读数,精确至0.01mm;

d_i——第i个测点贯入深度值,精确至0.01mm。

(4) 直接读数不方便时,可用锁紧螺钉锁定测头,然后取下贯入深度测量表读数。

(5) 当砌体的灰缝经打磨仍难以达到平整时,可在测点处标记,贯入检测前用贯入深度测量表测读测点处的砂浆表面不平整度读数d_{0i},然后再在测点处进行贯入检测,读取d_i',则贯入深度取$d_{0i} - d_i'$。

6. 答:

原位轴压法测点数不应少于1个;回弹法测点数不应少于5个。

7. 答:

第i个测区第j个测位的砂浆强度换算值,应根据该测位的平均回弹值和平均碳化深度值,分别按下列公式计算:

(1) $d \leq 1.0$mm时:

$$f_{2ij} = 13.97 \times 10^{-5} R^{2.57}$$

(2) 1.0mm$< d < 3.0$m时:

$$f_{2ij} = 4.85 \times 10^{-4} R^{3.04}$$

(3) $d \geq 3.0$mm时:

$$f_{2ij} = 6.34 \times 10^{-5} R^{3.60}$$

式中 f_{2ij}——第i个测区第j个测位的砂浆强度值(MPa);

d——第i个测区第j个测位的平均碳化深度(mm);

R——第i个测区第j个测位的平均回弹值。

8. 答:

砌体工程的现场检测方法,按测试内容可分为下列几类:

(1) 检测砌体抗压强度:原位轴压法、扁顶法;

(2) 检测砌体工作应力、弹性模量:扁顶法;

(3) 检测砌体抗剪强度:原位单剪法、原位单砖双剪法;

(4) 检测砌筑砂浆强度:推出法、筒压法、砂浆片剪法切法、回弹法、点荷法、射钉法。

9. 答:试验过程中,应仔细观察槽间砌体初裂裂缝与裂缝开展情况,记录逐级荷载下的油压表读数、测点位置、裂缝随荷载变化情况简图等。

10. 答:应符合下列要求:

① 中、细砂配制的水泥砂浆,砂浆强度为$2.0 \sim 20$MPa;

②中、细砂配制的水泥石灰混合砂浆，砂浆强度为 2.5~15MPa；

③中、细砂配制的水泥粉煤灰砂浆，砂浆强度为 2.5~20MPa；

④石灰质石粉与中、细砂混合配制的水泥石灰混合砂浆和水泥砂浆，砂浆强度为 2.5~20MPa。

11. 答：①测位处的粉刷层、勾缝砂浆、污物等应清除干净；弹击点处的砂浆表面，应仔细打磨平整，并除去浮灰。

②每个测位内均匀布置 12 个弹击点。选定弹击点应避开砖的边缘、气孔或松动的砂浆。相邻两弹击点的间距不应小于 20mm。

③在每个弹击点上，使用回弹仪连续弹击 3 次，第 1、2 次不读数，仅记读第 3 次回弹值，精确至 1 个刻度。测试过程中，回弹仪应始终处于水平状态，其轴线应垂直于砂浆表面，且不得移位。

④在每一测位内，选择 1~3 处灰缝，用游标卡尺和 1% 的酚酞试剂测量砂浆碳化深度，读数应精确至 0.5mm。

12. 答：(1)建设单位名称；

(2)委托单位名称；

(3)设计单位名称；

(4)施工单位名称；

(5)监理单位名称；

(6)工程名称；

(7)施工日期；

(8)检测原因；

(9)检测环境；

(10)检测依据；

(11)仪器名称、型号、编号及校准证号；

(12)所测砌筑砂浆的强度设计等级和抗压强度推定值；

(13)出具报告的单位名称，有关检测人员签字；

(14)检测出具报告的日期；

(15)其他需要说明的事项，对于无法文字表达清楚的内容，应附简图。

13. 答：①从每个测位的 12 个回弹值中，分别剔除最大值、最小值，将余下的 10 个回弹值计算算术平均值，以 R 表示。

②每个测位的平均碳化深度，应取该测位各次测量值的算术平均值，以 d 表示，精确至 0.5mm。平均碳化深度大于 3mm 时，取 3.0mm。

③第 i 个测区第 j 个测位的砂浆强度换算值，应根据该测位的平均回弹值和平均碳化深度值，分别按下列公式计算：

当 $d \leq 1.0$mm 时：$f_{2ij} = 13.97 \times 10^{-5} R^{2.57}$

当 1.0mm $< d < 3.0$mm 时：$f_{2ij} = 4.85 \times 10^{-4} R^{3.04}$

当 $d \geq 3.0$mm 时：$f_{2ij} = 6.34 \times 10^{-5} R^{3.60}$

④测区的砂浆抗压强度值计算。

六、计算题

1. 答案：①初步计算见下表。

构件	测位	回弹值(MPa)													碳化深度(mm)			
		1	2	3	4	5	6	7	8	9	10	11	12	R	1	2	3	d
一层墙体A	1	25	31	30	26	22	29	30	31	31	29	30	26	28.7	2.0	1.5	1.5	1.5
	2	25	30	23	29	30	26	28	27	28	29	31	30	28.2	2.0	2.0	1.5	2.0
	3	30	25	28	31	32	29	28	29	21	23	20	33	27.6	2.0	2.0	1.0	2.0
	4	31	29	27	30	24	25	26	26	20	24	32	33	27.4	2.5	2.5	3.0	2.5
	5	24	31	26	24	30	20	31	24	29	27	30	23	26.8	2.5	3.0	3.0	3.0

②根据所提供的计算公式,每个测位砂浆强度换算值为:

第 1 侧位:$d=1.5, f=13.11\text{MPa}$

第 2 侧位:$d=2.0, f=12.43\text{MPa}$

第 3 侧位:$d=2.0, f=11.64\text{MPa}$

第 4 侧位:$d=2.5, f=11.39\text{MPa}$

第 5 侧位:$d=3.0, f=8.78\text{MPa}$

③该片墙体的砂浆抗压强度平均值为:

$(13.11+12.43+11.64+11.39+8.78)/5=11.47\text{MPa}$

2. 解:计算结果见下表。

测区部位	测区数	F_{2i1} (MPa)	F_{2i2} (MPa)	F_{2i3} (MPa)	F_{2i4} (MPa)	F_{2i5} (MPa)	平均值 (MPa)
1#墙体	5	13.23	19.24	16.84	21.19	16.00	17.30
2#墙体	5	12.61	11.25	6.83	10.46	12.11	9.47
3#墙体	5	9.87	16.11	9.96	7.27	9.27	12.69
4#墙体	5	11.93	12.13	7.32	15.31	8.18	10.97
5#墙体	5	15.55	12.81	11.03	9.49	15.00	12.78
6#墙体	5	23.04	12.74	13.75	10.28	12.74	15.57

平均值计算见上表最后一列;

最小值 $f_{2,\min}=9.47\text{MPa}>0.75\ f_2=7.5\text{MPa}$

平均值 $f_{2,m}=13.10\text{MPa}>f_2=10.0\text{MPa}$

标准差 $S=2.89$

变异系数 $\delta=0.22<0.35$

所以,该砌筑砂浆强度等级符合设计要求。

3. 答:计算结果见下表。

序号	不平整度读数 d_i^0(mm)	贯入深度测量表读数 d_i(mm)	贯入深度 d_i(mm)	序号	不平整度读数 d_i^0(mm)	贯入深度测量表读数 d_i(mm)	贯入深度 d_i(mm)
1	0.70	5.20	4.50	9	0.14	4.45	4.31
2	1.63	6.03	4.40	10	1.16	6.15	4.99
3	0.65	3.15	3.50	11	1.65	4.15	3.00
4	1.64	4.25	3.61	12	1.10	5.28	4.18

序号	不平整度读数 d_i^0(mm)	贯入深度测量表读数 d_i(mm)	贯入深度 d_i(mm)	序号	不平整度读数 d_i^0(mm)	贯入深度测量表读数 d_i(mm)	贯入深度 d_i(mm)
5	0.70	5.22	4.52	13	0.72	4.52	3.80
6	0.71	4.54	3.83	14	0.73	4.25	3.52
7	0.12	4.19	4.07	15	1.15	6.12	4.97
8	1.59	5.19	3.60	16	1.66	4.07	3.41

贯入深度平均值 $m_{dj} = \frac{1}{10}\sum_{i=1}^{n}d_i = 3.98$

砂浆抗压强度换算值 $f_{2j}^c = 7.8$

4. 答:计算结果见下表。

序号	不平整度读数 d_i^0(mm)	贯入深度测量表读数 d_i(mm)	贯入深度 d_i(mm)	序号	不平整度读数 d_i^0(mm)	贯入深度测量表读数 d_i(mm)	贯入深度 d_i(mm)
1	0.92	5.20	4.28	9	0.64	5.23	4.59
2	0.63	4.28	3.65	10	0.78	6.21	5.43
3	0.65	4.62	3.97	11	0.89	6.25	5.36
4	0.64	4.56	3.92	12	0.70	5.56	4.86
5	0.70	4.65	3.95	13	0.92	6.31	5.39
6	0.71	4.62	3.91	14	0.75	4.26	3.51
7	0.72	4.36	3.64	15	0.86	5.52	4.66
8	0.59	4.89	4.30	16	0.66	5.19	4.53

贯入深度平均值 $m_{dj} = \frac{1}{10}\sum_{i=1}^{n}d_i = 4.30$

砂浆抗压强度换算值 $f_{2j}^c = 7.60$。

砌体结构模拟试卷(A)

一、填空题

1. 每一检测单元内,应随机选择_____个构件(单片墙体、柱),作为6个测区。当一个检测单元不足6个构件时,应将每个构件作为一个测区。

2. 对贯入法,每一检测单元抽检数量不应少于砌体总构件数的_____,且不应少于_____个构件。

3. 筒压法检测砌体的抗压强度时,使用手锤击碎样品,筛取5~15mm的砂浆颗粒约_____g,在_____的温度下烘干至恒重,待冷却至室温后备用。

4. 砂浆回弹仪的校验周期为_____,在工程检测前后,均应对回弹仪在_____上做_____试验,技术性能指标中,冲击动能为_____。

5. 贯入法检测砂浆强度时,贯入仪的贯入力为_____、工作行程应为_____。

6. 检测机构要做到_____、_____的竞争。反对_____、_____等恶性竞争手段承接检测业务,共同维护检测市场秩序和行业整体利益,促进检测行业健康发展。

二、单项选择题

1. 贯入法检测砌体抗压强度时,每一构件应测试_____点。
   A. 12　　　　　　　B. 10　　　　　　　C. 16　　　　　　　D. 无规定
2. 原位轴压仪的力值,每_____应校验一次。
   A. 半年　　　　　　B. 一年　　　　　　C. 两年　　　　　　D. 三个月
3. 下列哪个方法可用来测试古建筑和重要建筑的实际应力,选_____。
   A. 扁顶法　　　　　B. 原位轴压法　　　C. 原位单剪法　　　D. 切割法
4. 抗压强度的推定结果的判定,按照_____的规定,当设计要求相应数值小于或等于推定上限值时,可判定为符合设计要求。
   A.《建筑结构检测技术标准》　　　　　B.《砌体工程现场检测技术标准》
   C.《砌体基本力学性能试验方法标准》　D.《砌体结构设计规范》
5. 扁顶法正式测试时,应分级加荷。每级荷载应为预估破坏荷载值的_____。
   A. 5%　　　　　　　B. 10%　　　　　　C. 20%　　　　　　D. 30%

三、多项选择题(每题4分,共20分,错选或漏选均不得分)

1. 贯入仪不能在_____的环境温度下使用。
   A. 20℃　　　　　　B. 10℃　　　　　　C. 50℃　　　　　　D. -10℃
2. 砌体工程现场检测,需要用到以下哪些规范:_____。
   A.《砌体工程现场检测技术标准》GB/T 50315—2000
   B.《贯入法检测砌筑砂浆抗压强度技术规程》JGJ/T 136—2001
   C.《建筑结构检测技术标准》GB/T 50344—2004
   D.《砌体基本力学性能试验方法标准》GBJ 129—90
3. 回弹法不适用于推定下列哪些情况下的砂浆抗压强度:_____。
   A. 高温　　　　　　B. 长期浸水　　　　C. 化学侵蚀　　　　D. 火灾
4. 下列哪些方法可用来测试普通砌体的抗压强度,正确答案为:_____。
   A. 原位轴压法　　　B. 扁顶法　　　　　C. 原位单剪法　　　D. 筒压法
5. 原位轴压法测试时,所选测试部位应有代表性,并应符合下列规定:_____。
   A. 宜在墙体中部距楼、地面1m左右的高度处
   B. 不宜在墙梁的墙体计算高度范围内
   C. 槽间砌体每侧的墙体宽度不应小于1.5m
   D. 宜在沿墙体长度的中间部位
   E. 宜在靠近门窗洞口边缘

四、判断题(错误的要求说明理由)

1. 回弹法检测砖砌体的砌筑砂浆强度时,相邻两弹击点的间距不应小于100mm。　　(　)
2. 原位单剪法试件的预估破坏荷载应在千斤顶、传感器最大测量值的20%~80%之间。(　)
3. 砌体强度各种检测方法的测点数,不同的方法测点数不一样,对于筒压法,测点数不应少于5个。　　(　)
4. 对于筒压法,当计算出各测区的砂浆筒压比,不同品种的砂浆应选择不同的计算公式进行测区砂浆强度平均值计算,公式"$f_{2i} = 34.58(T_i)^{2.06}$"适用于水泥砂浆的计算。　　(　)
5. 砂浆回弹仪应每一年校验一次。　　(　)

五、简答题

1. 简述检测单元、测区和测点的概念。
2. 简述原位轴压法试验过程中需注意观察哪些现象、需记录哪些数据。
3. 简述回弹法检测砌体强度的取样与制备要求。

六、计算题

1. 一框架结构填充墙体，采用水泥混合砂浆砌筑九五砖。现抽取1片墙体，采用贯入法进行砌筑砂浆强度检测。下表为其中一个构件的初始数据，其中不平整度、贯入深度测量表读数均已给出，请计算该水泥混合砂浆的抗压强度。

序号	不平整度读数 d_i^0(mm)	贯入深度测量表读数 d_i(mm)	贯入深度 d_i(mm)	序号	不平整度读数 d_i^0(mm)	贯入深度测量表读数 d_i(mm)	贯入深度 d_i(mm)
1	0.92	5.20		9	0.64	5.23	
2	0.63	4.28		10	0.78	6.21	
3	0.65	4.62		11	0.89	6.25	
4	0.64	4.56		12	0.70	5.56	
5	0.70	4.65		13	0.92	6.31	
6	0.71	4.62		14	0.75	4.26	
7	0.72	4.36		15	0.86	5.52	
8	0.59	4.89		16	0.66	5.19	

贯入深度平均值 $m_{dj}=\dfrac{1}{10}\sum\limits_{i=1}^{n}d_i=$

砂浆抗压强度换算值 $f_{2j}^c=$

2. 某住宅楼为五层砖混结构，±0.000以上～二层及二层以下墙体，采用MU10承重多孔黏土砖、M10混合砂浆砌筑；二层以上墙体采用MU10承重多孔黏土砖、MU7.5混合砂浆砌筑。当地某检测单位对该住宅楼的±0.000以上～二层及二层以下墙体，共抽取6片采用回弹法测试其砌筑砂浆强度。初始数据见下表，请对该批砌筑砂浆强度进行按批评定。

测区部位	测区数	F_{2i1}(MPa)	F_{2i2}(MPa)	F_{2i3}(MPa)	F_{2i4}(MPa)	F_{2i5}(MPa)	平均值(MPa)
1#墙体	5	7.18	11.36	6.69	8.72	6.25	
2#墙体	5	7.16	8.12	5.48	10.64	10.00	
3#墙体	5	11.66	10.40	9.49	10.42	12.10	
4#墙体	5	12.22	10.21	5.15	10.30	6.56	
5#墙体	5	16.23	8.24	16.84	14.89	18.10	
6#墙体	5	15.24	15.21	11.73	11.21	11.27	

砌体结构模拟试卷（B）

一、填空题

1. 筒压法检测砌体的抗压强度时，不同品种砂浆的筒压荷载值分别为：水泥砂浆、石粉砂浆为

_____，水泥石灰混合砂浆、粉煤灰砂浆为_____。

2. 砂浆回弹仪的校验周期为_____，在工程检测前后，均应对回弹仪在_____上做_____试验，技术性能指标中，冲击动能为_____。

3. 对贯入法，每一检测单元抽检数量不应少于砌体总构件数的_____，且不应少于_____个构件。

4. 回弹法检测砌筑砂浆强度时，每个测位的平均碳化深度应精确到_____。

5. 贯入法测试砂浆强度时，每一构件应测试_____个测点。

6. 检测机构要做到制度公开：公开_____；公开_____；公开_____；公开_____；公开_____；公开投诉方式等，主动接受社会监督。

二、单项选择题

1. 回弹法检测砌筑砂浆强度时，每个测位的平均碳化深度应精确到_____。
   A. 0.1mm　　　　B. 0.2mm　　　　C. 0.5mm　　　　D. 1mm

2. 贯入法检测砂浆强度时，贯入深度测量表应满足：最大量程应为_____、分度值应为_____。
   A. 20+0.01mm　0.01mm　　　　B. 20+0.01mm　0.02mm
   C. 20+0.02mm　0.01mm　　　　D. 20+0.02mm　0.02mm

3. 回弹法检测砌筑砂浆抗压强度时，每个测位内均匀布置的测点个数为_____。
   A. 16　　　　B. 12　　　　C. 10　　　　D. 以上说法均不对

4. 贯入法检测砌筑砂浆抗压强度时，每条灰缝测点不宜多于的点数为_____。
   A. 4　　　　B. 3　　　　C. 2　　　　D. 1

5. 采用扁顶法正式测试墙体的受压工作应力前，应进行试加荷载试验。试加荷载值可取预估破坏荷载值的_____，检查测试系统的灵活性和可靠性。
   A. 5%　　　　B. 10%　　　　C. 20%　　　　D. 80%

三、多项选择题

1. 采用扁顶法实测墙内砌体抗压强度或弹性模量时，试验记录内容应包括以下哪些方面，正确答案选：_____。
   A. 描绘测点布置图、墙体砌筑方式
   B. 扁顶位置、脚标位置
   C. 轴向变形值
   D. 逐级荷载下的油压表读数裂缝随荷载变化情况简图等

2. 用贯入法检测的砌筑砂浆应符合下列要求：_____。
   A. 自然养护　　　　　　　　　　B. 龄期为28d或28d以上
   C. 自然风干状态　　　　　　　　D. 强度为0.4~20.0MPa

3. 贯入仪不能在_____的环境温度下使用。
   A. 20℃　　　　B. 10℃　　　　C. 50℃　　　　D. -10℃

4. 砌体工程现场检测，需要用到_____。
   A.《砌体工程现场检测技术标准》GB/T 50315—2000
   B.《贯入法检测砌筑砂浆抗压强度技术规程》JGJ/T 136—2001
   C.《建筑结构检测技术标准》GB/T 50344—2004
   D.《砌体基本力学性能试验方法标准》GBJ 129—90

5. 下列哪些方法可用来测试普通砌体的抗压强度,正确答案为:_____。
A. 原位轴压法　　　B. 扁顶法　　　C. 原位单剪法　　　D. 筒压法

四、判断题(错误的要求说明理由)

1. 回弹法检测砖砌体的砌筑砂浆强度时,相邻两弹击点的间距不应小于20mm。（　）
2. 回弹法一样适用于推定高温、长期浸水、化学侵蚀、火灾等情况下的砂浆抗压强度。（　）
3. 原位单剪法试件的预估破坏荷载应在千斤顶、传感器最大测量值的10%左右。（　）
4. 砌体强度各种检测方法的测点数,不同的方法测点数不一样,对于筒压法,测点数不应少于1个。（　）
5. 对于筒压法,当计算出各测区的砂浆筒压比,不同品种的砂浆应选择不同的计算公式进行测区砂浆强度平均值计算,公式"$f_{2,i}=6.1(T_i)+11(T_i)^2$"适用于计算水泥石灰混合砂浆的强度平均值。（　）

五、简答题

1. 请列举5种以上的砌体力学性能现场检测技术的方法。
2. 简述原位轴压法试验过程中需注意观察哪些现象、需记录哪些数据。
3. 简述贯入法的取样与制备要求。

六、计算题

1. 一框架结构填充墙体,采用水泥砂浆砌筑九五施行砖。现抽取1片墙体,采用贯入法进行砌筑砂浆强度检测。下表为其中一个构件的初始数据,其中不平整度、贯入深度测量表读数均已给出,请计算该水泥砂浆的抗压强度。

序号	不平整度读数 d_i^0(mm)	贯入深度测量表读数 d_i(mm)	贯入深度 d_i(mm)	序号	不平整度读数 d_i^0(mm)	贯入深度测量表读数 d_i(mm)	贯入深度 d_i(mm)
1	0.42	4.20		9	0.24	4.23	
2	0.53	5.28		10	0.18	5.21	
3	1.65	6.62		11	0.91	4.25	
4	0.61	3.56		12	0.07	3.56	
5	1.70	5.65		13	0.52	4.31	
6	1.71	5.62		14	1.75	6.26	
7	0.75	4.36		15	0.68	5.22	
8	0.39	4.98		16	0.46	4.19	

贯入深度平均值 $m_{dj}=\dfrac{1}{10}\sum\limits_{i=1}^{n}d_i=$

砂浆抗压强度换算值 $f_{2j}=$

2. 某住宅楼为五层砖混结构,±0.000以上~二层及二层以下墙体,采用MU10承重多孔黏土砖、M10混合砂浆砌筑;二层以上墙体采用MU10承重多孔黏土砖、M7.5混合砂浆砌筑。当地某检测单位对该住宅楼的±0.000以上~二层及二层以下墙体,共抽取6片采用回弹法测试其砌筑砂浆强度。初始数据见下表,请对该批砌筑砂浆强度进行按批评定。

测区部位	测区数	F_{2i1} (MPa)	F_{2i2} (MPa)	F_{2i3} (MPa)	F_{2i4} (MPa)	F_{2i5} (MPa)	平均值 (MPa)
1#墙体	5	7.18	11.36	6.69	8.72	6.25	
2#墙体	5	7.16	8.12	5.48	10.64	10.00	
3#墙体	5	11.66	10.40	9.49	10.42	12.10	
4#墙体	5	12.22	10.21	5.15	10.30	6.56	
5#墙体	5	16.23	8.24	16.84	14.89	18.10	
6#墙体	5	15.24	15.21	11.73	11.21	11.27	

第五节 沉降观测

一、填空题

1. 垂直位移监测，可根据需要按变形观测点的_____中误差或相邻变形观测点的_____中误差，确定监测精度等级。
2. 变形监测网基准点应选在_____稳固可靠的位置，工作基点应选在比较稳定且_____的位置，变形观测点应设立在能反映_____的位置或监测断面上。
3. 监测基准网应由_____和_____构成。
4. 垂直位移监测基准网，应布设成_____形网并采用_____方法观测。
5. DS05级水准仪视准轴与水准管轴的夹角不得大于_____"。
6. 垂直位移观测起始点高程宜采用测区原有高程系统。较小规模的监测工程，可采用_____系统；较大规模的监测工程，宜与_____联测。
7. 建筑物沉降观测应测定建筑及地基的_____、_____及_____。
8. 建筑物沉降观测：如果最后两个观测周期的平均沉降速率小于_____mm/日，可以认为整体趋于稳定，如果各点的沉降速率均小于_____mm/日，即可终止观测；否则，应继续每_____个月观测一次，直至建筑物稳定为止。
9. 建筑主体倾斜观测应测定建筑顶部观测点相对于底部固定点或上层相对于下层观测点的_____、_____及_____。
10. 建筑物整体倾斜观测应避开强_____和_____的时间段。
11. 当利用相对沉降量间接确定建筑整体倾斜时，可选用_____和_____两种方法。
12. 沉降观测标志一般分为_____、_____、_____。
13. 垂直位移监测，可根据需要按_____或_____，确定监测精度等级。
14. 沉降观测时，仪器应避免安置在有空压机、搅拌机、卷扬机、起重机等_____的范围内。

二、单项选择题

1. 每个工程变形监测应至少有_____个基准点。
A. 2　　　　　　　　B. 3　　　　　　　　C. 4　　　　　　　　D. 4
2. 监测基准网应_____时间复测一次。

A. 2个月　　　　B. 3个月　　　　C. 6个月　　　　D. 1年
3. 施工沉降观测过程中,若工程暂时停工,停工期间可每隔_____时间观测一次。
A. 1~2个月　　　B. 2~3个月　　　C. 3~4个月　　　D. 4~5个月
4. 塔形、圆形建筑或构件宜采用_____方法检测主体倾斜。
A. 投点法　　　　B. 测水平角法　　C. 前方交会法　　D. 正、倒垂线法
5. 工业厂房或多层民用建筑的沉降观测总次数,不应少于_____次。
A. 3　　　　　　B. 4　　　　　　C. 5　　　　　　D. 6
6. 对于深基础建筑或高层、超高层建筑,沉降观测应从_____时开始。
A. 上部结构施工　B. 主体封顶时　　C. 不一定　　　　D. 基础施工
7. 变形监测的精度指标值,是综合了设计和相关施工规范已确定的允许变形量的_____作为测量精度值。
A. 1/10　　　　　B. 1/30　　　　　C. 1/20　　　　　D. 1/25

三、多项选择题

1. 变形监测网中设立变形观测点的监测断面一般分为_____。
A. 特殊断面　　　B. 关键断面　　　C. 重要断面　　　D. 一般断面
2. 变形监测网应由_____构成。
A. 部分基准点　　B. 工作基点　　　C. 变形观测点　　D. 黄海高程点
3. 变形监测网监测周期的确定因素有_____。
A. 监测体变形特征　　　　　　　　B. 监测体变形速率
C. 观测精度　　　　　　　　　　　D. 工程地质条件
4. 每期观测结束后,数据处理中出现_____,必须即刻通知建设单位和施工单位采取相应措施。
A. 变形量达到预警值或接近允许值
B. 变形量缓慢增长但未达到预警值
C. 建(构)筑物的裂缝或地表裂缝快速扩大
D. 变形量出现异常变化
5. 建筑物沉降速度一般分为_____几种形式。
A. 缓慢沉降　　　B. 加速沉降　　　C. 等速沉降　　　D. 减速沉降
6. 沉降观测应提交_____图表。
A. 工程平面位置图及基准点分布图
B. 沉降观测点位分布图　　　　　　C. 沉降观测成果表
D. 时间-荷载-沉降量曲线图　　　　E. 等沉降曲线图
7. 沉降观测的标志一般采用_____几种形式。
A. 墙(柱)标志　　B. 基础标志　　　C. 隐蔽式标志　　D. 敞开式标志
8. 工业建筑物可按_____施工阶段分别进行观测。
A. 回填基坑　　　B. 安装柱子和屋架　C. 砌筑墙体　　　D. 设备安装
9. 根据建筑变形测量任务委托方的要求,可按周期或变形发展情况提交_____阶段性成果。
A. 本次或前1~2次观测结果　　　　B. 与前一次观测间的变形量
C. 本次观测后的累计变形量　　　　D. 简要说明及分析、建议等

四、判断题

1. 观测仪器及设备应每月一次进行检查、校正,并做好记录。　　　　　　　　　(　　)

2. 变形监测方案应包括监测目的、精度等级、监测方法、监测基准网的精度估算和布设、观测周期、项目预警值、使用的仪器设备等内容。（　　）

3. 垂直位移基准点标志可利用稳定的建(构)筑物,设立墙水准点。（　　）

4. 工业厂房或多层民用建筑的沉降观测总次数,不应少于6次;竣工后的观测周期,可根据建(构)筑物的稳定情况确定。（　　）

5. 刚性建筑的整体倾斜,可通过测量顶面或基础的差异沉降来间接确定。（　　）

6. 建筑物主体倾斜观测的周期可视倾斜速度每1～3个月观测一次,当遇到基础附近因大量堆载或卸载、场地降雨长期积水等而导致倾斜速度加快时,应及时增加观测次数。（　　）

7. 当由基础倾斜间接确定建筑整体倾斜时,该建筑不一定需具有足够的整体结构刚度。（　　）

8. 同一测区或同一建筑物随着沉降量和沉降速率的变化,原则上可以采用不同的沉降观测等级和精度。（　　）

9. 在变形观测过程中,当某期观测点变形量出现异常变化时,应分析原因,在排除观测本身错误的前提下,应及时对基准点的稳定性进行检测分析。（　　）

五、简答题

1. 建筑物沉降观测检测变形观测点的布点原则。
2. 各期变形监测的作业原则。
3. 主体倾斜观测点和测站点的布设应满足那些要求？
4. 建筑物沉降观测点的埋设要求有哪些？
5. 工业建筑物沉降观测一般观测时间怎样安排？
6. 建筑使用阶段沉降观测次数一般如何进行？
7. 变形观测数据的平差计算应满足哪些规定？

六、计算题

1. 某多层住宅楼进行主体沉降观测,共布设6个沉降观测点,观测精度需满足三等变形观测要求,观测时采用两次仪器高法观测,测量基准点相对高程为10.0000m。某日,对该住宅楼进行了一次沉降观测,观测路线环线闭合,观测成果如下表所示。试计算本次观测各变形观测点相对高程,并判断观测闭合差是否满足测量精度要求？

沉降观测成果表

测站		1		2		3		4
测点		BM0	A	A	B	B	C	C	D
水准尺读数	后视（左尺）	99.576		117.270		109.100		117.578	
	后视（右尺）	101.129		118.835		110.654		119.131	
	前视（左尺）		103.999		113.514		113.235		111.845
	前视（右尺）		105.558		115.072		114.790		113.411

续表

测站		5		6		7		8
测点		D	E	E	F	F	BMO	
水准尺读数	后视（左尺）	109.322		111.290		120.415		
	后视（右尺）	110.875		112.848		121.960		
	前视（左尺）		92.240		116.770		132.915	
	前视（右尺）		93.788		118.338		134.468	

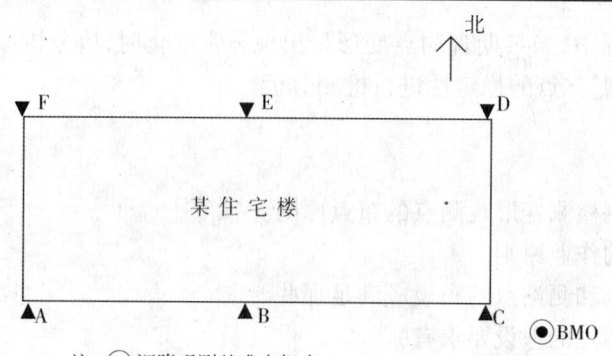

注：⊙沉降观测基准点标志；
▲A、B、C、D、E、F为沉降变形点标志。

2. 某水塔，采用测量水平角的方法来测定其倾斜。如附图所示：在相互垂直方向上标定两个固定标志测站 A、B，同时选择通视良好的远方不动点 M_1 和 M_2 为测量方向点，在水塔上标出观测用的标志点 1、2、3、4、5、6、7、8，其中标志点 1、4、5、8 位于水塔勒脚位置，标志点 2、3、6、7 位于水塔顶部位置，观测标志点为观测时直接切其边缘认定的位置。测站 A 距水塔勒角中心 b 的水平距离为 45.000m，测站 B 距水塔勒角中心 b 的水平距离为 40.000m，水塔勒角中心 b 至顶部中心 a 的垂直高度为 H_{ab} =27.000m，各观测点水平角测定如下表所示，试计算该水塔顶部相对于勒角位置的整体倾斜偏歪量及偏歪方向（假定 bA 方向为正南方向，bB 方向为正东方向）？

水平角测量结果汇总表

序号	水平角读数	序号	水平角读数
∠1	111°42′21″	∠5	102°18′03″
∠2	107°41′26″	∠6	104°59′05″
∠3	105°47′00″	∠7	102°57′05″
∠4	103°48′53″	∠8	104°59′05″

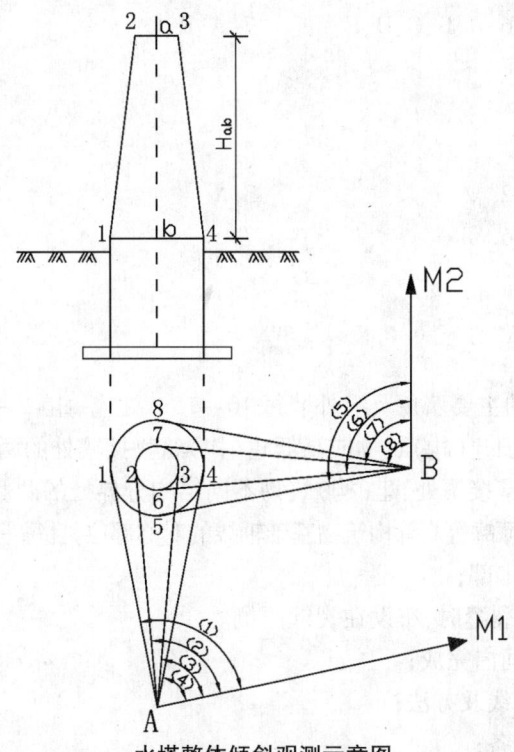

水塔整体倾斜观测示意图

3. 某多层住宅楼需判断其整体倾斜是否超过规范要求:其中一墙角观测结果:勒脚处 A 点相对于墙角顶 B 点的水平方向位移量为 70mm,建筑物高度 $H_{AB}=16m$,试判断该墙角的整体倾斜情况。

4. 某建筑物全高 30m,设计时允许倾斜度为 4‰,监测该建筑物安全时,监测容许误差取容许偏移量的 1/20,取 3 倍测量中误差为容许误差,试判断监测之精度要求。

参考答案:

一、填空题

1. 高程　高差
2. 变形影响区域之外　方便使用　监测体变形特征
3. 基准点　部分工作基点　　　　4. 环　水准测量
5. 10　　　　　　　　　　　　　　6. 假定高程　国家水准点
7. 沉降量　沉降差　沉降速率　　8. 0.02　0.02　3
9. 倾斜度　倾斜方向　倾斜速率　10. 日照　风荷载影响大
11. 倾斜仪测记法　测定基础沉降差法　　12. 墙(柱)标志　基础标志　隐蔽式标志
13. 变形观测点的高程中误差　相邻变形观测点的高差中误差
14. 振动影响

二、单项选择题

1. B　　　　2. C　　　　3. B　　　　4. B
5. C　　　　6. D　　　　7. C

三、多项选择题

1. B、C、D　　2. A、B、C　　3. A、B、C、D　　4. A、C、D

5. B、C、D 6. A、B、C、D、E 7. A、B、C 8. A、B、C、D
9. A、B、C、D

四、判断题

1. × 2. √ 3. √ 4. ×
5. √ 6. √ 7. × 8. √
9. √

五、简答题

1. 答：(1) 建(构)筑物的主要墙角及沿外墙每10~15m处或每隔2~3根柱基上；
(2) 沉降缝、伸缩缝、新旧建(构)筑物或高低建(构)筑物接壤处的两侧；
(3) 人工地基和天然地基接壤处、建(构)筑物不同结构分界处的两侧；
(4) 烟囱、水塔和大型储藏罐等高耸构筑物基础轴线的对称部位,且每一构筑物不得少于4个点；
(5) 基础底板的四角和中部；
(6) 当建(构)筑物出现裂缝时,布设在裂缝两侧。

2. 答：(1) 在较短的时间内完成；
(2) 采用相同的观测路线及方法；
(3) 采用同一仪器和设备；
(4) 观测人员相对固定；
(5) 记录观测时的环境因数；
(6) 采用同一基准处理数据。

3. 答：(1) 当从建筑外部观测时,测站点的点位应选在与倾斜方向成正交的方向线上距照准目标1.5~2.0倍目标高度的固定位置。当利用建筑内部竖向通道观测时,可将通道底部中心点作为测站点；
(2) 对于整体倾斜,观测点及底部固定点应沿着对应测站点的建筑主体竖直线,在顶部和底部上下对应布设；对于分层倾斜,应按分层部位上下对应布设；
(3) 按前方交会法布设的测站点,基线端点的选设应顾及测距或长度丈量的要求。按方向线水平角法布设的测站点,应设置好定向点。

4. 答：建筑物沉降观测标志应稳固埋设,高度以高于室内地坪(±0面)0.2~0.5m为宜,对于建筑立面后期有贴面装饰的建(构)筑物,宜预埋螺栓式活动标志。

5. 答：(1) 工业建筑可按回填基坑、安装柱子和屋架、砌筑墙体、设备安装等不同施工阶段分别进行观测；
(2) 若建筑施工均匀增高,应至少按增加荷载的25%、50%、75%和100%时各测一次。

6. 答：建筑使用阶段观测次数,应视地基土类型和沉降速率大小而定。除有特殊要求外,可在第一年观测3~4次,第二年观测2~3次,第三年后每年观测1次,直到稳定为止。

7. 答：(1) 应利用稳定的基准点作为起算点；
(2) 应使用严密的平差方法和可靠的软件系统；
(3) 应确保平差计算所用的观测数据、起算数据准确无误；
(4) 应剔除含有粗差的观测数据；
(5) 对于特级、一级变形测量平差计算,应对可能含有系统误差的观测值进行系统误差改正；
(6) 对于特级、一级变形测量平差计算,当涉及边长、方向等不同类型观测值时,应使用验后方差估计方法确定这些观测值的权；

(7)平差计算除给出变形参数值外,还应评定这些变形参数的精度。

六、计算题

1. 解:$\triangle h_{0A左} = -0.04423m$;$\triangle h_{0A右} = -0.04429m$;$\triangle h_{0A} = -0.04426m$;

$\triangle h_{AB左} = 0.03756m$;$\triangle h_{AB右} = 0.03763m$;$\triangle h_{AB} = 0.03760m$;

$\triangle h_{BC左} = -0.04135m$;$\triangle h_{BC右} = -0.04136m$;$\triangle h_{BC} = -0.04136m$;

$\triangle h_{CD左} = 0.05733m$;$\triangle h_{CD右} = 0.05720m$;$\triangle h_{CD} = 0.05727m$;

$\triangle h_{DE左} = 0.17082m$;$\triangle h_{DE右} = 0.17087m$;$\triangle h_{DE} = 0.17085m$;

$\triangle h_{EF左} = -0.05480m$;$\triangle h_{EF右} = -0.05490m$;$\triangle h_{EF} = -0.05485m$;

$\triangle h_{F0左} = -0.12500m$;$\triangle h_{F0右} = -0.12508m$;$\triangle h_{F0} = -0.12504m$;

闭合差 $h = \triangle_{h0A} + \triangle h_{AB} + \triangle h_{BC} + \triangle h_{CD} + \triangle h_{DE} + \triangle h_{EF} + \triangle h_{F0} = 0.00020m = 0.20mm <$ 允许闭合差 $0.6\sqrt{n} = 1.59mm$。

平均分配高差 $\triangle h = 0.00003m$;

各变形点本次观测相对高程如下:

$H_A = 10 - 0.04426 - 0.00003 = 9.95571m$;

$H_B = 9.95571 + 0.03760 - 0.00003 = 9.99328m$;

$H_C = 9.99328 - 0.04136 - 0.00003 = 9.95189m$;

$H_D = 9.95189 + 0.05727 - 0.00003 = 10.00913m$;

$H_E = 10.00913 + 0.17085 - 0.00003 = 10.17995m$;

$H_F = 10.17995 - 0.05485 - 0.00003 = 10.12507m$。

2. 解:$\angle a = (\angle 2 + \angle 3)/2 = 106°44'13''$

$\angle b = (\angle 1 + \angle 4)/2 = 107°45'37''$

$\angle a' = (\angle 6 + \angle 7)/2 = 103°58'05''$

$\angle b' = (\angle 5 + \angle 8)/2 = 103°38'34''$

由于 $\angle b > \angle a$,水塔在东西向上向东偏;

$\angle a' > \angle b'$,水塔在南北向上向南偏;

东西向偏歪分量:$a1 = \tan(\angle b - \angle a) \times 45000 = 803.8mm$;

南北向偏歪分量:$a2 = \tan(\angle a' - \angle b') \times 40000 = 227.1mm$;

矢量相加,水塔顶部相对于勒角整体倾斜偏移量为:835.3mm;

偏歪方向:$\arctan(803.8/227.1) = 74°13'24''$(北偏西)

水塔整体倾斜率:$835.3mm/27000mm = 3.1\%$。

3. 解:该墙角整体倾斜率:$70mm/16000mm = 4.4‰$

根据规范要求,多层住宅楼的整体倾斜允许值为4‰,故不满足规范要求。

4. 解:容许偏移量 $\triangle = a \times H = 30000 \times 0.004 = 120mm$;

容许误差 $f\triangle = 120 \times (1/20) = 6mm$。

由于取3倍测量中误差为容许误差,故监测中误差 $m_\triangle = 6/3 = 2mm$。

沉降观测模拟试卷(A)

一、填空题

1. 垂直位移监测,可根据需要按变形观测点的_____中误差或相邻变形观测点的_____

中误差,确定监测精度等级。

2. 监测基准网应由_____和_____构成。
3. 建筑物沉降观测应测定建筑及地基的_____、_____及_____。
4. 工业厂房或多层民用建筑的沉降观测总次数,不应少于_____次。
5. 变形监测网基准点应选在_____稳固可靠的位置,工作基点应选在比较稳定且_____的位置,变形观测点应设立在能反映_____的位置或监测断面上。
6. DS05级水准仪视准轴与水准管轴的夹角不得大于_____"。
7. 当利用相对沉降量间接确定建筑整体倾斜时,可选用_____和_____两种方法。
8. 建筑物沉降观测:如果最后两个观测周期的平均沉降速率小于_____mm/日,可以认为整体趋于稳定,如果各点的沉降速率均小于_____mm/日,即可终止观测;否则,应继续每_____个月观测一次,直至建筑物稳定为止。
9. 沉降观测时,仪器应避免安置在有空压机、搅拌机、卷扬机、起重机等_____的范围内。
10. 垂直位移观测起始点高程宜采用测区原有高程系统。较小规模的监测工程,可采用_____系统;较大规模的监测工程,宜与_____联测。

二、单项选择题

1. 每个工程变形监测应至少有_____个基准点。
A. 2   B. 3   C. 4   D. 6
2. 施工沉降观测过程中,若工程暂时停工,停工期间可每隔_____时间观测一次。
A. 1~2个月   B. 2~3个月   C. 3~4个月   D. 4~5个月
3. 塔形、圆形建筑或构件宜采用_____检测主体倾斜。
A. 投点法   B. 测水平角法   C. 前方交会法   D. 正、倒垂线法
4. 对于深基础建筑或高层、超高层建筑,沉降观测应从_____时开始。
A. 上部结构施工   B. 主体封顶时   C. 不一定   D. 基础施工
5. 变形监测的精度指标值,是综合了设计和相关施工规范已确定的允许变形量的_____作为测量精度值。
A. 1/10   B. 1/30   C. 1/20   D. 1/25

三、多项选择题

1. 变形监测网中设立变形观测点的监测断面一般分为_____。
A. 特殊断面   B. 关键断面   C. 重要断面   D. 一般断面
2. 变形监测网应由_____构成。
A. 部分基准点   B. 工作基点   C. 变形观测点   D. 黄海高程点
3. 变形监测网监测周期的确定因素有_____。
A. 监测体变形特征   B. 监测体变形速率   C. 观测精度   D. 工程地质条件
4. 每期观测结束后,数据处理中出现以下哪些情况,必须即刻通知建设单位和施工单位采取相应措施的,正确答案选_____。
A. 变形量达到预警值或接近允许值   B. 变形量缓慢增长但未达到预警值
C. 建(构)筑物的裂缝或地表裂缝快速扩大   D. 变形量出现异常变化
5. 建筑物沉降速度一般分为以下哪几种形式?正确答案选_____。
A. 缓慢沉降   B. 加速沉降   C. 等速沉降   D. 减速沉降
6. 沉降观测应提交下列哪些图表,正确答案选_____。

A. 工程平面位置图及基准点分布图　　　B. 沉降观测点位分布图
C. 沉降观测成果表　　　　　　　　　　D. 时间—荷载—沉降量曲线图
E. 等沉降曲线图

7. 沉降观测的标志一般采用以下哪几种形式？正确答案选_____。
A. 墙(柱)标志　　B. 基础标志　　C. 隐蔽式标志　　D. 敞开式标志

8. 工业建筑物可按以下哪些施工阶段分别进行观测？正确答案选_____。
A. 回填基坑　　B. 安装柱子和屋架　　C. 砌筑墙体　　D. 设备安装

9. 根据建筑变形测量任务委托方的要求，可按周期或变形发展情况提交下列哪些阶段性成果？正确答案选：_____。
A. 本次或前1~2次观测结果　　　B. 与前一次观测间的变形量
C. 本次观测后的累计变形量　　　D. 简要说明及分析、建议等

10. 建筑物沉降观测，应测定建筑及地基的以下哪些内容？正确答案选：_____。
A. 沉降量　　B. 相对沉降　　C. 沉降差　　D. 沉降速率

四、判断题

1. 观测仪器及设备应每月一次进行检查、校正，并做好记录。（　　）
2. 变形监测方案应包括监测目的、精度等级、监测方法、监测基准网的精度估算和布设、观测周期、项目预警值、使用的仪器设备等内容。（　　）
3. 垂直位移基准点标志可利用稳定的建(构)筑物，设立墙水准点。（　　）
4. 工业厂房或多层民用建筑的沉降观测总次数，不应少于6次；竣工后的观测周期，可根据建(构)筑物的稳定情况确定。（　　）
5. 刚性建筑的整体倾斜，可通过测量顶面或基础的差异沉降来间接确定。（　　）

五、简答题

1. 建筑物沉降观测检测变形观测点的布点原则。
2. 各期变形监测的作业原则。
3. 主体倾斜观测点和测站点的布设应满足那些要求？
4. 建筑物沉降观测点的埋设要求。

六、计算题

1. 某多层住宅楼进行主体沉降观测，共布设6个沉降观测点，观测精度需满足三等变形观测要求，观测时采用两次仪器高程法观测，测量基准点相对高程为10.00000m。某日，对该住宅楼进行了一次沉降观测，观测路线环线闭合，观测成果如下表所示。试计算本次观测各变形观测点相对高程，并判断观测闭合差是否满足测量精度要求？

沉降观测成果表

测站		1	2		3		4	
测点		BMO	A	A	B	B	C	C	D
水准尺读数	后视（左尺）	99.576		117.270		109.100		117.578	
	后视（右尺）	101.129		118.835		110.654		119.131	
	前视（左尺）		103.999		113.514		113.235		111.845
	前视（右尺）		105.558		115.072		114.790		113.411
测站		5		6		7		8	
测点		D	E	E	F	F	BMO		
水准尺读数	后视（左尺）	109.322		111.290		120.415			
	后视（右尺）	110.875		112.848		121.960			
	前视（左尺）		92.240		116.770		132.915		
	前视（右尺）		93.788		118.338		134.468		

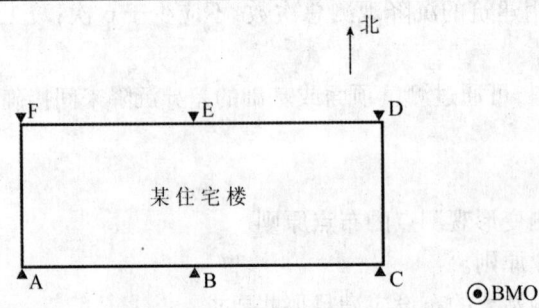

注：⊙沉降观测基准点标志；
▲A、B、C、D、E、F为沉降变形点标志。

2. 某水塔，采用测量水平角的方法来测定其倾斜。如附图所示：在相互垂直方向上标定两个固定标志测站 A、B，同时选择通视良好的远方不动点 M1 和 M2 为测量方向点，在水塔上标出观测用的标志点 1、2、3、4、5、6、7、8，其中标志点 1、4、5、8 位于水塔勒脚位置，标志点 2、3、6、7 位于水塔顶部位置，观测标志点为观测时直接切其边缘认定的位置。测站 A 距水塔勒角中心 b 的水平距离为 45.000m，测站 B 距水塔勒角中心 b 的水平距离为 40.000m，水塔勒角中心 b 至顶部中心 a 的垂直高度为 H_{ab} =27.000m，各观测点水平角测定如下表所示，试计算该水塔顶部相对于勒角位置的整体倾斜偏歪量及偏歪方向（假定 bA 方向为正南方向，bB 方向为正东方向）?

水平角测量结果汇总表

序号	水平角读数	序号	水平角读数
∠1	111°42′21″	∠5	102°18′03″
∠2	107°41′26″	∠6	104°59′05″
∠3	105°47′00″	∠7	102°57′05″
∠4	103°48′53″	∠8	104°59′05″

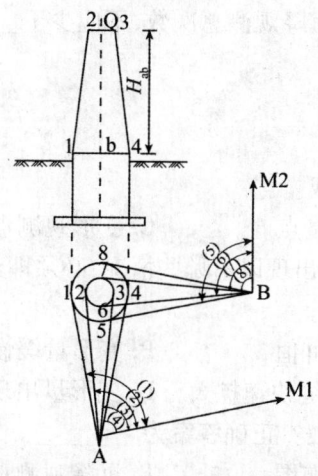

水塔整体倾斜观测示意图

沉降观测模拟试卷(B)

一、填空题

1. 垂直位移监测基准网,应布设成_____形网并采用_____方法观测。
2. 建筑物沉降观测应测定建筑及地基的_____、_____及_____。
3. 建筑物沉降观测:如果最后两个观测周期的平均沉降速率小于_____ mm/日,可以认为整体趋于稳定,如果各点的沉降速率均小于_____ mm/日,即可终止观测。否则,应继续每_____个月观测一次,直至建筑物稳定为止。
4. 建筑物整体倾斜观测应避开_____和_____的时间段。
5. 沉降观测标志一般分为_____、_____、_____。
6. 每个工程变形监测应至少有_____个基准点。
7. 变形监测网基准点应选在_____稳固可靠的位置,工作基点应选在比较稳定且_____的位置,变形观测点应设立在能反映_____的位置或监测断面上。
8. 沉降观测时,仪器应避免安置在有空压机、搅拌机、卷扬机、起重机等_____的范围内。
9. 塔形、圆形建筑或构件宜采用_____方法检测主体倾斜。
10. 对于深基础建筑或高层、超高层建筑,沉降观测应从_____时开始。

二、单项选择题

1. DS05级水准仪视准轴与水准管轴的夹角不得大于_____。
   A. 10″   B. 15″   C. 20″   D. 25″
2. 监测基准网应_____时间复测一次。
   A. 2个月   B. 3个月   C. 6个月   D. 1年
3. 施工沉降观测过程中,若工程暂时停工,停工期间可每隔_____时间观测一次。
   A. 1~2个月   B. 2~3个月   C. 3~4个月   D. 4~5个月
4. 变形监测的精度指标值,是综合了设计和相关施工规范已确定的允许变形量的_____作为测量精度值。
   A. 1/10   B. 1/30   C. 1/20   D. 1/25

5.工业厂房或多层民用建筑的沉降观测总次数,不应少于_____次。
A. 3　　　　　　　　B. 4　　　　　　　　C. 5　　　　　　　　D. 6

三、多项选择题

1.变形监测网应由_____构成。
A. 部分基准点　　　B. 工作基点　　　C. 变形观测点　　　D. 黄海高程点

2.每期观测结束后,数据处理中出现以下哪些情况,必须即刻通知建设单位和施工单位采取相应措施,正确答案选_____。
A. 变形量达到预警值或接近允许值　　　B. 变形量缓慢增长但未达到预警值
C. 建(构)筑物的裂缝或地表裂缝快速扩大　　　D. 变形量出现异常变化

3.沉降观测应提交下列哪些图表?正确答案为_____。
A. 工程平面位置图及基准点分布图　　　B. 沉降观测点位分布图
C. 沉降观测成果表　　　D. 时间-荷载-沉降量曲线图
E. 等沉降曲线图

4.变形监测网中设立变形观测点的监测断面一般分为:_____。
A. 特殊断面　　　B. 关键断面　　　C. 重要断面　　　D. 一般断面

5.沉降观测的标志一般采用以下哪几种形式,正确答案选_____。
A. 墙(柱)标志　　　B. 基础标志　　　C. 隐蔽式标志　　　D. 敞开式标志

6.变形监测网监测周期的确定因素有_____。
A. 监测体变形特征　　　B. 监测体变形速率　　　C. 观测精度　　　D. 工程地质条件

7.工业建筑物可按以下哪些施工阶段分别进行观测?正确答案选:_____。
A. 回填基坑　　　B. 安装柱子和屋架　　　C. 砌筑墙体　　　D. 设备安装

8.根据建筑变形测量任务委托方的要求,可按周期或变形发展情况提交下列哪些阶段性成果?正确答案选:_____。
A. 本次或前1~2次观测结果　　　B. 与前一次观测间的变形量
C. 本次观测后的累计变形量　　　D. 简要说明及分析、建议等

9.建筑物沉降速度一般分为以下哪几种形式,正确答案选:_____。
A. 缓慢沉降　　　B. 加速沉降　　　C. 等速沉降　　　D. 减速沉降

10.当利用相对沉降量间接确定建筑整体倾斜时,可选用_____。
A. 测水平角法　　　B. 激光准直法　　　C. 倾斜仪测记法　　　D. 测定基础沉降差法

四、判断题

1.刚性建筑的整体倾斜,可通过测量顶面或基础的差异沉降来间接确定。（　）
2.建筑物主体倾斜观测的周期可视倾斜速度每1~3个月观测一次,当遇到基础附近因大量堆载或卸载、场地降雨长期积水等而导致倾斜速度加快时,应及时增加观测次数。（　）
3.当由基础倾斜间接确定建筑整体倾斜时,该建筑不一定需具有足够的整体结构刚度。（　）
4.同一测区或同一建筑物随着沉降量和沉降速率的变化,原则上可以采用不同的沉降观测等级和精度。（　）
5.在变形观测过程中,当某期观测点变形量出现异常变化时,应分析原因,在排除观测本身错误的前提下,应及时对基准点的稳定性进行检测分析。（　）

五、简答题

1.建筑物沉降观测检测变形观测点的布点原则是什么?

2. 工业建筑物沉降观测一般观测时间怎样安排？
3. 变形观测数据的平差计算应满足哪些规定？
4. 建筑使用阶段沉降观测次数一般如何进行？

六、计算题

1. 某多层住宅楼进行主体沉降观测，共布设 6 个沉降观测点，观测精度需满足三等变形观测要求，观测时采用两次仪器高程法观测，测量基准点相对高程为 10.000m。某日，对该住宅楼进行了一次沉降观测，观测路线环线闭合，观测成果如下表所示。试计算本次观测各变形观测点相对高程，并判断观测闭合差是否满足测量精度要求？

沉降观测成果表

测站		1		2		3		4	
测点		BM0	A	A	B	B	C	C	D
水准尺读数	后视（左尺）	99.576		117.270		109.100		117.578	
	后视（右尺）	101.129		118.835		110.654		119.131	
	前视（左尺）		103.999		113.514		113.235		111.845
	前视（右尺）		105.558		115.072		114.790		113.411
测站		5		6		7		8	
测点		D	E	E	F	F	BM0		
水准尺读数	后视（左尺）	109.322		111.290		120.415			
	后视（右尺）	110.875		112.848		121.960			
	前视（左尺）		92.240		116.770		132.915		
	前视（右尺）		93.788		118.338		134.468		

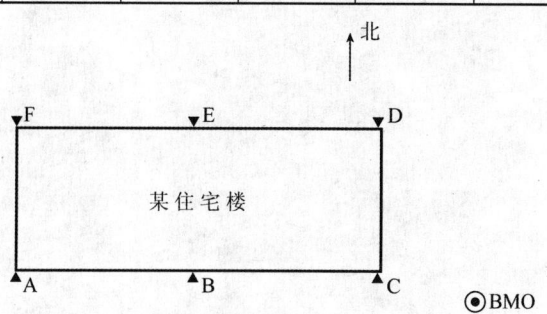

注：⊙沉降观测基准点标志；
▲A、B、C、D、E、F为沉降变形点标志。

2. 某水塔，采用测量水平角的方法来测定其倾斜。如附图所示：在相互垂直方向上标定两个固定标志测站 A、B，同时选择通视良好的远方不动点 M1 和 M2 为测量方向点，在水塔上标出观测用的标志点 1、2、3、4、5、6、7、8，其中标志点 1、4、5、8 位于水塔勒脚位置，标志点 2、3、6、7 位于水塔顶部位置，观测标志点为观测时直接切其边缘认定的位置。测站 A 距水塔勒角中心 b 的水平距离为

45.000m,测站 B 距水塔勒角中心 b 的水平距离为 40.000m,水塔勒角中心 b 至顶部中心 a 的垂直高度为 $H_{ab}=27.000$m,各观测点水平角测定如下表所示,试计算该水塔顶部相对于勒角位置的整体倾斜偏歪量及偏歪方向(假定 bA 方向为正南方向,bB 方向为正东方向)?

水平角测量结果汇总表

序号	水平角读数	序号	水平角读数
∠1	111°42′21″	∠5	102°18′03″
∠2	107°41′26″	∠6	104°59′05″
∠3	105°47′00″	∠7	102°57′05″
∠4	103°48′53″	∠8	104°59′05″

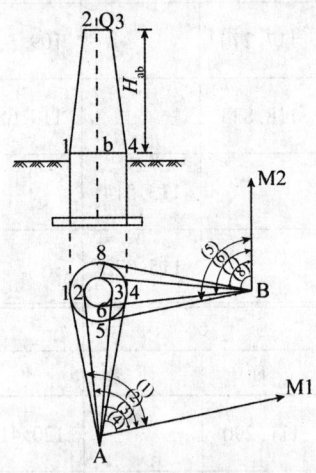

水塔整体倾斜观测示意图

第二章 钢结构工程检测

第一节 钢结构工程用钢材、连接件

一、填空题

1. 取样时,应防止_____而影响力学性能。用烧割法和冷剪法取样要留加工余量。
2. 取样时,应对抽样产品、试料、样坯和试样作出标记,以保证始终能识别取样_____。
3. 原始横截面积的测量和计算值,要求测量出原始横截面积,以_____计算试样原始横截面积。
4. 按照国家计量标准 JJF 1001—1998 的定义,分辨力(resolution)定义为:指示装置对紧密相邻量值有效分辨的能力。例如,卡尺的游标分度值为 0.02mm,则其分辨力为_____。
5. 按照国家计量标准 JJF 1001—1998 的定义,分辨力(resolution)定义为:指示装置对紧密相邻量值有效分辨的能力。一般认为模拟式指示装置的分辨力为标尺分度值的一半,数字式指示装置的分辨力为_____。
6. 试样比例标距的计算值应修约到_____的倍数,中间数值向较大一方修约。
7. 试样比例标距的计算值为 58.6mm 应修约到_____mm。
8. 延伸是指试验期间任一给定时刻_____的增量。
9. 伸长是指试验期间任一给定时刻_____的增量。
10. $R_{t0.5}$ 表示_____的应力。
11. 原则上断裂在引伸计标距范围内测量方为有效,但断后伸长率达到_____要求时,无论断于何处测量均为有效。
12. 对于不经机加工的等横截面试样,如平行长度比其标距长许多,可以标记_____的原始标距。
13. 对于环形横截面试样(圆管段试样),在其一端相互垂直的方向测量外直径和四处的壁厚,以_____计算的横截面积为试样的原始横截面积。
14. $R_{t0.5}$ 表示_____的应力。
15. 取样时,应防止过热、加工硬化而影响力学性能。用_____取样要留加工余量。
16. 矩形截面试样推荐其宽厚比不得超过_____。
17. 机加工的圆形截面试样其平行长度的直径一般不应小于_____。

二、单项选择题

1. GB/T 228—2008 用_____符号表示强度性能的主符号。
A. σ　　　　B. F　　　　C. A　　　　D. R
2. GB/T 228—2008 用_____符号表示规定非比例延伸力的主符号。
A. F_p　　　　B. F_t　　　　C. F_r　　　　D. F_m
3. 对于圆形横截面的试样,在其标距的两端及中间三处横截面上相互垂直的两个方向测量直径,取其平均直径计算面积,取三处测得的_____为试样的原始横截面积。

A. 平均值　　　　B. 最大值　　　　C. 最小值　　　　D. 中间值

4. 总伸长率：试验中任一时刻试样标距的总伸长包括＿＿＿＿＿＿＿与试样标距 L_0 之比的百分率
   A. 弹性伸长　　B. 塑性伸长　　C. 标距　　　　D. 弹性伸长和塑性伸长

5. 六种延性性能 A_e、A_{gt}、A_g、A_t、A_m 和 Z 的测定结果数值的修约要求，规定 A_e 的修约间隔为＿＿＿＿＿＿＿。
   A. 0.05%　　　B. 0.01　　　　C. 0.1%　　　　D. 0.2%

6. GB/T 228—2008 用＿＿＿＿＿＿＿符号表示延伸性能的主符号。
   A. σ　　　　　B. F　　　　　　C. A　　　　　　D. R

7. GB/T 228—2008 用＿＿＿＿＿＿＿符号表示最大力的主符号。
   A. F_P　　　　B. F_t　　　　C. F_r　　　　D. F_m

8. 对于矩形横截面的试样，在其标距的两端及中间三处横截面上相互垂直的两个方向测量直径，取其平均直径计算面积，取三处测得的＿＿＿＿＿＿＿为试样的原始横截面积。
   A. 平均值　　　B. 最大值　　　C. 中间值　　　D. 最小值

9. 规定非比例延伸率：试验中任一时刻引伸计标距的＿＿＿＿＿＿＿与引伸计标距 L_e 之比的百分率。
   A. 弹性延伸
   C. 标距
   B. 塑性延伸
   D. 弹性延伸和塑性延伸

10. 六种延性性能 A_e、A_{gt}、A_g、A_t、A_m 和 Z 的测定结果数值的修约要求，规定 Z 的修约间隔为＿＿＿＿＿＿＿。
    A. 0.05%　　　B. 0.5%　　　　C. 0.1%　　　　D. 0.2%

11. 六种延性性能 A_e、A_{gt}、A_g、A_t、A_m 和 Z 的测定结果数值的修约要求，规定 A_{gt} 的修约间隔为＿＿＿＿＿＿＿。
    A. 0.05%　　　B. 0.1%　　　　C. 0.5%　　　　D. 0.2%

三、多项选择题

1. 原始截面积为 113mm² 的矩形横截面带头试样，满足比例试样的平行长度为＿＿＿＿＿＿＿。
   A. 65mm　　　B. 100mm　　　C. 90mm
   D. 80mm　　　E. 60mm

2. 不属于规定非比例延伸强度的检测方法有＿＿＿＿＿＿＿。
   A. 常规平行线方法　B. 滞后环方法　C. 逐步逼近方法
   D. 位移判定方法　　E. 垂直线法

3. 在 6mm 厚钢板上，采用冷剪法切取样坯可采用加工余量应为＿＿＿＿＿＿＿。
   A. 3mm　　　　B. 5mm　　　　C. 6mm
   D. 7mm　　　　E. 4mm

4. 金属在拉伸时，塑性变形阶段的性能指标有＿＿＿＿＿＿＿。
   A. A_g　　　　　B. $R_{p0.2}$　　　C. R_m
   D. A_{gt}　　　　E. E

5. 符合取样标准的位置是＿＿＿＿＿＿＿。

6. 原始截面积为 121mm² 矩形横截面带头试样,满足比例试样的平行长度为_____。
   A. 65mm   B. 100mm   C. 90mm
   D. 80mm   E. 60mm

7. 属于规定非比例延伸强度的检测方法有_____。
   A. 常规平行线方法   B. 滞后环方法
   C. 逐步逼近方法   D. 位移判定方法
   E. 垂直线法

8. 在 8mm 厚钢板上,采用冷剪法切取样坯可采用加工余量应为_____。
   A. 8mm   B. 5mm   C. 6mm
   D. 7mm   E. 10mm

9. 金属在拉伸时,其弹性变形阶段的性能指标有_____。
   A. E B. $R_{P0.2}$ C. R_m D. A_{gt}

四、判断题

1. Z 的修约间隔为 0.5%。 ( )
2. A_{gt} 的修约间隔为 0.05%。 ( )
3. 抗拉强度 517.5MPa 的修约结果为 515MPa。 ( )
4. 应在钢产品表面切取弯曲样坯,弯曲试样应至少保留两个表面。 ( )
5. 对于腿部有斜度的型钢,可在腰部 1/3 处取样。 ( )
6. 下屈服强度 412.5MPa 的修约结果为 415MPa。 ( )
7. 应在钢板宽度 1/4 处切取拉伸、弯曲、冲击试样。 ( )
8. 应在钢板宽度 1/3 处切取弯曲试样。 ( )
9. 只能在型钢腿部 1/3 处取样,其余位置不能取样。 ( )
10. 对于焊管,当取横向试样检验焊接性能时,焊缝应在试样的中部。 ( )

五、综合题

1. 某钢材的实测弹性模量为 205GPa,σ-ε 曲线如图所示,A 点的应力为 600MPa,B 点的应力为 300MPa。计算 A_g 和 A,按标准进行修约,并在图中标出结果。

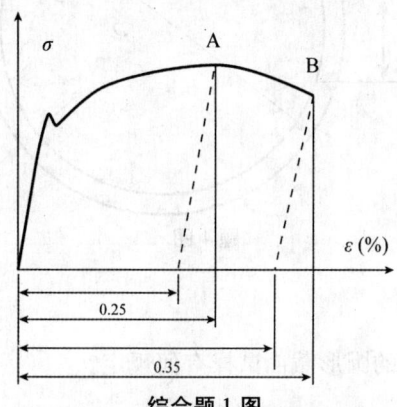

综合题 1 图

2. 某圆弧形试样的截面尺寸如图所示,所取试样的横截面面积为多少?
   厚度 $a = 6.18$mm,直径 $D = 105.10$mm,宽度 $b = 21.20$mm。

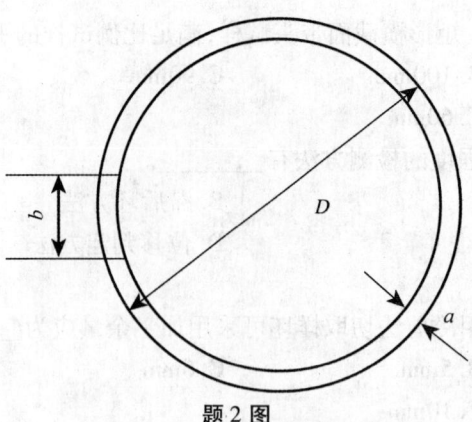

题 2 图

3. 某钢材的实测弹性模量为 200GPa，σ-ε 曲线如图所示，A 点的应力为 555MPa，B 点的应力为 375MPa。计算 A_g 和 A_t，按标准进行修约，并在图中标出结果。

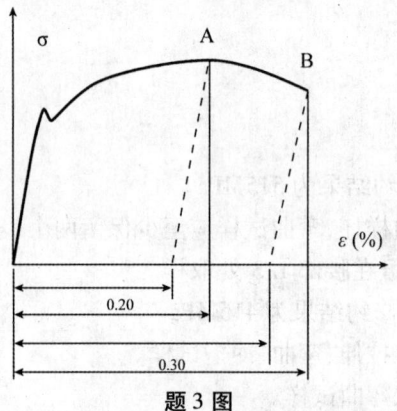

题 3 图

4. 某圆弧形试样的截面尺寸如图所示，所取试样的横截面面积为多少？

厚度 $a = 6.08$mm，直径 $D = 100.10$mm，宽度 $b = 20.20$mm。

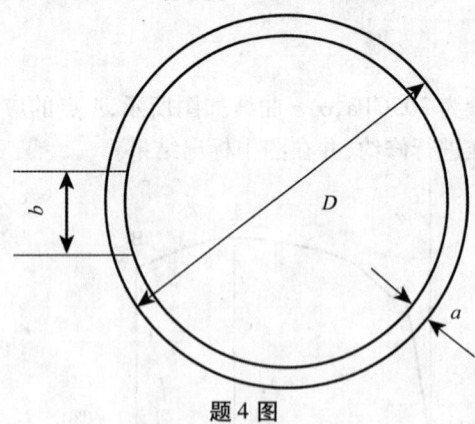

题 4 图

六、问答题

1. 什么是比例试样？对带头的圆形截面试样有何规定？
2. 什么是试样？什么是样坯？
3. 什么是试验单元？抽样产品和试料各代表什么含义？
4. 什么是比例试样？对不带头的矩形截面试样有何规定？
5. 钢材取样的基本要求是什么？
6. 简述断后伸长率的测定（人工法）。

7. 在采用烧割法和冷剪法切取样坯时有何要求？
8. 试样的制备有何要求？
9. 上屈服强度的判定原则？下屈服强度的判定原则？
10. 谈谈金属拉伸试验测定结果数值的修约和结果评判。
11. 钢材取样的基本要求是什么？对试样的加工有何要求？
12. 说说金属拉伸试验对引伸计的要求？
13. 简述最大力总伸长率 A_{gt} 与最大力非比例伸长率的区别是什么？

参考答案：

一、填空题

1. 过热 加工硬化   2. 位置和方向
3. 实测的横截面积   4. 0.01mm
5. 最后一位数码   6. 5mm
7. 60   8. 引伸计标距
9. 试样标距   10. 规定总延伸为0.5%时
11. 达到规定最小值   12. 多组相互套叠
13. 平均外径和平均壁厚   14. 规定残余延伸为0.5%时
15. 烧割法和冷剪法   16. 8:1
17. 3mm

二、单项选择题

1. D   2. A   3. C   4. D
5. A   6. C   7. D   8. D
9. B   10. B   11. C

三、多项选择题

1. B、C、D   2. D、E   3. C、D   4. A、C、D
5. A、B、C、D   6. B、C   7. A、B、C   8. A、E
9. A、B

四、判断题（正确的写"是"，错误的写"否"）

1. √   2. ×   3. ×   4. ×
5. ×   6. ×   7. ×   8. ×
9. ×   10. √

五、计算题

1. 解：
$A_g = 0.2471 = 24.5\%$（修约后）
$A = 0.3485 = 35\%$（修约后）

2. 解：
$b/D = 21.2/105.1 = 0.202 < 0.25$ 但 >0.17 $S_0 = ab\left\{1 + \dfrac{b^2}{6D(D-2a)}\right\}$

$S = 132.0 \text{mm}^2$

3. 解：

$A_g = 0.1974 = 19.5\%$（修约后）

$A = 0.2982 = 30\%$（修约后）

4. 解：

$b/D = 20.2/100.1 = 0.202 < 0.25$ 但 > 0.17

$$S_0 = ab\left\{1 + \frac{b^2}{6D(D-2a)}\right\}$$

$S = 124.8 \text{mm}^2$

六、问答题

1. 答：凡试样标距与试样原始横截面积有以下关系的，称为比例标距，试样称为比例试样：

$$L_0 = k\sqrt{S_0}$$

式中　k——比例系数 5.65；

　　　S_0——原始横截面积。

除非采用 5.65 比例系数时不满足最小标距 15mm 的要求。在必须采用其他比例系数的情况下，$k = 11.3$ 的值为优先采用。

2. 答：经机加工或未经机加工后，具有合格尺寸且满足试验要求的状态的样坯，称为试样。

为了制备试样，经过机械处理或所需热处理后的试料，称为样坯。

3. 答：根据产品标准或合同的要求，以在抽样产品上所进行的试验为依据，一次接收或拒收产品的件数或吨数，称为试验单元。

检验、试验时，在试验单元中抽取的部分，称为抽样产品。

为了制备一个或几个试样，从抽样产品中切取足够数量的材料，称为试料。

4. 答：凡试样标距与试样原始横截面积有以下关系的，称为比例标距，试样称为比例试样：

$$L_0 = k\sqrt{S_0}$$

式中　k——比例系数 5.65；

　　　S_0——原始横截面积。

除非采用 5.65 比例系数时不满足最小标距 15mm 的要求。在必须采用其他比例系数的情况下，$k = 11.3$ 的值为优先采用。

5. 答：应在外观及尺寸合格的钢产品上取样。

试料应具有足够的尺寸，保证机加工出足够的试样进行规定的试验及复验。

取样时，应对抽样产品、试料、样坯和试样作出标记，以保证始终能识别取样位置及方向。取样时，应防止过热、加工硬化而影响力学性能。用烧割法和冷剪法取样要留加工余量。

6. 答：人工方法：试验前在试样平行长度上标记出原始标距（误差 ≤ ±1%）和标距内等分格标记（一般标记 10 个等分格）。试验拉断后，将试样的断裂处对接在一起，使其轴线处于同一直线上，通过施加适当的压力以使对接严密。用分辨力不大于 0.1mm 的量具测量断后标距，准确到 ±0.25mm 以内。建议：断后标距的测量应读到所用量具的分辨力，数据不进行修约，然后计算断后伸长率。

如果试样断在标距中间 $1/3 L_0$ 范围内，则直接测量两标点间的长度；如果断在标距内，但超出中间 $1/3 L_0$ 范围，可以采用移位方法测定断后标距。

如果试样断在标距中间 $1/3 L_0$ 范围以外，而其断后伸长率符合规定最小值要求，则可以直接测量两标点间的距离，测量数据有效而不管断裂位置处于何处。如果断在标距外，而且断后伸长率未达到规定最小值,则结果无效,需用同样的试样重新试验。

7. 答:用烧割法切取试样时,从样坯切割线至试样边缘必须留有足够的加工余量,一般应不小于钢产品的厚度或直径,但最小不得少于 20mm。对于厚度或直径大于 60mm 的钢产品,其加工余量可根据供需双方协议适当减少。

冷剪法取样要留加工余量按下表选取。

厚度或直径(mm)	加工余量(mm)
≤4	4
>4~10	厚度或直径
>10~20	10
>20~35	15
>35	20

8. 答:试样应在外观及尺寸合格的钢产品上取样。

试料应具有足够的尺寸,保证机加工出足够的试样进行规定的试验及复验。

取样时,应对抽样产品、试料、样坯和试样作出标记,以保证始终能识别取样位置及方向。取样时,应防止过热、加工硬化而影响力学性能。用烧割法和冷剪法取样要留加工余量。

9. 答:(1)图解方法(包括自动方法)

①屈服前的第一个峰值力(第一个极大力)判为上屈服力,不管其后的峰值力比它大或小。

②屈服阶段中如呈现两个或两个以上的谷值力,舍去第一个谷值力(第一个极小值力),取其余谷值力中之最小者判为下屈服力。如只呈现一个下降谷值力,此谷值力判为下屈服力。

③屈服阶段中呈现屈服平台,平台力判为下屈服力。如呈现多个而且后者高于前者的屈服平台,判第一个平台力为下屈服力。

④正确的判定结果应是下屈服力必定低于上屈服力。

(2)指针方法 试验时试验人员要注视试验机测力表盘指针的指示,按照定义判读上屈服力和下屈服力。当指针首次停止转动,指示保持恒定的力判为下屈服力;

指针首次回转前指示的最大力判为上屈服力;

当指针出现多次回转,则不考虑第一次回转,而读取其余这些回转指示的最小力判为下屈服力;当仅呈现 1 次回转,则判读回转的最小力为下屈服力。以测得的上、下屈服力分别计算 R_{eH} 和 R_{eL}。

10. 答:金属拉伸试验测定结果数值的修约和结果评判见下表。

项目名称	延伸修约间隔	项目名称	强度修约间隔	
屈服点延伸率	0.05%	R_p	0~200	1N/mm²
最大力总伸长率		R_m	200~1000	5N/mm²
最大力非比例伸长率		R_{eL}		
断裂总伸长率	0.5%	R_{eH}	>1000	10N/mm²
断后伸长率		R_t		
断面收缩率		R_r		

标准规定了需做重新试验的两种情况。

其一,试样断在标距外或机械刻划的标距标记上,而且断后伸长率低于规定最小值。

其二,在试验时,试验设备发生了故障(包括中途停电),影响了试验结果。有上述两种情况之一,试验结果无效,重做相同试样相同数量的试验。

如果试样拉断后,显现出肉眼可见的冶金缺陷(例如分层、气泡、夹渣、缩孔等)或显现两个或两个以上的缩颈情况,应在报告中注明。

11. 答:钢材取样的基本要求应在外观及尺寸合格的钢产品上取样。

试料应具有足够的尺寸,保证机加工出足够的试样进行规定的试验及复验。

取样时,应对抽样产品、试料、样坯和试样作出标记,以保证始终能识别取样位置及方向。取样时,应防止过热、加工硬化而影响力学性能。用烧割法和冷剪法取样要留加工余量。

12. 答:引伸计应符合 GB/T 12160—2002 规定的准确度级,并按照该标准要求定期进行检验。

标准中规定,测定不同性能时,使用不同级别的引伸计;

测定上屈服强度、下屈服强度、屈服点延伸率、规定总延伸强度、规定非比例延伸强度、规定残余延伸强度和规定残余延伸强度的验证试验使用不劣于 1 级准确度的引伸计;

测定其他具有较大延伸率的性能,例如抗拉强度、最大力总伸长率、最大力非比例伸长率、断裂总伸长率和断后伸长率等,应使用不劣于 2 级准确度的引伸计。

13. 答:最大力总伸长率 A_{gt} 取最大力点的总延伸计算 A_{gt}。

最大力非比例伸长率 A_g 从最大力总延伸中扣除弹性延伸部分得到非比例延伸,用得到的非比例延伸计算。

钢结构工程用钢材、连接件模拟试卷(A)

一、填空题(每题 1 分,共 10 分,共 10 题)

1. 取样时,应防止过热、加工硬化而影响力学性能,用_____取样要留加工余量。
2. 取样时,应对抽样产品、试料、样坯和试样作出标记,以保证始终能识别取样_____。
3. 原始横截面积的测量和计算值,要求测量出原始横截面积,以_____计算试样原始横截面积。
4. 按照国家计量标准 JJF 1001-1998 的定义,分辨力(resolution)定义为:指示装置对紧密相邻量值有效分辨的能力。一般认为模拟式指示装置的分辨力为标尺分度值的一半,数字式指示装置的分辨力为_____。
5. 试样比例标距的计算值为 58.6mm 应修约到_____ mm。
6. 伸长是指试验期间任一给定时刻_____的增量。
7. $R_{p0.5}$ 表示_____的应力。
8. 原则上断裂在引伸计标距范围内测量方为有效,但断后伸长率达到_____要求时,无论断于何处测量均为有效。
9. 对于不经机加工的等横截面试样,如平行长度比其标距长许多,可以标记_____的原始标距。
10. 对于腿部有斜度的型钢,可在腰部_____处取样。

二、选择题(每题 2 分,共 20 分,共 10 题)

(一)单项选择题

1. GB/T 228—2008 用_____符号表示规定非比例延伸力的主符号。
A. F_p　　　　　B. F_t　　　　　C. F_r　　　　　D. F_m
2. 总伸长率:试验中任一时刻引伸计标距的总延伸包括_____与引伸计标距 L_e 之比的百分率。

A. 弹性延伸　　　　B. 塑性延伸　　　　C. 标距　　　　D. 弹性延伸和塑性延伸

3. GB/T 228—2008 用_____符号表示延伸性能的主符号。

A. σ　　　　B. F　　　　C. A　　　　D. R_m

4. 对于矩形横截面的试样,在其标距的两端及中间三处横截面上相互垂直的两个方向测量直径,取其平均直径计算面积,取三处测得的_____为试样的原始横截面积。

A. 平均值　　　　B. 最大值　　　　C. 中间值　　　　D. 最小值

5. 六种延性性能 A_e、A_{gt}、A_g、A_t、A_m 和 Z 的测定结果数值的修约要求,规定 Z 的修约间隔为_____。

A. 0.05%　　　　B. 0.5%　　　　C. 0.1%　　　　D. 0.2%

(二)多项选择题(多选或漏选均不得分)

1. 属于规定非比例延伸强度的检测方法有_____。

A. 常规平行线方法　　B. 滞后环方法　　C. 逐步逼近方法　　D. 位移判定方法

E. 垂直线法

2. 原始截面积为 121mm² 的矩形横截面带头试样,满足比例试样的平行长度为_____。

A. 65mm　　　　B. 100mm　　　　C. 90mm

D. 80mm　　　　E. 60mm

3. 属于规定非比例延伸强度的检测方法有_____。

A. 常规平行线方法　　　　　　　　B. 滞后环方法

C. 逐步逼近方法　　　　　　　　　D. 位移判定方法

E. 垂直线法

4. 在 8mm 厚钢板上,采用冷剪法切取样坯可采用加工余量应为_____。

A. 8mm　　　　B. 5mm　　　　C. 6mm

D. 7mm　　　　E. 14mm

5. 符合取样标准的位置是_____。

三、判断题(每题 2 分,共 20 分,共 10 题)

1. Z 的修约间隔为 0.5%。　　　　　　　　　　　　　　　　　　　　　　　　　　　　( )

2. A_{gt} 的修约间隔为 0.05%。　　　　　　　　　　　　　　　　　　　　　　　　　　( )

3. 抗拉强度 517.5MPa 的修约结果为 515MPa。　　　　　　　　　　　　　　　　　( )

4. 应在钢产品表面切取弯曲样坯,弯曲试样应至少保留两个表面。　　　　　　　( )

5. 对于腿部有斜度的型钢,可在腰部 1/3 处取样。　　　　　　　　　　　　　　　( )

6. 下屈服强度 412.5MPa 的修约结果为 415MPa。　　　　　　　　　　　　　　　　( )

7. 应在钢板宽度 1/4 处切取拉伸、弯曲、冲击试样。　　　　　　　　　　　　　　( )

8. 应在钢板宽度 1/3 处切取弯曲试样。　　　　　　　　　　　　　　　　　　　　　( )

9. 只能在型钢腿部 1/3 处取样,其余位置不能取样。　　　　　　　　　　　　　　( )

10. 对于焊管,当取横向试样检验焊接性能时,焊缝应在试样的中部。　　　　　( )

四、计算题(每题 10 分,共 20 分,共 2 题)

1. 某钢材的实测弹性模量为 200GPa,$\sigma - \varepsilon$ 曲线如图所示,A 点的应力为 350MPa,B 点的应力为 300MPa。计算 A_g 和 A,按标准进行修约,并在图中标出结果。

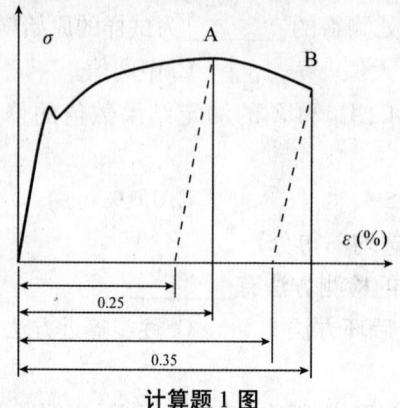

计算题 1 图

2. 某圆弧形试样的截面尺寸如图所示,所取试样的横截面面积为多少?
厚度 $b = 6.08$mm,直径 $D = 100.1$mm,宽度 $a = 20.2$mm。

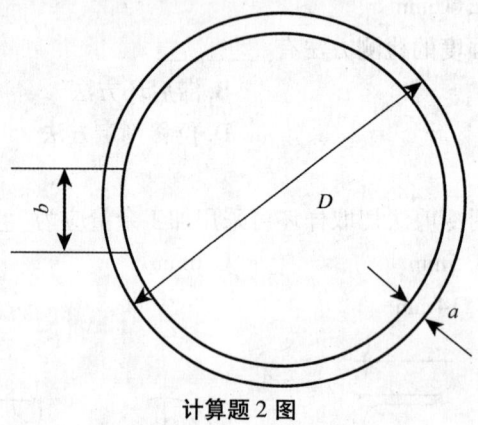

计算题 2 图

五、问答题(每题 5 分,共 30 分,共 6 题)

1. 什么是比例试样?对不带头的矩形截面试样有何规定?
2. 什么是试验单元?抽样产品和试料各代表什么含义?
3. 钢材取样的基本要求是什么?对试样的加工有何要求?
4. 在采用烧割法和冷剪法切取样坯时有何要求?
5. 谈谈金属拉伸试验测定结果数值的修约和结果评判。
6. 简述最大力总伸长率 A_{gt} 与最大力非比例伸长率的区别是什么?

钢结构工程用钢材、连接件模拟试卷(B)

一、填空题(每题 1 分,共 10 分,共 10 题)

1. 取样时,应防止_____而影响力学性能。用烧割法和冷剪法取样要留加工余量。
2. 取样时,应对抽样产品、试料、样坯和试样作出标记,以保证始终能识别取样_____。
3. 按照国家计量标准 JJF 1001—1998 的定义,分辨力(resolution)定义为:指示装置对紧密相邻量值有效分辨的能力。例如,卡尺的游标分度值为 0.02mm,则其分辨力为_____。

4. 试样比例标距的计算值应修约到_____的倍数,中间数值向较大一方修约。

5. 延伸是指试验期间任一给定时刻_____的增量。

6. $R_{p0.1}$ 表示_____的应力。

7. 原则上断裂在引伸计标距范围内测量方为有效,但断后伸长率达到_____要求时,无论断于何处测量均为有效。

8. 对于不经机加工的等横截面试样,如平行长度比其标距长许多,可以标记_____的原始标距。

9. 对于环形横截面试样(圆管段试样),在其一端相互垂直的方向测量外直径和四处的壁厚,以_____计算的横截面积为试样的原始横截面积。

10. 应在钢产品表面切取弯曲样坯,弯曲试样应至少保留_____原表面。

二、选择题(每题 2 分,共 20 分,共 10 题)

(一)单项选择题

1. GB/T 228—2008 用_____符号表示强度性能的主符号。
A. σ   B. F   C. A   D. R

2. 对于圆形横截面的试样,在其标距的两端及中间三处横截面上相互垂直的两个方向测量直径,取其平均直径计算面积,取三处测得的_____为试样的原始横截面积。
A. 平均值   B. 最大值   C. 最小值   D. 中间值

3. 六种延性性能 A_e、A_{gt}、A_g、A_t、A_m 和 Z 的测定结果数值的修约要求,规定 A_e 的修约间隔为_____。
A. 0.05%   B. 0.01%   C. 0.1%   D. 0.2%

4. 对于矩形横截面的试样,在其标距的两端及中间三处横截面上相互垂直的两个方向测量直径,取其平均直径计算面积,取三处测得的_____为试样的原始横截面积。
A. 平均值   B. 最大值   C. 中间值   D. 最小值

5. 总延伸率:试验中任一时刻引伸计标距的总延伸包括_____与引伸计标距 L_e 之比的百分率。
A. 弹性延伸   B. 塑性延伸   C. 标距   D. 弹性延伸和塑性延伸

(二)多项选择题(多选或漏选均不得分)

1. 原始截面积为 100mm² 矩形横截面带头试样,满足比例试样的平行长度为_____。
A. 65mm   B. 100mm   C. 90mm
D. 80mm   E. 60mm

2. 在 6mm 厚钢板上,采用冷剪法切取样坯可采用加工余量应为_____。
A. 3mm   B. 5mm   C. 6mm
D. 7mm   E. 4mm

3. 符合取样标准的位置是_____。

A   B   C   D

4. 属于规定非比例延伸强度的检测方法有_____。

A. 常规平行线方法　　　　　B. 滞后环方法
C. 逐步逼近方法　　　　　　D. 位移判定方法
E. 垂直线法

5. 金属在拉伸时,其弹性变形阶段的性能指标有_____。

A. E　　　　B. $R_{p0.2}$　　　　C. R_m　　　　D. AV_{gt}

三、判断题(每题2分,共20分,共10题)

1. Z 的修约间隔为 0.5%。　　　　　　　　　　　　　　　　　　　　　　　(　)
2. A_{gt} 的修约间隔为 0.05%。　　　　　　　　　　　　　　　　　　　　(　)
3. 抗拉强度 517.5MPa 的修约结果为 515MPa。　　　　　　　　　　　　(　)
4. 应在钢产品表面切取弯曲样坯,弯曲试样应至少保留两个表面。　(　)
5. 对于腿部有斜度的型钢,可在腰部 1/3 处取样。　　　　　　　　　　(　)
6. 下屈服强度 412.5MPa 的修约结果为 415MPa。　　　　　　　　　　(　)
7. 应在钢板宽度 1/4 处切取拉伸、弯曲、冲击试样。　　　　　　　　　(　)
8. 应在钢板宽度 1/3 处切取弯曲试样。　　　　　　　　　　　　　　　　(　)
9. 只能在型钢腿部 1/3 处取样,其余位置不能取样。　　　　　　　　　(　)
10. 对于焊管,当取横向试样检验焊接性能时,焊缝应在试样的中部。(　)

四、计算题(每题10分,共20分,共2题)

1. 某钢材的实测弹性模量为 180GPa,$\sigma - \varepsilon$ 曲线如图所示,A 点的应力为 360MPa,B 点的应力为 300MPa。计算 A_g 和 A,按标准进行修约,并在图中标出结果。

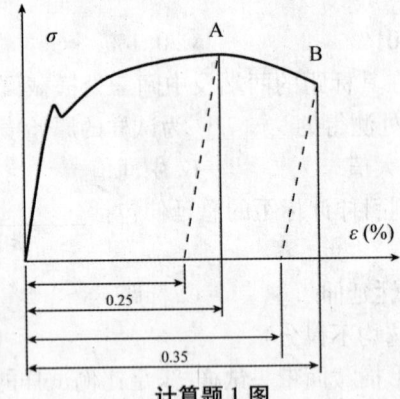

计算题 1 图

2. 某圆弧形试样的截面尺寸如图所示,所取试样的横截面面积为多少?

厚度 $a = 6.18$mm,直径 $D = 105.1$mm,宽度 $b = 21.2$mm。

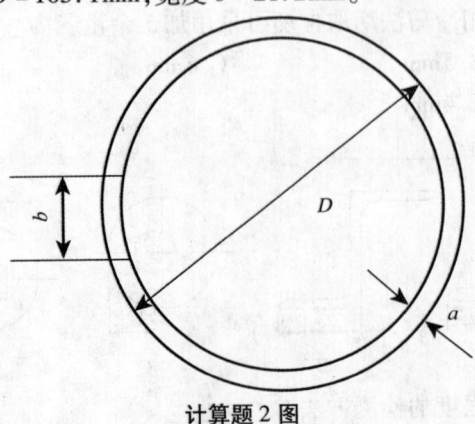

计算题 2 图

五、问答题(每题 5 分,共 30 分,共 6 题)

1. 什么是试样?什么是样坯?
2. 什么是比例试样?对不带头的矩形截面试样有何规定?
3. 在采用烧割法和冷剪法切取样坯时有何要求?
4. 上屈服强度的判定原则是什么?下屈服强度的判定原则是什么?
5. 钢材取样的基本要求是什么?对试样的加工有何要求?
6. 说说金属拉伸试验对引伸计的要求。

第二节 钢结构节点连接件及高强螺栓

一、填空题

1. 强制性条文是指_____,对工程质量具有_____。
2. 主控项目是对基本质量起_____检测项目,必须_____符合规范的规定,对这类项目的检查具有_____。
3. 高强度螺栓连接副是_____的总称。
4. 扭剪型高强度螺栓连接副包括_____。
5. 大六角头高强度螺栓连接副包括_____。
6. 大六角头高强度螺栓连接副扭矩系数复验,应在施工现场待安装的螺栓批中随机抽取,每批应抽取_____套连接副进行复验。连接副扭矩系数复验用的计量器具应_____标定,误差不得超过_____。每套连接副只应做_____次试验,不得重复使用。
7. 每组连接副扭矩系数的平均值应为_____,标准偏差小于或等于_____。
8. 我国最常用的钢网架节点形式是_____、_____和_____。
9. 螺栓球节点由_____、_____、_____、_____、_____等零件组成。
10. 网架支座节点根据受力状态,可分为_____和_____两大类。
11. 使用无质量合格证明文件的钢结构连接紧固件视为_____行为。
12. 复验用螺栓应_____中随机抽取,每批应抽取_____进行复验。连接副扭矩系数复验用的计量器具应_____进行_____,误差不得超过 2%。每套连接副只应做一次试验,不得重复使用。每组_____扭矩系数的平均值应为_____,标准偏差小于或等于_____。
13. 制造厂和安装单位应_____进行抗滑移系数检验。制造批可按分部(子分部)工程划分规定的工程量每_____为一批,不足_____的可视为一批。选用两种及两种以上表面处理工艺时,每种处理工艺应单独检验。每批三组试件。抗滑移系数检验应_____拉力试件。
14. 焊接接头力学性能的检验分为_____、_____和_____等项目,每个检验项目可各取_____试样。焊接接头焊缝的强度不应低于_____的最低保证值。
15. 焊接接头试样应从焊接接头_____截取,试样加工完成后,焊缝的轴线应位于试样____。
16. 每个焊接接头试件应做_____,以便识别其从产品或接头取出的位置。
17. 焊接接头取样所采用的机械加工方法或热加工方法不得_____。
18. 除非另有规定,焊接接头试验环境温度应为_____。
19. 对接接头正弯试样的编号为_____。
20. 焊接接头弯曲试样对于对接接头横向弯曲试验,应从产品或试件的焊接接头上_____试样,以保证加工后焊缝的轴线_____。对于对接接头弯曲试样纵向弯曲试验,应从产品或试件的焊接接头上＿＿＿＿试样。

21. 除非另有规定,焊接接头弯曲试验环境温度应为＿＿＿＿。

22. 钢结构焊接件一般采用＿＿＿＿弯曲方法。辊筒的直径至少为＿＿＿＿,除非相关标准另有规定。

23. 弯曲结束后,试样的＿＿＿＿都应进行检验。依据相关标准对弯曲试样进行评定并记录。除非另有规定,在试样表面上小于3mm长的缺欠应判为＿＿＿＿。

24. 《焊接接头拉伸试验方法》现行国家标准的编号是＿＿＿＿。

25. 《焊接接头弯曲试验方法》现行国家标准的编号是＿＿＿＿。

26. 对接接头背弯试样的编号为＿＿＿＿。

27. 对接接头侧弯试样的编号为＿＿＿＿。

二、选择题

1. 下列螺栓中属于高强度螺栓的是＿＿＿＿。
   A. 六角头螺栓　　　B. 大六角头螺栓　　　C. 扭剪型螺栓　　　D. 网架节点用螺栓

2. 高强度螺栓连接副包括下列零件＿＿＿＿。
   A. 弹簧垫片　　　B. 垫片　　　C. 螺杆　　　D. 螺母

3. 下列符号表示强度性能的主符号,属于高强度螺栓的是＿＿＿＿。
   A. 12.9S　　　B. 10.9S　　　C. 8.8S　　　D. 6.8S

4. 高强度螺栓连接副的主要受力形式为＿＿＿＿。
   A. 拉伸　　　B. 剪切　　　C. 弯曲　　　D. 摩擦

5. 检测高强度螺栓连接副力学性能时可能用到的设备＿＿＿＿。
   A. 全能试验机　　　B. 硬度计　　　C. 扭力扳手　　　D. 测力计

6. 测定高强度螺栓连接副紧固轴力时要求检测＿＿＿＿高强度螺栓连接副。
   A. 3 只　　　B. 5 只　　　C. 8 只　　　D. 10 只

7. 高强度螺栓连接副应检测抗滑移系数,问现行标准中规定的抗滑移系数最大值为多少?＿＿＿＿。
   A. 0.40　　　B. 0.45　　　C. 0.50　　　D. 0.55

8. 在进行扭矩系数检测时,对扭力扳手的精度要求应符合什么条件? 优于＿＿＿＿%。
   A. 0.5　　　B. 1.0　　　C. 1.5　　　D. 2.0

9. 高强度螺栓连接副8.8S表示强度极限为＿＿＿＿MPa。
   A. 600　　　B. 700　　　C. 800　　　D. 880

10. 下列技术参数中属于高强度螺栓螺母的技术参数是＿＿＿＿。
    A. 10H　　　B. 8H　　　C. 6H　　　D. 4H

11. 高强度螺栓连接副10.9S表示螺栓的非比例伸长应力为＿＿＿＿MPa。
    A. 900　　　B. 1000　　　C. 1090　　　D. 1040

12. 螺栓球节点中的钢球一般采用＿＿＿＿。
    A. 45号钢　　　B. 40Cr钢　　　C. Q235钢　　　D. Q345钢

13. 一般情况下,点支承网架通过悬挑,可以使跨中弯矩及挠度＿＿＿＿。
    A. 变小　　　B. 不变　　　C. 变大　　　D. 不一定

14. 总延伸率:试验中任一时刻引伸计标距的总延伸包括＿＿＿＿与引伸计标距 L_e 之比的百分率。
    A. 弹性延伸　　　B. 塑性延伸　　　C. 标距　　　D. 弹性延伸和塑性延伸

三、判断题

1. 对于焊管,当取横向试样检验焊接性能时,焊缝应在试样的中部。（ ）
2. 定值式扭力扳手是经常被选用的一种带有声响(或手感)信号的工作计量器具,按 GB/T 15729—2008《手用扭力扳手通用技术条件》标准规定其精度为 ±4%。它广泛应用于紧固有扭矩值要求的螺纹连接。（ ）
3. 定值式扭矩扳手是经常被选用的一种带有声响(或手感)信号的工作计量器具,按 GB/T 15729—2008《手用扭力扳手通用技术条件》标准规定其精度为 ±1%。它广泛应用于紧固有扭矩值要求的螺纹连接。（ ）
4. 指针式扭矩扳手是指针在读数表上游动指示力矩值,其机构简单,价格低,使用方便。按 GB/T 15729—2008《手用扭力扳手通用技术条件》标准规定制造的扭矩扳子检测精度一般为 ±6%,可应用于连接副扭矩系数复验。（ ）
5. 指针式扭力扳手是指针在读数表上游动指示力矩值,其机构简单,价格低,使用方便。按 GB/T 15729—2008《手用扭力扳手通用技术条件》标准规定制造的力矩扳子检测精度一般为 ±1%,可应用于连接副扭矩系数复验。（ ）
6. 高强度螺栓连接副扭矩检验分扭矩法检验和转角法检验两种,原则上检验法与施工法应相同。扭矩检验应在施拧1h 后,72h 内完成。（ ）
7. 抗滑移系数是高强度螺栓连接的主要设计参数之一,直接影响连接的承载力,因此,连接摩擦面无论由制造厂处理还是由现场处理,均应进行抗滑移系数测试,测得的抗滑移系数最小值应符合设计要求。是强制性条文。（ ）
8. 抗滑移系数是高强度螺栓连接的主要设计参数之一,直接影响连接的承载力,因此,连接摩擦面无论由制造厂处理还是由现场处理,均应进行抗滑移系数测试,测得的抗滑移系数最小值应符合设计要求。不是强制性条文。（ ）
9. 采用有压力传感器或贴有电阻应变片对高强度螺栓预拉力进行实测的试件,其每套二组试件的抗滑移系数试验值均应大于或等于设计值。（ ）
10. 采用有压力传感器或贴有电阻应变片对高强度螺栓预拉力进行实测的试件,其每套三组试件的抗滑移系数试验值均应大于或等于设计值。（ ）
11. 对高强度螺栓预拉力不进行实测,而取用同批高强度螺栓复验预拉力平均值进行计算时,其每套三组试件的抗滑移系数试验值的平均值应大于或等于设计值,且最小值不得低于设计值的 105%。（ ）
12. 对高强度螺栓预拉力不进行实测,而取用同批高强度螺栓复验预拉力平均值进行计算时,其每套三组试件的抗滑移系数试验值的平均值应大于或等于设计值,且最小值不得低于设计值的 90%。（ ）
13. 扭剪型高强度螺栓连接副终拧后,除因构造原因无法使用专用扳手终拧掉梅花头者外,未在终拧中拧掉梅花头的螺栓数不应大于该节点螺栓数的15%。（ ）
14. 高强度螺栓连接副拧后,螺栓丝扣外露应为 1~2 扣,其中允许有10%的螺栓丝扣外露1扣或4扣。（ ）
15. 高强度螺栓应自由穿入螺栓孔。高强度螺栓孔不应采用气割扩孔,扩孔数量应征得设计同意,扩孔后的孔径不应超过 $1.1d$（d 为螺栓直径）。（ ）
16. 螺栓球节点网架总拼完成后,高强度螺栓与球节点应紧固连接,高强度螺栓拧入螺栓球内的螺纹长度不应小于 $1.5d$（d 为螺栓直径）,连接处不应出现有间隙、松动等未拧紧情况。（ ）
17. 大六角头高强度螺栓连接副是指高强度螺栓和与之配套的螺母、垫圈的总称。包括一个螺

栓、一个螺母、二个垫圈。( )

四、综合题

1. 标准规定,8.8级表示螺栓成品抗拉强度 $\sigma_b > 800\text{MPa}$;螺栓材料的屈服强度 $\sigma_s > 0.8\sigma_b = 640\text{MPa}$。10.9级表示螺栓成品抗拉强度 $\sigma_b > 1000\text{MPa}$;螺栓材料的屈服强度 $\sigma_s > 0.9\sigma_b = 900\text{MPa}$。请你根据以上原则,给出14.9级螺栓成品抗拉强度 σ_b 和螺栓材料的屈服强度 σ_s 的技术要求。

2. 标准规定,8.8级表示螺栓成品抗拉强度 $\sigma_b > 800\text{MPa}$;螺栓材料的屈服强度 $\sigma_s > 0.8\sigma_b = 640\text{MPa}$。请你根据以上原则,给出12.9级螺栓成品抗拉强度 σ_b 和螺栓材料的屈服强度 σ_s 的技术要求。

3. 某工程施工节点照片如下图所示,该工程太粗糙了。请你根据这些图说出施工节点所存在的质量问题。

五、问答题

1. 请问拧螺栓是不是越紧越好?为什么?
2. 对建筑工程中不合格项目处理,新的验收规范作了强制性规定,对于检验批、分项工程、分部工程及单位工程验收中出现的不合格项,分别给出了五种处理办法。请说出是哪五种处理办法。
3. 《钢结构工程施工质量验收规范》GB 50205—2001中规定了哪些行为被认为严重违反强制性条文行为?(请说出三种以上)
4. 简述在进行高强度螺栓连接摩擦面的抗滑移系数检验时,如何确定滑移荷载?
5. 简述在进行网架节点用高强度螺栓检验时,如螺栓直径过大试验机不能拉伸,应如何进行检验?
6. 规范对高强螺栓测试用计量器具的精度有何要求?
7. 焊接球节点的优缺点有哪些?螺栓球节点的受力特点有哪些?

8. 如果试验机的最大施力能力达不到螺栓的抗拉力,或螺栓直径过大,此时应如何进行抗拉性能检测？如何进行仲裁试验？

9. 网架结构的优点有哪些？网架高度的确定主要与哪些因素有关？请简述网架支座节点主要有哪些形式及其适用范围,两向正交正放网架的特点。

参考答案：

一、填空题

1. 是指在任何情况下都必须强制执行　否决权
2. 决定性影响的　全部　否决权
3. 高强度螺栓和与之配套的螺母、垫圈的总称
4. 一个螺栓、一个螺母、一个垫圈
5. 包括一个螺栓、一个螺母、二个垫圈
6. 8　试验前进行　2%　1
7. 0.110～0.150　0.010
8. 钢板焊接节点　焊接球节点　螺栓球节点
9. 高强度螺栓　螺栓球　锥头　封板　套筒　杆件
10. 压　剪
11. 严重违反强制性条文
12. 在施工现场待安装的螺栓批　8套　在试验前　标定　连接副　0.110～0.150　0.010
13. 分别以钢结构制造批为单位　2000t　2000t　采用双摩擦面螺栓拼接的
14. 拉伸　面弯　背弯　两个　母材强度
15. 垂直于轴线方向　平行长度的中间
16. 标记
17. 对试样性能产生影响
18. 23±5℃
19. FBB
20. 横向截取　在试样的中心或适合于试验的位置　纵向截取
21. 23±5℃
22. 圆形压头　20mm
23. 外表面和侧面　合格
24. GB/T 2651—2008
25. GB/T 2653—2008
26. RBB
27. SBB

二、选择题

1. B、C、D	2. B、C、D	3. A、B、C	4. A
5. A、B、C、D	6. C	7. C	8. D
9. C	10. A、B	11. A	12. A
13. A	14. D		

三、判断题

1. √	2. √	3. ×	4. ×
5. ×	6. √	7. √	8. ×
9. ×	10. √	11. √	12. ×
13. ×	14. ×	15. √	16. √
17. √			

四、综合题

1. 答:14.9 级表示螺栓成品抗拉强度 $\sigma_b > 1400\text{MPa}$;

14.9 级螺栓材料的屈服强度 $\sigma_s > 0.9\sigma_b = 1260\text{MPa}$。

2. 答:12.9 级表示螺栓成品抗拉强度 $\sigma_b > 1200\text{MPa}$;

12.9 级螺栓材料的屈服强度 $\sigma_s > 0.9\sigma_b = 1080\text{MPa}$。

3. 答案(略)。

五、问答题

1. 答:不是。用螺栓、螺母连接的紧固件很多,应保证其有足够的预紧力,但不能拧得过紧。若拧得过紧,一方面,将使连接件在外力的作用下产生永久变形;另一方面,将使螺栓产生拉伸永久变形,预紧力反而下降,甚至造成滑扣或折断现象。

2. 答:

第一种情况:

经返工重做或更换构(配)件的检验批,应重新进行验收;在检验批验收时,其主控项目或一般项目不能满足本规范的规定时,应及时进行处理,其中,严重的缺陷应返工重做或更换构件;一般的缺陷通过翻修、返工予以解决。应允许施工单位在采取相应的措施后重新验收,如能够符合本规范的规定,则应认为该检验批合格。

第二种情况:

经有资质的检测单位检测鉴定能够达到设计要求的检验批,应予以验收;当个别检验批发现试件强度、原材料质量等不能满足要求或发生裂纹、变形等问题,且缺陷程度比较严重或验收各方对质量看法有较大分歧而难以通过协商解决时,应请具有资质的法定检测单位检测,并给出检测结论。当检测结果能够达到设计要求时,该检验批可通过验收。

第三种情况:

经有资质的检测单位检测达不到设计要求,但经原设计单位核算认可能够满足结构安全和使用功能的检验批,可予以验收;

如经检测鉴定达不到设计要求,但经原设计单位核算,仍能满足结构安全和使用功能的情况,该核验批可予以验收。一般情况下,规范标准给出的是满足安全和功能的最低限度要求,而设计一般在此基础上留有一些余量。不满足设计要求和符合相应规范标准的要求,两者并不矛盾。

第四种情况:

经返修或加固处理的分项、分部工程,虽然改变外形尺寸但仍能满足安全使用要求,可按处理技术方案和协商文件进行验收;更为严重的缺陷或者超过检验批的更大范围内的缺陷,可能影响结构的安全性和使用功能。在经法定检测单位的检测鉴定以后,仍达不到规范标准的相应要求,即不能满足最低限度的安全储蓄和使用功能,则必须按一定的技术方案进行加固处理,使之能保证其满足安全使用的基本要求,但已造成了一些永久性的缺陷,如改变了结构外形尺寸,影响了一些次要的使用功能等。为避免更大的损失,在基本上不影响安全和主要使用功能条件下可采取按处理技术方案和协商文件再进行验收,降级使用。但不能作为轻视质量而回避责任的一种出路,这是应该特别注意的。

第五种情况:
通过返修或加固处理仍不能满足安全使用要求的,应不予验收(严禁验收)。

3. 答:
未经挠度检验的钢网架结构,不得使用,并视为严重违反强制性条文行为。
未经抗滑移系数试验,不得进行摩擦型高强度螺栓连接的安装,否则视为严重违反强制性条文行为。
一、二级焊缝未经内部缺陷检验或无探伤记录,视为严重违反强制性条文行为。
使用无证焊工进行钢结构施焊视为严重违反强制性条文的行为。
使用无质量合格证明文件的钢结构连接紧固件视为严重违反强制性条文行为。
使用无质量合格证明文件的钢材和钢铸件视为严重违反强制性条文的行为。

4. 答:
在进行高强度螺栓连接摩擦面的抗滑移系数检验时,当发生以下情况之一时,所对应的荷载可定为试件的滑移荷载:
(1)试验机发生回针现象;
(2)试件侧面画线发生错动;
(3)X-Y记录仪上变形曲线发生突变;
(4)试件突然发生"嘣"的响声。

5. 答:
螺纹规格为 M39-M64 的螺栓应用硬度试验代替拉力载荷试验。常规硬度值如对试验有争议时,应进行局部硬度试验,其硬度值应不低于28HRC。如对硬度试验有争议时,应进行螺栓实物的拉力载荷试验,并以螺栓实物的拉力载荷试验为仲裁试验。

6. 答:
(1)多功能测力仪:示值应在测定轴力值的1%以下,误差不超过2%;
(2)扭矩扳手:示值应在9.8N·m以下,误差不超过1%;
(3)专用电动扳手和手动扭矩扳手或专用定扭电动扳手;
(4)电阻应变仪及电阻片或压力传感器:误差不超过2%;
(5)拉力试验机:误差不超过1%,量程应能使试验预期最大荷载值介于其全量程20%~80%之间。

7. 答:(略)
8. 答:(略)
9. 答:(略)

钢结构节点连接件及高强螺栓模拟试卷(A)

一、填空题

1. 强制性条文是指_____,对工程质量具有_____。主控项目是对基本质量起_____检测项目,必须_____符合规范的规定,对这类项目的检查具有_____。

2. 高强度螺栓连接副是_____的总称。扭剪型高强度螺栓连接副包括_____。大六角头高强度螺栓连接副包括_____。

3. 大六角头高强度螺栓连接副扭矩系数复验,应在施工现场待安装的螺栓批中随机抽取,每批应抽取_____套连接副进行复验。连接副扭矩系数复验用的计量器具应_____标定,误差不得超过_____。每套连接副只应做_____次试验,不得重复使用。复验用螺栓应_____中随机抽取,每批应抽取_____进行复验。连接副扭矩系数复验用的计量器具应_____进行_____,误差不得超过2%。每套连接副只应做一次试验,不得重复使用。每组_____扭矩系数的平均值应为_____,标准偏差小于或等于_____。

4. 制造厂和安装单位应_____进行抗滑移系数检验。制造批可按分部(子分部)工程划分规定的工程量每_____为一批,不足_____的可视为一批。选用两种及两种以上表面处理工艺时,每种处理工艺应单独检验。每批三组试件。抗滑移系数检验应_____拉力试件。

二、选择题

在每小题列出的四个备选项中只有一个是符合题目要求的,请将其代码填写在题后的括号内。错选、多选或未选均无分。

1. 检测高强度螺栓连接副力学性能时可能用到的设备是_____。
 A. 全能试验机　　　B. 硬度计　　　C. 扭力扳手　　　D. 测力计
2. 测定高强度螺栓连接副紧固轴力时要求检测_____高强度螺栓连接副。
 A. 3 只　　　　　　B. 5 只　　　　C. 8 只　　　　　D. 10 只
3. 高强度螺栓连接副应检测抗滑移系数,请问抗滑移系数最大值为_____。
 A. 0.40　　　　　　B. 0.45　　　　C. 0.50　　　　　D. 0.55
4. 在进行扭矩系数检测时,对扭力扳手的精度要求应符合什么条件?优于_____%。
 A. 0.5　　　　　　　B. 1.0　　　　 C. 1.5　　　　　 D. 2.0
5. 下列技术参数中属于高强度螺栓螺母的技术参数是_____。
 A. 10H　　　　　　 B. 8H　　　　 C. 6H　　　　　 D. 4H
6. 高强度螺栓连接副 10.9S 表示螺栓的非比例伸长应力为_____MPa。
 A. 900　　　　　　 B. 1000　　　　C. 1090　　　　　D. 1040
7. 国家标准《钢结构设计规范》、《网架结构设计与施工规程》中将_____以上跨度定义为大跨度结构。
 A. 30m　　　　　　 B. 40m　　　　 C. 60m　　　　　 D. 80m
8. 螺栓球节点中的钢球一般采用_____。
 A. 45 号钢　　　　 B. 40Cr 钢　　　C. Q235 钢　　　 D. Q345 钢
9. 一般情况下,点支承网架通过悬挑,可以使跨中弯矩及挠度_____。
 A. 变小　　　　　　B. 不变　　　　C. 变大　　　　　D. 不一定

三、判断题

1. 请你判断以下说法正确的是:_____。
 A. 高强度螺栓连接副扭矩检验分扭矩法检验和转角法检验两种,原则上检验法与施工法应相同。扭矩检验应在施拧 1h 后,72h 内完成
 B. 高强度螺栓连接副扭矩检验分扭矩法检验和转角法检验两种,原则上检验法与施工法应相同。扭矩检验应在施拧 1h 后,48h 内完成
 C. 高强度螺栓连接副扭矩检验分扭矩法检验和转角法检验两种,原则上检验法与施工法应相同。扭矩检验应在施拧 1h 后,24h 内完成

D. 高强度螺栓连接副扭矩检验分扭矩法检验和转角法检验两种，原则上检验法与施工法应相同。扭矩检验应在施拧 1h 后，12h 内完成

2. 请你判断以下说法正确的是：_____。

A. 高强度螺栓连接副拧后，螺栓丝扣外露应为 1~2 扣，其中允许有 10% 的螺栓丝扣外露 1 扣或 4 扣

B. 高强度螺栓连接副拧后，螺栓丝扣外露应为 2~3 扣，其中允许有 10% 的螺栓丝扣外露 1 扣或 4 扣

C. 高强度螺栓连接副拧后，螺栓丝扣外露应为 1~2 扣，其中允许有 5% 的螺栓丝扣外露 1 扣或 4 扣

D. 高强度螺栓连接副拧后，螺栓丝扣外露应为 2~3 扣，其中允许有 5% 的螺栓丝扣外露 1 扣或 4 扣

3. 请你判断以下说法正确的是：_____。

A. 采用有压力传感器或贴有电阻应变片对高强度螺栓预拉力进行实测的试件，其每套二组试件的抗滑移系数试验值均应大于或等于设计值

B. 采用有压力传感器或贴有电阻应变片对高强度螺栓预拉力进行实测的试件，其每套三组试件的抗滑移系数试验值均应大于或等于设计值

C. 采用有压力传感器或贴有电阻应变片对高强度螺栓预拉力进行实测的试件，其每套二组试件的抗滑移系数试验值均应小于或等于设计值

D. 采用有压力传感器或贴有电阻应变片对高强度螺栓预拉力进行实测的试件，其每套三组试件的抗滑移系数试验值均应小于或等于设计值

4. 请你判断以下说法正确的是：_____。

A. 扭剪型高强度螺栓连接副终拧后，除因构造原因无法使用专用扳手终拧掉梅花头者外，未在终拧中拧掉梅花头的螺栓数不应大于该节点螺栓数的 15%

B. 扭剪型高强度螺栓连接副终拧后，除因构造原因无法使用专用扳手终拧掉梅花头者外，未在终拧中拧掉梅花头的螺栓数不应大于该节点螺栓数的 10%

C. 扭剪型高强度螺栓连接副终拧后，除因构造原因无法使用专用扳手终拧掉梅花头者外，未在终拧中拧掉梅花头的螺栓数不应大于该节点螺栓数的 5%

D. 扭剪型高强度螺栓连接副终拧后，除因构造原因无法使用专用扳手终拧掉梅花头者外，未在终拧中拧掉梅花头的螺栓数不应大于该节点螺栓数的 3%

5. 请你判断以下说法正确的是：_____。

A. 对高强度螺栓预拉力不进行实测，而取用同批高强度螺栓复验预拉力平均值进行计算时，其每套三组试件的抗滑移系数试验值的平均值应大于或等于设计值，且最小值不得低于设计值的 105%

B. 对高强度螺栓预拉力不进行实测，而取用同批高强度螺栓复验预拉力平均值进行计算时，其每套三组试件的抗滑移系数试验值的平均值应大于或等于设计值，且最小值不得低于设计值的 100%

C. 对高强度螺栓预拉力不进行实测，而取用同批高强度螺栓复验预拉力平均值进行计算时，其每套三组试件的抗滑移系数试验值的平均值应大于或等于设计值，且最小值不得低于设计值的 95%

D. 对高强度螺栓预拉力不进行实测，而取用同批高强度螺栓复验预拉力平均值进行计算时，其每套三组试件的抗滑移系数试验值的平均值应大于或等于设计值，且最小值不得低于设计值的 90%

四、简答题

1. 请问拧螺栓是不是越紧越好？为什么？
2. 对建筑工程中不合格项目处理，新的验收规范作出了强制性规定，对于检验批、分项工程、分部工程及单位工程验收中出现的不合格项，分别给出了五种处理办法。请说出是哪五种处理办法。
3. 简述在进行网架节点用高强度螺栓检验时，如螺栓直径过大，试验机不能拉伸应如何进行检验？
4. 规范对高强螺栓测试用计量器具的精度有何要求？
5. 如果试验机的最大施力能力达不到螺栓的抗拉力，或螺栓直径过大，此时应如何进行抗拉性能检测？如何进行仲裁试验？

五、综合能力题

1. 标准规定，8.8级表示螺栓成品抗拉强度 $\sigma_b > 800MPa$；螺栓材料的屈服强度 $\sigma_s > 0.8\sigma_b = 640MPa$。10.9级表示螺栓成品抗拉强度 $\sigma_b > 1000MPa$；螺栓材料的屈服强度 $\sigma_s > 0.9\sigma_b = 900MPa$。请你根据以上原则，给出14.9级螺栓成品抗拉强度 σ_b 和螺栓材料的屈服强度 σ_s 的技术要求。
2. 某工程施工节点照片如右图所示，该工程太粗糙了。请你根据此图说出施工节点所存在的质量问题。

钢结构节点连接件及高强螺栓模拟试卷(B)

一、填空题

1. 强制性条文是指_____，对工程质量具有_____。主控项目是对基本质量起_____检测项目，必须_____符合规范的规定，对这类项目的检查具有_____。
2. 螺栓球节点由_____、_____、_____、_____、_____等零件组成。
3. 使用无质量合格证明文件的钢结构连接紧固件视为_____行为。复验用螺栓应_____中随机抽取，每批应抽取_____进行复验。连接副扭矩系数复验用的计量器具应_____进行_____，误差不得超过2%。每套连接副只应做一次试验，不得重复使用。每组_____扭矩系数的平均值应为_____，标准偏差小于或等于_____。
4. 定值式扭矩扳手是经常被选用的一种带有声响（或手感）信号的_____，按 GB/T 15729—2008《手用扭力扳手通用技术条件》标准规定其精度为_____。它广泛应用于紧固有扭矩值要求的螺纹连接。

二、选择题

在每小题列出的四个备选项中只有一个是符合题目要求的，请将其代码填写在题后的括号内。错选、多选或未选均无分。

1. 高强度螺栓连接副的主要受力形式为_____。
   A. 拉伸　　　　B. 剪切　　　　C. 弯曲　　　　D. 摩擦
2. 测定高强度螺栓连接副紧固轴力时要求检测_____高强度螺栓连接副。
   A. 3只　　　　B. 5只　　　　C. 8只　　　　D. 10只

3.高强度螺栓连接副应检测抗滑移系数,抗滑移系数最大值为_____。
A.0.40　　　　　B.0.45　　　　　C.0.50　　　　　D.0.55

4.高强度螺栓连接副8.8S表示强度极限为_____MPa。
A.600　　　　　B.700　　　　　C.800　　　　　D.880

5.网架结构杆件设计时,焊接球节点网架腹杆的计算长度为_____。
A.1.0L　　　　　B.0.9L　　　　　C.0.8L　　　　　D.0.7L

6.为了消除使用阶段的挠度使人们在视觉或心理上对网架具有下垂的感觉,可对网架起拱,起拱高度可取不大于_____。
A.$L_2/500$　　　B.$L_2/400$　　　C.$L_2/300$　　　D.$L_2/250$

7.国家标准《钢结构设计规范》、《网架结构设计与施工规程》中将_____以上跨度定义为大跨度结构。
A.30m　　　　　B.40m　　　　　C.60m　　　　　D.80m

8.螺栓球节点中的钢球一般采用_____。
A.45号钢　　　B.40Cr钢　　　C.Q235钢　　　D.Q345钢

9.下列螺栓中属于高强度螺栓的是_____指标。
A.六角头螺栓　　B.大六角头螺栓　　C.扭剪型螺栓　　D.网架节点用螺栓

三、判断题

1.请你判断以下说法正确的是:_____。

A.指针式扭矩扳手是指针在读数表上游动指示力矩值,其机构简单,价格低,使用方便。按GB/T 15729—2008《手用扭力扳手通用技术条件》标准规定制造的扭矩板子检测精度一般为±6%,可应用于连接副扭矩系数复验

B.指针式扭矩扳手是指针在读数表上游动指示力矩值,其机构简单价格低,使用方便。按GB/T 15729—2008《手用扭力扳手通用技术条件》标准规定制造的扭矩板子检测精度一般为±1%,可应用于连接副扭矩系数复验

C.指针式扭矩扳手是指针在读数表上游动指示力矩值,其机构简单价格低,使用方便。按GB/T 15729—2008《手用扭力扳手通用技术条件》标准规定制造的扭矩板子检测精度一般为±6%,不得应用于连接副扭矩系数复验

D.指针式扭矩扳手是指针在读数表上游动指示力矩值,其机构简单价格低,使用方便。按GB/T 15729—2008《手用扭力扳手通用技术条件》标准规定制造的扭矩板子检测精度一般为±1%,不得应用于连接副扭矩系数复验

2.请你判断以下说法正确的是:_____。A.高强度螺栓连接副扭矩检验分扭矩法检验和转角法检验两种,原则上检验法与施工法应相同。扭矩检验应在施拧1h后,72h内完成

B.高强度螺栓连接副扭矩检验分扭矩法检验和转角法检验两种,原则上检验法与施工法应相同。扭矩检验应在施拧1h后,48h内完成

C.高强度螺栓连接副扭矩检验分扭矩法检验和转角法检验两种,原则上检验法与施工法应相同。扭矩检验应在施拧1h后,24h内完成

D.高强度螺栓连接副扭矩检验分扭矩法检验和转角法检验两种,原则上检验法与施工法应相同。扭矩检验应在施拧1h后,12h内完成

3.请你判断以下说法正确的是:_____。

A.大六角头高强度螺栓连接副是指高强度螺栓和与之配套的螺母、垫圈的总称。包括一个螺栓、一个螺母、二个垫圈

B. 大六角头高强度螺栓连接副是指高强度螺栓和与之配套的螺母、垫圈的总称。包括一个螺栓、一个螺母、一个垫圈

C. 扭剪型高强度螺栓连接副是指高强度螺栓和与之配套的螺母、垫圈的总称。包括一个螺栓、一个螺母、二个垫圈

D. 扭剪型高强度螺栓连接副是指高强度螺栓和与之配套的螺母、垫圈的总称。包括一个螺栓、一个螺母、一个垫圈

4. 请你判断以下说法正确的是：_____。

A. 螺栓球节点网架总拼完成后，高强度螺栓与球节点应紧固连接，高强度螺栓拧入螺栓球内的螺纹长度不应小于 $1.5d$（d 为螺栓直径），连接处不应出现有间隙、松动等未拧紧情况

B. 螺栓球节点网架总拼完成后，高强度螺栓与球节点应紧固连接，高强度螺栓拧入螺栓球内的螺纹长度不应小于 $1.3d$（d 为螺栓直径），连接处不应出现有间隙、松动等未拧紧情况

C. 螺栓球节点网架总拼完成后，高强度螺栓与球节点应紧固连接，高强度螺栓拧入螺栓球内的螺纹长度不应小于 $1.2d$（d 为螺栓直径），连接处不应出现有间隙、松动等未拧紧情况

D. 螺栓球节点网架总拼完成后，高强度螺栓与球节点应紧固连接，高强度螺栓拧入螺栓球内的螺纹长度不应小于 $1.0d$（d 为螺栓直径），连接处不应出现有间隙、松动等未拧紧情况

5. 请你判断以下说法正确的是：_____。

A. 扭剪型高强度螺栓连接副终拧后，除因构造原因无法使用专用扳手终拧掉梅花头者外，未在终拧中拧掉梅花头的螺栓数不应大于该节点螺栓数的15%

B. 扭剪型高强度螺栓连接副终拧后，除因构造原因无法使用专用扳手终拧掉梅花头者外，未在终拧中拧掉梅花头的螺栓数不应大于该节点螺栓数的10%

C. 扭剪型高强度螺栓连接副终拧后，除因构造原因无法使用专用扳手终拧掉梅花头者外，未在终拧中拧掉梅花头的螺栓数不应大于该节点螺栓数的5%

D. 扭剪型高强度螺栓连接副终拧后，除因构造原因无法使用专用扳手终拧掉梅花头者外，未在终拧中拧掉梅花头的螺栓数不应大于该节点螺栓数的3%

四、简答题

1. 《钢结构工程施工质量验收规范》中规定了哪些行为被认为严重违反强制性条文行为？
2. 简述在进行高强度螺栓连接摩擦面的抗滑移系数检验时，如何确定滑移荷载？
3. 焊接球节点的优缺点有哪些？螺栓球节点的受力特点？网架结构的优点有哪些？
4. 请简述网架支座节点主要有哪些形式及其适用范围。两向正交正放网架的特点是什么？
5. 如果试验机的最大施力能力达不到螺栓的抗拉力，或螺栓直径过大，此时应如何进行抗拉性能检测？如何进行仲裁试验？

五、综合能力题

1. 标准规定，8.8级表示螺栓成品抗拉强度 $\sigma_b > 800\mathrm{MPa}$；螺栓材料的屈服强度 $\sigma_s > 0.8\sigma_b = 640\mathrm{MPa}$。10.9级表示螺栓成品抗拉强度 $\sigma_b > 1000\mathrm{MPa}$；螺栓材料的屈服强度 $\sigma_s > 0.9\sigma_b = 900\mathrm{MPa}$。请你根据以上原则，给出12.9级螺栓成品抗拉强度 σ_b 和螺栓材料的屈服强度 σ_s 的技术要求。

2. 某工程施工节点照片如下图所示，该工程太粗糙了。请你根据这些图说出施工节点所存在的质量问题。

第三节 钢结构焊缝质量

一、填空题

1. 熔焊缺陷可分为六类：_____、_____、_____、_____、_____、_____及其他缺陷。
2. 焊接检验的方法分为_____、_____两大类。
3. 焊缝焊接质量的主要无损检测方法有四种：_____、_____、_____、_____。
4. JG/T 203—2007 规定数字式超声探伤仪频率范围为_____，且实时采样频率不应小于_____。对于超声衰减大的工件，可选用低于_____的频率。
5. JG/T 203—2007 规定_____试块为焊缝探伤用标准试块；_____型试块用于板节点现场标定和校核探伤灵敏度，绘制距离—波幅曲线，测定系统性能等，试块 1mm、2mm 深线切割槽用于评定_____程度。
6. 渗透探伤只能查出工件表面_____缺陷，对_____或_____无法探伤。
7. 超声波探伤按原理分，有_____、_____和_____。
8. 磁粉探伤的一般工序为：_____、_____、_____、_____（包括退磁）等。
9. 在四种无损检测方法中，对表面裂纹检测灵敏度最高的是_____。
10. 探头软保护膜和硬保护膜相比的突出优点是_____。
11. 在毛面或曲面工件上作直探头探伤时，应用_____直探头。
12. 直探头纵波探伤时，工件上下表面不平行会产生的现象是_____。
13. 一级焊缝探伤比例为_____，二级焊缝探伤比例为_____。
14. 对现场安装焊缝，应按同一类型、同一施焊条件的焊缝条数计算百分比，探伤长度应不小于_____，并应不少于_____条焊缝。
15. 焊缝表面不得有_____、_____等缺陷。一级、二级焊缝不得有_____、_____、_____、_____等缺陷，且一级焊缝不得有_____、_____、_____等缺陷。
16. 根据 JGJ 81—2002 中规定：无损检测应在_____合格后进行。
17. 从事磁粉检验的人员其校正视力应不低于_____，并且没有_____。
18. 根据缺陷磁痕的形态，可以把缺陷磁痕大致分为_____和_____两种。
19. 根据使用目的和要求不同，通常将试块分成以下两大类：_____和_____。
20. 根据 JG/T 203—2007 的规定：按比例抽查的焊接接头有不合格的接头或不合格率为焊缝数的_____时，应加倍抽检，且应在原不合格部位两侧的焊缝长线各增加一处进行扩探，扩探仍不合格者，则应对该焊工施焊的焊接接头进行全检测和质量评定。
21. 根据 JG/T 203—2007 的规定，除裂纹与未熔合外，钢结构焊接接头对超声波最大反射波幅位于 DAC 曲线Ⅱ区的其他缺陷，应根据其指示长度进行_____指示长度等级评定和_____缺陷评定。

22. 根据 JG/T 203—2007 的规定：超声波探伤使用 A 型显示脉冲反射式超声探伤仪，水平线性误差不应大于_____，垂直线性误差不应大于_____，也可使用数字式超声探伤仪，应至少能存储四幅 DAC 曲线。

二、单项选择题

1. 超声波探伤仪的探头晶片用的材料是_____。
   A. 导电材料　　　　B. 磁致伸缩材料　　　C. 压电材料　　　　D. 磁性材料
2. 超声探伤系统区别相邻两缺陷的能力称为_____。
   A. 检测灵敏度　　　B. 时基线性　　　　　C. 垂直线性　　　　D. 分辨力
3. 超声检测中，当表面比较粗糙时，宜选用_____。
   A. 较低频探头　　　B. 较黏的耦合剂　　　C. 软保护膜探头　　D. 以上全部
4. 探伤时采用较高的探测频率，可有利于_____。
   A. 发现较小的缺陷　　　　　　　　　　　B. 区分开相邻的缺陷
   C. 改善声束指向性　　　　　　　　　　　D. 以上全部
5. 在频率一定和材料相同情况下，横波对小缺陷探测灵敏度高于纵波的原因是_____。
   A. 横波质点振动方向对缺陷反射有利　　　B. 横波探伤杂质少
   C. 横波波长短　　　　　　　　　　　　　D. 横波指向性好
6. 单探头探伤时，在近区有幅度波动较快，探头移动时水平位置不变的回波，它们可能是_____。
   A. 来自工件表面的杂波　　　　　　　　　B. 来自探头的噪声
   C. 工件上近表面缺陷的回波　　　　　　　D. 耦合剂噪声
7. 当声束指向不与平面缺陷垂直时，在一定范围内，缺陷尺寸越大，其反射回波强度越_____。
   A. 大　　　　　　　B. 小　　　　　　　　C. 无影响　　　　　D. 不一定
8. 对有加强高的焊缝作斜平行扫查探测焊缝横向缺陷时，应_____。
   A. 保持灵敏度不变　　　　　　　　　　　B. 适当提高灵敏度
   C. 增大 K 值探头探测　　　　　　　　　　D. 以上 B 和 C
9. 焊缝检验中，对宜缺陷环绕扫查，其动态波形包括路线是方形的，则缺陷性质可估判为_____。
   A. 条状夹杂　　　　　　　　　　　　　　B. 气孔或圆形夹杂
   C. 裂纹　　　　　　　　　　　　　　　　D. 以上 A 和 C
10. _____方法不适宜 T 形焊缝。
    A. 直探头在翼板上扫查探测　　　　　　　B. 斜探头在翼板外侧或内侧扫查探测
    C. 直探头在腹板上扫查探测　　　　　　　D. 斜探头在腹板上扫查探测
11. 直流电不适用于干法检验主要原因是_____。
    A. 直流电磁场渗入深度大，检测缺陷的深度最大
    B. 直流电剩磁稳定
    C. 直流电的大小和方向都不变，不利于搅动磁粉促使磁粉向漏磁场处迁移
    D. 直流电没有屈服效应，对表面缺陷检测灵敏度低
12. 用剩磁法检验时，把很多工件放在架子上施加磁粉。在这种情况下，工件之间不得相互接触和摩擦是因为_____。
    A. 会使磁场减弱　　B. 可能产生磁泻　　　C. 可能损伤工件　　D. 以上都是

13. 下面哪种裂纹通常是由于局部过热引起,且呈现为不规则的网状或分散的细线条状？_____。
   A. 疲劳裂纹 B. 磨削裂纹 C. 弧坑裂纹 D. 热影响区裂纹
14. _____能获得最高灵敏度。
   A. 在渗透时间内,试件一直浸在渗透液中
   B. 把试件浸在渗透液中足够时间后,排液并滴落渗透液
   C. 用刷涂法连续施加渗透液
   D. 以上各法都可以
15. 大型工件大面积渗透探伤,应选用_____。
   A. 后乳化型渗透探伤法 B. 水洗型渗透探伤法
   C. 溶剂去除型渗透探伤法 D. 以上都是
16. 我们常用超声探伤仪是_____显示探伤仪。
   A. A 型 B. B 型 C. C 型 D. D 型
17. 在对接焊缝超探时,探头平行于焊缝方向的扫查目的是探测_____。
   A. 横向裂缝 B. 夹渣 C. 纵向缺陷 D. 以上都对
18. 厚板焊缝斜探头探伤时,常会漏掉_____。
   A. 与表面垂直的裂纹 B. 方向无规律的夹渣
   C. 根部未焊透 D. 与表面平行未熔合
19. 焊缝斜探头探伤时,焊缝中与表面成一定角度的缺陷,其表面状态对回波高度的影响是：_____。
   A. 无影响 B. 粗糙表面回波幅度高
   C. 光滑表面回波幅度高 D. 以上都是
20. 通常要求焊缝探伤在焊后 48h 进行是因为_____。
   A. 让工件充分冷却 B. 焊缝材料组织稳定
   C. 冷裂缝有延时产生的特点 D. 以上都对
21. 经超声波探伤不合格的焊接接头,应予返修,返修次数不得超过_____。
   A. 一次 B. 二次 C. 三次 D. 以上都对

三、多项选择题

1. 下列焊接缺陷属于常见外观缺陷的有_____。
   A. 咬边 B. 焊瘤 C. 凹陷 D. 夹渣
2. _____能防止气孔的产生。
   A. 清除焊丝、工作坡口及其附近表面的油污、铁锈、水分和杂物
   B. 采用碱性焊条、焊剂,并彻底烘干
   C. 采用直流反接并用短电弧施焊
   D. 焊前预热,减缓冷却速度
3. 裂纹根据发生的条件和时机,可分为_____。
   A. 热裂纹 B. 冷裂纹 C. 再热裂纹 D. 层状撕裂
4. 射线探伤的优点是_____。
   A. 检测结果有直接记录
   B. 可以获得缺陷的真实图像
   C. 面积型缺陷的检出率比体积型缺陷的检出率高

D. 适宜检验较薄的工件而不适宜较厚的工件

5. 超声探伤中试块的用途是_____。
A. 确定合适的探伤方法
B. 确定探伤灵敏度和评价缺陷大小
C. 检验仪器性能
D. 测试探头的性能

6. GB/T 3323—2005 中将缺陷分为 4 级，下面哪些缺陷是 Ⅱ 级焊缝绝不允许出现的缺陷_____。
A. 裂纹
B. 未熔合
C. 未焊透
D. 条状缺陷

7. 对超声探伤试块的基本要求是：_____。
A. 其声速与被探工件声速基本一致
B. 材质要求均匀
C. 材料的衰减不太大
D. 必须为铁质

8. 超声波探伤时采用较高的探测频率，可有利于_____。
A. 发现较小的缺陷
B. 区分开相邻的缺陷
C. 改善声束指向性
D. 发现较大的缺陷

9. 声波在介质中的声速与_____有关。
A. 介质的弹性
B. 介质的密度
C. 介质的大小
D. 超声波型

10. A 型显示探伤仪，从示波屏上可获得的信息是：_____。
A. 缺陷取向
B. 缺陷指示长度
C. 缺陷波幅和传播时间
D. 探伤仪的精度

11. 超声检测中考虑灵敏度补偿可能的理由是_____。
A. 被检工件厚度太大
B. 工件底面与探测面不平行
C. 耦合剂有较大声能损耗
D. 曲面工件

12. 超声波检测仪使用中应定期检验，合格后方可使用，检验周期一般为_____。
A. 三个月
B. 一年
C. 发现故障或检修后
D. 三年

13. 斜探头的常用标称方式有：_____。
A. 以横波入射角来标称
B. 以横波折射角来标称
C. 以折射角的正切值来标称
D. 以入射角的正切值来标称

14. 超声探头在工件上扫查的基本原则有：_____。
A. 声束轴线尽可能与缺陷垂直
B. 扫查区域必须覆盖全部检测区
C. 扫查速度取决于工作量的大小
D. 必须保证声束有一定量的相互重叠

15. 超声波传播的基本波形类型有：_____。
A. 球面波
B. 柱面波
C. 平面波
D. 表面波

16. 超声波斜入射到异质介面时，可能产生的物理现象有_____。
A. 反射
B. 折射
C. 波形转换
D. 以上都不是

17. 焊缝斜探头探伤时，正确调节仪器扫描比例是为了_____。
A. 缺陷定位
B. 判定缺陷波幅
C. 判定结构反射波和缺陷波
D. 判定缺陷性质

18. 在脉冲反射法探伤中可根据_____判断缺陷的存在。
A. 缺陷回波
B. 底波或参考回波的减弱
C. 底波或参考回波的消失
D. 接收探头接收到的能量的减弱

19. 在直接接触法直探头探伤时，底波消失的原因是：_____。
A. 耦合不良
B. 存在与声束不垂直的平面缺陷

C. 耦合太好　　　　　　　　　　　　D. 存在与始脉冲不能分开的近表面缺陷
20. 下列情况之一,应进行表面检测:_____。
A. 外观检查发现裂纹时,应对该批中同一类焊缝进行100%的表面检测
B. 外观检查怀疑有裂纹时,应对怀疑的部位进行表面探伤
C. 设计图纸规定进行表面探伤时
D. 检查员认为有必要时

四、判断题

1. 在常规射线照相检验中,散射线是无法避免的。（ ）
2. 评片必须由Ⅱ级探伤人员评片。（ ）
3. 射线探伤对裂纹等危害性缺陷探伤灵敏度高,对未熔合缺陷的探伤灵敏度低。（ ）
4. 在实际探伤中,为提高扫查速度,减少杂波的干扰,应将探伤灵敏度适当降低。（ ）
5. 为提高分辨力,在满足探伤灵敏度要求的情况下,仪器的发射强度应尽量调得低一些。（ ）
6. 对焊缝质量评定时,反射波幅位于Ⅱ区的缺陷,无论其指示长度如何,均评为Ⅲ级。（ ）
7. 渗透探伤只能查出工件表面开口型缺陷,对表面过于粗糙的材料也能勉强适用。（ ）
8. 磁粉探伤,用干粉法时,磁粉颗粒度范围为 10~60μm;用湿粉法时,磁粉颗粒度范围为 5~25μm。（ ）
9. 超声波的传播必须依赖于声源和弹性介质。（ ）
10. 采用斜探头进行纯横波焊缝探伤时,其入射角的选择范围应在第Ⅱ临界角和第Ⅲ临界角之间。（ ）
11. 脉冲反射法超声波探伤主要利用超声波传播过程中的透射特性。（ ）
12. 渗透探伤中清洗步骤是从被检工件表面上去除掉所有的渗透剂,但又不能将已渗入缺陷的渗透剂清洗掉。（ ）
13. 超声波的传播必须依赖于声源但可不必有弹性介质。（ ）
14. 磁粉探伤与渗透探伤一样,只能检测构件的表面缺陷。（ ）
15. 检测人员在检测到不合格缺陷时,由于不合格数据与标准值相差不大且工期较紧,可以请示行政领导后给予放行。（ ）
16. 超声波的频率越高,传播速度越快。（ ）
17. 波的叠加原理说明,几列波在同一介质中传播并相遇时,都可以合并成一个波继续传播。（ ）
18. 增益 100dB 就是信号强度放大 100 倍。（ ）
19. B型显示仪能够展示工件内的埋藏深度。（ ）
20. 调节探伤仪"抑制"旋钮时,抑制越大,仪器动态范围越大。（ ）
21. 调节仪器"延迟"旋钮时,扫描线上回波信号间的距离也将随之改变。（ ）
22. 调节探伤仪"深度细调"旋钮时,可连续改变扫描线扫描速度。（ ）
23. 横波能在水中进行传播。（ ）
24. 为提高分辨力,在满足探伤灵敏度要求情况下,仪器的发射强度应尽量调得低些。（ ）
25. 厚焊缝采用串列法扫查时,如焊缝余高磨平,则不存在死区。（ ）
26. 采用当量法确定的缺陷尺寸一般小于缺陷的实际尺寸。（ ）
27. 厚钢板探伤中,若出现缺陷的多次反射波,说明缺陷的尺寸一定较大。（ ）
28. 较薄钢板采用底波多次法探伤时,如出现"叠加效应",说明钢板中缺陷尺寸一定很大。（ ）

29. 采用无损检测(NDT)后,在一定程度上可以确保每个部件都不会失效或出现故障。（ ）

30. 中厚板探伤时,可用 GB/T 11345—1989 附录 B 中对比试块(RB)调节灵敏度,质量评级按 JG/T 203—2007 的规定进行。（ ）

五、问答题

1. 为什么钢结构内部质量的控制一般采用超声波探伤,而不是射线探伤?
2. 什么是缺陷定量? 缺陷定量的方法有几种?
3. 简述超声波探伤的频率对探伤的影响。
4. 简述超声波探伤中晶片尺寸的选择。
5. 简述超声波探伤探头的折射角 β(K 值)选用原则。
6. 简述缺陷指示长度的测定方法。
7. 什么是超声波的衰减? 衰减的种类有哪些?
8. 超声波探伤中试块的作用是什么?
9. 分析缺陷性质的基本原则是什么?
10. 焊缝中常见的缺陷有哪些? 其中哪些缺陷危害较大?
11. 焊缝探伤时,斜探头的基本扫查方式有哪些? 各有什么作用?
12. 在焊缝探伤中如何判断缺陷是点状缺陷还是裂纹缺陷?
13. 简述《钢结构超声波探伤及质量分级法》JG/T 203—2007 的适用范围。

六、计算题

1. 某试验室绘制的 DAC 曲线,标准试块孔深 20mm、40mm、60mm、80mm 处的波幅依次为 52dB、48dB、45dB、42dB,已知耦合补偿为 −4dB,B 级检验。试计算其评定线、定量线、判废线值。

2. 用 K2 斜探头,以垂直 1:1 调节时间轴,探测厚度为 40mm 的工件;探伤时在 3 格和 6 格出现两个缺陷波,求这两个缺陷的位置。

3. 已知超声波探伤仪示波器上有 A、B、C 三个波,其中 A 波为满刻度的 80%,B 波为 50%,C 波为 20%。设 B 波为 10dB,则 A、C 波高各为多少?

4. 示波器上有一波高为满刻度 100%,衰减多少波幅后,该波正好为 10%?

5. 示波器上有一波高 40%,衰减 12dB 后该波高为多少? 若增益 6dB 后波高又为多少?

6. 用 5P10×12K2 探头,检验板厚 T = 25mm 钢板对接焊缝,扫描按深度 2:1 调节。探伤时在水平刻度 60mm 处发现一缺陷波,求此缺陷深度和水平距离。

7. 用 5P10×12K2.5 探头,检验板厚 T = 20mm 的钢焊缝,扫描按水平 1:1 调节,探伤时在水平刻度 40mm 和 70mm 处各发现缺陷波一个,试求这两个缺陷的深度。

七、案例分析

1. 已知 DAC 曲线如下表(B 级检验,不考虑表面补偿):

孔深(mm)	20	40	60	80
评定线(dB)				
定量线(dB)	41	37	33	29
判废线(dB)				

（1）根据已知把表格填写完整;

（2）已知某焊缝板厚为 40mm,初始检验时,探伤灵敏度应如何选择?

（3）上述焊缝按深度 1:1 调节,检测结果发现在 3.0 格处有一缺陷,其最大波幅在基准波高时的分贝数为39dB,用6dB法测长为15mm;在4.8格处发现另一缺陷,其最大波幅在基准波高时的分贝数同样是39dB,用6dB法测长为32mm;在5.5格处发现一点状缺陷,其最大波幅在基准波高时的分贝数为46dB。求此三个缺陷的深度并对每个缺陷评级。

2. 某试验室对其超声波探头进行周期检查,在CSK-IB试块上测得一K2探头的前沿为12mm,测其K值时,当示波器上出现最高反射波后,量得探头前端至试块端部的距离为87mm。

问:(1)探头的实测K值为多少?

(2)探头K值的变化是因为使用中探头前端或后端的磨损造成的,则此探头是前端还是后端发生磨损?

(3)检查前,试验员已用此探头按$K=2$,扫描速度深度1:1(直接寻找最高反射波法)测得一缺陷的水平距离为40mm,则实际扫描速度是多少?此缺陷的实际水平距离为多少?

3. 射线探伤板厚为24mm的焊缝中,条渣分布如下图所示,该焊缝评为几级?

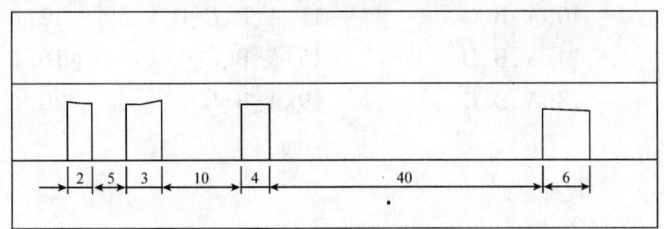

参考答案:

一、填空题

1. 裂纹 孔穴 固体夹杂 未熔合 未焊透 形状缺陷

2. 破坏性检验 非破坏性检验

3. 射线探伤 超声波探伤 渗透探伤 磁粉探伤

4. 0.5~10MHz 40MHz 2.5MHz

5. CSK-IB CSK-I Dj 焊缝根部未焊透

6. 开口型 表面过于粗糙 多孔型材料

7. 脉冲反射法 穿透法 共振法

8. 预处理 磁化和施加磁粉 观察 记录及后处理

9. 磁粉探伤

10. 有利于消除耦合差异

11. 软保护膜

12. 底面回波降低或消失

13. 100% 20%

14. 200mm 1

15. 裂纹 焊瘤 表面气孔 夹渣 弧坑裂纹 电弧擦伤 咬边 未焊满 根部收缩

16. 外观检查

17. 1.0 色盲

18. 圆形 线形

19. 标准试块 对比试块

20. 2%~5%

21. 多个缺陷累计 根部未焊透

22. 1% 5%

二、选择题

1. C	2. D	3. D	4. D
5. C	6. B	7. B	8. B
9. B	10. C	11. C	12. B
13. B	14. B	15. B	16. A
17. A	18. D	19. B	20. C	21. B

三、多项选择题

1. A、B、C	2. A、B、C、D	3. A、B、C、D	4. A、D
5. A、B、C、D	6. A、B、C	7. A、B、C	8. A、B、C
9. A、B、D	10. A、B、C	11. A、B、C	12. A、C
13. B、C	14. A、B、D	15. A、B、C	16. A、B、C
17. A、C	18. A、B、C	19. A、B、D	20. A、B、C、D

四、判断题

1. √	2. ×	3. ×	4. ×
5. √	6. ×	7. ×	8. ×
9. √	10. ×	11. ×	12. √
13. ×	14. ×	15. ×	16. ×
17. ×	18. ×	19. √	20. ×
21. ×	22. √	23. ×	24. √
25. ×	26. √	27. √	28. ×
29. ×	30. √		

五、问答题

1. 答：根据结构的承载情况不同，现行国家标准《钢结构设计规范》GBJ 50017 中将焊缝的质量分为三个质量等级，内部缺陷的检测一般可用超声波探伤和射线探伤。射线探伤具有直观性、一致性好的优点，过去人们觉得射线探伤可靠、客观。但是射线探伤成本高、操作程序复杂、检测周期长，尤其是钢结构中大多为 T 形接头和角接头，射线检测的效果差，且射线探伤对裂纹、未熔合等危害性缺陷的检出率低。超声波探伤则正好相反，操作程序简单、快速，对各种接头形式的适应性好，对裂纹、未熔合的检测灵敏度高，因此，世界上很多国家对钢结构内部质量的控制均采用超声波探伤，一般已不采用射线探伤。

2. 答：超声波探伤中，确定工件中缺陷的大小(缺陷的面积、长度)和数量，称为缺陷定量。缺陷的定量方法，常用的有当量法、底波高度法和测长法。

3. 答：探伤频率高，波长短，声束窄，扩散角小，能量集中，因而发现小缺陷的能力强，分辨率高，缺陷定位准确，但缺点是在材料中衰减大，穿透能力差。

频率低则正好相反，所以应根据工件的厚度、材质、表面状况等合理选择探头的频率。

4. 答：晶片尺寸大，发射能量大，扩散角小，远距离探测灵敏度高，适用于大型工件探伤；晶片尺寸小，近距离范围声束窄，有利于缺陷定位，对凸凹度大曲率半径小的工件，宜采用尺寸较小的探头。

5. 答：(1)应使声束能扫查到整个焊缝截面；(2)应使声束中心线尽量与主要危险性缺陷垂直；

(3)保证有足够的探伤灵敏度。

6. 答:(1)当缺陷只有一个最高点时,先找到最高缺陷反射波,将其调到基准波高,衰减6dB(即减6dB),探头向缺陷一端移动,使缺陷反射波降至基准波高,则探头的中心为缺陷的一端,再将探头向缺陷的另一端移动,使缺陷反射波降至基准波高,探头的中心即为缺陷的另一端部,两端间的长度即为缺陷的指示长度;(2)如果缺陷的反射波峰有多个高点,则以缺陷两端最高反射波为基准,用衰减6dB法测定的长度即为缺陷指示长度,即端点6dB法。

7. 答:超声波在介质中传播时,随着传播距离的增加,超声波的能量逐渐减弱的现象称为超声波的衰减。超声波的衰减分为:扩散衰减、散射衰减、吸收衰减。

8. 答:(1)确定探伤灵敏度;(2)测试仪器和探伤的性能;(3)调整扫描速度;(4)评定缺陷的大小。

9. 答:(1)分析工件的加工工艺;(2)缺陷的特征,即缺陷的形状、大小和密集程度;(3)分析缺陷的波形;(4)根据缺陷的底波性质。

10. 答:气孔、夹渣、未焊透、未熔合和裂纹等,其中未焊透、未熔合和裂纹是平面型缺陷,危害性大。

11. 答:扫查方式有左右扫查、前后扫查、转角扫查、环绕扫查。

左右扫查用于推断焊缝纵向缺陷长度;

前后扫查用于推断缺陷深度和高度;

转角扫查用于判断缺陷的方向性;

环绕扫查用于推断缺陷的形状。

12. 答:点状缺陷左右扫查和转角扫查时缺陷回波降低很快,裂纹左右扫查时,反射波连续出现,转角扫查时波峰有上下错动现象,另外,点状缺陷当探头作环绕扫查时,各方向反射波高大致相同。

13. 答:本标准适用于母材壁厚不小于4mm,球径不小于120mm,管径不小于60mm焊接空心球及球管焊接接头;母材壁厚不小于3.5mm,管径不小于48mm螺栓球节点杆件与锥头或封板焊接接头;支管管径不小于89mm、壁厚不小于6mm、局部二面角不小于30°,支管壁厚外径比在13%以下的圆管相贯节点碳素结构钢或低合金高强度结构钢焊接接头的超声波探伤及质量分级,也适用于铸钢件、氏体球管和相贯节点焊接接头以及圆管对接或焊管焊缝的检测。本标准还适用于母材厚度不小于4mm碳素结构钢和低合金高强度结构钢的钢板对接全焊透接头、箱形构件的电渣焊接头、T形接头、搭接、角接接头等焊接接头以及钢结构用板材、锻件、铸钢件的超声波检测。也适用于方形、矩形管节点、地下建筑结构钢管桩、先张法预应力管桩端板的焊接接头以及板壳结构曲率半径不小于1000mm的环缝和曲率半径不小于1500mm的纵缝的检测。桥梁工程、水工金属结构的焊接接头超声波探伤及其结果质量分级也可参照执行。

六、计算题

1. 答:评定线:32dB、28dB、25dB、22dB;

定量线:38dB、34dB、31dB、28dB;

判废线:44dB、40dB、37dB、34dB。

2. 答:因为垂直1:1时,故缺陷波1在3格出现,表示缺陷深度为30mm。缺陷1离探头入射点的水平距离为:

$$L_1 = K \cdot H = 2 \times 30 = 60mm$$

缺陷波2在6格出现,表示缺陷2的计算深度为60mm,此时,$H > T$,测缺陷2的实际深度为:

$$2T - H = 2 \times 40 - 60 = 20mm$$

缺陷2离探头入射点的水平距离为:

$$L_2 = K \cdot H = 2 \times 60 = 120 \text{mm}$$

3. 答：$A - B = 20 \log 80/50 = 4 \text{dB}$，故 A 波高为 14dB，同样 $B - C = 20 \log 50/20 = 8 \text{dB}$，故 C 波高 2dB。

4. 答：$20 \log 100/10 = 20 \text{dB}$，故应衰减 20dB。

5. 答：$20 \log H_2/H_1 = 12 \text{dB}$，已知 $H_2 = 40\%$，故 $H_1 = 10\%$；同样 $20 \log H_2/H_1 = 6 \text{dB}$，已知 $H_1 = 40\%$，故 $H_2 = 80\%$。

6. 答：已知扫描速度为深度2:1，故刻度 60mm 代表深度 30mm，$T < 30 < 2T$，故缺陷为二次波发现，缺陷深度为 $2T - 30 = 20 \text{mm}$，水平距离为 $K \times 30 = 60 \text{mm}$。

7. 答：缺陷1，$h_1 = 40/2.5 = 16 \text{mm}$；缺陷2，由于 $T < 70/2.5 < 2T$，故缺陷为二次波发现，缺陷深度 $h_2 = 2T - 70/2.5 = 12 \text{mm}$。

七、案例分析

1. 解：(1) 见下表：

孔深(mm)	20	40	60	80
评定线(dB)	35	31	27	23
定量线(dB)	41	37	33	29
判废线(dB)	47	43	39	35

(2) 根据标准探伤灵敏度应不低于最大声程处评定线灵敏度，即两倍板厚处（考虑到一次反射波）评定线灵敏度，由上面表格 80mm 处评定线灵敏度为 23dB，所以探伤的灵敏度应不低于 23dB。

(3) 设钢板厚为 T。

缺陷1：缺陷的深度，$30 \text{mm} < T$ 为一次波发现，缺陷距探测面 30mm，在此深度处定量线 SL 值为 39dB（分贝值采用内插法），此缺陷波高正好在定量线上，即在 Ⅱ 区，指示长度 15mm，在 $1/3T$ 和 $2/3T$ 之间，综合评定该缺陷为 Ⅱ 级缺陷；

缺陷2：缺陷的深度 $T < 48 < 2T$，为二次波发现，缺陷距探测面 $2T - 48 = 32 \text{mm}$，此深度处定量线 SL 值为 35dB，缺陷当量为 $SL + 4 \text{dB}$，在 Ⅱ 区，指示长度为 $32 \text{mm} > 3/4T$，综合评定该缺陷为 Ⅳ 级缺陷；

缺陷3：缺陷的深度 $T < 55 < 2T$，为二次波发现，缺陷距探测面 $2T - 55 = 25 \text{mm}$，此深度处定量线 SL 值为 34dB，缺陷当量为 $SL + 12 \text{dB}$，在 Ⅲ 区，评定该缺陷为 Ⅳ 级缺陷。

2. 解：(1) $K = (87 + 12 - 35)/30 = 2.1$

(2) 后端

(3) 扫描速度深度1:1；

$L = 40 \times 2.1/2 = 42 \text{mm}$。

3. 解：首先评定单渣长度，均未超过 1/3 板厚（$T/3 = 8 \text{mm}$），符合 Ⅱ 级。第二步，由于最长条渣为 6mm，则 $6L = 36 \text{mm}$，它与最近邻夹渣间距为 40mm，故不属"组"的范围。剩下三条渣最长者为 4mm，由于它们的间距都小于 $6L$，因此计算总共长 $4 + 3 + 2 = 9 \text{mm}$，未超过板厚，故可评为 Ⅱ 级。

钢结构焊缝质量模拟试卷(A)

一、填空题（每空1分，共20分）

1. 焊缝焊接质量的主要无损检测方法有四种：_____、_____、_____、_____。

2. JG/T 203—2007 规定数字式超声探伤仪频率范围为_____,且实时采样频率不应小于 40MHZ。对于超声衰减大的工件,可选用低于_____的频率。

3. JG/T 203—2007 规定_____试块为焊缝探伤用标准试块;_____型试块用于板节点现场标定和校核探伤灵敏度,绘制距离-波幅曲线,测定系统性能等,试块 1mm、2mm 深线切割槽用于评定_____程度。

4. 渗透探伤只能查出工件表面_____缺陷,对_____或_____无法探伤。

5. 在四种无损检测方法中对表面裂纹检测灵敏度最高的是_____。

6. 直探头纵波探伤时,工件上下表面不平行会产生的现象是_____。

7. 一级焊缝探伤比例为_____,二级焊缝探伤比例为_____。

8. JGJ 81—2002 中规定,无损检测应在_____合格后进行。

9. 根据使用目的和要求不同,通常将试块分成以下两大类:_____和_____。

10. 根据 JG/T 203—2007 的规定:按比例抽查的焊接接头有不合格的接头或不合格率为焊缝数的_____时,应加倍抽检,且应在原不合格部位两侧的焊缝长线各增加一处进行扩探,扩探仍不合格者,则应对该焊工施焊的焊接接头进行全检测和质量评定。

二、单项选择题(每小题 1 分,共 20 分)

1. 超声波探伤仪的探头晶片用的是下面哪种材料_____。
   A. 导电材料   B. 磁致伸缩材料   C. 压电材料   D. 磁性材料

2. 超声波探伤系统区别相邻两缺陷的能力称为_____。
   A. 检测灵敏度   B. 时基线性   C. 垂直线性   D. 分辨力

3. 探伤时采用较高的探测频率,可有利于_____。
   A. 发现较小的缺陷   B. 区分开相邻的缺陷
   C. 改善声束指向性   D. 以上全部

4. 在频率一定和材料相同情况下,横波对小缺陷探测灵敏度高于纵波的原因是_____。
   A. 横波质点振动方向对缺陷反射有利   B. 横波探伤杂质少
   C. 横波波长短   D. 横波指向性好

5. 单探头探伤时,在近区有幅度波动较快,探头移动时水平位置不变的回波,它们可能是_____。
   A. 来自工件表面的杂波   B. 来自探头的噪声
   C. 工件上近表面缺陷的回波   D. 耦合剂噪声

6. 当声束指向不与平面缺陷垂直时,在一定范围内,缺陷尺寸越大,其反射回波强度越_____。
   A. 大   B. 小   C. 无影响   D. 不一定

7. 对有加强的高的焊缝作斜平行扫查探测焊缝横向缺陷时,应_____。
   A. 保持灵敏度不变   B. 适当提高灵敏度
   C. 增大 K 值探头探测   D. 以上 B 和 C

8. 焊缝检验中,宜对缺陷环绕扫查,其动态波形包括路线是方形的,则缺陷性质可估判为_____。
   A. 条状夹杂   B. 气孔或圆形夹杂   C. 裂纹   D. 以上 A 和 C

9. _____方法不适宜 T 形焊缝。
   A. 直探头在翼板上扫查探测   B. 斜探头在翼板外侧或内侧扫查探测
   C. 直探头在腹板上扫查探测   D. 斜探头在腹板上扫查探测

10. 直流电不适用于干法检验主要原因为_____。
    A. 直流电磁场渗入深度大,检测缺陷的深度最大
    B. 直流电剩磁稳定
    C. 直流电的大小和方向都不变,不利于搅动磁粉促使磁粉向漏磁场处迁移
    D. 直流电没有屈服效应,对表面缺陷检测灵敏度低

11. 用剩磁法检验时,把很多工件放在架子上施加磁粉。在这种情况下,工件之间不得相互接触和摩擦是因为_____。
    A. 会使磁场减弱   B. 可能产生磁泻
    C. 可能损伤工件   D. 以上都是

12. _____通常是由于局部过热引起,且呈现为不规则的网状或分散的细线条状。
    A. 疲劳裂纹   B. 磨削裂纹   C. 弧坑裂纹   D. 热影响区裂纹

13. _____能获得最高灵敏度。
    A. 在渗透时间内,试件一直浸在渗透液中
    B. 把试件浸在渗透液中足够时间后,排液并滴落渗透液
    C. 用刷涂法连续施加渗透液
    D. 以上各法都可以

14. 大型工件大面积渗透探伤,应选用_____。
    A. 后乳化型渗透探伤法   B. 水洗型渗透探伤法
    C. 溶剂去除型渗透探伤法   D. 以上都是

15. 我们常用的超声探伤仪是_____显示探伤仪。
    A. A 型   B. B 型   C. C 型   D. D 型

16. 在对接焊缝超探时,探头平行于焊缝方向的扫查目的是探测_____。
    A. 横向裂缝   B. 夹渣   C. 纵向缺陷   D. 以上都对

17. 厚板焊缝斜角探伤时,常会漏掉_____。
    A. 与表面垂直的裂纹   B. 方向无规律的夹渣
    C. 根部未焊透   D. 与表面平行未熔合

18. 焊缝斜角探伤时,焊缝中与表面成一定角度的缺陷,其表面状态对回波高度的影响是_____。
    A. 无影响   B. 粗糙表面回波幅度高
    C. 光滑表面回波幅度高   D. 以上都是

19. 通常要求焊缝探伤在焊后 48h 进行,是因为_____。
    A. 让工件充分冷却   B. 焊缝材料组织稳定
    C. 冷裂缝有延时产生的特点   D. 以上都对

20. 经超声波探伤不合格的焊接接头,应予返修,返修次数不得超过_____。
    A. 一次   B. 二次   C. 三次   D. 以上都对

三、多项选择题(每小题 2 分,共 20 分)

1. 裂纹根据发生的条件和时机,可分为_____。
   A. 热裂纹   B. 冷裂纹   C. 再热裂纹   D. 层状撕裂

2. 射线探伤的优点是_____。
   A. 检测结果有直接记录
   B. 可以获得缺陷的真实图像

C. 面积型缺陷的检出率比体积型缺陷的检出率高
D. 适宜检验较薄的工件而不适宜较厚的工件

3. 超声探伤中试块的用途是_____。
   A. 确定合适的探伤方法　　　　　　　B. 确定探伤灵敏度和评价缺陷大小
   C. 检验仪器性能　　　　　　　　　　D. 测试探头的性能

4. 对超声探伤试块的基本要求是_____。
   A. 其声速与被探工件声速基本一致　　B. 材质要求均匀
   C. 材料的衰减不太大　　　　　　　　D. 必须为铁质

5. 超声波探伤时采用较高的探测频率,可有利于_____。
   A. 发现较小的缺陷　　　　　　　　　B. 区分开相邻的缺陷
   C. 改善声束指向性　　　　　　　　　D. 发现较大的缺陷

6. 超声检测中考虑灵敏度补偿可能的理由是什么?_____。
   A. 被检工件厚度太大　　　　　　　　B. 工件底面与探测面不平行
   C. 耦合剂有较大声能损耗　　　　　　D. 曲面工件
   E. 工件与试块材质、表面状态不同

7. 超声探头在工件上扫查的基本原则有_____。
   A. 声束轴线尽可能与缺陷垂直　　　　B. 扫查区域必须覆盖全部检测区
   C. 扫查速度取决于工作量的大小　　　D. 必须保证声束有一定量的相互重叠

8. 超声波斜入射到异质介面时,可能产生的物理现象有_____。
   A. 反射　　　　B. 折射　　　　C. 波形转换　　　　D. 以上都不是

9. 在直接接触法直探头探伤时,底波消失的原因是_____。
   A. 耦合不良　　　　　　　　　　　　B. 存在与声束不垂直的平面缺陷
   C. 耦合太好　　　　　　　　　　　　D. 存在与始脉冲不能分开的近表面缺陷

10. 下列情况之一,应进行表面检测_____。
    A. 外观检查发现裂纹时,应对该批中同一类焊缝进行100%的表面检测
    B. 外观检查怀疑有裂纹时,应对怀疑的部位进行表面探伤
    C. 设计图纸规定进行表面探伤时
    D. 检查员认为有必要时

四、判断题(每小题1分,共10分)

1. 射线探伤对裂纹等危害性缺陷探伤灵敏度高,对未熔合缺陷的探伤灵敏度低。　　　　(　)
2. 采用斜探头进行纯横波焊缝探伤时,其入射角的选择范围应在第Ⅱ临界角和第Ⅲ临界角之间。　　　　　　　　　　　　　　　　　　　　　　　　　　　　　　　　　　　　　(　)
3. 渗透探伤中清洗步骤是从被检工件表面上去除掉所有的渗透剂,但又不能将已渗入缺陷的渗透剂清洗掉。　　　　　　　　　　　　　　　　　　　　　　　　　　　　　　　(　)
4. 磁粉探伤与渗透探伤一样,只能检测构件的表面缺陷。　　　　　　　　　　　　　(　)
5. 超声波的频率越高,传播速度越快。　　　　　　　　　　　　　　　　　　　　　(　)
6. 增益100dB就是信号强度放大100倍。　　　　　　　　　　　　　　　　　　　　(　)
7. 为提高分辨力,在满足探伤灵敏度要求情况下,仪器的发射强度应尽量调得低些。　(　)
8. 采用当量法确定的缺陷尺寸一般小于缺陷得的际尺寸。　　　　　　　　　　　　　(　)
9. 采用无损检测(NDT)后在一定程度上可以确保每个部件都不会失效或出现故障。　(　)
10. 中厚板探伤时,可用GB/T 11345—1989附录B中对比试块(RB)调节灵敏度,质量评级按

JG/T 203—2007 的规定进行。 （ ）

五、综合题（每小题5分，共30分）

1. 为什么钢结构内部质量的控制一般采用超声波探伤，而不是射线探伤？
2. 焊缝中常见的缺陷有那些？其中哪些缺陷危害较大？
3. 某试验室绘制的 DAC 曲线，标准试块孔深 20mm、40mm、60mm、80mm 处的波幅依次为 52dB、48dB、45dB、42dB，已知耦合补偿为 -4dB，B 级检验，试计算其评定线、定量线、判废线值？
4. 用 5P10×12K2.5 探头，检验板厚 $T=20mm$ 的钢焊缝，扫描按水平 1:1 调节，探伤时在水平刻度 40mm 和 70mm 处各发现缺陷波一个，试求这两个缺陷的深度？
5. 已知 DAC 曲线如下表：（B 级检验，不考虑表面补偿）

孔深(mm)	20	40	60	80
评定线(dB)				
定量线(dB)	41	37	33	29
判废线(dB)				

1）根据已知把表格填写完整；
2）已知某焊缝板厚为 40mm，初始检验时，探伤灵敏度应如何选择？
3）上述焊缝按深度 1:1 调节，检测结果发现在 3.0 格处有一缺陷，其最大波幅在基准波高时的分贝数为 39dB，用 6dB 法测长为 15mm；在 4.8 格处发现另一缺陷，其最大波幅在基准波高时的分贝数同样是 39dB，用 6dB 法测长为 32mm；在 5.5 格处发现一点状缺陷，其最大波幅在基准波高时的分贝数为 46dB。求此三个缺陷的深度并对每个缺陷评级。

6. 某试验室对其超声波探头进行周期检查，在 CSK-IB 试块上测得一 K2 探头的前沿为 12mm，测其 K 值时，当示波器上出现最高反射波后，量得探头前端至试块端部的距离为 87mm。
问：（1）探头的实测 K 值为多少？
（2）探头 K 值的变化是因为使用中探头前端或后端的磨损造成的，则此探头是前端还是后端发生磨损？
（3）检查前，试验员已用此探头按 K=2，扫描速度深度 1:1（直接寻找最高反射波法）测得一缺陷的水平距离为 40mm，则实际扫描速度是多少？此缺陷的实际水平距离为多少？

钢结构焊缝质量模拟试卷（B）

一、填空题（每空1分，共20分）

1. 焊接检验的方法分为_____、_____两大类。
2. 焊缝焊接质量的主要无损检测方法有四种：_____、_____、_____、_____。
3. 超声波探伤按原理来分：有_____和_____法。
4. 磁粉探伤的一般工序为：_____、_____、观察、记录及后处理（包括退磁）等。
5. 直探头纵波探伤时，工件上下表面不平行会产生的现象是_____。
6. 对现场安装焊缝，应按同一类型、同一施焊条件的焊缝条数计算百分比，探伤长度应不小于_____，并应不少于一条焊缝。
7. JGJ 81—2002 中规定，无损检测应在_____合格后进行。
8. 根据缺陷磁痕的形态，可以把缺陷磁痕大致分为_____和_____两种。

9. 根据 JG/T 203—2007 的规定,除裂纹与未熔合外,钢结构焊接接头对超声波最大反射波幅位于 DAC 曲线区的其他缺陷,应进行单个缺陷指示长度的等级评定、_____指示长度等级评定、_____缺陷评定。

10. 根据 JG/T 203—2007 的规定:超声波探伤使用 A 型显示脉冲反射式超声探伤仪,水平线性误差不应大于_____,垂直线性误差不应大于_____,也可使用数字式超声探伤仪,应至少能存储四幅 DAC 曲线。

二、单项选择题(每小题 1 分,共 20 分)

1. 经超声波探伤不合格的焊接接头,应予返修,返修次数不得超过_____。
   A. 一次　　　　B. 二次　　　　C. 三次　　　　D. 以上都对

2. 单探头探伤时,在近区有幅度波动较快,探头移动时水平位置不变的回波,它们可能是_____。
   A. 来自工件表面的杂波　　　　B. 来自探头的噪声
   C. 工件上近表面缺陷的回波　　D. 耦合剂噪声

3. 超声波探伤仪的探头晶片用的是_____。
   A. 导电材料　　B. 磁致伸缩材料　　C. 压电材料　　D. 磁性材料

4. 用剩磁法检验时,把很多工件放在架子上施加磁粉。在这种情况下,工件之间不得相互接触和摩擦是因为_____。
   A. 会使磁场减弱　　B. 可能产生磁泻　　C. 可能损伤工件　　D. 以上都是

5. 超声探伤系统区别相邻两缺陷的能力称为_____。
   A. 检测灵敏度　　B. 时基线性　　C. 垂直线性　　D. 分辨力

6. 在频率一定和材料相同的情况下,横波对小缺陷探测灵敏度高于纵波的原因是_____。
   A. 横波质点振动方向对缺陷反射有利　　B. 横波探伤杂质少
   C. 横波波长短　　　　　　　　　　　　D. 横波指向性好

7. 当声束指向不与平面缺陷垂直时,在一定范围内,缺陷尺寸越大,其反射回波强度越_____。
   A. 大　　　　B. 小　　　　C. 无影响　　　　D. 不一定

8. 对有加强的高的焊缝作斜平行扫查探测焊缝横向缺陷时,应_____。
   A. 保持灵敏度不变　　B. 适当提高灵敏度
   C. 增大 K 值探头探测　　D. 以上 B 和 C

9. 探伤时采用较高的探测频率,可有利于_____。
   A. 发现较小的缺陷　　B. 区分开相邻的缺陷
   C. 改善声束指向性　　D. 以上全部

10. 焊缝检验中,对宜缺陷环绕扫查,其动态波形包括路线是方形的,则缺陷性质可估判为_____。
    A. 条状夹杂　　　　　　B. 气孔或圆形夹杂
    C. 裂纹　　　　　　　　D. 以上 A 和 C

11. 直流电不适用于干法检验的主要原因为_____。
    A. 直流电磁场渗入深度大,检测缺陷的深度最大
    B. 直流电剩磁稳定
    C. 直流电的大小和方向都不变,不利于搅动磁粉促使磁粉向漏磁场处迁移
    D. 直流电没有屈服效应,对表面缺陷检测灵敏度低

12. 焊缝斜探头探伤时,焊缝中与表面成一定角度的缺陷,其表面状态对回波高度的影响是_____。
   A. 无影响　　　　　　　　　　　　B. 粗糙表面回波幅度高
   C. 光滑表面回波幅度高　　　　　　D. 以上都是
13. _____通常是由于局部过热引起,且呈现为不规则的网状或分散的细线条状。
   A. 疲劳裂纹　　　B. 磨削裂纹　　　C. 弧坑裂纹　　　D. 热影响区裂纹
14. _____能获得最高灵敏度。
   A. 在渗透时间内,试件一直浸在渗透液中
   B. 把试件浸在渗透液中足够时间后,排液并滴落渗透液
   C. 用刷涂法连续施加渗透液
   D. 以上各法都可以
15. 通常要求焊缝探伤在焊后48h进行是因为_____。
   A. 让工件充分冷却　　　　　　　　B. 焊缝材料组织稳定
   C. 冷裂缝有延时产生的特点　　　　D. 以上都对
16. 大型工件大面积渗透探伤,应选用_____。
   A. 后乳化型渗透探伤法　　　　　　B. 水洗型渗透探伤法
   C. 溶剂去除型渗透探伤法　　　　　D. 以上都是
17. 在对接焊缝超探时,探头平行于焊缝方向的扫查目的是探测_____。
   A. 横向裂缝　　　B. 夹渣　　　　　C. 纵向缺陷　　　D. 以上都对
18. 厚板焊缝斜探头探伤时,常会漏掉_____。
   A. 与表面垂直的裂纹　　　　　　　B. 方向无规律的夹渣
   C. 根部未焊透　　　　　　　　　　D. 与表面平行未熔合
19. 以下哪种探测方法不适宜T形焊缝_____。
   A. 直探头在翼板上扫查探测　　　　B. 斜探头在翼板外侧或内侧扫查探测
   C. 直探头在腹板上扫查探测　　　　D. 斜探头在腹板上扫查探测
20. 我们常用超声探伤仪是_____显示探伤仪。
   A. A 型　　　　　B. B 型　　　　　C. C 型　　　　　D. D 型

三、多项选择题(每小题2分,共20分)

1. 下列焊接缺陷属于常见外观缺陷的有_____。
   A. 咬边　　　　　B. 焊瘤　　　　　C. 凹陷　　　　　D. 夹杂
2. 射线探伤的优点是_____。
   A. 检测结果有直接记录
   B. 可以获得缺陷的真实图像
   C. 面积型缺陷的检出率比体积型缺陷的检出率高
   D. 适宜检验较薄的工件而不适宜较厚的工件
3. 超声探伤中试块的用途是_____。
   A. 确定合适的探伤方法　　　　　　B. 确定探伤灵敏度和评价缺陷大小
   C. 检验仪器性能　　　　　　　　　D. 测试探头的性能
4. GB/T 3323—2005中将缺陷分为4级,下面哪些缺陷是Ⅱ级焊缝绝不允许出现的缺陷_____。
   A. 裂纹　　　　　B. 未熔合　　　　C. 未焊透　　　　D. 条状缺陷

5. 超声波探伤时采用较高的探测频率,可有利于_____。
   A. 发现较小的缺陷　　　　　　　　B. 区分开相邻的缺陷
   C. 改善声束指向性　　　　　　　　D. 发现较大的缺陷
6. 超声检测中考虑灵敏度补偿可能的理由是_____。
   A. 被检工件厚度太大　　　　　　　B. 工件底面与探测面不平行
   C. 耦合剂有较大声能损耗　　　　　D. 曲面工件
   E. 工件与试块材质、表面状态不同
7. 超声波检测仪使用中应定期检验,合格后方可使用,检验周期一般为_____。
   A. 三个月　　　　　　　　　　　　B. 一年
   C. 发现故障或检修后　　　　　　　D. 三年
8. 超声探头在工件上扫查的基本原则有_____。
   A. 声束轴线尽可能与缺陷垂直　　　B. 扫查区域必须覆盖全部检测区
   C. 扫查速度取决于工作量的大小　　D. 必须保证声束有一定量的相互重叠
9. 在脉冲反射法探伤中,可根据_____判断缺陷的存在。
   A. 缺陷回波　　　　　　　　　　　B. 底波或参考回波的减弱
   C. 底波或参考回波的消失　　　　　D. 接收探头接收到的能量的减弱
10. 下列情况之一,应进行表面检测:_____。
    A. 外观检查发现裂纹时,应对该批中同一类焊缝进行 100% 的表面检测
    B. 外观检查怀疑有裂纹时,应对怀疑的部位进行表面探伤
    C. 设计图纸规定进行表面探伤时
    D. 检查员认为有必要时

四、判断题(每小题 1 分,共 10 分)

1. 射线探伤对裂纹等危害性缺陷探伤灵敏度高,对未熔合缺陷的探伤灵敏度低。　　(　)
2. 对焊缝质量评定时,反射波幅位于 Ⅱ 区的缺陷,无论其指示长度如何,均评为 Ⅲ 级。(　)
3. 磁粉探伤,用干粉法时磁粉颗粒度范围为 $10\sim60\mu m$,用湿粉法时磁粉颗粒度范围为 $5\sim25\mu m$。(　)
4. 渗透探伤中清洗步骤是从被检工件表面上去除掉所有的渗透剂,但又不能将已渗入缺陷的渗透剂清洗掉。(　)
5. 检测人员在检测到不合格缺陷时,由于不合格数据与标准值相差不大且工期较紧,可以请示行政领导后给予放行。(　)
6. 波的叠加原理说明,几列波在同一介质中传播并相遇时,都可以合并成一个波继续传播。(　)
7. 为提高分辨力,在满足探伤灵敏度要求情况下,仪器的发射强度应尽量调得低些。(　)
8. 厚焊缝采用串列法扫查时,如焊缝余高磨平,则不存在死区。(　)
9. 厚钢板探伤中,若出现缺陷得多次反射波,说明缺陷的尺寸一定较大。(　)
10. 采用无损检测(NDT)后在一定程度上可以确保每个部件都不会失效或出现故障。(　)

五、综合题(每小题 5 分,共 30 分)

1. 超声波探伤中试块的作用是什么?
2. 简述《钢结构超声波探伤及质量分级法》JG/T 203—2007 的适用范围。
3. 已知超声波探伤仪示波器上有 A、B、C 三个波,其中 A 波为满刻度的 80%,B 波为 50%,C 波

为 20%。设 B 波为 10dB,则 A、C 波高各为多少?

4. 用 5P10×12K2 探头,检验板厚 $T=25$mm 钢板对接焊缝,扫描按深度 2∶1 调节。探伤时在水平刻度 60mm 处发现一缺陷波。求此缺陷深度和水平距离。

5. 已知 DAC 曲线如下表(B 级检验,不考虑表面补偿):

孔深(mm)	20	40	60	80
评定线(dB)				
定量线(dB)	41	37	33	29
判废线(dB)				

(1)根据已知把表格填写完整;

(2)已知某焊缝板厚为 40mm,初始检验时,探伤灵敏度应如何选择?

(3)上述焊缝按深度 1∶1 调节,检测结果发现在 3.0 格处有一缺陷,其最大波幅在基准波高时的分贝数为 39dB,用 6dB 法测长为 15mm;在 4.8 格处发现另一缺陷,其最大波幅在基准波高时的分贝数同样是 39dB,用 6dB 法测长为 32mm;在 5.5 格处发现一点状缺陷,其最大波幅在基准波高时的分贝数为 46dB。求此三个缺陷的深度并对每个缺陷评级。

6. 某试验室对其超声波探头进行周期检查,在 CSK-IB 试块上测得一 K2 探头的前沿为 12mm,测其 K 值时,当示波器上出现最高反射波后,量得探头前端至试块端部的距离为 87mm。

问:(1)探头的实测 K 值为多少?

(2)探头 K 值的变化是因为使用中探头前端或后端的磨损造成的,则此探头是前端还是后端发生磨损?

(3)检查前,试验员已用此探头按 $K=2$,扫描速度深度 1∶1(直接寻找最高反射波法)测得一缺陷的水平距离为 40mm,则实际扫描速度是多少?此缺陷的实际水平距离为多少?

第四节 钢结构防腐防火涂装

一、填空题

1. 钢结构防腐涂料涂装时的环境温度和相对湿度应符合涂料产品说明书的要求,当产品说明书无要求时,环境温度宜在＿＿＿＿℃之间,相对湿度不应大于＿＿＿＿％。涂装时构件表面不应有结露;涂装后＿＿＿＿h 内应保护免受雨淋。

2. 钢结构涂料按其使用功能可划分为＿＿＿＿涂料和＿＿＿＿涂料。

3. 钢结构防腐涂料涂装前钢材表面除锈应符合＿＿＿＿和＿＿＿＿的规定,处理后的钢材表面不应有＿＿＿＿、＿＿＿＿、＿＿＿＿、＿＿＿＿和＿＿＿＿等。

4. 涂料是由＿＿＿＿、＿＿＿＿和＿＿＿＿三大部分组成。

5. 露天钢结构,应选用＿＿＿＿＿＿＿＿的钢结构防火涂料。

6. 双组分装的涂料,应按＿＿＿＿规定在现场调配;单组分装的涂料也应＿＿＿＿。喷涂后,不应发生＿＿＿＿。

7. 用于制造防火涂料的原料应不含＿＿＿＿和＿＿＿＿,不宜采用＿＿＿＿。

8. 在同一工程中,每使用或不足＿＿＿＿t 薄涂型钢结构防火涂料应抽样检测一次粘结强度;每使用或不足＿＿＿＿t 厚涂型钢结构防火涂料应抽样检测一次粘结强度和抗压强度。

9. 钢结构防腐涂料、涂装遍数、涂层厚度均应符合设计要求。当设计对涂层厚度无要求时,涂层干漆膜总厚度:室外应为＿＿＿＿μm,室内应为＿＿＿＿μm,其允许偏差为＿＿＿＿μm。

10. 在抽查防火涂料质量验收过程中,薄涂型防火涂料涂层表面裂纹宽度不应大于_____mm;厚涂型防火涂料涂层表面裂纹宽度不应大于_____mm。

二、选择题(多选和单选)

1. 下列试验中适合于室内防火涂料的试验有_____。
   A. 外观与颜色　　　　B. 粘结强度　　　　C. 耐曝热性　　　　D. 耐酸性
2. 底漆的主要作用有_____。
   A. 封固基底　　　　B. 增强附着力　　　　C. 抗碱、防锈等作用　　D. 增强漆膜厚度
3. 当钢结构处在有腐蚀介质环境或外露且设计有要求时,应进行涂层附着力测试,在检测处范围内当涂层完整程度达到_____%以上时,涂层附着力达到合格质量。检查数量:按构件数抽查_____%且不应少于_____件,每件测_____处。
   A. 70　10　3　3　　B. 80　10　3　3　　C. 70　1　3　3　　D. 70　1　5　5
4. 《色漆和清漆　漆膜的划格试验》GB9286 主要适用于_____。
   A. 涂膜厚度大于 250μm 的涂层　　　　B. 涂膜厚度不大于 250μm 的涂层
   C. 涂膜厚度大于 125μm 的涂层　　　　D. 涂膜厚度不大于 125μm 的涂层
5. 薄涂型防火涂料的涂层厚度应符合有关耐火极限的设计要求。厚涂型防火涂料涂层的厚度,_____% 及以上面积应符合有关耐火极限的设计要求,且最薄处厚度不应低于设计要求的_____%。
   A. 80　85　　　　B. 80　80　　　　C. 70　80　　　　D. 90　90
6. 室内钢结构防火涂料耐水性要求为_____。
   A. ≥12h　　　　B. ≥24h　　　　C. ≥24d　　　　D. ≥12d
7. 防火涂料涂层厚度测量仪由针杆和可滑动的圆盘组成,圆盘始终保持与针杆垂直,并在其上装有固定装置,固定装置圆盘直径不大于_____。
   A. 25mm　　　　B. 15mm　　　　C. 30mm　　　　D. 20mm
8. 下列厚度的涂料涂层厚度属于薄型防火涂料的是_____。
   A. 25mm　　　　B. 1.5mm　　　　C. 4mm　　　　D. 6mm
9. 钢结构涂装前通常采用的表面处理方法有_____。
   A. 手动工具清理　　B. 动力工具打磨　　C. 抛丸处理　　D. 喷砂处理
10. 室外厚型钢结构防火涂料的粘结强度和抗压强度分别要求为_____。
    A. ≥0.02MPa 和 ≥0.2MPa　　　　B. ≥0.05MPa 和 ≥0.5MPa
    C. ≥0.04MPa 和 ≥0.5MPa　　　　D. ≥0.04MPa 和 ≥0.4MPa

三、判断题

1. 涂料可用喷涂、抹涂、刷涂、辊涂、刮涂等方法中的任何一种或多种方法方便地施工,并能在通常的自然环境条件下干燥固化。(　　)
2. 钢结构防火涂料涂层干燥后,外观与颜色同样品相比应无明显差别。(　　)
3. 薄涂型钢结构防火涂料涂层厚度大于3mm且小于等于6mm。(　　)
4. 干漆膜磁性测厚仪采用零点校准法比两点校准法的测量结果更精确。(　　)
5. 涂装完成后应全数检查构件,构件的标志标记和编号应清晰完整。(　　)
6. 当钢结构处在有腐蚀介质环境或外露且设计有要求时,应进行涂层附着力测试,在检测处范围内,当涂层完整程度达到70%以上时,涂层附着力达到合格质量标准的要求。(　　)
7. 钢结构防腐涂层按照设计要求进行选型、施工后就可以确保钢结构不受腐蚀侵害。(　　)

8. 钢材在干燥的环境中几乎不会发生腐蚀。( )

9. 在钢结构防腐涂装检查中应全数检查构件的表面,表面不应误涂、漏涂,涂层不应脱皮和返锈等。( )

四、计算题

1. 在一次工程验收现场测试中,检验员分别测得所选梁和柱的某一测点的防火涂层厚度如下:

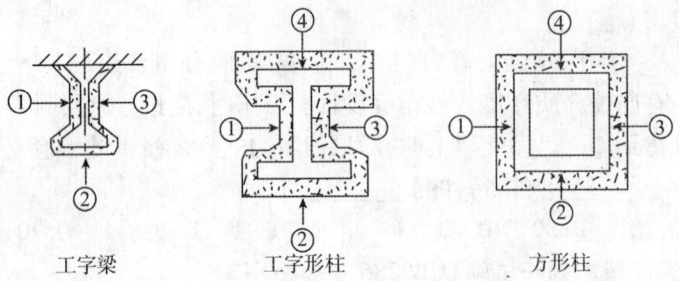

工字梁　　　工字形柱　　　方形柱

工字梁测点:①—23.2mm,23.7mm;②—20.2mm,19.7mm;③—21.4mm,21.6

工字形柱测点:①—21.2mm,21.7mm;②—20.2mm,20.7mm;③—22.8mm,22.5mm;④—20.2mm,20.7mm

方形柱测点:②—20.8mm,20.6mm;②—20.4mm,20.8mm;③—21.7mm,21.9mm;④—19.3mm,19.6mm

(1)查该工程设计得知该工程防火涂层厚度设计要求为20mm。

(2)请根据以上数据计算各测点的平均值,和根据《钢结构工程施工质量验收规范》GB 50205—2001相关规定,判断该测点的防火涂料厚度能否满足设计要求。

2. 某厂家生产的厚涂型室内钢结构防火涂料,在粘结强度试验中,经检测机构测得5次的破坏载荷(F)分别为:380N、390N、402N、408N、412N。试验时选择的涂料截面为50mm×50mm。

(1)计算该防火涂料的粘结强度f_b,写出计算过程和计算方法。

(2)根据《钢结构防火涂料》GB 14907对粘结强度的要求判断该涂料的粘结强度是否满足要求。

五、问答题

1. 简述涂料的定义。

2. 钢结构防火涂料是什么?

3. 钢结构防腐防火涂装工程验收应在何时开展较合适?

4. 简述磁性测厚仪操作步骤及相关注意事项(零点校准法和两点校准法)。

5. 简述防火涂料厚度测定的仪器要求和测试步骤。

6. 简述厚涂型防火涂料涂层的厚度检验检查数量的规定及基本要求。

7. 钢结构防火涂料按涂层厚度分,划分为哪几类?厚度各为多少?

8. 根据钢结构的使用场所及耐火极限进行防火涂料的选用原则。

9. 简述防腐涂层检测中使用的80~20判定原则的含义(举例说明)。

10. 目前常用的钢结构防火措施有哪几种?

六、案例题

在对美国世贸中心大楼事故的前期检查和后期分析中发现了下列现象:

①在一次检查中,发现钢结构的部分涂层未完全闭合,露底、漏涂较普遍。桁架弦杆的顶部、底

部和腹杆的不少位置,以及桁架末端与外墙交接的位置出现裸露,在很多部位,可见防锈的红丹底漆。

②在"9.11"事件中,被劫持飞机分别撞击在世贸中心南楼的 78~82 层、北楼的 94~98 层。上述位置均采用不含石棉的耐火保护材料(采用的替代材料并未经过严格的各项性能指标测试)。

③在"9.11"事件发生后对现场提取的铁锈进行检查发现,铁锈上粘结着耐火保护施工时喷涂的水泥浆。

④在实地检查中,发现部分结构的防火保护层的厚度低于设计要求的20mm。

根据以上现象,结合钢结构防火保护的相关原理,综合分析世贸中心坍塌的原因有哪些?我们在防火涂料的施工及检测中应注意哪些事项?

参考答案:

一、填空题

1. 5~38 85 4
2. 防火 防腐
3. 设计要求 国家现行有关标准 焊渣 焊疤 灰尘 油污 水 毛刺
4. 主要成膜物质 次要成膜物质 辅助成膜物质
5. 适合室外用
6. 说明书 充分搅拌 流淌和下坠
7. 石棉 甲醛 苯类溶剂
8. 100 500
9. 150 125 -25
10. 0.5mm 1mm

二、选择题

1. A、B 2. A、B、C 3. C 4. B
5. A 6. B 7. C 8. C、D
9. A、B、C、D 10. C

三、判断题

1. √ 2. √ 3. × 4. ×
5. √ 6. √ 7. × 8. √ 9. √

四、计算题

1. 解:

(1)工字梁测点平均值为:21.6mm;工字形柱测点平均值为:21.2mm;方形柱测点平均值为:20.6mm。

(2)《钢结构工程施工质量验收规范》GB 50205—2001 要求:厚涂型防火涂料涂层的厚度,80%及以上面积应符合有关耐火极限的设计要求,且最薄处厚度不应低于设计要求的85%。从上述计算数据来看:20×85% =17mm,各数据都大于这个数值。但在方形柱测点中出现了2个测点低于20mm 的值,达标数值占的比例为6/8 =75%。因此,按照标准要求,方形柱的测点没有达到标准要求。

2. 解:

(1)根据《钢结构防火涂料》GB 14907 规定,去掉最大值、最小值。

破坏载荷平均值为$(390+402+408)/3=400$;$f_b=400/2500=0.16\text{MPa}$;

(2)《钢结构防火涂料》GB 14907 要求室内厚型防火涂料粘结强度≥0.04MPa,该涂料的粘结强度为0.16,因此,该涂料的粘结强度是合格的。

五、问答题

1. 答:涂料一般为黏稠液体或粉末状物质,可以用不同的施工工艺涂覆于物体表面,干燥后能形成黏附牢固、具有一定强度、连续的固态薄膜,赋予被涂物以保护、美化和其他预期的效果。

2. 答:钢结构防火涂料:指施涂于建筑物及构筑物的钢结构表面,能形成耐火隔热保护层以提高钢结构耐火极限的涂料。

3. 答:钢结构普通涂料涂装工程应在钢结构构件组装预拼装或钢结构安装工程检验批的施工质量验收合格后进行,钢结构防火涂料涂装工程应在钢结构安装工程检验批和钢结构普通涂料涂装检验批的施工质量验收合格后进行。

4. 答:防腐层厚度检测现在一般采用数字式磁性测厚仪;测厚仪的工作原理:磁感应;零点校准法:采用标准样块在零点处进行校准;二点校准法:采用与被测物质漆膜厚度相当的标准样块进行校准。

(1)测量操作步骤:

1)关机状态下打开机器;

2)仪器校准(零点法或两点法);

3)测量:将仪器测针垂直于被测量的面轻轻按下,同时读取测量的数值,可以对一个点进行多次测量取平均值,根据需要在选定的点进行测量;

4)判定:按照标准要求判定该测点的厚度能否满足设计要求。

(2)注意事项:

1)由于暴露的磁铁会吸住附件散落的铁粒子和钢丸或钢砂。应保持测试点干净。在涂料施工前每道涂层施工之间,仔细检查表面清洁度。

2)如果磁性测厚仪用于发黏的漆膜上,读数所表明的厚度可能低于真实漆膜厚度,这是因为漆膜本身在测试点之上托住了涂料。如果用于软性涂层上,磁铁末端会压低漆膜,造成偏薄的读数。

3)测试区域的振动会引起磁铁在正常离开表面之前脱离表面,得出偏高的读数。磁性仪器很可能还会受到靠近边缘处磁场的影响。一般情况下,最好不要在距边、孔或内角小于25mm 的地方测定干膜厚度。

4)刻度盘式的拉伸测厚仪在磁铁提离表面后,刻度盘容易继续转动而得出不正确的读数。

5. 答:测针(厚度测量仪)由针杆和可滑动的圆盘组成,圆盘始终保持与针杆垂直,并在其上装有固定装置,圆盘直径不大于30mm,以保证完全接触被测试件的表面。

测试时,将测厚探针垂直插入防火涂层直至钢基材表面上,记录标尺读数。

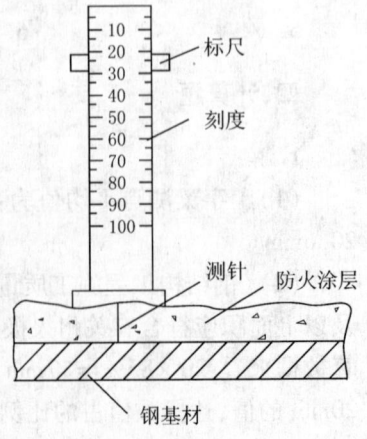

6. 答:厚涂型防火涂料涂层的厚度,80%及以上面积应符合有关耐火极限的设计要求,且最薄处厚度不应低于设计要求的85%。

检查数量:按同类构件数抽查10%,且均不应少于3 件。

7. 答:钢结构防火涂料按使用厚度可分为:

(1)超薄型钢结构防火涂料,涂层厚度小于或等于3mm;

(2)薄型钢结构防火涂料,涂层厚度大于3mm且小于或等于7mm;

(3)厚型钢结构防火涂料,涂层厚度大于7mm且小于或等于45mm。

8. 答:采用钢结构防火涂料时,应符合下列规定:

(1)室内裸露钢结构、轻型屋盖钢结构及有装饰要求的钢结构,当规定其耐火极限在1.5h及以下时,宜选用薄涂型钢结构防火涂料。

(2)室内隐蔽钢结构、高层全钢结构及多层厂房钢结构,当规定其耐火极限在1.5h以上时,应选用厚涂型钢结构防火涂料。

(3)露天钢结构,应选用适合室外用的钢结构防火涂料。

9. 答:在进行干膜厚度测量标准时,要遵守其测量原则:80~20、90~10原则或相似的测量原则。80~20原则的意思为:80%的测量值不得低于规定干膜厚度,其余20%的测量值不能低于规定膜厚的80%。例如,规定干膜厚度为300μm,那么80%的测量值要达到300μm以上,其余20%的测量值不得低于规定膜厚300μm的80%,即240μm。

10. 答:

(1)外包层。就是在钢结构外表添加外包层,可以现浇成型,也可以采用喷涂法。现浇成型的实体混凝土外包层通常用钢丝网或钢筋来加强,以限制收缩裂缝,并保证外壳的强度。喷涂法可以在施工现场对钢结构表面涂抹砂泵以形成保护层,砂泵可以是石灰水泥或是石膏砂浆,也可以掺入珍珠岩或石棉。同时外包层也可以用珍珠岩、石棉、石膏或石棉水泥、轻混凝土做成预制板,采用胶粘剂、钉子、螺栓固定在钢结构上。

(2)充水(水套)。空心型钢结构内充水是抵御火灾最有效的防护措施。这种方法能使钢结构在火灾中保持较低的温度,水在钢结构内循环,吸收材料本身受热的热量。受热的水经冷却后可以进行再循环,或由管道引入凉水来取代受热的水。

(3)屏蔽。钢结构设置在耐火材料组成的墙体或顶棚内,或将构件包藏在两片墙之间的空隙里,只要增加少许耐火材料或不增加即能达到防火的目的。这是一种最为经济的防火方法。

(4)膨胀材料。采用钢结构防火涂料保护构件,这种方法具有防火隔热性能好、施工不受钢结构几何形体限制等优点,一般不需要添加辅助设施,且涂层质量轻,还有一定的美观装饰作用,属于现代的先进防火技术措施。

六、案例题

答:根据上述现象可以看出:导致世贸中心坍塌的原因是多方面的,主要表现在:

①大型飞机的巨大冲击力以及飞机自身携带的大量燃料在撞击的瞬间即发生强烈的爆炸,引起了大面积的火灾,同时飞机巨大的冲击力破坏了部分防火涂层与钢材的结合面,造成部分涂层剥落。

②在"9.11"事件中,被劫持飞机分别撞击在世贸中心南楼的78~82层、北楼的94~98层。上述位置均采用不含石棉的耐火保护材料。不含石棉的耐火保护材料的性能逊于含石棉的材料。具体表现在:材料的密实性和均匀性不高,粘结强度也不如含有石棉的材料。

③在"9.11"事件发生后对现场提取的铁锈进行检查发现,铁锈上粘结着耐火保护施工时喷涂的水泥浆,从而证明了在喷涂耐火保护材料前,并未进行全面的除锈作业,或者说除锈不够彻底。在进行耐火保护喷涂前,没有对钢材表面进行除锈和防锈处理,附着在铁锈上的耐火保护材料,会随着铁锈的脱落而脱落。因此,钢柱表面的耐火保护层没有与钢基材牢固粘结,也就很容易出现空鼓、大片脱落的现象。

④世贸中心钢结构的涂层未完全闭合,露底、漏涂较普遍。防火保护层的厚度低于设计要求的

20mm。可见存在耐火保护层厚度不达标的现象。我们知道,防火涂料的粘结强度和厚度是涂料的关键性能指标,厚度达不到要求,就不能确保在规定的时间内,使被保护的钢材在规定的时间内达到其耐火极限的屈服点。当涂层不闭合、脱落,则在发生火灾时,火焰直接作用在钢结构的裸露部位,使得该部位相当于没有防火涂料的防护,加之钢结构具有导热快、耐热性差的特点,使得在受火时局部钢结构性能迅速降低,无法支撑整个建筑物的荷载,从而不能保证钢结构建筑物的防火安全。

我们在防火涂料的施工及检测中应注意下列事项:

①严格按照施工工艺进行施工,包括基面清理,一定要满足规范的要求,达到相应的除锈等级;

②在防火涂料涂层厚度检测中,要严格按照规范中的要求进行抽样、测点选定、厚度检测,涂层厚度要和设计要求相一致。

③结合规范要求,对涂层进行定期检验制度。对使用过程中出现的偏离原设计要求的部分必须进行整改,达到原设计的性能。才能确保防火涂料在发生火灾时实现钢结构的保护。

钢结构防腐防火涂装模拟试卷(A)

一、填空题(每小题3分,共15分)

1. 钢结构防腐涂料涂装时的环境温度和相对湿度应符合涂料产品说明书的要求,当产品说明书无要求时,环境温度宜在_____℃之间,相对湿度不应大于_____%。涂装时构件表面不应有结露;涂装后_____h内应保护免受雨淋。

2. 双组分装的涂料,应按_____规定在现场调配;单组分装的涂料也应_____。喷涂后,不应发生_____。

3. 用于制造防火涂料的原料应不含_____和_____,不宜采用_____。

4. 在同一工程中,每使用或不足_____t薄涂型钢结构防火涂料应抽样检测一次粘结强度;每使用或不足_____t厚涂型钢结构防火涂料应抽样检测一次粘结强度和抗压强度。

5. 钢结构防腐涂料、涂装遍数、涂层厚度均应符合设计要求。当设计对涂层厚度无要求时,涂层干漆膜总厚度:室外应为_____μm,室内应为_____μm,其允许偏差为_____μm。

二、是非题(每小题3分,共18分)

1. 涂料可用喷涂、抹涂、刷涂、辊涂、刮涂等方法中的任何一种或多种方法方便地施工,并能在通常的自然环境条件下干燥固化。( )

2. 钢结构防火涂料涂层干燥后,外观与颜色同样品相比应无明显差别。( )

3. 薄涂型钢结构防火涂料涂层厚度大于3mm且小于等于6mm。( )

4. 干漆膜磁性测厚仪采用零点校准法比两点校准法的测量结果更精确。( )

5. 涂装完成后应全数检查构件,构件的标志标记和编号应清晰完整。( )

6. 当钢结构处在有腐蚀介质环境或外露且设计有要求时,应进行涂层附着力测试,在检测处范围内,当涂层完整程度达到70%以上时,涂层附着力达到合格质量标准的要求。( )

三、选择题(每小题4分,共32分)

1. 下列试验中适合于室内防火涂料的试验有_____。
A. 外观与颜色   B. 粘结强度   C. 耐曝热性   D. 耐酸性

2. 底漆的主要作用有_____。

A. 封固基底 B. 增强附着力
C. 抗碱、防锈等作用 D. 增强漆膜厚度

3.《色漆和清漆 漆膜的划格试验》GB 9286 主要适用于_____。

A. 涂膜厚度大于 250μm 的涂层 B. 涂膜厚度不大于 250μm 的涂层
C. 涂膜厚度大于 125μm 的涂层 D. 涂膜厚度不大于 125μm 的涂层

4. 室内钢结构防火涂料耐水性要求为_____。

A. ≥12h B. ≥24h C. ≥24d D. ≥12d

5. 防火涂料涂层厚度测量仪由针杆和可滑动的圆盘组成,圆盘始终保持与针杆垂直,并在其上装有固定装置,固定装置圆盘直径不大于_____。

A. 25mm B. 15mm C. 30mm D. 20mm

6. 下列厚度的涂料涂层厚度属于薄型防火涂料的是_____。

A. 25mm B. 1.5mm C. 4mm D. 6mm

7. 钢结构涂装前通常采用的表面处理方法有_____。

A. 手动工具清理 B. 动力工具打磨
C. 抛丸处理 D. 喷砂处理

8. 室外厚型钢结构防火涂料的粘结强度和抗压强度分别要求为_____。

A. ≥0.02MPa 和 ≥0.2MPa B. ≥0.05MPa 和 ≥0.5MPa
C. ≥0.04MPa 和 ≥0.5MPa D. ≥0.04MPa 和 ≥0.4MPa

四、简答题(每小题 5 分,共 15 分)

1. 简述防火涂料厚度测定的仪器要求(图示)和测试步骤。
2. 简述厚涂型防火涂料涂层的厚度检验检查数量的规定及基本要求。
3. 防火涂料按涂层厚度分,划分为哪几类?厚度各为多少?

五、计算题(每小题 10 分,共 20 分)

1. 在一次工程验收现场测试中,检验员分别测得所选梁和柱的某一测点的防火涂层厚度如下:

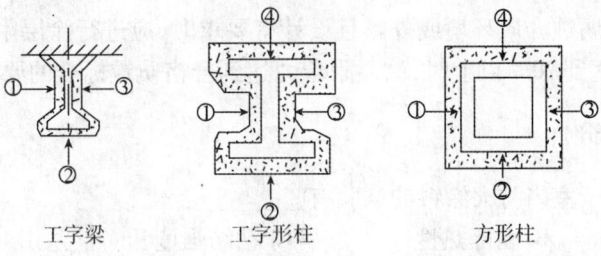

工字梁 工字形柱 方形柱

工字梁测点:①－23.2mm,23.7mm;②－20.2mm,19.7mm;③－21.4mm,21.6mm

工字形柱测点:①－21.2mm,21.7mm;②－20.2mm,20.7mm;③－22.8mm,22.5mm;④－20.2mm,20.7mm

方形柱测点:①－20.8mm,20.6mm;②－20.4mm,20.8mm;③－21.7mm,21.9mm;④－19.3mm,19.6mm

查该工程设计得知该工程防火涂层厚度设计要求为 20mm。

(1)请根据以上数据计算各测点的平均值。
(2)根据《钢结构工程施工质量验收规范》GB 50205—2001 相关内容判断该测点的防火涂料厚度能否满足设计要求。

2. 某厂家生产的厚涂型室内钢结构防火涂料,在粘结强度试验中,经检测机构测得 5 次的破坏

载荷(F)分别为:380N、390N、402N、408N、412N。试验时选择的涂料截面为50mm×50mm。

(1)计算该防火涂料的粘结强度f_b(写出计算过程和计算方法)。
(2)根据《钢结构防火涂料》GB 14907对粘结强度的要求判断该涂料的粘结强度是否满足要求。

钢结构防腐防火涂装模拟试卷(B)

一、填空题(每题3分)

1. 在同一工程中,每使用或不足_____t薄涂型钢结构防火涂料应抽样检测一次粘结强度;每使用或不足_____t厚涂型钢结构防火涂料应抽样检测一次粘结强度和抗压强度。
2. 钢结构防腐涂料涂装时的环境温度和相对湿度应符合涂料产品说明书的要求,当产品说明书无要求时,环境温度宜在_____℃之间,相对湿度不应大于_____%。涂装时构件表面不应有结露;涂装后_____h内应保护免受雨淋。
3. 钢结构防腐涂料、涂装遍数、涂层厚度均应符合设计要求。当设计对涂层厚度无要求时,涂层干漆膜总厚度:室外应为_____μm,室内应为_____μm,其允许偏差为_____μm。
4. 用于制造防火涂料的原料应不含_____和_____,不宜采用_____。
5. 双组分装的涂料,应按_____规定在现场调配;单组分装的涂料也应_____。喷涂后,不应发生_____。

二、是非题(每题3分)

1. 涂料可用喷涂、抹涂、刷涂、辊涂、刮涂等方法中的任何一种或多种方法方便地施工,并能在通常的自然环境条件下干燥固化。( )
2. 涂装完成后应全数检查构件,构件的标志标记和编号应清晰完整。( )
3. 厚涂型钢结构防火涂料涂层厚度大于3mm且小于等于6mm。( )
4. 干漆膜磁性测厚仪采用零点校准法比两点校准法的测量结果更精确。( )
5. 钢结构防火涂料涂层干燥后,外观与颜色同样品相比应无明显差别。( )
6. 当钢结构处在有腐蚀介质环境或外露且设计有要求时,应进行涂层附着力测试,在检测处范围内,当涂层完整程度达到70%以上时,涂层附着力达到合格质量标准的要求。( )

三、选择题(每题4分)

1. 下列试验中适合于室内防火涂料的试验有_____。
   A. 外观与颜色　　B. 耐曝热性　　C. 粘结强度　　D. 耐酸性
2. 底漆的主要作用有_____。
   A. 封固基底　　　　　　　　B. 抗碱、防锈等作用
   C. 增强附着力　　　　　　　D. 增强漆膜厚度
3. GB9286《色漆和清漆　漆膜的划格试验》主要适用于_____。
   A. 涂膜厚度大于125μm的涂层　　B. 涂膜厚度不大于250μm的涂层
   C. 涂膜厚度大于250μm的涂层　　D. 涂膜厚度不大于125μm的涂层
4. 室内钢结构防火涂料耐水性要求为_____。
   A. ≥12d　　B. ≥24d　　C. ≥24h　　D. ≥12h
5. 防火涂料涂层厚度测量仪由针杆和可滑动的圆盘组成,圆盘始终保持与针杆垂直,并在其上装有固定装置,固定装置圆盘直径不大于_____。

A. 15mm B. 25mm C. 30mm D. 20mm

6. 下列厚度的涂料涂层厚度属于薄型防火涂料的是_____。

A. 1.5mm B. 25mm C. 4mm D. 6mm

7. 钢结构涂装前通常采用的表面处理方法有_____。

A. 手动工具清理 B. 动力工具打磨
C. 抛丸处理 D. 喷砂处理

8. 室外厚型钢结构防火涂料的粘结强度和抗压强度分别要求为_____。

A. ≥0.02MPa 和 ≥0.2MPa B. ≥0.05MPa 和 ≥0.5MPa
C. ≥0.04MPa 和 ≥0.5MPa D. ≥0.04MPa 和 ≥0.4MPa

四、简答题（每题 5 分）

1. 简述防火涂料厚度测定的仪器要求和测试步骤。
2. 简述厚涂型防火涂料涂层的厚度检验检查数量的规定及基本要求。
3. 防火涂料按涂层厚度分,划分为哪几类？厚度各为多少？

五、计算题（每题 10 分）

1. 在一次工程验收现场测试中,检验员分别测得所选梁和柱的某一测点的防火涂层厚度如下：

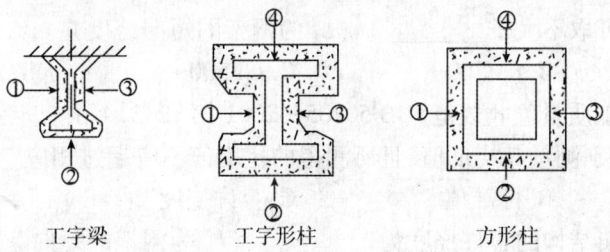

工字梁　　工字形柱　　方形柱

工字梁测点：① –23.2mm,23.7mm；② –20.2mm,19.7mm；③ –21.4mm,21.6mm

工字形柱测点：① –21.2mm,21.7mm；② –20.2mm,20.7mm；③ –22.8mm,22.5mm；④ –20.2mm,20.7mm

方形柱测点：① –20.8mm,20.6mm；② –20.4mm,20.8mm；③ –21.7mm,21.9mm；④ –19.3mm,19.6mm

查该工程设计得知该工程防火涂层厚度设计要求为20mm。

(1) 请根据以上数据计算各测点的平均值；
(2) 根据《钢结构工程施工质量验收规范》GB 50205—2001 相关规定,判断该测点的防火涂料厚度能否满足设计要求。

2. 某厂家生产的厚涂型室内钢结构防火涂料,在粘结强度试验中,经检测机构测得 5 次的破坏载荷(F)分别为：385N、395N、401N、409N、418N。试验时选择的涂料截面为50mm×50mm。

(1) 计算该防火涂料的粘结强度 f_b（写出计算过程和计算方法）；
(2) 根据《钢结构防火涂料》GB 14907 对粘结强度的要求判断该涂料的粘结强度是否满足要求。

第五节　钢结构与钢网架变形检测

一、填空题

1. 钢吊车梁的垂直度或弯曲矢高检查数量：按同类构件数抽查_____,且不应少于3件。

2. 钢屋(托)架、桁架、梁及受压杆件跨中垂直度允许偏差为_____。

3. 当 $H\leqslant 10$ m 时,单层钢柱垂直度允许偏差为_____;当 $H>10$ m 时,单层钢柱垂直度允许偏差为_____;单层钢柱弯曲矢高允许偏差为_____。

4. 网架结构整体交工验收时,杆件轴线平直度允许偏差为_____。

5. 网架结构整体交工验收时,支座最大高差允许偏差为_____;多点支承网架相邻支座高差允许偏差为_____。

6. 组合楼板中压型钢板与主体结构(梁)的锚固长度、支承长度应符合设计要求,且不应小于_____,端部锚固件连接应可靠,设置位置应符合设计要求,检查数量为_____。

7. 钢结构安装允许偏差一般项目其检验结果应有_____的检查点(值)符合 GB 50205—2001 中合格质量标准的要求,且最大值不应超过其允许偏差值的_____倍。

8. GB/T 50344—2004 第 6.8.8 条规定,钢网架的挠度,可用_____或水准仪检测,每半跨范围内测点数不宜小于_____,且跨中应有 1 个测点,端部测点距端支座不应大于_____。

9. GB 50205—2001 中规定,钢网架结构_____应分别测量其挠度值,且所测得的挠度值不应超过相应设计值的_____倍。

二、单项选择题

1. 为了消除使用阶段的挠度使人们在视觉或心理上对网架具有下垂的感觉,可对网架起拱。需要起拱时,起拱高度可取不大于_____。(L_2 为网架的短向跨度)

　　A. $L_2/200$　　　　B. $L_2/300$　　　　C. $L_2/500$　　　　D. $L_2/600$

2. 《钢结构工程施工质量验收规范》GB 50205—2001 第 12.3.4 条规定钢网架结构总拼完成后及屋面工程完成后应分别测量其挠度值,且所测得的挠度值不应超过相应_____的 1.15 倍。

　　A. 设计值　　　　B. 标准值　　　　C. 容许挠度　　　　D. 起拱值

3. 用作屋盖时,网架结构的容许挠度为_____。(L_2 为网架的短向跨度)

　　A. $L_2/200$　　　　B. $L_2/250$　　　　C. $L_2/300$　　　　D. $L_2/350$

4. 用作楼盖时,网架结构的容许挠度为_____。(L_2 为网架的短向跨度)

　　A. $L_2/1000$　　　B. $L_2/500$　　　　C. $L_2/300$　　　　D. $L_2/250$

5. 钢结构主体结构的整体垂直度检查,除两列角柱外,尚应至少选取_____中间柱。

　　A. 一列　　　　　B. 二列　　　　　C. 三列　　　　　D. 四列

6. 钢结构主体结构的整体平面弯曲检查,除两列角柱外,尚应至少选取_____中间柱。

　　A. 一列　　　　　B. 二列　　　　　C. 三列　　　　　D. 四列

7. 压型金属板应支承在构件上,可靠搭接,搭接长度检查数量:按搭接部位总长度抽查 10%,且不应少于_____。

　　A. 20m　　　　　B. 18m　　　　　C. 12m　　　　　D. 10m

8. GB 50205—2001 中规定,钢网架挠度值测量时,跨度_____及以下钢网架结构测量下弦中央一点。

　　A. 18m　　　　　B. 24m　　　　　C. 30m　　　　　D. 36m

9. GB 50205—2001 中规定,钢网架挠度值测量时,跨度_____以上钢网架结构测量下弦中央一点及各向下弦跨度的四等分点。

　　A. 24m　　　　　B. 30m　　　　　C. 36m　　　　　D. 38m

10. 压型金属板成型后,表面应干净,不应有明显凹凸和皱褶。检查数量:按计件数抽查_____,且不应少于 10 件。

　　A. 5%　　　　　B. 10%　　　　　C. 15%　　　　　D. 20%

三、多项选择题

1. 应力释放法较多用于钢结构残余应力测试方面,应力释放的测试方法一般包括_____等。
   A. 截条法　　　　　B. 切槽法　　　　　C. 钻孔法　　　　　D. 盲孔法
2. 钢屋(托)架、桁架、梁及受压杆件侧向弯曲矢高允许偏差为_____。
   A. $18m < l \leq 30m, l/1000$,且不应大于 10.0mm
   B. $l \leq 30m, l/1000$,且不应大于 10.0mm
   C. $30m < l \leq 60m, l/1000$,且不应大于 30.0mm
   D. $l > 60m, l/1000$,且不应大于 50.0mm
3. 钢柱安装垂直度允许偏差为_____。
   A. 单层柱 $H \leq 10m, H/1000$
   B. 单层柱 $H > 10m, H/1000$,且不应大于 25.0mm
   C. 多节柱,单节柱 $H/1000$,且不应大于 10.0mm
   D. 多节柱,柱全高 35.0mm
4. 选用应变片应根据应变片的初始参数及试件的_____要求等综合考虑。
   A. 受力状态　　　　B. 应变梯度　　　　C. 应变性质
   D. 工作条件　　　　E. 测试精度
5. 钢网架的挠度测量,使用的仪器包括_____。
   A. 钢尺　　　　　　B. 水准仪　　　　　C. 激光测距仪　　　D. 经纬仪

四、判断题

1. 钢网架质量检测中,当所测网架的挠度值不超过相应容许挠度的 1.15 倍时,该网架变形应判合格。　　　　　　　　　　　　　　　　　　　　　　　　　　　　　　　（　）
2. 钢结构变形测量时,一般项目其检验结果应有 80% 及以上的检查点(值)符合 GB 50205—2001 中合格质量标准的要求,且最大值不应超过其允许偏差值的 1.2 倍。（　）
3. 钢结构主体结构的整体垂直度测量中,只需测量每个立面的两端角柱的垂直度即可。（　）
4. 钢网架结构挠度测量应在屋面工程完成后进行。　　　　　　　　　　　　　　（　）
5. 屋面和墙面压型金属板工程为围护结构,施工质量看得过去就行。　　　　　　（　）

五、简答题

1. 简述应变片的粘贴步骤。
2. 钢网架挠度测量如何选择挠度基准点(面)?
3. 钢网架变形超标的主要原因有哪些？处理方法有哪些？
4. 简述钢网架的优、缺点。

第三章 粘钢、碳纤维加固检测

第一节 碳纤维布力学性能检测
第二节 粘钢、碳纤维粘结力现场检测

习题（一）

一、填空题

1. 普通碳纤维是_____或_____为原料经高温碳化制成。
2. CFRP 碳纤维片材的主要两种制品形式为_____和_____。
3. CFRP 碳纤维片材的最基本的三个力学性能指标为_____、_____和_____。
4. 按碳纤维的排列方向分，碳纤维片材可分为_____、_____和_____碳纤维片材，目前在加固工程中大量使用的是_____。
5. 进行 CFRP 碳纤维布拉伸性能试验时，力学性能试验每组试样不少于_____个，且保证同批有_____个有效试样；物理性能试样应_____。
6. 当涉及到仲裁时，CFRP 碳纤维布拉伸性能试验的试件厚度为_____。
7. CFRP 碳纤维布拉伸性能试验的试样制备可采用_____和_____进行加工。
8. CFRP 碳纤维布拉伸性能试验的试样制备时，若取位区有_____、_____、_____、_____、_____等缺陷，则应避开。
9. CERP 高强度型碳纤维片材的力学性能用试验设备要求能获得恒定的试验速度。当试验速度不大于 10mm/min 时，误差不超过_____；当试验速度大于 10mm/min 时，误差不应超过_____。
10. 碳纤维片材应采用_____或_____等加工，加工时防止试样产生_____、_____和_____等机械损伤。
11. 碳纤维增强塑料纤维体积含量试验适用于测定_____、_____及_____的碳纤维增强塑料的纤维体积含量。
12. 碳纤维增强塑料纤维体积含量测定试验的试验结果分析方法有_____和_____两种。
13. 粘钢加固是用_____将钢板粘贴到构件需要加固的部位上以提高构件承载力的一种加固方法。
14. 钢标准块的形状可根据实际情况选用_____。方形钢标准块的尺寸为_____；圆形钢标准块的直径为_____。
15. 钢标准块应带有_____，其尺寸和夹持构造，应根据所使用的检测仪确定。
16. 粘贴质量检验取样时，梁、柱类构件以_____、_____的构件为一检验批，板、墙类构件应以_____、_____的构件为一检验批。
17. 适配性检验取样时，应以安装在钢架上的_____为基材。

二、选择题

1. CFRP 碳纤维布拉伸性能试验若使用电子拉力试验机、伺服液压式试验机，其荷载相对误差

不得超过_____。
　　A. +0.5%　　　　　B. +1%　　　　　C. +2%　　　　　D. +5%

2. CFRP 碳纤维布拉伸性能试验若使用机械式或油压式试验机,相对误差均不得超过_____。
　　A. +0.5%　　　　　B. +1%　　　　　C. +2%　　　　　D. +5%

3. CFRP 碳纤维布拉伸性能试验若选择使用油压式试验机和变形仪,应使试样施加荷载落在满载的范围内_____,且尽量落在_____,且不得小于试验机最大吨位的_____。
　　A. 10%~90%　满载一边　4%　　　　B. 10%~90%　1/2 满载附近　10%
　　C. 5%~95%　1/2 满载　10%　　　　D. 5%~95%　满载一边　4%

4. 下列 CFRP 碳纤维布拉伸性能试验结果有效数字取值,正确的是_____。
　　A. 计算平均值计算到二位有效数字,标准差计算到三位有效数字,离散系数计算到三位有效数字
　　B. 计算平均值计算到二位有效数字,标准差计算到二位有效数字,离散系数计算到三位有效数字
　　C. 计算平均值计算到三位有效数字,标准差计算到三位有效数字,离散系数计算到二位有效数字
　　D. 计算平均值计算到三位有效数字,标准差计算到二位有效数字,离散系数计算到二位有效数字

5. CFRP 碳纤维布拉伸性能试验中的测量变形的仪器仪表相对误差均不应超过_____。
　　A. +0.5%　　　　　B. +1%　　　　　C. +2%　　　　　D. +5%

6. CFRP 碳纤维布拉伸性能试验的试样尺寸精确到_____。
　　A. 0.01mm　　　　B. 0.05mm　　　　C. 0.02mm　　　　D. 0.10mm

7. 碳纤维增强塑料纤维体积含量试验不适用于_____。
　　A. 单向碳纤维增强塑料　　　　　　B. 正交碳纤维增强塑料
　　C. 多向铺层碳纤维增强塑料　　　　D. 织物增强塑料

8. 结构加固工程现场使用的粘结强度检测仪,检测仪应_____检定一次。
　　A. 三个月　　　　　B. 每半年　　　　C. 每一年　　　　D. 每两年

9. 粘钢加固方法中使用的钢标准块的厚度不应小于_____,且应采用 45 号钢制作。
　　A. 10mm　　　　　B. 20mm　　　　　C. 30mm　　　　　D. 40mm

10. 粘贴、喷抹质量检验的取样时,梁、柱类构件每批构件随机抽取的受检构件应按该批构件总数的_____确定,但不得少于 3 根。
　　A. 10%　　　　　　B. 15%　　　　　　C. 20%　　　　　　D. 30%

11. 粘贴、喷抹质量检验的取样中布点时,粘贴钢标准块以构成检验用的试件,钢标准块的间距不应小于_____,且有一块应粘贴在加固构件的端部。
　　A. 200mm　　　　　B. 300mm　　　　　C. 400mm　　　　　D. 500mm

12. 粘钢加固法现场检测适配性检验取样时,应以每一试样为一检验组,每组_____个检验点。
　　A. 3　　　　　　　B. 4　　　　　　　C. 5　　　　　　　D. 6

三、多选题

1. CFRP 碳纤维布拉伸性能试验的标准环境条件为_____。
　　A. 温度 23 +2℃　　　　　　　　　B. 温度 23 +5℃
　　C. 相对湿度 50% +5%　　　　　　D. 相对湿度 50% +10%

2. CFRP 碳纤维布拉伸性能试验的结果应包含_____。
   A. 每个试样的性能值　　　　　　　B. 算术平均值
   C. 标准差　　　　　　　　　　　　D. 离散系数
3. CFRP 碳纤维布拉伸性能试验,遇到_____情况试样需作废。
   A. 外观有缺陷　　　　　　　　　　B. 不符合尺寸及制备要求
   C. 力学性能有效试样不足 5 个　　　D. 试验过程中在夹持部位内破坏的
4. CFRP 碳纤维布拉伸性能试验,制备试样时,加强片材料可采用_____。
   A. 铝合金板　　　　　　　　　　　B. 不锈钢板
   C. 纤维增强塑料板　　　　　　　　D. 薄型钢板
5. CFRP 碳纤维布拉伸性能试验测定变形时,连续加载,用自动记录装置可直接记录到_____。
   A. 荷载－形变曲线　　　　　　　　B. 荷载－应变增量曲线
   C. 应力－应变曲线　　　　　　　　D. 荷载－应变曲线
6. 碳纤维增强塑料纤维体积含量试验适用于_____。
   A. 碳纤维增强塑料　　　　　　　　B. 纺纶纤维增强塑料
   C. 玻璃纤维增强塑料　　　　　　　D. 织物增强塑料
7. 粘钢、碳纤维粘结力现场检测试验时,试件的破坏形式有_____。
   A. 内聚破坏　　B. 粘附破坏　　C. 混合破坏　　D. 粘钢破坏
8. 下列试件的破坏形式中为正常破坏的有_____。
   A. 基材混凝土内聚破坏,且破坏面积占粘合面面积 85% 以上
   B. 胶粘剂或聚合物砂浆内聚破坏
   C. 粘附破坏　　　　　　　　　　　D. 出现两种或两种以上的破坏形式
9. 下列试件的破坏形式中,不正常破坏的有_____。
   A. 粘附破坏　　　　　　　　　　　B. 聚合物砂浆内聚破坏
   C. 以及基材混凝土内聚破坏的面积少于 85% 的混合破坏
   D. 混合破坏

四、判断题(判断错的题目需简略说明理由)

1. CFRP 碳纤维布拉伸性能试验的试样加工时,要防止试样产生分层、刻痕和局部挤压等机械损伤。加工时,可采用水或油冷却。　　　　　　　　　　　　　　　　　　　　(　)
2. CFRP 碳纤维布拉伸性能试验的试样采用模塑法制备时,为了试样对中,两侧加强片厚度必须大于胶层厚度,且余胶应清除。　　　　　　　　　　　　　　　　　　　　　　(　)
3. CFRP 碳纤维布拉伸性能试验中,机械加工法进行试样制备时,对试样的成型表面不宜加工。当需要加工时,可单面或双面加工,但不需在报告中注明。　　　　　　　　　　　(　)
4. 对加工后要进行拉伸性能试验的 CFRP 碳纤维布试样,应在适宜条件下对其及时进行干燥处理。　　　　　　　　　　　　　　　　　　　　　　　　　　　　　　　　　　(　)
5. CFRP 碳纤维布拉伸性能试验将试样编号后,测量任意三点的宽度和厚度,取最小值。(　)
6. CFRP 碳纤维布拉伸性能试验前,试样外观检查有缺陷和不符合尺寸及制备要求者,在试验结果报告中注明即可,无需重新取样。　　　　　　　　　　　　　　　　　　　　(　)
7. CFRP 碳纤维布拉伸性能试验测定形变时,可以采用分级加载的方法,级差为破坏荷载的 5% ~10%。　　　　　　　　　　　　　　　　　　　　　　　　　　　　　　　　　(　)
8. 粘钢、碳纤维粘结力现场检测试验中,钢标准块与高强、快速化胶粘剂之间的界面破坏属黏

附破坏。   ( )

9.现场检测试验中,试件的内聚破坏包括基材混凝土内聚破坏、胶粘剂内聚破坏和聚合物砂浆内聚破坏。   ( )

10.适配性检验的正拉粘结性能试验中,有一组或一组以上检验不合格,应评定该型号纤维织物与拟配套使用的胶粘剂,其适配性检验的正拉粘结性能不合格。   ( )

五、简答题

1. CERP 高强度型碳纤维片材两种主要制品的基本特性?
2. 请叙述一下 CFRP 碳纤维布拉伸性能试验对试样尺寸的要求。
3. 请详细叙述 CFRP 碳纤维布拉伸性能试验方法与操作步骤。
4. 简述 CFRP 碳纤维布拉伸性能试验的试验报告包含哪些内容?
5. CFRP 碳纤维布拉伸性能试验中试样为何要使用加强片?加强片采用何种材料制成?
6. 请简述碳纤维增强塑料纤维体积含量测定的试验方法及适用范围。
7. 粘钢、碳纤维粘结力现场检测试验中,如何判别试验结果是否为正常性破坏?
8. 请简述加固材料粘贴质量的合格评定中,组检验结果应符合哪些规定?
9. 请简述适配性检验的正拉粘结性能合格评定时,应符合哪些规定?

六、计算题

1.现有某加固工程,采用Ⅱ级高强度的碳纤维布进行结构加固。现场加固前,在监理见证下,往试验室送检一组试样共计 5 件。试验前,经检查各试样外观质量未发现明显缺陷,且各试样均符合尺寸及制备者要求。试验结束后,根据原始数据,经过初步计算得到了该组每一试样的各性能值见下表,请计算该组各性能值的计算平均值、标准差和离散系数。

试样编号 性能分项	1	2	3	4	5
拉伸强度 P_b(MPa)	2000	2140	2260	2400	2200
弹性模量 E_t(MPa)	380	357	410	453	400
伸长率 ε_t(%)	0.44	0.35	0.41	0.45	0.33

2.某加固工程,采用粘贴纤维复合材料进行混凝土框架柱加固、共加固 12 个构件,加固后,根据委托要求,检测单位在现场抽取共 3 根构件,每根柱各制备 3 个检验点。现场采用 40mm×40mm 的钢方标准块,破坏时的荷载(N)见下表,计算并判断该组检验试样的加固材料粘贴、喷抹质量是否满足要求。

破坏荷载及破坏形式	检验点 1	检验点 2	检验点 3
柱1	3355	3176	3430
	内聚破坏	混合破坏	混合破坏
柱2	3214	2978	3206
	内聚破坏	混合破坏	内聚破坏
柱3	2688	3150	2840
	混合破坏	内聚破坏	混合破坏

3.现有某加固工程,采用一种高强碳纤维布进行结构加固。现场加固前,在监理见证下,往试

验室送检一组试样共计 8 件。试验前,经检查各试样外观质量未发现明显缺陷,且各试样均符合尺寸及制备者要求。试验结束后,根据原始数据,经过初步计算得到了该组每一试样的各性能值,见下表,请计算该组各性能值的计算平均值、标准差和离散系数。

试样编号 性能分项	1	2	3	4	5	6	7	8
拉伸强度 P_b(MPa)	3820	3950	4310	4000	4120	3990	4060	4200
弹性模量 E_t(MPa)	221	225	222	231	234	222	231	234
伸长率 ε_t(%)	1.11	1.12	1.13	1.21	1.13	1.23	1.12	1.13

4. 现有某加固工程,采用一种高强碳纤维布进行结构加固。现场加固前,在监理见证下,往试验室送检一组试样共计 10 件。试验前,经检查各试样外观质量未发现明显缺陷,且各试样均符合尺寸及制备者要求。试验结束后,根据原始数据,经过初步计算得到了该组每一试样的各性能值见下表,请计算该组各性能值的计算平均值、标准差和离散系数。

试样编号 性能分项	1	2	3	4	5	6	7	8	9	10
拉伸强度 P_b(MPa)	5500	5300	5650	5700	4900	5880	5550	5400	6000	5200
弹性模量 E_t(MPa)	222	224	231	234	225	238	226	234	231	230
伸长率 ε_t(%)	1.31	1.22	1.32	1.41	1.23	1.25	1.34	1.35	1.33	1.21

参考答案:

一、填空题

1. 聚丙烯腈(PAN)　中间相沥青(MPP)纤维　2. 碳纤维布　碳纤维板
3. 强度　弹性模量　延伸率　　　　4. 单向　双向　多向　单向碳纤维片材
5. 5　5　按相应标准的规定　　　　6. 2.0±0.1mm
7. 机械加工法　模塑法
8. 气泡　分层　树脂淤积　褶皱　翘曲　错误铺层
9. 20%　10%
10. 硬质合金刀具　砂轮片　分层　刻痕　局部挤压
11. 单向　正交　多向铺层　　　　　12. 图像分析法　显微镜法
13. 胶粘剂(建筑结构胶)　　　　　　14. 方形或圆形　40mm×40mm　50mm
15. 传力螺杆　　　　　　　　　　　16. 同规格　同型号　同种类　同规格
17. 预制混凝土板

二、单选题

1. B　　　　2. B　　　　3. A　　　　4. D
5. B　　　　6. A　　　　7. D　　　　8. C
9. B　　　　10. A　　　11. D　　　12. C

三、多选题

1. A、D 　　 2. A、B、C、D 　　 3. A、B、C、D 　　 4. A、C
5. A、D 　　 6. A、B、C 　　 7. A、B、C 　　 8. A、D 　　 9. A、B、C

四、判断题

1. × 　不能用油冷却 　　　　　　2. × 　加强片厚度应等于胶层厚度
3. × 　一般进行单面加工且需在报告中注明
4. √ 　　　　　5. × 　应取平均值 　　6. × 　应予作废
7. √ 　　　　　8. × 　　　　　　　9. √ 　　　　　10. √

五、简答题

1. 答：CERP 高强度型碳纤维片材主要有碳纤维布和碳纤维板。CERP 碳纤维布是由连续碳纤维单向或多向排列，未经树脂浸渍的布状制品；碳纤维板是由连续碳纤维单向或多向排列，并经树脂浸渍固化的板状制品。

2. 答：试样尺寸见下表（mm）：

试样类别	L	b	h	D	H_0	θ
0°	230	15±0.5	1~3	50	1.5	15°~90°
90°	170	25±0.5	2~4	50	1.5	15°~90°
0°/90°均衡对称	230	25±0.5	2~4			

3. 答：①试验前，试样需经外观检查，如有缺陷和不符合尺寸及制备要求者，应予作废。

②试验前，试样在试验标准环境条件下至少放置 24h，若不具备试验标准环境条件，试验前，试样可在干燥器内至少放置 24h，特殊状态调节条件按需要而定。

③将试样编号，并测量三点宽度和厚度，取平均值，测量精度：试样尺寸精确到 0.01mm。

④装夹试样，使试样的轴线与上下夹头中心线一致。

⑤在试样中部位置应变规。施加初载（约为破坏荷载 5%），检查并调整试样及应变规或变测量系统，使其处于正常工作状态。

⑥测定拉伸强度时，连续加载至试样失效，记录最大载荷值及试样失效形式的位置。

⑦测定形变时，连续加载，用自动记录装置记录载荷－形变曲线或载荷－应变曲线。也可采用分级加载，级差为破坏荷载的 5%~10%，至少五级并记录各级荷载与相应的形变值。

⑧凡在夹持部位内破坏的试样应作废，同批有效试样不足 5 个时，应重做试样。

4. 答：试验报告的内容包括以下各项全部或部分：

①试验项目名称。

②试样来源及制备情况，材料品种及规格。

③试样编号、形状、尺寸、外观质量及数量。

④试验温度、相对湿度及试样状态调节。

⑤试验设备及仪器仪表的型号、量程及使用情况等。

⑥试验结果：给出每个试样的性能值（必要时，给出每个试样的破坏情况）、算术平均值、标准差及离散系数。若要求给出平均值的置信度，按 ISO2602:1980 计算。

⑦试验人员、日期及其他。

5. 答：试样的加强片可按试样的失效模式和失效部位，确定是否使用加强片和使用加强片的设计参数。设置加强片时夹持方法的关键是有效的把荷载加到试样,并防止因明显的不连续而引起试样的提前失效。加强片的材料可采用铝合金板或纤维增强塑料板。

6. 答:(1)试验方法:在碳纤维增强塑料上取一与纤维轴向垂直的截面作为试样,进行磨平抛光,用光学显微镜或图像分析仪测定纤维所占面积与观测面积,二者之比的百分数值,即为该试样的纤维体积含量。

(2)使用范围:适用于测定单向、正交及多向铺层的碳纤维增强塑料、芳纶和玻璃纤维增强塑料。

7. 答:若破坏形式为基材混凝土内聚破坏,或虽出现两种或两种以上的破坏形式,但基材混凝土内聚破坏形式的破坏面积占粘合面面积85%以上,均可判为正常破坏。若破坏形式为粘附破坏、胶粘剂或聚合物砂浆内聚破坏,以及基材混凝土内聚破坏的面积少于85%的混合破坏,均应判为不正常破坏。

8. 答:(1)当组内每一试样的正拉粘结强度均达到本规范相应指标的要求,且其破坏形式正常时,应评定该组为检验合格组。

(2)若组内仅一个试样达不到上述要求,允许以加倍试样重新做一组检验,如检验结果全数达到要求,仍可评定该组为检验合格组。

(3)若重做试验中,仍有一个试样达不到要求,则应评定该组为检验不合格组。

9. 答:(1)当不同气温条件下检验的各组均为检验合格组时,应评定该型号纤维织物与拟配套使用的胶粘剂,共适配性检验的正拉粘结性能合格。

(2)若本次检验中,有一组或一组以上检验不合格,应评定该型号纤维织物与拟配套使用的胶粘剂,其适配性检验的正拉粘结性能不合格。

(3)当仅有一组,且组中仅有一个检测点不合格时,允许以加倍的检测点数重做一次检验。若检验结果全组合格,仍可评定为适配性检验的正拉粘结性能合格。

六、计算题

1. 解:①抗拉强度 P_b(MPa)

计算平均值 = (2000 + 2140 + 2260 + 2400 + 2200)/5 = 2200MPa

标准差 = 148

离散系数 = 0.067

②弹性模量 E_t(MPa)

计算平均值 = (380 + 357 + 410 + 453 + 400)/5 = 400

标准差 = 35.9

离散系数 = 0.090

③伸长率 ε_t(%)

计算平均值 = (0.44 + 0.35 + 0.41 + 0.45 + 0.33)/5 = 0.40

标准差 = 0.054

离散系数 = 0.135

2. 解:根据 $f_{ti} = P_i/A_{ai}$ 进行计算,计算出的正拉粘结强度见下表。

式中　　f_{ti}——第 i 试件的正拉粘结强度(MPa);

　　　　P_i——第 i 试件破坏时的荷载值(N);

　　　　A_{ai}——第 i 钢标准块的粘合面面积(mm^2)。

各检验点的正拉粘结强度计算结果汇总表:

破坏荷载及破坏形式	检验点1	检验点2	检验点3	正拉粘结强度平均值/最小值
柱1	3855	3976	3930	2.45/2.41
	2.41	2.49	2.46	
	内聚破坏	混合破坏	混合破坏	
柱2	3884	3978	4206	2.52/2.43
	2.43	2.49	2.63	
	内聚破坏	混合破坏	内聚破坏	
柱3	4008	3650	3840	2.40/2.28
	2.51	2.28	2.40	
	混合破坏	内聚破坏	混合破坏	

根据以上计算结果,所检组中的柱1、柱2、柱3试样的正拉粘结强度平均值和最小值均大于1.5MPa,且均为正常破坏,故该组检验试样的加固材料粘贴、喷抹质量合格。

3. 解:①抗拉强度 P_b(MPa)

计算平均值 = (3820 + 3950 + 4310 + 4000 + 4120 + 3990 + 4060 + 4200)/8 = 4056MPa

标准差 = 153

离散系数 = 0.038

②弹性模量 E_t(MPa)

计算平均值 = (221 + 225 + 222 + 231 + 234 + 222 + 231 + 234)/8 = 228

标准差 = 5.6

离散系数 = 0.025

③伸长率 ε_t(%)

计算平均值 = (1.11 + 1.12 + 1.13 + 1.21 + 1.13 + 1.23 + 1.12 + 1.13)/8 = 1.15

标准差 = 0.045

离散系数 = 0.039

4. 解:①抗拉强度 P_b(MPa)

计算平均值 = (5500 + 5300 + 5650 + 5700 + 4900 + 5880 + 5550 + 5400 + 6000 + 5200)/10 = 5508MPa

标准差 = 326

离散系数 = 0.059

②弹性模量 E_t(MPa)

计算平均值 = (222 + 224 + 231 + 234 + 225 + 238 + 226 + 234 + 231 + 230)/10 = 230

标准差 = 5.1

离散系数 = 0.022

③伸长率 ε_t(%)

计算平均值 = (1.31 + 1.22 + 1.32 + 1.41 + 1.23 + 1.25 + 1.34 + 1.35 + 1.33 + 1.21)/10 = 1.30

标准差 = 0.066

离散系数 = 0.051

第一节　碳纤维布力学性能检测
第二节　粘纲、碳纤维粘结力现场检测

习题（二）

一、填空题

1. 普通碳纤维是_____或_____为原料经高温碳化制成。
2. CFRP 碳纤维片材的主要两种制品形式为_____和_____。
3. CFRP 碳纤维片材的最基本的三个力学性能指标为_____、_____和_____。
4. 按碳纤维的排列方向分，碳纤维片材可分为_____、_____和_____碳纤维片材，目前在加固工程中大量使用的是_____。
5. 进行 CFRP 碳纤维布拉伸性能试验时，力学性能试验每组试样不少于_____个，且保证同批有_____个有效试样；物理性能试样应_____。
6. 当涉及到仲裁时，CFRP 碳纤维布拉伸性能试验的试件厚度为_____。
7. CFRP 碳纤维布拉伸性能试验的试样制备可采用_____和_____进行加工。
8. CFRP 碳纤维布拉伸性能试验的试样制备时，若取位区有_____、_____、_____、_____、_____等缺陷，则应避开。
9. 纤维型复合材正拉粘结强度的试验用钢标准块的形状，可根据实际情况选用_____或_____。
10. 单向纤维增强塑料弯曲性能试验用于测定单向纤维增强塑料层合板的_____、_____和_____。
11. 纤维复合材层间剪切强度测定试验中，试件的典型破坏形式有_____、_____和_____。
12. CERP 高强度型碳纤维片材的力学性能用试验设备要求能获得恒定的试验速度。当试验速度不大于 10mm/min 时，误差不超过_____；当试验速度大于 10mm/min 时，误差不应超过_____。
13. 碳纤维片材应采用_____或_____等加工，加工时防止试样产生_____和_____等机械损伤。
14. 碳纤维增强塑料纤维体积含量试验适用于测定_____、_____及_____的碳纤维增强塑料的纤维体积含量。
15. 纤维复合材正拉粘结强度项目的测定试验的破坏形式有_____、_____和_____。
16. 碳纤维增强塑料纤维体积含量测定试验的试验结果分析方法有_____和_____两种。

二、选择题

1. CFRP 碳纤维布拉伸性能试验若使用电子拉力试验机、伺服液压式试验机，其载荷相对误差不得超过_____。
　　A. +0.5%　　　　B. +1%　　　　C. +2%　　　　D. +5%
2. CFRP 碳纤维布拉伸性能试验若使用机械式或油压式试验机，相对误差均不得超过_____。
　　A. +0.5%　　　　B. +1%　　　　C. +2%　　　　D. +5%

3. CFRP 碳纤维布拉伸性能试验若选择使用油压式试验机和变形仪,应使试样施加荷载落在满载的范围内_____,且尽量落在_____,且不得小于试验机最大吨位的_____。
A. 10%~90%　满载一边　4%　　　　　B. 10%~90%　1/2 满载附近　10%
C. 5%~95%　1/2 满载　10%　　　　　D. 5%~95%　满载一边　4%

4. 纤维型复合材正拉粘结强度的试验用钢标准块,方形的尺寸为_____;圆形钢标准块的直径为_____;厚度均不应小于_____,且应采用 45 号钢制作。
A. 30mm×30mm　40mm　20mm　　　B. 40mm×40mm　50mm　20mm
C. 40mm×40mm　40mm　20mm　　　D. 50mm×50mm　50mm　20mm

5. 下列 CFRP 碳纤维布拉伸性能试验的试验结果有效数字取值正确的是_____。
A. 计算平均值计算到二位有效数字,标准差计算到三位有效数字,离散系数计算到三位有效数字
B. 计算平均值计算到二位有效数字,标准差计算到二位有效数字,离散系数计算到三位有效数字
C. 计算平均值计算到三位有效数字,标准差计算到三位有效数字,离散系数计算到二位有效数字
D. 计算平均值计算到三位有效数字,标准差计算到二位有效数字,离散系数计算到二位有效数字

6. 粘结强度检测仪应_____检定一次。
A. 每半年　　　　B. 每年　　　　C. 二年　　　　D. 各单位内定

7. CFRP 碳纤维布拉伸性能试验中的测量变形的仪器仪表相对误差均不应超过_____。
A. +0.5%　　　　B. +1%　　　　C. +2%　　　　D. +5%

8. 单向纤维增强塑料弯曲性能试验每组试样数量不少于_____。
A. 3 个　　　　B. 4 个　　　　C. 5 个　　　　D. 6 个

9. 下列纤维复合材层间剪切强度测定试验破坏形式属于正常破坏的是_____。
A. 层间剪切破坏　B. 弯曲受拉破坏　C. 弯曲受压破坏　D. 非弹性变形破坏

10. CFRP 碳纤维布拉伸性能试验的试样尺寸精确到_____。
A. 0.01mm　　　B. 0.05mm　　　C. 0.02mm　　　D. 0.10mm

11. 碳纤维增强塑料纤维体积含量试验不适用于_____。
A. 单向碳纤维增强塑料　　　　　B. 正交碳纤维增强塑料
C. 多向铺层碳纤维增强塑料　　　D. 织物增强塑料

12. 下列仪器设备中,在测定纤维织物单位面积质量的试验时不需要的是_____。
A. 天平　　　　B. 显微镜　　　C. 干燥器　　　D. 通风干燥箱

13. 纤维复合材正拉粘结强度项目的测定试验中钢标准块的厚度应满足_____。
A. 不小于 20mm　B. 不大于 20mm　C. 不小于 30mm　D. 不大于 40mm

三、多选题

1. CFRP 碳纤维布拉伸性能试验的标准环境条件为_____。
A. 温度 23 +2℃　　　　　　　　B. 温度 23 +5℃
C. 相对湿度 50% +5%　　　　　D. 相对湿度 50% +10%

2. 下列关于单向纤维增强塑料弯曲性能试验中仪器设备相关参数,说法正确的是_____。
A. 机械式和油压式试验机使用吨位的选择应使试样施加荷载落在满载的 10%~90% 范围内(尽量落在满载的一边)

B. 试验机能获得恒定的试验速度

C. 当试验速度不大于 10mm/min 时，误差不应超过 20%，当试验速度大于 10mm/min 时，误差不应超过 10%

D. 试验机载荷和变形仪表的相对误差均不得超过 ±1%

3. 纤维复合材正拉粘结强度项目的测定试验中，下列试验结果可判定为正常破坏的是_____。

A. 破坏形式为基材混凝土内聚破坏

B. 破坏形式为黏附破坏、胶粘剂或聚合物砂浆内聚破坏

C. 虽出现两种或两种以上的破坏形式，但基材混凝土内聚破坏形式的破坏面积占粘合面面积 85% 以上

D. 基材混凝土内聚破坏的面积少于 85% 的混合破坏

4. CFRP 碳纤维布拉伸性能试验的结果应包含_____。

A. 每个试样的性能值　B. 算术平均值　　　C. 标准差　　　　D. 离散系数

5. CFRP 碳纤维布拉伸性能试验，遇到以下哪些情况试样需作废_____。

A. 外观有缺陷　　　　　　　　　　　B. 不符合尺寸及制备要求

C. 力学性能有效试样不足 5 个　　　　D. 试样过程中在夹持部位内破坏的

6. 纤维复合材层间剪切强度测定试验时，当出现_____之一时即可确认试件已破坏，并可立即停止试验。

A. 荷载读数已较峰值下降 30%

B. 加荷压头移动的行程已超过试件的名义厚度

C. 纤维复合材层与钢压板开始相对滑移

D. 试件分离成两片

7. 在纤维复合材正拉粘结强度项目的测定试验中，下列属于黏附破坏形式的是_____。

A. 混凝土内部发生破坏

B. 胶层与基材混凝土之间的界面破坏

C. 聚合物砂浆层与基材混凝土之间的界面破坏

D. 聚合物砂浆内部破坏

8. CFRP 碳纤维布拉伸性能试验，制备试样时，加强片材料可采用_____。

A. 铝合金板　　　　B. 不锈钢板　　　C. 纤维增强塑料板　　D. 薄型钢板

9. CFRP 碳纤维布拉伸性能试验测定变形时，连续加载，用自动记录装置可直接记录到_____。

A. 荷载 - 形变曲线　　　　　　　　B. 荷载 - 应变增量曲线

C. 应力 - 应变曲线　　　　　　　　D. 荷载 - 应变曲线

10. 碳纤维增强塑料纤维体积含量试验适用于_____。

A. 碳纤维增强塑料　　　　　　　　B. 芳纶纤维增强塑料

C. 玻璃纤维增强塑料　　　　　　　D. 织物增强塑料

四、判断题（判断错的题目需简略说明理由）

1. CFRP 碳纤维布拉伸性能试验的试样加工时要防止试样产生分层、刻痕和局部挤压等机械损伤。加工时，可采用水或油冷却。　　　　　　　　　　　　　　　　　　　　　（　　）

2. CFRP 碳纤维布拉伸性能试验的试样采用模塑法制备时，为了试样对中，两侧加强片厚度必须大于胶层厚度，且余胶应清除。　　　　　　　　　　　　　　　　　　　　（　　）

3. 单向纤维增强塑料弯曲性能试验时,不在跨距中间 $L/3$ 内呈弯曲破坏的试样,应予作废。（ ）

4. 纤维复合材层间剪切强度测定试验中,试样从成型模具中取出后,可以采用人工高温的养护方法。（ ）

5. CFRP 碳纤维布拉伸性能试验中,机械加工法进行试样制备时,对试样的成型表面不宜加工。当需要加工时,可单面或双面加工,但不需在报告中注明。（ ）

6. 碳纤维片材一般为各向异性,应按各向异性材料的两个主方向或预先预定的方向(例如板的纵向和横向)切割试样,且严格保证纤维方向和铺层方向与试验要求相符。（ ）

7. 对加工后要进行拉伸性能试验的 CFRP 碳纤维布试样,应在适宜条件下对其及时进行干燥处理。（ ）

8. CFRP 碳纤维布拉伸性能试验将试样编号后,测量任意三点的宽度和厚度,取最小值。（ ）

9. CFRP 碳纤维布拉伸性能试验前,试样外观检查有缺陷和不符合尺寸及制备要求者,在试验结果报告中注明即可,无需重新取样。（ ）

10. CFRP 碳纤维布拉伸性能试验测定形变时,可以采用分级加载的方法,级差为破坏荷载的 5%~10%。（ ）

11. 纤维复合材层间剪切强度测定试验中,试件呈现下边缘纤维拉断现象,属于正常性破坏。（ ）

12. 纤维复合材正拉粘结强度项目的测定试验中,梁、柱类构件应以同规格、同型号的构件为一检验批。（ ）

13. 纤维织物单位面积质量的测定试验时,经各方同意,也可使用较大面积的试样,且不必在试验报告中注明试样的面积。（ ）

五、简答题

1. CERP 高强度型碳纤维片材两种主要制品的基本特性是什么?
2. 请叙述一下 CFRP 碳纤维布拉伸性能试验对试样尺寸的要求。
3. 请详细叙述 CFRP 碳纤维布拉伸性能试验方法与操作步骤。
4. 简述 CFRP 碳纤维布拉伸性能试验的试验报告包含哪些内容?
5. 请简述纤维复合材层间剪切强度测定的试验步骤。
6. CFRP 碳纤维布拉伸性能试验中试样为何要使用加强片?加强片采用何种材料制成?
7. 纤维复合材层间剪切强度测定试验中,若试验结果为不正常破坏时,应如何进行处理?
8. 试简述纤维复合材正拉粘结强度项目的测定试验中试件的制备过程。
9. 纤维复合材正拉粘结强度项目的测定试验中,适配性检验的正拉粘结性能合格评定,应符合哪些规定?
10. 请简述碳纤维增强塑料纤维体积含量测定的试验方法及适用范围。

六、计算题

1. 某加固工程开工前,现送检规格为 $200g/m^2$ 的高强度Ⅰ级碳纤维织物至实验室,委托进行层间剪切强度的测定试验。试验室对经过加工、养护后的试样,从中部切取 5 个试件(试件长度 $l=30mm$,宽度 $b=6.0mm$;厚度 $h=4mm$)进行层间剪切强度的测定试验,试验结束后的试件破坏时的最大荷载分别为:1450N、1200N、1110N、1130N、1550N,均发生层间剪切破坏,试求该组试件的层间剪切强度。

2. 现有某加固工程,采用Ⅱ级高强度的碳纤维布进行结构加固。现场加固前,在监理见证下,往试验室送检一组试样共计 5 件。试验前,经检查各试样外观质量未发现明显缺陷,且各试样均符合尺寸及制备者要求。试验结束后,根据原始数据,经过初步计算得到了该组每一试样的各性能值,见下表,请计算该组各性能值的计算平均值、标准差和离散系数。

性能分项 \ 试样编号	1	2	3	4	5
拉伸强度 P_b(MPa)	2000	2140	2260	2400	2200
弹性模量 E_t(MPa)	380	357	410	453	400
伸长率 ε_t(%)	0.44	0.35	0.41	0.45	0.33

3. 某加固工程,采用粘贴纤维复合材进行混凝土框架柱加固、共加固 12 个构件,加固后,根据委托要求,检测单位在现场抽取共 3 根构件,每根柱各制备 3 个检验点。现场采用 40mm×40mm 的钢方标准块,破坏时的荷载(N)见下表,计算并判断该组检验试样的加固材料粘贴、喷抹质量是否满足要求。

破坏荷载及破坏形式	检验点 1	检验点 2	检验点 3
柱 1	3355	3176	3430
	内聚破坏	粘附破坏	粘附破坏
柱 2	3214	2978	3206
	内聚破坏	粘附破坏	内聚破坏
柱 3	2688	3150	2840
	粘附破坏	内聚破坏	粘附破坏

4. 现有一组宽度为 35cm 的毡,截取直径 31.6mm 的试验样本 3 个,已知含水率为 3%,经干燥箱中干燥 1h,然后放入干燥器中冷却至室温。从干燥器取出试样后,立即进行试验。试验测得 3 个试样的质量分别为 15.82g、16.15g、15.90g,请计算出该毡的单位面积质量。

5. 现有某加固工程,采用一种高强碳纤维布进行结构加固。现场加固前,在监理见证下,往试验室送检一组试样共计 8 件。试验前,经检查各试样外观质量未发现明显缺陷,且各试样均符合尺寸及制备者要求。试验结束后,根据原始数据,经过初步计算得到了该组每一试样的各性能值,见下表。请计算该组各性能值的计算平均值、标准差和离散系数。

性能分项 \ 试样编号	1	2	3	4	5	6	7	8
拉伸强度 P_b(MPa)	3820	3950	4310	4000	4120	3990	4060	4200
弹性模量 E_t(MPa)	221	225	222	231	234	222	231	234
伸长率 ε_t(%)	1.11	1.12	1.13	1.21	1.13	1.23	1.12	1.13

6. 现有一组幅度为 30cm 的机织物,截取直径 31.6mm×31.6mm 方形试验样本 3 个,已知含水率为 1.5%,未经烘干,直接测得 3 个试样的质量分别为 18.81g、17.52g、18.04g,请计算出该机织物的单位面积质量。

7. 现有某加固工程,采用一种高强碳纤维布进行结构加固。现场加固前,在监理见证下,往试验室送检一组试样共计 10 件。试验前,经检查各试样外观质量未发现明显缺陷,且各试样均符合尺寸及制备者要求。试验结束后,根据原始数据,经过初步计算得到了该组每一试样的各性能值,见下表,请计算该组各性能值的计算平均值、标准差和离散系数。

试样编号 性能分项	1	2	3	4	5	6	7	8	9	10
拉伸强度 P_b（MPa）	5500	5300	5650	5700	4900	5880	5550	5400	6000	5200
弹性模量 E_t（MPa）	222	224	231	234	225	238	226	234	231	230
伸长率 ε_t（%）	1.31	1.22	1.32	1.41	1.23	1.25	1.34	1.35	1.33	1.21

参考答案：

一、填空题

1. 聚丙烯腈（PAN） 中间镶沥青（MPP）纤维
2. 碳纤维布 碳纤维板
3. 强度 弹性模量 延伸率
4. 单向 双向 多向 单向碳纤维片材
5. 5 5 按相应标准的规定
6. 2.0±0.1mm
7. 机械加工法 模塑法
8. 气泡 分层 树脂淤积 褶皱 翘曲 错误铺层
9. 方形 圆形
10. 弯曲强度 弯曲模量 载荷-挠度曲线
11. 层间剪切 破坏弯曲破坏 非弹性变形破坏
12. 20% 10%
13. 硬质合金刃具 砂轮片 分层刻痕 局部挤压
14. 单向 正交 多向铺层
15. 内聚破坏 黏附破坏 混合破坏
16. 图像分析法 显微镜法

二、单选题

1. B 2. B 3. A 4. B
5. D 6. B 7. B 8. C
9. A 10. A 11. D 12. B 13. A

三、多选题

1. A、D 2. A、B、C、D 3. A、C 4. A、B、C、D
5. A、B、C、D 6. A、B、D 7. B、C 8. A、C
9. A、D 10. A、B、C

四、判断题

1. ×，不能用油冷却 2. ×，加强片厚度应等于胶层厚度
3. √ 4. ×，应为：严禁采用人工高温的养护方法

5. ×，一般进行单面加工且需在报告中注明　　　　　　　　　　6. √
7. √　　　　　　8. ×，应取平均值　　9. ×，应予作废　　10. √
11. ×，应为：属于不正常破坏　　　　12. √
13. ×，应为：必须在试验报告中注明试样的面积

五、简答题

1. **答**：CERP高强度型碳纤维片材主要有碳纤维布和碳纤维板。CERP碳纤维布是由连续碳纤维单向或多向排列，未经树脂浸渍的布状制品；碳纤维板是由连续碳纤维单向或多向排列，并经树脂浸渍固化的板状制品。

2. **答**：试样尺寸见下表（mm）。

试样类别	L	b	h	D	H_0	θ
0°	230	15±0.5	1～3	50	1.5	15°～90°
90°	170	25±0.5	2～4	50	1.5	15°～90°
0°/90°均衡对称	230	25±0.5	2～4			

3. **答**：①试验前，试样需经外观检查，如有缺陷和不符合尺寸及制备要求者，应予作废。

②试验前，试样在试验标准环境条件下至少放置24h，若不具备试验标准环境条件，试验前，试样可在干燥器内至少放置24h，特殊状态调节条件按需要而定。

③将试样编号，并测量三点宽度和厚度，取平均值，测量精度：试样尺寸精确到0.01mm。

④装夹试样，使试样的轴线与上下夹头中心线一致。

⑤在试样中部位置应变规。施加初载（约为破坏荷载5%），检查并调整试样及应变规或变测量系统，使其处于正常工作状态。

⑥测定拉伸强度时，连续加载至试样失效，记录最大载荷值及试样失效形式的位置。

⑦测定形变时，连续加载，用自动记录装置记录载荷－形变曲线或载荷－应变曲线。也可采用分级加载，级差为破坏荷载的5%～10%，至少五级并记录各级荷载与相应的形变值。

⑧凡在夹持部位内破坏的试样应作废，同批有效试样不足5个时，应重做试验。

4. **答**：试验报告的内容包括以下各项全部或部分：

①试验项目名称。
②试样来源及制备情况，材料品种及规格。
③试样编号、形状、尺寸、外观质量及数量。
④试验温度、相对湿度及试样状态调节。
⑤试验设备及仪器仪表的型号、量程及使用情况等。
⑥试验结果：给出每个试样的性能值（必要时，给出每个试样的破坏情况）、算术平均值、标准差及离散系数。若要求给出平均值的置信度，按ISO2602：1980计算。
⑦试验人员、日期及其他。

5. **答**：纤维复合材层间剪切强度测定试验的主要步骤如下：

①试验前应对试件外观进行检查，其外观质量应符合要求。

②试件应置于试验装置的中心位置上。其跨度应调整为$L=20$mm，且误差不应大于0.3mm；加载压头的轴线应位于两支座之间的中央；且应与支座轴线平行。

③以1～2mm/min的加荷速度连续加荷至试件破坏；记录最大荷载及试件破坏形式。

④当试验出现下列情形之一时，即可确认试件已破坏，并可立即停止试验：荷载读数已较峰值下降30%；加荷压头移动的行程已超过试件的名义厚度（即4mm），试件分离成两片。

6. **答**：试样的加强片可按试样的失效模式和失效部位，确定是否使用加强片和使用加强片的设

计参数。设置加强片时夹持方法的关键是有效地把荷载加到试样,并防止因明显的不连续而引起试样的提前失效。加强片的材料可采用铝合金板或纤维增强塑料板。

7. 答:当一组试件中仅有一根破坏不正常时,可重做试验,但试件数量应加倍。若重做试验全数破坏正常,仍可认为该组试验结果可以使用;若仍有试件破坏不正常,则应认为该种纤维与所配套的胶粘剂在适配性上不良,并应重新对胶粘剂进行改性,或改用其他型号胶粘剂配套。

8. 答:制备过程如下:

①基材表面处理:检测点的基材混凝土表面应清除污渍并保持干燥。

②切割预切缝:从清理干净的表面向混凝土基材内部切割预切缝,切入混凝土深度为10~15mm,缝的宽度约2mm。预切缝形状为边长40mm的方形或直径50mm的圆形,视选用的切缝机械而定。切缝完毕后,应再次清理混凝土表面。

③粘贴钢标准块:应选用快固化、高强胶粘剂进行粘贴。钢标准块粘贴后应立即固定;在胶粘剂7d的固化过程中不得受到任何扰动。

9. 答:应符合下面规定:

①当不同气温条件下检验的各组均为检验合格组时,应评定该型号纤维织物与拟配套使用的胶粘剂,供适配性检验的正拉粘结性能合格;

②若本次检验中,有一组或一组以上检验不合格,应评定该型号纤维织物与拟配套使用的胶粘剂,其适配性检验的正拉粘结性能不合格。

③当仅有一组,且组中仅有一个检测点不合格时,允许以加倍的检测点数重做一次检验。若检验结果全组合格,仍可评定为适配性检验的正拉粘结性能合格。

10. 答:①试验方法:在碳纤维增强塑料上取一与纤维轴向垂直的截面作为试样,进行磨平抛光,用光学显微镜或图像分析仪测定纤维所占面积与观测面积,二者之比的百分数值,即为该试样的纤维体积含量。

②使用范围:适用于测定单向、正交及多向铺层的碳纤维增强塑料、芳纶和玻璃纤维增强塑料。

六、计算题

1. 解:试件层间剪切强度应按下式计算:

$$f_s = \frac{3P_b}{4bh}$$

式中 f_s——层间剪切强度(MPa);

P_b——试件破坏时的最大载荷(N);

b——试件宽度(mm);

h——试件厚度(mm)。

计算所得的层间剪切强度分别为:45.3MPa、37.5MPa、34.7MPa、35.3MPa、48.4Mpa;平均值为40.2MPa,最小值为34.7MPa。

2. 解:①抗拉强度 P_b(MPa)

计算平均值 = (2000 + 2140 + 2260 + 2400 + 2200)/5 = 2200MPa

标准差 = 148

离散系数 = 0.067

②弹性模量 E_t(MPa)

计算平均值 = (380 + 357 + 410 + 453 + 400)/5 = 400

标准差 = 35.9

离散系数 = 0.090

③伸长率 ε_t(%)

计算平均值 $=(0.44+0.35+0.41+0.45+0.33)/5=0.40$

标准差 $=0.054$

离散系数 $=0.135$

3. 解:根据 $f_{ti}=P_i/A_{ai}$ 进行计算,计算出的正拉粘结强度见下表。

式中　f_{ti}——第 i 试件的正拉粘结强度(MPa);

　　　P——第 i 试件破坏时的荷载值(N);

　　　A_{ai}——第 i 钢标准块的粘合面面积(mm^2)。

各检验点的正拉粘结强度计算结果汇总表如下。

破坏荷载及破坏形式	检验点1	检验点2	检验点3	正拉粘结强度平均值/最小值
柱1	3855	3976	3930	2.45/2.41
	2.41	2.49	2.46	
	内聚破坏	混合破坏	混合破坏	
柱2	3884	3978	4206	2.52/2.43
	2.43	2.49	2.63	
	内聚破坏	混合破坏	内聚破坏	
柱3	4008	3650	3840	2.40/2.28
	2.51	2.28	2.40	
	混合破坏	内聚破坏	混合破坏	

根据以上计算结果,所检组中的柱1、柱2、柱3试样的正拉粘结强度平均值有2个小于2.5 MPa,故该组检验试样的加固材料粘贴、喷抹质量的不合格。

4. 解:根据公式: $\rho_A=\dfrac{m_s}{A}\times 10^4$ 对以上数据分别进行计算

式中　ρ_A——试样单位面积质量(g/m^2);

　　　m_s——试样质量(g);

　　　A——试样面积(cm^2)。

所得单位面积质量分别为 201.8g、206.0g、202.8g,

故该毡的单位面积质量为: $\dfrac{201.8g+206.0g+202.8g}{3}=204g$。

备注:此时,计算结果需保留到1g。

5. 解:①抗拉强度 P_b(MPa)

计算平均值 $=(3820+3950+4310+4000+4120+3990+4060+4200)/8=4056$ MPa

标准差 $=153$

离散系数 $=0.038$

②弹性模量 E_t(MPa)

计算平均值 $=(221+225+222+231+234+222+231+234)/8=228$

标准差 $=5.6$

离散系数 $=0.025$

③伸长率 ε_t(%)

计算平均值 $=(1.11+1.12+1.13+1.21+1.13+1.23+1.12+1.13)/8=1.15$

标准差 $=0.045$

离散系数 = 0.039

6. 解:根据公式: $\rho_A = \dfrac{m_s}{A} \times 10^4$ 对以上数据分别进行计算

式中 ρ_A——试样单位面积质量(g/m²);

m_s——试样质量(g);

A——试样面积(cm²)。

所得单位面积质量分别为 188.4g、175.5g、180.7g,

故该机织物的单位面积质量为: $\dfrac{188.4g + 175.5g + 180.7g}{3} = 181.5g$。

备注:此时,计算结果需保留到 0.1g。

7. 解:①抗拉强度 P_b(MPa)

计算平均值 = (5500 + 5300 + 5650 + 5700 + 4900 + 5880 + 5550 + 5400 + 6000 + 5200)/10 = 5508MPa

标准差 = 326

离散系数 = 0.059

②弹性模量 E_t(MPa)

计算平均值 = (222 + 224 + 231 + 234 + 225 + 238 + 226 + 234 + 231 + 230)/10 = 230

标准差 = 5.1

离散系数 = 0.022

③伸长率 ε_t(%)

计算平均值 = (1.31 + 1.22 + 1.32 + 1.41 + 1.23 + 1.25 + 1.34 + 1.35 + 1.33 + 1.21)/10 = 1.30

标准差 = 0.066

离散系数 = 0.051

碳纤维布力学性能及粘钢、碳纤维粘结力现场检测模拟试卷(A 一)

一、填空题

1. CFRP 碳纤维片材的主要两种制品形式为_____和_____。
2. CFRP 碳纤维片材的最基本的三个力学性能指标为_____、_____和_____。
3. 当涉及到仲裁时,CFRP 碳纤维布拉伸性能试验的试件厚度为_____。
4. CERP 高强度型碳纤维片材的力学性能用试验设备要求能获得恒定的试验速度。当试验速度不大于 10mm/min 时,误差不超过_____;当试验速度大于 10mm/min 时,误差不应超过_____。
5. 碳纤维增强塑料纤维体积含量试验适用于测定_____、_____及_____的碳纤维增强塑料的纤维体积含量。
6. 粘钢加固是用胶粘剂(建筑结构胶)将钢板粘贴到构件需要加固的部位上以提高_____的一种加固方法。
7. 钢标准块应带有_____,其尺寸和夹持构造,应根据所使用的检测仪确定。
8. 适配性检验取样时,应以安装在钢架上的_____为基材。
9. 粘贴、喷抹质量检验的取样时,梁、柱类构件以_____的构件为一检验批。

10. 粘钢加固方法中使用的钢标准块的厚度不应小于_____,且应采用 45 号钢制作。

二、单选题

1. CFRP 碳纤维布拉伸性能试验若使用电子拉力试验机、伺服液压式试验机,其载荷相对误差不得超过_____。
   A. +0.5%   B. +1%   C. +2%   D. +5%

2. CFRP 碳纤维布拉伸性能试验若选择使用油压式试验机和变形仪,应使试样施加荷载落在满载的范围内_____,且尽量落在_____,且不得小于试验机最大吨位的_____。
   A. 10%～90% 满载一边 4%   B. 10%～90% 1/2 满载附近 10%
   C. 5%～95% 1/2 满载 10%   D. 5%～95% 满载一边 4%

3. 碳纤维增强塑料纤维体积含量试验不适用于_____。
   A. 单向碳纤维增强塑料   B. 正交碳纤维增强塑料
   C. 多向铺层碳纤维增强塑料   D. 织物增强塑料

4. 钢标准块的形状可根据实际情况选用方形或圆形,方形钢标准块的尺寸为_____。
   A. 20mm×20mm   B. 30mm×30mm   C. 40mm×40mm   D. 50mm×50mm

5. 粘贴、喷抹质量检验的取样时,梁、柱类构件每批构件随机抽取的受检构件应按该批构件总数的_____确定,但不得少于 3 根。
   A. 10%   B. 15%   C. 20%   D. 30%

6. 结构加固工程现场使用的粘结强度检测仪,检测仪应_____检定一次。
   A. 三个月   B. 每半年   C. 每一年   D. 每两年

7. 粘贴、喷抹质量检验的取样中布点时,粘贴钢标准块以构成检验用的试件,钢标准块的间距不应小于_____,且有一块应粘贴在加固构件的端部。
   A. 200mm   B. 300mm   C. 400mm   D. 500mm

8. 粘贴、喷抹质量检验的取样时,板、墙类构件应以_____的构件为一检验批。
   A. 同种类   B. 同规格   C. 同型号   D. 同种类、同规格

三、多选题

1. CFRP 碳纤维布拉伸性能试验的结果应包含_____。
   A. 每个试样的性能值   B. 算术平均值
   C. 标准差   D. 离散系数

2. CFRP 碳纤维布拉伸性能试验测定变形时,连续加载,用自动记录装置可直接记录到_____。
   A. 荷载－形变曲线   B. 荷载－应变增量曲线
   C. 应力－应变曲线   D. 荷载－应变曲线

3. 粘钢、碳纤维粘结力现场检测试验时,试件的破坏形式有_____。
   A. 内聚破坏   B. 粘钢破坏   C. 黏附破坏   D. 混合破坏

4. 下列试件的破坏形式中为正常破坏的有_____。
   A. 基材混凝土内聚破坏,且破坏面积占粘合面面积 85% 以上
   B. 胶粘剂或聚合物砂浆内聚破坏   C. 黏附破坏
   D. 出现两种或两种以上的破坏形式

5. 粘钢法具有_____优点。
   A. 施工方便,周期短   B. 重量增加小,占用空间小
   C. 坚固耐用   D. 不影响结构的正常使用

四、判断题

1. CFRP 碳纤维布拉伸性能试验的试样采用模塑法制备时,为了试样对中,两侧加强片厚度必须大于胶层厚度,且余胶应清除。( )
2. 对加工后要进行拉伸性能试验的 CFRP 碳纤维布试样,应在适宜条件下对其及时进行干燥处理。( )
3. CFRP 碳纤维布拉伸性能试验前,试样外观检查有缺陷和不符合尺寸及制备要求者,在试验结果报告中注明即可,无需重新取样。( )
4. 粘钢、碳纤维粘结力现场检测试验中,钢标准块与高强、快速化胶粘剂之间的界面破坏属黏附破坏。( )
5. 钢标准块粘贴后应立即固定;在胶粘剂 7d 的固化过程中不得受到任何扰动。( )
6. 适配性检验取样时,应以每一试样为一检验组,每组 6 个检验点。( )

五、简答题

1. CERP 高强度型碳纤维片材两种主要制品的基本特性是什么?
2. 请简述碳纤维增强塑料纤维体积含量测定的试验方法及适用范围。
3. 粘钢、碳纤维粘结力现场检测试验中,如何判别试验结果是否为正常性破坏?
4. 请简述适配性检验的正拉粘结性能合格评定时,应符合哪些规定?

六、计算题

1. 某加固工程,采用粘贴纤维复合材进行混凝土框架梁加固、共加固 12 个构件,加固后,根据委托要求,检测单位在现场抽取共 3 根构件,每根梁各制备 3 个检验点。现场采用直径 50mm 的圆形钢标准块,破坏时的荷载见下表。请计算并判断该组检验试样的加固材料粘贴、喷抹质量是否满足要求。

破坏荷载及破坏形式	检验点 1	检验点 2	检验点 3
梁 1	3215	3712	3131
	混合破坏	内聚破坏	混合破坏
梁 2	3115	3178	3103
	内聚破坏	混合破坏	内聚破坏
梁 3	2888	3250	2940
	混合破坏	内聚破坏	内聚破坏

2. 现有某加固工程,采用 Ⅱ 级高强度的碳纤维布进行结构加固。现场加固前,在监理见证下,往试验室送检一组试样共计 5 件。试验前,经检查各试样外观质量未发现明显缺陷,且各试样均符合尺寸及制备者要求。试验结束后,根据原始数据,经过初步计算得到了该组每一试样的各性能值见下表。请计算该组各性能值的计算平均值、标准差和离散系数。

性能分项 \ 试样编号	1	2	3	4	5
拉伸强度 P_b(MPa)	2210	2230	2320	2480	2190
弹性模量 E_t(MPa)	375	365	420	468	395
伸长率 ε_t(%)	0.50	0.45	0.55	0.40	0.43

碳纤维布力学性能及粘钢、碳纤维粘结力现场检测模拟试卷(B 一)

一、填空题

1. CFRP 碳纤维片材的最基本的三个力学性能指标为_____、_____和_____。
2. 按碳纤维的排列方向分,碳纤维片材可分为_____、_____和_____碳纤维片材,目前在加固工程中大量使用的是_____。
3. 进行 CFRP 碳纤维布拉伸性能试验时,力学性能试验每组试样不少于_____个,且保证同批有_____个有效试样;物理性能试样应按相应标准的规定。
4. 粘钢加固是用_____将钢板粘贴到构件需要加固的部位上以提高构件承载力的一种加固方法。
5. 钢标准块的形状可根据实际情况选用_____,圆形钢标准块的直径为_____。
6. 钢标准块应带有_____,其尺寸和夹持构造,应根据所使用的检测仪确定。
7. 粘贴、喷抹质量检验的取样时,板、墙类构件应以_____的构件为一检验批。
8. 粘贴、喷抹质量检验的取样中布点时,粘贴钢标准块以构成检验用的试件,钢标准块的间距不应小于_____,且有一块应粘贴在加固构件的端部。

二、单选题

1. CFRP 碳纤维布拉伸性能试验若使用机械式或油压式试验机,相对误差均不得超过_____。
   A. +0.5% B. +1% C. +2% D. +5%
2. 下列 CFRP 碳纤维布拉伸性能试验的性能试验结果有效数字取值正确的是_____。
   A. 计算平均值计算到二位有效数字,标准差计算到三位有效数字,离散系数计算到三位有效数字
   B. 计算平均值计算到二位有效数字,标准差计算到二位有效数字,离散系数计算到三位有效数字
   C. 计算平均值计算到三位有效数字,标准差计算到三位有效数字,离散系数计算到二位有效数字
   D. 计算平均值计算到三位有效数字,标准差计算到二位有效数字,离散系数计算到二位有效数字
3. CFRP 碳纤维布拉伸性能试验的试样尺寸精确到_____。
   A. 0.01mm B. 0.05mm C. 0.02mm D. 0.10mm
4. 结构加固工程现场使用的粘结强度检测仪,检测仪应_____检定一次。
   A. 三个月 B. 每半年 C. 每一年 D. 每两年
5. 粘贴、喷抹质量检验的取样时,梁、柱类构件每批构件随机抽取的受检构件应按该批构件总数的_____确定,但不得少于 3 根。
   A. 10% B. 15% C. 20% D. 30%
6. 粘贴、喷抹质量检验的取样时,板、墙类构件应以_____的构件为一检验批。
   A. 同种类 B. 同规格 C. 同型号 D. 同种类、同规格
7. 粘钢加固方法中使用的钢标准块的厚度不应小于_____,且应采用 45 号钢制作。
   A. 10mm B. 20mm C. 30mm D. 40mm

8. 粘钢加固方法现场检测适配性检验取样时,应以每一试样为一检验组,每组_____个检验点。
A. 3   B. 4   C. 5   D. 6

三、多选题

1. CFRP 碳纤维布拉伸性能试验,遇到以下哪些情况试样需作废_____。
A. 外观有缺陷   B. 不符合尺寸及制备要求
C. 力学性能有效试样不足 5 个   D. 试样过程中在夹持部位内破坏的

2. 碳纤维增强塑料纤维体积含量试验适用于_____。
A. 碳纤维增强塑料   B. 芳纶纤维增强塑料
C. 玻璃纤维增强塑料   D. 织物增强塑料

3. 粘钢法具有_____等优点。
A. 施工方便,周期短   B. 重量增加小,占用空间小
C. 坚固耐用   D. 不影响结构的正常使用

4. 粘钢、碳纤维粘结力现场检测试验时,试件的破坏形式有以下_____几种。
A. 粘钢破坏   B. 内聚破坏   C. 黏附破坏   D. 混合破坏

5. 下列试件的破坏形式中,不正常破坏的有_____。
A. 粘附破坏
B. 混合破坏
C. 基材混凝土内聚破坏的面积少于 85% 的混合破坏
D. 聚合物砂浆内聚破坏

四、判断题

1. CFRP 碳纤维布拉伸性能试验中,机械加工法进行试样制备时,对试样的成型表面不宜加工。当需要加工时,可单面或双面加工,但不需在报告中注明。（ ）

2. CFRP 碳纤维布拉伸性能试验测定形变时,可以采用分级加载的方法,级差为破坏荷载的 5%~10%。（ ）

3. 现场检测试验中试件的内聚破坏包括基材混凝土内聚破坏、胶粘剂内聚破坏和聚合物砂浆内聚破坏。（ ）

4. 粘钢、碳纤维粘结力现场检测试验中,钢标准块与高强、快速化胶粘剂之间的界面破坏属粘附破坏。（ ）

5. 钢标准块粘贴后应立即固定;在胶粘剂 7d 的固化过程中不得受到任何扰动。（ ）

五、简答题

1. 简述 CFRP 碳纤维布拉伸性能试验的试验报告包含哪些内容。
2. CFRP 碳纤维布拉伸性能试验中试样为何要使用加强片？加强片采用何种材料制成？
3. 请简述粘钢、碳纤维粘结力现场检测的试验方法及步骤。
4. 请简述检验批的粘贴、喷抹质量的合格评定中,应符合哪些规定？

六、计算题

1. 现有某加固工程,采用某种碳纤维布进行结构加固。现场加固前,在监理见证下,往试验室送检一组试样共计 10 件。试验前,经检查各试样外观质量未发现明显缺陷,且各试样均符合尺寸

及制备者要求。试验结束后,根据原始数据,经过初步计算得到了该组每一试样的各性能值(见下表)。请计算该组各性能值的计算平均值、标准差和离散系数。

试样编号 性能分项	1	2	3	4	5	6	7	8	9	10
拉伸强度 P_b(MPa)	5480	5350	5700	5680	5100	5790	5610	5500	6120	5360
弹性模量 E_t(MPa)	235	236	240	244	235	245	240	248	250	240
伸长率 ε_t(%)	1.41	1.35	1.41	1.50	1.36	1.45	1.25	1.30	1.42	1.33

2. 某加固工程,采用粘贴纤维复合材进行混凝土框架梁加固,共加固12个构件,加固后,根据委托要求,检测单位在现场抽取共3根构件,每根梁各制备3个检验点。现场采用直径50mm的钢圆形标准块,破坏时的荷载见下表。请计算并判断该组检验试样的加固材料粘贴、喷抹质量是否满足要求。

破坏荷载及 破坏形式	检验点1	检验点2	检验点3
梁1	3215	3712	3131
	混合破坏	内聚破坏	混合破坏
梁2	3115	3178	3103
	内聚破坏	混合破坏	内聚破坏
梁3	2888	3250	2940
	混合破坏	内聚破坏	内聚破坏

碳纤维布力学性能及粘钢、碳纤维粘结力现场检测模拟试卷(A 二)

一、填空题

1. CFRP碳纤维片材的主要两种制品形式为_____和_____。
2. 碳纤维布粘结质量现场检验的破坏形式有混凝土破坏、_____、_____和_____。
3. CFRP碳纤维布拉伸性能试验测定变形时,连续加载,用自动记录装置可直接记录到_____曲线和_____曲线。
4. 当涉及到仲裁时,CFRP碳纤维布拉伸性能试验的试件厚度为_____。
5. 单向纤维增强塑料弯曲性能试验用于测定单向纤维增强塑料层合板的_____、_____和_____。
6. CFRP碳纤维布拉伸性能试验若使用电子拉力试验机、伺服液压式试验机,其载荷相对误差不得超过_____。

二、选择题

1. CFRP 高强度型碳纤维片材的力学性能用试验设备要求的恒定的试验速度。当试验速度不大于 10mm/min 时,误差不超过_____。
   A. 10%   B. 15%   C. 20%   D. 25%

2. CFRP 碳纤维布拉伸性能试验若选择使用油压式试验机和变形仪,应使试样施加荷载落在满载的范围内_____,且尽量落在_____,且不得小于试验机最大吨位的_____。
   A. 10%~90%   满载一边   4%   B. 10%~90%   1/2 满载附近   10%
   C. 5%~95%   1/2 满载   10%   D. 5%~95%   满载一边   4%

3. 粘结强度检测仪应_____检定一次。
   A. 每半年   B. 每年   C. 二年   D. 各单位内定

4. CFRP 碳纤维布拉伸性能试验中的测量变形的仪器仪表相对误差均不应超过_____。
   A. +0.5%   B. +1%   C. +2%   D. +5%

5. 下列纤维复合材层间剪切强度测定试验破坏形式属于正常破坏的是_____。
   A. 层间剪切破坏   B. 弯曲受拉破坏
   C. 弯曲受压破坏   D. 非弹性变形破坏

6. CFRP 碳纤维布拉伸性能试验的试样尺寸精确到_____。
   A. 0.10mm   B. 0.05mm   C. 0.02mm   D. 0.01mm

三、多选题

1. CFRP 碳纤维布拉伸性能试验的标准环境条件为_____。
   A. 温度 23+2℃   B. 温度 23+5℃
   C. 相对湿度 50%+5%   D. 相对湿度 50%+10%

2. 纤维复合材正拉粘结强度项目的测定试验中,下列试验结果可判定为正常破坏的是_____。
   A. 破坏形式为基材混凝土内聚破坏
   B. 破坏形式为黏附破坏、胶粘剂或聚合物砂浆内聚破坏
   C. 虽出现两种或两种以上的破坏形式,但基材混凝土内聚破坏形式的破坏面积占粘合面面积 85% 以上
   D. 基材混凝土内聚破坏的面积少于 85% 的混合破坏

3. CFRP 碳纤维布拉伸性能试验,遇到_____试样需作废。
   A. 外观有缺陷   B. 不符合尺寸及制备要求
   C. 力学性能有效试样不足 5 个 D. 试样过程中在夹持部位内破坏的

4. 碳纤维增强塑料纤维体积含量试验适用于_____。
   A. 碳纤维增强塑料   B. 芳纶纤维增强塑料
   C. 玻璃纤维增强塑料   D. 织物增强塑料

5. CFRP 碳纤维布拉伸性能试验,制备试样时,加强片材料可采用_____。
   A. 铝合金板   B. 不锈钢板
   C. 纤维增强塑料板   D. 薄型钢板

四、判断题(判断错的题目需简略说明理由)

1. CFRP 碳纤维布拉伸性能试验的试样加工时要防止试样产生分层、刻痕和局部挤压等机械损

伤。加工时,可采用水或油冷却。 （　）

2. 单向纤维增强塑料弯曲性能试验时,不在跨距中间 L/3 内呈弯曲破坏的试样,应予作废。
（　）

3. 纤维复合材正拉粘结强度项目的测定试验中,梁、柱类构件应以同规格、同型号的构件为一检验批。 （　）

4. CFRP 碳纤维布拉伸性能试验中,机械加工法进行试样制备时,对试样的成型表面不宜加工。当需要加工时,可单面或双面加工,但不需在报告中注明。 （　）

5. 对加工后要进行拉伸性能试验的 CFRP 碳纤维布试样,应在适宜条件下对其及时进行干燥处理。 （　）

五、简答题

1. CERP 高强度型碳纤维片材两种主要制品的基本特性是什么?
2. 请详细叙述 CFRP 碳纤维布拉伸性能试验方法与操作步骤。

六、计算题

1. 某加固工程,采用粘贴纤维复合材进行混凝土框架梁加固,共加固 12 个构件,加固后,根据委托要求,检测单位在现场抽取共 3 根构件,每根梁各制备 3 个检验点。现场采用直径 50mm 的钢圆形标准块,破坏时的荷载见下表。请计算并判断该组检验试样的加固材料粘贴、喷抹质量是否满足要求。

破坏荷载及破坏形式	检验点1	检验点2	检验点3
梁1	3215	3712	3131
	混合破坏	内聚破坏	混合破坏
梁2	3115	3178	3103
	内聚破坏	混合破坏	内聚破坏
梁3	2888	3250	2940
	混合破坏	内聚破坏	内聚破坏

2. 现有某加固工程,采用Ⅱ级高强度的碳纤维布进行结构加固。现场加固前,在监理见证下,往试验室送检一组试样共计 5 件。试验前,经检查各试样外观质量未发现明显缺陷,且各试样均符合尺寸及制备者要求。试验结束后,根据原始数据,经过初步计算得到了该组每一试样的各性能值(见下表)。请计算该组各性能值的计算平均值、标准差和离散系数。

性能分项＼试样编号	1	2	3	4	5
拉伸强度 P_b (MPa)	2210	2230	2320	2480	2190
弹性模量 E_t (MPa)	375	365	420	468	395
伸长率 ε_t (%)	0.50	0.45	0.55	0.40	0.43

碳纤维布力学性能及粘钢、碳纤维粘结力现场检测模拟试卷(B 二)

一、填空题

1. CFRP 碳纤维片材的最基本的三个力学性能指标为_____、_____和_____。
2. CFRP 碳纤维布拉伸性能试验测定变形时,连续加载,用自动记录装置可直接记录到_____曲线和_____曲线。
3. 进行 CFRP 碳纤维布拉伸性能试验时,力学性能试验每组试样的数量不少于_____个,且保证同批有_____个有效试样。
4. CFRP 碳纤维布拉伸性能试验,制备试样时,加强片的材料可采用_____和_____。
5. 纤维复合材层间剪切强度测定试验中,试件的典型破坏形式有_____、_____和_____。

二、选择题

1. CFRP 碳纤维布拉伸性能试验若选择使用油压式试验机和变形仪,应使试样施加荷载落在满载的范围内_____,且尽量落在_____,且不得小于试验机最大吨位的_____。
   A. 10% ~90%　满载一边　4%　　　　　　　B. 10% ~90%　1/2 满载附近　10%
   C. 5% ~95%　1/2 满载　10%　　　　　　　D. 5% ~95%　满载一边　4%
2. CFRP 碳纤维布拉伸性能试验的性能试验结果中,计算平均值计算到_____位有效数字,标准差计算到_____位有效数字,离散系数计算到_____位有效数字。
   A. 2　3　3　　　　B. 3　2　2　　　　C. 3　3　2　　　　D. 2　2　3
3. 粘结强度检测仪应_____检定一次。
   A. 每半年　　　　B. 每年　　　　C. 二年　　　　D. 各单位内定
4. 需要做纤维织物单位面积质量的测定的毡和织物,当含水率超过 0.2%(或水率未知),应将试样置于_____的干燥箱中干燥 1h,然后放入干燥器中冷却至室温。从干燥器取出试样后,立即进行试验。
   A. 105℃ ±3℃　　　B. 100℃ ±3℃　　　C. 105℃ ±2℃　　　D. 100℃ ±3℃
5. CFRP 碳纤维布拉伸性能试验的试样尺寸精确到_____。
   A. 0.01mm　　　　B. 0.02mm　　　　C. 0.05mm　　　　D. 0.10mm

三、多选题

1. CFRP 碳纤维布拉伸性能试验的标准环境条件为_____。
   A. 温度 23℃ +2℃　　　　　　　　　　　B. 温度 23℃ +5℃
   C. 相对湿度 50% +5%　　　　　　　　　D. 相对湿度 50% +10%
2. 下列属于碳纤维布粘结质量现场检验破坏形式的有_____。
   A. 混凝土破坏　　B. 层间破坏　　C. 碳纤维片材破坏　　D. 粘结失效
3. 纤维复合材正拉粘结强度项目的测定试验中,下列试验结果可判定为正常破坏的是_____。
   A. 破坏形式为基材混凝土内聚破坏
   B. 破坏形式为黏附破坏、胶粘剂或聚合物砂浆内聚破坏
   C. 虽出现两种或两种以上的破坏形式,但基材混凝土内聚破坏形式的破坏面积占粘合面面积

85%以上

　　D. 基材混凝土内聚破坏的面积少于85%的混合破坏

　4. 在纤维复合材正拉粘结强度项目的测定试验中,下列属于黏附破坏形式的是_____。

　　A. 混凝土内部发生破坏

　　B. 胶层与基材混凝土之间的界面破坏

　　C. 聚合物砂浆层与基材混凝土之间的界面破坏

　　D. 聚合物砂浆内部破坏

　5. CFRP碳纤维布拉伸性能试验的结果应包含_____。

　　A. 每个试样的性能值　　　　　　B. 算术平均值

　　C. 标准差　　　　　　　　　　　D. 离散系数

四、判断题（判断错的题目需简略说明理由）

　1. CFRP碳纤维布拉伸性能试验的试样加工时要防止试样产生分层、刻痕和局部挤压等机械损伤。加工时,可采用水或油冷却。（　　）

　2. CFRP碳纤维布拉伸性能试验的试样采用模塑法制备时,为了试样对中,两侧加强片厚度必须大于胶层厚度,且余胶应清除。（　　）

　3. 对CFRP碳纤维布粘结质量现场检验时,取样胶粘剂的正拉胶粘强度应接近碳纤维片材树脂的正拉粘结强度。钢标准块粘贴后应及时固定。（　　）

　4. 纤维复合材正拉粘结强度项目的测定试验中,梁、柱类构件应以同规格、同型号的构件为一检验批。（　　）

　5. CFRP碳纤维布拉伸性能试验将试样编号后,测量任意三点的宽度和厚度,取最小值。（　　）

五、简答题

　1. 简述CFRP碳纤维布拉伸性能试验的试验报告包含哪些内容。

　2. 纤维复合材正拉粘结强度项目的测定试验中,适配性检验的正拉粘结性能合格评定,应符合哪些规定?

六、计算题

　1. 现有某加固工程,采用某种加强碳纤维布进行结构加固。现场加固前,在监理见证下,往试验室送检一组试样共计10件。试验前,经检查各试样外观质量未发现明显缺陷,且各试样均符合尺寸及制备者要求。试验结束后,根据原始数据,经过初步计算得到了该组每一试样的各性能值（见下表）。请计算该组各性能值的计算平均值、标准差和离散系数。

试样编号 性能分项	1	2	3	4	5	6	7	8	9	10
拉伸强度 P_b(MPa)	5480	5350	5700	5680	5100	5790	5610	5500	6120	5360
弹性模量 E_t(MPa)	235	236	240	244	235	245	240	248	250	240
伸长率 ε_t(%)	1.41	1.35	1.41	1.50	1.36	1.45	1.25	1.30	1.42	1.33

　2. 某加固工程,采用粘贴纤维复合材进行混凝土框架梁加固,共加固12个构件,加固后,根据委托要求,检测单位在现场抽取共3根构件,每根梁各制备3个检验点。现场采用直径50mm的钢

圆形标准块,破坏时的荷载见下表。请计算并判断该组检验试样的加固材料粘贴、喷抹质量是否满足要求。

破坏荷载及破坏形式	检验点1	检验点2	检验点3
梁1	3215	3712	3131
	粘附破坏	内聚破坏	粘附破坏
梁2	3115	3178	3103
	内聚破坏	粘附破坏	内聚破坏
梁3	2888	3250	2940
	混合破坏	内聚破坏	粘附破坏

第三节 钢纤维

一、填空题

1. 钢纤维按原材料分类,其类别和代号为:_____、_____、_____三类。
2. 按生产工艺分类,其类别和代号为:_____、_____、_____、_____四类。
3. 按钢纤维形状及表面分类,其类别和代号普通型01为_____、_____;普通型02为_____、_____;异形钢纤维型为_____。
4. 按抗压强度等级分类,其类别和代号为:_____、_____和_____三类。

二、单选题

1. 钢纤维表面应清洁干燥,不得黏有油污和其他妨碍其与水泥砂浆粘结的杂质;钢纤维内含有的因加工不良和严重锈蚀造成的黏连片、铁屑、杂质的纤维重量不超过纤维总重量的_____。
   A. 2%　　　　　　B. 2.5%　　　　　　C. 1.5%　　　　　　D. 1%

2. 长度允许偏差应不超过公称值的_____。
   A. ±10%　　　　　B. ±15%　　　　　C. ±5%　　　　　　D. ±12%

3. 直径或等效直径允许偏差应不超过公称值的_____。
   A. ±8%　　　　　B. ±5%　　　　　　C. ±15%　　　　　D. ±10%

4. 长径比允许偏差应不超过公称值的_____。
   A. ±20%　　　　　B. ±15%　　　　　C. ±10%　　　　　D. ±12%

5. 各强度等级的钢纤维,600级的抗拉强度为_____MPa。
   A. 600　　　　　　B. 550~650　　　　C. 600~1000　　　　D. 600~800

6. 钢纤维检测拉伸试验时,将其沿直径不大于3mm的圆周向一个方向弯曲至_____,不断裂。
   A. 45°　　　　　　B. 90°　　　　　　C. 180°　　　　　　D. 120°

7. 重量测试时,随机抽取5箱(袋)产品,用精度不大于50g的衡器逐一进行检测,净重与额定重量误差应不大于±_____。
   A. 0.5%　　　　　B. 2.0%　　　　　　C. 1.5%　　　　　　D. 1%

8. 任一根钢纤维的抗拉强度不得小于相应级别钢纤维抗拉强度规定值的_____。

A. 85%　　　　　B. 90%　　　　　C. 95%　　　　　D. 80%

三、多选题

1. 按抗拉强度等级分类,其类别和代号可分为_____。
A. 380 级　　　B. 500 级　　　C. 1000 级　　　D. 600 级
2. 钢纤维拉伸试件可采用_____。
A. 纤维直接拉伸　　　　　　　　B. 母材试样拉伸
C. 两纤维焊接件　　　　　　　　D. 规定方法的纤维焊接件拉伸
3. 下列拉伸试验结果可评为 600 级:_____。
A. 580MPa　　　B. 600MPa　　　C. 750MPa　　　D. 1200MPa
4. 弯曲性能试验,可采用直径为_____的圆棒。
A. 6mm　　　B. 2.5mm　　　C. 4mmMPa　　　D. 3mm
5. 钢纤维试验方法标准有_____。
A. YB/T 151—1999　　　　　　　B. GB/T 50080—2002
C. JG/T 3064—1999　　　　　　　D. JGJ/T 98—1996

四、判断题

1. 钢纤维是用钢材经一定工艺制成的、能随机地分布于混凝土中的短而细的纤维。（　）
2. 异形钢纤维测试的长度含端钩或波浪弯曲部分的长度。（　）
3. 等效直径可以在钢纤维数量确定的条件下,测量其平均长度和重量求得。（　）
4. 异形钢纤维有纵向为平直形且两端带钩或锚尾、纵向为扭曲形且两端带钩或锚尾、纵向为波浪形等几种。（　）
5. 用钢纤维直接拉伸,每次试验取 10 根合格纤维。如出现钢纤维断裂在夹持处的情况,不允许补充抽样。（　）
6. 钢纤维 380 级的抗拉强度为 1250MPa,其强度等级仍评为 1000 级。（　）
7. 钢纤维原材料应符合相应钢或钢产品标准的要求。（　）

五、问答题(含操作题)

1. 何为钢纤维?
2. 如何测试钢纤维的弯曲性能?
3. 异形钢纤维的形状如何,其主要特点是什么?
4. 对截面不规则的钢纤维,如何用重量法测其等效直径?
5. 如何复验和判定钢纤维是否合格?

六、计算题

1. 测得 10 根钢纤维长度为 310.22mm,平均长度为 31.0mm,用分析天平称其重量为 0.478g,计算该组钢纤维的等效直径和长径比。
2. 对钢丝切断型钢纤维,其公称直径为 0.50mm,其拉伸断裂荷载分别为:118.5、115.4、119.2、122.7、126.5、124.3、119.8、122.1、123.4 和 130.5kN,计算该组钢纤维的抗拉强度,并评定其强度等级。
3. 测得 10 根钢丝钢纤维平均长度为 31.0mm,平均直径为 0.45mm,公称长径比为 65mm,计算该纤维长径比偏差,并评定长径比允许偏差是否合格。

参考答案：

一、填空题

1. 碳素结构钢(C)　合金结构钢(A)　不锈钢(S)三类
2. 钢丝切断纤维(W)　薄板剪切纤维(S)　熔抽纤维(Me)　铣削纤维(Mi)
3. 纵向为平直形　表面光滑　纵向为平直形　表面粗糙且有细密压痕　纵向为平直形且两端带钩或锚尾　纵向为扭曲形且两端带钩或锚尾　纵向为波浪形等
4. 380级　600级和1000级

二、单选题

1. D	2. A	3. D	4. B
5. C	6. B	7. D	8. B

三、多选题

1. A、C、D	2. A、B、D	3. B、C	4. B、D
5. A、C			

四、判断题

1. √	2. ×	3. √	4. √
5. ×	6. √	7. √	

五、问答题（含操作题）

1. 答：钢纤维为用钢材料经一定工艺制成的、能随机地分布于混凝土中的短而细的纤维。
2. 答：在不低于16℃时，将单根钢纤维围绕3mm直径的圆棒弯曲90°时，90%的试样不应断裂。
3. 答：有纵向为平直形且两端带钩或锚尾、纵向为扭曲形且两端带钩或锚尾、纵向为波浪形等，其主要性能特点是在混凝土中由于其端钩的锚固力和界面的握裹力明显优于普通型，故对混凝土具有较好的增强增韧性能。
4. 答：采用质量法测定其平均等效直径。随机抽取10根钢纤维，用精度为0.0001g的天平称其质量，用精度为0.01mm的游标卡尺测定其长度，根据下式求得等效直径de(mm)。

$$\overline{de} = \sqrt{\frac{4W_0}{\rho \cdot \pi \cdot l}}$$

式中　W_0——10根纤维的质量(g)；
　　　l——10根纤维总长度(cm)；
　　　ρ——钢的密度(7.85g/cm³)。

5. 答：检验合格。如有不合格项目，则加倍取样对不合格项目进行复验。如复验合格，则该批产品合格。如复验不合格，该批判废。

六、计算题

1. 解：测得10根钢纤维总长度为310.22mm，用分析天平称其总重量为0.478g，计算该组钢纤维的等效直径和长径比。

等效直径为：$\overline{de} = \sqrt{\dfrac{4W_0}{\rho \cdot \pi \cdot l}} = (4 \times 0.478/(31 \times 3.14 \times 7.85))^{0.5} = 0.50$mm

长径比:$l/de = 31.0/0.50 = 62$

2. 解:钢纤维受拉面积为 $A = 3.14 \times 0.50 \times 0.50/4 = 0.196 \text{mm}^2$

钢纤维平均抗拉强度 $f = F_{平均}/A = 122.2 \div 0.196 = 624 \text{MPa}$

钢纤维强度等级为 600 级。

3. 解:钢纤维实测长径比 $\overline{\lambda} = 31.0/0.45 = 69$

长径比偏差 $\delta_\lambda = \dfrac{\overline{\lambda} - \lambda}{\lambda} = (69 - 65)/65 = 6\%$

长径比允许偏差小于 15%,合格。

第四章 木结构

一、填空题

1. 木材物理性能主要包括_____、_____、_____、_____、_____等。
2. 木材含水率检测设备有_____、_____、_____、_____。
3. 木材顺纹抗拉强度检测时,试验机的十字头行程不小于_____mm,夹钳的钳口尺寸为_____mm。
4. 液压式万能试验机荷载读数盘的最小分格不宜大于_____N;液压式长柱试验机荷载盘读数的最小分格不宜大于_____N。
5. 梁弯曲试验时,试件的最小长度应为试件截面高度的_____倍。
6. 齿连接试验的加荷装置,对试件截面宽度为_____高度为_____的齿连接试件宜采用专门设计的三角形支承架。
7. 在制作齿连接试件的同时,应在试件坯材受剪面一端预留_____用以制作成_____个顺纹受剪标准小试件。
8. 齿连接试验的加荷速度应匀速进行,并保证在_____min内达到破坏。
9. 圆钢销连接试验的加荷设备宜采用_____kN万能试验机。
10. 测量圆钢销连接相对滑移宜采用量程不小于_____mm的百分表。
11. 启动真空泵施加均匀荷载,以_____的加荷速度加载。
12. 冲击荷载试验时,用专门皮袋装入直径为_____的钢珠,从不同高度降落形成冲击。
13. 皮袋及钢珠的降落高度用标杆确定,标杆上的滑动指针每格为_____。
14. 冲击荷载试验时,干态试验在_____和_____的相对湿度的条件下将板材调节至少2周使其达到恒重和不变的含水率。
15. 在木基结构板材的冲击荷载试验前,在加载点施加集中静载_____,并量测机对于支座的板材挠度。

二、单项选择题

1. 下列不属于木结构检测主要依据的是_____。
A.《木结构设计规范》GB 50005—2003
B.《木结构试验方法标准》GB/T 50329—2002
C.《建筑结构检测技术标准》GB/T 50344—2004
D.《建筑抗震设计规范》GB 50011—2001

2. 木材含水率检测时,将同批试验取得的含水率试样,一并放入烘箱内,在103±2℃的温度下烘_____h。
A. 8　　　　　　B. 7　　　　　　C. 9　　　　　　D. 6

3. 试样含水率为12%时的气干密度,应按式_____计算,准确至0.001g/cm³。
A. $\rho = \rho_w [1 - 0.01(1-W)(K-12)]$
B. $\rho = \rho_w [1 - 0.01(1-K)(W-12)]$
C. $\rho = \rho_w [0.01(1-K)(W-12)-1]$
D. $\rho = \rho_w [0.01(1-W)(K-12)-1]$

4. 木材干缩性测定时,测量尺寸应精确至_____。
A. 0.001mm　　　B. 0.1mm　　　C. 0.01mm　　　D. 0.0001mm

5. 线湿胀性的测定,将试样放置于温度_____,相对湿度_____的条件下吸湿至尺寸稳定。

　　A. 20±2℃　65%±5%　　　　　　　　B. 20±3℃　65%±8%
　　C. 20±1℃　65%±3%　　　　　　　　D. 20±5℃　65%±5%

6. 软质木材试样,必须在夹持部分的窄面附以 90mm×14mm×8mm 的硬木夹垫,用胶粘剂固定在试样上。硬质木材试样,可使用木夹垫_____。

　　A. 100mm×14mm×8mm　　　　　　B. 90mm×14mm×8mm
　　C. 100mm×20mm×8mm　　　　　　D. 90mm×14mm×10mm

7. 梁弯曲试验时,在该根梁的两端试材中各切取受弯标准小试件不应少于_____个,顺纹受压标准小试件不应少于_____个。

　　A. 6　2　　　　　B. 7　5　　　　　C. 5　3　　　　　D. 5　4

8. 屋架在标准荷载下主要节点连接的变形(连接缝的相对滑移),不应大于下列数值:

　　(1)直接抵承连接_____ mm;
　　(2)齿连接_____ mm;
　　(3)螺栓连接_____ mm。

　　A. 0.5　1　2　　　B. 1　2　3　　　C. 0.5　2　3　　　D. 1　2　4

9. 下列_____是屋架全跨荷载试验时屋架 $P-w$ 图　　　　　　　　　　　　　　(　)

A

B

C

D

三、多项选择题

1. 木材的物理性能检测包括_____。

　　A. 含水率　　　　B. 密度　　　　　C. 干缩性
　　D. 吸水性　　　　E. 湿胀性

2. 木材的力学性能检测包括_____。

　　A. 顺纹抗拉强度　　B. 顺纹抗压强度　　C. 顺纹抗剪强度

D. 顺纹抗弯强度　　　　E. 横纹抗拉、抗压强度

3. 梁弯曲试验适用于测定梁受弯时的_____。

A. 剪切模量　　　　B. 弹性模量　　　　C. 强度

D. 刚度　　　　　　E. 稳定性

4. 在梁弯曲试验检测方法中以下说法中正确的有：_____。

A. 梁的受弯试验应采用对称的四点受力和匀速加荷的方法,用以观测荷载和挠度之间的关系,获得所需的各种数据和信息

B. 测定梁的纯弯曲弹性模量,应采用在规定的标距内测定在纯弯矩作用下的挠度的方法,据此测定的最大挠度值来计算纯弯曲弹性模量;测定梁的表观弹性模量应采用全跨度内最大的挠度来计算

C. 测定梁的抗弯强度,应使梁的测定截面位于规定的标距内承受纯弯矩作用直至破坏时所测得的最终破坏荷载来确定

D. 当需确定梁的抗弯强度与标准小试件的抗弯强度(或木材的其他基本材性)之间的比值时,在试验之前,在该根梁的两端试材中各切取受弯标准小试件不应多于5个,顺纹受压标准小试件不应多于3个

E. 当需确定梁的弯曲弹性模量与标准小试件的弯曲弹性模量(或木材的其他基本材性)之间的比值时,在试验之前,在该根梁的两端试材中切取弯曲弹性模量小试件共不应少于5个,顺纹受压标准小试件共不应少于5个

5. 木结构节点的连接形式通常有：_____。

A. 齿连接　　　　B. 圆钢销连接　　　　C. 胶粘连接

D. 胶合指形连接　　　　E. 电弧焊

6. 对于木结构节点的齿连接检测方法,以下说法中正确的有_____。

A. 本方法仅适用于测定木结构单齿连接中被试木材的抗剪强度

B. 本方法是利用专门设计的加荷装置,保证压力与被试木材的木纹成交角的条件下,采用匀速加荷、测定试件的破坏荷载的方法,计算出齿连接的抗剪强度

C. 对试件截面宽度大于40mm和高度大于60mm的齿连接试件宜采用专门设计的三角形支承架

D. 齿连接试验的加荷速度应匀速进行,并保证在3~5min内达到破坏

E. 齿连接试件破坏后应描绘端部横截面年轮方向及试件破坏状况

7. 对于木结构节点的圆钢销连接检测方法,以下说法中正确的有：_____。

A. 本方法适用于测定被试木材圆钢销连接承弯破坏时的承载能力和变形

B. 本方法是在能保证圆钢销双剪连接顺木纹对称受力的条件下,匀速加荷直至破坏的过程中测得接合缝间的相对滑移变形值和其他有关资料和信息

C. 圆钢销连接试验的加荷设备宜采用10kN万能试验机

D. 测量圆钢销连接相对滑移宜采用量程不小于20mm的百分表

E. 圆钢销连接试验的加载程序应遵守下述规定：首先加载到$0.3F$,荷载持续30s,然后卸载到$0.1F$,再持续30s,然后每30s增加一级荷载,每级荷载为$0.1F$;当加载码$0.7F$以上时,逐渐减慢加荷速度,仍逐级加载直至破坏,终止试验

8. 对于木结构节点的胶粘连接检测方法,以下说法中正确的有：_____。

A. 本方法适用于检验承重木结构所用胶粘剂的胶粘能力

B. 本方法是根据木材用胶粘结后的胶缝顺木纹方向的抗剪强度进行判别

C. 木材胶合时,在温度为20±2℃、相对湿度为50%~70%的条件下,应控制木材的含水率在

8%~10%

D. 试条在室温不低于6℃的加压状态下应放置12h,卸压后养护48h,方可加工试件

E. 试验应在胶合后第7天进行,至迟不晚于第10天;湿态试验应在试件浸水48h后立即进行

9. 对于木结构节点的胶合指形连接检测方法,以下说法中正确的有:_____。

A. 本方法适用于测定承重的整体木构件的胶合指形连接和胶合木构件中单层木板的胶合指形连接的抗弯强度

B. 胶合指形连接必须是用专门的木工铣床加工成的、在木材端头的指形接头

C. 指接的指样长度应大于或等于20mm

D. 对承重的整截面构件的指接试验,试件的跨度应取等于所试验的截面高度的12倍,加荷点至支座反力之间的距离应等于所试验的截面高度的4倍

E. 对叠层胶合木可单层木板的指接试验,试件的跨度应取等于所试验的截面高度的20倍,加荷点至支座反力之间的距离应取等于所试验的截面高度的8倍

10. 关于木屋架的检测,以下说法中正确的有_____。

A. 本方法适用于普通木屋架、胶合木屋架及钢木屋架的短期静力试验

B. 屋架的静力试验按其试验目的可分为验证性试验和检验性试验

C. 屋架试验宜在实验室内进行;若为现场检验性试验,应搭设能防雨的试验棚,若遇大风天气,试验尚应延期

D. 试验屋架安装前,应对各构件的木材天然缺陷进行测量,并做好记录或绘制木材缺陷分布图

四、判断题

1. 进行木材的含水率测定时,将同批试验取得的含水率试样,一并放入烘箱内,在103℃±2℃的温度下烘8h后,从中选定2~3个试样进行第一次试称,以后每隔2h试称一次,至最后两次称量之差不超过0.002g时,即认为试样达到全干。( )

2. 木材密度测定包括气干密度的测定、全干密度的测定,以及基本密度的测定。( )

3. 木材顺纹抗拉强度检测:试样含水率为12%时,阔叶材的顺纹抗拉强度,应按计算准确至0.1MPa。( )

4. 木材顺纹抗压强度检测:本方法适用于测定整截面的锯材或胶合矩形截面构件轴心受压失稳破坏时的临界荷载。( )

5. 梁弯曲试验方法中测定梁的表观弹性模量应采用全跨度内最小的挠度来计算。( )

五、问答题

1. 木材气干密度的检测步骤有哪些?
2. 简述木材线湿胀性计算结果表达式。
3. 简述木材顺纹抗压强度检测的试验设备与试验环境。
4. 齿连接试件的设计应遵守哪些规定?
5. 胶合指形连接试验的试验步骤有哪些。

六、操作题

1. 简述木屋架加载试验步骤。
2. 木基结构板材冲击荷载试验试件的准备和技术要点。

参考答案：

一、填空题

1. 含水率　密度　干缩性　吸水性　湿胀性
2. 天平　烘箱　玻璃干燥器　称量瓶
3. 400　10~20
4. 200　1000
5. 19
6. 40mm　60mm
7. 50mm　2~3
8. 3~5
9. 1000
10. 20
11. 2.4kPa/min
12. 2.4mm
13. 152mm
14. 20±3℃　65%±5%
15. 890N

二、单项选择题

1. D	2. A	3. B	4. C
5. A	6. B	7. C	8. A
9. B			

三、多项选择题

1. A、B、C、D、E	2. A、B、C、D、E	3. B、C	4. A、B、C、E
5. A、B、C、D	6. B、D、E	7. A、B、D、E	8. A、B、C
9. A、B、C、D	10. A、B、C、D、E		

四、判断题

1. √　　2. √　　3. ×　　4. √　　5. ×

五、问答题

1. 答：(1)在试样(20mm×20mm×20mm)各相对面的中心位置,分别测出弦向、径向和顺纹方向尺寸,准确至0.01mm。允许使用其他测量方法测量试样体积,精确至0.01cm³,称出试样质量,精确至0.001g。将测试结果填写入记录表中。

(2)将试样放入烘箱内,开始温度60℃,保持4h,再按国家标准GB 1931第5.2~5.4条的规定,进行烘干和称量。

(3)试样全干质量称出后,立即于试样各相对面的中心位置,分别测出弦向、径向和顺纹方向尺寸,精确至0.01mm。

2. 答：(1)试样从全干到气干时,径向或弦向的线湿胀率,应按式(Ⅰ)计算,精确至0.1%。

$$a_w = \frac{l_w - l_0}{l_0} \times 100\% \quad (Ⅰ)$$

式中 a_w——试样从全干到气干时,径向或弦向的线湿胀率(%);
l_w——试样气干时,径向或弦向的尺寸(mm);
l_0——试样全干时,径向或弦向的尺寸(mm)。

(2)试样从全干到吸水至尺寸稳定时,径向或弦向的线湿胀率应按式(Ⅱ)计算,准确至0.1%。

$$a_{max} = \frac{l_{max} - l_0}{l_0} \times 100\% \quad (Ⅱ)$$

式中 a_{max}——试样吸水至尺寸稳定时,径向或弦向的线湿胀率(%);
l_{max}——试样吸水至尺寸稳定时,径向或弦向的尺寸(mm)。

3. 答:(1)试验机,液压式万能试验机荷载读数盘的最小分格不宜大于200N;液压式长柱试验机荷载盘读数的最小分格不宜大于1000N。

(2)支撑装置,具有各向自由转动的作用;可准确地轴心传力;能均匀地分布荷载;可采用球铰(或称球座)或专门设计的双向刀铰。

(3)电阻应变仪或千分表测,轴心压杆的侧向挠度宜采用行程为50mm,最小读数为1/100mm的位移计和函数记录仪测定。

4. 答:(1)试件截面的宽度不应小于40mm,高度不应小于60mm,高度与宽度的比值不应大于1.5。

(2)试件的齿槽深度:单齿连接不应小于20mm;双齿连接第一齿深度不宜小于10mm,第二齿深度至少应比第一齿深度多10mm。试件齿槽的最大深度不得大于试件全截面高度的1/3。

(3)试件的剪面长度:单齿连接不宜小于齿槽深度的4倍;双齿连接不宜小于齿槽深度的6倍。

(4)齿连接的承压面必须保证垂直于压力的方向,压力与剪面之间的夹角应为26°34′。

(5)试件在剪面长度以外的长度上的净截面高度,应等于剪面长度内的全截面高度减去齿槽深度。

5. 答:(1)木材指接的抗弯强度的测定,应采用三分点加荷并按有关规定进行试验。

(2)对承重的整截面构件的指接试验,试件的跨度应取等于所试验的截面高度的12倍,加荷点至支座反力之间的距离应等于所试验的截面高度的4倍。

(3)对叠层胶合木可单层木板的指接试验,试件的跨度应取等于所试验的截面高度的15倍,加荷点至支座反力之间的距离应取等于所试验的截面高度的5倍。

(4)每个试件的荷载最大值、破坏形式、达到破坏所经历的时间、木材的含水率及气干密度应做记录。测定含水率和气干密度的试件应从接头的两侧各取3个,并应能代表整个截面。

六、操作题

1. 答:(1)试验屋架的加荷点应符合屋架实际工作情况,当无专门要求时,可仅在上弦加荷。对破坏性试验的屋架,其加荷点处的木材局部承压应力应按能承受3倍以上设计荷载进行验算。

(2)屋架试验的程序应符合下述规定:

试加荷→卸荷→全跨标准荷载→卸荷→半跨标准荷载(必要时)→卸荷→全跨加荷直至破坏。

(3)试验屋架正式加荷前,应进行一次试加荷,每级荷载取0.25倍标准荷载,每级加荷的间隔时间宜为30min。当加至标准荷载后,荷载保持不变,持续12~24h。然后分两级卸完,每级卸荷的间隔时间仍为30min。空载24h后测读残余变形。

通过试加荷检查以下各项准备工作的质量是否符合要求:

①屋架受力是否正常;
②仪表运行及读数是否符合要求;
③加荷装置是否灵活、可靠;

④对仪表、设备和试验人员采取的安全保护措施是否有效。

凡不符合要求者,应经调整校正后方可进行试验。

(4)全跨标准荷载或半跨标准荷载试验,应按每级荷载 $0.25P_k$、每级加荷的间隔时间宜为2h,加至标准荷载,然后荷载持续不变,并每隔2h测读一次仪表,荷载持续时间的长短视变形收敛情况确定。对变形收敛快者,可仅持续24h;对变形收敛慢者,应适当延长持续时间。标准荷载持续试验结束后,可按每级荷载0.25倍卸荷,每级卸荷的间隔时间仍为2h。空载24h测读残余变形。

(5)全跨破坏荷载试验,应按每级荷载 $0.25P_k$、每级加荷的间隔时间宜为2h,加至标准荷载。然后再分别按下列两种情况继续加荷:

①对于屋架中钢拉杆及其连接未按本规定进行加强设计的屋架,应按每级荷载 $0.1P_k$、每级加荷的间隔时间30min,直至屋架破坏;

②对于屋架中钢拉杆及其连接已按本规定进行加强设计的屋架,按每级荷载 $0.2P_k$、每级加荷的间隔时间30min加至2倍标准荷载,然后,按每级荷载 $0.1P_k$、每级加荷的间隔时间30min,直至屋架破坏。

2.答:(1)试件数量:每种试验条件至少10个试件。

(2)试件尺寸:

①试件长度——垂直于支承构件跨越两个跨间的试件长度 $l=2S$(S—实际制品的跨度)。

②试件宽度——试件宽度至少595mm。当试件四边支承时,试件宽度即为板材的标准宽度;当试件端部不完全支承或无支承时,试件宽度应不小于595mm。

③试件厚度——板材试件经过湿度调节后量测的厚度。

④应在湿度调节之前按所要求的尺寸切割板材试件。

(3)板材的湿度调节:在试验前应模拟板材可能发生的实际使用条件,调节板材的含水率。用于屋盖的板材调节到干态和湿态两种条件;用于底层楼面板或单层楼面板应调节到干态和湿态后重新干燥两种条件。

①干态试验——在 $20\pm3℃$ 和 $65\%\pm5\%$ 的相对湿度的条件下将板材调节至少2周使其达到恒重和不变的含水率。

②湿态试验——将板材用水喷淋其上表面连续3d处于湿态,要避免板材表面局部积水或任一部分没入水中。

③重新干燥试验——将板材处于湿态3d后重新调节到干态。

④试件的安装——将调节好的板材安置在支承构件上,并用连接件固定,达到正常使用状态。

木结构模拟试卷

一、填空题

1.木材胶合时,在温度为_____、相对湿度为_____的条件下,应控制木材的含水率在_____。

2.验证性试验的屋架的制作质量应符合_____和_____。

3.屋架试验的程序应符合下述规定:

试加荷→_____→_____→卸载→_____→卸荷→_____。

4.屋架实际破坏荷载与标准荷载之比值 k:对于一般木屋架,且由于木构件部分破坏时,不应小于_____;对新结构,不应小于_____。

5.当板材四边支承时,集中荷载施加在宽度每格读数为_____mm,准确度为宽度的中点;当板边未支承或不完全支承时（例如用企口连接），施加在距板边_____ mm 处。

二、单项选择题

1. 梁在纯弯矩区段内的纯弯弹性模量应按下式计算_____。

A. $E_\mathrm{m} = \dfrac{cl_1^2 \Delta F}{16I\Delta\omega}$
B. $E_\mathrm{m} = \dfrac{al_1^2 \Delta F}{20I\Delta\omega}$

C. $E_\mathrm{m} = \dfrac{al_1^2 F}{16I\Delta\omega}$
D. $E_\mathrm{m} = \dfrac{al_1^2 \Delta F}{16I\Delta\omega}$

2. 圆钢销连接试验，圆钢销直径 d 宜取_____；中部构件的厚度应大于_____。
A. 12～18mm　6d
B. 12～18mm　5d
C. 15～18mm　5d
D. 15～18mm　6d

3. 不符合屋架试验的加荷系统应要求_____。
A. 加荷装置应经设计验算，并宜选用 Q235 钢制作
B. 传力装置应能保证力的大小和作用位置的准确
C. 不应因屋架变形较大而导致加荷系统失效（如吊篮触地、液压千斤顶行程不够等）
D. 应保证加荷系统在屋架破坏时的安全

4. 试验屋架正式加荷前，应进行一次试加荷，每级荷载取_____P_k。
A. 0.4　　　　B. 0.5　　　　C. 0.3　　　　D. 0.25

5. 若屋架为上弦压弯破坏，应取顺纹受压及抗弯强度试件各_____个；若屋架为端部剪切破坏，应取顺纹受压和顺纹受剪试件各_____个。
A. 6　4　　　B. 7　5　　　C. 5　5　　　D. 5　4

三、多项选择题

1. 对于木结构节点的齿连接检测方法，以下说法中正确的有_____。
A. 本方法仅适用于测定木结构单齿连接中被试木材的抗剪强度
B. 本方法是利用专门设计的加荷装置，保证压力与被试木材的木纹成交角的条件下，采用匀速加荷、测定试件的破坏荷载的方法，计算出齿连接的抗剪强度
C. 对试件截面宽度大于 40mm 和高度大于 60mm 的齿连接试件宜采用专门设计的三角形支承架
D. 齿连接试验的加荷速度应匀速进行，并保证在 3～5min 内达到破坏
E. 齿连接试件破坏后应描绘端部横截面年轮方向及试件破坏状况

2. 对于木结构节点的圆钢销连接检测方法，以下说法中正确的有_____。
A. 本方法适用于测定被试木材圆钢销连接承弯破坏时的承载能力和变形
B. 本方法是在能保证圆钢销双剪连接顺木纹对称受力的条件下，匀速加荷直至破坏的过程中测得接合缝间的相对滑移变形值和其他有关资料和信息
C. 圆钢销连接试验的加荷设备宜采用 10kN 万能试验机
D. 测量圆钢销连接相对滑移宜采用量程不小于 20mm 的百分表
E. 圆钢销连接试验的加载程序应遵守下述规定：首先加载到 0.3F，荷载持续 30s，然后卸载到 0.1F，再持续 30s，然后每 30s 增加一级荷载，每级荷载为 0.1F；当加载码 0.7F 以上时，逐渐减慢加荷速度，仍逐级加载直至破坏，终止试验

3. 对于木结构节点的胶粘连接检测方法，以下说法中正确的有_____。
A. 本方法适用于检验承重木结构所用胶粘剂的胶粘能力

B. 本方法是根据木材用胶粘结后的胶缝顺木纹方向的抗剪强度进行判别

C. 木材胶合时,在温度为20±2℃、相对湿度为50%~70%的条件下,应控制木材的含水率在8%~10%

D. 试条在室温不低于6℃的加压状态下应放置12h,卸压后养护48h,方可加工试件

E. 试验应在胶合后第七天进行,最迟不晚于第十天;湿态试验应在试件浸水48h后立即进行

4. 对于木结构节点的胶合指形连接检测方法,以下说法中正确的有_____。

A. 本方法适用于测定承重的整体木构件的胶合指形连接和胶合木构件中单层木板的胶合指形连接的抗弯强度

B. 胶合指形连接必须是用专门的木工铣床加工成的在木材端头的指形接头

C. 指接的指样长度应大于或等于20mm

D. 对承重的整截面构件的指接试验,试件的跨度应取等于所试验的截面高度的12倍,加荷点至支座反力之间的距离应等于所试验的截面高度的4倍

E. 对叠层胶合木可单层木板的指接试验,试件的跨度应取等于所试验的截面高度的20倍,加荷点至支座反力之间的距离应等于所试验的截面高度的8倍

5. 关于木屋架的检测,以下说法中正确的有_____。

A. 本方法适用于普通木屋架、胶合木屋架及钢木屋架的短期静力试验

B. 屋架的静力试验按其试验目的可分为验证性试验和检验性试验

C. 屋架试验宜在实验室内进行;若为现场检验性试验,应搭设能防雨的试验棚,若遇大风天气,试验尚应延期

D. 试验屋架安装前,应对各构件的木材天然缺陷进行测量,并作出记录或绘制木材缺陷分布图

四、判断题

1. 进行木材的含水率测定时,将同批试验取得的含水率试样,一并放入烘箱内,在103±2℃的温度下烘8h后,从中选定2~3个试样进行第一次试称,以后每隔2h试称一次,至最后两次称量之差不超过0.002g时,即认为试样达到全干。 ( )

2. 木材密度测定包括气干密度的测定、全干密度的测定,以及基本密度的测定。 ( )

3. 木材顺纹抗拉强度检测:试样含水率为12%时,阔叶材的顺纹抗拉强度,应按计算准确至0.1 MPa。 ( )

4. 木材顺纹抗压强度检测:本方法适用于测定整截面的锯材或胶合矩形截面构件轴心受压失稳破坏时的临界荷载。 ( )

5. 梁弯曲试验方法中测定梁的表观弹性模量应采用全跨度内最小的挠度来计算。 ( )

五、问答题

1. 简述木材线湿胀性计算结果表达式。
2. 简述木材顺纹抗压强度检测的试验设备与试验环境。
3. 简述齿连接试件的设计应遵守的规定。

六、操作题

木基结构板材冲击荷载试验试件的准备。

第五章　基坑监测

第一节　概述
第二节　监测方案的编制

一、填空题

1. 基坑监测资料应满足规范性、完整性的要求。基坑监测应有规范的、信息量充分的_____，并有据此形成的_____、_____和_____，基坑监测结束后还应编写监测总结报告。
2. 编制监测方案应遵循三个原则：_____、_____和_____。
3. 一个完整的监测方案，至少应包括下列内容：(1)_____、(2)_____、(3)_____、(4)_____、(5)_____、(6)_____、(7)_____、(8)_____。
4. 变形监测测点的位置既要考虑反映监测对象的_____，又要便于应用仪器进行观测，还要有利于_____。
5. 在监测方案中应明确预期的监测期限和_____。
6. 监测报警指标一般以_____和_____两个量来控制。
7. 基坑监测可分为_____、_____两种形式。
8. 基坑开挖深度超过_____或_____以及其他需要监测的基坑工程应实施基坑工程监测。

二、选择题

1. 现行的 JGJ 8—2007 是_____规范的编号。
   A. 建筑基坑支护技术规程　　　　　B. 工程测量规范
   C. 建筑变形测量规范　　　　　　　D. 民用建筑可靠性鉴定标准
2. 建筑基坑安全等级一般可分为几个等级_____。
   A. 一　　　　　B. 二　　　　　C. 三　　　　　D. 四
3. 当出现_____时，必须进行危险报警。
   A. 监测数据达到监测报警值的累计值的80%
   B. 基坑出现流砂
   C. 监测项目的变化速率已达报警规定速率一天时
   D. 周边管线变形突然明显增大或出现裂缝、泄漏
4. 基坑(槽)的土方开挖时，以下说法不正确的是_____。
   A. 土体含水量大且不稳定时，应采取加固措施
   B. 一般应采用"分层开挖，先撑后挖"的开挖原则
   C. 开挖时如有超挖应立即整平
   D. 在地下水位以下的土，应采取降水措施后开挖
5. 以下支护结构中，既有挡土又有止水作用的支护结构是_____。
   A. 混凝土灌注桩加挂网抹面护壁　　　B. 密排式混凝土灌注桩

C. 土钉墙 D. SMW 工法桩

6.《建筑基坑工程监测技术规范》GB 50497—2009 规定,下列情况属一级基坑的有_____。
A. 支护结构作为主体结构的一部分
B. 基坑开挖深度大于等于 9m 时
C. 距基坑边两倍开挖深度范围内有近代优秀建筑
D. 基坑开挖深度小于 9m,但基坑面积超过 1 万 m^2 时

7. 对土方开挖后不稳定的边坡,应根据边坡的地质特征和可能的破坏情况,采取_____的逆作法施工。
A. 自下而上、分段跳槽、及时支护 B. 自上而下、分段跳槽、及时支护
C. 自下而上、水平跳槽、临时支护 D. 自上而下、水平跳槽、临时支护

8. 在土层锚杆施工中,不能用作钢拉杆材料的是_____。
A. 细钢筋   B. 粗钢筋   C. 高强钢丝束   D. 钢绞线

9. 土层锚杆布置时,一般锚杆锚固体上覆土厚度不小于_____。
A. 2m   B. 3m   C. 4m   D. 5m

三、问答题

1. 建筑基坑监测的目的是什么?
2. 监测点布置的原则是什么?

参考答案:

一、填空题

1. 监测原始记录 图表 曲线 监测报表
2. 与设计施工相结合的原则 监测的系统性和可靠性原则 经济合理、保证关键、兼顾整体的原则
3. 工程概况 监测目的、依据 监测项目的确定 测点布置 监测方法及观测精度 监测期限与监测频率 监测报警值 监测点布置图及周边环境平面图
4. 变形特征 测点的保护
5. 监测频率
6. 累计变化量 变化速率
7. 仪器检测 巡视检查
8. 5m 开挖深度虽未超过 5m,但现场地质情况和周边环境较复杂的基坑工程

二、选择题

1. C   2. C   3. B、D   4. C
5. D   6. A、C   7. D   8. A
9. A

三、问答题

1. 答:一般基坑工程施工监测的目的是为了控制围护结构、周边建筑物和预报施工中出现的异常情况。通过对围护体系的位移、沉降和水位变化监测,监控围护结构的安全,验证基坑围护结构设计和基坑开挖施工组织的正确性,通过分析监测数据的变化趋势,对基坑围护体系的稳定性、安

全性及时进行预测,并结合现场实际情况,指导施工,适当调整施工步骤,实现信息化施工管理。某些工程还会涉及新技术、新方法的科研工作。

2.答:基坑监测点的布置应遵从基坑监测方案设计基本原则。即:基坑工程监测点的布置应最大程度地反映监测对象的实际状态及其变化趋势,并应满足监控要求;监测点的布置应不妨碍监测对象的正常工作,并尽量减少对施工作业的不利影响;在监测对象内力和变形变化大的代表性部位及周边重点监护部位,监测点应适当加密。

第三节 建筑基坑基本知识

一、填空题

1. 基坑工程内容主要包括勘察_____、_____和_____。
2. 《建筑基坑支护技术规程》(JGJ120－99)规定,根据基坑破坏后果的严重性,基坑侧壁的安全等级分为_____级。
3. 挡墙式支护结构主要分为_____支护结构、_____支护结构、_____支护结构三类。
4. 地下水按其埋藏条件,可分为:_____、_____和_____。
5. 基坑工程事故可粗略分为两大类,分别为:_____和_____。
6. 基坑开挖过程中,应根据土体情况和挖土机械类型,在坑底以上保留_____cm 土层由人工挖除。

二、问答题

1. 基坑开挖过程中可能导致地面沉降的因素有哪些?
2. 基坑工程中,如何减小因降水而产生的不良影响?
3. 基坑工程中如何保证开挖过程中邻近建(构)筑物和市政设施的安全?

参考答案:

一、填空题

1. 设计　施工　监测　　　　　　　　2. 三
3. 悬臂式　内支撑式　拉锚式　　　　4. 上层滞水　潜水　承压水
5. 支护结构变形导致周边建筑物及管线破坏　支护结构体系破坏
6. 15～30

二、问答题

1. 答:①围护结构水平位移造成的沉降;②基坑底面隆起造成的沉降;③地基土体固结沉降;④抽水引起土砂损失造成沉降;⑤砂土通过围护结构挤出造成沉降。
2. 答:①充分估计降水可能引起的不良影响;②设置有效的止水帷幕,尽量不在坑外降水;③采用地下连续墙;④坑底以下设置水平向止水帷幕;⑤布置回灌系统,形成人为常水头边界。
3. 答:①详细了解邻近建(构)筑物和地下管线的分布情况、基础类型、埋深、管线材料、接头情况等,并分析确定其变形允许值。②根据邻近建(构)筑物和地下管线变形允许值,采用合理的基坑工程围护体系,并对基坑开挖造成周围的地面沉降情况作出估计。判断该围护体系是否满足保证邻近建(构)筑物和地下管线的安全要求,必要时需采取工程措施。③在基坑开挖过程进行现场监测。通过监测、反分析,指导工程进展,实行信息化施工。除上述措施外,采用逆作法和半逆作法施工,也有利于减小基坑开挖造成的周围地面沉降,减小环境效应。

第四节 位移监测

一、填空题

1. 在位移监测时,测量点可分为_____、_____、_____三类。
2. 每个工程至少应有_____个稳定可靠的基准点,使用时应定期检查其稳定性。
3. 变形测量等级为三等的垂直位移测量中,其变形点的高程中误差为_____;相邻变形点高差中误差为_____。
4. 垂直位移监测网,可布设成_____、_____或_____。
5. 角度是几何测量的基本元素,包括_____和_____。
6. 标石、标志埋设后,应达到稳定后方可开始观测。稳定期根据观测要求与地质条件确定,一般不宜少于_____。
7. 坑顶垂直位移监测点应沿基坑周边布置,基坑各边线的_____、_____处应布置监测点。监测点间距不宜大于_____,每边监测点数量不宜少于_____。
8. 建(构)筑物垂直位移监测点应布置在建(构)筑物四角、沿外墙每_____处或每隔_____根柱基上,且每侧不少于_____个监测点。
9. 水平位移的观测方法很多,可根据现场条件及仪器而定。常用的方法有_____、_____和_____前方交会法等。
10. 一般用于基坑监测的经纬仪(全站仪)精度要求是_____及以上。
11. 深层水平位移监测点一般布置在基坑周边的中部、阳角处及有代表性的部位,监测点间距一般_____,每边监测点不少于_____个。
12. 测斜仪系统主要有_____、_____、_____和测斜管四部分组成。
13. 当从建筑物外部对其进行倾斜观测时,主要选用_____、_____和前方交会法。
14. 裂缝宽度量测精度不低于_____,裂缝长度量测精度不低于_____。
15. 建筑物变形的表现形式,主要为_____、_____、_____。

二、选择题

1. 变形测量等级为二等的垂直位移测量中,其变形点的高程中误差和相邻变形点高差中误差分别为_____。
   A. 0.5mm 和 0.3mm   B. 0.5mm 和 0.2mm
   C. 0.3mm 和 0.1mm   D. 1.0mm 和 0.5mm
2. 当基坑围护墙(坡)顶竖向位移监测累计报警值≤20mm 时,其测点测站高差中误差为_____。
   A. ≤0.5mm   B. ≤0.3mm   C. ≤0.4mm   D. ≤1.0mm
3. 变形测量等级为二等的水平位移测量中,其变形观测点的点位中误差为_____。
   A. 0.5mm   B. 1.0mm   C. 1.5mm   D. 3.0mm
4. 水平角是指_____。
   A. 地面上任意两直线间的夹角
   B. 在同一竖直面内视线与水平线的夹角
   C. 从空间一点出发的两个方向在水平面上投影所夹的角度

D. 直线与基本方向的夹角

5. 水准测量中,下列不属于观测误差的是_____。
   A. 估读水准尺分划的误差　　　　　　B. 扶水准尺不直的误差
   C. 肉眼判断气泡居中的误差　　　　　D. 水准尺下沉的误差

6. 在监测过程中,因受人员、仪器设备和各种外界条件(大气折射、振动源等)的影响,观测数据不可能产生的误差有_____。
   A. 过失误差　　　B. 系统误差　　　C. 偶然误差　　　D. 过程误差

7. 一等水平位移测量其变形点的中误差为_____。
   A. 1.0mm　　　B. 1.5mm　　　C. 2.0mm　　　D. 2.5mm

8. 位移监测中五定原则不包括_____。
   A. 基准点、工作基点、观测点稳定　　　B. 仪器、设备性能稳定
   C. 路线、镜位、程序、方法稳定　　　　D. 观测时间稳定

9. 水准观测时应注意,视线长度宜为_____,视线高度不宜低于_____,宜采用_____消除误差。
   A. 10~20m　0.5m　平差法　　　　　B. 20~30m　1.0m　闭合法
   C. 10~20m　1.0m　平差法　　　　　D. 20~30m　0.5m　闭合法

10. 小角法测基坑水平位移,初次观测时点 B 的经纬仪读数∠B1 为 301°55′02″,第二次观测时∠B2 为 301°54′39″,工作基点至观测点的距离为 38m,则第二次观测时基坑位移为_____。
    A. 2.78mm　　　B. 3.19mm　　　C. 4.23mm　　　D. 5.32mm

11. 经纬仪的功能有_____。
    A. 测量两个方向之间的水平夹角　　　　B. 测量竖直角
    C. 测量两点间的水平距离 D　　　　　　D. 测量两点间的高差 H
    E. 直接测量待定点的高程 H

12. 水准仪的功能有_____。
    A. 测量两点间的高差 H　　　　　　　　B. 测量两点间的水平距离 D
    C. 测量竖直角　　　　　　　　　　　　D. 测量两个方向之间的水平夹角
    E. 测量待定点的高程

13. 全站仪由_____组成。
    A. 电子经纬仪　　B. 光电测距仪　　C. 数据记录装置　　D. 计算机
    E. 绘图机

14. 水准测量中,设 A 为后视点,A 点高程为 150.00m,B 为前视点,A 尺读数为 1.213m,B 尺读数为 1.401m,则 AB 的高差和视线高分别为_____m。
    A. 0.188、151.401　　　　　　　　　B. -2.614、151.401
    C. -0.188、151.213　　　　　　　　　D. 2.614、151.213

15. 下列水准仪使用程序正确的是_____。
    A. 粗平;安置;照准;调焦;精平;读数
    B. 消除视差;安置;粗平;照准;精平;调焦;读数
    C. 安置;粗平;调焦;照准;精平;读数
    D. 安置;粗平;照准;消除视差;调焦;精平;读数

三、问答题

1. 简述基准点、工作点、观测点埋设的基本要求。

2. 水平位移监测精度要求。
3. 简述测斜管埋设方法及埋设时应注意的问题。
4. 通过作图,简述小角法测量水平位移的方法。

参考答案:

一、填空题

1. 基准点　工作基点　观测点　　　　2. 3
3. 1.0mm　0.5mm　　　　　　　　　4. 闭合环　结点网　附合高程路线
5. 水平角　竖直角　　　　　　　　　6. 15d
7. 中部　阳角　20m　3个　　　　　　8. 10~15m　2~3　3
9. 基准线法　小角法　导线法　　　　10. 2″
11. 20~50m　1　　　　　　　　　　12. 测头　测读仪　电缆
13. 投点法　测水平角法　　　　　　　14. 0.1mm　1mm
15. 水平位移　垂直位移　倾斜

二、选择题

1. A　　　　2. B　　　　3. D　　　　4. C
5. D　　　　6. D　　　　7. A　　　　8. D
9. D　　　　10. C　　　　11. A、B、C、D　　　12. A、B
13. A、B、C　14. C　　　　15. C

三、问答题

1. 答:基准点为确定测量基准的控制点,是测定和检验工作基点稳定性,或者直接测量位移观测点(监测点)的依据。基准点应设在较远的基岩或深埋于原状土内,不受基坑变形之影响,并便于长期保存。但在实际工作中,若将基准点埋设在离基坑或建筑物很远的地方,引测时会使观测精度降低。一般可根据工程大小,地形地质条件以及观测的精度要求酌情确定,只要变形影响值远小于观测误差,则可认为基准点是稳定的。每个工程至少应有3个稳定可靠的基准点,使用时应定期检查其稳定性。

工作基点是位移监测中起联系作用的点,是直接测点位移观测点的依据,应设在靠近观测目标,便于联测观测点的稳定位置。在通视条件较好,或观测项目较少的工程中,也可不设工作基点,在基准点上直接观测位移观测点。

观测点是直接埋设在变形体上,并能反映变形体的位移特征的测量点,可以从工作基点或邻近的基准点对其进行观测。

2. 答:见基坑监测教材表3-5。(略)

3. 答:测斜管的埋设有两种方法,一种是绑扎预埋式,即先将测斜管绑扎在桩墙钢筋笼上,随钢筋笼一起下到孔槽内,再浇筑混凝土;另一种是钻孔后埋设。

4. 答:

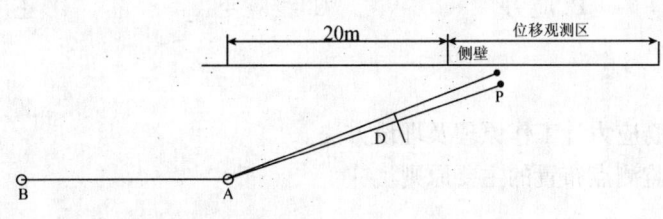

第五节　内力监测

一、填空题

1. 围护墙内力监测点应布置在_____的部位,监测点数量和横向间距视具体情况而定,但每边至少应设_____处。
2. 支护结构内力的量测所选用的元件对于不同的测试对象分别为_____等,数据采集设备为_____。
3. 应力元件的量程应满足被测压力范围要求,一般应不小于设计力值的_____倍;分辨率不宜低于_____;精度不宜低于_____。
4. 钢弦式钢筋应力计的自振频率取决于_____、_____和_____。
5. 常用的钢筋计有_____等。
6. 土压力量测是指量测作用在挡土墙即围护墙体上的_____。
7. 常用的土压力盒有_____和_____。
8. 土压力盒实测压力为_____和_____的总和。
9. 土压力盒的平面布置上基坑每边不宜少于_____个测点。在竖向布置上,测点间距宜为_____,测点下部宜密。
10. 孔隙水压力监测点竖向布置宜在水压力变化影响深度范围内,按_____情况布设,监测点竖向间距一般为_____,并不宜少于_____个。
11. 锚杆常用的材料是:_____、_____、_____。
12. 每层锚杆的拉力监测点数量应为该层锚杆总数的_____,并不少于_____根。
13. 采用钢弦式钢筋计监测锚杆受力时,一般将其_____在需要观测的锚杆上。

二、选择题

1. 支撑内力量测的途径有:_____。
   A. 钢筋应力计量测　　B. 轴力计量测　　C. 锚杆索应力量测　　D. 应变片量测
2. 以下说法不正确的有_____。
   A. 围护墙内力监测点应不少于1个,竖直方向监测点间距宜为2~4m
   B. 支撑内力监测点宜设置在支撑内力较大或在整个支撑系统中起关键作用的杆件上
   C. 钢支撑的内力监测截面根据测试仪器宜布置在支撑长度1/3部位或支撑的端头
   D. 每个监测点的截面内传感器的设置数量及布置应满足不同传感器的的测试要求
3. 由于温度变化,支撑往往会产生很大的温度应力,对于钢筋混凝土支撑,温度影响约为____。
   A. 10%~15%　　　　B. 15%~20%　　　　C. 20%~25%　　　　D. 25%~30%
4. 内力的单位是_____。
   A. kN或N　　　　　B. Pa或kPa　　　　C. g/m² 或kg/m²　　D. Pa/m² 或kPa/m
5. 作用在截面单位面积上的内力称_____。
   A. 应变　　　　　　B. 应力　　　　　　C. 线应变　　　　　D. 正应力

三、问答题

1. 简述钢弦式钢筋应力计工作原理及埋设方法。
2. 支护结构内力监测点布置的主要原则。

3. 土压力监测点的布置要求。
4. 简述如何采用钻孔的方法埋设孔隙水压力计。

参考答案：

一、填空题

1. 受力、变形较大且有代表性　1
2. 钢筋测力计、反力计、表面应变计　数字式频率仪或应变仪
3. 2　0.2%(F.S)　±0.5%(F.S)　　4. 钢弦长度　材料　钢弦所受的内应力
5. 差动电阻式、钢弦式和电阻应变片　　6. 侧向土压力
7. 钢弦式　电阻式　　8. 土压力　孔隙水压力
9. 2　2~5m　　10. 土层分布　2~5m　3
11. 粗钢筋　钢丝束　钢绞线　　12. 1%~3%　3　　13. 串联

二、选择题

1. C　　　　2. A　　　　3. A　　　　4. A　　　　5. B

三、问答题

1. 答：钢弦式钢筋应力计的自振频率取决于钢弦长度、材料和钢弦所受的内应力，当其长度与材料确定后，钢弦张紧力与谐振频率便成单值函数。由计算方法，可以通过测定其频率来确定钢弦所受的内应力。在现场量测中，接收多采用袖珍式数字频率接收仪，其使用携带方便，量测简便快捷。

2. 答：围护墙内力监测点应布置在受力、变形较大且有代表性的部位，监测点数量和横向间距视具体情况而定，但每边至少应设1处监测点。竖直方向监测点应布置在弯矩较大处，监测点间距宜为2~4m；支撑内力监测点宜设置在支撑内力较大或在整个支撑系统中起关键作用的杆件上；每道支撑的内力监测点不应少于3个，各道支撑的监测点位置宜在竖向保持一致。

钢支撑的监测截面根据测试仪器宜布置在支撑长度的1/3部位或支撑的端头。钢筋混凝土支撑的监测截面宜布置在支撑长度的1/3部位。每个监测点截面内传感器的设置数量及布置应满足不同传感器测试要求。

3. 答：监测点应布置在受力、土质条件变化较大或有代表性的部位；平面布置上基坑每边不宜少于2个测点。在竖向布置上，测点间距宜为2~5m，测点下部宜密；当按土层分布情况布设时，每层应至少布设1个测点，且布置在各层土的中部；土压力盒应紧贴围护墙布置，宜预设在围护墙的迎土面一侧。

4. 答：钻孔埋设法：采用钻孔法埋设孔隙水压力计时，钻孔直径宜为110~130mm，不宜使用泥浆护壁成孔，钻孔应圆直、干净；封口材料宜采用直径10~20mm的干燥膨润土球。在埋设位置用钻孔成孔，达到要求深度后，先向孔底填入部分干净砂，将测头放入孔内，再在测头周围填砂，然后用膨胀性黏土将钻孔全部封严即可。

第六节　水位监测
第七节　数据处理与信息反馈

一、填空题

1. 基坑监测中基坑外地下水水位监测包括_____和_____。
2. 水位监测管的埋置深度（管底标高）应在最低设计水位之下_____。
3. 水位监测点应沿_____的周边或在两者之间布置，监测点间距宜为_____。
4. 水位孔用于渗透系数大于_____的土层中，效果良好，用于渗透系数在_____之间的土层中，要考虑滞后效应的作用。
5. 监测日报表除提供监测数据外另应包含_____、_____、_____和_____等。
6. 监测报告提供的内容可分为_____和_____。按时间段又可分为_____、_____和_____。
7. 基坑工程监测资料整理分析和反馈的方法和内容，一般包括监测资料的_____、_____、_____、_____及_____五个方面。
8. 监测结果中绘制的常用曲线有_____、_____和_____。

二、选择题

1. 土的天然含水量是指_____之比的百分率。
   A. 土中水的质量与所取天然土样的质量
   B. 土中水的质量与土的固体颗粒质量
   C. 土的孔隙与所取天然土样体积
   D. 土中水的体积与所取天然土样体积
2. 某轻型井点采用环状布置，井点管埋设面距基坑底的垂直距离为 4m，井点管至基坑中心线的水平距离为 10m，则井点管的埋设深度（不包括滤管长）至少应为_____。
   A. 5m　　　　　B. 5.5m　　　　　C. 6m　　　　　D. 6.5m
3. 水位监测管的埋置深度（管底标高）应在最低设计水位之下_____。
   A. 1~3m　　　　B. 3~5m　　　　　C. 5~7m　　　　D. 7~9m
4. 地下水位监测时，监测值精度应为_____。
   A. ±5mm　　　　B. ±10mm　　　　C. ±50mm　　　D. ±100mm
5. 在地下水的处理方法中，属于降水法的是_____。
   A. 集水坑　　　B. 水泥旋喷桩　　C. 地下连续墙　　D. 深层搅拌水泥土桩
6. 下列防止流砂的途径中不可行的是_____。
   A. 减少或平衡动水压力　　　　　B. 设法使水压力方向向下
   C. 切断地下水流　　　　　　　　D. 提高基坑土中的抗渗能力
7. 在监测过程中，因受人员、仪器设备和各种外界条件（大气折射、振动源等）的影响，观测数据可能产生的误差有_____。
   A. 过失误差　　B. 系统误差　　　C. 偶然误差　　　D. 过程误差

三、问答题

1. 简述水位监测点的布置要求。

2. 现场的监测资料应符合哪些要求？
3. 监测结果中应包含哪些曲线图？

参考答案：

一、填空题

1. 潜水水位　承压水水位
2. 3～5m
3. 基坑、被保护对象　20～50m
4. 10～4cm/s　10～4cm/s(10～6cm/s)
5. 工程名称　监测单位　监测项目　测试日期与时间　报表编号
6. 图表　文字报告　监测当日报表　阶段性报告　监测总结报告
7. 搜集　整理　分析　反馈　评判
8. 过程图　分布图　相关图

二、选择题

1. B　　　　2. B　　　　3. B　　　　4. A
5. A　　　　6. D　　　　7. A、B、C

三、问答题

1. 答：水位监测点应沿基坑、被保护对象（如建筑物、地下管线等）的周边或在两者之间布置，监测点间距宜为20～50m。相邻建（构）筑物、重要的地下管线或管线密集处应布置水位监测点；如有止水帷幕，宜布置在止水帷幕的外侧约2m处。基坑内地下水位采用深井降水时，水位监测点宜布置在基坑中央和两相邻降水井的中间部位；当采用轻型井点、喷射井点降水时，水位监测点宜布置在基坑中央和周边拐角处，监测点数量视具体情况确定；水位监测管的埋置深度（管底标高）应在最低设计水位之下3～5m。对于需要降低承压水水位的基坑工程，水位监测管的滤管应埋设在所测的承压含水层中。回灌井点观测井应设置在回灌井点与被保护对象之间。

2. 答：使用正式的监测记录表格，并应尽可能全面、完整，包含详细的监测数据记录、观测环境的说明，与观测同步的气象资料等；监测记录应有相应的工况描述，包含开挖方式、开挖进度、各类支护实施时间等资料；现场巡视资料应包含自然条件、支护结构状况、施工工况、周边环境状况、监测设施状况等；观测数据出现异常，应及时分析原因，必要时进行重测。

3. 答：包括：(1)过程图即为监测数据与时间的关系，时间为水平坐标，监测的数据（位移、应力等）为纵坐标，有必要时也可给出变化速率–时间关系图。(2)分布图，即监测数据与空间的关系，如水平位移沿基坑边线的分布情况、深层水平位移沿钻孔深度方向的分布情况等。(3)相关图，反映的是两个相关的监测数据之间的关系，如锚杆的应力变化与其对应点的水平位移关系图等。

基坑监测模拟试卷

一、填空题

1. 监测报警指标一般以_____和_____两个量来控制。
2. 变形监测点的位置既要考虑反映监测对象的_____，又要便于应用仪器进行观测，还要有利于_____。

3.《建筑基坑支护技术规程》JGJ 120—99规定,根据基坑破坏后果的严重性,基坑侧壁的安全等级分为_____级。

4. 地下水按其埋藏条件,可分为_____、_____和_____。

5. 基坑工程包括勘察_____、_____和_____。

6. 每个工程至少应有_____个稳定可靠的基准点,使用时应定期检查其稳定性。

7. 建(构)筑物垂直位移监测点应布置在建(构)筑物四角、沿外墙每_____处或每隔_____根柱基上,且每侧不少于_____个监测点。

8. 一般用于基坑监测的经纬仪(全站仪)精度要求是_____及以上。

9. 土压力盒实测压力为_____和_____的总和。

10. 采用钢弦式钢筋计监测锚杆受力时,一般将其_____在需要观测的锚杆上。

11. 应力元件的量程应满足被测压力范围要求,一般应不小于设计力值的2倍;分辨率不宜低于_____,精度不宜低于_____。

12. 孔隙水压力监测点竖向布置宜在水压力变化影响深度范围内,按土层分布情况布设,监测点竖向间距一般为_____,并不宜少于_____个。

13. 基坑监测中基坑外地下水水位监测包括_____和_____。

14. 监测的报告提供的内容可分为_____和_____。按时间段又可分为_____、_____和_____。

15. 水位监测点应沿_____的周边或在两者之间布置,监测点间距宜为_____。

二、单项选择题

1. 基坑(槽)的土方开挖时,以下说法不正确的是_____。
   A. 土体含水量大且不稳定时,应采取加固措施
   B. 一般应采用"分层开挖,先撑后挖"的开挖原则
   C. 开挖时如有超挖应立即整平
   D. 在地下水位以下的土,应采取降水措施后开挖

2. 以下支护结构中,既有挡土又有止水作用的支护结构是_____。
   A. 混凝土灌注桩加挂网抹面护壁　　　　B. 密排式混凝土灌注桩
   C. 土钉墙　　　　　　　　　　　　　　D. SMW工法桩

3. 变形测量等级为二等的垂直位移测量中,其变形点的高程中误差和相邻变形点高差中误差分别为_____。
   A. 0.5mm 和 0.3mm　　　　　　　　　B. 0.5mm 和 0.2mm
   C. 0.3mm 和 0.1mm　　　　　　　　　D. 1.0mm 和 0.5mm

4. 水平角是指_____。
   A. 地面上任意两直线间的夹角
   B. 在同一竖直面内视线与水平线的夹角
   C. 从空间一点出发的两个方向在水平面上投影所夹的角度
   D. 直线与基本方向的夹角

5. 水位监测管的埋置深度(管底标高)应在最低设计水位之下_____。
   A. 1~3m　　　　B. 3~5m　　　　C. 5~7m　　　　D. 7~9m

6. 位移监测中五定原则不包括_____。
   A. 基准点、工作基点、观测点稳定　　　　B. 仪器、设备性能稳定

C. 路线、镜位、程序、方法稳定　　　　　　D. 观测时间稳定

7. 水准测量中,设 A 为后视点,A 点高程为 150.00m,B 为前视点,A 尺读数为 1.213m,B 尺读数为 1.401m,则 AB 的高差和视线高分别为_____m。
   A. 0.188,151.401　　　　　　　　　　　B. -2.614,151.401
   C. -0.188,151.213　　　　　　　　　　　D. 2.614,151.213

8. 应力的单位是_____。
   A. kN 或 N　　　B. Pa 或 kPa　　　C. g/m² 或 kg/m²　　　D. Pa/m² 或 kPa/m

9. 作用在截面单位面积上的内力称_____。
   A. 应变　　　　B. 应力　　　　C. 线应变　　　　D. 正应力

10. 土的天然含水量是指_____之比的百分率。
    A. 土中水的质量与所取天然土样的质量　　　B. 土中水的质量与土的固体颗粒质量
    C. 土的孔隙与所取天然土样体积　　　　　　D. 土中水的体积与所取天然土样体积

11. 在地下水的处理方法中,属于降水法的是_____。
    A. 集水坑　　　　　　　　　　　　　　　　B. 水泥旋喷桩
    C. 地下连续墙　　　　　　　　　　　　　　D. 深层搅拌水泥土桩

12. 下列防止流砂的途径中不可行的是_____。
    A. 减少或平衡动水压力　　　　　　　　　　B. 设法使动水压力方向向下
    C. 切断地下水流　　　　　　　　　　　　　D. 提高基坑土中的抗渗能力

13. 小角法测基坑水平位移,初次观测时点 B 的经纬仪读数∠B1 为 301°55′02″,第二次观测时∠B2 为 301°54′39″,工作基点至观测点的距离为 38m,则第二次观测时 B 点基坑位移为_____。
    A. 2.78mm　　　B. 3.19mm　　　C. 4.23mm　　　D. 5.32mm

14. 以下说法不正确的有_____。
    A. 围护墙内力监测点应不少于 1 个,竖直方向监测点间距宜为 2~4m
    B. 支撑内力监测点宜设置在支撑内力较大或在整个支撑系统中起关键作用的杠杆上
    C. 钢支撑的内力监测截面根据测试仪器宜布置在支撑长度 1/3 部位或支撑的端头
    D. 每个监测点的截面内传感器的设置数量及布置应满足不同传感器的测试要求

15. 土方边坡坡度大小一般情况与_____无关。
    A. 开挖深度　　　　　　　　　　　　　　　B. 开挖方法
    C. 降排水情况　　　　　　　　　　　　　　D. 开挖情况

16. 基坑(槽)的土方开挖时,以下说法不正确的是_____。
    A. 土体含水量大且不稳定时,应采取加固措施
    B. 一般应采用"分层开挖,先撑后挖"的开挖原则
    C. 开挖时如有超挖应立即整平
    D. 在地下水位以下的土,应采取降水措施后开挖

三、多项选择题

1. 在监测过程中,应受人员、仪器设备和各种外界条件(大气折射、振动源等)的影响,观测数据可能产生的误差有_____。
   A. 过失误差　　　B. 系统误差　　　C. 偶然误差　　　D. 过程误差

2. 经纬仪的功能有_____。
   A. 测量两个方向之间的水平夹角　　　　　　B. 测量竖直角
   C. 测量两点间的水平距离　　　　　　　　　D. 测量两点间的高差

E. 直接测量待定点的高程

3. 全站仪由_____组成。

A. 电子经纬仪　　　B. 光电测距仪　　　C. 数据记录装置
D. 计算机　　　　　E. 绘图机

4. 编制监测方案应遵循哪些原则_____。

A. 与设计、施工相结合原则　　　　B. 监测的系统性原则
C. 可靠性原则　　　　　　　　　　D. 经济合理、保证关键、兼顾整体原则

四、计算题

1. 用光学经纬仪按测回法观测水平角,整理下表中水平角观测的各项计算。

水平角观测记录

测站	目标	度盘读数		半测回角值	一测回角值	各测回平均角值
		盘 左	盘 右			
		° ′ ″	° ′ ″	° ′ ″	° ′ ″	° ′ ″
O	A	0　00　24	180　00　54			
	B	58　48　54	238　49　18			
	A	90　00　12	270　00　36			
	B	148　48　48	328　49　18			

2. 如下表所示:在支撑截面布置 4 个钢筋应力计,支撑截面积为 800mm×1000mm,支撑主筋直径为 $\phi25$mm,钢筋和混凝土的弹性模量为 2.1×10^5N/mm²、3.0×10^4N/mm²,其余参数及钢筋应力计实测频率见表。试计算支撑轴力 F。

钢筋应力计编号	灵敏度系数 K (kN/Hz²)	初始频率 F_0(Hz)	实测频率 F_i(Hz)
1	6.58974E-05 -6.75694E-05	1425	1489
2	6.23564E-05 -6.26983E-05	1412	1456
3	6.78925E-05 -6.12438E-05	1390	1424
4	6.40268E-05 -6.23046E-05	1406	1369

五、问答题

1. 基坑工程中,如何减小因降水而产生的不良影响?
2. 通过作图,简述小角法测量水平位移的方法。
3. 简述支护结构内力监测点布置的主要原则。

市政基础设施检测

第一章 市政工程常用材料

第一节 土工

一、填空题

1. 当采用抽样法测定土样含水率时,必须抽取两份样品进行平行测定,当含水量<40%时,平行测定两个含水率的差值应_____。
2. 当测定土样含水率时,在105~110℃下烘干时间对黏土、粉土不得少于_____h,对于砂性土不得少于_____h。
3. 当测定土样含水率时,对有机质含量超过5%的土,应在_____℃恒温下烘至恒量。
4. 当采用_____测定含水率时,必须抽取两份样品进行平行测定。
5. 在含水率测定时,称量10~50g精度要求_____g。
6. 当测定土样含水率时烘干恒量的概念一般为间隔2h质量差不大于_____。
7. 国标中两种标准环刀体积分别为_____cm^3和_____cm^3。
8. 灌砂法密度试验用灌砂筒以直径分为_____cm和_____cm和_____cm三种。
9. 国标轻型击实试验,要求击实仪锤重为_____kg,锤底直径为_____mm,锤上下落差_____mm。
10. 国标重型击实试验分_____层每层击实_____次,或分_____层每层击实_____次。
11. 标准击实轻型单位体积击实功为_____kJ/m^3。
12. 标准击实重型单位体积击实功为_____kJ/m^3。
13. 灰土含灰量测定所用EDTA二钠的化学名称是_____,其浓度是_____(mol/m^3)。
14. 土粒比重试验中,比重瓶法适用于土粒粒径小于_____mm的各类土。
15. 筛析法土颗粒分析试验适用于粒径大于_____mm至小于等于_____mm的土。
16. 灰土含灰量测定所用氯化铵标准溶液的浓度是_____。
17. 国标重型击实试验要求击实仪锤重为_____kg,锤底直径为_____mm,锤上下落差_____mm。
18. 国标轻型击实试验分_____层每层击实_____次。
19. 国标界限含水率试验适用于粒径小于_____mm,以及有机质含量不大于_____的土。

二、单选题

1. 当测定土样含水率时,在105~110℃下烘干时间对砂土不得少于_____h。
A. 10 B. 8 C. 6 D. 4
2. 灌砂法密度试验取样频率按验收规范执行,市政工程路基每_____m^2每层取一组。

A. 500　　　　　　　B. 1000　　　　　　　C. 2000　　　　　　　D. 4000
3. 击实试验时,一般需要配制_____组不同含水量的试样。
A. 2　　　　　　　　B. 3　　　　　　　　C. 4　　　　　　　　D. 5
4. CJJ 4—97 要求实测灰土含灰量在设计值的_____之内。
A. -1% ~ +2%　　　B. -2% ~ +2%　　　C. -1% ~ +1%　　　D. -2% ~ +1%
5. CJJ 4—97 要求快速道和主干道基层混合料 7 天龄期抗压强度≥_____MPa。
A. 0.55　　　　　　B. 0.70　　　　　　C. 0.80　　　　　　D. 1.0
6. 无机结合料路基材料抗压强度试验所用试模尺寸为_____mm。
A. 100×100×100、150×150×150　　　B. ϕ175×150、550×150×150
C. ϕ50×50、ϕ100×100、ϕ150×150
7. 标准击实所制备样品含水量间隔一般为_____。
A. 1%　　　　　　　B. 1% ~ 2%　　　　C. 2%　　　　　　　D. 2% ~ 3%
8. 浮称法适用于土粒粒径等于、大于 5mm 的各类土,且其中粒径大于 20mm 的土质量应小于总土质量的_____%。
A. 10　　　　　　　B. 15　　　　　　　C. 20　　　　　　　D. 25
9. 密度计法和移液管法颗粒分析试验仅适用于粒径小于_____mm 的试样。
A. 0.075　　　　　　B. 0.5　　　　　　　C. 1.0　　　　　　　D. 2.0
10. 测含水率时,对于有机质超过_____%的土,应将温度控制在 65 ~ 70℃的恒温下烘干。
A. 15　　　　　　　B. 10　　　　　　　C. 5　　　　　　　　D. 2
11. 含水量是在_____℃下烘至恒量时所失去的水分质量和达恒量后干土质量的比值,以百分数表示。
A. 105　　　　　　B. 105 ~ 110　　　　C. 100 ~ 105　　　　D. 100
12. 土粒比重试验中,虹吸管法适用于土粒粒径等于、大于_____mm 的各类土,且其中粒径大于 20mm 的土质量应等于、大于总土质量的 10%。
A. 20　　　　　　　B. 15　　　　　　　C. 10　　　　　　　D. 5
13. 国标环刀法密度试验所用环刀体积有 100cm³ 和_____cm³。
A. 60　　　　　　　B. 80　　　　　　　C. 150　　　　　　D. 200
14. 标准击实重型单位体积击实功为_____kJ/m³。
A. 488.7　　　　　　B. 592.2　　　　　　C. 2644.3　　　　　D. 2684.9
15. 标准击实轻型单位体积击实功为_____kJ/m³。
A. 488.7　　　　　　B. 592.2　　　　　　C. 2644.3　　　　　D. 2684.9
16. 当采用抽样法测定土样含水率时,必须抽取两份样品进行平行测定,当含水量<40%时,平行测定两个含水率的差值应_____%。
A. ≤0.5　　　　　　B. ≤1　　　　　　　C. ≤2　　　　　　　D. ≤3
17. 当采用抽样法测定含水率时,必须抽取_____样品进行平行测定。
A. 5　　　　　　　　B. 3　　　　　　　　C. 2　　　　　　　　D. 1
18. 测定粗粒土路基密度灌砂法最常用的是直径_____mm 的灌砂筒。
A. 100　　　　　　B. 150　　　　　　C. 200　　　　　　D. 250
19. 灰土灰剂量取样频率为每一层每_____m² 取样一组检测。
A. 2000　　　　　　B. 1500　　　　　　C. 1000　　　　　　D. 500

三、多选题
1. 当采用抽样法测定土样含水率时,必须抽取两份样品进行平行测定,平行测定两个含水率的差值应符合_____要求：

A. 含水率＜10%，差值≤0.5%　　　　B. 含水率＜40%，差值≤1%
C. 含水率≥40%，差值≤2%　　　　　D. 冻土，差值≤3%

2. 国标环刀法测定密度试验所用环刀的标准体积为_____ cm³ 和_____ cm³。

A. 60　　　　B. 100　　　　C. 200　　　　D. 300

3. 要确保环刀法密度的准确性需注意_____。

A. 环刀体积准确　　　　B. 选位具有代表性
C. 取样过程中不扰动环刀内的土并上下表面削平
D. 烘干到位

4. 国标灌砂法测定二灰碎石路基密度试验称量精度应符合_____要求。

A. 现场称量，精度 10g　　　　B. 现场称量，精度 5g
C. 含水率取样测定，精度 5g　　D. 含水率取样测定，精度 1g

5. 国标重型击实试验要求击实仪锤重为_____ kg，锤底直径为_____ mm，锤上下落差_____ mm。

A. 2.5　　　　B. 4.5　　　　C. 51　　　　D. 457

6. 国标重型击实试验应符合_____要求。

A. 分三层每层击实 94 次　　　　B. 分四层每层击实 70 次
C. 分五层每层击实 56 次　　　　D. 分六层每层击实 47 次

7. 标准击实 GB/T 50123—1999 与 JTGE 40—2007 的主要区别在于_____稍有不同。

A. 击实仪尺寸　　B. 环境温度要求　　C. 击实对象　　D. 击实功

8. 标准击实试验中土样制备方法有_____。

A. 干土法(土样重复使用)　　　　B. 干土法(土样不重复使用)
C. 湿土法(土样不重复使用)　　　D. 湿土法(土样重复使用)

9. 通过标准击实试验所得到的参数为_____。

A. 最佳击实功　　B. 最大湿密度　　C. 最大干密度　　D. 最佳含水量

10. 灰土含灰量测定所用主要试剂是_____。

A. 乙二氨四甲酸二钠 1(mol/m³)　　B. 乙二胺四乙酸二钠 0.1(mol/m³)
C. 氯化铵 20%　　　　　　　　　D. 氯化铵 10%

11. CJJ 4—97 无机抗压强度试验试件的养护条件是温度_____℃、相对湿度_____。

A. 20 ±2　　　B. 20 ±3　　　C. ＞95%　　　D. ＞90%

12. 无机结合料路基材料抗压强度试验所用试模尺寸有_____ mm。

A. φ50 ×50　　B. φ75 ×75　　C. φ100 ×100　　D. φ150 ×150

13. 液塑限联合测定试验一组试样分三次测定的入土深度宜控制在_____范围。

A. 3 ~4mm 左右　B. 7 ~9mm 左右　C. 15 ~17mm 左右　D. 22 ~24mm 左右

14. 国标土粒比重试验方法有_____。

A. 比重计法　　B. 比重瓶法　　C. 浮称法　　D. 虹吸管法

15. 国标土颗粒分析试验方法有_____。

A. 筛分法　　B. 密度计法　　C. 比重瓶法　　D. 移液管法

16. 国标液塑限试验方法有_____。

A. 液塑限联合测定法　B. 碟式仪液　C. 滚搓法塑限试验　D. 移液管法

17. 国标密度试验方法有_____。

A. 环刀法　　B. 蜡封法　　C. 灌水法　　D. 灌砂法

18. 采用抽样法测含水率时环刀法密度试验称量精度应符合_____要求。
A. 整体称量,精度 0.1g   B. 整体称量,精度 1g
C. 含水率取样测定,精度 0.01g   D. 含水率取样测定,精度 0.1g

19. 国标轻型击实试验要求击实仪锤重为_____kg,锤底直径为_____mm,锤上下落差_____mm。
A. 2.5   B. 4.5   C. 51   D. 305   E. 457

四、判断题

1. 有机质超过 5% 的土,应将温度控制在 70~75℃ 的恒温下烘干。( )
2. 含水量是在 105~110℃ 下烘至恒量时所失去的水分质量和达恒量后干土质量的比值,以百分数表示。( )
3. 只要环刀体积准确,称量准确就可以确保环刀法测定密度的准确性。( )
4. 灌砂法只能测定粗粒土的密度。( )
5. 击实试验测定素土试件含水量要求取 2 个代表性试样,其误差要求 ≤1%。( )
6. 击实试验的目的是获得在规定击实功下所能达到的最大干密度及其最佳用水量。( )
7. 灰剂量测定时不需要先建立灰剂量标准曲线。( )
8. 无机抗压强度试件的制作是规定压力下进行的。( )
9. 无机抗压强度试件在到龄期前一天取出浸水一昼夜,再进行抗压强度试验。( )
10. 无机抗压强度试件的制作是以试件密实度达到设计要求值为基准进行的。( )
11. 土颗粒分析中,虹吸管法适用于土粒粒径小于 5mm 的各类土。( )

五、简答题

1. 简述环刀法密度试验的操作要点。
2. 简述灌砂法密度试验的操作要点。
3. 密度的含义。
4. 路基压实度的含义。
5. 轻型、重型击实如何选择?
6. 请叙述 EDTA 法测定灰土含灰量的主要步骤?
7. 简述无机结合料抗压强度检测步骤。
8. 在含水率与圆锥入土深度对数关系图上如何确定液限 W_L?
9. 承载比的含义。
10. 土含水率的含义。
11. 环刀法测定密度的适用范围是什么?

六、计算题

1. 某一组素土沟槽回填三个环刀试样试验数据如下:

序号	环刀+湿土重(g)	环刀+干土重(g)	环刀重(g)	干密度(g/cm³)
1	255.9	223.6	66.3	
2	257.7	223.9	67.1	
3	257.2	224.2	66.7	

已知所用环刀体积为 100cm³,该素土的最大干密度为 1.75g/cm³,设计要求素土沟槽回填压实

度≥90%。试计算该组环刀的代表密度和压实度,并作评定。

2. 某一组素土重型击实试验数据如下:

序号	1	2	3	4	5
试模+湿土重(g)	5106	5256	5323	5343	5294
试模重(g)	3240	3240	3240	3240	3240
湿土重(g)					
湿密度(g/cm³)					

盒号	A1	A2	B1	B2	C1	C2	D1	D2	E1	E2
盒+湿土样重(g)	42.42	44.02	43.57	44.54	44.74	43.23	47.15	44.98	44.84	43.94
盒+干土样重(g)	40.55	42.08	41.26	42.05	41.83	40.56	43.55	41.72	41.28	40.36
盒重(g)	20.20	20.50	20.60	20.20	20.40	20.30	20.80	20.40	20.60	20.30
水分重(g)										
干土样重(g)										
含水量(%)										
平均含水量(%)										
干密度(g/cm³)										

击实试模体积为997cm³,试计算确定最大干密度和最佳含水量。

3. 某一组二灰碎石灌砂试验数据如下,要求压实度95%,试计算并作判定。(量砂密度为1.450g/cm³)

序号	桩号	1+230	
1	取样位置	第一层	
2	试坑深度(cm)	15.0	
3	筒与原量砂质量(g)	11800	
4	筒与第一次剩余量砂质量(g)	10930	
5	套环内耗量砂质量(g)	( )	
6	量砂密度(g/cm³)	1.450	
7	从套环内取回量砂质量(g)	840	
8	套环内残留量砂质量(g)	( )	
9	筒与第二次剩余量砂质量(g)	8480	
10	试坑及套环内耗量砂质量(g)	( )	
11	试坑体积(cm³)	( )	
12	挖出料质量(g)	3585	
13	试样质量(g)	( )	
14	含水量测定	湿样质量(g)	1000
15		干样质量(g)	942
16		含水率(%)	( )
17	试样干密度(g/cm³)	( )	
18	最大干密度(g/cm³)	2.050	
19	压实度(%)	( )	

4. 某一组6%灰土含灰量试验数据如下：

序号	初读数(mL)	终读数(mL)	EDTA耗量(mL)	平均EDTA耗量(mL)
1	50.0	33.4	16.6	16.7
	33.4	16.6	16.8	

含灰量标准曲线公式为 $y = 0.372x - 1.23$ 其中，y——含灰量%；x——EDTA耗量(mL)。试计算该组灰土含灰量，并作评定。

5. 一组二灰碎石经试件制作、养生、浸水，高度和质量变化符合要求，试件直径为150mm，一组共成型了9个试件，7d实测破坏荷载值(单位 kN)分别为：17.9，15.8，16.7，15.6，17.3，16.4，15.8，16.8，16.5；该路段为一级公路二灰碎石设计强度要求值为7d0.8MPa，试计算强度值并作判定。

6. 某一组素土沟槽回填三个环刀试样试验数据如下：

序　号	1		2		3	
环刀+湿土重(g)	255.9		257.7		257.2	
环刀重(g)	66.3		67.1		66.7	
铝盒号	A1	A2	A3	A4	A5	A6
铝盒重(g)	21.30	20.20	21.50	22.20	21.60	20.80
铝盒+湿土样重(g)	46.55	46.82	46.23	46.35	47.62	45.95
铝盒+干土样重(g)	42.28	42.25	41.87	42.13	43.12	41.65
失水重(g)						
干土样重(g)						
单个含水量(%)						
平均含水量(%)						
干密度(g/cm³)						
平均干密度(g/cm³)						
压实度(%)						

已知所用环刀体积为100cm³，该素土的最大干密度为1.75g/cm³，设计要求素土沟槽回填压实度≥90%。试计算该组环刀的代表密度和压实度，并作评定。

七、案例

1. 一道路12月2日施工的12%灰土路基于12月5日进行灰剂量抽样送检，结果不合格。试分析原因。

2. 一组二灰碎石抗压强度试件在养护过程中裂开破碎，试分析原因。

3. 一道路沟槽5%灰土回填压实度要求≥90%，实测结果压实度88%，试分析原因。

参考答案：

一、填空题

1. ≤1%　　　　　　　　　　　2. 6
3. 65～70　　　　　　　　　　4. 抽样法
5. 0.01　　　　　　　　　　　6. 0.1%

7. 60　100
8. 100　150　200
9. 2.5　51　305
10. 3　94　5　56
11. 592.2
12. 2684.9
13. 乙二胺四乙酸二钠　0.1
14. 5
15. 0.075　60
16. 10%
17. 4.5　51　457
18. 3　25
19. 0.5　5%

二、单选题

1. C	2. B	3. D	4. A
5. B	6. C	7. D	8. A
9. A	10. C	11. D	12. D
13. A	14. D	15. B	16. B
17. C	18. B	19. A	

三、多选题

1. B、C、D	2. A、B	3. A、B、C、D	4. B、D
5. B、C、D	6. A、C	7. A、D	8. A、B、C
9. C、D	10. B、D	11. A、D	12. A、C、D
13. A、B、C	14. B、C、D	15. A、B、D	16. A、B、D
17. A、B、C、D	18. A、C	19. C、D	

四、判断题

1. ×	2. √	3. ×	4. ×
5. √	6. √	7. ×	8. ×
9. √	10. √	11. ×	

五、简答题

1. 答:①环刀体积准确。②选取的测量部位要有代表性。③挖出及修土时不得扰动环刀内的土,并修平。④准确称量。⑤烘干到位。

2. 答:①量砂准确标定。②选取的测量部位要有代表性。③挖试坑要注意尽量不扰动旁边的土,挖松的土要全部取出称量,不得漏掉,称量好后要立即装入塑料袋密封,防止水分蒸发影响试样含水率的测定。④准确称量。⑤烘干到位。

3. 答:单位体积内物质的质量。

4. 答:路基实测干密度与最大干密度的百分比。

5. 答:按照实际施工情况进行选择,一般道路路基可以上压路机时用重型,沟槽回填不能上压路机时用轻型。

6. 答:(1)首先,制作含灰量标准试样,通过滴定得到相应EDTA耗量,绘制出含灰量标准曲线;

(2)然后,同样用滴定法得到待测样的EDTA耗量;

(3)最后,对照含灰量标准曲线反推出待测样的含灰量。

7. 答:(1)按要求的压实度称量一定量的混合料压至一定的体积来制作试件;

(2)试件称重测记高度后用塑料袋密封放入标准养护条件下养护;

(3)至规定龄期前一天取出放入同温度水中浸泡一昼夜；

(4)从水中取出拭干表面水，称重测记高度后在压力测试机上以规定速度加荷，测出破坏荷载值；

(5)计算出该组抗压强度代表值。

8.答：在含水率与圆锥入土深度对数关系图上，圆锥入土深度为17mm所对应的含水量就是液限W_L。

9.答：所谓承载比就是试样制作成标准试件，用贯入仪对标准试件贯入一定深度所需的单位压力与标准压力的百分比。

10.答：含水量是在105～110℃下烘至恒量时所失去的水分质量和达恒量后干土质量的比值，以百分数表示。

11.答：测定细粒土的密度和压实度。

六、计算题

1.解：见下表。

序号	环刀+湿土重(g)	环刀+干土重(g)	环刀重(g)	干密度(g/cm³)
1	255.9	223.6	66.3	1.573
2	257.7	223.9	67.1	1.568
3	257.2	224.2	66.7	1.575

(1)干密度=[(环刀+干土重)-环刀重]/环刀体积
(2)平均干密度=(1.573+1.568+1.575)/3=1.572g/cm³
(3)压实度=平均干密度/最大干密度=89.8%≈90%
(4)该组素土沟槽回填的压实度符合设计要求。

2.解：见下表。

序号	1		2		3		4		5	
试模+湿土重(g)	5106		5256		5323		5343		5294	
试模重(g)	3240		3240		3240		3240		3240	
湿土重(g)	1886		2016		2083		2103		2054	
湿密度(g/cm³)	1.892		2.022		2.089		2.109		2.060	
盒号	A1	A2	B1	B2	C1	C2	D1	D2	E1	E2
盒+湿土样重(g)	42.42	44.02	43.57	44.54	44.74	43.23	47.15	44.98	44.84	43.94
盒+干土样重(g)	40.55	42.08	41.26	42.05	41.83	40.56	43.55	41.72	41.28	40.36
盒重(g)	20.20	20.50	20.60	20.20	20.40	20.30	20.80	20.40	20.60	20.30
水分重(g)	1.87	1.94	2.31	2.49	2.91	2.67	3.60	3.28	3.56	3.58
干土样重(g)	20.35	21.58	20.66	21.85	21.43	20.26	22.75	21.32	20.68	20.06
含水量(%)	9.19	8.99	11.18	11.40	13.58	13.18	15.82	15.38	17.21	17.85
平均含水量(%)	9.1		11.3		13.4		15.6		17.5	
干密度(g/cm³)	1.73		1.82		1.84		1.82		1.75	

解：①[湿土重]=[试模+湿土重]-[试模重]
②[湿密度]=[湿土重]/[试模体积]

③[失水重] = [盒+湿土样重] - [盒+干土样重]
④[干土样重] = [盒+干土样重] - [盒重]
⑤[含水量] = [水分重]/[干土样重]
⑥[平均含水量] = {[含水量1] + [含水量2]}/2

注:当[含水量1]与[含水量2]的差值不大于1%时。

⑦[干密度] = [湿密度]/{1+[平均含水量]}
⑧得到:最大干密度:1.84g/cm³、最佳含水量13.4%

3. 解:见下表。

序号	桩号		1+230	
1	取样位置		第一层	
2	试坑深度(cm)		15.0	
3	筒与原量砂质量(g)		11800	
4	筒与第一次剩余量砂质量(g)		10930	
5	套环内耗量砂质量(g)		(870)	
6	量砂密度(g/cm³)		1.450	
7	从套环内取回量砂质量(g)		840	
8	套环内残留量砂质量(g)		(30)	
9	筒与第二次剩余量砂质量(g)		8480	
10	试坑及套环内耗量砂质量(g)		(3290)	
11	试坑体积(cm³)		(1669)	
12	挖出料质量(g)		3585	
13	试样质量(g)		(3555)	
14	含水量测定	湿样质量(g)	1000	
15		干样质量(g)	942	
16		含水率(%)	(6.16)	
17	试样干密度(g/cm³)		(2.006)	
18	最大干密度(g/cm³)		2.050	
19	压实度(%)		(98)	

因(5) = (3) - (4) = 870
(8) = (5) - (7) = 30
(10) = (3) - (8) - (9) = 3290
(11) = [(10) - (5)]/(6) = 1669
(13) = (12) - (8) = 3555
(16) = [(14) - (15)]/(15) = 0.0616
(17) = (13)/(11)/[1+(16)] = 2.006
(19) = (17)/(18) = 0.98

故:该组二灰碎石压实度为98%,符合要求。

4. 解:见下表。

序号	初读数(mL)	终读数(mL)	EDTA耗量(mL)	平均EDTA耗量(mL)
1	50.0	33.4	16.6	16.7
2	33.4	16.6	16.8	

(1) EDTA耗量 = 初读数 - 终读数
(2) 平均EDTA耗量 = (16.6 + 16.8)/2 = 16.7ml
(3) 含灰量 $y = 0.370x - 1.23 = 0.370 \times 16.7 - 1.23 = 4.95\% \approx 5\%$
(4) 按CJJ4-97对含灰量-1%~+2%的要求判定,该组灰土含灰量不符合要求。

5. 解:
①按单个强度公式 $Rc = P/A$,计算出9个试件的单块强度为:
1.01、0.89、0.95、0.88、0.98、0.93、0.89、0.95、0.93(MPa)
②计算强度平均值为 R = 0.93MPa
③计算标准差为 0.0436MPa
④计算偏差系数为 0.0436/0.93 = 0.0469,小于0.15,符合要求。
⑤计算抗压强度判定值 R:
$$R = R_d/(1 - Z_a C_v) = 0.8/(1 - 1.645 \times 0.0436) = 0.86MPa$$
⑥判定:由于强度平均值 R = 0.93 > 0.86MPa,所以该批二灰碎石混合料抗压强度符合设计要求。

6. 解:见下表。

序号	1		2		3	
环刀+湿土重(g)	255.9		257.7		257.2	
环刀重(g)	66.3		67.1		66.7	
铝盒号	A1	A2	A3	A4	A5	A6
铝盒重(g)	21.30	20.20	21.50	22.20	21.60	20.80
铝盒+湿土样重(g)	46.55	46.82	46.23	46.35	47.62	45.95
铝盒+干土样重(g)	42.28	42.25	41.87	42.13	43.12	41.65
失水重(g)	4.27	4.57	4.36	4.22	4.50	4.30
干土样重(g)	20.98	22.05	20.37	19.93	21.52	20.85
单个含水量(%)	20.35	20.73	21.40	21.17	20.91	20.62
平均含水量(%)	20.5		21.3		20.8	
干密度(g/cm³)	1.573		1.571		1.577	
平均干密度(g/cm³)	1.574					
压实度(%)	90					

①[失水重] = [铝盒+湿土样重] - [铝盒+干土样重]
②[干土样重] = [铝盒+干土样重] - [铝盒重]
③单个含水量 = [失水重]/[干土样重]
④[平均含水量] = {[含水量1] + [含水量2]}/2
注:当[含水量1]与[含水量2]的差值不大于1%时。
⑤干密度 = {[环刀+湿土重] - [环刀重]}/100/{1 + [平均含水量]}
⑥平均干密度 = {[干密度1] + [干密度2] + [干密度3]}/3

⑦压实度=平均干密度/最大干密度≈90%
⑧所检部位压实度符合设计要求。

七、案例

答案(略)。

土工模拟试卷(A)

一、填空题(每空1分,共计20分)

1. 检测机构应当科学检测,确保检测数据的真实性和准确性;不得接受委托单位的不合理要求;不得_____;不得出具_____的检测报告;不得隐瞒事实。
2. 遵循科学、公正、准确的原则开展检测工作,检测行为要_____,检测数据要_____。
3. 当测定土样含水率时,在105～110℃下烘干时间对黏土、粉土不得少于_____h,对于砂性土不得少于_____h。
4. 灌砂法密度试验用灌砂筒以直径分为_____cm 和_____cm 和_____cm 三种。
5. 国标轻型击实试验要求击实仪锤重为_____kg,锤底直径为_____mm,锤上下落差_____mm。
6. 无机结合料抗压强度试件的制作是以试件的_____达到设计要求值为基准进行的。
7. 国标中两种标准环刀体积分别为_____cm^3 和_____cm^3。
8. 国标重型击实试验分_____层每层击实_____次,或分_____层每层击实_____次。
9. 土粒比重试验中,比重瓶法适用于土粒粒径小于_____mm 的各类土。

二、单选题(每题2分,共计20分)

1. 灌砂法密度试验取样频率按验收规范执行,市政工程路基每_____m^2 每层取一组。
   A. 500　　　B. 1000　　　C. 2000　　　D. 4000
2. 击实试验时一般需要配制_____组不同含水量的试样。
   A. 2　　　B. 3　　　C. 4　　　D. 5
3. CJJ 4—97 要求快速道和主干道基层混合料 7d 龄期抗压强度≥_____MPa。
   A. 0.55　　　B. 0.70　　　C. 0.80　　　D. 1.0
4. 浮称法适用于土粒粒径等于大于5mm 的各类土,且其中粒径大于20mm 的土质量应小于总土质量的_____%。
   A. 10　　　B. 15　　　C. 20　　　D. 25
5. 密度计法和移液管法颗粒分析试验仅适用于粒径小于_____mm 的试样。
   A. 0.075　　　B. 0.5　　　C. 1.0　　　D. 2.0
6. 含水量是在_____℃下烘至恒量时所失去的水分质量和达恒量后干土质量的比值,以百分数表示。
   A. 100　　　B. 100～105　　　C. 105～110　　　D. 110
7. 国标环刀法密度试验所用环刀体积有100cm^3 和_____cm^3。
   A. 60　　　B. 80　　　C. 150　　　D. 200
8. 标准击实重型单位体积击实功为_____kJ/m^3。
   A. 488.7　　　B. 592.2　　　C. 2644.3　　　D. 2684.9

9. 当采用抽样法测定含水率时,必须抽取_____样品进行平行测定。
A. 5　　　　　　　B. 3　　　　　　　C. 2　　　　　　　D. 1

10. CJJ 4—97 要求实测灰土含灰量在设计值的_____之内。
A. −2% ~ +1%　　B. −2% ~ +2%　　C. −1% ~ +1%　　D. −1% ~ +2%

三、多选题(每题 2 分,共计 20 分)

1. 当采用抽样法测定土样含水率时,必须抽取两份样品进行平行测定,平行测定两个含水率的差值应符合_____要求。
A. 含水率 <10%,差值≤0.5%　　　　　B. 含水率 <40%,差值≤1%
C. 含水率≥40%,差值≤2%　　　　　　D. 冻土,差值≤3%

2. 国标灌砂法测定二灰碎石路基密度试验称量精度应符合_____要求:
A. 现场称量,精度 10g　　　　　　　B. 现场称量,精度 5g
C. 含水率取样测定,精度 5g　　　　　D. 含水率取样测定,精度 1g

3. 国标重型击实试验要求击实仪锤重为_____kg,锤底直径为_____mm,锤上下落差_____mm。
A. 2.5　　　　B. 4.5　　　　C. 51　　　　D. 450　　　　E. 457

4. 国标重型击实试验应符合_____要求。
A. 分三层每层击实 94 次　　　　　　B. 分四层每层击实 70 次
C. 分五层每层击实 56 次　　　　　　D. 分六层每层击实 47 次

5. 标准击实试验中土样制备方法有_____。
A. 干土法(土样重复使用)　　　　　　B. 干土法(土样不重复使用)
C. 湿土法(土样不重复使用)　　　　　D. 湿土法(土样重复使用)

6. 灰土含灰量测定所用主要试剂是_____。
A. 乙二氨四甲酸二钠 1(mol/m^3)　　B. 乙二胺四乙酸二钠 0.1(mol/m^3)
C. 氯化铵 20%　　　　　　　　　　　D. 氯化铵 10%

7. 无机结合料路基材料抗压强度试验所用试模尺寸有_____mm。
A. φ50×50　　B. φ75×75　　C. φ100×100　　D. φ150×150

8. 国标土粒比重试验方法有_____。
A. 比重计法　　B. 比重瓶法　　C. 浮称法　　D. 虹吸管法

9. 国标液塑限试验方法有_____。
A. 液塑限联合测定法　B. 碟式仪液　C. 滚搓法塑限试验　D. 移液管法

10. CJJ 4—97 无机抗压强度试验试件的养护条件是温度_____℃、相对湿度_____。
A. 20±2　　　B. 20±3　　　C. >95%　　　D. >90%

四、简答题(每题 5 分,共计 20 分)

1. 湿密度的含义是什么?
2. 路基压实度的含义是什么?
3. 土含水率的含义是什么?
4. 环刀法测定密度的适用范围是什么?

五、计算题(每题 10 分,共计 20 分)

1. 某一组素土沟槽回填三个环刀试样试验数据如下表:

序 号	1		2		3	
环刀+湿土重(g)	255.9		257.7		257.2	
环刀重(g)	66.3		67.1		66.7	
铝盒号	A1	A2	A3	A4	A5	A6
铝盒重(g)	21.30	20.20	21.50	22.20	21.60	20.80
铝盒+湿土样重(g)	46.55	46.82	46.23	46.35	47.62	45.95
铝盒+干土样重(g)	42.28	42.25	41.87	42.13	43.12	41.65
失水重(g)						
干土样重(g)						
单个含水量(%)						
平均含水量(%)						
干密度(g/cm³)						
平均干密度(g/cm³)						
压实度(%)						

已知所用环刀体积为 $100cm^3$，该素土的最大干密度为 $1.75g/cm^3$，设计要求素土沟槽回填压实度≥90%。试计算该组环刀的代表密度和压实度，并作评定。

2. 一组二灰碎石经试件制作、养生、浸水，高度和质量变化符合要求，试件直径为150mm，一组共成型了9个试件，7d实测破坏荷载值(单位 kN)分别为:17.9、15.8、16.7、15.6、17.3、16.4、15.8、16.8、16.5;该路段为一级公路二灰碎石设计强度要求值为7d0.8MPa。试计算强度值并作判定。

六、操作题(每题10分，共计20分)

1. 简述环刀法密度试验的操作要点。
2. 请叙述EDTA法测定灰土含灰量的主要步骤。

土工模拟试卷(B)

一、填空题(每空1分，共计20分)

1. 检测机构应当重视创建和维护机构的信誉和品牌，教育和督促本机构从业人员恪守_____的原则，树立正确的_____。
2. 坚持真理，实事求是;_____不做，不出_____;敢于揭露、举报各种违法违规行为。
3. 当测定土样含水率时，对有机质含量超过5%的土，应在_____℃恒温下烘至恒量。
4. 当测定土样含水率时烘干恒量的概念一般为间隔2h质量差不大于_____。
5. 国标重型击实试验要求击实仪锤重为_____kg，锤底直径为_____mm，锤上下落差_____mm。
6. 国标轻型击实试验分层每_____层击实_____次。
7. 国标界限含水率试验适用于粒径小于_____mm以及有机质含量不大于_____的土。
8. 筛析法土颗粒分析试验适用于粒径大于_____mm至小于等于_____mm的土。
9. 国标中两种标准环刀体积分别为_____cm³和_____cm³。

10. 灰土含灰量测定所用氯化铵标准溶液的浓度是_____。
11. 灰土含灰量测定所用 EDTA 二钠的化学名称是_____，其浓度是_____(mol/m³)。

二、单选题(每空 2 分,共计 20 分)

1. 当测定土样含水率时,在 105～110℃下烘干时间对砂土不得少于_____h。
   A. 10　　　　　　B. 8　　　　　　C. 6　　　　　　D. 4
2. CJJ 4—97 要求实测灰土含灰量在设计值的_____之内。
   A. -1%～+2%　　B. -2%～+2%　　C. -1%～+1%　　D. -2%～+1%
3. 无机结合料路基材料抗压强度试验所用试模尺寸为_____mm。
   A. 100×100×100、150×150×150　　　B. φ175×150、550×150×150
   C. φ50×50、φ100×100、φ150×150
4. 标准击实所制备样品含水量间隔一般为_____。
   A. 1%　　　　　B. 1%～2%　　　C. 2%　　　　　D. 2%～3%
5. 测含水率时,对于有机质超过_____%的土,应将温度控制在 65～70℃的恒温下烘干。
   A. 2　　　　　　B. 5　　　　　　C. 10　　　　　D. 15
6. 土粒比重试验中,虹吸管法适用于土粒粒径等于,大于_____mm 的各类土,且其中粒径大于 20mm 的土质量应等于,大于总土质量的 10%。
   A. 20　　　　　B. 15　　　　　C. 10　　　　　D. 5
7. 标准击实轻型单位体积击实功为_____kJ/m³。
   A. 488.7　　　B. 592.2　　　C. 2644.3　　　D. 2684.9
8. 当采用抽样法测定土样含水率时,必须抽取两份样品进行平行测定,当含水量<40%时,平行测定两个含水率的差值应_____。
   A. ≤0.5　　　B. ≤1　　　　C. ≤2　　　　D. ≤3
9. 测定粗粒土路基密度灌砂法最常用的是直径_____mm 的灌砂筒。
   A. 250　　　　B. 200　　　　C. 150　　　　D. 100
10. 灰土灰剂量取样频率为每一层每_____m² 取样一组检测。
    A. 2000　　　B. 1500　　　C. 1000　　　D. 500

三、多选题(每空 2 分,共计 20 分)

1. 要确保环刀法密度的准确性需注意_____。
   A. 环刀体积准确　　　　　　　　　　B. 选位具有代表性
   C. 取样过程中不扰动环刀内的土并上下表面削平
   D. 烘干到位
2. 采用抽样法测含水率时环刀法密度试验称量精度应符合_____要求。
   A. 整体称量,精度 0.1g　　　　　　　B. 整体称量,精度 1g
   C. 含水率取样测定,精度 0.01g　　　 D. 含水率取样测定,精度 0.1g
3. 国标重型击实试验要求击实仪锤重为____kg,锤底直径为____mm,锤上下落差____mm。
   A. 2.5　　　　B. 4.5　　　　C. 51　　　　D. 457
4. 标准击实 GB/T 50123—1999 与 JTJ 051—93 的主要区别在于_____稍有不同。
   A. 击实仪尺寸　　B. 环境温度要求　　C. 击实对象　　D. 击实功
5. 通过标准击实试验所得到的参数为_____。
   A. 最佳击实功　　B. 最大湿密度　　　C. 最大干密度　　D. 最佳含水量

6. CJJ 4—97 无机抗压强度试验试件的养护条件是温度_____℃、相对湿度_____。
   A. 20 ± 2   B. 20 ± 3   C. >95%   D. >90%
7. 液塑限联合测定试验一组试样分三次测定的入土深度宜控制在_____范围。
   A. 3 ~ 4mm 左右   B. 7 ~ 9mm 左右   C. 15 ~ 17mm 左右   D. 22 ~ 24mm 左右
8. 国标土颗粒分析试验方法有_____。
   A. 筛分法   B. 密度计法   C. 比重瓶法   D. 移液管法
9. 国标密度试验方法有_____。
   A. 环刀法   B. 蜡封法   C. 灌水法   D. 灌砂法
10. 标准击实试验中土样制备方法有_____。
    A. 干土法(土样重复使用)   B. 干土法(土样不重复使用)
    C. 湿土法(土样不重复使用)   D. 湿土法(土样重复使用)

四、简答题(每题 5 分,共计 20 分)

1. 干密度的含义是什么?
2. 灌砂法密度试验的适用范围。
3. 承载比的含义。
4. 路基压实度的含义是什么?

五、计算题(每题 10 分,共计 20 分)

1. 某一组素土重型击实试验数据如下表所示:

序　号	1	2	3	4	5				
试模+湿土重(g)	5106	5256	5323	5343	5294				
试模重(g)	3240	3240	3240	3240	3240				
湿土重(g)									
湿密度(g/cm³)									
盒号	A1	A2	B1	B2	C1	C2	D1	D2	E1	E2
盒+湿土样重(g)	42.42	44.02	43.57	44.54	44.74	43.23	47.15	44.98	44.84	43.94
盒+干土样重(g)	40.55	42.08	41.26	42.05	41.83	40.56	43.55	41.72	41.28	40.36
盒重(g)	20.20	20.50	20.60	20.20	20.40	20.30	20.80	20.40	20.60	20.30
水分重(g)										
干土样重(g)										
含水量(%)										
平均含水量(%)										
干密度(g/cm³)										

击实试模体积为997cm³,试计算确定最大干密度和最佳含水量。

2. 某一组 12% 灰土含灰量试验数据如下所示:

序号	初读数(mL)	终读数(mL)	EDTA 耗量(mL)	平均 EDTA 耗量(mL)
1	50.0	16.6		
	50.0	17.8		

含灰量标准曲线公式为 $y = 0.372x - 1.23$ 其中，y——含灰量(%)；x——EDTA 耗量(ml)。试计算该组灰土的含灰量，并作评定。

六、操作题（每题 10 分，共计 20 分）

1. 简述灌砂法密度试验的操作要点。
2. 简述无机结合料抗压强度检测步骤。

第二节　土工合成材料

一、填空题

1. 土工合成材料是指岩土工程和土木工程中应用的_____、_____、_____、_____的总称。
2. 土工织物是适用于岩土工程和土木工程的_____、_____或_____的可渗透的聚合物材料。
3. 土工格栅是由_____的网状_____形成的用于加筋的土工合成材料。
4. 土工网是由平行肋条经以_____与其上相同肋条_____为一体的用于平面排液、排气的土工合成材料。
5. 土工膜是由_____或_____制成的一种相对_____的薄膜。
6. 土工复合材料是由_____或_____材料复合成的土工合成材料。
7. 土工织物试样需要调温调湿时，试样一般应置于温度范围为_____，相对湿度范围为_____和标准大气压的环境中调湿_____h。
8. 土工织物厚度是指土工织物在承受一定压力时，_____。
9. 单位面积质量是指单位面积的试样_____。
10. 土工膜厚度测定，当土工膜（片）宽大于 2000mm 时，每_____测量一点；膜（片）宽在 300～2000mm 时，依大致相等间距测量_____点。
11. 有效孔径是能有效通过土工织物的近似_____直径。
12. 隔距长度是试验机上下两夹持器之间的距离，当用夹具的位移测量时，隔距长度即为_____。
13. 在试验中，如试样在夹具中滑移，或者多于 1/4 的试样在钳口附近 5mm 范围内断裂，可采取下列措施：_____、_____、_____。
14. 顶破强力是指顶压杆顶压试样直至_____过程中测得的最大顶压力。
15. 抗拉强度是单位宽度的土工合成材料试样在外力作用下拉伸所能承受的_____，发生在断裂时或_____。
16. 塑料土工合成材料，在温度范围_____的环境下，进行状态调节，时间不少于_____。
17. 有效孔径试样制备，剪取 $5n$ 块试样，n 为_____；试样直径应_____筛子直径。
18. 土工合成材料的_____强度和_____伸长率是各项工程设计中最基本的技术指标。

二、单选题

1. 土工合成材料包括_____、土工膜、土工特种材料和土工复合材料四大类。
   A. 土工布　　　B. 土工格栅　　　C. 土工织物　　　D. 土工格室
2. 土工合成材料室内试验的目的之一是：为_____单位选择和应用土工合成材料，了解材料的工程特性,而提供设计参数。
  A. 施工   B. 设计   C. 检测   D. 质量部门
 3. 土工合成材料的厚度一般指在_____kPa 压力下的厚度测定值。
  A. 5   B. 2   C. 15   D. 50
 4. 每项试验的试样应从样品长度与宽度方向上随机剪取,但距样品边缘至少_____mm。送检样品应不小于 1m(或 2m²)。
  A. 80   B. 100   C. 150   D. 120
 5. 单位面积质量试样数量应不少于_____块,并进行编号。
  A. 5   B. 8   C. 9   D. 10
 6. 单位面积质量试样长度和宽度的裁剪和测量读数应精确到_____mm。
  A. 1   B. 0.1   C. 10   D. 5
 7. 延伸率是试样拉伸时对应_____的应变量。
  A. 最小拉力 B. 最大拉力 C. 最佳拉力 D. 屈服拉力
 8. 宽条拉伸试验,当需要测定湿态最大负荷和干态最大负荷时,剪取试样长度至少为通常要求的_____倍。
  A. 1   B. 2   C. 5   D. 10
 9. 实际上,在工程应用中,一般需要的是土工合成材料_____的强度和拉伸指标。
  A. 屈服时 B. 断裂时 C. 发生变形时 D. 最大力时
 10. CBR 顶破强力试验,定顶压杆的下降速度为_____。
  A. 60±5mm/min B. 60±1mm/min C. 20±1mm/min D. 20±2mm/min

三、多选题

 1. 土工合成材料的性能应包括物理性能、_____。
  A. 力学性能 B. 水力学性能 C. 耐久性能 D. 抗冻性能
 2. 土工合成材料的物理性指标包括:单位面积质量、_____及其与压力的关系等。
  A. 厚度 B. 等效孔径 C. 拉伸 D. 延伸率
 3. 土工合成材料的力学性指标包括:_____、刺破试验、直剪摩擦和拉拔摩擦试验。
  A. 条带拉伸 B. 撕裂 C. CBR 顶破 D. 延伸率
 4. 土工合成材料水力学指标有:_____等。
  A. 梯度比 B. 平面渗透系数 C. 垂直渗透系数 D. 综合渗透
 5. 土工合成材料耐久性包括:_____。
  A. 抗拉伸性 B. 抗冻性 C. 抗化学腐蚀性 D. 抗老化性
 6. 土工合成材料产品的原材料为高分子聚合物,主要有_____和聚氯乙烯(PVC)等
  A. 聚酰胺 B. 聚丙烯 C. 聚乙烯 D. 高密度聚乙烯
 7. 条带拉伸试验方法适用于各类_____。
  A. 土工格栅 B. 土工加筋带 C. 土工织物 D. 土工膜
 8. 渗透系数是土工合成材料的一项重要工程指标,主要通过_____试验来确定相应的渗透系数。
  A. 垂直渗透试验 B. 横向力系数 C. 梯度比 D. 水平渗透试验
 9. CBR 顶破强力试验适用于_____。
  A. 土工格栅 B. 土工加筋带 C. 土工织物 D. 土工膜
 10. 非织造型土工织物包括_____。

A. 针刺　　　　　B. 热压　　　　　C. 热粘　　　　　D. 胶粘

四、判断题

1. 土工合成材料拉伸强度是指试验中试样被拉伸直至断裂时最大拉力。（　）
2. CBR顶破强力是圆柱形顶压杆垂直顶压试样,直至破裂过程中测得的最大顶压力。（　）
3. 土工合成材料总体又分为织造和非织造两种。（　）
4. 土工格栅是属于土工复合材料的一种。（　）
5. 土工织物和土工膜的厚度测定方法不同,但测量结果计算都修约到小数点后两位。（　）
6. 土工织物和土工膜的厚度测定结果都是以10块试样厚度的算术平均值表示。（　）
7. 土工格栅、土工网网孔测定,当网孔为三角形或奇数多边形时,测量顶点与对边的垂直距离。同一测点平行测定两次。（　）
8. 宽条拉伸试验中名义夹持长度,当伸长计测量时,一般为60mm;当用夹具位移测量时,一般为100mm。（　）
9. 宽条拉伸试验中实际夹持长度大于名义夹持长度。（　）
10. 宽条拉伸试验中,试验机设定的拉伸速率为(20mm±1mm)/min。（　）
11. 宽条拉伸试验中,湿态试样,从水中取出后3min内进行试验。（　）
12. 条带拉伸试验,适用于各类土工格栅、土工加筋带。（　）
13. 拉伸试验,选择试验机的负荷量程,使断裂强力在满量程负荷的20%~80%之间。（　）
14. CBR顶破强力试验,顶破位移是从顶压杆顶端开始与试样表面接触时起,直至达到顶破强力时,顶压杆顶进的距离。（　）
15. CBR顶破强力试验用顶压杆:直径为50mm、高度为100mm的圆柱体,顶端边缘倒成2.5mm半径的圆弧。（　）
16. CBR顶破强力试验的制样:裁取直径为300mm的圆形试样5块,试样上不得有影响试验结果的可见疵点,在每块试样离外圈50mm处均等开6条8mm宽的槽。（　）
17. 刺破强力试验,设定加载速率为300±10mm/min。（　）
18. 垂直渗透系数是指在单位水力梯度下垂直于土工织物平面流动的水的流速(mm/min)。（　）
19. 垂直渗透性能试验中,渗透仪夹持器的直径大于等于50mm,仪器能设定的最大水头差应不小于70mm。（　）
20. 垂直渗透性能试验中,测量水头高度的装置,精确到0.2mm,并记录水温,精确到1℃。（　）

五、综合题

1. 简述宽条拉伸试验,对名义夹持长度的规定?
2. 简述最大负荷、拉伸强度、预负荷伸长概念?
3. 土工织物拉伸试验时,对试验机的设定以及夹持试样要求?
4. 条带拉伸试验时,对试样数量、试样尺寸规定?
5. 垂直渗透性能试验(恒水头法)应注意哪些问题?
6. 土工合成材料试样取样时应注意哪些问题?
7. 条带拉伸试验的主要指标是什么?试验过程中夹具对试验结果有何影响?应如何避免其影响?
8. 已知某单向土工格栅的条带拉伸试验数据如下表:

序号	初始长度(mm)	最终长度(mm)	延伸率(%)	拉力(kN)
1	100	120.5		1.45
2	100	109.9		1.11
3	100	110.0		1.13
4	100	109.2		1.02
5	100	109.8		1.08
6	100	109.8		1.10
7	100	109.6		1.06
8	100	109.7		1.07
9	100	109.3		1.02
10	100	110.8		1.22
平均值				
标准差				
变异系数				
离散数据舍去后的平均值				

(1)计算延伸率、标准差、变异系数,(要求有计算过程),并将其填入表中。
(2)请根据标准差的值舍去在 $\bar{x} \pm K\sigma$ 范围以外的测定值后,计算其平均值。(K 取 2.18)。

参考答案:

一、填空题

1. 土工织物　土工膜　土工复合材料　土工特种材料　　2. 机织　针织或非织造
3. 有规则　抗拉条带　　　　　　　　4. 不同角度　粘结
5. 聚合物　沥青　不透水　　　　　　6. 两种　两种以上
7. 20±2℃　65%±5%　24　　　　　　8. 正反两面之间的距离
9. 在标准大气条件下的质量　　　　　10. 200mm　10
11. 最大颗粒　　　　　　　　　　　 12. 名义夹持长度
13. 夹具内加衬垫　对夹在钳口内的试样加以涂层　改进夹具钳口表面
14. 破裂　　　　　　　　　　　　　 15. 最大拉力　断裂前
16. 23±2℃　4h　　　　　　　　　　17. 选取粒径的组数,大于
18. 拉伸　最大负荷下

二、单选题

1. C	2. B	3. B	4. B
5. D	6. A	7. B	8. B
9. A	10. A		

三、多选题

1. A、B、C	2. A、B	3. A、B、C、D	4. A、C
5. B、C、D	6. A、B、C、D	7. A、B	8. A、D

9. C、D   10. A、C

四、判断题

1. ×	2. √	3. ×	4. ×
5. ×	6. ×	7. √	8. √
9. √	10. ×	11. √	12. √
13. ×	14. √	15. √	16. √
17. √	18. ×	19. √	20. ×

五、综合题

1. 答：用伸长计测量时，名义夹持长度：在试样的受力方向上，标记的两个参考点间的初始距离，一般为 60mm（两边距试样对称中心为 30mm），记为 L_0。

用夹具的位移测量时，名义夹持长度：初始夹具间距，一般为 100mm，记为 L_0。

2. 答：最大负荷：试验中所得到的最大拉伸力，以 kN 表示；

拉伸强度：试验中试样拉伸直至断裂时每单位宽度的最大拉力，单位：kN/m。

预负荷伸长：在相当于最大负荷 1% 的外加负荷下，所测的夹持长度的增加值，单位：mm。

3. 答：拉伸试验机的设定：

试验前将两夹具间的隔距调至 100mm±3mm；

选择试验机的负荷量程，使断裂强力在满量程负荷的 30%~90% 之间设定试验机的拉伸速度，使试样的拉伸速率为名义夹持长度的（20%±1%）/min。

如使用绞盘夹具，在试验前应使绞盘中心间距保持最小，并且在试验报告中注明使用了绞盘夹具。

夹持试样：

将试样在夹具中对中夹持，注意纵向和横向的试样长度应与拉伸力的方向平行。合适的方法是将预先画好的横贯试件宽度的两条标记线尽可能地与上下钳口的边缘重合。对湿态试样，从水中取出后 3min 内进行试验。

4. 答：试样数量：土工格栅纵向和横向各裁取至少 5 根单筋试样；土工加筋带裁取至少 5 条试样。

试样尺寸：对于土工格栅，单筋试样应有足够的长度，试样的夹持线在节点处，除被夹钳夹持住的节点或交叉组织外，还应包含至少 1 个节点或交叉组织。

如使用伸长计，标记点应标在筋条试样的中心上，两个标记点之间应至少间隔 60mm，并至少含有 1 个节点或 1 个交叉组织，夹持长度应为数个完整节距。

对于土工加筋带，试样应有足够的长度以保证夹具间距 100mm。为控制滑移，可沿试样的整个宽度与试样长度方向垂直地画两条间隔 100mm 的标记线（不包含绞盘夹具）。

5. 答：(1)试件放在渗透仪夹持器中，要注意旋紧夹持器压盖，以防止水从试样被压部分的内层渗漏；同时要保持夹持器的压盖与试样盒内壁密封，防止侧漏影响试验结果。

(2)试件必须进行浸泡处理，目的在于排尽试样内部的空气，必要时可在浸泡过程中进行人工挤压排气，以保证试验结果的准确。

(3)各种土工织物的渗透性能相差很大，统一规定只装一片饱和试样有的产品很难达到两侧 50mm 的水头差，可以考虑以满足试样两侧达到 50mm 的水头差为前提，确定采用单层还是多层试样进行试验。

6. 答：取卷装样品，取样的卷装数按相关文件规定。所选卷装材料应无破损，卷装呈原封不动状。

全部试验的试样应在同一样品中裁取;卷装材料的头两层不应取作样品。

取样时应尽量避免污渍、折痕、孔洞或其他损伤部分,否则要加放足够数量。

要加标记表示样品的卷装长度方向。当样品两面有显著差异时,在样品上加注标记,标明卷装材料的正面或反面。

如果暂不制备试样,应将样品保存在洁净、干燥、阴凉避光处,并且避开化学物品侵蚀和机械损伤。样品可以卷起,但不能折叠。

7. 答:主要指标:拉伸强度、试样最大负荷下的伸长率。

夹具影响:试样在夹具中滑移,或者多于1/4的试样在钳口附近5mm范围内断裂。

如何避免:夹具方面(夹具内加衬垫;对夹在钳口内的试样加以涂层;改进夹具钳口表面)。

8. 解:见下表。

序号	初始长度(mm)	最终长度(mm)	延伸率(%)	拉力(kN)
1	100	120.5	20.5	1.45
2	100	109.9	9.9	1.11
3	100	110.0	10.0	1.13
4	100	109.2	9.2	1.02
5	100	109.8	9.8	1.08
6	100	109.8	9.8	1.10
7	100	109.6	9.6	1.06
8	100	109.7	9.7	1.07
9	100	109.3	9.3	1.02
10	100	110.8	10.8	1.22
平均值			10.9	1.13
标准差			3.42	0.13
变异系数			31.4%	11.5%
离散数据舍去后的平均值			9.8	1.09

(1)延伸率(%) $\bar{x} = \dfrac{\sum_{i=1}^{n} X_i}{n} = 10.9\%$

标准差:

$$\sigma = \sqrt{\sum_{i=1}^{n}(X_i - \bar{x})^2/(n-1)} = 3.42\%$$

变异系数: $C = \dfrac{\sigma}{X} \times 100\%$

$= \dfrac{3.42}{10.9} \times 100\% = 31.4\%$

(2)根据 $\bar{x} \pm K\sigma$:

延伸率:$10.9 \pm 2.18 \times 3.42$,为(3.44,18.36),舍去20.5%;

平均值为:9.8%。

拉力:$1.13 \pm 2.18 \times 0.13$ 为(0.85,1.41),舍去1.45;

平均值为1.09kN。

土工合成材料模拟试卷

一、填空题(10分)

1. 土工膜厚度测定,当土工膜(片)宽大于2000mm时,每_____测量一点;膜(片)宽在300~2000mm时,依大致相等间距测量_____点。
2. 隔距长度是试验机上下两夹持器之间的距离,当用夹具的位移测量时,隔距长度即为_____。
3. _____是指在单位水力梯度下垂直于土工织物平面流动的水的流速(mm/s)。
4. 土工织物试样需要调温调湿时,试样一般应置于温度范围为_____℃,相对湿度范围为_____和_____大气压的环境中调湿_____h。
5. 公路土工合成材料主要是测定其_____系数,确定土工合成材料在法向水流作用下的透水特性。
6. 土工织物是用于岩土工程和土木工程的机织、针织或非织造的_____的聚合物材料。

二、单选题(10分)

1. 单位面积质量试样长度和宽度的裁剪和测量读数应精确到_____mm。
   A. 1   B. 0.1   C. 10   D. 5
2. 延伸率是试样拉伸时对应_____的应变量。
   A. 最小拉力   B. 最大拉力   C. 最佳拉力   D. 屈服拉力
3. 宽条拉伸试验,当需要测定湿态最大负荷和干态最大负荷时,剪取试样长度至少为通常要求的_____倍。
   A. 1   B. 2   C. 5   D. 10
4. 土工合成材料包括:土工织物、土工膜、_____和土工复合材料四大类。
   A. 土工布   B. 土工格栅   C. 土工特种材料   D. 土工格室
5. 实际上,在工程应用中,一般需要的是土工合成材料_____的强度和拉伸指标。
   A. 屈服时   B. 断裂时   C. 发生变形时   D. 最大力时

三、多选题(20分)

1. 土工合成材料耐久性包括:_____。
   A. 抗拉伸性   B. 抗冻性   C. 抗化学腐蚀性   D. 抗老化性
2. 土工合成材料产品的原材料为高分子聚合物,主要有_____和聚氯乙烯(PVC)等。
   A. 聚酰胺   B. 聚丙烯   C. 聚乙烯   D. 高密度聚乙烯
3. 条带拉伸试验方法适用于各类_____。
   A. 土工格栅   B. 土工加筋带   C. 土工织物   D. 土工膜
4. 渗透系数是土工合成材料的一项重要工程指标,主要通过_____试验来确定相应的渗透系数。
   A. 垂直渗透试验   B. 横向力系数   C. 梯度比   D. 水平渗透试验
5. CBR顶破强力试验适用于_____。
   A. 土工格栅   B. 土工加筋带   C. 土工织物   D. 土工膜
6. 非织造型土工织物包括:_____。

A. 针刺　　　　　　B. 热压　　　　　　C. 热粘　　　　　　D. 胶粘
7. 土工合成材料的性能应包括物理性能、_____。
A. 力学性能　　　　B. 水力学性能　　　C. 耐久性能　　　　D. 抗冻性能
8. 土工合成材料的物理性指标包括：单位面积质量、_____及其与压力的关系等。
A. 厚度　　　　　　B. 等效孔径　　　　C. 拉伸　　　　　　D. 延伸率
9. 土工合成材料的力学性指标包括：_____、刺破试验、直剪摩擦和拉拔摩擦试验。
A. 条带拉伸　　　　B. 撕裂　　　　　　C. CBR顶破　　　　D. 延伸率
10. 土工合成材料水力学指标有：_____等。
A. 梯度比　　　　　B. 平面渗透系数　　C. 垂直渗透系数　　D. 综合渗透

四、判断题(10分)

1. 当量孔径是将某种形状的网孔换算为等面积的半径。　　　　　　　　　　　(　)
2. 土工网是土工复合材料中的一种。　　　　　　　　　　　　　　　　　　(　)
3. 土工织物和土工膜的厚度测定方法相同，但测量结果计算修约位数不同。　(　)
4. 宽条拉伸试验中，实际夹持长度等于名义夹持长度。　　　　　　　　　　(　)
5. 拉伸试验，选择试验机的负荷量程，使断裂强力在满量程负荷的30%～90%之间。(　)

五、综合题(50分)

1. 简述预负荷伸长、实际夹持长度、拉伸强度概念。
2. 土工织物拉伸试验时，对试验机的设定以及夹持试样要求。
3. 条带拉伸试验时，对试样数量、试样尺寸规定。
4. 垂直渗透性能试验(恒水头法)应注意哪些问题。
5. 简述宽条拉伸试验，对名义夹持长度规定。
6. 土工合成材料试样制备时应注意哪些问题。
7. 条带拉伸试验的主要指标是什么？试验过程中夹具、拉伸速率对试验结果有何影响？应如何避免其影响？
8. 已知某单向土工格栅的条带拉伸试验数据如下表：

序号	初始长度(mm)	最终长度(mm)	延伸率(%)	拉力(kN)
1	100	109.8		1.10
2	100	109.1		1.06
3	100	109.4		1.07
4	100	108.9		1.03
5	100	110.8		1.22
6	100	120.6		1.46
7	100	109.9		1.11
8	100	110.0		1.13
9	100	108.9		1.02
10	100	109.6		1.08
平均值				
标准差				
变异系数				
离散数据舍去后的平均值				

(1)计算延伸率、标准差、变异系数,并将其填入表中。
(2)请根据标准差的值舍去在 ±Kσ 范围以外的测定值后,计算其平均值(K 取 2.18)。

第三节　水泥土

一、填空题

1. 水泥土适用于处理正常固结的_____、_____、_____、_____、_____及无流动地下水的饱和松散砂土等地基。
2. 粉喷法适用于天然含水量_____的正常固结淤泥质土、黏性土、粉性土地基。
3. 水泥土室内试验应针对现场拟处理的_____的性质,选择合适的_____、_____及其掺量进行。
4. 加固处理土的强度应以_____试验衡量。
5. 如果地层比较复杂,处理范围内含多层土时,应取最_____的一层进行室内配比试验。
6. 水泥土采集试料土时,必须采集部分_____。
7. 水泥土中试料土含水量必须在同一地层的不同部位,至少_____处取样测定。
8. 水泥土试件的制模尺寸为_____的立方体。
9. 水泥土的标准强度采用_____d 龄期的试块抗压强度平均值。
10. 水泥土试件在振动台振实,频率为_____次/min,振实_____min。
11. 水泥土每个制成的试样应连试模称取质量,同一类型试样质量误差不得大于_____。
12. 水泥土试件养护温度宜于_____,湿度宜为_____。
13. 进行水泥土无侧限抗压强度试验时,应对试样逐级加压并保持应力水平,待变形稳定后再加下一级荷载,其稳定标准是:试件垂直变形速率为_____ mm/min。
14. 进行水泥土无侧限抗压强度试验时,应取_____个试件测试值的算术平均值作为该组试件强度值。如果单个试件与平均值的差值超过_____%,则该试件的测试值予以剔除,取其余_____个的平均值。如剔除后该组试件的测试值不足_____个,则该组试验结果无效。
15. 土的含水量每降低_____%,水泥土强度可提高_____%。
16. 7d 左右的水泥土强度来源主要是水泥的_____和_____反应。
17. _____含量高会阻碍水泥水化反应,影响水泥土强度增长。

二、单选题

1. 粉喷法适用于天然含水量_____~70% 的淤泥质土、黏性土、粉性土地基。
A. 30%　　　　　B. 40%　　　　　C. 60%　　　　　D. 70%
2. 水泥土室内抗压强度试验应采用控制_____试验方法。对试样逐级加压并保持,量测垂直变形量,待变形稳定后再加下一级荷载,直至破坏。
A. 应变　　　　　B. 应力　　　　　C. 稳定　　　　　D. 强度
3. pH 值_____时,影响水泥水化作用,水泥土强度小,加固效果不好(粉喷法)。
A. <4　　　　　B. >4　　　　　C. <10　　　　　D. >10
4. 当用风干土料时,拌合用水的 pH 值应与工地软弱土的 pH 值相符,否则应采用_____作拌合用水。
A. 自来水　　　　B. 天然水　　　　C. 蒸馏水　　　　D. 河水
5. 水泥土试件的制模尺寸应为_____的立方体。

A. 100mm×100mm×100mm　　　　　　B. 70.7mm×70.7mm×70.7mm
C. 150mm×150mm×150mm　　　　　　D. 45.7mm×45.7mm×45.7mm

6. 每个制成的水泥土试样应连试模称取质量,同一类型试件质量误差不得大于_____。
A. 2%　　　　　　B. 1%　　　　　　C. 0.5%　　　　　　D. 0.25%

7. 水泥土试件养护温度宜为_____,湿度宜为75%。
A. 15±3℃　　　　B. 18±3℃　　　　C. 20±3℃　　　　D. 22±3℃

8. 水泥土试件抗压强度试验稳定标准:试件垂直变形速率小于_____。
A. 0.35mm/min　　B. 0.45mm/min　　C. 0.50mm/min　　D. 0.6mm/min

9. 每组水泥土试件必须有_____以上平行试验。
A. 三个　　　　　B. 四个　　　　　C. 五个　　　　　D. 六个

10. 水泥土的标准强度采用_____龄期的试块抗压强度平均值
A. 7d　　　　　　B. 28d　　　　　C. 14d　　　　　　D. 90d

11. 水泥土室内试验应针对现场拟处理的_____土层软土的性质。
A. 最强　　　　　B. 最弱　　　　　C. 一般　　　　　D. 中等

12. 在室内配合比试验中,7d、28d、90d等标准龄期的水泥土无侧限抗压强度之间大致呈线性关系:
$q_u(90d) \approx (一)q_u(28d)$、$q_u(28d) \approx (1.59 \sim 2.13)q_u(7d)$、$q_u(90d) \approx (2.37 \sim 3.73)q_u(7d)$。
A. 0.12~1.26　　　B. 1.43~1.80　　　C. 1.86~2.35　　　D. 2.37~3.73

13. 外掺剂对水泥土强度有不同的影响。木质素磺酸钙对水泥土强度增长影响不大,主要起_____作用。
A. 增强　　　　　B. 减水　　　　　C. 稳定　　　　　D. 不稳定

14. 应将制作好的水泥土试件带模放入_____内进行湿润养护。
A. 保湿箱　　　　B. 冰箱　　　　　C. 空调箱　　　　D. 水箱

15. 如单个水泥土试件抗压强度与平均值的差值超过平均值的_____,该试件的测试值予以剔除,取其余两个的平均值,如剔除后某组试件的测试值不足两个,则该组试验结果无效。
A. 20%　　　　　B. 15%　　　　　C. 25%　　　　　D. 30%

16. 水泥土搅拌法用于处理泥炭土、有机质土、塑性指数 I_p 大于_____的黏土。
A. 10　　　　　　B. 15　　　　　　C. 16　　　　　　D. 20

17. 地下水中含有大量_____时(海水渗入地区),将对水泥产生结晶侵蚀,出现开裂、崩解而丧失强度。
A. 硫酸盐　　　　B. 硝酸盐　　　　C. 碳酸盐　　　　D. 卤化物

18. 水泥土无侧限抗压强度一般为_____MPa比天然土大几十倍甚至数百倍。
A. 0.1~2.0　　　　B. 0.2~3.0　　　　C. 0.3~4.0　　　　D. 0.4~5.0

19. 对含高岭石、多水高岭石、蒙脱石等黏土矿物的软土水泥搅拌法加固效果_____。
A. 好　　　　　　B. 差　　　　　　C. 中等　　　　　D. 一般

三、多选题

1. 固化剂与土的搅拌均匀程度对加固体的强度有较大的影响。所以,_____以及有没有气泡等都会对水泥土强度有影响。
A. 制样规范程度　　B. 试验的快速程度　　C. 装模时捣实程度　　D. 拌合均匀程度

2. 水泥土试件抗压强度试验破坏标准:_____。
A. 压力机指针不动　　　　　　　　　　B. 应力不变,变形不断发展

C.压力机指针回转　　　　　　　　　D.试件裂纹产生,应力下降

3.水泥土试件养护龄期应为_____。
A.7d　　　　B.14d　　　　C.28d　　　　D.90d

4.水泥土搅拌法(干喷和湿喷)适用与处理正常固结的_____及无流动地下水的饱和松散砂土等地基。
A.有机质土　　　B.粉土　　　C.黏土　　　D.素填土

5.水泥土搅拌法通过水泥与软弱土之间的_____化学结合作用等一系列物理化学作用达到加固地基的目的。
A.离子交换作用　　B.酸碱作用　　C.凝聚作用　　D.钙化作用

6.在加固软土时,掺入粉煤灰可以_____。当掺入与水泥等量的粉煤灰后,水泥土强度可提高10%。
A.减少污染　　B.增强水泥土强度　　C.消耗工业废料　　D.提高速度

7._____水玻璃和石膏等固化剂、外掺剂材料对水泥土强度有增强作用。
A.硫酸钙　　B.三乙醇胺　　C.碳酸钠　　D.氯化钙

8.土层的下列特性影响水泥土强度:土的矿物成分,_____,地下水成分等。
A.塑性特征　　B.含水量　　C.压缩指数　　D.固结系数

9.地下水中含有大量硫酸盐时(海水渗入地区),硫酸盐对水泥产生_____而丧失强度。应选用抗硫酸盐水泥。
A.结晶侵蚀　　B.风化侵蚀　　C.酸碱腐蚀　　D.水泥开裂、崩解

10.试料土必须与_____充分搅拌均匀。每个试样所需的试料土、加固料、添加料的质量事先必须按拟定的配合比用天平称好,并控制试件达到统一的质量。
A.试料土　　B.集合料　　C.添加料　　D.加固料

四、判断题

1.粉喷法不适用 pH 值大于 4 的土层。粉喷法加固软弱土的深度不宜大于 15m。　（　）
2.水泥土养护条件中,不同的养护湿度、温度影响水泥土强度。如:冰冻减缓水泥水化反应,使水泥土强度的增长缓慢。　（　）
3.有机质含量高的土用水泥搅拌法加固效果差。　（　）
4.水泥土搅拌法用于处理泥炭土、有机质土、塑性指数 I_p 大于 10 的黏土。　（　）
5.水泥搅拌法加固时,水泥强度等级、水泥掺入量影响水泥土强度,水泥强度等级提高 10MPa,水泥土强度增大 20%~30%;如要求达到相同强度,水泥强度等级降低 10MPa,水泥掺入量可降低 2%~3%。　（　）
6.木质素磺酸钙主要起减水作用,对水泥土强度增长影响较大。　（　）
7.在水泥土室内试验取样时,如果地层比较复杂,处理范围内含多层土时,应取最上面的一层土进行室内配比试验。　（　）
8.在水泥土试件上下受压表面绝对光滑条件下,不论试件的高径比为多少,其单轴抗压强度均是一样的。　（　）
9.水泥土搅拌粉喷法加固深度不宜大于 25m。　（　）

五、综合题

1.水泥土室内试验的目的是什么?
2.在水泥土配比试验中如何取土?

3. 水泥土试件的制作时,为何要在试模内涂油?试样抗压时,又为何要在试样两端涂油?
4. 简述水泥土强度试件制作和养护注意事项。
5. 某高速公路经过软土地基,拟用水泥搅拌法进行软基处理,由室内水泥土配合比试验确定合适配比。室内水泥土配合比试验水泥掺入量为10%、12%、14%,石膏掺入量为2%,试料土容重为 $13kN/m^3$,灰水比0.5。试计算各试料所需量。(配料富余系数取1.5)
6. 一组水泥土试件,设计强度为0.80MPa,尺寸分别为(单位:mm):70.7×70.5、70.6×70.5、71.0×70.7,破坏荷载对应为4986N、3925N、5198N。此组试件强度是否合格。

参考答案:

一、填空题

1. 淤泥质土 粉土 饱和黄土 素填土 黏性土
2. 30%~70%   3. 最弱土层软土 固化剂 外掺剂
4. 无侧限抗压强度   5. 软弱   6. 原状土
7. 3   8. 70.7mm×70.7mm×70.7mm
9. 90   10. 3000±200 3   11. 0.5%   12. 20±3℃ 75%
13. 0.5   14. 3 ±15 2 2   15. 10 30
16. 水解 水化   17. 有机质

二、单选题

1. A	2. B	3. A	4. C
5. B	6. C	7. C	8. C
9. A	10. D	11. B	12. B
13. B	14. A	15. B	16. B
17. A	18. C	19. A	

三、多选题

1. A、C、D	2. B、D	3. A、C、D	4. B、C、D
5. A、C	6. B、C	7. B、C、D	8. A、B
9. A、D	10. C、D		

四、判断题

| 1. × | 2. √ | 3. √ | 4. √ |
| 5. × | 6. × | 7. × | 8. √ 9. × |

五、综合题

1. 答:(1)为制定满足设计要求的施工工艺提供可靠的强度数据;
   (2)为现场施工进行材料检验。
2. 答:在需要加固处理的软弱土地基中,选择有代表性的土层,在取样钻孔中(或试坑)采集必要数量的试料土(考虑到富余量)。如果地层复杂,处理范围内多层土时,应取最软弱的一层土进行室内配比试验。试坑采集的试料土,应采用塑料袋或其他密封方法包装,保持天然含水量;当试料土采集地点离实验室较远,运输过程中不能保持天然含水量的情况下,试料土可采用风干土料。但

3. 答：试模内涂油是使水泥土试块与试模容易脱离，在试件脱模时试块强度不易受损伤；试样两端涂油，是为了抗压试验时，减少试件上下粗糙程度对其抗压强度的影响。

4. 答：(1)按拟定的试验配方称重后放入搅料锅内，用搅料铲人工拌合均匀。然后在70.7mm×70.7mm×70.7mm(或50mm×50mm×50mm)的试模内装入一半试料，击振试模50下，紧接填入其余试料再击50下；试件也可在振动台上振实，振实3min。试料分层放入试模要填塞均匀并不得产生空洞或气泡。最后将试块上下两端面刮平。每个制成的试样应连试模称取质量，同一类型试件质量误差不得大于0.5%。

(2)应将制作好的试件带模放入养护箱内养护，试块成型后1~2d拆模，脱模试块称重后放入标养室养护。

(3)试件养护温度宜为20±3℃，湿度宜为75%。

(4)试件养护龄期为1d、7d、28d、90d。

5. 解：
土的用量：
$A = 3(配合比) \times 4(龄期) \times 3(块数) \times 70.7^3 \times 10^{-9} \times 13 \div 9.8 \times 10^3 \times 1.5$
$= 3 \times 4 \times 3 \times 70.7^3 \times 10^{-9} \times 13 \div 9.8 \times 10^3 \times 1.5$
$= 25.31 \text{kg}$

石膏用量：
$B = A \times 2\% = 25.31 \times 2\% = 0.506 \text{kg}$

水泥用量：
$C_1 = A \div 3 \times 10\% = 25.31 \div 3 \times 10\% = 0.844 \text{kg}$
$C_2 = A \div 3 \times 10\% = 25.31 \div 3 \times 12\% = 1.012 \text{kg}$
$C_3 = A \div 3 \times 10\% = 25.31 \div 3 \times 10\% = 1.181 \text{kg}$
水泥总用量 $C = 0.844 + 1.012 + 1.181 = 3.037 \text{kg}$
水用量：$W = C \div 0.5 = 3.037 \div 0.5 = 6.074 \text{kg}$

所以各料用量为：
土的用量25.31kg；石膏用量0.506kg；水泥用量3.037kg；水用量6.074kg。

6. 解：$f_{cu1} = 4986/70.7 \times 70.5 = 1.00 \text{MPa}$
$f_{cu2} = 3925/70.6 \times 70.5 = 0.79 \text{MPa}$
$f_{cu3} = 5198/71.0 \times 70.7 = 1.04 \text{MPa}$
平均值$\overline{f_{cu}} = 0.943 \text{MPa}$；而$(0.943 - 0.79)/0.943 = 0.162 > 15\%$，即差值超过平均值15%，舍去$f_{cu2}$。

∴取平均值为$f_{cu} = 1.02 \text{MPa}$。检查，显然f_{cu1}、f_{cu3}与平均值的差值在允许范围内。

$f_{cu} = 1.02 \text{MPa} > 0.80 \text{MPa}$，∴此组试件强度合格。

水泥土模拟试卷

一、填空题(20分)

1. 粉喷法不适用于pH值小于_____的土层，加固深度不宜大于_____m。
2. 水泥土变形特性介于脆性体与弹性体之间，当外力达到其极限强度时，强度大于_____MPa的水泥土则出现脆性破坏；强度小于_____MPa的水泥土则表现为塑性破坏。

3. 加固软土时,掺入粉煤灰可以增强水泥土的强度,当掺入与水泥等量的粉煤灰后,水泥土强度可提高_____%。

4. 水泥土室内试验应针对现场拟处理的_____的性质,选择合适的_____、_____及其掺量进行。

5. 进行水泥土无侧限抗压强度试验时,应取_____个试件测试值的算术平均值作为该组试件强度值。如果单个试件与平均值的差值超过_____%,则该试件的测试值予以剔除,取其余_____个的平均值。如剔除后该组试件的测试值不足_____个,则该组试验结果无效。

6. 水泥土的标准强度采用_____ d龄期的试块抗压强度平均值。

7. 7d 左右的水泥土强度来源主要是水泥的_____和_____反应。

8. 水泥土试件在振动台振实,频率为_____次/min,振实_____min。

9. 水泥土试件养护温度宜于_____,湿度宜为_____。

10. 水泥土试件的制模尺寸为_____的立方体。

二、单选题(10分)

1. 水泥土试件养护温度宜为_____,湿度宜为75%。
A. 18±3℃   B. 15±3℃   C. 20±3℃   D. 22±3℃

2. 水泥土试件抗压强度试验稳定标准:试件垂直变形速率小于_____。
A. 0.35mm/min   B. 0.45mm/min   C. 0.50mm/min   D. 0.6mm/min

3. 水泥土的标准强度采用_____龄期的试块抗压强度平均值。
A. 7d   B. 28d   C. 14d   D. 90d

4. 水泥土搅拌法用于处理泥炭土、有机质土、塑性指数 I_p 大于_____的黏土
A. 15   B. 16   C. 10   D. 20

5. 对含高岭石、多水高岭石、蒙脱石等土矿物的软土水泥搅拌法加固效果_____。
A. 好   B. 差   C. 中等   D. 一般

6. 当土的含水量在50%~85%时,土的含水量每降低_____%,水泥土强度可提高30%。
A. 5   B. 10   C. 15   D. 20

7. 塑性指数 I_p 过小,影响粘结力(可添加粉煤灰);但塑性指数 I_p 大于_____时,容易在搅拌叶片上形成泥团,水泥土无法拌合。
A. 15   B. 20   C. 25   D. 30

8. pH值_____时影响水泥水化作用,水泥土强度小,加固效果不好(粉喷法)。
A. <4   B. >4   C. <10   D. >10

9. 在试件上下受压表面绝对光滑条件下,高径比大的试件其单轴抗压强度,与高径比小的试件单轴抗压强度比较,是_____的。
A. 相同   B. 大于   C. 小于   D. 不确定

10. 在室内配合比试验中,7d、28d、90d等标准龄期的水泥土无侧限抗压强度之间大致呈_____关系。
A. 线性   B. 曲线   C. 函数   D. 抛物线

三、多选题(20分)

1. 水泥土试件养护龄期应为_____。
A. 7d   B. 14d   C. 28d   D. 90d

2. 试料土必须与_____充分搅拌均匀。每个试样所需的试料土、加固料、添加料的质量事先

必须按拟定的配合比用天平称好。并控制试件达到统一的质量。
  A. 试料土　　　　B. 集合料　　　　C. 添加料　　　　D. 加固料
3. 水泥土室内试验应针对现场拟处理的软土的性质,选择合适的_____及其掺量进行。
  A. 减弱剂　　　　B. 外掺剂　　　　C. 固化剂　　　　D. 胶粘剂
4. 试验报告必须包括下列内容:土的天然含水量、重度、塑限_____、无侧限抗压强、添加料名称、化学成分分析、生产厂家及出厂日期。
  A. 液限　　　　　B. eH 值　　　　 C. 有机质含量　　D. pH 值
5. 水泥土搅拌法对_____等矿物的黏性土土加固效果不好。
  A. 伊利石　　　　B. 高岭石　　　　C. 蒙脱石　　　　D. 水铝石英

四、判断题(共 10 分)

1. 水泥土搅拌粉喷法加固深度不宜大于 35m。　　　　　　　　　　　　　　　(　)
2. 在水泥土室内试验取样时,如果地层比较复杂,处理范围内含多层土时,应取最下面的一层土进行室内配比试验。　　　　　　　　　　　　　　　　　　　　　　　　　　　(　)
3. 试料土含水量必须在同一地层的不同部位,至少 3 处取样测定。　　　　　　(　)
4. 水泥搅拌法加固时,水泥强度等级、水泥掺入量影响水泥土强度,水泥强度等级提高 10 级,水泥土强度增大 20%～30%;如要求达到相同强度,水泥强度等级提高 10 级,水泥掺入量可降低 2%～3%。　　　　　　　　　　　　　　　　　　　　　　　　　　　　(　)
5. 水泥土养护条件中,不同的养护湿度、温度影响水泥土强度。如:冰冻减缓水泥水化反应,使水泥土强度的增长缓慢。　　　　　　　　　　　　　　　　　　　　　　　　(　)
6. 水泥土搅拌法用于处理泥炭土、有机质土、塑性指数 I_p 大于 15 的黏土。　　(　)
7. 地下水具有腐蚀性时以及无工程经验的地区,必须通过现场试验确定其适用性。(　)
8. 用水泥土搅拌法加固处理土的强度,只能以无侧限抗压强度衡量。　　　　　(　)
9. 采集的试料土,不必保持天然含水量,可在天然风干后试验。　　　　　　　(　)
10. 在试件上下受压表面绝对光滑条件下,不论试件的高径比为多少,其单轴抗压强度均是一样的。　　　　　　　　　　　　　　　　　　　　　　　　　　　　　　　　　(　)

五、综合题(40 分)

1. 水泥土室内试验报告必须包括哪些内容?
2. 试料土采用风干土料时,为何要测原状土的含水量?
3. 在水泥土配比试验中如何取土?
4. 水泥土试件制作时,为何要在试模内涂油?试样抗压时,又为何要在试样两端涂油?
5. 简述水泥加入软弱土的加固机理。

第四节　石灰(建筑用石灰、道路用石灰)

一、填空题

1. 建筑石灰做分析前,试样应于_____烘箱中干燥_____。
2. 二氧化硅的测定方法有:_____、_____。
3. 二氧化硅的测定是以_____为指示剂,用_____标准溶液进行滴定。
4. 三氧化二铁的测定原理:在 pH 为_____及 60～70℃ 的溶液中,以磺基水杨酸钠为指示剂,用 EDTA 标准溶液滴定至终点。

5. 氧化钙的测定原理,在 pH13 以上的强碱性溶液中,以_____掩蔽铁、铝,用_____,以 EDTA 标准溶液直接测定钙。

6. 在不分离硅的条件下,进行钙的滴定需预先在酸性溶液中加适量氟化钾,以_____。

7. 氧化镁的测定用_____作为指示剂。

8. 石灰结合水质量是试样在_____℃灼烧 2h 后失去的质量。

9. 消石灰粉游离水测定时,烘箱温度应为_____。

10. 钙质生石灰氧化镁含量:_____。

11. 镁质生石灰氧化镁含量:_____。

12. 建筑生石灰等级划分为:_____、_____、_____。

13. 酸不溶物的测定原理:试样加_____溶解,滤出_____,经高温灼烧,称量。

14. 10g/L 酚酞的配制方法:将 1g 酚酞溶于_____,并用 95% 乙醇稀释至 100mL。

15. 化学分析用水应是_____,试剂为_____。

16. 消石灰粉的主要成分是_____。

17. 消石灰粉又称_____。

18. 生石灰在瓷钵内研细至全部通过_____方孔筛。

19. 生石灰产浆量,未消化残渣含量试验中,试样破碎全部通过_____圆孔筛。

20. 消石灰体积安定性中的饼块直径为_____。

21. 氯化铵重量法中试样加少量_____于铂坩埚内,放在高温下烧结。

22. 氯化铵重量法试样混匀后应将铂坩埚放入_____高温炉内熔融。

23. 氧化钙的测定滴定至终点时呈_____。

24. 建筑生石灰应_____、_____贮存在干燥的仓库内,不宜长期贮存。

25. 建筑生石灰不准与_____、_____和液体物品混装,运输时要采取_____措施。

26. 建筑生石灰粉日产量不足 200t 每批量应_____。

27. 镁质消石灰粉氧化镁含量_____。

28. 白云石质消石灰粉氧化镁含量_____。

29. 未消化残渣含量是指通过_____。

30. 消石灰取样中用四分法缩取,最后取_____样品供物理试验和化学分析。

31. 消石灰粉每袋净重分_____和_____两种。

32. 消石灰粉在运输和贮存过程中要采取_____措施。

33. 建筑生石灰粉每袋净重分_____,_____两种。

34. 袋装生石灰应从本批产品中随机抽取 10 袋,样品总量_____。

35. EDTA 标准溶液(0.015mol/L):将 5.6g 乙二胺乙酸二钠置于烧杯中,加约_____水,加热,溶解。用水稀释至 1L。

36. 三氧化二铁的测定终点时呈_____。

37. 氯化铵重量法测二氧化硅应准确称取石灰试样后置于_____内。

38. 消石灰粉体积安定性试验用水必须是_____℃清洁自来水。

39. 生石灰产浆量,未消化残渣含量试验中,试样小于 5mm 以下粒度的试样量_____。

40. 石灰细度检测应用羊毛刷轻轻地从筛上面刷,直至 2min 内通过量_____。

41. 1N 盐酸标准液:取_____(相对密度 1.19)浓盐酸以蒸馏水稀释至 1000mL。

42. 石灰有效氧化钙和氧化镁含量简易测定,盐酸滴定的控制速度为_____,滴定终点为_____。

43. 石灰有效氧化钙和氧化镁含量简易测定：对同一石灰样品应做_____并取_____测定结果的_____代表最终结果。

二、单选题

1. 生石灰的主要成分是_____。
   A. $CaCO_3$　　　　B. CaO　　　　C. $Ca(OH)_2$　　　　D. CaS
2. 生石灰消化速度的试样制备是称取试样约_____。
   A. 50g　　　　B. 100g　　　　C. 200g　　　　D. 300g
3. 建筑石灰化学分析法的送检试样应装在_____中。
   A. 磨口玻璃瓶　　　B. 广口瓶　　　C. 容量瓶　　　D. 锥形瓶
4. 氧化镁的测定应在_____溶液中进行。
   A. pH10　　　　B. pH11　　　　C. pH12　　　　D. pH13
5. 钙质消石灰粉氧化镁含量_____。
   A. 大于4%　　　B. 小于4%　　　C. 大于5%　　　D. 小于5%
6. 建筑生石灰中钙质生石灰一等品的 $CaO+MgO$ 含量应不小于_____。
   A. 90%　　　　B. 85%　　　　C. 80%　　　　D. 75%
7. 二氧化硅的测定中氯化铵重量法应准确称取试样约_____。
   A. 0.5g　　　B. 0.50g　　　C. 0.500g　　　D. 0.5000g
8. 石灰化学分析法中的送检试样在玛瑙钵内研细全部通过_____孔筛用磁铁除铁。
   A. 0.900mm　　B. 90μm　　C. 80μm　　D. 0.125mm
9. 石灰烧失量中试样在 580±20℃ 灼烧_____。
   A. 1h　　　　B. 2h　　　　C. 3h　　　　D. 4h
10. 氧化钙的测定是以_____为指示剂。
    A. KB混合指示剂　　B. 酚酞　　C. CMP混合指示剂　　D. 钙红指示剂
11. 生石灰消化速度试验在检查之后，在保温瓶中加入_____蒸馏水20mL。
    A. 20±1℃　　B. 20±2℃　　C. 22±2℃　　D. 23±2℃
12. 生石灰消化速度试验所得的结果保留小数点后_____。
    A. 一位　　　B. 两位　　　C. 三位　　　D. 四位
13. 化学分析用水是_____。
    A. 自来水　　B. 蒸馏水　　C. 泉水　　D. 井水
14. 铁、铝、钙、镁的测定试样置于银坩埚中后放入_____高温炉中熔融。
    A. 500~550℃　　B. 550~600℃　　C. 600~650℃　　D. 650~700℃
15. 消石灰粉体积安定性中的试样倒入蒸发皿后加入_____清洁淡水约120mL。
    A. 20±1℃　　B. 20±2℃　　C. 22±2℃　　D. 23±2℃

三、多选题

1. 石灰细度试验中试验筛应符合GB6003规定，R20主系列的_____一套。
   A. 0.900mm　　B. 0.71mm　　C. 0.25mm　　D. 0.125mm
2. 建筑生石灰粉的技术指标有_____。
   A. $CaO+MgO$ 含量　　B. 游离水　　C. 体积安定性　　D. 细度
3. 生石灰产浆量，未消化残渣含量试验中圆孔筛孔径为_____。
   A. 5mm　　　B. 10mm　　　C. 20mm　　　D. 25mm

4. 公路路面基层施工技术规范中石灰技术指标有_____。
   A. 有效钙加氧化镁含量   B. 未消化残渣含量
   C. 含水量   D. 细度

5. 消石灰粉体积安定性烘干后饼块用肉眼检查无_____称为体积安定性合格。
   A. 溃散   B. 裂纹   C. 鼓包   D. 断裂

6. 建筑生石灰不准与_____混装。
   A. 易燃   B. 易爆   C. 液体物品   D. 油性物品

7. 化学分析试剂为_____。
   A. 分析纯   B. 优级纯   C. 一级纯   D. 二级纯

8. CMP 混合指示剂的成分为_____。
   A. 钙黄绿素   B. 甲基百里香酚蓝   C. 酚酞   D. 硝酸钾

9. 建筑生石灰的技术指标有_____。
   A. CaO + MgO 含量   B. 未消化残渣含量   C. CO_2 D. 产浆量

10. 建筑消石灰粉的技术指标有_____。
    A. CaO + MgO 含量   B. 游离水   C. 体积安定性   D. 细度

四、判断题

1. 10g/L 酚酞的配制方法：将 1g 酚酞溶于 95% 乙醇，并用 95% 乙醇稀释至 100ml。（ ）
2. 消石灰取样中用四分法缩取，最后取 250g 样品供物理试验和化学分析。（ ）
3. 氯化铵重量法测二氧化硅应准确称取石灰试样后置于铂坩埚内。（ ）
4. 三氧化二铁的测定终点时呈亮黄色或无色。（ ）
5. 镁质消石灰粉氧化镁含量等于大于 5% 到小于 24%。（ ）
6. 生石灰在瓷钵内研细至全部通过 0.900mm 方孔筛。（ ）
7. 生石灰产浆量，未消化残渣含量试验中试样破碎全部通过 20mm 圆孔筛。（ ）
8. 二氧化硅的测定是以酚酞为指示剂，用氢氧化钠标准溶液进行滴定。（ ）
9. 氧化钙的测定滴定至终点时呈粉红色。（ ）
10. 氧化镁的测定用 CMP 作为指示剂。（ ）
11. 在不分离硅的条件下进行钙的滴定需预先在酸性溶液中加适量氟化钾，以抑制硅酸的干扰。（ ）
12. 消石灰体积安定性中的饼块直径为 60～70mm。（ ）
13. 化学分析用水应是蒸馏水或去离子水。（ ）
14. 石灰烧失量中试样在 580±20℃ 灼烧 2h。（ ）
15. 建筑生石灰中钙质生石灰一等品的 CaO + MgO 含量应不小于 75%。（ ）

五、简答题

1. 道路用石灰有效氧化钙检测用盐酸标准溶液如何配制、标定？
2. 道路用生石灰有效氧化钙检测用生石灰试样如何制备？

六、计算题

在细度试验中，样品称重 50.0g，0.900mm 筛余物质量为 0.30g，0.125mm 筛余物质量为 3.08g，判定该生石灰粉样品细度属于哪个等级？

七、案例题

生石灰检测中,配制 $CaCO_3$ 标准溶液时,称重 0.6521g,EDTA 标准溶液标定时消耗的体积是 40.1mL。检测 CaO、MgO 含量时,样品称重 0.5012g。滴定 CaO 时消耗的 EDTA 体积为 13.6mL,滴定(MgO+CaO)含量时,消耗的体积为 19.8mL,判定该生石灰中 CaO、MgO 含量,等级如何?

参考答案:

一、填空题

1. 100~105℃ 2h
2. 氟硅酸钾容量法 氯化铵重量法
3. 酚酞 氢氧化钠
4. pH1.8~2.0
5. 三乙醇胺 CMP 混合指示剂
6. 抑制硅酸的干扰
7. 酸性铬蓝 K-萘酚绿 B(或称 KB)
8. 580±20
9. 100~105℃
10. 小于等于 5%
11. 大于 5%
12. 优等 一等品 合格品
13. 盐酸 不溶残渣
14. 95% 乙醇
15. 蒸馏水或去离子水 分析纯和优级纯
16. 氢氧化钙
17. 熟石灰
18. 0.900mm
19. 20mm
20. 50~70mm
21. 无水碳酸钠
22. 950~1000℃
23. 粉红色
24. 分类 分等
25. 易燃 易爆 防水
26. 不大于 100t
27. 等于大于 4% 到小于 24%
28. 等于大于 24% 到小于 30%
29. 5mm 圆孔筛的筛余%
30. 250g
31. 20kg 40kg
32. 防水
33. 40kg 50kg
34. 不少于 3kg
35. 200mL
36. 亮黄色或无色
37. 银坩埚
38. 20±2
39. 不大于 30%
40. 小于 0.1g
41. 83mL
42. 每秒 2~3 滴 5min 内不出现红色
43. 两个试样 两次 平均值

二、单选题

1. B   2. D   3. A   4. A
5. B   6. C   7. D   8. C
9. B   10. C   11. A   12. B
13. B   14. C   15. B

三、多选题

1. A、D   2. A、D   3. A、C   4. A、B、C、D
5. A、B、C   6. A、B、C   7. A、B   8. A、B、C、D
9. A、B、C、D   10. A、C、D

四、判断题

1. √	2. √	3. ×	4. √
5. ×	6. √	7. √	8. √
9. √	10. ×	11. √	12. ×
13. √	14. √	15. ×	

五、简答题

1. 答:0.5N 盐酸标准溶液:将 42mL 浓盐酸(相对密度 1.19)稀释至 1L,按下述方法标定其当量浓度后备用。

称取约 0.800~1.000g(准确至 0.0002g)已在 180℃烘干 2h 的碳酸钠,置于 250mL 三角瓶中,加 100mL 水使其完全溶解;然后加入 2~3 滴 0.1% 甲基橙指示剂,用待标定的盐酸标准溶液滴定,至碳酸钠溶液由黄色变为橙红色;将溶液加热至沸,并保持微沸 3min,然后放在冷水中冷却至室温,如此时橙红色变为黄色,则再用盐酸标准溶液滴定,至溶液出现稳定橙红色时为止。

盐酸标准溶液的当量浓度按下式计算:

$$N = Q/V \times 0.053$$

式中 N——盐酸标准溶液当量浓度;
Q——称取碳酸钠的质量(g);
V——滴定时消耗盐酸标准溶液的体积(mL)。

2. 答:将生石灰样品打碎,使颗粒不大于 2mm。拌合均匀后用四分法缩减至 200g 左右,放入瓷研钵中研细。再经四分法缩减几次至剩下 20g 左右。研磨所得石灰样品,使通过 0.10mm 的筛。从此细样中均匀挑取 10 余克,置于称量瓶中在 100℃烘干 1h,贮于干燥器中,供试验用。

六、计算题

解:$X_1 = \dfrac{0.3}{50} \times 100 = 0.6$ (%) $1.5\% > X_1 > 0.5\%$ 属于合格品

$X_2 = \dfrac{0.3 + 3.08}{50} \times 100 = 6.76$ (%) $7.0\% > X_2$ 属于优等品

所以,该石灰的细度属于合格品。

七、案例题

解:(1) 先计算 T_{CaO}、T_{MgO}

$$T_{CaO} = \frac{\dfrac{562.1}{250} \times 25}{40.1} \times 0.5603 = 0.9112$$

$$T_{MgO} = \frac{\dfrac{562.1}{250} \times 25}{40.1} \times 0.4028 = 0.6550$$

(2) 氧化钙的百分含量

$$X_1 = \frac{T_{CaO} \times V \times 25}{m \times 1000} \times 100 = \frac{0.9112 \times 13.6 \times 25}{0.5012 \times 1000} \times 100 = 61.81\%$$

(3) 氧化镁的百分含量

$$X_1 = \frac{T_{MgO} \times (V_2 - V_1) \times 25}{m \times 1000} \times 100 = \frac{0.6550 \times (19.8 - 13.6) \times 25}{0.5012 \times 1000} \times 100 = 20.26\%$$

(4)结果判定

因为氧化镁的含量为 20.26%,大于 5%,所以属于镁质生石灰;MgO + CaO 含量为 82.07%,大于 80%,属于一等品。

石灰(建筑用石灰、道路用石灰)模拟试卷(A)

一、填空题(20 分)

1. 建筑石灰做分析前,试样应于_____烘箱中干燥_____。
2. 二氧化硅的测定方法有:_____、_____。
3. 二氧化硅的测定是以_____为指示剂,用_____标准溶液进行滴定。
4. 三氧化二铁的测定原理:在_____及 60~70℃ 的溶液中,以磺基水杨酸钠为指示剂,用 EDTA 标准溶液滴定至终点。
5. 氧化钙的测定原理,在 pH13 以上的强碱性溶液中,以_____掩蔽铁、铝,用_____,以 EDTA 标准溶液直接测定钙。
6. 在不分离硅的条件下进行钙的滴定需预先在酸性溶液中加适量氟化钾,_____。
7. 氧化镁的测定用_____作为指示剂。
8. 石灰结合水是试样在_____灼烧失去的质量。
9. 消石灰粉游离水测定的温度_____。
10. 钙质生石灰氧化镁含量:_____。
11. 镁质生石灰氧化镁含量:_____。
12. 建筑生石灰等级划分为:_____、_____、_____。
13. 酸不溶物的测定原理:_____,_____,_____,_____。
14. 10g/L 酚酞的配制方法:将 1g 酚酞溶于_____,并用 95% 乙醇稀释至 100ml。
15. 化学分析用水应是_____,试剂为_____。
16. 消石灰粉的主要成分是_____。
17. 消石灰粉又称_____。
18. 生石灰在瓷钵内研细至全部通过_____方孔筛。
19. 生石灰产浆量,未消化残渣含量试验中试样破碎全部通过_____圆孔筛。
20. 消石灰粉体积安定性检测中的饼块直径为_____。

二、单项选择题(20 分)

1. 生石灰的主要成分是_____。
   A. $CaCO_3$ B. CaO   C. $Ca(OH)_2$ D. CaS
2. 生石灰消化速度的试样制备是称取试样约_____。
   A. 50g   B. 100g   C. 200g   D. 300g
3. 建筑石灰化学分析法的送检试样应装在_____中。
   A. 磨口玻璃瓶   B. 广口瓶   C. 容量瓶   D. 锥形瓶
4. 氧化镁的测定应在_____溶液中进行。
   A. pH10   B. pH11   C. pH12   D. pH13
5. 钙质消石灰粉氧化镁含量_____。
   A. 大于 4%   B. 小于 4%   C. 大于 5%   D. 小于 5%

6. 建筑生石灰中钙质生石灰一等品的 CaO + MgO 含量应不小于_____。
A. 90%　　　　　B. 85%　　　　　C. 80%　　　　　D. 75%

7. 二氧化硅的测定中氯化铵重量法应准确称取试样约_____。
A. 0.5g　　　　　B. 0.50g　　　　　C. 0.500g　　　　　D. 0.5000g

8. 石灰化学分析法中的送检试样在玛瑙钵内研细全部通过_____方孔筛用磁铁除铁。
A. 0.900mm　　　　　B. 90μm　　　　　C. 80μm　　　　　D. 0.125mm

9. 石灰烧失量中试样在 580±20℃ 灼烧_____。
A. 1h　　　　　B. 2h　　　　　C. 3h　　　　　D. 4h

10. 氧化钙的测定是以_____为指示剂。
A. KB 混合指示剂　　B. 酚酞　　　C. CMP 混合指示剂　　D. 钙红指示剂

三、多项选择题(20 分)

1. 石灰细度试验中试验筛应符合 GB6003 规定, R20 主系列的_____一套。
A. 0.900mm　　　　B. 0.71mm　　　　C. 0.25mm　　　　D. 0.125mm

2. 建筑生石灰粉的技术指标有_____。
A. CaO + MgO 含量　　B. 游离水　　　C. 体积安定性　　　D. 细度

3. 生石灰产浆量,未消化残渣含量试验中圆孔筛孔径为_____。
A. 5mm　　　　　B. 10mm　　　　　C. 20mm　　　　　D. 25mm

4. 道路用石灰技术指标有_____。
A. 有效钙加氧化镁含量　　　　　　B. 未消化残渣含量
C. 含水量　　　　　　　　　　　　D. 细度

5. 消石灰粉体积安定性烘干后饼块用肉眼检查无_____称为体积安定性合格。
A. 溃散　　　　　B. 裂纹　　　　　C. 鼓包　　　　　D. 断裂

6. 建筑生石灰不准与_____混装。
A. 易燃　　　　　B. 易爆　　　　　C. 液体物品　　　　　D. 油性物品

7. 化学分析试剂为_____。
A. 分析纯　　　　　B. 优级纯　　　　　C. 一级纯　　　　　D. 二级纯

8. CMP 混合指示剂的成分为_____。
A. 钙黄绿素　　　　B. 甲基百里香酚蓝　　　　C. 酚酞　　　　D. 硝酸钾

9. 建筑生石灰的技术指标有_____。
A. CaO + MgO 含量　　B. 未消化残渣含量　　C. CO_2　　D. 产浆量

10. 建筑消石灰粉的技术指标有_____。
A. CaO + MgO 含量　　B. 游离水　　　C. 体积安定性　　　D. 细度

四、判断题(10 分)

1. 10g/L 酚酞的配制方法:将 1g 酚酞溶于 95% 乙醇,并用 95% 乙醇稀释至 100mL。（　）
2. 消石灰取样中用四分法缩取,最后取 250g 样品供物理试验和化学分析。（　）
3. 氯化铵重量法测二氧化硅应准确称取石灰试样后置于铂坩埚内。（　）
4. 三氧化二铁的测定终点时呈亮黄色或无色。（　）
5. 镁质消石灰粉氧化镁含量等于大于 5% 到小于 24%。（　）
6. 生石灰在瓷钵内研细至全部通过 0.900mm 方孔筛。（　）
7. 生石灰产浆量,未消化残渣含量试验中试样破碎全部通过 20mm 圆孔筛。（　）

8. 二氧化硅的测定是以酚酞为指示剂,用氢氧化钠标准溶液进行滴定。（ ）
9. 氧化钙的测定滴定至终点时呈粉红色。（ ）
10. 氧化镁的测定用CMP作为指示剂。（ ）

五、计算题(10分)

在细度试验中,样品称重50.0g,0.900mm筛余物质量为0.30g,0.125mm筛余物质量为3.08g。判定该生石灰粉样品细度属于哪个等级？

六、实践题(20分)

生石灰检测中,配制$CaCO_3$标准溶液时,称重0.6521g,EDTA标准溶液标定时消耗的体积是40.1mL。检测CaO、MgO含量时,样品称重0.5012g。滴定CaO时消耗的EDTA体积为13.6mL,滴定(MgO+CaO)含量时,消耗的体积为19.8mL。判定该生石灰中CaO、MgO含量,等级如何？

石灰(建筑用石灰、道路用石灰)模拟试卷(B)

一、填空题(20分)

1. 氯化铵重量法中试样加少量_____于铂坩埚内,放在高温下烧结。
2. 氯化铵重量法试样混匀后应将铂坩埚放入_____高温炉内熔融。
3. 氧化钙的测定滴定至终点时呈_____。
4. 镁质消石灰粉氧化镁含量_____。
5. 未消化残渣含量是指通过_____。
6. 消石灰取样中用四分法缩取,最后取_____样品供物理试验和化学分析。
7. EDTA标准溶液：将5.6g乙二胺乙酸二钠置于烧杯中,加约_____水,加热,溶解。用水稀释至1L。
8. 三氧化二铁的测定终点时呈_____。
9. 氯化铵重量法测二氧化硅应准确称取石灰试样后置于_____内。
10. 消石灰粉体积安定性试验用水必须是_____清洁自来水。
11. 生石灰产浆量,未消化残渣含量试验中试样小于5mm以下粒度的试样量_____。
12. 石灰物理试验方法应用羊毛刷轻轻地从筛上面刷,直至2min内通过量_____为止。
13. 道路用Ⅰ级钙质生石灰有效钙加氧化镁含量不小于_____。
14. 道路用Ⅱ级钙质生石灰有效钙加氧化镁含量不小于_____。
15. 道路用Ⅲ级钙质消石灰有效钙加氧化镁含量不小于_____。
16. 道路用Ⅰ级镁质消石灰有效钙加氧化镁含量不小于_____。
17. 道路用Ⅱ级镁质消石灰有效钙加氧化镁含量不小于_____。
18. 道路用Ⅲ级镁质消石灰有效钙加氧化镁含量不小于_____。
19. 道路用石灰氧化镁含量的检测氢氧化铵-氯化铵缓冲溶液(pH=10)的配制,将_____氯化铵溶于_____无二氧化碳蒸馏水中,加浓氢氧化铵(相对密度为0.90)_____,然后用水稀释至_____。
20. 道路用石灰氧化镁含量的检测酸性铬兰K-萘酚绿B(1:2.5)混合指示剂：称取_____酸性铬兰K和_____萘酚绿B与_____已在_____℃烘干的硝酸钾混合研细,保存于棕色广口瓶中。

二、单项选择题(20分)

1. 生石灰消化速度试验在检查之后,在保温瓶中加入_____蒸馏水20ml。
   A. 20±1℃   B. 20±2℃   C. 22±2℃   D. 23±2℃
2. 生石灰消化速度试验所得的结果保留小数点后_____。
   A. 一位   B. 两位   C. 三位   D. 四位
3. 化学分析用水是_____。
   A. 自来水   B. 蒸馏水   C. 泉水   D. 井水
4. 铁,铝,钙,镁的测定试样置于银坩埚中后放入_____高温炉中熔融。
   A. 500~550℃   B. 550~600℃   C. 600~650℃   D. 650~700℃
5. 消石灰粉体积安定性中的试样倒入蒸发皿后加入_____清洁淡水约120mL。
   A. 20±1℃   B. 20±2℃   C. 22±2℃   D. 23±2℃
6. 道路用Ⅲ级镁质生石灰有效钙加氧化镁含量应不小于_____。
   A. 80%   B. 75%   C. 65%   D. 60%
7. 道路用Ⅱ级钙质消石灰有效钙加氧化镁含量应不小于_____。
   A. 65%   B. 60%   C. 55%   D. 50%
8. 道路用石灰有效氧化钙含量检测称取试样放入三角瓶后,取_____蔗糖覆盖在试样表面。
   A. 10g   B. 5g   C. 8g   D. 4g
9. 道路用石灰有效氧化钙含量检测用盐酸标准溶液浓度为_____。
   A. 0.5N   B. 0.5M   C. 1.0N   D. 1.0M
10. 道路用石灰有效氧化钙和氧化镁含量的简易测定用盐酸标准溶液的浓度为_____。
    A. 0.5N   B. 0.5M   C. 1.0N   D. 1.0M

三、多项选择题(20分)

1. 石灰细度试验中试验筛应符合GB6003规定,R20主系列的_____一套。
   A. 0.900mm   B. 0.71mm   C. 0.25mm   D. 0.125mm
2. 建筑生石灰粉的技术指标有_____。
   A. CaO+MgO含量   B. 游离水   C. 体积安定性   D. 细度
3. 生石灰产浆量,未消化残渣含量试验中圆孔筛孔径为_____。
   A. 5mm   B. 10mm   C. 20mm   D. 25mm
4. 道路用石灰技术指标有_____。
   A. 有效钙加氧化镁含量   B. 未消化残渣含量
   C. 含水量   D. 细度
5. 消石灰粉体积安定性烘干后饼块用肉眼检查无_____,称为体积安定性合格。
   A. 溃散   B. 裂纹   C. 鼓包   D. 断裂
6. 建筑生石灰不准与_____混装。
   A. 易燃   B. 易爆   C. 液体物品   D. 油性物品
7. 化学分析试剂为_____。
   A. 分析纯   B. 优级纯   C. 一级纯   D. 二级纯
8. CMP混合指示剂的成分为_____。
   A. 钙黄绿素   B. 甲基百里香酚蓝   C. 酚酞   D. 硝酸钾
9. 建筑生石灰的技术指标有_____。

A. CaO + MgO 含量　　B. 未消化残渣含量　　C. CO_2　　D. 产浆量

10. 建筑消石灰粉的技术指标有_____。

A. CaO + MgO 含量　　B. 游离水　　C. 体积安定性　　D. 细度

四、判断题(10 分)

1. 消石灰取样中用四分法缩取,最后取 250g 样品供物理试验和化学分析。（　）
2. 三氧化二铁的测定终点时呈亮黄色或无色。（　）
3. 镁质消石灰粉氧化镁含量等于大于 5% 到小于 24%。（　）
4. 二氧化硅的测定是以酚酞为指示剂,用氢氧化钠标准溶液进行滴定。（　）
5. 氧化钙的测定滴定至终点时呈粉红色。（　）
6. 氧化镁的测定用 CMP 作为指示剂。（　）
7. 消石灰体积安定性中的饼块直径为 60~70mm。（　）
8. 化学分析用水应是蒸馏水或去离子水。（　）
9. 石灰烧失量中试样在 580±20℃ 灼烧 2h。（　）
10. 建筑生石灰中钙质生石灰一等品的 CaO + MgO 含量应不小于 75%。（　）

五、简答题(20 分)

1. 道路用石灰有效氧化钙检测用盐酸标准溶液如何配制、标定?
2. 道路用生石灰有效氧化钙检测用试样如何制备?
3. 道路用石灰氧化镁含量的检测的滴定终点如何确定?
4. 道路用石灰有效氧化钙和氧化镁含量的简易测定方法,适用于什么石灰?
5. 道路用石灰有效氧化钙和氧化镁含量的简易测定终点如何确定?

六、实例题(20 分)

某钙质消石灰进行有效氧化钙和氧化镁含量的简易测定,盐酸标准溶液的当量浓度经标定为 0.981N。第一次测定称取试样 0.8411g,滴定消耗盐酸标准溶液 18.5mL;第二次测定称取试样 0.8925g,滴定消耗盐酸标准溶液 19.5mL,计算有效氧化钙和氧化镁的含量并判定其等级?

第五节　道路用粉煤灰

一、填空题

1. 粉煤灰是从烧煤灰的_____中收集的粉末,也叫做_____。
2. 粉煤灰外观类似水泥,其颜色从_____到_____色,其颜色的变化在一定程度上反映_____的多少及_____。
3. 粉煤灰的性能与煤种不同也有关,煤炭按生成年代远近,可分为_____、_____、_____和_____四大类,其中_____和_____因生成年代短些,矿物杂质含量较多,其中碳酸含量往往较_____,质量也就不同。
4. 粉煤灰应用比较广泛,除在水泥混凝土和砂浆中作为_____和在水泥生产中作为_____,也在道路路面基层作为_____用。
5. 烧失量试验,称取约_____g 样品,精确至_____g,置于已灼烧_____℃恒量的_____中,将盖斜置于坩埚上,放在马弗炉内从低温开始逐渐升高温度,在_____℃下灼烧

_____ min,取出坩埚置于干燥器中冷却至室温,称量。反复灼烧,直至_____。

6. 铜盐回滴法,测定 Al^{3+},以_____溶液作为回滴剂时,由于 Cu-EDTA 络合物呈绿色,对滴定终点生成的红色有一定影响,其影响大小决定于_____过量的多少,如过量的多,终点为_____甚至为蓝色,过量少时终点基本上是_____色,所以 EDTA 过量适当才能得到敏锐好看的_____色终点。

7. 测定 Al_2O_3,在滴定的溶液中,加入 20~50mL_____标准溶液,然后稀释至约_____mL,将溶液加热至_____℃后,加 15 毫升_____缓冲液(pH = 4.3),煮沸_____min,取下稍冷,加 5~6 滴_____指示剂溶液,以硫酸铜标准液滴定至_____色。

8. Fe_2O_3 含量测定原理:应用乙二胺四乙酸二钠(简称_____)滴定铁是基于 Fe^{3+} 与 EDTA 在 pH2~3 时能生成稳定的_____。滴定铁的指示剂通常以_____作指示剂,在 pH = 1.5~2 的范围内它与 Fe^{3+} 生成铁的_____络合物而呈明显的_____,当滴加 EDTA 后,其中的 Fe^{3+} 随即被_____络合,因而_____逐渐消失,当到达等当点时,EDTA 取代磺基水扬酸钠,最后出现_____色(如果铁的含量低为_____色)即为终点。

二、选择题

1. 道路用粉煤灰烧失量试验,试验温度是在_____℃进行。
   A. 950   B. 700   C. 650   D. 900
2. 道路用粉煤灰烧失量试验,天平精度为_____g。
   A. 0.01   B. 0.001   C. 0.0001   D. 0.1
3. 回滴法测定 Al^{3+},以铜盐溶液作为回滴剂时,其中 Cu-EDTA 络合物呈_____。
   A. 紫红色   B. 绿色   C. 亮紫色   D. 蓝紫色
4. 二氧化钛对三氧化二铝的换算系数为_____。
   A. 0.64   B. 0.60   C. 0.50   D. 0.25
5. 测定铝时,pH 应在_____较适宜。
   A. 2.0   B. 8.0   C. 5.0   D. 4.0
6. PAN 指示剂是_____。
   A. 污水碳酸钠固体   B. 硫酸铜标准液   C. 磺基水扬酸钠   D. 2-吡啶偶氮-2-萘酚
7. 滴定铁的指示剂通常以_____作指示剂。
   A. 污水碳酸钠固体   B. 硫酸铜标准液   C. 磺基水扬酸钠   D. 2-吡啶偶氮-2-萘酚
8. 滴定铁时,在 pH = 1.5~2 的范围内指示剂与 Fe^{3+} 生成铁的磺基水扬酸络合物而呈明显的_____色。
   A. 紫红色   B. 绿色   C. 亮紫色   D. 紫玫瑰
9. 滴定铁时,如果试样中含有氧化亚铁,可加入_____数滴,使二价铁氧化成三价铁。
   A. 盐酸   B. 硫酸   C. 硝酸   D. 碳酸
10. 滴定时溶液的 pH 太低,则 Fe^{3+} 与 EDTA 络合不完全,结果将_____。
    A. 偏高   B. 偏低   C. 不变   D. 都有可能

三、判断题

1. 测定铝时,pH 超过 4.0 时,钙、锰将影响铝的测定,使终点变色不明显,而且易使铝的测定结果偏低。（　　）
2. 测定铁时,因铁与 EDTA 的反应速度缓慢,近终点时要充分搅拌,并缓慢滴定,否则易使测定结果偏高。（　　）

3. 道路用粉煤灰烧失量试验,称取约 1g 样品,精确至 0.001g。( )
4. 道路用粉煤灰烧失量试验,试验温度是在 700℃ 进行。( )
5. 《城镇道路工程施工与质量验收规范》CJJ 1—2008 规定:粉煤灰中的 SiO_2、Al_2O_3 和 Fe_2O_3 总量宜大于 70%,在温度为 700℃ 时的烧失量宜小于或等于 10%。( )

四、问答题

1. 测定粉煤灰中 Al_2O_3 试验原理?
2. 测定粉煤灰中 Fe_2O_3 试验步骤?
3. CJJ 4—1997 与 CJJ 1—2008 对粉煤灰技术指标规定有何异同?

五、计算题

做道路用粉煤灰烧失量试验,称量 1.0011g,试验后质量 0.8943g,判此粉煤灰试验结果?

参考答案:

一、填空题

1. 锅炉烟道气体 "飞灰"
2. 乳白色 灰黑色 含碳量 粗细程度
3. 无烟煤 烟煤 次烟煤 褐煤 次烟煤 褐煤 高
4. 掺加剂 活性混合材料 石灰工业废渣稳定土
5. 1 0.0001 700℃ 瓷坩埚 700 15~20 恒量
6. 铜盐 EDTA 蓝紫色 红色 紫红
7. 0.015MEDTA 200 60~70℃ 醋酸钠 1~2 0.2%PAN 亮紫
8. EDTA 络合物 磺基水杨酸钠 磺基水杨酸、紫玫瑰色 EDTA 紫玫瑰 亮黄 无

二、选择题

1. B   2. C   3. B   4. A
5. D   6. D   7. C   8. D
9. C   10. B

三、判断题

1. ×   2. √   3. ×   4. √   5. √

四、问答题

1. 答:回滴法测定 Al^{3+},以铜盐溶液作为回滴剂时,由于 Cu–EDTA 络合物呈绿色,对滴定终点生成的红色有一定影响,其影响大小决定于 EDTA 过量的多少,如过量的多,终点为蓝紫色甚至为蓝色,过量少时终点基本上是红色,所以 EDTA 过量适当才能得到敏锐好看的紫红色终点。

2. 答:试验步骤:
将分离二氧化硅后的滤液冷却至室温,加水稀释至标线,摇匀,然后吸取 50mL 试样溶液放入 300mL 烧杯中,加水稀释至约 100mL,加 10% 磺基水杨酸钠指示剂,用氨水(1:1)调节溶液的红色变成黄色后再滴加 8 滴到 10 滴,使溶液 PH 为 1.8~2.0,(用精密 pH 试纸检验)将溶液加热至 70℃,加 10 滴 10% 磺基水杨酸钠指示剂溶液,以 0.015MEDTA 标准溶液缓慢滴定至溶液呈亮黄

色。(终点时温度在60℃左右)

3. 答:(1)《城镇道路工程施工与质量验收规范范》CJJ 1—2008 规定,粉煤灰中的 SiO_2、Al_2O_3 和 Fe_2O_3 总量宜大于70%,在温度为700℃时的烧失量宜小于或等于10%。当烧失量大于10%时,应经试验确认强度符合要求时,方可采用。

(2)《粉煤灰石灰类道路基层施工及验收规程》CJJ4—1997 规定,粉煤灰中的 SiO_2 和 Al_2O_3 总量宜大于70%,在温度为700℃时的烧失量宜小于10%。

五、计算题

解:烧失量 $m = (m_1 - m_0)/m_1 \times 100\% = (1.0011 - 0.8943)/1.0011 \times 100\% = 10.67\%$

所以根据《城镇道路工程施工与质量验收规范》CJJ 1—2008 规定,此样品烧失量10.67%大于10%,所以要经试验确认强度符合要求时,方可采用。

道路用粉煤灰模拟试卷

一、填空题(20分)

1. 粉煤灰应用比较广泛,除在水泥混凝土和砂浆中作为_____和在水泥生产中作为_____,在道路路面基层作为_____用。

2. 烧失量试验,称取约_____g 样品,精确至_____g,置于已灼烧_____℃恒量的_____中,将盖斜置于坩埚上,放在马弗炉内从低温开始逐渐升高温度,在_____℃下灼烧_____min,取出坩埚置于干燥器中冷却至室温,称量。反复_____,直至_____。

3. Fe_2O_3 含量测定原理:应用乙二胺四乙酸二钠(简称_____)滴定铁是基于 Fe^{3+} 与 EDTA 在 pH = 2~3 时能生成稳定的_____。滴定铁的指示剂通常以_____作指示剂,在 pH = 1.5~2 的范围内它与 Fe^{3+} 生成铁的_____络合物而呈明显的_____,当滴加 EDTA 后,其中的 Fe^{3+} 随即被_____络合,因而_____逐渐消失,当到达等当点时,EDTA 取代磺基水杨酸钠,最后出现_____色(如果铁的含量低为_____色)即为终点。

二、选择题(20分)

1. 滴定铁时,如果试样中含有氧化亚铁,可加入_____数滴,使二价铁氧化成三价铁。
   A. 盐酸　　　　B. 硫酸　　　　C. 硝酸　　　　D. 碳酸

2. PAN 指示剂是_____。
   A. 污水碳酸钠固体　　　　B. 硫酸铜标准液
   C. 磺基水扬酸钠　　　　　D. 2-吡啶偶氮-2-萘酚

3. 回滴法测定 Al^{3+},以铜盐溶液作为回滴剂时,其中 Cu-EDTA 络合物呈_____。
   A. 紫红色　　　B. 绿色　　　C. 亮紫色　　　D. 蓝紫色

4. 二氧化钛对三氧化二铝的换算系数为_____。
   A. 0.64　　　　B. 0.60　　　　C. 0.50　　　　D. 0.25

5. 滴定铁时,在 pH = 1.5~2 的范围内指示剂与 Fe^{3+} 生成铁的磺基水扬酸络合物而呈明显的_____色。
   A. 紫红色　　　B. 绿色　　　C. 亮紫色　　　D. 紫玫瑰

三、判断题(20分)

1. 《粉煤灰石灰类道路基层施工及验收规程》CJJ4—1997 规定:粉煤灰中的 SiO_2、Al_2O_3 和

Fe_2O_3 总量宜大于 70%，在温度为 700℃时的烧失量宜小于或等于 10%。( )

2. 测定铝时，pH 超过 4.0 时，钙、锰将影响铝的测定，使终点变色不明显，而且易使铝的测定结果偏高。( )

3. 测定铁时，因铁与 EDTA 的反应速度缓慢，近终点时要充分搅拌，并缓慢滴定，否则，易使测定结果偏低。( )

4. 路用粉煤灰烧失量试验，称取约 1g 样品，精确至 0.001g。( )

5. 路用粉煤灰烧失量试验，试验温度实在 900℃进行。( )

四、问答题

1. 测定粉煤灰中 SiO_2 原理？
2. 测定粉煤灰中 SiO_2 试验步骤？
3. CJJ 4—1997 与 CJJ 1—2008 对粉煤灰技术指标规定异同？
4. 测定粉煤灰中 Al_2O_3 试验步骤？

五、计算题

做道路用粉煤灰烧失量试验，称量 1.0011g，试验后质量为 0.8813g。判此粉煤灰试验结果。

第六节　道路工程用粗细集料
（粗、细集料、矿粉、木质素纤维）

一、填空题

1. 水泥混凝土用碎石的针片状颗粒含量检测采用_____法，基层面层用碎石的针片状颗粒含量采用_____法检测。

2. 集料的含泥量是指集料中粒径小于或等于_____的尘屑、淤泥、黏土的总含量。

3. 沥青混合料中，粗集料和细集料的分界粒径是_____，水泥混凝土集料中，粗细集料的分界粒径是_____。

4. 用游标卡尺法测量颗粒最大长度方向与最大厚度方向的尺寸之比大于_____倍的颗粒为针片状颗粒。

5. 粗集料在材料场同批来料的料堆上取样时，应先铲除（堆脚）等处无代表性的部分，再在料堆的_____、_____、_____，各由均匀分布的几个不同部位，取得大致相等的若干份组成一组试样。

6. 现有一个公称最大粒径为 26.5mm 的粗集料需要进行筛分、表观密度和含泥量试验，则需样品最小质量为_____kg。

7. 测定粗集料（碎石、砾石、矿渣等）的颗粒组成对水泥混凝土用粗集料可采用_____，对沥青混合料及基层用粗集料必须采用_____试验。

8. 粗集料各筛分计筛余量及筛底存量的总和与筛分前试样的干燥总质量 m_0 相比，相差不得超过 m_0 的_____%。

9. 集料的表观密度是指单位表观体积集料的质量，表观体积包括_____和_____。

10. 粗集料在进行密度试验前应先浸水_____h。

11. 对表观相对密度、表干相对密度、毛体积相对密度，两次结果相差不得超过_____，对吸水率不得超过_____%。

12. 粗集料泥块含量试验中样品应先用_____筛子,在水洗后应用_____筛子。

13. 用游标卡尺法进行粗集料针片状试验的样品数量应不少于_____g,并不少于_____颗。

14. 针片状试验如两次结果之差小于平均值的_____%,取平均值为试验值;如大于或等于_____%,应追加测定一次,取三次结果的平均值为测定值。

15. 粗集料压碎值试验需将试样分_____层装入试模,并每层捣实_____下。

16. 粗集料压碎值试验需均匀地施加荷载,在_____左右的时间内达到总荷载_____,稳压_____,然后卸荷。

17. 在细集料筛分试验中超粒径颗粒的划分为:水泥混凝土用天然砂_____以上,沥青路面及基层用天然砂、石屑、机制砂等_____以上。

18. 细集料表观密度试验时的温度应保持在_____。

19. 细集料毛体积试验的样品应先过_____的筛子。

20. 砂当量试验的目的是为了测定天然砂、人工砂、石屑等各种细集料中所含的_____的含量,以评定集料的_____。

21. 细集料含泥量和泥块含量试验所需样品质量分别为:含泥量约_____,泥块含量约_____。

22. 细集料棱角性试验用以预测细集料对沥青混合料的_____和_____的影响。

23. 矿粉筛分试验用标准筛:孔径为_____、_____、_____。

24. 矿粉筛分试验结果精度要求为,各号筛的通过率相差_____。

25. 矿粉密度试验需将比重瓶放入_____℃的恒温水槽中,静放至比重瓶中的水温不再变化为止。

26. 矿粉的加热安定性是矿粉在热拌过程中_____的性能。

27. 在矿粉密度试验中对亲水性矿粉应采用_____作介质测定。

二、选择题

1. 洛杉矶磨耗试验对于粒度级别为 B 级的试样,使用钢球的数量和总质量分别为_____。
A. 12 个,5000±25g
B. 11 个,4850±25g
C. 10 个,3330±20g
D. 11 个,5000±20g

2. 石子的公称粒径通常比最大粒径_____。
A. 小一个粒级
B. 大一个粒级
C. 相等
D. 没有关系

3. 通过采用集料表干质量计算得到的密度是_____。
A. 表观密度
B. 毛体积密度
C. 真密度
D. 堆积密度

4. 粗集料中针片状颗粒含量的大小将会影响到_____。
A. 混凝土的耐久性
B. 集料与水泥的粘结效果
C. 混凝土的力学性能
D. 集料的级配

5. 粗集料密度试验中测定水温的原因是_____。
A. 修正不同温度下石料热胀冷缩的影响
B. 修正不同温度下水密度变化产生的影响
C. 不同水温下密度的计算公式不同
D. 在规定的温度条件下试验相对简单

6. 洛杉矶磨耗试验对水泥混凝土集料回转次数应为_____。

A. 300 转　　　　　B. 400 转　　　　　C. 500 转　　　　　D. 600 转

7. 软弱颗粒试验中对 9.5～16mm 的颗粒所加的荷载为_____。
A. 0.25kN　　　　B. 0.34kN　　　　C. 0.42kN　　　　D. 0.15kN

8. 公称最大粒径为 16mm 的集料进行筛分试验所需最少样品质量为_____。
A. 0.8kg　　　　　B. 1.0kg　　　　　C. 2.0kg　　　　　D. 1.5kg

9. 粗集料筛分试验中在_____情况时即可停止试验。
A. 1min 内通过筛孔的质量小于筛上残余量的 0.1%
B. 1min 内通过筛孔的质量小于筛上残余量的 1%
C. 没有集料通过筛孔　　　　　　　D. 用摇筛机筛分 3min

10. 绘制集料筛分曲线时,其横坐标为_____。
A. 通过率　　　　　　　　　　　　B. 累计筛余
C. 筛孔尺寸的 0.54 次方　　　　　　D. 筛孔尺寸的 0.45 次方

11. 不会影响到砂石材料取样数量的因素是_____。
A. 公称最大粒径　B. 试验项目　　　C. 试验内容　　　D. 试验时间

12. 含水率为 5% 的砂 220g,将其干燥后的重量为_____g。
A. 209　　　　　　B. 209.52　　　　C. 210　　　　　　D. 210.95

13. 砂的筛分是一项常规试验内容,其中的操作可以描述为:①根据试验规范,针对水泥混凝土或沥青混合料用砂要采用不同规格和孔径设置的标准套筛;②各筛的存留量之和与试验用量相差不能超过 1%;③采用全部筛孔上的累计筛余计算砂的细度模数;④筛分曲线可以在通过量与筛孔尺寸或累计筛余与筛孔尺寸的坐标图中绘制;⑤细度模数大小的划分只适用于水泥混凝土用砂。分析以上描述,指出正确的内容是:_____。
A. ①、②、③、④、⑤　B. ②、③、④、⑤　　C. ②、④、⑤　　D. ①、⑤

14. 以下是关于真密度、毛体积密度、表观密度、堆积密度含义的描述:①真密度的单位体积只包括材料真实体积(不包括闭口及开口孔隙体积);②毛体积密度的单位体积包括固体颗粒及开口、闭口孔隙;③表观密度的单位体积包括固体颗粒及其闭口孔隙体积;④堆积密度的单位体积含固体颗粒,闭口、开口空隙以及颗粒间空隙体体积. ⑤真密度＞表观密度＞毛体积密度＞堆积密度。你认为上述描述中正确有_____项。
A. 2　　　　　　　B. 3　　　　　　　C. 4　　　　　　　D. 5

15. 细度模数的大小表示砂颗粒的粗细程度,是采用筛分中得到的_____计算出的。
A. 各筛上的筛余量　B. 各筛的分计筛余　C. 累计筛余　　　D. 通过量

16. 下列试剂中_____是在进行细集料砂当量试验中不用的。
A. 无水氯化钙　　B. 丙三醇　　　　　C. 甲醛　　　　　D. 三氯乙烯

17. 细集料棱角性试验上部的圆筒形容量瓶,容积不少于_____。
A. 250mL　　　　B. 300mL　　　　　C. 500mL　　　　D. 1000mL

18. 矿粉加热安定性试验需将试样加热至_____。
A. 150℃　　　　　B. 250℃　　　　　C. 200℃　　　　　D. 300℃

19. 矿粉亲水系数试验所需的试样质量为_____。
A. 5g　　　　　　B. 10g　　　　　　C. 100g　　　　　D. 20g

三、判断题

1. 吸水率就是含水率。　　　　　　　　　　　　　　　　　　　　　　　　(　)
2. 石料的磨耗率越低,沥青路面的抗滑性越好。　　　　　　　　　　　　　(　)

3. 集料的坚固性与压碎值试验均可间接表示集料的强度。（　　）
4. 超出所属粒级的 2.4 倍或 0.4 倍的判断标准只适合于水泥混凝土用粗集料而不适合沥青混合料用粗集料的针片状颗粒的鉴定。（　　）
5. 沥青混合料用粗集料的针片状颗粒只能采用游标卡尺来判断。（　　）
6. 粗集料的洛杉矶磨耗值反映了集料的综合性能。（　　）
7. 压碎值越小，说明集料的抗压碎能力越好。（　　）
8. 粗集料的压碎值测试方法对于沥青混凝土和水泥混凝土是相同的。（　　）
9. 粗集料坚固性是确定碎石或砾石经饱和硫酸钠溶液多次浸泡与烘干循环，承受硫酸钠结晶压而不发生显著破坏或强度降低的性能。（　　）
10. 材料在进行抗压强度试验时，加载速度小者，试验结果偏大。（　　）
11. 两种集料的细度模数相同，它们的级配一定相同。（　　）
12. 砂的细度模数反映了砂中全部粗细颗粒的级配状况。（　　）
13. 在以通过量表示的级配范围中，靠近级配范围下限的矿料颗粒总体偏粗，靠近上限总体偏细。（　　）
14. 当集料的公称粒径是 3～5mm 时，则要求该规格的集料颗粒应 100% 大于 3mm、小于 5mm。（　　）
15. 沥青混合料中加入矿粉的用途主要是用于填充孔隙。（　　）
16. 沥青混合料中的矿粉只能采用偏碱性的石料加工而成。（　　）
17. 矿粉筛分试验中如有矿粉团粒存在，可用橡皮头研杵轻轻研磨粉碎。（　　）
18. 粒径小于 0.6mm 的矿粉塑性试验方法与土的塑性试验方法不一样。（　　）

四、简答题

1. 粗集料的密度分为哪些？
2. 压碎值试验的目的是什么？
3. 简述游标卡尺法粗集料针片状颗粒含量试验步骤。
4. 简述粗集料坚固性试验中硫酸钠溶液的配制的方法。
5. 简述沥青混合料用细集料的筛分试验的基本步骤。
6. 简述细集料亚甲蓝试验目的与适用范围。
7. 简述简述细集料坚固性试验基本步骤。
8. 简述细集料砂当量试验的主要目的和意义。
9. 简述矿粉亲水系数试验目的与适用范围。
10. 简述矿粉加热安定性试验的试验步骤。

五、计算题

1. 现有一份样品进行软弱颗粒试验，结果为：4.75mm 筛上集料为 214g，其中软弱颗粒为 2g；9.5mm 筛上集料为 1548g，其中软弱颗粒为 14g；16.0mm 筛上集料为 238g，其中软弱颗粒为 1g。计算该种样品的软弱颗粒含量。
2. 现有一份样品进行洛杉矶磨耗试验，第一次试验：总集料为 2505g，试验后在 1.7mm 筛上的试样质量为 1576g；第二次试验：总集料为 2495g，试验后在 1.7mm 筛上的试样质量为 1599g。计算该种样品的洛杉矶磨耗损失。
3. 现有一份样品进行细集料筛分试验，试计算结果，结果直接填入下表。第一次，总质量为 500.0g，水洗后为 490.0g；第二次，总质量为 510.0g，水洗后为 495.0g。

筛孔	筛上量(g)	分计筛余(%)	累计筛余(%)	通过率(%)	平均通过率(%)
4.75mm	0				
2.36mm	76.0				
1.18mm	151.0				
0.6mm	100.5				
0.3mm	75.0				
0.15mm	55.5				
0.075mm	32.0				
筛底	0				

筛孔	筛上量(g)	分计筛余(%)	累计筛余(%)	通过率(%)	平均通过率(%)
4.75mm	0				
2.36mm	74.0				
1.18mm	148.5				
0.6mm	113.0				
0.3mm	74.5				
0.15mm	58.0				
0.075mm	28.0				
筛底	0				

4. 某种细集料行进密度试验结果为,称取300g干质量,瓶加水加试样质量为836.5g,瓶加水质量为649.5g。计算出细集料的表观相对密度。

5. 某矿粉密度试验结果为,牛角匙、瓷皿、漏斗及试验前瓷器中矿粉的干燥质量为293.41g;牛角匙、瓷皿、漏斗及试验后瓷器中矿粉的干燥质量为235.11g;加矿粉以前比重瓶的初读数为0.44 mL;加矿粉以后比重瓶的初读数为22.24mL。计算其密度。

参考答案:

一、填空题

1. 规准仪 游标卡尺　　　　2. 0.075mm
3. 2.36mm 4.75mm。　　　　4. 3
5. 堆脚 顶部 中部和底部　　6. 52kg
7. 干筛法筛分 水洗法　　　　8. 0.5%
9. 矿料实体体积 闭口孔隙体积　10. 24h
11. 0.02 0.2%　　　　　　　12. 4.75mm 2.36mm
13. 800 100　　　　　　　　14. 20% 20
15. 3 25　　　　　　　　　　16. 10min 400kN 5s
17. 9.5mm 4.75mm　　　　　18. 23±1.7℃
19. 2.36mm　　　　　　　　　20. 黏性土或杂质 洁净程度
21. 400g 400g。　　　　　　22. 内摩擦角 抗流动变形性能
23. 0.6mm 0.3mm 0.15mm 0.075mm　24. 不得大于2%

25. 20   26. 受热而不产生变质
27. 煤油

二、判断题

1. B	2. A	3. B	4. C
5. B	6. C	7. A	8. B
9. A	10. D	11. D	12. B
13. C	14. D	15. C	16. D
17. A	18. C	19. A	

三、选择题

1. ×	2. √	3. √	4. √
5. √	6. ×	7. √	8. ×
9. √	10. ×	11. ×	12. ×
13. ×	14. ×	15. √	16. √
17. √	18. ×		

四、简答题

1. 答:(1)表观密度(又称视密度):粗集料在规定条件下单位表观体积(指矿质实体体积和闭孔隙体积之和)里的质量。

(2)毛体积密度:在规定条件下,粗集料毛体积(包括集料自身实体体积、闭口孔隙体积和开口孔隙体积之和)里的质量。其他符号意义同上。

(3)堆积密度:粗集料按照一定方式装填于容器中,包括集料自身实体体积、孔隙(闭口和开口之和)以及颗粒之间的空隙体积在内的单位体积下的质量。

2. 答:压碎值作为衡量石料强度的一项指标。粗集料的压碎值是指在连续施加荷载的试验条件下,集料抵抗被压碎的能力,以此来评价路用粗集料的相对承载能力。具体试验方法随不同的使用方式有一定的变化,试验结果采用被压碎到小于一定粒径的质量占整个试验用材料质量的百分率来表示。

3. 答:游标卡尺法粗集料针片状颗粒含量试验具体步骤如下:

(1)采用随机取样的方式,采集待测试样。对每一种规格的粗集料,应按照要求备样。

(2)待测集料用 4.75mm 标准筛过筛,称取至少 800g 的试样,准确至 1g,记作 m_0。

(3)对选定的试样颗粒,先用目测的方式挑出接近立方体的颗粒,将剩余部分初步看作针、片状颗粒,随后用卡尺做进一步的甄别。

(4)观察待测定的颗粒,找出一相对平整且面积较大的面作为基准面(即底面),然后用游标卡尺逐一测量该集料颗粒的厚度(即底面到颗粒的最高点,记为 l)、长度(颗粒几何尺寸最大的方向),记作 f)。将 $l/t \geq 3$ 的颗粒(即长度方向与厚度方向之比大于等于 3 的颗粒)挑出,判定为针状或片状颗粒,最后称出这类形状颗粒的总质量 m。

4. 答:粗集料坚固性试验中硫酸钠溶液的配制方法如下:取一定数量的蒸馏水(多少取决于试样及容器大小),加温至 30~50℃,每 1000mL 蒸馏水加入无水硫酸钠(Na_2SO_4)300~350g 或 10 水硫酸钠($Na_2SO_4 \cdot 10H_2O$)700g~1000g,用玻璃棒搅拌,使其溶解并饱和,然后冷却至 20~25℃;在此温度下静置 48h,其相对密度应保持在 1.151~1.174(波美度为 18.9~21.4)范围内。试验时容器底部应无结晶存在。

5. 答:沥青混合料用砂的筛分试验的基本步骤如下:

(1)称取待测烘干砂样500g(记作m_1),准确至0.5g。然后将砂样浸泡在盛有足量清水的容器中,充分搅动,使砂样颗粒表面洗涤干净,使细粉颗粒悬浮在水中。

(2)将悬浮液倒在由1.18mm和0.075mm组成的套筛上,反复数次,直至倒出的水清澈为止。注意,整个过程尽量控制不使砂粒倒出。

(3)用水冲洗的方法将容器中的砂和套筛上存留的砂粒全部转移到瓷盘中,操作过程中不得有砂粒损失。

(4)小心倒出盘中过量的水,然后将瓷盘和砂样一同放入烘箱中,在105±5℃的温度下烘干至恒重,称出总质量(记作m_2),m_1与m_2之差为通过0.075mm的砂质量。

(5)将砂样全部转移到沥青混凝土筛分套筛上,扣上筛盖,紧固在摇筛机上。接通电源,电动过筛持续约10min。若无摇筛机,也可采用手摇方式过筛10min。

(6)按孔径大小顺序,将过筛后的砂样在筛上逐个手摇,进一步过筛。首先在最大筛号上进行,新通过的砂颗粒用一洁净的盘子收集,当每个筛子手摇筛出量每分钟不超过试样总质量的0.1%时,过筛结束,并将筛下的砂粒归入下一筛号。下一级筛号按同样方式进行,直至所有孔径的筛号全部完成为止。

(7)称量各筛上存留质量m_i,精确至0.5g。所有各筛上存留量加上底盘上保留质量之和与筛分试验用量相比,其差不得超过1%。

(8)根据各筛上存留量,依次计算出砂的分计筛余、累计筛余、通过量和砂的细度模数。

6. 答:

(1)本方法适用于确定细集料中是否存在膨胀性黏土矿物,并测定其含量,以评定集料的洁净程度,以亚甲蓝值MBV表示。

(2)本方法适用于小于2.36mm或小于0.15mm的细集料,也可用于矿粉的质量检验。

(3)当细集料中的0.075mm通过率小于3%时,可不进行此项试验即作为合格看待。

7. 答:

(1)将试样烘干,称取粒级分别为0.3~0.6mm、0.6~1.18mm、1.18~2.36mm和2.36~4.75mm的试样各约100g,分别装入网篮并浸入盛有硫酸钠溶液的容器中。溶液体积应不小于试样总体积的5倍,其温度应保持在20~50℃范围内。三脚网篮浸入溶液时应先上下升降25次以排除试样中的气泡,然后静置于该容器中。此时网篮底面应距容器底面约30mm(由网篮脚高控制),网篮之间的间距应不小于30mm。试样表面至少应在液面以下30mm。

(2)浸泡20h后,从溶液中提出网篮,放在105±5℃的烘箱中烘烤4h,至此完成了第一个试验循环,待试样冷却至20~25℃后,即开始第二次循环。

从第二次循环开始,浸泡及烘烤时间均为4h。共循环5次。

(3)最后一次循环完毕后,将试样置于25~30℃的清水中洗净硫酸钠,再在105±5℃的烘箱中烘干至恒重,取出冷却至室温后,用筛孔孔径为试样粒级下限的筛,过筛并称量各粒级试样试验后的筛余量m_i'。

8. 答:

细集料中的泥土杂物对细集料的使用性能有很大的影响,尤其是对沥青混合料,当水分进入混合料内部时遇水即会软化,以前我国通行水洗法测定小于0.075mm含量,将其作为含泥量,但是将小于0.075mm含量都看成土是不正确的。在天然砂的规格中,通常允许0.075mm通过率为0~5%(以前甚至为10%),而含泥量一般不超过3%。其实不管天然砂、石屑、机制砂,各种细集料中小于0.075mm的部分不一定是土,大部分可能是石粉或超细砂粒。为了将小于0.075mm的矿粉、细砂与含泥量加以区分,因此采用砂当量试验。

9. 答:

矿粉的亲水系数即矿粉试样在水(极性介质)中膨胀的体积与同一试样在煤油(非极性介质)中膨胀的体积之比,用于评价矿粉与沥青结合料的粘附性能。本方法也适用于测定供拌制沥青混合料用的其他填料如水泥、石灰、粉煤灰的亲水系数。

10. 答:

(1)称取矿粉100g,装入蒸发皿或坩埚中,摊开。

(2)将盛有矿粉的蒸发皿或坩埚置于煤气炉或电炉火源上加热,将温度计插入矿粉中,一边搅拌石粉,一边测量温度,加热到200℃,关闭火源。

(3)将矿粉在室温中放置冷却,观察石粉颜色的变化。

五、计算题

1. 解:总集料 m_1 为 $214 + 1548 + 238 = 2000g$

软弱颗粒 m_2 为 $2 + 14 + 1 = 17g$

软弱颗粒含量为 $P = \dfrac{m_2}{m_1} \times 100\% = 17/2000 = 0.85\%$

2. 解:第一次试验:$Q = \dfrac{m_1 - m_2}{m_1} \times 100\%$
$= (2505 - 1576)/2505 \times 100\% = 37.1\%$

第二次试验:$Q = \dfrac{m_1 - m_2}{m_1} \times 100\% = (2495 - 599)/2495 = 35.9\%$

两次试验结果相差在2%内,试验结果有效,该样品洛杉矶磨耗损失为36.5%。

3. 解:见下表。

筛孔	筛上量(g)	分计筛余(%)	累计筛余(%)	通过率(%)	平均通过率(%)
4.75mm	0	0	0	100	
2.36mm	76.0	15.2	15.2	84.8	
1.18mm	151.0	30.2	45.4	54.6	
0.6mm	100.5	20.1	65.5	34.5	
0.3mm	75.0	15.0	80.5	19.5	
0.15mm	55.5	11.1	91.6	8.4	
0.075mm	32.0	6.4	98.0	2.0	
筛底	0	0	100	0	

筛孔	筛上量(g)	分计筛余(%)	累计筛余(%)	通过率(%)	平均通过率(%)
4.75mm	0	0	0	100	100
2.36mm	74.0	14.5	14.5	85.5	85.2
1.18mm	148.5	29.1	43.6	56.4	55.5
0.6mm	113.0	22.2	65.8	34.2	34.4
0.3mm	73.5	14.4	80.2	19.8	19.6
0.15mm	58.0	11.4	91.6	8.4	8.4
0.075mm	28.0	5.5	97.1	2.9	2.4
筛底	0	0	100	0	0

4. 解：表观相对密度 $\gamma_a = \dfrac{m_0}{m_0 + m_1 + m_2} = 300/(300 + 649.5 - 836.5) = 2.655$

5. 解：密度 $\rho_f = \dfrac{m_1 - m_2}{V_2 - V_1} = (293.41 - 235.11)/(22.24 - 0.44) = 2.674 \text{g/cm}^3$

道路工程用粗细集料(粗、细集料、矿粉、木质纤维)模拟试卷

一、填空题(10分)。

1. 集料的含泥量是指集料中粒径小于或等于_____的尘屑、淤泥、黏土的总含量。
2. 沥青混合料中,粗集料和细集料的分界粒径是_____,水泥混凝土集料中,粗细集料的分界粒径是_____。
3. 针片状试验如两次结果之差小于平均值的_____%,取平均值为试验值;如大于或等于_____%,应追加测定一次,取三次结果的平均值为测定值。
4. 砂当量试验的目的是为了测定天然砂、人工砂、石屑等各种细集料中所含的_____的含量,以评定集料的_____。
5. 矿粉的加热安定性是矿粉在热拌过程中_____的性能。
6. 在矿粉密度试验中对亲水性矿粉应采用_____作介质测定。
7. 粗集料在进行密度试验前应先浸水_____h。

二、选择题(20分)

1. 石子的公称粒径通常比最大粒径_____。
   A. 小一个粒级 B. 大一个粒级 C. 相等 D. 没有关系
2. 粗集料中针片状颗粒含量的大小将会影响到_____。
   A. 混凝土的耐久性 B. 集料与水泥的粘结效果
   C. 混凝土的力学性能 D. 集料的级配
3. 软弱颗粒试验中对9.5~16mm的颗粒所加的荷载为_____。
   A. 0.25kN B. 0.34kN C. 0.42kN D. 0.15kN
4. 筛分试验中,在_____情况时即可停止试验。
   A. 1min内通过筛孔的质量小于筛上残余量的0.1%
   B. 1min内通过筛孔的质量小于筛上残余量的1%
   C. 没有集料通过筛孔 D. 用摇筛机筛分3min
5. 细度模数的大小表示砂颗粒的粗细程度,是采用筛分中得到的_____计算出的。
   A. 各筛上的筛余量 B. 各筛的分计筛余 C. 累计筛余 D. 通过量
6. 下列试剂中,_____是在进行细集料砂当量试验是所用不到的。
   A. 无水氯化钙 B. 丙三醇 C. 甲醛 D. 三氯乙烯
7. 细集料棱角性试验上部的圆筒形容量瓶,容积不少于_____。
   A. 250mL B. 300mL C. 500mL D. 1000mL
8. 矿粉加热安定性试验需将试样加热至_____。
   A. 150℃ B. 250℃ C. 200℃ D. 300℃
9. 矿粉亲水系数试验所需的试样质量为_____。
   A. 5g B. 10g C. 100g D. 20g
10. 木质素纤维产品标准是_____。

A. JT/T 533—2004　　B. JTGE 42—2005　　C. JTGE 41—2005　　D. JTGE 60—2008

三、判断题(10分)

1. 石料的磨耗率越低,沥青路面的抗滑性越好。（　）
2. 集料的坚固性与压碎值试验均可间接表示集料的强度。（　）
3. 超出所属粒级的2.4倍或0.4倍的判断标准只适合于水泥混凝土用粗集料,而不适合沥青混合料用粗集料的针片状颗粒的鉴定。（　）
4. 两种集料的细度模数相同,它们的级配一定相同。（　）
5. 细度模数反映了砂中全部粗细颗粒的级配状况。（　）
6. 通过量表示的级配范围中,靠近级配范围下限的矿料颗粒总体偏粗,靠近上限总体偏细。（　）
7. 沥青混合料中加入矿粉的用途主要是用于填充孔隙。（　）
8. 沥青混合料中的矿粉只能采用偏碱性的石料加工而成。（　）
9. 筛分试验中如有矿粉团粒存在,可用橡皮头研杵轻轻研磨粉碎。（　）
10. 小于0.6mm的矿粉塑性试验方法与土的塑性试验方法不一样。（　）

四、简答题(30分)

1. 简述粗集料压碎值试验的目的。
2. 简述粗集料坚固性试验中硫酸钠溶液的配制的方法。
3. 简述细集料亚甲蓝试验目的与适用范围。
4. 简述细集料砂当量试验的主要目的和意义。
5. 简述矿粉亲水系数试验目的与适用范围。

五、计算题(30分)

1. 现有一份样品进行软弱颗粒试验,结果为:4.75mm筛上集料为216g,其中软弱颗粒为3g;9.5mm筛上集料为1540g,其中软弱颗粒为13g;16.0mm筛上集料为230g,其中软弱颗粒为3g。计算该种样品的软弱颗粒含量。
2. 现有一份样品进行洛杉矶磨耗试验,第一次试验:总集料为2505g,试验后在1.7mm筛上的试样质量为1581g;第二次试验:总集料为2495g,试验后在1.7mm筛上的试样质量为1588g。计算该种样品的洛杉矶磨耗损失。
3. 现有一份样品进行细集料筛分试验,试计算结果,结果直接填入下表。第一次,总质量为500.0g,水洗后为490.0g;第二次,总质量为510.0g,水洗后为495.0g。

筛孔	筛上量(g)	分计筛余(%)	累计筛余(%)	通过率(%)	平均通过率(%)
4.75mm	0				
2.36mm	76.0				
1.18mm	151.0				
0.6mm	100.5				
0.3mm	75.5				
0.15mm	54.5				
0.075mm	32				
筛底	0				

筛孔	筛上量(g)	分计筛余(%)	累计筛余(%)	通过率(%)	平均通过率(%)
4.75mm	0				
2.36mm	74.0				
1.18mm	148.0				
0.6mm	113.5				
0.3mm	73.5				
0.15mm	58				
0.075mm	28				
筛底	0				

第七节 埋地排水管

(一)混凝土管和钢筋混凝土管

一、填空题

1. 混凝土和钢筋混凝土排水管产品标准为_____。
2. 混凝土和钢筋混凝土排水管产品试验方法标准为_____。
3. 钢筋混凝土排水管根据承受外压荷载能力的大小分为_____级。
4. 混凝土和钢筋混凝土排水管的规格是以_____划分的。
5. 外压试验用荷载显示仪要求精确度为_____级。
6. 排水管抽样方法是从_____中采用_____方法抽取_____根管子作为检验样品。
7. 内水压力和外压荷载试验的样品是从_____检验合格的管子中抽取。
8. 制管用混凝土强度等级不得低于_____。
9. 用于制作顶管用的混凝土强度等级不宜低于_____。
10. 管子内、外表面应_____,管子应无_____、_____、_____、_____。
11. 钢筋混凝土管_____不允许有裂缝。
12. 管子在进行内水压力试验时,在规定的检验压力下_____潮片。
13. 内水压力或外压荷载检验2根管子中有_____根不符合标准要求时,允许复验。
14. 裂缝宽度达到_____时的荷载为管子的裂缝荷载。
15. 管子失去_____时的荷载值为破坏荷载。
16. 检测管子环筋内、外混凝土保护层厚度时,用深度游标卡尺测量_____至管体表面的距离,即为保护层厚度。
17. 进行混凝土排水管内水压力试验以及外压荷载检验混凝土排水管的龄期要求为:蒸汽养护的管子不宜少于_____d,自然养护的管子不宜少于_____d。
18. 混凝土排水管内水压力试验要求所用压力表的精确度为_____级,分度值为_____MPa。
19. 在进行管子外压荷载试验时,加载长度为_____。
20. 外压荷载试验时,当加载到裂缝荷载和破坏荷载时,持荷时间为_____min。

二、单选题

1. 混凝土排水管按连接方式分为_____。
   A. 承插口管和平口管　　　　　　　B. 柔性接口管和刚性接口管
   C. 钢承口管和企口管　　　　　　　D. 插口管和双插管
2. 钢筋混凝土排水管内水压力试验的内水压力值分别为_____MPa。
   A. 0.02、0.06　　B. 0.02、0.04　　C. 0.06、0.10　　D. 0.04、0.10
3. 混凝土管按外压荷载分级分为_____级。
   A. 一　　　　　　B. 二　　　　　　C. 三　　　　　　D. 四
4. 钢筋混凝土管按外压荷载分级分为_____级。
   A. 一　　　　　　B. 二　　　　　　C. 三　　　　　　D. 四
5. 钢筋骨架的环向钢筋钢筋间距不得大于_____mm。
   A. 50　　　　　　B. 100　　　　　 C. 150　　　　　 D. 200
6. 钢筋骨架的纵向钢筋直径不得小于_____mm。
   A. 3.0　　　　　 B. 3.5　　　　　 C. 4.0　　　　　 D. 6.0
7. 钢筋混凝土管内壁_____裂缝。
   A. 允许有　　　　　　　　　　　　B. 不允许有
   C. 允许有宽度不超过0.02mm的　　　D. 允许有宽度不超过0.05mm的
8. 管子弯曲度的允许偏差为小于或等于管子有效长度的_____%。
   A. 1.0　　　　　 B. 0.5　　　　　 C. 0.1　　　　　 D. 0.3
9. 混凝土管进行内水压力试验时宜选用精度不低于_____级的压力表。
   A. 0.5　　　　　 B. 1.0　　　　　 C. 1.5　　　　　 D. 2.0
10. 当采用由压力表、千斤顶和试验架组成的外压试验装置进行外压荷载试验时,压力表的分度值为_____MPa。
    A. 0.05　　　　 B. 0.10　　　　　C. 0.15　　　　　D. 0.20
11. 用于端面倾斜度测量的宽座角尺的精度等级要求为_____级。
    A. 1　　　　　　B. 2　　　　　　 C. 3　　　　　　 D. 4
12. 悬辊工艺生产的混凝土抗压强度工艺换算系数为_____。
    A. 1.25　　　　 B. 1.5　　　　　 C. 1.0　　　　　 D. 2.0
13. 对混凝土管进行外压荷载试验时,加载速度为_____kN/m。
    A. 2.0　　　　　B. 1.5　　　　　 C. 1.0　　　　　 D. 0.5
14. 对钢筋混凝土管进行外压荷载试验时,加载速度为_____kN/m。
    A. 10　　　　　 B. 20　　　　　　C. 30　　　　　　D. 40
15. 进行内水压力试验时,当水压升至规定检验压力值后保持时间为_____min。
    A. 1.0　　　　　B. 5.0　　　　　 C. 10　　　　　　D. 20

三、多选题

1. 柔性接口管按接口形式分为_____。
   A. 柔性接口管　　B. 承插口管　　　C. 企口管
   D. 钢承口管　　　E. 双插口管
2. 管子内、外表面应平整,管子应无_____。
   A. 粘皮　　　　　B. 裂缝　　　　　C. 麻面

D. 塌落　　　　　　　E. 空鼓
3. GB/T11836 标准中管子外观质量指标为＿＿＿＿＿。
A. 表面缺陷情况　　B. 裂缝情况　　　　C. 合缝漏浆情况
D. 表面修补情况　　E. 色泽情况
4. 混凝土和钢筋混凝土排水管是指适用于＿＿＿＿＿工艺成型的排水管。
A. 离心　　　　　　B. 悬辊　　　　　　C. 振动
D. 立式挤压　　　　E. 浇筑
5. 混凝土和钢筋混凝土排水管适用于＿＿＿＿＿排灌等重力流的管道。
A. 雨水　　　　　　B. 污水　　　　　　C. 引水
D. 工业用液体　　　E. 农田
6. 几何尺寸检查内容为＿＿＿＿＿。
A. 公称内径、有效长度　B. 端部倾斜　　　C. 外表面凹坑尺寸
D. 管壁厚度　　　　E. 接口细部尺寸、弯曲度
7. 混凝土排水管需检验项目为＿＿＿＿＿。
A. 混凝土抗压强度　　B. 端部倾斜　　　C. 外观质量、尺寸
D. 保护层厚度　　　　E. 内水压力及外压荷载试验

四、计算题

1. 试计算公称内径为 600mm，有效长度为 2000mm，试验加载长度为 1660mm，HRB335 级钢筋混凝土排水管的外压荷载试验加载时的荷载值（标准裂缝荷载为 40kN/m，标准破坏荷载为 60kN/m）。

2. 采用离心工艺生产钢筋混凝土排水管，生产车间现场制作的混凝土试件为标准试件，一组试件破坏荷载值分别为 768.0kN、1308kN、1106kN。试计算该组混凝土试件强度并判定是否符合标准要求。

3. 有一钢筋混凝土排水管规格为 RCPⅡ1200×2500GB11836，外压荷载试验按 151.6kN、170.6kN、189.5kN、199.0kN、224.6kN、252.7kN、280.8kN 荷载顺序加载。当荷载加至 189.5kN 结束时，裂缝宽度超过 0.20mm。试计算该管子实际裂缝荷载，并判定该管子是否符合标准要求（标准裂缝荷载为 81kN/m，标准破坏荷载为 120kN/m，实际加载长度为 2340mm）。

4. 有一钢筋混凝土排水管规格为 RCPⅡ1000×2000GB11836，外压荷载试验按 91.6kN、130.1kN、114.5kN、120.3kN、132.8kN、149.4kN、166.0kN、174.3kN 荷载顺序加载。当荷载加至 120.3kN 结束时，裂缝宽度为 0.20mm。继续加载直至 174.3kN 结束后，该管子出现破坏状态。试计算该管子实际裂缝荷载及实际破坏荷载，并判定该管子是否符合标准要求（标准裂缝荷载为 69kN/m，标准破坏荷载为 100kN/m，实际加载长度为 1660mm）。

五、问答题

1. 钢筋混凝土排水管内水压力试验的试验步骤主要包含哪些内容？（标准 GB/T 16752—2006 第 7.3 条）

2. 钢筋混凝土排水管外压荷载试验的试验步骤主要包含哪些内容？（标准 GB/T 16752—2006 第 8.3 条）

3. 外压荷载试验时，如何判定所试验的混凝土和钢筋混凝土排水管的裂缝荷载？（标准 GB/T 16752—2006 第 8.3.6 条）

4. 外压荷载试验时，如何判定所试验的混凝土和钢筋混凝土排水管的破坏荷载？（标准 GB/T

16752—2006 第 8.3.8 条)

5. 混凝土排水管内水压力和外压荷载检验的复验规则是什么？（标准 GB/T 11836—2009 第 8.3.4.2 条）

6. GB/T 11836—2009 标准中规定了混凝土和钢筋混凝土排水管哪几项技术要求？主要具体内容是什么？（标准 GB/T 11836—2009 第 6 条）

7. GB/T 11836—2009 标准中对钢筋混凝土排水管中钢筋保护层厚度有什么具体规定？（标准 GB/T 11836—2009 第 6.6 条）

8. GB/T 16752—2006 标准中对外压荷载试验装置的上支承梁及橡胶垫板有何规定？（标准 GB/T 16752—2006 附录 C 第 C.4 条）

9. GB/T 16752—2006 标准中对外压荷载试验装置的下支承梁有何规定（标准 GB/T 16752—2006 附录 C 第 C.5 条）？

10. GB/T 16752—2006 标准中对外压试验装置有何规定（标准 GB/T 16752—2006 附录 C 第 C.3 条）？

（二）塑料排水管、玻璃纤维增强塑料夹砂管

一、填空题

1. 埋地管道一般分为刚性和柔性管道两大类。刚性管道是指_____的管道，柔性管道_____。

2. 环刚度是管材的一个主要机械特性，表示管材_____能力。

3. 环柔性是管材的一个机械特性，是测定管材_____或_____能力。

4. 冲击试验是管材在_____条件下管材_____性能。

5. 聚乙烯（PE）缠绕结构壁管是以_____为主要原料，以相同或不同材料作为_____，经加工制成的结构壁管材。管材的结构形式分为 A 型和 B 型两类。A 型结构壁管具有平整的内外表面，在内外壁之间由_____连接的管材；或内表面光滑，外表面平整，管壁中_____的管材。

6. 管材的材质不同、管壁结构不同、成型工艺不同、以达到好的性能价格比各种管材最合适的应用直径范围。直径小于 300mm 的管材时以_____较好；在选择直径为 500mm 左右的管材时，以_____、硬聚氯乙烯（PVC-U）加筋管较为合适；在选择直径为 500~1200mm 的管材时（该范围是埋地排水排污管道的主要市场），以_____为好；当管材直径大于 1m 时，以_____为优先考虑。

7. 冲击试验，检测原理是以规定_____和_____的落锤从规定_____冲击试验样品规定的部位，即可测出该批（或连续挤出生产）产品的真实冲击率。

8. 冲击试验，落锤试验方法可以通过改变_____和/或_____来满足不同产品的技术要求。

9. 烘箱试验、纵向回缩率试验表示管材_____的能力。

10. 接缝的拉伸强度表示管材_____。

11. 塑料埋地排水管属_____管道，破坏之前可以有_____的变形。

12. 作为埋地塑料管材，它们都具有承受埋地环境下负载能力的合适的强度和_____、_____、水力特性好、使用寿命长、便于铺设安装和_____等特点。

13. 管材的材质不同、管壁结构不同、成型工艺不同、，以达到好的性能价格比各种管材最合适的应用直径范围。在选择直径为 500mm 左右的管材时，以硬聚氯乙烯（PVC-U）双壁波纹管、

_____较为合适;当管材直径大于1m时,以_____为优先考虑,当管材的使用条件既有内压又有外压要求时,以_____为最好。

二、单选题

1. 玻璃纤维增强塑料夹砂管产品标准是_____。
A. GB/T 2918—1998 B. GB/T 18477—2001
C. CJ/T 3079—1998 D. GB/T 9647—2003

2. 埋地排水管承受的静负载、动负载和埋深有着密切地关系,埋地愈深,静负载_____,动负载_____。
A. 愈大 愈小 B. 愈小 愈大 C. 愈大 愈大 D. 愈小 愈小

3. 环刚度试验,管材内径范围 $400mm < D_N \leqslant 1000(mm)$,加荷压缩速度为_____ mm/min。
A. 20±2 B. 10±2 C. 50±5 D. 5±1

4. 环刚度试验,$200mm < D_N < 500mm$ 时,长度测量数为_____。
A. 5 B. 4 C. 6 D. 3

5. 冲击试验 TIR 最大允许值为_____。
A. 20% B. 5% C. 1% D. 10%

6. 冲击试验,状态调节后,如果超过规定时间间隔,应将试样立即放回预处理装置,最少进行_____调节处理。
A. 6min B. 20min C. 10min D. 5min

7. 烘箱试验中,温度为_____。
A. 105±1℃ B. 105±2℃ C. 110±2℃ D. 110±1℃

8. 试样在烘箱内加热时间随管材壁厚的不同而不同,壁厚 $e > 8mm$ 时,时间为_____。
A. 60min B. 30min C. 45min D. 24min

9. 接缝拉伸试验,取五个破坏力值的_____和技术规定要求相比较,大于规定力值合格。
A. 最大值 B. 平均值 C. 最小值 D. 代表值

10. 环刚度试验,$D_N > 500mm$ 时,长度测量数为_____。
A. 5 B. 4 C. 6 D. 3

11. 冲击试验,TIR 最大允许值为_____。
A. 8% B. 9% C. 10% D. 7%

12. 接缝拉伸按《热塑性塑料管材拉伸性能测定 第3部分:聚烯烃管材》规定进行试验,拉伸速度为_____ mm/min。
A. 20 B. 15 C. 10 D. 5

13. 公称直径为 1000mm 聚乙烯缠绕结构壁管材冲击性能试验,冲锤质量为_____ kg。
A. 2 B. 3.2 C. 3.0 D. 8.0

14. 维卡软化温度试验是指试样在等速升温条件下测定标准压针在_____N 力的作用下,压入试样内_____ mm 时的温度。
A. 50 1 B. 500 10 C. 50 10 D. 5 10

三、多选题

1. 选出现行塑料管材的方法标准_____。
A. GB/T 9647—2003 B. GB/T 13526—1992
C. GB/T 14152—2001 D. GB/T 5352—1995

2. 二氯甲烷浸渍试验,结果表示 N、M 分别对应情况,_____。
   A. 没有变化或极轻微变化　　　　　B. 轻微变化
   C. 表面破坏　　　　　　　　　　　D. 表面严重破坏
3. 二氯甲烷浸渍试验,试样表面尺寸变化描述 1、3 表示内容_____。
   A. 从 0%～5%　　B. 从 6%～25%　　C. 从 26%～50%
   D. 从 51%～75%　　E. 75% 以上
4. 按照《热塑性塑料管管材环刚度的测定》规定,对公称直径 > 1000mm,下列压缩速度 _____ mm/min 符合要求。
   A. 50　　　　B. 55　　　　C. 44　　　　D. 20
5. 按 GB/T9647 规定,下列环境温度_____℃符合环刚度试验要求。
   A. 23　　　　B. 22　　　　C. 24　　　　D. 21
6. 聚乙烯缠绕结构壁管材按照结构形式分为_____。
   A. A 型　　　B. B 型　　　C. C 型　　　D. D 型
7. 聚乙烯缠绕结构壁管材物理性能有_____。
   A. 烘箱试验　　B. 维卡软化　　C. 环刚度　　D. 纵向回缩率
8. 下列说法正确的有:_____。
   A. 环刚度表示管材在外力作用下抵抗环向变形的能力
   B. 环柔性是测定管材机械性度或柔性的复原能力
   C. 环刚度合格,则环柔性也合格
   D. 环刚度与环柔性试验都是以管材试样内径变化表示结束试验
9. 下列说法正确的有:_____。
   A. 聚乙烯缠绕结构壁管材状态调节时间不小于 24h 就可以
   B. 聚乙烯双壁波纹管环柔性技术指标为:试样圆滑,无反向弯曲,无破裂,两壁无脱开
   C. 聚乙烯双壁波纹管,公称外径为 800mm,状态调节时间 36h,符合要求
   D. 聚乙烯双壁波纹管环柔性试验,当试样在垂直方向外径变形量为原外径 30% 时立即卸荷
10. 下列关于聚乙烯双壁波纹管烘箱试验,说法正确的有_____。
    A. 试样取 300±20mm 长的管材三段　　　B. 试样取 200±20mm 长的管材三段
    C. 烘箱试验温度设定为 110±2℃　　　　D. 烘箱试验温度设定为 105±2℃

四、判断题

1. 相对于混凝土刚性排水管而言,埋于地下承受外压负载时,"柔性管"和"刚性管"受力状态和破坏机理并不相同。（　）
2. 塑料管材和周围的回填土壤共同承受负载,工程上被称为"管－土共同作用"。（　）
3. 理想情况下,"柔性管"受到的负载接近于四周均匀受压,管材内只有均匀压应力,没有拉应力。（　）
4. 硬聚氯乙烯（PVC－U）加筋管是世界各国塑料埋地排水排污管应用最多的管道。（　）
5. 管材力学性能主要有:环刚度、冲击性能、环柔性、蠕变比率、纵向回缩率、缝的拉伸强度等参数。（　）
6. 作为埋地给水排水玻璃纤维增强塑料夹砂管,其具有一定的强度（抗内压）又具有一定的刚度（抗外压）,是一种刚度和强度均好的管材产品。（　）
7. 环刚度试验,对量具要求:在负载方向上试样的内径变化,精度为 1mm 或变形的 1%,取较大值。（　）

8. 环刚度试验,带有加强肋的螺旋管,每个试样的长度,在满足要求的同时,应包括所有数量的加强肋,肋数不少于 3 个。( )

9. GB/T 19472.2—2004 规定,环柔性试验,试验力应连续增加,当试样在垂直方向外径的变形量为原外径的 30% 时立即卸载。( )

10. 冲击试验,仲裁试验时,状态调节时应使用空气浴。( )

11. 管材力学性能主要有:环刚度、冲击性能、环柔性、蠕变比率、纵向回缩率、缝的拉伸强度等参数。( )

12. 环刚度试验,公称直径(DN)大于 1500mm 的管材,每个试样的平均长度不大于 $0.2DN$(单位为 mm)。( )

13. 环刚度试验,试验应在产品生产出至少 28h 后才可以进行取样。( )

14. GB/T 19472.2—2004 规定,环柔性试验时管材壁的任何部分可以有微小开裂,试样沿肋切割处开始的撕裂允许小于 $0.075d_e$ 或 75mm。( )

15. 按 GB/T 14152—2001 规定进行试验。冲击试验温度 $20 \pm 1℃$,冲锤型号 d90。( )

五、综合题

1. 简述硬聚氯乙烯(PVC-U)双壁波纹管、聚乙烯(PE)双壁波纹管、玻璃纤维增强塑料夹砂管(RPM 管)三种管材主要材料以及成型工艺方式。

2. 简述聚乙烯(PE)双壁波纹管材特点。

3. 简述埋地塑料管材共同特点。

4. 简述环刚度检测原理。

5. 环刚度试验对试验机和压板的要求。

6. 环刚度试验的检测步骤。

7. 接缝拉伸取样要求以及试验步骤。

8. 某工程抽检 HDPE 排水管,结构形式为双壁波纹管,公称内径为 500mm,公称环刚度为 SN8。三件管材样品实测内径均为 496mm,三件管材样品实测长度分别为 302mm;301mm;301mm。采用平板法对其进行压缩试验,当三件管材内径方向变形达到 3% 时的作用力实测结果分别为:1.876kN;1.863kN;1.866kN;试计算该批管材的环刚度的实测值并评定。

参考答案:

(一)混凝土管和钢筋混凝土管

一、填空题

1.《混凝土和钢筋混凝土排水管》GB/T 11836—2009

2.《混凝土和钢筋混凝土排水管试验方法》GB/T 16752—2006

3. 三   4. 管子公称内径   5.1   6. 受检批 随机抽样 10

7. 外观及几何尺寸   8. C35   9. C40

10. 空鼓 粘皮 麻面 蜂窝 塌落 露筋 平整

11. 外表面   12. 允许有   13.1   14.0.20mm

15. 承载能力   16. 环筋表面   17.14 28   18.1.5 0.005

19. 管子外表面平直段   20.3

二、单选题

1. B   2. C   3. B   4. C

5. C	6. A	7. D	8. D
9. C	10. C	11. B	12. C
13. B	14. C	15. C	

三、多选题

1. B、C、D、E	2. A、C、D、E	3. A、B、C、D	4. A、B、C、D、E
5. A、B、C、E	6. A、B、D、E	7. A、C、D、E	

四、计算题

1. 解：裂缝荷载 40kN/m × 1.66m = 66.4kN，破坏荷载 60kN/m × 1.66m = 99.6kN。

裂缝荷载的 80%　53.1kN；

裂缝荷载的 90%　59.7kN；

裂缝荷载的 100%　66.4kN；

破坏荷载的 80%　79.7kN；

破坏荷载的 90%　89.6kN；

破坏荷载的 100%　99.6kN；

破坏荷载的 105%　104.6kN。

2. 解：标准试件尺寸为 150mm × 150mm × 150mm

受压面积为 150mm × 150mm = 22500mm^2

(768.0 × 103 ÷ 22500) × 1.25 = 42.7MPa

(1308 × 103 ÷ 22500) × 1.25 = 72.7MPa

(1106 × 103 ÷ 22500) × 1.25 = 61.4MPa

因为 (61.4 − 42.7) ÷ 61.4 × 100% = 30% > 10% 且 (72.7 − 61.4) ÷ 61.4 × 100% = 18% > 10%

所以该组试件试验结果无效，应另取试件进行试验。

3. 解：因为加载至 189.5kN 结束时，裂缝宽度已超过 0.20mm，根据标准规定，该管子的裂缝荷载取该级前一级的荷载值为该管子的裂缝荷载即 170.6kN。

实际裂缝荷载 170.6kN ÷ 2.34m = 72.9kN/m < 81kN/m

该管子裂缝荷载不符合标准要求。

4. 解：因为加载至 120.3kN 结束时，裂缝宽度为 0.20mm，根据标准规定，该管子的裂缝荷载为该级荷载即为 120.3kN。

该管子裂缝荷载 120.3kN ÷ 1.66m = 72.5kN/m > 69kN/m

因为加载直至 174.3kN 结束后该管子出现破坏状态，根据标准规定，该管子的破坏荷载为该级荷载即为 174.3kN。

该管子破坏荷载 174.3kN ÷ 1.66m = 105kN/m > 100kN/m

该管子外压荷载试验结果符合标准要求。

五、问答题

1. 答：①根据管子类型，从《混凝土和钢筋混凝土排水管》GB/T 11836—2009 表 1 中查得试验内水压力值；

②检查水压试检机两端的堵头是否平行以及其中心线是否重合；

③选择水压试验机及加压泵；

④对于柔性接口钢筋混凝土排水管，选择橡胶垫的厚度及硬度；

⑤擦掉管子表面的附着水,清理管子两端,使管子轴线与堵头中心对正,将堵头锁紧;

⑥管内充水直到排尽管内的空气,关闭排气阀。开始用加压泵加压,宜在1min内均匀升至规定检验压力值并恒压10min;

⑦在升压过程中及在规定的内水压力下,检查并记录管子表面有无潮片及水珠流淌;

⑧在规定的内水压力下,允许采用专用装置检查管子接头密封性。

2. 答:①确定管子的试验荷载;

②检查设备状况,设备无故障时方可使用;

③将管子安装在外压试验装置上;

④安装上承载梁及橡胶垫板。集中荷载作用点的位置应在加载区域的1/2处;

⑤按预先计算的加载荷载值并按标准规定的加载速度加载;

⑥判定试验管子的实际裂缝荷载并记录;

⑦判定试验管子的实际破坏荷载并记录。

3. 答:裂缝宽度达到0.20mm时的荷载为管子的裂缝荷载。加压结束时裂缝宽度达到0.20mm,裂缝荷载为该级荷载值;加压结束时裂缝宽度超过0.20mm,裂缝荷载为前一级的荷载值。

4. 答:管子失去承载能力时的荷载值为破坏荷载。在加荷过程中管子出现破坏状态时,破坏荷载为前一级荷载值;在规定的荷载持续时间内出现破坏状态时,破坏荷载为该级荷载值与前一级荷载值的平均值;当在规定的荷载持续时间结束后出现破坏状态时,破坏荷载为该级荷载值。

5. 答:内水压力和外压荷载检验分别符合标准规定时,则判定该批产品合格。内水压力或外压荷载检验2根管子中有1根不符合标准规定时,允许从同批产品中抽取2根管子进行复验。复验结果如全部符合标准规定时,则剔除原不合格的1根,判该批产品力学性能合格。复验结果如仍有1根管子不符合标准规定时,则判定该批产品力学性能不合格。内水压力或外压荷载检验2根都不符合标准规定时,不得复验,判该批产品力学性能不合格。

6. 答:①混凝土强度;

②外观质量;

③尺寸允许偏差;

④内水压力;

⑤外压荷载;

⑥保护层厚度。

7. 答:环筋的内、外混凝土保护层厚度:当壁厚小于或等于40mm时,不应小于10mm;当壁厚大于40mm且小于100mm时,不应小于15mm;当壁厚大于100mm时,不应小于20mm。对有特殊防腐要求的管子应根据需要确定保护层厚度。

8. 答:上支承梁为一钢梁,钢梁的刚度应保证它在最大荷载下,其弯曲度不超过管子试验长度的1/720,钢梁与管子之间放一条橡胶垫板,橡胶垫板的长度、宽度与钢梁相同,厚度不小于25mm,邵氏硬度为45~60。

9. 答:下支承梁由两条硬木组合而成,其截面尺寸为宽度不小于50mm,厚度不小于25mm,长度不小于管子试验长度。硬木制成的下支承梁与管子接触处应做成半径为12.5mm的圆弧,两条下支承梁之间的净距离为管子外径的1/12,但不得小于25mm。

10. 答:外压试验装置机架必须有足够的强度和刚度,保证荷载的分布不受任何部位变形的影响。在试验机的组成中,除固定部件外,另外还有上、下两个支承梁。上、下支承梁均可延长到试件的整个试验长度上。试验时,荷载通过刚性的上支承梁均匀地分布在试件上。

(二)塑料排水管、玻璃纤维增强塑料夹砂管

一、填空题

1. 变形会引起结构性破坏　至少能承受2%变形而结构无损
2. 在外力作用下抵抗环向变形的
3. 机械度　柔性的复原
4. 低温；耐重物冲击试验
5. 聚乙烯(PE)树脂　辅助支撑结构　内部的螺旋形肋　埋螺旋中空管
6. 硬聚氯乙烯(PVC-U)平壁管　硬聚氯乙烯(PVC-U)双壁波纹管　HDPE双壁波纹管　HDPE缠绕结构壁管
7. 质量　尺寸　高度
8. 落锤的质量　改变高度
9. 耐高温
10. 能承受的最小拉伸力
11. 柔性　较大
12. 刚度　重量轻　综合经济性
13. 硬聚氯乙烯(PVC-U)加筋管　HDPE缠绕结构壁管　玻璃纤维增强塑料夹砂管

二、单选题

1. C	2. A	3. A	4. B
5. D	6. D	7. C	8. A
9. C	10. C	11. C	12. B
13. B	14. A		

三、多选题

1. A、B、C	2. A、C	3. B、D	4. A、B
5. A、B、C、D	6. A、B	7. A、D	8. A、B
9. B、D	10. A、C		

四、判断题

1. √	2. √	3. √	4. ×
5. ×	6. √	7. ×	8. √
9. √	10. ×	11. ×	12. ×
13. ×	14. ×	15. ×	

五、综合题

1. 答：硬聚氯乙烯(PVC-U)双壁波纹管以聚氯乙烯(PVC)树脂为主要原料，加入有利于管材性能的添加剂挤出成型；

聚乙烯(PE)双壁波纹管以聚乙烯(PE)树脂为主要原料，加入适当的可提高性能的助剂，经塑化挤出成型；

玻璃纤维增强塑料夹砂管(RPM管)以玻璃纤维及其制品为增强材料，以不饱和聚酯树脂、环氧树脂为基体材料，以石英砂及碳酸钙等无机非金属颗粒材料为填料作为主要原料，采用定长缠绕

工艺、离心绕铸工艺和连接缠绕工艺制成的管材。

2. 答：造型美观、结构特殊、环刚度好，具有良好的柔韧性和低温抗冲击性能。

接口采用弹性密封橡胶圈柔性连接，连接牢靠，不易泄漏。

搬运施工方便，是大口径埋地塑料排水排污管的主要品种。

3. 答：作为埋地塑料管材，它们都具有承受埋地环境下负载能力的合适的强度和刚度、重量轻、水力特性好、使用寿命长、便于铺设安装和综合经济性等特点。

4. 答：用管材在恒速变形时所测得的力值和变形值确定环刚度。

将管材试样水平放置，按管材的直径确定平板的压缩速度，用两个互相平行的平板垂直方向对试样施加压力。

在变形时产生反作用力，用管试样截面直径方向变形量为 $0.03d_i$（管材试样内径）时的力值计算环刚度。

5. 答：压缩试验机：试验机应能根据管材公称直径（DN）的不同施加规定的压缩速率。

仪器能够通过两个相互平行的压板对试样施加足够的力和产生规定的变形；

试验机的测量系统能够测量试样在直径方向上产生 1%~4% 变形时所需的力，精确到力值的 2% 以内。

压板：两块平整、光滑、洁净的钢板，在试验中不应产生影响试验结果的变形。每块压板的长度至少应等于试样的长度。在承受负荷时，压板的宽度应至少比所接触试样最大表面宽 25mm。

6. 答：① 如果能够确定试样在某位置的环刚度最小，把试样 a 的该位置和压力机上板相接触，或把第一个试样放置时，把另两个试样 b、c 的放置位置依次相对于第一个试样旋转 120°和 240°放置。

② 对于每一个试样，放置好变形仪测量仪并检查试样的角度位置。

放置试样时，使其长轴平行于压板，然后放置于试验机的中央位置。

使上压板和试样恰好接触且能夹持住试样，根据规定以恒定的速度压缩试样直到至少达到 $0.03d_i$ 的变形，按规定正确记录力和变形值。

③ 通常变形量是通过测量一个压板的位置得到，但如果在试验的过程中，管壁厚度的变化量超过 10%，则应通过直接测量试样内径的变化来得到。

7. 答：取样：

管材生产至少 15h 后方可取样，将管材圆周五等分，在每份上未受热、没有冲击损伤的部分，垂直于熔缝方向切下一个长方形样条，从每一个样条中制取一个试样。

检测步骤：

① 试验应在温度 23±2℃ 环境下按下列步骤进行。

② 测量试样宽度，尺寸应满足 15±0.25mm。

③ 将试样安装在拉力试验机上并使其轴线与拉伸应力的方向一致，使夹具松紧适宜以防止试样滑脱。

④ 按拉伸速率 15mm/min 进行试验，直至试样断裂，记录破坏力值（N）。

⑤ 平行检测五个样品。

8. 解：根据标准规定计算三件管材样品实测环刚度 S_1；S_2；S_3

$$S_1 = (0.0186 + 0.025 \times 0.03) \times \frac{1.876}{302 \times 496 \times 0.03} \times 1000 \times 1000 = 8.08 \text{kN/m}^2$$

$$S_2 = (0.0186 + 0.025 \times 0.03) \times \frac{1.863}{301 \times 496 \times 0.03} \times 1000 \times 1000 = 8.05 \text{kN/m}^2$$

$$S_3 = (0.0186 + 0.025 \times 0.03) \times \frac{1.866}{301 \times 496 \times 0.03} \times 1000 \times 1000 = 8.06 \text{kN/m}^2$$

该批管材的环刚度的实测值为：

$S = (S_1 + S_2 + S_3)/3 = 8.06 kN/m^2$

$S = 8.06 > 8 kN/m^2$

该批管材的环刚度符合 SN8 级的性能要求。

根据《热塑性塑料管材环刚度的测定》GB/T9647—2003 规定的检测方法，实测得该批管材的环刚度为 8.06kN/m²，符合公称环度 SN8 级的性能要求。

埋地排水管
混凝土和钢筋混凝土排水管模拟试卷(A)

一、填空题(每空1分,共10分)

1. 混凝土和钢筋混凝土产品试验方法标准为_____。
2. 混凝土和钢筋混凝土排水管的规格是以_____划分的。
3. 内水压力和外压荷载试验的样品是从_____检验合格的管子中抽取。
4. 检测管子环筋内、外混凝土保护层厚度时,用深度游标卡尺测量_____至管体表面的距离,即为保护层厚度。
5. _____的内水压力、外压荷载、保护层厚度检验不得复检。
6. 外压荷载试验时,当加载到裂缝荷载以及破坏荷载时,持荷时间为_____min。
7. 在进行管子外压荷载试验时,加载长度为_____。
8. 管子失去_____时的荷载值为破坏荷载。
9. 制管用混凝土强度等级不得低于_____。
10. 进行混凝土排水管内水压力试验以及外压荷载检验混凝土排水管的龄期要求为:蒸汽养护的管子不宜少于_____d。

二、单选题(每题2分,共20分)

1. 钢筋混凝土排水管内水压力试验的内水压力值分别为_____MPa。
   A. 0.02、0.06 B. 0.02、0.04 C. 0.06、0.10 D. 0.04、0.10
2. 钢筋混凝土管按外压荷载分级分为_____级。
   A. 一 B. 二 C. 三 D. 四
3. 钢筋混凝土管内壁_____裂缝。
   A. 允许有 B. 不允许有
   C. 允许有宽度不超过0.02mm的 D. 允许有宽度不超过0.05mm的
4. 悬辊工艺生产的混凝土抗压强度工艺换算系数为_____。
   A. 1.25 B. 1.5 C. 1.0 D. 2.0
5. 钢筋骨架的纵向钢筋直径不得小于_____mm。
   A. 3.0 B. 3.5 C. 4.0 D. 6.0
6. 用于端面倾斜度测量的宽座角尺的精度等级要求为_____级。
   A. 1 B. 2 C. 3 D. 4
7. 对混凝土管进行外压荷载试验时,加载速度为_____kN/m。
   A. 2.0 B. 1.5 C. 1.0 D. 0.5

8. 进行内水压力试验时,当水压升至规定检验压力值后保持时间为_____min。
   A. 1.0　　　　　B. 5.0　　　　　C. 10　　　　　D. 20
9. 管子弯曲度的允许偏差为小于或等于管子有效长度的_____%。
   A. 1.0　　　　　B. 0.5　　　　　C. 0.1　　　　　D. 0.3
10. 钢筋骨架的环向钢筋钢筋间距不得大于_____mm。
    A. 50　　　　　B. 100　　　　　C. 150　　　　　D. 200

三、多选题(每题2分,共10分)

1. 柔性接口管按接口形式分为_____。
   A. 柔性接口管　　B. 承插口管　　C. 企口管
   D. 钢承口管　　　E. 双插口管
2. 混凝土排水管需检验项目为_____。
   A. 混凝土抗压强度　B. 端部倾斜　　C. 外观质量、尺寸
   D. 保护层厚度　　　E. 内水压力及外压荷载试验
3. 混凝土和钢筋混凝土排水管是指适用于_____工艺成型的排水管。
   A. 离心　　　　　B. 悬辊　　　　　C. 振动
   D. 立式挤压　　　E. 浇筑
4. 混凝土和钢筋混凝土排水管适用于_____排灌等重力流的管道。
   A. 雨水　　　　　B. 污水　　　　　C. 引水
   D. 工业用液体　　E. 农田
5. 管子内、外表面应平整,管子应无_____。
   A. 粘皮　　　　　B. 裂缝　　　　　C. 麻面
   D. 塌落　　　　　E. 空鼓

四、计算题(每题10分,共30分)

1. 试计算公称内径为600mm,有效长度为2000mm,试验加载长度为1660mm,HRB335级钢筋混凝土排水管的外压荷载试验加载时的荷载值(标准裂缝荷载为40kN/m,标准破坏荷载为60kN/m)。

2. 有一钢筋混凝土排水管规格为RCPⅡ1000×2000GB11836,外压荷载试验按91.6kN、130.1kN、114.5kN、120.3kN、132.8kN、149.4kN、166.0kN、174.3kN荷载顺序加载。当荷载加至120.3kN结束时,裂缝宽度为0.20mm。继续加载直至174.3kN结束后该管子出现破坏状态。试计算该管子实际裂缝荷载及实际破坏荷载并判定该管子是否符合标准要求(标准裂缝荷载为69kN/m,标准破坏荷载为100kN/m,实际加载长度为1660mm)。

3. 采用离心工艺生产钢筋混凝土排水管,生产车间现场制作的混凝土试件为标准试件,一组试件破坏荷载值分别为768.0kN、1308kN、1106kN。试计算该组混凝土试件强度并判定是否符合标准要求。

五、问答题(每题10分,共30分)

1. 钢筋混凝土排水管内水压力试验的试验步骤主要包含哪些内容?
2. 外压荷载试验时,如何判定所试验的混凝土和钢筋混凝土排水管的裂缝荷载?
3. GB/T 16752—2006标准中对外压荷载试验装置的上支承梁及橡胶垫板有何规定?

埋地排水管
混凝土和钢筋混凝土排水管模拟试卷(B)

一、填空题(每空1分,共10分)

1. 混凝土和钢筋混凝土产品标准为_____。
2. 钢筋混凝土排水管根据承受外压荷载能力的大小分为_____级。
3. 排水管抽样方法是从受检批中采用随机抽样方法抽取_____根管子作为检验样品。
4. 用于制作顶管用的混凝土强度等级不宜低于_____。
5. 钢筋混凝土管_____不允许有裂缝。
6. 进行混凝土排水管内水压力试验以及外压荷载检验的混凝土排水管的龄期要求为:自然养护的管子不宜少于_____d。
7. 外压试验用荷载显示仪要求精确度为_____级。
8. 裂缝宽度达到_____时的荷载为管子的裂缝荷载。
9. 混凝土排水管内水压力试验要求所用压力表的精确度为_____级。
10. 管子在进行内水压力试验时,在规定的检验压力下管子表面_____潮片。

二、单选题(每题2分,共20分)

1. 混凝土排水管按连接方式分为_____。
   A. 承插口管和平口管   B. 柔性接口管和刚性接口管
   C. 钢承口管和企口管   D. 插口管和双插管
2. 混凝土管按外压荷载分级分为_____级。
   A. 一   B. 二   C. 三   D. 四
3. 钢筋混凝土管内壁_____裂缝。
   A. 允许有   B. 不允许有
   C. 允许有宽度不超过0.02mm的   D. 允许有宽度不超过0.05mm的
4. 用于端面倾斜度测量的宽座角尺的精度等级要求为_____级。
   A. 1   B. 2   C. 3   D. 4
5. 当采用由压力表、千斤顶和试验架组成的外压试验装置进行外压荷载试验时,压力表的分度值为_____MPa。
   A. 0.05   B. 0.10   C. 0.15   D. 0.20
6. 进行内水压力试验时,当水压升至规定检验压力值后保持时间为_____min。
   A. 1.0   B. 5.0   C. 10   D. 20
7. 钢筋混凝土排水管内水压力试验的内水压力值分别为_____MPa。
   A. 0.02、0.06   B. 0.02、0.04   C. 0.06、0.10   D. 0.04、0.10
8. 钢筋骨架的纵向钢筋直径不得小于_____mm。
   A. 3.0   B. 3.5   C. 4.0   D. 6.0
9. 对钢筋混凝土管进行外压荷载试验时,加载速度为_____kN/m。
   A. 10   B. 20   C. 30   D. 40
10. 管子弯曲度的允许偏差为小于或等于管子有效长度的_____%。
    A. 1.0   B. 0.5   C. 0.1   D. 0.3

三、多选题(每题 2 分,共 10 分)

1. GB/T11836 标准中管子外观质量指标为_____。
   A. 表面缺陷情况　　　B. 裂缝情况　　　C. 合缝漏浆情况
   D. 表面修补情况　　　E. 色泽情况
2. 混凝土和钢筋混凝土排水管是指适用于_____工艺成型的排水管。
   A. 离心　　　　　　　B. 悬辊　　　　　C. 振动
   D. 立式挤压　　　　　E. 浇筑
3. 几何尺寸检查内容为_____。
   A. 公称内径、有效长度　　　　　　B. 端部倾斜
   C. 外表面凹坑尺寸　　D. 管壁厚度　　　E. 接口细部尺寸、弯曲度
4. 管子内、外表面应平整,管子应无_____。
   A. 粘皮　　　　　　　B. 裂缝　　　　　C. 麻面
   D. 塌落　　　　　　　E. 空鼓
5. 混凝土和钢筋混凝土排水管适用于_____排灌等重力流的管道。
   A. 雨水　　　　　　　B. 污水　　　　　C. 引水
   D. 工业用液体　　　　E. 农田

四、计算题(每题 10 分,共 30 分)

1. 有一钢筋混凝土排水管规格为 RCPⅡ1200×2500GB11836,外压荷载试验按 151.6kN、170.6kN、189.5kN、199.0kN、224.6kN、252.7kN、280.8kN 荷载顺序加载。当荷载加至 189.5kN 结束时,裂缝宽度超过 0.20mm,试计算该管子实际裂缝荷载并判定该管子是否符合标准要求(标准裂缝荷载为 81kN/m,标准破坏荷载为 120kN/m,实际加载长度为 2340mm)。

2. 采用离心工艺生产钢筋混凝土排水管,生产车间现场制作的混凝土试件为标准试件,一组试件破坏荷载值分别为 768.0kN、1308kN、1106kN,试计算该组混凝土试件强度并判定是否符合标准要求。

3. 试计算公称内径为 600mm,有效长度为 2000mm,试验加载长度为 1660mm,HRB335 级钢筋混凝土排水管的外压荷载试验加载时的荷载值(标准裂缝荷载为 40kN/m,标准破坏荷载为 60kN/m)。

五、问答题(每题 10 分,共 30 分)

1. 钢筋混凝土排水管外压荷载试验的试验步骤主要包含哪些内容?
2. 外压荷载试验时如何判定所试验的混凝土和钢筋混凝土排水管的破坏荷载?
3. GB/T 16752—2006 标准中对外压试验装置有何规定?

埋地排水管
塑料排水管、玻璃纤维增强塑料夹砂管模拟试卷

一、填空题(10 分)

1. 环柔性是管材的一个机械特性,是测定管材_____或_____能力。
2. 烘箱试验,纵向回缩率试验表示管材_____的能力。

3. 接缝的拉伸强度表示管材＿＿＿＿＿＿＿＿＿＿。
4. 聚乙烯(PE)缠绕结构壁管是以聚乙烯(PE)树脂为主要原料,以相同或不同材料作为＿＿＿＿＿＿＿,经加工制成的结构壁管材。管材的结构形式分为 A 型和 B 型两类。B 型结构壁管内表面光滑,外表面为＿＿＿＿＿＿＿的管材。
5. 塑料埋地排水管属＿＿＿＿＿＿＿管道,破坏之前可以有＿＿＿＿＿＿＿的变形。
6. 冲击试验,落锤试验方法可以通过改变＿＿＿＿＿＿＿和/或＿＿＿＿＿＿＿来满足不同产品的技术要求。

二、单选题(20 分)

1. 环刚度试验,200mm < DN < 500mm 时,长度测量数为＿＿＿＿＿＿＿。
  A. 5 B. 4 C. 6 D. 3
2. 冲击试验,状态调节后,如果超过规定时间间隔,应将试样立即放回预处理装置,最少进行＿＿＿＿＿＿＿调节处理。
  A. 6min B. 20min C. 10min D. 5min
3. 玻璃纤维增强塑料夹砂管产品标准是＿＿＿＿＿＿＿。
  A. GB/T 2918—1998 B. GB/T 18477—2001 C. CJ/T 3079—1998 D. GB/T 9647—2003
4. 埋地排水管承受的静负载、动负载和埋深有着密切地关系,埋地愈深,静负载＿＿＿＿＿＿＿,动负载＿＿＿＿＿＿＿。
  A. 愈大 愈小 B. 愈小 愈大 C. 愈大 愈大 D. 愈小 愈小
5. 环刚度试验,管材内径范围 400mm < DN ≤ 1000mm,加荷压缩速度＿＿＿＿＿＿＿mm/min。
  A. 20 ± 2 B. 10 ± 2 C. 50 ± 5 D. 5 ± 1
6. 试样在烘箱内加热时间随管材壁厚的不同而不同,壁厚 e > 8mm 时,时间＿＿＿＿＿＿＿。
  A. 60min B. 30min C. 45min D. 24min
7. 接缝拉伸试验,取五个破坏力值的＿＿＿＿＿＿＿和技术规定要求相比较,大于规定力值合格。
  A. 最大值 B. 平均值 C. 最小值 D. 代表值
8. 接缝拉伸按《热塑性塑料管材拉伸性能测定第 3 部分:聚烯烃管材》规定进行试验,拉伸速度＿＿＿＿＿＿＿mm/min。
  A. 6 B. 20 C. 10 D. 15
9. 冲击试验 TIR 最大允许值为＿＿＿＿＿＿＿。
  A. 20% B. 5% C. 1% D. 10%
10. 烘箱试验中,温度为＿＿＿＿＿＿＿。
  A. 105 ± 1℃ B. 105 ± 2℃ C. 110 ± 2℃ D. 110 ± 1℃

三、多选题(20 分)

1. ＿＿＿＿＿＿＿是描述聚乙烯双壁波纹管的烘箱试验结果。
  A. 无气泡 B. 无分层 C. 无开裂 D. 无反向弯曲
2. 冲击性能试验,试样应在＿＿＿＿＿＿＿℃或＿＿＿＿＿＿＿℃的水浴或空气浴中进行状态调节。
  A. 0 ± 1 B. 20 ± 2 C. 23 ± 2 D. 21 ± 2
3. 表示二氯甲烷浸渍试验结果是＿＿＿＿＿＿＿。
  A. C B. N C. L D. R
4. 选出现行塑料管材的方法标准是( )。
  A. GB 8806—1988 B. GB/T 9647—2005

C. GB/T 14152—2001　　　　　　　　　D. GB/T 5352—1995

5. 聚乙烯缠绕结构壁管材力学性能有_____。
　　A. 烘箱试验　　　B. 冲击性能　　　C. 环刚度　　　D. 纵向回缩率

四、判断题(10分)

1. 管材力学性能主要有：环刚度、冲击性能、环柔性、蠕变比率、纵向回缩率、缝的拉伸强度等参数。（　）
2. 作为埋地给水排水玻璃纤维增强塑料夹砂管，其具有一定的强度（抗内压）又具有一定的刚度（抗外压），是一种刚度和强度均好的管材产品。（　）
3. 环刚度试验，公称直径(DN)大于1500mm的管材，每个试样的平均长度不大于0.2DN（单位为mm）。（　）
4. 环刚度试验，试验应在产品生产出至少28h后才可以进行取样。（　）
5. GB/T 19472.2—2004规定，环柔性试验时管材壁的任何部分可以有微小开裂，试样沿肋切割处开始的撕裂允许小于0.075d_e或75mm。（　）
6. 按GB/T 14152—2001规定进行试验。冲击试验温度20±1℃，冲锤型号d90。（　）
7. 相对于混凝土刚性排水管而言，埋于地下承受外压负载时，"柔性管"和"刚性管"受力状态和破坏机理并不相同。（　）
8. 塑料管材和周围的回填土壤共同承受负载，工程上被称为"管-土共同作用"。（　）
9. 理想情况下，"柔性管"受到的负载接近于四周均匀受压，管材内只有均匀压应力，没有拉应力。（　）
10. 硬聚氯乙烯(PVC-U)加筋管是世界各国塑料埋地排水排污管应用最多的管道。（　）

五、综合题(40分)

1. 简述聚乙烯(PE)缠绕结构壁管特点。
2. 简述硬聚氯乙烯(PVC-U)双壁波纹管、聚乙烯(PE)双壁波纹管、玻璃纤维增强塑料夹砂管(RPM管)三种管材主要材料以及成型工艺方式。
3. 简述聚乙烯缠绕结构壁管材烘箱试样要求及试验步骤。
4. 简述聚乙烯缠绕双壁壁管材环柔性试验试样要求及试验步骤。
5. 简述玻璃纤维增强塑料夹砂管特点以及环刚度试验步骤。
6. 某工程抽检HDPE排水管，结构形式为双壁缠绕管，公称内径为500mm，公称环刚度为SN12。三件管材样品实测内径均为498mm，三件管材样品实测长度分别为301mm、301mm、302mm。采用平板法对其进行压缩试验，当三件管材内径方向变形达到3%时的作用力，实测结果分别为2.940kN、2.945kN、2.959kN。试计算该批管材的环刚度的实测值并判定。

第八节　路面砖与路缘石

(一) 路面砖

一、填空题

1.《混凝土路面砖》JC/T 446—2000，其中JC表示_____行业标准。
2. JC/T 446—2000标准适用于以_____和_____为主要原材料，经加压、_____或其他成型工艺制成的,用于铺设_____、车行道、广场、仓库等的混凝土路面及地面工程的_____等。其表面可以是_____的或无面层(料)的,本色的或彩色的。

3. 路面砖按形状分为_____和_____,代号分别为_____和_____。
4. 路面砖按抗压强度等级分为_____、_____、_____、_____、_____。
5. 路面砖按抗折强度等级分为_____、_____、_____、_____、_____。
6. 路面砖的质量等级划分:符合规定_____的路面砖,根据_____、_____、和_____分为_____、_____和_____。
7. 路面砖表面应有必要的_____功能,以保障行人及车辆安全。
8. 路面砖外观质量检测用量具用_____或精度_____其他量具。
9. 路面砖外观的缺棱掉角检测,测量缺棱、掉角处对应路面砖棱边的_____、_____、_____三个投影尺寸,精确至_____。
10. 路面砖外观的裂纹检测,测量裂纹所在面上的_____长度;若裂纹由一个面延伸至其他面时,测量其_____长度之和,精确至_____。
11. 路面砖外观的分层检测,对路面砖的侧面进行_____检验。
12. 平整度检测,砖用卡尺支角任意放置在路面砖_____部位,滑动砖用卡尺_____,测量路面砖_____,精确至_____。
13. 垂直度检测,使砖用卡尺尺身紧贴路面砖的_____,一个支角顶住砖底的棱边,从尺身上读取路面砖正面对应棱边的_____作为垂直度偏差,每一棱边测量_____,记录_____值,精确至_____。
14. 根据路面砖_____与_____比值,选择做抗压强度或抗折强度试验。
15. 每批路面砖应为_____、_____、_____,每_____块为一批;不足上述数量,亦按一批计。
16. 路面砖外观质量检验,按_____法从每批产品中抽取_____块,使所抽取的样品具有代表性。
17. 路面砖物理、力学性能检验的试件,按_____法从_____和_____合格的试件中抽取_____块(其中5块备用)。
18. 路面砖物理、力学性能试验试件的龄期为不少于_____。

二、单选题

1. 优等品的路面砖_____。
   A. 允许出现裂纹,但裂纹不能贯穿
   B. 非贯穿裂纹长度最大投影尺寸不小于10mm
   C. 不允许出现裂纹
   D. 非贯穿裂纹长度最大投影尺寸不大于10mm
2. 进行缺棱掉角试验时,测量的投影尺寸应是_____。
   A. 长　　　　　　　　B. 宽　　　　　　　　C. 厚
   D. 长、宽、厚　　　　E. 长+宽+厚
3. 进行色差、杂色检验时,将路面砖在平坦地面上铺成不小于_____m²面积。
   A. 0.5　　　　　　　B. 1.0　　　　　　　C. 1.5　　　　　　　D. 2.0
4. 抗折强度等级为$C_f4.0$,试件边长为300mm,厚度为60mm的混凝土路面砖,进行抗折强度测试时,试验时间应在_____之间。
   A. 20～40s　　　　　B. 30～60s　　　　　C. 50～80s　　　　　D. 60～100s

5. 试件边长为 300mm,厚度为 80mm,抗压强度等级为 Cc50 的混凝土路面砖,进行抗压强度测试时,其加荷速度为_____。

A. 5.12~7.68kN/s B. 25.6~38.4kN/s
C. 0.4~1.0MPa/s D. 2~3MPa/s

6. 抗压强度和抗折强度测试值计算精确至_____。

A. 0.1MPa、0.1MPa B. 0.01MPa、0.01MPa
C. 0.1MPa、0.01MPa D. 0.01MPa、0.1MPa

7. 计算耐磨度的两个参数是_____。

A. 磨头转数、磨槽深度 B. 磨头转数、磨坑长度
C. 摩擦时间、磨槽深度 D. 磨坑长度、耐磨度

8. 厚度检测时,应分别测量路面砖_____部位的两个厚度值。

A. 宽度中间距边 10mm 处 B. 长度中间距边 10mm 处
C. 宽度上距离角部 10mm 处 D. 长度上距离角部 10mm 处

9. 某路面砖尺寸为 400mm×400mm×60mm,力学强度应作_____试验。

A. 抗压强度 B. 抗折强度 C. 抗折或抗压强度 D. 抗折和抗压强度

10. 规格尺寸检验的试件,从外观质量检验合格的试件中按随机抽样法抽取_____块路面砖。

A. 50 B. 10 C. 5 D. 15

三、多选题

1. 中国建材行业标准 JC/T 446—2000 _____。

A. 因为有强制性条文,所以是强制性标准

B. 是推荐性标准,有强制性条款

C. 是半强制性标准

D. 开始实施时间是 2001 年 1 月 1 日

2. 按路面砖形状分为_____。

A. 普通型路面砖 B. 连锁型路面砖 C. 交叉型路面砖 D. 搭接型路面砖

3. 路面砖强度检测用试验机_____。

A. 应采用万能试验机

B. 示值相对误差应不大于 ±1%

C. 预期破坏荷载不小于试验机全量程的 20%

D. 也不大于全量程的 80%

4. 确定路面砖质量等级的技术要求包括_____。

A. 强度等级 B. 外观质量 C. 耐磨性
D. 抗冻性 E. 原材料质量

5. 中国建材行业标准 JC/T 446—2000 规定的主要内容包括_____。

A. 一般规定 B. 混凝土配合比 C. 技术要求
D. 试验方法 E. 检验规则

6. 尺寸偏差包括_____。

A. 垂直度 B. 厚度差 C. 裂纹长度
D. 缺棱掉角最大投影长度 E. 平整度

7. 路面砖完成 25 次冻融循环后,应检查的项目有_____。

A. 强度   B. 外观质量   C. 尺寸偏差   D. 物理性能

8. 路面砖出厂检验项目包括_____。
A. 外观质量   B. 强度   C. 吸水率
D. 耐磨度   E. 尺寸偏差

9. 路面砖物理性能指标不包括_____。
A. 抗冻性   B. 吸水性   C. 裂缝
D. 抗压强度   E. 耐热性

10. 路面砖外观检测具体项目_____。
A. 裂纹   B. 分层   C. 色差
D. 平整度   E. 垂直度

四、判断题

1. JC/T 446—2000 适用于以水泥和集料为主要原材料,经加压、振动加压或其他成型工艺制成的路面砖。（ ）
2. 按照 JC/T 446—2000,路面砖的规格尺寸可根据用户要求任意选择。（ ）
3. 根据路面砖的强度等级、外观质量、尺寸偏差、吸水率分为优等品、一等品和合格品。（ ）
4. 为增强路面砖的防滑功能,路面砖的外露表面不应设计成平整、光滑的表面。（ ）
5. 耐磨性试验,磨坑长度和耐磨度试验只作一项即可。（ ）
6. 强度等级中选择抗压强度和抗折强度试验,是依据路面砖边长和厚度的比值来确定的,当边长/厚度≤5 时作抗压强度试验;当边长/厚度>5 时作抗折强度试验。（ ）
7. 进行外观质量的裂纹检测时,若裂纹由一个面延伸至其他面时,测量其延伸的投影长度之和。（ ）
8. 厚度差为两相邻试件厚度检测值之差。（ ）
9. 尺寸偏差检测时,所用量具应为专用卡尺或其他精度不低于 1.0mm 的量具,不得由肉眼估测。（ ）
10. 垂直度试验是指路面砖正面棱边方向的不垂直偏离值。（ ）

五、综合题

1. 简述路面砖外观检测项目色差、杂色的检测方法。
2. 简述路面砖吸水率试验步骤。
3. 简述路面砖抗冻性试验用主要设备技术指标,试件数量、试验步骤。
4. 简述路面砖抗折强度试验时对支座要求及试验步骤。
5. 某路面砖其规格尺寸为 300mm×300mm×70mm,经抗压强度检测,其破坏荷载分别为 500kN、565kN、410kN、535kN、530kN。评定该路面砖强度等级是否符合出厂等级 C_c35 的要求。(垫压板尺寸为 160mm×80mm)
6. 某路面砖的规格尺寸为 350mm×350mm×70mm,经检测,破坏荷载分别为:(1)21.5kN;(2)22.0;(3)17.2kN;(4)23.5kN;(5)21.0kN。评定该路面砖强度等级是否符合出厂等级 $C_f5.0$ 的要求。
7. 某次路面砖出厂检验时出现下列情况,外观检验不合格数为 6 块,尺寸偏差不合格数为 1 块,请你考虑下一步的检验计划。
8. 有一普通型路面砖规格为 300mm×300mm×80mm,出厂抗压强度等级 C_c40,垫压板尺寸为 160mm×80mm。应选用哪种量程试验机(300kN、600kN、1000kN)？

(二) 路缘石

一、填空题

1. 混凝土路缘石现行规范代号为_____,代号中字母表示_____行业标准。
2. 混凝土路缘石是以_____和_____为主要原料,经_____、_____或以其他能达到同等效能之方法预制的铺设在路面边缘或_____及_____的预制混凝土的界石。
3. 混凝土平缘石是_____的混凝土路缘石。有_____、_____和保护路面边缘的作用。
4. 混凝土立缘石是_____的混凝土路缘石。有_____以及引导排除路面水的作用。
5. 路缘石按其结构形式分为_____缘石和_____缘石。
6. 曲线形混凝土路缘石英文缩略为_____;直线型、截面 L 状混凝土路缘石英文缩略为_____。
7. 直线形缘石抗折强度等级分为_____、_____、_____、_____。
8. 曲线形及直线形、截面 L 状缘石抗压强度等级分为_____、_____、_____。
9. 质量等级定义是符合某个强度等级的缘石,根据其_____、_____和_____分为_____、_____、_____。
10. 每批缘石应为同一类别、同一型号、同一规格、同一等级缘石,每_____件为一批。塑性工艺生产的缘石每_____件为一批。
11. 路缘石外观质量和尺寸偏差试验的试件,按随机抽样法从成品堆场中每批产品抽取_____块。
12. _____地区、_____地区路缘石应进行抗冻性试验。
13. 混凝土路缘石抗压强度试件的制备,要求将制备好的试件在水中浸没时间为_____,水温度为_____。
14. 曲线形缘石,直线形截面 L 状缘石及不适合作抗折试验的缘石应作_____。
15. 路缘石作抗压试验时,加荷速度调整在_____,匀速连续地加荷,直至试块破坏,记录最大值。
16. 路缘石抗冻试验,从路缘石中切割出带有面层(料)和基层(料)的_____的试块,每组_____块,做_____组。
17. 路缘石抗冻试验,所用的主要试验设备有:冷冻箱,冷冻温度在_____以内;干燥箱,能自控温度。
18. 路缘石经检验,各项物理性能_____块试验结果的算术平均值符合某一等级规定时,判定该项为相应质量等级。
19. 路缘石经检验,各项力学性能_____块试验结果的算术平均值及_____符合某一等级规定时,判定该项为相应质量等级。
20. 路缘石尺寸偏差用的量具,量程为_____和_____的钢板尺、卡尺、塞尺、直角尺或丁字尺,分度值为_____。
21. 路缘石抗盐冻试验中,围框与试块结合的周边用密封材料封闭,然后注入冷冻介质,液面的高度为_____,在其上盖聚乙烯薄膜,以免溶液蒸发,存放_____以检验其密封性。
22. 路缘石抗盐冻试验中,将冷冻箱预先降温_____,放入试块,冷冻介质的液面应高出试块受试面_____,在其上覆盖聚乙烯薄膜,以免溶液蒸发。

23. 抗盐冻试验中,冷冻时间的计算从冷冻温度重新降至_____时开始计算,冷冻_____,然后取出试块置于温室为_____空气中融化4h 此为一个循环,共进行_____次。

24. 路缘石吸水率试验中,试块之间,试块与干燥箱之间的距离不得小于_____,每间隔4h将试块取出分别称量一次,直至两次称量差值小于_____,视为干燥质量,精确至_____。

25. 路缘石吸水率试验,试块放入_____的洁净水中,试块浸没水中_____h,水面应高出试块_____。

26. 路缘石抗折试验中加载压块采用厚度大于_____,直径为_____,硬度大于_____,表面平整光滑的圆形钢块。

27. 路缘石面层厚度,包括到角的表面任何一部位的厚度,应不小于_____。

28. 路缘石应角边齐全、外形完好、表面平整,可视角宜有倒角。除斜面、圆弧面、边削角面构成的角之外,其他所有角_____。

29. 路缘石长度测量是由缘石顶面中部,正侧面及背面距底面_____处测量长度,取其三个测量值的算术平均值为该试件的长度,精确至_____。

30. 路缘石宽度测量是由_____,距端面10mm 处及底面中部测量宽度,取其三个测量值的算术平均值为该试件的长度,精确至1mm。

31. 路缘石抗折试验找平垫的厚度为_____,直径大于_____的胶合板或硬纸板。

32. 路缘石抗折试验,调整试验跨距_____,精确至_____。

33. 缘石经ND25 次冻融试验的质量损失率应不大于_____。

34. 路缘石所有项目的检验结果都符合某一等级规定时,判为相应等级;有一项不符合合格品等级规定时,判为_____。

二、单选题

1. 路缘石试件制备好后,养护_____后方可试验。
   A. 7d   B. 28d   C. 14d   D. 3d

2. 路缘石抗盐冻试验的冷冻介质是_____ NaCl。
   A. 2%   B. 4%   C. 6%   D. 5%

3. 路缘石抗盐冻试验试块制取的面积不应小于_____。
   A. 100mm×210mm   B. 200mm×300mm
   C. 100mm×200mm   D. 100mm×150mm

4. 优等品路缘石,长、宽、高的尺寸偏差范围是_____。
   A. ±3mm   B. ±4mm   C. ±5mm   D. ±6mm

5. 优等品路缘石的吸水率应是_____。
   A. ≤7.0%   B. ≤4.0%   C. ≤5.0%   D. ≤6.0%

6. 路缘石吸水率试验时,将制备好的试件在水中浸没24h,水的温度为_____。
   A. 20±1℃   B. 20±2℃   C. 20±3℃   D. 23±2℃

7. 路缘石吸水率试验中,试块之间,试块与干燥箱之间的距离不得小于_____。
   A. 10mm   B. 20mm   C. 30mm   D. 40mm

8. 路缘石吸水率试验中,水面应高出试块_____。
   A. 5~10mm   B. 10~15mm   C. 15~20mm   D. 20~30mm

9. 路缘石抗折试验中加载压块的直径为_____。
   A. 50mm   B. 40mm   C. 30mm   D. 20mm

10. 混凝土路缘石 A 级品吸水率要求≤_____%。

A. 8.0　　　　　B. 7.0　　　　　C. 6.0　　　　　D. 5.0
11. 进行物理力学性能检验的路缘石龄期应不小于_____d。
A. 28　　　　　B. 14　　　　　C. 10　　　　　D. 7
12. 路缘石抗折强度试验一组样品为_____件。
A. 6　　　　　B. 5　　　　　C. 4　　　　　D. 3
13. 直线型路缘石应作_____试验。
A. 抗压强度　　B. 抗折强度　　C. 弯曲强度　　D. 劈裂强度
14. 路缘石抗折强度试验前试件需在温度为_____℃的水中浸泡24h。
A. 20　　　　　B. 20±1　　　　C. 20±2　　　　D. 20±3
15. 路缘石抗压强度试验要求加荷速度为_____MPa/s。
A. 0.03~0.05　 B. 0.04~0.06　 C. 0.3~0.5　　 D. 0.4~0.6
16. 路缘石抗压强度平均值应精确至_____MPa。
A. 1　　　　　B. 0.1　　　　　C. 0.01　　　　D. 0.001
17. 路缘石吸水率试验的烘干温度为_____℃。
A. 105~110　　 B. 105±5　　　 C. 105±3　　　 D. 105±2
18. 混凝土路缘石抗冻性试验要求经D50次冻融试验的质量损失不大于_____%。
A. 10.0　　　　B. 5.0　　　　　C. 3.0　　　　　D. 2.0
19. 路缘石吸水率试验用水浸泡时间为_____h。
A. 24±1　　　　B. 24±0.5　　　C. 24±0.25　　　D. 24

三、多选题

1. 路缘石出厂要检测的项目_____。
　A. 外观质量　　B. 尺寸偏差　　C. 力学性能　　D. 物理性能
2. 每批出厂产品都应进行出厂检验，出厂检验项目是指_____。
　A. 尺寸偏差　　B. 力学性能　　C. 吸水率　　　D. 外观尺寸
3. 制作路缘石的原材料中水泥应符合_____的要求。
　A. GB 1596　　B. GB 175　　　C. GB 12958　　D. GB/T 2015
4. 直线形缘石抗折强度等级分为_____。
　A. $C_f 5.0$　　B. $C_f 4.0$　　C. $C_f 2.0$　　D. $C_f 3.0$
5. 直线形缘石按截面分为_____。
　A. H 型　　　　B. T 型　　　　C. R 型　　　　D. F 型
6. 下列那些情况需要进行路缘石型式检验_____。
　A. 正常生产时，每年进行一次
　B. 出厂检验与上次型式检验结果有较大差异时
　C. 用户有特殊要求时
　D. 停产半年以上，又恢复生产时
7. 路缘石外观质量包括_____。
　A. 裂纹　　　　　　　　　　　　B. 色差、杂色
　C. 可视面粘皮　　　　　　　　　D. 面层非贯穿裂纹最大投影尺寸
8. $C_f 6.0$ 抗折强度平均值及单块最小值是_____。
　A. ≥6.0　　　 B. ≥7.0　　　　C. ≥4.8　　　　D. ≥4.5
9. 路缘石抗折强度试验用加载压块的要求为_____。

A. 厚度大于 20mm　　B. 直径为 50mm　　C. 硬度大于 HB200
D. 硬度大于 HB100　　　　　　　　E. 表面平整光滑的圆形钢块

10. 路缘石抗压强度试验以_____来判定强度等级。
A. 抗压强度平均值　B. 抗压强度中间值　C. 抗压强度最大值　D. 抗压强度最小值

11. 以下_____为混凝土路缘石尺寸偏差检查内容。
A. 对角线　　　　B. 长度　　　　C. 宽度　　　　D. 平整度

12. 路缘石吸水率标准要求按质量等级从高到低依次为≤_____%。
A. 8.0　　　　　B. 7.0　　　　　C. 6.0　　　　　D. 5.0

13. 应作抗压强度检测的路缘石为_____。
A. 曲线形缘石　　　　　　　　B. 长方形缘石
C. 直线形但截面 L 状缘石　　　D. 不适合作抗折强度的缘石

14. 路缘石力学性能试验机量程应使预期破坏荷载落在全量程的_____之间。
A. 30%　　　　　B. 20%　　　　　C. 80%　　　　　D. 70%

15. 下列说法正确的是_____。
A. 混凝土路缘石力学性能检测必须同时进行抗压强度和抗折强度检测
B. 混凝土路缘石力学性能检测不需要同时进行抗压强度和抗折强度检测
C. 混凝土路缘石力学性能检测前样品需要浸水一天再检测
D. 混凝土路缘石力学性能检测前样品不需要浸水,应直接检测

16. 强度等级为 Cc40 的路缘石要求抗压强度平均值和最小值依次为≥_____。
A. 40.0　　　　　B. 32.0　　　　　C. 30.0　　　　　D. 24.0

四、判断题

1. 优等路缘石吸水率应小于 6.0。（　）
2. 路缘石经 ND25 次冻融试验的质量损失率不大于 $0.5kg/m^2$。（　）
3. 路缘石抽样前应预先确定抽样方法,所抽样的试件具有代表性,抽样龄期不小于 7d。（　）
4. 路缘石测量顶面和正侧面缺棱掉角处损坏、掉角的长度和宽度（或高度）投影尺寸,精确至 1cm。（　）
5. 路缘石所有试验项目的结果符合某一等级规定时,判定相应等级；有一项不符合合格品等级规定时判定为合格品。（　）
6. 路缘石检验外观质量及尺寸偏差的所有项目都符合某一等级规定时,判定该项目为相应质量等级。（　）
7. 路缘石产品检验分出厂检验和型式检验。（　）
8. 路缘石需作抗盐冻性实验时,可不作抗冻性实验。（　）
9. 混凝土路缘石是铺设在路面边缘或标定路面界限的预制混凝土的界石。（　）
10. 混凝土路缘石可以有贯穿裂纹。（　）
11. 混凝土路缘石所有检验项目的结果都符合某一等级规定时,判为相应等级；有一项不符合该等级规定时,判为不合格品。（　）
12. 制作缘石的原材料中粉煤灰应符合 GB 1596 及 GBJ 146—1990 的规定。（　）
13. 缘石面层（料）厚度,包括倒角的表面任何一部位的厚度,应不小于 5mm。（　）
14. 抗压强度试验时,加荷速度调整在 0.04~0.06MPa/s,匀速连续地加荷,直至试块破坏。（　）
15. 缘石应角边齐全、外形完好、表面平整,可视面不宜有倒角。（　）

五、综合题

1. 路缘石抗折强度试件什么时候需要找平处理？如何找平？
2. 标记为：CFCH120×350×740(C_f5.0)(A)JC 889—2002 的含义。
3. 现行标准 JC 899—2002 的使用范围。
4. 路缘石长度如何测量？
5. 路缘石宽度如何测量？
6. 路缘石抗压强度试件什么时候需要磨平或找平处理？如何找平？
7. 简述路缘石抗折强度试验步骤。
8. 简述路缘石吸水率试验步骤。
9. 路缘石吸水率试验,三块试件的烘干质量分别为 2450g、2400g、2410g；三块试件的 24h 吸水质量分别为 2615g、2570g、2585g；请计算吸水率,判断是否符合一等品要求,并说明理由。
10. 混凝土立缘石抗折强度试验,截面为矩形,尺寸(宽×高×长)120mm×325mm×750mm,3个试件的最大荷载数据分别为 20.5、16.6、22.2(kN)。请计算抗折强度,判断是否符合 C_f4.0 要求,并说明理由 ($C_f = 3PL/2bh^2$)。

参考答案：

（一）路面砖

一、填空题

1. 建材
2. 水泥　集料　振动加压　人行道　块、板　有面层（料）
3. 普通型路面砖、联锁型路面砖　N　S
4. C_c30　C_c35　C_c40　C_c50　C_c60
5. $C_f3.5$　$C_f4.0$　$C_f5.0$　$C_f6.0$
6. 强度等级　外观质量　尺寸偏差　物理性能　优等品（A）　一等品（B）　合格品（C）
7. 防滑
8. 砖用卡尺　不低于 0.5mm
9. 长　宽　厚　0.5mm
10. 最大投影　延伸的投影　0.5mm
11. 目测
12. 正面四周边缘　中间测量尺　最大凸凹处　0.5mm
13. 正面　偏离数值　两次　最大值　0.5mm
14. 边长　厚度
15. 同一类别；同一规格；同一等级；20000
16. 随机抽样　50
17. 随机抽样　外观质量　尺寸检验　30
18. 28d

二、单选题

1. C	2. D	3. B	4. D
5. A	6. C	7. D	8. A

9. B   10. B

三、多选题

1. B、D   2. A、B   3. A、B、C、D   4. A、B、C、D
5. A、C、D、E   6. A、B、E   7. A、B   8. A、B、C、E
9. C、D   10. A、B、C

四、判断题

1. √   2. ×   3. ×   4. ×
5. √   6. ×   7. √   8. ×
9. ×   10. √

五、综合题

1. 答：见 JC/T 446—2000 的第 6.1.2.5 条款。

2. 答：见 JC/T 446—2000 的第 6.4.2.3 条款。

3. 答：见 JC/T 446—2000 的第 6.4.3 条款。

4. 答：支座：两个支承棒的直径为 40mm，材料为钢质，其中一个支承棒应能滚动并可自由调整水平。

试验步骤：(1)清除试件表面的粘渣、毛刺，放入室温水中浸泡 24h。

(2)将试件从水中取出用拧干的湿毛巾擦去表面附着水，顺着长度方向外露表面朝上置于支座上。抗折支距为试件厚度的 4 倍。在支座及加压棒与试件接触面之间应垫有 3~5mm 厚的胶合板垫层。

(3)启动试验机，匀速连续地加荷，加荷速度为 0.04~0.06MPa/s，直至试件破坏，记录破坏荷载(P)。

5. 解：单个强度：R_{C1} 500÷12800＝39.1MPa
　　　　　　　R_{C2} 565÷12800＝44.1MPa
　　　　　　　R_{C3} 410÷12800＝32.0MPa
　　　　　　　R_{C4} 535÷12800＝41.8MPa
　　　　　　　R_{C5} 530÷12800＝41.4MPa

平均值 R_C：(39.1＋44.1＋32.0＋41.8＋41.4)÷5＝39.7MPa。

最小值：32.0MPa。

因为：平均值 R_c 39.7MPa＞35.0MPa；最小值 32.0MPa＞30.0MPa。

所以该路面砖强度等级符合出厂等级 Cc35 的要求。

6. 解：350÷70＝5，所以作抗折强度试验；

抗折支距为厚度 4 倍，为 70×4＝280mm；

单个强度：R_f 13×21.5×1000×280÷(2×350×70×70)＝5.27Mpa
　　　　　R_f 23×22.0×1000×280÷(2×350×70×70)＝5.39Mpa
　　　　　R_f 33×17.2×1000×280÷(2×350×70×70)＝4.21Mpa
　　　　　R_f 43×23.5×1000×280÷(2×350×70×70)＝5.76Mpa
　　　　　R_f 53×21.0×1000×280÷(2×350×70×70)＝5.14MPa

平均值 R_f：5.15MPa。最小值：4.21MPa。

因为：平均值 R_f：5.15MPa＞5.0MPa；最小值 4.21MPa＞4.20MPa。

所以该路面砖强度等级符合出厂等级 $C_f5.0$ 的要求。

7. 答:外观检验:不合格数为 6 块,需第二次进行抽样检验。

若两次检验不合格数小于等于 8,则可验收;若两次检验不合格数大于 8,则拒绝验收。

尺寸检验:不合格数为 1 块,为合格,可以验收。

8. 答:设计最大力值为:$40 \times 160 \times 80 \div 1000 = 512$ kN

根据最大力值应在量程的 20%~80% 范围内,300kN、600kN 不符合。

所以,选用 1000kN 量程。

(二) 路缘石

一、填空题

1. JC 899—2000　建材
2. 水泥　密实集料　振动法　压缩法　标定路面界限　导水用
3. 顶面与路面平齐　标定路面范围　整齐路容
4. 顶面高出路面　标定车行道范围
5. 直线形　曲线形
6. CCC　RACC
7. $C_f6.0$　$C_f5.0$　$C_f4.0$　$C_f3.0$
8. Cc40　Cc35　Cc30　Cc25
9. 外观质量　尺寸偏差　物理性能　优等品(A)　一等品(B)　合格品(C)
10. 20000　5000
11. 13
12. 寒冷地区　严寒地区
13. 24h　20±3℃
14. 抗压强度试验
15. 0.3~0.5MPa/s
16. 100mm×100mm×100mm　3　两
17. -15~-20℃　105±2℃
18. 3
19. 3　单块最小值
20. 300mm　1000mm　1mm
21. 10mm　48h
22. -20~-25℃　5~8mm
23. -20℃　6h　20±1℃　25 次
24. 20mm　0.1%　5g
25. 20±3℃　24±0.5h　20~30mm
26. 20mm　50mm　HB200
27. 4mm
28. 宜为直角
29. 10mm　1mm
30. 路缘石底面的两端
31. 3mm　50mm
32. $L_s = L - 2 \times 50$mm　1mm
33. 0.5kg/m²
34. 不合格品

二、单选题

1. D	2. B	3. C	4. A
5. D	6. C	7. B	8. D
9. A	10. C	11. A	12. D
13. B	14. D	15. C	16. B
17. D	18. C	19. B	

三、多选题

1. A、B、C 2. A、B、D 3. B、C、D 4. A、B、D
5. A、B、C、D 6. A、B、C、D 7. A、B、C、D 8. A、C
9. A、B、C、E 10. A、D 11. B、C、D 12. C、B、A
13. A、C、D 14. B、C 15. A、C 16. A、B

四、判断题

1. × 2. √ 3. × 4. ×
5. × 6. √ 7. √ 8. √
9. √ 10. × 11. × 12. √
13. × 14. × 15. ×

五、综合题

1. 答:当试验中加载压块不能与试件表面完全水平吻合接触时,应用1:2的水泥砂浆将加载压块所处部位抹平使之试验时可均匀受力,抹平处理后的试件养护3d后方可试验。

2. 答:按 JC 889—2002 生产的 H 型、尺寸为 120mm×350mm×740mm、强度等级为 C_f5.0 的立缘石优等品。

3. 答:以水泥和密实集料为主要原料,经振动法、压实法或其他能达到同等效能之方法预制的铺设在路面边缘、标定路面界限及导水用缘石。

4. 答:分别在缘石顶面中部、正侧面及背面距底面 10mm 处测量长度,取三个测量值的算术平均值为该试件的长度值,精确至 1mm。

5. 答:分别在缘石底面的两端,距端面 10mm 处及底面中部测量宽度,取三个测量值的算术平均值为该试件的宽度值,精确至 1mm。

6. 答:当截取的路缘石抗压强度试件两个承压面不平行、平整时,应对承压面磨平或用水泥净浆找平,找平层厚度不大于 5mm,养护 3d。

7. 答:

(1)将一组三块试件的正侧面试验跨距,以跨中试件宽度的 1/2 处为施加荷载的部位,当试验中加载压块不能与试件表面完全水平吻合接触时,应用 1:2 的水泥砂浆将加载压块所处部位抹平使之试验时可均匀受力,抹平处理后的试件养护 3d 后方可试验。

(2)将制备好的试件在 20±3℃的水中浸没 24h。

(3)使抗折试验支承装置处于可进行试验状态。调整试验跨距 $L_s = L - 2 \times 50$mm,精确至 1mm。

(4)将试件从水中取出,擦去表面附着水,正侧面朝上置于试验支座上,试件长度方向与支杆垂直,使试件加载中心与试验机压头同心。

(5)将加载压块置于试件加载位置,并在其与试件之间垫上找平垫板。

(6)检查支距、加载点无误后,启动试验机,以 0.04~0.06MPa/s 的速度连续匀速加荷,直至试件断裂,记录最大荷载值。

(7)按 $C_f = PL_s/4 \times 1000 \times W_{ft}$ 计算单块抗折强度和平均抗折强度。

(8)按标准判定等级。

8. 答:(1)分别在三块缘石上截取尺寸约为 100mm×100mm×100mm 的带有可视面的立方体试块三块。

(2)用硬毛刷将试块表面及周边松动的渣粒清除干净。

(3)放入温度为105±2℃的干燥箱内烘干,试块之间、试块与干燥箱内壁之间的距离不得小于20mm。

(4)每间隔4h将试块取出分别称量一次,直至两次称量差小于0.1%时,视为试块的干燥质量,精确至5g。

(5)将试块放入水槽,注入温度为20±3℃的洁净水,使试件浸没水中24±0.5h,水面应高出试块20~30mm。

(6)取出试块,用拧干的湿毛巾擦去表面附着水,立即分别称量试块浸水后的质量,精确至5g。

(7)按下列公式计算吸水率:

$$W = [(m_1 - m_0)/m_0] \times 100\%$$

先计算单块吸水率,再计算吸水率的平均值作为试验结果。

(8)按标准判定等级。

9.解:(1)计算单块吸水率:

$$W = [(m_1 - m_0)/m_0] \times 100\%$$
$$W_1 = [(2615 - 2450)/2450] \times 100 = 6.73\%$$
$$W_2 = [(2570 - 2400)/2400] \times 100 = 7.08\%$$
$$W_3 = [(2585 - 2410)/2410] \times 100 = 7.26\%$$

(2)计算平均吸水率:

$$\begin{aligned} W &= (W_1 + W_2 + W_3)/3 \\ &= (6.73 + 7.08 + 7.26)/3 \\ &= 7.02 \approx 7.0\% \end{aligned}$$

(3)路缘石一等品要求吸水率≤7.0%,

由于实测吸水率为7.0%,所以吸水率符合一等品要求。

10.解:(1)$L = 650mm, b = 325mm, h = 120mm$。

(2)$C_f = 3PL/2bh^2$

$C_{f1} = 3 \times 20.5 \times 1000 \times 650/(2 \times 325 \times 120 \times 120) = 4.27MPa$

$C_{f2} = 3 \times 16.6 \times 1000 \times 650/(2 \times 325 \times 120 \times 120) = 3.46MPa$

$C_{f3} = 3 \times 22.2 \times 1000 \times 650/(2 \times 325 \times 120 \times 120) = 4.62MPa$

平均值 $C_f = (4.27 + 3.46 + 4.62)/3 = 4.12MPa$

单块最小值 = 3.46MPa

(3)$C_f4.0$ 标准要求抗折强度平均值≥4.00MPa,单块最小值≥3.20MPa。

(4)由于该组试件的抗折强度平均值>4.00MPa,单块最小值>3.20MPa,所以其抗折强度符合 $C_f4.0$ 标准要求。

路面砖模拟试卷

一、填空题(10分)

1.路面砖物理、力学性能试验试件的龄期为不少于_____。

2.根据路面砖_____与_____比值,选择做抗压强度或抗折强度试验。

3.道路砖外观质量检测用量具用_____或精度_____其他量具。

4.每批路面砖应为_____、_____、_____,每_____块为一批;不足上述数量,亦按一批计。

5.《混凝土路面砖》JC/T 446—2000,其中 JC 表示_____行业标准。

二、单选题(10分)

1. 某路面砖尺寸为 400mm×400mm×60mm,力学强度应作_____试验。
   A. 抗压强度　　　　B. 抗折强度　　　　C. 抗折或抗压强度　　D. 抗折和抗压强度
2. 规格尺寸检验的试件,从外观质量检验合格的试件中按随机抽样法抽取_____块路面砖。
   A. 50　　　　　　　B. 10　　　　　　　C. 5　　　　　　　　D. 15
3. 抗折强度等级为 $C_f4.0$,试件边长为 300mm,厚度为 60mm 的混凝土路面砖,进行抗折强度测试时,试验时间应在_____之间。
   A. 20~40s　　　　　B. 30~60s　　　　　C. 50~80s　　　　　D. 60~100s
4. 试件边长为 300mm,厚度为 80mm,抗压强度等级为 C_c50 的混凝土路面砖,进行抗压强度测试时,其加荷速度为_____。
   A. 5.12~7.68kN/s　　　　　　　　　　　B. 25.6~38.4kN/s
   C. 0.4~1.0MPa/s　　　　　　　　　　　D. 2~3MPa/s
5. 计算耐磨度的两个参数是_____。
   A. 磨头转数、磨槽深度　　　　　　　　B. 磨头转数、磨坑长度
   C. 摩擦时间、磨槽深度　　　　　　　　D. 磨坑长度、耐磨度

三、多选题(20分)

1. 尺寸偏差包括_____。
   A. 垂直度　　　　　B. 厚度差　　　　　C. 裂纹长度
   D. 缺棱掉角最大投影长度　　　　　　　E. 平整度
2. 抗冻性试验,完成 25 次冻融循环后,应检查的项目有_____。
   A. 强度　　　　　　B. 外观质量　　　　C. 尺寸偏差　　　　D. 物理性能
3. 出厂检验项目包括_____。
   A. 外观质量　　　　B. 强度　　　　　　C. 吸水率　　　　　D. 耐磨度
   E. 尺寸偏差
4. 路面砖物理性能指标不包括_____。
   A. 抗冻性　　　　　B. 吸水性　　　　　C. 裂缝　　　　　　D. 抗压强度
   E. 耐热性
5. 确定路面砖质量等级的技术要求包括_____。
   A. 强度等级　　　　B. 外观质量　　　　C. 耐磨性　　　　　D. 抗冻性
   E. 原材料质量

四、判断题(10分)

1. 抗压和抗折强度、吸水率试验样品都需要放入室温水中浸泡 24h。(　　)
2. 抗压强度试验,需用到钢质垫压板,垫压板的长度和宽度根据路面砖边长与厚度的比值选取。(　　)
3. 抗冻性试验,试件所需数量为 5 块。(　　)
4. 抗折强度试验是以 5 块试样抗折强度平均值表示,计算精确至 0.01MPa。(　　)
5. 正面粘皮及缺损测试方法是测量正面粘皮及缺损对应路面砖边的长、宽两个投影尺寸,精确

至0.5mm。（　）

五、综合题(50分)

1. 简述抗折强度、抗压强度、吸水率、抗冻性、外观试验各自需要样品数量。
2. 简述吸水率试验步骤。
3. 简述路面砖抗折强度试验时对支座要求及试验步骤。
4. N400×400×60C$_c$3.5BJC/T 446—2000所表示的含义是什么。
5. 某路面砖其规格尺寸为300mm×300mm×80mm，经检测其破坏荷载分别为：650kN、645kN、700kN、675kN、540kN，已知垫压板尺寸为160mm×80mm。评定该路面砖强度等级是否符合出厂等级C$_c$50的要求。
6. 另一组路面砖的规格尺寸为350mm×350mm×70mm，经检测破坏荷载分别为：(1)21.5kN；(2)22.0kN；(3)17.1kN；(4)23.5kN；(5)21.0kN。评定该路面砖强度等级是否符合出厂等级C$_f$5.0的要求？
7. 某次路面砖出厂检验时出现下列情况，外观检验不合格数为6块，尺寸偏差不合格数为1块。请你考虑下一步的检验计划。
8. 有一普通型路面砖规格为250mm×250mm×60mm，出厂抗压强度等级C$_c$40，垫压板尺寸为120mm×60mm，选哪种量程试验机？（100kN、300kN、600kN）
9. 有一普通型路面砖规格为300mm×300mm×50mm，出厂抗折强度等级C$_f$4.0，试验过程中加荷速度控制在多少范围？

路缘石模拟试卷

一、填空题(10分)

1. 路缘石质量等级分为_____、_____、_____。
2. 混凝土路缘石现行规范代号为_____，代号中字母表示_____行业标准。
3. 符合某强度等级路缘石根据其_____、尺寸偏差和_____划分质量等级_____。
4. 路缘石垂直度测量方法为：用直角尺或丁字尺的一边紧靠缘石的顶面，另用小量程_____测量直角尺或丁字尺另一边与其端面所垂直面之间的_____，记录其最大值，精确至_____mm。

二、单项选择题(10分)

1. 路缘石外观质量和尺寸偏差试验试件，每批产品抽取_____块。
   A. 3块　　B. 10块　　C. 13块　　D. 5块　　E. 50块
2. 路缘石抗冻性试验质量损失率应不大于_____。
   A. 2.0%　　B. 5.0%　　C. 10.0%　　D. 3.0%
3. 抗折强度试件制备在水中浸没_____小时。
   A. 2　　B. 24　　C. 48　　D. 12
4. 抗压强度试件，在_____温度水中浸泡。
   A. 20±2℃　　B. 10~35℃　　C. 20±5℃　　D. 20±3℃
5. 抗折强度试件加荷速度范围为_____。
   A. 0.04~0.06Pa/s　　　　B. 0.04~0.06MPa/m

C. 0.03~0.05MPa/s   D. 0.03~0.05Pa/s
E. 0.04~0.06MPa/s

6. 路缘石试件长度为750mm,则抗折试验的试验跨距为_____mm。
　A. 750　　　　　B. 700　　　　　C. 500　　　　　D. 650
7. 塑性工艺生产缘石每_____件为一批。
　A. 20000　　　　B. 10000　　　　C. 5000　　　　D. 2000
8. 属于路缘石物理性能试验的是_____。
　A. 吸水率　　　B. 抗折　　　　C. 抗压　　　　D. 尺寸偏差
9. 抗压加荷速度范围为_____。
　A. 0.03~0.05MPa/s　　　　　　B. 0.3~0.5MPa/s
　C. 0.03~0.05Pa/s　　　　　　　D. 0.04~0.06MPa/s
　E. 0.4~0.6MPa/s
10. 若抗折试件经砂浆找平处理,需养护_____方可试验。
　A. 24h　　　　　B. 3h　　　　　C. 72h　　　　　D. 28d

三、多项选择题(20分)

1. 路缘石抗折强度试验以_____来判定强度等级。
　A. 抗折强度平均值　　B. 抗折强度中间值
　C. 抗折强度最大值　　D. 抗折强度最小值
2. 以下_____为混凝土路缘石外观质量检查内容。
　A. 缺棱掉角　　B. 贯穿裂缝　　C. 色差、杂色　　D. 孔洞
3. 强度等级为$C_f5.0$的路缘石要求抗折强度平均值和最小值依次为≥_____。
　A. 6.00　　　　B. 4.80　　　　C. 5.00　　　　D. 4.00
4. 路缘石吸水率标准要求按质量等级从低到高依次为≤_____%。
　A. 10.0　　　　B. 8.0　　　　　C. 7.0　　　　　D. 6.0
5. 以下_____为混凝土路缘石型式检验项目。
　A. 力学性能　　B. 耐磨性　　　C. 抗冻性　　　D. 外观质量

四、判断题(10分)

1. 抽样时,力学性能试验试件,按随机抽样法从外观质量和尺寸偏差检验合格试件中抽取。（　）
2. 抗压强度试块应从同一块路缘石上切取3块符合试验要求的试块,抗折强度直接抽取3个试件。（　）
3. 抗折强度试验中加载压块要求为采用厚度大于2cm,直径为50mm,硬度大于HB200,表面平整的圆形刚块。（　）
4. 某缘石抗压试验,数据为34.0、42.0、44.0MPa,则不符合Cc40等级。（　）
5. 判定规则要求,所有检验项目结果都符合某一等级规定时,判为相应等级。（　）

五、综合题(50分)

1. 简述路缘石质量等级分类依据。
2. 简述标记为:CFCH120×350×740($C_f5.0$)(A)JC 889—2002的含义。
3. 简述尺寸偏差需检验的项目。

4. 哪些路缘石应作抗压强度试验？

5. 简述路缘石抗折试验支承装置的要求？

6. 抗折强度试验，截面为矩形，尺寸(宽×高×长)120mm×300mm×1000mm，3个试件的最大荷载数据为 26.0、32.0、35.0(kN)，计算抗折强度，判断是否符合 $C_f4.0$ 要求，并说明理由。

7. 简述抗压强度试验，试件制备要求，试验步骤。

8. 简述抗折强度试验，如何试件制备，试验步骤。

9. 某抗折试件，长 1000mm，截面模量为 3450cm³，则匀速加荷速度范围为多少？若为 $C_f6.0$ 等级，则选择哪一种量程(10t、30t、60t、100t)万能机比较合适？并说明理由。

第九节　沥青与沥青混合料

一、填空题

1. 沥青混合料按其组成结构可分为三类，即_____、_____、_____。

2. 用马歇尔试验确定沥青混合料的沥青用量时，控制高温稳定性的指标是_____和_____，在沥青混合料配合比确定后，验证高温稳定性的指标是_____。

3. 沥青混合料配合比设计要完成的两项任务是_____和_____。

4. 沥青针入度的试验条件包括_____、_____和_____。

5. 沥青软化点测定升温速度大于 5.5℃/min，测得的结果将偏_____。

6. 当沥青的相对密度明显大于 1 或小于 1 时，测定沥青延度为避免沥青沉入水底或浮于水面，应在水中加入_____或_____来调整水的密度。

7. 沥青薄膜加热试验非经注明，加热时间为_____h，温度为_____。

8. 沥青混合料的油石比是指_____的质量占_____的质量的百分率。

9. 进行沥青软化点试验时当其不超过 80℃时，试验起始温度为_____，当其软化点超过 80℃时，试验起始温度为_____。

10. 沥青混合料粗骨料颗粒级配有_____和_____之分。

11. 标准马歇尔稳定度试件的高度应为_____，试件两侧高度差应小于_____，如果不符合上述要求试件应_____。

12. 沥青混合料密度测定主要有_____、_____、_____、_____四种。

13. 测定漏入抽提液中的矿粉可以用_____和_____两种方法测定。

14. 反映沥青条件黏度的两个试验是_____和_____试验。

15. 测定吸水率不大于 2% 的沥青混合料的毛体积密度用_____法，测定吸水率大于 2% 的沥青混合料的毛体积密度用_____法，大空隙的沥青混合料用_____法。

二、单选题

1. 石油沥青老化后，其延度较原沥青将_____。
   A. 保持不变　　B. 升高　　C. 降低　　D. 前面三种情况可能都有可能

2. 测定沥青碎石混合料密度最常用的方法为_____。
   A. 水中重法　　B. 表干法　　C. 蜡封法　　D. 体积法

3. 石油沥青老化后，其软化点较原沥青将_____。
   A. 保持不变　　B. 升高　　C. 降低　　D. 先升高后降低

4. 目前,国内外测定沥青蜡含量的方法很多,但我国标准规定的是_____。
   A. 蒸馏法　　　　　B. 硫酸法　　　　　C. 组分分析法　　　D. 化学分析法
5. 沥青混合料试件质量为1200g,高度为65.5mm,成型标准高度(63.5mm)的试件混合料的用量约为_____。
   A. 1152g　　　　　B. 1163g　　　　　C. 1171g　　　　　D. 1182g
6. 对水中称重法、表干法、封蜡法、体积法的各自适用条件下述说法正确的是_____
   A. 水中称重法适用于测沥青混合料的密度
   B. 表干法适合测沥青混凝土的密度
   C. 封蜡法适合测定吸水率大于2%的沥青混合料的密度
   D. 体积法与封蜡法适用条件相同
7. 沥青材料老化后其质量将_____。
   A. 减小　　　　　　B. 增加　　　　　　C. 不变　　　　　　D. 有的沥青减小,有的增加
8. 为保证沥青混合料沥青与骨料的粘附性,在选用石料时,应优先选用_____石料。
   A. 酸性　　　　　　B. 碱性　　　　　　C. 中性　　　　　　D. 无要求
9. 在沥青混合料中,既有较多数量的粗集料可形成空间骨架,同时又有相当数量的细集料可填充骨架的孔隙,这种结构形式称之为_____结构。
   A. 骨架–空隙　　　B. 密实–骨架　　　C. 悬浮–密实　　　D. 空隙–密实
10. 沥青混合料用集料的筛分应采用_____。
    A. 干筛法筛分　　　B. 水筛法筛分　　　C. 无所谓
11. 试验测得沥青软化点为82.4℃,试验结果应记为_____。
    A. 82℃　　　　　　B. 82.5℃　　　　　C. 83℃
12. 车辙试验主要是用来评价沥青混合料的_____。
    A. 高温稳定性　　　B. 低温抗裂性　　　C. 水稳定性　　　　D. 都可以
13. 沥青混合料稳定度的试验温度是_____。
    A. 50℃　　　　　　B. 60℃　　　　　　C. 65℃　　　　　　D. 80℃
14. 沥青混合料稳定度试验对试件的加载速度是_____。
    A. 10mm/min　　　B. 0.5mm/min　　　C. 1mm/min　　　　D. 50mm/min
15. 离心分离法测定沥青混合料中沥青含量试验中,应考虑泄漏入抽提液中的矿粉的含量,如忽略部分矿粉量,则结果较实际值_____。
    A. 小　　　　　　　B. 相同　　　　　　C. 大　　　　　　　D. 可大可小
16. 沥青薄膜加热试验后的沥青性质试验应在_____内完成。
    A. 48h　　　　　　B. 63h　　　　　　C. 70h　　　　　　D. 72h
17. 我国石油沥青,按_____试验项划分沥青标号。
    A. 针入度　　　　　B. 延度　　　　　　C. 软化点　　　　　D. 密度
18. 为防止沥青老化影响试验结果,沥青试样在灌模过程中,若试样冷却,反复加热不得超过_____次。
    A. 1　　　　　　　　B. 2　　　　　　　　C. 3　　　　　　　　D. 4
19. 测定马歇尔试件稳定度的试验中,马歇尔试件放入达到规定温度的恒温水浴中保温_____min后,方可取出试件进行稳定度试验。
    A. 10~20　　　　　B. 20~30　　　　　C. 30~40　　　　　D. 40~50
20. 随着沥青含量增加,沥青混合料试件的稳定度将_____。

A. 呈抛物线变化　　　B. 保持不变　　　C. 递减　　　D. 递增

三、多选题

1. 沥青混合料抽提试验的目的是检查沥青混合料的_____。
　A. 沥青用量　　　B. 矿料级配　　　C. 沥青的标号　　　D. 矿料与沥青的粘附性

2. 沥青混合料摊铺温度主要与_____因素有关。
　A. 拌合温度　　　B. 沥青种类　　　C. 沥青标号　　　D. 气温

3. A、B、C、D 四种同标号沥青，老化试验结果按序（质量损失，针入度比，25℃延度）如下，请从中选出两种抗老化性能好的沥青_____。
　A. -0.7%，42%，60cm　　　　　B. 0.8%，50%，68cm
　C. -0.8%，52%，70cm　　　　　D. 0.7%，38%，50cm

4. 软化点试验时，软化点在80℃以下和80℃以上其加热起始温度不同，分别是_____。
　A. 室温　　　B. 5℃　　　C. 22℃　　　D. 32℃

5. 沥青混合料试件成型时，混合料装入模后用插刀沿周边插捣_____次，中间_____次。
　A. 13　　　B. 12　　　C. 15　　　D. 10

6. 针入度试验属条件性试验，其条件主要有3项，即_____。
　A. 时间　　　B. 温度　　　C. 一定荷载的标准针　　　D. 沥青试样数量

7. 沥青混合料中沥青的含量测定方法有_____。
　A. 脂肪抽提法　　　B. 回流式抽提法　　　C. 离心分离法　　　D. 射线法

8. 沥青混合料的沥青材料的标号应根据_____等因素选择。
　A. 路面类型　　　B. 矿料级配　　　C. 气候条件　　　D. 施工方法

9. 沥青混合料标准密度的确定方法有：_____。
　A. 马歇尔法　　　　　　　　　　　B. 试验路法
　C. 实测最大理论密度法　　　　　D. 计算最大密度法

10. 沥青混凝土路面施工与验收规程对各种类型的沥青混合料中的矿料级配范围作出了规定，特别对_____三个筛孔的矿料通过量要求更严。
　A. 0.075mm　　　B. 1.18mm　　　C. 2.36mm　　　D. 4.75mm

11. 采用环球法测定沥青软化点，根据软化点的高低可以选择_____作为沥青试样的加热介质。
　A. 蒸馏水　　　B. 自来水　　　C. 甘油　　　D. 盐水

12. SBS改性沥青的最大特点是使沥青的_____均有显著改善。
　A. 高温性能　　　B. 低温性能　　　C. 水稳性能　　　D. 抗滑性能

13. 空隙率是影响沥青混合料耐久性的重要因素，其大小决定于_____。
　A. 矿料级配　　　B. 沥青品种　　　C. 沥青用量　　　D. 压实程度

14. 确定沥青混合料的取样数量与_____因素有关。
　A. 试验项目　　　B. 试验设备　　　C. 集料公称最大粒径　　　D. 试验环境

15. 沥青混合料的高温稳定性，在实际工作中通过_____进行评价。
　A. 马歇尔试验　　　B. 浸水马歇尔试验　　　C. 劈裂试验　　　D. 车辙试验

16. 测定马歇尔稳定度，指在规定的_____条件下，标准试件在马歇尔稳定度仪中测得的最大破坏荷载。
　A. 温度　　　B. 湿度　　　C. 变形　　　D. 加荷速度

17. 沥青混合料水稳定性的评价指标为_____。

A. 吸水率　　　　　B. 饱水率　　　　　C. 残留强度比　　　　D. 残留稳定度
18. 可以用来测定沥青混合料中沥青含量的试验方法有_____。
　　A. 射线法　　　　　B. 离心分离法　　　C. 回流式抽提仪法　　D. 脂肪抽提仪法
19. 沥青路面所用沥青标号的选择与_____因素有关。
　　A. 气候条件　　　　B. 道路等级　　　　C. 沥青混合料类型　　D. 路面类型
20. 沥青混合料中沥青用量可以采用_____来表示。
　　A. 沥青含量　　　　B. 粉胶比　　　　　C. 油石比　　　　　　D. 沥青膜厚度

四、判断题

1. 评价粘稠石油沥青路用性能最常用的三大技术指标为针入度、软化点及脆点。（　）
2. 沥青与矿料的粘附等级越高，说明沥青与矿料的粘附性越好。（　）
3. 工程中常用油石比来表示沥青混合料中的沥青用量。（　）
4. 石油沥青的标号是根据沥青规定条件下的针入度、延度以及软化点值来确定的。（　）
5. 增加沥青混合料的试件成型击实次数，将使其饱和度降低。（　）
6. 沥青混合料生产配合比调整的目的是为拌合楼计量控制系统提供各热料仓矿料的配合比例。（　）
7. 沥青混合料的拌合时间越长，混合料的均匀性越好。（　）
8. 沥青混合料的理论密度随沥青用量的增加而增加。（　）
9. 成型温度是沥青混合料密实度的主要影响因素。（　）
10. 沥青的密度与沥青路面性能无直接关系。（　）
11. 沥青混合料中的剩余空隙率，其作用是以备高温季节沥青材料膨胀。（　）
12. 用于质量仲裁检验的沥青样品，重复加热的次数不得超过两次。（　）
13. 沥青老化试验后的质量损失其计算结果可正可负。（　）
14. 沥青针入度越大，其温度稳定性越好。（　）
15. 配制沥青混合料所用矿粉，其细度应越细越好。（　）
16. 为使试验结果具有代表性，在沥青取样时，应用取样器按液面上、中、下位置各取规定数量，并将取出的三个样品分别进行检验。（　）
17. 沥青溶解度试验的目的是检验沥青产品的纯洁度。（　）
18. 残留稳定度是评价沥青混合料水稳定性的一项指标。（　）
19. 沥青试样加热时，可以采用电炉或煤气炉直接加热。（　）
20. 在用表干法测定压实沥青混合料密度试验时，当水温不为标准温度时，因影响较小，沥青芯样密度可不进行水温修订。（　）

五、综合题

1. 简述石油沥青针入度试验的试验条件及注意事项。
2. 简述石油沥青延度试验的试验条件及注意事项。
3. 简述石油沥青软化点试验的试验条件及注意事项。
4. 溶解度试验中，锥形瓶重 87.1174g，加入沥青样品后重量为 89.1246g，干燥的古氏坩埚和玻璃纤维滤纸重量为 79.7742g，溶解度试验后干燥的古氏坩埚和玻璃纤维滤纸重量为 79.7768g，试计算该样品此次试验的溶解度。
5. 沥青延度试验中，若三个试件的测定值分别为 A_1 为 28.0cm、A_2 为 40.0cm、A_3 为 43.0cm。试计算该沥青的延度值 A。

6.简述沥青混合料的组成结构有哪3类？各有什么优缺点？

7.用马歇尔法确定沥青用量的指标(规范规定的常规指标)包括哪几个,各自的含义是什么,分别表征沥青混合料的什么性质？

8.某密实型沥青混合料马歇尔试件密度试验数据如下表:水温为常温(常温水的密度 $\rho_W \approx 1g/cm^3$)。计算这个试件的吸水率和毛体积密度。

马歇尔试件试验记录表

序号	空中重 $m_a(g)$	水中重 $m_W(g)$	表干重 $m_f(g)$	体积 (cm³)	混合料毛体积密度(g/cm³)	稳定度 (kN)	流值 0.1mm
1	1158.1	678.3	1162.3				

9.某沥青混合料离心分离法测定沥青含量试验数据如下:

沥青混合料总质量

总质量(g)	容器中留下的集料质量(g)	环行滤纸试验后增重(g)	抽提液中的矿粉质量(g)
1127.0	1078.4	3.2	64.3

试计算该沥青混合料油石比。

六、案例题

1.某沥青混凝土路面交工后,使用一段时间后发现其抗滑性能较差。试分析可能存在的影响因素。

2.某路沥青混合料面层,秋季施工,摊铺成型后发现压实度不足。试分析可能的存在的原因。

3.某普通沥青取样检测,自行取样检测过程中发现其结果于其他单位检测结果相比含蜡量高,针入度小,延度低。试分析可能存在的原因。

参考答案：

一、填空题

1.悬浮-密实结构　骨架-空隙结构　密实-骨架结构

2.稳定度　流值　动稳定度　　　3.矿料的组成设计　确定最佳沥青用量

4.温度　荷重　时间　　　　　　5.大

6.氯化钠　乙醇　　　　　　　　7.5　163℃

8.沥青　矿料　　　　　　　　　9.5±1℃　30±1℃

10.连续继配　间断继配　　　　11.63.5±1.3mm　2mm　作废

12.表干法　水中重法　蜡封法　体积法　　13.过滤法　燃烧法

14.针入度　软化点　　　　　　15.表干　蜡封　体积

二、单选题

1. C	2. C	3. B	4. A
5. B	6. C	7. D	8. B
9. B	10. B	11. A	12. A
13. B	14. D	15. C	16. D
17. A	18. B	19. C	20. A

三、多选题

1. A、B   2. B、C、D   3. B、C   4. B、D
5. C、D   6. A、B、C   7. A、B、C、D   8. A、C、D
9. A、B、C   10. A、C、D   11. A、C   12. A、B
13. A、C、D   14. A、C   15. A、D   16. A、D
17. C、D   18. A、B、C、D   19. A、B、C、D   20. A、C

四、判断题

1. ×   2. √   3. √   4. ×
5. ×   6. √   7. ×   8. ×
9. ×   10. √   11. √   12. √
13. √   14. ×   15. ×   16. ×
17. √   18. √   19. ×   20. ×

五、综合题

1. 答：(1)加热沥青，焦油沥青不超过软化点以上60℃、石油沥青不超过软化点以上90℃的沥青试样注入盛样皿内，盛样皿深度应比预计深度大10mm以上，小试模室温冷却1~1.5h以上，大试模室温冷却1.5~2.0h以上。

(2)将试模放入恒温水槽中保温小试模1~1.5h，大试模1.5~2.0h，水温为25(或15、30)℃±0.1℃，水面高出试样10mm以上。

(3)调节针入度仪的调平螺丝将仪器调平，检查标准针和连杆，确认组合件总质量为100g±0.05g。

(4)将保温后的试样放入平底保温皿中水温25(或15、30)℃±0.1℃，水面高于试样10mm以上。

(5)调节升降把手，使针尖与样品表面恰好接触。

(6)调节刻度盘上的指针调整至零点。

(7)记录5s时针入度值。

(8)同一试样平行试验至少3次，每测试点之间及与盛样皿边缘的距离不少于10mm。

(9)针入度大于200的沥青试样，需用3支标准针，每次试验后将针留在试样中，直至3次平行试验完成后再取出标准针。

2. 答：(1)加热沥青不超过软化点以上110℃，将沥青试样注入装好并涂有隔离剂延度试模内，并使试样略高于试模，室温冷却30~40min。

(2)将试样放入恒温水槽中保温，水温为5(或10、15)℃±0.1℃，水面高于试样25mm以上。

(3)保温30min后修平试样，再保温1~1.5h。

(4)试验前检查延度仪传动运转是否正常，水温设定为规定温度，并使水槽内水位高于试件上表面15mm以上。

(5)移动滑动板，调节其与固定端为合适的距离。

(6)将试件连同底板从恒温水槽中取出，取下两边的试模并将试样安装到试验机上，开始试验，记录试件断裂时的距离。

(7)在试验中，如沥青丝下沉或上浮，则加入乙醇或氯化钠来调整水的比重至与试样相近后，重新浇模试验。

3. 答：(1)将试样环置于涂有隔离剂的底板上(软化点80℃以上的环、底板预热至80~100℃)，加热沥青不超过软化点以上110℃，注入环内略高出试样环。

(2)室温冷却30min后，刮去高出环面的多余试样。

(3)试样、支架、钢球、定位环一同放入5℃±0.5℃(32℃±1℃)的恒温槽中保温15min以上。

(4)烧杯注入等温的水(或甘油)，高度为支架标记位置。在支架上安装试样、定位环、钢球，插入温度计，注意环架部分不得附有气泡。

(5)加热烧杯，开动搅拌器，在3min内调节加热功率至水温(或油温)上升速度维持在5±0.5℃/min。

(6)试样受热软化下坠，至与下层底板表面接触时(下坠达25mm)的温度即为软化点。

4. 答：$100 - [(79.7768 - 79.7742) \div (89.1246 - 87.1174)] \times 100 = 99.87\%$

5. 答：$\bar{A} = (A_1 + A_2 + A_3)/3 = (28.0 + 40.0 + 43.0)/3 = 37.0$ cm

判断三个值是否在平均值的20%范围内

$37.0 \times (1 + 20\%) = 44.4$ cm

$37.0 \times (1 - 20\%) = 29.6$ cm

比较后，A_1值不在平均值20%范围内，舍去

$\bar{A} = (A_2 + A_3)/2 = (40.0 + 43.0) = 41.5$ cm ≈ 42 cm

6. 答：(1)密实－悬浮结构，粗集料少，不能形成骨架，高温稳定性较差。

(2)骨架－空隙结构，细集料少，不足以填满空隙，水稳定性较差。

(3)密实－骨架结构，粗集料足以形成骨架，细集料也可以填满骨架间的空隙，高温稳定性和水稳定性都较好。

7. 答：用马氏法确定沥青用量的常规指标包括稳定度、流值、空隙率和饱和度四个指标，其含义如下：

稳定度是指标准尺寸的试件在规定温度和加载速度下，在马氏仪上测得的试件最大破坏荷载(kN)；流值是达到最大破坏荷载时试件的径向压缩变形值(0.1mm)；空隙率是试件中空隙体积占试件总体积的百分数；饱和度是指沥青填充矿料间隙的程度。稳定度和流值表征混合料的热稳性，空隙率和饱和度表征混合料的耐久性。

8. 答：吸水率：

$S_a = 100 \times (m_f - m_a)/(m_f - m_w) = 100 \times (1162.3 - 1158.1)/(1162.3 - 678.3) \approx 1\%$

毛体积密度：

$\rho_f = \rho_w \times m_a/(m_f - m_w) = 1 \times 1158.1/(1162.3 - 678.3) = 2.393$ g/cm³

9. 答：混合料中矿料的总质量为：$1078.4 + 3.2 + 64.3 = 1145.9$ g

油石比为：$(1127.0 - 1078.0)/1145.9 = 4.3\%$

六、案例题

1. 答：①集料耐磨光性能较差。

②沥青用量较多。

③沥青含蜡量较高。

④矿料级配较细，构造深度不足。

2. 答：①压路机类型及吨位不合适，压实次数不足。

②气温及路面温度过低。

③沥青混凝土摊铺和压实时温度过低。

④室内马歇尔标准密度计算有误。

3. 答:①取样方式、数量和位置的影响。
②加热过程中加热方式及次数的影响。
③检测方法和仪器及仪器标定的影响。
④人员对试验技能、方法熟悉程度的影响。

沥青与沥青混合料模拟试卷

一、填空题(10分)

1. 沥青混合料按其组成结构可分为三类,即_____、_____、_____。
2. 用马歇尔试验确定沥青混合料的沥青用量时,控制高温稳定性的指标是_____和_____,在沥青混合料配合比确定后,验证高温稳定性的指标是_____。
3. 沥青混合料配合比设计要完成的两项任务是_____和_____。
4. 沥青针入度的试验条件包括_____、_____和_____。
5. 沥青软化点测定升温速度大于5.5℃/min,测得的结果将偏_____。

二、单选题(20分)

1. 石油沥青老化后,其延度较原沥青将_____。
   A. 保持不变　　　　B. 升高　　　　C. 降低　　　　D. 前面三种情况可能都有
2. 测定沥青碎石混合料密度最常用的方法为_____。
   A. 水中重法　　　　B. 表干法　　　　C. 蜡封法　　　　D. 体积法
3. 石油沥青老化后,其软化点较原沥青将_____。
   A. 保持不变　　　　B. 升高　　　　C. 降低　　　　D. 先升高后降低
4. 目前,国内外测定沥青蜡含量的方法很多,但我国标准规定的是_____。
   A. 蒸馏法　　　　B. 硫酸法　　　　C. 组分分析法　　　　D. 化学分析法
5. 沥青混合料试件质量为1200g,高度为65.5mm,成型标准高度(63.5mm)的试件混合料的用量约为_____g。
   A. 1152　　　　B. 1163　　　　C. 1171　　　　D. 1182
6. 对水中称重法、表干法、封蜡法、体积法的各自适用条件下述说法正确的是_____。
   A. 水中称重法适用于测沥青混合料的密度
   B. 表干法适合测沥青混凝土的密度
   C. 封蜡法适合测定吸水率大于2%的沥青混合料的密度
   D. 体积法与封蜡法适用条件相同
7. 沥青材料老化后其质量将_____。
   A. 减小　　　　B. 增加　　　　C. 不变　　　　D. 有的沥青减小,有的增加
8. 为保证沥青混合料沥青与骨料的粘附性,在选用石料时,应优先选用_____石料。
   A. 酸性　　　　B. 碱性　　　　C. 中性　　　　D. 无要求
9. 在沥青混合料中,既有较多数量的粗集料可形成空间骨架,同时又有相当数量的细集料可填充骨架的孔隙,这种结构形式称之为_____结构。
   A. 骨架-空隙　　　　B. 密实-骨架　　　　C. 悬浮-密实　　　　D. 空隙-密实
10. 沥青混合料用集料的筛分应采用_____。

A. 干筛法筛分　　　　B. 水筛法筛分　　　　C. 无所谓

三、多选题(20分)

1. 沥青混合料抽提试验的目的是检查沥青混合料的＿＿＿＿。
   A. 沥青用量　　　B. 矿料级配　　　C. 沥青的标号　　　D. 矿料与沥青的粘附性
2. 沥青混合料摊铺温度主要与那些因素有关＿＿＿＿。
   A. 拌合温度　　　B. 沥青种类　　　C. 沥青标号　　　D. 气温
3. A、B、C、D 四种同标号沥青，老化试验结果按序(质量损失，针入度比，25℃延度)如下，请从中选出两种抗老化性能好的沥青是＿＿＿＿。
   A. -0.7%,42%,60cm　　　　B. 0.8%,50%,68cm
   C. -0.8%,52%,70cm　　　　D. 0.7%,38%,50cm
4. 软化点试验时，软化点在80℃以下和80℃以上其加热起始温度不同，分别是＿＿＿＿。
   A. 室温　　　B. 5℃　　　C. 22℃　　　D. 32℃
5. 沥青混合料试件成型时，料装入模后用插刀沿周边插捣＿＿＿＿次，中间＿＿＿＿次。
   A. 13　　　B. 12　　　C. 15　　　D. 10
6. 针入度试验属条件性试验，其条件主要有3项，即＿＿＿＿。
   A. 时间　　　B. 温度　　　C. 一定荷载的标准针　　　D. 沥青试样数量
7. 沥青混合料中沥青的含量测定方法有＿＿＿＿。
   A. 脂肪抽提法　　　B. 回流式抽提法　　　C. 离心分离法　　　D. 射线法
8. 沥青混合料的沥青材料的标号应根据＿＿＿＿等因素选择。
   A. 路面类型　　　B. 矿料级配　　　C. 气候条件　　　D. 施工方法
9. 沥青混合料标准密度的确定方法有＿＿＿＿。
   A. 马歇尔法　　　B. 试验路法　　　C. 实测最大理论密度法
   D. 计算最大密度法
10. 沥青混凝土路面施工与验收规程对各种类型的沥青混合料中的矿料级配范围作出了规定，特别对＿＿＿＿三个筛孔的矿料通过量要求更严。
    A. 0.075mm　　　B. 1.18mm　　　C. 2.36mm　　　D. 4.75mm

四、判断题(10分)

1. 评价黏稠石油沥青路用性能最常用的三大技术指标为针入度、软化点及脆点。（　）
2. 沥青与矿料的粘附等级越高，说明沥青与矿料的粘附性越好。（　）
3. 工程中常用油石比来表示沥青混合料中的沥青用量。（　）
4. 石油沥青的标号是根据沥青规定条件下的针入度、延度以及软化点值来确定的。（　）
5. 增加沥青混合料的试件成型击实次数，将使其饱和度降低。（　）
6. 沥青混合料生产配合比调整的目的是为拌合楼计量控制系统提供各热料仓矿料的配合比例。（　）
7. 沥青混合料的拌合时间越长，混合料的均匀性越好。（　）
8. 沥青混合料的理论密度随沥青用量的增加而增加。（　）
9. 成型温度是沥青混合料密实度的主要影响因素。（　）
10. 沥青的密度与沥青路面性能无直接关系。（　）

五、综合题(40分)

1. 简述石油沥青针入度试验的试验条件及注意事项。

2. 溶解度试验中,锥形瓶重 87.1174g 加入沥青样品后重量为 89.1246g,干燥的古氏坩埚和玻璃纤维滤纸重量为 79.7742g,溶解度试验后干燥的古氏坩埚和玻璃纤维滤纸重量为 79.7768g,计算该样品此次试验的溶解度。

3. 简述沥青混合料的组成结构有哪 3 类?各有什么优缺点?

4. 案例分析:某沥青混凝土路面交工后,使用一段时间后发现其抗滑性能较差,试分析可能存在的影响因素。

第十节 路面石材与岩石

一、填空题:

1. 市政岩石试验是指应用于_____建设中的岩石试验,诸如_____、_____、_____用石材,以及岩石类等岩石_____的有关参数的检测及试验。

2. 岩石分成三大岩类,即_____、_____及_____。

3. 岩石含水量试验方法一般有三种即_____、_____及_____。

4. 用于岩石单轴抗压强度试验的材料试验机的准确度要求为_____级。

5. 用于岩石含水率以及吸水率试验的天平其称量应_____质量,感量_____g。

6. 含水率试验应在现场采取天然含水率试样,不得采用_____或_____取样,并应保持在采取、运输、储存和制备过程中含水率的变化为_____。

7. 每个试件的尺寸应大于组成岩石最大颗粒的_____倍。

8. 除含水率试验及湿密度试验试件数不宜少于_____个外,其余试验试件数不得少于_____个。

9. 单轴抗压强度宜采用直径为_____mm、高度与直径之比为_____的圆柱体试件。

10. 为了能够准确测得岩石的含水率,要求在_____以及_____过程中及时将样品密封并尽快送交试验室测试。

二、单选题

1. 市政工程建设中大量使用的花岗石和大理石分属于_____。
   A. 火成岩和变质岩   B. 沉积岩和火成岩   C. 沉积岩和变质岩   D. 变质岩和火成岩

2. 应在现场采取天然含水率试样并应保持在采取、运输、储存和制备过程中含水率的变化不大于_____。
   A. 1%   B. 2%   C. 3%   D. 4%

3. 含水率试验的每个试件质量不得小于_____。
   A. 20g   B. 30g   C. 40g   D. 50g

4. 含水率试验要求称量精确至_____g。
   A. 0.1   B. 0.01   C. 0.001   D. 0.0001

5. 含水率试验中,为保证称量的准确性,所抽取的试样质量为天平称量值的_____为宜。
   A. 满量程   B. 10%~90%   C. 20%~80%   D. 20%~100%

6. 当采用量积法测试方柱体试件的密度时,要求试件的相邻两面应互相垂直,最大偏差不得大于_____。
   A. 0.10°   B. 0.25°   C. 0.05°   D. 0.50°

7. 单轴抗压强度试件的高度与直径之比宜为_____。

A. 2.0~2.5　　　　B. 1.0~1.5　　　　C. 1.0~2.0　　　　D. 1.0~2.5

8. 在吸水性试验中,当采用自由浸水法饱和试件时,试件放入水中自由吸水_____后,取出试件并擦去表面水分称量。
　　A. 6h　　　　　B. 12h　　　　　C. 24h　　　　　D. 48h

9. 当采用沸煮法饱和试件时,沸煮时间不得少于_____。
　　A. 6h　　　　　B. 12h　　　　　C. 24h　　　　　D. 48h

10. 当采用真空抽气法饱和试件时,总抽气时间不得少于_____。
　　A. 2h　　　　　B. 4h　　　　　C. 6h　　　　　D. 8h

11. 单轴抗压强度试验时,加荷速率为_____MPa/s。
　　A. 0.1~0.2　　　B. 0.2~0.4　　　C. 0.5~1.0　　　D. 1.0~2.0

12. 量积法块体密度试验时,长度测量要求精确至_____mm。
　　A. 0.10　　　　B. 0.01　　　　C. 0.20　　　　D. 0.02

13. 量积法块体密度时,称量测量要求精确至_____g。
　　A. 0.10　　　　B. 0.01　　　　C. 0.20　　　　D. 0.02

14. 真空抽气法饱和试件时,真空压力表读数应保持为_____kPa。
　　A. 50　　　　　B. 100　　　　　C. 150　　　　　D. 200

15. 单轴抗压强度试验中,测量试件顶面及底面面积时,长度测量要求测量精确至_____mm。
　　A. 0.10　　　　B. 0.01　　　　C. 0.20　　　　D. 0.02

16. 岩石的吸水率反映了岩石的_____。
　　A. 矿物组成　　B. 空隙状况　　C. 成岩机理　　D. 岩石种类

17. 岩石密度试验方法有_____种。
　　A. 1　　　　　B. 2　　　　　C. 3　　　　　D. 4

18. 量积法测量试件块体密度时,试件两端面不平整度不得大于_____mm。
　　A. 0.05　　　　B. 0.10　　　　C. 0.20　　　　D. 0.50

19. 含水率测量时,相邻24h两次称量之差不超过后一次称量的_____%。
　　A. 0.1　　　　B. 0.2　　　　C. 0.5　　　　D. 1.0

20. 进行岩石单轴抗压强度试验时,要求试件的直径沿高度方向误差不得大于_____mm。
　　A. 0.1　　　　B. 0.2　　　　C. 0.3　　　　D. 0.4

三、多选题

1. 岩石按其成岩机理分成_____。
　　A. 花岗岩　　　B. 火成岩　　　C. 沉积岩　　　D. 变质岩

2. 岩石单轴抗压强度值受岩石的_____的影响。
　　A. 矿物组成　　B. 结构构造　　C. 含水状况　　D. 试件高径比

3. 含水率试验时,应在现场采取天然含水率试样并应保持在_____过程中含水率的变化不大于1%。
　　A. 采取　　　　B. 运输　　　　C. 储存　　　　D. 制备

4. 单轴抗压强度试验试件应满足_____要求。
　　A. 每个试件尺寸应大于组成岩石最大颗粒的10倍
　　B. 试件两端面不平整度误差不得大于0.05mm
　　C. 试件宜采用直径为48~54mm圆柱体

D. 试件高径比宜为 2.0~2.5

5. 当采用量积法测试岩石密度时,每个试件的尺寸除应大于组成岩石最大颗粒的 10 倍外,还应满足_____要求。

A. 可采用直径或边长的误差小于等于 0.3mm 的圆柱体、方柱体或立方体试件

B. 试件两端面不平整度误差不得大于 0.05mm

C. 试件端面应垂直于轴线,最大偏差不得大于 0.25°

D. 方柱体或立方体试件相邻两面应互相垂直,最大偏差不得大于 0.25°

6. 对于某些岩石(如遇水崩裂岩石)的密度试验,可采用_____测定岩石密度。

A. 量积法、蜡封法及水中称量法
B. 水中称量法
C. 蜡封法
D. 量积法

7. 含水率试验记录应包含_____内容。

A. 试件编号
B. 烘干前后的试件质量
C. 试件尺寸
D. 试验结果以及结论

8. 岩石密度试验记录应包含_____内容。

A. 试件编号   B. 试验方法   C. 试件尺寸   D. 试件描述

9. 吸水率试验记录应包含_____内容。

A. 试件编号
B. 试件描述
C. 干试件质量
D. 浸水后以及强制饱和后试件质量

10. 单轴抗压强度试验记录应包含_____内容。

A. 试件编号
B. 主要仪器设备名称
C. 试件尺寸
D. 破坏荷载

四、计算题

1. 经现场取样,某种岩石样品需进行含水率试验,样品编号及烘干前后试样质量见下表,计算各试样以及整个样品的含水率。

试样编号	烘干前试样质量 m_0(g)	烘干后试样质量 m_s(g)
1号	55.51	55.36
2号	84.30	84.08
3号	52.18	52.06
4号	61.19	61.05
5号	67.81	67.66

2. 某种岩石样品测试饱和吸水率,采用真空抽气法饱和试样。试样干质量以及经真空抽气饱和后试样质量见下表。计算各试样及整个样品的饱和吸水率。

试样编号	试样烘干后质量 m_p(g)	试样饱和后质量 m_s(g)
1号	286.19	285.15
2号	294.95	293.87
3号	288.73	287.61
4号	295.10	294.09
5号	285.35	284.31

3. 某种样品进行岩石块体干密度试验,试验数据见下表,计算样品块体干密度。试验水温为

23℃，查《公路工程岩石试验规程》JTGE41—2005 附录得 ρ_w 为 0.9976g/cm³。

试样编号	试样烘干后质量 m_s(g)	试样饱和后质量 m_P(g)	饱和试样在水中的称量值 m_w(g)
1号	292.75	292.79	183.72
2号	297.77	298.85	187.55
3号	296.81	297.93	186.95
4号	305.16	306.17	192.77
5号	285.42	287.49	179.68

4. 一岩石样品测试岩石单轴抗压强度，试件尺寸及破坏荷载数据见下表，计算该样品的单轴抗压强度。

试样编号	试样直径(mm)	试样高度(mm)	破坏荷载(kN)
1号	50.12	105.9	178.9
2号	50.24	106.2	189.8
3号	50.38	105.5	189.1

五、问答题

1. 含水率试验不得采用何种样品作为测试试样？
2. 含水率、吸水率、块体密度以及单轴抗压强度试件数各为多少？
3. 试件烘干应达到何种状态下方可认为试件已烘干至恒重？
4. 块体密度试验中有哪几种饱和试件的方法？
5. 单轴抗压强度试验加压速率是多少？
6. 岩石密度试验有哪几种方法？其各自特点是什么？
7. 量积法试验岩石密度时试件应满足那些要求？
8. 含水率试验时试件应满足哪些要求？
9. 单轴抗压强度试验时试件应满足哪些要求？
10. 岩石吸水性试验时试件应满足哪些要求？

参考答案：

一、填空题

1. 市政及道桥　道路桥梁护坡　河道驳岸　市政景观装饰　侧石、平石
2. 火成岩　沉积岩　变质岩　　3. 量积法　水中称量法　蜡封法
4. 1　　　　　　　　　　　　　5. 试件饱水　0.01
6. 爆破　湿钻法　1%　　　　　 7. 10
8. 5　3　　　　　　　　　　　　9. 48~54　2.0~2.5
10. 采样方法　样品运送

二、单选题

1. A　　　　2. A　　　　3. C　　　　4. B
5. C　　　　6. B　　　　7. A　　　　8. D
9. A　　　　10. B　　　11. C　　　12. B

| 13. B | 14. B | 15. D | 16. B |
| 17. C | 18. A | 19. A | 20. C |

三、多选题

1. B、C、D	2. A、B、C、D	3. A、B、C、D	4. A、C、D
5. A、B、C、D	6. C、D	7. A、B、D	8. A、B、C
9. A、B、C、D	10. A、B、C、D		

四、计算题

1. 解：将表中数据按计算公式计算，得出各试样含水率如下：

试样 1 号　$w_1 = \dfrac{m_0 - m_s}{m_s} \times 100 = \dfrac{55.51 - 55.36}{55.36} \times 100 = 0.27\%$

试样 2 号　$w_2 = \dfrac{m_0 - m_s}{m_s} \times 100 = \dfrac{84.30 - 84.08}{84.08} \times 100 = 0.26\%$

试样 3 号　$w_3 = \dfrac{m_0 - m_s}{m_s} \times 100 = \dfrac{52.18 - 52.06}{52.06} \times 100 = 0.23\%$

试样 4 号　$w_4 = \dfrac{m_0 - m_s}{m_s} \times 100 = \dfrac{61.19 - 61.05}{61.05} \times 100 = 0.23\%$

试样 5 号　$w_5 = \dfrac{m_0 - m_s}{m_s} \times 100 = \dfrac{67.81 - 67.66}{67.66} \times 100 = 0.22\%$

样品含水率 $w = \dfrac{w_1 + w_2 + w_3 + w_4 + w_5}{5} = \dfrac{0.27 + 0.26 + 0.23 + 0.23 + 0.22}{5}$
$= 0.24\%$

该样品含水率为 0.2%。

2. 解：将表中数据按计算公式计算，得出各试样饱和吸水率如下：

试样 1 号　$w_{sa1} = \dfrac{m_0 - m_s}{m_s} \times 100 = \dfrac{286.19 - 285.15}{285.15} \times 100 = 0.365\%$

试样 2 号　$w_{sa2} = \dfrac{m_0 - m_s}{m_s} \times 100 = \dfrac{294.95 - 293.87}{293.87} \times 100 = 0.368\%$

试样 3 号　$w_{sa3} = \dfrac{m_0 - m_s}{m_s} \times 100 = \dfrac{288.73 - 287.61}{287.61} \times 100 = 0.389\%$

试样 4 号　$w_{sa4} = \dfrac{m_0 - m_s}{m_s} \times 100 = \dfrac{295.10 - 294.09}{294.09} \times 100 = 0.343\%$

试样 5 号　$w_{sa5} = \dfrac{m_0 - m_s}{m_s} \times 100 = \dfrac{285.35 - 284.31}{284.31} \times 100 = 0.366\%$

样品含水率

$w = \dfrac{w_{sa1} + w_{sa2} + w_{sa3} + w_{sa4} + w_{sa5}}{5} = \dfrac{0.365 + 0.368 + 0.389 + 0.343 + 0.366}{5} = 0.37\%$

该样品饱和吸水率为 0.37%。

3. 解：将表中数据按计算公式计算，得出各试样块体干密度如下：

试样 1 号　$\rho_{d1} = \dfrac{m_s}{m_p - m_w} \times \rho_w = \dfrac{292.75}{292.79 - 183.72} \times 0.9976 = 2.678 \text{g/cm}^3$

试样 2 号　$\rho_{d2} = \dfrac{m_s}{m_p - m_w} \times \rho_w = \dfrac{297.77}{298.85 - 187.55} \times 0.9976 = 2.669 \text{g/cm}^3$

试样 3 号　$\rho_{d3} = \dfrac{m_s}{m_p - m_w} \times \rho_w = \dfrac{296.81}{297.93 - 186.95} \times 0.9976 = 2.668 \text{g/cm}^3$

试样 4 号　$\rho_{d4} = \dfrac{m_s}{m_p - m_w} \times \rho_w = \dfrac{305.16}{306.17 - 192.77} \times 0.9976 = 2.685 \text{g/cm}^3$

试样 5 号　$\rho_{d5} = \dfrac{m_s}{m_p - m_w} \times \rho_w = \dfrac{285.42}{287.49 - 179.68} \times 0.9976 = 2.641 \text{g/cm}^3$

样品干密度：

$$\rho_d = \dfrac{\rho_{d1} + \rho_{d2} + \rho_{d3} + \rho_{d4} + \rho_{d5}}{5} = \dfrac{2.678 + 2.669 + 2.668 + 2.685 + 2.641}{5} = 2.67 \text{g/cm}^3$$

该样品块体干密度为 2.67g/cm^3。

4. 解：

先计算各试件高径比：

试件 1 号　$105.9/50.12 = 2.11$　高径比符合标准要求

试件 2 号　$106.2/50.24 = 2.11$　高径比符合标准要求

试件 3 号　$105.5/50.38 = 2.09$　高径比符合标准要求

将表中数据按计算公式计算,得出各试样单轴抗压强度：

试样 1 号　$R_1 = \dfrac{P}{A} = \dfrac{178.9 \times 1000}{1/4 \times 50.12^2 \times \pi} = 90.7 \text{MPa}$

试样 2 号　$R_2 = \dfrac{P}{A} = \dfrac{189.8 \times 1000}{A1/4 \times 50.24^2 \times \pi} = 95.8 \text{MPa}$

试样 3 号　$R_3 = \dfrac{P}{A} = \dfrac{189.1 \times 1000}{A1/4 \times 50.38^2 \times \pi} = 94.9 \text{MPa}$

样品单轴抗压强度平均值为　$R = \dfrac{R_1 + R_2 + R_3}{3} = \dfrac{90.7 + 95.8 + 94.9}{3} = 93.8 \text{MPa}$

该样品单轴抗压强度平均值为 93.8MPa。

五、问答题

1. 答：含水率试验不得采用爆破或湿钻法取得的样品作为测试试件。

2. 答：除含水率试验及湿密度试验试件数不宜少于 5 个外,其余试验试件数不得少于 3 个。

3. 答：相邻 24h 两次称量之差不超过后一次称量的 0.1% 时,即认为试件已烘干至恒重。

4. 答：沸煮法和真空抽气法饱和试件方法。

5. 答：加载速率为 $0.5 \sim 1.0 \text{MPa/s}$。

6. 答：有量积法、水中称量法及蜡封法。三种方法各有明显的特点。水中称量法可以测定多个参数,但某些岩石(如遇水崩裂岩石)不可采用此法。蜡封法适用于各种岩石和不规则试样,但测试较烦琐。量积法测试较简单,但需制备具有一定精度的规则试样。

7. 答：每个试件的尺寸应大于组成岩石最大颗粒的 10 倍。可采用直径或边长的误差小于等于 0.3mm 的圆柱体、方柱体或立方体试件。试件两端面不平整度误差不得大于 0.05mm。试件端面应垂直于轴线,最大偏差不得大于 0.25°。方柱体或立方体试件相邻两面应互相垂直,最大偏差不得大于 0.25°。试件数量不宜少于 5 个。

8. 答：含水率试验应在现场采取天然含水率试样,不得采用爆破或湿钻法取样并应保持在采取、运输、储存和制备过程中含水率的变化不大于 1%。每个试件的尺寸应大于组成岩石最大颗粒的 10 倍。含水率试验的每个试件质量不得小于 40g。试件数量不宜少于 5 个。

9. 答：宜采用直径为 48~54mm 圆柱体且每个试件的尺寸应大于组成岩石最大颗粒的 10 倍。

试件高度与直径之比宜为2.0~2.5。

10.答:吸水性试验试件宜采用边长为40~60mm的浑圆状岩块。

路面石材与岩石模拟试卷(A)

一、填空题(每空格1分,共20分)

1.市政岩石试验是指应用于_____建设中的岩石试验,诸如_____、_____、_____用石材以及岩石类_____等岩石的有关参数的检测及试验。

2.用于岩石单轴抗压强度试验的材料试验机的准确度要求为_____级。

3.含水率试验应在现场采取天然含水率试样,不得采用_____或_____取样并应保持在采取、运输、储存和制备过程中含水率的变化_____%。

4.每个试件的尺寸应大于组成岩石最大颗粒的_____倍。

5.除含水率试验及湿密度试验试件数不宜少于_____个外,其余试验试件数不得少于_____个。

6.为了能够准确测得岩石的含水率,要求在_____以及_____过程中及时将样品密封并尽快送交试验室测试。

7.岩石分成三大岩类,即_____、_____及_____。

8.岩石含水量试验方法一般有三种,即_____、_____及_____。

二、单选题(每题1分,共10分)

1.市政工程建设中大量使用的花岗石和大理石分属于_____。
A.火成岩和变质岩　　　　　　　　B.沉积岩和火成岩
C.沉积岩和变质岩　　　　　　　　D.变质岩和火成岩

2.含水率试验的每个试件质量不得小于_____。
A.20g　　　　B.30g　　　　C.40g　　　　D.50g

3.含水率试验的每个试件质量不得小于_____。
A.20g　　　　B.30g　　　　C.40g　　　　D.50g

4.含水率试验中,为保证称量的准确性,所抽取的试样质量为天平称量值的_____为宜。
A.满量程　　　B.10%~90%　　C.20%~80%　　D.20%~100%

5.单轴抗压强度试件的高度与直径之比宜为_____。
A.2.0~2.5　　B.1.0~1.5　　C.1.0~2.0　　D.1.0~2.5

6.当采用沸煮法饱和试件时,沸煮时间不得少于_____。
A.6h　　　　B.12h　　　　C.24h　　　　D.48h

7.单轴抗压强度试验时,加荷速率为_____MPa/s。
A.0.1~0.2　　B.0.2~0.4　　C.0.5~1.0　　D.1.0~2.0

8.量积法块体密度试验时,称量测量要求精确至_____g。
A.0.10　　　B.0.01　　　C.0.20　　　D.0.02

9.单轴抗压强度试验中测量试件顶面及底面面积时,长度测量要求测量精确至_____mm。
A.0.10　　　B.0.01　　　C.0.20　　　D.0.02

10.岩石密度试验方法有_____种。
A.1　　　　B.2　　　　C.3　　　　D.4

三、多选题(每题2分,共10分)

1. 岩石按其成岩机理分成_____。
   A. 花岗岩 B. 火成岩 C. 沉积岩 D. 变质岩

2. 含水率试验时,应在现场采取天然含水率试样并应保持在_____过程中含水率的变化不大于1%。
   A. 采取 B. 运输 C. 储存 D. 制备

3. 当采用量积法测试岩石密度时,每个试件的尺寸除应大于组成岩石最大颗粒的10倍外,还应满足_____要求。
   A. 可采用直径或边长的误差小于等于0.3mm的圆柱体、方柱体或立方体试件
   B. 试件两端面不平整度误差不得大于0.05mm
   C. 试件端面应垂直于轴线,最大偏差不得大于0.25°
   D. 方柱体或立方体试件相邻两面应互相垂直,最大偏差不得大于0.25°

4. 吸水率试验记录应包含_____内容。
   A. 试件编号 B. 试件描述
   C. 干试件质量 D. 浸水后以及强制饱和后试件质量

5. 含水率试验记录应包含_____内容。
   A. 试件编号 B. 烘干前后的试件质量
   C. 试件尺寸 D. 试验结果以及结论

四、计算题(每题10,共20分)

1. 经现场取样某种岩石样品需进行含水率试验,样品编号及烘干前后试样质量见下表。试计算各试样以及整个样品的含水率。

试样编号	烘干前试样质量 m_0(g)	烘干后试样质量 m_s(g)
1号	55.51	55.36
2号	84.30	84.08
3号	52.18	52.06
4号	61.19	61.05
5号	67.81	67.66

2. 一岩石样品测试岩石单轴抗压强度,试件尺寸及破坏荷载数据见下表。试计算该样品的单轴抗压强度。

试样编号	试样直径(mm)	试样高度(mm)	破坏荷载(kN)
1号	50.12	105.9	178.9
2号	50.24	106.2	189.8
3号	50.38	105.5	189.1

五、问答题(每题10分,共40分)

1. 含水率试验不得采用何种样品作为测试试样?
2. 量积法试验岩石密度时试件应满足哪些要求?
3. 单轴抗压强度试验加压速率是多少?

4. 试件烘干应达到何种状态下方可认为试件已烘干至恒重？

路面石材与岩石模拟试卷(B)

一、填空题(每空格1分,共20分)

1. 岩石含水量试验方法一般有三种,即_____、_____及_____。
2. 用于岩石含水率以及吸水率试验的天平其称量应_____质量,感量_____g。
3. 除含水率试验及湿密度试验试件数不宜少于_____个外,其余试验试件数不得少于_____个。
4. 单轴抗压强度宜采用直径为_____mm、高度与直径之比为_____的圆柱体试件。
5. 含水率试验应在现场采取天然含水率试样,不得采用_____或_____取样并应保持在采取、运输、储存和制备过程中含水率的变化_____%。
6. 岩石分成三大岩类,即_____、_____及_____。
7. 市政岩石试验是指应用于_____建设中的岩石试验,诸如_____、_____、用石材以及岩石类_____等岩石的有关参数的检测及试验。

二、单选题(每题1分,共10分)

1. 应在现场采取天然含水率试样并应保持在采取、运输、储存和制备过程中含水率的变化不大于_____。
   A. 1%　　　　　B. 2%　　　　　C. 3%　　　　　D. 4%
2. 含水率试验要求称量精确至_____g。
   A. 0.1　　　　　B. 0.01　　　　C. 0.001　　　　D. 0.0001
3. 当采用量积法测试方柱体试件的密度时,要求试件的相邻两面应互相垂直,最大偏差不得大于_____。
   A. 0.10°　　　　B. 0.25°　　　　C. 0.05°　　　　D. 0.50°
4. 在吸水性试验中,当采用自由浸水法饱和试件时,试件放入水中自由吸水_____后,取出试件并沾去表面水分称量。
   A. 6h　　　　　B. 12h　　　　　C. 24h　　　　　D. 48h
5. 当采用真空抽气法饱和试件时,总抽气时间不得少于_____。
   A. 2h　　　　　B. 4h　　　　　C. 6h　　　　　D. 8h
6. 量积法块体密度试验时,长度测量要求精确至_____mm。
   A. 0.10　　　　B. 0.01　　　　C. 0.20　　　　D. 0.02
7. 真空抽气法饱和试件时,真空压力表读数应保持为_____kPa。
   A. 50　　　　　B. 100　　　　　C. 150　　　　　D. 200
8. 岩石的吸水率反映了岩石的_____。
   A. 矿物组成　　B. 空隙状况　　C. 成岩机理　　D. 岩石种类
9. 量积法测量试件块体密度时,试件两端面不平整度不得大于_____mm。
   A. 0.05　　　　B. 0.10　　　　C. 0.20　　　　D. 0.50
10. 进行岩石单轴抗压强度试验时,要求试件的直径沿高度方向误差不得大于_____mm。
    A. 0.1　　　　　B. 0.2　　　　　C. 0.3　　　　　D. 0.4

三、多选题(每题2分,共10分)

1. 岩石单轴抗压强度值受岩石的_____的影响。
   A. 矿物组成　　　B. 结构构造　　　C. 含水状况　　　D. 试件高径比
2. 单轴抗压强度试验试件应满足_____要求。
   A. 每个试件尺寸应大于组成岩石最大颗粒的10倍
   B. 试件两端面不平整度误差不得大于0.05mm
   C. 试件宜采用直径为48~54mm圆柱体
   D. 试件高径比宜为2.0~2.5
3. 单轴抗压强度试验记录应包含_____内容。
   A. 试件编号　　　B. 主要仪器设备名称　　C. 试件尺寸　　　D. 破坏荷载
4. 岩石密度试验记录应包含_____内容。
   A. 试件编号　　　B. 试验方法　　　C. 试件尺寸　　　D. 试件描述
5. 对于某些岩石(如遇水崩裂岩石)的密度试验,可采用_____测定岩石密度。
   A. 量积法、蜡封法及水中称量法　　　B. 水中称量法
   C. 蜡封法　　　　　　　　　　　　　D. 量积法

四、计算题(每题10,共20分)

1. 某种岩石样品测试饱和吸水率,采用真空抽气法饱和试样。试样干质量以及经真空抽气饱和后试样质量见下表,计算各试样及整个样品的饱和吸水率。

试样编号	试样烘干后质量 m_s(g)	试样饱和后质量 m_p(g)
1#	286.19	285.15
2#	294.95	293.87
3#	288.73	287.61
4#	295.10	294.09
5#	285.35	284.31

2. 某种样品进行岩石块体干密度试验,试验数据见下表,计算样品块体干密度。试验水温为23℃,查《公路工程岩石试验规程》JTGE41—2005附录得 ρ_w 为 0.9976g/cm³。

试样编号	试样烘干后质量 m_s(g)	试样饱和后质量 m_p(g)	饱和试样在水中的称量值 m_w(g)
1#	292.75	292.79	183.72
2#	297.77	298.85	187.55
3#	296.81	297.93	186.95
4#	305.16	306.17	192.77
5#	285.42	287.49	179.68

五、问答题(每题10分,共40分)

1. 含水率、吸水率、块体密度以及单轴抗压强度试件数各为多少?
2. 单轴抗压强度试验时试件应满足哪些要求?
3. 含水率试验时试件应满足那些要求?
4. 岩石密度试验有哪几种方法?其各自特点是什么?

第十一节　检查井盖及雨水箅

一、填空题

1. 检查井盖是指检查井口可开启的_____,由_____和_____组成。
2. 支座是检查井盖中固定于_____的部分,用于_____。
3. 井盖是检查井盖中未固定部分。其功能是_____,需要时能够开启。
4. 井盖试验中的试验荷载是指在测试检查井盖承载能力时_____的荷载。
5. 再生树脂复合材料是以再生的_____和_____为主要原料,在一定_____条件下,经助剂的理化作用形成的材料。
6. 聚合物基复合材料是利用_____和各种颗粒、纤维、_____等填充增强材料,通过少量_____及一定工艺的作用生产出的材料。
7. 铸铁检查井盖承载力检验参数为_____和_____。
8. CJ/T 211—2005 中 CJ 表示是_____行业标准。
9. 铸铁检查井盖以同_____、同类别、同材料、相似条件下生产的不超过_____套组成一个验收批。
10. 聚合物基复合材料井盖产品以_____、_____在_____条件下生产的检查井盖构成批量。一批为_____套检查井盖,不足此数时也作为一批。
11. 钢纤维混凝土检查井盖的材料主要有_____、_____、钢板、混凝土。
12. 检查井盖净宽 D 为支座井口的_____;检查井盖公称直径为井盖_____的直径。
13. 按承载能力分级,再生树脂复合材料检查井盖分为_____、_____和_____。
14. 按承载能力分级,铸铁检查井盖分为_____和_____。
15. 按承载能力分级,钢纤维混凝土检查井盖分为_____、_____、_____。
16. 按承载能力分级,聚合物基复合材料检查井盖分为_____、_____和_____。
17. 再生树脂复合材料检查井盖外观检测:井盖形状宜为_____;井盖与支座表面应铸造_____、_____;井盖和支座装配结构符合要求,要保证井盖与支座具有_____性。
18. 铸铁检查井盖尺寸检测,井盖与支座缝宽、支座支承面的宽度、井盖的嵌入深度,用_____测量,至少_____处,每边至少_____处,精确至_____。
19. 再生树脂复合材料检查井盖尺寸检测,井盖表面凸起的防滑花纹,用_____和_____结合测量,至少_____处,精确至_____。
20. 聚合物基复合材料检查井盖试验荷载合格标志为在规定试验荷载下恒压_____ min 后,井盖、支座没出现_____。
21. 钢纤维混凝土检查井盖承载能力试验,调整检查井盖的位置,使其_____与_____重合;以_____速度加载,每级加荷量为_____的20%,恒压_____ min,逐级加荷至裂缝出现或规定的_____,然后以裂缝荷载的_____的级差继续加载,同时用塞尺或_____测量裂缝宽度。
22. 钢纤维混凝土检查井盖承载能力试验,当裂缝宽度达到_____,读取的荷载值即为裂缝荷载。
23. 钢纤维混凝土检查井盖承载能力试验,在裂缝荷载后,试验继续按规定的_____荷载分级加荷,每级加荷量为上述荷载的_____,恒压_____ min,逐级加荷至规定的_____,再继续按上述荷载值的_____的级差加载至破坏。

二、单选题

1. 聚合物基复合材料检查井盖残留变形检验需反复加载至试验荷载的_____。
A. 1/3　　　　　B. 1/2　　　　　C. 2/3　　　　　D. 3/4

2. 检查井盖净宽 D = 700mm 聚合物基复合材料的检查井盖允许残留变形为_____ mm。
A. 0.7　　　　　B. 1.4　　　　　C. 2.8　　　　　D. 7.0

3. 铸铁检查井盖承载力检验用测力仪器的误差应低于_____。
A. 5%　　　　　B. 3%　　　　　C. 2%　　　　　D. 1%

4. 检查井盖承载力检验用加载设备所能施加的荷载应不小于_____ kN。
A. 100　　　　　B. 200　　　　　C. 500　　　　　D. 1000

5. 钢纤维混凝土检查井盖承载力检验要求所用传感器测力范围应使试验荷载在其量程的_____之内。
A. 4% ~ 100%　　B. 30% ~ 80%　　C. 20% ~ 80%　　D. 20% ~ 70%

6. 聚合物基复合材料检查井盖以同规格同材料相同条件下生产的不超过_____套组成一个验收批。
A. 500　　　　　B. 300　　　　　C. 200　　　　　D. 100

7. 铸铁检查井盖以同规格、同类别、同材料、相似条件下生产的不超过_____套组成一个验收批。
A. 500　　　　　B. 300　　　　　C. 200　　　　　D. 100

8. 聚合物基复合材料检查井盖的复验规则是所抽检的 3 套样品中有 1 套不符合承载能力要求时,再抽取_____套进行该项目试验。
A. 3　　　　　　B. 4　　　　　　C. 5　　　　　　D. 6

9. D 级钢纤维混凝土检查井盖所用混凝土抗压强度不应低于_____ MPa。
A. 50　　　　　B. 40　　　　　C. 30　　　　　D. 20

10. 铸铁检查井盖承载力检验要求加载速度为_____ kN/s。
A. 0.5 ~ 1　　　B. 1 ~ 3　　　　C. 3 ~ 5　　　　D. 5 ~ 10

11. 聚合物基复合材料检查井盖耐热性能试验的控制温度为_____ ℃。
A. 80 ± 2　　　　B. 70 ± 2　　　　C. 60 ± 2　　　　D. 50 ± 2

三、多选题

1. 以下_____是现行的检查井盖标准。
A. CJ/T 3012—93　　B. JC 889—1990　　C. CJ/T 211—2005　　D. CJ/T 101—2000

2. 聚合物基复合材料检查井盖承载力检验参数为_____。
A. 残留变形　　　B. 试验荷载　　　C. 裂缝荷载　　　D. 破坏荷载

3. 按承载能力分级,再生树脂复合材料检查井盖分为_____。
A. 重型　　　　　B. 普通型　　　　C. 轻型　　　　　D. 中型

4. 进行承载能力检验用刚性垫块应符合_____条件。
A. 质量 10kg　　　B. 直径 356mm　　C. 厚度≥40mm　　D. 上下表面平整

5. 检查井盖承载力检验装置由_____组成。
A. 机架　　　　　B. 橡胶垫片　　　C. 刚性垫块　　　D. 加压装置
E. 测力仪

6. 按承载能力分级,聚合物基复合材料检查井盖分为_____。

A. 重型　　　　　　B. 普型　　　　　　C. 轻型　　　　　　D. 中型

7. 按承载能力分级,钢纤维混凝土检查井盖分为_____。

A. A 级　　　　　　B. B 级　　　　　　C. C 级　　　　　　D. D 级

8. A 级钢纤维混凝土检查井盖标准要求的裂缝荷载和破坏荷载为_____kN。

A. 360　　　　　　B. 210　　　　　　C. 180　　　　　　D. 105

9. 聚合物基复合材料检查井盖重型普型轻型的破坏荷载依次为_____kN。

A. 360　　　　　　B. 270　　　　　　C. 250　　　　　　D. 130

10. _____是检查井盖承载力检验所需的计量仪器。

A. 压力机　　　　　B. 测力仪　　　　　C. 读数显微镜　　　D. 钢卷尺

四、判断题

1. 再生树脂复合材料:以再生的热塑性树脂和粉煤灰为主要原料,在一定温度压力条件下,经助剂的理化作用形成的材料。（　）
2. 钢纤维混凝土检查井盖检测标准为:《钢纤维混凝土检查井盖》CJ/T 121—2000。（　）
3. 检查井盖按井盖与支座分别进行承载能力检测。（　）
4. 钢纤维混凝土检查井盖 A 级适用于机动车行驶、停放的城市道路、公路和停车场。（　）
5. 聚合物基检查井盖是不添加金属增强材料。（　）
6. 试验荷载就是在测试检查井盖承载能力时规定施加的荷载。（　）
7. 铸铁检查井盖,直径 D 为 800mm 允许残留变形为 1.6cm。（　）
8. 钢纤维混凝土检查井盖直径 D 为 600mm,有允许残留变形技术要求,且为 1.2mm。（　）
9. 井盖是检查井盖中未固定部分,其功能是封闭检查井口,需要时能够开启。（　）
10. 钢纤维混凝土检查井盖出厂检验,以同种类、同规格、同材料与配合比生产的 500 只检查井井盖(或 500 套井盖)为一批。（　）

五、综合题

1. 残留变形的含义是什么？检查井盖的残留变形如何测定？
2. 简述钢纤维混凝土检查井盖破坏荷载的含义。
3. 简述产品标记为 JJG – D – 600 – Z 代表什么含义。
4. 简述铸铁检查井盖承载能力试验操作步骤。
5. 简述一套 JG – D – 700 的重型铸铁检查井盖检测数据如下表所示,初始荷载 5kN。

序号	加载值(kN)	百分表读数	破坏情况记录
1	5	2.00	
	240		
2	5	2.88	
	240		
3	5	2.98	
	240		
4	5	3.05	
	240		

续表

序号	加载值(kN)	百分表读数	破坏情况记录
5	5	3.09	
	240		
6	5	3.11	
7	360		恒压5min无裂缝
8	370	结束	未破坏

请确定实测残留变形和试验荷载,并作判定(井口净宽 $D=650mm$)。

6. 一套JJG-D-600-P的聚合物基复合材料检查井盖检测数据如下表所示。

序号	加载值(kN)	百分表读数	破坏情况记录
1	5	3.10	
	120		
2	5	3.78	
	120		
3	5	3.89	
	120		
4	5	3.97	
	120		
5	5	4.03	
	120		
6	5	4.06	
7	180		恒压5min无裂缝
8	190		出现裂缝
9	250		未破坏
10	260	结束	未破坏

请确定实测残留变形、试验荷载和破坏荷载,并作判定(初始荷载5kN,井口净宽 $D=600mm$)。

参考答案:

一、填空题

1. 封闭物　支座　井盖　　　　2. 检查井井口　安放井盖
3. 封闭检查井口　　　　　　　4. 规定施加
5. 热塑性树脂　粉煤灰　温度压力　6. 聚合物　金属　添加剂
7. 残留变形　试验荷载　　　　8. 城市建设
9. 规格　100　　　　　　　　10. 同一规格、相同原材料　相同　300
11. 钢纤维　钢筋　　　　　　12. 最大内切圆直径　上沿外圆
13. 重型　普通型　轻型　　　　14. 重型　轻型
15. A级　B级　C级　D级　　16. 重型　普通型　轻型

17. 圆形　平整、光滑　互换　　　　　18. 刚直尺　4处　1　1mm
19. 钢直尺　直角尺　4　1mm　　　　20. 5　裂纹
21. 几何中心　荷载中心　1~3kN/s　裂缝荷载　1min　裂缝荷载　5%　读数显微镜
22. 0.2mm　　　　　　　　　　　　　23. 破坏　20%　1min　破坏荷载　5%

二、单选题

1. C	2. B	3. B	4. C
5. B	6. B	7. D	8. A
9. B	10. B	11. A	

三、多选题

1. A、C	2. A、B、D	3. A、B、C	4. B、C、D
5. A、B、C、D、E	6. A、B、C	7. A、B、C、D	8. C、A
9. A、C、D	10. B、C、D		

四、判断题

1. √	2. ×	3. ×	4. ×
5. ×	6. √	7. ×	8. ×
9. √	10. √		

五、综合题

1. 答:残留变形是承受一定荷载后不能恢复的变形。

　　检查井盖的残留变形是反复5次加载至2/3试验荷载并卸载后所产生的不能恢复的变形。通过前后两次百分表读数之差来确定。

2. 答:钢纤维混凝土检查井盖在承载力检验过程中,失去承载能力前所能承受的最大荷载。

3. 答:井盖净宽为600mm的单层重型聚合物基复合材料检查井盖。

4. 答:参见CJ/T3012-1993的第7.3条款。

5. 解:①查标准得该井盖的试验荷载为360kN,允许残留变形为

$D/500 = 650/500 = 1.30$mm。

②计算实测残留变形为反复加卸载5次后变形量

实测残留变形 = 3.11 - 2.00 = 1.11mm < 允许残留变形1.30mm

该参数符合标准要求。

③加载至360kN 恒压5min 该井盖未出现裂缝,继续加载至370kN 该井盖也未出现破坏症状

实测试验荷载 >370kN > 要求试验荷载360kN

该参数也符合标准要求。

④判定:该井盖承载力检验符合标准要求。

6. 解:①查标准得该井盖的要求试验荷载为180kN,要求破坏荷载为250kN,允许残留变形为

$D/500 = 600/500 = 1.20$mm。

②计算实测残留变形为反复加卸载5次后变形量

实测残留变形 = 4.06 - 3.10 = 0.96mm < 允许残留变形1.20mm

该参数符合标准要求。

③加载至180kN 该井盖未出现裂缝,加载至190kN 该井盖出现裂缝。

实测试验荷载 = 190kN > 要求试验荷载 180kN

该参数也符合标准要求。

④加载至 250kN 该井盖未破坏,加载至 260kN 该井盖未破坏。

实测破坏荷载 > 260kN > 要求破坏荷载 250kN

该参数也符合标准要求。

⑤该井盖承载力和破坏荷载检验符合标准要求。

检查井盖及雨水箅模拟试卷

一、填空题(10分)

1. CJ/T 3012—1993,其中 CJ 表示是_____行业标准。
2. 检查井盖由_____和_____组成。
3. 按承载能力分级,聚合物基检查井盖分为_____、_____和_____。
4. 钢纤维混凝土检查井盖的材料主要有_____、钢筋、钢板、水泥、砂、石、外加剂、水等。
5. 铸铁检查井盖原材料可以有_____和_____。

二、单选题(10分)

1. 铸铁检查井盖允许残留变形为_____。
   A. 1/100   B. 1/200   C. 1/500   D. 1/1000
2. 聚合物基复合材料检查井盖承载力检验用测力仪器的误差应低于_____。
   A. 5%   B. 3%   C. 2%   D. 1%
3. 钢纤维混凝土检查井盖以同规格、同类别、同材料与配合比生产的不超过_____套且周期不超过 3 个月组成一个验收批。
   A. 100   B. 200   C. 300   D. 500
4. ABC 级钢纤维混凝土检查井盖所用混凝土抗压强度不应低于_____MPa。
   A. 50   B. 40   C. 30   D. 20
5. 聚合物基复合材料检查井盖抗冻性能试验的控制温度为_____℃。
   A. -10 ± 2   B. -20 ± 2   C. -30 ± 2   D. -40 ± 2

三、多选题(10分)

1. 以下_____是现行的检查井盖标准。
   A. CJ/T 3012—2006   B. JC 889—2001   C. CJ/T 121—2005   D. CJ/T 121—2000
2. 钢纤维混凝土检查井盖承载力检验参数为_____。
   A. 残留变形   B. 试验荷载   C. 裂缝荷载   D. 破坏荷载
3. 进行承载能力检验用橡胶垫块应符合_____条件。
   A. 直径≥356mm   B. 厚度 6~10mm   C. 厚度≥40mm   D. 上下表面平整
4. B 级钢纤维混凝土检查井盖标准要求的裂缝荷载和破坏荷载为_____kN。
   A. 360   B. 210   C. 180   D. 105
5. 聚合物基复合材料检查井盖重型普型轻型的试验荷载依次为_____kN。
   A. 360   B. 270   C. 180   D. 90

四、判断题(10分)

1. 试验荷载就是在测试检查井盖承载能力时规定施加的荷载。( )
2. 铸铁检查井盖,直径 D 为800mm允许残留变形为1.6cm。( )
3. 钢纤维混凝土检查井盖直径 D 为600mm,有允许残留变形技术要求,且为1.2mm。( )
4. 再生树脂复合材料:以再生的热塑性树脂和粉煤灰为主要原料,在一定温度压力条件下,经助剂的理化作用形成的材料。( )
5. 钢纤维混凝土检查井盖检测标准为《钢纤维混凝土检查井盖》CJ/T 121—2000。( )
6. 聚合物基检查井盖是不添加金属增强材料。( )
7. 钢纤维混凝土检查井盖应按成套产品进行承载能力试验。( )
8. 铸铁检查井盖都适用于机动车行驶、停放的道路、场地。( )
9. 再生树脂复合材料检查井盖分为轻型、重型、中型。( )
10. 钢纤维混凝土检查井盖A级适用于机动车行驶、停放的城市道路、公路和停车场。( )

五、综合题(60分)

1. 检查井盖的种类,各种类井盖原材料的组成?
2. 各种井盖的分类极其承载能力的指标?
3. 检查井盖取样要求?
4. 什么是残留变形?
5. 钢纤维混凝土检查井盖承载能力操作步骤?
6. 不同种类雨水箅的试验装置附件的刚性垫块尺寸不同?
7. 钢纤维混凝土检查水箅承载能力试验步骤?
8. 一套RJG-1-Z-700的再生树脂复合材料检查井盖检测数据如下表所示。

序号	加载值(kN)	百分表读数	破坏情况记录
1	5	2.00	
	160		
2	5	3.28	
	160		
3	5	3.40	
	160		
4	5	3.49	
	160		
5	5	3.55	
	160		
6	5	3.58	
7	240		恒压5min无裂缝
8	250	结束	未破坏

请确定实测残留变形和试验荷载,并作判定(井口净宽 $D=650mm$,初始荷载5kN)。

9. 一套公称直径 800mm 的 A 级钢纤维混凝土检查井盖检测数据如下表所示。

序号	加载值(kN)	裂缝情况记录	破坏情况记录
1	36		
2	72		
3	108		
4	144	开裂	
5	153	0.13mm	
6	162	0.20mm	
7	216		未破坏
8	288		未破坏
9	360		未破坏
10	378		破坏

请确定实测裂缝荷载和破坏荷载,并作判定(井口净宽 $D=700\text{mm}$)。

第二章 桥梁伸缩装置

一、填空题

1. 模数式伸缩装置由_____和_____组成,主要适用于伸缩量_____的梁和特大型桥梁工程。
2. 市政桥梁伸缩装置维护保养的依据是_____标准。
3. 桥梁伸缩装置所使用的异型钢根据不同断面尺寸,标准中规定其重量要求:中梁钢应≥_____kg/m,边梁钢应≥_____kg/m,单缝钢应≥_____kg/m。
4. 异型钢单缝式伸缩装置有_____和_____两种。
5. 伸缩装置的橡胶密封带的防水性能试验要求为_____。
6. 桥梁伸缩装置所用异型钢断面尺寸,标准中规定其断面高度中梁钢应≥_____mm,边梁钢应≥_____mm,单缝钢应≥_____mm。
7. 梳齿板式伸缩装置的伸缩体由_____组成,主要适用于伸缩量不大于_____桥梁工程。
8. 伸缩装置的异型钢除了进行外观质量和外形尺寸检测外,还应用_____仪器对表面防腐涂层厚度进行检测,合格后方可使用。
9. 橡胶伸缩装置应在_____温度下进行检测。
10. 异型钢材沿长度方向的直线公差应满足_____,全长直线长度公差应满足_____,扭曲度不大于_____。

二、单选题

1. 模数式伸缩装置的异型钢对接接长时,异型钢对接接缝错开距离不应小于_____。
   A. 100mm   B. 60mm   C. 150mm   D. 80mm
2. 橡胶式伸缩装置分为板式和组合式两种:①板式伸缩装置适用于伸缩量小于_____的桥梁工程。②组合式伸缩装置适用于伸缩量不大于_____的桥梁工程。
   A. 80~120mm   B. 60mm   C. 80mm   D. 120mm
3. 模数式伸缩装置对异型钢强度的要求。①当使用温度在 -25~60℃时应不低于_____的钢材强度。②当使用温度在 -40~60℃时,应不低于_____的钢材强度。
   A. Q235D   B. Q345D   C. Q235NHD   D. Q345C
4. 异型钢单缝式伸缩装置有两种,其中:①单缝钢与橡胶密封带组成的适用于伸缩量不大于_____的桥梁工程。②边梁钢与橡胶密封带组成的适用于伸缩量不大于_____的桥梁工程。
   A. 80mm   B. 60mm   C. 120mm   D. 160mm
5. 模数式伸缩装置组装时压缩量定位应满足用户提出的要求或按标准规定:按最大伸缩量的_____定位出厂。
   A. 1/2   B. 1/3   C. 1/4   D. 1/5
6. 桥梁伸缩装置产品检测依据标准的标准号为_____。
   A. JT/T 4—1993   B. JT/T 4—2004   C. JT 391—1999   D. JT/T 327—2004
7. 沿海桥和跨海桥的伸缩装置使用的异型钢材,应采用_____钢材。
   A. Q235NHD   B. Q345C   C. Q355NHD   D. Q345D

8. 橡胶式伸缩装置不宜用于_____工程。
   A. 市政桥梁　　　　B. 高速公路和一级公路桥梁　　　　C. 普通二级公路桥梁

三、多选题

1. 模数式伸缩装置的成品外观尺寸采用钢直尺,游标卡尺测量以下项目_____。
   A. 中梁、边梁断面尺寸　B. 伸缩量预留尺寸　　C. 锚固筋间距
   D. 锚固板的厚度　　　　E. 锚固件距工作面高度
2. 桥梁伸缩装置试验检测常用到的仪器有_____。
   A. 钢直尺　　　　　　　B. 游标卡尺　　　　　C. 水准仪
   D. 经纬仪　　　　　　　E. 测厚仪
3. 梳齿板式伸缩装置,应进行拉伸、压缩试验,测定_____。
   A. 焊接质量　　　　　　B. 水平摩阻力　　　　C. 垂直变形
   D. 变位均匀性　　　　　E. 防水性
4. 橡胶板式伸缩装置分为_____两种。
   A. 橡胶板式伸缩装置　　　　　　　　　　B. 梳齿板式橡胶伸缩装置
   C. 组合式橡胶伸缩装置
5. 桥梁伸缩装置按伸缩体结构分类有_____。
   A. 模数式伸缩装置　　　B. 梳齿板式伸缩装置　C. 橡胶板式伸缩装置
   D. 盆式伸缩装置　　　　E. 异型钢伸缩装置
6. 模数式伸缩装置进行拉伸、压缩、纵向、竖向、横向错位等整体试验时,主要测定_____。
   A. 焊接质量　　　　　　B. 水平摩阻力　　　　C. 垂直变形
   D. 变位均匀性　　　　　E. 防水性
7. 橡胶伸缩装置,应进行拉伸、压缩试验,测定_____。
   A. 焊接质量　　　　　　B. 水平摩阻力　　　　C. 垂直变形
   D. 变位均匀性　　　　　E. 防水性
8. 市政桥梁常用的伸缩装置有_____。
   A. 梳齿式伸缩装置　　　　　　　　　　　B. 橡胶板式伸缩装置
   C. 异型钢单缝式伸缩装置　　　　　　　　D. 模数式伸缩装置

四、判断题

1. 模数式伸缩装置的异型钢对接接长时,标准中规定接缝位置,应设在受力较小部位,不应设在行车道位置　　　　　　　　　　　　　　　　　　　　　　　　　　　　　　　　　　　(　)
2. 模数式伸缩装置中的异型钢对接焊缝错开距离,标准中规定不应小于80mm。　　(　)
3. 异型钢对接焊缝的两侧应采用厚度不小于10mm的钢板贴焊加强。　　　　　　(　)
4. 模数式伸缩装置应在工厂组装定位后出厂,组装时的压缩量定位,应满足用户提出的要求或标准规定,伸缩量预留尺寸按最大伸缩量的1/3定位出厂。　　　　　　　　　　　　(　)
5. 桥梁伸缩装置标准中规定,不允许使用热挤压或焊接成型的异型钢,应生产整体热轧成型或整体热轧机加工成型的异型钢。　　　　　　　　　　　　　　　　　　　　　　　(　)
6. 伸缩装置使用的所有焊接件,焊缝高度应满足设计要求,所有焊接不应采用活性气体保护焊(CO_2)。　　　　　　　　　　　　　　　　　　　　　　　　　　　　　　　　　　　(　)
7. 橡胶式伸缩装置不宜用于高速公路和一级公路桥梁工程。　　　　　　　　　　(　)
8. 梳齿式伸缩装置适用于伸缩量大于300mm的公路桥梁工程。　　　　　　　　　(　)

五、问答题

1. 桥梁安装桥梁伸缩装置的作用是什么？
2. 橡胶式伸缩装置的内在质量如何检测？
3. 伸缩装置的尺寸偏差应该如何检测？
4. 市政桥梁一般应用较多的伸缩装置有哪些规格？为什么？
5. 桥梁伸缩装置主要检测哪些项目？抽样频率是多少？
6. 伸缩装置中的焊接件和焊缝，标准中要求采用什么方法焊接？对焊缝有何具体要求？采用什么方法检测焊缝缺陷？
7. 伸缩装置的组装质量的要求是什么，应该如何检测？

六、案例题

1. 某大桥引桥七联跨50m连续箱梁和五联跨30m连续箱梁，采用模数式伸缩装置（双缝和3缝），通车后半年发现有四处伸缩装置的异型钢对接缝断裂，调查后发现以下情况：

①对接焊缝在行车道位置；
②对接缝错位20mm；
③对接缝两侧采用$\Phi20$螺纹钢搭焊；
④对接缝处未按剖口焊要求焊接到位。
请按标准要求分析断裂原因。

2. 某大桥引桥采用模数式伸缩装置（双缝），2000年12月通车运行3年后，2004年4月发现在行车道位置中梁钢断裂为三截，调查后发现中梁钢断口为斜向剪切断裂，根据当时的异型钢生产条件，采用的是热挤压型异型钢。请根据现行标准分析断裂原因。

3. 某高速公路主线桥，采用模数式伸缩装置，通车一年后发现伸缩装置两边锚固混凝土沿伸缩装置纵向开裂并下陷，导致锚筋变形、伸缩装置支撑横梁和位移箱位置倾斜移位，使伸缩装置失去伸缩功能。请按标准规定分析事故原因。

4. 某市政桥梁，为跨河大桥，两端采用组合式橡胶伸缩装置（4缝），通车3年后，发现表面橡胶板多处开裂并脱落，行车时跳车，影响行车安全。请按标准规定分析其损坏原因。

参考答案：

一、填空题

1. 中梁钢　边梁钢　橡胶密封带　　2. 城市桥梁养护技术规范CJJ 99—2003
3. 36　19　12
4. 单缝钢与橡胶密封带组成　边梁钢与橡胶密封带组成
5. 注水24h小时不渗漏　　6. 120mm　80mm　50mm
7. 钢制梳齿板　300mm　　8. 涂层测厚仪
9. 15～28℃　　10. 10mm/m　5.0mm/10m　1/1000

二、单选题

1. D　　2. B、D　　3. D、C　　4. A、B
5. A　　6. D　　7. B　　8. B

三、多选题

1. A、B、C、D、E   2. A、B、C、E   3. B、D   4. A、C
5. A、B、C、E   6. B、D   7. B、C   8. A、B、C

四、判断题

1. √   2. √   3. ×   4. ×
5. √   6. ×   7. √   8. ×

五、问答题

1. 答：伸缩装置是安装在桥梁两端的伸缩变形装置。其主要作用功能是满足桥梁上部结构在车辆荷载作用下的顺桥向受力变形和春夏秋冬温度变化以及昼夜环境温差变化下的热胀冷缩产生的温度变形(拉伸、压缩)的需要。

2. 答：(1)橡胶板式伸缩装置主要检测方法是通过断面解剖，检测钢板和角钢位置，其平面位置和高度位置应满足标准规定的尺寸偏差范围，以及钢板与橡胶的粘结是否牢固，应无离层现象。按标准规定内容要求。

(2)模数式伸缩装置和异型钢单缝等，所有焊接件和对接焊接要进行超声波探伤，主要检查焊接缺陷。

3. 答：(1)模数式伸缩装置的尺寸偏差，采用直尺、卡尺，主要测量异型钢断面尺寸偏差，锚筋直径及其间距偏差、锚固钢板厚度偏差、外观尺寸偏差等，按标准规定要求。

(2)橡胶式伸缩装置，宽度偏差、厚度偏差应满足标准要求。

(3)梳齿板式伸缩装置，采用直尺、卡尺、钢卷尺，按伸缩量大小不同，测量在同一断面处两边齿板高差、齿板间隙偏差、横向间隙偏差、齿板搭接长度等应满足标准要求。

4. 答：(1)模数式伸缩装置，适用于伸缩量为 160～2000mm 的公路桥梁工程。

(2)梳齿板式伸缩装置，一般适用于市政桥梁和伸缩量不大于 300mm 的公路桥梁工程。

(3)橡胶板式伸缩装置有 2 种

①伸缩体由橡胶、钢板或角钢硫化在一起的板式橡胶伸缩装置，适用于伸缩量小于 60mm 的公路桥梁工程和市政工程桥梁。

②伸缩体由橡胶板和钢托板组合而成的组合式伸缩装置，适用于伸缩量不大于 120mm 的公路桥梁工程和市政工程桥梁。

(4)异型钢单缝式伸缩装置，有两种：其中由单缝钢与橡胶密封带组成的，适用于伸缩量不大于 60mm 的桥梁，由边梁钢与橡胶密封带组成的，适用于市政桥梁和伸缩量不大于 80mm 的公路桥梁工程。

5. 答：①模数式伸缩装置要求检验：外形尺寸、外观质量、组装精度；每道装置。

②梳齿式伸缩装置要求检验：外形尺寸、外观质量、组装精度；每道装置。

③橡胶式伸缩装置要求检验：外形尺寸、外观质量、内在质量，每 100 块抽一块。

④异型钢单缝式伸缩装置要求检验：外形尺寸、外观质量；每道装置。

6. 答：活性气体保护焊(CO_2)。伸缩装置的所有焊接件、连接部位的焊缝应饱满，不应有漏焊、脱焊现象，不得出现裂纹、夹渣、未熔焊和未填满弧焊。同时焊缝应避免太厚、错位和母材烧伤等缺陷。焊接技术条件应符合国际 GB/T985 和 GB/T5943 的规定要求。不合要求的要返工，采取补救措施。

7. 答：按 JT/T 327—2004 标准第 5.7.9 条、第 5.7.10 条、第 5.7.11 条规定，采用钢直尺、钢卷

尺、卡尺等量具检测。

六、案例题

1. 答:参照标准规定分析。
2. 答:参照标准规定分析。
3. 答:伸缩缝两侧锚固区的混凝土浇筑质量缺陷和通车过早,混凝土强度不足等引起。
4. 答:橡胶板质量缺陷引起。

桥梁伸缩装置模拟试卷(A)

一、填空题(10分)

1. 模数式伸缩装置由_____和_____组成,主要适用于伸缩量_____公路桥梁及特大型桥梁工程。
2. 异型钢单缝式伸缩装置有_____和_____两种。
3. 伸缩装置的橡胶密封带的防水性能试验要求为_____。
4. 梳齿板式伸缩装置的伸缩体由_____组成,主要适用于伸缩量不大于_____的桥梁工程。
5. 橡胶伸缩装置不宜用于_____和_____的桥梁工程。

二、单选题(20分)

1. 模数伸缩装置的异型钢对接接长时,异型钢对接接缝错开距离不应小于_____。
 A. 100mm   B. 60mm   C. 150mm   D. 80mm
2. 橡胶式伸缩装置分为板式和组合式两种:
 (1)板式伸缩装置适用于伸缩量小于_____的桥梁工程。
 (2)组合式伸缩装置适用于伸缩量不大于_____的桥梁工程。
 A. 80~120mm   B. <60mm   C. <80mm   D. ≤120mm
3. 模数式伸缩装置对异型钢强度的要求。
 (1)当使用温度在-25~60℃时,应不低于_____的钢材强度。
 (2)当使用温度在-40~60℃时,应不低于_____的钢材强度。
 A. Q235D   B. Q345D   C. Q235NHD   D. Q345C
4. 异型钢单缝式伸缩装置有两种,其中:
 (1)单缝钢与橡胶密封带组成的,适用于伸缩量不大于_____的桥梁工程。
 (2)边梁钢与橡胶密封带组成的,适用于伸缩量不大于_____的桥梁工程。
 A. <80mm   B. <60mm   C. ≤120mm   D. ≤160mm
5. 模数式伸缩装置组装时,压缩量定位应满足用户提出的要求或按标准规定:按最大伸缩量的_____定位出厂。
 A. 1/2   B. 1/3   C. 1/4   D. 1/5
6. 桥梁伸缩装置产品检测依据标准的标准号为_____。
 A. JT/T 4—1993   B. JT/T 4—2004   C. JT 391—1999   D. JT/T 327—2004
7. 沿海桥和跨海桥的伸缩装置使用的异型钢材,应采用_____钢材。
 A. Q235NHD   B. Q345C   C. Q355NHD   D. Q345D

8. 橡胶式伸缩装置不宜用于_____桥梁工程。
   A. 市政桥梁；　　　　B. 高速公路和一级公路桥梁　　　C. 普通二级公路桥梁

三、多选题(10分)

1. 模数式伸缩装置的成品外观尺寸，通常采用钢直尺和游标卡尺测量以下项目_____。
   A. 中梁、边梁断面尺寸　　B. 伸缩量预留尺寸　　C. 锚固筋间距
   D. 锚固板的厚度　　　　　　　　　　　　　E. 锚固件距工作面高度
2. 橡胶板式伸缩装置分为_____两种。
   A. 橡胶板式伸缩装置　　B. 梳齿板式橡胶伸缩装置　　C. 组合式橡胶伸缩装置
3. 桥梁伸缩装置按伸缩体结构分类包括_____。
   A. 模数式伸缩装置　　　　　　　　B. 梳齿板式伸缩装置
   C. 橡胶板式伸缩装置　　　　　　　D. 盆式伸缩装置
4. 市政桥梁常用的伸缩装置有_____。
   A. 梳齿式伸缩装置　　　　　　　　B. 橡胶板式伸缩装置
   C. 异型钢单缝式伸缩装置　　　　　D. 模数式伸缩装置

四、判断题(10分)

1. 模数伸缩装置的异型钢对接接长时，标准中规定接缝位置不应设在行车道位置。（　）
2. 标准中规定异型钢对接焊缝的两侧应采用厚度不小于 10mm 的钢板贴焊加强。（　）
3. 伸缩装置使用的所有焊接件，焊缝高度应满足设计要求，所有焊接不应采用活性气体保护焊（CO_2）。（　）
4. 梳齿式伸缩装置适用于伸缩量大于 300mm 的公路桥梁工程。（　）

五、综合题(50分)

1. 桥梁安装桥梁伸缩装置的作用是什么？
2. 市政桥梁一般应用较多的伸缩装置有哪些规格？为什么？
3. 伸缩装置中的焊接件和焊缝，标准中要求采用什么方法焊接？对焊缝有何具体要求？采用什么方法检测焊缝缺陷？
4. 案例分析：某大桥引桥七联跨 50m 连续箱梁和五联跨 30m 连续箱梁，采用模数试式伸缩装置（双缝和 3 缝），通车后半年发现有四处伸缩装置的异型钢对接缝断裂，调查后发现以下情况：
   ①对接焊缝在行车道位置；
   ②对接缝错位 20mm；
   ③对接缝两侧采用 $\Phi 20$ 螺纹钢搭焊；
   ④对接处未按剖口焊要求焊接到位。
   请按标准要求分析断裂原因。

桥梁伸缩装置模拟试卷(B)

一、填空题(每空1分，共计10分)

1. 异型钢单缝和双缝伸缩装置，适用于伸缩量_____的桥梁工程。
2. 交通部行业标准《_____》编号为 JT/T 327—2004。

3. 桥梁伸缩装置所用异型钢断面尺寸,标准中规定其中肋宽度 B:中梁钢应≥_____ mm,边梁钢应≥_____ mm,单缝钢应≥_____ mm。

4. 伸缩装置的所有焊接,应采用_____焊接方法。

5. 伸缩装置的异型钢除了进行外观质量和外形尺寸检测外,还应用_____仪器对表面防腐涂层厚度进行检测,合格后方可使用。

6. 橡胶伸缩装置应在_____温度下进行检测。

二、单选题(每题 2 分,共计 16 分)

1. 桥梁伸缩装置产品检测,依据标准的标准号为_____。
   A. JT/T 4—1993   B. JT/T 4—2004   C. JT 391—1999   D. JT/T 327—2004

2. 橡胶式伸缩装置不宜用于_____工程。
   A. 市政桥梁   B. 高速公路和一级公路桥梁
   C. 普通二级公路桥梁   D. 农村公路桥梁

3. 沿海桥和跨海桥的伸缩装置使用的异型钢材,应采用_____钢材。
   A. Q235NHD   B. Q345C   C. Q355NHD   D. Q345D

4. 板式橡胶伸缩装置适用于伸缩量小于_____的桥梁工程。
   A. 800mm~120mm   B. <60mm   C. <80mm   D. ≤120mm

5. 模数式伸缩装置对异型钢强度的要求。当使用温度在-25~60℃时应不低于_____的钢材强度。
   A. Q235D   B. Q345D   C. Q235NHD   D. Q345C

6. 模数伸缩装置的异型钢对接接长时,异型钢对接接缝错开距离不应小于_____。
   A. 100mm   B. 60mm   C. 150mm   D. 80mm

7. 异型钢单缝式伸缩装置有两种,其中边梁钢与橡胶密封带组成的适用于伸缩量_____的桥梁工程。
   A. <80mm   B. <60mm   C. ≤120mm   D. ≤160mm

8. 模数式伸缩装置组装时压缩量定位应满足用户提出的要求或按标准规定,按最大伸缩量的_____定位出厂。
   A. 1/2   B. 1/3   C. 1/4   D. 1/5

三、多项选择题(每题 2 分,共计 20 分,多选、错选均不得分)

1. 以下说法正确的是_____。
   A. 橡胶伸缩装置,密封橡胶带的外观质量,通过目测和相应的量具,对进场产品逐个进行观测
   B. 模数式伸缩装置的异型钢、型钢、钢板等外观质量,通过目测和平整度仪、水准仪等对进场产品逐个观测
   C. 橡胶板式伸缩装置平面尺寸除量测四边长度外,还应量测对角线尺寸,厚度应在四边量测 4 点取其平均值
   D. 梳齿板式伸缩装置尺寸偏差检测应每 2m 取其断面量测后,取其平均值

2. 伸缩装置,应进行拉伸、压缩试验,测定_____。
   A. 焊接质量   B. 水平摩阻力   C. 垂直变形
   D. 变位均匀性   E. 防水性

3. 市政桥梁常用的伸缩装置有_____。
   A. 梳齿式伸缩装置   B. 橡胶板式伸缩装置

C. 异型钢单缝式伸缩装置　　　　　　　D. 模数式伸缩装置

4. 按 JT/T 327—2004 标准要求，_____的检测项目不包括内在质量检测。
   A. 梳齿式伸缩装置　　　　　　　　　B. 橡胶板式伸缩装置
   C. 异型钢单缝式伸缩装置　　　　　　　D. 模数式伸缩装置

5. 桥梁伸缩装置试验检测用到的仪器有_____。
   A. 钢直尺　　　B. 游标卡尺　　　C. 水准仪　　　D. 经纬仪　　　E. 测厚仪

6. 模数式伸缩装置的成品外观尺寸采用钢直尺，游标卡尺测量以下项目_____。
   A. 中梁、边梁断面尺寸　B. 伸缩量预留尺寸　　C. 锚固筋间距
   D. 锚固板的厚度　　　E. 锚固件距工作面高度

7. 桥梁伸缩装置按伸缩体结构分类包括_____。
   A. 模数式伸缩装置　　B. 梳齿板式伸缩装置　C. 橡胶板式伸缩装置
   D. 盆式伸缩装置　　　E. 异型钢伸缩装置

8. 梳齿板式伸缩装置，应进行拉伸、压缩试验，测定_____。
   A. 焊接质量　　　B. 水平摩阻力　　C. 垂直变形
   D. 变位均匀性　　E. 防水性

9. 模数式伸缩装置进行拉伸、压缩、纵向、竖向、横向错位试验，测定_____。
   A. 焊接质量　　　B. 水平摩阻力　　C. 垂直变形
   D. 变位均匀性　　E. 防水性

10. 橡胶板式伸缩装置分为_____两种。
    A. 橡胶板式伸缩装置　　　　　　　　B. 梳齿板式橡胶伸缩装置
    C. 组合式橡胶伸缩装置　　　　　　　D. 异型钢橡胶伸缩装置

四、判断题（每题 1 分，共计 10 分，对的打√，错的打×）

1. 伸缩装置使用的所有焊接件，焊缝高度应满足设计要求，所有焊接不应采用活性气体保护焊（CO_2）。　　　　　　　　　　　　　　　　　　　　　　　　　　　　　　　　（　）
2. 桥梁伸缩装置标准中规定，不允许使用热挤压或焊接成型的异型钢，应生产整体热轧成型或整体热轧机加工成型的异型钢。　　　　　　　　　　　　　　　　　　　　　　　（　）
3. 按 JT/T 327—2004 标准要求，异型钢单缝式伸缩装置的检测项目包括内在质量检测。（　）
4. 橡胶式伸缩装置不宜用于高速公路和一级公路桥梁工程。　　　　　　　　　　（　）
5. 模数伸缩装置中的异型钢对接焊缝错开距离，标准中规定不应小于 70mm。　　（　）
6. 异型钢对接焊缝的两侧应采用厚度不小于 15mm 的钢板贴焊加强。　　　　　（　）
7. 市政桥梁采用的不同规格型号的伸缩装置，一般伸缩量不大，在新产品进入施工现场后，直接在现场进行外观质量、尺寸偏差等检测，不专门取样加工制备。　　　　　　　　　（　）
8. 市政桥梁与公路桥梁相比，一般跨度都不大，设计所要求的伸缩量都比较小。　（　）
9. 模数伸缩装置应在工厂组装定位后出厂，组装时的压缩定位，应满足用户提出的要求或标准规定，伸缩量预留尺寸按最大伸缩量的 1/5 定位出厂。　　　　　　　　　　　　　（　）
10. 市政桥梁与公路桥梁设计所要求的伸缩量差别不大。　　　　　　　　　　　（　）

五、综合题（每题 6 分，共计 24 分）

1. 伸缩装置的组装质量的要求是什么，应该如何检测？
2. 桥梁伸缩装置分为哪几种类型？模数伸缩装置的伸缩量适用范围为多少？
3. 桥梁安装桥梁缩伸装置的作用是什么？

4. 桥梁伸缩装置主要检测哪些项目？抽样频率是多少？

六、计算题(共10分)

由南京长江某大桥建设指挥部委托,对该大桥南北引桥使用的伸缩装置锚固筋进行锚固筋拉伸力学性能质量抽检。(1)请写出有关检测设备、检测执行标准。(2)测试结果如下表,请填写完成,并做出判定结论。

锚固筋力学性能测试结果表

试件编号	螺栓规格(mm)	计算面积(mm^2)	极限负荷(kN)	抗拉强度(MPa)
1-1			150.7	
1-2	M20	245	150.2	
1-3			149.3	
性能要求	抗拉强度≥500MPa			

七、案例分析题(10分)

某大桥引桥采用模数式伸缩装置(双缝),2000年12月通车运行3年后,2004年4月发现在行车道位置中梁钢断裂为3截,调查后发现中梁钢断口为斜向剪切断裂,根据当时的异型钢生产条件,不是一次轧制成型的异型钢,而是采用的热挤压型异型钢。请分析断裂原因。

第三章 桥梁橡胶支座

一、填空题

1. 抗剪老化性能试验要求将试样置于老化箱中,在_____温度中放置后取出,将试样在标准温度_____下,净放_____后,再在标准温度下进行试验。

2. 压力试验机精度要求为_____,使用范围_____,施力速度_____。

3. 板式橡胶支座的形状系数(S)的定义为_____与单层橡胶的之比。

4. 检测机构应当科学检测,不得_____;不得_____;不得_____。

5. 标准《公路桥梁板式橡胶支座》JT/T4－2004中对支座的性能要求为;极限抗压强度_____;抗压弹性模量_____;抗剪弹性模量_____。

6. 在测定实验测抗压弹性模量($E1$)时,应以规定的速率、分级与持荷时间进行加载,并绘制_____曲线。依规定分级方法加载和计算方法进行计算。连续进行_____次。加载循环的实测与实测结果平均值的偏差应小于算术平均值的_____。

7. 抗剪弹性模量的检测按每检验批抽取橡胶支座成品_____,每一对橡胶支座成品试样的抗剪弹性模量$G1$为三次加载过程所得的_____。且单项结果和算术平均值之间的偏差应小于算术平均值的_____。三对橡胶支座成品的抗剪弹性模量实测值均应_____。否则,应对该试样_____。

8. 盆式支座竖向压缩变形检验荷载应是支座_____,并以_____增量加载。在支座顶底板间均匀安装_____,测试支座竖向压缩变形;在竖向设计荷载作用下,支座压缩变形值不得大于支座总高度的_____,支座残余变形不得超过_____。

9. 盆式支座环径向变形检验在盆环上口相互垂直的直径方向安装_____,测试盆环径向变形。加载前应对_____,预压荷载为_____。试验时检验荷载以_____增量加载。加载前先给支座一个较小的初始压力,初始压力的大小可视试验机精度具体确定,然后逐级加载。盆环上口径向变形不得大于盆环外径的_____。

10. 当两个试验室的测试结果不同有争议时,则应以试验室温度为_____为准。两台压力试验机测试结果不同有争议时,应以_____的试验结果为准(自动绘制应力应变曲线等)。两台试验机的功能相同时,可请_____仲裁。检测单位应将检测结果连同检测原始数据一同提供被检测单位,以便发生争议时,作为判定的依据。检测单位与生产厂应将检测结果存档,便于追踪。

二、选择题

1. 橡胶支座广泛应用于公路、铁路和城市桥梁支座和建筑工程框架基础,支座将上部结构的荷载可靠地传递给桥墩和基础;橡胶支座的主要受力形式为_____。

A. 压缩、剪切、转动　　B. 拉压、剪切、减振　　C. 拉压、剪切、转动

D. 压缩、剪切、滑动　　E. 拉压、扭转、减振

2. 为了保证橡胶支座的规范使用,交通部组织修订了新的产品行业标准《公路桥梁板式橡胶支座》JT/T 4—2004,于_____开始实施。

A. 2004年3月17日　　B. 2004年6月1日　　C. 2004年9月1日

D. 2004年1月1日　　E. 2004年6月17日

3. 为了保证橡胶支座的规范使用,国家标准 GB 20688.4—2007 橡胶支座《第四部分:普通橡胶支座》和《第三部分:桥梁用隔震支座》,于_____开始实施。

    A. 2007 年 5 月 14 日　　B. 2004 年 6 月 1 日　C. 2006 年 10 月 1 日

    D. 2006 年 5 月 14 日　　E. 2007 年 10 月 1 日

4. 符合现行标准规定的桥梁用橡胶支座主要可分为_____。

    A. 盆式橡胶支座、板式橡胶支座、隔震橡胶支座

    B. 盆式橡胶支座、球冠橡胶支座、板式橡胶支座

    C. 盆式橡胶支座、坡形橡胶支座、板式橡胶支座

    D. 盆式橡胶支座、矩形橡胶支座、圆形橡胶支座

    E. 盆式橡胶支座、铅芯橡胶支座、圆形橡胶支座

5. 现行国家标准规定的隔震橡胶支座(含铅芯橡胶支座)主要包括_____部分。

    A. 钢板层、橡胶层、橡胶保护层、铅层　　B. 钢板层、橡胶层、橡胶保护层、铅芯

    C. 钢板层、橡胶层、铅保护层、滑板　　　D. 钢板层、橡胶层、橡胶保护层、铅冠

    E. 钢板层、橡胶层、铅层、滑板

6. 符合标准规定的板式橡胶支座通常由多层钢板与橡胶层叠合而成,其中钢板起着阻止橡胶横向的膨胀作用,同时,钢板还具有_____作用。

    A. 增加阻力　　　　B. 增加高度　　　　C. 增加抗压力

    D. 增加重量　　　　E. 增加抗剪力

7. 普通橡胶支座—板式橡胶支座通常由多层钢板与橡胶叠合而成,其中橡胶层的作用之一是_____。

    A. 减小柔性　　　　B. 减小成本　　　　C. 减小阻力

    D. 增加滑动　　　　E. 增加柔性

8. 普通橡胶支座—四氟板式橡胶支座中的四氟板的作用之一是_____。

    A. 增加柔性　　　　B. 增加抗压力　　　C. 增加抗剪力

    D. 减小抗压力　　　E. 自由滑动

9. 普通橡胶支座—板式橡胶支座通常由多层钢板与橡胶叠合而成,其中橡胶保护层的作用之一是_____。

    A. 增加重量　　　　B. 增加稳定性　　　C. 防止钢板氧化

    D. 减小滑动　　　　E. 减小振动

10. 评价普通橡胶支座—板式橡胶支座的主要技术参数包括:_____。

    A. 形状系数;抗压弹性模量;抗剪弹性模量;极限抗剪;允许转角

    B. 形状系数;抗压弹性模量;抗剪弹性模量;极限抗剪;阻尼系数

    C. 形状系数;抗压弹性模量;抗剪弹性模量;摩擦系数;阻尼系数

    D. 形状系数;抗压弹性模量;抗剪弹性模量;滑动系数;允许转角

    E. 阻尼系数;抗压弹性模量;抗剪弹性模量;摩擦系数;允许转角

11. 新的国家标准 GB 20688.2—2007 橡胶支座第二部分:桥梁隔振橡胶支座的主要技术参数包括:_____。

    A. 形状系数;抗压弹性模量;抗剪弹性模量;极限抗剪;允许转角

    B. 形状系数;抗剪弹性模量;极限抗剪;抗压刚度;极限抗压

    C. 形状系数;抗压弹性模量;抗剪弹性模量;摩擦系数;阻尼系数

    D. 形状系数;抗压弹性模量;抗剪弹性模量;滑动系数;允许转角

    E. 阻尼系数;抗压弹性模量;抗剪弹性模量;摩擦系数;允许转角

12. 形状系数(S)与抗剪弹性模量(G)共同决定着橡胶支座的力学性能,如极限抗压能力、抗压弹性模量、稳定性、允许转角等。现行标准 JTGD 62—2004 规定的形状系数取值范围为_____。
    A. 5~10   B. 5~7   C. 5~12
    D. 7~12   E. 5~12.5

13. 形状系数(S)与抗剪弹性模量(G)共同决定着橡胶支座的力学性能,如极限抗压能力、抗压弹性模量、稳定性、允许转角等。现行标准 JT/T 4—2004 规定的抗剪弹性模量取值范围为_____。
    A. $G=1$ B. $G=0.9$ C. $G=0.8~1.2$
    D. $G=0.9~1.1$ E. $G=0.85~1.15$

14. 在进行橡胶支座力学性能检测时,现行标准 JT/T 4—2004 规定的标准试验温度为_____。
    A. 20~25℃   B. 18~20℃   C. 18~22℃
    D. 18~28℃   E. 20~28℃

15. 在进行橡胶支座抗压弹性模量检测时,现行标准 JT/T 4—2004 规定的加载速度为_____MPa/s。
    A. 0.3~0.4   B. 0.3~0.5   C. 0.03~0.04
    D. 0.03~0.4   E. 0.03~0.05

16. 在进行橡胶支座抗压弹性模量检测时,现行标准 JT/T 4—2004 规定的竖向位移传感器的分度值要求为_____。
    A. 0.01m   B. 0.01dm   C. 0.01cm
    D. 0.01mm   E. 0.01μm

17. 在进行橡胶支座抗剪弹性模量检测时,现行标准 JT/T 4—2004 规定的水平剪应力加载速度为_____MPa/s。
    A. 0.003~0.004 B. 0.03~0.04   C. 0.002~0.003
    D. 0.002~0.004 E. 0.2~0.5

三、判断题

1. 请你判断以下说法正确的是_____。
    A. 支座检验时,若有一项不合格,则应从该批产品中随机再取双倍支座,对不合格项目进行复检,若仍有一项不合格,则判定该批产品不合格
    B. 支座检验时,若有二项不合格,则应从该批产品中随机再取双倍支座,对全部项目进行复检,若仍有一项不合格,则判定该批产品不合格
    C. 支座检验时,若有一项不合格,则应从该批产品中随机再取双倍支座,对全部项目进行复检,若仍有一项不合格,则判定该批产品不合格
    D. 支座检验时,若有二项不合格,则应从该批产品中随机再取双倍支座,对不合格项目进行复检,若仍有一项不合格,则判定该批产品不合格

2. 请你判断以下说法正确的是_____。
    A. 盆式支座的盆环上口径向变形在竖向设计荷载作用下不得大于盆环外径的0.5‰,支座残余变形不得超过总变形量的5%的规定,支座为合格,该试验支座不得继续使用
    B. 盆式支座的盆环上口径向变形在竖向设计荷载作用下不得大于盆环外径的0.1‰,支座残余变形不得超过总变形量的1%的规定,支座为合格,该试验支座不得继续使用
    C. 盆式支座的盆环上口径向变形在竖向设计荷载作用下不得大于盆环外径的0.1‰,支座残

余变形不得超过总变形量的1%的规定,支座为合格,该试验支座可以继续使用

D. 盆式支座的盆环上口径向变形在竖向设计荷载作用下不得大于盆环外径的0.5‰,支座残余变形不得超过总变形量的5%的规定,支座为合格,该试验支座可以继续使用

3. 在竖向设计荷载作用下,支座压缩变形值不得大于支座总高度的2%,请你判断以下说法正确的是_____。

A. 盆式支座卸载后,如残余变形超过总变形量的2%,应重复上述试验;若残余变形不消失或有增长趋势,则认为该支座不合格

B. 盆式支座卸载后,如残余变形超过总变形量的2%,应重复上述试验;若残余变形不消失或有增长趋势,则认为该支座合格

C. 盆式支座卸载后,如残余变形超过总变形量的5%,应重复上述试验;若残余变形不消失或有增长趋势,则认为该支座不合格

D. 盆式支座卸载后,如残余变形超过总变形量的5%,应重复上述试验;若残余变形不消失或有增长趋势,则认为该支座合格

4. 请你判断以下说法正确的是_____。

A. 弹性模量 $G1$ 为三次加载过程所得的三个实测结果的算术平均值。且单项结果和算术平均值之间的偏差应小于算术平均值的5%

B. 弹性模量 $G1$ 为六次加载过程所得的六个实测结果的算术平均值。且单项结果和算术平均值之间的偏差应小于算术平均值的5%

C. 弹性模量 $G1$ 为三次加载过程所得的三个实测结果的算术平均值。且单项结果和算术平均值之间的偏差应小于算术平均值的3%

D. 弹性模量 $G1$ 为六次加载过程所得的六个实测结果的算术平均值。且单项结果和算术平均值之间的偏差应小于算术平均值的3%

5. 请你判断以下说法正确的是_____。

A. 弹性模量 $E1$ 为三次加载过程所得的三个实测结果的算术平均值。且单项结果和算术平均值之间的偏差应小于算术平均值的3%。试样的抗压弹性模量 $E1$,与 E 的标准值的偏差在 $\pm 30\%$ 范围之内时应认为满足要求

B. 弹性模量 $E1$ 为六次加载过程所得的三个实测结果的算术平均值。且单项结果和算术平均值之间的偏差应小于算术平均值的3%。试样的抗压弹性模量 $E1$,与 E 的标准值的偏差在 $\pm 30\%$ 范围之内时应认为满足要求

C. 弹性模量 $E1$ 为六次加载过程所得的三个实测结果的算术平均值。且单项结果和算术平均值之间的偏差应小于算术平均值的3%。试样的抗压弹性模量 $E1$,与 E 的标准值的偏差在 $\pm 20\%$ 范围之内时应认为满足要求

D. 弹性模量 $E1$ 为三次加载过程所得的三个实测结果的算术平均值。且单项结果和算术平均值之间的偏差应小于算术平均值的3%。试样的抗压弹性模量 $E1$,与 E 的标准值的偏差在 $\pm 20\%$ 范围之内时应认为满足要求

6. 请你判断以下说法正确的是_____。

A. E 的标准值为 $E = 5.4GS^2$,且根据《公路钢筋混凝土及预应力混凝土桥涵设计规范》JTGD 62—2004 的规定抗剪弹性模量的标准值取值为 $G = 0.8$

B. E 的标准值为 $E = 5.4GS^2$,且根据《公路钢筋混凝土及预应力混凝土桥涵设计规范》JTGD 62—2004 的规定抗剪弹性模量的标准值取值为 $G = 1$

C. E 的标准值为 $E = 66S - 162$,且根据《公路钢筋混凝土及预应力混凝土桥涵设计规范》JTGD 62—2004 的规定抗剪弹性模量的标准值取值为 $G = 0.8$

D. E 的标准值为 $E = 66S - 162$,且根据《公路钢筋混凝土及预应力混凝土桥涵设计规范》JTG D 62—2004 的规定抗剪弹性模量的标准值取值为 $G = 1$

7. 请你判断以下说法正确的是_____。

A. 将橡胶支座成品试样置于老化箱内,在 77℃ ±2℃ 温度下经 72h 后取出,将试样在标准温度 23℃ ±5℃ 下,停放 48h,再在标准试验室温度下进行剪切试验,试验与标准抗剪弹性模量试验方法步骤相同。老化后抗剪弹性模量 $G2$ 的计算方法与标准抗剪弹性模量计算方法相同

B. 将橡胶支座成品试样置于老化箱内,在 77℃ ±5℃ 温度下经 72h 后取出,将试样在标准温度 23℃ ±5℃ 下,停放 48h,再在标准试验室温度下进行剪切试验,试验与标准抗剪弹性模量试验方法步骤相同。老化后抗剪弹性模量 $G2$ 的计算方法与标准抗剪弹性模量计算方法相同

C. 将橡胶支座成品试样置于老化箱内,在 70℃ ±2℃ 温度下经 72h 后取出,将试样在标准温度 23℃ ±5℃ 下,停放 48h,再在标准试验室温度下进行剪切试验,试验与标准抗剪弹性模量试验方法步骤相同。老化后抗剪弹性模量 $G2$ 的计算方法与标准抗剪弹性模量计算方法相同

D. 将橡胶支座成品试样置于老化箱内,在 70℃ ±5℃ 温度下经 72h 后取出,将试样在标准温度 23℃ ±5℃ 下,停放 48h,再在标准试验室温度下进行剪切试验,试验与标准抗剪弹性模量试验方法步骤相同。老化后抗剪弹性模量 $G2$ 的计算方法与标准抗剪弹性模量计算方法相同

四、问答题

1. 请简述现行标准 JT/T 4—2004 规定的板式橡胶支座的检测条件与主要检测项目。
2. 简述现行标准 JT/T 4—2004 规定的盆式橡胶支座的检测条件与主要检测项目。
3. 为何现行标准《公路桥梁板式橡胶支座》JT/T 4—2004 规定板式橡胶支座的检测要求逐步实现自动数据采集?
4. 通常橡胶支座超载可造成橡胶支座永久性损伤(不可恢复),请你简要说明支座的超载形式有哪些?
5. 简要说明现行标准 JT/T 4—2004 规定应当如何进行支座的解剖试验,解剖试验中主要技术有哪些?
6. 橡胶支座尺寸大于试验机平台或支座载荷超过了试验的试验能力时,现行标准 JT/T 4—2004 规定应当如何进行检测?
7. 现行标准 JT/T 4—2004 规定板式橡胶支座抗剪弹性模量检测时需要几只位移传感器,对其分度值有何要求?
8. 现行标准 JT/T 4—2004 规定在进行橡胶支座抗压(剪)弹性模量检测时,标准对测量结果与算术平均值的偏差有何要求,该技术要求有何实际意义?当测量结果偏差超范围时应当如何处置?
9. 依现行标准 JT/T 4—2004 规定,简单说明应当如何进行抗剪老化试验?
10. 依现行标准 JT/T 4—2004 规定,简单说明盆式橡胶支座的主要检测项目与指标。
11. 依现行标准 JT/T 4—2004 规定,说明当同一批橡胶支座两个试验室的测试结果不同时或有争议时,应当如何处置?
12. 进行橡胶支座抗压弹性模量检测时,依现行标准 JT/T 4—2004 规定,说明对试验机与试验条件都有哪些要求?
13. 依现行标准 JT/T 4—2004 规定简要说明橡胶支座的主要检测设备与性能要求?

五、计算题

1. 依现行标准 JT/T 4—2004 及规格系列中规定已知:板式橡胶支座用钢板厚度为 2mm 或 3mm,单层橡胶支座厚度为 5mm 或 8mm 或 11mm 或 15mm,上、下保护层厚度通常各为 2.5~3mm,

当橡胶支座总厚度小于50mm时,厚度偏差允许值为+1mm,当橡胶支座总厚度大于49mm小于100mm时,厚度偏差允许值为+2mm。

现有某委托单位送来一批橡胶支座(代号GYZ-250×64),该支座是严格按标准要求制作的,即该橡胶支座各项解剖参数符合现行标准(规格系列)的各项规定。

(1)请你在不解剖的条件下,计算出该橡胶支座的外形尺寸与承载面积,单层橡胶层厚度,钢板厚度,钢板层数。

(2)请你在不解剖的条件下,计算出该橡胶支座的形状系数,抗压弹性模量及极限应力(见注)。

(3)根据第一问的答案,计算出该橡胶支座的形状系数,抗压弹性模量的波动范围的百分比。

(4)根据第一问的答案,计算出该橡胶支座的极限承载能力的波动范围的百分比。

(5)根据第一问至第三问的答案,请根据此例简要说明你对现行标准(规格系列)认识与观点。

注:此题有多种答案,要求说明理由和给出解答过程,按过程给分。

2. 依现行标准(规格系列)中规定已知:板式橡胶支座用钢板厚度为2mm或3mm,单层橡胶支座厚度为5mm或8mm或11mm,上保护层厚度通常为2.5~3mm,下保护层厚度通常也为2.5~3mm。当橡胶支座总厚度小于50mm时,厚度偏差允许值为+1mm,当橡胶支座总厚度大于49mm小于100mm时,厚度偏差允许值为+2mm。

现有某委托单位送来一批板式橡胶支座(代号GJZ-200×300×64(CR)),该支座是严格按标准要求制作的,即该橡胶支座各项解剖参数符合现行标准(规格系列)的各项规定。

(1)请你在不解剖的条件下,计算出该橡胶支座的外形尺寸与承载面积、单层橡胶层厚度、钢板厚度及钢板层数。

(2)请你在不解剖的条件下,计算出该橡胶支座的形状系数、抗压弹性模量及极限应力(见注)。

(3)根据第一问的答案,计算出该橡胶支座的形状系数,抗压弹性模量的波动范围的百分比。

(4)根据第一问的答案,计算出该橡胶支座的极限承载能力的波动范围的百分比。

(5)根据第一问至第三问的答案,请根据此例简要说明你对现行标准(规格系列)认识与观点。

注:此题可能有多种答案,要求说明理由和给出解答过程,按过程给分。

六、操作题

1. 某板式橡胶支座,规格为GYZ-200×35,实测单层橡胶层厚度为4.25mm,钢板厚度为2mm,钢板层数为5层,根据《公路桥梁板式橡胶支座》JT/T 4—2004检测结果如下表所示。

抗压实测数据表

传感器(mm)		标准设定压应力(MPa)				
		1.00	4.00	6.00	8.00	10.00
实测压应力(MPa)		1.005	4.000	6.004	7.992	9.998
循环1	传感器1	0.031	0.128	0.203	0.280	0.352
	传感器2	0.034	0.139	0.209	0.263	0.334
	传感器3	0.027	0.135	0.217	0.284	0.352
	传感器4	0.063	0.174	0.239	0.321	0.376
实测压应力(MPa)		0.992	4.001	6.002	8.008	9.997

续表

抗压实测数据表

传感器(mm)		标准设定压应力(MPa)				
		1.00	4.00	6.00	8.00	10.00
循环2	传感器1	0.035	0.127	0.198	0.278	0.345
	传感器2	0.041	0.138	0.198	0.255	0.327
	传感器3	0.033	0.137	0.218	0.286	0.351
	传感器4	0.067	0.175	0.237	0.320	0.372
实测压应力(MPa)		0.976	3.997	6.000	7.993	9.994
循环3	传感器1	0.033	0.131	0.201	0.278	0.346
	传感器2	0.042	0.140	0.196	0.254	0.326
	传感器3	0.033	0.143	0.222	0.288	0.352
	传感器4	0.069	0.177	0.237	0.320	0.372

(1)请你写出如下技术参数:钢板面积(mm^2);规格尺寸;胶层厚度/t_e(mm);形状系数/S;抗压弹性模量标准 E(MPa);抗压弹性模量容许值范围 E(MPa)。

(2)请你根据抗压实测数据表计算出:抗压弹性模量(E_1);E_1 与平均值偏差;E_1 与标准值(E)的偏差;并根据你的计算结果给出检测结论。

2.某板式橡胶支座,规格为 GYZ-200×35,实测单层橡胶层厚度为5mm,钢板厚度为2mm,钢板层数为5层,根据《公路桥梁板式橡胶支座》JT/T 4—2004 检测结果如下表所示。

抗剪实测数据表

标准设定剪应力(MPa)		0.1	0.2	0.3	0.4	0.5	0.6	0.7	0.8	0.9	1
实测剪应力(MPa)		0.10	0.20	0.30	0.40	0.50	0.60	0.70	0.80	0.90	1.00
循环1	传感器1(mm)	7.61	8.92	10.60	12.41	14.41	16.64	18.65	21.08	23.08	25.65
	传感器2(mm)	8.25	9.55	11.30	13.20	15.33	17.65	19.77	22.29	24.33	27.00
实测剪应力		0.10	0.20	0.30	0.40	0.50	0.60	0.70	0.80	0.90	1.00
循环2	传感器1(mm)	7.50	8.80	10.49	12.36	14.46	16.54	18.67	21.00	22.99	25.42
	传感器2(mm)	8.13	9.45	11.18	13.15	15.39	17.58	19.80	22.24	24.26	26.79
实测剪应力(MPa)		0.10	0.20	0.30	0.40	0.50	0.60	0.70	0.80	0.90	1.00
循环3	传感器1(mm)	7.32	8.66	10.35	12.30	14.35	16.49	18.78	21.00	22.91	25.39
	传感器2(mm)	7.96	9.32	11.03	13.11	15.29	17.54	19.92	22.24	24.21	26.77

(1)请你写出如下技术参数:钢板面积(mm^2);规格尺寸;胶层厚度/t_e(mm);形状系数/S;抗剪弹性模量标准 G(MPa);抗剪弹性模量容许值范围 G(MPa)。

(2)请你根据抗剪实测数据表计算出:实测抗剪弹性模量(G_1);各循环实测值与平均值的偏差;实测抗剪弹性模量与标准值(G)的偏差;并根据你的计算结果给出检测结论。

七、案例题

下图中(a)、(b)、(c)为板式橡胶支座压缩试验过程中出现的表面现象,请你根据现行规范的规定分析板式橡胶支座是否存在问题,如果存在问题请说明是哪类问题,应如何判定?

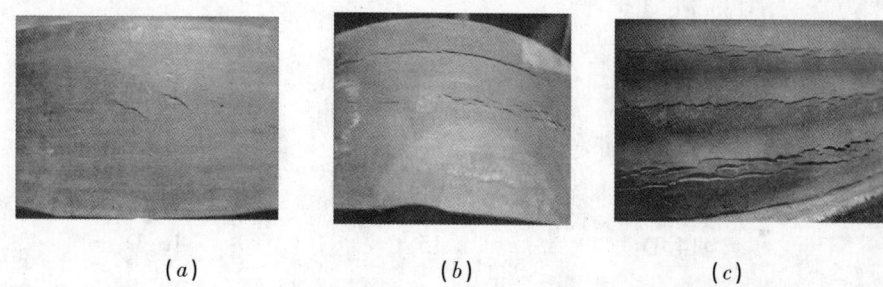

(a)　　　　　　　(b)　　　　　　　(c)

下图中(d)、(e)为在安装现场拍摄的板式橡胶支座压缩现象,请你根据现行规范的规定分析此批板式橡胶支座是否存在问题,如果存在问题请说明是哪类问题,应如何判定?

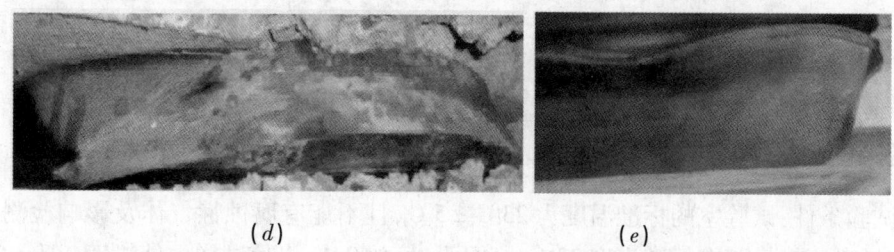

(d)　　　　　　　　　　(e)

下图中(f)、(g)为在安装现场拍摄的盆式橡胶支座压缩现象,请你根据现行规范的规定分析此批盆式橡胶支座是否存在问题,如果存在问题请说明是哪类问题,应如何判定?

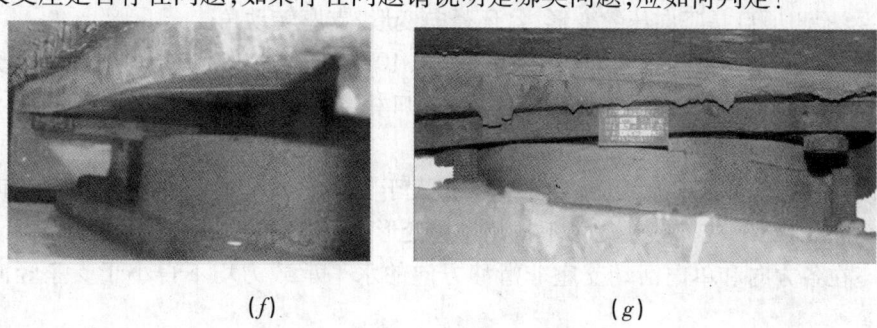

(f)　　　　　　　　　　(g)

参考答案:

一、填空题

1. 70℃ ±2℃　23℃ ±5℃　48h

2. Ⅰ级　在最大力值的1%~90%范围内　抗压时,以0.03~0.04MPa/s

3. 支座有效承压面积

4. 泄露被检测检验单位的技术、商业秘密,接受可能影响检测检验公正性的资助,从事与检测检验业务范围相关的产品开发、营销等活动,利用检测检验机构的名称参与企业的商业性活动

　　转让或者出借资质证书　将所承担的检测检验工作转包给其他检测检验机构设立分支机构

5. ≥70MPa　$E \pm E \times 20\%$　$G \pm G \times 20\%$

6. 应力 - 应变　三次　3%

7. 3 对　三个实测结果的算术平均值　3%　符合要求　重新复核试验一次

8. 设计承载力的1.5倍　10个相等的　四只百分表　2%　总变形量的5‰

9. 四只千分表　对试验支座预压3次　支座设计承载力　10个相等的　0.05%

10. 23±5℃的试验结果　以试验设备满足技术要求的试验机　国家批准的第三方质量监督机构

二、选择题

1. A 　　2. B 　　3. E 　　4. A
5. B 　　6. C 　　7. E 　　8. E
9. C 　　10. A 　　11. A 　　12. C
13. E 　　14. D 　　15. C 　　16. D
17. C

三、判断题

1. D 　　2. D 　　3. A 　　4. C
5. D 　　6. B 　　7. C

四、问答题

1. 答：试验条件：试验室的标准温度为23℃±5℃，且不能有腐蚀性气体及影响检测的震动源。试验前应将试样直接暴露在标准温度23℃±5℃下，停放24h，以使试样内外温度一致。

　　主要检测项：解剖试验、抗压弹性模量、抗剪弹性模量

2. 答：主要检测项目是竖向压缩变形、盆环径向变形、支座转动角。

　　其检验荷载应是支座设计承载力的1.5倍，并以10个相等的增量加载。在支座顶底板间均匀安装四只百分表，测试支座竖向压缩变形；在盆环上口相互垂直的直径方向安装四只千分表，测试盆环径向变形。加载前应对试验支座预压3次。

　　在竖向设计荷载作用下，支座压缩变形值不得大于支座总高度的2%，盆环上口径向变形不得大于盆环外径的0.05%，支座残余变形不得超过总变形量的5%

　　固定支座在各方向和单向活动支座非滑移方向的水平承载力均不得小于支座竖向承载力的10%。

　　抗振型支座水平承载力不得小于支座竖向承载力的20%。

　　支座转动角度不得小于0.02rad。

3. 答：正式加载。每一加载循环自1.0MPa开始，将压应力以0.03~0.04MPa/s速率均匀加载至4MPa，持荷2min后，采集支座变形值，然后以同样速率每2MPa为一级逐级加载，每级持荷2min后，采集支座变形数据直至平均压应力。为之，绘制的应力-应变图应呈线性关系。然后以连续均匀的速度卸载至压应力为10MPa。10min后进行下一加载循环。加载过程应连续进行三次。

4. 答：主要为三类，单轴压缩超载、剪切水平位移超载、转角超载。

5. 答：解剖实验应取试样对角进行解剖。将其沿垂直方向锯开，进行规定项目检验。

　　检测支座的保护层厚度、钢板厚度、钢板层数、中间橡胶层厚度与均匀性等。

6. 答：试样尺寸应取用实样。只有受试验机吨位限制时，可由抽检单位或用户与检测单位协商用特制试样代替实样。

7. 答：抗剪弹性模量的位移传感器需要2只，测量支座试样变形量的仪表量程应满足测量支座试样变形量的需要，测量竖向压缩变形量和水平位移变形量的分度值为0.01mm，其示值误差和相关技术要求应按相关的检验规程进行检定。

8. 答：每一块试样的抗压弹性模量 E，为三次加载过程所得的三个实测结果的算术平均值。但单项结果和算术平均值之间的偏差不应大于算术平均值的3%，否则应对该试样重新复核试验一次，如果仍超过3%，应由试验机生产厂专业人员对试验机进行检修和检定，合格后再重新进行试验。

9. 答：将试样置于老化箱内，在70±2℃温度下经72h后取出，将试样在标准温度23±5℃下，停放48h，再在标准试验室温度下进行剪切试验，试验与标准抗剪弹性模量试验方法步骤相同。老化后抗剪弹性模量 G_2 的计算方法与标准抗剪弹性模量计算方法相同。

10. 答：主要检测项目是竖向压缩变形、盆环径向变形、支座转动角。

其检验荷载应是支座设计承载力的1.5倍，并以10个相等的增量加载。在支座顶底板间均匀安装四只百分表，测试支座竖向压缩变形；在盆环上口相互垂直的直径方向安装四只千分表，测试盆环径向变形。加载前应对试验支座预压3次。

在竖向设计荷载作用下，支座压缩变形值不得大于支座总高度的2%，盆环上口径向变形不得大于盆环外径的0.05%，支座残余变形不得超过总变形量的5%。

固定支座在各方向和单向活动支座非滑移方向的水平承载力均不得小于支座竖向承载力的10%。

抗震型支座水平承载力不得小于支座竖向承载力的20%。

支座转动角度不得小于0.02rad。

11. 答：两个试验室的测试结果不同有争议时，则应以试验室温度为23±5℃的试验结果为准。两台压力试验机测试结果不同有争议时，应以试验设备满足标准对检测仪器及对检测单位和人员的要求的试验机的试验结果为准。两台试验机的功能相同时，可请国家批准的第三方质量监督机构仲裁。

质量监督机构或用户提出检测时，若委托检测单位试验设备达不到要求时，而生产厂具备该检测设备，并经国家认可的计量单位检定合格的，则检测机构可派有相应检测方法上岗证书的检测人员到该生产厂监督检测。

检测单位应将检测结果连同检测原始数据一同提供被检测单位，以便发生争议时，作为判定的依据。检测单位与生产厂应将检测结果存档，便于追踪。

12. 答：试验条件：试验室的标准温度为23±5℃，且不能有腐蚀性气体及影响检测的震动源。试验前应将试样直接暴露在标准温度23±5℃下，停放24h，以使试样内外温度一致。

13. 答：主要检测设备为压力试验机、位移传感器。

测量支座试样变形量的仪表量程应满足测量支座试样变形量的需要，测量竖向压缩变形量和水平位移变形量的分度值为0.01mm，其示值误差和相关技术要求应按相关的检验规程进行检定。

国家标准 GB 20688.4—2007 橡胶支座《第四部分：普通橡胶支座》

五、计算题

1. 解：根据题意，

第一种情况，当保护层厚度为3mm 钢板厚度为3mm，橡胶层厚度取8mm时，该橡胶支座为圆形板式橡胶支座，外径尺寸为250mm、成品高64mm、承载面积45216mm²。外观尺寸与解剖参数符合标准 TJ/T 4—2004 的规定。

该橡胶支座形状系数为10.4，符合标准 JT/T 4—2004 的规定。

标准规定抗压弹性模量的 E_1 取值范围为 584±117MPa。

标准规定极限抗压应力 >70MPa

第二种情况，当保护层厚度为2.5mm 钢板厚度为3mm，橡胶层厚度取11mm时，该橡胶支座为圆形板式橡胶支座，外径尺寸为250mm、成品高64mm、钢板层数为5层、承载面积45216mm²。

外观尺寸与解剖参数符合标准 JT/T 4—2004 的规定。

该橡胶支座形状系数为6.4，符合标准 JT/T 4—2004 的规定。

标准规定抗压弹性模量的 E_1 取值范围为 221±44MPa。

标准规定极限抗压应力 >70MPa

第三种情况,当保护层厚度为 4mm 钢板厚度为 3mm,橡胶层厚度取 15mm 时,该橡胶支座为圆形板式橡胶支座,外径尺寸为 250mm、成品高 64mm、钢板层数为 4、承载面积 45216mm²。

该橡胶支座形状系数为 5,符合标准 JT/T 4—2004 的规定。

标准规定抗压弹性模量的 E_1 取值范围为 135 ± 27MPa。

标准规定极限抗压应力 >70MPa

第四种情况,当保护层厚度为 2.5mm 钢板厚度为 2mm,橡胶层厚度取 5mm 时,该橡胶支座为圆形板式橡胶支座,外径尺寸为 250mm、成品高 64mm、钢板层数为 9、承载面积 45216mm²。

该橡胶支座形状系数为 16.6,不符合现行标准 JT/T 4—2004 和 JTGD 62—2004 的规定。

2. 解:根据题意,

第一种情况

当保护层厚度为 3mm 钢板厚度为 3mm,橡胶层厚度取 8mm 时,该橡胶支座为矩形板式橡胶支座,外形尺寸为 200mm×300mm、成品高 64mm、承载面积 55100mm²。外观尺寸与解剖参数符合标准 TJ/T 4—2004 的规定。

该橡胶支座形状系数为 7.2,符合标准 JT/T 4—2004 的规定。

标准规定抗压弹性模量的 E_1 取值范围为 278 ± 56MPa。

标准规定极限抗压应力 >70MPa

第二种情况

当保护层厚度为 2.5mm 钢板厚度为 3mm,橡胶层厚度取 11mm 时,该橡胶支座为矩形板式橡胶支座,外形尺寸为 200mm×300mm、成品高 64mm、钢板层数为 5 层、承载面积 55100mm²。

外观尺寸与解剖参数符合标准 JT/T 4—2004 的规定。

该橡胶支座形状系数为 6.4,符合标准 JT/T 4—2004 的规定。

标准规定抗压弹性模量的 E_1 取值范围为 147 ± 29MPa。

标准规定极限抗压应力 >70MPa

第三种情况

当保护层厚度为 2.5mm 钢板厚度为 2mm,橡胶层厚度取 5mm 时,该橡胶支座为矩形板式橡胶支座,外形尺寸为 200mm×300mm、成品高 64mm、钢板层数为 9、承载面积 55100mm²。

该橡胶支座形状系数为 11.5,符合标准 JT/T 4—2004 的规定。

标准规定抗压弹性模量的 E_1 取值范围为 772 ± 142MPa。

标准规定极限抗压应力 >70MPa

第四种情况,

当保护层厚度为 4mm 钢板厚度为 3mm,橡胶层厚度取 15mm 时,该橡胶支座为矩形板式橡胶支座,外形尺寸为 200mm×300mm、成品高 64mm、钢板层数为 4、承载面积 55100mm²。

该橡胶支座形状系数为 3.8,不符合现行标准 JT/T 4—2004 和 JTGD 62—2004 的规定。

六、操作题

1. 答:(1)根据题意写出如下技术参数:

钢板面积(mm²) = 28338

规格尺寸(mm) = 200 × 35

胶层厚度 t_e(mm) = 25

形状系数 S = 11.18

抗压弹性模量标准 E(MPa) = 675

抗压弹性模量容许值范围 $E(\text{MPa}) = 675 \pm 135$

(2)根据题意抗压实测数据表计算出：

抗压弹性模量(E_1)；

E_1 与平均值偏差；

E_1 与标准值(E)的偏差；

计算结果解答见下表：

循环1实测压应力	1.005	4.000	6.004	7.992	9.998
循环1平均位移 $\triangle_c$(mm)	0.039	0.144	0.217	0.287	0.354
循环1平均应变 ε_i	0.0016	0.0058	0.0087	0.0115	0.0141
循环1抗压弹性模量(E_1)			716(MPa)		
循环2实测压应力	0.992	4.001	6.002	8.008	9.997
循环2平均位移 $\triangle_c$(mm)	0.044	0.144	0.213	0.285	0.349
循环2平均应变 ε_i	0.0018	0.0058	0.0085	0.0114	0.0140
循环2抗压弹性模量(E_1)			733(MPa)		
循环3实测压应力	0.976	3.997	6.000	7.993	9.994
循环3平均位移 $\triangle_c$(mm)	0.044	0.148	0.214	0.285	0.349
循环3平均应变 ε_i	0.0018	0.0059	0.0086	0.0114	0.0140
循环3抗压弹性模量(E_1)			745(MPa)		
实测抗压弹性模量(MPa)			731		
三次循环的 E_1 与平均值偏差分别为(%)		−2.05	0.27	1.92	
实测抗压弹性模量与标准值(E)的偏差(%)					8.3

该批委托送检 GYZ200×35 圆形板式橡胶支座成品实测抗压弹性模量为731MPa，三次循环检测结果偏差小于3%，与标准值允许值偏差小于20%，故检测结果有效，实测抗压弹性模量符合标准 JT/T 4—2004 的技术要求，判定抗压弹性模量合格。

2. 答：

(1)依题意写出如下技术参数：钢板面积(mm²) = 28338、规格尺寸(mm) = 200×35、胶层厚度 t_e(mm) = 25、形状系数 $S = 9.5$、抗剪弹性模量标准 $G(\text{MPa}) = 1$、抗剪弹性模量容许值范围 $G(\text{MPa}) = 1 \pm 0.15$

(2)依题意根据抗剪实测数据表计算出：

实测抗剪弹性模量(G_1)；

各循环实测值与平均值的偏差；

实测抗剪弹性模量与标准值(G)的偏差。

计算结果见下表：

标准设定剪应力(MPa)		0.1	0.2	0.3	0.4	0.5	0.6	0.7	0.8	0.9	1	实测 G_1 值(MPa)	与平均值偏差(%)
实测剪应力(MPa)		0.10	0.20	0.30	0.40	0.50	0.60	0.70	0.80	0.90	1.00		
循环1	平均位移 $\triangle S$(mm)	7.93	9.23	10.95	12.81	14.87	17.14	19.21	21.69	26.32	26.32	1.14	0
	平均剪应变 γ_i	0.32	0.37	0.44	0.51	0.59	0.69	0.77	0.87	1.05	1.05		

续表

标准设定剪应力 (MPa)		0.1	0.2	0.3	0.4	0.5	0.6	0.7	0.8	0.9	1	实测G_1值(MPa)	与平均值偏差(%)
循环2	实测剪应力	0.10	0.20	0.30	0.40	0.50	0.60	0.70	0.80	0.90	1.00	1.14	0
	平均位移△S(mm)	7.82	9.13	10.84	12.76	14.93	17.06	19.24	21.62	26.10	26.10		
	平均剪应变γ_i	0.31	0.37	0.43	0.51	0.60	0.68	0.77	0.86	1.04	1.04		
循环3	实测剪应力	0.10	0.20	0.30	0.40	0.50	0.60	0.70	0.80	0.90	1.00	1.14	0
	平均位移△S(mm)	7.64	8.99	10.69	12.71	14.82	17.02	19.35	21.62	26.08	26.08		
	平均剪应变γ_i	0.31	0.36	0.43	0.51	0.59	0.68	0.77	0.86	1.04	1.04		

实测抗剪弹性模量 = 1.14(MPa),实测抗剪弹性模量与标准值(G)的偏差为14%(%)。

该批委托送检GYZ200×35圆形板式橡胶支座成品实测抗剪弹性模量为1.14MPa,三次循环检测结果偏差小于3%,与标准值允许值偏差小于15%,故检测结果有效,实测抗剪弹性模量符合标准JT/T 4—2004的技术要求,判定抗剪弹性模量合格。

七、案例题

答:(略)

桥梁橡胶支座模拟试卷

一、填空题(本大题共4小题,每小题2分,共8分)

1. 抗剪弹性模量的检测按每检验批抽取_____,每一对橡胶支座成品试样的抗剪弹性模量G1为三次加载过程所得的_____,且单项结果和算术平均值之间的偏差应小于_____。三对橡胶支座成品的抗剪弹性模量实测值均应_____。否则,应对该试样_____。

2. 盆式支座竖向压缩变形检验荷载应是支座_____,并以_____增量加载。在支座顶底板间均匀安装_____,测试支座竖向压缩变形;在竖向设计荷载作用下,支座压缩变形值不得大于支座总高度的_____,支座残余变形不得超过_____。

3. 盆式支座环径向变形检验在盆环上口相互垂直的直径方向安装_____,测试盆环径向变形。加载前应_____,预压荷载为_____。试验时检验荷载以_____增量加载。加载前先给支座一个较小的初始压力,初始压力的大小可视试验机精度具体确定,然后逐级加载。盆环上口径向变形不得大于盆环外径的_____。

4. 当两个试验室的测试结果不同有争议时,则应以试验室温度为_____为准。两台压力试验机测试结果不同有争议时,应以_____结果为准(自动绘制应力应变曲线等)。两台试验机的功能相同时,可请_____仲裁。检测单位应将检测结果连同检测原始数据一同提供被检测单位,以便发生争议时,作为判定的依据。检测单位与生产厂应将检测结果存档,便于追踪。

二、选择题(本大题共11小题,每小题2分,共22分)

在每小题列出的四个备选项中只有一个是符合题目要求的,错选、多选或未选均无分。

1. 橡胶支座广泛应用于公路、铁路和城市桥梁支座和建筑工程框架基础,支座将上部结构的荷载可靠地传递给桥墩和基础;橡胶支座的主要受力形式为_____。

A. 压缩、剪切、转动   B. 拉压、剪切、减振

C. 拉压、剪切、转动 　　　　　　　　D. 压缩、剪切、滑动
E. 拉压、扭转、减振

2. 为了保证橡胶支座的规范使用,交通部组织修订了新的产品行业标准《公路桥梁板式橡胶支座》,于_____开始实施。
A. 2004 年 3 月 17 日　　　　　　　　B. 2004 年 6 月 1 日
C. 2004 年 9 月 1 日　　　　　　　　　D. 2004 年 1 月 1 日
E. 2004 年 6 月 17 日

3. 桥梁橡胶支座可分为_____。
A. 盆式橡胶支座;铅芯橡胶支座;板式橡胶支座
B. 盆式橡胶支座;球冠橡胶支座;板式橡胶支座
C. 盆式橡胶支座;坡形橡胶支座;板式橡胶支座
D. 盆式橡胶支座;矩形橡胶支座;圆形橡胶支座
E. 盆式橡胶支座;铅芯橡胶支座;滑板橡胶支座

4. 铅芯橡胶支座主要包括_____部分。
A. 钢板层;橡胶层;橡胶保护层;铅层
B. 钢板层;橡胶层;橡胶保护层;铅芯
C. 钢板层;橡胶层;铅保护层;滑板
D. 钢板层;橡胶层;橡胶保护层;铅冠
E. 钢板层;橡胶层;铅层;滑板

5. 板式橡胶支座通常由多层钢板与橡胶层叠合而成,其中钢板起着阻止橡胶横向的膨胀作用,同时,钢板还具有_____作用。
A. 增加阻力　　　B. 增加高度　　　C. 增加抗压力
D. 增加重量　　　E. 增加抗剪力

6. 板式橡胶支座通常由多层钢板与橡胶叠合而成,其中橡胶层的作用之一是_____。
A. 减小柔性　　　B. 减小成本　　　C. 减小阻力
D. 减小滑动　　　E. 减小振动

7. 四氟板式橡胶支座中的四氟板的作用之一是_____。
A. 增加柔性　　　B. 增加抗压力　　C. 增加抗剪力
D. 减小抗压力　　E. 减小抗剪力

8. 板式橡胶支座通常由多层钢板与橡胶叠合而成,其中橡胶保护层的作用之一是_____。
A. 增加重量　　　B. 增加稳定性　　C. 防止钢板氧化
D. 减小滑动　　　E. 减小振动

9. 评价板式橡胶支座的主要技术参数包括_____。
A. 形状系数;抗压弹性模量;抗剪弹性模量;极限抗剪;允许转角
B. 形状系数;抗压弹性模量;抗剪弹性模量;极限抗剪;阻尼系数
C. 形状系数;抗压弹性模量;抗剪弹性模量;摩擦系数;阻尼系数
D. 形状系数;抗压弹性模量;抗剪弹性模量;滑动系数;允许转角
E. 阻尼系数;抗压弹性模量;抗剪弹性模量;摩擦系数;允许转角

10. 形状系数(S)与抗剪弹性模量(G)共同决定着橡胶支座的力学性能,如极限抗压能力、抗压弹性模量、稳定性、允许转角等。现行标准规定的形状系数取值范围为_____。
A. 5~10　　　　　B. 5~7　　　　　　C. 5~12
D. 7~12　　　　　E. 5~12.5

11. 形状系数(S)与抗剪弹性模量(G)共同决定着橡胶支座的力学性能,如极限抗压能力、抗压弹性模量、稳定性、允许转角等。现行标准规定的抗剪弹性模量取值范围为_____。
  A. $G=1$ B. $G=0.9$ C. $G=0.8\sim1.2$
  D. $G=0.9\sim1.1$ E. $G=0.85\sim1.15$

三、简答题(本大题共10小题,每小题3分,共30分)

1. 请简述现行标准规定的板式橡胶支座的检测条件与主要检测项目。
2. 为何标准《公路桥梁板式橡胶支座》规定板式橡胶支座的检测要求逐步实现自动数据采集?
3. 通常橡胶支座超载可造成橡胶支座永久性损伤(不可恢复),请你简要说明支座的超载形式有哪些?
4. 简要说明应当如何进行支座的解剖试验,解剖试验中主要技术有哪些?
5. 当橡胶支座尺寸大于试验机平台或支座载荷超过了试验的试验能力时,标准规定应当如何进行检测?
6. 对板式橡胶支座抗剪弹性模量的位移传感器需要几只,对其分度值有何要求?
7. 在进行橡胶支座抗压(剪)弹性模量检测时,标准对测量结果与算术平均值的偏差有何要求,该技术要求有何实际意义?当测量结果偏差超范围时应当如何处置?
8. 请简单说明应当如何进行抗剪老化试验。
9. 请简单说明盆式橡胶支座的主要检测项目与指标。
10. 请依据现行标准说明:当同一批橡胶支座,两个试验室的测试结果不同时或有争议时,应当如何处置?

四、综合能力题(解答与操作计算)(本大题共5小题,共40分)

依现行标准(规格系列)中规定已知:板式橡胶支座用钢板厚度为2mm或3mm,单层橡胶支座厚度为5mm或8mm或11mm或15mm,上、下保护层厚度通常各为2.5mm至3mm,当橡胶支座总厚度小于50mm时,厚度偏差允许值为+1mm,当橡胶支座总厚度大于49mm小于100mm时,厚度偏差允许值为+2mm。

现有某委托单位送来一批橡胶支座(代号GYZ-250×64),该支座是严格按标准要求制作的,即该橡胶支座各项解剖参数符合现行标准(规格系列)的各项规定。

(1) 请你在不解剖的条件下,计算出该橡胶支座的外形尺寸与承载面积,单层橡胶层厚度,钢板厚度,钢板层数。(8分)

(2) 请你在不解剖的条件下,计算出该橡胶支座的形状系数,抗压弹性模量及极限应力(注2)。(8分)

(3) 根据第一问的答案,计算出该橡胶支座的形状系数,抗压弹性模量的波动范围的百分比。(8分)

(4) 根据第一问的答案,计算出该橡胶支座的极限承载能力的波动范围的百分比。(8分)

(5) 根据第一问至第三问的答案,请根据此例简要说明你对现行标准(规格系列)认识与观点。(8分)

注1:此题有多种答案,要求说明理由和给出解答过程,按过程给分。
注2:欧洲标准PrEN 1337—2000规定橡胶支座的极限应力$R_u \leqslant 5GS/1.5$MPa。

五、实践操作能力题(本大题共2问,共20分)

某板式橡胶支座,规格为GYZ-200×35,实测单层橡胶层厚度为4.25mm,钢板厚度为2mm,

钢板层数为5层,根据《公路桥梁板式橡胶支座》JT/T 4—2004检测结果如下表所示。

抗压实测数据表

传感器(mm)		标准设定压应力(MPa)				
		1.00	4.00	6.00	8.00	10.00
实测压应力		1.005	4.000	6.004	7.992	9.998
循环1	传感器1	0.031	0.128	0.203	0.280	0.352
	传感器2	0.034	0.139	0.209	0.263	0.334
	传感器3	0.027	0.135	0.217	0.284	0.352
	传感器4	0.063	0.174	0.239	0.321	0.376
实测压应力		0.992	4.001	6.002	8.008	9.997
循环2	传感器1	0.035	0.127	0.198	0.278	0.345
	传感器2	0.041	0.138	0.198	0.255	0.327
	传感器3	0.033	0.137	0.218	0.286	0.351
	传感器4	0.067	0.175	0.237	0.320	0.372
实测压应力		0.976	3.997	6.000	7.993	9.994
循环3	传感器1	0.033	0.131	0.201	0.278	0.346
	传感器2	0.042	0.140	0.196	0.254	0.326
	传感器3	0.033	0.143	0.222	0.288	0.352
	传感器4	0.069	0.177	0.237	0.320	0.372

第1问:

请你写出如下技术参数:(5分)

钢板面积(mm^2) =

规格尺寸 =

胶层厚度 t_e(mm) =

形状系数 S =

抗压弹性模量标准 E(MPa)

抗压弹性模量容许值范围 E(MPa)

第2问:

请你根据抗压实测数据表计算出:

抗压弹性模量(E_1)(15分);

E_1 与平均值偏差;

E_1 与标准值(E)的偏差;

并根据你的计算结果给出检测结论。

解答:

循环1实测压应力					
循环1平均位移$\triangle_c$(mm)					
循环1平均应变ε_i					
循环1抗压弹性模量(E_1)					
循环2实测压应力					
循环2平均位移$\triangle_c$(mm)					
循环2平均应变ε_i					
循环2抗压弹性模量(E_1)					
循环3实测压应力					
循环3平均位移$\triangle_c$(mm)					
循环3平均应变ε_i					
循环3抗压弹性模量(E_1)					
实测抗压弹性模量(MPa)					
三次循环的E_1与平均值偏差分别为(%)					
实测抗压弹性模量与标准值(E)的偏差(%)					

第四章 市政道路

一、填空

1. 常见的平整度测试方法有_____、_____两种,相应的技术指标为_____、_____。
2. 弯沉仪(贝克曼梁)的规格是_____、_____,杠杆为_____。
3. 沥青混凝土面层抗滑指标为_____和_____。
4. 路面基层压实度常用检测方法有_____、_____、_____、_____四种。
5. 沥青路面回弹弯沉最好在路面竣工后_____测试。
6. 用摆式仪法测定路面摩擦系数时,如果标定的滑动长度大于标准值(126mm),则 BPN 的测定值比实际值_____。
7. 水泥混凝土路面在低温条件下测得的构造深度和高温条件下测得的构造深度_____。
8. 目前国内常用的回弹模量试验检测方法有_____、_____和其他间接测试方法。
9. 用灌砂法测定土基现场密度,砂要求_____、_____粒径的清洁干燥的均匀砂,称量砂的质量时,要求精确到_____g。
10. 测沥青路面弯沉时,一般采用_____,当需要测总弯沉和残余弯沉值时,则应采用_____。
11. 路面的不平整性有_____向和_____向两类。
12. 弯沉测试用标准汽车为_____,要求轮胎花纹清晰,没有明显磨损,轮胎对路面压力 P 则分别要求为_____。
13. 用摆式仪法测定路面摩擦系数时,如路面温度高,测得的摆值较实际值_____,如路面温度低,测得的摆值较实际值_____,必须按有关温度表,修正换算成标准温度_____的摆值。
14. 连续式平整度仪自动采集数据时,测定间距为_____,每一计算区间的长度为_____,牵引速度宜为_____。
15. 3m 直尺测量一般为行车道_____为连续测量的标准位置,应连续测量_____尺,量测每尺的最大间隙的高度。
16. 直尺法测沥青混凝土路面车辙时,直尺置于车辙两侧的拥包顶部以车辙槽底至直尺底面_____距离作为车辙深度。

二、单选题

1. 环刀法测定压实度时,环刀取样位置应位于压实层的_____。
   A. 上部　　　　　　B. 中部　　　　　　C. 底部　　　　　　D. 任意位置
2. 高温条件下用摆式仪测定的沥青面层摩擦系数比低温条件下测得的摩擦摆值_____。
   A. 大　　　　　　　B. 小　　　　　　　C. 一样　　　　　　D. 不一定
3. 贝克曼梁测定回弹弯沉,百分表最大读数为49,终读数为24。那么回弹弯沉值为_____。
   A. 25(0.01mm)　　　B. 25(mm)　　　　　C. 50(0.01mm)　　　D. 50(mm)
4. 测试回弹弯沉时,弯沉仪的测头应放置在_____位置。
   A. 轮隙中心　　　　　　　　　　　　　B. 轮隙中心稍偏前
   C. 轮隙中心稍偏后　　　　　　　　　　D. 轮隙中任意位置

5. 水泥混凝土路面是以_____为控制指标。
   A. 抗压强度　　　　B. 抗弯拉强度　　　C. 抗拉强度　　　　D. 抗剪强度
6. 其他情况一致的条件下,路表构造深度越大,路面的抗滑能力_____。
   A. 越强　　　　　　B. 越差　　　　　　C. 不一定越强　　　D. 强、弱无规律
7. 用贝克曼梁法测定高速公路土基回弹弯沉时,加载车的后轴轴载一般为_____。
   A. 50kN　　　　　　B. 80kN　　　　　　C. 100kN　　　　　 D. 120kN
8. 连续式平整度仪测定平整度时的技术指标是_____。
   A. 最大间隙　　　　B. 标准偏差　　　　C. 单向累计值　　　D. 国际平整度指标
9. 测定二灰碎石基层压实度,应优先采用_____。
   A. 环刀法　　　　　B. 灌砂法　　　　　C. 蜡封法　　　　　D. 核子密实度仪法
10. 用摆式仪测沥青路面的摩擦系数时,橡胶片的标准滑动长度为_____mm。
    A. 100　　　　　　 B. 120　　　　　　 C. 130　　　　　　 D. 126
11. 在灌砂过程中,如果储砂筒内的砂尚在下流时就关闭开关,则测得压实结果将比实际值_____。
    A. 偏大　　　　　　B. 偏小　　　　　　C. 一样　　　　　　D. 无规律
12. 灌砂时检测厚度应为_____。
    A. 整个碾压层厚度　B. 碾压层厚上部　　C. 碾压层下部　　　D. 碾压层中部
13. 以下_____方法适用于现场土基表面,通过逐级加载、卸载的方法测出每级荷载下相应的土基回弹变形,经计算求得土基回弹模量。
    A. 贝克曼梁法　　　B. 承载板法　　　　C. CBR 法　　　　　D. 贯入仪法
14. 土基回弹模量 E_0 的单位是_____。
    A. MN　　　　　　　B. kN　　　　　　　C. kg　　　　　　　D. MPa
15. 弯沉的单位以_____计。
    A. 0.01m　　　　　 B. 1mm　　　　　　 C. 0.1m　　　　　　D. 0.01m
16. 用 3m 直尺检测路面平整度时,将塞尺塞进尺的最大间隙处,量取间隙高度,精确至_____,即这一尺的间隙值。
    A. 0.2mm　　　　　 B. 0.5mm　　　　　 C. 0.1mm　　　　　 D. 0.01mm
17. 铺砂法适用于_____构造深度。
    A. 沥青路面表面　　　　　　　　　　　B. 水泥混凝土路面表面
    C. 基层表面　　　　　　　　　　　　　D. 沥青路面及水泥混凝土表面
18. 沥青路面渗透系数测试应_____。
    A. 路面竣工一年后进行　　　　　　　　B. 路面竣工半年后进行
    C. 路面施工结束后进行　　　　　　　　D. 施工过程中测试

三、多选题

1. 路面结构层厚度测定可以与压实度一起进行的测定方法是_____。
   A. 灌砂法　　　　　B. 钻芯取样法　　　C. 环刀法　　　　　D. 核子密度仪法
2. 沥青面层压实度的检测方法有_____。
   A. 灌砂法　　　　　B. 环刀法　　　　　C. 钻芯取样法　　　D. 核子密实仪法
3. 下列关于承载板法测定土基回弹模量的说法中,正确的是_____。
   A. 以弹性半无限体理论为依据
   B. 数据整理时,一般情况下应进行原点修正

C. 测试时,采用逐级加载、卸载的方式
D. 各级压力的回弹变形必须加上该级的影响量

4. 灌砂法测定过程中,下列_____操作会使测定结果偏小。
A. 测定层表面不平整而操作时未先放置基板测定粗糙表面的耗砂量
B. 标定砂锥质量时未先流出一部分与试坑体积相当的砂而直接用全部的砂来形成砂锥
C. 开凿试坑时飞出的石子未捡回
D. 所挖试坑的深度只达到测定层的一半

5. 影响沥青路面构造深度的因素有_____。
   A. 石料磨光值   B. 沥青用量   C. 混合料级配   D. 温度

6. 连续式平整度仪自动采集位移数据时_____。
   A. 测定间距为 10cm   B. 每次计算区间的长度为 100m
   C. 100m 输出一次结果   D. 1km 输出一次结果

7. 下列有关抗滑性能的的说法中,正确的是_____。
   A. 摆值 FB 越大,抗滑性能越好   B. 混合料沥青用量越多,抗滑性能越好
   C. 混合料级配越细,抗滑性能越好   D. 构造深度 TD 越大,抗滑性能越好

8. 摆式仪的橡胶片使用后,当出现以下_____情况时应更换新胶片。
   A. 端部在长度方向上磨损超过 1.6mm   B. 边缘在宽度方向上磨损超过 3.2mm
   C. 有油污染   D. 使用期达到 1 年

9. 对手工铺砂法要求说法,正确的是_____。
   A. 量砂应干燥、洁净、均质,粒径为 0.15~0.30mm
   B. 测点应选在行车道的轮迹带上,距路面边缘不应小于 2m
   C. 同一处平行测定不少于 3 次,3 个测点间距 3~5m
   D. 为避免浪费,回收的砂可直接使用

10. 下列有关钻心取样法,测定路面厚度的说法正确的是_____。
    A. 钻孔深度不必达到层厚   B. 芯样须清除灰尘找出与下层的分层面
    C. 用钢尺或卡尺沿对称的方向量取表面至上下层界面的高度,取其平均值
    D. 层厚以 cm 计,准确至 0.1cm

11. 下列关于填补试坑或钻孔的叙述,正确的是_____。
    A. 清理坑中残留物,钻孔时留下的积水用棉纱吸干
    B. 对无机结合料基层,直接将挖出的材料回填
    C. 水泥混凝土路面板,配制相同配比的新材料掺加少量快凝早强剂分层填补压实
    D. 施工中的沥青路面,用同级配的热沥青混合料分层填补热夯压实

12. 关于灌砂法所用砂,下列叙述_____是正确的。
    A. 量砂粒径为 0.30~0.60mm
    B. 量砂粒径为 0.25~0.50mm
    C. 砂在清洗、干燥后就可直接使用
    D. 量砂可回收使用,但须重新清洗、过筛、烘干,放置至与空气湿度相同

13. 用承载板测试土基回弹模量,在逐级加载卸载过程中应_____后读取百分表读数。
    A. 加载后稳定 1min   B. 加载后稳定 2min   C. 卸载后稳定 1min   D. 卸载后稳定 2min

14. 下列关于承载能力的说法中,正确的是_____。
    A. 回弹模量越大,表示承载能力越小
    B. 回弹弯沉值越大,表示承载能力越小

C. 相同级配的无机材料最佳含水量条件下,压实度越大,承载能力越小
D. 沥青混合料,相同级配压实条件下,常温中,温度越高,承载能力越小

15. 测试路面平整度测试方法可选用下列_____方法测试。
   A. 3m 直尺法　　　　B. 连续式平整度仪法　　C. 制动距离法　　　D. 激光构造深度仪

16. 关于路面平整度的描述,_____是正确的。
   A. 路面的不平整有纵向和横向两类
   B. 形成的原因是由于施工和结构承载力不足
   C. 纵向的不平整主要表现为坑槽、波浪
   D. 横向的不平整主要表现为车辙、隆起

17. 连续式平整度仪的使用中,下列描述正确的是_____。
   A. 连续式平整度仪量测的是路面不平整度的标准差(σ),以表示路面的平整度
   B. 连续式平整度仪法快速准确,适用于各类型基层面层平整度的检测
   C. 检测时通常是以行车道一侧车轮轮迹带作为连续测定的标准位置
   D. 测试距离较短时,可用人力拖拉平整度仪,但应保持匀速前进

18. 测量路面抗滑性能可用_____试验来测试。
   A. 连续式平整度仪法　　　　　　　　B. 摆式仪法
   C. 钻心取样法　　　　　　　　　　　D. 构造深度仪法

四、判断题

1. 虽然连续平整度仪法测试速度快,结果可靠,但是一般不用于路基平整度测定。（　）
2. 沥青路面弯沉验收应在施工结束后立即检测。（　）
3. 核子密度仪法测定路基路面压实度,结果比较可靠,可作为仲裁试验。（　）
4. 对于水泥混凝土路面,混凝土质量检测时是测定其抗压强度的。（　）
5. 在用3.6m的贝克曼梁对半刚性基层沥青路面的回弹弯沉测试时,只进行温度的修正。（　）
6. 承载板测定回弹模量,采用逐级加载——卸载的方式进行测试。（　）
7. 在弯沉测试时用3.6m弯沉仪,只需根据情况进行温度修正,不再进行其他修正。（　）
8. 采用灌砂法测定路面结构层的压实度时,应尽量使试坑深度与标定罐的深度一致。（　）
9. 用摆式仪测定路面的抗滑性能时,滑动长度越大,摆值就越小。（　）
10. 路面构造深度较大,表示路面的抗滑性能较好。（　）
11. 摩擦系数反映的了路面干燥状态下的抗滑能力。（　）
12. 路面的平整度是反映路面施工质量和服务水平的重要指标。（　）
13. 弯沉值越小,表示路面的承载力越小。（　）
14. 灌砂法测现场密度,不适用于大空隙,松散性材料。（　）
15. 高速公路土方路基平整度常采用3m直尺法测定。（　）
16. 采用贝克曼梁检测弯沉,双侧同时测定时,应对双侧测定的弯沉值平均后,再进行评定。（　）

五、综合题

1. 简述摆式仪法测试路面摩擦系数的步骤。
2. 灌砂法测定压实度的适用范围是什么?
3. 简述手工铺砂法测定抗滑性能的试验步骤。

4. 试述钻心法测路面厚度的检测方法。

5. 常用平整度测试方法有哪些？这些测试方法相应的技术指标是什么？

6. 用手工铺砂法测定某路面的构造深度，量砂桶体积为 $25cm^3$，用推平板推平后用直尺量得垂直方向的直径 $18.0cm$、$19.0cm$，计算路面得构造深度。

7. 用灌砂筒进行灌砂法测路面压实度前，须先进行量砂密度的标定，有关数据列于下表，试计算量砂的密度。

筒内砂的质量 $m_1(g)$	6000
圆锥体的砂的质量 $m_2(g)$	752
标定罐的容积 $V(cm^3)$	3532
标定时筒内剩余砂质量 $m_3(g)$	232

8. 测定沥青路面渗水系数试验，当渗水仪安装完毕后加水至刻度线，开始试验，当水面下降至 $100mL$ 时开动秒表，$60s$ 后水面降至 $240mL$，$120s$ 时降至 $330mL$，$180s$ 时降至 $410mL$，$240s$ 时水面降至 $490mL$，$250s$ 时水面降至 $500mL$，试计算此位置的路面渗水系数。

六、案例题

1. 某路土基部分施工完成后，施工单位自己进行贝克曼梁法测定土基回弹弯沉试验，左右轮的弯沉都测了，个别位置弯沉值偏大，如何对弯沉值进行评定，弯沉过大的点如何处理？

2. 某路土基部分施工完成后，施工单位自己进行灌砂测定土基密度试验，发现与实际值相差较大，试分析可能的影响原因。

3. 某路路面部分施工完成，使用一年后，养护单位进行摆式仪测定路面抗滑试验，之后请专业的检测机构也进行了摆式仪测定路面抗滑试验，发现两者数据相差较大，试分析可能的影响因素。

参考答案：

一、填空

1. 3m 直尺法　连续式平整度仪法　最大间隙　标准偏差
2. 3.6m　5.4m　2:1　　　　　　3. 摩擦系数　构造深度
4. 挖坑灌沙法　核子仪法　环刀法　钻心法
5. 第一个最不利　　　　　　　　6. 大
7. 相同　　　　　　　　　　　　8. 承载板法　贝克曼梁法
9. 0.30~0.60　0.25~0.50　1　　10. 前进卸荷法、后退加载法
11. 纵　横　　　　　　　　　　　12. BZZ-100　0.7MPa
13. 小　大　20℃　　　　　　　　14. 10cm　100m　5km/h
15. 车轮轮迹　10　　　　　　　　16. 垂直最大

二、单选题

1. B	2. B	3. C	4. B
5. B	6. A	7. C	8. B
9. B	10. D	11. A	12. A
13. B	14. D	15. A	16. A
17. D	18. C		

三、多选题

1. A、B	2. A、C、D	3. A、B、C、D	4. A、B、C
5. B、C	6. A、B、C	7. A、D	8. A、B、C、D
9. A、B、C	10. B、D	11. A、C、D	12. A、B、D
13. A、C	14. A、D	15. A、B、D	16. A、B、C、D
17. A、C、D	18. B、D		

四、判断题

1. √	2. ×	3. ×	4. ×
5. ×	6. √	7. ×	8. √
9. ×	10. √	11. ×	12. √
13. ×	14. √	15. √	16. ×

五、综合题

1. 答：①仪器调平，旋转调平螺栓，使水准泡居中。

②调零，调整摆的调节螺母，使摆释放后，能其自由摆动至另一侧零位置调零允许误差为±1BPN。

③校核滑动长度，转动立柱上升降把手，使摆在路表的接触长度为126mm。

④洒水浇洗测试路面。

⑤测试，再次洒水，按下释放开关，使摆在路面滑过，指针所指刻度，即为摆值（BPN）。不记录第1次测量值。

⑥重复测定5次，5次数值中最大值与最小值的差值应≤3BPN，取5次测定的平均值作为该测点的摩擦摆值。

⑦温度修正，把非标准温度测得的摆值换算为标准温度（20℃）的摆值。

2. 答：适用于在现场测定基层（或底基层），砂石路面及路基土的各种材料压实层的密度和压实度，也适用于沥青表面处治、沥青贯入式面层的密度和压实度检测，但不适用于填石路堤等有大孔洞或大孔隙材料的压实度检测。

3. 答：①用扫帚或毛刷将测点附近的路面清扫干净；

②用小铲装砂沿筒向圆筒中注满砂，手提圆筒上方，在硬质路面上轻轻叩打3次，使砂密实，补足砂面用钢尺一次刮平；

③将砂倒在路面上，用摊平板由里向外做摊铺运动，使砂填入凹凸不平的路表面的空隙中，尽可能摊成圆形，表面不得有浮动余砂；

④用钢板量所构成的圆的两个垂直方向的直径，取平均值；

4. 答：①按规定的方法用路面取芯机钻孔，芯样的直径符合规定的要求，钻孔深度必须达到层厚。

②取出芯样，清除底面灰土，找出与下层的分层面。

③用钢尺或卡尺沿圆周对称十字方向四处量取表面至上下层交界的高度，取其平均值，及为该层的厚度，准确至0.1cm。

5. 答：（1）3m直尺法技术指标：最大间隙 h（mm）

（2）连续式平整度仪法技术指标：标准差 σ（mm）

（3）颠簸累积仪单向累计值：VBI（cm/km）

6. 答：$D = (180 + 190)/2 = 185\text{mm}$
$TD = 1000V/(\pi D^2/4) = 1000 \times 25/(3.14 \times 185 \times 185/4) = 0.9\text{mm}$
7. 答：标定罐内砂的质量：
$m_a = m_1 - m_2 - m_3 = 6000 - 752 - 232 = 5016\text{g}$
量砂的密度：
$\gamma_\lambda = m_a/V = 5016/3532 = 1.420\text{g/cm}^3$
8. 答：$C_w = (V_2 - V_1) \times 60/(t_2 - t_1) = (500 - 100) \times 60/(250 - 0) = 96\text{mL/min}$

六、案例题

1. 答：①左右轮弯沉按独立测点计算，不能左右两点平均。
②弯沉须计算弯沉的代表值 $l_r = l + Z_a S$。
③路基弯沉的代表值不符合要求时，可将超出 $\bar{l} \pm (2\sim3)S$ 的特异值舍弃，重新计算平均值和标准差。
④对弯沉值 $\bar{l} + (2\sim3)S$ 的点应找出其周围边界，进行局部处理。
2. 答：①量砂要规则，处理一致。
②换砂，必须重新测松方密度，和锥体中砂的质量。
③地表要处理平整，或使用基板重新测锥体中砂的质量。
④挖坑时坑壁竖直，高度与标定桶高度相近，厚度为整个碾压层。
3. 答：①摆式仪灵敏，各部合乎技术要求，橡胶片磨损情况合格，无油污，在有效期内，新橡胶片应在干燥路面测10次后使用。
②仪器调平、调零，滑动长度标准，试验方法规范。
③测试位置沿行车方向的轮迹带处。
④测潮湿路面的温度，并将摆值修正为标准温度20℃时的摆值。

市政道路模拟试卷(A)

一、填空题

1. 常见的平整度测试方法有_____、_____两种，相应的技术指标为_____、_____。
2. 弯沉仪(贝克曼梁)的规格是_____、_____杠杆为_____。
3. 沥青混凝土面层抗滑指标为_____和_____。
4. 路面基层压实度常用检测方法有_____、_____、_____、_____四种。
5. 沥青路面回弹弯沉最好在路面竣工后_____测试。

二、单选题

1. 环刀法测定压实度时，环刀取样位置应位于压实层的_____。
   A. 上部　　　　B. 中部　　　　C. 底部　　　　D. 任意位置
2. 高温条件下用摆式仪测定的沥青面层摩擦系数比低温条件下测得的摩擦摆值_____。
   A. 大　　　　B. 小　　　　C. 一样　　　　D. 不一定
3. 贝克曼梁测定回弹弯沉，百分表最大读数为49，终读数为24。那么回弹弯沉值为_____。
   A. 25(0.01mm)　　B. 25(mm)　　C. 50(0.01mm)　　D. 50(mm)
4. 测试回弹弯沉时，弯沉仪的测头应放置在_____位置。

A. 轮隙中心　　　　　B. 轮隙中心稍偏前　　C. 轮隙中心稍偏后　　D. 轮隙中任意位置
5. 水泥混凝土路面是以_____为控制指标。
   A. 抗压强度　　　　　B. 抗弯拉强度　　　　C. 抗拉强度　　　　　D. 抗剪强度
6. 其他情况一致的条件下,路表构造深度越大,路面的抗滑能力_____。
   A. 越强　　　　　　　B. 越差　　　　　　　C. 不一定越强　　　　D. 强、弱无规律
7. 用贝克曼梁法测定高速公路土基回弹弯沉时,加载车的后轴轴载一般为_____。
   A. 50kN　　　　　　　B. 80kN　　　　　　　C. 100kN　　　　　　D. 120kN
8. 连续式平整度仪测定平整度时的技术指标是_____。
   A. 最大间隙　　　　　B. 标准偏差　　　　　C. 单向累计值　　　　D. 国际平整度指标
9. 测定二灰碎石基层压实度,应优先采用_____。
   A. 环刀法　　　　　　B. 灌砂法　　　　　　C. 蜡封法　　　　　　D. 核子密实度仪法
10. 用摆式仪测沥青路面的摩擦系数时,橡胶片的标准滑动长度为_____mm。
    A. 100　　　　　　　B. 120　　　　　　　C. 130　　　　　　　D. 126

三、多选题

1. 路面结构层厚度测定可以与压实度一起进行的测定方法是_____。
   A. 灌砂法　　　　　　B. 钻芯取样法　　　　C. 环刀法　　　　　　D. 核子密度仪法
2. 沥青面层压实度的检测方法有_____。
   A. 灌砂法　　　　　　B. 环刀法　　　　　　C. 钻芯取样法　　　　D. 核子密实仪法
3. 下列关于承载板法测定土基回弹模量的说法中,正确的是_____。
   A. 以弹性半无限体理论为依据
   B. 数据整理时,一般情况下应进行原点修正
   C. 测试时,采用逐级加载、卸载的方式
   D. 各级压力的回弹变形必须加上该级的影响量
4. 灌砂法测定过程中,_____操作会使测定结果偏小。
   A. 测定层表面不平整而操作时未先放置基板测定粗糙表面的耗砂量
   B. 标定砂锥质量时未先流出一部分与试坑体积相当的砂而直接用全部的砂来形成砂锥
   C. 开凿试坑时飞出的石子未捡回
   D. 所挖试坑的深度只达到测定层的一半
5. 影响沥青路面构造深度的因素有_____。
   A. 石料磨光值　　　　B. 沥青用量　　　　　C. 混合料级配　　　　D. 温度
6. 连续式平整度仪自动采集位移数据时_____。
   A. 测定间距为 10cm　　　　　　　　　　　B. 每次计算区间的长度为 100m
   C. 100m 输出一次结果　　　　　　　　　　D. 1km 输出一次结果
7. 下列有关抗滑性能的说法中,正确的是_____。
   A. 摆值 FB 越大,抗滑性能越好　　　　　　B. 混合料沥青用量越多,抗滑性能越好
   C. 混合料级配越细,抗滑性能越好　　　　　D. 构造深度 TD 越大,抗滑性能越好
8. 摆式仪的橡胶片使用后,满足_____条件时应更换新胶片。
   A. 端部在长度方向上磨损超过 1.6mm
   B. 边缘在宽度方向上磨损超过 3.2mm
   C. 有油污染　　　　　　　　　　　　　　D. 使用期达到 1 年
9. 对手工铺砂法要求说法正确的是_____。

A. 量砂应干燥、洁净、均质，粒径为 0.15～0.30mm
B. 测点应选在行车道的轮迹带上，距路面边缘不应小于 2m
C. 同一处平行测定不少于 3 次，3 个测点间距 3～5m
D. 为避免浪费，回收的砂可直接使用。

10. 下列有关钻心取样法，测定路面厚度的说法正确的是_____。
A. 钻孔深度不必达到层厚
B. 芯样须清除灰尘找出与下层的分层面
C. 用钢尺或卡尺沿对称的方向量取表面至上下层界面的高度，取其平均值
D. 层厚以厘米(cm)计，准确至 0.1cm

四、判断题

1. 虽然连续平整度仪法测试速度快，结果可靠，但是一般不用于路基平整度测定。（　）
2. 沥青路面弯沉验收应在施工结束后立即检测。（　）
3. 核子密度仪法测定路基路面压实度，结果比较可靠，可作为仲裁试验。（　）
4. 对于水泥混凝土路面，混凝土质量检测时是测定其抗压强度的。（　）
5. 在用 5.4m 的贝克曼梁对半刚性基层沥青路面的回弹弯沉测试时，只进行温度的修正。（　）
6. 承载板测定回弹模量，采用逐级加载－卸载的方式进行测试。（　）
7. 在弯沉测试时用 5.4m 弯沉仪，只需根据情况进行温度修正，不再进行其他修正。（　）
8. 采用灌砂法测定路面结构层的压实度时，应尽量使试坑深度与标定罐的深度一致。（　）
9. 用摆式仪测定路面的抗滑性能时，滑动长度越大，摆值就越小。（　）
10. 路面构造深度较大，表示路面的抗滑性能较好。（　）

五、综合题

1. 简述摆式仪法测试路面摩擦系数的步骤。
2. 试述钻心法测路面厚度的检测方法。
3. 用手工铺砂法测定某路面的构造深度，量砂桶体积为 25cm³，用推平板推平后用直尺量得垂直方向的直径 18.0cm、19.0cm。计算路面的构造深度。

六、案例题

某路路面部分施工完成，使用一年后，养护单位进行摆式仪测定路面抗滑试验，之后请专业的检测机构也进行了摆式仪测定路面抗滑试验，发现两者数据相差较大，试分析可能的影响因素。

市政道路模拟试卷(B)

一、填空题(每空1分，共20分)

1. 检测人员应遵循科学、公正、准确的原则开展检测工作，检测行为要_____，检测数据要_____。
2. 检测机构应当科学检测，确保检测数据的_____和_____；不得接受委托单位的不合理要求；不得弄虚作假；不得出具不真实的检测报告；不得隐瞒事实。
3. 路面的厚度的测定方法有_____、_____和_____。

4. 三米直尺平整度试验用_____表示路面的平整度,单位是_____。
5. 连续式路面平整度仪平整度试验用_____表示路面的平整度,单位_____。
6. 桥梁荷载试验分为_____试验和_____试验。
7. 桥梁动载试验项目一般安排_____试验,_____试验,___试验以及无荷载时的_____试验。
8. 桥梁结构的动力特性包括_____等;桥梁结构的动力响应包括_____等。
9. 桥梁结构的应变测量常用电阻应变片和电阻应变仪配合使用。原因是直接测定结构截面的应力比较困难,一般的方法是测定应变,通过应力与应变的关系间接测定应力。其中 E 代表_____。

二、单选题(每题2分,共20分)

1. 灌砂法测定路面基层压实度试验中,当集料的最大粒径小于15mm,测定层厚度不超过150mm时,宜采用直径为_____mm的灌砂筒测试。
   A. 100   B. 150   C. 200   D. 250
2. 国内习惯采用的环刀容积通常为_____ cm^3,环刀高度通常为5cm。
   A. 100   B. 150   C. 200   D. 250
3. 沥青混合料试件密度试验中,当试件的吸水率小于_____时,采用水中重法或表干法测定。
   A. 1   B. 2   C. 3   D. 4
4. 半刚性基层、半刚性基层沥青路面、水泥混凝土路面一般采用_____m弯沉仪。
   A. 3.6   B. 5.4   C. 7.2   D. 8.1
5. 水泥混凝土路面主要对_____作为强度评定指标。
   A. 抗压强度   B. 抗剪强度   C. 抗弯拉强度   D. 回弹模量
6. 我国公路桥梁荷载试验标准规定桥梁的相对残余变位不得大于_____。
   A. 10%   B. 20%   C. 25%   D. 30%
7. 桥梁荷载试验的加载量必须做到准确称量,一般称量误差不超过_____。
   A. 5%   B. 8%   C. 10%   D. 12%
8. 桥梁结构的变形中,最主要的是_____。
   A. 转角   B. 水平位移   C. 相对滑移   D. 竖向挠度
9. 桥梁检测现场有时也利用二个百分表测量结构截面的转角。如果 $L=1000mm$,所用百分表的刻度值为0.01mm,则可测得转角的最小值为_____ rad。
   A. 2×10^{-6} B. 1×10^{-5} C. 3×10^{-5} D. 5×10^{-6}
10. 某一简支桥梁跨中实测位移变化为10mm(向下),左支座位移变化为2mm(向下),右支座位移变化1mm(向下),则跨中的最终位移应为_____。
    A. 10mm   B. 9mm   C. 8.5mm   D. 8mm

三、多选题(每题2分,少选、多选、错选均不得分,共20分)

1. 关于沥青混合料芯样试件的密度试验,下列说法正确的是_____。
   A. 试验前应将钻取的试件在水中用毛刷轻轻净粘附的粉尘
   B. 试验前应将试件晾干或电风扇吹干不少于24h,直至恒重
   C. 如果芯样包含有不同层位的沥青混合料,则应用切割机将芯样沿各层结合面锯开分层进行测定

D. 如试件边角有浮松颗粒,试验时不应将浮松颗粒去除

2. 下列关于沥青面层压实度评定的说法正确的是_____。

A. $K \geqslant K_0$,且全部测点大于等于规定值减去2个百分点时,评定路段压实度合格率为100%

B. $K \geqslant K_0$,按测定值不低于规定值减2个百分点的测点数计算合格率

C. $K \geqslant K_0$,且全部测点大于等于规定值减去1个百分点时,评定路段压实度合格率为100%

D. $K \geqslant K_0$,按测定值不低于规定值减1个百分点的测点数计算合格率

3. 路面的使用性能可分为_____。

A. 功能性能　　　B. 结构性能　　　C. 结构承载力　　　D. 安全性和外观

4. 车载颠簸累积仪测定数值的大小取决于_____。

A. 路面的平整度　　　B. 汽车弹簧的刚度　　　C. 轮胎气压　　　D. 汽车类型

5. 荷载试验的主要目的有_____。

A. 检验新建桥梁的竣工质量,评定工程可靠性

B. 检验旧桥的整体受力性能和实际承载力,为旧桥改造提供依据

C. 处理工程事故,为修复加固提供数据

D. 测量桥梁构件的应变

6. 碱集料反应是由于水泥混凝土中水泥的可溶性碱与某些碱活性骨料发生化学反应产生的,可引起混凝土产生膨胀,开裂,甚至破坏的现象。其现场的判别依据有_____。

A. 钢筋产生锈蚀　　　　　　　　B. 有贯穿于集料的裂纹

C. 缝中有反应的胶体出现　　　　D. 集料的边缘发生暗色或浅色的反应圈

7. 桥梁荷载试验一般需要采用分级加载的方式,以保证加载过程的安全,下列方式中,_____是加载的分级方式。

A. 先上轻车,后上重车　　　　　B. 车辆分次装载重物

C. 加载车位于桥梁内力(变位)影响线预定的不同部位

D. 先上单列车,后上双列车

8. 某桥梁跨径为20m预应力板梁桥,经过静载和动载试验,结果表明,桥梁的刚度和强度均满足要求,则其脉动试验测试的桥梁一阶自振频率有可能是_____。

A. 1.5Hz　　　B. 2.5Hz　　　C. 3.5Hz　　　D. 4.5Hz

9. 车辆荷载系统是桥梁结构试验最主要的加载方式,相比重物加载系统,其优点有_____。

A. 移动方便　　　　　　　　B. 加卸载迅速方便安全

C. 能用于动载试验　　　　　D. 可做破坏荷载

10. 桥梁荷载试验采用车辆荷载加载时,其横向加载方式有_____。

A. 对称加载　　　B. 偏载加载　　　C. 分级加载　　　D. 组合加载

四、简答题(每题5分,共30分)

1. 目前使用的弯沉测定系统主要有哪几种?
2. 灌砂法检测基层压实度试验中,含水量的取样数量有何规定?
3. 简述手工铺砂法测定路面构造深度的试验步骤。
4. 简述桥梁实桥荷载试验中静载与动载试验主要测试项目
5. 实桥现场荷载试验中,什么情况下应终止加载试验?
6. 无铰拱桥的静载测试项目一般有哪些?

五、计算题(每题10分,共20分)

1. 某桥采用汽车加载,跨中挠度测点初始值为12mm,最大荷载下测点的读数为65mm,卸载后

的读数为 24mm。已知该桥的跨中挠度理论设计值为 56mm。实测过程中墩台没有沉降。

问:(1)相对残余变位是否合格?

(2)挠度校验系数是否合格?

2. 某二级路测得的回弹弯沉值(0.1mm)如下(已修正):128、133、114、117、124、131、128、112、110、125、111、123、134、132、116、118、119、126、133、125,保证率为 95% 时,试计算其代表弯沉值。($Z_a = 1.645$)

六、操作题(共 10 分)

简述用摆式仪法测定路面摩擦系数的操作步骤。

第五章 市政桥梁

一、填空题

1. 结构的静态变形包括_____、_____、_____、_____等。
2. 桥梁结构的变形中,最主要的是_____。
3. 电阻应变测量的桥路连接有_____和_____连接。
4. 结构裂缝类型有_____与_____两种。
5. 桥梁支座的作用是将_____及_____传递给墩台,并完成梁体按设计需要的_____。
6. 桥梁荷载试验分为_____试验和_____试验。
7. 城市桥梁养护类别中Ⅰ类指_____桥梁和_____的桥梁。
8. 实桥静载试验加载试验工况最好采用分级_____与_____。
9. 在每级加载时,车辆应逐辆以不大于_____的速度缓缓驶入桥梁预定加载位置。
10. 静应力通过检测结构的_____而求得;动应力通过检测结构的_____而求得。
11. 桥梁动载试验项目一般安排_____试验,_____试验,_____试验以及无荷载时的_____试验。
12. 一般情况下,对于钢筋混凝土结构和部分预应力混凝土结构 B 类构件在试验荷载作用下出现的最大裂缝高度不应超过梁高的_____。
13. 在荷载作用下,新建钢筋混凝土桥梁最大裂缝宽度应不大于_____ mm。
14. 桥梁结构的动力特性包括_____等;桥梁结构的动力响应包括_____等。

二、选择题

1. 一般情况下,旧桥的 η_q 值不宜低于_____。
   A. 0.8　　　　　B. 0.85　　　　　C. 0.91　　　　　D. 0.95。
2. 在桥梁试验中,结构校验系数 η 是评定桥梁结构工作状况,确定桥梁承载能力的一个重要指标。当 η _____时,说明结构强度(或刚度)足够,承载力有余,有安全储备。
   A. 等于1.0　　　B. 小于1.0　　　C. 大于1.0　　　D. 大于或等于1.0。
3. 已知测试的混凝土应变为0.0001,其弹性模量为32500MPa,应力为_____ MPa。
   A. 0.325　　　　B. 3.25　　　　　C. 32.5　　　　　D. 1.625
4. 对于公路桥梁中小跨径的一阶自振频率测定值一般应大_____ Hz,否则,认为该桥结构的总体刚度较差。
   A. 1.8　　　　　B. 2.5　　　　　C. 2.8　　　　　D. 3.0。
5. 我国公路桥梁荷载试验标准规定桥梁的相对残余变位不得大于_____。
   A. 10%　　　　　B. 20%　　　　　C. 25%　　　　　D. 30%
6. 桥梁荷载试验的加载量必须做到准确称量,一般称量误差不超过_____。
   A. 5%　　　　　B. 8%　　　　　C. 10%　　　　　D. 12%
7. 桥梁检测现场有时也利用二个百分表测量结构截面的转角。如果 $L = 1000mm$,所用百分表的刻度值为 0.01mm,则可测得转角的最小值为_____ rad。
   A. 2×10^{-5}　　B. 1×10^{-5}　　C. 3×10^{-5}　　D. 5×10^{-6}

8. 简支梁桥加载试验工况,在跨中为最大_____和_____工况。
   A. 弯矩和剪力   B. 挠度和剪力   C. 弯矩和挠度   D. 负弯矩和挠度
9. 桥梁动载试验项目无荷载时测试的项目为_____试验。
   A. 跑车   B. 跳车   C. 车辆制动   D. 脉动
10. 桥梁荷载试验通常安排在_____时间段进行。
    A. 早上 6:00~8:00   B. 早上 8:00~晚上 10:00
    C. 晚上 10:00~早上 6:00   D. 10:00~12:00

三、判断题

1. 桥梁荷载试验的主要步骤有资料调查、收集、试验计划制定、计划实施和出具试验报告。（　）
2. 结构裂缝也称受力裂缝,由静荷载及活荷载所造成。结构裂缝有挠曲裂缝、温度裂缝、剪力裂缝、施工缝。（　）
3. 汽车荷载可用于桥梁结构的静载试验、刹车试验、跳车试验。（　）
4. 车辆荷载系统是桥梁结构试验最主要的加载方式,相比重物加载系统,其优点有可作破坏荷载、加卸载迅速方便安全,能用于动载试验,移动方便。（　）
5. 我国公路桥梁荷载试验标准规定,桥梁的校验系数不大于2.5。（　）
6. 荷载试验的主要目的:①检验新建桥梁的竣工质量,评定工程可靠性;②检验旧桥的整体受力性能和实际承载力,为旧桥改造提供依据;③处理工程事故,为修复加固提供数据。（　）
7. 桥梁荷载试验采用车辆荷载加载时,其横桥向加载方式有对称加载、偏载加载和分级加载。（　）
8. 对于钢筋混凝土和部分预应力混凝土桥梁,预载的加载量一般不超过混凝土开裂荷载。（　）
9. 因钢筋锈蚀体积膨胀导致钢筋外层混凝土分离的现象称为层离。（　）
10. 无铰拱桥荷载试验时,拱脚测试项目是拱脚负弯矩和拱脚水平推力。（　）

四、综合题

1. 简述桥梁实桥荷载试验中静载与动载试验主要测试项目。
2. 实桥现场荷载试验中,什么情况下应终止加载试验?
3. 一般什么情况下需做荷载试验?
4. 简支梁桥静载试验测试项目一般有哪些?
5. 如何利用荷载试验的校验系数评定桥梁的工作状况?
6. 无铰拱桥的静载测试项目一般有哪些?
7. 某简支梁桥,两支座间距离40m,已测得左右支座沉降量分别为4.0mm和2.0mm,计算跨中截面挠度的修正量 C。
8. 某桥采用汽车加载,跨中挠度测点初始值为7mm,最大荷载下测点的读数为23mm,卸载后的读数为12mm。该桥的相对残余变位是否合格?
9. 某混凝土桥梁采用汽车加载,跨中混凝土应变测点初始值为 $7\mu\varepsilon$,最大荷载下测点的读数为 $35\mu\varepsilon$,已知混凝土的弹性模量是 3.25×10^4 MPa,问该桥跨中测点的应力是多少?
10. 某简支梁桥,两支座间距离40m,已测得左右支座沉降量分别为3.0mm和2.0mm,实测跨中挠度测点的最大读数为32.5mm;已知该桥的跨中挠度理论计算值是34mm。试问该桥的跨中挠度是否符合要求?

参考答案：

一、填充题

1. 水平位移　竖向挠度　相对滑移　转角　2. 挠度变形
3. 半桥连接　全桥连接　4. 结构裂缝　非结构裂缝
5. 上部结构重量　车辆荷载作用　变形　6. 静载　动载
7. 特大型　特殊结构　8. 加载　卸载
9. 5km/h　10. 静态应变　动态应变
11. 跑车　车辆制动　跳车　脉动观测　12. 1/2
13. 0.2
14. 自振频率　阻尼比和振型　冲击系数　动挠度　动应力　加速度

二、选择题

1. D	2. B	3. B	4. D
5. B	6. A	7. B	8. C
9. D	10. C		

三、判断题

1. √	2. ×	3. √	4. ×
5. ×	6. √	7. ×	8. √
9. √	10. √		

四、综合题

1. 答：静载测试项目：

(1) 作用力的大小
① 外力包括静荷载、支座反力、推力等；
② 构件内力包括弯矩、轴力、剪力、扭矩等。

(2) 结构截面上各种应力的分布状态及其大小
① 静应力通过检测结构的静应变而求得；
② 动应力通过检测结构的动应变而求得。

(3) 结构的各种静态变形
静态变形包括水平位移、竖向挠度、相对滑移、转角等。桥梁结构的变形中，最主要的是挠度变形。

(4) 结构的裂缝

动载测试项目：
结构的自振特性和动力响应。
① 桥梁结构的动力特性包括自振频率、阻尼比和振型等；
② 桥梁结构的动力响应包括冲击系数、动挠度、动应力、加速度等。

2. 答：当发现下列情况应立即终止加载：
① 控制测点挠度超过规范允许值或试验控制理论值时。
② 控制测点应力值已达到或超过按试验荷载计算的控制理论值时。
③ 混凝土梁裂缝的长度和缝宽的扩展在未加载到预计的试验控制荷载前，达到和超过允许值

时或在加载过程中,新裂缝不断出现,缝宽和缝长不断增加,达到和超过允许值的裂缝大量出现,对桥梁结构使用寿命造成较大影响时。

④桥梁结构发生其他损坏,影响桥梁承载能力或正常使用时。

3. 答:①桥梁施工质量基本合格,使用状态良好,主要检算中指标虽不合要求,但超限幅度较小。

配筋混凝土梁式结构:在25%之内;

钢结构桥梁:在15%之内;

砖石结构、拱式结构:在30%之内。

②施工质量差,存在隐患;

③桥梁运营中损坏严重;

④缺乏设计、施工资料或桥梁受力不明确;

⑤评定为D级以上的桥梁;

⑥大跨径桥梁竣工鉴定。

4. 答:简支梁桥测试项目:

①跨中最大正弯矩和最大挠度工况;

②1/4跨弯矩和挠度工况;

③支点混凝土主拉应力工况;

④墩台最大竖向力工况。

5. 答:可按以下几种情况判别:

当 $\eta = 1$ 时,说明理论值与实际值相符,正好满足使用要求。

当 $\eta < 1$ 时,说明结构强度(或刚度)足够,承载力有余,有安全储备。

当 $\eta > 1$ 时,说明结构设计强度(或刚度)不足,不够安全。

6. 答:无铰拱桥测试项目:

①跨中最大正弯矩和最大挠度工况;

②拱脚最大负弯矩工况;

③拱脚最大水平推力工况;

④1/4和3/8跨弯矩及挠度工况。

7. 解:

∵ 是简支梁桥

∴ 跨中挠度的修正量公式为 $C = (a+b)/2$

$C = (a+b)/2 = (4.0+2.0)/2 = 3.0 \text{mm}$

8. 解:

∵ $S_P = \dfrac{S_p}{S} \times 100\% = \dfrac{12-7}{23-7} \times 100\% = \dfrac{5}{16} \times 100\% = 31.25\% > [S'_p] = 20\%$

∴ 该桥的相对残余变位不合格。

9. 解:

$\sigma = \varepsilon E = (35-7) \times 10^{-6} \times 3.25 \times 10^4 = 0.91 \text{MPa}$

10. 解:

∵ $f = \delta - (a+b)/2 = 32.5 - (3+2)/2 = 32.5 - 2.5 = 30 \text{mm} < [f] = 34 \text{mm}$

∴ 该桥的跨中挠度符合要求。

市政桥梁模拟试卷(A)

一、填空题(每空2分,共20分)

1. 桥梁支座的作用是将_____及_____传递给墩台,并完成梁体按设计需要的_____。
2. 结构裂缝类型有_____与_____两种。
3. 静应力通过检测结构的_____而求得;动应力通过检测结构的_____而求得。
4. 桥梁荷载试验分为_____试验和_____试验。
5. 桥梁动载试验项目一般安排_____试验,_____试验,_____试验以及无荷载时的_____试验。
6. 桥梁结构的动力特性包括_____、_____等;桥梁结构的动力响应包括_____、_____等。
7. 桥梁结构的应变测量常用电阻应变片和电阻应变仪配合使用。原因是直接测定结构截面的应力比较困难,一般方法是测定应变,通过应力与应变的关系间接测定应力。其中 E 代表_____。

二、单选题(每题2分,共20分)

1. 一般情况下旧桥的 ηq 值不宜低于_____。
   A. 0.8   B. 0.85   C. 0.91   D. 0.95
2. 在桥梁试验中,结构校验系数 η 是评定桥梁结构工作状况,确定桥梁承载能力的一个重要指标。当 η _____时,说明结构强度(或刚度)足够,承载力有余,有安全储备。
   A. 等于1.0   B. 小于1.0   C. 大于1.0   D. 大于或等于1.0
3. 一般情况下对于钢筋混凝土结构和部分预应力混凝土结构 B 类构件在试验荷载作用下出现的最大裂缝高度不应超过梁高的_____。
   A. 1/4   B. 1/2   C. 2/3   D. 1/3
4. 已知测试的混凝土应变为0.0001,其弹性模量为32500MPa,应力为_____MPa。
   A. 0.325   B. 3.25   C. 32.5   D. 1.625
5. 对于公路桥梁中小跨径的一阶自振频率测定值一般应大于_____Hz,否则,认为该桥结构的总体刚度较差。
   A. 1.8   B. 2.5   C. 2.8   D. 3.0
6. 我国公路桥梁荷载试验标准规定桥梁的相对残余变位不得大于_____。
   A. 10%   B. 20%   C. 25%   D. 30%
7. 某一简支桥梁跨中实测位移变化为10mm(向下),左支座位移变化为2mm(向下),右支座位移变化1mm(向下),则跨中的最终位移应为_____。
   A. 10mm   B. 9mm   C. 8.5mm   D. 8mm
8. 我国公路桥梁荷载试验标准规定桥梁的相对残余变位不得大于_____。
   A. 10%   B. 20%   C. 25%   D. 30%
9. 桥梁荷载试验的加载量必须做到准确称量,一般称量误差不超过_____。
   A. 5%   B. 8%   C. 10%   D. 12%
10. 桥梁结构的变形中,最主要的是_____。
    A. 转角   B. 水平位移   C. 相对滑移   D. 竖向挠度

三、多选题(每题2分,共20分,多选、错选均不得分)

1. 桥梁荷载试验的主要步骤有_____。
   A. 资料调查、收集　　B. 试验计划制订　　C. 计划实施　　D. 试验报告出具

2. 结构裂缝也称受力裂缝,由静荷载及活荷载所造成。下列裂缝中,属于结构裂缝的有_____。
   A. 挠曲裂缝　　B. 温度裂缝　　C. 剪力裂缝　　D. 施工缝

3. 关于城市桥梁的养护类别,下列说法中错误的有_____。
   A. Ⅰ类–特大桥梁以及特殊结构的桥梁　　B. Ⅳ类–次干路上的桥梁
   C. Ⅱ类–主干路上的桥梁　　D. Ⅲ类–快速路网上的桥梁

4. 汽车荷载可用于下列_____试验。
   A. 静载试验　　B. 脉动试验　　C. 刹车试验　　D. 跳车试验

5. 车辆荷载系统是桥梁结构试验最主要的加载方式,相比重物加载系统,其优点有_____。
   A. 可做破坏荷载　　　　　　　　B. 加卸载迅速方便安全
   C. 能用于动载试验　　　　　　　D. 移动方便

6. 桥梁荷载试验采用车辆荷载加载时,其横向加载方式有_____。
   A. 对称加载　　B. 分级加载　　C. 偏载加载　　D. 组合加载

7. 荷载试验的主要目的有_____。
   A. 检验新建桥梁的竣工质量,评定工程可靠性
   B. 检验旧桥的整体受力性能和实际承载力,为旧桥改造提供依据
   C. 处理工程事故,为修复加固提供数据
   D. 测量桥梁构件的应变

8. 碱集料反应是由于水泥混凝土中水泥的可溶性碱与某些碱活性骨料发生化学反应产生的,可引起混凝土产生膨胀、开裂,甚至破坏的现象。其现场的判别依据有:_____。
   A. 钢筋产生锈蚀　　　　　　　　B. 有贯穿于集料的裂纹
   C. 缝中有反应的胶体出现　　　　D. 集料的边缘发生暗色或浅色的反应圈

9. 桥梁荷载试验一般需要采用分级加载的方式,以保证加载过程的安全,下列方式中,_____是加载的分级方式。
   A. 先上轻车,后上重车　　　　　B. 车辆分次装载重物
   C. 加载车位于桥梁内力(变位)影响线预定的不同部位
   D. 先上单列车,后上双列车

10. 桥梁荷载试验采用车辆荷载加载时,其横桥向加载方式有_____。
    A. 对称加载　　B. 偏载加载　　C. 分级加载　　D. 组合加载

四、简答题(每题5分,共30分)

1. 简述桥梁实桥荷载试验中静载与动载试验主要测试项目。
2. 实桥现场荷载试验中,什么情况下应终止加载试验?
3. 简述碳化的概念,碳化对混凝土的危害,并简要陈述碳化与混凝土密实度的关系。
4. 一般什么情况下需做荷载试验?
5. 无铰拱桥的静载测试项目一般有哪些?

五、计算题(每题10分,共10分)

某简支梁桥,两支座间距离40m,已测得左右支座沉降量分别为3.0mm和2.0mm,实测跨中挠

度测点的最大读数为 32.5mm;已知该桥的跨中挠度理论计算值是 34mm,试问该桥的跨中挠度是否符合要求?

市政桥梁模拟试卷(B)

一、填空题(每空 2 分,共 20 分)

1. 桥梁结构的变形中,最主要的是_____。
2. 结构的静态变形包括_____、_____、_____、_____等。
3. 静应力通过检测结构的_____而求得;动应力通过检测结构的_____而求得。
4. 裂缝类型有_____与_____两种。
5. 桥梁支座的作用是将_____及_____传递给墩台,并完成梁体按设计需要的_____。
6. 桥梁荷载试验分为_____试验和_____试验。
7. 桥梁结构的动力特性包括_____等;桥梁结构的动力响应包括_____等。

二、单项选择题(每题 2 分,共 20 分)

1. 我国公路桥梁荷载试验标准规定桥梁的相对残余变位不得大于_____。
   A. 10%   B. 20%   C. 25%   D. 30%
2. 桥梁荷载试验的加载量必须做到准确称量,一般称量误差不超过_____。
   A. 5%   B. 8%   C. 10%   D. 12%
3. 桥梁结构的变形中,最主要的是_____。
   A. 转角   B. 水平位移   C. 相对滑移   D. 竖向挠度
4. 一般情况下对于钢筋混凝土结构和部分预应力混凝土结构 B 类构件在试验荷载作用下出现的最大裂缝高度不应超过梁高的_____。
   A. 1/4   B. 1/2   C. 2/3   D. 1/3。
5. 在桥梁试验中,结构校验系数 η 是评定桥梁结构工作状况,确定桥梁承载能力的一个重要指标。当 η _____时,说明结构强度(或刚度)足够,承载力有余,有安全储备。
   A. 等于 1.0   B. 小于 1.0   C. 大于 1.0   D. 大于或等于 1.0。
6. 对于公路桥梁中小跨径的一阶自振频率测定值一般应大于_____ Hz,否则认为该桥结构的总体刚度较差。
   A. 1.8   B. 2.5   C. 2.8   D. 3.0
7. 已知测试的混凝土应变为 0.0001,其弹性模量为 32500MPa,应力为_____ MPa。
   A. 0.325   B. 3.25   C. 32.5   D. 1.625
8. 在荷载作用下,新建钢筋混凝土桥梁最大裂缝宽度应不大于_____ mm。
   A. 0.10   B. 0.20   C. 0.25   D. 0.30
9. 桥梁检测现场有时也利用二个百分表测量结构截面的转角。如果 $L=1000$mm,所用百分表的刻度值为 0.01mm,则可测得转角的最小值为_____ rad。
   A. 2×10^{-5} B. 1×10^{-5} C. 3×10^{-5} D. 5×10^{-6}
10. 某一简支桥梁跨中实测位移变化为 10mm(向下),左支座位移变化为 2mm(向下),右支座位移变化 1mm(向下),则跨中的最终位移应为_____。
    A. 10mm   B. 9mm   C. 8.5mm   D. 8mm

三、多项选择题(每题2分,共20分,多选、错选均不得分)

1. 某桥梁跨径为20m预应力板梁桥,经过静载和动载试验,结果表明,桥梁的刚度和强度均满足要求,则其脉动试验测试的桥梁一阶自振频率有可能是_____。
   A. 1.5Hz　　　　B. 2.5Hz　　　　C. 3.5Hz　　　　D. 4.5Hz

2. 结构裂缝也称受力裂缝,由静荷载及活荷载所造成。下列裂缝中,属于结构裂缝的有_____。
   A. 挠曲裂缝　　B. 温度裂缝　　C. 剪力裂缝　　D. 施工缝

3. 桥梁荷载试验采用车辆荷载加载时,其横向加载方式有_____。
   A. 对称加载　　B. 偏载加载　　C. 分级加载　　D. 组合加载

4. 汽车荷载可用于_____。
   A. 静载试验　　B. 脉动试验　　C. 刹车试验　　D. 跳车试验

5. 关于城市桥梁的养护类别,下列说法中错误的有_____。
   A. Ⅰ类－特大桥梁以及特殊结构的桥梁　　B. Ⅳ类－次干路上的桥梁
   C. Ⅱ类－主干路上的桥梁　　　　　　　　D. Ⅲ类－快速路网上的桥梁

6. 车辆荷载系统是桥梁结构试验最主要的加载方式,相比重物加载系统,其优点有_____。
   A. 移动方便　　　　　　　　　　　　　　B. 加卸载迅速方便安全
   C. 能用于动载试验　　　　　　　　　　　D. 可做破坏荷载

7. 碱集料反应是由于水泥混凝土中水泥的可溶性碱与某些碱活性骨料发生化学反应产生的,可引起混凝土产生膨胀、开裂,甚至破坏的现象。其现场的判别依据有_____。
   A. 钢筋产生锈蚀　　　　　　　　　　　　B. 有贯穿于集料的裂纹
   C. 缝中有反应的胶体出现　　　　　　　　D. 集料的边缘发生暗色或浅色的反应圈

8. 桥梁动载试验项目一般安排_____试验。
   A. 跑车　　　　B. 跳车　　　　C. 刹车　　　　D. 倒车

9. 桥梁构件的内力测试项目包括_____。
   A. 弯矩　　　　B. 剪力　　　　C. 轴力　　　　D. 扭矩

10. Ⅰ类养护城市桥梁完好状态等级分为_____。
    A. 优秀级　　　B. 良好级　　　C. 合格级　　　D. 不合格级

四、简答题(每题5分,共30分)

1. 简述桥梁实桥荷载试验中静载主要测试项目。
2. 简述桥梁实桥荷载试验中动载主要测试项目。
3. 如何利用荷载试验的校验系数评定桥梁的工作状况?
4. 实桥现场荷载试验中,什么情况下应终止加载试验?
5. 无铰拱桥的静载测试项目一般有哪些?

五、计算题(每题10分,共10分)

某桥采用汽车加载,跨中挠度测点初始值为7mm,最大荷载下测点的读数为23mm,卸载后的读数为12mm。该桥的相对残余变位是否合格?

六、操作题(共10分)

简述用摆式仪法测定路面摩擦系数的操作步骤。

建筑节能与环境检测

第一章 建筑节能检测

第一节 板类建筑材料

一、填空题

1. 保温砂浆干表观密度试验成型的试件尺寸是_____,试样数量为_____个。
2. 保温砂浆干表观密度试件成型后用聚乙烯薄膜覆盖,在试验室温度条件下养护_____d后拆模,拆模后在试验室标准条件下养护_____d,然后将试件放入_____℃的烘箱中,烘干至恒重。
3. 做XPS板的压缩强度试验时,以恒定的速率压缩试样,直到试样厚度变为初始厚度的_____,记录压缩过程的力值。
4. 绝热用模塑聚苯乙烯泡沫塑料的使用温度不超过_____。
5. 绝热用挤塑聚苯乙烯泡沫塑料的使用温度不超过_____。
6. EPS板按批进行检查试验,每批产品由同一种规格的产品组成,数量不超过_____。尺寸偏差及外观任取_____块进行检查,从合格样品中抽取_____块样品,进行其他性能的测试。
7. XPS板按批进行检查试验,同一种类别、同一种规格的产品_____ m^3 组成一批,不足亦按一批计。尺寸和外观随机抽取_____块样品进行检验,压缩强度取_____块样品进行检验,绝热性能取_____块样品进行检验,其余每项性能测试_____块样品。
8. 硬质泡沫聚氨酯按批进行检查试验,_____生产的产品不超过_____组成一批。尺寸公差及外观抽检_____块,从合格样品中抽取_____样品,进行其他性能的测试。
9. 粉状保温砂浆以同种产品、同一级别、同一规格_____t为一批,不足亦以一批计。从每批任抽_____袋,从每袋中分别取试样不少于_____g,混合均匀,按_____缩取出比试验所需要量大_____倍的试样为检验样。
10. EPS板所有试验样品应去掉表皮并自生产之日起在自然条件下放置_____d后进行测试。
11. XPS板导热系数试验用样品应将样品自生产之日起在环境条件下放置_____d进行,其他物理机械性能试验应将样品自生产之日起在环境条件下放置_____d后进行。
12. 进行厚度测量时,测量的位置取决于试样的形状和尺寸,但至少测量_____个点。
13. 测试EPS板的表观密度时要求试件尺寸为_____,试样数量_____个。
14. 测试保温砂浆的干表观密度时,要求试件尺寸为_____,试样数量_____个。
15. 测试保温砂浆的干表观密度的试件成型后用聚乙烯膜覆盖,在试验室温度条件下养护_____天后拆模,然后在标准条件(室温23±2℃,相对湿度50%±10%)下养护_____天,然后将试件放入_____的烘箱中,烘至恒重,取出放入干燥器中冷却至室温待用。
16. EPS板抗拉强度的试件尺寸为_____,试件数量为_____个。

17. 测试保温砂浆抗拉强度时,拉伸速度为_____。
18. XPS板导热系数(热阻)的试件尺寸为_____,保温砂浆导热系数的试件则可以利用_____测试后的试件。
19. 测试XPS板的导热系数时,要求平均温度为25℃,冷热板温差为20℃,则冷板温度为_____℃,热板温度为_____℃。
20. 已知一保温装饰板的厚度平均值为29.33mm,经导热系数测定仪测得导热系数为0.0402 W/(m·K),则该保温装饰板的热阻为_____。
21. 硬质聚氨酯泡沫进行压缩试验时,_____几片薄片叠加组成样品。
22. EPS板进行压缩试验时试样的长度和宽度应_____制品厚度。
23. XPS板压缩性能试验的试件尺寸为_____,试件数量为_____块。
24. XPS板压缩性能试验的加荷速度为_____。
25. 保温砂浆抗压强度试验的样品尺寸为_____的立方体_____个。
26. 保温砂浆抗压强度试验的加荷速度为_____。
27. 保温砂浆抗压强度试验结果以5个试件检测值的_____作为该组试件的抗压强度,保留_____位有效数字,当结果中的最大值或最小值与平均值的差超过_____时,以中间个试件的平均值作为试件的抗压强度值。
28. XPS板吸水率试验的试件尺寸为_____,试件数量为_____块。
29. 从一泡孔尺寸均匀对称的泡沫塑料切取一片薄片,利用投影仪读出30mm范围内的泡孔数目为224个,则平均泡孔弦长为_____,平均泡孔直径为_____。
30. XPS板吸水率试验中试样浸入水中时,顶面距水面约_____。
31. XPS板吸水率试验中,若平均泡孔直径小于_____ mm,且试样体积不小于500cm³,切割面泡孔体积校正较小就可以被忽略。
32. 泡沫塑料吸水后,若出现非均匀溶胀,无法测量,则利用_____得到试样吸水后的体积。
33. 保温砂浆吸水率试样的尺寸为_____,样品数量不少于_____块。
34. 保温砂浆吸水率试验中应将试样压入水面下_____处,加上压块使之固定。
35. 保温砂浆吸水结束后,慢慢从水中取出试样,提起试样的一角,让其沥干_____,用拧干的湿毛巾擦去浮水后称量。
36. 保温砂浆吸水率试验结果以所有结果的算术平均值表示,精确到_____。
37. 尺寸稳定性试样最小尺寸为_____,数量至少_____个。
38. 尺寸稳定性结果分别以样品长度、宽度和厚度的尺寸变化率的_____表示。

二、选择题

1. 做XPS板的压缩强度试验时,以恒定的速率压缩试样,直到试样厚度变为初始厚度的_____,记录压缩过程的力值。
   A. 10%   B. 90%   C. 85%   D. 15%
2. 绝热用模塑聚苯乙烯泡沫塑料的使用温度不超过_____℃。
   A. 100   B. 90   C. 75   D. 65
3. 绝热用挤塑聚苯乙烯泡沫塑料的使用温度不超过_____℃。
   A. 100   B. 90   C. 75   D. 65
4. EPS板进行尺寸偏差及外观检查时,任取_____块进行检查。
   A. 20   B. 12   C. 10   D. 6
5. EPS板每批产品由同一种规格的产品组成,数量不超过_____ m³。

A. 2000　　　　　　B. 1000　　　　　　C. 500　　　　　　D. 300

6. XPS 板进行尺寸及外观检查时任取_____块进行检查。
A. 20　　　　　　　B. 12　　　　　　　C. 10　　　　　　D. 6

7. XPS 板每批产品由同一种规格的产品组成,数量不超过_____m^3。
A. 2000　　　　　　B. 1000　　　　　　C. 500　　　　　　D. 300

8. XPS 板进行压缩强度试验时,取_____块样品进行检验。
A. 20　　　　　　　B. 10　　　　　　　C. 5　　　　　　　D. 3

9. XPS 板进行导热系数试验时,取_____块样品进行检验,其余每项性能测试 1 块样品。
A. 20　　　　　　　B. 10　　　　　　　C. 3　　　　　　　D. 2

10. 硬质泡沫聚氨酯按同一配方、同一工艺条件不超过_____m^3 组成一批。
A. 2000　　　　　　B. 1000　　　　　　C. 500　　　　　　D. 300

11. 硬质泡沫聚氨酯进行尺寸公差及外观检查时任取_____块进行检查。
A. 20　　　　　　　B. 12　　　　　　　C. 10　　　　　　D. 6

12. 粉状保温砂浆以同种产品、同一级别、同一规格_____t 为一批,不足亦以一批计。从每批任抽_____袋,从每袋中分别取试样不少于____g,混合均匀,按四分法缩取出比试验所需要量大_____倍的试样为检验样。
A. 500　　　　　　 B. 30　　　　　　　C. 10　　　　　　 D. 2　　　　　　E. 1.5

13. EPS 板所有试验样品应去掉表皮并自生产之日起在自然条件下放置_____d 后进行测试。
A. 90　　　　　　　B. 45　　　　　　　C. 28　　　　　　D. 2

14. XPS 板导热系数试验用样品应将样品自生产之日起在环境条件下放置_____d 进行,其他物理机械性能试验应将样品自生产之日起在环境条件下放置____d 后进行。
A. 90　　　　　　　B. 45　　　　　　　C. 28　　　　　　D. 2

15. 进行厚度测量时,测量的位置取决于试样的形状和尺寸,但至少测量____个点。
A. 9　　　　　　　 B. 5　　　　　　　 C. 3　　　　　　　D. 2

16. 测试 EPS 板的表观密度时要求试件尺寸为_____。
A. 100mm×100mm×原厚　　　　　　　B. 300mm×300mm×30mm
C. 300mm×300mm×原厚　　　　　　　D. 150mm×150mm×原厚

17. 测试保温砂浆的干表观密度时要求试样数量_____个。
A. 6　　　　　　　 B. 5　　　　　　　 C. 3　　　　　　　D. 2

18. 测试 EPS 板抗拉强度时,拉伸速度为_____mm/min。
A. 6　　　　　　　 B. 5　　　　　　　 C. 4　　　　　　　D. 3

19. 测试 XPS 板的导热系数时,要求平均温度为 25℃,冷热板温差为 20℃,则冷板温度为_____℃,热板温度为_____℃。
A. 35　　　　　　　B. 30　　　　　　　C. 20　　　　　　D. 15

20. XPS 板压缩性能试验的试件数量为_____块。
A. 6　　　　　　　 B. 5　　　　　　　 C. 4　　　　　　　D. 3

21. XPS 板压缩性能试验的加荷速度为试件厚度的_____mm/min。
A. 1/2　　　　　　 B. 1/5　　　　　　 C. 1/10　　　　　　D. 1/20

22. 保温砂浆抗压强度试验的加荷速度为_____kN/s。
A. 0.5　　　　　　 B. 1.0　　　　　　 C. 1.5　　　　　　D. 2.0

23. 保温砂浆抗压强度试验结果以 5 个试件检测值的_____作为该组试件的抗压强度,保留

_____位有效数字,当结果中的最大值或最小值与平均值的差超过_____时,以中间三个试件的平均值作为试件的抗压强度值。

A. 算术平均值   B. 中间值   C. 3   D. 2

E. 20%   F. 15%

24. XPS 板吸水率试验中试样浸入水中时,顶面距水面约_____mm。

A. 100   B. 50   C. 25   D. 10

25. 保温砂浆吸水率样品数量不少于_____块。

A. 6   B. 5   C. 4   D. 3

26. 保温砂浆吸水率试验中应将试样压入水面下_____mm 处,加上压块使之固定。

A. 100   B. 50   C. 25   D. 10

27. 尺寸稳定性试验所需的试样数量至少_____个。

A. 6   B. 5   C. 4   D. 3

三、判断题

1. 硬质聚氨酯泡沫进行压缩试验时,若不方便制样,可由几片薄片叠加组成样品。（ ）
2. EPS 板进行压缩试验时试样的长度和宽度应不低于制品厚度。（ ）
3. XPS 板吸水率试验中,若平均泡孔直径小于 0.50mm,且试样体积不小于 200cm³,切割面泡孔体积校正较小就可以被忽略。（ ）
4. 泡沫塑料吸水后,若出现非均匀溶胀,无法测量,则无法得到试样吸水后的体积,则无法测量出体积吸水率,可改做质量吸水率。（ ）
5. 保温砂浆吸水率试验结果以所有结果的算术平均值表示,精确到 0.1%。（ ）
6. 保温砂浆吸水结束后,迅速从水中取出试样,用拧干的湿毛巾擦去浮水后立即称量。（ ）
7. 测试保温砂浆抗拉强度时,拉伸速度为 5±1mm/min。（ ）
8. 进行厚度测量时,测量的位置取决于试样的形状和尺寸,但至少测量 3 个点。（ ）
9. EPS 板所有试验样品应去掉表皮并自生产之日起在自然条件下放置 90d 后进行测试。（ ）
10. 做 XPS 板的压缩强度试验时,以恒定的速率压缩试样,直到试样厚度变为初始厚度的 90%,记录压缩过程的力值。（ ）

四、简答题

1. EPS 板的定义。
2. XPS 板的定义。
3. EPS 板的取样方法。
4. XPS 板的取样方法。
5. 硬质泡沫聚氨酯的取样方法。
6. 粉状保温砂浆的取样方法。
7. XPS 板各个检测项目对陈化时间的要求。
8. 简述如何测量 XPS 板的厚度。

五、计算题

1. 按 JG 158—2004 对一保温砂浆的抗压强度进行检测,其压力值分别为:2000N、1542N、2328N、3420N、2546N。计算其抗压强度并判定是否合格。
2. 对等级为 X150 的 XPS 板的压缩强度进行检测,其 10% 形变对应的压力值分别为:1506N、

1542N、1528N、1520N、1546N,计算其压缩强度并判定是否合格。

六、实践题

1. 保温砂浆检测压缩强度的试验步骤。
2. 检测 XPS 压缩强度的试验步骤。

参考答案:

一、填空题

1. 300mm×300mm×30mm　3　　　　2. 7　21　(65±2)
3. 85%　　　　　　　　　　　　　4. 75℃
5. 75℃　　　　　　　　　　　　　6. 2000　十二　一
7. 300　6　3　2　1　　8. 同一配方　同一工艺条件　500m³　二十　两块
9. 30　10　500　四分法　1.5　　　10. 28
11. 90　45　　　　　　　　　　　　12. 5
13. (100±1)mm×(100±1)mm×原厚　3　　14. 300mm×300mm×30mm　3
15. 7　21　65±2℃　　　　　　　　16. 100mm×100mm×原厚　5个
17. (5±1)mm/min　　　　　　　　　18. 300mm×300mm×(10~50)mm　表观密度
19. 15　35　　　　　　　　　　　　20. 0.730m²·K/W
21. 不允许　　　　　　　　　　　　22. 不低于
23. 100mm×100mm×原厚　5　　　　24. 试件厚度的1/10(mm/min)
25. 100mm×100mm×100mm　5个　　26. 0.5~1.5kN/S
27. 算术平均值　三　20%　　　　　28. 150mm×150mm×原厚　3
29. 0.13mm　0.21mm　　　　　　　30. 50mm
31. 0.50　　　　　　　　　　　　　32. 排水法
33. 150mm×150mm×原厚　6　　　　34. 25mm
35. 5min　　　　　　　　　　　　　36. 1%
37. (100±1)mm×(100±1)mm×(25±1)mm　3　　38. 绝对值的平均值

二、选择题

1. C　　　　2. C　　　　3. C　　　　4. B
5. A　　　　6. D　　　　7. D　　　　8. D
9. D　　　　10. C　　　　11. A　　　　12. A、B、C、E
13. C　　　　14. A、B　　　15. B　　　　16. A
17. C　　　　18. A、B、C　　19. A、D　　　20. B
21. C　　　　22. A、B、C　　23. A、C、E　　24. B
25. A　　　　26. C　　　　27. D

三、判断题

1. ×　　　　2. √　　　　3. ×　　　　4. ×
5. ×　　　　6. ×　　　　7. √　　　　8. ×
9. ×　　　　10. ×

四、简答题

1. 答：由可发性聚苯乙烯珠粒经加热预发泡后，在模具中加热成型而制得的具有闭孔结构的使用温度不超过 75℃ 的聚苯乙烯泡沫塑料板材。

2. 答：以聚乙烯树脂或其共聚物为主要成分，添加少量添加剂，通过加热挤塑成型而制得的具有闭孔结构使用温度不超过 75℃ 的硬质泡沫塑料。

3. 答：EPS 板按批进行检查试验，每批产品由同一种规格的产品组成，数量不超过 2000m³。尺寸偏差及外观任取十二块进行检查，从合格样品中抽取一块样品，进行其他性能的测试。

4. 答：XPS 板按批进行检查试验，同一种类别、同一种规格的产品 300m³ 组成一批，不足 300m³ 按一批计。尺寸和外观随机抽取 6 块样品进行检验，压缩强度取 3 块样品进行检验，绝热样品取 2 块样品进行检验，其余每项性能测试 1 块样品。

5. 答：硬质泡沫聚氨酯按批进行检查试验，同一配方、同一工艺条件生产的产品不超过 500m³ 组成一批。尺寸公差及外观抽检二十块，从合格样品中抽取两块样品，进行其他性能的测试。

6. 答：粉状保温砂浆以同种产品、同一级别、同一规格 30t 为一批，不足 30t 以一批计。从每批任抽 10 袋，从每袋中分别取试样不少于 500g，混合均匀，按四分法缩取出比试验所需要量大 1.5 倍的试样为检验样。

7. 答：XPS 板导热系数试验用样品应将样品自生产之日起在环境条件下放置 90d 进行，其他物理机械性能试验应将样品自生产之日起在环境条件下放置 45d 后进行。

8. 答：使用游标卡尺进行测量时，应逐步地将游标卡尺预先调节至较小的尺寸，并将其测量面对准试样，当游标卡尺的测量面恰好接触到试样表面而又不压缩或损伤试样时，调节完成。至少测量 5 个点，取每一点上三个读数的中值，并用 5 个或 5 个以上的中值计算平均值。

五、计算题

1. 解：（1）每块抗压强度为
$2000/10000 = 0.2000\text{MPa} = 200\text{kPa}$
$1542/10000 = 0.154\text{MPa} = 154\text{kPa}$
$2328/10000 = 0.233\text{MPa} = 233\text{kPa}$
$3420/10000 = 0.342\text{MPa} = 342\text{kPa}$
$2546/10000 = 0.255\text{MPa} = 255\text{kPa}$
（2）五块平均值为 237kPa
（3）因为：$(342/237 - 1) \times 100\% = 44\%$
此样品抗压强度为 $(200 + 233 + 255)/3 = 229\text{kPa} > 200$
所以合格。

2. 解：（1）每块抗压强度为
$1506/10000 = 151\text{kPa}$
$1542/10000 = 154\text{kPa}$
$1528/10000 = 153\text{kPa}$
$1520/10000 = 152\text{kPa}$
$1546/10000 = 155\text{kPa}$
（2）五块平均值为 155kPa
此样品抗压强度为 155kPa > 150kPa，所以合格。

六、实践题

1.答：

试件制备：

(1)成型方法：将金属模具内壁涂刷脱模剂，向试模内注满标准浆料并略高于试模的上表面，用捣棒均匀由外向里按螺旋方向插捣 25 次，为防止浆料留下孔隙，用油灰刀沿模壁插数次，然后将高出的浆料沿试模顶面削去用抹子抹平。须按相同的方法同时成型 10 块试件，其中 5 个测抗压强度，另 5 个用来测软化系数。

(2)养护方法：试块成型后用聚乙烯薄膜覆盖，在试验室温度条件下养护 7d 后去掉覆盖物，在试验室标准条件下继续养护 48d。放入 65±2℃的烘箱中烘 24h，从烘箱中取出放入干燥器中备用。

(3)试压步骤：从干燥器中取出的试件应尽快进行试验，以免试件内部的温湿度发生显著的变化。取出其中的 5 块测量试件的承压面积，长宽测量精确到 1mm，并据此计算试件的受压面积。将试件安放在压力试验机的下压板上，试件的承压面为非成型面，试件中心应与试验机下压板中心对准。开动试验机，当上压板与试件接近时，调整球座，使接触面均衡受压。承压试验应连续而均匀地加荷，加荷速度应为每秒钟 0.5~1.5kN，直至试件破坏，然后记录破坏荷载。

2.答：

(1)制备试样：从保温板上切割试件，试样尺寸为(100±1)mm×(100±1)mm×试样的原厚，试样数量 5 个。对于厚度大于 100mm，试样的长度和宽度应不低于制品厚度。试样经切割，但不改变材料的原始结构，对于各向异性的非均质，可用不同方向的两组样进行试验，试样不允许由几薄片叠加组成样品。试样在试验前应进行状态调节，然后再进行试验。

(2)试验步骤：

①测量试样的初始尺寸，得试样的横截面初始面积(mm^2)。

②将试样置于压缩试验机两平板的中央，活动板以恒定的速率压缩试样，直到试样厚度变为初始厚度的 85%，记录压缩过程的力值。

$$\sigma_m = \frac{F_m}{A_0} \times 10^3 (kPa)$$

③计算压缩强度：

式中 F_m——相对变形 $\varepsilon<10\%$ 时的最大压力(N)；

A_0——试样初始横截面积(mm^2)。

④当材料在形变 10% 前未出现最大值，则以相对形变 10% 时的压缩应力表示：

$$\sigma_{10} = \frac{F_{10}}{S_0} \times 10^3 (kPa)$$

式中 F_{10}——使试样产生 10% 相对形变的力(N)；

A_0——试样初始横截面积(mm^2)。

⑤试验结果以 5 个试样的试验结果平均值表示，保留 3 位有效数字，如各个试验结果之间的偏差大于 10%，则给出各个试验结果。

板类建筑材料模拟试卷(A)

一、填空题

1.保温砂浆干表观密度试验成型的试件尺寸是_____，试样数量为_____个。

2. 做 XPS 板的压缩强度试验时，以恒定的速率压缩试样，直到试样厚度变为初始厚度的_____，记录压缩过程的力值。

3. 绝热用模塑聚苯乙烯泡沫塑料的使用温度不超过_____。

4. EPS 板按批进行检查试验，每批产品由同一种规格的产品组成，数量不超过_____ m^3。尺寸偏差及外观任取_____块进行检查，从合格样品中抽取_____块样品，进行其他性能的测试。

5. XPS 板导热系数试验用样品应将样品自生产之日起在环境条件下放置_____d 进行，其他物理机械性能试验应将样品自生产之日起在环境条件下放置_____d 后进行。

6. 进行厚度测量时，测量的位置取决于试样的形状和尺寸，但至少测量_____个点。

7. EPS 板抗拉强度的试件尺寸为_____，试件数量为_____个。

8. XPS 板压缩性能试验的加荷速度为_____。

9. 从一泡孔尺寸均匀对称的泡沫塑料切取一片薄片，利用投影仪读出 30mm 范围内的泡孔数目为 224 个，则平均泡孔弦长为_____mm，平均泡孔直径为_____mm。

10. 尺寸稳定性结果分别以样品长度、宽度和厚度的尺寸变化率的_____表示。

二、单项选择题

1. XPS 板进行尺寸及外观检查时，任取_____块进行检查。
A. 20　　　　　B. 12　　　　　C. 10　　　　　D. 6

2. XPS 板每批产品由同一种规格的产品组成，数量不超过_____ m^3。
A. 2000　　　　B. 1000　　　　C. 500　　　　D. 300

3. 硬质泡沫聚氨酯按同一配方、同一工艺条件不超过_____ m^3 组成一批。
A. 2000　　　　B. 1000　　　　C. 500　　　　D. 300

4. EPS 板所有试验样品应去掉表皮并自生产之日起在自然条件下放置_____d 后进行测试。
A. 90　　　　　B. 45　　　　　C. 28　　　　　D. 2

5. 测试 EPS 板的表观密度时要求试件尺寸为_____。
A. 100mm×100mm×原厚　　　　B. 300mm×300mm×30mm
C. 300mm×300mm×原厚　　　　D. 150mm×150mm×原厚

6. XPS 板吸水率试验中试样浸入水中时，顶面距水面约_____mm。
A. 100　　　　B. 50　　　　C. 25　　　　D. 10

7. 保温砂浆吸水率试验中应将试样压入水面下_____mm 处，加上压块使之固定。
A. 100　　　　B. 50　　　　C. 25　　　　D. 10

8. 尺寸稳定性试验所需的试样数量至少_____个。
A. 6　　　　　B. 5　　　　　C. 4　　　　　D. 3

9. XPS 板压缩性能试验的试件数量为_____块。
A. 6　　　　　B. 5　　　　　C. 4　　　　　D. 3

10. 保温砂浆导热系数的试件则可以利用_____测试后试件。
A. 抗压强度　　B. 抗拉强度　　C. 表观密度　　D. 吸水率

三、多项选择题

1. 粉状保温砂浆以同种产品、同一级别、同一规格_____t 为一批，不足亦以一批计。从每批任抽_____袋，从每袋中分别取试样不少于_____g，混合均匀，按四分法缩取出比试验所需要量大_____倍的试样为检验样。

A. 500　　　　　　B. 30　　　　　　C. 10　　　　　　D. 2　　　　　　E. 1.5

2. XPS 板导热系数试验用样品应将样品自生产之日起在环境条件下放置_____d 进行，其他物理机械性能试验应将样品自生产之日起在环境条件下放置_____d 后进行。

A. 90　　　　　　B. 45　　　　　　C. 28　　　　　　D. 2

3. 测试 EPS 板抗拉强度时，拉伸速度为_____mm/min。

A. 6　　　　　　B. 5　　　　　　C. 4　　　　　　D. 3

4. 保温砂浆抗压强度试验的加荷速度为_____kN/s。

A. 0.5　　　　　　B. 1.0　　　　　　C. 1.5　　　　　　D. 2.0

5. 保温砂浆抗压强度试验结果以 5 个试件检测值的_____作为该组试件的抗压强度，保留_____位有效数字，当结果中的最大值或最小值与平均值的差超过_____时，以中间三个试件的平均值作为试件的抗压强度值。

A. 算术平均值　　　　B. 中间值　　　　C. 3　　　　D. 2

E. 20%　　　　　　F. 15%

6. 关于 XPS 板尺寸稳定性试验说法，正确的有_____。

A. 试样尺寸：(100±1)mm×(100±1)mm×试样的原厚，数量 3 个

B. 试验条件：70±2℃，48h

C. 按 GB/T 6342-1996 的方法测量每个试件三个不同位置的长度、宽度和 5 个不同点的厚度

D. 结果以样品长度、宽度和厚度的尺寸变化率的算术平均值表示

7. 按照 GB/T 8811—2008 进行 XPS 板尺寸稳定性检测，试验 20±1h 后，取出试样，在温度 23±2℃，相对湿度 50%±5% 的环境条件下可放置_____h。

A. 1　　　　　　B. 2　　　　　　C. 3　　　　　　D. 4

8. 关于 XPS 板表观密度试验说法正确的有_____。

A. 试样尺寸：(100±1)mm×(100±1)mm×试样的原厚，数量 3 个

B. 称量试样质量，精确至 0.1%

C. 按 GB/T6342-1996 的方法测量每个试件三个不同位置的长度、宽度和 5 个不同点的厚度

D. 计算密度低于 30kg/m³ 闭孔型泡沫材料的表观密度时，应计入排出空气的质量

9. 下列说法正确的有_____。

A. 检测抗拉强度时，破坏面如在试样与金属板之间的粘结层中，则该试样测试数据无效

B. 检测导热系数时，试件表面应平整，整个表面的不平度应在试件厚度的 1% 以内

C. 硬质聚氨酯泡沫进行压缩试验时，如厚度不够，可用几片薄片叠加组成样品

D. EPS 板进行压缩试验时试样的长度和宽度应不低于制品厚度

10. XPS 板吸水率试验中，平均泡孔直径为_____mm，且试样体积不小于 500cm³，切割面泡孔体积校正较小就可以被忽略。

A. 0.23　　　　　　B. 0.46　　　　　　C. 0.55　　　　　　D. 0.75

四、判断题

1. 硬质聚氨酯泡沫进行压缩试验时，若不方便制样，可由几片薄片叠加组成样品。（　）

2. XPS 板进行压缩试验时试样的长度和宽度应不低于制品厚度。（　）

3. 不同厚度的试样测得的压缩强度无可比性。（　）

4. 泡沫塑料吸水后，若出现非均匀溶胀，无法测量，则无法得到试样吸水后的体积，则无法测量出体积吸水率，可改做质量吸水率。（　）

5. 保温砂浆吸水率试验结果以所有结果的算术平均值表示，精确到 0.1%。（　）

6. 保温砂浆吸水结束后,迅速从水中取出试样,用拧干的湿毛巾擦去浮水后立即称量。（ ）
7. 测试保温砂浆抗拉强度时,拉伸速度为 5±1mm/min。（ ）
8. 进行厚度测量时,测量的位置取决于试样的形状和尺寸,但至少测量3个点。（ ）
9. EPS 板所有试验样品应去掉表皮并自生产之日起在自然条件下放置90d 后进行测试。（ ）
10. 做 XPS 板的压缩强度试验时,以恒定的速率压缩试样,直到试样厚度变为初始厚度的 90%,记录压缩过程的力值。（ ）

五、简答题

1. JG 158—2004 中如何判定保温砂浆抗压强度的结果？
2. 简述如何测量 XPS 板的厚度。
3. EPS 尺寸稳定性的结果如何表示？

六、操作题

1. 保温砂浆抗拉强度试验步骤和注意事项。
2. 按照 GB 8810—2005 检测 EPS 吸水率时,如果试件出现非均匀溶涨,如何测量吸水后的体积？

板类建筑材料模拟试卷(B)

一、填空题

1. 保温砂浆干表观密度试件成型后用聚乙烯薄膜覆盖,在试验室温度条件下养护_____d 后拆模,拆模后在试验室标准条件下养护_____d,然后将试件放入_____℃的烘箱中,烘干至恒重。
2. 绝热用挤塑聚苯乙烯泡沫塑料的使用温度不超过_____。
3. 测试 EPS 板的表观密度时要求试件尺寸为_____,试样数量_____个。
4. 保温砂浆取样时从每袋中分别取试样不少于_____g,混合均匀,按_____缩取出比试验所需要量大_____倍的试样为检验样
5. 已知一保温装饰板的厚度平均值为29.33mm,经导热系数测定仪测得导热系数为0.0402W/(m·K),则该保温装饰板的热阻为_____。
6. 进行厚度测量时,测量的位置取决于试样的形状和尺寸,但至少测量_____个点。
7. 保温砂浆抗压强度试验的样品尺寸为_____的立方体_____个。
8. XPS 板压缩性能试验的加荷速度为_____。
9. 从一泡孔尺寸均匀对称的泡沫塑料切取一片薄片,利用投影仪读出30mm 范围内的泡孔数目为224 个,则平均泡孔弦长为_____mm,平均泡孔直径为_____mm。
10. 保温砂浆中聚苯颗粒体积比不小于_____,最大粒径不大于_____mm。

二、单项选择题

1. EPS 板进行尺寸偏差及外观检查时任取_____块进行检查。
A. 20 B. 12 C. 10 D. 6
2. XPS 板每批产品由同一种规格的产品组成,数量不超过_____m³。
A. 2000 B. 1000 C. 500 D. 300

3. 硬质泡沫聚氨酯按同一配方、同一工艺条件不超过_____ m³ 组成一批。
   A. 2000　　　　　　B. 1000　　　　　　C. 500　　　　　　D. 300
4. EPS 板所有试验样品应去掉表皮并自生产之日起在自然条件下放置_____ d 后进行测试。
   A. 90　　　　　　　B. 45　　　　　　　C. 28　　　　　　　D. 2
5. 测试保温砂浆的表观密度时要求试件尺寸为_____。
   A. 100mm×100mm×原厚　　　　　　B. 300mm×300mm×30mm
   C. 300mm×300mm×原厚　　　　　　D. 150mm×150mm×原厚
6. XPS 板吸水率试验中试样浸入水中时,顶面距水面约_____ mm。
   A. 100　　　　　　　B. 50　　　　　　　C. 25　　　　　　　D. 10
7. 保温砂浆吸水率试验中应将试样压入水面下_____ mm 处,加上压块使之固定。
   A. 100　　　　　　　B. 50　　　　　　　C. 25　　　　　　　D. 10
8. 保温砂浆导热系数的试件则可以利用_____ 测试后试件。
   A. 抗压强度　　　　B. 抗拉强度　　　　C. 表观密度　　　　D. 吸水率
9. XPS 板压缩性能试验的试件数量为_____ 块。
   A. 6　　　　　　　　B. 5　　　　　　　　C. 4　　　　　　　　D. 3
10. 抗拉强度试验所需的试样数量至少_____ 个。
    A. 6　　　　　　　　B. 5　　　　　　　　C. 4　　　　　　　　D. 3

三、多项选择题

1. XPS 板按批进行检查试验,同一种类别、同一种规格的产品_____ m³ 组成一批,不足亦按一批计。尺寸和外观随机抽取_____ 块样品进行检验,压缩强度取_____ 块样品进行检验,绝热性能取_____ 块样品进行检验,其余每项性能测试_____ 块样品。
   A. 500　　　　　　　B. 300　　　　　　　C. 10　　　　　　　D. 6
   E. 3　　　　　　　　F. 2　　　　　　　　G. 1
2. 测试保温砂浆板抗拉强度时,拉伸速度为____ mm/min。
   A. 6　　　　　　　　B. 5　　　　　　　　C. 4　　　　　　　　D. 3
3. 保温砂浆抗压强度试验的加荷速度为____ kN/s。
   A. 0.5　　　　　　　B. 1.0　　　　　　　C. 1.5　　　　　　　D. 2.0
4. 保温砂浆抗压强度试验结果以 5 个试件检测值的_____ 作为该组试件的抗压强度,保留_____ 位有效数字,当结果中的最大值或最小值与平均值的差超过_____ 时,以中间三个试件的_____ 作为试件的抗压强度值。
   A. 算术平均值　　　B. 中间值　　　　　C. 3　　　　　　　D. 2
   E. 20%　　　　　　F. 15%
5. XPS 板导热系数试验用样品应将样品自生产之日起在环境条件下放置_____ d 进行,其他物理机械性能试验应将样品自生产之日起在环境条件下放置_____ d 后进行。
   A. 90　　　　　　　　B. 45　　　　　　　C. 28　　　　　　　D. 2
6. 按照 GB/T 8811—2008 进行 XPS 板尺寸稳定性检测,试验 20±1h 后,取出试样,在温度 23±2℃,相对湿度 50%±5% 的环境条件下可放置_____ h。
   A. 1　　　　　　　　B. 2　　　　　　　　C. 3　　　　　　　　D. 4
7. 关于 XPS 板尺寸稳定性试验说法,正确的有_____。
   A. 试样尺寸:(100±1)mm×(100±1)mm×试样的原厚,数量 3 个

B. 试验条件:70±2℃,48h
C. 按 GB/T6342-1996 的方法测量每个试件三个不同位置的长度、宽度和 5 个不同点的厚度
D. 结果以样品长度、宽度和厚度的尺寸变化率的算术平均值表示

8. 关于 XPS 板表观密度试验说法,正确的有_____。
A. 试样尺寸:(100±1)mm×(100±1)mm×试样的原厚,数量 3 个
B. 称量试样质量,精确至 0.1%
C. 按 GB/T6342-1996 的方法测量每个试件三个不同位置的长度、宽度和 5 个不同点的厚度
D. 计算密度低于 30kg/m³ 闭孔型泡沫材料的表观密度时,应计入排出空气的质量

9. 下列说法正确的有_____。
A. 检测抗拉强度时,破坏面如在试样与金属板之间的粘结层中,则该试样测试数据无效
B. 检测导热系数时,试件表面应平整,整个表面的不平度应在试件厚度的 1% 以内
C. 硬质聚氨酯泡沫进行压缩试验时,如厚度不够,可用几片薄片叠加组成样品
D. EPS 板进行压缩试验时试样的长度和宽度应不低于制品厚度

10. XPS 板吸水率试验中,平均泡孔直径为_____mm,且试样体积不小于 500cm³,切割面泡孔体积校正较小就可以被忽略。
A. 0.23   B. 0.46   C. 0.55   D. 0.75

四、判断题

1. 硬质聚氨酯泡沫进行压缩试验时,不允许由几片薄片叠加组成样品。( )
2. XPS 板进行压缩试验时试样的长度和宽度应可低于制品厚度。( )
3. 不同厚度的试样测得的压缩强度无可比性。( )
4. 泡沫塑料吸水后,若出现非均匀溶胀,无法直接测量试样吸水后的体积,可用排水法进行测量。( )
5. 保温砂浆吸水率试验结果以所有结果的算术平均值表示,精确到 0.1%。( )
6. 保温砂浆吸水结束后,慢慢取出试样,提起试样的一角,让其沥干 5min,用拧干的湿毛巾擦去浮水后立即称量。( )
7. 测试保温砂浆抗拉强度时,拉伸速度为 5±1mm/min。( )
8. 进行厚度测量时,测量的位置取决于试样的形状和尺寸,但至少测量 5 个点。( )
9. EPS 板所有试验样品应去掉表皮并自生产之日起在自然条件下放置 90d 后进行测试。( )
10. 做 XPS 板的压缩强度试验时,以恒定的速率压缩试样,直到试样厚度变为初始厚度的 10%,记录压缩过程的力值。( )

五、简答题

1. 对于密度低于 30kg/m³ 闭孔型泡沫材料的表观密度如何计算?
2. 简述 DGJ 32/J22—2006 对水泥基复合保温砂浆的定义。
3. 导热系数的含义是什么?

六、操作题

1. 保温砂浆的干表观密度的试验过程。
2. 按照 JG 149—2003 检测 EPS 板的尺寸稳定性的试验步骤。

第二节 保温抗裂界面砂浆胶粘剂

一、填空题

1. 界面砂浆由_____与_____按一定的比例拌合均匀制成的砂浆。
2. 依据标准 JC/547—2005，界面砂浆进行拉伸粘结强度试验，其中要求试验用混凝土板长度与宽度为_____（mm），厚度不小于_____mm。含水率不大于_____%。吸水率在_____；表面抗拉强度不小于_____MPa。
3. 抗裂抹面砂浆是在_____掺加_____制得的按一定的比例拌合均匀制成的具有一定柔韧性的砂浆。
4. 抗裂抹面砂浆拉伸粘结强度、浸水拉伸粘结强度（与保温板）试验中，试样尺寸为_____（mm），保温板厚度为_____mm，试样数量为_____件。
5. 胶粘剂产品形式有两种：一种是_____，另一种是_____。
6. 依据标准 JG 149—2003，胶粘剂进行拉伸粘结强度试验的养护环境为：试验室温度_____℃，相对湿度_____%。
7. 依据 JGJ 144—2004，界面砂浆进行与 EPS 板拉伸粘结强度试验，试样的尺寸为_____（mm），数量为_____个。
8. 抹面砂浆由_____、_____组成，薄抹在_____外表面，用以保证_____。
9. 依据标准 JG 158—2004，标准试验室环境为空气温度_____℃，相对湿度_____。
10. 依据标准 JGJ 144—2004，界面砂浆拉伸粘结强度试验试样制备中，在水泥砂浆底板中部涂界面砂浆，尺寸为_____（mm），厚度为_____mm。
11. 抗裂抹面砂浆拉伸粘结强度（与水泥砂浆试块）试验中，水泥砂浆试块尺寸为_____（mm），试样数量为_____个。
12. 依据标准 JGJ 144—2004，界面砂浆应分别与_____或_____进行拉伸粘结强度试验。
13. 界面砂浆压剪粘结强度，原强度试验试样制备后在试验室标准条件下养护_____d；耐水强度试验试样制备后，在试验室标准条件下养护_____d；然后在标准试验室温度水中浸泡_____d，取出擦干表面水分，进行测定。
14. 抗裂抹面砂浆拉伸粘结强度、浸水拉伸粘结强度（与水泥砂浆试块）试验过程中拉力试验机拉伸速度为_____mm/min。
15. 抗裂抹面砂浆压折比试验中，试样要求在试验室标准条件下养护_____d 后脱模，继续用聚乙烯薄膜覆盖养护_____d，去掉覆盖物在试验室温度条件下养护_____d。
16. 依据标准 JG 149—2003，胶粘剂进行拉伸粘结强度试验，试样制作中要求胶粘剂厚度为_____mm，膨胀聚苯板厚度为_____mm。
17. 依据标准 JG 149—2003，胶粘剂拉伸粘接强度测定，拉伸速度为_____mm/min。
18. 依据标准 JGJ 144—2004，界面砂浆拉伸粘结强度试验，要求水泥砂浆底板尺寸为_____（mm），底板的抗拉强度应不小于_____MPa。EPS 板密度应为_____kg/cm³，抗拉强度应不小于_____MPa。
19. 依据标准 DGJ 32/J22—2006、JC/547—2005 规定，界面砂浆拉伸试验用拉拔接头要求为：_____（mm）的正方形金属板，最小厚度为_____mm。
20. 抗裂抹面砂浆浸水拉伸粘结强度（与保温板）试验中，试样需在水中浸泡_____h，取出_____h 后，再进行拉伸试验。

二、单选题

1. 依据标准 JG 158—2004，界面砂浆压剪粘结原强度要求为_____。
   A. ≥0.7MPa　　　B. ≥0.5MPa　　　C. ≤0.7MPa　　　D. ≤0.5MPa

2. 界面砂浆与 EPS 板或胶粉 EPS 颗粒保温浆料拉伸粘结强度分两种状态进行拉伸试验，其中浸水拉伸试验要求浸水时间为_____。
   A. 12h　　　　　B. 24h　　　　　C. 48h　　　　　D. 36h

3. 界面砂浆压剪粘结强度中原强度试样的养护天数为_____。
   A. 10d　　　　　B. 12d　　　　　C. 14d　　　　　D. 16d

4. 抗裂抹面砂浆拉伸粘结强度试验中，拉力试验机的拉伸速度为_____。
   A. 5mm/min　　B. 10mm/min　　C. 15mm/min　　D. 20mm/min

5. 依据标准 JG 158—2004，标准试验室环境为空气温度_____。
   A. 20±2℃　　　B. 20±3℃　　　C. 22±3℃　　　D. 23±2℃

6. 依据标准 GB 50404—2007，胶粘剂可操作时间满足标准要求的是_____。
   A. 1.0h　　　　 B. 3.0h　　　　 C. 6.0h　　　　 D. 9.0h

7. 依据 JC 547—2004，界面砂浆压剪粘结强度中，型砖的尺寸要求为_____。
   A. 108mm×98mm　B. 108mm×108mm　C. 118mm×108mm　D. 118mm×98mm

8. 胶粘剂耐水拉伸粘结强度试验，要求试样应在水中浸泡_____。
   A. 12h　　　　　B. 24h　　　　　C. 48h　　　　　D. 72h

三、多选题

1. 保温抗裂界面砂浆胶粘剂检测依据的标准有_____。
   A.《外墙外保温工程技术规程》JGJ 144—2004
   B.《硬泡聚氨酯保温防水工程技术规范》GB/T 50404—2007
   C.《建筑节能工程施工质量验收规范》GB 50411—2007
   D.《建筑节能工程施工质量验收规程》DGJ 32/J19—2007

2. 依据标准 JG 158—2004，界面砂浆压剪粘结强度试验分几种状态进行，分别为_____。
   A. 原强度　　　 B. 耐冻融　　　 C. 耐水　　　　 D. 耐碱

3. 依据标准 DGJ 32/J19—2007，界面砂浆拉伸粘结强度试验可与_____进行拉伸试验。
   A. 与 EPS 板、胶粉 EPS 保温砂浆　　　B. 与聚氨酯保温砂浆
   C. 与水泥基复合保温砂浆　　　　　　 D. 与水泥砂浆

4. 抗裂抹面砂浆拉伸粘结强度、浸水拉伸粘结强度（与水泥砂浆试块）试验中所用夹具由_____组成。
   A. 金属夹条　　　　　　　　　　　　 B. 抗拉用钢质上夹具
   C. 抗拉用钢质下夹具　　　　　　　　 D. 硬聚氯乙烯型框

5. 胶粘剂拉伸粘结强度试验可用_____标准作为检测依据。
   A. GB 50404—2007　B. JGJ 144—2004　C. JG 149—2003　D. DGJ 32/J19—2007

6. 依据 JGJ 144—2004，某界面砂浆样品与 EPS 板拉伸粘结强度试验结果如下，合格的有_____。
   A. 0.08MPa　　　B. 0.09MPa　　　C. 0.10MPa　　　D. 0.11MPa

7. 依据标准 JG 149—2003，某抗裂抹面砂浆样品与膨胀聚苯板拉伸粘结原强度试验，试验结果如下，合格的有_____。

A.0.11MPa,破坏界面在界面层上　　　　　B.0.10MPa,破坏界面在界面层上
C.0.10MPa,破坏界面在膨胀聚苯板上　　　D.0.25MPa,破坏界面在膨胀聚苯板上

8.依据标准 JG 149—2003,胶粘剂进行拉伸粘结强度试验,养护环境满足要求的有_____。
A.温度18℃,相对湿度45%　　　　　　　B.温度23℃,相对湿度65%
C.温度28℃,相对湿度88%　　　　　　　D.温度22℃,相对湿度60%

四、判断题

1.依据标准 GB 50404—2007,胶粘剂拉伸粘结强度(与硬泡聚氨酯)≥0.20MPa,并且破坏部位不得位于粘结界面　　　　　　　　　　　　　　　　　　　　　　　　　　　　　　　　　(　)
2.依据标准 JG 158—2004,抗裂抹面砂浆浸水拉伸粘结强度试验,分两种状态进行试验一种常温28d,另一种浸水7d。　　　　　　　　　　　　　　　　　　　　　　　　　　　　　　(　)
3.界面砂浆压剪粘结强度试验中耐冻融要求在试验室标准条件下养护14d。　　　　(　)
4.依据标准 JGJ 144—2004 规定,界面砂浆拉伸粘结强度试验,与水泥砂浆粘结的试样数量为5个。　　　　　　　　　　　　　　　　　　　　　　　　　　　　　　　　　　　　　　(　)
5.依据标准 JG 149—2003,胶粘剂拉伸粘结强度试验的养护环境要求为:试验室温度22±3℃,相对湿度65%±20%。　　　　　　　　　　　　　　　　　　　　　　　　　　　　　　(　)
6.检测批次以同种产品、同一级别、同一规格产品 30t 为一批,不足一批以一批计。　　(　)
7.界面砂浆压剪粘结强度中,试件的制备要求界面砂浆层厚度控制在小于2mm。　　(　)

五、简答题

1.试叙述依据标准 JGJ 144—2004,界面砂浆拉伸粘结强度的试验方法。
2.抗裂抹面砂浆拉伸粘结强度、浸水拉伸粘结强度(与水泥砂浆试块)试验中,试样应如何制备?
3.试叙述界面砂浆拉伸粘结强度按照 JC/ 547—2005 规定的试验方法。
4.请叙述胶粘剂依据 JG 149—2003 拉伸粘结强度试验方法中,试样制作过程。

六、计算题

1.依据 JG 158—2004 试验,某抗裂抹面砂浆样品(与水泥砂浆试块)的常温常态拉伸粘结破坏荷载为1780N、1755N、1854N、1766N、1621N,试样面积为1600mm²。试计算拉伸粘结强度,并对试验结果判定。
2.依据 JGJ 144—2004 试验,某界面砂浆(EPS 板)样品的常温常态拉伸粘结破坏荷载分别为1460N、1663N、1412N、1755N、1485N,试样面积为10000mm²。试计算拉伸粘结强度,并判定结果。
3.依据 JG 149—2003 试验,某胶粘剂样品(与水泥砂浆)的常温常态拉伸粘结破坏荷载为1340N、1255N、1284N、1321N、1298N,试样面积为1600mm²。试计算拉伸粘结强度,并对试验结果判定。

参考答案:

一、填空题

1.高分子聚合物乳液与助剂配制成的界面剂　水泥和中砂
2.400×400　40　3　0.5%~1.5%　1.5
3.聚合物乳液中　多种外加剂和抗裂物质抗裂剂与普通硅酸盐水泥、中砂

4. 100×100　50　5

5. 在工厂生产的液状胶粘剂,在施工现场按使用说明加入一定比例的水泥或由厂商提供的干粉料,搅拌均匀即可使用　在工厂里预混合好的干粉状胶粘剂,在施工现场只需按使用说明加入一定比例的拌合用水,搅拌均匀即可使用

6. 23±5　65±20

7. 100×100　5

8. 水泥基或其他无机胶凝材料、高分子聚合物和填料等材料
粘贴好的膨胀聚苯板　薄抹灰外保温系统的机械强度和耐久性

9. 23±2　50%±10%

10. 40×40　3±1

11. 70×70×20　10

12. EPS 板　胶粉 EPS 颗粒保温浆料

13. 14　14　7

14. 5

15. 2　5　21

16. 3.0　20

17. 5±1

18. 80×40×40　1.5　18~22　0.1

19. (50±1)×(50±1)　10

20. 48　2

二、单选题

| 1. A | 2. C | 3. C | 4. A |
| 5. D | 6. B | 7. B | 8. C |

三、多选题

| 1. A、B、C、D | 2. A、B、C | 3. A、B、C、D | 4. B、C、D |
| 5. A、B、C、D | 6. C、D | 7. C、D | 8. A、B、D |

四、判断题

| 1. × | 2. √ | 3. √ | 4. √ |
| 5. × | 6. √ | 7. × | |

五、简答题

1. 答:JGJ 144—2004 规定的试验方法为:

①材料:水泥砂浆底板尺寸为 80mm×40mm×40mm 底板的抗拉强度应不小于 1.5MPa。EPS 板密度应为 18~22kg/cm³,抗拉强度应不小于 0.1MPa。

②试样制备:与水泥砂浆粘结的试样数量为 5 个,制备方法如下:在水泥砂浆底板中部涂界面砂浆,尺寸为 40mm×40mm,厚度为 3±1mm。经过养护后,两面用适当的胶粘剂(如环氧树脂)按十字搭接方式在胶粘剂上粘结砂浆底板。

与 EPS 板粘结的试样数量为 5 个,制备方法如下:将板切割成 100mm×100mm×50mm,在板一个表面上涂界面砂浆,厚度为 3±1mm。经过养护后两面用适当的胶粘剂(如环氧树脂)粘结尺寸

为 100mm×100mm 的钢底板。

③试验过程:应在以下两种试样状态下进行:

干燥状态;水中浸泡 48h,取出后 2h。

将试样安装于拉力试验机上,拉伸速度为 5mm/min,拉伸至破坏,并记录破坏时的拉力及破坏部位。

④试验结果

拉伸粘结强度应按下式进行计算:$G_b = \dfrac{P_b}{A}$

试验结果以 5 个试验数据的算术平均值表示。

2. 答:按产品说明书制备抗裂抹面砂浆,在 10 个 70mm×70mm×20mm 的水泥砂浆试块上放置硬聚氯乙烯或金属型框,用标准抗裂砂浆填满型框面积,用刮刀平整表面,立即除去型框。成型时注意用刮刀压实。试块用聚乙烯薄膜覆盖,在试验室温度条件下养护 7d,取出后在试验室标准条件下继续养护 20d。用双组份环氧树脂或其他高强度胶粘剂粘结钢质上夹具,放置 24h。

3. 答:①仪器设备:拉伸试验用的试验机、试验用混凝土板、试验用拉拔接头。

②试件制作与养护:

试件制作:按照生产商的说明,准备砂浆所需的水或液体组分,分别称量(如给出一个数值范围,则取平均值)。在所有项目测试过程中,制备砂浆时的用水量和掺加液体量保持一致。在行星式水泥胶砂搅拌机中按生产厂商的说明要求进行拌合,用直边抹刀在混凝土板上抹一层胶粘剂。然后用齿型抹刀抹上稍厚一层胶粘剂,并梳理。握住齿型抹刀与混凝土板约成 60°的角度,与混凝土板一边成直角,平行地抹至混凝土板另一边(直线移动)。5min 后,分别放置至少 10 块(V_1 型)试验砖于胶粘剂上,彼此间隔 40mm,并在每块瓷砖上加载 2.00±0.015kg 的压块并保持 30s。每组需 10 个试件。冻融循环的拉伸粘结强度试件在 V_1 型砖放置前,在其背面用抹刀加涂 1mm 厚的胶粘剂。

试件养护:在环境为空气温度 23±2℃,相对湿度 50%±10%,循环风速小于 0.2m/s 下,拉伸胶粘原强度试样养护 27d 后,用适宜的高强胶粘剂将拉拔接头粘在瓷砖上,在上述条件下继续放置 24h 后,测定拉伸粘结强度;浸水后的拉伸粘结强度试样养护 7d,然后在 20±2℃的水中养护 20d。从水中取出试件,用布擦干,用适宜的高强胶粘剂将拉拔头粘在瓷砖上,7h 后把试件放入水中,17h 后从水中取出试件测定拉伸粘结强度。冻融循环后的拉伸粘结强度养护 7d,然后在 20±2℃的水中养护 21d。从水中取出试件,进行冻融循环,每次冻融循环为:①将试件从水中取出,在 2h±20min 内降至 -15±3℃;②保持试件在 -15±3℃下 2h±20min;③将试件浸入 20±3℃水中,升温至 15±3℃,保持该温度 2h±20min。重复 25 次循环。在最后一次循环后取出试件,在上述试验室条件下养护,用适宜的高强胶粘剂将拉拔头粘在陶瓷砖上。继续将试件在上述试验室环境条件下养护 24h 后,测定拉伸粘结强度。

③试验过程:

将养护好的三种试件分别安装在拉力试验机上,以 250±50N/s 速度对试件施加拉拔力,测定破坏拉力。

试件的拉伸粘结强度按下式计算,$A_s = \dfrac{L}{A}$

4. 答:(1)尺寸如下图所示,胶粘剂厚度为 3.0mm,膨胀聚苯板厚度为 20mm;

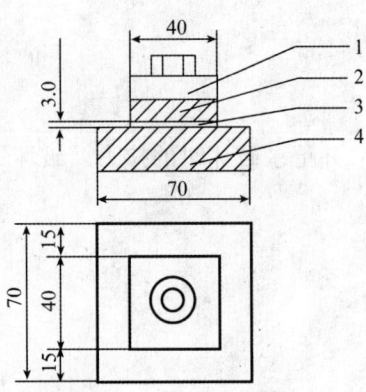

1—拉伸用钢质夹具；
2—水泥砂浆块；
3—胶粘剂；
4—膨胀聚苯板或砂浆块

（2）每组试件由六块水泥砂浆试块和六个水泥砂浆或膨胀聚苯板试块粘结而成；

（3）制作：

①按 GB/T 17671—1999 中第6章的规定，用普通硅酸盐水泥与中砂按1:3（重量比），水灰比0.5制作水泥砂浆试块，养护28d后，备用；

②用表观密度为18kg/m³、按规定经过陈化后合格的膨胀聚苯板作为试验用标准板，切割成试验所需尺寸；

③按产品说明书制备胶粘剂后粘结试件，粘结厚度为3mm，面积为40mm×40mm。分别准备测原强度和测耐水拉伸粘结强度的试件各一组，粘结后在试验条件下养护。

（4）养护环境：试验室温度23±5℃，相对湿度65%±20%。

六、计算题

1. 解：按照公式 $\sigma_b = \dfrac{P_b}{A}$，因为 $A = 1600\text{mm}^2$，所以 $\sigma_{b1} = \dfrac{1780}{1600} = 1.1\text{MPa}$

$$\sigma_{b2} = \dfrac{1755}{1600} = 1.1\text{MPa}$$

$$\sigma_{b3} = \dfrac{1854}{1600} = 1.2\text{MPa}$$

$$\sigma_{b4} = \dfrac{1766}{1600} = 1.1\text{MPa}$$

$$\sigma_{b5} = \dfrac{1621}{1600} = 1.0\text{MPa}$$

平均值 $\sigma_{b平均} = \dfrac{1.1+1.1+1.2+1.1+1.0}{5} = 1.1\text{MPa}$。

依据 JG 158—2004，常温常态拉伸粘结强度（与水泥砂浆试块）$\sigma_{b平均} \geqslant 0.70\text{MPa}$。

所以，判定结果为合格。

2. 解：按照公式，$\sigma_b = \dfrac{P_b}{A}$，已知：破坏荷载 $P_b = 1460\text{N}、1663\text{N}、1412\text{N}、1755\text{N}、1485\text{N}$；

试样面积 $A = 10000\text{mm}^2$，$\sigma_{b1} = \dfrac{1460}{10000} = 0.15\text{MPa}$

$$\sigma_{b2} = \dfrac{1663}{10000} = 0.17\text{MPa}$$

$$\sigma_{b3} = \dfrac{1412}{10000} = 0.14\text{MPa}$$

$$\sigma_{b4} = \dfrac{1755}{10000} = 0.18\text{MPa}$$

$$\sigma_{b5} = \dfrac{1485}{10000} = 0.15\text{MPa}$$

拉伸粘结强度平均值 $\sigma_{b平均} = \dfrac{0.15+0.17+0.14+0.18.0.15}{5} = 0.16\text{MPa}$。

依据 JGJ 144—2004，$\sigma_{b平均} \geq 0.10$ MPa。

所以，判定结果为合格。

3. 解：按照公式 $\sigma_b = \dfrac{P_b}{A}$，因为 $A = 1600 \text{mm}^2$，所以

$$\sigma_{b1} = \frac{1340}{1600} = 0.83 \text{MPa}$$

$$\sigma_{b2} = \frac{1255}{1600} = 0.78 \text{MPa}$$

$$\sigma_{b3} = \frac{1284}{1600} = 0.80 \text{MPa}$$

$$\sigma_{b4} = \frac{1321}{1600} = 0.83 \text{MPa}$$

$$\sigma_{b5} = \frac{1298}{1600} = 0.81 \text{MPa}$$

平均值 $\sigma_{b平均} = \dfrac{0.83 + 0.78 + 0.80 + 0.83 + 0.81}{5} = 0.81$ MPa。

依据 JG 149—2003，常温常态拉伸粘结强度（与水泥砂浆）$\sigma_{b平均} \geq 0.60$ MPa。所以，判定结果为合格。

保温抗裂界面砂浆胶粘剂
模拟试卷（A）

一、填空题

1. 界面砂浆由_____与_____按一定的比例拌合均匀制成的砂浆。
2. 抗裂抹面砂浆是在_____掺加_____制得的_____按一定的比例拌合均匀制成的具有一定柔韧性的砂浆。
3. 依据标准 JG 149—2003，胶粘剂进行拉伸粘结强度试验的养护环境为：试验室温度_____℃，相对湿度_____%。
4. 依据 JGJ 144—2004，界面砂浆进行与 EPS 板拉伸粘结强度试验，试样的尺寸为_____，数量为_____个。
5. 界面砂浆压剪粘结强度，原强度试验试样制备后在试验室标准条件下养护_____d；耐水强度试验试样制备后：在试验室标准条件下养护_____d；然后在标准试验室温度水中浸泡_____d，取出擦干表面水分，进行测定。
6. 抗裂抹面砂浆拉伸粘结强度、浸水拉伸粘结强度（与水泥砂浆试块）试验过程中拉力试验机拉伸速度为_____mm/min。
7. 抗裂抹面砂浆压折比试验中，试样要求在试验室标准条件下养护_____d 后脱模，继续用聚乙烯薄膜覆盖养护_____d，去掉覆盖物在试验室温度条件下养护_____d。
8. 依据标准 JG 149—2003，胶粘剂进行拉伸粘结强度试验，试样制作中要求胶粘剂厚度为_____mm，膨胀聚苯板厚度为_____mm。

二、单选题

1. 依据标准 JG 158—2004，界面砂浆压剪粘结原强度要求为_____。
   A. ≥0.7MPa B. ≥0.5MPa C. ≤0.7MPa D. ≤0.5MPa
2. 界面砂浆与 EPS 板或胶粉 EPS 颗粒保温浆料拉伸粘结强度分两种状态进行拉伸试验，其中

浸水拉伸试验要求浸水时间为_____。
  A. 12h   B. 24h   C. 48h   D. 36h
3. 界面砂浆压剪粘结强度中原强度的养护天数为_____。
  A. 10d   B. 12d   C. 14d   D. 16d
4. 抗裂抹面砂浆拉伸粘结强度试验中,拉力试验机的拉伸速度为_____。
  A. 5mm/min   B. 10mm/min   C. 15mm/min   D. 20mm/min
5. 依据标准 JG 158—2004,标准试验室环境为空气温度_____。
  A. 20±2℃   B. 20±3℃   C. 22±3℃   D. 23±2℃

三、多选题

1. 保温抗裂界面砂浆胶粘剂检测依据的标准有_____。
  A.《外墙外保温工程技术规程》JGJ 144—2004
  B.《硬泡聚氨酯保温防水工程技术规范》GB/T 50404—2007
  C.《建筑节能工程施工质量验收规范》GB 50411—2007
  D.《建筑节能工程施工质量验收规程》DGJ 32/J19—2007
2. 依据标准 JG 158—2004,界面砂浆压剪粘结强度分几种状态进行,分别为_____。
  A. 原强度   B. 耐冻融   C. 耐水   D. 耐碱
3. 依据标准 DGJ 32/J19—2007,界面砂浆拉伸粘结强度试验可与_____进行拉伸试验。
  A. 与 EPS 板、胶粉 EPS 保温砂浆   B. 与聚氨酯保温砂浆
  C. 与水泥基复合保温砂浆   D. 与水泥砂浆
4. 抗裂抹面砂浆拉伸粘结强度、浸水拉伸粘结强度(与水泥砂浆试块)试验中所用夹具由_____组成。
  A. 金属夹条   B. 抗拉用钢质上夹具
  C. 抗拉用钢质下夹具   D. 硬聚氯乙烯型框
5. 胶粘剂拉伸粘结强度试验可用以_____标准作为检测依据。
  A. GB 50404—2007   B. JGJ 144—2004   C. JG 149—2003   D. DGJ 32/J19—2007

四、判断题

1. 依据标准 GB 50404—2007,胶粘剂拉伸粘结强度(与硬泡聚氨酯)≥0.20MPa,并且破坏部位不得位于粘结界面。（　　）
2. 依据标准 JG 158—2004,抗裂抹面砂浆浸水拉伸粘结强度试验,分两种状态进行试验一种常温 28d,另一种浸水 7d。（　　）
3. 界面砂浆压剪粘结强度试验中耐冻融要求在试验室标准条件下养护 14d。（　　）
4. 依据标准 JGJ 144—2004 规定,界面砂浆拉伸粘结强度试验,与水泥砂浆粘结的试样数量为 5 个。（　　）
5. 依据标准 JG 149—2003,胶粘剂拉伸粘结强度试验,养护环境要求为:试验室温度 22±3℃,相对湿度 65%±20%。（　　）

五、简答题

1. 试叙述依据标准 JGJ 144—2004,界面砂浆拉伸粘结强度的试验方法。
2. 抗裂抹面砂浆拉伸粘结强度、浸水拉伸粘结强度(与水泥砂浆试块)试验中,试样应如何制备?

六、计算题

1. 依据 JG 158—2004 试验,某抗裂抹面砂浆样品(与水泥砂浆试块)的常温常态拉伸粘结破坏荷载为 1780N、1755N、1854N、1766N、1621N。试计算拉伸粘结强度,并对试验结果判定。

2. 依据 JGJ 144—2004 试验,某界面砂浆(EPS 板)样品的常温常态拉伸粘结破坏荷载分别为 1460N、1663N、1412N、1755N、1485N,试样面积为 10000mm^2。试计算拉伸粘结强,并判定结果。

保温抗裂界面砂浆胶粘剂
模拟试卷(B)

一、填空题

1. 依据标准 JC/ 547—2005,界面砂浆进行拉伸粘结强度试验,其中要求试验用混凝土板长度与宽度为_____mm,厚度不小于_____mm。含水率不大于_____%,吸水率在_____;表面抗拉强度不小于_____MPa。
2. 抗裂抹面砂浆拉伸粘结强度、浸水拉伸粘结强度(与保温板)试验中,试样尺寸为_____mm,保温板厚度为_____mm,试样数量为_____件。
3. 胶粘剂产品形式有两种:一种是_____,另一种是_____。
4. 抹面砂浆由_____、_____组成,薄抹在_____外表面,用以保证_____。
5. 依据标准 JG 149—2003,胶粘剂拉伸粘结强度测定,拉伸速度为_____mm/min。
6. 依据标准 JGJ 144—2004,界面砂浆拉伸粘结强度试验中,要求水泥砂浆底板尺寸为_____mm,底板的抗拉强度应不小于_____MPa。EPS 板密度应为_____kg/cm^3,抗拉强度应不小于_____MPa。
7. 依据标准 DGJ 32/J22—2006、JC/ 547—2005,界面砂浆拉伸试验用拉拔接头要求为_____mm 的正方形金属板,最小厚度为_____mm。
8. 抗裂抹面砂浆浸水拉伸粘结强度(与保温板)试验中,试样需在水中浸泡_____h,取出_____h 后,再进行拉伸试验。

二、单选题

1. 依据标准 JG 149—2003,胶粘剂拉伸粘结原强度(与水泥砂浆)要求为_____。
A. ≥0.7MPa　　　　B. ≥0.5MPa　　　　C. ≥0.6MPa　　　　D. ≥0.8MPa
2. 界面砂浆与 EPS 板或胶粉 EPS 颗粒保温浆料拉伸粘结强度分两种状态进行拉伸试验,其中浸水拉伸试验要求浸水时间为_____。
A. 12h　　　　　　B. 24h　　　　　　C. 48h　　　　　　D. 36h
3. 依据标准 GB 50404—2007,胶粘剂可操作时间满足标准的是_____。
A. 1.0h　　　　　　B. 3.0h　　　　　　C. 6.0h　　　　　　D. 9.0h
4. 依据 JC 547—2004,界面砂浆压剪粘结强度中,型砖的尺寸要求为_____。
A. 108mm×98mm　B. 108mm×108mm　C. 118mm×108mm　D. 118mm×98mm
5. 胶粘剂耐水拉伸粘结强度试验应在水中浸泡_____。
A. 12h　　　　　　B. 24h　　　　　　C. 48h　　　　　　D. 72h

三、多选题

1. 依据标准 JGJ 144—2004,某界面砂浆样品与 EPS 板拉伸粘结强度试验结果如下,合格的有

_____。

  A. 0.08MPa   B. 0.09MPa   C. 0.10MPa   D. 0.11MPa

  2. 依据标准 JG 149—2003,某抗裂抹面砂浆样品与膨胀聚苯板拉伸粘结原强度试验,结果如下,合格的有_____。

  A. 0.11MPa,破坏界面在界面层上   B. 0.10MPa,破坏界面在界面层上
  C. 0.10MPa,破坏界面在膨胀聚苯板上   D. 0.25MPa,破坏界面在膨胀聚苯板上

  3. 依据标准 DGJ 32/J19—2007,界面砂浆拉伸粘结强度,分别与_____进行拉伸试验。

  A. 与 EPS 板、胶粉 EPS 保温砂浆   B. 与聚氨酯保温砂浆
  C. 与水泥基复合保温砂浆   D. 与水泥砂浆

  4. 抗裂抹面砂浆拉伸粘结强度、浸水拉伸粘结强度(与水泥砂浆试块)试验中所用夹具由_____组成。

  A. 金属夹条   B. 抗拉用钢质上夹具
  C. 抗拉用钢质下夹具   D. 硬聚氯乙烯型框

  5. 依据标准 JG 149—2003,胶粘剂进行拉伸粘接强度试验,养护环境满足要求的有_____。

  A. 温度18℃,相对湿度45%   B. 温度23℃,相对湿度65%
  C. 温度28℃,相对湿度88%   D. 温度22℃,相对湿度60%

四、判断题

  1. 检测批次以同种产品、同一级别、同一规格产品30t 为一批,不足一批以一批计。 ( )
  2. 依据标准 JG 158—2004,抗裂抹面砂浆浸水拉伸粘结强度试验,分两种状态进行试验一种常温28d,另一种浸水7d。 ( )
  3. 界面砂浆压剪粘结强度试验中耐冻融要求在试验室标准条件下养护14d。 ( )
  4. 界面砂浆压剪粘结强度中,试件的制备要求界面砂浆层厚度控制在小于2mm ( )
  5. 依据标准 JG 149—2003,胶粘剂拉伸粘结强度试验的养护环境要求为:试验室温度22±3℃,相对湿度65%±20%。 ( )

五、简答题

  1. 试叙述依据标准 JC/547—2005,界面砂浆拉伸粘结强度的试验方法。
  2. 请叙述依据 JG 149—2003,胶粘剂拉伸粘结强度试验方法中试样制作过程。

六、计算题

  1. 依据 JG 149—2003 试验,某胶粘剂样品(与水泥砂浆)的常温常态拉伸粘结破坏荷载为1340N、1255N、1284N、1321N、1298N,试样面积为1600mm^2。试计算拉伸粘结强度,并对试验结果判定。
  2. 依据 JGJ 144—2004 试验,某界面砂浆(EPS 板)样品的常温常态拉伸粘结破坏荷载分别为1460N、1663N、1412N、1555N、1455N,试样面积为10000mm^2。试计算拉伸粘结强度,并判定结果。

第三节 绝热材料

一、填空

1. 绝热材料通常是指对热流具有显著阻抗性的_____、_____、_____的单一或复合材料。
2. 膨胀珍珠岩绝热制品抗压试验的加荷速度是_____,破坏荷载精确至_____。
3. 根据阻止热量的逸出或者流入,将绝热材料分别称为_____和_____。
4. 膨胀珍珠岩抗折强度试验随机抽取_____块样品,各制成_____块长_____mm、宽_____mm、厚度为制品厚度的试件。
5. 膨胀珍珠岩尺寸测量中用钢直尺在制品任一大面上测量_____的长度,并计算出两条对角线之差。
6. 膨胀珍珠岩绝热制品缺棱掉角测量结果以缺棱掉角在长、宽、厚三个方向的投影尺寸的_____和_____表示。
7. 膨胀珍珠岩绝热制品密度试验中,天平量程满足试件称量要求,分度值应小于称量值(试件质量)的_____。
8. 膨胀珍珠岩绝热制品密度、含水率试验随机抽取三块样品,各加工成一块满足试验要求的试件,试件的长、宽不得小于_____,其厚度为制品的_____,管壳与弧形板加工成尽可能厚的试件。
9. 膨胀珍珠岩绝热制品抗压试验中压力试验机最大压力示值_____,相对示值误差应小于_____,试验机应具有显示受压变形的装置。
10. 膨胀珍珠岩绝热制品抗折试验的试件对称地放置在支座辊轮上,调整加荷速度,使加压辊轮的下降速度约为_____。
11. 膨胀珍珠岩绝热制品合格品的三个方向投影尺寸的最小值不得大于_____,最大值不得大于投影方向边长的_____。
12. 膨胀珍珠岩绝热制品中管壳或弧形板合缝间隙测量方法是将管壳或弧形板组成一完整的管段,竖直放置在一个平面上,用_____测量合拢管壳或弧形板的最大的合缝间隙,精确至_____。测量结果为合缝间隙测量值的_____。
13. 膨胀珍珠岩绝热制品抗折试验中单块样品的抗折强度为该样品中三个抗折强度的_____值,精确至_____。

二、单选题

1. 测量膨胀珍珠岩绝热制品尺寸允许偏差的游标卡尺的分度值是_____。
   A. 0.01mm　　　　B. 0.02mm　　　　C. 0.05mm　　　　D. 0.1mm
2. 膨胀珍珠岩绝热制品的试验机的抗折支座辊轮与加压辊轮的直径应为_____。
   A. 30mm±5mm　　B. 45mm±5mm　　C. 30mm±10mm　　D. 45mm±10mm
3. 膨胀珍珠岩绝热制品抗压试验机的两支座辊轮间距应不小于_____,加压辊轮应位于两支座辊轮的正中,且互相保持平行。
   A. 150mm　　　　B. 200mm　　　　C. 220mm　　　　D. 250mm
4. 膨胀珍珠岩绝热制品弯曲测量方法测量结果为测量值的_____。
   A. 最大值　　　　B. 最小值　　　　C. 平均值　　　　D. 中间值

5.膨胀珍珠岩绝热制品密度、含水率试验时,将试件置于电热鼓风干燥箱中,在_____下烘干至恒质量。
   A.105℃±5℃　　　B.383K±5K　　　C.383K±10K　　　D.100℃±10℃
6.膨胀珍珠岩绝热制品按_____的方法测量试件的外观质量。
   A.GB/T6343　　　B.GB/T10294　　　C.GB/T3897　　　D.GB/T5486.1。
7.膨胀珍珠岩绝热制品抗折强度试验如试件的厚度大于70mm时,两支座辊轮之间的间距应至少加大到制品厚度的_____倍。
   A.2倍　　　　　　B.3倍　　　　　　C.4倍　　　　　　D.5倍
8.膨胀珍珠岩绝热制品抗折试件加压至试件破坏,记录试件的最大破坏荷载 P,精确至_____。
   A.0.1N　　　　　B.0.5N　　　　　C.1N　　　　　　D.5N
9.膨胀珍珠岩绝热制品密度、含水率试验所用天平分度值应小于称量值(试件质量)的_____。
   A.千分之一　　　B.千分之二　　　C.万分之一　　　D.万分之二
10.在日常应用中,根据节能墙体、屋面装配形式的不同,从整体上看,绝热材料可以分为_____种类型。
   A.两　　　　　　B.三　　　　　　C.四　　　　　　D.五

三、多选题

1.绝热材料包括_____。
   A.岩棉、矿棉、玻璃棉
   B.膨胀珍珠岩、微孔硅酸钙、膨胀蛭石
   C.软木、保温涂料、泡沫玻璃
   D.耐火纤维和各类有机泡沫塑料
2.绝热材料可分为_____。
   A.墙体(砌块)铺加绝热材料
   B.绝热材料作为芯材,与各类墙板、钢板、铝板和混凝土等共同组成墙体、屋面
   C.各类具有绝热保温功能的功能材料与各类墙体、屋面结合而成的新型建筑
   D.装饰用木材
3.膨胀珍珠岩绝热制品尺寸允许偏差的测量仪器有_____。
   A.钢直尺　　　　B.钢卷尺　　　　C.钢直角尺　　　D.螺旋测微器
   E.游标卡尺
4.膨胀珍珠岩绝热制品外观质量试验包括_____。
   A.缺棱掉角测量方法　　　　　　B.裂纹长度测量方法
   C.对角线测量方法　　　　　　　D.弯曲测量方法
   E.垂直度偏差测量方法
5.膨胀珍珠岩绝热制品合格品的三个方向投影尺寸的最小值不大于_____mm,最大值不大于投影方向边长的1/3 缺棱掉角总数不得超过个。
   A.4　　　　B.5　　　　C.6　　　　D.7　　　　E.10

四、简答题

1.简述膨胀珍珠岩绝热制品的外观质量中对合格品缺棱掉角的要求。

2. 简述膨胀珍珠岩绝热制品抗折强度试验用主要仪器设备有哪些?
3. 简述膨胀珍珠岩绝热制品抗压试验的操作步骤。
4. 简述膨胀珍珠岩绝热制品外观质量的裂纹长度测量方法的操作步骤。
5. 简述膨胀珍珠岩直径测量方法(仲裁试验)。
6. 简述绝热材料概念。
7. 简述膨胀珍珠岩块与平板几何尺寸的测量方法。
8. 简述膨胀珍珠岩直径测量方法(非仲裁试验)。
9. 简述膨胀珍珠岩绝热制品密度试验的操作步骤。
10. 简述膨胀珍珠岩绝热制品抗折试验的操作步骤。

参考答案:
一、填空题

1. 轻质　疏松　多孔
2. 10mm/min　10N
3. 保温材料　隔热材料
4. 三　三　240~300　75~150
5. 两条对角线
6. 最大值　最小值
7. 万分之二
8. 100mm×100mm　厚度
9. 20kN　1%
10. 10mm/min
11. 10mm　1/3
12. 钢直尺　1mm　最大值
13. 算术平均值　0.01MPa

二、单选题

1. C	2. A	3. B	4. A
5. B	6. D	7. B	8. C
9. D	10. B		

三、多选题

1. A、B、C、D　　2. A、B、C　　3. A、B、C、E　　4. A、B、D、E　　5. A、E

四、简答题

1. 答:三个方向投影尺寸的最小值不大于10mm,最大值不大于投影方向边长的1/3缺棱掉角总数不得超过4个。

注:三个方向投影尺寸的最小值不大于3mm的棱损伤不作为缺棱,最小值不大于4mm的角损伤不作为掉角。

2. 答:①抗折试验机;②电热鼓风干燥箱;③钢直尺:分度值为1mm;④游标卡尺:分度值为0.05mm;⑤固含量50%的乳化沥青(或软化点40~75℃的石油沥青);⑥1mm厚的沥青油纸;⑦小漆刷或油漆刮刀;⑧熔化沥青用坩埚等辅助器材。

3. 答:①将试件置于干燥箱内,缓慢升温至383K±5K(110℃±5℃),并按 GB/T 5486.3 中第2.3.2条的规定烘干至恒重,然后将试件移至干燥器中冷却至室温。

②在试件受压面距棱边10mm处测量长度和宽度,在厚度的两个对应面的中部测量试件的厚度。测量结果为两个测量值的算术平均值,精确至1mm。

③将试件置于压力试验面的承压板上,使压力试验机承压面与承压的板均匀接触。

④开动试验机,当上压板与试件接近时,调整球座,使试件受压面与承压板均匀接触。

⑤以约 10mm/min 速度对试件加荷,直至试件破坏,同时记录压缩变形值。当试件在压缩变形 5% 时没有破坏,则试件压缩变形 5% 时的荷载为破坏荷载。记录破坏荷载 P,精确至 10N。

4. 答:用钢直尺或钢卷尺测量裂纹在制品长、宽、厚三个方向的最大投影尺寸,如果裂纹由一个面延伸到另一个面时,则累计其延伸的投影尺寸,精确至 1mm。测量结果为裂纹在长、宽、厚三个方向投影尺寸的最大值。管壳与弧形板端面上的裂纹长度为裂纹两端点之间的直线距离,用钢直尺测量,精确至 1mm。测量结果为测量值的最大值。

5. 答:将管壳或弧形板组成管段,用卡钳、直尺在距管两端 20mm 处和中心位置测量管壳或弧形板的外径,精确至 1mm。在第一次量的垂直方向重复上述测量。测量时应保证管段不应受力而变形。

6. 答:绝热材料通常是指对热流具有显著阻抗性的轻质、疏松、多孔的单一或复合材料,有时根据阻止热量的逸出或者流入,将其分别称为保温材料和隔热材料。

7. 答:①在制品相对两个大面上距两边 20mm 处,用钢直尺或钢卷尺分别测量制品的长度和宽度,精确至 1mm。测量结果为 4 个测量值的平均值。

②在制品相对两个侧面上,距端面 20mm 处和中间位置用游标卡尺测量制品的厚度,精确至 0.5mm。测量结果为 6 个测量值的算术平均值。

③用钢直尺在制品任一大面上测量两条对角线的长度,并计算出两条对角线之差。然后在另一大面上重复上述测量,精确至 1mm。取两个对角线差的较大值为测量结果。

8. 答:用钢卷尺在距端 20mm 处及中心位置测量管壳或弧形板的外圆弧长(L),精确至 1mm。然后按其组成整圆的块数(n),分别按式(1)和式(2)计算管壳或弧形板的外径和内径。

$$d_w = \frac{nL}{\pi} \tag{1}$$

$$d_n = \frac{nL}{\pi} - 2\delta \tag{2}$$

式中　d_w——外径(mm);

　　　d_n——内径(mm);

　　　L——三次测量外圆弧长的平均值(mm);

　　　δ——厚度(mm);

　　　n——组成整圆的块数;

　　　π——圆周率(3.14)。

每个制品直径的测量结果为三次测量值的算术平均值,制品直径的测量结果为组成整圆全部制品测量结果的算术平均值,精确至 1mm。

9. 答:①在天平上称量试件自然状态下的质量 G_z,保留 5 位有效数字。

②将试件置于电热鼓风干燥箱中,在 383K±5K(110±5℃)下烘干至恒质量,(若粘结材料在该温度下发生变化,则应低于其变化温度 10℃)然后移至干燥器中冷却至室温。恒质量的判据为恒温 3h 两次称量试件质量的变化率小于 0.2%。

③称量烘干后的试件质量 G,保留 5 位有效数字。

④按 GB/T5486.1 的方法测量试件的几何尺寸,计算试件的体积 V。

10. 答:①将试件置于干燥箱内,缓慢升温至 383K±5K(110±5℃),并按 GB/T5486.3 第 2.3.2 条的规定烘干至恒质量,然后将试件移至干燥器中冷却至室温。

②在试件长度方向的中心位置测量试件的宽度和厚度。测量结果为两个测量值的算术平均值,宽度精确至 0.5mm,厚度精确至 0.1mm。

③调整两支座辊轮之间的间距为 200mm,如试件的厚度大于 70mm 时,两支座辊轮之间的间距应至少加大到制品厚度的 3 倍。

④将试件对称地放置在支座辊轮上,调整加荷速度,使加压辊轮的下降速度约为 10mm/min。
⑤加压至试件破坏,记录试件的最大破坏荷载 P,精确至 1N。

绝热材料模拟试卷(A)

一、填空题(30 分)

1. 绝热材料通常是指对热流具有显著阻抗性的_____、_____、_____的单一或复合材料。
2. 膨胀珍珠岩绝热制品抗压试验的加荷速度是_____,破坏荷载精确至_____。
3. 根据阻止热量的逸出或者流入,将绝热材料分别称为_____和_____。
4. 膨胀珍珠岩抗折强度试验随机抽取_____块样品,各制成_____块长_____mm、宽_____mm、厚度为制品厚度的试件。
5. 膨胀珍珠岩尺寸测量中用钢直尺在制品任一大面上测量_____的长度,并计算出两条对角线之差。
6. 膨胀珍珠岩绝热制品缺棱掉角测量结果以缺棱掉角在长、宽、厚三个方向的投影尺寸的_____和_____表示。
7. 膨胀珍珠岩绝热制品密度试验中天平量程满足试件称量要求,分度值应小于称量值(试件质量)的_____。
8. 膨胀珍珠岩绝热制品密度、含水率试验随机抽取三块样品,各加工成一块满足试验要求的试件,试件的长、宽不得小于_____,其厚度为制品的_____,管壳与弧形板加工成尽可能厚的试件。
9. 膨胀珍珠岩绝热制品抗压试验中压力试验机最大压力示值_____,相对示值误差应小于_____,试验机应具有显示受压变形的装置。
10. 膨胀珍珠岩绝热制品抗折试验的试件对称地放置在支座辊轮上,调整加荷速度,使加压辊轮的下降速度约为_____。
11. 膨胀珍珠岩绝热制品合格品的三个方向投影尺寸的最小值不得大于_____,最大值不得大于投影方向边长的_____。
12. 膨胀珍珠岩绝热制品中管壳或弧形板合缝间隙测量方法是将管壳或弧形板组成一完整的管段,竖直放置在一个平面上,用_____测量合拢管壳或弧形板的最大的合缝间隙,精确至_____。测量结果为合缝间隙测量值的_____。
13. 膨胀珍珠岩绝热制品抗折试验中单块样品的抗折强度为该样品中三个抗折强度的_____值,精确至_____。

二、单选题(20 分)

1. 测量膨胀珍珠岩绝热制品尺寸允许偏差的游标卡尺的分度值是_____。
   A. 0.01mm   B. 0.02mm   C. 0.05mm   D. 0.1mm
2. 膨胀珍珠岩绝热制品的试验机的抗折支座辊轮与加压辊轮的直径应为_____。
   A. 30±5mm   B. 45±5mm   C. 30±10mm   D. 45±10mm
3. 膨胀珍珠岩绝热制品抗压试验机的两支座辊轮间距应不小于_____,加压辊轮应位于两支座辊轮的正中,且互相保持平行。
   A. 150mm   B. 200mm   C. 220mm   D. 250mm

4. 膨胀珍珠岩绝热制品弯曲测量方法测量结果为测量值的_____。
   A. 最大值　　　　　B. 最小值　　　　　C. 平均值　　　　　D. 中间值

5. 膨胀珍珠岩绝热制品密度、含水率试验将试件置于电热鼓风干燥箱中,在_____下烘干至恒质量。
   A. 105℃±5℃　　　B. 383K±5K　　　　C. 383K±10K　　　D. 100℃±10℃

6. 膨胀珍珠岩绝热制品按_____的方法测量试件的外观质量。
   A. GB/T6343　　　B. GB/T10294　　　C. GB/T3897　　　D. GB/T5486.1

7. 膨胀珍珠岩绝热制品抗折强度试验,如试件的厚度大于70mm时,两支座辊轮之间的间距应至少加大到制品厚度的_____。
   A. 2倍　　　　　　B. 3倍　　　　　　C. 4倍　　　　　　D. 5倍

8. 膨胀珍珠岩绝热制品抗折试件加压至试件破坏,记录试件的最大破坏荷载 P,精确至_____。
   A. 0.1N　　　　　B. 0.5N　　　　　C. 1N　　　　　　D. 5N

9. 膨胀珍珠岩绝热制品密度、含水率试验所用天平分度值应小于称量值(试件质量)的_____。
   A. 千分之一　　　B. 千分之二　　　C. 万分之一　　　D. 万分之二

10. 在日常应用中,根据节能墙体、屋面装配形式的不同,从整体上看,绝热材料可以分为_____种类型。
    A. 两　　　　　　B. 三　　　　　　C. 四　　　　　　D. 五

三、多选题(20分)

1. 绝热材料包括_____。
   A. 岩棉、矿棉、玻璃棉
   B. 膨胀珍珠岩、微孔硅酸钙、膨胀蛭石
   C. 软木、保温涂料、泡沫玻璃
   D. 耐火纤维和各类有机泡沫塑料

2. 绝热材料可分为_____。
   A. 墙体(砌块)铺加绝热材料
   B. 绝热材料作为芯材,与各类墙板、钢板、铝板和混凝土等共同组成墙体、屋面
   C. 各类具有绝热保温功能的功能材料与各类墙体、屋面结合而成的新型建筑
   D. 装饰用木材

3. 膨胀珍珠岩绝热制品尺寸允许偏差的测量仪器有_____。
   A. 钢直尺　　　　B. 钢卷尺　　　　C. 钢直角尺　　　D. 螺旋测微器
   E. 游标卡尺

4. 膨胀珍珠岩绝热制品外观质量试验包括_____。
   A. 缺棱掉角测量方法　　　　　　　B. 裂纹长度测量方法
   C. 对角线测量方法　　　　　　　　D. 弯曲测量方法
   E. 垂直度偏差测量方法

5. 膨胀珍珠岩绝热制品合格品的三个方向投影尺寸的最小值不大于_____mm,最大值不大于投影方向边长的1/3缺棱掉角总数不得超过_____个。
   A. 4　　　　　B. 5　　　　　C. 6　　　　　D. 7　　　　　E. 10

四、简答题(50分)

1. 简述膨胀珍珠岩绝热制品的外观质量中对合格品缺棱掉角的要求。
2. 简述膨胀珍珠岩绝热制品抗折强度试验用主要仪器设备。
3. 简述膨胀珍珠岩绝热制品抗压试验的操作步骤。
4. 简述膨胀珍珠岩绝热制品外观质量的裂纹长度测量方法的操作步骤。
5. 简述膨胀珍珠岩直径测量方法(仲裁试验)。

绝热材料模拟试卷(B)

一、填空题(30分)

1. 绝热材料通常是指对热流具有显著阻抗性的_____、_____、_____的单一或复合材料。
2. 膨胀珍珠岩绝热制品抗压试验的加荷速度是_____,破坏荷载精确至_____。
3. 根据阻止热量的逸出或者流入,将绝热材料分别称为_____和_____。
4. 膨胀珍珠岩抗折强度试验随机抽取_____块样品,各制成_____块长_____mm、宽_____mm、厚度为制品厚度的试件。
5. 膨胀珍珠岩尺寸测量中用钢直尺在制品任一大面上测量_____的长度,并计算出两条对角线之差。
6. 膨胀珍珠岩绝热制品缺棱掉角测量结果以缺棱掉角在长、宽、厚三个方向的投影尺寸的_____和_____表示。
7. 膨胀珍珠岩绝热制品密度试验中天平量程满足试件称量要求,分度值应小于称量值(试件质量)的_____。
8. 膨胀珍珠岩绝热制品密度、含水率试验随机抽取三块样品,各加工成一块满足试验要求的试件,试件的长、宽不得小于_____,其厚度为制品的_____,管壳与弧形板加工成尽可能厚的试件。
9. 膨胀珍珠岩绝热制品抗压试验中压力试验机最大压力示值_____,相对示值误差应小于_____,试验机应具有显示受压变形的装置。
10. 膨胀珍珠岩绝热制品抗折试验的试件对称地放置在支座辊轮上,调整加荷速度,使加压辊轮的下降速度约为_____。
11. 膨胀珍珠岩绝热制品合格品的三个方向投影尺寸的最小值不得大于_____,最大值不得大于投影方向边长的_____。
12. 膨胀珍珠岩绝热制品中管壳或弧形板合缝间隙测量方法是将管壳或弧形板组成一完整的管段,竖直放置在一个平面上,用_____测量合拢管壳或弧形板的最大的合缝间隙,精确至_____。测量结果为合缝间隙测量值的_____。
13. 膨胀珍珠岩绝热制品抗折试验中单块样品的抗折强度为该样品中三个抗折强度的_____值,精确至_____。

二、单选题(20分)

1. 测量膨胀珍珠岩绝热制品尺寸允许偏差的游标卡尺的分度值是_____。
   A. 0.01mm   B. 0.02mm   C. 0.05mm   D. 0.1mm

2. 膨胀珍珠岩绝热制品的试验机的抗折支座辊轮与加压辊轮的直径应为_____。
　　A. 30±5mm　　　　B. 45±5mm　　　　C. 30±10mm　　　D. 45±10mm
3. 膨胀珍珠岩绝热制品抗压试验机的两支座辊轮间距应不小于_____,加压辊轮应位于两支座辊轮的正中,且互相保持平行。
　　A. 150mm　　　　B. 200mm　　　　C. 220mm　　　　D. 250mm
4. 膨胀珍珠岩绝热制品弯曲测量方法测量结果为测量值的_____。
　　A. 最大值　　　　B. 最小值　　　　C. 平均值　　　　D. 中间值
5. 膨胀珍珠岩绝热制品密度、含水率试验将试件置于电热鼓风干燥箱中,在_____下烘干至恒质量。
　　A. 105℃±5℃　　B. 383K±5K　　　C. 383K±10K　　 D. 100℃±10℃
6. 膨胀珍珠岩绝热制品按_____的方法测量试件的外观质量。
　　A. GB/T6343　　 B. GB/T10294　　 C. GB/T3897　　　D. GB/T5486.1
7. 膨胀珍珠岩绝热制品抗折强度试验如试件的厚度大于70mm时,两支座辊轮之间的间距应至少加大到制品厚度的_____倍。
　　A. 2倍　　　　　B. 3倍　　　　　C. 4倍　　　　　D. 5倍
8. 膨胀珍珠岩绝热制品抗折试件加压至试件破坏,记录试件的最大破坏荷载 P,精确至_____。
　　A. 0.1N　　　　 B. 0.5N　　　　 C. 1N　　　　　 D. 5N
9. 膨胀珍珠岩绝热制品密度、含水率试验所用天平分度值应小于称量值(试件质量)的_____。
　　A. 千分之一　　　B. 千分之二　　　C. 万分之一　　　D. 万分之二
10. 在日常应用中,根据节能墙体、屋面装配形式的不同,从整体上看,绝热材料可以分为_____类型。
　　A. 两种　　　　　B. 三种　　　　　C. 四种　　　　　D. 五种

三、多选题(20分)

1. 绝热材料包括_____。
　　A. 岩棉、矿棉、玻璃棉
　　B. 膨胀珍珠岩、微孔硅酸钙、膨胀蛭石
　　C. 软木、保温涂料、泡沫玻璃
　　D. 耐火纤维和各类有机泡沫塑料
2. 绝热材料可分为_____。
　　A. 墙体(砌块)铺加绝热材料
　　B. 绝热材料作为芯材,与各类墙板、钢板、铝板和混凝土等共同组成墙体、屋面
　　C. 各类具有绝热保温功能的功能材料与各类墙体、屋面结合而成的新型建筑
　　D. 装饰用木材
3. 膨胀珍珠岩绝热制品尺寸允许偏差的测量仪器有_____。
　　A. 钢直尺　　　　B. 钢卷尺　　　　C. 钢直角尺　　　D. 螺旋测微器
　　E. 游标卡尺
4. 膨胀珍珠岩绝热制品外观质量试验包括_____。
　　A. 缺棱掉角测量方法　　　　　　　　B. 裂纹长度测量方法
　　C. 对角线测量方法　　　　　　　　　D. 弯曲测量方法

E 垂直度偏差测量方法

5. 膨胀珍珠岩绝热制品合格品的三个方向投影尺寸的最小值不大于_____mm,最大值不大于投影方向边长的1/3 缺棱掉角总数不得超过_____个。
A. 4　　　　　　B. 5　　　　　　C. 6　　　　　　D. 7　　　　　　E. 10

四、简答题(50 分)

1. 简述绝热材料概念。
2. 简述膨胀珍珠岩块与平板几何尺寸的测量方法。
3. 简述膨胀珍珠岩直径测量方法(非仲裁试验)。
4. 简述膨胀珍珠岩绝热制品密度试验的操作步骤。
5. 简述膨胀珍珠岩绝热制品抗折试验的操作步骤。

第四节　电　焊　网

一、填空题

1. 按 DGJ 32/J22—2006,热镀锌电焊网的性能指标有:_____、_____、_____、_____。
2. 称量试样去掉锌层前的质量,钢丝直径不大于_____至少精确至_____,大于_____至少精确至_____。
3. 热镀锌电焊网镀锌层质量试验中,将试样完全浸置在试验溶液里,试验过程中溶液温度不得超过_____,待氧气的发生明显减少,_____后,取出试样立即用水洗后_____,再次称量试样去掉锌层后的质量。
4. 热镀锌电焊网是指经_____的电焊钢丝网
5. DHW0.70×12.70×12.70 表示丝径为_____,径向网孔长_____,纬向网孔长_____的镀锌焊网。

二、选择题

1. 焊点抗拉力测试中需在网上任取_____点。
A. 4　　　　　　B. 5　　　　　　C. 3　　　　　　D. 6
2. 热镀锌电焊网镀锌层质量测试试样长度按标准要求可取_____。
A. 500~600mm　　B. 400~500mm　　C. 600~700mm　　D. 550~650mm
3. 在节能保温系统中采用的钢丝网的丝径为_____,其偏差为。
A. 0.70mm;±0.03mm　　　　　　B. 0.80mm;±0.01mm
C. 0.90mm;±0.04mm　　　　　　D. 0.90mm;±0.03mm
4. 热镀锌电焊网丝径检测用示值为_____千分尺。
A. 0.1mm　　　　B. 1.0mm　　　　C. 0.001mm　　　D. 0.01mm
5. 热镀锌电焊网镀锌层质量测试,称量试样去掉锌层前的质量,钢丝直径不大于0.80mm 至少精确至_____,大于0.80mm 至少精确至_____。
A. 0.01g　0.001g　B. 0.01g　0.01g　C. 0.001g　0.01g　D. 0.001g　0.001g

三、计算题

热镀锌电焊网镀锌层质量检测试验,已知钢丝网试样去掉锌层前的质量为5.01g,试样去掉锌层后的质量为4.35g,试样去掉锌层后的直径为0.90mm。试求钢丝镀锌层质量。

四、问答题

1. 什么是热镀锌电焊网?
2. 热镀锌电焊网丝径的测量方法是什么?
3. 热镀锌电焊网的性能指标有哪些?
4. 热镀锌电焊网的镀锌层质量应如何检测?
5. 热镀锌电焊网网孔大小如何测试?

参考答案:

一、填空题

1. 丝径　网孔大小　焊点抗拉力　镀锌层质量
2. 0.80mm　0.001g　0.80mm　0.01g
3. 38℃　锌层完全溶解　充分干燥
4. 热镀锌防腐处理
5. 0.70mm　12.7mm　12.7mm

二、选择题

1. B　　　2. A　　　3. C　　　4. D　　　5. C

三、计算题

答:钢丝镀锌层质量按下式计算:

$$W = \frac{W_1 - W_2}{W_2} \cdot d \times 1960$$

$$= \frac{5.01 - 4.35}{4.35} \cdot 0.90 \times 1960$$

$$= 268g$$

四、问答题

1. 答:经热镀锌防腐处理的电焊钢丝网。
2. 答:任取经、纬丝各3根(锌粒处除外),用千分尺测量,记录3个测量值。
3. 答:丝径、网孔大小、焊点抗拉力、镀锌层质量。
4. 答:(1)仪器设备:

电子天平、干燥箱、千分尺分度值为0.01mm。

(2)试验方法:

①试样:

试样长度按标准要求可取500~600mm。

②试验用溶液:

测试前用乙醇擦洗,试验用溶液一和二,但仲裁时应用溶液一。

溶液一:用3.5g六次甲基四胺溶于500mL的浓盐酸中,用蒸馏水稀释至1000mL。

溶液二:用32g三氯化锑或20g三氧化二锑溶于1000mL盐酸作为原液,用上述盐酸100mL加5mL原液的比例配制成使用溶液。

溶液在还能溶解锌层的条件下,可反复使用。

③试验过程:

a. 称量试样去掉锌层前的质量,钢丝直径不大于 0.80mm 至少精确至 0.001g,大于 0.80mm 至少精确至 0.01g。

b. 将试样完全浸置在试验溶液中,试验过程中溶液温度不得超过 38℃。

c. 待氧气的发生明显减少,锌层完全溶解后,取出试样立即水洗后充分干燥,再次称量试样掉锌层后的质量。

(3)结果计算:(略)

5. 答:将钢丝网展开置于一平面上,按 305mm 内网孔构成数目,用示值为 1mm 的钢板尺测量。有争议时,可用示值为 0.02mm 的游标卡测量。

电焊网模拟试卷(A)

一、填空题(每空 1 分,共计 20 分)

1. 热镇锌电焊网的丝径试验中,任取经、纬丝各_____测量,取其_____。

2. 热镇锌电焊网的网孔大小试验,将网展开置于一平面上,按_____内网孔构成数目用示值为_____的钢板尺测量。有争议时,可用示值为_____的游标卡测量。

3. DHW0.70×12.70×12.70 表示丝径为_____,经向网孔长_____,纬向网孔长_____的镀锌焊网。

4.《水泥基复合保温砂浆建筑外墙保温系统技术规程》DGJ 32/J22—2006 中规定热镇锌电焊网的性能指标丝径_____ mm、网孔大小_____ mm、焊点抗拉力_____、镀锌层质量_____ g/m^2。

5. 在节能保温系统中采用的钢丝网的丝径为_____,其偏差为_____。

6. 钢丝网镀锌层质量试验采用_____。

7. 严格按检测标准、规范、操作规程进行检测,检测工作_____,检测资料_____,检测结论_____。

8. 遵循科学、公正、准确的原则开展检测工作,检测行为要_____,检测数据要_____。

二、单项选择题(每题 2 分,共计 10 分)

1. 焊点抗拉力测试中需在网上任取_____点。
A. 4   B. 5   C. 3   D. 6

2. 热镇锌电焊网镀锌层质量测试试样长度按标准要求可取_____。
A. 500~600mm   B. 400~500mm   C. 600~700mm   D. 550~650mm

3. 在节能保温系统中采用的钢丝网的丝经为_____,其偏差为_____。
A. 0.70mm   ±0.03mm
B. 0.80mm   ±0.01mm
C. 0.90mm   ±0.04mm
D. 0.90mm   ±0.03mm

4. 热镇锌电焊网丝径检测用示值为_____千分尺。
A. 0.1mm   B. 1.0mm   C. 0.001mm   D. 0.01mm

5. 热镇锌电焊网镀锌层质量测试,称量试样去掉锌层前的质量,钢丝直径不大于 0.80mm 至少精确至_____,大于 0.80mm 至少精确至_____。
A. 0.01g   0.001g   B. 0.01g   0.01g   C. 0.001g   0.01g   D. 0.001g   0.001g

三、多项选择题(每题 3 分,共计 15 分,少选、多选、错选均不得分)

1. 涉及到电焊钢丝网性能指标的节能标准有_____。
   A. JG 149—2003   B. JG 158—2004   C. DGJ 32/22—2006   D. JGJ 144—2004
2. 钢丝网焊点抗拉力结果计算中,取_____破坏荷载的平均值,精确至_____。
   A. 5 个   B. 3 个   C. 1N   D. 0.1N
3. 电焊钢丝网网孔偏差范围经向不超过_____,纬向不超过_____。
   A. ±5%   B. ±4%   C. ±3%   D. ±2%
4. 测量镀锌层质量的仪器设备有_____。
   A. 电子天平   B. 干燥箱   C. 千分尺   D. 电子拉力试验机
5. 镀锌层质量试验用溶液有:溶液一:用3.5g 六次甲基四胺溶于500mL 的浓盐酸中,用蒸馏水稀释至1000mL。溶液二:用32g 三氯化锑或20g 三氧化二锑溶于1000mL 盐酸作为原液,用上述盐酸100mL 加5mL 原液的比例配制成使用溶液,镀锌层质量测试前用乙醇擦洗,试验用_____,但仲裁时应用_____。
   A. 溶液二 溶液二   B. 溶液一 溶液一   C. 溶液一 溶液二   D. 溶液二 溶液一

四、判断题(每题 2 分,共计 10 分,对的打√,错的打×)

1. 测试热镀锌电焊网丝径用示值为0.1mm 的千分尺。(　　)
2. DGJ 32/J22—2006 与 JG 158—2004 中热镀锌电焊网的性能指标相同。(　　)
3. JG 158—2004 中规定,热镀锌电焊网焊点抗拉力要≥65N。(　　)
4. DGJ 32/J22—2006 中规定,热镀锌电焊网网孔大小为1.27mm×1.27cm。(　　)
5. JG 144—2004 中规定,热镀锌电焊网丝径为0.90±0.04mm。(　　)

五、简答题(每题 6 分,共计 30 分)

1. 热镀锌电焊网的定义是什么?
2. 简述热镀锌电焊网的丝径测量方法。
3. 简述热镀锌电焊网的网孔大小测试方法。
4. 电焊钢丝网镀锌层质量浸置时间为多少?
5. 钢丝网焊点抗拉力应如何测试?

六、计算题(共计 20 分)

热镀锌电焊网镀锌层质量检测试验,已知钢丝网试样去掉锌层前的质量为4.35g,试样去掉锌层后的质量为3.96g,试样去掉锌层后的直径为0.85mm。试求钢丝镀锌层质量。

七、操作题(共计 15 分)

热镀锌电焊网镀锌层质量的具体试验过程。

电焊网模拟试卷(B)

一、填空题(每空 1 分,共计 20 分)

1. 按 DGJ 32/J22—2006,热镀锌电焊网的性能指标有:_____、_____、_____

_____。

2. 称量试样去掉锌层前的质量,钢丝直径不大于_____至少精确至_____,大于_____至少精确至_____。

3. 热镀锌电焊网镀锌层质量试验中,将试样完全浸置在试验溶液里,试验过程中溶液温度不得超过_____,待氧气的发生明显减少,_____后,取出试样立即水洗后_____,再次称量试样掉锌层后的质量。

4. 热镀锌电焊网是指经_____的电焊钢丝网。

5. DHW0.70×12.70×12.70 表示丝径为_____,经向网孔长_____,纬向网孔长_____的镀锌焊网。

6. 检测机构应当科学检测,确保检测数据的_____和_____;不得接受委托单位的不合理要求;不得弄虚作假;不得出具不真实的检测报告;不得隐瞒事实。

7. 廉洁自律,自尊自爱;不参加可能影响检测公正的_____和_____;不进行_____;不接受委托人的礼品、礼金和各种有价证券;杜绝吃、拿、卡、要现象,清正廉明,反腐拒贿。

二、单项选择题(每题 2 分,共计 10 分)

1. 热镀锌电焊网检测试验方法依照_____规定进行检测。
   A. DGJ 32/J22—2006　　　　　　　B. JG 158—2004
   C. QB/T 3897—1999　　　　　　　D. JG 144—2004

2. 电焊钢丝网镀锌层应大于_____。
   A. 140g/m^2　　　B. 122g/m^2　　　C. 136g/m^2　　　D. 130g/m^2

3. 热镀锌电焊网网孔大小测试用的钢板尺示值为_____;有争议时,可用示值为_____的游标卡测量。
   A. 0.1mm　0.02mm
   B. 0.01mm　0.2mm
   C. 0.001cm　0.2mm
   D. 1mm　0.02mm

4. 热镀锌电焊网镀锌层质量测试,将试样完全浸置在试验溶液中,试验过程中溶液温度不得超过_____。
   A. 36℃　　　B. 38℃　　　C. 28℃　　　D. 35℃

5. 热镀锌电焊网镀锌层质量试验用溶液在测试前用_____溶液擦洗。
   A. 乙醛　　　B. 乙醚　　　C. 乙醇　　　D. 甲醇

三、多项选择题(每题 3 分,共计 15 分,少选、多选、错选均不得分)

1. 测试钢丝网网孔大小的仪器设备有_____。
   A. 分度值为 0.1mm 钢板尺　　　B. 分度值为 1mm 钢板尺
   C. 分度值为 0.02mm 游标卡尺　　D. 分度值为 0.2mm 游标卡尺

2. 钢丝网丝径检测结果计算,取_____测量的平均值,精确至_____。
   A. 3 个　　　B. 0.1mm　　　C. 4 个　　　D. 0.01mm

3. 下面标准中有关热镀锌电焊网性能指标相同的有_____。
   A. JG158—2004　　　　　　　B. DGJ 32/J22—2006
   C. QB/T 3897—1999　　　　　D. JG 144—2004

4. 在节能保温系统中,采用的钢丝网的丝径为_____,其偏差为_____。
   A. 0.90mm　　　B. ±0.03mm　　　C. ±0.04mm　　　D. 0.80mm

5. 电焊钢丝网网孔偏差范围经向不超过_____,纬向不超过

A. ±4% B. ±5% C. ±3% D. ±2%

四、判断题(每题 2 分,共计 10 分,对的打√,错的打×)

1. 热镀锌电焊网是指经热镀锌防腐处理的电焊钢丝网。（ ）
2. DGJ 32/J22—2006 中热镀锌电焊网丝径检测试验方法按 QB/T 3897—1999 规定进行检测。（ ）
3. 热镀锌电焊网的网孔大小可用示值为 0.01m 的游标卡测量。（ ）
4. 测试热镀锌电焊网丝径任取经、纬丝各 5 根测量(锌粒处除外),取其平均值。（ ）
5. 热镀锌电焊网镀锌层质量测试中试样长度按标准要求可取 500~600mm。（ ）

五、简答题(每题 5 分,共计 20 分)

1. JG 158—2004《胶粉聚苯颗粒外墙外保温系统》中热镀锌电焊网的性能指标是什么?
2. 电焊钢丝网镀锌层质量浸置时间为多少?
3. 镀锌层质量试验有几种溶液,仲载时应用哪种溶液?
4. 在镀锌层质量试验时,称重试样质量精确到多少?
5. 钢丝网焊点抗拉力应如何测试?

六、计算题(共计 20 分)

热镀锌电焊网镀锌层质量检测试验,已知钢丝网试样去掉锌层前的质量为 4.85g,试样去掉锌层后的质量为 4.36g,试样去掉锌层后的直径为 0.85mm。试求钢丝镀锌层质量。

七、操作题(共计 15 分)

热镀锌电焊网镀锌层质量的具体试验过程。

第五节 网 格 布

一、填空题

1. 《胶粉聚苯颗粒外墙外保温系统》JG 158—2004 中网格布一般分为_____和_____两种。
2. 标准试验室环境为空气温度_____,相对湿度_____。
3. 网格布Ⅰ型试样拉伸过程中拉力试验机的拉伸速度应为_____。
4. JGJ 144—2004 标准中网格布进行试验时,要求试样数量为经向_____和纬向_____。
5. DGJ 32/J22—2006 标准中在网格布浸泡在水泥浆液_____d 以后,取出试件,用清水浸泡_____后,用流动的自来水漂洗_____,然后在_____的烘箱中烘_____后,在试验环境中存放_____。
6. JG 149—2003 标准中网格布的耐碱断裂强力保留率应精确到_____。
7. 网格布的宽度试验时测量结果应精确到_____。
8. JGJ 144—2004 标准中网格布耐碱断裂强力保留率性能指标为_____。
9. 网格布Ⅱ型试样拉伸过程中拉力试验机的拉伸速度应为_____。
10. JG 149—2003 标准中耐碱断裂强力试验将试样全部浸入_____℃、浓度为_____的 NaOH 水溶液中,试样在加盖封闭的容器中浸泡_____d。

11. JG 158—2004 标准中耐碱断裂强力试验用快速法进行测试时,将试样平放在_____的水泥浆液中,浸泡时间_____。

12. JGJ 144—2004 标准中耐碱断裂强力试验用快速法进行测试时,将试样放入_____的混合碱溶液中,浸泡时间_____。

13. 单位面积质量试验用试样为_____ cm² 的_____或_____,裁取的试样面积误差应小于_____。

14. 单位面积质量试验用通风干燥箱的空气置换率为每小时_____,温度能控制在_____范围内。

15. 单位面积质量试验时,若试样含水率超过_____,应将试样置于_____的干燥箱中干燥_____,然后放入_____中冷却至室温。

16. 对于单位面积质量不小于200g/m² 的,结果精确至_____,对于单位面积质量小于200g/m² 的,结果精确至_____。

二、单选题

1. JG 158—2004 标准中断裂伸长率试验时的起始有效长度和拆边试样宽度为_____。
   A. 350mm/65mm   B. 200mm/50mm   C. 250mm/40mm   D. 100mm/25mm

2. JG 149—2003 标准中规定单位面积质量应为____ g/m²。
   A. ≥130   B. ≥140   C. ≥150   D. ≥160

3. DGJ 32/J22—2006 标准中规定的初始拉伸断裂强力应为____ N/50mm。
   A. ≥750   B. ≥1000   C. ≥1250   D. ≥1500

4. JG 158—2004 标准中规定的耐碱断裂强力保留率应为_____。
   A. ≥50%   B. ≥60%   C. ≥75%   D. ≥90%

5. 网格布的宽度大于150cm 的网格布,测量尺的测量精度不超过_____。
   A. 0.1%   B. 0.15%   C. 0.1cm   D. 0.1mm

6. JG 158—2004 标准中规定的普通型初始拉伸断裂强力应为_____ N/50mm。
   A. ≥750   B. ≥1000   C. ≥1250   D. ≥1500

7. JGJ 144—2004 标准中网格布的耐碱断裂强力试验应用快速法进行试验时,应将试样放入_____混合碱溶液中,浸泡_____h。
   A. 50℃ 2   B. 65℃ 4   C. 80℃ 6   D. 105℃ 4

8. JC/T 841—2007 中要求单位面积质量实测值应不超过其标称值_____。
   A. ±1%   B. ±2%   C. ±5%   D. ±8%

9. 网孔中心距测量时需测量连续_____个孔的平均值。
   A. 5   B. 10   C. 12   D. 20

10. 网格布的宽度小于或等于150cm,测量尺的最大允许误差不超过_____。
    A. 0.1%   B. 0.15%   C. 0.1cm   D. 0.1m

11. JG 158—2004 标准中规定普通型的初始拉伸断裂强力应为_____ N/50mm。
    A. ≥750   B. ≥1000   C. ≥1250   D. ≥1500

12. DGJ 32/J22—2006 标准中规定的耐碱断裂强力保留率应为_____。
    A. ≥50%   B. ≥60%   C. ≥75%   D. ≥90%

13. JGJ 144—2004 标准中规定的耐碱断裂强力保留率应为_____。
    A. ≥50%   B. ≥60%   C. ≥75%   D. ≥90%

14. JGJ 144—2004 标准中规定耐碱断裂强力应为_____ N/50mm。

A. ≥750　　　　B. ≥1000　　　　C. ≥1250　　　　D. ≥1500

15. JG 149—2003 标准中规定耐碱断裂强力保留率试验结果应精确至_____。
A. 0.1%　　　　B. 0.15%　　　　C. 0.1cm　　　　D. 0.1m

16. DGJ 32/J22—2006 标准中规定单位面积质量应为_____ g/m²。
A. ≥130　　　　B. ≥140　　　　C. ≥150　　　　D. ≥160

三、多选题

1. JGJ 144—2004 标准中规定的耐碱断裂强力保留率试验用混合碱溶液中应包括_____。
A. 0.88gNaOH　　　B. 3.45gKOH　　　C. 0.48gCa(OH)₂　　　D. 1L 蒸馏水

2. JGJ 144—2004 标准中耐碱网格布的性能指标有_____。
A. 单位面积质量　　　　　　　　B. 初始拉伸断裂强力
C. 耐碱拉伸断裂强力　　　　　　D. 耐碱拉伸断裂强力保留率
E. 断裂伸长率

3. 网格布耐碱拉伸强度试验使用等速伸长试验机,拉伸速度应满足_____。
A. 100±5mm/min　　　　　　　B. 100±3mm/min
C. 50±5mm/min　　　　　　　　D. 50±3mm/min

4. JG 149—2003 标准中耐碱网格布的性能指标有_____。
A. 单位面积质量　　　　　　　　B. 初始拉伸断裂强力
C. 耐碱拉伸断裂强力　　　　　　D. 耐碱拉伸断裂强力保留率
E. 断裂伸长率

5. 单位面积质量试验用主要仪器设备有_____。
A. 抛光金属模板　　B. 试样皿　　C. 天平　　D. 通风干燥箱
E. 干燥器

四、计算题

根据 JG 158—2004 标准对一组网格布进行检验,测量试样质量为 1.36g、1.38g,其他检测数据如下表。

项目 序号	初始拉伸断裂强力(N/50mm)		耐碱拉伸断裂强力(N/50mm)		断裂伸长率(%)	
	经向	纬向	经向	纬向	经向	纬向
1	1374	1836	1178	1642	8.6	6.8
2	1426	1854	1186	1687	8.8	6.4
3	1349	1813	1226	1675	8.4	6.6
4	1418	1872	1169	1701	8.6	6.6
5	1385	1860	1203	1633	8.2	6.2

计算并判断单位面积质量、初始拉伸断裂强力、耐碱断裂强力保留率以及断裂伸长率是否符合 JG 158—2004 标准的要求。

五、简答题

1. 简述 JG 158—2004 标准中耐碱断裂强力测试用水泥浆液配置过程。
2. 在测试网格布断裂强力试验时,试样断裂在两个夹具中任一夹具的接触线 10mm 以内时,如何处理?

3. 简述 JG 158—2004 标准中断裂强力试验对拉力机的要求。
4. JG 149—2003 标准中网格布断裂强力试验需用哪些主要仪器设备？
5. 单位面积质量试验需用哪些主要仪器设备？
6. 简述耐碱网格布的概念。

六、实践题

1. JG 158—2004 标准中网格布耐碱强力保留率试验过程。
2. JG 149—2003 标准中网格布耐碱强力保留率试验过程。
3. JG 158—2004 标准中网格布断裂强力试验步骤。
4. 单位面积质量试验操作步骤。
5. JGJ 144—2004 标准中耐碱断裂强力试验步骤。

参考答案：

一、填空题

1. 普通型　加强型
2. $23\pm2℃$、$50\%\pm10\%$
3. 100 ± 5mm/min
4. 20 片、20 片
5. 28　5min　5min　$60\pm5℃$　1h　24h
6. 0.1%
7. 0.1cm
8. ≥50%
9. 50 ± 3mm/min
10. $23\pm2℃$、5%、28
11. $80\pm2℃$　4h
12. 80℃、6h
13. 100　正方形　圆形　1%
14. 20~50 次　$105\pm3℃$
15. 0.2%　$105\pm3℃$　1h　干燥器
16. 1g　0.1g

二、单选题

1. B	2. A	3. D	4. D
5. B	6. C	7. C	8. D
9. B	10. C	11. C	12. A
13. A	14. A	15. A	16. D

三、多选题

1. A、B、C、D　　2. C、D　　3. A、D　　4. A、C、D、E
5. A、B、C、D、E

四、计算题

解：(1) 单位面积质量
$1.36\div100\times104=136$
$1.38\div100\times104=138$
$(136+138)\div2=137$g/m² < 160g/m²，不符合标准要求。

(2) 初始拉伸断裂强力
径向 $(1374+1426+1349+1418+1385)\div5=1390$N/50mm > 1250N/50mm，符合标准要求。
纬向 $(1836+1854+1813+1872+1860)\div5=1847$N/50mm > 1250N/50mm，符合标准要求。

(3)耐碱断裂强力保留率

耐碱断裂强力

径向(1178+1186+1226+1169+1203)÷5=1192N/50mm

纬向(1642+1687+1675+1701+1633)÷5=1668N/50mm

耐碱断裂强力保留率

径向 1192÷1390×100%=86%<90%,不符合标准要求。

纬向 1668÷1847×100%=90%=90%,符合标准要求。

(4)断裂伸长率

径向 8.6÷200×100%=4.3%　　　纬向 6.8÷200×100%=3.4%
　　　8.8÷200×100%=4.4%　　　　　　6.4÷200×100%=3.2%
　　　8.4÷200×100%=4.2%　　　　　　6.6÷200×100%=3.3%
　　　8.6÷200×100%=4.3%　　　　　　6.6÷200×100%=3.3%
　　　8.2÷200×100%=4.1%　　　　　　6.2÷200×100%=3.1%

(4.3%+4.4%+4.2%+4.3%+4.1%)÷5=4.3%<5%

(3.4%+3.2%+3.3%+3.3%+3.1%)÷5=3.3%<5%,

符合标准要求。

五、简答题

1.答:取一份强度等级42.5的普通硅酸盐水泥与10份水搅拌30min后,静置过夜。取上层澄清液作为试验用水泥浆液。

2.答:如果有试样断裂在两个夹具中任一夹具的接触线10mm以内,则记录该现象,但结果不作断裂强力和断裂伸长率的计算,并用新试样重新试验。

3答:(1)一对合适的夹具(夹具的宽度应大于拆边试样的宽度,且夹持面应平滑相互平行,在整个试样的夹持宽度上均匀施加压力,并应防止试样在夹具内打滑或有任何损坏。夹具的夹持面应尽可能平滑,若夹持试样不能满足要求时,可使用衬垫、锯齿形或波形夹具。夹具应设计成使试样的中心轴线与试验时试样的受力方向保持一致。上下夹具的起始距离应为200±2mm 或100±1mm)。(2)使用等速伸长试验机,拉伸速度应满足100±5mm/min 或50±3mm/min。(3)应具有记录或指示试样强力值的装置,该装置在规定的试验速度下应无惯性,在规定试验条件下示值最大误差不超过1%。(4)应具有试样伸长值的指示或记录装置,该装置在规定的试验速度下应无惯性,其精度小于测定值的1%。

4答:(1)拉力试验机;(2)模板:应有两个槽口用作标记试样有效长度;(3)合适的裁剪工具:如刀、剪刀或切割轮。

5答:(1)抛光金属模板;(2)合适的剪切工具;(3)试样皿;(4)天平;(5)通风干燥箱;(6)干燥器;(7)不锈钢钳。

6.答:由玻璃纤维织成的网格布为基布,表面涂覆高分子耐碱涂层制成的网格布。埋入抹面层用于提高防护层抗冲击性和抗裂性。一般分为普通型和加强型两种。

六、实践题

1.答:①方法一:在试验室条件下,将试件平放在水泥浆液(取一份强度等级42.5的普通硅酸盐水泥与10份水搅拌30min后,静置过夜。取上层澄清液作为试验用水泥浆液)中,浸泡时间28d。

方法二(快速法):将试件平放在80±2℃的水泥浆液中,浸泡时间4h。

②取出试件,用清水浸泡5min后,用流动的自来水漂洗5min,然后在60±5℃的烘箱中烘1h

后,在试验环境中存放 24h。

③按 GB/T 7689.5—2001 测试经向和纬向耐碱断裂强力 F_1。

④按 GB/T 7689.5—2001 测试经向和纬向初始断裂强力 F_0。

⑤用 $F_1/F_0 \times 100\%$ 即为耐碱强力保留率。

2. 答:①将耐碱试验用的试样全部浸入 23±2℃、浓度为 5% 的 NaOH 水溶液中,试样在加盖封闭的容器中浸泡 28d;

②取出试样,用自来水浸泡 5min 后,用流动的自来水漂洗 5min,然后在 60±5℃的烘箱中烘 1h 后,在试验环境中存放 24h;

③按 GB/T 7689.5—2001 测试经向和纬向耐碱断裂强力 F_1。

④按 GB/T 7689.5—2001 测试经向和纬向初始断裂强力 F_0。

⑤用 $F_1/F_0 \times 100\%$,即为耐碱强力保留率。

3. 答:(1)根据织物类型,调节上下夹具,使试样在夹具间的有效长度为 200±2mm 或 100±1mm,并使上下夹具彼此平行。将试样放入一夹具中,使试样的纵向中心轴线通过夹具的前沿中心,沿着与试样中心轴线垂直方向剪掉硬纸或纸板,并在整个试样宽度上均匀地施加预张力,然后拧紧另一夹具,预张力为预计强力的 1%±0.25%。(如果强力机配有记录仪或计算机,可以通过移动活动夹具得到预张力)。

(2)启动活动夹具,拉伸试样至破坏。

(3)记录最终断裂强力。除非另有商定,当织物分为两个以上阶段断裂时,如双层或更复杂的织物,记录第一组纱断裂时的最大强力,并将其作为织物的拉伸断裂强力。

(4)记录断裂伸长,精确至 1mm。

(5)如果有试样断裂在两个夹具中任一夹具的接触线 10mm 以内,则记录该现象,但结果不作断裂强力和断裂伸长率的计算,并用新试样重新试验。

4. 答:(1)通过网格布的整个幅宽,切取一条至少 35cm 宽的试样作为实验室样本;

(2)在一个清洁的工作台面上,用切裁工具和模板,切取规定的试样数;

(3)若含水率超过 0.2%(或含水率未知),应将试样置于 105±3℃的干燥箱中干燥 1h,然后放入干燥器中冷却至室温;

(4)从干燥器取出试样后,立即称取每个试样的质量并记录结果。如果使用试样皿,则应扣除皿质量。

5. 答:(1)方法一:将 10 片纬向试样和 10 片经向试样放入 23±2℃、浓度为 5% 的 NaOH 水溶液中浸泡(浸入 4L 溶液中),浸泡时间 28d。

方法二(快速法):将 10 片纬向试样和 10 片经向试样放入 80℃混合碱溶液(0.88gNaOH、3.45g KOH、0.48gCa(OH)$_2$、1L 蒸馏水(pH 值 12.5))中,浸泡 6h。

(2)取出试样,放入水中漂洗 5min,接着用流动水冲洗 5min,然后在 60±5℃烘箱中烘 1h 后取出,在 10~25℃环境条件下放置至少 24h 后测定耐碱拉伸断裂强力。

(3)拉伸试验机夹具应夹住试样整个宽度。卡头间距为 200mm。加载速度为 100±5mm/min,拉伸至断裂并记录断裂时的拉力。试样在卡头中有移动或在卡头处断裂时,其试验值应被剔除。

网格布模拟试卷(A)

一、填空题(30 分)

1.《胶粉聚苯颗粒外墙外保温系统》JG 158—2004 中网格布一般分为_____和_____两

种。

2. 标准试验室环境为空气温度_____,相对湿度_____。
3. JGJ 144—2004 标准中网格布进行试验时,要求试样数量为经向_____和纬向_____。
4. JG 149—2003 标准中网格布的耐碱断裂强力保留率应精确到_____。
5. 网格布的宽度试验时测量结果应精确到_____。
6. JGJ 144—2004 标准中网格布耐碱断裂强力保留率性能指标为_____。
7. 网格布Ⅱ型试样拉伸过程中拉力试验机的拉伸速度应为_____。
8. JG 149—2003 标准中耐碱断裂强力试验将试样全部浸入_____℃、浓度为_____的NaOH水溶液中,试样在加盖封闭的容器中浸泡_____d。
9. JG 158—2004 标准中耐碱断裂强力试验用快速法进行测试时,将试样平放在_____的水泥浆液中,浸泡时间_____。
10. JGJ 144—2004 标准中耐碱断裂强力试验用快速法进行测试时,将试样放入_____的混合碱溶液中,浸泡时间_____。
11. 单位面积质量试验用试样为_____ cm^2 的_____或_____,裁取的试样面积误差应小于_____。
12. 单位面积质量试验用通风干燥箱的空气置换率为每小时_____,温度能控制在_____范围内。
13. 单位面积质量试验时,若试样含水率超过_____,应将试样置于_____的干燥箱中干燥_____,然后放入_____中冷却至室温。
14. 对于单位面积质量不小于200g/m^2的,结果精确至_____,对于单位面积质量小于200g/m^2的,结果精确至_____。
15. JG 158—2004 标准中网格布耐碱断裂强力保留率性能指标为_____。

二、单项选择题(10分)

1. JGJ 144—2004 标准中网格布的耐碱断裂强力试验应用快速法进行试验时,应将试样放入_____混合碱溶液中,浸泡_____h。
   A. 50℃ 2   B. 65℃ 4   C. 80℃ 6   D. 105℃ 4
2. JC/T 841—2007 中要求单位面积质量实测值应不超过其标称值_____。
   A. ±1%   B. ±2%   C. ±5%   D. ±8%
3. 网孔中心距测量时,需测量连续_____个孔的平均值。
   A. 5   B. 10   C. 12   D. 20
4. 网格布的宽度小于或等于150cm,测量尺的最大允许误差不超过_____。
   A. 0.1%   B. 0.15%   C. 0.1cm   D. 0.1m
5. JG 158—2004 标准中规定普通型的初始拉伸断裂强力应为_____ N/50mm。
   A. ≥750   B. ≥1000   C. ≥1250   D. ≥1500
6. DGJ 32/J22—2006 标准中规定的耐碱断裂强力保留率应为_____。
   A. ≥50%   B. ≥60%   C. ≥75%   D. ≥90%
7. JGJ 144—2004 标准中规定的耐碱断裂强力保留率应为_____。
   A. ≥50%   B. ≥60%   C. ≥75%   D. ≥90%
8. JGJ 144—2004 标准中规定耐碱断裂强力应为_____ N/50mm。
   A. ≥750   B. ≥1000   C. ≥1250   D. ≥1500
9. JG 149—2003 标准中规定耐碱断裂强力保留率试验结果应精确至_____。

A.0.1%　　　　　B.0.15%　　　　　C.0.1cm　　　　　D.0.1m
10. DGJ 32/J22—2006 标准中规定单位面积质量应为_____ g/m²。
A. ≥130　　　　　B. ≥140　　　　　C. ≥150　　　　　D. ≥160

三、计算题(20 分)

有一耐碱网格布,依据 JG 149—2003 标准测得的断裂强力和耐碱断裂强力分别为下表所示,计算耐碱强力保留率并判定是否合格。

	经向					纬向				
断裂强力 (N/50mm)	1336	1377	1562	1463	1458	2268	2337	2373	2252	2351
耐碱断裂强力 (N/50mm)	823	874	763	847	792	1628	1580	1606	1549	1573

四、简答题(50 分)

1. 简述 JG 158—2004 标准中耐碱断裂强力测试用水泥浆液配置过程。
2. 在测试网格布断裂强力试验时,试样断裂在两个夹具中任一夹具的接触线 10mm 以内时,如何处理?
3. 简述 JG 158—2004 标准中断裂强力试验对拉力机的要求。
4. 简述单位面积质量试验操作步骤。
5. 简述 JGJ 144—2004 标准中耐碱断裂强力试验步骤。

网格布模拟试卷(B)

一、填空题(30 分)

1. 网格布 Ⅰ 型试样拉伸过程中拉力试验机的拉伸速度应为_____。
2. DGJ 32/J22—2006 标准中在网格布浸泡在水泥浆液_____ d 以后,取出试件,用清水浸泡_____后,用流动的自来水漂洗_____,然后在_____的烘箱中烘_____后,在试验环境中存放_____。
3. JG 149—2003 标准中网格布的耐碱断裂强力保留率应精确到_____。
4. 网格布的宽度试验时测量结果应精确到_____。
5. JGJ 144—2004 标准中网格布耐碱断裂强力保留率性能指标为_____。
6. 网格布 Ⅱ 型试样拉伸过程中拉力试验机的拉伸速度应为_____。
7. JG 149—2003 标准中耐碱断裂强力试验将试样全部浸入_____℃、浓度为_____的 NaOH 水溶液中,试样在加盖封闭的容器中浸泡_____ d。
8. JG 158—2004 标准中耐碱断裂强力试验用快速法进行测试时,将试样平放在_____的水泥浆液中,浸泡时间_____。
9. JGJ 144—2004 标准中耐碱断裂强力试验用快速法进行测试时,将试样放入_____的混合碱溶液中,浸泡时间_____。
10. 单位面积质量试验用试样为_____ cm² 的_____或_____,裁取的试样面积误差应小于_____。

11. 单位面积质量试验用通风干燥箱的空气置换率为每小时_____,温度能控制在_____范围内。

12. 单位面积质量试验时,若试样含水率超过_____,应将试样置于_____的干燥箱中干燥_____,然后放入_____中冷却至室温。

13. 对于单位面积质量不小于200g/m²的,结果精确至_____,对于单位面积质量小于200g/m²的,结果精确至_____。

二、选择题(10分)

1. JG 158—2004 标准中断裂伸长率试验时的起始有效长度和拆边试样宽度为_____。
   A. 350mm/65mm   B. 200mm/50mm   C. 250mm/40mm   D. 100mm/25mm
2. JG 149—2003 标准中规定单位面积质量应为_____ g/m²。
   A. ≥130   B. ≥140   C. ≥150   D. ≥160
3. DGJ 32/J22—2006 标准中规定的初始拉伸断裂强力应为_____ N/50mm。
   A. ≥750   B. ≥1000   C. ≥1250   D. ≥1500
4. JG 158—2004 标准中规定的耐碱断裂强力保留率应为_____。
   A. ≥50%   B. ≥60%   C. ≥75%   D. ≥90%
5. 网格布的宽度大于150cm的网格布,测量尺的测量精度不超过_____。
   A. 0.1%   B. 0.15%   C. 0.1cm   D. 0.1mm
6. JG 158—2004 标准中规定的普通型初始拉伸断裂强力应为_____ N/50mm。
   A. ≥750   B. ≥1000   C. ≥1250   D. ≥1500
7. JGJ 144—2004 标准中网格布的耐碱断裂强力试验应用快速法进行试验时,应将试样放入_____混合碱溶液中,浸泡_____h。
   A. 50℃ 2   B. 65℃ 4   C. 80℃ 6   D. 105℃ 4
8. JC/T 841—2007 中要求单位面积质量实测值应不超过其标称值_____。
   A. ±1%   B. ±2%   C. ±5%   D. ±8%
9. 网孔中心距测量时需测量连续_____个孔的平均值。
   A. 5   B. 10   C. 12   D. 20
10. 网格布的宽度小于或等于150cm,测量尺的最大允许误差不超过_____。
    A. 0.1%   B. 0.15%   C. 0.1cm   D. 0.1m

三、计算题(20分)

根据 JG 158—2004 标准对一组普通型网格布进行检验,测量试样质量为1.36g、1.38g,其他检测数据如下表:

序号 \ 项目	初始拉伸断裂强力(N/50mm)		耐碱拉伸断裂强力(N/50mm)		断裂伸长率(%)	
	经向	纬向	经向	纬向	经向	纬向
1	1374	1836	1178	1642	8.6	6.8
2	1426	1854	1186	1687	8.8	6.4
3	1349	1813	1226	1675	8.4	6.6
4	1418	1872	1169	1701	8.6	6.6
5	1385	1860	1203	1633	8.2	6.2

计算并判断单位面积质量、初始拉伸断裂强力、耐碱断裂强力保留率以及断裂伸长率是否符合 JG 158—2004 标准的要求。

四、简答题(50 分)

1. 简述 JG 158—2004 标准中耐碱断裂强力测试用水泥浆液配置过程。
2. 在测试网格布断裂强力试验时,试样断裂在两个夹具中任一夹具的接触线 10mm 以内时,如何处理?
3. 简述 JG 158—2004 标准中断裂强力试验对拉力机的要求。
4. 简述 JG 149—2003 标准中网格布耐碱断裂强力试验步骤。
5. 单位面积质量试验需用哪些主要仪器设备?

第六节　保温系统试验室检测

一、填空题

1. 外墙外保温系统是由_____、_____和_____构成,并且适用于安装在_____的总称。
2. 外墙外保温系统有_____系统、_____系统、_____系统、_____系统、_____系统等。
3. 标准试验室环境为空气温度_____℃,相对湿度_____。
4. 胶粉聚苯颗粒外保温系统分为_____和_____两种类型。
5. 墙体保温系统是_____主要节能措施之一。
6. 膨胀聚苯板薄抹灰外墙外保温系统是由_____、_____和必要时使用的_____、_____和_____及_____等组成的系统产品。
7. 薄抹灰增强防护层的厚度宜控制在:普通型_____,加强型_____。
8. 膨胀聚苯板薄抹灰外保温系统按抗冲击能力分为_____和_____两种类型。
9. 无锚栓薄抹灰外保温系统基本构造有:①_____、②_____、③_____、④_____。
10. 辅有锚栓的薄抹灰外保温系统基本构造有:①_____、②_____、③_____、④_____、⑤_____、⑥_____。
11. 涂料饰面胶粉聚苯颗粒外保温系统基本构造有:①_____、②_____、③_____、④_____、⑤_____。
12. 面砖饰面胶粉聚苯颗粒外保温系统基本构造有:①_____、②_____、③_____。
13. 薄抹灰外保温系统抗冲击强度试验试样尺寸为_____(mm),数量_____个。
14. 胶粉聚苯颗粒外保温系统耐候性试验中,基层墙体尺寸:试样宽度应不小于_____m,高度应不小于_____m,面积应不小于_____m²。混凝土墙上角处应预留一个宽_____m,高_____m 的洞口,洞口距离边缘_____m。

二、单选题

1. 依据标准 JG 158—2004,外保温系统吸水量试验中,试样浸水 1h,吸水量要求为_____g/m²。
   A. ≤500　　　　　B. ≤1000　　　　　C. ≤1500　　　　　D. ≤2000
2. 依据标准 JG 149—2003,外保温系统 C 型普通型(单网)抗冲击强度要求为_____。

A. ≥3.0J B. ≥10.0J C. ≤3.0J D. ≤10.0J

3. 薄抹灰外保温系统吸水量试验中,试样尺寸为_____。
A. 50mm×50mm B. 100mm×100mm C. 150mm×150mm D. 200mm×200mm

4. 外墙外保温系统耐候性试验中,试样养护时间应为_____。
A. 10d B. 24d C. 28d D. 48d

5. T型胶粉聚苯颗粒外保温系统抗冲击强度试验,10J级试验10个冲击点中破坏点不超过_____个时,判定为10J冲击合格。
A. 4个 B. 6个 C. 8个 D. 10个

6. 膨胀聚苯板薄抹灰外墙外保温系统为_____。
A. ETIES B. ETICS C. ETIIS D. ETICZ

7. P型膨胀聚苯板薄抹灰外保温系统用于一般建筑物墙面高度为_____。
A. 1m以上 B. 1m以下 C. 2m以上 D. 2m以下

8. 薄抹灰外保温系统不透水性试验中,试样制作中抹面层总厚度为_____。
A. 2mm B. 3mm C. 5mm D. 6mm

三、多选题

1. 胶粉聚苯颗粒外保温系统有_____。
A. C型普通型 B. C型加强型 C. T型普通型 D. T型

2. 保温系统试验室检测依据的标准有_____。
A.《膨胀聚苯板薄抹灰外墙外保温系统》JG 149—2003
B.《硬泡聚氨酯保温防水工程技术规范》GB/T 50404—2007
C.《胶粉聚苯颗粒外墙外保温系统》JG 158—2004
D.《外墙外保温工程技术规程》JGJ 144—2004

3. 外保温系统耐冻融试验后要求做到表面无_____。
A. 裂纹 B. 空鼓 C. 起泡 D. 剥离现象

4. 薄抹灰外保温系统抗冲击强度试验中,用到的仪器设备有_____。
A. 钢板尺 B. 钢球 C. 天平 D. 千分尺

5. 保温系统水蒸气湿流密度试验结果可用下面_____确定。
A. 量值溯源法 B. 图解法 C. 回归分析法 D. 递推法

6. 下列属于外墙外保温系统的有_____。
A. 膨胀聚苯板薄抹灰外墙外保温系统 B. 胶粉聚苯颗粒外墙外保温系统
C. EPS板现浇混凝土外墙外保温系统 D. 硬泡聚氨酯外墙外保温系统

7. 胶粉聚苯颗粒外墙外保温系统是由_____部分构成。
A. 界面层 B. 胶粉聚苯颗粒保温层
C. 抗裂防护层 D. 饰面层

8. 依据标准JG 158—2004,外保温系统抗拉强度(C型/MPa)试验结果数据,合格者为_____。
A. 0.10MPa,破坏部位位于饰面层界面
B. 0.20MPa,破坏部位位于抗裂防护层界面
C. 0.20MPa,破坏部位位于胶粉聚苯颗粒保温层
D. 0.10MPa,破坏部位位于饰面层

四、判断题

1. 胶粉聚苯颗粒外保温系统代号标记示例为：ETIRS－C。（   ）
2. 依据标准 JG 149—2003，外保温系统水蒸气湿流密度，要求≥0.55g/(m²·h)。（   ）
3. 标准试验室环境为空气温度 23±2℃，相对湿度 50%±5%。（   ）
4. 薄抹灰外保温系统吸水量试样尺寸与数量为 200mm×200mm，三个。（   ）
5. 胶粉聚苯颗粒外保温系统吸水量试验，试样周边涂密封材料密封。（   ）
6. 胶粉聚苯颗粒外保温系统分为涂料饰面和面砖饰面两种类型。（   ）
7. 依据标准 JGJ 144—2004，外保温系统吸水量要求≤500g/m²。（   ）
8. 膨胀聚苯板薄抹灰外墙外保温系统，采用粘结固定方式与基层墙体连接，也可辅有锚栓。（   ）
9. 水泥基复合保温砂浆建筑保温系统分为涂料饰面（简称 T 型）和面砖饰面（简称 C 型）。（   ）

五、简答题

1. 薄抹灰外保温系统试验中，吸水量的试件制备过程中，应注意哪几点？试件的尺寸和数量如何？
2. 试叙述胶粉聚苯颗粒外保温系统中吸水量试验的试验步骤。
3. 胶粉聚苯颗粒外保温系统耐候性试验中，试样尺寸有什么要求？并画图示意。
4. 试分析胶粉聚苯颗粒外保温系统中两种类型涂料饰面和面砖饰面基本构造。

六、计算题

1. 薄抹灰聚苯板外保温系统吸水量试验，尺寸为 200mm×200mm，浸水前试样质量为 313g、322g、331g，浸水后试样质量为 330g、337g、348g。试计算吸水量，并依据 JG 149—2003 判定。
2. 某胶粉聚苯颗粒外保温系统抗风压试验，试样破坏前一级的试验风荷载值为 8kPa。试计算该系统的抗风压值。

参考答案：

一、填空题

1. 保温层 保护层 固定材料（胶粘剂和锚固件等） 外墙外表面的非承重保温构造
2. 膨胀聚苯板薄抹灰外墙外保温 胶粉聚苯颗粒外墙外保温 水泥基聚苯颗粒外保温 EPS 板现浇混凝土外墙外保温 硬泡聚氨酯外墙外保温
3. 23±2 50%±10%　　　　　4. 涂料饰面 面砖饰面
5. 建筑节能工程应用的
6. 膨胀聚苯板 胶粘剂 锚栓 抹面层 耐碱网布 涂料
7. 3～5mm 5～7mm　　　　　8. 普通型 加强型
9. 粘结层 保温层 薄抹灰增强防护层 饰面层
10. 基层墙体 粘结层 保温层 连接件 薄抹灰增强防护层 饰面层
11. 混凝土墙及各种砌体墙 界面砂浆 保温层 抗裂防护层 饰面层
12. 界面层 保温层 抗裂防护层 饰面层
13. 600×1200 二　　　　　　14. 2.5 2.0 6 0.4 0.6 0.4

二、单选题

1. B 2. A 3. D 4. C
5. A 6. B 7. C 8. C

三、多选题

1. A、B、D 2. A、B、C、D 3. A、B、C、D 4. A、B、C
5. B、C 6. A、B、C、D 7. A、B、C、D 8. C、D

四、判断题

1. √ 2. × 3. √ 4. √
5. √ 6. √ 7. × 8. √
9. ×

五、简答题

1. 答：试样尺寸与数量：200mm×200mm，三个；

制作：在表观密度为 18kg/m³，厚度为 50mm 的膨胀聚苯板上按产品说明刮抹抹面胶浆，压入耐碱网布，再用抹面胶浆刮平，抹面层总厚度为 5mm。在试验环境下养护 28d 后，按试验要求的尺寸进行切割。

每个试样除抹面胶浆的一面外，其他五面用防水材料密封。

2. 答：(1)试样：试样由保温层和抗裂防护层构成。

尺寸：200mm×200mm。保温层厚度 50mm。

制备：50mm 胶粉聚苯颗粒保温层(7d) + 4mm 抗裂砂浆(复合耐碱网布)(5d) + 弹性底涂，养护 56d。试样周边涂密封材料密封。试样数量为 3 件。

(2)试验步骤：

测量试样面积 A。

称量试样初始质量 m_0。

使试样抹面层朝下将抹面层浸入水中并使表面完全湿润。分别浸泡 1h 后取出，在 1min 内擦去表面水分，称量吸水后的质量 m。

(3)试验结果

系统吸水量计算：$M = \dfrac{m - m_0}{A}$

式中 M——系统吸水量(kg/m²)；
m——试样吸水后的质量(kg)；
m_0——试样初始质量(kg)；
A——试样面积(m²)。

试验结果以 3 个试验数据的算术平均值表示。

3. 答：试样尺寸要求：试样由混凝土墙和被测外保温系统构成，混凝土墙用作外保温系统的基层墙体。尺寸：试样宽度应不小于 2.5m，高度应不小于 2.0m，面积应不小于 6m²。混凝土墙上角处应预留一个宽 0.4m 高 0.6m 的洞口，洞口距离边缘 0.4m。

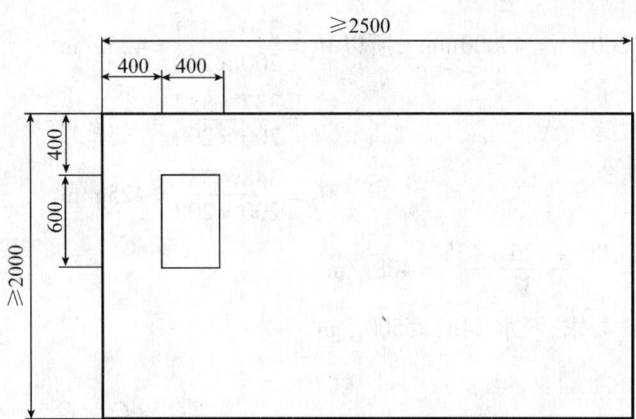

4．答：胶粉聚苯颗粒外保温系统分为涂料饰面(缩写为 C)和面砖饰面(缩写为 T)两种类型：

(1) C 型胶粉聚苯颗粒外保温系统用于饰面为涂料的胶粉聚苯颗粒外保温系统，宜采用的基本构造见表1；

(2) T 型胶粉聚苯颗粒外保温系统用于饰面为面砖的胶粉聚苯颗粒外保温系统，宜采用的基本构造见表2。

涂料饰面胶粉聚苯颗粒外保温系统基本构造 表1

基层墙体	涂料饰面胶粉聚苯颗粒外保温系统基本构造				构造示意图
	界面层①	保温层②	抗裂防护层③	饰面层④	
混凝土墙及各种砌体墙	界面砂浆	胶粉聚苯颗粒保温浆料	抗裂砂浆 + 耐碱涂塑玻璃纤维网格布(加强型增设一道加强网格布) + 高分子乳液弹性底层涂料	柔性耐水腻子 + 涂料	

面砖饰面胶粉聚苯颗粒外保温系统基本构造 表2

基层墙体	面砖饰面胶粉聚苯颗粒外保温系统基本构造				构造示意图
	界面层①	保温层②	抗裂防护层③	饰面层④	
混凝土墙及各种砌体墙	界面砂浆	胶粉聚苯颗粒保温浆料	第一遍抗裂砂浆 + 热镀锌电焊网(用塑料锚栓与基层锚固) + 第二遍抗裂砂浆	粘结砂浆 + 面砖+色缝料	

六、计算题

1．解：薄抹灰外保温系统吸水量计算公式，$M = \dfrac{m - m_0}{A}$，式中：M——吸水量(g/m²)；

m——浸水后试样质量(g)；m_0——浸水前试样质量(g)；A——试样抹面胶浆的面积(m²)。

已知 $A = 200\text{mm} \times 200\text{mm} = 40000\text{mm}^2$，所以 $M_1 = \dfrac{330-313}{200 \times 200} = 425\text{g/m}^2$

$$M_2 = \frac{337-322}{200 \times 200} = 375\text{g/m}^2$$

$$M_3 = \frac{348-331}{200 \times 200} = 425\text{g/m}^2$$

所以平均值 $M_{平均} = \dfrac{425+375+425}{3} = 408\text{g/m}^2$

依据 JG 149—2003 要求，浸水 24h，$\leq 500\text{g/m}^2$
所以判定合格。

2.解：胶粉聚苯颗粒外保温系统抗风压值计算公式，$R_d = \dfrac{Q_1 \times C_a \times C_s}{K}$

已知 $Q_1 = 8\text{kPa}$，取 $C_a = 1$，$C_s = 1$，$K = 1.5$

所以 $R_d = \dfrac{8 \times 1 \times 1}{1.5}$
$= 5.3\text{kPa}$

保温系统试验室检测
模拟试卷（A）

一、填空题

1. 外墙外保温系统是由_____、_____和_____构成，并且适用于安装在_____的总称。
2. 外墙外保温系统有_____系统、_____系统、_____系统、_____系统、_____系统等。
3. 标准试验室环境为空气温度_____℃，相对湿度_____。
4. 胶粉聚苯颗粒外保温系统分为_____和_____两种类型。
5. 无锚栓薄抹灰外保温系统基本构造有：①_____、②_____、③_____、④_____。
6. 辅有锚栓的薄抹灰外保温系统基本构造有：①_____、②_____、③_____、④_____。
7. 涂料饰面胶粉聚苯颗粒外保温系统基本构造有：①_____、②_____、③_____、④_____、⑤_____。

二、单选题

1. 依据标准 JG 158—2004，外保温系统吸水量试验中，试样浸水 1h，吸水量要求为_____g/m^2。
   A. ≤500   B. ≤1000   C. ≤1500   D. ≤2000
2. 依据标准 JG 149—2003，外保温系统 C 型普通型（单网）抗冲击强度要求为_____。
   A. ≥3.0J   B. ≥10.0J   C. ≤3.0J   D. ≤10.0J
3. 薄抹灰外保温系统吸水量试验中，试样尺寸为_____。
   A. 50mm×50mm   B. 100mm×100mm   C. 150mm×150mm   D. 200mm×200mm
4. 外墙外保温系统耐候性试验中，试样养护时间应为_____。

A. 10d B. 24d C. 28d D. 48d

5. T型胶粉聚苯颗粒外保温系统抗冲击强度试验,10J级试验10个冲击点中破坏点不超过_____个时,判定为10J冲击合格。

A. 4个 B. 6个 C. 8个 D. 10个

三、多选题

1. 胶粉聚苯颗粒外保温系统有以下_____几种。

A. C型普通型 B. C型加强型 C. T型普通型 D. T型

2. 保温系统试验室检测依据的标准有_____。

A.《膨胀聚苯板薄抹灰外墙外保温系统》JG1 49—2003
B.《硬泡聚氨酯保温防水工程技术规范》GB/T 50404—2007
C.《胶粉聚苯颗粒外墙外保温系统》JG1 58—2004
D.《外墙外保温工程技术规程》JGJ 144—2004

3. 外保温系统耐冻融试验后要求做到表面无_____。

A. 裂纹 B. 空鼓 C. 起泡 D. 剥离现象

4. 薄抹灰外保温系统抗冲击强度试验中,用到的仪器设备有_____。

A. 钢板尺 B. 钢球 C. 天平 D. 千分尺

5. 保温系统水蒸气湿流密度试验结果可用_____确定。

A. 量值溯源法 B. 图解法 C. 回归分析法 D. 递推法

四、判断题

1. 胶粉聚苯颗粒外保温系统代号标记示例为:ETIRS – C ( )
2. 依据标准JG1 49—2003,外保温系统水蒸气湿流密度,要求≥0.55g/($m^2 \cdot h$) ( )
3. 标准试验室环境为空气温度23 ±2℃,相对湿度50% ±5% ( )
4. 薄抹灰外保温系统吸水量试样尺寸与数量为200mm×200mm,三个。 ( )
5. 胶粉聚苯颗粒外保温系统吸水量试验,试样周边涂密封材料密封。 ( )

五、简答题

1. 薄抹灰外保温系统试验中,吸水量的试件制备过程中,应注意哪几点?试件的尺寸和数量如何?
2. 试叙述胶粉聚苯颗粒外保温系统中吸水量试验的试验步骤。

六、计算题

薄抹灰聚苯板外保温系统吸水量试验,尺寸为200mm×200mm,浸水前试样质量为313g、322g、331g,浸水后试样质量为330g、337g、348g。试计算吸水量,并依据JG 149—2003判定。

保温系统试验室检测
模拟试卷(B)

一、填空题

1. 墙体保温系统是_____主要节能措施之一。
2. 膨胀聚苯板薄抹灰外墙外保温系统是由_____、_____和必要时使用的_____、

_____和_____及_____等组成的系统产品。

3. 薄抹灰增强防护层的厚度宜控制在：普通型_____，加强型_____。

4. 膨胀聚苯板薄抹灰外保温系统按抗冲击能力分为_____和_____两种类型。

5. 面砖饰面胶粉聚苯颗粒外保温系统基本构造有：①_____、②_____、③_____。

6. 薄抹灰外保温系统抗冲击强度试验试样尺寸为_____mm，数量_____个。

7. 胶粉聚苯颗粒外保温系统耐候性试验中，基层墙体尺寸：试样宽度应不小于_____m，高度应不小于_____m，面积应不小于_____m²。混凝土墙上角处应预留一个宽_____m，高_____m 的洞口，洞口距离边缘_____m。

二、单选题

1. 膨胀聚苯板薄抹灰外墙外保温系统为_____。
A. ETIES   B. ETICS   C. ETIIS   D. ETICZ

2. P 型膨胀聚苯板薄抹灰外保温系统用于一般建筑物墙面高度为_____。
A. 1m 以上   B. 1m 以下   C. 2m 以上   D. 2m 以下

3. T 型胶粉聚苯颗粒外保温系统抗冲击强度试验，10J 级试验 10 个冲击点中破坏点不超过_____时，判定为 10J 冲击合格。
A. 4 个   B. 6 个   C. 8 个   D. 10 个

4. 薄抹灰外保温系统不透水性试验中，试样制作中抹面层总厚度为_____。
A. 2mm   B. 3mm   C. 5mm   D. 6mm

5. 外墙外保温系统耐候性试验中，试样养护时间应为_____。
A. 10d   B. 24d   C. 28d   D. 48d

三、多选题

1. 下列属于外墙外保温系统的有_____。
A. 膨胀聚苯板薄抹灰外墙外保温系统   B. 胶粉聚苯颗粒外墙外保温系统
C. EPS 板现浇混凝土外墙外保温系统   D. 硬泡聚氨酯外墙外保温系统

2. 胶粉聚苯颗粒外墙外保温系统是由_____构成。
A. 界面层   B. 胶粉聚苯颗粒保温层
C. 抗裂防护层   D. 饰面层

3. 外保温系统耐冻融试验后要求做到表面无_____。
A. 裂纹   B. 空鼓   C. 起泡   D. 剥离现象

4. 薄抹灰外保温系统抗冲击强度试验中，用到的仪器设备有_____。
A. 钢板尺   B. 钢球   C. 天平   D. 千分尺

5. 依据标准 JG 158—2004，外保温系统抗拉强度（C 型/MPa）试验结果数据，合格的为_____。
A. 0.10MPa，破坏部位位于饰面层界面
B. 0.20MPa，破坏部位位于抗裂防护层界面
C. 0.20MPa，破坏部位位于胶粉聚苯颗粒保温层
D. 0.10MPa，破坏部位位于饰面层

四、判断题

1. 胶粉聚苯颗粒外保温系统分为涂料饰面和面砖饰面两种类型。（ ）

2. 外保温系统吸水量试验,依据标准 JGJ 144—2004,要求≤500g/m²。( )
3. 膨胀聚苯板薄抹灰外墙外保温系统,采用粘接固定方式与基层墙体连接,也可辅以锚栓。
( )
4. 薄抹灰外保温系统吸水量试样尺寸与数量为 100mm×100mm,三个。( )
5. 水泥基复合保温砂浆建筑保温系统分为涂料饰面(简称 T 型)和面砖饰面(简称 C)。( )

五、简答题

1. 胶粉聚苯颗粒外保温系统耐候性试验中,试样尺寸有什么要求?
2. 试分析胶粉聚苯颗粒外保温系统中两种类型涂料饰面和面砖饰面基本构造。

六、计算题

某胶粉聚苯颗粒外保温系统抗风压试验,试样破坏前一级的试验风荷载值为 8kPa。试计算该系统的抗风压值。

第七节 热工性能现场检测

一、填空题

1. 在建筑热工法现场测量中,最关键的一项指标是建筑墙体的_____。
2. 现场热工法是以测量_____与_____的方法确定建筑物外围护结构的传热系数。
3. 围护结构的热阻是指在稳定状态下,与热流方向垂直的物体两表面_____除以_____。在非稳定条件下,建筑构件热阻和是指较长检测时间的_____。
4. 围护结构传热阻主要包括两部分内容,一部分是_____,另一部分是_____。表面换热阻分为_____和_____。
5. 热流计法指用热流计进行_____测量并计算_____或_____的测量方法。
6. 热流计法是按_____传热原理设计的测试方法,采用热流计及温度传感器测量通过构件的_____和_____,通过计算即可求得建筑物围护结构的热阻和传热系数。
7. 热箱法中被测部位的_____用热箱模拟采暖建筑室内条件,另一侧为_____。
8. 围护结构的传热系数的现场检测方法有_____、_____、_____。
9. _____具有稳定、易操作、精度高、重复性好等优点,是目前国内外常用的现场测试方法
10. 热流计法主要采用_____、_____在现场检测被测围护结构的热流量和其内、外表面温度。
11. 公式 $g = C \cdot \Delta E$ 中,C 为_____,ΔE 为_____。
12. 热流计法要求围护结构高温侧表面温度宜高于低温侧_____以上,并且不低于_____℃,在检测过程中的任何时刻均不得等于或低于_____表面温度。检测持续时间不应少于_____。
13. 热流计法检测围护结构的传热系数期间,室内空气温度应保持_____,被测区域外表面宜避免_____和_____。
14. 《民用建筑节能工程现场热工性能检测标准》DGJ 32/J23—2006 中规定,同一居住小区围护结构保温措施及建筑平面布局基本相同的建筑物作为一个样本随机抽样。抽样比例不低于样本比数的_____,至少_____;不同结构体系建筑、不同保温措施的建筑物应分别抽样检测。公共建筑应_____抽样检测。

15. DGJ 32/J23—2006 规定,抽样建筑应在_____与_____进行至少 2 处墙体、_____的热阻检测。至少 1 组窗气密性检测。

16. DGJ 32/J23—2006 规定,屋顶、墙体、楼板内外表面温度测点各不得少于_____个;表面温度测点应选在构件有代表性的位置。测点位置不应靠近_____、_____和有空气渗漏的部位。

17. DGJ 32/J23—2006 规定,温度传感器在被测围护结构两侧表面安装时,内表面温度传感器应_____热流计安装,外表面温度传感器宜在与热流计相_____的位置安装。

18. DGJ 32/J23—2006 规定,热流计应直接安装在被测围护结构的_____上,且应与表面完全接触。

19. DGJ 32/J23—2006 规定,热流计法检测时,自然通风状态,持续检测时间应不小于_____,其中天气晴好日不少于_____,逐时记录各点温度、热流数据。

20. DGJ 32/J23—2006 规定,采暖(空调)均匀升(降)温过程不小于_____,恒温过程应不小于_____,降(升)温过程不小于_____,逐时记录各点温度、热流数据。

21. DGJ 32/J23—2006 规定,采用动态分析法进行数据分析时,采用恒温期_____的测试数据计算热阻。

22. DGJ 32/J23—2006 规定,分别采用恒温过程的后 4d 和后 3d 的测试数据进行拟合,热阻计算值相差不大于_____时的后 3d 的热阻计算值为实测值。

23. DGJ 32/J23—2006 规定,围护结构的传热系数检测结果满足_____或_____时,判断合格。

24. DGJ 32/J23—2006 规定,当其中有一项或若干项目检测结果不满足设计要求或有关标准时,且差距不大于_____。允许对这些项目_____。当其中一项或若干项目检测结果不满足设计要求或有关标准时,且差距_____时,判这些项目不合格。

二、单项选择题

1. 在稳定状态下,与热流方向垂直的物体两表面温度差除以热流密度,叫_____。
   A. 热阻　　　　B. 传热阻　　　　C. 传热系数　　　　D. 表面换热阻

2. 围护结构的_____是指围护结构传热过程中热流沿途所受到的热阻之和,它主要包括两部分内容,一部分是表面换热阻,另一部分是围护结构的热阻。
   A. 热阻　　　　B. 传热阻　　　　C. 传热系数　　　　D. 换热阻

3. 单层结构热阻指材料厚度除以_____。
   A. 换热阻　　　　B. 温度　　　　C. 导热系数　　　　D. 传热系数

4. 围护结构传热系数在数值上是_____的倒数。
   A. 换热阻　　　　B. 传热阻　　　　C. 热阻　　　　D. 导热系数

5. 热流计法是按_____传热原理设计的测试方法,采用热流计及温度传感器测量通过构件的热量和表面温度,通过计算即可求得建筑物围护结构的热阻和传热系数。
   A. 稳态　　　　B. 非稳态　　　　C. 静态　　　　D. 动态

6. 热箱法中制造的是一个_____传热环境。
   A. 一维　　　　B. 二维　　　　C. 三维　　　　D. 四维

7. 热箱法的主要特点是基本不受_____的限制,只要室外平均空气温度在 25℃以下,相对湿度在 60%以下,热箱内温度大于室外最高温度 8℃以上就可以测试。
   A. 湿度　　　　B. 环境　　　　C. 仪器　　　　D. 温度

8. 传热系数检测的几种试验方法中,_____具有稳定、易操作、精度高、重复性好等优点。

A. 红外热像法　　　B. 热流计法　　　C. 热箱法　　　D. 动态测试法

9. 热流计法如果用热电偶测量温差,根据热电偶在其测量范围内_____与温差成正比的关系,可得到通过热流计的热量。
A. 电压　　　B. 电流　　　C. 热电势　　　D. 电阻

10. 热流计法检测过程中,围护结构高温侧表面温度宜高于低温侧 10/K℃(K 为围护结构传热系数的数值)以上并且不低于_____℃,在检测过程中的任何时刻均不得等于或低于低温侧表面温度。
A. 5　　　B. 10　　　C. 15　　　D. 20

11. 热流计法检测持续时间不应少于_____h。
A. 48　　　B. 96　　　C. 144　　　D. 168

12. DGJ 32/J23—2006 中规定,同一居住小区围护结构保温措施及建筑平面布局基本相同的建筑物作为一个样本随机抽样。抽样比例不低于样本比数的_____%,至少 1 幢。
A. 5　　　B. 10　　　C. 15　　　D. 20

13. DGJ 32/J23—2006 中规定,抽样建筑应在顶层与标准层进行至少_____处墙体、屋面的热阻检测。至少 1 组窗气密性检测。
A. 1　　　B. 2　　　C. 3　　　D. 4

14. DGJ 32/J23—2006 中规定,屋顶、墙体、楼板内外表面温度测点各不得少于_____个;表面温度测点应选在构件有代表性的位置。
A. 1　　　B. 2　　　C. 3　　　D. 4

15. DGJ 32/J23—2006 中规定,屋顶、墙体、楼板热流测点各不得少于_____个;测点应选在构件代表性的位置。
A. 1　　　B. 2　　　C. 3　　　D. 4

16. DGJ 32/J23—2006 中规定,采暖(空调)均匀升(降)温过程不小于 1d,恒温过程应不小于_____d,降(升)温过程不小于 1d,逐时记录各点温度、热流数据。
A. 2　　　B. 3　　　C. 4　　　D. 5

17. DGJ 32/J23—2006 中规定,现场热工检测中,当其中有一项或若干项目检测结果不满足设计要求或有关标准时,且差距不大于_____%。允许对这些项目加倍抽样复检。
A. 3　　　B. 4　　　C. 5　　　D. 6

三、多项选择题

1. 围护结构的传热阻是指围护结构传热过程中热流沿途所受到的热阻之和,它主要包括两部分内容,指_____。
A. 换热阻　　　B. 围护结构的热阻　　　C. 内表面换热阻　　　D. 外表面换热阻

2. 围护结构的传热阻的检测方法有_____。
A. 热流计法　　　B. 热箱法　　　C. 红外热像仪法　　　D. 动态测试方法

3. 热流计法是按稳态传热原理设计的测试方法,采用_____测量通过构件的热量和表面温度,通过计算即可求得建筑物围护结构的热阻和传热系数。
A. 热流计　　　B. 温度传感器　　　C. 热量计　　　D. 计时器

4. 热流计法是按稳态传热原理设计的测试方法,采用热流计及温度传感器测量通过构件的_____通过计算即可求得建筑物围护结构的热阻和传热系数。
A. 流量　　　B. 温度　　　C. 热量　　　D. 表面温度

5. 热箱法检测原理是_____。

A. 用人工制造一个一维传热环境
B. 被测部位的内侧用热箱模拟采暖建筑室内条件并使热箱内和室内空气温度保持一致
C. 另一侧为室外自然条件
D. 当热箱内加热量与被测部位的传递热量达平衡时,通过测量热箱的加热量得到被测部位的传热量,经计算得到被测部位的传热系数

6. 热流计法的优点有_____。
A. 稳定　　　　B. 易操作　　　　C. 精度高　　　　D. 重复性好

7. 热流计法所用主要仪器设备有_____。
A. 温度热流自动巡回检测仪　　　　B. 热流计
C. 温度传感器　　　　D. 风速计、温湿度计、太阳辐射仪等。

8. 热流计法测定的结果与理论计算的结果往往有差别,原因主要是_____。
A. 热电偶选材不好,制作不规范和使用不当等,都会引起寄生电势,增加测量误差
B. 热流计在使用时,需要粘贴在被测构件表面上,改变了表面原有的热状态,所以引起构件内部和热流计周围温度场与实际情况不符
C. 巡检仪本身存在误差;测试现场存在较强的电磁场
D. 测试期间天气不稳定,达不到"一维稳定传热"的要求,这是引起误差的另一个主要原因
E. 围护结构未干透,热桥影响也会引起测量误差

9. DGJ 32/J23—2006 中对现场热工性能试验的抽样规定是_____。
A. 同一居住小区围护结构保温措施及建筑平面布局基本相同的建筑物作为一个样本随机抽样。抽样比例不低于样本比数的10%,至少1幢
B. 不同结构体系建筑,不同保温措施的建筑物应分别抽样检测
C. 公共建筑应逐幢抽样检测
D. 同一居住小区围护结构保温措施及建筑平面布局基本相同的建筑物作为一个样本随机抽样。抽样比例不低于样本比数的5%,至少1幢

10. DGJ 32/J23—2006 中对现场传热系数检测的抽样规定是_____。
A. 抽样建筑应在顶层与标准层进行至少2处墙体
B. 屋面的热阻检测
C. 抽样建筑应在顶层与标准层进行至少3处墙体
D. 抽样建筑应在顶层与标准层进行至少4处墙体

11. DGJ 32/J23—2006 规定,表面温度测点应选在构件有代表性的位置。测点位置不应靠近_____,不应受加热、制冷装置和风扇的直接影响。
A. 热桥　　　　B. 裂缝　　　　C. 有空气渗漏的部位　　　　D. 冷桥

12. DGJ 32/J23—2006 规定热阻计算时,采用动态分析法进行数据分析时_____。
A. 采用恒温期5d的测试数据计算热阻
B. 分别采用恒温过程的后4d和后3d的测试数据进行拟合,热阻计算值相差不大于5%时的后3d的热阻计算值即为实测值
C. 采用恒温过程的后4d或后3d的测试数据进行拟合计算,其可信度偏差值小于5%时的测试数据热阻计算值即为实测值
D. 采用恒温期4d的测试数据计算热阻

13. DGJ 32/J23—2006 对判定规则规定正确的是_____。
A. 检测结果满足设计要求或有关标准时,判断合格
B. 当其中有一项或若干项目检测结果不满足设计要求或有关标准时,且差距不大于5%。允

许对这些项目加倍抽样复检

C. 当加倍抽样复检结果均满足设计要求或有关标准时,判定合格。否则,判为不合格

D. 当其中一项或若干项目检测结果不满足设计要求或有关标准时,且差距大于5%时,判这些项目不合格

四、判断题

1. 在建筑热工法现场测量中,最关键的一项指标是建筑墙体的传热系数。（ ）
2. 围护结构传热系数是表征围护结构传热量大小的一个物理量,是围护结构保温性能的评价指标,也是隔热性能的指标之一。（ ）
3. 热流计法是以测量热流与温差的方法确定建筑物外围护结构的传热系数。（ ）
4. 围护结构的热阻是指在非稳定状态下,与热流方向垂直的物体两表面温度差除以热流密度。（ ）
5. 在非稳定条件下,建筑构件$\triangle t$和q是指较长检测时间的积分值。（ ）
6. 围护结构的传热阻是指围护结构传热过程中热流沿途所受到的热阻之和,它主要包括两部分内容,一部分是表面换热阻,另一部分是围护结构的热阻。（ ）
7. 表面换热阻分为内表面换热阻和空气换热阻。（ ）
8. 热流计法指用热电偶进行热阻测量并计算传热阻或传热系数的测量方法。（ ）
9. 热箱法指用标定防护箱对构件进行热阻和传热系数的测量方法。（ ）
10. 热箱法的检测原理是用人工制造一个一维传热环境,被测部位的外侧用热箱模拟采暖建筑室内条件并使热箱内和室内空气温度保持一致。（ ）
11. 动态测试方法是指采用热流计法,通过热力学方程考虑测试期间温度及热流的较大的变化幅度对测试结果进行分析计算的方法。（ ）
12. 围护结构的传热阻检测方法中,热箱法具有稳定、易操作、精度高、重复性好等优点,是目前国内外常用的现场测试方法。（ ）
13. 热流计法检测围护结构的传热阻时,一般来讲,室内外温差愈小,其测量误差相对愈小,所得结果亦较为精确,其缺点是受季节限制。（ ）
14. 热流计法只采用热流计在现场检测被测围护结构的热流量和其内、外表面温度。（ ）
15. 测试期间天气不稳定,对热流计法检测围护结构的传热阻没有影响。（ ）
16. 热流计法检测围护结构传热阻过程中,高温侧表面温度可以低于低温侧表面温度。（ ）
17. DGJ 32/J23—2006 规定,同一居住小区围护结构保温措施及建筑平面布局基本相同的建筑物作为一个样本随机抽样。（ ）
18. DGJ 32/J23—2006 规定抽样比例不低于样本比数的5%,至少1幢。（ ）
19. DGJ 32/J23—2006 规定抽样建筑应在顶层与标准层进行至少2处墙体、屋面的热阻检测。（ ）
20. DGJ 32/J23—2006 规定,屋顶、墙体、楼板内外表面温度测点各不得少于5个。（ ）
21. DGJ 32/J23—2006 规定自然通风状态检测,持续检测时间应不小于2d,其中天气晴好日不少于1d,逐时记录各点温度、热流数据。（ ）
22. DGJ 32/J23—2006 规定,当测试条件符合《采暖居住建筑节能检验标准》(JGJ132)时,采用动态分析法进行数据分析时,需采用恒温期4d的测试数据计算热阻。（ ）

五、简答题

1. 简述围护结构传热阻定义及公式。

2. 简述热流计法的检测原理。
3. 简述热箱法检测原理。
4. 简述热流计法中的主要仪器设备。
5. 简述分析热流计法测试构件热阻和传热系数的误差原因。

六、计算题

1. 普通混凝土地面,沿外墙周边 2.0m 范围加 30mm 厚 EPS 板保温层,计算其地面热阻 R 值。

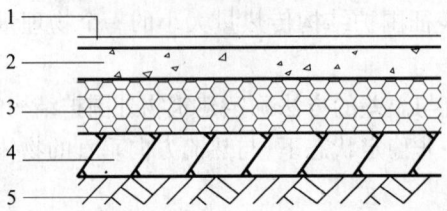

2. 某墙体采集的温度、热流密度求平均值结果见下表,计算传热系数。

数据 位置	外壁温度(℃)	内壁温度(℃)	热流密度 (W/m²)	传热系数 [W(m²·K)/]
1	19.21	39.21	20.79	
2	20.82	38.30	18.62	
3	19.45	37.64	18.66	
平均值	/			

七、操作题

1. DGJ 32/J23—2006 对热流计法试验过程中仪器设备安装的要求。
2. DGJ 32/J23—2006 规定的热流计法测试过程。
3. DGJ 32/J23—2006 中热阻采用动态分析法计算时的要求。

参考答案:

一、填空题

1. 传热系数 2. 温差 热流
3. 温度差 热流密度 积分值
4. 表面换热阻 围护结构的热阻 内表面换热阻 外表面换热阻
5. 热阻 传热阻 传热系数 6. 稳态 热量 表面温度
7. 内侧 室外自然条件
8. 热流计法 热箱法 红外热像仪法 动态测试方法
9. 热流计法 10. 热流计 热电偶
11. 热流计系数 热电势
12. $10/K$℃(K 为围护结构传热系数的数值) 10℃ 低温侧 96h
13. 基本稳定 雨雪侵袭 阳光直射 14. 10% 1 幢 逐幢
15. 顶层 标准层 屋面 16. 3 热桥 裂缝
17. 靠近 对应 18. 内表面

19. 2d　1d		20. 1d　5d　1d	
21. 5d		22. 5%	
23. 设计要求　有关标准		24. 5%　加倍抽样复检　大于5%	

二、单项选择题

1. A	2. B	3. C	4. B
5. A	6. A	7. D	8. B
9. C	10. B	11. B	12. B
13. B	14. C	15. C	16. D
17. C			

三、多项选择题

1. B、C、D	2. A、B、C、D	3. A、B	4. C、D
5. A、B、C、D	6. A、B、C、D	7. A、B、C、D	8. A、B、C、D、E
9. A、B、C	10. A、B、C	11. A、B、C	12. A、B、C
13. A、B、C、D			

四、判断题目

1. √	2. √	3. √	4. ×
5. √	6. √	7. ×	8. ×
9. √	10. ×	11. √	12. √
13. √	14. ×	15. √	16. ×
17. √	18. ×	19. √	20. ×
21. √	22. ×		

五、简答题

1. 答：

围护结构的传热阻是指围护结构传热过程中热流沿途所受到的热阻之和,它主要包括两部分内容,一部分是表面换热阻,另一部分是围护结构的热阻。表面换热阻分为内表面换热阻和外表面换热阻。

$$R_0 = R_i + R + R_e$$

式中　R_i——内表面换热阻,取 $0.11[(m^2 \cdot K)/W]$；

　　　R_e——外表面换热阻,取 $0.04[(m^2 \cdot K)/W]$；

　　　R——围护结构热阻$[(m^2 \cdot K)/W]$。

2. 答：

指用热流计进行热阻测量并计算传热阻或传热系数的测量方法。热流计是建筑能耗测定中常用仪表,该方法是按稳态传热原理设计的测试方法,采用热流计及温度传感器测量通过构件的热量和表面温度,通过计算即可求得建筑物围护结构的热阻和传热系数。当热流通过建筑物围护结构时,由于其热阻存在,在围护结构厚度方向的温度梯度为衰减过程,使该围护结构内外表面具有温差,利用温差与热流量之间的对应关系进行热流量测定。

3. 答：

用人工制造一个一维传热环境,被测部位的内侧用热箱模拟采暖建筑室内条件并使热箱内和室内空气温度保持一致,另一侧为室外自然条件,这样被测部位的热流总是从室内向室外传递,当热箱内加热量与被测部位的传递热量达平衡时,通过测量热箱的加热量得到被测部位的传热量,经计算得到被测部位的传热系数。

4. 答:

(1)温度热流自动巡回检测仪:该仪器为数据采集仪,可以测量多路温度值和热流值,实现巡回或定点显示、存储、打印等功能,并且可以将存储数据上传给计算机进行处理。

(2)热流计:使用温度100℃以下,标定误差不大于5%。

(3)温度传感器:采用热电偶,测量温度范围为 $-5 \sim 100℃$,分辨率为0.1℃,不确定度为 $-0.5 \sim 0.5℃$。

(4)风速计、温湿度计、太阳辐射仪等。

5. 答:

热电偶选材不好,制作不规范和使用不当等,都会引起寄生电势,增加测量误差;热流计在使用时,需要粘贴在被测构件表面上,由于改变了表面原有的热状态,所以必然引起构件内部和热流计周围温度场与实际情况不符,这就是热流计测量误差;巡检仪本身存在误差;测试现场存在较强的电磁场;测试期间天气不稳定,达不到"一维稳定传热"的要求,这是引起误差的另一个主要原因;围护结构未干透,热桥影响也会引起测量误差。

六、计算题

1. 解:

(1)水泥砂浆面层 $\delta_1 = 0.02, \lambda_1 = 0.93$
(2)混凝土垫层 $\delta_2 = 0.06, \lambda_2 = 1.74$
(3)EPS板保温层 $\delta_3 = 0.03, \lambda_3 = 0.042$
(4)碎石灌浆 $\delta_4 = 0.08, \lambda_4 = 1.51$
(5)夯实素土 $\delta_5 = 1.67, \lambda_5 = 1.16$

$R_1 = \delta_1/\lambda_1 = 0.02/0.93 = 0.022$
$R_2 = \delta_2/\lambda_2 = 0.06/1.74 = 0.034$
$R_3 = \delta_3/\lambda_3 = 0.03/0.042 = 0.714$
$R_4 = \delta_4/\lambda_4 = 0.08/1.51 = 0.053$
$R_5 = \delta_5/\lambda_5 = 1.67/1.16 = 1.44$
$R = R_1 + R_2 + R_3 + R_4 + R_5 = 0.022 + 0.034 + 0.714 + 0.053 + 1.44$
$\quad = 2.263$

2. 解:

墙体的热阻:

位置1: $R = \dfrac{\Delta t}{q} = (39.21 - 19.21)/20.79 = 0.962$

位置2: $R = \dfrac{\Delta t}{q} = (38.30 - 20.82)/18.62 = 0.939$

位置3: $R = \dfrac{\Delta t}{q} = (37.64 - 19.45)/18.66 = 0.975$

墙体的传热阻:

位置1: $R_0 + R_i + R + R_e = 0.04 + 0.962 + 0.11 = 1.112$
位置2: $R_0 + R_i + R + R_e = 0.04 + 0.939 + 0.11 = 1.089$

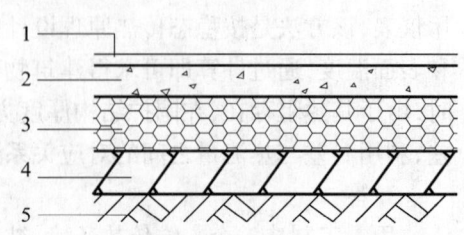

位置 3：$R_0 + R_i + R + R_e = 0.04 + 0.975 + 0.11 = 1.125$

墙体的传热系数：

位置 1：$K = 1/R_0 = 1/1.112 = 0.899$

位置 2：$K = 1/R_0 = 1/1.089 = 0.918$

位置 3：$K = 1/R_0 = 1/1.125 = 0.889$

平均值：$= 0.902$

七、操作题

1. 解：

(1) 构件表面温度传感器及安装，表面温度宜用热敏电阻、热电偶等温度传感器；

①屋顶、墙体、楼板内外表面温度测点各不得少于 3 个，表面温度测点应选在构件有代表性的位置。测点位置不应靠近热桥、裂缝和有空气渗漏的部位，不应受加热、制冷装置和风扇的直接影响。

②温度传感器应在被测围护结构两侧表面安装。内表面温度传感器应靠近热流计安装，外表面温度传感器宜在与热流计相对应的位置安装。

③表面温度传感器连同 0.1m 长引线应与被测表面紧密接触，应采取有效措施使传感器表面的辐射系数与被测构件表面的辐射系数基本相同。

(2) 热流计及安装

①屋顶、墙体、楼板热流测点各不得少于 3 个，测点应选在构件有代表性的位置。

②热流计应直接安装在被测围护结构的内表面上，且应与表面完全接触；测点位置不应靠近热桥、裂缝和有空气渗漏的部位，不应受加热、制冷装置和风扇的直接影响。

③热流计表面的辐射系数应与被测构件表面的辐射系数基本相同。

2. 解：

检测应在系统正常运行后进行。

(1) 自然通风状态检测，持续检测时间应不小于 2d，其中天气晴好日不少于 1d，逐时记录各点温度、热流数据。

(2) 采暖（空调）均匀升（降）温过程不小于 1d，恒温过程应不小于 5d，降（升）温过程不小于 1d，逐时记录各点温度、热流数据。

3. 解：

采用动态分析法进行数据分析时：

(1) 采用恒温期 5d 的测试数据计算热阻。

(2) 当计算结果满足以下一种状态时，其热阻计算值即为实测值；

①分别采用恒温过程的后 4d 和后 3d 的测试数据进行拟合，热阻计算值相差不大于 5% 时的后 3d 的热阻计算值。

②采用恒温过程的后 4d 或后 3d 的测试数据进行拟合计算，其可信度偏差值小于 5% 时的测试数据热阻计算值。

热工性能现场检测模拟试卷（A）

一、填空题（每空 1 分，共计 20 分）

1. 现场热工法是以测量_____与_____的方法确定建筑物外围护结构的传热系数。

2. 公式 $q = C \cdot \triangle E$ 中，C 为_____，$\triangle E$ 为_____。

3. 热流计法要求围护结构高温侧表面温度宜高于低温侧_____以上并且不低于_____。

4. 热流计法检测围护结构的传热系数期间，室内空气温度应保持基本稳定，被测区域外表面宜避免_____和_____。

5.《民用建筑节能工程现场热工性能检测标准》DGJ 32/J23—2006 中规定，同一居住小区围护结构保温措施及建筑平面布局基本相同的建筑物作为一个样本随机抽样。抽样比例不低于样本比数的_____，至少_____幢；不同结构体系建筑，不同保温措施的建筑物应分别抽样检测。公共建筑应_____抽样检测。

6. DGJ 32/J23—2006 规定，抽样建筑应在_____与_____进行至少 2 处墙体、_____的热阻检测。

7. DGJ 32/J23—2006 规定，温度传感器应在被测围护结构两侧表面安装。内表面温度传感器应靠近_____安装。

8. DGJ 32/J23—2006 规定，采暖（空调）均匀升（降）温过程不小于_____，恒温过程应不小于_____，降（升）温过程不小于_____，逐时记录各点温度、热流数据。

9. 检测机构应当科学检测，确保检测数据的_____和_____。

二、单项选择题（每题 2 分，共计 20 分）

1. 在稳定状态下，与热流方向垂直的物体两表面温度差除以热流密度叫_____。
   A. 热阻　　　　B. 传热阻　　　　C. 传热系数　　　　D. 表面换热阻

2. 围护结构的_____是指围护结构传热过程中热流沿途所受到的热阻之和，它主要包括两部分内容，一部分是表面换热阻，另一部分是围护结构的热阻。
   A. 热阻　　　　B. 传热阻　　　　C. 传热系数　　　　D. 换热阻

3. 单层结构热阻指材料厚度除以_____。
   A. 换热阻　　　B. 温度　　　　C. 导热系数　　　　D. 传热系数

4. 热流计法是按_____传热原理设计的测试方法，采用热流计及温度传感器测量通过构件的热量和表面温度，通过计算即可求得建筑物围护结构的热阻和传热系数。
   A. 稳态　　　　B. 非稳态　　　　C. 静态　　　　　　D. 动态

5. 热箱法中制造的是一个_____传热环境。
   A. 一维　　　　B. 二维　　　　C. 三维　　　　　　D. 四维

6. 热箱法的主要特点是基本不受_____的限制，只要室外平均空气温度在25℃以下，相对湿度在60%以下，热箱内温度大于室外最高温度8℃以上就可以测试。
   A. 湿度　　　　B. 环境　　　　C. 仪器　　　　　　D. 温度

7. 传热系数检测的几种试验方法中，_____具有稳定、易操作等优点。
   A. 红外热像法　B. 热流计法　　C. 热箱法　　　　　D. 动态测试法

8. 热流计法如果用热电偶测量温差，根据热电偶在其测量范围内_____与温差成正比的关系，可得到通过热流计的热量。
   A. 电压　　　　B. 电流　　　　C. 热电势　　　　　D. 电阻

9. 热流计法检测持续时间不应少于_____h。
   A. 48　　　　　B. 96　　　　　C. 144　　　　　　D. 168

10. DGJ 32/J23—2006 中规定屋顶、墙体、楼板内外表面温度测点各不得少于_____个；表面温度测点应选在构件有代表性的位置。
    A. 1　　　　　B. 2　　　　　C. 3　　　　　　　D. 4

三、多项选择题(每题 2 分,共计 20 分,多选、错选均不得分)

1. 围护结构的传热阻是指围护结构传热过程中热流沿途所受到的热阻之和,它主要包括两部分内容,指_____。
   A. 换热阻　　　　　B. 围护结构的热阻　　C. 内表面换热阻　　D. 外表面换热阻。

2. 围护结构的传热阻的检测方法有_____。
   A. 热流计法　　　　B. 热箱法　　　　　　C. 控温箱-热流计法　D. 常功率平面热源法

3. 热流计法是按稳态传热原理设计的测试方法,采用_____测量通过构件的热量和表面温度,通过计算即可求得建筑物围护结构的热阻和传热系数。
   A. 热流计　　　　　B. 温度传感器　　　　C. 热量计　　　　　D. 计时器

4. 热箱法检测原理是_____。
   A. 用人工制造一个一维传热环境
   B. 被测部位的内侧用热箱模拟采暖建筑室内条件并使热箱内和室内空气温度保持一致
   C. 另一侧为室外自然条件
   D. 当热箱内加热量与被测部位的传递热量达平衡时,通过测量热箱的加热量得到被测部位的传热量,经计算得到被测部位的传热系数

5. 热流计法的优点有_____。
   A. 稳定　　　　　　B. 易操作　　　　　　C. 精度高　　　　　D. 重复性好

6. 热流计法所用主要仪器设备有_____。
   A. 数据采集仪　　　B. 热流计　　　　　　C. 温度传感器　　　D. 天空辐射表

7. 热流计法测定的结果与理论计算的结果往往有差别,原因主要是_____。
   A. 热电偶选材不好,制作不规范和使用不当等,都会引起寄生电势,增加测量误差
   B. 热流计在使用时,需要粘贴在被测构件表面上,改变了表面原有的热状态,所以引起构件内部和热流计周围温度场与实际情况不符
   C. 巡检仪本身存在误差;测试现场存在较强的电磁场
   D. 测试期间天气不稳定,达不到"一维稳定传热"的要求,这是引起误差的另一个主要原因
   E. 围护结构未干透,热桥影响也会引起测量误差

8. DGJ 32/J23—2006 中对现场热工性能试验的抽样规定是_____。
   A. 同一居住小区围护结构保温措施及建筑平面布局基本相同的建筑物作为一个样本随机抽样。抽样比例不低于样本比数的10%,至少1幢
   B. 不同结构体系建筑,不同保温措施的建筑物应分别抽样检测
   C. 公共建筑应逐幢抽样检测
   D. 同一居住小区围护结构保温措施及建筑平面布局基本相同的建筑物作为一个样本随机抽样。抽样比例不低于样本比数的5%,至少1幢

9. DGJ 32/J23—2006 中对现场传热系数检测的抽样规定是_____。
   A. 抽样建筑应在顶层与标准层进行至少2处墙体
   B. 屋面的热阻检测
   C. 抽样建筑应在顶层与标准层进行至少3处墙体
   D. 抽样建筑应在顶层与标准层进行至少4处墙体

10. DGJ 32/J23—2006 规定,表面温度测点应选在构件有代表性的位置。测点位置不应靠近_____,不应受加热、制冷装置和风扇的直接影响。
    A. 热桥　　　　　　B. 裂缝　　　　　　　C. 有空气渗漏的部位　D. 冷桥

四、判断题(每题1分,共计10分,对的打√,错的打×)

1. 不透明围护结构有墙、屋顶和楼板等;透明围护结构有窗户、天窗和阳台门等。( )
2. 热箱法的检测原理是用人工制造一个一维传热环境,被测部位的外侧用热箱模拟采暖建筑室内条件并使热箱内和室内空气温度保持一致。( )
3. 围护结构的传热阻检测方法中,热箱法具有稳定、易操作、精度高、重复性好等优点,是目前国内外常用的现场测试方法。( )
4. 导热系数是指在稳态条件下,1m厚的物体,两侧表面温差为1℃,1h内通过1m²面积传递的热量。( )
5. 热流计法只采用热流计在现场检测被测围护结构的热流量和其内、外表面温度。( )
6. 测试期间天气不稳定,对热流计法检测围护结构的传热阻没有影响。( )
7. 热流计法检测围护结构传热阻过程中,高温侧表面温度可以低于低温侧表面温度。( )
8. DGJ 32/J23—2006规定抽样比例不低于样本比数的5%,至少1幢。( )
9. DGJ 32/J23—2006规定自然通风状态检测,持续检测时间应不小于2d,其中天气晴好日不少于1d,逐时记录各点温度、热流数据。( )
10. DGJ 32/J23—2006规定,当测试条件符合《采暖居住建筑节能检验标准》JGJ 132时,采用动态分析法进行数据分析时,需采用恒温期4d的测试数据计算热阻。( )

五、简答题(共20分)

1. 简述围护结构传热阻定义及公式。(6分)
2. 简述热流计法的检测原理。(6分)
3. 简述DGJ 32/J23—2006对热流计法试验过程中热流计安装的要求。(8分)

六、计算题(每题10分,共计20分)

1. 普通混凝土地面,沿外墙周边2.0m范围加40mm厚EPS板保温层,计算其地面热阻R值。

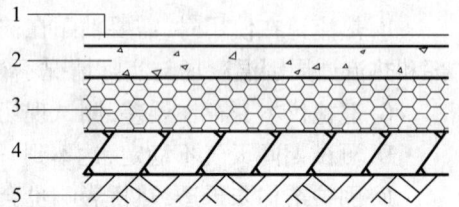

(1) 水泥砂浆面层 $\delta_1 = 0.02, \lambda_1 = 0.93$
(2) 混凝土垫层 $\delta_2 = 0.06, \lambda_2 = 1.74$
(3) EPS板保温层 $\delta_3 = 0.04, \lambda_3 = 0.042$
(4) 碎石灌浆 $\delta_4 = 0.08, \lambda_4 = 1.51$
(5) 夯实素土 $\delta_5 = 1.82, \lambda_5 = 1.16$

2. 某墙体采集的温度、热流密度求平均值,结果见下表,计算传热系数。

数据 位置	外壁温度(℃)	内壁温度(℃)	热流密度 (W/m²)	传热系数 [W(m²·K)]
1	24.21	10.21	14.79	
2	22.05	8.30	15.62	
3	25.45	11.64	15.10	
平均值		/		

七、操作题(共10分)

现场传热系数检测提高精度的方法。

热工性能现场检测模拟试卷(B)

一、填空题(每空1分,共计20分)

1. 在建筑热工法现场测量中最关键的一项指标是建筑墙体的_____。
2. 围护结构的热阻是指在稳定状态下,与热流方向垂直的物体两表面_____除以_____。在非稳定条件下,建筑构件和是指较长检测时间的_____。
3. 围护结构传热阻主要包括两部分内容,一部分是_____,另一部分是_____。
4. 热流计法是指用热流计进行_____测量并计算_____或_____的测量方法。
5. 热流计法是按稳态传热原理设计的测试方法,采用热流计及温度传感器测量通过构件的_____和_____,通过计算即可求得建筑物围护结构的热阻和传热系数。
6. 围护结构的传热系数的现场检测方法有_____、_____、_____。
7. 热流计法主要采用_____、_____在现场检测被测围护结构的热流量和其内、外表面温度。通过数据处理计算出该围护结构的_____。
8. 检测机构应坚持_____、_____的第三方地位,在承接业务、现场检测和检测报告形成过程中,应当不受任何单位和个人的干预和影响。

二、单项选择题(每题2分,共计20分)

1. 热箱法中制造的是一个_____传热环境。
   A. 一维　　　　　B. 二维　　　　　C. 三维　　　　　D. 四维
2. 热箱法的主要特点是基本不受_____的限制,只要室外平均空气温度在25℃.以下,相对湿度在60%以下,热箱内温度大于室外最高温度8℃以上就可以测试。
   A. 湿度　　　　　B. 环境　　　　　C. 仪器　　　　　D. 温度
3. 传热系数检测的几种试验方法中,_____具有稳定、易操作、精度高、重复性好等优点。
   A. 红外热像法　　B. 热流计法　　　C. 热箱法　　　　D. 动态测试法
4. 热流计法如果用热电偶测量温差,根据热电偶在其测量范围内_____与温差成正比的关系,可得到通过热流计的热量。
   A. 电压　　　　　B. 电流　　　　　C. 热电势　　　　D. 电阻
5. 热流计法检测过程中,围护结构高温侧表面温度宜高于低温侧 $10/K$ ℃(K 为围护结构传热系数的数值)以上并且不低于_____℃,在检测过程中的任何时刻均不得等于或低于低温侧表面温度。
   A. 5　　　　　　　B. 10　　　　　　C. 15　　　　　　D. 20
6. 热流计法检测持续时间不应少于_____h。
   A. 48　　　　　　B. 96　　　　　　C. 144　　　　　D. 168
7. DGJ 32/J23—2006 中规定同一居住小区围护结构保温措施及建筑平面布局基本相同的建筑物作为一个样本随机抽样。抽样比例不低于样本幢数的_____%,至少1幢。
   A. 5　　　　　　　B. 10　　　　　　C. 15　　　　　　D. 20
8. DGJ 32/J23—2006 中规定抽样建筑应在顶层与标准层进行至少_____处墙体、屋面的热阻检测,至少1组窗气密性检测。
   A. 1　　　　　　　B. 2　　　　　　　C. 3　　　　　　　D. 4
9. DGJ 32/J23—2006 中规定屋顶、墙体、楼板内外表面温度测点各不得少于_____个,表面温度测点应选在构件有代表性的位置。
A. 1　　　　　　B. 2　　　　　　C. 3　　　　　　D. 4

10. DGJ 32/J23—2006 中规定屋顶、墙体、楼板热流测点各不得少于_____个,测点应选在构件代表性的位置。
A. 1　　　　　　B. 2　　　　　　C. 3　　　　　　D. 4

三、多项选择题(每题 2 分,共计 20 分,多选、错选均不得分)

1. 围护结构的传热阻是指围护结构传热过程中热流沿途所受到的热阻之和,它主要包括两部分内容,指_____。
A. 换热阻　　　B. 围护结构的热阻　　C. 内表面换热阻　　D. 外表面换热阻

2. 热箱法检测原理_____。
A. 用人工制造一个一维传热环境
B. 被测部位的内侧用热箱模拟采暖建筑室内条件并使热箱内和室内空气温度保持一致
C. 另一侧为室外自然条件
D. 当热箱内加热量与被测部位的传递热量达平衡时,通过测量热箱的加热量得到被测部位的传热量,经计算得到被测部位的传热系数

3. 热流计法的优点有_____。
A. 稳定　　　　B. 易操作　　　　C. 精度高　　　　D. 重复性好

4. 热流计法所用主要仪器设备有_____。
A. 温度热流自动巡回检测仪　　　　B. 热流计
C. 温度传感器　　　　D. 风速计、温湿度计、太阳辐射仪等

5. 热流计法测定的结果与理论计算的结果往往有差别,原因主要是_____。
A. 热电偶选材不好,制作不规范和使用不当等,都会引起寄生电势,增加测量误差
B. 热流计在使用时,需要粘贴在被测构件表面上,改变了表面原有的热状态,所以引起构件内部和热流计周围温度场与实际情况不符
C. 巡检仪本身存在误差;测试现场存在较强的电磁场
D. 测试期间天气不稳定,达不到"一维稳定传热"的要求,这是引起误差的另一个主要原因
E. 围护结构未干透,热桥影响也会引起测量误差

6. DGJ 32/J23—2006 中对现场热工性能试验的抽样规定是_____。
A. 同一居住小区围护结构保温措施及建筑平面布局基本相同的建筑物作为一个样本随机抽样。抽样比例不低于样本比数的 10%,至少 1 幢
B. 不同结构体系建筑,不同保温措施的建筑物应分别抽样检测
C. 公共建筑应逐幢抽样检测
D. 同一居住小区围护结构保温措施及建筑平面布局基本相同的建筑物作为一个样本随机抽样。抽样比例不低于样本比数的 5%,至少 1 幢

7. DGJ 32/J23—2006 中对现场传热系数检测的抽样规定是_____。
A. 抽样建筑应在顶层与标准层进行至少 2 处墙体
B. 屋面的热阻检测
C. 抽样建筑应在顶层与标准层进行至少 3 处墙体
D. 抽样建筑应在顶层与标准层进行至少 4 处墙体

8. DGJ 32/J23—2006 规定,表面温度测点应选在构件有代表性的位置。测点位置不应靠近_____,不应受加热、制冷装置和风扇的直接影响。

A. 热桥   B. 裂缝   C. 有空气渗漏的部位   D. 冷桥

9. DGJ 32/J23—2006 规定热阻计算时,采用动态分析法进行数据分析时_____。

A. 采用恒温期 5d 的测试数据计算热阻

B. 分别采用恒温过程的后 4d 和后 3d 的测试数据进行拟合,热阻计算值相差不大于 5% 时的后 3d 的热阻计算值即为实测值

C. 采用恒温过程的后 4d 或后 3d 的测试数据进行拟合计算,其可信度偏差值小于 5% 时的测试数据热阻计算值即为实测值

D. 采用恒温期 4d 的测试数据计算热阻

10. DGJ 32/J23—2006 对判定规则规定正确的是_____。

A. 检测结果满足设计要求或有关标准时,判断合格

B. 当其中有一项或若干项检测结果不满足设计要求或有关标准时,且差距不大于 5%。允许对这些项目加倍抽样复检

C. 当加倍抽样复检结果均满足设计要求或有关标准时,判定合格。否则判为不合格

D. 当其中一项或若干项目检测结果不满足设计要求或有关标准时,且差距大于 5% 时,判这些项目不合格

四、判断题(每题 1 分,共计 10 分,对的打√,错的打×)

1. 热惰性指标 D 值越小,温度波在围护结构材料层中的衰减越慢,围护结构的热稳定性越好。( )

2. 围护结构传热系数是表征围护结构传热量大小的一个物理量,是围护结构保温性能的评价指标,也是隔热性能的指标之一。( )

3. 热流计法是以测量热流与温差的方法确定建筑物外围护结构的传热系数。( )

4. 围护结构的热阻是指在非稳定状态下,与热流方向垂直的物体两表面温度差除以热流密度。( )

5. 表面换热阻分为内表面换热阻和空气换热阻。( )

6. 热箱法是指用标定防护箱对构件进行热阻和传热系数的测量方法。( )

7. 动态测试方法是指采用热流计法,通过热力学方程考虑测试期间温度及热流的较大的变化幅度对测试结果进行分析计算的方法。( )

8. 围护结构的传热阻检测方法中,热箱法具有稳定、易操作、精度高、重复性好等优点,是目前国内外常用的现场测试方法。( )

9. 热流计法检测围护结构的传热阻时,一般来讲,室内外温差愈小,其测量误差相对愈小,所得结果亦较为精确,其缺点是受季节限制。( )

10. 测试期间天气不稳定,对热流计法检测围护结构的传热阻没有影响。( )

五、简答题(共 20 分)

1. 简述热流计法的检测原理。(6 分)

2. 简述热箱法检测原理。(6 分)

3. 简述 DGJ 32/J23—2006 对热流计法试验过程中温度传感器安装的要求。(8 分)

六、计算题(每题 10 分,共计 20 分)

1. 普通混凝土地面,沿外墙周边 2.0m 范围加 40mm 厚

EPS 板保温层，计算其地面热阻 R 值。

（1）水泥砂浆面层 $\delta_1 = 0.02, \lambda_1 = 0.93$

（2）混凝土垫层 $\delta_2 = 0.06, \lambda_2 = 1.74$

（3）EPS 板保温层 $\delta_3 = 0.04, \lambda_3 = 0.042$

（4）碎石灌浆 $\delta_4 = 0.08, \lambda_4 = 1.51$

（5）夯实素土 $\delta_5 = 1.82, \lambda_5 = 1.16$

2. 某墙体采集的温度、热流密度求平均值，结果见下表，计算传热系数。

数据位置	外壁温度（℃）	内壁温度（℃）	热流密度（W/m²）	传热系数 [W/(m²·K)]
1	24.21	10.21	14.79	
2	22.05	8.30	15.62	
3	25.45	11.64	15.10	
平均值			/	

七、操作题（共 10 分）

热流计法测试构件热阻和传热系数的误差原因分析。

第八节　围护结构实体

一、填空题

1. 取样位置应选取节能构造有代表性的_____，并宜兼顾不同_____和_____。

2. 取出芯样时应谨慎操作，以保持芯样_____。当芯样严重破损难以准确判断节能构造或保温层厚度时，应_____。

3. 判定围护结构节能构造不符合设计要求的，应根据检验结果委托原设计单位或其他有资质的单位重新验算房屋的_____，提出_____。

4. 建筑外窗现场气密性检测设备压力测量仪器测值的误差不应大于_____；空气流量测量误差不大于_____。

5. 单位缝长分级指标值 $q_1: 7.5 \geq q_1 > 4.0$；单位面积分级指标值 $q_2: 12 \geq q_2 > 7.5$ 的建筑外窗气密性等级为_____。

6. 在粘贴标准块前，应清除_____并保持_____。当现场温度低于 5℃ 时，标准块宜_____后再进行粘贴。

7. 外窗现场气密性检测的检测依据为_____。

8. 气密性能检测前，应测量_____；弧形窗、折线窗应按展开_____计算。

二、选择题

1. 钻芯检验外墙节能构造应在_____进行。
   A. 墙体施工完工前　　　　　　　B. 墙体施工完工后、节能分部工程验收前
   C. 整体建筑工程验收后　　　　　D. 墙体施工完工后、节能分部工程验收后

2. 外墙取样数量为一个单位工程每种节能保温做法至少取_____个芯样。
   A. 2　　　　　B. 4　　　　　C. 3　　　　　D. 5

3. 同规格、同型号、基础相同部位的锚栓组成一个检验批。抽取数量按每批锚栓总数_____计算，且不少于_____。

A. 1‰　3根　　　　B. 1%　3根　　　　C. 1‰　2根　　　　D. 1%　2根

4. 附加渗透量测定试验中，逐级加压的顺序是_____。

A. 逐级正压　　　　　　　　　　　B. 逐级负压
C. 先逐级负压，后逐级负压　　　　D. 先逐级正压，后逐级负压

5. 带饰面砖的预制墙板复检应以每_____同类带饰面砖的预制墙板为一个检验批，不足1000m²应按_____计，每批应取_____试样对饰面砖粘结强度进行检验。

A. 1000m²　1000m²　1个　　　　B. 100m²　100m²　1个
C. 1500m²　500m²　3个　　　　　D. 1500m²　1000m²　3个

6. 监理单位应从粘贴外墙饰面砖的施工人员中随机抽选一人，在每种类型的基层上应各粘结至少_____饰面砖样板件，每种类型的样板件应各制取一组_____饰面砖粘结强度试样。

A. 3m²　1个　　　　B. 1m²　1个　　　　C. 3m²　3个　　　　D. 1m²　3个

7. 建筑外窗现场气密性检测当温度、风速、降雨等环境条件影响检测结果时，应_____继续检测，并在报告中注明。

A. 忽略干扰因素　　　　　　　　B. 排除干扰因素后
C. 考虑干扰因素　　　　　　　　D. 记录干扰因素

8. 锚栓由_____组成。

A. 螺钉（塑料钉或具有防腐功能的金属钉）
B. 带圆盘的塑料膨胀套管部分
C. 塑料钉或具有防腐功能的金属钉
D. 螺钉（塑料钉或具有防腐功能的金属钉）和带圆盘的塑料膨胀套管部分

9. 采用空心钻头，从保温层一侧钻取直径_____的芯样。

A. 80mm　　　　　B. 50mm　　　　　C. 70mm　　　　　D. 60mm

10. 正负压检测前，分别施加三个压差脉冲，压差稳定作用时间不少于_____，浸压时间不少于_____，检查密封板及透明膜的密封状态。

A. 2s　1s　　　　B. 3s　1s　　　　C. 4s　2s　　　　D. 3s　2s

三、计算题

1. 在一聚苯颗粒复合浆料外墙外保温系统的墙体节能构造现场，钻取一组芯样，测量其芯样保温层厚度如下：21cm、24cm、24cm，已知保温层设计厚度为250mm。试判定保温层厚度是否符合设计要求。

2. 已知现场检测外窗气密性数据如下（单樘窗的数据），请计算该樘窗气密性并判定其级别：

规格型号：TSC1510(80)

外形尺寸(mm)：1500×1500×80

试件面积：2.25m²

开启缝长：7.090m

气压：101.1kPa

环境温度：299K

检测类型		检测压力(Pa)			
		10	50	100	150
总渗透量 $q_z(m^3/h)$	升压	9.26	22.23	41.21	58.95
	降压	9.15	23.72	42.46	
附加渗透量 $q_f(m^3/h)$	升压	0.00	0.35	1.26	2.24
	降压	0.00	0.36	1.11	

四、问答题

1. 简述现场实体检验的概念。
2. 现场粘结的外墙饰面砖取样数量及要求是什么?
3. 外墙节能构造钻芯结果应如何判定?
4. 现场粘贴的同类饰面砖检验如何评定?
5. 带饰面砖的预制墙板检验应如何评定?

参考答案:

一、填空题

1. 外墙上相对隐蔽的部位　朝向　楼层　　2. 完整　重新取样检验
3. 热工性能　技术处理方案　　　　　　　4. 1Pa　5%
5. 二级　　　　　　　　　　　　　　　　6. 饰面砖表面污渍　干燥　预热
7. 《建筑外窗气密、水密、抗风压性能现场检测方法》JG/T 211—2007
8. 外窗面积　面积

二、选择题

1. B　　　　　　2. C　　　　　　3. A　　　　　　4. D
5. A　　　　　　6. D　　　　　　7. B　　　　　　8. D
9. C　　　　　　10. B

三、计算题

1. 答:该组芯样保温层厚度平均值为:$(210+240+240)/3=690/3=230mm$
按规范要求芯样保温层厚度平均值不应低于:$250\times0.95=238mm$
按规范要求芯样保温层厚度最小值不应低于:$250\times0.90=225mm$
因为其平均值、最小值均不符合规范要求,故该组芯样保温层厚度不符合规范要求,应委托具备检测资质的见证检测机构增加一倍再次取样检测。仍不符合设计要求时,应判定围护结构节能构造不符合设计要求。

2. 答:
$\bar{q}_z = 41.835 \quad \bar{q}_f = 1.185$
$q_t = \bar{q}_z - \bar{q}_f = 41.853 - 1.185 = 40.65$
$q' = \dfrac{293}{101.3} \times \dfrac{q_t \cdot P}{T} = \dfrac{293}{101.3} \times \dfrac{40.65 \times 101.1}{299} = 39.76$
$q'_1 = \dfrac{q'}{1} = \dfrac{39.76}{7.090} = 5.61$

$$q_2' = \frac{q'}{A} = \frac{39.76}{2.25} = 17.67$$

$$q_1' = \frac{q_1'}{4.65} = \frac{5.61}{4.65} = 1.21 \quad m^3/(m \cdot h)$$

$$q_2' = \frac{q_2'}{4.65} = \frac{17.67}{4.65} = 3.8 \quad m^3/(m^2 \cdot h)$$

根据 GB7 107—2002,此樘窗单樘气密性能为 4 级。

四、问答题

1. 答:现场实体检验:在监理工程师或建设单位代表见证下,对已经完成施工作业的分项或分部工程,按照有关规定在工程实体上抽取试样,在现场进行检验或送至有见证检测资质的检测机构进行检验活动。简称实体检验或现场检验。

2. 答:现场粘结的外墙饰面砖符合下列要求:①施工前应对饰面砖样板件粘结强度进行检验;②监理单位应从粘贴外墙饰面砖的施工人员中随机抽选一人,在每种类型的基层上应各粘结至少 $1m^2$ 饰面砖样板件,每种类型的样板件应各制取一组 3 个饰面砖粘结强度试样;③应按饰面砖样板件粘结强度合格后的粘结料配合比和施工工艺严格控制施工过程。

现场粘结的外墙饰面砖粘结强度检验应以每 $1000m^2$ 同类墙体饰面砖为一个检验批,不足 $1000m^2$ 应按 $1000m^2$ 计,每批应取一组 3 个试样,每相邻的三个楼层应至少取一组试样,试样应随时抽取,取样间距不得小于 500mm。

3. 答:检查保温层构造和材料,是否符合设计要求,必要时也可采用其他方法加以判断。用钢直尺垂直于芯样表面(外墙面)的方向上量取每个试样的保温层厚度精确到 1mm,取其平均值和最小值,当实测芯样厚度的平均值达到设计厚度的 95% 及以上且最小值不低于设计厚度的 90% 时,应判定保温层厚度符合设计要求;否则,应判定保温层厚度不符合设计要求。

4. 答:现场粘贴的同类饰面砖,当一组试样均符合下列两项指标要求时,其粘结强度应定为合格;当一组试样均不合格下列两项指标要求时,其粘结强度应定为不合格;当一组试样只符合下列两项指标的一项要求时,应在该组试样原取样区域内重新抽取两组试样检验,若检验结果仍有一项不符合下列指标要求时,则该组饰面砖粘结强度应定为不合格:①每组试样平均粘结强度不应小于 0.4MPa;②每组可有一个试样的粘结强度小于 0.4MPa,但不应小于 0.3MPa。

5. 答:带饰面砖的预制墙板,当一组试样均符合下列两项指标要求时,其粘结强度应定为合格;当一组试样均不合格下列两项指标要求时,其粘结强度应定为不合格;当一组试样只符合下列两项指标的一项要求时,应在该组试样原取样区域内重新抽取两组试样检验,若检验结果仍有一项不符合下列指标要求时,则该组饰面砖粘结强度应定为不合格:①每组试样平均粘结强度不应小于 0.6MPa;②每组可有一个试样的粘结强度小于 0.6MPa,但不应小于 0.4MPa。

围护结构实体模拟试卷(A)

一、填空题(每空 1 分,共计 20 分)

1. 取样位置应选取节能构造有代表性的_____,并宜兼顾不同_____和_____。

2. 取出芯样时应谨慎操作,以保持芯样_____。当芯样严重破损难以准确判断节能构造或保温层厚度时,应_____。

3. 判定围护结构节能构造不符合设计要求的,应根据检验结果委托原设计单位或其他有资质的单位重新验算房屋的_____,提出_____。

4. 建筑外窗现场气密性检测设备压力测量仪器测值的误差不应大于_____；空气流量测量误差不大于_____。

5. 单位缝长分级指标值 q_1：$7.5 \geqslant q_1 > 4.0$；单位面积分级指标值 q_2：$12 \geqslant q_2 > 7.5$ 的建筑外窗气密性等级为_____。

6. 在粘贴标准块前，应清除_____并保持_____。当现场温度低于5℃时，标准块宜_____后再进行粘贴。

7. 外窗现场气密性检测的检测依据为_____。

8. 气密性能检测前，应测量_____；弧形窗、折线窗应按展开_____计算。

9. 严格按检测标准、规范、操作规程进行检测，检测工作保质保量，检测资料_____，检测结论_____。

10. 遵循科学、公正、准确的原则开展检测工作，检测行为要_____，检测数据要_____。

二、单项选择题（每题2分，共计20分）

1. 外墙节能构造检验钻芯取样的检测依据是_____。
   A.《水泥基复合保温砂浆建筑保温系统技术规程》DGJ 32/J22—2006
   B.《江苏省节能工程施工质量及验收规程》DGJ 32/J19—2007
   C.《建筑节能工程施工质量验收规范》GB 0411—2007
   D.《民用建筑节能工程施工质量验收规程》DGJ 32/J19—2006

2. 钻芯检验外墙节能构造可采用_____，从保温层一侧钻取直径_____的芯样。
   A. 空心钻头　80mm　　B. 实心钻头　70mm　　C. 实心钻头　80mm　　D. 空心钻头　70mm

3. 同规格、同型号、基础相同部位的锚栓组成一个检验批。抽取数量按每批锚栓总数_____计算，且不少于_____。
   A. 1‰　3根　　　B. 1%　3根　　　C. 1‰　2根　　　D. 1%　2根

4. 附加渗透量测定试验中，逐级加压的顺序是_____。
   A. 逐级正压
   B. 逐级负压
   C. 先逐级负压，后逐级负压
   D. 先逐级正压，后逐级负压

5. 带饰面砖的预制墙板复检以每_____同类带饰面砖的预制墙板为一个检验批，不足1000m² 应按_____计，每批应取_____试样对饰面砖粘结强度进行检验。
   A. 1000m²　1000m²　1个　　　　B. 100m²　100m²　1个
   C. 1500m²　500m²　3个　　　　D. 1500m²　1000m²　3个

6. 监理单位应从粘贴外墙饰面砖的施工人员中随机抽选一人，在每种类型的基层上应各粘结至少_____饰面砖样板件，每种类型的样板件应各制取一组_____饰面砖粘结强度试样。
   A. 3m²　1个　　　B. 1m²　1个　　　C. 3m²　3个　　　D. 1m²　3个

7. 建筑外窗现场气密性检测当温度、风速、降雨等环境条件影响检测结果时，应_____继续检测，并在报告中注明。
   A. 忽略干扰因素　　B. 排除干扰因素后　　C. 考虑干扰因素　　D. 记录干扰因素

8. 锚栓由_____组成。
   A. 螺钉（塑料钉或具有防腐功能的金属钉）
   B. 带圆盘的塑料膨胀套管部分
   C. 塑料钉或具有防腐功能的金属钉
   D. 螺钉（塑料钉或具有防腐功能的金属钉）和带圆盘的塑料膨胀套管部分

9. 采用空心钻头，从保温层一侧钻取直径_____的芯样。

A. 80mm B. 50mm C. 70mm D. 60mm

10. 正负压检测前,分别施加三个压差脉冲,压差稳定作用时间不少于_____,浸压时间不少于_____,检查密封板及透明膜的密封状态。

A. 2s 1s B. 3s 1s C. 4s 2s D. 3s 2s

三、多项选择题(每题2分,共计20分,少选、多选、错选均不得分)

1. 外墙节能检验的检验设备有_____。
   A. 钻芯机 B. 钢直尺 C. 照相机 D. 游标卡尺

2. 在垂直于芯样表面(外墙面)的方向上实测芯样保温层厚度,当实测芯样厚度的平均值达到_____时,应判定保温层厚度符合设计要求;否则,应判定保温层厚度不符合设计要求。
   A. 设计厚度的95%及以上
   B. 最小值不低于设计厚度的95%
   C. 设计厚度的90%及以上
   D. 最小值不低于设计厚度的90%

3. 外墙节能构造检验钻取芯样深度为_____。
   A. 钻透保温层到达结构层
   B. 钻透饰面层到达保温层
   C. 钻透墙体
   D. 钻透保温层到达基层表面

4. 锚栓拉拔检测_____的锚栓组成一个检验批。
   A. 同形状 B. 同型号 C. 同规格 D. 基础相同部位

5. 带饰面砖的预制墙板,当一组试样均符合下列_____两项指标要求时,其粘结强度应定为合格。
   A. 每组试样平均粘结强度不应小于0.4MPa
   B. 每组可有一个试样的粘结强度小于0.4MPa,但不应小于0.3MPa
   C. 每组试样平均粘结强度不应小于0.6MPa
   D. 每组可有一个试样的粘结强度小于0.6MPa,但不应小于0.4MPa

6. 气密检测时的环境条件记录应包括外窗室内外的_____。
   A. 湿度 B. 大气压 C. 温度 D. 相对湿度

7. 正负压检测前,分别施加三个压差脉冲,压差绝对值为_____,加压速度约为_____。
   A. 150Pa 50Pa/s
   B. 100Pa 30Pa/s
   C. 0.1kPa 0.03Pa/s
   D. 0.15kPa 0.05Pa/s

8. 面砖粘结强度的仪器设备有_____。
   A. 钢直尺 B. 粘结强度检测仪 C. 游标卡尺 D. 胶带

9. 建筑外窗现场气密性压力测量仪器测值的误差不应大于_____;空气流量测量误差不大于_____。
   A. 1Pa B. 0.1Pa C. 5% D. 10%

10. 下列涉及建筑节能工程现场实体检验的有_____。
    A. 饰面砖粘结强度现场拉拔试验
    B. 后置锚固件锚固力现场拉拔试验
    C. 外墙节能构造钻芯检验
    D. 建筑外窗气密性现场实体检验

四、判断题(每题1分,共计10分,对的打√,错的打×)

1. 对于建筑外窗气密性不符合设计要求和国家现行标准规定的,应查找原因进行修理,使其达到要求后重新进行检测,合格后方可验收。( )

2. 公共建筑外窗气密性不应低于3级。( )

3. 当温度、风速、降雨等环境条件影响检测结果时,应排除干扰因素后继续检测,并在报告中注

明。( )

4. 饰面砖粘结强度检测,断缝应从饰面砖表面切割至墙体基层的外侧。( )

5. 保温板材与基层的粘接强度应做现场拉拔试验。粘贴面积应符合设计要求,且不小于50%。( )

6. 钻芯检验外墙节能构造应在墙体施工完工后进行。( )

7. 当外墙的表层坚硬不易钻透时,可局部剔除坚硬的面层后钻取芯样。钻取芯样后无需恢复原有的表面装饰层。( )

8. 钻取芯样时应尽量避免冷却水流入墙体内及污染墙面。( )

9. 外墙节能构造钻芯取样部位应由监理(建设)与施工双方共同确定,可以在外墙施工前预先确定( )

10. 当芯样严重破损难以准确判断节能构造或保温层厚度时,应重新取样检验。( )

五、简答题(每题4分,共计20分)

1. 外墙节能构造现场钻芯检验的目的是什么?
2. 简述外墙节能构造现场钻芯检测的取样数量。
3. 建筑外窗现场气密性检测的仪器设备有哪些?
4. 简述外墙饰面砖粘结强度现场检测的要求。
5. 锚栓现场拉拔试验试样应如何选取?数量为多少?

六、计算题(共计20分)

1. 在一聚苯颗粒复合浆料外墙外保温系统的墙体节能构造现场,钻取一组芯样,测量其芯样保温层厚度如下:21cm、24cm、24cm,已知保温层设计厚度为250mm,试判定保温层厚度是否符合设计要求。

2. 已知现场检测外窗气密性数据如下表(单樘窗的数据),请计算该樘窗气密性并判定其级别:

规格型号:TSC1510(80)

外型尺寸(mm):1500×1500×80

试件面积:2.25m²

开启缝长:7.090m

气压:101.1kPa

环境温度:299K

检测类型		检测压力(Pa)			
		10	50	100	150
总渗透量 q_z (m³/h)	升压	9.26	22.23	41.21	58.95
	降压	9.15	23.72	42.46	
附加渗透量 q_f (m³/h)	升压	0.00	0.35	1.26	2.24
	降压	0.00	0.36	1.11	

七、操作题(共计10分)

外墙节能构造钻芯取样的检测。

围护结构实体模拟试卷(B)

一、填空题(每空1分,共计20分)

1. 外墙节能构造钻芯检验方法适用于检验_____的建筑外墙,其_____是否符合设计要求。
2. 建筑外窗现场气密性检测设备压力测量仪器测值的误差不应大于_____;空气流量测量误差不大于_____。
3. 外墙节能构造钻芯取样的仪器设备有_____、_____、_____。
4. 在粘贴标准块前,应清除_____并保持_____。当现场温度低于5℃时,标准块宜_____后再进行粘贴。
5. 采用水泥基胶粘贴外墙饰面时,可按胶粘剂使用说明书的规定时间或在粘贴外墙饰面砖_____及以后进行饰面砖粘结强度检验。粘贴后28d以内达不到标准或有争议时,应以_____约定时间检验的粘结强度为准。
6. 锚栓拉拔加荷设备应能保证所施加的拉伸荷载始终与_____一致。
7. 气密性能检测前,应测量_____;弧形窗、折线窗应按展开_____计算。
8. 单位缝长分级指标值q_1:4.0≥q_1>2.5;单位面积分级指标值q_2:7.5≥q_2>4.5的建筑外窗气密性等级为_____。
9. 检测机构应当科学检测,确保检测数据的_____和_____;不得接受委托单位的不合理要求;不得弄虚作假;不得出具不真实的检测报告;不得隐瞒事实。
10. 廉洁自律,自尊自爱;不参加可能影响检测公正的_____和_____;不进行_____;不接受委托人的礼品、礼金和各种有价证券;杜绝吃、拿、卡、要现象,清正廉明,反腐拒贿。

二、单项选择题(每题1分,共计20分)

1. 钻芯检验外墙节能构造应在_____进行。
   A. 墙体施工完工前 B. 墙体施工完工后、节能分部工程验收前
   C. 整体建筑工程验收后 D. 墙体施工完工后、节能分部工程验收后
2. 外墙取样数量为一个单位工程每种节能保温做法至少取_____个芯样。
   A. 2 B. 4 C. 3 D. 5
3. 同规格、同型号、基础相同部位的锚栓组成一个检验批。抽取数量按每批锚栓总数_____计算,且不少于_____。
   A. 1‰ 3根 B. 1% 3根 C. 1‰ 2根 D. 1% 2根
4. 附加渗透量测定试验中,逐级加压的顺序是_____。
   A. 逐级正压 B. 逐级负压
   C. 先逐级负压,后逐级负压 D. 先逐级正压,后逐级负压
5. 带饰面砖的预制墙板复检应以每_____同类带饰面砖的预制墙板为一个检验批,不足1000m²应按_____计,每批应取_____试样对饰面砖粘结强度进行检验。
   A. 1000m² 1000m² 1个 B. 100m² 100m² 1个
   C. 1500m² 500m² 3个 D. 1500m² 1000m² 3个
6. 监理单位应从粘贴外墙饰面砖的施工人员中随机抽选一人,在每种类型的基层上应各粘结至少_____饰面砖样板件,每种类型的样板件应各制取一组_____饰面砖粘结强度试样。

A. 3m² 1个　　　　　B. 1m² 1个　　　　　C. 3m² 3个　　　　　D. 1m² 3个

7. 建筑外窗现场气密性检测当温度、风速、降雨等环境条件影响检测结果时,应_____继续检测,并在报告中注明。

A. 忽略干扰因素　　　　　　　　　　B. 排除干扰因素后
C. 考虑干扰因素　　　　　　　　　　D. 记录干扰因素

8. 锚栓由_____组成。

A. 螺钉(塑料钉或具有防腐功能的金属钉)
B. 带圆盘的塑料膨胀套管部分
C. 塑料钉或具有防腐功能的金属钉
D. 螺钉(塑料钉或具有防腐功能的金属钉)和带圆盘的塑料膨胀套管部分

9. 采用空心钻头,从保温层一侧钻取直径_____的芯样。

A. 80mm　　　　　B. 50mm　　　　　C. 70mm　　　　　D. 60mm

10. 正负压检测前,分别施加三个压差脉冲,压差稳定作用时间不少于_____,浸压时间不少于_____,检查密封板及透明膜的密封状态。

A. 2s 1s　　　　　B. 3s 1s　　　　　C. 4s 2s　　　　　D. 3s 2s

三、多项选择题(每题2分,共计20分,少选、多选、错选均不得分)

1. 实施钻芯检验外墙节能构造的机构应出具检验报告。检验报告至少应包括下列内容_____。

A. 抽样方法、抽样数量与抽样部位
B. 芯样状态的描述
C. 实测保温层厚度,设计要求厚度
D. 按照检验目的给出是否符合设计要求的检验结论
E. 附有带标尺的芯样照片并在照片上注明每个芯样的取样部位
F. 监理(建设)单位取样见证人的见证意见
G. 参加现场检验的人员及现场检验时间
H. 检测发现的其他情况和相关信息

2. 对钻取的芯样,应按照下列规定进行检查_____。

A. 对照设计图纸观察、判断保温材料种类是否符合设计要求;必要时也可采用其他方法加以判断
B. 用分度值为1mm的钢尺,在垂直于芯样表面(外墙面)的方向上量取保温层厚度,精确到1mm
C. 观察或剖开检查保温层构造做法是否符合设计和施工方案要求
D. 用分度值为0.1mm的钢尺,在垂直于芯样表面(外墙面)的方向上量取保温层厚度,精确到0.1mm

3. 外墙取样部位的修补,可采用_____。

A. 聚苯板制成的圆柱形塞填充　　　　B. 其他保温材料制成的圆柱形塞填充
C. 用建筑密封胶密封　　　　　　　　D. 防水砂浆进行填充

4. 锚栓拉拔检测的_____锚栓组成一个检验批。

A. 同形状　　　　　B. 同型号　　　　　C. 同规格　　　　　D. 基础相同部位

5. 现场粘贴的同类饰面砖,当一组试样均符合下列_____两项指标要求时,其粘结强度应定为合格。

A. 每组试样平均粘结强度不应小于0.4MPa
B. 每组可有一个试样的粘结强度小于0.4MPa,但不应小于0.3MPa
C. 每组试样平均粘结强度不应小于0.6MPa
D. 每组可有一个试样的粘结强度小于0.6MPa,但不应小于0.4MPa

6. 气密检测时的环境条件记录应包括外窗室内外的_____。
A. 湿度　　　　　　B. 大气压　　　　　　C. 温度　　　　　　D. 相对湿度

7. 正负压检测前,分别施加三个压差脉冲,压差绝对值为_____,加压速度约为_____。
A. 150Pa　50Pa/s　　　　　　　　B. 100Pa　30Pa/s
C. 0.1kPa　0.03Pa/s　　　　　　　D. 0.15kPa　0.05Pa/s

8. 面砖粘结强度的仪器设备有_____。
A. 钢直尺　　　　B. 粘结强度检测仪　　　　C. 游标卡尺　　　　D. 胶带

9. 建筑外窗现场气密性压力测量仪器测值的误差不应大于_____;空气流量测量误差不大于_____。
A. 1Pa　　　　　　B. 0.1Pa　　　　　　C. 5%　　　　　　D. 10%

10. 下列涉及建筑节能工程现场实体检验的有_____。
A. 饰面砖粘结强度现场拉拔试验　　　　B. 后置锚固件锚固力现场拉拔试验
C. 外墙节能构造钻芯检验　　　　　　　D. 建筑外窗气密性现场实体检验

四、判断题

1. 取出芯样时应谨慎操作,以保持芯样完整。当芯样严重破损难以准确判断节能构造或保温层厚度时,应重新取样检验。（　　）
2. 外墙取样数量为两个单位工程,每种节能保温做法至少取2个芯样。（　　）
3. 外墙节能构造的现场实体检验应在监理(建设)人员见证下实施,必须委托有资质的检测机构实施。（　　）
4. 钻芯检验外墙节能构造可采用空心钻头,从保温层一侧钻取直径50mm的芯样。（　　）
5. 外墙节能构造钻芯检验方法适用于检验带有保温层的建筑外墙其节能构造是否符合设计要求。（　　）
6. 对于建筑外窗气密性不符合设计要求和国家现行标准规定的,应查找原因进行修理,使其达到要求后重新进行检测,合格后方可验收。（　　）
7. 公共建筑外窗气密性不应低于3级。（　　）
8. 当温度、风速、降雨等环境条件影响检测结果时,应排除干扰因素后继续检测,并在报告中注明。（　　）
9. 饰面砖粘结强度检测,断缝应从饰面砖表面切割至墙体基层的外侧。（　　）
10. 保温板材与基层的粘结强度应作现场拉拔试验。粘贴面积应符合设计要求,且不小于50%。（　　）

五、简答题(每题4分,共计20分)

1. 锚栓现场拉拔试验的仪器设备有哪些?
2. 外窗现场气密性检测试样有哪些要求?
3. 对外墙节能构造现场钻芯结果应如何判定?
4. 什么叫现场实体检验?
5. 简述外墙饰面砖粘结强度现场检测的取样数量。

六、计算题(共计20分)

1. 在一聚苯颗粒复合浆料外墙外保温系统的墙体节能构造现场,钻取一组芯样,测量其芯样保温层厚度如下:21cm、24cm、24cm,已知保温层设计厚度为250mm,试判定保温层厚度是否符合设计要求。

2. 已知现场检测外窗气密性数据如下(单樘窗的数据)。请计算该樘窗气密性并判定其级别:

规格型号:TSC1510(80)
外型尺寸(mm):1500×1500×80
试件面积:2.25m²
开启缝长:7.090m
气压:101.1kPa
环境温度:299K

检测类型		检测压力(Pa)			
		10	50	100	150
总渗透量 q_z(m³/h)	升压	9.26	22.23	41.21	58.95
	降压	9.15	23.72	42.46	
附加渗透量 q_f(m³/h)	升压	0.00	0.35	1.26	2.24
	降压	0.00	0.36	1.11	

七、操作题(共计10分)

外墙节能构造钻芯取样的检测。

第九节 幕墙玻璃

一、填空题(每空1分,共计20分)

1. 建筑外窗气密性能是对_____或_____进行评价的。
2. 标准状态是指温度_____K(20℃);压力_____kPa;空气密度1.202kg/m³。
3. 镀膜玻璃分为_____镀膜玻璃和_____镀膜玻璃。
4. 中空玻璃应采用双道密封。一道密封应采用_____,门窗用中空玻璃的二道密封宜采用_____,也可采用硅酮密封胶。
5. 《建筑外窗保温性能分级及检测方法》GB/T 8484—2002,检测时,被检试件为一件试件的,尺寸及构造应符合产品设计和组装要求,不得_____或_____。
6. 玻璃的遮阳系数是评价玻璃本身阻挡室外_____进入室内的_____。
7. 中空玻璃露点检测就是测量_____气体间隔层内_____的含量。
8. 遮阳系数越小,阻挡阳光_____向室内辐射的性能_____。
9. 玻璃的可见光透射比检测,覆盖可见光区波长范围为_____。
10. 检测机构应遵循_____的原则开展检测工作,检测行为要_____,检测数据要_____。

二、单项选择题(每题 2 分,共计 30 分)

1. 根据检测方法标准,气密性检测同一厂家的同一种品种、类型的产品各抽查不少于_____樘窗。
   A. 3　　　　B. 6　　　　C. 9　　　　D. 12

2. 建筑外门窗节能工程的检验批划分时,同一厂家的同一品种、类型、规格的门窗及门窗玻璃每_____划分为一个检验批。
   A. 50 樘　　B. 100 樘　　C. 100m²　　D. 500m²

3. 玻璃遮阳系数检测试样尺寸为_____的试验片。
   A. 100mm×100mm　　　　B. 200mm×200mm
   C. 300mm×300mm　　　　D. 400mm×400mm

4. 《公共建筑节能设计标准》中提出了"当窗墙比小于 0.4 时,玻璃的可见光透射比不应小于_____"的限制要求。
   A. 0.2　　　B. 0.3　　　C. 0.4　　　D. 0.5

5. 用于门窗的_____必须有强制性的认证标识且提供证书复印件。
   A. 浮法玻璃　B. 普通玻璃　C. 安全玻璃　D. 平板玻璃

6. 门窗传热系数测量结束后,取各参数_____次测量的平均值计算。
   A. 3　　　　B. 5　　　　C. 6　　　　D. 9

7. 如果露点不合格,那么中空玻璃的 U 值[传热系数 $W/(m^2 \cdot K)$]会_____。
   A. 升高　　　B. 降低　　　C. 不变　　　D. 都可能

8. 玻璃的可见光透射比试样数量为_____块。
   A. 10　　　　B. 8　　　　C. 6　　　　D. 3

9. 现场气密性检测设备的压力测量仪器的误差不应大于_____Pa。
   A. 3　　　　B. 1　　　　C. 2　　　　D. 5

10. 中空玻璃与普通玻璃相比节能性能提高_____左右。
    A. 50%　　　B. 40%　　　C. 20%　　　D. 30%

11. 建筑门窗保温隔热性能检测采用_____检测窗户的保温性能。
    A. 静压箱法　B. 标定热箱法　C. 动压箱法　D. 标定冷箱法

12. 塑料门窗外窗主型材内外侧可视面最小壁厚,推拉窗不应小于_____mm。
    A. 1.8　　　B. 2.0　　　C. 2.2　　　D. 2.5

13. 玻璃露点检测时,向露点仪的容器中注入深约 25mm 的乙醇或丙酮,再加入干冰,使其温度冷却到等于或低于_____并在试验中保持该温度。
    A. -40℃　　B. -30℃　　C. -20℃　　D. -10℃

14. 可见光透射比不仅影响着建筑的_____,还直接影响着室内的照明能耗。
    A. 立面效果　B. 通透效果　C. 视觉效果　D. 稳定效果

15. 在炎热气候地区和大窗墙比时,_____遮阳系数的玻璃才有利于节能。
    A. 高　　　　B. 低　　　　C. 中高　　　D. 中低

三、简答题(每题 5 分,共计 20 分)

1. 气密性等级如何确定?
2. 简述门窗传热系数 K 值的概念。
3. 简述玻璃遮阳系数的概念、计算方法及其使用意义。

4. 简述建筑门窗保温隔热性能检验测试原理。

四、计算题(共计 10 分)

已知一 80 系列推拉塑料窗的外形尺寸为高 1485mm,宽 960mm。量得试件面积:1.426m²;开启缝长:5.565m;气压:101.3kPa;环境温度:295K。经检测,100Pa 时的空气总渗透量升压 35m³/h,降压 33m³/h,100Pa 时的附加渗透量升压 1.45m³/h,降压 1.53m³/h。

请计算该樘窗 10Pa 时的单位缝长空气渗透量 q_1 和单位面积空气渗透量 q_2。(计算公式如下)

$$q_1 = \bar{q}_z - \bar{q}_f$$

$$q' = \frac{293}{101.3} \times \frac{qt \times p}{T}$$

$$q_1' = q'/l$$

$$q_2' = q'/A$$

$$q_1 = q_1'/4.65$$

$$q_2 = q_2'/4.65$$

五、操作题(共计 20 分)

写出中空玻璃露点检测的试样制备和检测方法。

参考答案:(略)

第十节 门 窗

一、填空题

1. 外窗是指有一个面朝向_____的窗。
2. 压力差是指外窗室内外表面所受到的空气压力的_____。
3. 建筑外窗进行抗风压性、气密性、水密性检测时试件数量应不少于_____樘。
4. 开启缝长度是指外窗_____周长的总和,以内表面测定值为准。如遇两扇相互搭接时,其搭接部分的两段缝长按_____段计算。
5. 窗面积是指窗框外侧内的面积,不包括安装用_____的面积。
6. 标准状态是指温度_____K(20℃);压力_____kPa;空气密度 1.202kg/m³。
7. 气密性能是指外窗在关闭着状态下,阻止_____的能力。
8. 单位缝长空气渗透量是指外窗在标准状态下,单位时间通过_____的空气量。
9. 单位面积空气渗透量是指外窗在标准状态下,单位时间通过_____的空气量。
10. 某窗其气密性检测结果,正压为 1.5m³/(m·h)、4.7m³/(m²·h),负压为 2.0m³/(m·h)、7.6m³/(m²·h),该试件的气密性等级正压为_____级、负压为_____级。
11. 工程检测时,某推拉塑料窗其气密性检测结果正压为 1.9m³/(m·h)、5.7m³/(m²·h),负压为 2.5m³/(m·h)、7.5m³/(m²·h),该试件的气密性_____JG/T 3018 标准要求。
12. 工程检测时,某平开塑料窗其气密性检测结果正压为 1.5m³/(m·h)、4.5m³/(m²·h),负压为 2.1m³/(m·h)、6.3m³/(m²·h),该试件的气密性_____JG/T 3018 标准要求。
13. K 值为 2.7W/(m²·K)外窗,根据保温性能分级为_____级。
14. 根据《建筑外窗保温性能分级及检测方法》GB/T 8484—2008 规定,检测外窗保温性能基于_____原理,采用_____法检测窗户保温性能。

15.《建筑外窗保温性能分级及检测方法》GB/T 8484—2008 规定,外窗保温性检测装置主要由_____、_____、_____和_____四部分组成。

16.《建筑外窗保温性能分级及检测方法》GB/T 8484—2008 规定,检测装置应放在装有空调器的试验室内保证热箱外壁内外表面面积加权平均温差小于_____K,试验室空气温度波动不应大于_____K。

17.《建筑外窗保温性能分级及检测方法》GB/T 8484—2008 规定,检测装置的试验室围护结构应有良好的_____和_____,应避免_____进入室内。

18.《建筑外窗保温性能分级及检测方法》GB/T 8484—2008 规定,检测时,被检试件为一件试件的尺寸及构造应符合产品设计和组装要求不得_____或_____。

19.安装试件时,当试件面积小于试件洞口面积时应用与试件_____相近,已知_____的聚苯乙烯泡沫塑料板,填堵在聚苯乙烯泡沫塑料板两侧,表面粘贴适量的铜康铜热电偶,测量两表面的_____,计算通过该板的_____。

20.《建筑外窗保温性能分级及检测方法》GB/T 8484—2008 规定,检测条件:热箱空气温度设定范围为_____,温度波动幅度不应大于_____K。建筑热工设计分区中的夏热冬冷地区、夏热冬暖地区及温度设定为_____,温度波动幅度不应大于_____K。

21.玻璃的遮阳系数是评价玻玻璃本身阻挡室外_____进入室内的_____。

22.中空玻璃露点检测就是测量_____气体间隔层内_____的含量。

23.遮阳系数越小,阻挡阳光_____向室内辐射的性能_____。

24.玻璃的可见光透射比检测,覆盖可见光区波长范围:_____。

25.检测机构应遵循_____的原则开展检测工作,检测行为要_____,检测数据要_____。

二、简答题

1.建筑外窗进行三项物理性能检测时,试件安装有何要求?

2.建筑外窗进行三项物理性能检测时,对试件本身有何要求?

3.气密性等级如何确定?

4.铝合金窗的气密性检测结果包含哪些指标?

5.某窗试件,开启缝长为 6.000m,面积为 2.000m²。在压力为正 100Pa 时,其附加渗透量升压为 3.1m³/h、降压为 2.9m³/h,总渗透量升压为 32m³/h、降压为 30m³/h。试验室空气温度为 20℃,气压 101.3kPa,试计算该试件正压时气密性分级指标值 $+q_1$、$+q_2$。

6.某窗试件,开启缝长为 3.000m,面积为 1.000m²。在压力为正 100Pa 时,其附加渗透量升压为 3.1m³/h、降压为 2.9m³/h,总渗透量升压为 32m³/h、降压为 30m³/h。试验室空气温度为 20℃,气压 101.3kPa,试计算该试件正压时气密性分级指标值 $+q_1$、$+q_2$。

7.门窗传热系数(K 值)的定义。

8.简述玻璃遮阳系数的概念、计算方法及其使用意义。

三、操作题

简述检测门窗传热系数(K 值)的主要步骤,分析影响检测结果(传热系数)的主要因素。

参考答案:

一、填空题

1.室外　　　　　　　　　　　　　2.差值

3. 3   4. 开启扇 —
5. 附框   6. 293 101.3
7. 空气渗透   8. 单位缝长
9. 单位面积   10. 3 2
11. 满足   12. 不满足
13. 7   14. 稳定传热 标定热箱
15. 热箱 冷箱 试件框 环境空间   16. 1 0.5
17. 保温性能 热稳定性 太阳光   18. 附加任何多余配件 特殊组装工艺
19. 厚度 热导率 平均温差 热损失   20. 18~20℃ 0.1 -9~-11℃ 0.2
21. 太阳辐射 隔热能力   22. 中空玻璃 水气
23. 热量 越好   24. 380~780nm
25. 科学、公正、准确 公正公平 真实可靠

二、简答题

1. 答:(1)试件应安装在镶嵌框上。镶嵌框应具有足够的刚度。

(2)试件与镶嵌框之间的连接应牢固并密封。安装好的试件要求垂直,下框要求水平。不允许因安装而出现变形。

(3)试件安装后,表面不可沾有油污等不洁物。

(4)试件安装完毕后,应将试件可开启部分开关5次。最后关紧。

2. 答:(1)试件为生产厂按所提供的图样生产的合格产品或试件。不得附有任何多余的零配件或采用特殊的组装工艺或改善措施。

(2)试件镶嵌应符合设计要求。

(3)试件必须按照设计要求组合、装配完好,并保持清洁、干燥。

3. 答:将三试件的 $\pm q_1$ 值或 $\pm q_2$ 值分别平均后按照缝长和按面积确定各自所属等级。最后取两者中的不利级别为该组试件所属等级。正、负压测值分别定级。

4. 答: $+q_1$ 正压单位缝长空气渗透量,$m^3/(m \cdot h)$;

$+q_2$ 正压单位面积空气渗透量,$m^3/(m^2 \cdot h)$;

$-q_1$ 负压单位缝长空气渗透量,$m^3/(m \cdot h)$;

$-q_2$ 负压单位面积空气渗透量,$m^3/(m^2 \cdot h)$。

5. 解:$l = 6.000\text{m}, A = 2.000\text{m}^2$

$+q_z = (32+30)/2 = 31(\text{m}^3/\text{h})$

$+q_f = (3.1+2.9)/2 = 3.0(\text{m}^3/\text{h})$

$+q_t = 31 - 3.0 = 28(\text{m}^3/\text{h})$

$+q' = 293/101.3 \times 28 \times 101.3/293 = 28(\text{m}^3/\text{h})$

$+q_1' = +q'/l = 28/6.000 = 4.67[\text{m}^3/(\text{m} \cdot \text{h})]$

$+q_2' = +q'/A = 28/2.000 = 14[\text{m}^3/(\text{m}^2 \cdot \text{h})]$

$+q_1 = +q_1'/4.65 = 4.67/4.65 = 1.00[\text{m}^3/(\text{m} \cdot \text{h})]$

$+q_2' = +q_2'/4.65 = 14/4.65 = 3.01[\text{m}^3/(\text{m}^2 \cdot \text{h})]$

6. 解:$l = 3.000\text{m}, A = 1.000\text{m}^2$

$+q_z = (32+30)/2 = 31(\text{m}^3/\text{h})$

$+q_f = (3.1+2.9)/2 = 3.0(\text{m}^3/\text{h})$

$+ q_t = 31 - 3.0 = 28 (\text{m}^3/\text{h})$

$+ q' = 293/101.3 \times 28 \times 101.3/293 = 28 (\text{m}^3/\text{h})$

$+ q_1' = + q'/l = 28/3.000 = 9.33 [\text{m}^3/(\text{m} \cdot \text{h})]$

$+ q_2' = + q'/A = 28/1.000 = 28 [\text{m}^3/(\text{m}^2 \cdot \text{h})]$

$+ q_1 = + q_1'/4.65 = 9.33/4.65 = 2.01 [\text{m}^3/(\text{m} \cdot \text{h})]$

$+ q_2' = + q_2'/4.65 = 28/4.65 = 6.02 [\text{m}^3/(\text{m}^2 \cdot \text{h})]$

7. 答：在稳定传热条件下外窗两侧空气温差为 1K 时单位时间内通过单位面积的传热量，以 W/($\text{m}^2 \cdot \text{K}$)计。

8. 答：遮阳系数指太阳辐射能量透过窗玻璃的量与透过相同面积 3mm 厚透明玻璃的量之比。遮阳系数用样品玻璃太阳能总透射比除以标准 3mm 厚白玻的太阳能总透射比进行计算。

遮阳系数越小，阻挡阳光热量向室内辐射的性能越好。

三、操作题

答：(1)检查试件，测量试件的尺寸，其尺寸及构造应符合产品设计和组装要求，不得附加任何多余配件或特殊组装工艺。

(2)安装试件，当试件面积小于试件洞口面积时应用与试件厚度相近，已知热导率的聚苯乙烯泡沫塑料板，填堵在聚苯乙烯泡沫塑料板两侧，表面粘贴适量的铜康铜热电偶。

(3)检查设备，输入试件相关参数，设定冷热箱和环境空气温度。

(4)启动设备，当冷热箱和环境空气温度达到设定值后监控各控温点温度使冷热箱和环境空气温度维持稳定。4h 之后如果逐时测量得到热箱和冷箱的空气平均温度和每小时变化的绝对值分别不大于 0.1K 和 0.3K；且温度和温差的变化不是单向变化则表示传热过程已经稳定。

(5)传热过程稳定之后每隔 30min 测量一次相关参数，共测六次。

(6)测量结束之后，记录热箱空气相对湿度试件热侧表面及玻璃夹层结露结霜状况。

(7)处理数据，出具报告。

影响因素：

(1)冷热室温度的设置。

(2)设备环境温度。

(3)试件安装密封情况，密封板的传热系数。

(4)热流系数的标定等。

第十一节 系统节能性能检测

一、单选题

1. 房间较多且各房间要求单独控制温度的民用建筑，宜采用_____。
A. 全空气系统　　　　　　　　　　B. 风机盘管加新风系统
C. 净化空调系统　　　　　　　　　D. 恒温恒湿空调系统

提示：参见《暖通规范》第 5.3.5 条规定，这是 B 的优点。

2. 全空调的公共建筑，就全楼而言，其楼内的空气应为_____。
A. 正压　　　　　　　　　　　　　B. 负压
C. 0 压(不正也不负)　　　　　　　D. 部分正压，部分负压提示:空调房间保持正压防止门窗等缝隙渗入灰尘。产生有害气体或烟尘的房间如卫生间等保持负压,防止渗至其他房间。

3. 在商场的全空气空调系统中,在夏季、冬季运行中,采用_____措施可以有效地控制必要的新风量。

A. 固定新风阀　　　　　　　　　　B. 调节新风、回风比例

C. 检测室内 CO_2 浓度,控制新风阀　　D. 限定新风阀开度

提示:按室内 CO_2 浓度控制新风量最节能。

4. 在空调运行期间,在保证卫生条件基础上_____的风量调节措施不当。

A. 冬季最小新风　　　　　　　　　B. 夏季最小新风

C. 过渡季最小新风　　　　　　　　D. 过渡季最大新风

提示:过渡季加大新风量能起到节约能源的作用。

5. 空调系统的节能运行工况,一年中新风量应_____。

A. 冬、夏最小,过渡季最大　　　　B. 冬、夏、过渡季最小

C. 冬、夏最大,过渡季最小　　　　D. 冬、夏、过渡季最大

提示:过渡季加大新风量能起到节约能源的作用。

6. 民用建筑空调系统自动控制的目的,_____描述不正确。

A. 节省投资　　B. 节省运行费　　C. 方便管理　　D. 减少运行人员

提示:有优点,也会增加投资。

7. 设置空调的建筑,在夏季使室内气温降低1℃所花费的投资和运行费与冬季使室温升高1℃所需费用相比_____。

A. 低得多　　B. 高得多　　C. 差不太多　　D. 完全相等

提示:对于空调系统来说,满足用户冷负荷的要求所需费用要比热负荷费用高得多。

8. 空调房间的计算冷负荷是指_____。

A. 通过围护结构传热形成的冷负荷　　B. 通过外窗太阳辐射热形成的冷负荷

C. 人或设备等形成的冷负荷　　　　　D. 上述几项逐时冷负荷的综合最大值

提示:空调房间计算冷负荷由以下几项组成:通过围护结构传热形成的冷负荷;透过外窗太阳辐射热形成的冷负荷;其余由人体、设备、照明等形成的冷负荷。计算冷负荷是上述几项逐时冷负荷的累计。

9. 空调系统的计算冷负荷是指_____。

A. 室内计算冷负荷

B. 室内计算冷负荷与新风负荷

C. 室内计算冷负荷加设备温升附加冷负荷

D. 室内计算冷负荷,新风冷负荷加设备温升附加冷负荷

提示:空调系统冷负荷应包括室内计算冷负荷、新风冷负荷和风机、风管、水泵、水管等设备温升形成的冷负荷。

10. 消除余热所需换气量与下面哪一条无关？_____。

A. 余热量　　　　　　　　　　　B. 室内空气循环风量

C. 由室内排出的空气温度　　　　　D. 进入室内的空气温度

提示:消除余热所需换气量与室内空气循环风量无关。

11. 影响室内气流组织最主要的是_____。

A. 回风口的位置和形式　　　　　　B. 送风口的位置和形式

C. 房间的温湿度　　　　　　　　　D. 房间的几何尺寸

提示:送风口的位置和形式对气流组织有重要影响,直接关系到室内空气质量。

12. 新风口的面积应能满足系统总风量的_____要求。
A. 100%　　　　　B. 50%　　　　　C. 30%　　　　　D. 0
提示:应满足系统风量的100%。

13. 空调房间送风口的出风速度一般在_____范围内。
A. 1～1.5m/s　　　B. 2～5m/s　　　C. >5m/s　　　D. 无要求
提示:空调房间送风口的出风速度一般为2～5m/s。

14. 空调冷源多采用冷水机组,其供回水温度一般为_____。
A. 5～10℃　　　B. 7～12℃　　　C. 10～15℃　　　D. 12～17℃
提示:一般制冷机组供回水设计温度为7～12℃,供回水温差5℃。

15. 在满足舒适或工艺要求情况下,送风温差应_____。
A. 尽量减小　　　B. 尽量加大　　　C. 恒定　　　D. 无要求
提示:送风温差应尽量加大,减少送风量,节约管道尺寸,降低造价。

16. 防止夏季室温过冷或冬季室温过热的最好办法为:_____。
A. 正确计算冷热负荷　　　　　　B. 保持水循环环路水力平衡
C. 设置完善的自动控制　　　　　D. 正确确定夏、冬季室内设计温度
提示:防止夏季室温过冷或冬季室温过热的最好办法为设置完善的自动控制。

二、填空题

1. 风管系统风量测定的常用方法是用_____测出风管内各点的动压,然后求出平均风速。此外也可用性能稳定的_____直接测量风速,求出平均风速后利用公式求出风量。特别是当动压差小于10Pa时,推荐用_____。

2. 为了准确测定风管内的平均流速首要正确地选择测定断面和确定测点数。根据流体的流动特点,测定断面应尽可能地选在_____上。

3. 风量罩会增加系统阻力,使测定风量小于实际风量。为了克服加罩的影响,可在罩子的出口加一可调速的_____,在使用时,改变风机的转速,使风口出口处的静压为_____,这样就保证了既不增加风口出风的阻力,也不产生吸引作用,测出的结果是比较准确的。

4. 空调系统的能耗主要有两个方面,一方面是为了供给空气处理设备冷量和热量的_____,如压缩式制冷机_____,吸收式制冷机耗_____,锅炉耗煤、燃油、燃气或电等;另一方面是为了给房间送风和输送空调循环水,_____所消耗的电能。

三、简答题

1. 简述测量风口风量的两种主要方法和仪器设备。
2. 简述室内温度的测点布置原则。
3. 简述空调系统的能耗来源。

四、计算题

某普通办公室,4m宽,6m长,使用了6支飞利浦三基色荧光灯管(36W,TLD36W/840,色温4000K、显色指数85、光通量3350lm),荧光灯镇流器采用电子镇流器,计入附加功率4W。请校核照明功率密度,见下表。

灯管		功率	荧光粉	光通量(lm)(冷白光)	电感镇流器功耗(W)	电子镇流器功耗(W)
T8	PHILIPS	36W	卤粉	2850	9	
	PHILIPS		三基色粉	3350		3~4
T5	PHILIPS	28W	三基色粉	2600		3~4

五、操作题

使用超声流量计测量水流量的试验步骤。

参考答案：

一、单选题

1. B 2. D 3. C 4. C
5. A 6. A 7. B 8. D
9. D 10. B 11. B 12. A
13. B 14. B 15. B 16. C

二、填空题

1. 皮托管和微压计　热线风速仪或热球风速仪　风速仪
2. 气流稳定的直管段
3. 轴流风机　0
4. 冷热源能耗　耗电　蒸汽或燃油　风机和水泵

三、简答题

1. 答：风量罩安装在顶棚、墙壁或地面上的送、回、排风口，配备相应的传感器可以直接读出风速、压力和相对温湿度。

如果是格栅风口或者条缝形风口，测量时可用叶轮式风速仪或热电风速仪紧贴送风口进行测量，同时量取有效送风面积，通过计算得出实际风量。

2. 答：居住建筑每户抽测卧室或起居室1间，应按照空调系统分区进行选取；其他建筑按房间总数抽测10%，尽量选取底层、中间层、顶层的代表性房间。

(1) 室内面积不足 $16m^2$ ，设测点1个，测点布在室内活动区域中央；

(2) 室内面积 $16m^2$ 及以上不足 $30m^2$ ，设测点2个，将检测区域对角线三等分，其二个等分点作为测点；

(3) 室内面积 $30m^2$ 及以上不足 $60m^2$ ，设测点3个，将居室对角线四等分，其三个等分点作为测点；

(4) 室内面积 $60m^2$ 及以上不足 $100m^2$ ，设测点5个，二对角线上梅花设点；

(5) 室内面积 $100m^2$ 及以上每增加 $20~50m^2$ 酌情增加 $1~2$ 个测点，均匀布置。

3. 答：空调系统的能耗主要有两个方面，一方面，是为了供给空气处理设备冷量和热量的冷热源能耗，如压缩式制冷机耗电、吸收式制冷机耗蒸汽或燃油、锅炉耗煤、燃油、燃气或电等；另一方面，是为了给房间送风和输送空调循环水，风机和水泵所消耗的电能。

四、计算题

解：$LPD = (36+4) \times 6/24 = 10(W/m^2)$

规范限值 $LPD = 11\text{W}/\text{m}^2$

设计需满足规范要求。

五、操作题

解:(略)

第十二节 风机盘管试验室检测

综合题

1. 风机盘管的组成和主要用途是什么?
2. 名词解释:额定风量,额定供冷量,额定供热量,出口静压。
3. 风机盘管机组检测的内容是什么?
4. 风机盘管机组风量试验装置由哪些组成?
5. 风机盘管机组供冷量和供热量试验装置由哪些组成。
6. 风机盘管机组噪声测量室有何要求?
7. 如何计算流经每个喷嘴的风量?
8. 如何计算湿工况风量? 如何计算供冷量? 如何计算供热量?
9. 如何测量并计算风机盘管机组电机绕组温升?
10. 已知大气压力为101325Pa,温度 $t=20℃$,求:①干空气的密度;②相对湿度为90%时的湿空气密度(干空气的气体常数 $R_\text{g}=287\text{J}/(\text{kg}\cdot\text{K})$,20℃时水蒸汽饱和压力 $P_{\text{q,b}}=2331\text{Pa}$)。

参考答案:

1. 答:风机盘管机组为空调系统末端设备,主要由离心风机、换热盘管组成,用水作为制冷或加热介质。它广泛适用于商店、办公室、宾馆、住宅、工厂、银行、医院等多房间工业或民用中央空调场合,以满足降温、去湿、采暖等要求。

2. 答:额定风量:在标准空气状态和规定的实验工况下,单位时间进入机组的空气体积流量(m^3/h 或 m^3/s)。

额定供冷量:机组在规定的试验工况下的总除热量,即显热和潜热量之和(W 或 kW)。

额定供热量:机组在规定的试验工况下供给的总显热量(W 或 kW)。

出口静压:机组在额定风量时克服自身阻力后,在出风口处的静压(Pa)。

3. 答:包括耐压和密封性检查试验、启动和运转试验、风量试验、供冷量及供热量试验、水阻试验、噪声试验、凝露试验、凝结水处理试验、绝缘电阻试验、电气强度试验、电机绕组温升试验、泄漏电流试验、接地电阻测量、湿热试验、外观检查。

4. 答:由静压室、流量喷嘴、穿孔板、排气室(包括风机)组成。
5. 答:由空气预处理设备、风路系统、水路系统及控制系统组成。
6. 答:噪声测量室为消声室或半消声室,半消声室地面为反射面。
7. 答:单个喷嘴的风量:

$$L_\text{n} = CA_\text{n}\sqrt{\frac{2\Delta P}{\rho_\text{n}}}$$

其中:

$$\rho_\text{n} = \frac{P_\text{t}+B}{287T}$$

式中　L_n——流经每个喷嘴的风量(m^3/s);
　　　C——流量系数,喷嘴喉部直径大于等于125mm时,可设定$C=0.99$;
　　　A_n——喷嘴面积(m^2);
　　　$\triangle P$——喷嘴前后的静压差或喷嘴喉部的动压(Pa);
　　　ρ_n——喷嘴处空气密度($\mu g/m^3$);
　　　P_t——机组出口空气全压(Pa);
　　　B——大气压力(Pa);
　　　T——机组出口热力学温度(K)。

8. 解:(1)湿工况风量计算

$$L_z = CA_n\sqrt{\frac{2\triangle P}{\rho}}$$

$$L_s = \frac{L_z\rho}{1.2}$$

其中:
$$\rho = \frac{(B+P_t)(1+d)}{461T(0.622+d)}$$

(2)供冷量计算

①风侧供冷量和显冷量
$$Q_a = L_s\rho(I_1 - I_2)$$
$$Q_{se} = L_s\rho C_{pa}(t_{a1} - t_{a2})$$

②水侧供冷量
$$Q_w = GC_{pw}(t_{w1} - t_{w2})$$

③实测供冷量
$$Q_L = \frac{1}{2}(Q_a + Q_w)$$

④两侧供冷量平衡误差
$$\left|\frac{Q_a - Q_w}{Q_L}\right| \times 100\% \leqslant 5\%$$

(3)供热量计算

①风侧供热量
$$Q_{ah} = L_s\rho C_{pa}(t_{a1} - t_{a2})$$

②水侧供热量
$$Q_{wh} = GC_{pw}(t_{w1} - t_{w2}) + N$$

③实测供热量
$$Q_h = \frac{1}{2}(Q_{ah} + Q_{wh})$$

④两侧供热量平衡误差
$$\left|\frac{Q_{ah} - Q_{wh}}{Q_h}\right| \times 100\% \leqslant 5\%$$

式中　L_z——湿工况风量(m^3/s);
　　　L_s——标准状态下湿工况的风量(m^3/s);
　　　A_n——喷嘴面积(m^2);
　　　C——喷嘴流量系数;
　　　$\triangle P$——喷嘴前后静压差或喷嘴喉部处的动压(Pa);

P_t ——在喷嘴进口处空气的全压(Pa);
B ——大气压力(Pa);
ρ ——湿空气密度(kg/m³);
d ——喷嘴处湿空气的含湿量[(干空气)];
T ——被试机组出口空气绝对温度(K),$T = 273 + T_{a2}$;
G ——供水量(kg/s);
t_{a1}、t_{a2} ——被试机组进、出口空气温度(℃);
t_{w1}、t_{w2} ——被试机组进、出口水温(℃);
C_{pa} ——空气定压比热[kJ/(kg·℃)];
C_{pw} ——水的定压比热[kJ/(kg·℃)];
N ——输入功率(kW);
I_1、I_2 ——被试机组进、出口空气焓值[kJ/kg(干空气)];
Q_a ——风侧供冷量(kW);
Q_{se} ——风侧显热供热量(kW);
Q_w ——水侧供冷量(kW);
Q_{ah} ——风侧供热量(kW);
Q_{wh} ——水侧供热量(kW);
Q_L ——被试机组实测供冷量(kW);
Q_h ——被试机组实测供热量(kW)。

9.答:按照凝露试验工况,分别于试验前和连续运行4h后测量电机绕组电阻和温度。

$$\Delta t = \frac{R_2 - R_1}{R_1}(235 + t_1) + t_1 - t_2$$

式中　Δt ——电机绕组温升(K);
R_2 ——试验结束时的绕组电阻(Ω);
R_1 ——试验开始时的绕组电阻(Ω);
t_1 ——试验开始时的绕组温度(℃);
t_2 ——试验结束时的空气温度(℃)。

10.答:①已知干空气的气体常数 $R_g = 287 J/(kg·K)$,此时干空气压力即大气压力 B,所以 $\rho_g = B/287T = (0.00348 \times 101325)/293 = 1.205 kg/m^3$

②已知20℃时水蒸气饱和压力 $P_{q,b} = 2331 Pa$,所以
$\rho = 0.003484 \times B/T - 0.00134 \times \psi \times P_{q,b}/T = (0.003484 \times 101325)/293 - (0.00134 \times 0.9 \times 2331)/293 = 1.195 kg/m^3$

风机盘管试验室检测模拟试卷(A)

一、填空题(每题2分,共计30分)

1.风机盘管机组为空调系统末端设备,主要由_____、_____组成,用_____作为制冷或加热介质。

2.气压浸水法进行耐压和密封性试验,要求保压至少_____,环境温度应不低于_____。

3.风量试验装置由_____、_____、_____、_____组成。

4.风量试验过程中,喷嘴喉部速度必须在_____之间。

5. 风量试验过程中,穿孔板的穿孔率约为_____。
6. 供冷量、供热量试验装置由_____、_____、_____及_____组成。
7. 供冷量、供热量试验中,流经湿球温度计的空气速度在_____之间,最佳保持在_____。
8. 噪声试验中,噪声测量室为_____,_____地面为反射地面。
9. 噪声试验中,有出口静压的机组在机组回风口安装_____,并在端部安装_____,调节到要求静压值。
10. 绝缘电阻试验中,在常温常湿条件下,用_____测量_____之间的绝缘电阻(冷态)。
11. 电机绕组温升试验中,用_____进行测量。
12. 电阻测量时,用接地电阻表测量_____与_____之间的电阻。
13. 测量湿工况风量时,两侧热平衡差应在_____有效。
14. 进行供冷量或供热量试验时,只有在系统和工况达到_____以后,才能进行测量记录。
15. 风机盘管根据结构形式可分为_____,根据安装形式可分为_____。

二、选择题(每题 3 分,共计 30 分)

1. 耐压和密封性检查试验中,机组的盘管在_____压力下应能正常运行无泄漏。
   A. 1.3MPa   B. 1.6MPa   C. 1.8MPa   D. 2.0MPa
2. 风机盘管机组用_____作为制冷或制热介质。
   A. 水   B. 氟利昂   C. 油   D. 溴水
3. 额定供冷量是_____之和。
   A. 显热量与除热量   B. 显热量与潜热量   C. 潜热量与除热量
4. 风量试验过程中,喷嘴喉部速度必须在_____之间。
   A. 10～20m/s   B. 15～30m/s   C. 15～35m/s   D. 20～35m/s
5. 穿孔板的穿孔率约_____。
   A. 20%   B. 30%   C. 40%   D. 50%
6. 供冷量试验中,机组出口至流量喷嘴段之间的漏风量应小于被试机组风量的_____。
   A. 0.5%   B. 1%   C. 1.5%   D. 2%
7. 测量湿球温度时,湿球温度计的纱布应洁净,并与温度计紧密贴住,不应有气泡,用_____使其保持湿润。
   A. 蒸馏水   B. 酒精   C. 酸性溶液   D. 碱性溶液
8. 湿球温度计应安装在干球温度计的_____。
   A. 上游   B. 中游   C. 下游
9. 在消声室环境中,1/3 倍频带中心频率<630Hz 时,最大允许差为_____dB。
   A. ±0.5   B. ±1.0   C. ±1.5   D. ±2.0
10. 电气强度试验中,大批量生产时可用的电压为_____。
    A. 1500V   B. 1800V   C. 2000V   D. 3000V

三、问答题(每题 10 分,共计 40 分)

1. 名词解释:额定风量,额定供冷量,额定供热量,出口静压。
2. 风机盘管机组供冷量和供热量试验装置由哪些组成?
3. 如何测量并计算风机盘管机组电机绕组温升?
4. 如何计算湿工况风量?如何计算供冷量?如何计算供热量?

四、计算题(20分)

已知大气压力为101325Pa,温度 $t=20℃$,求:①干空气的密度;②相对湿度为90%时的湿空气密度(干空气的气体常数 $R_g=287J/(kg·K)$,20℃时水蒸气饱和压力 $P_{q,b}=2331Pa$)。

风机盘管试验室检测模拟试卷(B)

一、填空题(每题2分,共计30分)

1. 风机盘管机组为空调系统末端设备,主要由_____、_____组成,用_____作为制冷或加热介质。
2. 对于风机盘管的检测内容,适用于送风量在_____以下,出口静压小于_____的机组。
3. 风量试验装置由_____、_____、_____组成。
4. 风量试验过程中,穿孔板的穿孔率约为_____。
5. 空气预处理设备应包括_____、_____及_____。
6. 供冷量、供热量试验装置由_____、_____、_____及_____组成。
7. 噪声试验中,噪声测量室为_____,_____地面为反射地面。
8. 噪声试验中,有出口静压的机组在机组回风口安装_____,并在端部安装_____,调节到要求静压值。
9. 绝缘电阻试验中,在凝结水处理工况连续运行4h后,用_____测量_____之间的绝缘电阻(热态)。
10. 电机绕组温升试验中,用_____进行测量。
11. 电阻测量时,用接地电阻表测量_____与_____之间的电阻。
12. 测量湿工况风量时,两侧热平衡差应在_____有效。
13. 进行供冷量或供热量试验时,只有在系统和工况达到_____以后,才能进行测量记录。
14. 湿热试验中,施加1250V电压时,1min内应无_____。
15. 风机盘管根据出口静压不同可分为_____,根据特征不同可分为_____。

二、选择题(每题3分,共计30分)

1. 耐压和密封性检查试验中,机组的盘管在_____压力下应能正常运行无泄漏。
   A. 1.3MPa   B. 1.6MPa   C. 1.8MPa   D. 2.0MPa
2. 额定供热量是机组在规定的试验工况下供给的_____。
   A. 总显热量   B. 总显湿量   C. 总除热量
3. 风机盘管机组用_____作为制冷或制热介质。
   A. 水   B. 氟利昂   C. 油   D. 溴水
4. 风路系统应满足测试段和静压室至排气室之间应隔热,其漏热量应小于被试机组换热量的_____。
   A. 1%   B. 2%   C. 3%   D. 4%
5. 穿孔板的穿孔率约_____。
   A. 20%   B. 30%   C. 40%   D. 50%
6. 供冷量试验中,机组出口至流量喷嘴段之间的漏风量应小于被试机组风量的_____。
   A. 0.5%   B. 1%   C. 1.5%   D. 2%

7. 测量湿球温度时,湿球温度计的纱布应洁净,并与温度计紧密贴住,不应有气泡,用_____使其保持湿润。
   A. 蒸馏水　　　　B. 酒精　　　　C. 酸性溶液　　　　D. 碱性溶液
8. 湿球温度计应安装在干球温度计的_____。
   A. 上游　　　　　B. 中游　　　　C. 下游
9. 在半消声室环境中,1/3 倍频带中心频率<630Hz 时,最大允许差为_____dB。
   A. ±0.5　　　　　B. ±1.5　　　　C. ±2.5　　　　　D. ±3.0
10. 泄漏电流试验中,连续运行 4h 后,施加_____额定电压。
    A. 50%　　　　　B. 80%　　　　C. 110%　　　　　D. 150%

三、问答题(每题 10 分,共计 40 分)

1. 名词解释:额定风量,额定供冷量,额定供热量,出口静压。
2. 风机盘管机组检测的内容?
3. 风机盘管机组噪声测量室有何要求?
4. 如何计算湿工况风量?如何计算供冷量?如何计算供热量?

四、计算题(20 分)

已知大气压力为 101325Pa,温度 $t=20℃$,求:①干空气的密度;②相对湿度为 90% 时的湿空气密度。(干空气的气体常数 $R_g=287J/(kg·K)$,20℃时水蒸汽饱和压力 $P_{q,b}=2331Pa$)

第十三节　太阳能热水系统
第十四节　太阳能热水设备试验室检测

一、填空题

1. 太阳能热水器是利用温室原理,将太阳能转变为热能,以达到将水加热之目的的整套装置。通常由_____、_____、连接管道、支架、_____和其他配件组合而成,必要时,还要增加_____。
2. 按太阳能热水器集热原理可分为_____、_____、_____太阳能热水器和热泵型太阳能热水器。
3. 总日射表传感器应安装在太阳集热器高度的_____,并与太阳能集热器采光面平行,两平行面的平行度相差应小于_____。
4. 温度测量仪表应分别放置在与太阳能集热器中心点相同高度和贮水箱中心点相同高度的遮荫通风处,分别距离太阳能集热器和贮水箱_____的范围内,试验期间环境温度应保持在_____。
5. 单个贮水箱容积≥0.6m³ 的太阳能热水系统热性能试验中,试验所用冷水为该系统投入正常使用时的实际用水,水温_____。
6. 单个贮水箱容积≥0.6m³ 的太阳能热水系统热性能试验中,试验开始时,应同时记录_____读数,并将强制循环系统循环泵置于正常运行控制状态,同时应关闭贮水箱的混水装置,记录贮水箱上下部水温。_____就是试验开始时贮水箱内的水温 t_b。
7. 单个贮水箱容积≥0.6m³ 的太阳能热水系统热性能试验中,_____就是试验期间单位轮廊采光面积的太阳辐照量 H。对处在不同采光面积上的太阳热水系统,应_____。

8. 贮热水箱容积在 0.6m³ 以下的太阳热水系统热性能试验中,系统工作_____,从太阳正午时前 4h 到太阳正午时后 4h。集热器应在太阳正午后 4h 时遮挡起来,启动混水泵,以_____的流量,将贮热水箱底部的水抽到顶部进行循环来混合贮热水箱中的水,使贮热水箱内的水温均匀化,至少_____内贮热水箱的入口温度的变化不大于_____,记录水箱内三个测温点的温度,贮热水箱的入口温度或三个测温点的平均值即为集热试验结束时贮水箱内的水温 t_e。

9. 太阳高度角是指_____与在_____间的夹角。

10. 太阳辐射度指在_____上,_____所获得的太阳辐射能(kW/m²)。

11. 平均热损因数指在_____条件下的一段时间内,单位时间内、单位水体积太阳能热水系统_____与_____之间单位温差的_____损失。

12. 工质质量流量可以_____,或通过所测量的_____换算得出。测量准确度应为 ±1%。

13. 在稳态条件下运行的太阳能集热器的瞬时效率 η 定义为:在稳态条件下,集热器获得的_____与_____之比。

14. 太阳集热器室外稳态效率试验中,每个试验周期都应使集热器的方位保持在该_____范围内。

15. 考虑到工质循环次数不同,太阳能热水器可分为_____和_____。

16. 风速仪应分别放置在与太阳能集热器中心点同一高度和贮水箱中心点同一高度的遮荫处,分别距离太阳能集热器和贮水箱_____的范围内,环境空气的平均流动速率不大于_____。

17. 冷水入口、热水出口及水箱内温度测量装置,仪器精度应为_____,环境温度测量装置,仪器精度应为 ±0.2℃;测量空气流速的风速仪的准确度应为_____。

18. 单个贮水箱容积≥0.6m³ 的太阳能热水系统热性能试验中,在试验开始前_____,启动贮水箱的混水装置进行混水,使贮水箱上下部水温差别在_____以内。对于强迫循环系统,还应同时手动启动太阳能热水系统的循环泵。

19. 单个贮水箱容积≥0.6m³ 的太阳能热水系统热性能试验中,试验结束时,应记录_____读数,同时关闭系统上下循环管路与贮水箱之间的阀门,关闭强制循环系统的循环泵,启动贮水箱的混水装置。当_____时,记录贮水箱上下部水温,取其平均值,作为试验结束时贮水箱内的水温 t_e。

20. 单个贮水箱容积≥0.6m³ 的太阳能热水系统,贮水箱保温性能试验中,在保温性能试验开始前,应将贮水箱充满不低于_____的热水。贮水箱保温性能试验一般应在晚上 8:00 至第二天早晨 6:00,试验时间共计 10h。

21. 贮热水箱容积在 0.6m³ 以下的太阳热水系统热性能试验中,在试验期间,在贮热水箱所在处的附近每小时测量一次环境温度,共_____次,得出热水箱附近的_____。

22. 单位面积日有用得热量指在一定_____下,贮水箱内的水温不低于规定值时,_____贮水箱内水的日得热量。

23. 在太阳能集热器热性能实验室检测中,如果平均风速小于_____,宜采用人工送风,在集热器上方距采光口_____的_____上逐点进行测量并取它们的平均值。在风速稳定的条件下测量,应在性能试验前后进行。在有自然风的场所,应在靠近集热器的_____以内的位置进行风速测量。

24. 集热器工质容量应由试验中所用的传热工质的质量来表示。测量准确度应为_____。可通过分别测量集热器空时质量和充满工质时的质量来求得,或通过测量装满空集热器所需工质的质量来求得。测量集热器工质容量时工质温度应在_____范围内。

25. 太阳集热器室外稳态效率试验中,对于数据点的选取,应在集热器工作温度范围内至少取四个间隔均匀的工质进口温度。为了获得 η_0，其中一个进口温度应使集热器工质平均温度与环境空气温度之差在_____之内。应根据_____确定工质最高进口温度，对于平板型集热器，集热器最高进口温度不应超过_____，对于真空管型集热器，最高进口温度与环境温度之差应大于 40℃。

对于每个工质进口温度至少取四个独立的数据点，每个瞬时效率点的测定时间间隔应不少于_____。

26. 集热器时间常数的定义为：在太阳辐照度从一开始有阶跃式增加后，集热器出口温度上升到从 $(t_e - t_a)0$ 至 $(t_e - t_a)2$ 总增量的_____时所用的时间。

27. 太阳集热器压降试验中，在集热器生产厂没有提供标称流量范围的情况下，应在每平方米集热器总面积_____的流量范围内进行测量。

二、单项选择题

1. 在太阳能热水系统检测中，贮热水箱容积小于 $0.6m^3$ 的家用热水系统的热性能指标：
   (1) 试验结束时贮水温度_____；
   (2) 日有用得热量（紧凑式与闷晒式）_____；
   (3) 平均热损因数（紧凑式与分离式）为_____。
   A. 大于 45℃　大于 $7.0MJ/m^2$　小于 $10W/(m^3·K)$
   B. 大于 45℃　大于 $7.5MJ/m^2$　小于 $22W/(m^3·K)$
   C. 大于 40℃　大于 $7.5MJ/m^2$　小于 $32W/(m^3·K)$
   D. 大于 40℃　大于 $7.0MJ/m^2$　小于 $50W/(m^3·K)$

2. 以全玻璃真空管太阳能家用热水器系统为例，Q-B-J-1-150/2.0/0.05 中的 J 代表的含义是：_____。
   A. 分离式　　　　B. 紧凑式　　　　C. 闷晒式　　　　D. 排放式

3. 太阳热水系统贮水箱保温性能试验中，以每小时的流量不小于贮水箱容量_____的流量，启动贮水箱的混水装置，直到贮水箱上下部水温差值在_____以内。
   A. 30%　±1℃　　B. 40%　±2℃　　C. 30%　±2℃　　D. 40%　±1℃

4. 平板型太阳能集热器的瞬时效率截距 $\eta_{0,a}$ 应不低于_____，总热损系数 U 应不大于_____ $W/(m^2·℃)$，吸热体涂层的吸收比应不低于_____。
   A. 0.80　6.0　0.92　　　　B. 0.72　6.0　0.92
   C. 0.72　6.0　0.83　　　　D. 0.80　7.0　0.92

5. 太阳集热器试验性能试验中，集热器的安装最低边离地面不应小于_____ m，在屋顶上试验时，台架距屋顶边缘的距离应不大于_____ m，试验场地周围应无反射比大于_____的物体。
   A. 0.5　1　0.2　　B. 1.5　2　0.1　　C. 0.5　2　0.2　　D. 1.5　2　0.2

6. 室外稳态效率试验中，对于数据点的选取，应在集热器工作温度范围内至少取四个间隔均匀的工质进口温度。为了获得 η_0，其中一个进口温度应使集热器工质平均温度与环境空气温度之差在_____之内。应根据集热器的最高工作温度确定工质最高进口温度，对于平板型集热器，集热器最高进口温度不应超过_____ ℃，对于真空管型集热器，最高进口温度与环境温度之差应大于_____ ℃。
   A. ±3℃　70℃　40℃　　　　B. ±1℃　50℃　40℃
   C. ±3℃　50℃　40℃　　　　C. ±1℃　70℃　40℃

7. 风速仪应分别放置在与太阳能集热器中心点同一高度和贮水箱中心点同一高度的遮荫处，

分别距离太阳能集热器和贮水箱_____的范围内,环境空气的平均流动速率不大_____。

　　A.1.5～10.0m　4m/s　　　　　　　B.2.0～12.0m　4m/s
　　C.1.0～12.0m　4m/s　　　　　　　D.1.5～12.0m　4m/s

8. 冷水入口、热水出口及水箱内温度测量装置,仪器精度应为_____,环境温度测量装置,仪器精度应为_____;测量空气流速的风速仪的准确度应为_____。

　　A. ±0.2%　±0.2%　±0.5%　　　　B. ±0.2%　±0.2%　±0.1%
　　C. ±0.1%　±0.2%　±0.5%　　　　D. ±0.1%　±0.1%　±0.2%

9. 单个贮水箱容积≥$0.6m^3$的太阳能热水系统热性能试验中,在试验开始前_____,启动贮水箱的混水装置进行混水,使贮水箱上下部水温差别在_____以内。对于强迫循环系统,还应同时手动启动太阳能热水系统的循环泵。

　　A.90min　0.5℃　　B.60min　0.5℃　　C.30min　1℃　　D.10min　1℃

10. 单个贮水箱容积≥$0.6m^3$的太阳能热水系统,贮水箱保温性能试验中,在保温性能试验开始前,应将贮水箱充满不低于_____的热水。贮水箱保温性能试验一般应在晚上8:00至第二天早晨6:00,试验时间共计10h。

　　A.60℃　　　　　B.50℃　　　　　C.40℃　　　　　D.30℃

11. 在太阳能热水系统检测中,贮热水箱容积大于等于$0.6m^3$的家用热水系统的热性能指标:(1)升温性能;(2)日有用得热量(直接系统);(3)贮水箱保温性能($2m^3≤V≤4m^3$时)分别为_____。

　　A. $\triangle t17≥25℃$;$q17≥7.0MJ/m^2$;$\triangle t_{sd}≤8.0℃$
　　B. $\triangle t17≥25℃$;$q17≥6.3MJ/m^2$;$\triangle t_{sd}≤5.0℃$
　　C. $\triangle t17≥25℃$;$q17≥7.0MJ/m^2$;$\triangle t_{sd}≤6.5℃$
　　D. $\triangle t17≥20℃$;$q17≥6.3MJ/m^2$;$\triangle t_{sd}≤5.0℃$

12. 太阳热水系统检测中,测量冷水体积或质量的仪表的准确度应为_____。

　　A. ±1%　　　　B. ±2%　　　　C. ±3%　　　　D. ±4%

13. 太阳热水系统热性能检测中,应使用_____级总日射表测量太阳辐照量,总辐射表精度为_____,总辐射表应按国家规定进行校准。

　　A. 一　±5%　　B. 二　±5%　　C. 二　±10%　　D. 一　±10%

14. 无反射器的真空管型太阳能集热器的瞬时效率截距$\eta_{0,a}$应不低于_____;总热损系数U应不大于_____W/(m²·℃)。

　　A.0.62　3.0　　B.0.62　2.5　　C.0.52　3.0　　D.0.52　2.5

15. 室外稳态效率试验中,集热器采光面上的总太阳辐照度应不小于_____W/m²,试验期间总太阳辐照度的变化应不大于_____W/m²。工质质量流量可以根据生产厂家推荐的流量值进行试验。当生产厂家没有声明时,工质质量流量可根据集热器的总面积设定在_____kg/(m²·s)。

　　A.700　±50　0.02　　　　　　　B.700　±30　0.01
　　C.800　±50　0.02　　　　　　　D.800　±30　0.01

16. 稳态数据点的试验周期应包括至少_____min的预备期和至少_____min的稳态测量周期。

　　A.5　10　　　　B.10　10　　　　C.12　12　　　　D.15　12

17. 总日射表传感器应安装在太阳集热器高度的_____位置,并与太阳能集热器采光面平行,两平行面的平行度相差应小于_____。

　　A. 上方位置　±1°　B. 中间位置　±1°　C. 下间位置　±2°　D. 下间位置　±3°

18. 温度测量仪表应分别放置在与太阳能集热器中心点相同高度和贮水箱中心点相同高度的遮荫通风处,分别距离太阳能集热器和贮水箱_____的范围内,试验期间环境温度应保持在_____。

    A. 1.5～10.0m　8～29℃　　　　　　　B. 1.5～10.0m　8～39℃
    C. 2.5～12.0m　8～29℃　　　　　　　D. 2.5～12.0m　8～39℃

19. 单个贮水箱容积≥0.6m³ 的太阳能热水系统热性能试验中,试验所用冷水为该系统投入正常使用时的实际用水,水温_____。

    A. 5℃≤t_e≤20℃　　　　　　　　　　B. 8℃≤t_e≤25℃
    C. 10℃≤t_e≤30℃　　　　　　　　　　D. 12℃≤t_e≤35℃

20. 传热工质通过集热器所产生的压力降的测量准确度应为_____。

    A. ±30Pa　　　　B. ±40Pa　　　　C. ±50Pa　　　　D. ±60Pa

三、问答题

1. 简要叙述贮热水箱容积<0.6m³ 的家用热水系统中热性能判定指标。
2. 以全玻璃真空管太阳能家用热水器系统为例,列出其中的产品标记分别代表的含义:
  (1) Q – B – J – 1 – 120/1.83/0
  (2) Z – QB/0.05 – WF – 1.8/12 – 58/1
3. 太阳能热水系统实验室热性能检测的仪器设备有哪些?
4. 太阳能热水系统实验室热性能检测的测量参数有哪些?
5. 真空管型太阳能集热器热性能判定指标是什么?
6. 按太阳能热水器集热原理可分为哪些种类?
7. 太阳热水系统热性能检测中检测仪器及精度要求是什么?

四、计算题

1. 某太阳能系统工程运行试验中,对太阳热水系统热性能参数进行测算。已知系统的太阳集热器不在同一采光平面,其采光平面的轮廓采光面积为6.2m²、6.6m²,两轮廓采光平面的日太阳辐照量,分别为17.90MJ/m²、18.70MJ/m²。

    问:(1)当日太阳辐照量为17MJ/m² 时,太阳能热水系统需得到多少日有用得热量,才可以使600L 的水,从20℃加热到59℃;贮水箱中水的升温值是多少?

    (2)又知当地室外环境空气平均温度为18℃,贮水箱保温性能试验中贮水箱中水的平均温度由59℃降至57℃,贮水箱水温在当地标准温差下的温降值为多少?

    (水的密度为1000kg/m³,水的比热容为4.186kJ/(kg·℃),答案保留小数点后两位小数)

2. 对家用热水器(紧凑式)做日有用得热量和夜间热损试验,在白天8h 试验期间,水箱中120L 水的水温由20.0℃升至50.4℃,在夜间8h 期间,水箱中的水温由50.4℃降至47.8℃,其间测得平均环境温度为28.1℃,已知集热器轮廓采光面积为1.9m²,水的密度为1000kg/m³,水的比热容为4.186kJ/(kg·℃)。

    求:(1)这台家用热水器的日有用得热量为多少?
    (2)夜间试验得出的平均热损因数为多少?(取到小数点后2位)

3. 南京地区某18层住宅楼,平面布置为对称的两个单元,每个单元36户,按每户3.5人计算共126人。要求按单元集中全天供应生活热水。热水用水指标q_r=60L/(人·d),热水温度t_r=60℃,冷水温度t_l=10℃。建筑朝向正南北向,屋面为平顶。计算本系统太阳集热器总采光面积。(水的比热C=4.187kJ/(kg·℃);热水密度ρ_r=1kg/L 年平均日太阳辐照量J_r=13316KJ/m²;太阳

能保证率 $f=50\%$；集热器年平均集热效率 $\eta=50\%$；贮热水箱及管路热损失率 $\eta_L=0.20$）

4. 某真空管太阳集热器热性能试验中，已知集热器进出口温度分别是 38℃、41.2℃，环境温度为 19.2℃，总太阳辐照度为 823W/m²，当使用集热器进口温度时，归一化温差为多少？（保留小数点后三位）

5. 窗玻璃的厚度为 3mm，玻璃的热导率 =0.8(W/K)，室内温度为 20℃，室外温度为 6℃，室内侧对流换热系数 7.5W/(m²·K)，室外侧对流换热系数为 22.7W/(m²·K)。求通过单位面积（1m²）玻璃的热损失。

6. 当集中供热系统的集热器为 40 个，其中有 30 个集热器的方位角为南偏东 10°，10 个集热器的方位角为正南。每个集热器的轮廓采光面积为 2.5m²，非正南方向集热器的日太阳辐照量为 20.80MJ/m²，正南方向集热器的日太阳辐照量为 21.50MJ/m²，开始试验时的水温是 16℃，结束试验时的水温为 58℃，试验水量为 12m³。请计算当太阳辐照量为 17MJ/m² 时，该系统的日有用得热量？（水的密度为 1000kg/m³，水的比热容为 4.186kJ/(kg·℃)，答案保留小数点后两位小数）

7. 在集热试验中，试验工质进口温度为 19.1℃、出口温度为 22.4℃，工质流量为 0.02kg/s，此时传热工质比热容 4186.7J/(kg·℃) 为，总太阳辐照度为 810W/m²，其集热器的总面积为 1.3m²，集热器采光面积为 0.54m²。请计算分别以集热器总面积和以采光面积时为参考时太阳辐射功率。

8. 下表为某真空管太阳能集热器的试验报告数据，请计算出其他数据：

总面积 $A_G=1.3m^2$、采光面积总面积 $A_a=0.54m^2$。

表1

日期 年月日	当地时间 时分	G (W/m²)	t_a (℃)	u (m/s)	t_i (℃)	t_e (℃)	m (kg/s)
2003-6-10	12:10	810	19.1	4	19.1	22.4	0.02
2003-6-10	12:20	815	19.2	4	33	36.4	0.02
2003-6-10	12:30	820	19.5	4	50	53.8	0.02
2003-6-10	12:40	840	19.8	4	70	74	0.02

表2

日期 年月日	当地时间 时分	t_e-t_i (℃)	C_f [J/(kg·℃)]	Q (W)	T_i^* [(m²·℃)/W]	η_a (%)	η_G (%)
2003-6-10	12:10	3.3	4186.7				
2003-6-10	12:20	3.4	4186.7				
2003-6-10	12:30	3.8	4186.7				
2003-6-10	12:40	4	4186.7				

参考答案：

一、填空题

1. 太阳能集热器　储水箱　控制器　辅助热源

2. 闷晒型太阳能热水器（集热器和水箱合二为一）　平板型太阳能热水器　全玻璃真空管型太阳能热水器　热管真空管型

3. 中间位置　±1°

4. 1.5～10.0m　8～39℃

5. 8℃≤t_e≤25℃
6. 总日射表太阳辐照量　贮水箱上下部水温的平均值
7. 试验结束与开始时太阳辐照量读数的差值
分别计算试验期间不同采光平面单位轮廓采光面积的太阳辐照量
8. 8h　400~600L　5min　±0.2℃
9. 太阳光线　地平面投影线
10. 垂直于太阳光线的平面　单位时间内在单位面积上
11. 无太阳辐照　贮水温度　环境温度　平均热量
12. 直接测量　体积流量和温度
13. 有用功率　集热器表面接收的太阳辐射功率
14. 入射角的±2.5°
15. 一次循环太阳能热水器(或称直接系统)　二次循环太阳能热水器(或称间接系统)
16. 1.5~10.0m　4m/s
17. ±0.1℃　±0.5m/s
18. 30min　1℃
19. 总日射表太阳辐照量　贮水箱上下部水温差值降到1℃以内
20. 50℃
21. 9　环境平均温度t_{as}(av)
22. 日太阳辐照量　单位轮廓采光面积
23. 2m/s　100mm　若干均匀分布点　5m
24. 10%　10~25℃
25. ±3℃　集热器的最高工作温度　70℃　3min
26. 63.2%
27. 0.005~0.04kg/s

二、单项选择题

1. B	2. B	3. A	4. B
5. C	6. A	7. A	8. C
9. C	10. B	11. C	12. A
13. A	14. A	15. A	16. C
17. B	18. B	19. B	20. C

三、问答题

1. 答：贮热水箱容积<0.6m³的家用热水系统中，太阳热水系统中热性能判定指标为：
试验结束时贮水温度≥45℃
日有用得热量(紧凑式与闷晒式)≥7.5MJ/m²
日有用得热量(分离式与间接式)≥7.0MJ/m²
平均热损因数(紧凑式与分离式)≤22W/(m³·K)
平均热损因数(闷晒式)≤90W/(m³·K)

2. 答：(1) Q——全玻璃真空管太阳能集热器
B——水在玻璃管内
J——紧凑式

1——直接式

120/1.83/0——贮热水箱标称水量为120L/标称采光面积为$1.83m^2$/额定压力为0MPa

(2)Z——真空管型太阳能集热器

QB/0.05——全玻璃真空管型太阳能集热器/工作压力为0.05MPa

WF——无反射器

1.8/12——采光面积为$1.8m^2$/真空太阳集热管为12根

58/1——真空太阳集热管罩为玻璃管,外径为58mm;1型

3. 答:(1)一级总日射辐射表;

(2)地球辐射表(散射辐射表);

(3)水温测量控制系统;

(4)环境温度测量装置;

(5)风速仪;

(6)太阳直接日射入射角测定仪;

(7)水系统8~80℃可调节的恒温装置。

4. 答:(1)集热器轮廓采光面积A_c;

(2)工质容量V_f;

(3)集热器采光面上太阳辐照度G;

(4)集热器采光面上散射太阳辐照度G_d;

(5)环境空气风速u;

(6)工质质量流量m;

(7)环境空气温度t_a;

(8)工质进口温度t_i;

(9)工质出口温度t_e;

(10)直接日射入射角θ;直接日射入射角可用入射角测量仪直接读数。

5. 答:真空管型太阳能集热器:

(1)无反射器的真空管型太阳能集热器的瞬时效率截距$\eta_{0,a}$应不低于0.62;

(2)有反射器的真空管型太阳能集热器的瞬时效率截距$\eta_{0,a}$应不低于0.52;

(3)无反射器的真空管型太阳能集热器的总热损系数U应不大于$3.0W/(m^2 \cdot ℃)$;

(4)有反射器的真空管型太阳能集热器的总热损系数U应不大于$2.5W/(m^2 \cdot ℃)$。

6. 答:按太阳能热水器集热原理可分为闷晒型太阳能热水器(集热器和水箱合二为一)、平板型太阳能热水器、全玻璃真空管型太阳能热水器、热管真空管型太阳能热水器和热泵型太阳能热水器。

7. 答:(1)应使用一级总日射表测量太阳辐照量,总辐射表精度为$\pm 5\% W/m^2$,总辐射表应该按国家规定进行校准;

(2)冷水入口、热水出口及水箱内温度测量装置,仪器精度应为±0.1℃,环境温度测量装置,仪器精度应为±0.2℃;测量空气流速的风速仪的准确度应为±0.5m/s。

(3)计时的钟表的准确度应为±0.2%。

(4)测量冷水体积或质量的仪表的准确度应为±1%。

(5)测量长度的钢尺或钢板尺的准确度应为±1%。

(6)测量压力的仪表的准确度应为±5%。

四、计算题

1. 解:根据题意已知:水的密度$\rho_w = 1000 kg/m^3$;水的比热容$c_{pw} = 4.186 kJ/(kg \cdot ℃)$;贮水箱内

的试验水量 $V_s = 0.6 m^3$；集热试验结束时贮水箱中水的平均温度 $t_e = 59℃$；集热试验开始时贮水箱中水的平均温度 $t_b = 20℃$；采光平面的轮廓采光面积分别为 $A_1 = 6.2 m^2$, $A_2 = 6.6 m^2$；两轮廓采光平面的日太阳辐照量，分别为 $H_1 = 17.90 MJ/m^2$、$H_2 = 18.70 MJ/m^2$；贮水箱保温性能试验开始时贮水箱中水的平均温度 $t_r = 59℃$；贮水箱保温性能试验结束时贮水箱中水的平均温度 $t_f = 57℃$；贮水箱保温性能试验期间贮水箱周围的环境空气平均温度 $t_{as(av)} = 18℃$

（1）根据相关公式得出日有用得热量和升温性能：

$$q_{17} = \frac{17\rho_w c_{pw}(t_e - t_b)}{1000 \sum_{i=1}^{n} H_i A_{ci}} = \frac{17 \times 1000 \times 4.186 \times 0.6 \times (59-20)}{1000 \times (6.2 \times 17.90 + 6.6 \times 18.70)}$$
$$= 7.10 MJ/m^2$$

$$\Delta t_{17} = \frac{17(t_e - t_b)\sum_{i=1}^{n} A_{ci}}{\sum_{i=1}^{n} H_i A_{ci}} = \frac{17 \times (59-20) \times (6.2+6.6)}{6.2 \times 17.90 + 6.6 \times 18.70} = 36℃$$

（2）根据相关公式得出贮水箱保温性能：

$$\Delta t_{sd} = \frac{(t_r - t_f)\Delta t_s}{(t_r + t_f)/2 - t_{as(av)}} = \frac{(59-57) \times |(18-45)|}{\frac{(59+57)}{2} - 18} = 1.35℃$$

2. 解：根据题意已知：水的密度 $\rho_w = 1000 kg/m^3$；水的比热容 $c_{pw} = 4186 J/(kg \cdot ℃)$；贮水箱内的试验水量 $V_s = 0.12 m^3$；集热试验结束时贮水箱中水的平均温度 $t_e = 50.4℃$；集热试验开始时贮水箱中水的平均温度 $t_b = 20℃$；采光平面的轮廓采光面积为 $A_c = 1.9 m^2$；热损试验中贮热水箱内的初始水温 $t_m = 50.4℃$；热损试验中贮热水箱内的最终水温 $t_n = 47.8℃$；贮水箱保温性能试验期间贮水箱周围的环境空气平均温度 $t_{as(av)} = 28.1℃$；

（1）根据相关公式得出日有用得热量：

$$Q_s = \rho_s c_{pw} V_s(t_e - t_b)$$
$$= 1000 \times 4.186 \times 0.12 \times (50.4 - 20.0) = 15270.52 kJ = 15.27 MJ$$

$$q = \frac{Q_s}{A_c} = 15.27 \div 1.9 = 8.04 MJ/m^2$$

（2）根据相关公式得出平均热损因数：

$$U_s = \frac{\rho_w c_{pw} V_s}{\Delta \tau} \ln\left[\frac{t_m - t_{as(av)}}{t_n - t_{as(av)}}\right]$$
$$= \frac{1000 \times 4186 \times 0.12}{8 \times 60 \times 60} \ln \frac{22.3}{19.7} = 17.44 \times 0.12 = 2.09 W/K$$

$$U_{sl} = \frac{U_s}{V_s} = 2.09/0.12 = 17.42 W/(m^3 \cdot K)$$

3. 解：根据题意已知：$q_r = 60 L/(人 \cdot d)$；$m = 126$ 人；$\rho_w = 1 kg/L$；$C = 4.187 kJ/(kg \cdot ℃)$；$t_r = 60℃$；$J_r = 13316 KJ/m^2$；$f = 50\%$；$\eta_L = 0.20$。那么本系统太阳集热器总采光面积为：

$$Q_{rd} = q_r \cdot m = 60 \times 126 = 7560(L/d)$$

$$A_s = \frac{Q_{rd}\rho_r C(t_r - t_l)f}{J_r \eta (1 - \eta_L)} = \frac{7560 \times 4.187 \times 1 \times (60-10) \times 0.5}{13316 \times 0.5 \times (1-0.2)} = 148.57 m^2$$

4. 解：根据题意已知：

$$T_i = (t_i - t_a)/G = (38 - 19.2)/823 = 0.023(m^2 \cdot ℃)/W$$

5. 解：根据题意已知：$t_{f1} = 20℃$，$t_{f2} = 6℃$，$A = 1 m^2$，$h_1 = 7.5 W/(m^2 \cdot K)$，

$\lambda = 0.8\text{W}/(\text{m}\cdot\text{K})$, $h_2 = 22.7\text{W}/(\text{m}^2\cdot\text{K})$，那么各部分热阻分别为：

$$R_1 = \frac{1}{h_1 A} = \frac{1}{7.5\times 1} = 0.13333\text{K/W}$$

$$R_2 = \frac{\delta}{\lambda A} = \frac{0.003}{0.8\times 1} = 0.00375\text{K/W}$$

$$R_3 = \frac{1}{h_1 A} = \frac{1}{22.7\times 1} = 0.04405\text{K/W}$$

代入公式得导热的热流量为

$$\Phi = \frac{t_{f_1} - t_{f_2}}{R_1 + R_2 + R_3} = \frac{20-6}{0.13333+0.00375+0.04405} = 77.3\text{W}$$

6. 解：根据题意已知：水的密度 $\rho_w = 1000\text{kg/m}^3$；水的比热容 $c_{pw} = 4.186\text{kJ}/(\text{kg}\cdot\text{℃})$；贮水箱内的试验水量 $V_s = 12\text{m}^3$；集热试验结束时贮水箱中水的平均温度 $t_e = 58\text{℃}$；集热试验开始时贮水箱中水的平均温度 $t_b = 16\text{℃}$；采光平面的轮廓采光面积为 $A = 2.5\text{m}^2$；两轮廓采光平面的日太阳辐照量，分别为 $H_{南} = 21.5\text{MJ/m}^2$、$H_{偏南} = 20.80\text{MJ/m}^2$。

根据相关公式得出系统日有用得热量：

$$q_{17} = \frac{17\rho_w c_{pw} V_s(t_e - t_b)}{1000\sum_{i=1}^{n} H_i A_{ci}}$$

$$= \frac{17\times 1000\times 4.186\times 12\times (58-16)}{1000\times (10\times 2.5\times 21.5 + 30\times 2.5\times 20.8)} = 17.10\text{MJ/m}^2$$

7. 解：根据题意已知：$m = 0.02\text{kg/s}$；$C_f = 4186.7\text{J}/(\text{kg}\cdot\text{℃})$；$\Delta T = t_e - t_i = 22.4 - 19.1 = 3.3\text{℃}$；$G = 810\text{W/m}^2$；$A_G = 1.3\text{m}^2$，$A_a = 0.54\text{m}^2$

根据相关公式得出分别以集热器总面积和以采光面积时为参考时太阳辐射功率：

(1) $\eta_G = \dfrac{mC_f \Delta T}{A_G G} = \dfrac{0.02\times 4186.7\times 3.3}{1.3\times 810} = 26.24\%$

(2) $\eta_a = \dfrac{mC_f \Delta T}{A_a G} = \dfrac{0.02\times 4186.7\times 3.3}{0.54\times 810} = 63.17\%$

8. 解：见下表。

日期 年月日	当地时间 时分	$t_e - t_i$ (℃)	C_f [J/(kg·℃)]	Q (W)	T_i^* [(m²·℃)/W]	η_a (%)	η_G (%)
2003-6-10	12:10	3.3	4186.7	276.32	0.000	63.17%	26.24%
2003-6-10	12:20	3.4	4186.7	284.70	0.017	64.69%	26.87%
2003-6-10	12:30	3.8	4186.7	318.19	0.037	71.86%	29.85%
2003-6-10	12:40	4	4186.7	334.94	0.060	73.84%	30.67%

太阳能热水系统和太阳能热水设备试验室检测模拟试卷（A）

一、填空题（每题2分，共计28分）

1. 太阳能热水器是利用温室原理，将太阳能转变为热能，以达到将水加热之目的的整套装置。通常由_____、_____、连接管道、支架、_____和其他配件组合而成，必要时，还要增加_____。

2. 按太阳能热水器集热原理可分为_____、_____、_____太阳能热水器和热泵型太阳能热水器。

3. 总日射表传感器应安装在太阳集热器高度的_____,并与太阳能集热器采光面平行,两平行面的平行度相差应小于_____。

4. 温度测量仪表应分别放置在与太阳能集热器中心点相同高度和贮水箱中心点相同高度的遮荫通风处,分别距离太阳能集热器和贮水箱_____的范围内,试验期间环境温度应保持在_____。

5. 单个贮水箱容积≥0.6m³ 的太阳能热水系统热性能试验中,试验所用冷水为该系统投入正常使用时的实际用水,水温_____。

6. 单个贮水箱容积≥0.6m³ 的太阳能热水系统热性能试验中,试验开始时,应同时记录_____读数,并将强制循环系统循环泵置于正常运行控制状态,同时应关闭贮水箱的混水装置,记录贮水箱上下部水温。_____就是试验开始时贮水箱内的水温 t_b。

7. 单个贮水箱容积≥0.6m³ 的太阳能热水系统热性能试验中,_____就是试验期间单位轮廓采光面积的太阳辐照量 H。对处在不同采光面积上的太阳热水系统,应_____。

8. 贮热水箱容积在0.6m³以下的太阳热水系统热性能试验中,系统工作_____,从太阳正午时前4h到太阳正午时后4h。集热器应在太阳正午后4h时遮挡起来,启动混水泵,以_____的流量,将贮热水箱底部的水抽到顶部进行循环来混合贮热水箱中的水,使贮热水箱内的水温均匀化,至少_____内贮热水箱的入口温度的变化不大于_____,记录水箱内三个测温点的温度,贮热水箱的入口温度或三个测温点的平均值即为集热试验结束时贮水箱内的水温 t_e。

9. 太阳高度角是指_____与在_____间的夹角。

10. 太阳辐射度指在_____上,_____所获得的太阳辐射能(kW/m²)。

11. 平均热损因数指在_____条件下的一段时间内,单位时间内、单位水体积太阳能热水系统_____与_____之间单位温差的_____损失。

12. 工质质量流量可以_____,或通过所测量的_____换算得出。测量准确度应为±1%。

13. 在稳态条件下运行的太阳能集热器的瞬时效率 η 定义为:在稳态条件下,集热器获得的_____与_____之比。

14. 太阳集热器室外稳态效率试验中,每个试验周期都应使集热器的方位保持在该_____范围内。

二、单项选择题(每题1分,共计10分)

1. 在太阳能热水系统检测中,贮热水箱容积小于0.6m³ 的家用热水系统的热性能指标:(1)试验结束时贮水温度_____;(2)日有用得热量(紧凑式与闷晒式)_____;(3)平均热损因数(紧凑式与分离式)为_____。

   A. 大于45℃ 大于7.0MJ/m² 小于10W/(m³·K)
   B. 大于45℃ 大于7.5MJ/m² 小于22W/(m³·K)
   C. 大于40℃ 大于7.5MJ/m² 小于32W/(m³·K)
   D. 大于40℃ 大于7.0MJ/m² 小于50W/(m³·K)

2. 以全玻璃真空管太阳能家用热水器系统为例,Q-B-J-1-150/2.0/0.05 中的J代表的含义是_____。

   A. 分离式　　　　B. 紧凑式　　　　C. 闷晒式　　　　D. 排放式

3. 太阳热水系统贮水箱保温性能试验中,以每小时的流量不小于贮水箱容量_____的流量,启动贮水箱的混水装置,直到贮水箱上下部水温差值在_____以内。

A. 30%　　±1℃　　　B. 40%　　±2℃　　　C. 30%　　±2℃　　　D. 40%　　±1℃

4. 平板型太阳能集热器的瞬时效率截距 $\eta_{0,a}$ 应不低于_____,总热损系数 U 应不大于_____W/(m²·℃),吸热体涂层的吸收比应不低于_____。

　　A. 0.80　6.0　0.92　　　　　　　　　B. 0.72　6.0　0.92
　　C. 0.72　6.0　0.83　　　　　　　　　D. 0.80　7.0　0.92

5. 太阳集热器试验性能试验中,集热器的安装最低边离地面不应小于_____m,在屋顶上试验时,台架距屋顶边缘的距离应不大于_____m,试验场地周围应无反射比大于_____的物体。

　　A. 0.5　1　0.2　　B. 1.5　2　0.1　　C. 0.5　2　0.2　　D. 1.5　2　0.2

6. 室外稳态效率试验中,对于数据点的选取,应在集热器工作温度范围内至少取四个间隔均匀的工质进口温度。为了获得 η_0,其中一个进口温度应使集热器工质平均温度与环境空气温度之差在_____之内。应根据集热器的最高工作温度确定工质最高进口温度,对于平板型集热器,集热器最高进口温度不应超过_____℃,对于真空管型集热器,最高进口温度与环境温度之差应大于_____。

　　A. ±3℃　70℃　40℃　　　　　　　　B. ±1℃　50℃　40℃
　　C. ±3℃　50℃　40℃　　　　　　　　D. ±1℃　70℃　40℃

7. 风速仪应分别放置在与太阳能集热器中心点同一高度和贮水箱中心点同一高度的遮荫处,分别距离太阳能集热器和贮水箱_____的范围内,环境空气的平均流动速率不大于_____。

　　A. 1.5~10.0m　4m/s　　　　　　　　B. 2.0~12.0m　4m/s
　　C. 1.0~12.0m　4m/s　　　　　　　　D. 1.5~12.0m　4m/s

8. 冷水入口、热水出口及水箱内温度测量装置,仪器精度应为_____,环境温度测量装置,仪器精度应为_____;测量空气流速的风速仪的准确度应为_____。

　　A. ±0.2℃　±0.2℃　±0.5　　　　　B. ±0.2℃　±0.2℃　±0.1
　　C. ±0.1℃　±0.2℃　±0.5　　　　　D. ±0.1℃　±0.1℃　±0.2

9. 单个贮水箱容积≥0.6m³ 的太阳能热水系统热性能试验中,在试验开始前_____,启动贮水箱的混水装置进行混水,使贮水箱上下部水温差别在_____以内。对于强迫循环系统,还应同时手动启动太阳能热水系统的循环泵。

　　A. 90min　0.5℃　　B. 60min　0.5℃　　C. 30min　1℃　　D. 10min　1℃

10. 单个贮水箱容积≥0.6m³ 的太阳能热水系统的贮水箱保温性能试验中,在保温性能试验开始前,应将贮水箱充满不低于_____的热水。贮水箱保温性能试验一般应在晚上 8:00 至第二天早晨 6:00,试验时间共计 10h。

　　A. 60℃　　　　　　B. 50℃　　　　　　C. 40℃　　　　　　D. 30℃

三、问答题(每题 8 分,共计 32 分)

1. 简要叙述贮热水箱容积 <0.6m³ 的家用热水系统中热性能判定指标。
2. 以全玻璃真空管太阳能家用热水器系统为例,列出其中的产品标记分别代表的含义:
   (1) Q-B-J-1-120/1.83/0。
   (2) Z-QB/0.05-WF-1.8/12-58/1。
3. 太阳能热水系统实验室热性能检测的仪器设备有哪些?
4. 太阳能热水系统实验室热性能检测的测量参数有哪些?

四、计算题(每题 10 分,共计 50 分)

1. 某太阳能系统工程运行试验中,对太阳热水系统热性能参数进行测算。已知系统的太阳集热器不在同一采光平面,其采光平面的轮廓采光面积为 $6.2m^2$、$6.6m^2$,两轮廓采光平面的日太阳辐照量,分别为 $17.90MJ/m^2$、$18.70MJ/m^2$。

问:(1)当日太阳辐照量为 $17MJ/m^2$ 时,太阳能热水系统需得到多少日有用得热量,才可以使 600L 的水从 20℃ 加热到 59℃,并且贮水箱中水的升温值是多少?

(2)又知当地室外环境空气平均温度为 18℃,贮水箱保温性能试验中贮水箱中水的平均温度由 59℃ 降至 57℃,贮水箱水温在当地标准温差下的温降值为多少?

(水的密度为 $1000kg/m^3$,水的比热容为 $4.186kJ/(kg·℃)$,答案保留小数点后两位小数)

2. 对家用热水器(紧凑式)做日有用得热量和夜间热损试验,在白天 8h 试验期间,水箱中 120L 水的水温由 20.0℃ 升至 50.4℃,在夜间 8h 期间,水箱中的水温由 50.4℃ 降至 47.8℃,其间测得平均环境温度为 28.1℃,已知集热器轮廓采光面积为 $1.9m^2$,水的密度为 $1000kg/m^3$,水的比热容为 $4.186kJ/(kg·℃)$。

求:(1)这台家用热水器的日有用得热量为多少?

(2)夜间试验得出的平均热损因数为多少?(取到小数点后 2 位)

3. 南京地区 18 层住宅楼,平面布置为对称的两个单元,每个单元 36 户,按每户 3.5 人计算共 126 人。要求按单元集中全天供应生活热水。热水用水指标 $q_r = 60L/(人·d)$,热水温度 $t_r = 60℃$,冷水温度 $t_l = 10℃$。建筑朝向正南北向,屋面为平顶。计算本系统太阳集热器总采光面积(水的比热 $C_f = 4.187kJ/(kg·℃)$;热水密度 $\rho_r = 1kg/L$ 年平均日太阳辐照量 $J_r = 13316kJ/m^2$;太阳能保证率 $f = 50\%$;集热器年平均集热效率 $\eta = 50\%$;贮热水箱及管路热损失率 $\eta_L = 0.20$)。

4. 某真空管太阳集热器热性能试验中:

已知集热器进出口温度分别是 38℃、41.2℃,环境温度为 19.2℃,总太阳辐照度为 $823W/m^2$,当使用集热器进口温度时,归一化温差为多少?(保留小数点后三位)

5. 下表为某真空管太阳能集热器的试验报告数据,请计算出其他数据:

总面积 $A_G = 1.3m^2$、采光面积总面积 $A_a = 0.54m^2$。

表1

日期 年月日	当地时间 时分	G (W/m^2)	t_a (℃)	u (m/s)	t_i (℃)	t_e (℃)	m (kg/s)
2003-6-10	12:10	810	19.1	4	19.1	22.4	0.02
2003-6-10	12:20	815	19.2	4	33	36.4	0.02
2003-6-10	12:30	820	19.5	4	50	53.8	0.02
2003-6-10	12:40	840	19.8	4	70	74	0.02

表2

日期 年月日	当地时间 时分	$t_e - t_i$ (℃)	C_f $[J/(kg·℃)]$	Q (W)	T_i^* $[(m^2·℃)/W]$	η_a (%)	η_G (%)
2003-6-10	12:10	3.3	4186.7				
2003-6-10	12:20	3.4	4186.7				
2003-6-10	12:30	3.8	4186.7				
2003-6-10	12:40	4	4186.7				

太阳能热水系统和太阳能热水设备试验室检测模拟试卷(B)

一、填空题(每题 2 分,共计 28 分)

1. 太阳能热水器是利用温室原理,将太阳能转变为热能,以达到将水加热之目的的整套装置。通常由_____、_____、连接管道、支架、_____和其他配件组合而成,必要时,还要增加_____。

2. 考虑到工质循环次数不同,可分为_____和_____。

3. 风速仪应分别放置在与太阳能集热器中心点同一高度和贮水箱中心点同一高度的遮荫处,分别距离太阳能集热器和贮水箱_____的范围内,环境空气的平均流动速率不大于_____。

4. 冷水入口、热水出口及水箱内温度测量装置,仪器精度应为_____,环境温度测量装置,仪器精度应为 ±0.2℃;测量空气流速的风速仪的准确度应为_____。

5. 单个贮水箱容积≥0.6m³ 的太阳能热水系统热性能试验中,在试验开始前_____,启动贮水箱的混水装置进行混水,使贮水箱上下部水温差别在_____以内。对于强迫循环系统,还应同时手动启动太阳能热水系统的循环泵。

6. 单个贮水箱容积≥0.6m³ 的太阳能热水系统热性能试验中,试验结束时,应记录_____读数,同时关闭系统上下循环管路与贮水箱之间的阀门,关闭强制循环系统的循环泵,启动贮水箱的混水装置。当_____时,记录贮水箱上下部水温,取其平均值,作为试验结束时贮水箱内的水温 t_e。

7. 单个贮水箱容积≥0.6m³ 的太阳能热水系统,贮水箱保温性能试验中,在保温性能试验开始前,应将贮水箱充满不低于_____的热水。贮水箱保温性能试验一般应在晚上 8:00 至第二天早晨 6:00,试验时间共计 10h。

8. 贮热水箱容积在 0.6m³ 以下的太阳热水系统热性能试验中,在试验期间,在贮热水箱所在处的附近每小时测量一次环境温度,共_____次,得出热水箱附近的_____。

9. 单位面积日有用得热量指在一定_____下,贮水箱内的水温不低于规定值时,_____贮水箱内水的日得热量。

10. 在太阳能集热器热性能实验室检测中,如果平均风速小于_____,宜采用人工送风,在集热器上方距采光口_____的_____上逐点进行测量并取它们的平均值。在风速稳定的条件下测量,应在性能试验前后进行。在有自然风的场所,应在靠近集热器的_____以内的位置进行风速测量。

11. 集热器工质容量应由试验中所用的传热工质的质量来表示。测量准确度应为_____。可通过分别测量集热器空时质量和充满工质时的质量来求得,或通过测量装满空集热器所需工质的质量来求得。测量集热器工质容量时工质温度应在_____范围内。

12. 太阳集热器室外稳态效率试验中,对于数据点的选取,应在集热器工作温度范围内至少取四个间隔均匀的工质进口温度。为了获得 η_0,其中一个进口温度应使集热器工质平均温度与环境空气温度之差在_____之内。应根据_____确定工质最高进口温度,对于平板型集热器,集热器最高进口温度不应超过_____,对于真空管型集热器,最高进口温度与环境温度之差应大于 40℃。

对于每个工质进口温度至少取四个独立的数据点,每个瞬时效率点的测定时间间隔应不少于_____。

13. 集热器时间常数的定义为:在太阳辐照度从一开始有阶跃式增加后,集热器出口温度上升到从$(t_e-t_a)0$至$(t_e-t_a)2$总增量的_____时所用的时间。

14. 太阳集热器压降试验中,在集热器生产厂没有提供标称流量范围的情况下,应在每平方米集热器总面积_____的流量范围内进行测量。

二、单选题(每题1分、共计10分)

1. 在太阳能热水系统检测中,贮热水箱容积大于等于$0.6m^3$的家用热水系统的热性能指标: (1)升温性能,(2)日有用得热量(直接系统),(3)贮水箱保温性能($2m^3 \leqslant V \leqslant 4m^3$时),分别为_____。
   A. $\triangle t_{17} \geqslant 25℃$;$q_{17} \geqslant 7.0MJ/m^2$;$\triangle t_{sd} \leqslant 8.0℃$
   B. $\triangle t_{17} \geqslant 25℃$;$q_{17} \geqslant 6.3MJ/m^2$;$\triangle t_{sd} \leqslant 5.0℃$
   C. $\triangle t_{17} \geqslant 25℃$;$q_{17} \geqslant 7.0MJ/m^2$;$\triangle t_{sd} \leqslant 6.5℃$
   D. $\triangle t_{17} \geqslant 20℃$;$q_{17} \geqslant 6.3MJ/m^2$;$\triangle t_{sd} \leqslant 5.0℃$

2. 太阳热水系统检测中,测量冷水体积或质量的仪表的准确度应为_____。
   A. ±1%　　　　　　B. ±2%　　　　　　C. ±3%　　　　　　D. ±4%

3. 太阳热水系统热性能检测中,应使用____级总日射表测量太阳辐照量,总辐射表精度为_____,总辐射表应按国家规定进行校准。
   A. 一　±5%　　B. 二　±5%　　C. 二　±10%　　D. 一　±10%

4. 无反射器的真空管型太阳能集热器的瞬时效率截距$\eta_{0,a}$应不低于_____;总热损系数U应不大于_____$W/(m^2 \cdot ℃)$;
   A. 0.62　3.0　　B. 0.62　2.5　　C. 0.52　3.0　　D. 0.52　2.5

5. 室外稳态效率试验中,集热器采光面上的总太阳辐照度应不小于_____W/m^2,试验期间总太阳辐照度的变化应不大于_____W/m^2。工质质量流量可以根据生产厂家推荐的流量值进行试验。当生产厂家没有声明时,工质质量流量可根据集热器的总面积设定在_____$kg/(m^2 \cdot s)$。
   A. 700　±50　0.02
   B. 700　±30　0.01
   C. 800　±50　0.02
   D. 800　±30　0.01

6. 稳态数据点的试验周期应包括至少_____min的预备期和至少_____min的稳态测量周期。
   A. 5　10　　B. 10　10　　C. 12　12　　D. 15　12

7. 总日射表传感器应安装在太阳集热器高度的_____位置,并与太阳能集热器采光面平行,两平行面的平行度相差应小于_____。
   A. 上方位置　±1°　B. 中间位置　±1°　C. 下间位置　±2°　D. 下间位置　±3°

8. 温度测量仪表应分别放置在与太阳能集热器中心点相同高度和贮水箱中心点相同高度的遮荫通风处,分别距离太阳能集热器和贮水箱_____的范围内,试验期间环境温度应保持在_____。
   A. 1.5~10.0m　8~29℃　　　　　　B. 1.5~10.0m　8~39℃
   C. 2.5~12.0m　8~29℃　　　　　　D. 2.5~12.0m　8~39℃

9. 单个贮水箱容积≥$0.6m^3$的太阳能热水系统热性能试验中,试验所用冷水为该系统投入正常使用时的实际用水,水温_____。
   A. $5℃ \leqslant t_e \leqslant 20℃$　　　　　　B. $8℃ \leqslant t_e \leqslant 25℃$
   C. $10℃ \leqslant t_e \leqslant 30℃$　　　　　D. $12℃ \leqslant t_e \leqslant 35℃$

10. 传热工质通过集热器所产生的压力降的测量准确度应为_____。

A. ±30Pa B. ±40Pa C. ±50Pa D. ±60Pa

三、问答题（每题 8 分，共计 32 分）

1. 简述真空管型太阳能集热器热性能判定指标是什么？
2. 按太阳能热水器集热原理可分为哪些种类？
3. 以全玻璃真空管太阳能家用热水器系统为例，列出其中的产品标记分别代表的含义：
   (1) Q – B – J – 1 – 120/1.83/0。
   (2) Z – QB/0.05 – WF – 1.8/12 – 58/1。
4. 简述太阳热水系统热性能检测中检测仪器及精度要求。

四、计算题（每题 10 分，共计 50 分）

1. 窗玻璃的厚度为 0.3cm，玻璃的热导率 $\lambda = 0.8\text{W}/(\text{m}\cdot\text{K})$，室内温度为 20℃，室外温度为 6℃，室内侧对流换热系数 $7.5\text{W}/(\text{m}^2\cdot\text{K})$，室外侧对流换热系数为 $22.7\text{W}/(\text{m}^2\cdot\text{K})$，求通过单位面积（$1\text{m}^2$）玻璃的热损失。

2. 当集中供热系统的集热器为 40 个，其中有 30 个集热器的方位角为南偏东 10°，10 个集热器的方位角为正南。每个集热器的轮廓采光面积为 2.5m^2，非正南方向集热器的日太阳辐照量为 $20.80\text{MJ}/\text{m}^2$，正南方向集热器的日太阳辐照量为 $21.50\text{MJ}/\text{m}^2$，开始试验时的水温是 16℃，结束试验时的水温 58℃，试验水量为 12m^3。请计算当太阳辐照量为 $17\text{MJ}/\text{m}^2$ 时，该系统的日有用得热量。（水的密度为 $1000\text{kg}/\text{m}^3$，水的比热容为 $4.186\text{kJ}/(\text{kg}\cdot℃)$，答案保留小数点后两位小数）

3. 在集热试验中，试验工质进口温度为 19.1℃、出口温度为 22.4℃，工质流量为 0.02kg/s，此时传热工质比热容为 $4186.7\text{J}/(\text{kg}\cdot℃)$，总太阳辐照度为 $810\text{W}/\text{m}^2$，其集热器的总面积为 1.3m^2，集热器采光面积为 0.54m^2。请计算分别以集热器总面积和以采光面积时为参考时太阳辐射功率。

4. 南京地区 18 层住宅楼，平面布置为对称的两个单元，每个单元 36 户，按每户 3.5 人计算共 126 人。要求按单元集中全天供应生活热水。热水用水指标 $q_r = 60\text{L}/(人\cdot d)$，热水温度 $t_r = 60℃$，冷水温度 $t_r = 10℃$。建筑朝向正南北向，屋面为平顶。计算本系统太阳集热器总采光面积（水的比热 $C = 4.187\text{kJ}/(\text{kg}\cdot℃)$；热水密度 $\rho_r = 1\text{kg}/\text{L}$ 年平均日太阳辐照量 $J_r = 13316\text{kJ}/\text{m}^2$；太阳能保证率 $f = 50\%$；集热器年平均集热效率 $\eta = 0.5$；贮热水箱及管路热损失率 $\eta_L = 0.20$）。

5. 下表为某真空管太阳能集热器的试验报告数据，请计算出其他数据：
   总面积 $A_G = 1.3\text{m}^2$、采光面积总面积 $A_a = 0.54\text{m}^2$

表1

日期 年月日	当地时间 时分	G (W/m²)	t_a (℃)	u (m/s)	t_i (℃)	t_e (℃)	m (kg/s)
2003 – 6 – 10	12:10	810	19.1	4	19.1	22.4	0.02
2003 – 6 – 10	12:20	815	19.2	4	33	36.4	0.02
2003 – 6 – 10	12:30	820	19.5	4	50	53.8	0.02
2003 – 6 – 10	12:40	840	19.8	4	70	74	0.02

表 2

日期 年月日	当地时间 时分	$t_e - t_i$ (℃)	C_f [J/(kg·℃)]	Q (W)	$T_i *$ [(m²·℃)/W]	η_a (%)	η_G (%)
2003-6-10	12:10	3.3	4186.7				
2003-6-10	12:20	3.4	4186.7				
2003-6-10	12:30	3.8	4186.7				
2003-6-10	12:40	4	4186.7				

第二章 室内环境检测

第一节 室内空气有害物质

一、填空题

1. 《民用建筑工程室内环境污染控制规范》适用于_____、_____和_____的民用建筑工程室内环境污染控制，不适用于_____、_____、_____和_____的房间。
2. 《民用建筑工程室内环境污染控制规范》控制的室内环境污染物有_____、_____、_____、_____、_____。
3. 民用建筑工程及室内装修工程的室内环境质量验收，应在工程完工至少_____ d 以后、_____之前进行。
4. 所谓民用建筑工程是新建、扩建和改建的民用建筑_____和_____的统称。
5. 民用建筑工程室内环境污染物浓度限量：

污染物	Ⅰ类民用建筑工程	Ⅱ类民用建筑工程
氡（Bq/m^3）	≤	≤
甲醛（mg/m^3）	≤	≤
苯（mg/m^3）	≤	≤
氨（mg/m^3）	≤	≤
TVOC（mg/m^3）	≤	≤

6. 室内环境污染物浓度测定时，除氡以外均应同步测定室外_____空气相应值为空白值。
7. 民用建筑室内空气污染物浓度测量值的极限判定，采用_____法。
8. 空气中氡的检测，所选用的方法的测量结果不确定度不应大于_____（置信度95%），方法的探测下限不应大于_____。
9. 空气中甲醛检测也可采用现场检测方法，测量结果在_____测定范围内的不确定度应小于或等于_____。当发生争议时，应以《公共场所卫生标准检验方法》GB/T 18204.26—2000 中_____的测定结果为准。
10. 空气中氨的检测发生争议时，以国家标准《公共场所卫生标准检验方法》GB/T 18204.25—2000 中_____分光光度法的测定结果为准。
11. 民用建筑工程验收时，每个单体工程抽检数量不得少于_____，并不得少于_____间。
12. 室内环境污染物浓度检测点数设置原则：

房间使用面积（m^2）	检测点数（个）
<50	1
≥50 且 <100	2
≥ 且 <	不少于3

房间使用面积（m²）	检测点数（个）
≥　　　且＜	不少于 5
≥1000 且＜3000	不少于
≥3000	不少于

13. 当房间内有 2 个及以上检测点时，应取＿＿＿＿作为该房间的检测值。

14. 环境污染物现场采样时，检测点应距内墙面＿＿＿＿，距楼地面高度＿＿＿＿。检测点均匀分布，避开＿＿＿＿。

15. 对甲醛、氨、苯、TVOC 取样检测时，装饰装修工程中完成的固定家具应保持＿＿＿＿。

16. 对室内环境污染物浓度检测结果不合格项进行再次检测时，抽检数量应＿＿＿＿，并应包含＿＿＿＿及＿＿＿＿。

17. 空气中苯用＿＿＿＿吸附管采集，然后经热解吸或二硫化碳提取，用＿＿＿＿法分析，以＿＿＿＿定性，＿＿＿＿定量。

18. 靛酚蓝分光光度法测定空气中氨使用吸收液是浓度为＿＿＿＿的＿＿＿＿溶液，显色剂是＿＿＿＿、＿＿＿＿、＿＿＿＿。

19. 测定甲醛和氨使用的大型气泡吸收管，出气口内径为＿＿＿＿，与管底距离为＿＿＿＿。

20. 绘制甲醛、氨标准曲线时以＿＿＿＿作为横坐标，＿＿＿＿作为纵坐标，用＿＿＿＿计算校准曲线的斜率、截距、回归方程。

21. 靛酚蓝分光光度法测定氨的标准曲线的斜率应为＿＿＿＿吸光度/μg 氨。

22. 检测空气中苯使用的活性炭吸附管使用前应通＿＿＿＿加热活化，活化温度是＿＿＿＿，活化时间不少于＿＿＿＿，活化至无杂质峰。

23. 室内空气苯样品可保存＿＿＿＿d，TVOC 样品可保存＿＿＿＿d。

24. 室内空气中苯检测可根据实际情况选择＿＿＿＿气相色谱法或＿＿＿＿气相色谱法。

25. 活性炭吸附管的解吸温度为＿＿＿＿℃，Tenax-TA 吸附管的解吸温度为＿＿＿＿℃。

26. Tenax-TA 吸附管内装＿＿＿＿mg 粒径为＿＿＿＿Tenax-TA 吸附剂，使用前应通氮气活化，活化温度应高于＿＿＿＿，活化时间不少于＿＿＿＿，活化至无杂质峰。

27. 室内空气中 TVOC 测定时，对于未识别峰可以＿＿＿＿计。

28. 室内空气中 TVOC 测定采用＿＿＿＿吸附剂，吸附剂的填充量是＿＿＿＿。

29. 使用大气采样仪前后，用皂膜流量计校准采样系统，流量误差应小于＿＿＿＿。

30. 气相色谱法测定空气中苯和 TVOC 时，对氮气的纯度要求是＿＿＿＿。

31. 标准状态的大气压为＿＿＿＿，温度为绝对温度＿＿＿＿。

32. 气相色谱检测空气中苯时，以＿＿＿＿定性，＿＿＿＿定量。

33. 采用分光光度法检测氨、游离甲醛时，计算因子的单位是＿＿＿＿。

34. 采用自然通风的民用建筑工程，检测房间对外封闭＿＿＿＿后进行，测氡时应在房间封闭＿＿＿＿后进行。

35. 用于室内环境检测的气相色谱必须配备＿＿＿＿检测器。

二、单项选择题

1. 环境污染现场采样时，检测点的位置要求是＿＿＿＿。

A. 距内墙面不小于 0.5m，距楼地面高度 0.8～1.5m

B. 距内墙面不小于 0.8m，距楼地面高度 0.8～1.5m

C. 距内墙面不小于0.5m、距楼地面高度0.3~0.5m
D. 距内墙面不小于0.8m、距楼地面高度0.3~0.5m

2. 环境污染现场采样时,对现场的要求是_____。
 A. 门窗严格密封,固定式家具门打开
 B. 门窗自然关闭,固定式家具门打开
 C. 门窗严格密封,固定式家具门关闭
 D. 门窗自然关闭,固定式家具门关闭

3. 室内空气中氨、甲醛分析时,比色波长分别是_____。
 A. 697.5nm、630nm B. 630nm、697.5nm C. 630nm、420nm D. 697.5nm、420nm

4. 室内空气污染物检测时,不需要同时测定空白的是_____。
 A. 氨气   B. 甲醛   C. 苯   D. 氡气

5. 下列建筑工程中,不属于Ⅰ类民用建筑工程的是_____。
 A. 幼儿园   B. 医院   C. 图书馆   D. 住宅

6. 民用建筑工程室内空气中氡的检测所选用方法的测量结果不确定度不应大于_____。
 A. 10%   B. 15%   C. 25%   D. 30%

7. 下列属于Ⅰ类民用建筑工程的是_____。
 A. 住宅,办公楼   B. 医院,住宅   C. 商店,理发店   D. 幼儿院,书店

8. 民用建筑工程验收时,抽检房间数量不得少于房间总数的_____。
 A. 5%   B. 10%   C. 15%   D. 20%

9. 绘制氨标准曲线时,以下符合要求的斜率 b 是_____。
 A. 0.075   B. 0.081   C. 0.085   D. 0.091

10. 酚试剂分光光度法测定甲醛含量时,_____共存,将使测定结果偏低。
 A. 20μg 酚   B. 2μg 醛   C. 二氯化氮   D. 二氧化硫

11. 对采用集中空调和采用自然通风的民用建筑工程,室内氡浓度检测应在_____条件下进行。
 A. 空调正常运转,对外门窗关闭1h
 B. 对外门窗关闭1h,对外门窗关闭24h
 C. 空调正常运转,对外门窗关闭24h
 D. 对外门窗关闭1h,对外门窗关闭2h

12. 靛酚蓝分光光度法测定空气中氨使用的显色剂水杨酸、亚硝基铁氰化钠、次氯酸钠的保存条件及期限分别是_____。
 A. 冰箱中一个月、室温下一个月、室温下一个月
 B. 室温下一个月、冰箱中一个月、冰箱中两个月
 C. 室温下一个月、室温下一个月、冰箱中一个月
 D. 冰箱中一个月、冰箱中一个月、室温下两个月

13. 某老年活动中心室内环境质量验收,其甲醛和氨的验收标准分别为_____。
 A. 0.08mg/m³、0.5mg/m³
 B. 0.12mg/m³、0.2mg/m³
 C. 0.08mg/m³、0.2mg/m³
 D. 0.12mg/m³、0.5mg/m³

14. 室内环境污染物浓度检测中不需要扣除上风向空白值的是_____。
 A. 氨   B. 氡   C. 甲醛   D. 苯

15. Ⅰ类民用建筑工程氨浓度检测时,下列结果中合格的是_____。
 A. 0.18mg/m³   B. 0.22mg/m³   C. 0.50mg/m³   D. 0.32mg/m³

16. 空气中氡的检测方法探测下限及测量结果的不确定度均不应大于_____。
 A. 1Bq/m³,25%   B. 10Bq/m³,5%   C. 5Bq/m³,20%   D. 10Bq/m³,25%

17. 室内空气中甲醛检测发生争议时,应以_____测定的结果为准。
   A. 乙酰丙酮分光光度法   B. 酚试剂分光光度法
   C. 气相色谱法   D. 现场仪器检测法
18. 室内空气中氨检测发生争议时,应以_____测定的结果为准。
   A. 离子选择电极法   B. 酚试剂分光光度法
   C. 靛酚蓝分光光度法   D. 纳氏试剂法
19. 对于采用自然通风的工程,检测前应对外关闭门窗24h的项目是_____。
   A. 氨   B. 氡   C. 甲醛   D. 苯
20. 室内空气中苯检测中,气相色谱使用的检测器是_____。
   A. 氢火焰离子化检测器   B. 热导检测器
   C. 光离子化检测器   D. 火焰光度检测器
21. 空气中苯的检测使用的吸附管中填充的吸附剂是_____。
   A. Tenax‐TA   B. Tenax‐GC   C. 椰子壳活性炭   D. 聚乙二醇
22. 空气中苯的检测使用的活性炭吸附管中填充的吸附剂的量是_____。
   A. 100mg   B. 200mg   C. 50mg   D. 150mg
23. 空气中苯的检测使用的活性炭吸附管的老化温度是_____。
   A. 250~280℃   B. 300~350℃   C. 200~250℃   D. 220~280℃
24. 靛酚蓝分光光度法测定空气中氨时,氨的标准工作液浓度为_____。
   A. 1mg/mL   B. 2mg/mL   C. 1μg/mL   D. 2g/mL
25. 酚试剂法测定甲醛时,二氧化硫的干扰可以采用_____方法消除。
   A. 硫酸   B. 硫酸锰滤纸   C. 盐酸   D. 碘溶液
26. 公共场所空气中氨的测定方法中氨吸收液的浓度为_____。
   A. 0.005mol/L B. 0.0005mol/L C. 0.0001mol/L   D. 0.001mol/L
27. 配制100mL 1mg/mL氨标准贮备液时,需称取_____经105℃干燥_____的分析纯氯化铵。
   A. 0.3142g 2h B. 0.3142g 1h C. 0.3412g 2h   D. 0.3412g 1h
28. 民用建筑工程室内空气中氡浓度的检测,所选方法测量结果不确定度不应大于_____,方法的探测下限不应大于_____Bq/m³。
   A. 25% 20   B. 20% 20   C. 25% 10   D. 20% 10
29. 室内空气中苯取样时,空气中水蒸气和水雾较大时会在炭管中凝结,标准规定空气湿度在_____时,活性炭采样管的采样效率仍符合要求。
   A. 85%   B. 95%   C. 90%   D. 92%
30. 公共场所空气中甲醛测定(靛酚蓝分光光度法)方法中,对已知的各种干扰物采取有效措施进行排除,常见的Ca^{2+}、Mg^{2+}、Fe^{3+}、Mn^{2+}、Al^{3+}等多种阳离子已被_____试剂络合。
   A. 硫酸铁铵   B. 柠檬酸   C. 水杨酸   D. 亚硝基铁氰化钠

三、多项选择题

1. Ⅰ类民用建筑工程氨浓度检测时,下列结果中合格的是_____。
   A. 0.18mg/m³ B. 0.20mg/m³ C. 0.22mg/m³   D. 0.50mg/m³
2. 室内环境污染物浓度检测中需要扣除上风向空白值的是_____。
   A. 氨   B. 氡   C. 甲醛   D. 苯
3. 空气氨浓度检测中使用的显色剂有_____。

A. 水杨酸   B. 次氯酸钠   C. 硫酸铁铵   D. 亚硝基铁氰化钠

4. 室内空气中氨的检测,可以采用的方法有_____。
   A. 离子选择电极法   B. 酚试剂分光光度法
   C. 靛酚蓝分光光度法   D. 纳氏试剂法

5. 对于采用自然通风的工程,检测前应对外关闭门窗1h的项目是_____。
   A. 氨   B. 苯   C. 甲醛   D. TVOC

6. 室内空气现场采样时应记录以下参数:_____。
   A. 采样时间   B. 采样流量   C. 温度   D. 大气压

7. 下列试剂必须贮存于棕色瓶中的有_____。
   A. 碘溶液   B. 碘化钾   C. 硫代硫酸钠   D. 硫酸铁铵

8. 室内空气苯和TVOC检测中,热解吸仪装置主要由_____组成。
   A. 控温器   B. 加热器   C. 测温装置   D. 气体流量控制器

四、判断题(正确打√,错误打×)

1. 环境污染现场采样时都必须同步测定上风向空气相应值为空白值。( )
2. 当一个房间里有2个及以上检测点时,有一个检测点检测结果不合格,而各点平均值合格,则该房间应判为合格。( )
3. 民用建筑工程验收时,只要进行了样板间室内环境污染物浓度检测的,抽检数量减半,并不得少于3间。( )
4. 民用建筑工程室内环境污染物检测时,氨、甲醛、苯、TVOC在对外门窗关闭1h后进行,氡在对外门窗关闭24h后进行。( )
5. 在对氨、甲醛、苯、TVOC取样检测时,固定式家具的门应打开。( )
6. Ⅰ类民用建筑工程包括住宅、老年公寓、幼儿园、学校教室、图书馆、医院等民用建筑。( )
7. 《民用建筑工程室内环境污染控制规范》适用于新建、扩建和改建的民用建筑工程,工业建筑工程,仓储性建筑工程,构造物和有特殊净化卫生要求的房间室内污染控制。( )
8. 民用建筑工程及室内装修工程的室内环境质量验收,可以在工程完工后立即进行。( )
9. 公共场所空气中氨测定方法的标准代号为GB/T 18204.25—2000。( )
10. 大气采样仪流量校准应采用皂膜流量计。( )
11. 公共场所空气中甲醛的测定方法中酚试剂原液在室温下保存,可以稳定三天。( )
12. 评定室内环境污染物浓度检测结果时,若其中有单项符合规范要求时,可以判定该工程室内环境质量单项合格。( )

五、计算题

1. 某次现场采样,采样时的温度21℃,压力100.7kPa,采样流量为0.5L/min,采样时间10min,求实际采样体积。

2. 测定某房间空气中的甲醛浓度,采样温度30℃,压力101.7kPa,采样10L,测得样品吸光度0.203,空白吸光度0.076,已知甲醛的$B_s=2.76$g/吸光度,计算该房间空气中的甲醛含量。

3. 测定某住宅室内空气中的甲醛浓度,采样温度18℃,压力101.1kPa,采样流量0.5L/min,采样时间20min,测得卧室样品吸光度0.185,客厅样品吸光度为0.156,书房样品吸光度为0.375,空白吸光度0.055,已知甲醛的$B_s=2.66$g/吸光度,问该住宅各房间的甲醛含量及该住宅的甲醛含量是否符合标准。

六、问答题

1. 简述空气中氨测定取样后的样品分析过程。
2. 气相色谱法分析 TVOC 使用的是什么色谱柱？其色谱分析条件是什么？
3. 测定室内空气中甲醛,如果样品的吸光度超过标准曲线范围应如何处理？
4. 简述无氨蒸馏水的制备方法。
5. 简述室内空气氨、甲醛、苯、TVOC 检测现场取样使用的试剂(吸附剂)种类、数量、采样流量、采样体积、样品保存时间。
6. 简述空气中苯取样过程。
7. 某民用建筑工程,自然间组成情况如下:50m^2 以下有 80 间,50~100m^2 的有 20 间。问室内环境检测时应抽取多少自然间？共设多少检测点？

参考答案：

一、填空题

1. 新建　扩建　改建　工业建筑工程　仓储性建筑工程　构筑物　有特殊净化卫生要求
2. 氡($Rn-222$)　甲醛　氨　苯总挥发性有机化合物(TVOC)
3. 7　工程交付使用
4. 结构工程　装修工程
5.

污染物	I类民用建筑工程	II类民用建筑工程
氡(Bq/m^3)	≤200	≤400
甲醛(mg/m^3)	≤0.08	≤0.12
苯(mg/m^3)	≤0.09	≤0.09
氨(mg/m^3)	≤0.2	≤0.5
TVOC(mg/m^3)	≤0.5	≤0.6

6. 上风向
7. 全数值比较
8. 25%　10Bq/m^3
9. 0~0.60mg/m^3　25%　酚试剂分光光度法
10. 靛酚蓝
11. 5%　3
12.

房间使用面积(m^2)	检测点数(个)
<50	1
≥50 且 <100	2
≥100 且 <500	不少于3
≥500 且 <1000	不少于5
≥1000 且 <3000	不少于6
≥3000	不少于9

13. 各点检测结果的平均值

14. 不小于0.5m　0.8～1.5m　通风道和通风口
15. 正常使用状态
16. 增加1倍　同类型房间　原不合格房间
17. 活性炭　气相色谱　保留时间　峰高
18. 0.005mol/L　硫酸　水杨酸　亚硝基铁氰化钠　次氯酸钠
19. 1mm　3～5mm
20. 含量　吸光度　最小二乘法
21. 0.083±0.003
22. 氮气　300～350℃　10min
23. 5　14
24. 热解吸　二硫化碳提取
25. 350　250～325
26. 200　0.18～0.25mm　解吸温度　30min
27. 甲苯
28. Tenax-TA　200mg
29. 5%
30. 不小于99.999%
31. 101.3kPa　273K
32. 保留时间　峰高
33. g/吸光度
34. 1h　24h
35. 火焰离子化/FID

二、单项选择题

1. A	2. D	3. A	4. D
5. C	6. C	7. B	8. A
9. B	10. D	11. C	12. B
13. C	14. B	15. D	16. A
17. B	18. C	19. B	20. A
21. C	22. A	23. B	24. C
25. B	26. B	27. B	28. C
29. C	30. B		

三、多项选择题

1. A、B、C	2. A、C、D	3. A、B、D	4. A、C、D
5. A、B、C、D	6. A、B、C、D	7. A、B、C	8. A、B、C、D

四、判断题

1. ×	2. √	3. ×	4. ×
5. ×	6. ×	7. ×	8. ×
9. √	10. √	11. ×	12. ×

五、计算题

1. 解:(略)
2. 解:(略)
3. 解:

卧室甲醛含量为 0.037mg/m³,客厅甲醛含量为 0.029mg/m³,书房甲醛含量为 0.091mg/m³,该住宅甲醛含量不符合标准要求。

六、问答题

1. 答:将样品溶液转移入具塞比色管中,用少量的水洗吸收管,在各管中加入 0.50mL 水杨酸,再加入 0.10mL 亚硝基铁氰化钠溶液和 0.10mL 次氯酸钠溶液,混匀,合并,使总体积为 10mL,室温下放置 1h,用 1cm 比色皿,于波长 697.5nm 处,以水作参比,测定吸光度。

2. 答:毛细管柱:长 30~50m,内径 0.32mm 或 0.53mm 石英柱,内涂覆二甲基聚硅氧烷,膜厚 1~5μm。

色谱柱操作条件为:程序升温 50~250℃,初始温度为 50℃,保持 10min,升温速率 5℃/min,至 250℃,保持 2min。

3. 答:当样品的吸光度超过标准曲线范围时可以用试剂稀释样品显色液后再分析,在计算样品浓度时要考虑样品溶液的稀释倍数。

4. 答:于普通蒸馏水中加少量高锰酸钾至浅紫红色,再加少量氢氧化钠至碱性,蒸馏,取其中间蒸馏部分的水,加少量硫酸溶液至微酸性,再蒸馏一次。

5. 答:氨:0.005mol/L 硫酸溶液,10mL,0.5L/min,5L,24h;

甲醛:0.05g/L 酚试剂溶液,5mL,0.5L/min,10L,24h;

苯:椰子壳活性炭,100mg,0.3~0.5L/min,10L,5d;

TVOC:Tenax-TA 吸附剂,200mg,0.1~0.4L/min,1~5L,14d。

6. 答:在采样地点打开吸附管,与空气采样器入口垂直连接,调节流量在 0.3~0.5L/min 的范围内,用皂膜流量计校准采样系统的流量,采集约 10L 空气,记录采样时间、采样流量、温度和大气压。采样后,取下吸附管,密封吸附管的两端,做好标识,放入可密封的金属或玻璃容器中。采样同时在室外上风向处采集室外空气空白样品。

7. 答:该工程共有自然间 100 间,抽取 5% 即 5 间。50m² 以下的抽取 4 间,设 4 个检测点,50~100m² 的抽取 1 间,设 2 个检测点,共计 6 个检测点。

室内空气有害物质模拟试卷(A)

一、填空题

1.《民用建筑工程室内环境污染控制规范》适用于_____、_____和_____的民用建筑工程室内环境污染控制,不适用于_____、_____、_____和_____的房间。

2. 民用建筑工程及室内装修工程的室内环境质量验收,应在工程完工至少_____d 以后、_____之前进行。

3. 民用建筑工程室内环境污染物浓度限量:

污染物	Ⅰ类民用建筑工程	Ⅱ类民用建筑工程
氡（Bq/m³）	≤	≤
甲醛（mg/m³）	≤	≤
苯（mg/m³）	≤	≤
氨（mg/m³）	≤	≤
TVOC（mg/m³）	≤	≤

4. 民用建筑室内空气污染物浓度测量值的极限判定,采用_____法。

5. 空气中甲醛检测也可采用现场检测方法,测量结果在_____测定范围内的不确定度应小于或等于_____。当发生争议时,应以《公共场所卫生标准检验方法》GB/T 18204.26—2000 中_____法的测定结果为准。

6. 民用建筑工程验收时,每个单体工程抽检数量不得少于_____,并不得少于_____间。

7. 当房间内有 2 个及以上检测点时,应取_____作为该房间的检测值。

8. 对甲醛、氨、苯、TVOC 取样检测时,装饰装修工程中完成的固定家具应保持_____。

9. 空气中苯用_____吸附管采集,然后经热解吸或二硫化碳提取,用_____法分析,以_____定性,_____定量。

10. 测定甲醛和氨使用的大型气泡吸收管,出气口内径为_____,与管底距离为_____。

11. 靛酚蓝分光光度法测定氨的标准曲线的斜率应为_____吸光度/μg 氨。

12. 室内空气苯样品可保存_____d,TVOC 样品可保存_____d。

13. 活性炭吸附管的解吸温度为_____℃,Tenax-TA 吸附管的解吸温度为_____℃。

14. 室内空气中 TVOC 测定时,对于未识别峰可以_____计。

15. 用于室内环境检测的气相色谱必须配备_____检测器。

二、单项选择题

1. 环境污染现场采样时,检测点的位置要求是_____。
A. 距内墙面不小于 0.5m、距楼地面高度 0.8~1.5m
B. 距内墙面不小于 0.8m、距楼地面高度 0.8~1.5m
C. 距内墙面不小于 0.5m、距楼地面高度 0.3~0.5m
D. 距内墙面不小于 0.8m、距楼地面高度 0.3~0.5m

2. 环境污染现场采样时,对现场的要求是_____。
A. 门窗严格密封,固定式家具门打开
B. 门窗自然关闭,固定式家具门打开
C. 门窗严格密封,固定式家具门关闭
D. 门窗自然关闭,固定式家具门关闭

3. 室内空气中氨、甲醛分析时,比色波长分别是_____。
A. 697.5nm、630nm B. 630nm、697.5nm C. 630nm、420nm D. 697.5nm、420nm

4. 室内空气污染物检测时,不需要同时测定空白的是_____。
A. 氨气   B. 甲醛   C. 苯   D. 氡气

5. 下列建筑工程中,不属于Ⅰ类民用建筑工程的是_____。
A. 幼儿园   B. 医院   C. 图书馆   D. 住宅

6. 民用建筑工程室内空气中氡的检测,所选用方法的测量结果不确定度不应大于_____。
A. 10%   B. 15%   C. 25%   D. 30%

7. 民用建筑工程验收时,抽检房间数量不得少于房间总数的_____。
   A. 5% B. 10% C. 15% D. 20%
8. 绘制氨标准曲线时,斜率 b 符合要求的是_____。
   A. 0.075 B. 0.081 C. 0.085 D. 0.091
9. 酚试剂分光光度法测定甲醛含量时,_____共存,将使测定结果偏低。
   A. 20μg 酚 B. 2μg 醛 C. 二氯化氮 D. 二氧化硫
10. 某老年活动中心室内环境质量验收,其甲醛和氨的验收标准分别为_____。
    A. $0.08mg/m^3$、$0.5mg/m^3$ B. $0.12mg/m^3$、$0.2mg/m^3$
    C. $0.08mg/m^3$、$0.2mg/m^3$ D. $0.12mg/m^3$、$0.5mg/m^3$
11. Ⅰ类民用建筑工程氨浓度检测时,下列结果中合格的是_____。
    A. $0.18mg/m^3$ B. $0.22mg/m^3$ C. $0.50mg/m^3$ D. $0.32mg/m^3$
12. 室内空气中氨检测发生争议时应以_____测定的结果为准。
    A. 离子选择电极法   B. 酚试剂分光光度法
    C. 靛酚蓝分光光度法   D. 纳氏试剂法
13. 对于采用自然通风的工程,检测前应对外关闭门窗 24h 的项目是_____。
    A. 氨 B. 氡 C. 甲醛 D. 苯
14. 空气中苯的检测使用的活性炭吸附管中填充的吸附剂的量是_____。
    A. 100mg B. 200mg C. 50mg D. 150mg
15. 靛酚蓝分光光度法测定空气中氨时,氨的标准工作液浓度为_____。
    A. 1mg/mL B. 2mg/mL C. 1μg/mL D. 2g/mL
16. 酚试剂法测定甲醛时,二氧化硫的干扰可以采用下列_____方法消除。
    A. 硫酸 B. 硫酸锰滤纸 C. 盐酸 D. 碘溶液
17. 公共场所空气中氨的测定方法中氨吸收液的浓度为_____。
    A. 0.005mol/L B. 0.0005mol/L C. 0.0001mol/L D. 0.001mol/L
18. 配制 100mL 1mg/mL 氨标准贮备液时,需称取____经 105℃ 干燥_____的分析纯氯化铵。
    A. 0.3142g 2h B. 0.3142g 1h C. 0.3412g 2h D. 0.3412g 1h
19. 室内空气中苯取样时,空气中水蒸气和水雾较大时会在炭管中凝结,标准规定空气湿度在_____时,活性炭采样管的采样效率仍符合要求。
    A. 85% B. 95% C. 90% D. 92%
20. 公共场所空气中甲醛测定(靛酚蓝分光光度法)方法中,对已知的各种干扰物采取有效措施进行排除,常见的 Ca^{2+}、Mg^{2+}、Fe^{3+}、Mn_2^+、Al_3^+ 等多种阳离子已被下列_____试剂络合。
    A. 硫酸铁铵 B. 柠檬酸 C. 水杨酸 D. 亚硝基铁氰化钠

三、多项选择题

1. Ⅰ类民用建筑工程氨浓度检测时,下列结果中合格的是_____。
   A. $0.18mg/m^3$ B. $0.20mg/m^3$ C. $0.22mg/m^3$ D. $0.50mg/m^3$
2. 空气氨浓度检测中使用的显色剂有_____。
   A. 水杨酸 B. 次氯酸钠 C. 硫酸铁铵 D. 亚硝基铁氰化钠
3. 室内空气中氨的检测,可以采用的方法有_____。
   A. 离子选择电极法 B. 酚试剂分光光度法 C. 靛酚蓝分光光度法 D. 纳氏试剂法
4. 室内空气现场采样时应记录以下参数_____。
   A. 采样时间 B. 采样流量 C. 温度 D. 大气压

5. 下列试剂必须贮存于棕色瓶中的有_____。
   A. 碘溶液　　　　　B. 碘化钾　　　　　C. 硫代硫酸钠　　　　　D. 硫酸铁铵

四、判断题

1. 当一个房间里有2个及以上检测点时,有一个检测点检测结果不合格,而各点平均值合格,则该房间应判为合格。（　　）
2. 民用建筑工程室内环境污染物检测时,氨、甲醛、苯、TVOC在对外门窗关闭1h后进行,氡在对外门窗关闭24h后进行。（　　）
3. Ⅰ类民用建筑工程包括住宅、老年公寓、幼儿园、学校教室、图书馆、医院等民用建筑。（　　）
4.《民用建筑工程室内环境污染控制规范》适用于新建、扩建和改建的民用建筑工程,工业建筑工程,仓储性建筑工程,构造物和有特殊净化卫生要求的房间室内污染控制。（　　）
5. 公共场所空气中甲醛的测定方法中酚试剂原液在室温下保存,可以稳定3d。（　　）

五、计算题

1. 某次现场采样,采样时的温度21℃,压力100.7kPa,采样流量为0.5L/min,采样时间10min,求实际采样体积。
2. 测定某住宅室内空气中的甲醛浓度,采样温度18℃,压力101.1kPa,采样流量0.5L/min,采样时间20min,测得卧室样品吸光度0.185,客厅样品吸光度为0.156,书房样品吸光度为0.375,空白吸光度0.055,已知甲醛的 $B_s=2.66$ g/吸光度。问:该住宅各房间的甲醛含量及该住宅的甲醛含量是否符合标准。

六、问答题

1. 简述空气中氨测定取样后的样品分析过程。
2. 测定室内空气中甲醛,如果样品的吸光度超过标准曲线范围应如何处理?
3. 某民用建筑工程,自然间组成情况如下:50m² 以下有80间,50~100m² 的有20间。问室内环境检测时应抽取多少自然间?共设多少检测点?

室内空气有害物质模拟试卷(B)

一、填空题

1. 所谓民用建筑工程是新建、扩建和改建的民用建筑_____和_____的统称。
2. 室内环境污染物浓度测定时,除氡以外均应同步测定室外_____空气相应值为空白值。
3. 空气中氡的检测,所选用的方法的测量结果不确定度不应大于_____(置信度95%),方法的探测下限不应大于_____。
4. 室内环境污染物浓度检测点数设置原则:

房间使用面积(m²)	检测点数(个)
<50	1
≥50 且 <100	2
≥ 且 <	不少于3

房间使用面积(m²)	检测点数(个)
≥ 且 <	不少于5
≥1000 且 <3000	不少于
≥3000	不少于

5. 环境污染物现场采样时,检测点应距内墙面_____,距楼地面高度_____。检测点均匀分布,避开_____。

6. 对室内环境污染物浓度检测结果不合格项进行再次检测时,抽检数量应_____,并应包含_____及_____。

7. 靛酚蓝分光光度法测定空气中氨使用吸收液是浓度为_____的_____溶液,显色剂是_____、_____、_____。

8. 绘制甲醛、氨标准曲线时以_____作为横坐标,_____作为纵坐标,用_____法计算校准曲线的斜率、截距、回归方程。

9. 检测空气中苯使用的活性炭吸附管使用前应通_____加热活化,活化温度是_____,活化时间不少于_____,活化至无杂质峰。

10. Tenax-TA 吸附管内装_____mg 粒径为_____Tenax-TA 吸附剂,使用前应通氮气活化,活化温度应高于_____,活化时间不少于_____min,活化至无杂质峰。

11. 使用大气采样仪前后,用皂膜流量计校准采样系统,流量误差应小于_____。

12. 气相色谱法测定空气中苯和TVOC 时,对氮气的纯度要求是_____。

13. 标准状态的大气压为_____,温度为绝对温度_____。

14. 气相色谱检测空气中苯时,以_____定性,_____定量。

15. 采用自然通风的民用建筑工程,检测房间对外封闭_____后进行,测氡时应在房间封闭_____后进行。

二、单项选择题

1. 室内空气中氨、甲醛分析时,比色波长分别是_____。
A. 697.5nm,630nm
B. 630nm,697.5nm
C. 630nm,420nm
D. 697.5nm,420nm

2. 下列属于Ⅰ类民用建筑工程的是_____。
A. 住宅,办公楼
B. 医院,住宅
C. 商店,理发店
D. 幼儿院,书店

3. 民用建筑工程验收时,抽检房间数量不得少于房间总数的_____。
A. 5%
B. 10%
C. 15%
D. 20%

4. 绘制氨标准曲线时,_____斜率 b 是符合要求的。
A. 0.075
B. 0.081
C. 0.085
D. 0.091

5. 酚试剂分光光度法测定甲醛含量时,_____共存,将使测定结果偏低。
A. 20μg 酚
B. 2μg 醛
C. 二氯化氮
D. 二氧化硫

6. 靛酚蓝分光光度法测定空气中氨使用的显色剂水杨酸、亚硝基铁氰化钠、次氯酸钠的保存条件及期限分别是_____。
A. 冰箱中一个月、室温下一个月、室温下一个月
B. 室温下一个月、冰箱中一个月、冰箱中两个月
C. 室温下一个月、室温下一个月、冰箱中一个月

D. 冰箱中一个月、冰箱中一个月、室温下两个月

7. 某老年活动中心室内环境质量验收,其甲醛和氨的验收标准分别为_____。
   A. 0.08mg/m³、0.5mg/m³   B. 0.12mg/m³、0.2mg/m³
   C. 0.08mg/m³、0.2mg/m³   D. 0.12mg/m³、0.5mg/m³

8. 室内环境污染物浓度检测中不需要扣除上风向空白值的是_____。
   A. 氨   B. 氡   C. 甲醛   D. 苯

9. Ⅰ类民用建筑工程氨浓度检测时,下列结果中合格的是_____。
   A. 0.18mg/m³   B. 0.22mg/m³   C. 0.50mg/m³   D. 0.32mg/m³

10. 室内空气中氨检测发生争议时,应以_____测定的结果为准。
    A. 离子选择电极法   B. 酚试剂分光光度法
    C. 靛酚蓝分光光度法   D. 纳氏试剂法

11. 对于采用自然通风的工程,检测前应对外关闭门窗24h的项目是_____。
    A. 氨   B. 氡   C. 甲醛   D. 苯

12. 室内空气中苯检测中,气相色谱使用的检测器是_____。
    A. 氢火焰离子化检测器   B. 热导检测器
    C. 光离子化检测器   D. 火焰光度检测器

13. 空气中苯的检测使用的吸附管中填充的吸附剂是_____。
    A. Tenax – TA   B. Tenax – GC   C. 椰子壳活性炭   D. 聚乙二醇

14. 空气中苯的检测使用的活性炭吸附管中填充的吸附剂的量是_____。
    A. 100mg   B. 200mg   C. 50mg   D. 150mg

15. 空气中苯的检测使用的活性炭吸附管的老化温度是_____。
    A. 250～280℃   B. 300～350℃   C. 200～250℃   D. 220～280℃

16. 靛酚蓝分光光度法测定空气中氨时,氨的标准工作液浓度为_____。
    A. 1mg/mL   B. 2mg/mL   C. 1g/mL   D. 2g/mL

17. 酚试剂法测定甲醛时,二氧化硫的干扰可以采用_____方法消除。
    A. 硫酸   B. 硫酸锰滤纸   C. 盐酸   D. 碘溶液

18. 公共场所空气中氨的测定方法中氨吸收液的浓度为_____。
    A. 0.005mol/L   B. 0.0005mol/L   C. 0.0001mol/L   D. 0.001mol/L

19. 配制100mL 1mg/mL氨标准贮备液时,需称取_____经105℃干燥_____的分析纯氯化铵。
    A. 0.3142g 2h   B. 0.3142g 1h   C. 0.3412g 2h   D. 0.3412g 1h

20. 室内空气中苯取样时,空气中水蒸气和水雾较大时会在炭管中凝结,标准规定空气湿度在_____时,活性炭采样管的采样效率仍符合要求。
    A. 85%   B. 95%   C. 90%   D. 92%

三、多项选择题

1. Ⅰ类民用建筑工程氨浓度检测时,下列结果中合格的是_____。
   A. 0.18mg/m³   B. 0.20mg/m³   C. 0.22mg/m³   D. 0.50mg/m³

2. 空气氨浓度检测中使用的显色剂有_____。
   A. 水杨酸   B. 次氯酸钠   C. 硫酸铁铵   D. 亚硝基铁氰化钠

3. 室内空气中氨的检测,可以采用的方法有_____。
   A. 离子选择电极法   B. 酚试剂分光光度法

C. 靛酚蓝分光光度法　　　　　　D. 纳氏试剂法
4. 室内空气现场采样时应记录以下参数_____。
A. 采样时间　　B. 采样流量　　C. 温度　　D. 大气压
5. 室内空气苯和TVOC检测中,热解吸仪装置主要由_____组成。
A. 控温器　　B. 加热器　　C. 测温装置　　D. 气体流量控制器

四、判断题(正确打√,错误打×)

1. 环境污染现场采样时都必须同步测定上风向空气相应值为空白值。（　）
2. 民用建筑工程验收时,只要进行了样板间室内环境污染物浓度检测的,抽检数量减半、并不得少于3间。（　）
3. 在对氨、甲醛、苯、TVOC取样检测时,固定式家具的门应打开。（　）
4. 民用建筑工程及室内装修工程的室内环境质量验收,可以在工程完工后立即进行。（　）
5. 评定室内环境污染物浓度检测结果时,若其中有单项符合规范要求时,可以判定该工程室内环境质量单项合格。（　）

五、计算题

1. 测定某房间空气中的甲醛浓度,采样温度30℃,压力101.7kPa,采样10L,测得样品吸光度0.203,空白吸光度0.076,已知甲醛的B_s=2.76g/吸光度,计算该房间空气中的甲醛含量。
2. 测定某住宅室内空气中的甲醛浓度,采样温度18℃,压力101.1kPa,采样流量0.5L/min,采样时间20min,测得卧室样品吸光度0.185,客厅样品吸光度为0.156,书房样品吸光度为0.375,空白吸光度0.055,已知甲醛的B_s=2.66g/吸光度。问:该住宅各房间的甲醛含量及该住宅的甲醛含量是否符合标准。

六、问答题

1. 气相色谱法分析TVOC使用的是什么色谱柱?其色谱分析条件是什么?
2. 简述室内空气氨、甲醛、苯、TVOC检测现场取样使用的试剂(吸附剂)种类、数量、采样流量、采样体积、样品保存时间。
3. 某民用建筑工程,自然间组成情况如下:50m²以下有80间,50~100m²的有20间。问室内环境检测时应抽取多少自然间?共设多少检测点?

第二节　土壤有害物质

一、填空题

1. 当民用建筑工程场地土壤氡浓度不大于_____或土壤表面氡析出率不大于_____时,可不采取防氡工程措施。
2. Ⅰ类民用建筑工程当采用异地土作为回填土时,该回填土应进行_____的比活度测定,当内照射指数不大于1.0、外照射指数不大于1.3时,方可使用。
3. 测量土壤表面氡析出率时,应保证被测介质表面平整,测量过程中应保证罩内空间的_____不出现明显变化。
4. 地表土壤氡浓度检测报告的内容应包括_____等。

5. 城市区域性土壤氡水平调查时,按_____网格布置测点,部分中小城市可以按_____网格布置测点。

6. 当民用建筑工程场地土壤氡浓度≥_____Bq/m³或土壤表面氡析出率≥_____Bq/m²·s时,除采取防氡处理措施外,还应采取综合建筑构造防氡措施。

7. 新建、扩建的民用建筑工程设计前,必须进行建筑场地土壤中_____或_____测定,并提供相应的检测报告。

8. 测量土壤表面氡析出率时,标准中对空气流动有明确要求,测量时应在_____或_____条件下进行。

二、单项选择题

1. 土壤中氡浓度的测定方法中不宜采用_____。
   A. 电离室法　　　B. 静电收集法　　　C. 闪烁瓶法　　　D. 活性炭盒法

2. I 类民用建筑工程当采用_____作为回填土时,该回填土应进行镭-226、钍-232、钾-40 的比活度测定。当内照射指数(I_{Ra})不大于1.0和外照射指数(I_r)不大于1.3时,方可使用。
   A. 素土　　　B. 杂填土　　　C. 异地土　　　D. 回填土

3. 土壤中的长寿命放射性核素_____等在衰变过程中,会释放出氡气。
   A. Ra^{226}　　　B. Ra^{222}　　　C. Ra^{220}　　　D. Ra^{218}

4. 在氡的4个同位素中,_____对人体的危害最大。
   A. 氡-222　　　B. 氡-220　　　C. 氡-219　　　D. 氡-218

5. 土壤氡检测时,当遇到较大石块时,可偏离_____。
   A. ±1m　　　B. ±5m　　　C. ±2m　　　D. ±4m

6. 土壤氡检测时,检测时间宜在_____。
   A. 8:00~18:00　　　B. 6:00~19:00　　　C. 7:00~18:00　　　D. 8:00~19:00

7. 土壤氡检测时,如遇雨天,应在雨后_____后进行。
   A. 12h　　　B. 18h　　　C. 24h　　　D. 30h

8. 土壤氡检测时,一栋楼的布置点不应少于_____个。
   A. 10　　　B. 14　　　C. 16　　　D. 20

9. 当民用建筑工程场地土壤氡浓度测定结果_____时,应采取建筑物底层地面抗开裂措施。
   A. 小于20000Bq/m³
   B. 大于20000Bq/m³且小于30000Bq/m³
   C. 大于30000Bq/m³且小于50000Bq/m³
   D. 大于50000Bq/m³

10. 测量土壤表面氡析出率时,现场测量设备探测下限应不大于_____Bq/(m²·s)。
    A. 0.01　　　B. 0.02　　　C. 0.05　　　D. 0.06

11. 土壤氡检测时,孔的直径宜为_____mm时,符合标准要求。
    A. 15　　　B. 30　　　C. 45　　　D. 50

12. 土壤氡测试仪器的不确定度不应大于_____%。
    A. 10　　　B. 20　　　C. 30　　　D. 25

13. I 类民用建筑工程场地土壤氡浓度大于50000Bq/m³,应进行土壤中镭-226、钍-232、钾-40 的比活度测定。当内照射指数(I_{Ra})不大于_____和外照射指数(I_r)不大于1.3时,方可使用。
    A. 1.3　　　B. 1.5　　　C. 1.0　　　D. 1.8

14. 土壤中氡浓度的测定方法中宜采用_____。
 A. 原子吸收法　　　B. 静电收集法　　　C. 气相法　　　D. 活性炭盒法
15. 土壤中的长寿命放射性核素_____等在衰变过程中,会释放出氡气。
 A. Ra^{226}　　　B. K^{40}　　　C. Th^{232}　　　D. Ra^{218}
16. 测量土壤表面氡析出率时,现场测量设备探测下限应不大于_____ $Bq/(m^2 \cdot s)$。
 A. 0.01　　　B. 0.02　　　C. 0.10　　　D. 0.06
17. 某民用建筑工程场地土壤氡浓度为_____ Bq/m^3,可不采取放氡工程措施。
 A. 18000　　　B. 22000　　　C. 35000　　　D. 45000
18. 土壤氡测试仪器工作时,要求相对湿度最高为_____%。
 A. 45　　　B. 60　　　C. 90　　　D. 95
19. 土壤氡检测时,如遇雨天应在雨后_____后进行。
 A. 12h　　　B. 48h　　　C. 24h　　　D. 30h
20. 某民用建筑工程场地土壤表面氡析出率为_____ $Bq/(m^2 \cdot s)$时,采取建筑物底层地面抗开裂措施即可。
 A. 0.04　　　B. 0.06　　　C. 0.12　　　D. 0.20

三、判断题(正确打√,错误打×)

1. 土壤中氡浓度测定时,应在工程地质勘察范围内布点,并应以间距10m布置网格,各网格点即为检测点,但布点数不应少于10个。（　）
2. 土壤中氡浓度测定时,应采用专用钢钎打孔。孔的直径宜为20～40mm,孔的深度宜为500～800mm。（　）
3. 土壤氡浓度检测时,一栋楼的布置点不应少于12个。（　）
4. 土壤表面氡析出率为0.08 $Bq/(m^2 \cdot s)$,应采取建筑物底层地面抗开裂措施。（　）
5. 检测土壤表面氡析出率时,环境条件须满足相对湿度≤90%。（　）
6. 某民用建筑工程场地土壤氡浓度测定结果为35000 Bq/m^3,建筑物底层地面可不采取抗开裂措施。（　）
7. 土壤氡检测时,如遇雨天应在雨后3d后进行。（　）
8. 民用建筑工程当采用异地土作为回填土时,该回填土应进行镭-226、钍-232、钾-40的比活度测定。（　）
9. 土壤中氡浓度可以采用电离室法检测。（　）
10. 土壤表面氡析出率是指单位面积上析出的氡的放射性活度。（　）
11. 土壤中氡浓度测定时,应在工程地质勘察范围内布点,并应以间距10m作网格,各网格点即为检测点,但布点数不应少于16个。（　）
12. 土壤中氡浓度测定时,应采用专用钢钎打孔。孔的直径宜为20～40mm,孔的深度宜为400mm。（　）
13. 土壤氡浓度检测时,可采用闪烁瓶法。（　）
14. 土壤表面氡析出率为0.05 $Bq/(m^2 \cdot s)$,应采取建筑物底层地面抗开裂措施。（　）
15. 检测土壤表面氡析出率时,环境条件须满足相对湿度≤75%。（　）
16. 某民用建筑工程场地土壤氡浓度测定结果为20000 Bq/m^3,建筑物底层地面可不采取抗开裂措施。（　）
17. 土壤氡检测时,如遇较大石块,可偏离±5m。（　）
18. 民用建筑工程场地土壤氡浓度大于50000 Bq/m^3,应进行土壤中镭-226、钍-232、钾-40

的比活度测定。　　　　　　　　　　　　　　　　　　　　　　　　　　　　　　（　）

19. 土壤中氡浓度可以采用电离室法检测。　　　　　　　　　　　　　　　　　（　）

20. 土壤表面氡析出率是指单位面积上、单位时间内析出的氡的放射性比活度。　（　）

四、简答题

1. 简述土壤氡浓度检测布点原则。
2. 土壤中氡浓度测量可采用哪些方法？
3. 土壤表面氡析出率测量过程中，应注意控制哪几个环节？

五、计算题

1. 某工程进行土壤表面氡析出率测定，已知聚集罩罩口内径 $D=40cm$，聚集罩容积为 $V=9000cm^3$，聚集罩收集氡气时间为 $t=2.0h$ 时，测得罩内氡气浓度 $N_t=6000Bq/m^3$。试求该检测点的氡析出率，并判断是否应采取防氡工程措施。

2. 采用 FD-3017RaA 测氡仪对某工程进行氡浓度检测，该仪器的刻度因子为 $120Bq/m^3$，某点的读数为 123。试计算该点的土壤氡浓度，并判断是否应采取防氡措施。

3. 某工程进行土壤表面氡析出率测定，已知聚集罩罩口内径 $D=50cm$，聚集罩容积为 $V=9000cm^3$，聚集罩收集氡气时间为 $t=2.0h$ 时，测得罩内氡气浓度 $N_t=8000Bq/m^3$。试求该检测点的氡析出率，并判断是否应采取防氡工程措施。

4. 采用 FD-3017RaA 测氡仪对某工程进行氡浓度检测，该仪器的刻度因子为 $132Bq/m^3$，某点的读数为 127。试计算该点的土壤氡浓度，并判断是否应采取防氡措施。

参考答案：

一、填空题

1. $20000Bq/m^3$　　$0.05Bq/m^2 \cdot s$
2. 镭-226　　钍-232　　钾-40
3. 体积
4. 取样测试过程描述　　测试方法　　土壤氡浓度测试结果
5. $2km \times 2km$　　$1km \times 1km$
6. 50000　　0.3
7. 氡浓度　　土壤氡析出率
8. 无风　　微风

二、单项选择题

1. D	2. C	3. A	4. A
5. C	6. A	7. C	8. C
9. B	10. A	11. B	12. B
13. C	14. B	15. A	16. A
17. A	18. C	19. C	20. B

三、判断题

1. ×	2. √	3. ×	4. √

5. √	6. ×	7. ×	8. ×
9. √	10. ×	11. √	12. ×
13. √	14. ×	15. ×	16. √
17. ×	18. ×	19. √	20. ×

四、简答题

1. 答：测量区域范围应与工程地质勘察范围相同，布点位置应覆盖基础工程范围。

在工程地质勘察范围内布点时，以间隔 10m 作网格，各网格点即为测试点（当遇较大石块时，可偏离 ±2m），但布点数不应少于 16 个。

2. 答：可采用电离室法、静电收集法、闪烁瓶法、金硅面垒型探测器等方法。

3. 答：(1)使用聚集罩时，罩口与介质表面的接缝处应当封堵，避免罩内氡向罩外扩散。

(2)被测介质表面应平整，保证各个测量点测量过程中罩内体积不出现明显变化。

(3)测量的聚集时间等参数应与仪器测量灵敏度相适应，以保证足够的测量准确度。

(4)测量应在无风或微风的条件下进行。

五、计算题

1. 解：$D = 40\text{cm} = 0.4\text{m}$；$V = 9000\text{cm}^3 = 0.009\text{m}^3$，$t = 2.0\text{h} = 7200\text{s}$

聚集罩所罩地面面积：$A = \dfrac{1}{4}\pi D^2$

$$= \dfrac{1}{4} \times 3.14 \times 0.4^2$$

$$= 0.1256\text{m}^2$$

被测地面的氡析出率：$R = N_t V / At$

$$= 6000 \times 0.009 / 0.1256 \times 7200 = 0.06\text{Bq}/(\text{m}^2 \cdot \text{s})$$

该地面的氡析出率大于 $0.05\text{Bq}/(\text{m}^2 \cdot \text{s})$ 且小于 $0.1\text{Bq}/(\text{m}^2 \cdot \text{s})$，应采取建筑物底层地面抗开裂措施。

该点的氡析出率为 $0.06\text{Bq}/(\text{m}^2 \cdot \text{s})$，建筑物底层地面应采取抗开裂措施。

2. 解：该点的土壤氡浓度 $C = 120 \times 123$

$$= 14760(\text{Bq}/\text{m}^3) < 20000(\text{Bq}/\text{m}^3)$$

该点的土壤氡浓度为 $14760\text{Bq}/\text{m}^3$，不需要采取防氡措施。

3. 解：$D = 50\text{cm} = 0.5\text{m}$；$V = 9000\text{cm}^3 = 0.009\text{m}^3$，$t = 2.0\text{h} = 7200\text{s}$

聚集罩所罩地面面积：$A = \dfrac{1}{4}\pi D^2$

$$= \dfrac{1}{4} \times 3.14 \times 0.5^2$$

$$= 0.1962\text{m}^2$$

被测地面的氡析出率：$R = N_t V / At$

$$= 8000 \times 0.009 / 0.1962 \times 7200 = 0.051\text{Bq}/(\text{m}^2 \cdot \text{s})$$

该地面的氡析出率大于 $0.05\text{Bq}/(\text{m}^2 \cdot \text{s})$ 且小于 $0.1\text{Bq}/(\text{m}^2 \cdot \text{s})$，应采取建筑物底层地面抗开裂措施。

该点的氡析出率为 $0.051\text{Bq}/(\text{m}^2 \cdot \text{s})$，建筑物底层地面应采取抗开裂措施。

4. 解：该点的土壤氡浓度 $C = 132 \times 127$

$$= 16764(\text{Bq}/\text{m}^3) < 20000(\text{Bq}/\text{m}^3)$$

该点的土壤氡浓度为 16764Bq/m³,不需要采取防氡措施。

土壤有害物质模拟试卷(A)

一、单项选择题

1. 土壤中氡浓度的测定方法中不宜采用_____。
 A. 电离室法　　　　B. 静电收集法　　　　C. 闪烁瓶法　　　　D. 活性炭盒法
2. Ⅰ类民用建筑工程当采用_____作为回填土时,该回填土应进行镭-226、钍-232、钾-40 的比活度测定。当内照射指数(I_{Ra})不大于 1.0 和外照射指数(I_r)不大于 1.3 时,方可使用。_____
 A. 素土　　　　　　B. 杂填土　　　　　　C. 异地土　　　　　D. 回填土
3. 土壤中的长寿命放射性核素_____等在衰变过程中,会释放出氡气。
 A. Ra^{226}　　　　B. Ra^{222}　　　　C. Ra^{220}　　　　D. Ra^{218}
4. 在氡的 4 个同位素中哪一个对人体的危害最大?_____。
 A. 氡-222　　　　　B. 氡-220　　　　　C. 氡-219　　　　　D. 氡-218
5. 土壤氡检测时,当遇到较大石块时,可偏离_____。
 A. ±1m　　　　　　B. ±5m　　　　　　C. ±2m　　　　　　D. ±4m
6. 土壤氡检测时,检测时间宜在_____。
 A. 8:00~18:00　　B. 6:00~19:00　　C. 7:00~18:00　　D. 8:00~19:00
7. 土壤氡检测时,如遇雨天应在雨后_____后进行。
 A. 12h　　　　　　B. 18h　　　　　　C. 24h　　　　　　D. 30h
8. 土壤氡检测时,一栋楼的布置点不应少于_____个。
 A. 10　　　　　　　B. 14　　　　　　　C. 16　　　　　　　D. 20
9. 当民用建筑工程场地土壤氡浓度测定结果_____时,应采取建筑物底层地面抗开裂措施。
 A. 小于 20000Bq/m³　　　　　　　　　B. 大于 20000Bq/m³ 且小于 30000Bq/m³
 C. 大于 30000Bq/m³ 且小于 50000Bq/m³　D. 大于 50000Bq/m³
10. 测量土壤表面氡析出率时,现场测量设备探测下限应不大于_____Bq/(m²·s)。
 A. 0.01　　　　　　B. 0.02　　　　　　C. 0.05　　　　　　D. 0.06

二、判断题(正确打√,错误打×)

1. 土壤中氡浓度测定时,应在工程地质勘察范围内布点,并应以间距 10m 布置网格,各网格点即为检测点,但布点数不应少于 10 个。(　　)
2. 土壤中氡浓度测定时,应采用专用钢钎打孔。孔的直径宜为 20~40mm,孔的深度宜为 500~800mm。(　　)
3. 土壤氡浓度检测时,一栋楼的布置点不应少于 12 个。(　　)
4. 土壤表面氡析出率为 0.08Bq/(m²·s),应采取建筑物底层地面抗开裂措施。(　　)
5. 检测土壤表面氡析出率时,环境条件须满足相对湿度≤90%。(　　)
6. 某民用建筑工程场地土壤氡浓度测定结果为 35000Bq/m³,建筑物底层地面可不采取抗开裂措施。(　　)
7. 土壤氡检测时、如遇雨天应在雨后 3d 后进行。(　　)
8. 民用建筑工程当采用异地土作为回填土时,该回填土应进行镭-226、钍-232、钾-40 的比活度测定。(　　)

9. 土壤中氡浓度可以采用电离室法检测。( )
10. 土壤表面氡析出率是指单位面积上析出的氡的放射性活度。( )

三、填空题

1. 当民用建筑工程场地土壤氡浓度不大于_____或土壤表面氡析出率不大于_____时，可不采取防氡工程措施。
2. Ⅰ类民用建筑工程当采用异地土作为回填土时，该回填土应进行_____的比活度测定，当内照射指数不大于1.0、外照射指数不大于1.3时，方可使用。
3. 测量土壤表面氡析出率时，应保证被测介质表面平整，测量过程中应保证罩内空间的_____不出现明显变化。
4. 地表土壤氡浓度检测报告的内容应包括_____等。
5. 城市区域性土壤氡水平调查时，按_____网格布置测点，部分中小城市可以按_____网格布置测点。

四、简答题

1. 简述土壤氡浓度检测布点原则。
2. 土壤中氡浓度测量可采用哪些方法？

五、计算题

1. 某工程进行土壤表面氡析出率测定，已知聚集罩罩口内径 $D=40\text{cm}$，聚集罩容积为 $V=9000\text{cm}^3$，聚集罩收集氡气时间为 $t=2.0\text{h}$ 时，测得罩内氡气浓度 $N_t=6000\text{Bq/m}^3$。试求该检测点的氡析出率，并判断是否应采取防氡工程措施。
2. 采用FD-3017RaA测氡仪对某工程进行氡浓度检测，该仪器的刻度因子为 120Bq/m^3，某点的读数为123。试计算该点的土壤氡浓度，并判断是否应采取防氡措施。

土壤有害物质模拟试卷（B）

一、单项选择题

1. 土壤氡检测时，孔的直径宜为_____mm时，符合标准要求。
   A. 15   B. 30   C. 45   D. 50
2. 土壤氡测试仪器的不确定度不应大于_____%。
   A. 10   B. 20   C. 30   D. 25
3. Ⅰ类民用建筑工程场地土壤氡浓度大于 50000Bq/m^3，应进行土壤中镭-226、钍-232、钾-40的比活度测定。当内照射指数（I_{Ra}）不大于_____和外照射指数（I_r）不大于1.3时，方可使用。
   A. 1.3   B. 1.5   C. 1.0   D. 1.8
4. 土壤中氡浓度的测定方法中宜采用_____。
   A. 原子吸收法   B. 静电收集法   C. 气相法   D. 活性炭盒法
5. 土壤中的长寿命放射性核素_____等在衰变过程中，会释放出氡气。
   A. Ra^{226} B. K^{40} C. Th^{232} D. Ra^{218}
6. 测量土壤表面氡析出率时，现场测量设备探测下限应不大于_____$\text{Bq}/(\text{m}^2\cdot\text{s})$。

A. 0.01　　　　　B. 0.02　　　　　C. 0.10　　　　　D. 0.06

7. 某民用建筑工程场地土壤氡浓度为_____Bq/m³,可不采取防氡工程措施。
A. 18000　　　　B. 22000　　　　C. 35000　　　　D. 45000

8. 土壤氡测试仪器工作时要求相对湿度最高为_____%。
A. 45　　　　　　B. 60　　　　　　C. 90　　　　　　D. 95

9. 土壤氡检测时,如遇雨天应在雨后_____后进行。
A. 12h　　　　　B. 48h　　　　　C. 24h　　　　　D. 30h

10. 某民用建筑工程场地土壤表面氡析出率为_____Bq/(m²·s)时,采取建筑物底层地面抗开裂措施即可。
A. 0.04　　　　　B. 0.06　　　　　C. 0.12　　　　　D. 0.20

二、判断题(正确打√,错误打×)

1. 土壤中氡浓度测定时,应在工程地质勘察范围内布点,并应以间距10m布置网格,各网格点即为检测点,但布点数不应少于16个。（　　）
2. 土壤中氡浓度测定时,应采用专用钢钎打孔。孔的直径宜为20~40mm,孔的深度宜为400mm。（　　）
3. 土壤氡浓度检测时,可采用闪烁瓶法。（　　）
4. 土壤表面氡析出率为0.05Bq/(m²·s),应采取建筑物底层地面抗开裂措施。（　　）
5. 检测土壤表面氡析出率时,环境条件须满足相对湿度≤75%。（　　）
6. 某民用建筑工程场地土壤氡浓度测定结果为20000Bq/m³,建筑物底层地面可不采取抗开裂措施。（　　）
7. 土壤氡检测时,如遇较大石块,可偏离±5m。（　　）
8. 民用建筑工程场地土壤氡浓度大于50000Bq/m³,应进行土壤中镭-226、钍-232、钾-40的比活度测定。（　　）
9. 土壤中氡浓度可以采用电离室法检测。（　　）
10. 土壤表面氡析出率是指单位面积上、单位时间内析出的氡的放射性比活度。（　　）

三、填空题

1. 当民用建筑工程场地土壤氡浓度≥_____Bq/m³或土壤表面氡析出率≥_____Bq/(m²·s)时,除采取防氡处理措施外,还应采取综合建筑构造防氡措施。
2. 新建、扩建的民用建筑工程设计前,必须进行建筑场地土壤中_____或_____测定,并提供相应的检测报告。
3. 测量土壤表面氡析出率时,标准中对空气流动有明确要求,测量时应在_____或_____条件下进行。
4. 地表土壤氡浓度检测报告的内容应包括_____等。
5. 城市区域性土壤氡水平调查时,按2km×2km网格布置测点,部分中小城市可以按_____网格布置测点。

四、简答题

1. 简述土壤氡浓度检测布点原则。
2. 土壤表面氡析出率测量过程中,应注意控制哪几个环节?

五、计算题

1. 某工程进行土壤表面氡析出率测定,已知聚集罩罩口内径 $D=50cm$,聚集罩容积为 $V=9000cm^3$,聚集罩收集氡气时间为 $t=2.0h$ 时,测得罩内氡气浓度 $N_t=8000Bq/m^3$,试求该检测点的氡析出率,并判断是否应采取防氡工程措施。

2. 采用 FD-3017RaA 测氡仪对某工程进行氡浓度检测,该仪器的刻度因子为 $132Bq/m^3$,某点的读数为 127,试计算该点的土壤氡浓度,并判断是否应采取防氡措施。

第三节 人 造 木 板

一、填空题

1. 气候箱是模拟室内环境测试_____的污染物释放量的设备。
2. 人造木板是以植物纤维为原料,经_____分离成各种形状的单元材料,再经组合并加入_____压制而成的板材,包括胶合板、纤维板、刨花板等。
3. 饰面人造木板是以_____为基材,经_____装饰材料面层后的板材。
4. 气候箱法测定人造木板游离甲醛释放量的限量为_____。
5. 采用穿孔法测定人造木板游离甲醛含量时,E 类标准限量为_____。
6. 饰面人造木板可采用_____测定游离甲醛释放量,当发生争议时应以_____的测定结果为准。
7. 测定人造木板甲醛释放量时,需配制乙酰丙酮和乙酸铵溶液。乙酰丙酮溶液配制是用移液管吸取_____mL 乙酰丙酮于 1L 棕色容量瓶中,并加蒸馏水稀释至刻度,摇匀,储存于暗处。乙酸铵溶液配制是称取_____g 乙酸铵于 500mL 烧杯中,加蒸馏水至完全溶解后转至 1L 棕色容量瓶中,并加蒸馏水稀释至刻度,摇匀,储存于暗处。
8. 测定中密度纤维板甲醛含量时,先测定其含水率,已知试件干燥前重量为 50.00g,干燥后试件重量为 46.00g,则试件含水率为_____。
9. 市售 H_2SO_4 密度 $\rho=1.84g/mL$,质量百分浓度为 98%,则该硫酸浓度为_____mol/L。
10. 若配制 0.50mol/L 氢氧化钠 500mL,需称取氢氧化钠_____g。

二、单项选择题

1. _____选项不符合气候箱的运行条件。
 A. 温度:23±0.5℃
 B. 相对湿度:45%±5%
 C. 空气交换率:1±0.1 次/h
 D. 被测样品表面附近空气流速:0.1~0.3m/s

2. 人造板游离甲醛释放量测定结果更能反映民用建筑室内环境的实际情况,更接近于实际,它代表着人造板甲醛释放量测试的发展趋势,测试方法是_____。
 A. 气候箱法 B. 干燥器法 C. 穿孔法 D. 气体分析法

3. 穿孔法测定游离甲醛含量时,截取 105g 的受试板块测定甲醛含量,另截取 50g 的受试板块用于测定_____。
 A. 密度 B. 重量 C. 强度 D. 含水率

4. 民用建筑工程室内装修中所采用的人造木板或饰面人造木板面积大于_____ m^2 时,应对不同产品不同批次的游离甲醛含量或游离甲醛释放量分别进行复验。

A. 2000　　　　　　B. 1000　　　　　　C. 1500　　　　　　D. 500

5. 饰面人造板测定游离甲醛释放量时,当发生争议时,应以_____为准。
  A. 气候箱法　　　　B. 干燥器法　　　　C. 穿孔法　　　　D. 烘干法

6. Ⅰ类民用建筑工程室内装修,必须采用_____类人造板及饰面人造板。
  A. E_1类　　　　　B. E_2类　　　　　C. A类　　　　　D. B类

7. 气候箱法检测板材时,甲醛的测量采用_____方法。
  A. 酚试剂分光光度法　　　　　　　　B. 靛酚蓝分光光度法
  C. 乙酰丙酮分光光度法　　　　　　　D. 纳氏试剂分光光度法

8. 用气候箱检测板材时,被测板材应垂直放在环境舱的中心位置,板材与板材之间的间距不应小于_____mm,并与气流方向平行。
  A. 50　　　　　　　B. 100　　　　　　C. 150　　　　　　D. 200

9. 用气候箱检测板材时,每天采样1次,当连续2d测试浓度下降不大于_____时,可认为达到了平衡。
  A. 1%　　　　　　　B. 3%　　　　　　 C. 5%　　　　　　 D. 10%

10. 用气候箱检测板材时,如果测试第_____d仍然达不到平衡状态,可结束测试,以第_____d的测试结果作为游离甲醛释放量测定值。
  A. 7　　　　　　　　B. 14　　　　　　　C. 28　　　　　　　D. 30

11. 穿孔萃取法E_1类限量值为_____mg/100g。
  A. ≤5.0　　　　　　B. ≤9.0　　　　　　C. ≤15.0　　　　　　D. ≤30.0

12. 承载率指试样_____与气候箱容积之比。
  A. 体积　　　　　　B. 重量　　　　　　C. 总表面积　　　　D. 单面表面积

13. 40L干燥器法测定饰面人造板甲醛释放量所需样品表面积为_____cm^2。
  A. 300　　　　　　　B. 450　　　　　　C. 1000　　　　　　D. 1500

14. 采用9～11L干燥器测定人造板甲醛释放量时,结晶皿内需_____mL的蒸馏水。
  A. 200　　　　　　　B. 300　　　　　　C. 500　　　　　　D. 600

15. 用气候箱检测板材游离甲醛释放量前,气候箱内洁净空气中甲醛含量不应大于_____mg/m^3。(　　)
  A. 0.001　　　　　　B. 0.002　　　　　C. 0.005　　　　　D. 0.006

16. 当采用干燥器法测定游离甲醛释放量时,E_1类别标准为_____mg/L。
  A. ≤1.5　　　　　　B. <1.5　　　　　　C. ≤5.0　　　　　D. <5.0

17. 测定人造木板含水率时,试件在_____℃下干燥至恒重。
  A. 100±2　　　　　B. 103±2　　　　　C. 105±2　　　　　D. 110±2

三、判断题(正确打√,错误打×)

1. Ⅰ类民用建筑工程室内装修,必须采用E_1类人造木板及饰面人造木板。(　　)
2. Ⅱ类民用建筑工程室内装修,宜采用E_1类人造木板及饰面人造木板。(　　)
3. 民用建筑工程中使用的粘合木结构材料,游离甲醛释放不应大于0.12mg/m^3。(　　)
4. Ⅱ类民用建筑工程中地下室及不与室外直接自然通风的房间粘贴塑料地板时,可采用溶剂型胶粘剂。(　　)
5. 在对人造木板进行有害物质检测时,穿孔法测定的是游离甲醛释放量,干燥器法测定的是游离甲醛含量。(　　)
6. 民用建筑工程中,不应在室内采用脲醛树脂泡沫塑料作为保温、隔热和吸声材料。(　　)

7. 民用建筑工程室内装修中所采用的人造木板及饰面人造木板,必须有游离甲醛含量或游离甲醛释放量检测报告。（　　）

8. 检测中密度板材时,既可采用穿孔法,也可采用干燥器法。（　　）

9. 民用建筑工程室内装修中,进行饰面人造木板拼接施工时,芯板为 E_1 类的,其断面及无饰面部位可不进行密封处理。（　　）

10. 饰面人造材板测定游离甲醛释放量,当发生争议时,应以干燥器法为准。（　　）

11. 空气置换率指每小时通过的气候箱空气体积与气候箱体积之比。（　　）

12. 穿孔萃取法可测定高密度纤维板、胶合板及刨花板等的游离甲醛释放量。（　　）

13. 饰面人造板测定游离甲醛释放量,当发生争议时,应以干燥器法为准。（　　）

14. 气候箱法限量值为 $0.12g/m^3$。（　　）

15. 采暖地区的民用建筑工程,室内装修不宜在采暖期内进行。（　　）

四、简答题

1. 《室内装饰装修材料人造板及其制品中甲醛释放限量》GB 18580—2001 中的人造板及其制品有哪几种?
2. 胶合板生产中所用的胶有哪几类?
3. 简述穿孔法测量甲醛释放量的原理。
4. 简述干燥器法检测板材的甲醛收集过程。
5. 人造板及其制品中甲醛释放量试验方法有哪几类?
6. 在试验全过程中,气候箱内应保持哪些条件?
7. 简述穿孔萃取法的萃取操作过程。

五、计算题

1. 一张胶合板,按标准要求切割成长 150mm,宽 50mm 的试件 10 块,四周用石蜡密封,用干燥器法收集甲醛后,测得待测液吸光度为 0.365,空白吸光度为 0.008,已知甲醛标准曲线的斜率为 0.024mg/mL。试计算该胶合板的甲醛释放量,并判断该胶合板是否合格。

2. 有一中密度纤维板,测其甲醛含量。首先测试件含水率,干燥前试件重 48.65g,干燥后重 45.23g。再截取 102.55g 进行甲醛萃取,按标准要求测得萃取液吸光度为 0.262,空白吸光度为 0.008,已知甲醛标准曲线的斜率为 0.024mg/mL。试计算该中密度纤维板的甲醛含量,并判断该中密度纤维板是否符合标准要求。

3. 一张胶合板,按标准要求切割成长 150mm,宽 50mm 的试件 10 块,四周用石蜡密封,用干燥器法收集甲醛后,测得待测液吸光度为 0.325,空白吸光度为 0.006,已知甲醛标准曲线的斜率为 0.024mg/mL。试计算该胶合板的甲醛释放量,并判断该胶合板是否合格。

4. 有一中密度纤维板,测其甲醛含量。首先测试件含水率,干燥前试件重 50.00g,干燥后重 45.73g。再截取 105.55g 进行甲醛萃取,按标准要求测得萃取液吸光度为 0.252,空白吸光度为 0.008,已知甲醛标准曲线的斜率为 0.024mg/mL。试计算该中密度纤维板的甲醛含量,并判断该中密度纤维板是否符合标准要求。

参考答案:

一、填空题

1. 建筑材料和装修材料　　　　　　　2. 机械加工　胶粘剂

3. 人造木板 涂饰或复合 4. ≤0.12mg/m³
5. ≤9.0mg/100g,干材料 6. 气候箱法或干燥器法 气候箱法
7. 4.0 200.00 8. 8.7%
9. 18.4 10. 10.00

二、单项选择题

1. C	2. A	3. D	4. D
5. A	6. A	7. C	8. D
9. C	10. C	11. B	12. C
13. B	14. B	15. D	16. A
17. B			

三、判断题

1. √	2. √	3. √	4. ×
5. ×	6. √	7. √	8. ×
9. √	10. ×	11. ×	12. ×
13. ×	14. ×	15. √	

四、简答题

1. 答:(1)中密度纤维板、高密度纤维板、刨花板、定向刨花板等。

(2)胶合板、细木工板、装饰单板贴面胶合板等。

(3)饰面人造板(包括浸渍纸层压木质地板、实木复合地板、竹地板、浸渍胶膜纸饰面人造板等)。

2. 答:有豆胶、血胶、脲醛树脂胶、酚醛树脂胶等,常用的为脲醛树脂胶和酚醛树脂胶。

3. 答:(1)穿孔萃取:将溶剂甲苯与试件共热,通过液——固萃取使甲醛从板材中溶解出来,然后将溶有甲醛的甲苯通过萃取器与水进行液——液萃取,把甲醛转溶于水中。

(2)采用乙酰丙酮分光光度法在412nm处测量萃取液吸光度。

(3)含水率测定:在感量0.01g的天平上称取50g试件两份,在103±2℃下烘干至恒重,测其含水率。

(4)计算:根据试件重量、含水率、吸光度计算板材的甲醛含量。

4. 答:在直径为240mm(容积9~11L)的干燥器底部放置直径为120mm、高度为60mm的结晶皿,在结晶皿内加入300mL蒸馏水。在干燥器上半部分放置金属支架,支架上固定板材试件,试件之间互不接触,测定装置在20±2℃下放置24h,蒸馏水吸收从试件中释放的甲醛,此溶液为待测液。

5. 答:干燥器法、气候箱法及穿孔法等。

6. 答:气候箱的运行条件应符合下列规定:

1)舱内温度:23±0.5℃;

2)相对湿度:45%±3%;

3)空气交换率:1±0.05次/h;

4)试件表面附近空气流速:0.1~0.3m/s;

5)承载率(负荷比):(1±0.02)m²/m³。

7. 答:将萃取仪安装好,关上萃取管底部的活塞,加入约1L蒸馏水,同时加入100mL蒸馏水于

有液封装置的三角烧瓶中。将 600mL 甲苯倒入圆底烧瓶中,并加入 105~110g 试件,精确至 0.01g,安装妥当,打开冷却水,进行加热,使甲苯沸腾开始回流,记下第一滴甲苯冷却下来的准确时间,继续回流 2h,保持 30mL/min 的回流速度,这样,一可防止液封三角烧瓶中的水虹吸回到萃取管中,二可使穿孔器中的甲苯液柱保持一定高度,使冷凝下来的带有甲醛的甲苯从穿孔器底部穿孔而出并溶于水中。萃取过程持续 2h。

开启萃取管底部的活塞,将甲醛吸收液全部转移至 2000mL 容量瓶中,再加入两份 200mL 蒸馏水到三角烧瓶中,并让它虹吸回到萃取管中,合并转移至 2000mL 容量瓶中,稀释至刻度,定容摇匀,待测。

五、计算题

1. 解:已知 $A_s = 0.365, A_b = 0.008, f = 0.024\text{mg/mL}$

甲醛释放量: $C = f \times (A_s - A_b)$
$= 0.024 \times (0.365 - 0.008)$
$= 0.0087\text{mg/mL}$
$= 8.7\text{mg/L}$

$C = 8.7\text{mg/L} > 5.0\text{mg/L}$,为不合格品。

由于该胶合板的甲醛释放量为 8.7mg/L,为不合格胶合板,不可用于室内装饰装修。

2. 解:已知 $m = 48.65\text{g}, m_0 = 45.23\text{g}, A_s = 0.262, A_b = 0.008,$
$f = 0.024\text{mg/mL}, M_0 = 102.55\text{g}, V = 2000\text{mL}$

含水率: $H = [(m - m_0)/m_0] \times 100$
$= [(48.65 - 45.23)/45.23] \times 100$
$= 7.56\%$

甲醛释放量按下式计算:

$$E = \frac{(A_s - A_b) \times f \times (100 + H) \times V}{M_0}$$

$= (0.262 - 0.008) \times 0.024 \times (100 + 7.56) \times 2000/102.55$
$= 12.79\text{mg}/100\text{g}$

因为 $9\text{mg}/100\text{g} < 12.79\text{mg}/100\text{g} < 30\text{mg}/100\text{g}$,所以该中密度纤维板符合 E_2 类标准要求。

由于该中密度纤维板甲醛释放量为 12.79mg/100g,符合 E_2 类标准要求,必须饰面处理后可用于室内。

3. 解:已知 $A_s = 0.325, A_b = 0.006, f = 0.024\text{mg/mL}$

甲醛释放量: $C = f \times (A_s - A_b)$
$= 0.024 \times (0.325 - 0.006)$
$= 0.0077\text{mg/mL}$
$= 7.7\text{mg/L}$

$C = 7.7\text{mg/L} > 5.0\text{mg/L}$,为不合格品。

由于该胶合板的甲醛释放量为 7.7mg/L,为不合格胶合板,不可用于室内装饰装修。

4. 解:已知 $m = 50.00\text{g}, m_0 = 45.73\text{g}, A_s = 0.252, A_b = 0.008,$
$f = 0.024\text{mg/mL}, M_0 = 105.55\text{g}, V = 2000\text{mL}$

含水率: $H = [(m - m_0)/m_0] \times 100$
$= [(50.00 - 45.73)/45.73] \times 100$
$= 9.34\%$

甲醛释放量按下式计算：

$$E = \frac{(A_s - A_b) \times f \times (100 + H) \times V}{M_0}$$

$= (0.252 - 0.008) \times 0.024 \times (100 + 9.34) \times 2000/105.55$

$= 12.13\text{mg}/100\text{g}$

因为 9mg/100g < 12.13mg/100g < 30mg/100g，所以该中密度纤维板符合 E_2 类标准要求。

由于该中密度纤维板甲醛释放量为 12.13mg/100g，符合 E_2 类标准要求，必须饰面处理后方可用于室内。

人造木板模拟试卷（A）

一、单项选择题

1. 下列不符合气候箱的运行条件是_____。
   A. 温度:23±0.5℃　　　　　　　　B. 相对湿度:45%±5%
   C. 空气交换率:1±0.1 次/h　　　　D. 被测样品表面附近空气流速:0.1~0.3m/s

2. 人造板游离甲醛释放量测定结果更能反映民用建筑室内环境的实际情况，更接近于实际，它代表着人造板甲醛释放量测试的发展趋势的测试方法是_____。
   A. 气候箱法　　　B. 干燥器法　　　C. 穿孔法　　　D. 气体分析法

3. 穿孔法测定游离甲醛含量时截取 105g 的受试板块测定甲醛含量，另截取 50g 的受试板块用于测定_____。
   A. 密度　　　B. 重量　　　C. 强度　　　D. 含水率

4. 民用建筑工程室内装修中所采用的人造木板或饰面人造木板面积大于_____ m² 时，应对不同产品不同批次的游离甲醛含量或游离甲醛释放量的分别进行复验。
   A. 2000　　　B. 1000　　　C. 1500　　　D. 500

5. 饰面人造板测定游离甲醛释放量时，当发生争议时，应以_____为准。
   A. 气候箱法　　　B. 干燥器法　　　C. 穿孔法　　　D. 烘干法

6. Ⅰ类民用建筑工程室内装修，必须采用_____类人造板及饰面人造板。
   A. E_1 类　　　B. E_2 类　　　C. A 类　　　D. B 类

7. 气候箱法检测板材时，甲醛的测量采用_____方法。
   A. 酚试剂分光光度法　　　　　　B. 靛酚蓝分光光度法
   C. 乙酰丙酮分光光度法　　　　　D. 纳氏试剂分光光度法

8. 用气候箱检测板材时，被测板材应垂直放在环境舱的中心位置，板材与板材之间的间距不应小于_____mm，并与气流方向平行。
   A. 50　　　B. 100　　　C. 150　　　D. 200

9. 用气候箱检测板材时，每天采样 1 次，当连续 2 天测试浓度下降不大于_____时，可认为达到了平衡。
   A. 1%　　　B. 3%　　　C. 5%　　　D. 10%

10. 用气候箱检测板材时，如果测试第_____天仍然达不到平衡状态，可结束测试，以第_____天的测试结果作为游离甲醛释放量测定值。
    A. 7　　　B. 14　　　C. 28　　　D. 30

二、判断题：(正确打√，错误打×)

1. Ⅰ类民用建筑工程室内装修，必须采用 E_1 类人造木板及饰面人造木板。　　（　）

2. Ⅱ类民用建筑工程室内装修,宜采用 E_1 类人造木板及饰面人造木板。（　　）
3. 民用建筑工程中使用的粘合木结构材料,游离甲醛释放不应大于 $0.12mg/m^3$。（　　）
4. Ⅱ类民用建筑工程中地下室及不与室外直接自然通风的房间粘贴塑料地板时,可采用溶剂型胶粘剂。（　　）
5. 在对人造木板进行有害物质检测时,穿孔法测定的是游离甲醛释放量,干燥器法测定的是游离甲醛含量。（　　）
6. 民用建筑工程中,不应在室内采用脲醛树脂泡沫塑料作为保温、隔热和吸声材料。（　　）
7. 民用建筑工程室内装修中所采用的人造木板及饰面人造木板,必须有游离甲醛含量或游离甲醛释放量检测报告。（　　）
8. 检测中密度板材时,可采用穿孔法,也可采用干燥器法。（　　）
9. 民用建筑工程室内装修中,进行饰面人造板拼接施工时,芯板为 E_1 类的,其断面及无饰面部位可不进行密封处理。（　　）
10. 饰面人造材板测定游离甲醛释放量,当发生争议时,应以干燥器法为准。（　　）

三、填空题

1. 气候箱是模拟室内环境测试_____的污染物释放量的设备。
2. 人造木板是以植物纤维为原料,经_____分离成各种形状的单元材料,再经组合并加入_____压制而成的板材,包括胶合板、纤维板、刨花板等。
3. 饰面人造木板是以_____为基材,经_____装饰材料面层后的板材。
4. 气候箱法测定人造木板游离甲醛释放量的限量为_____。
5. 采用穿孔法测定人造木板游离甲醛含量时,E_1 类标准限量为_____,E_2 类标准限量为_____。
6. 饰面人造木板可采用_____测定游离甲醛释放量,当发生争议时应以_____的测定结果为准。
7. 测定人造木板甲醛释放量时,需配制乙酰丙酮和乙酸铵溶液。乙酰丙酮溶液配制是用移液管吸取_____ mL 乙酰丙酮于 1L 棕色容量瓶中,并加蒸馏水稀释至刻度,摇匀,储存于暗处。乙酸铵溶液配制是称取_____ g 乙酸铵于 500mL 烧杯中,加蒸馏水至完全溶解后转至 1L 棕色容量瓶中,并加蒸馏水稀释至刻度,摇匀,储存于暗处。
8. 测定中密度纤维板甲醛含量时,先测定其含水率,已知试件干燥前重量为 50.00g,干燥后试件重量为 46.00g,则试件含水率为_____。
9. 市售 H_2SO_4 密度 $\rho=1.84g/mL$,质量百分浓度为 98%,则该的浓度为_____ mol/L。
10. 若配制 0.50mol/L 氢氧化钠 500mL,需称取氢氧化钠_____g。

四、简答题

1. 《室内装饰装修材料人造板及其制品中甲醛释放限量》GB 18580—2001 中的人造板及其制品有哪几种?
2. 胶合板生产中所用的胶有哪几类?
3. 简述穿孔法测量甲醛释放量的原理。
4. 简述干燥器法检测板材的甲醛收集过程。

五、计算题

1. 一张胶合板,按标准要求切割成长 150mm,宽 50mm 的试件 10 块,四周用石蜡密封,用干燥器法收集甲醛后,测得待测液吸光度为0.365,空白吸光度为0.008,已知甲醛标准曲线的斜率为0.024mg/mL。试计算该胶合板的甲醛释放量,并判断该胶合板是否合格。

2. 有一中密度纤维板,测其甲醛含量。首先测试件含水率,干燥前试件重48.65g,干燥后重45.23g。再截取102.55g进行甲醛萃取,按标准要求测得萃取液吸光度为0.262,空白吸光度为0.008,已知甲醛标准曲线的斜率为0.024mg/mL。试计算该中密度纤维板的甲醛含量,并判断该中密度纤维板是否符合标准要求。

人造木板模拟试卷(B)

一、单项选择题

1. 穿孔萃取法 E_1 类限量值为_____ mg/100g。
   A. ≤5.0　　　　　B. ≤9.0　　　　　C. ≤15.0　　　　　D. ≤30.0
2. 承载率指试样_____与气候箱容积之比。
   A. 体积　　　　　B. 重量　　　　　C. 总表面积　　　　　D. 单面表面积
3. 穿孔法测定游离甲醛含量时,截取105g的受试板块测定甲醛含量,另截取50g的受试板块用于测定_____。
   A. 密度　　　　　B. 重量　　　　　C. 强度　　　　　D. 含水率
4. 40L 干燥器法测定饰面人造板甲醛释放量所需样品表面积为_____ cm^2。
   A. 300　　　　　B. 450　　　　　C. 1000　　　　　D. 1500
5. Ⅰ类民用建筑工程室内装修,必须采用_____类人造板及饰面人造板。
   A. E_1 类　　　　　B. E_2 类　　　　　C. A 类　　　　　D. B 类
6. 采用9~11L 干燥器测定人造板甲醛释放量时,结晶皿内需_____ mL 的蒸馏水。
   A. 200　　　　　B. 300　　　　　C. 500　　　　　D. 600
7. 用气候箱检测板材时,每天采样1次,当连续2d 测试浓度下降不大于_____时,可认为达到了平衡。
   A. 1%　　　　　B. 3%　　　　　C. 5%　　　　　D. 10%
8. 用气候箱检测板材游离甲醛释放量前,气候箱内洁净空气中甲醛含量不应大于_____ mg/m^3。
   A. 0.001　　　　　B. 0.002　　　　　C. 0.005　　　　　D. 0.006
9. 当采用干燥器法测定游离甲醛释放量时,E_1 类别标准为_____ mg/L。
   A. ≤1.5　　　　　B. <1.5　　　　　C. ≤5.0　　　　　D. <5.0
10. 测定人造木板含水率时,试件在_____ ℃下干燥至恒重。
    A. 100±2　　　　　B. 103±2　　　　　C. 105±2　　　　　D. 110±2

二、判断题(正确打√,错误打×)

1. 空气置换率指每小时通过的气候箱空气体积与气候箱体积之比。　　　　　(　　)
2. Ⅱ类民用建筑工程室内装修,宜采用 E_1 类人造木板及饰面人造板。　　　　　(　　)
3. 穿孔萃取法可测定高密度纤维板、胶合板及刨花板等。　　　　　(　　)
4. 饰面人造板测定游离甲醛释放量,当发生争议时,应以干燥器法为准。　　　　　(　　)
5. 气候箱法限量值为0.12 g/m^3。　　　　　(　　)
6. 在对人造木板进行有害物质进行检测时,穿孔法测定的是游离甲醛释放量,干燥器法测定的是游离甲醛含量。　　　　　(　　)

7. 民用建筑工程中使用的粘合木结构材料,游离甲醛释放量不应大于 0.12mg/m³。（ ）
8. 检测中密度板材时,既可采用穿孔法,也可采用干燥器法。（ ）
9. 民用建筑工程室内装修中,进行饰面人造木板拼接施工时,除芯板为 E_1 类外,其断面及无饰面部位应进行密封处理。（ ）
10. 采暖地区的民用建筑工程,室内装修不宜在采暖期内进行。（ ）

三、填空题

1. 用穿孔萃取法测定的是从 100g _____ 人造板中萃取出的甲醛量。
2. 气候箱法检测人造木板时,空气流速指气候箱中试件_____的空气速度。
3. 饰面人造木板是以_____为基材,经_____装饰材料面层后的板材。
4. 气候箱法测定人造木板游离甲醛释放量的限量为_____。
5. 采用穿孔法测定人造木板游离甲醛含量时,E_2 类标准限量为_____。
6. 胶合板、细木工板可采用_____法测定甲醛释放量。
7. 测定人造木板甲醛释放量时,需配制乙酰丙酮和乙酸铵溶液。乙酰丙酮溶液配制是用移液管吸取 4.0mL 乙酰丙酮于_____mL 棕色容量瓶中,并加蒸馏水稀释至刻度,摇匀,储存于暗处。乙酸铵溶液配制是称取_____g 乙酸铵于 500mL 烧杯中,加蒸馏水至完全溶解后转至 1L 棕色容量瓶中,并加蒸馏水稀释至刻度,摇匀,储存于暗处。
8. 测定中密度纤维板甲醛含量时,先测定其含水率,已知试件干燥前重量为 50.00g,干燥后试件重量为 45.00g,则试件含水率为_____。
9. 市售 H_2SO_4 密度 $\rho=1.84g/mL$,质量百分浓度为 98%,则该硫酸浓度为_____mol/L。
10. 若配制 1.00mol/L 氢氧化钠 500mL,需称取氢氧化钠_____g。

四、简答题

1. 人造板及其制品中甲醛释放量试验方法有哪几类?
2. 在试验全过程中,气候箱内应保持哪些条件?
3. 简述穿孔萃取法的萃取操作过程。

五、计算题

1. 一张胶合板,按标准要求切割成长 150mm,宽 50mm 的试件 10 块,四周用石蜡密封,用干燥器法收集甲醛后,测得待测液吸光度为 0.325,空白吸光度为 0.006,已知甲醛标准曲线的斜率为 0.024mg/mL。试计算该胶合板的甲醛释放量,并判断该胶合板是否合格。
2. 有一中密度纤维板,测其甲醛含量。首先测试件含水率,干燥前试件重 50.00g,干燥后重 45.73g。再截取 105.55g 进行甲醛萃取,按标准要求测得萃取液吸光度为 0.252,空白吸光度为 0.008,已知甲醛标准曲线的斜率为 0.024mg/mL。试计算该中密度纤维板的甲醛含量,并判断该中密度纤维板是否符合标准要求。

第四节　胶粘剂有害物质

一、填空题

1. 水性胶粘剂挥发性有机化合物(VOCs)限量≤_____、游离甲醛限量≤_____。
2. 溶剂型胶粘剂挥发性有机化合物(VOCs)限量≤_____、游离甲醛限量≤_____。
3. _____胶粘剂的 TDI 不应大于_____。

4. GB 18583—2001 中将溶剂型胶粘剂分为三类,分别是_____、_____和其他胶粘剂。
5. 溶剂型胶粘剂中_____胶粘剂有游离甲醛指标要求。
6. 溶剂型胶粘剂中各种类别的胶粘剂都有限量要求的指标是_____、_____、_____。
7. 水基型胶粘剂中_____胶粘剂没有游离甲醛限量要求。
8. 甲醛标准溶液标定浓度时使用的指示剂是 1g/100mL 的_____指示剂 1mL,滴定至_____为终点。
9. 《室内装饰装修材料胶粘剂中有害物质限量》GB 18583—2001 中测定胶粘剂中游离甲醛含量溶解样品时,水基型胶粘剂用_____溶解,溶剂型胶粘剂先用_____溶解后,再加水溶解。
10. GB 18583—2001 中测定胶粘剂中游离甲醛含量时,蒸馏和显色的加热条件分别为_____和_____。
11. GB 18583—2001 中甲醛的测定方法适用于游离甲醛含量大于_____室内建筑装饰装修用胶粘剂。
12. GB 18583—2001 中 TDI 的测定方法适用于游离甲苯二异氰酸酯含量大于_____的室内建筑装饰装修用_____胶粘剂。
13. GB 18583—2001 中测定苯采用的定量方法是_____,测定 TDI 时采用的定量方法是_____。
14. GB 18583—2001 中胶粘剂中苯测定时使用的溶剂是_____,测定甲苯、二甲苯时使用的溶剂是_____,测定 TDI 时使用的内标物是_____。
15. GB18583—2001 中采用_____法测定胶粘剂水分含量。

二、选择题

1. 下列哪种胶粘剂需要测定游离甲苯二异氰酸酯(TDI)的含量?_____。
   A. 橡胶胶粘剂　　　　　　　　　　B. 聚氨酯胶粘剂
   C. 缩甲醛胶粘剂　　　　　　　　　D. 其他胶粘剂
2. 室内用水性胶粘剂中挥发性有机化合物和游离甲醛的限量分别是_____。
   A. VOCs≤200g/L、游离甲醛≤1g/kg　　B. VOCs≤50g/L、游离甲醛≤1g/kg
   C. VOCs≤200g/L、游离甲醛≤0.1g/kg　D. VOCs≤50g/L、游离甲醛≤0.1g/kg
3. 乙酰丙酮分光光度法适用于测定游离甲醛含量大于_____的室内建筑装饰装修用胶粘剂。
   A. 5%　　　　　B. 0.5%　　　　　C. 0.05%　　　　　D. 0.005%
4. 气相色谱法测定胶粘剂中甲苯、二甲苯含量时,采用_____对试样进行溶解。
   A. 水　　　B. 乙酸乙酯　　　C. 乙酰丙酮　　　D. N,N-二甲基甲酰胺
5. 气相色谱法测定胶粘剂中苯含量时,采用_____对试样进行溶解。
   A. 水　　　B. 乙酸乙酯　　　C. 乙酰丙酮　　　D. N,N-二甲基甲酰胺
6. 室内用溶剂型胶粘剂中挥发性有机物(VOCs)和苯的限量分别是_____。
   A. VOCs≤200g/L,苯≤0.1g/kg　　B. VOCs≤750g/L,苯≤5g/kg
   C. VOCs≤750g/L,苯≤0.1g/kg　　D. VOCs≤200g/L,苯≤5g/kg
7. 卡尔·费休法测定胶粘剂中水分时使用的试剂应根据试样成分选择,对于不含醛酮试样应选用的试剂主要成分为_____。
   A. 碘、二氧化硫、甲醇、有机碱　　　B. 碘、咪唑、二氧化硫、2-甲氧基乙醇
   C. 碘、二氧化硫、2-氯乙醇、三氯甲烷　D. 碘、咪唑、2-氯乙醇、三氯甲烷
8. GB 18583—2001 中胶粘剂苯的测定方法适用于苯含量大于_____的室内建筑装饰装修

用胶粘剂。

A. 0.05g/kg   B. 0.01g/kg   C. 0.02g/kg   D. 0.005g/kg

三、计算题

1. 测定某溶剂型胶粘剂中挥发性有机化合物含量,过程如下:圆盘加玻璃棒的质量为42.5684g,加入样品后的质量为44.5203g,烘干后总质量为43.0232g。另外测得该涂料在23℃时的密度为0.99g/mL。求该溶剂型胶粘剂的挥发性有机化合物含量。

2. 某水性胶粘剂测定挥发性有机物含量,分别测得总挥发物含量为78.64%,水分含量为76.31%,(23±2)℃下密度为1.02g/mL。问:该胶粘剂的挥发性有机物含量是多少?

3. 某水性胶粘剂测定甲醛含量,馏出液定容体积250mL,分别测得馏出液甲醛浓度为2.05μg/mL,空白溶液甲醛浓度为0.08μg/mL,稀释因子为1,样品质量为2.156g。问:该胶粘剂的甲醛含量是否合格?

四、问答题

1. 简述GB 18583—2001中胶粘剂中游离甲醛含量检测原理。
2. 简述GB 18583—2001中测定胶粘剂中苯使用的色谱柱和柱操作条件。
3. 为什么GB 18583—2001中测定胶粘剂中苯使用N,N-二甲基甲酰胺作为溶剂,而测定甲苯、二甲苯时使用乙酸乙酯作为溶剂?

参考答案:

一、填空题

1. 50g/L　1g/kg
2. 750g/L　5g/kg
3. 聚氨酯类　10g/kg
4. 橡胶胶粘剂　聚氨酯类胶粘剂
5. 橡胶
6. 苯　甲苯+二甲苯　总挥发性有机物
7. 聚氨酯类
8. 淀粉　蓝色刚刚消失
9. 水　乙酸乙酯
10. 油浴　水浴
11. 0.005%
12. 0.1g/kg　聚氨酯
13. 外标法　内标法
14. N,N-二甲基甲酰胺　乙酸乙酯　正十四烷
15. 卡尔·费休

二、选择题

1. B   2. B   3. D   4. B
5. D   6. B   7. A   8. C

三、计算题

1. 解:$V = \dfrac{(44.5203 - 43.0232)}{(44.5203 - 42.5684)} \times 100\% = 76.70\%$

   $VOC = V \times \rho \times 1000 = 76.70\% \times 0.99 \times 1000 = 759.3 (g/L)$

2. 解:$VOC = (V - V_{H_2O}) \times \rho \times 10^3 = (0.7864 - 0.7631) \times 1.02 \times 10^3 = 23.8 g/L$

3. 解:$W = \dfrac{V \times f \times (C - C_0)}{1000 \times m} = \dfrac{250 \times 1 \times (2.05 - 0.08)}{2.156 \times 1000} = 0.23 g/kg$

该胶粘剂甲醛含量低于1g/kg,甲醛含量合格。

四、问答题

1. 答:水基型胶粘剂用水溶解,而溶剂型胶粘剂先用乙酸乙酯溶解后,再加水溶解。在酸性条件下将溶解于水中的游离甲醛随水蒸出。在 pH 为 6 的乙酸-乙酸铵缓冲溶液中,馏出液中的甲醛与乙酰丙酮作用,在沸水浴条件下迅速生成稳定的黄色化合物,冷却后测定吸光度,根据标准曲线,计算试样中游离甲醛含量。

2. 答:大口径毛细管柱 DB-1(30m×0.53mm×1.5μm),固定液为二甲基聚硅氧烷。
柱操作条件为:初始温度30℃,保持时间3min,升温速率20℃/min,终止温度150℃,保持时间5min。

3. 答:乙酸乙酯是气相色谱分析中常用的溶剂,但由于乙酸乙酯沸点低,保留时间比苯小但与苯比较接近,当乙酸乙酯作为溶剂时,可能会影响苯的峰面积,影响定量准确性。N,N-二甲基甲酰胺的保留时间比苯大,在苯后面出峰,不会影响苯的峰面积,定量更准确。

胶粘剂有害物质模拟试卷(A)

一、填空题

1. 水性胶粘剂挥发性有机化合物(VOCs)限量≤_____、游离甲醛限量≤_____。
2. _____胶粘剂的 TDI 不应大于_____。
3. GB 18583—2001 中,将溶剂型胶粘剂分为三类,分别是_____、_____和其他胶粘剂。
4. 溶剂型胶粘剂中各种类别的胶粘剂都有限量要求的指标是_____、_____、_____。
5. 水基型胶粘剂中_____胶粘剂没有游离甲醛限量要求。
6. 甲醛标准溶液标定浓度时使用的指示剂是 1g/100mL 的_____指示剂 1mL,滴定至_____为终点。
7. 《室内装饰装修材料胶粘剂中有害物质限量》GB 18583—2001 中测定胶粘剂中游离甲醛含量溶解样品时,水基型胶粘剂用_____溶解,溶剂型胶粘剂先用_____溶解后,再加水溶解。
8. GB 18583—2001 中规定,测定胶粘剂中游离甲醛含量时,蒸馏和显色的加热条件分别为_____和_____。
9. GB 18583—2001 中规定,TDI 的测定方法适用于游离甲苯二异氰酸酯含量大于_____的室内建筑装饰装修用_____胶粘剂。
10. GB 18583—2001 中规定,测定苯采用的定量方法是_____,测定 TDI 时采用的定量方法是_____。

二、选择题

1. 室内用溶剂型橡胶胶粘剂中挥发性有机化合物和游离甲醛的限量分别是_____。
A. VOCs≤200g/L,游离甲醛≤1g/kg
B. VOCs≤750g/L,游离甲醛≤0.5g/kg
C. VOCs≤200g/L,游离甲醛≤0.1g/kg
D. VOCs≤50g/L,游离甲醛≤0.1g/kg

2. 乙酰丙酮分光光度法适用于测定游离甲醛含量大于_____的室内建筑装饰装修用胶粘剂。
A. 5%　　　　　B. 0.5%　　　　　C. 0.05%　　　　　D. 0.005%

3. 室内用溶剂型胶粘剂中挥发性有机物(VOCs)和苯的限量分别是_____。

A. VOCs≤200g/L,苯≤0.1g/kg　　　　　　B. VOCs≤750g/L,苯≤5g/kg
C. VOCs≤750g/L,苯≤0.1g/kg　　　　　　D. VOCs≤200g/L,苯≤5g/kg

4. 卡尔·费休法测定胶粘剂中水分时使用的试剂应根据试样成分选择,对于不含醛酮试样应选用的试剂主要成分为_____。

A. 碘、二氧化硫、甲醇、有机碱　　　　B. 碘、咪唑、二氧化硫、2-甲氧基乙醇
C. 碘、二氧化硫、2-氯乙醇、三氯甲烷　　D. 碘、咪唑、2-氯乙醇、三氯甲烷

5. GB 18583—2001中胶粘剂苯的测定方法适用于苯含量大于_____的室内建筑装饰装修用胶粘剂。

A. 0.05g/kg　　　　B. 0.01g/kg　　　　C. 0.02g/kg　　　　D. 0.005g/kg

三、计算题

1. 某水性胶粘剂测定挥发性有机物含量,分别测得总挥发物含量为78.64%,水分含量为76.31%,(23 ± 2)℃下密度为1.02g/mL。问:该胶粘剂的挥发性有机物含量是多少?

2. 某水性胶粘剂测定甲醛含量,馏出液定容体积250mL,分别测得馏出液甲醛浓度为2.05μg/mL,空白溶液甲醛浓度为0.08μg/mL,稀释因子为1,样品质量为2.156g。问:该胶粘剂的甲醛含量是否合格?

四、问答题

1. 简述GB 18583—2001中胶粘剂中游离甲醛含量检测原理。

2. 为什么GB 18583—2001中规定,测定胶粘剂中苯使用N,N-二甲基甲酰胺作为溶剂,而测定甲苯、二甲苯时使用乙酸乙酯作为溶剂?

胶粘剂有害物质模拟试卷(B)

一、填空题

1. 溶剂型胶粘剂挥发性有机化合物(VOCs)限量≤_____、游离甲醛限量≤_____。

2. _____胶粘剂的TDI不应大于_____。

3. GB 18583—2001中将溶剂型胶粘剂分为三类,分别是_____、_____和其他胶粘剂。

4. 溶剂型胶粘剂中_____胶粘剂有游离甲醛指标要求。

5. 溶剂型胶粘剂中各种类别的胶粘剂都有限量要求的指标是_____、_____、_____。

6. 甲醛标准溶液标定浓度时使用的指示剂是1g/100mL的_____指示剂1mL,滴定至_____为终点。

7. 《室内装饰装修材料胶粘剂中有害物质限量》GB 18583—2001中测定胶粘剂中游离甲醛含量溶解样品时,水基型胶粘剂用_____溶解,溶剂型胶粘剂先用_____溶解后,再加水溶解。

8. GB 18583—2001中规定,测定胶粘剂中游离甲醛含量时,蒸馏和显色的加热条件分别为_____和_____。

9. GB 18583—2001中规定,甲醛的测定方法适用于游离甲醛含量大于_____室内建筑装饰装修用胶粘剂。

10. GB 18583—2001中规定,测定苯采用的定量方法是_____,测定TDI时采用的定量方法是_____。

11. GB 18583—2001中规定,采用_____法测定胶粘剂水分含量。

二、选择题

1. 室内用水性胶粘剂中挥发性有机化合物和游离甲醛的限量分别是_____。
   A. VOCs≤200g/L,游离甲醛≤1g/kg   B. VOCs≤50g/L,游离甲醛≤1g/kg
   C. VOCs≤200g/L,游离甲醛≤0.1g/kg   D. VOCs≤50g/L,游离甲醛≤0.1g/kg

2. 卡尔·费休法测定胶粘剂中水分时使用的试剂应根据试样成分选择,对于不含醛酮试样应选用的试剂主要成分为_____。
   A. 碘、二氧化硫、甲醇、有机碱   B. 碘、咪唑、二氧化硫、2-甲氧基乙醇
   C. 碘、二氧化硫、2-氯乙醇、三氯甲烷   D. 碘、咪唑、2-氯乙醇、三氯甲烷

3. 气相色谱法测定胶粘剂中甲苯、二甲苯含量时,采用_____对试样进行溶解。
   A. 水   B. 乙酸乙酯   C. 乙酰丙酮   D. N,N-二甲基甲酰胺

4. 气相色谱法测定胶粘剂中苯含量时,采用_____对试样进行溶解。
   A. 水   B. 乙酸乙酯   C. 乙酰丙酮   D. N,N-二甲基甲酰胺

5. 测定胶粘剂中总挥发性有机物含量时,不需要测定的参数有_____。
   A. 总挥发分   B. 水分   C. 胶粘剂的密度   D. 不挥发物

三、计算题

1. 测定某溶剂型胶粘剂中挥发性有机化合物含量,过程如下:圆盘加玻璃棒的质量为42.5684g,加入样品后的质量为44.5203g,烘干后总质量为43.0232g。另外测得该涂料在23℃时的密度为0.99g/mL。求该溶剂型胶粘剂的挥发性有机化合物含量。

2. 某水性胶粘剂测定甲醛含量,馏出液定容体积250mL,分别测得馏出液甲醛浓度为2.05μg/mL,空白溶液甲醛浓度为0.08μg/mL,稀释因子为1,样品质量为2.156g。问该胶粘剂的甲醛含量是否合格?

四、问答题

1. 简述GB 18583—2001中测定胶粘剂中苯使用的色谱柱和柱操作条件。
2. 为什么GB 18583—2001中规定测定胶粘剂中苯使用N,N-二甲基甲酰胺作为溶剂,而测定甲苯、二甲苯时使用乙酸乙酯作为溶剂?

第五节　涂料有害物质

一、填空题

1. 测定溶剂型涂料挥发性有机化合物的过程中,测定挥发物的含量和密度时应按产品规定的_____和_____混合后测定,如果稀释剂的使用量为某一范围时,应按照推荐的_____稀释后进行测定。

2. 聚氨酯漆的TDI含量不应大于_____。

3. 如聚氨酯漆类规定了稀释剂的使用量为某一范围时,应先测定_____中TDI的含量,再按照推荐的_____稀释量进行计算。

4. 测定内墙涂料挥发性有机化合物时,水分测定可采用:_____或_____,其中_____是仲裁法。

5. 测定涂料密度的实验温度为_____。

6. 测定水性墙面涂料甲醛时，馏分定容至_____mL，加入2.5mL_____溶液，在_____℃水浴中加热_____min，冷却至室温后即用_____mm吸收池（以_____为参比）在分光光度计_____波长处测定吸光度。

7. 室内装饰装修材料内墙涂料中挥发性有机化合物（VOC）中水分含量的测定方法有_____和_____。

8. 测定室内装饰装修材料内墙涂料中游离甲醛含量时，对实验室用水的要求为_____级水，pH值范围（25℃）为_____。

9. 民用建筑工程室内装修所采用的_____和_____，严禁使用苯、工业苯、石油苯。

10. 《室内装饰装修材料内墙涂料中有害物质限量》GB 18582—2008中将内墙涂料分为_____和_____两种。同时增加了对_____指标的控制。

11. 《室内装饰装修材料内墙涂料中有害物质限量》GB 18582—2008中采用_____测定挥发性有机物。

12. GB 18582—2008附录A规定的方法适用于VOC含量大于或等于_____，且小于或等于_____的涂料及其原料的测试。

二、单项选择题

1. _____需要测定固化剂中游离甲苯二异氰酸酯（TDI）的含量。
   A. 硝基清漆　　B. 聚氨酯漆　　C. 醇酸漆　　D. 酚醛清漆

2. GB 50325—2001标准中规定室内用水性涂料中挥发性有机化合物和游离甲醛的限量分别是_____。
   A. VOCs≤200g/L，游离甲醛≤5g/kg
   B. VOCs≤50g/L，游离甲醛≤5g/kg
   C. VOCs≤200g/L，游离甲醛≤0.1g/kg
   D. VOCs≤50g/L，游离甲醛≤0.1g/kg

3. GB 18581—2001中气相色谱法测定溶剂型涂料中苯、甲苯、二甲苯含量时，采用的内标物是_____。
   A. 正戊烷　　B. 正十四烷　　C. 1,2,4-三氯代苯　　D. 乙酰丙酮

4. 室内用硝基清漆挥发性有机物（VOCs）和苯的限量分别是_____。
   A. VOCs≤200g/L，苯≤0.1g/kg
   B. VOCs≤750g/L，苯≤5g/kg
   C. VOCs≤750g/L，苯≤0.1g/kg
   D. VOCs≤200g/L，苯≤5g/kg

5. 测定水性涂料甲醛时，使用的比色皿和比色波长分别是_____。
   A. 10mm、630nm　　B. 5mm、630nm　　C. 10mm、412nm　　D. 5mm、412nm

6. 测定水性涂料甲醛时，使用的分析方法是_____。
   A. 乙酰丙酮分光光度法　　B. 酚试剂分光光度法
   C. 气相色谱法　　D. 靛酚蓝分光光度法

7. GB 18582—2008中对水性墙面涂料和水性墙面腻子规定的挥发性有机化合物限量分别是_____。
   A. 120g/L、15g/kg　　B. 120g/kg、15g/L　　C. 200g/L、10g/kg　　D. 200g/kg、15g/L

三、多项选择题

1. GB 50325—2001规定，民用建筑工程室内使用_____应测定VOCs和游离甲醛的含量。
   A. 水性涂料　　B. 水性胶粘剂　　C. 防水剂　　D. 防腐剂

2. 民用建筑工程室内装修使用的溶剂型涂料的有害物质检测报告中，_____参数总是出现的。

A. 苯　　　　　　　B. 游离甲醛　　　　C. VOCs　　　　　　D. 游离 TDI

3. GB 50325—2001 规定,民用建筑工程室内用水性涂料,应测定其_____的含量,其限量要符合规范要求。

A. VOCs　　　　　B. 苯　　　　　　　C. 游离甲醛　　　　D. 游离 TDI

4. GB 18582—2008 规定,水性内墙涂料控制的有害物质包括_____及可溶性重金属。

A. VOC　　　　　　　　　　　　　　　B. 苯、甲苯、乙苯、二甲苯总和
C. 游离甲醛　　　　　　　　　　　　　D. 游离 TDI

四、计算题

1. 测定某溶剂型涂料中挥发性有机化合物含量,过程如下:圆盘加玻璃棒的质量为 35.7464g,加入样品后的质量为 37.8539g,烘干后总质量为 36.2667g。另外测得该涂料在 23℃时的密度为 0.8780g/mL。求该溶剂型涂料的挥发性有机化合物含量。

2. 某水性涂料测定挥发性有机物含量,分别测定总挥发物含量为 5.37%,水分含量为 60.77%,(23±2)℃下密度为 1.25g/mL。问:该涂料的挥发性有机物含量是多少?

3. 某水性涂料测定游离甲醛,分别测得样品溶液吸光度为 0.125,空白溶液吸光度为 0.008,样品质量为 2.012g,另外已知标准曲线计算因子为 26.81。问:该涂料的甲醛含量是否合格。

五、问答题

1. 简述水性涂料甲醛的样品测定过程。
2. 简述气相色谱分析中哪些参数影响保留时间,如何影响。
3. 气相色谱分析中,汽化室温度、检测器温度的设置原则是什么?
4. 《室内装饰装修材料内墙涂料中有害物质限量》GB 18582—2008 中对挥发性有机化合物的定义是什么,分析中使用什么标记物进行定义。

参考答案:

一、填空题

1. 配比　稀释比例　最大稀释量　　　　2. 7g/kg
3. 固化剂　最小　　　　　　　　　　　4. 气相色谱法　卡尔·费休法　气相色谱法
5. (23±2)℃　　　　　　　　　　　　　6. 50　乙酰丙酮　60　30　10　水　412nm
7. 气相色谱法　卡尔·费休法　　　　　8. 三　5.0~7.5
9. 稀释剂　溶剂
10. 水性墙面涂料　水性墙面腻子　苯、甲苯、乙苯、二甲苯总和
11. 气相色谱法　　　　　　　　　　　　12. 0.1%　15%

二、单项选择题

1. B　　　　　　　2. C　　　　　　　3. A　　　　　　　4. B
5. C　　　　　　　6. A　　　　　　　7. A

三、多项选择题

1. A、B、C、D　　　2. A、B、C　　　　3. A、C　　　　　　4. A、B、C

四、计算题

1. 解：$V = \dfrac{37.8539 - 36.2667}{37.8539 - 35.7464} \times 100\% = 75.31\%$

   $VOC = V \times \rho \times 1000 = 75.31\% \times 0.8780 \times 1000 = 676.3 \,(g/L)$

2. 解：$\rho_{(VOC)} = \dfrac{\sum W_i}{1 - \rho_s \times \dfrac{W_w}{\rho_w}} \times \rho_s \times 1000 = \dfrac{0.0537}{1 - \dfrac{1.25 \times 0.6077}{0.9975}} \times 1.25 \times 1000 = 281.5 \,(g/L)$

3. 解：$w = \dfrac{26.81 \times (0.125 - 0.008)}{2.012} \times 5$

   $= 7.8 \,(mg/kg)$

   该涂料甲醛含量低于100mg/kg，甲醛含量合格。

五、问答题

1. 答：称取搅拌均匀后的试样2g(精确至1mg)，置于50mL容量瓶中，加水摇匀，稀释至刻度。再用移液管移取10mL容量瓶中的试样水溶液，置于已预先加入10mL水的蒸馏瓶中，在馏分接收器中预先加入适量的水，浸没馏分出口，馏分接收器的外部用冰水浴冷却。加热蒸馏，使试样蒸至近干，取下馏分接收器，用水稀释至刻度，待测。

   在已定容的馏分接收器中加入2.5mL乙酰丙酮溶液，摇匀。在60℃恒温水浴中加热30min，取出后冷却至室温，用10mm比色皿(以水为参比)在紫外可见分光光度计上于412nm波长处测试吸光度。同时在相同条件下做空白样(水)，测得空白样的吸光度。

   将试样的吸光度减去空白样的吸光度，在标准工作曲线上查得相应的甲醛质量。并按公式进行计算。

2. 答：载气的压力、柱箱温度影响保留时间。

   保留时间随载气压力升高而缩短，随柱箱温度的升高而缩短。

3. 答：汽化室温度应高于被分析样品中沸点最高的组分的沸点20℃左右，检测器温度应高于进样口及柱箱温度的最高值10度左右。

4. 答：在101.3kPa标准压力下，任何初沸点低于或等于250℃的有机化合物。标准中采用沸点为251℃的己二酸二乙酯作为标记物。

涂料有害物质模拟试卷(A)

一、填空题

1. 测定溶剂型涂料挥发性有机化合物的过程中，测定挥发物的含量和密度时应按产品规定的_____和_____混合后测定，如果稀释剂的使用量为某一范围时，应按照推荐的_____稀释后进行测定。

2. 测定内墙涂料挥发性有机化合物时，水分测定可采用_____法或_____法，其中_____法是仲裁法。

3. 测定涂料密度的实验温度为_____。

4. 测定水性墙面涂料甲醛时，馏份定容至_____mL，加入2.5mL _____溶液，在_____℃水浴中加热_____min，冷却至室温后即用_____mm吸收池(以_____为参比)在分光光度计_____波长处测定吸光度。

5. 测定室内装饰装修材料内墙涂料中游离甲醛含量时,对实验室用水的要求为_____级水,pH 值范围(25℃)为_____。

6. 《室内装饰装修材料内墙涂料中有害物质限量》GB 18582—2008 中将内墙涂料分为_____和_____两种。

7. 《室内装饰装修材料内墙涂料中有害物质限量》GB 18582—2008 中采用_____测定挥发性有机物。

二、单项选择题

1. _____需要测定固化剂中游离甲苯二异氰酸酯(TDI)的含量。
   A. 硝基清漆　　　　B. 聚氨酯漆　　　　C. 醇酸漆　　　　D. 酚醛清漆

2. GB 50325—2001 标准中规定室内用水性涂料中挥发性有机化合物和游离甲醛的限量分别是_____。
   A. VOCs≤200g/L,游离甲醛≤5g/kg　　　　B. VOCs≤50g/L,游离甲醛≤5g/kg
   C. VOCs≤200g/L,游离甲醛≤0.1g/kg　　　D. VOCs≤50g/L,游离甲醛≤0.1g/kg

3. GB 18581—2001 中规定,气相色谱法测定溶剂型涂料中苯、甲苯、二甲苯含量时,采用的内标物是_____。
   A. 正戊烷　　　　B. 正十四烷　　　　C. 1,2,4-三氯代苯　　　　D. 乙酰丙酮

4. 测定水性涂料甲醛时,使用的比色皿和比色波长分别是_____。
   A. 10mm,630nm　　B. 5mm,630nm　　C. 10mm,412nm　　D. 5mm,412nm

5. GB 18582—2008 中规定,对水性墙面涂料和水性墙面腻子规定的挥发性有机化合物限量分别是_____。
   A. 120g/L、15g/kg　　B. 120g/kg、15g/L　　C. 200g/L、10g/kg　　D. 200g/kg、15g/L

三、多项选择题

1. GB 50325—2001 规定,民用建筑工程室内使用_____应测定 VOCs 和游离甲醛的含量。
   A. 水性涂料　　　　B. 水性胶粘剂　　　　C. 防水剂　　　　D. 防腐剂

2. 民用建筑工程室内装修使用的溶剂型涂料的有害物质检测报告中,_____参数总是出现的。
   A. 苯　　　　B. 游离甲醛　　　　C. VOCs　　　　D. 游离 TDI

3. GB 50325—2001 规定,民用建筑工程室内用水性涂料,应测定其_____的含量,其限量要符合规范要求。
   A. VOCs　　　　B. 苯　　　　C. 游离甲醛　　　　D. 游离 TDI

4. GB 18582—2008 规定,水性内墙涂料控制的有害物质包括_____及可溶性重金属。
   A. VOC
   B. 苯、甲苯、乙苯、二甲苯总和
   C. 游离甲醛
   D. 游离 TDI

四、计算题

1. 测定某溶剂型涂料中挥发性有机化合物含量,过程如下:圆盘加玻璃棒的质量为35.7464g,加入样品后的质量为37.8539g,烘干后总质量为36.2667g。另外测得该涂料在23℃时的密度为0.8780g/mL。求该溶剂型涂料的挥发性有机化合物含量。

2. 某水性涂料测定游离甲醛,分别测得样品溶液吸光度为0.125,空白溶液吸光度为0.008,样

品质量为 2.012g,另外已知标准曲线计算因子为 26.81。问:该涂料的甲醛含量是否合格?

五、问答题

1. 简述水性涂料甲醛的样品测定过程。
2. 气相色谱分析中,汽化室温度、检测器温度的设置原则是什么?
3.《室内装饰装修材料内墙涂料中有害物质限量》GB 18582—2008 中对挥发性有机化合物的定义是什么,分析中使用什么标记物进行定义。

涂料有害物质模拟试卷(B)

一、填空题

1. 聚氨酯漆的 TDI 含量不应大于_____。
2. 如聚氨酯漆类规定了稀释剂的使用量为某一范围时,应先测定_____中 TDI 的含量,再按照推荐的_____稀释量进行计算。
3. 测定涂料密度的实验温度为_____。
4. 测定水性墙面涂料甲醛时,馏分定容至_____ mL,加入2.5mL _____溶液,在_____℃水浴中加热_____ min,冷却至室温后即用_____ mm 吸收池(以_____为参比)在分光光度计_____波长处测定吸光度。
5. 室内装饰装修材料内墙涂料中挥发性有机化合物(VOC)中水分含量的测定方法有_____和_____。
6. 民用建筑工程室内装修所采用的_____和_____,严禁使用苯、工业苯、石油苯。
7.《室内装饰装修材料内墙涂料中有害物质限量》GB 18582—2008 中将内墙涂料分为_____和_____两种。同时增加了对_____指标的控制。
8. GB 18582—2008 附录 A 规定的方法适用于 VOC 含量大于或等于_____,且小于或等于_____的涂料及其原料的测试。

二、单项选择题

1. GB 50325—2001 标准中规定室内用水性涂料中挥发性有机化合物和游离甲醛的限量分别是_____。
   A. VOCs≤200g/L,游离甲醛≤5g/kg   B. VOCs≤50g/L,游离甲醛≤5g/kg
   C. VOCs≤200g/L,游离甲醛≤0.1g/kg   D. VOCs≤50g/L,游离甲醛≤0.1g/kg
2. GB 18581—2001 种气相色谱法测定溶剂型涂料中苯、甲苯、二甲苯含量时,采用的内标物是_____。
   A. 正戊烷   B. 正十四烷
   C. 1,2,4 - 三氯代苯   D. 乙酰丙酮
3. 室内用硝基清漆挥发性有机物(VOCs)和苯的限量分别是_____。
   A. VOCs≤200g/L,苯≤0.1g/kg   B. VOCs≤750g/L,苯≤5g/kg
   C. VOCs≤750g/L,苯≤0.1g/kg   D. VOCs≤200g/L,苯≤5g/kg
4. 测定水性涂料甲醛时,使用的分析方法是_____。
   A. 乙酰丙酮法分光光度法   B. 酚试剂分光光度法
   C. 气相色谱法   D. 靛酚蓝分光光度法
5. GB 18582—2008 中对水性墙面涂料和水性墙面腻子规定的挥发性有机化合物限量分别是

_____。

  A. 120g/L,15g/kg   B. 120g/kg,15g/L
  C. 200g/L,10g/kg   D. 200g/kg,15g/L

三、多项选择题

1. GB 50325—2001 规定民用建筑工程室内使用_____应测定 VOCs 和游离甲醛的含量。
  A. 水性涂料   B. 水性胶粘剂   C. 防水剂   D. 防腐剂
2. 民用建筑工程室内装修使用的溶剂型涂料的有害物质检测报告中,下列哪些参数总是出现的_____。
  A. 苯   B. 游离甲醛   C. VOCs   D. 游离 TDI
3. GB 50325—2001 规定,民用建筑工程室内用水性涂料,应测定其_____的含量,其限量要符合规范要求。
  A. VOCs   B. 苯   C. 游离甲醛   D. 游离 TDI
4. GB 18582—2008 规定,水性内墙涂料控制的有害物质包括_____及可溶性重金属。
  A. VOC   B. 苯、甲苯、乙苯、二甲苯总和
  C. 游离甲醛   D. 游离 TDI

四、计算题

1. 某水性涂料测定挥发性有机物含量,分别测定总挥发物含量为 5.37%,水分含量为60.77%,(23±2)℃下密度为 1.25g/mL。问:该涂料的挥发性有机物含量是多少?
2. 某水性涂料测定游离甲醛,分别测得样品溶液吸光度为 0.125,空白溶液吸光度为 0.008,样品质量为 2.012g,另外已知标准曲线计算因子为 26.81。问:该涂料的甲醛含量是否合格?

五、问答题

1. 简述气相色谱分析中哪些参数影响保留时间,如何影响。
2. 《室内装饰装修材料内墙涂料中有害物质限量》GB 18582—2008 中对挥发性有机化合物的定义是什么,分析中使用什么标记物进行定义。
3. 简述水性涂料甲醛的样品测定过程。

第六节　建筑材料放射性核素镭、钍、钾

一、填空题

1. 空心率(空隙率)大于 25% 的建筑材料,其天然放射性核素_____的放射性比活度应同时满足内照射指数不大于 1.0、外照射指数不大于 1.3。
2. 民用建筑工程室内饰面采用的天然花岗石石材或瓷质砖使用面积大于_____时,应对不同产品、不同批次材料分别进行放射性指标复检。
3. 放射性核素钾 -40 的半衰期为_____年。
4. 无机建材取样是随机抽取样品_____份,每份不少于_____。一份密封保存,一份作为检验样品。
5. 《建筑材料放射性核素限量》GB 6566—2001 中,建筑材料分为_____和_____。

二、单项选择题

1. 民用建筑工程中无机非金属建筑主体材料不包括_____。

A. 砂　　　　　B. 混凝土　　　　　C. 石材　　　　　D. 砖

2. 空心率大于 25% 的建筑材料,其天然放射性核素镭 -226、钍 -232、钾 -40 的放射比活度应同时满足内照射指数(I_{Ra})、外照射指数(I_γ)不大于_____。

A. 1.0,1.0　　B. 1.0,1.3　　C. 1.3,1.9　　D. 1.3,1.0

3. 无机非金属建筑主体材料(不包括空心率大于 25% 的建筑主体材料)放射性限量为_____。

A. $I_{Ra} \leq 1.0, I_r \leq 1.0$　　　　B. $I_{Ra} \leq 1.0, I_r \leq 1.3$
C. $I_{Ra} \leq 1.3, I_r \leq 1.9$　　　　D. $I_r \leq 2.8$

4. γ 能谱效率刻度用的体标准源的活度要适中,具体倍数根据样品量的多少及强弱而定,一般为被测样品的_____倍。

A. 1~10　　　B. 10~20　　　C. 10~30　　　D. 20~30

5. 样品压碎过筛后装入与刻度谱仪的体标准源相同形状和_____的样品盒中,密封后测量镭 -226、钍 -232、钾 -40 的比活度。

A. 重量　　　B. 体积　　　C. 密度　　　D. 含量

6. 测定建筑材料的放射性,取样时,样品称重应精确到_____g。

A. 0.001　　　B. 0.1　　　C. 0.5　　　D. 1

7. 无机非金属建筑主体材料包括_____。

A. 砂、陶瓷　　B. 砂、砖　　C. 石膏板　　D. 水泥、陶瓷

8. 检测无机建材放射性时,将样品粉碎磨碎至粒径不大于_____mm。

A. 0.05　　　B. 0.16　　　C. 0.20　　　D. 0.12

9. 民用建筑工程室内饰面采用的天然花岗石或瓷质砖使用面积大于_____m²时,应对不同产品、不同批次材料分别进行放射性指标复检。

A. 100　　　B. 200　　　C. 500　　　D. 1000

10. 无机非金属装修材料放射性 B 类限量为_____。

A. $I_{Ra} \leq 1.0, I_r \leq 1.0$　　　　B. $I_{Ra} \leq 1.0, I_r \leq 1.3$
C. $I_{Ra} \leq 1.3, I_r \leq 1.9$　　　　D. $I_r \leq 2.8$

11. B 类装修材料外照射指数 I_r 的限值为不大于_____。

A. 1.0　　　B. 1.3　　　C. 1.5　　　D. 1.9

12. 民用建筑工程中无机非金属建筑主体材料不包括_____。

A. 砌块　　　B. 瓦　　　C. 石膏制品　　　D. 砖

13. 检测无机建材放射性时,将样品粉碎磨碎至粒径不大于_____mm。

A. 0.12　　　B. 0.16　　　C. 0.20　　　D. 0.25

14. B 类装修材料内照射指数 I_{Ra} 的限值为不大于_____。

A. 1.0　　　B. 1.3　　　C. 1.5　　　D. 0.9

三、判断题(正确打√,错误打×)

1. 无机非金属装修材料放射性 A 类限量为 $I_{Ra} \leq 1.0, I_r \leq 1.0$。　　　　　　　　　　（　）
2. 无机非金属装修材料放射性 B 类限量为 $I_{Ra} \leq 1.3, I_r \leq 1.9$。　　　　　　　　　　（　）
3. Ⅱ类民用建筑工程宜采用 A 类无机非金属建筑材料和装修材料。　　　　　　　　　　（　）
4. 民用建筑工程室内饰面采用的天然花岗石石材或瓷质砖使用面积小于 500m² 时,可对材料不进行放射性指标复检。　　　　　　　　　　（　）
5. 样品压碎过筛后装入与刻度谱仪的体标准源相同重量和体积的样品盒中,密封后测量镭 -

226、钍-232、钾-40 的比活度。（　）
   6. 装修材料是指用于建筑物室内饰面用的建筑材料。（　）
   7. 空心率是指空心建材制品的空心体积与整个空心建材制品体积之比的百分率。（　）
   8. A 类装修材料产销不受限制，但只能用于 I 类民用建筑物的内饰面装修。（　）
   9. C 类装修材料只可用于建筑物的外饰面及室外其他用途。（　）
   10. 当企业生产更换原料来源或配比时，必须预先进行放射性核素比活度检验，以保证产品满足标准要求。（　）
   11. 工业建筑仅指供人类进行生产活动的建筑物。（　）
   12. 无机非金属类建筑材料不包括掺工业废渣的建筑材料。（　）

四、简答题

   1. 请解释什么是建筑主体材料和装修材料？
   2. 请解释什么是民用建筑和工业建筑？
   3. 什么是放射性比活度？
   4. 请解释什么是测量不确定度？
   5. 请解释什么是内照射指数和外照射指数？

五、计算题

   1. 经检测，某石材镭、钍、钾的放射性比活度分别是 75Bq/kg、105Bq/kg、765Bq/kg，试求该石材的内照射指数和外照射指数
   2. 已知某混凝土内照射指数和外照射指数分别为 0.55 和 0.93，钍的放射性比活度是 65Bq/kg，试求钾的放射性比活度。
   3. 经检测，某瓷砖镭、钍、钾的放射性比活度分别是 80Bq/kg、100Bq/kg、1000Bq/kg，试求该瓷砖的内照射指数和外照射指数。
   4. 经检测，某石材镭、钍、钾的放射性比活度分别是 105Bq/kg、127Bq/kg、836Bq/kg，试求该石材的内照射指数和外照射指数
   5. 经检测，某瓷砖镭、钍、钾的放射性比活度分别是 86Bq/kg、120Bq/kg、1200Bq/kg，试求该瓷砖的内照射指数和外照射指数。

参考答案：

一、填空题

1. 镭-226、钍-232、钾-40　　　2. 200m^2
3. 1.31×10^9　　　4. 两　3kg
5. 建筑主体材料　装修材料

二、单项选择题

1. C	2. B	3. A	4. C
5. B	6. D	7. B	8. B
9. B	10. C	11. D	12. C
13. B	14. B		

三、判断题

1. ×　　2. √　　3. √　　4. ×
5. ×　　6. ×　　7. √　　8. ×
9. √　　10. √　　11. √　　12. ×

四、简答题

1. 答：建筑主体材料指用于建造建筑物主体工程所使用的建筑材料。包括水泥、水泥制品、砖、瓦、混凝土、混凝土预制构件、砌块、墙体保温材料、工业废渣、掺工业废渣的建筑材料以及各种新型墙体材料等。

装修材料指用于建筑物室内、外饰面用的建筑材料。包括花岗石、建筑陶瓷、石膏制品、吊顶材料、粉刷材料和其他新型饰面材料等。

2. 答：民用建筑是指供人类居住、学习、工作、娱乐及购物等的建筑物。民用建筑又分为Ⅰ类民用建筑(如住宅、医院、学校、老年公寓、托儿所等)和Ⅱ类民用建筑(如宾馆、办公楼、商场、书店、体育馆、文化娱乐场所等)。

工业建筑指供人类进行生产活动的建筑物。如生产车间、包装车间、维修车间及仓库等。

3. 答：某种核素的放射性比活度是指物质中的某种核素放射性活度除以该物质的质量而得的商。

$$C = \frac{A}{m}$$

式中　C——放射性比活度，单位为贝可/千克(Bq/kg)；
　　　A——核素放射性活度，单位为贝可(Bq)；
　　　m——物质的质量，单位为千克(kg)。

4. 答：测量不确定度是表征被测量的真值在某一量值范围内的评定，即测量值与实际值偏离程度

5. 答：内照射指数指建筑材料中天然放射性核素镭(Ra)-226 的放射性比活度，除以 200 而得的商，按下式计算：

$$I_{Ra} = \frac{C_{Ra}}{200}$$

式中　I_{Ra}——内照射指数；
　　　C_{Ra}——建筑材料中天然放射性核素镭-226 的放射性比活度，单位为贝可/千克(Bq/kg)；
　　　200——仅考虑内照射情况下，国家标准规定的建筑材料中天然放射性核素镭-226 的放射性比活度限量，单位为贝可/千克(Bq/kg)。

外照射指数指建筑材料中天然放射性核素镭-226、钍-232 和钾-40 的放射性比活度，分别除以其各自单独存在时国家标准规定的限量而得的商之和，按下式计算：

$$I_r = \frac{C_{Ra}}{370} + \frac{C_{Th}}{260} + \frac{C_k}{4200}$$

式中　I_r——外照射指数；
　　　C_{Ra}、C_{Th}、C_k——分别为建筑材料中天然放射性核素镭-226、钍-232 和钾-40 的放射性比活度(Bq/kg)；
　　　370、260、4200——分别仅考虑外照射情况下，国家标准规定的建筑材料中天然放射性核素镭-226、钍-232 和钾-40 在其各自单独存在时的放射性比活度限量(Bq/kg)。

五、计算题

1. 解：内照射指数 $I_{Ra} = \dfrac{C_{Ra}}{200}$

$\qquad\qquad = \dfrac{75}{200}$

$\qquad\qquad = 0.38$

外照射指数 $I_r = \dfrac{C_{Ra}}{370} + \dfrac{C_{Th}}{260} + \dfrac{C_k}{4200}$

$\qquad\qquad = \dfrac{75}{370} + \dfrac{105}{260} + \dfrac{765}{4200}$

$\qquad\qquad = 0.79$

该石材的内照射指数和外照射指数分别为 0.38 和 0.79。

2. 解：内照射指数 $I_{Ra} = \dfrac{C_{Ra}}{200}$

则 $C_{Ra} = I_{Ra} \times 200 = 0.55 \times 200 = 110 \text{Bq/kg}$

外照射指数 $I_r = \dfrac{C_{Ra}}{370} + \dfrac{C_{Th}}{260} + \dfrac{C_k}{4200}$

将数据代入公式：$0.93 = \dfrac{110}{370} + \dfrac{65}{260} + \dfrac{C_k}{4200}$

则 $C_k = 1608.6 \text{Bq/kg}$

钾的放射性比活度为 1608.6Bq/kg。

3. 解：内照射指数 $I_{Ra} = \dfrac{C_{Ra}}{200}$

$\qquad\qquad = \dfrac{80}{200}$

$\qquad\qquad = 0.4$

外照射指数 $I_r = \dfrac{C_{Ra}}{370} + \dfrac{C_{Th}}{260} + \dfrac{C_k}{4200}$

$\qquad\qquad = \dfrac{80}{370} + \dfrac{100}{260} + \dfrac{1000}{4200}$

$\qquad\qquad = 0.84$

该石材的内照射指数和外照射指数分别为 0.4 和 0.84。

4. 解：内照射指数 $I_{Ra} = \dfrac{C_{Ra}}{200}$

$\qquad\qquad = \dfrac{105}{200}$

$\qquad\qquad = 0.52$

外照射指数 $I_r = \dfrac{C_{Ra}}{370} + \dfrac{C_{Th}}{260} + \dfrac{C_k}{4200}$

$\qquad\qquad = \dfrac{105}{370} + \dfrac{127}{260} + \dfrac{836}{4200}$

$\qquad\qquad = 0.97$

该石材的内照射指数和外照射指数分别为 0.52 和 0.97。

5. 解：内照射指数 $I_{Ra} = \dfrac{C_{Ra}}{200}$

$$= \dfrac{86}{200}$$

$$= 0.43$$

外照射指数 $I_r = \dfrac{C_{Ra}}{370} + \dfrac{C_{Th}}{260} + \dfrac{C_k}{4200}$

$$= \dfrac{86}{370} + \dfrac{120}{260} + \dfrac{1200}{4200}$$

$$= 0.98$$

该石材的内照射指数和外照射指数分别为 0.43 和 0.98。

建筑材料放射性核素镭、钍、钾模拟试卷（A）

一、单项选择题

1. 民用建筑工程中无机非金属建筑主体材料不包括_____。
   A. 砂　　　　　　B. 混凝土　　　　　C. 石材　　　　　D. 砖

2. 空心率大于 25% 的建筑材料，其天然放射性核素镭-226、钍-232、钾-40 的放射比活度应同时满足内照射指数（I_{Ra}）、外照射指数（I_r）不大于_____。
   A. 1.0　1.0　　　B. 1.0　1.3　　　C. 1.3　1.9　　　D. 1.3　1.0

3. 无机非金属建筑主体材料（不包括空心率大于 25% 的建筑主体材料）放射性限量为_____。
   A. $I_{Ra} \leq 1.0, I_r \leq 1.0$　B. $I_{Ra} \leq 1.0, I_r \leq 1.3$　C. $I_{Ra} \leq 1.3, I_r \leq 1.9$　D. $I_r \leq 2.8$

4. γ 能谱效率刻度用的体标准源的活度要适中，具体倍数根据样品量的多少及强弱而定，一般为被测样品的_____倍。
   A. 1~10　　　　B. 10~20　　　　C. 10~30　　　　D. 20~30

5. 样品压碎过筛后装入与刻度谱仪的体标准源相同形状和_____的样品盒中，密封后测量镭-226、钍-232、钾-40 的比活度。
   A. 重量　　　　B. 体积　　　　C. 密度　　　　D. 含量

6. 测定建筑材料的放射性，取样时，样品称重应精确到_____g。
   A. 0.001　　　B. 0.1　　　　C. 0.5　　　　D. 1

7. 无机非金属建筑主体材料包括_____。
   A. 砂、陶瓷　　B. 砂、砖　　　C. 石膏板　　　D. 水泥、陶瓷

8. 检测无机建材放射性时，将样品粉碎磨碎至粒径不大于_____mm。
   A. 0.05　　　B. 0.16　　　　C. 0.20　　　　D. 0.12

9. 民用建筑工程室内饰面采用的天然花岗石材或瓷质砖使用面积大于_____m² 时，应对不同产品、不同批次材料分别进行放射性指标复检。
   A. 100　　　　B. 200　　　　C. 500　　　　D. 1000

10. 无机非金属装修材料放射性 B 类限量为_____。
    A. $I_{Ra} \leq 1.0, I_r \leq 1.0$　　　　B. $I_{Ra} \leq 1.0, I_r \leq 1.3$
    C. $I_{Ra} \leq 1.3, I_r \leq 1.9$　　　　D. $I_r \leq 2.8$

二、判断题:(正确打√,错误打×)

1. 无机非金属装修材料放射性 A 类限量为 $I_{Ra}\leqslant 1.0$,$I_r\leqslant 1.0$。( )
2. 无机非金属装修材料放射性 B 类限量为 $I_{Ra}\leqslant 1.3$,$I_r\leqslant 1.9$。( )
3. Ⅱ类民用建筑工程宜采用 A 类无机非金属建筑材料和装修材料。( )
4. 民用建筑工程室内饰面采用的天然花岗石材或瓷质砖使用面积小于 $500m^2$ 时,可对材料不进行放射性指标复检。( )
5. 样品压碎过筛后装入与刻度谱仪的体标准源相同重量和体积的样品盒中,密封后测量镭 -226、钍 -232、钾 -40 的比活度。( )
6. 装修材料是指用于建筑物室内饰面用的建筑材料。( )
7. 空心率是指空心建材制品的空心体积与整个空心建材制品体积之比的百分率。( )
8. A 类装修材料产销不受限制,但只能用于Ⅰ类民用建筑物的内饰面装修。( )
9. C 类装修材料只可用于建筑物的外饰面及室外其他用途。( )
10. 当企业生产更换原料来源或配比时,必须预先进行放射性核素比活度检验,以保证产品满足标准要求。( )

三、填空题

1. 空心率(空隙率)大于25%的建筑材料,其天然放射性核素_____的放射性比活度应同时满足内照射指数不大于1.0、外照射指数不大于1.3。
2. 民用建筑工程室内饰面采用的天然花岗石材或瓷质砖使用面积大于_____时,应对不同产品、不同批次材料分别进行放射性指标复检。
3. 放射性核素钾 -40 的半衰期为_____年。
4. 无机建材取样是随机抽取样品_____份,每份不少于_____。一份密封保存,一份作为检验样品。
5. 《建筑材料放射性核素限量》GB 6566—2001 中,建筑材料分为_____和_____。

四、简答题

1. 请解释什么是建筑主体材料和装修材料?
2. 请解释什么是民用建筑和工业建筑?
3. 什么是放射性比活度?

五、计算题

1. 经检测,某石材镭、钍、钾的放射性比活度分别是 75Bq/kg、105Bq/kg、765Bq/kg,试求该石材的内照射指数和外照射指数。
2. 已知某混凝土内照射指数和外照射指数分别为 0.55 和 0.93,钍的放射性比活度是 65Bq/kg,试求钾的放射性比活度。
3. 经检测,某瓷砖镭、钍、钾的放射性比活度分别是 80Bq/kg、100Bq/kg、1000Bq/kg,试求该瓷砖的内照射指数和外照射指数。

建筑材料放射性核素镭、钍、钾模拟试卷(B)

一、填空题

1. A 类装修材料的放射性比活度同时满足 $I_{Ra}\leqslant$_____，$I_r\leqslant$_____，其产销和使用范围不受限制。

2. 空心率大于 25% 的建筑材料，其天然放射性核素_____的放射性比活度应同时满足内照射指数不大于 1.0、外照射指数不大于 1.3。

3. 民用建筑工程室内饰面采用的天然花岗石材或瓷质砖使用面积大于_____时，应对不同产品、不同批次材料分别进行放射性指标复检。

4. 放射性核素钍-232 的半衰期为_____年。

5.《建筑材料放射性核素限量》GB 6566—2001 中，建筑材料分为_____和_____。

二、单项选择题

1. B 类装修材料外照射指数 I_r 的限值为不大于_____。
   A. 1.0   B. 1.3   C. 1.5   D. 1.9

2. 无机非金属建筑主体材料（不包括空心率大于 25% 的建筑主体材料）放射性限量为_____。
   A. $I_{Ra}\leqslant 1.0, I_r\leqslant 1.0$ B. $I_{Ra}\leqslant 1.0, I_r\leqslant 1.3$
   C. $I_{Ra}\leqslant 1.3, I_r\leqslant 1.9$ D. $I_r\leqslant 2.8$

3. γ 能谱效率刻度用的体标准源的活度要适中，具体倍数根据样品量的多少及强弱而定，一般为被测样品的_____倍。
   A. 1~10   B. 10~20   C. 10~30   D. 20~30

4. 民用建筑工程中无机非金属建筑主体材料不包括_____。
   A. 砌块   B. 瓦   C. 石膏制品   D. 砖

5. 样品粉碎过筛后装入与刻度谱仪的体标准源相同_____和体积的样品盒中，密封后测量镭-226、钍-232、钾-40 的比活度。
   A. 重量   B. 形状   C. 密度   D. 含量

6. 检测无机建材放射性时，将样品粉碎磨碎至粒径不大于_____ mm。
   A. 0.12   B. 0.16   C. 0.20   D. 0.25

7. 测定建筑材料的放射性，取样时，样品称重应精确到_____ g。
   A. 0.001   B. 0.1   C. 0.5   D. 1

8. 空心率大于_____% 的建筑材料，其天然放射性核素镭-226、钍-232、钾-40 的放射比活度应同时满足内照射指数 I_{Ra} 不大于 1.0、外照射指数 I_r 不大于 1.3。
   A. 20   B. 25   C. 30   D. 35

9. 民用建筑工程室内饰面采用的天然花岗石石材或瓷质砖使用面积大于_____ m² 时，应对不同产品、不同批次材料分别进行放射性指标复检。
   A. 200   B. 500   C. 800   D. 1000

10. B 类装修材料内照射指数 I_{Ra} 的限值为不大于_____。
    A. 1.0   B. 1.3   C. 1.5   D. 0.9

三、判断题（正确打√，错误打×）

1. 工业建筑仅指供人类进行生产活动的建筑物。（　　）
2. 无机非金属装修材料放射性 B 类限量为 $I_{Ra}\leqslant 1.3, I_r\leqslant 1.5$。（　　）
3. C 类装修材料可以用于建筑物的外饰面。（　　）
4. 样品压碎过筛后装入与刻度谱仪的体标准源相同重量和体积的样品盒中，密封后测量镭-

226、钍-232、钾-40 的比活度。（　）

5. 装修材料是指用于建筑物室内饰面用的建筑材料。（　）

6. 无机非金属装修材料放射性 A 类限量为 $I_{Ra}\leqslant 1.0, I_r \leqslant 1.3$。（　）

7. A 类装修材料产销不受限制，但只能用于Ⅰ类民用建筑物的内饰面装修。（　）

8. 无机非金属类建筑材料不包括掺工业废渣的建筑材料。（　）

9. 当企业生产更换原料来源或配比时，必须预先进行放射性核素比活度检验，以保证产品满足标准要求。（　）

10. Ⅱ类民用建筑工程不宜采用 A 类无机非金属建筑材料和装修材料。（　）

四、简答题

1. 请解释什么是测量不确定度？
2. 请解释什么是内照射指数和外照射指数？
3. 什么是放射性比活度？

五、计算题

1. 经检测，某石材镭、钍、钾的放射性比活度分别是 105Bq/kg、127Bq/kg、836Bq/kg。试求该石材的内照射指数和外照射指数。

2. 已知某混凝土内照射指数和外照射指数分别为 0.55 和 0.93，钍的放射性比活度是 65Bq/kg。试求钾的放射性比活度。

3. 经检测，某瓷砖镭、钍、钾的放射性比活度分别是 86Bq/kg、120Bq/kg、1200Bq/kg。试求该瓷砖的内照射指数和外照射指数。

建筑安装工程与建筑智能检测

第一章 空调系统检测

第一节 综合效能

一、填空题

1. 空气调节是使室内空气_____、_____、_____、_____、压力、洁净度等参数保持在一定范围内的技术称空气调节。
2. 舒适性空调(民用空调)是根据不同用途(如电影院、剧场、商店、体育场、旅馆等)而确定能满足人们_____要求空调节诸参数的空调。
3. 夏季空调室外计算干球温度应采用历年平均不保证_____的干球温度。
4. 南京市室外气象参数:冬季空调室外计算(干球)温度_____,夏季空调室外计算(干球)温度_____。
5. $h-d$ 图是表示一定大气压力 B 下,湿空气的各参数,即焓 h、含湿量 d、温度 t、_____和_____的值及其相互关系的图。
6. 在空调中,常常用设备露点温度表示空气经过淋水室或表面冷却器处理后,所得的接近饱和状态(一般在相对湿度 $\psi =$ _____ ~ _____之间)的空气湿度。
7. 热压是由于_____引起的室内外或管内外空气柱的重力差。
8. 余压是特指室内某一点的空气压力与室外或邻室_____的空气压力的差值。
9. 导流板是装于通风管道内的_____,使气流分成多股平行流,从而减少阻力的配件。
10. 条缝形风口是装有导流和调节构件的长宽比大于_____的狭长风口。
11. 空气以垂直于叶轮轴的方向由机壳一侧的叶轮边缘进入并在机壳另一侧流出的通风机叫_____。
12. 潜热是在一定温度和压力下,物质发生_____过程中,所吸收或放出的热量。
13. 气流组织是对室内空气的_____和_____进行合理组织,以满足空气调节房间对空气温度、湿度、流速、洁净度以及舒适感等方面的要求。
14. 空气调节系统是以空气调节为目的而对空气进行_____、_____、_____,并控制其参数的所有设备、管道及附件、仪器仪表的总称。
15. 新风系统是为满足卫生要求而向各空气调节房间供应经过集中处理的_____的系统。

二、选择题

1. 在 VWV 的冷冻水空调系中必须存在控制系统有_____。
   A. DDC 直接数字控制系统　　　　　　B. DCS 集散控制系统
   C. △P 压差控制器　　　　　　　　　　D. PID 比例积分微分调节
2. 目前常用的制冷方式有_____。

A. 正压制冷　　　　　B. 负压制冷　　　　　C. 真空制冷　　　　　D. 常压制冷

3. 空调冷水系统定压方式有_____。

A. 生活水箱直接定压　　　　　　　　B. 膨胀水箱定压

C. 城市自来水管网定压　　　　　　　D. 稳压罐定压

4. 室内负荷计算,当计算系统负荷时,还要计算下列负荷_____。

A. 风机、风管的温升　　　　　　　　B. 新风的冷负荷和湿负荷

C. 冷却泵、冷水管和冷水箱等温升的附加冷负荷

D. 混合损失

5. LA、NR、NC 噪声评价方法的相互换算关系_____。

A. $LA = NR = NC$　　　　　　　　B. $LA = NR + 5 = NC + 10$

C. $LA = NR - 5 = NC - 10$　　　　D. $LA = NR = NC - 10$

6. 低压风管系统工作压力为_____Pa。

A. ≤300　　　　　B. ≤800　　　　　C. ≤500　　　　　D. ≤600

7. 《采暖通风与空气调节设计规范》GB 50019—2003 规定,有压差要求的舒适性空气调节房间,其压差值不应大于_____Pa。

A. 80　　　　　B. 60　　　　　C. 50　　　　　D. 40

8. 制作风管和风管配件时,采用的连接方式尽可能采用_____,以便增加风管的强度。

A. 焊接　　　　　B. 咬接　　　　　C. 对接　　　　　D. 搭接

9. 碳钢板风管焊接宜采用_____焊接。

A. 直流机焊接或气焊　　B. 氩弧焊　　C. 氧-乙炔气焊　　D. 压力焊

10. 没有恒温恒湿特殊要求的检测房间,室内温湿度的测定点应选择_____处。

A. 送、回风口　　　B. 室中心　　　C. 敏感元件　　　D. 室内任意点

11. 通风与空调系统无生产负荷的联合试运行及调试应符合系统总风量调试结果与设计风量的偏差不应大于_____的规定。

A. 5%　　　　　B. 10%　　　　　C. 15%　　　　　D. 20%

12. 当制冷管道系统内的压力至_____MPa 时,应对系统再次进行检验。

A. 0.196～0.294　　B. 0.0196～0.0294　　C. 0.196～0.0294　　D. 0.0196～0.0294

13. 制冷系统气密性试验,制冷剂为氨的系统,采用_____进行试验。

A. 压缩氢气　　　B. 压缩氮气　　　C. 压缩氧气　　　D. 压缩空气

14. 空调工程系统调试应配置下列仪器_____。

A. 温度计、流量计、声级计　　　　B. 毕托管、采样管、粒子计数器

C. 热球风速仪、微压计、钳形电流表　D. 漏风量检测装置、压力表、发烟剂

15. 空调制冷是一个完整的循环系统,这个循环系统是由_____组成。

A. 机组　　　　　B. 附属设备　　　C. 管道　　　　　D. 阀门

16. 制冷设备应用的燃气管道可分_____类别。

A. 高压　　　　　B. 中压　　　　　C. 低压　　　　　D. 无压

17. 当采用漏光法检测系统风管的严密性时_____为合格。

A. 低压系统风管以每 10m 接缝,漏光点不大于 2 处且以每 100m 接缝,漏光点平均不大于 16 处

B. 低压系统风管以每 10m 接缝,漏光点不大于 4 处且以每 100m 接缝,漏光点平均不大于 30 处

C. 中压系统风管以每 10m 接缝,漏光点不大于 1 处且以每 100m 接缝,漏光点平均不大于 8 处

D. 中压系统风管以每 10m 接缝,漏光点不大于 2 处且以每 100m 接缝,漏光点平均不大于 10 处

18. 燃气管道的吹扫和压力试验,应为_____。
   A. 压缩空气　　　　B. 氮气　　　　C. 纯净水　　　　D. 煤油
19.《采暖通风与空气调节设计规范》GB 50019—2003 规定,符合下列条件之一时,应设置空气调节:_____。
   A. 当采用采暖通风达不到人体舒适标准或室内热湿环境要求时
   B. 当采用采暖通风达不到工艺对室内温度、湿度、洁净度等要求时
   C. 对于地下建筑设施,当采用采暖通风达不到使用要求时
   D. 对于临时性建筑物,当采用采暖通风达不到使用要求时
20. 通风与空调系统风量的测试内容主要有_____。
   A. 总送风量　　　　B. 新风量　　　　C. 回风量　　　　D. 排风量
21. 送风口的出口风速应根据_____和噪声标准等因素确定。
   A. 送风方式　　　　B. 送风口类型　　　　C. 安装高度　　　　D. 室内允许风速

三、判断题

1. 相对湿度是空气实际的水蒸气分压力与饱和状态下空气的水蒸气分压力之比用百分率表示。　　　　　　　　　　　　　　　　　　　　　　　　　　　　　　　　　　　　　（　）
2. 孔板送风依靠顶棚稳压层下部的多孔板实现均匀送风的方式。　　　　　　　　　（　）
3. 射程是射流从风口到速度降至接近零值处所经过的距离。　　　　　　　　　　　（　）
4. 静压箱是使气流降低速度以获得比较稳定静压的中空箱体。　　　　　　　　　　（　）
5. 防火阀是借助感烟(温)器能自动关闭以阻断烟气通过阀门。　　　　　　　　　　（　）
6. 溴化锂吸收式制冷的制冷剂是溴化锂。　　　　　　　　　　　　　　　　　　　（　）
7. 安装立式水泵的减振装制一般用弹簧减振器。　　　　　　　　　　　　　　　　（　）
8. 含湿量是湿空气中所含水蒸气的质量与干空气质量之比。　　　　　　　　　　　（　）
9. 露点温度是在大气压力一定的情况下的未饱和空气因冷却达到饱和状态时的温度。（　）
10. 在冰蓄冷制冷系统中,为了保证乙二醇不被无缝钢管的铁锈二次污染;所有无缝钢管的内外壁都必须进行二次镀锌。　　　　　　　　　　　　　　　　　　　　　　　　　　（　）
11. 加湿是将水分或水蒸气加入到物质中。通常指使湿空气含湿量增加的过程。　　（　）

四、综合题

1. 简述民用建筑室内空调参数的一般规定。
2. 简述空调系统综合效能试验的测定项目。
3. 简述在空调风管内测量风量时,测定断面和测定断面上测定点的确定原则。

参考答案:

一、填空题

1. 温度　相对湿度　风速　噪声　　　　2. 舒适
3. 50h　　　　　　　　　　　　　　　　4. −6℃　35℃
5. 相对湿度 ψ　水蒸气分压力 P_s　　　6. 90%　95%
7. 温差　　　　　　　　　　　　　　　　8. 同标高未受扰动

9. 一个或多个叶片 10. 10
11. 贯流式通风机 12. 相变
13. 流动形态　分布 14. 处理　输送　分配
15. 室外空气

二、选择题

1. C 2. A、B 3. B、D 4. A、B、C、D
5. B 6. C 7. C 8. B
9. A 10. B 11. B 12. A
13. D 14. A、C、D 15. A、B、C、D 16. B、C
17. A、C 18. A、B 19. A、B 20. A、B、C、D
21. A、B、C、D

三、判断题

1. × 2. √ 3. × 4. √
5. × 6. × 7. × 8. √
9. × 10. × 11. √

四、综合题

1. 答:(1)冬季温度应采用 18～22℃,相对湿度应采用 40%～60%,风速不应大于 0.2m/s;冬季使用条件无特殊要求时室内相对湿度可不受限制。

(2)夏季温度应采用 24～28℃,相对湿度应采用 40%～65%,风速不应大于 0.3m/s。

2. 答:空调系统综合效能试验一般包括下列项目:

(1)送回风口空气状态参数的测定与调整;

(2)空调机组性能参数的测定与调整;

(3)室内噪声的测定;

(4)室内空气温度和相对湿度的测定与调整;

(5)对气流有特殊要求的空调区域做气流速度的测定。

3. 答:(1)测定断面原则上应选择在气流均匀而稳定的直管段上,尽可能远离产生涡流的局部构件。在实际工作中,按照气流方向,一般选择在局部构件后大于或等于 4 倍管道直径(或矩形管道的大边尺寸),以及在局部构件前大于或等于 1.5 倍管道直径(或矩形管道的大边尺寸)的直管道上。当现场条件受限,不能满足上述条件时,距离可适当缩小,但必须使测定断面到前局部构件的距离大于测定断面到后局部构件的距离,同时适当增加测定断面上测定点的数目。

(2)测定断面内测点位置和数目,主要根据风管断面的形状和尺寸大小而定:

对于矩形风管,可将测定断面划分为若干个面积不大于 $0.05m^2$ 是正方形或接近正方形的面积相等的小断面,测点位于小面积的中心。

对于圆形风管,应根据管径的大小,将断面分成若干个面积相等的同心圆环上,测点布置在各同心圆环面积等分线上,且应在相互垂直的两直径上布置两个或四个测孔。

第二节 洁净室测试

一、填空题

1. 空气洁净度等级划分为 5 级,则每立方米空气中 ≥0.5μm 的尘粒数为大于或等于_____pc/m³。
2. 洁净室的室内空气温度和相对湿度测定之前,净化空调系统应已连续运行_____h。
3. 相邻不同级别洁净室之间和洁净室与非洁净室之间的静压差不应小于_____Pa。
4. 垂直单向流是与_____垂直的单向流。
5. 根据 GB 50243—2002 规定,测定单向流洁净室的风量时,采用_____和截面积乘积的方法确定送风量。
6. 测定室内洁净度等级时,每个洁净室最少采样次数为_____次。
7. 微生物检测方法有_____和_____。
8. 高效过滤器检漏时将采样口放在距离被检过滤器表面_____处。
9. 室内洁净度检测时,对于单向流洁净室,采样口应对着_____方向。
10. 空气中悬浮粒子的测试是测定洁净室空气中粒径分布在_____范围内悬浮粒子浓度。
11. 根据 JGJ71-90 规定,乱流洁净室系统的实测风量应_____各自的设计风量,但不应超过_____。
12. 当洁净室、洁净区仅有一个采样点时,则最少在该点采样_____次。
13. 非单相流洁净室的风量可以用_____和_____两种方法测量。
14. 按照洁净室所需控制的空气中悬浮微粒的类别,可将洁净室分为_____和_____。
15. 单向流通过洁净区整个横断面的受控气流,其风速_____,流线大体_____。
16. 洁净度等级测试采样时,测试人员应在采样口的_____。
17. 空气中悬浮微生物的测定有多种,但其测定的基本过程都是经过捕集、_____、计数的过程。
18. 进行高效过滤器检漏前,被检过滤器必须已测过风量,在设计风速的_____之间运行。
19. 单向流洁净室采用室截面平均风速和截面积乘积的方法确定送风量,水平单向流洁净室取距送风面_____的垂直截面。
20. 沉降菌测定时,培养皿应布置在有_____的地点和气流扰动极小的地点。

二、判断题

1. 如果有多间洁净室,测定静压差时,应从平面上最外面的房间开始测起。（ ）
2. 测定洁净室洁净度等级时,室内的测定人员不宜超过 5 名。（ ）
3. 洁净室调试时,要对进入洁净室的人员进行严格控制。（ ）
4. 高效过滤器安装前,必须对洁净室进行全面清扫、擦净。（ ）
5. 室内浮游菌测点和洁净度测点可以相同。（ ）
6. 室内洁净度检测时,对于乱流洁净室,采样口可以随便摆放。（ ）
7. 室内沉降菌测定时,培养皿应布置在有代表性的地点和气流扰动极小的地点。（ ）
8. 对于洁净度高于 100 级的单向流洁净室,还应测定在门开启状态下,离门口 0.6m 处的室内侧工作面高度的粒子数。（ ）
9. 单向流洁净室测定截面平均风速不得不用手持风速仪测定时,手臂应伸直至最长位置,使人

体远离测头。( )
10. 洁净室的静压差越大越好。( )
11. 高效过滤器检漏时,只要检测边框就行了。( )
12. 测定空气中悬浮粒子浓度所用的粒子计数器必须在仪器校准的有效使用期内。( )
13. 洁净室的正压是靠送风与回风的差值实现的。( )
14. 洁净度等级测试时,采样管长度不受限制。( )
15. 乱流洁净室室内各风口的风量与各自设计风量之差均不应超过设计风量的±15%。( )
16. 乱流洁净室对于不安装过滤器的风口,可按一般通风空调的方法进行。( )
17. 测量洁净室室内噪声时,可不考虑本底噪声的影响。( )
18. 尘埃粒子计数器具有粒径鉴别能力。( )
19. 测定室内噪声时,一般只测 B 声级。( )
20. 洁净室洁净度的检测,应在空态或静态下进行或按合约规定。( )

三、选择题

1. 洁净室所处状态分为_____。
   A. 空态　　　　　B. 静态　　　　　C. 动态　　　　　D. 工作状态
2. 洁净区与室外的静压差不应小于_____。
   A. 5Pa　　　　　B. 10Pa　　　　　C. 15Pa　　　　　D. 20Pa
3. 根据国标 GB 50073—2001 的规定,洁净室空气中悬浮粒子浓度检测采样时,应使用采样量大于_____的光子粒子计数器。
   A. 1L/min　　　　B. 1.5L/min　　　C. 2L/min　　　　D. 3L/min
4. 采用扫描法对高效过滤器安装接缝和主断面进行检漏时,检测点应距被测表面_____处。
   A. 10~20mm　　　B. 20~30mm　　　C. 30~40mm　　　D. 10~15mm
5. 测定洁净室洁净度等级时,室内的测定人员不宜超过_____名。
   A. 2　　　　　　B. 4　　　　　　C. 6　　　　　　D. 5
6. 室内空气温度和相对湿度测定以前,净化空调系统应已连续运行至少_____h。
   A. 12　　　　　　B. 24　　　　　　C. 8　　　　　　D. 20
7. 室内浮游菌和沉降菌测试时,所需培养皿数以沉降_____计。
   A. 0.5h　　　　　B. 1h　　　　　C. 2h　　　　　D. 3h
8. 测量洁净度等级时,对于洁净度高于5级的单向流洁净室,还应测定在门开启状态下,离门口_____处的室内侧工作面高度的粒子数。
   A. 1m　　　　　B. 0.2m　　　　　C. 2m　　　　　D. 0.6m
9. 洁净度测试时,每点采样次数不少于_____次。
   A. 2　　　　　　B. 3　　　　　　C. 4　　　　　　D. 5
10. 单向流洁净室风速不均匀度应不大于_____。
    A. 0.1　　　　　B. 0.15　　　　　C. 0.25　　　　　D. 0.5
11. 洁净室温湿度测试时,每次读数间隔不大于_____min。
    A. 30　　　　　B. 60　　　　　C. 15　　　　　D. 120
12. 每个采样点的最少采样时间为_____min。
    A. 2　　　　　　B. 3　　　　　　C. 5　　　　　　D. 1
13. 测定室内浮游菌和沉降菌时,采样结束后,培养皿在恒温箱中培养不少于_____h。
    A. 12　　　　　B. 24　　　　　C. 48　　　　　D. 36

14. 洁净度测试时,每个采样点的平均粒子浓度应_____洁净度等级规定的限值。
    A. 大于　　　　　B. 小于或等于　　　C. 小于　　　　D. 大于或等于
15. 对于单向流洁净室,采用室截面_____和截面积乘积的方法确定送风量。
    A. 平均风速　　　B. 最大风速　　　　C. 最小风速
16. 空气洁净度是指洁净环境中空气含尘(微粒)量多少的程度,含尘浓度高则洁净度_____。
    A. 高　　　　　　B. 低　　　　　　　C. 没影响　　　　D. 不变
17. 通过洁净区的整个横断面的受控气流,风速稳定、流线大致平行的洁净室是_____洁净室。
    A. 乱流　　　　　B. 单向流　　　　　C. 非单向流
18. 乱流洁净室室内各风口的风量与各自设计风量之差均不应超过设计风量的_____。
    A. ±10%　　　　B. ±15%　　　　　C. +15%　　　　D. ±20%
19. 静压差的测定应在所有的门关闭时进行,通常也就是_____的房间与其紧邻的房间之间的压差测起。
    A. 洁净度级别最高　　B. 洁净度级别最低　　C. 平面上最外面
20. 对于安装于送、排风末端的高效过滤器,应用扫描法进行_____检漏。
    A. 过滤器安装边框　　B. 全断面　　C. 过滤器安装边框和全断面

四、简答题

1. 洁净室室内静压差的判断标准是什么?
2. 洁净度测点的布置原则是什么?
3. 进行洁净室空气中的悬浮粒子测试,在使用仪器时应注意哪些问题?
4. 对高效过滤器进行扫描检漏时应注意哪些问题?

参考答案:

一、填空题

1. 3520　　　　　　　　　　　2. 24
3. 5　　　　　　　　　　　　4. 水平面
5. 室截面平均风速　　　　　　6. 3
7. 空气悬浮微生物法　沉降生物法　　8. 2~3cm
9. 气流　　　　　　　　　　　10. 0.1~5.0μm
11. 大于　20%　　　　　　　　12. 3
13. 风管法　风口法　　　　　　14. 工业洁净室　生物洁净室
15. 稳定　平行　　　　　　　　16. 下风侧
17. 培养　　　　　　　　　　　18. 80%~120%
19. 0.5m　　　　　　　　　　　20. 代表性

二、判断题

1. ×　　　　2. ×　　　　3. √　　　　4. √
5. √　　　　6. ×　　　　7. √　　　　8. √
9. √　　　　10. ×　　　11. ×　　　12. √

| 13. × | 14. × | 15. √ | 16. √ |
| 17. × | 18. √ | 19. × | 20. √ |

三、选择题

1. ABC	2. B	3. A	4. B
5. A	6. B	7. A	8. D
9. B	10. C	11. A	12. A
13. C	14. B	15. A	16. B
17. B	18. B	19. A	20. C

四、简答题

1. 答:静压差检测结果应符合下列规定:

①相邻不同级别洁净室之间和洁净室与非洁净室之间的静压差应不小于5Pa。

②洁净室与室外静压差应大于10Pa。

③洁净度高于100级的单向流(层流)洁净室在开门状态下,在出入口处的室内侧0.6m处不应测出超过室内级别上限的浓度。

2. 答:洁净度测点布置原则是:

根据洁净区面积确定最低限度的采样点数,多于5点时可分层分布,但每层不少于5点。

5点或5点以下时可布置在离地0.8m高平面的对角线上,或该平面上的两个过滤器之间的地点,也可以在认为需要布点的其他地方。

3. 答:(1)仪器开机后,预热至稳定后,方可按照使用说明书的规定对仪器进行校正。(自检、自校、零计数)

(2)采样管口置采样点采样时,在确认计数稳定后方可开始连续读数。

(3)采样管必须干净,严禁渗漏。采样管的长度应根据仪器的允许长度。除另有规定外,长度不得大于1.5m。计数器采样口和仪器的工作位置应处在同一气压和温度下,以免产生测量误差。

(4)对于单向流洁净室,采样口应对着气流方向,对于乱流洁净室,采样口宜向上,采样速度均应尽可能接近室内气流速度。

4. 答:(1)被检过滤器必须已测过风量,在设计风速的80%～120%之间运行。

(2)采用粒子计数器检漏高效过滤器,其上风侧应引入均匀浓度的大气尘或其他气溶胶尘的空气。对大于等于$0.5\mu m$的尘粒,浓度应大于或等于$3.5\times10^5 pc/m^3$,或对大于或等于$0.1\mu m$尘粒,浓度应大于或等于$3.5\times10^7 pc/m^3$,若检测D类高效过滤器,对大于或等于$0.1\mu m$尘粒,浓度应大于或等于$3.5\times10^9 pc/m^3$。

(3)检漏时将采样口放在距离被检过滤器表面2～3cm处,以5～20mm/s的速度移动,对被检过滤器整个断面、封头胶和安装模框和安装框架处进行扫描。在扫描过程中,应对计数突然递增的部位进行定点检验,发现有渗漏现象,即用硅橡胶进行补漏或更换高效过滤器。

第二章 建筑水电检测

第一节 给排水系统

一、填空题

1. 建筑给排水系统包括建筑内部_____、_____、_____三大部分。
2. 建筑给水系统常用的的管道有_____、_____、_____、_____等。
3. 金属和复合管的给水系统管道是水压试验以在试验压力下持续10min,压降小于_____MPa且不渗不漏为合格。
4. 根据规范要求,通球的球径必须是被检排水管道中最小管径(合格直径)的_____。
5. 锅炉在烘炉、煮炉合格后应进行_____h的带负荷连续运行。
6. 在转角小于_____的污水横管上,应设置检查口或清扫口。
7. 给水塑料管和复合管可以采用_____、_____、_____及_____等形式。
8. 安装在室内的雨水管道作灌水试验时,灌水试验需持续_____。
9. 《建筑给水排水及采暖工程施工质量验收规范》GB50242适用于压力≥_____、热水温度不超过_____的室内热水管道安装工程的质量检验与验收。
10. 冷、热水管道同时安装应符合下列规定:上下平行安装时热水管应在冷水管的_____方;垂直平行安装时热水管应在冷水管的_____侧。

二、选择题

1. 给水水平管道应为2%~_____%的坡度坡向泄水装置。
  A.3　　　　　　　B.4　　　　　　　C.5　　　　　　　D.6
2. 高温热水采暖系统,试验压力设计未注明时,应为系统顶点工作压力加_____作为水压试验。
  A.0.3MPa　　　　B.0.4MPa　　　　C.0.5MPa　　　　D.0.6MPa
3. 塑料管给水系统应在试验压力下稳压1h,压力降不得超过_____。
  A.0.02MPa　　　　B.0.03MPa　　　　C.0.04MPa　　　　D.0.05MPa
4. 生活给水系统中,一个给水当量相当于流量_____L/s。
  A.0.1　　　　　　B.0.2　　　　　　C.0.3　　　　　　D.0.4
5. 对排水管及卫生设备各部分进行外观检查,发现有渗漏处应作出记号。灌水试验15min后,再灌满持续_____min,以液面不下降、管道接口无渗漏为合格。
  A.3　　　　　　　B.5　　　　　　　C.10　　　　　　D.15
6. 排水主立管及水平干管管道均应做通球试验,通球率需达到_____。
  A.80%　　　　　　B.85%　　　　　　C.90%　　　　　　D.100%
7. 室内给水与排水管道平行敷设时,两管间的最小水平净距不得小于_____。
  A.0.15m　　　　　B.0.3m　　　　　C.0.5m　　　　　D.1.0m
8. 水压试验时,环境温度一般需在_____以上。

A. 5℃   B. 6℃   C. 8℃   D. 10℃

9. 排水系统中,一个排水当量相当于流量_____L/s。

A. 0.20   B. 0.28   C. 0.33   D. 0.45

10. 室内热水供应系统,系统顶点的试验压力不小于_____。

A. 0.3MPa   B. 0.5MPa   C. 0.6MPa   D. 1.0MPa

三、判断题

1. 雨水管道可以与生活污水管相连接。( )
2. 对于安装在主干道上起切断作用的闭路阀门,应抽10%的数量,作强度和严密性试验,且不少于1个。( )
3. 通球试验以检测球能在排水管水平管中顺利通过为合格。( )
4. 消防水泵接合器和室外消防栓当采用墙壁式时,如设计未要求,进出水栓口的中心安装高度距地面应为1.10m。( )
5. 排水主立管及水平管管道通球试验的通球率达到90%以上方为合格。( )
6. 塑料管给水系统应在试验压力下稳压1h,压力降不得超过0.05MPa,然后在工作压力的1.15倍状态下稳压2h,压力降不得超过0.02MPa,连接处不渗漏为合格。( )
7. 排水通球试验的球径应大于所测管道直径的3/4。( )
8. 室内排水管道的灌水试验应自上而下分层进行。( )
9. 排水塑料管的伸缩节间距不得大于3m。( )
10. 热水供应管道不得使用塑料管。( )

四、简答题

1. 简述排水管道通球试验的要点。
2. 简述塑料管给水系统水压试验的结果判定。

五、综合题

一幢3层建筑,给水管道采用镀锌管,给水系统工作压力为0.4MPa,给水系统的系统图如下图所示,现对3层的给水管道进行水压试验,请简述其试验过程。

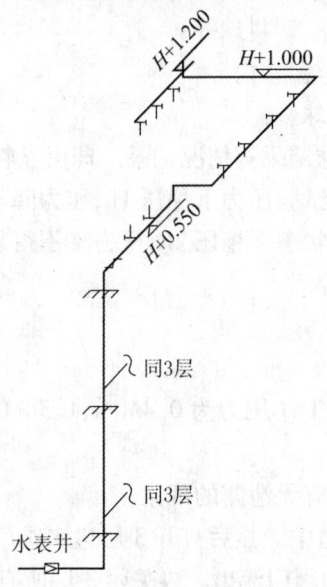

参考答案：

一、填空题

1. 给水系统　排水系统　消防水系统
2. 钢管　铸铁管　塑料管　钢塑复合管　铝塑复合管(回答出4个即可)
3. 0.02
4. 2/3
5. 48
6. 135°
7. 橡胶圈接口　粘结接口　热熔接口　专用管件连接　法兰连接
8. 1h
9. 1.0MPa　75℃
10. 上　左

二、选择题

1. C	2. B	3. D	4. B
5. B	6. D	7. C	8. A
9. C	10. A		

三、判断题

1. ×	2. ×	3. ×	4. √
5. ×	6. ×	7. ×	8. ×
9. ×	10. ×		

四、简答题

1. 答：(1)预先熟悉图纸,确定要进行通球试验的排水管,将准备通球的排水管的窨井打开,清除污染物。

(2)仪器选择：管径通球球径不小于排水管道管径的2/3。

(3)采用硬制球。可以使用木球、塑料球等；

(4)球由立管上口通过排水管至窨井内。

(5)如上口封死,可从检查口抛球。

(6)检测结束,将排水管号、通球结果等情况记录。球由立管上口通过排水管至窨井内。

2. 答：(1)塑料管给水系统应在试验压力下稳压1h,压力降不得超过0.05MPa；

(2)然后在工作压力的1.15倍状态下稳压2h,压力降不得超过0.03MPa；

(3)同时检查各连接处不得渗漏。

五、综合题

解：(1)试验压力的确定。系统工作压力为0.4MPa,1.5×0.4＝0.6,故水压试验的压力为0.6MPa。

(2)检查3层管道是否连接好,有无泄露的现象。

(3)将试压泵接入第3层的管道中。然后打开3层进水阀门和本层最高处的阀门,让自来水充满3层的管道,直到有水从最高处的阀门流出。再关闭3层所有阀门。

(4)打开试压泵和3层管道的连接阀门。开动试压泵使管道内水压逐渐升高至0.4MPa,停泵,检查整个系统是否有泄露现象。若无渗漏,再增压至0.6MPa。

(5)在0.6MPa压力下稳压10min,压力降不得超过0.02MPa,然后降到工作压力进行检查,不渗不漏。则判定其水压试验合格。

第二节 绝缘、接地电阻

一、填空题

1. 照明工程中常用的符号"lm",它是_____的单位,称作_____。
2. 一般交流电动设备的额定频率是_____,美国及日本现用设备额定频率是_____和_____两种。
3. 工厂及建筑用电设备工作制可分为_____、_____、_____。
4. 测量绝缘电阻时,在无特殊要求的情况下,应采用绝缘电阻测试表(兆欧表)进行测量,其电压等级应按下列规定执行:100V以下的电气设备或回路采用_____V兆欧表;500V~1000V的电气设备或回路采用_____V兆欧表;3000V~500V的电气设备或回路采用_____V兆欧表。
5. 低压电线和电缆线间和线对地间的绝缘电阻值必须大于_____。
6. 当设计无要求时,接地装置顶面埋设深度不应小于_____m。接地装置的焊接应采用_____。测试接地装置的接地电阻值必须符合_____。
7. 额定电压交流_____及以下、直流_____及以下的应为低压电器设备、器具和材料。
8. 检测时,被测回路应_____,电气回路中的负载应去除。
9. 按接地的作用分类一般分为_____、_____和_____三种。
10. 单相三孔插座接线时,面对插座的右孔应与_____连接。
11. 接地装置由_____、_____和_____组成。

二、单项选择题

1. 橡胶或塑料绝缘的铠装低压电力电缆的弯曲半径不小于其外径的_____倍。
A.6 B.10 C.16 D.20
2. 安装室内吊灯时,当灯具重量超过_____时,在屋顶板内应该预埋金属吊钩。
A.3kg B.1kg C.5kg D.2kg
3. 在无特殊要求的情况下,电气工程检测工作应在良好的天气下进行,且检测环境温度不宜低于_____℃,空气相对湿度不宜高于80%的条件下进行。
A.5 B.10 C.15 D.20
4. 电动机、电加热器及电动机执行机构绝缘电阻值应大于_____MΩ。
A.1.0 B.0.5 C.1.5 D.20
5. 公用建筑照明系统通电连续试运行时间为_____h。
A.8 B.12 C.24 D.36
6. 当不采用安全插座时,托儿所等儿童活动场所安装高度不小于_____。
A.1.0m B.1.2m C.1.5m D.1.8m
7. 100kW以上的电动机,应测量各相直流电阻值,相互差不应大于最小值的_____。
A.2% B.3% C.4% D.5%

8. 采用多相供电时,同一建筑物,构筑物的电线绝缘层颜色应一致,其中保护地线(PE线)应是_____色。
    A. 黄   B. 绿   C. 黄绿相间   D. 红

9. 用绝缘电阻表摇测绝缘电阻时,摇表转速应在_____左右。
    A. 300r/min   B. 200r/min   C. 120r/min   D. 50r/min

10. 建筑电气线路绝缘检测中,是以一个单位工程为一个验收批。抽检比例:多层建筑按其总回路的_____抽测。
    A. 5%   B. 10%   C. 15%   D. 20%

三、判断题

1. 柜、屏、台和盘内的主开关的辅助开关切换动作应与主开关动作相反。( )
2. 在测量接地电阻时,当指针灵敏度过高时,可将电位探测针向上提些。( )
3. 电线、电缆的芯线连接金具(连接管和端子)规格应与芯线规格适配,它采用开口端子。( )
4. 插座接线时接地或接零线在插座间应串联连接。( )
5. 三相或单相的交流单芯电缆,不得单独穿于钢导管内。( )
6. 电气设备和电气装置的含义是相同的。( )
7. 灯具的绝缘电阻值需≥2MΩ。( )
8. 将电气设备与带电体相绝缘的金属外壳与大地做金属连接称为保护接零。( )
9. 人体触电后能够摆脱电源的最大电流称为安全电流。( )
10. 建筑电路导体绝缘电阻的现场检测,绝缘电阻是越小越好。( )

四、简答题

1. 管内穿线有何规定?
2. 在使用兆欧表进行检测电路绝缘电阻时,如兆欧表的两测量端同时碰到人体时,人体有什么感觉?有无生命危险?为什么?
3. 影响接地电阻的主要原因有哪些?

五、综合题

1. 请简述 ZC—8 型接地电阻测试仪的检测程序和方法以及注意要点。
2. 某检测单位的甲检测小组的检测人员在一商品住宅房的室内进行电气线路绝缘时,选用 1000V 绝缘电阻检测仪,并且检测了一个照明回路和三个插座回路,其检测结果如下:

    L 照明: $L - N = 55 M\Omega$
    L 插座 $1L - N = 79 M\Omega$
    L 插座 $2L - N = 95 M\Omega$
    L 插座 $3L - N = 176 M\Omega$
                       $L - E = 3.15 M\Omega$

为了进行比对试验,单位又派了乙组检测人员又对上述回路进行了检测,该检测人员选用了 500V 绝缘电阻检测仪,并且检测了一个照明回路和三个插座回路,其检测结果如下:

    L 照明: $L - N = 18 M\Omega$
    L 插座 $1L - N = 35 M\Omega$
    L 插座 $2L - N = 41 M\Omega$

L 插座　　　　　3L − N = 108MΩ
$$L - E = 3.58\text{M}\Omega$$

请对该检测结果进行判定，并简述理由。

参考答案：

一、填空题

1. 光通量　流明　　　　　　　2. 50Hz　60Hz　50Hz
3. 长期工作制　短期工作制　断续工作制　　4. 250　500　1000
5. 0.5MΩ　　　　　　　　　　6. 0.6　搭接焊　设计要求
7. 1kV　1.5kV　　　　　　　　8. 断电
9. 防雷接地　保护接地　工作接地　　10. 相线
11. 接地体　接地线　接地母排

二、单项选择题

1. D　　　　2. A　　　　3. A　　　　4. B
5. C　　　　6. D　　　　7. A　　　　8. C
9. C　　　　10. B

三、判断题

1. ×　　　　2. ×　　　　3. ×　　　　4. ×
5. √　　　　6. ×　　　　7. √　　　　8. ×
9. √　　　　10. ×

四、简答题

1. 答：(1) 三相或单相的交流单芯电缆，不得单独穿于钢导管内；
(2) 不同回路、不同电压等级和交流与直流的电线，不应穿于同一导管内；
(3) 同一交流回路的电线应穿于同一导管内，且管内电线不得有接头；
(4) 爆炸危险环境照明线路的电线和电缆额定电压不得低于 750V 且电线必须穿于钢导管内；
(5) 电线、电缆穿管前，应清除管内杂物和积水。管口应有保护措施。
2. 答：人体有较强的电刺击感，没有生命危险，因为电流非常小。
3. 答：(1) 土壤电阻率；
(2) 接地体的尺寸；
(3) 接地体的形状及埋入深度；
(4) 接地线与接地体的连接。

五、综合题

1. 答：(1) 检查检测仪表的计量鉴定是否有效；
(2) 检查测点的坐标位置和接地点金属测件的状况（镀锌无锈蚀）；
(3) 放置测试电极和检查电极埋入位置的土质状况；
(4) 连接测试线；
(5) 摇测匀速、转速不小于 120r/min；

(6)调整量程,读取测试值。

注意点:1)电压极和电流极不得接反;

2)转动匀速;

3)摇测需匀速,转速不得小于120r/min。

实测值需按照土壤的性质和含水率,确定修正系数,同时换算成检验值。

2.答:乙组检测的数据是正确的。因为甲组检测人员所使用的检测仪表电压量程选用错误。

第三节　防雷接地系统

一、填空题

1. 常见的雷电作用可分为_____、_____、_____三类。
2. 根据建筑物的重要性、使用性质、影响后果等将建筑划分为_____、_____、_____防雷建筑物。
3. 防雷装置是用以对某一空间进行雷电效应防护的整套装置,它由_____、_____两部分组成。
4. 外部防雷装置由_____、_____、_____组成,主要用于防护_____。
5. 引下线的作用是将_____和_____连接在一起,使雷电流构成通路。在建筑物中一般均是利用其柱或剪力墙中的_____作为引下线。
6. 第一类防雷建筑引下线间距_____m。
7. _____是用于限制暂态过电压和分流浪涌电流的装置。它至少应包含一个非线性电压限制元件。
8.《建筑物防雷装置检测技术规范》的标准号是_____。
9. 明敷引下线应平正顺直,固定点支持件间距均匀、固定可靠。当设计无要求时,支持件间距应符合:水平直线部分_____m;垂直直线部分_____m;弯曲部分_____m。
10. 使用毫欧表对两相邻接地装置进行测量,如测得阻值不大于_____Ω,断定为电气导通。

二、单项选择题

1. 避雷线安装采用的镀锌圆管,其直径不应小于_____mm。
   A. ϕ12　　　　　B. ϕ16　　　　　C. ϕ18　　　　　D. ϕ30
2. 防雷接地电阻检测时,环境温度不宜低于_____℃。
   A. 0　　　　　　B. 5　　　　　　C. 8　　　　　　D. 10
3. 防雷接地电阻检测时,空气相对湿度不宜大于_____。
   A. 75%　　　　　B. 80%　　　　　C. 85%　　　　　D. 90%
4. 用于固定避雷带的支持件应能承受大于_____的垂直拉力。
   A. 20N　　　　　B. 35N　　　　　C. 49N　　　　　D. 54N
5. 对于第一类防雷建筑,避雷针滚球半径为_____m。
   A. 20　　　　　　B. 30　　　　　　C. 45　　　　　　D. 60
6. 当第一类防雷建筑物中长金属物的弯头、阀门、法兰盘等连接处的过渡电阻大于_____Ω时,检查是否有跨接的金属线,并检查连接质量。
   A. 0.01　　　　　B. 0.03　　　　　C. 0.05　　　　　D. 0.1
7. 第二类防雷建筑物防雷电波侵入时,架空电源线入户前电杆的绝缘子铁脚接地冲击电阻值不应大于_____ Ω。
   A. 10   B. 20   C. 30   D. 40
  8. 引下线应沿建筑物外墙明敷,并经最短路径接地;建筑艺术要求较高者可暗敷,但其圆钢直径不应小于10mm,扁钢截面不应小于_____ mm²。
   A. 50   B. 60   C. 70   D. 80
  9. 第二类防雷建筑物避雷网(带)应在整个屋面组成不大于_____或12m×8m的网格。
   A. 9m×9m   B. 10m×10m   C. 11m×11m   D. 12m×12m
  10. 国家级重点文物保护的建筑物是_____防雷建筑物。
   A. 第一类   B. 第二类   C. 第三类   D. 第四类

三、判断题

  1. 避雷带应平正顺直,固定点支持件间距均匀,固定可靠,每个支持件应能承受大于10kg的垂直拉力。（ ）
  2. 防雷接地的接地电阻阻值越小,则高层建筑物遭雷击的危险性就越小。（ ）
  3. 高层建筑中柱或剪力墙中的主筋可以做为引下线来使用。（ ）
  4. 国家级计算中心、国际通讯枢纽等对国民经济有重要意义且装有大量电子设备的建筑物是第一类防雷建筑物。（ ）
  5. 引下线主要起防雷电波入侵的作用。（ ）
  6. 建筑物等电位联结干线应从与接地装置有不少于3处直接连接的接地干线或总等电位箱引出。（ ）
  7. 当使用铜作为等电位连接的干线线路时,其最小截面积不得小于16mm²。（ ）
  8. 预计雷击次数大于或等于0.06次/年,且小于或等于0.3次/年的住宅、办公楼等一般性民用建筑物是第二类防雷建筑物。（ ）
  9. 对于第一类防雷建筑物,固定检测周期不得超过3年。（ ）
  10. 把SPD从电路中脱开所需要的装置叫退耦元件。（ ）

四、简答题

  1. 利用建筑物的钢筋混凝土基础主筋作为自然接地体有什么好处？在什么情况时不能作为接地体？
  2. 什么是工频接地电阻？什么是冲击接地电阻？它们的关系如何？
  3. 直击雷防护目的是什么？按现代防雷技术要求,直击雷防护采用哪些措施？

五、综合题

  1. 检测加油站时,应注意什么？
  2. 引下线的检测应注意哪些内容？

参考答案：

一、填空题

1. 直击雷 感应雷 雷电波侵入   2. 第一类 第二类 第三类
3. 外部防雷装置 内部防雷装置   4. 接闪器 引下线 接地装置 直接雷击
5. 避雷带 接地装置 主筋   6. ≤12

7. 电涌保护器　　　　　　　　　　　8. GB/T21431
9. 0.5~1.5　1.5~3　0.3~0.5　　　　10. 1

二、单项选择题

1. A	2. B	3. B	4. C
5. B	6. B	7. C	8. D
9. B	10. B		

三、判断题

1. ×	2. √	3. √	4. ×
5. ×	6. ×	7. √	8. ×
9. ×	10. ×		

四、简答题

1. 答：优点：(1)可以节约大量钢材,降低成本；
(2)与地接触面积大,接地电阻小；
(3)钢筋分布广,形成等电位,防止了跨步电压；
(4)有混凝土保护,防腐效果好；
(5)不需要维修。
但是在下列情况下不能作为接地：
(1)基础底部和外围设有绝缘良好的防水层(如油毡)时；
(2)基础的材料为防水水泥或其他导电不良的材料；
(3)基础中有断裂带或属于不连续的结构；
(4)基础中钢筋的热稳定度不高,如果发生接地短路会使温升太高(大于80℃)。

2. 答：工频接地电阻是指工频接地电流经过接地装置泄放到地所呈现的电阻。它包括接地线电阻及地中流散电阻。接地电阻远小于流散电阻,所以可以忽略,因此工频接地电阻就是接地流散电阻。

　　冲击接地电阻是指瞬时的雷电流经接地装置泄入大地所呈现的电阻,强大的雷电流会使土壤被击穿而产生火花,具有高频特性,使接地线的感抗增大,总的接地阻抗比流散电阻小。

3. 答：直击雷防护是保护建筑物本身不受雷电损害,以及减弱雷击时巨大的雷电流沿着建筑物泄入大地时对建筑物内部空间产生的各种影响。

　　直击雷防护主要采用独立针(矮小建(构)筑物)。建筑物防直击雷措施应采用避雷针、带、网、引下线、均压环、等电位、接地体。

五、综合题

1. 答：检测加油站时应注意：
(1)先查阅设计图纸,了解加油站设备的总体防雷情况；
(2)加油站有否设防直击雷措施(独立针或避雷带)；
(3)加油站如有易燃地下卧罐时应注意通气管口离地面高度是否≥4m,通气管口是否安装阻火器,通气管半径1.5m范围内(1区)有否防直击雷措施；
(4)注意检测加油机防静电接地；
(5)加油站的总电源处有否安装防爆型电源避雷器。

2. 答:引下线的作用是将避雷带与接地装置连接在一起,使雷电流构成通路。在建筑物中一般均是利用其柱或剪力墙中的主筋作为引下线,随主体结构逐层串联焊接至屋顶与避雷线连接。

(1)检查:

检查引下线的根数是否符合设计要求及断接卡的设置情况;

对于暗敷引下线需检查隐蔽工程纪录;

对于明明敷引下线检查其是否符合平直,无急弯的要求;引下线、接闪器和接地装置的焊接处是否锈蚀,油漆是否有遗漏及近地面的保护设施。

(2)测量:

用钢尺检查引下线的间距,检查其是否符合规范要求,见下表:

各类防雷建筑物引下线间距的具体要求

防雷等级	引下线间距(m)
一类防雷建筑物	≤12
二类防雷建筑物	≤18
三类防雷建筑物	≤25

用游标卡尺检测引下线的规格并计算引下线的截面积。

用接地电阻测试仪检测引下线的电阻值,以确定是否符合规范规定和设计标准。

第四节 电线电缆

一、填空题

1. 在标准 GB/T 5023.1—2008 中,护套应是按产品标准中的每种型号电缆规定的一种聚氯乙烯混合物。其表示方法为:固定敷设用电缆_____;软电缆_____。

2. 在标准 GB/T 5023.2—2008 中,线缆预处理应在绝缘和护套挤出后存放至少_____h 后才能进行。

3. 在标准 GB/T 5023.1—2008 中,护套厚度的平均值应不小于产品标准的规定值。但是,在任何一点的护套厚度可小于规定值,但不得小于规定值的_____。绝缘层厚度的平均值应不小于产品标准的规定值。但是,在任何一点的绝缘层厚度可小于规定值,但不得小于规定值的_____。

4. 在标准 GB/T 2951.11—2008 中,如果绝缘试件包括压印标记凹痕,则该处绝缘厚度_____。

5. 在 GB/T 5023.1—2008 中,对于黄/绿组合线绝缘线芯的双色配应为对于每段 15mm 的线段上颜色覆盖面积为大于等于_____,小于_____,另一种颜色覆盖线芯的其余部分。

6. 在标准 GB/T 2951.12—2008 中,老化试验的烘箱内空气更换的次数每小时不应少于_____次,也不多于_____次。

7. 在标准 GB/T 5023.1—2008 中,一个完整标志的末端与下一个标志的始端之间的距离:无护套电缆的绝缘应不超过_____mm,电缆外护套应不超过_____mm。

8. 在标准 GB/T 2951.11—2008 中,如果绝缘上有压印标记凹痕,则会使该处厚度变薄,因此试件应_____包含该印记的一段。

9. 在标准 GB/T 2951.11—2008 中,在测量截面积前,所有试件应避免阳光直射,并在 23±5℃ 的温度下存放至少_____h。

10. 在标准 GB/T 2951.12—2008 中,老化试验结束试件从老化箱中取出后,应在环境温度下放置至少_____h 以上。

11. 在标准 GB/T 2951.11—2008 中,若规定的绝缘厚度为_____mm 及以上时,读数应测量到小数点后_____位,其规定的绝缘厚度_____mm 时,则读数应测量到,小数后_____位,第三位为估计数。

12. 在标准 GB/T 5023.1—2008 中,每根绝缘线芯按如下规定识别:5 芯及以下的绝缘线芯用_____识别,5 芯以上的绝缘线芯用_____识别。

13. 在标准 GB/T 5023.2—2008 中,导体电阻在测量时,应在至少_____m 的电缆上对导体进行测量,并且测定每根线缆的_____。

14. GB 5023—1997 标准中就聚氯乙烯绝缘混合料的表示方法:
固定敷设用电缆　　　(　　);
软电缆　　　　　　　(　　);
内部布线用耐热电缆 (　　)。

15. 在标准 GB/T 5023.2—2008 中,线缆电压试验时,在截取的试样长度、水温规范要求的规定值,电压应依次施加在每根导体对连接在一起的所有其他导体和_____之间。

16. 在标准 GB/T 2951.11—2008 中,在制备哑铃状绝缘试条时,对 PE 和 PP 绝缘只能削平而不能磨平,标准规定的试条厚度应不小于 0.8mm,不大于_____mm;如果不能获得 0.8mm 的厚度,允许最小厚度为_____mm。

17. 在标准 GB/T 5023.2—2008 中,绝缘线芯的电压试验应在一根_____m 长的试样上进行,应剥去护套和任何其他包覆层或填充物而不损伤绝缘线芯。

18. 在标准 GB/T 2951.12—2008 中,在老化箱内悬挂试件时,试件应垂直悬挂于烘箱的中部,每个试件之间的间距至少为_____mm。

19. 在标准 GB/T 2951.11—2008 中,断裂伸长率是指试件拉伸至断裂时,标记_____与_____的百分比。

20. 在标准 GB/T 2951.11—2008 中,将获得的试验数据以递增或递减次序排列,当有效数据的个数为奇数时,正中间一个数值为_____,若为偶数时,中间两个数据的平均值为_____。

21. 在标准 GB/T 2951.11—2008 中,外型尺寸和绝缘厚度测量的测量装置要求为读数显微镜或放大倍数至少_____倍的投影仪,两种装置读数均至_____mm。当测量绝缘厚度小于_____mm 时,则小数点后第三位数为估计读数。

22. 在标准 GB/T 2951.11—2008 中,置备绝缘层厚度测量的试样,应用_____的工具沿着_____切取薄片。

23. 在标准 GB/T 5023.2—2008 中绝缘电阻试验应在_____m 长绝缘线芯试样上进行,在测量绝缘电阻前,试样应经受住_____。

24. 在标准 GB/T 5023.2—2008 中,绝缘电阻试验中,在导体和水之间施加_____的电压,在施加电压_____min 后测量,并换算到 1km 的值。

二、单项选择题

1. 在标准 GB/T 5023.1—2008 中,绝缘应按产品标准中的每种型号电缆,相应规定的一种聚氯乙烯混合物,其中固定敷设用电缆表示方法为_____。
A. PVC/C　　　　B. PVC/D　　　　C. PVC/E　　　　D. PVC/ST4

2. 在标准 GB/T 2951.12—2008 中,老化试验结束试件从老化箱中取出后,应在环境温度下放置至少_____h 以上。

A. 12　　　　　　B. 16　　　　　　C. 24　　　　　　D. 48

3. 在标准 GB/T 5023.2—2008 中,进行绝缘电阻检测时,试样应浸在预先加热到规定温度的水中,其两端应露出水面约＿＿＿＿ m。

　　A. 0.10　　　　　B. 0.15　　　　　C. 0.25　　　　　D. 0.50

4. 在标准 GB/T 5023.1—2008 中,在检查护套标志的连续性时,一个完整标志的末端与下一个标志的始端之间的距离应不超过＿＿＿＿ mm。

　　A. 275　　　　　B. 350　　　　　C. 450　　　　　D. 550

5. 在标准 GB/T 5023.2—2008 中,测量线缆绝缘电阻前,应在同一试样上经受符合规范规定的＿＿＿＿。

　　A. 电压试验　　　B. 3 倍的电压试验　　C. 热老化试验　　D. 空气弹试验

6. 在标准 GB/T 2951.11—2008 中,需拉伸试验的试件应在＿＿＿＿℃的温度下至少存放 3h 以上后,才能进行试验。

　　A. 23±2　　　　B. 20±2　　　　C. 23±5　　　　D. 20±5

7. 在标准 GB/T 5023.2—2008 中,绝缘线芯的绝缘电阻试验应在一根＿＿＿＿ m 长的试样上进行。

　　A. 1　　　　　　B. 2　　　　　　C. 5　　　　　　D. 10

8. 在标准 GB/T 5023.2—2008 中,线缆耐擦性检查时,用浸水脱脂棉轻轻擦拭＿＿＿＿次,检查结果符合标准的要求。

　　A. 5　　　　　　B. 10　　　　　　C. 15　　　　　　D. 20

9. 在标准 GB/T 2951.11—2008 中,当拉伸试验试验时,计算抗张强度至少需要＿＿＿＿个有效数据。

　　A. 3　　　　　　B. 4　　　　　　C. 5　　　　　　D. 6

10. 在标准 GB/T 5023.2—2008 中,PVC 绝缘电缆额定电压为 450/750V,进行绝缘电阻测量时,要求试样在规定温度的水中浸泡至少＿＿＿＿ h。

　　A. 2　　　　　　B. 3　　　　　　C. 4　　　　　　D. 5

11. 在标准 GB/T 2951.11—2008 中,绝缘层厚度的平均值应不小于产品标准的规定值。但是,在任何一点的厚度可小于规定值,但不得小于规定值的＿＿＿＿。

　　A. 90%-0.1mm　　B. 85%-0.1mm　　C. 80%-0.1mm　　D. 70%-0.1mm

12. 在标准 GB/T 2951.11—2008 中,护套厚度的平均值应不小于产品标准的规定值。但是,在任何一点的厚度可小于规定值,但不得小于规定值的＿＿＿＿。

　　A. 90%-0.1mm　　B. 85%-0.1mm　　C. 80%-0.1mm　　D. 70%-0.1mm

13. 在标准 GB/T 5023.1—2008 中,在检查绝缘标志的连续性时,一个完整标志的末端与下一个标志的始端之间的距离应不超过＿＿＿＿ mm。

　　A. 275　　　　　B. 350　　　　　C. 450　　　　　D. 550

14. 在标准 GBT 18380.12—2008 中,单根绝缘电线或电缆的垂直燃烧试验,上支架下缘与炭化部分起始点的距离＿＿＿＿时电线或电缆通过本试验。

　　A. 大于 50mm　　B. 大于 20mm　　C. 大于 100mm　　D. 大于 150mm

15. 在标准 GB/T 5023.2—2008 中,在检测绝缘电线耐压试验时,被检测电线需在水里(常温)浸泡＿＿＿＿ h。

　　A. 1　　　　　　B. 3　　　　　　C. 0.5　　　　　　D. 2

16. 在标准 GB/T 2951.11—2008 中,当进行拉伸试验如果没有疑问时,除 PE 和 PP 绝缘外,夹头移动速度为＿＿＿＿。

A. 100 ± 10mm/min　　　　　　　　　　B. 150 ± 25mm/min
C. 200 ± 35mm/min　　　　　　　　　　D. 250 ± 50mm/min

17. 在标准 GB/T 5023.1—2008 中,对于黄/绿组合线绝缘线芯的双色配应为对于每段 15mm 的线段上颜色覆盖面积为_____,另一种颜色覆盖线芯的其余部分。
A. ≥10% 且 <90　　B. ≥20% 且 <80%　　C. ≥30% 且 <70%　　D. ≥40% 且 <60

18. 在标准 GB/T 5023.1—2008 中,绝缘层厚度的平均值应不小于产品标准的规定值。但是,在任何一点的厚度可小于规定值,但不得小于规定值的_____。
A. 90% -0.1mm　　B. 80% -0.1mm　　C. 70% -0.1mm　　D. 60% -0.1mm

19. 在标准 GB/T 2951.11—2008 中,拉力试验前,所有试件均应在_____℃温度下存放至少 3 小时,对于热塑性塑料绝缘试件应在 23 ±2℃存放至少 3h。
A. 23 ±2　　B. 23 ±3　　C. 23 ±4　　D. 23 ±5

20. 在标准 GB/T 2951.11—2008 中,在制备哑铃状绝缘试条时,对 PE 和 PP 绝缘只能削平而不能磨平,试条厚度应不小于_____mm,不大于_____mm,如果达不到要求的厚度,则允许的最小厚度为_____mm。
A. 0.8　　B. 0.6　　C. 1.0　　D. 2.0

21. 《额定电压在 450/750V 及以下聚氯乙烯绝缘电缆》现行标准代号是_____。
A. GB 5023—1997　　B. GB 5023—1985　　C. GB 5023—2002　　D. GB 5023—2004

22. 在标准 GB/T 5023.1—2008 中,电缆结构设计和电性能检测用的基准电压是_____。
A. 额定电压　　B. 基准电压　　C. 试验电压　　D. 设计电压

23. 在标准 GB/T 2951.11—2008 中,绝缘层内径测量从_____处开始。
A. 目测最薄点　　B. 目测最厚点　　C. 随便点　　D. 目测均匀点

24. 电线电缆检测结果修约规则是_____。
A. 四舍五入　　B. 基准修约　　C. 五五修约　　D. 四舍六入

25. 电线电缆检测结果最后判定方法是_____。
A. 有一项指标不合格即为不合格　　　　B. 有两项指标不合格才为不合格
C. 有否决项不合格才为不合格　　　　　D. 有三个一般项不合格才为不合格

三、多项选择题

1. 在标准 GB/T 5023.1—2008 中,线缆标志应检查的内容为_____。
A. 产地标志和电缆标识　　　　B. 标志的连续性
C. 线缆颜色.耐擦性　　　　　　D. 标志的清晰度

2. 在标准 GB/T 5023.2—2008 中,在绝缘线芯的绝缘电阻试验中可以选择的直流电压是_____。
A. 100V　　B. 200V　　C. 400V　　D. 800V

3. 下列水温可以进行 227IEC01(BV)额定电压为 450/750V 的一般用途单芯硬导体无护套电缆的电压试验的是_____。
A. 17℃　　B. 22℃　　C. 27℃　　D. 32℃

4. 在标准 GB/T 2951.11—2008 中,PVC 绝缘进行机械性能试验时,夹头移动速度可以选用_____。
A. 25mm/min　　B. 250mm/min　　C. 300mm/min　　D. 400mm/min

四、判断题

1. GB 5023—1997 标准中规定,导体应是退火铜线,但铜皮软线也可以使用铜合金单线。( )

2. 多芯电缆的绝缘线芯均应检查绝缘层厚度是否符合要求。( )
3. 电线电缆进行老化试验时应打开鼓风机。( )
4. 在进行护套厚度测量取样时,应在至少相隔1m的3处各取一段电缆试样。( )
5. 固定敷设用电缆护套的表示方法是PVC/ST5。( )
6. PVC绝缘电缆额定电压为450/750V,进行绝缘电阻测量时,要求试样在温度为70℃的水中浸泡至少2h。( )
7. 拉力试验前,在每个管状试件的中间部位标上两个标记,间距为50mm。( )
8. 对绝缘线芯进行电压试验时,试验电压应为频率40~60Hz的交流电压。( )
9. 检测绝缘厚度和外形尺寸时,应选用读数显微镜或放大倍数至少10倍的投影仪。( )
10. 在进行燃烧试验时,若试验不合格,则应再进行两次试验,如果两次试验结果均通过,则认为通过本试验。( )
11. 导体电阻检查应在长度至少为1m的电缆试样上对每根导体进行测量。( )
12. 绝缘线芯的电压试验应在一根10m长的试样上进行。( )
13. 在制备电线电缆绝缘机械性能试验样品时,可以选用哑铃试件,也可以选用管状试件。( )
14. 进行导体电阻检查时,在试样放置和试验过程中,环境温度的变化应不大于±2℃。( )
15. 试件在烘箱中时要求垂直悬挂在烘箱的中部且每个试件与其他任何试件间的间距至少为10mm。( )
16. 绝缘电阻试样应浸在预先加热到规定温度的水中,其两端应露出水面0.25m。( )
17. 如果绝缘或护套采用压印凸字标志时,取样应包括该标志。( )
18. 绝缘厚度试样置备时,如果绝缘上有压印标志凹痕,则会使该处变薄,因此试件应取包含该标记的一段。( )
19. 抗拉应力是试件未拉伸时的单位面积上的拉力。( )
20. GB5023—1997中规定,单芯电缆优先选用的色谱是红色、黄色、绿色、蓝色、黄绿色。( )

五、综合题

1. 根据以下原始记录进行计算并结果判定。

检测原始记录

外型尺寸(mm)		3.45、3.49、3.43、3.50、3.42、3.53					
绝缘层厚度	序号	厚度测试结果(mm)					
	1	0.80	0.99	0.95	0.85	0.88	0.85
	2	0.77	0.95	0.95	0.82	0.86	0.88
	3	0.79	0.97	0.93	0.80	0.90	0.88
老化前、后力学性能		老化前					老化后(温度80℃时间7×24h)
	拉断力(N)	133	138	136	136	135	拉断力(N) 140 137 139 134 136
	拉伸长度(mm)	69	74	73	73	70	拉伸长度(mm) 72 70 71 68 75
导体电阻	$R_{t1}=$	0.700×10^{-2} (Ω/m)				温度(t_1)	21.0 ℃
绝缘电阻	$R_{t2}=$	3.34×10^{7} (5m·Ω)				温度(t_2)	70 ℃

其中,老化前、后试件的绝缘层厚度分别如表:

	老化前试件绝缘厚度(mm)						老化前试件外形尺寸(mm)	
1	0.80	0.99	0.95	0.85	0.88	0.85	3.45	3.49
2	0.81	0.85	0.90	0.92	0.85	0.83	3.46	3.49
3	0.79	0.85	0.95	0.90	0.82	0.81	3.41	3.53
4	0.80	0.85	0.90	0.92	0.89	0.83	3.42	3.56
5	0.80	0.86	0.97	0.89	0.86	0.82	3.45	3.59
	老化后试件绝缘厚度(mm)						老化后试件外形尺寸(mm)	
1	0.77	0.95	0.95	0.85	0.86	0.82	3.45	3.54
2	0.79	0.85	0.90	0.90	0.85	0.83	3.48	3.51
3	0.79	0.82	0.89	0.96	0.86	0.82	3.48	3.52
4	0.80	0.85	0.91	0.89	0.89	0.82	3.41	3.49
5	0.80	0.85	0.91	0.93	0.86	0.82	3.46	3.49

2. 简述电线电缆不延燃试验的步骤。

3. 简述型号为227IEC01(BV)额定电压为450/750V的一般用途单芯硬导体无护套电缆的绝缘电阻试验。

4. 现有一组老化前后的数据,请计算抗张强度变化率和断后伸长率变化率。

绝缘层厚度:0.84mm;管状试件,D:3.62mm,d:1.78mm;

状态	老化前						老化后					
拉断力(N)	90.2	94.5	91.9	90.6	91.7	89.1	92.1	94.1	89.3	89.5	90.1	91.5
拉伸长度(mm)	63.2	62.6	64.8	63.7	65.1	61.4	64.4	64.4	62.2	64.6	62.0	63.1

5. 简述型号为227IEC01(BV)的一般用途单芯硬导体无护套电缆的电压试验。

6. 检查绝缘厚度时如何取样?

7. 对电线电缆进行老化试验时,对老化试验设备有何要求?

参考答案:

一、填空题

1. PVC/ST4　PVC/ST5
2. 16
3. 85% −0.1mm　90% −0.1mm
4. 不应用来计算平均厚度
5. 0%　70%
6. 8　20
7. 275　550
8. 取
9. 3
10. 16
11. ≥0.5　2　<0.5　3
12. 颜色　数字
13. 1　长度
14. PVC/C　PVC/D　PVC/E
15. 水
16. 2.0　0.6
17. 5
18. 20
19. 距离的增量　未拉伸试样标记的距离
20. 中间值　中间值
21. 10　0.01　0.5
22. 适当　与导体轴线相垂直的平面

23.5 电压试验　　　　　　　　24.80V 到 500V　　1

二、单项选择题

1. A	2. B	3. C	4. D
5. A	6. C	7. C	8. B
9. B	10. A	11. A	12. B
13. A	14. A	15. A	16. D
17. C	18. A	19. D	20. A、D、B
21. A	22. A	23. A	24. A
25. A			

三、多项选择题

1. A、B、C、D	2. A、C	3. A、B、	4. A、B、C

四、判断题

1. √	2. ×	3. ×	4. √
5. ×	6. √	7. ×	8. √
9. √	10. √	11. √	12. ×
13. ×	14. ×	15. ×	16. √
17. √	18. √	19. √	20. ×

五、综合题

1. 答案：

就该原始记录进行数据分析与处理：

(1)绝缘厚度(mm)：

每片绝缘层厚度6个数据求和，再取算术平均值。得3个值。

$0.80 + 0.99 + 0.95 + 0.85 + 0.88 + 0.85)/6 = 0.89$

$0.77 + 0.95 + 0.95 + 0.82 + 0.86 + 0.88)/6 = 0.87$

$0.79 + 0.97 + 0.93 + 0.80 + 0.90 + 0.88)/6 = 0.88$

再取这3个值的算术平均值，为 $d = 0.88$。

结果判定时保留1位小数，数修约采用四舍五入，在这里为 0.9mm。

(2)绝缘最薄点厚度(单位：mm)：

直接读取，则结果为 0.77mm。

(3)外形尺寸(mm)：3.45、3.49、3.43、3.50、3.42、3.53 取其算术平均值，

$D = (3.45 + 3.49 + 3.43 + 3.50 + 3.42 + 3.53) = 3.47$

结果判定时保留1位小数，数修约采用四舍五入，在这里为 3.5mm。

(4)20℃环境下导体电阻(Ω/km)：

读取数据 $0.700 \times 10^{-2}(\Omega/m)$，温度21℃，代入公式：

$R = R_t \times 254.5 \times 1000/(234.5 + t) \times L$

$\quad = 0.700 \times 10 - 2 \times 254.5 \times 1000/(234.5 + 21) \times 1$

$\quad = 6.973$

结果判定时保留2位小数，数修约采用四舍五入，在这里为 6.97Ω/km。

(5) 70℃环境下绝缘电阻(MΩ/km)：

仪器上读取 $3.34 \times 10^7 (5m \cdot \Omega)$，将结果换算成单位为 km·MΩ 的值：

$R = 3.34 \times 10^7 / (2 \times 10^8) = 0.167$

结果判定时保留3位小数，数修约采用四舍五入，在这里为 0.167MΩ/km。

(6) 老化前抗张强度(N/mm^2)、老化后抗张强度(N/mm^2)：

老化前绝缘厚度平均值分别为(mm)：

$d_{前1} = (0.80 + 0.99 + 0.95 + 0.85 + 0.88 + 0.85)/6 = 0.89$

$d_{前2} = (0.81 + 0.85 + 0.90 + 0.92 + 0.85 + 0.83)6 = 0.86$

$d_{前3} = (0.79 + 0.85 + 0.95 + 0.90 + 0.82 + 0.81)/6 = 0.85$

$d_{前4} = (0.80 + 0.85 + 0.90 + 0.92 + 0.89 + 0.83)/6 = 0.87$

$d_{前5} = (0.80 + 0.86 + 0.97 + 0.89 + 0.86 + 0.82)/6 = 0.87$

老化后绝缘厚度平均值分别为(mm)：

$d_{后1} = (0.77 + 0.95 + 0.95 + 0.85 + 0.86 + 0.82)/6 = 0.87$

$d_{后2} = (0.79 + 0.85 + 0.90 + 0.90 + 0.85 + 0.83)/6 = 0.85$

$d_{后3} = (0.79 + 0.82 + 0.89 + 0.96 + 0.86 + 0.82)/6 = 0.86$

$d_{后4} = (0.80 + 0.85 + 0.91 + 0.89 + 0.89 + 0.82)/6 = 0.86$

$d_{后5} = (0.80 + 0.85 + 0.91 + 0.93 + 0.86 + 0.82)/6 = 0.86$

老化前外形尺寸分别为(mm)：

$D_{前1} = (3.45 + 3.49)/2 = 3.47$

$D_{前2} = (3.46 + 3.49)/2 = 3.48$

$D_{前3} = (3.41 + 3.53)/2 = 3.47$

$D_{前4} = (3.42 + 3.56)/2 = 3.46$

$D_{前5} = (3.45 + 3.59)/2 = 3.52$

老化后外形尺寸分别为(mm)：

$D_{后1} = (3.45 + 3.54)/2 = 3.50$

$D_{后2} = (3.48 + 3.51)/2 = 3.50$

$D_{后3} = (3.48 + 3.52)/2 = 3.50$

$D_{后4} = (3.41 + 3.49)/2 = 3.45$

$D_{后5} = (3.46 + 3.49)/2 = 3.48$

则老化前绝缘层截面积分别为(mm^2)：

$S_{前1} = (D - d)d \times 3.14 = (3.47 - 0.89) \times 0.89 \times 3.14 = 7.21$

$S_{前2} = (D - d)d \times 3.14 = (3.48 - 0.86) \times 0.86 \times 3.14 = 7.08$

$S_{前3} = (D - d)d \times 3.14 = (3.47 - 0.85) \times 0.85 \times 3.14 = 6.99$

$S_{前4} = (D - d)d \times 3.14 = (3.46 - 0.87) \times 0.87 \times 3.14 = 7.08$

$S_{前5} = (D - d)d \times 3.14 = (3.52 - 0.87) \times 0.87 \times 3.14 = 7.24$

老化后绝缘层截面积分别为(mm^2)：

$S_{后1} = (D - d)d \times 3.14 = (3.50 - 0.87) \times 0.87 \times 3.14 = 7.18$

$S_{后2} = (D - d)d \times 3.14 = (3.50 - 0.85) \times 0.85 \times 3.14 = 7.07$

$S_{后3} = (D - d)d \times 3.14 = (3.50 - 0.86) \times 0.86 \times 3.14 = 7.13$

$S_{后4} = (D - d)d \times 3.14 = (3.45 - 0.86) \times 0.86 \times 3.14 = 6.99$

$S_{后5} = (D - d)d \times 3.14 = (3.48 - 0.86) \times 0.86 \times 3.14 = 7.08$

那么，老化前抗张强度分别为(N/mm^2)：

$P_{前1} = N/S = 133/7.21 = 18.4$

$P_{前2} = N/S = 138/7.08 = 19.5$

$P_{前3} = N/S = 136/6.99 = 19.5$

$P_{前4} = N/S = 136/7.08 = 19.2$

$P_{前5} = N/S = 135/7.24 = 18.6$

老化前抗张强度分别为(N/mm^2):

$P_{后1} = N/S = 140/7.18 = 19.5$

$P_{后2} = N/S = 137/7.07 = 19.4$

$P_{后3} = N/S = 139/7.13 = 19.5$

$P_{后4} = N/S = 134/6.99 = 19.2$

$P_{后5} = N/S = 136/7.08 = 19.2$

根据取中间值的要求,老化前抗张强度为 $19.2N/mm^2$;老化后抗张强度为 $19.4N/mm^2$。

(7)老化前断裂伸长率(%)、老化后断裂伸长率(%):

取拉伸长度 5 个数值的中间值。

老化前拉伸长度 5 个数字 69、74、73、73、70 中取 73;老化后拉伸长度 5 个数字 72、70、68、71、75 中取 71。

则老化前断裂伸长率(%) $I = (L - 20) \times 100/20 = (73 - 20) \times 100/20 \times 100 = 265$

老化后断裂伸长率(%) $I = (L - 20) \times 100/20 = (71 - 20) \times 100/20 \times 100 = 260$

(8)伸长率变化率(%):

$I = (I_{后} - I_{前})/I_{前} \times 100 = (260 - 265)/265 \times 100 = -1.8868$

则结果判定时保留位数同产品标准,数修约采用四舍五入,在这里为 -2。

(9)抗张强度变化率(%):

$P = (P_{后} - P_{前}) \times 100/P_{前} = (19.4 - 19.2) \times 100/19.2 = 1.04$

修约为 1(%)

最后根据以上处理后的数据整理出测试结果:

电线电缆测试结果

序号	检验项目	技术要求	实测结果	单项评定
1	绝缘厚度(mm)	≥0.8	0.9	合格
2	绝缘最薄点厚度(mm)	≥0.62	0.77	合格
3	外形尺寸(mm)	≤3.9	3.5	合格
4	20℃环境下导体电阻(Ω/km)	≤7.41	6.97	合格
5	70℃环境下绝缘电阻检测($M\Omega$/km)	≥0.010	0.167	合格
6	老化前抗张强度(N/mm^2)	≥12.5	19.2	合格
7	老化后抗张强度(N/mm^2)	≥12.5	19.4	合格
8	老化前断裂伸长率(%)	≥125	265	合格
9	老化后断裂伸长率(%)	≥125	260	合格
10	伸长率变化率(%)	±20	-2	合格
11	抗张强度变化率(%)	±20	1	合格

2. 答案:

(1)测量试样外径,确定供火时间。

(2)固定试样,点燃喷灯,调节燃烧气体和空气流量,移动喷灯,将喷灯火焰对准试样,设定好时间,计时开始。

(3)供火到规定的时间后,移开喷灯,熄灭火焰。

(4)火焰燃烧结束后,取出样品,擦干净试样进行测量。

(5)上支架下缘与炭化部分起始点之间的距离大于 50mm,同时燃烧向下延伸至距离上支架下缘小于等于 540mm 时,判合格。

3. 答案:

(1)取样:取一段 5m 长的绝缘线芯。在测量绝缘电阻前,试样应经受规定的电压试验。

(2)试样应浸在 70±2℃的水中 2h,其两端应露出水面约 0.25m。

(3)在导体和水之间施加 80~500V 的直流电压,1min 进行测量读数。

(4)将测量值换算成 1km 的值。

4. 答案:

横截面积 $A = \pi(D-\delta)\delta = \pi \times (3.62 - 0.84) \times 0.84 = 7.34 mm^2$

状态	老化前						老化后					
抗张强度(N/mm^2)	12.3	12.9	12.5	12.3	12.5	12.1	12.5	12.8	12.2	12.2	12.3	12.5
断后伸长率(%)	216	213	224	218	226	207	222	222	211	223	210	216

老化前:抗张强度中间值 $(12.5 + 12.3)/2 = 12.4 N/mm^2$;

断后伸长率的中间值 $(218 + 216)/2 = 217\%$

老化后:抗张强度中间值 $(12.5 + 12.3)/2 = 12.4 N/mm^2$;

断后伸长率的中间值 $(222 + 216)/2 = 219\%$;

抗张强度变化率 $(12.4 - 12.4)/12.4 \times 100\% = 0\%$

断后伸长率变化率 $(219 - 217)/217 \times 100\% = 1\%$

5. 答案:

(1)取样:取一段 5m 长的绝缘线芯。

(2)试样应浸在 20±5℃的水中 1h,其两端应露出水面约 0.25m。

(3)在导体和水的两端施加 2500V 的电压。

(4)耐压时间为 5min,看电缆有否被击穿。

6. 答案

(1)在至少相隔 1m 的 3 处各取 1 段电缆试样。

(2)用锋利的刀片沿着与导体轴线相垂直的平面切取薄片。如果绝缘上有压印标记凹痕,会使该处厚度变薄,因此试件应取包含该标记的一段。

(3)5 芯及以下电缆每芯均要检查,5 芯以上电缆,任检 5 芯。

7. 答案:

可以使用自然通风烘箱和压力通风烘箱。空气进入烘箱的方式应使空气流过试件表面,然后从烘箱顶部附近排出,在规定的老化温度下,烘箱内全部空气更换次数每小时应不少于 8 次,也不多于 20 次。烘箱内不应使用鼓风机。

第五节 排水管材(件)

一、填空题

1. GB/B 5836.1—2006 适用于_____,在考虑材料的_____和_____的条件下,也可适用于工业排水用管材。
2. 除有特别规定外,在进行硬聚氯乙烯管材管件试验前,需要在_____条件下进行状态调节_____h。
3. 管材的落锤冲击试验,状态调节方法有_____或_____两种方法,仲裁时以_____为准。按 GB/T 14152—2001 规定,状态调节后,壁厚小于等于 8.6mm 的试样,应从空气浴中取出_____s 或从水浴中取出_____s 内完成试验。如果超出此时间间隔,应将试样立即放回预处理装置,最少进行_____的再处理。
4. PVC–U 管件的烘箱试验是为了揭示管件在注塑成型过程所产生的_____是否有冷料或未熔融部分以及_____的熔接质量等。试验时同批同类产品至少取_____个试样,将烘箱升温,使其达到_____℃,试验前应先测量_____,试验时间从_____开始计时。
5. 维卡软化温度是指:把试样放在液体介质或加热箱中,在_____条件下测定标准压针在_____力的作用下,压入管材或管件上切取的试样内_____时的温度。
6. 管材内外壁应光滑,不允许有_____、_____和明显的痕纹、凹陷、_____及_____。管材两端面应切割平整并与轴线垂直。
7. 管件内外壁应_____。不允许有_____、_____和明显的痕纹、凹陷、色泽不均及_____。管件应_____,浇口及溢边应修除平整。

二、单项选择题

1. 除特殊规定,一般在进行 UPVC 管材管件检测前需要在标准条件下状态调节_____h。
 A. 4 B. 8 C. 12 D. 24
2. 压入_____时的温度为试样的维卡软化温度。
 A. 0.1mm B. 0.5mm C. 1mm D. 2mm
3. 管材管件物理机械性能中有一项达不到规定指标时,可随机抽取_____的样品进行复检。
 A. 原来数量 B. 双倍 C. 3 倍 D. 4 倍
4. 维卡软化温度试验时,如管材壁厚小于_____,可将两个弧形管段叠加在一起检测。
 A. 2.0mm B. 2.3mm C. 2.4mm D. 3.2mm
5. 现行的 PVC–U 管材检测产品标准为_____。
 A. GB/T 5836.1—1992 B. GB/T 5836.1—2006
 C. GB/T 5836.2—1992 D. GB/T 5836.2—2006
6. PVC–U 管材尺寸测量中($N \leq 150$)的不合格判定数(拒收数)为_____。
 A. 0 B. 1 C. 2 D. 3
7. 管材落锤冲击试验中,管材公称直径大于或等于_____mm 时,锤头使用 d90 型。
 A. 90 B. 110 C. 125 D. 160
8. 管件烘箱试验要求,试样放入烘箱后,温度在_____min 内重新达到设定的试验温度。
 A. 10 B. 15 C. 20 D. 30
9. 管件烘箱试验的试样数量应按产品标准的规定,同类同批产品至少取_____个试样。

A. 3　　　　　　　B. 4　　　　　　　C. 5　　　　　　　D. 6

10. 维卡软化温度试验中,应至少制作＿＿＿＿＿＿＿个试样。
A. 1　　　　　　　B. 2　　　　　　　C. 3　　　　　　　D. 4

11. 公称外径为 50mm 的 PVC 管材在制作拉伸试样时需要制作＿＿＿＿＿＿＿个试样。
A. 3　　　　　　　B. 4　　　　　　　C. 5　　　　　　　D. 8

12. PVC-U 管材进行落锤冲击仲裁试验时,状态调节应采用＿＿＿＿＿＿＿法。
A. 水浴　　　　　　B. 空气浴　　　　　C. 水浴法或空气　　D. 其他

13. 外径为 40mm 的管材在做落锤冲击试验时,每根管材承受＿＿＿＿＿＿＿次冲击。
A. 4　　　　　　　B. 3　　　　　　　C. 2　　　　　　　D. 1

14. 除特殊规定,一般在进行 UPVC 管材管件检测前需要在＿＿＿＿＿＿＿条件下状态调节 24h。
A. 23±2℃　　　　B. 23±1℃　　　　C. 20±2℃　　　　D. 20±1℃

15. PVC-U 管材管件维卡软化温度试验前应将试样在低于预期维卡软化温度 50℃的温度下预处理至少＿＿＿＿＿＿＿min。
A. 1　　　　　　　B. 3　　　　　　　C. 5　　　　　　　D. 10

16. 进行维卡软化温度试验时,试样上的总压力控制在＿＿＿＿＿＿＿。
A. 10±1kN　　　　B. 10±1N　　　　C. 50±1kN　　　　D. 50±1N

17. 维卡软化温度试验时,应将管材＿＿＿＿＿＿＿面向上,水平放置在无负载的金属杆的压针下面。
A. 凹　　　　　　　B. 凸　　　　　　　C. 侧　　　　　　　D. 任意

18. 维卡软化温度试验时,金属杆的压针端部应距试样边缘不小于＿＿＿＿＿＿＿mm。
A. 1　　　　　　　B. 2　　　　　　　C. 3　　　　　　　D. 4

19. 维卡软化温度试验时,以每小时＿＿＿＿＿＿＿℃的速度等速升温,提高浴槽温度。
A. 30±5　　　　　B. 40±5　　　　　C. 50±5　　　　　D. 60±5

20. PVC-U 管件烘箱试验中要求,烘箱温度设定在＿＿＿＿＿＿＿℃。
A. 135　　　　　　B. 140　　　　　　C. 150　　　　　　D. 160

21. 管材尺寸测量中($N \leqslant 150$)的试样数量应按产品标准的规定,同类同批产品至少取＿＿＿＿＿＿＿个试样。
A. 4　　　　　　　B. 6　　　　　　　C. 7　　　　　　　D. 8

三、多项选择题

1. ＿＿＿＿＿＿＿属于管材的物理机械性能。
A. 拉伸强度　　　　B. 管材弯曲度　　　C. 纵向回缩率　　　D. 维卡软化温度
E. 二氯甲烷浸渍试验

2. ＿＿＿＿＿＿＿属于管件的物理机械性能。
A. 拉伸强度　　　　B. 坠落试验　　　　C. 纵向回缩率　　　D. 维卡软化温度
E. 烘箱试验

3. GB/T 5836.1—2006 适用于＿＿＿＿＿＿＿。
A. 民用建筑物内排水用管材
B. 考虑材料耐化学性和耐热性的条件下的工业排水用管材
C. 工业排水用管材
D. 任何 PVC-U 管材
E. 市政排水用管材

4. ＿＿＿＿＿＿＿不属于管材的物理机械性能。

A. 外观质量 B. 尺寸测量 C. 纵向回缩率
D. 维卡软化温度 E. 密度

5. 下列 PVC-U 管材(公称直径)进行落锤冲击试验时,每根管材上承受三次以上冲击的有_____。
A. 50 B. 63 C. 75 D. 110 E. 140

6. 落锤冲击试验时,下列规格管材(公称直径)应画线数为 4 的有_____。
A. 50 B. 75 C. 90 D. 110 E. 125

7. 合格管材的外观质量应_____。
A. 光滑、平整 B. 允许有轻微气泡 C. 明显的痕纹、凹陷 D. 色泽不均及分解色线
E. 不允许有裂口

四、判断题(如判错要求指出错误并改正)

1. 管件的烘箱试验是从烘箱温度回升到设定温度开始计时,恒温时间根据试样的最小壁厚确定。 ( )
2. PVC-U 排水管按 0℃ 水浴法进行落锤试验,共进行了 100 次冲击试验,冲击破坏数为 4,可判定 TIR≤10%。 ( )
3. 管材拉伸试验的试件制备有两种方法,冲裁方法和机械加工方法,仲裁试验采用冲裁试验法。 ( )
4. $\phi110 \times \phi50$ 的异径三通进行坠落试验时应从距地面 1m 处坠落。 ( )
5. 落锤实验机应具有防止落锤二次冲击的装置:落锤回跳捕捉率应保证 95%。 ( )
6. 落锤试验中,状态调节后,壁厚小于或等于 8.6mm 的试样,应从水浴中取出 30s 内完成试验。 ( )
7. PVC-U 管件烘箱试验,试验时间应从管件放入烘箱内开始计时。 ( )
8. 维卡软化温度试验中如果管材或管件壁厚大于 6mm,则采用适宜的方法加工管材或管件外表面,使壁厚减至 4mm,而壁厚小于 6mm 的试样,可直接进行测试。 ( )
9. 维卡试验中,维卡仪以每小时 50±5℃ 的速度等速升温,提高浴槽温度,在整个试验过程中应开动搅拌器。 ( )

五、简答题

1. 热塑塑料管材纵向回缩率的测定原理。
2. 简述维卡软化温度试验中,当试样的壁厚不在 2.4mm 到 6mm 之间时,试样应如何处理?
3. 管材落锤冲击试验的试验原理。
4. 管材维卡软化温度的测定原理。
5. 管件坠落试验中,坠落高度是如何确定的?
6. 简述 PVC-U 管件热烘箱试验的试验步骤。
7. 简要说明硬聚氯乙烯管材纵向回缩率(烘箱法)试验的试验步骤。
8. 简要说明硬聚氯乙烯管材维卡软化温度的试验步骤。
9. 简要说明硬聚氯乙烯管件坠落试验的试验步骤。
10. 落锤冲击试验冲击破坏数分别位于 A 区、B 区和 C 区,应如何评定?

参考答案:

一、填空题

1. 建筑物内排水用管材　耐化学性　耐热性
2. 23±2℃　24
3. 水浴　空气浴　水浴　10　20　5min
4. 内部应力大小　熔接缝　三　150±2　试样壁厚　烘箱温度回升到设定温度
5. 等速升温　50±N　1mm
6. 气泡　裂口　色泽不均　分解变色线
7. 光滑　气泡　裂口　分解变色线　完整无缺损

二、单项选择题

1. D	2. C	3. B	4. C
5. B	6. C	7. B	8. B
9. A	10. B	11. A	12. A
13. D	14. A	15. C	16. D
17. A	18. C	19. C	20. C
21. D			

三、多项选择题

1. A、C、D、E	2. B、D、E	3. A、B	4. A、B
5. A、B、C、D	6. B、C	7. A、C、D、E	

四、判断题(如判错要求指出错误并改正)

1. 错。(正确:管件的烘箱试验是从烘箱温度回升到设定温度开始计时,恒温时间根据试样的平均壁厚确定)
2. 对。
3. 错。(正确:管材拉伸试验的试件制备有两种方法,冲裁方法和机械加工方法,仲裁试验采用机械加工方法)
4. 对。
5. 错。(正确:落锤实验机应具有防止落锤二次冲击的装置;落锤回跳捕捉率应保证100%)
6. 错。(正确:落锤试验中,状态调节后,壁厚小于或等于8.6mm的试样,应从水浴中取出20s内完成试验。或落锤试验中,状态调节后,壁厚大于8.6mm的试样,应从水浴中取出30s内完成试验)
7. 错。(正确:PVC-U管件烘箱试验,试验时间应烘箱温度回升至设定温度时开始计时)
8. 错。(正确:维卡软化温度试验中如果管材或管件壁厚大于6mm,则采用适宜的方法加工管材或管件外表面,使壁厚减至4mm,而壁厚在2.4~6mm(包括6mm)范围内的试样,可直接进行测试)
9. 对。

五、简答题

1. 答:将规定长度的试样置于给定温度下的加热介质中保持一定的时间。测量加热前后试样标线间的距离,以相对原始长度的长度变化率来表示管材的纵向回缩率。

2. 答:(1)试样壁厚小于 2.4mm,可将两个弧形管段叠加在一起使其总厚度不小于 2.4mm,作为垫层的下层管段试样应当首先压平,为此可将该试样加热到 140℃ 并保持 15min,再置于两块光滑平板之间压平,上层弧段应保持其原样不变。

(2)试样厚度大于 6mm,采用适宜的方法加工管材或管件的外表面,使其壁厚减至 4mm。

3. 答:以规定质量和尺寸的落锤从规定高度冲击试验样品规定的部位,即可测出该批(或连续挤出生产)产品的真实冲击率。

4. 答:把试样放在液体介质或加热箱中,在等速升温条件下测定标准压针在 50 ± 10N 力的作用下,压入从管材或管件上切取的试样内 1mm 时的温度。

5. 答:公称直径小于或等于 75mm 的管件,从距地面 2.00 ± 0.05m 处坠落;公称直径大于 75mm 的管件,从距地面 1.00 ± 0.05m 处坠落。异径管件以最大口径为准。

6. 答:(1)将烘箱升温使其达到 150 ± 2℃;

(2)试验前,应先测量试样壁厚,在管件主体上选取横切面,在圆周面上测量间隔均匀的至少六点的壁厚,计算算术平均值作为平均壁厚 e,精确到 0.1mm;

(3)将试样放入烘箱内,使其中一承口向下直立,试样不得与其他试样和烘箱壁接触,不易放置平稳或受热软压后易倾倒的试样可用支架支撑;

(4)待烘箱温度回升至设定温度时开始计时,根据试样的平均壁厚确定试样在烘箱内恒温时间,壁厚小于等于 3mm 时,恒温时间 15min,壁厚大于 3mm 小于等于 10mm 时,恒温时间 30min;

(5)恒温时间达到后,从烘箱中取出试样,小心不要损伤试样或使其变形;

(6)待试样在空气中冷却至室温,检查试样出现的缺陷,例如:试样的开裂、脱层、壁内变化(如气泡等)和熔接缝开裂,并确定这些缺陷的尺寸是否在规定最小范围内。

7. 答:(1)在 23 ± 2℃ 下,测量标线间距 L_0,精确到 0.25mm;

(2)将烘箱温度调节至 150 ± 2℃;

(3)把试样放入烘箱,使样品不触及烘箱底和壁。若悬挂试样,则悬挂点应在距标线最远的一端。若把试样平放,则应放于垫有一层滑石粉的平板上;

(4)壁厚小于等于 8mm 时,把试样放入烘箱内保持 60min,这个时间从烘箱温度回升到 150 ± 2℃ 时算起;

(5)从烘箱中取出试样,平放于一光滑平面上,待完全冷却至 23 ± 2℃ 时,在试样表面沿母线测量标线间最大或最小距离,精确至 0.25mm。

8. 答:(1)将加热浴槽温度调至约低于试样软化温度 50℃ 并保持恒温;

(2)将试样凹面向上,水平放置在无负载金属杆的压针下面,试样和仪器底座的接触面应是平的。对于壁厚小于 2.4mm 的试样,压针端部应置于未压平试样的凹面上,下面放置压平的试样。压针端部距试样边缘不小于 3mm;

(3)将试验装置放在加热浴槽中,压针定位 5min 后,在载荷盘上加所要求的质量,使试样所承受的总轴向力为 50 ± 1N,记录千分表(或其他测量仪器)的读数或将其调至零点;

(4)以每小时 50 ± 5℃ 的速度等速升温提高浴槽温度,整个试验过程中应开动搅拌器;

(5)当压针压入试样内 1 ± 0.01mm 时,迅速记录下此时的温度,此温度即为该试样的维卡软化温度。

9. 答:(1)将试样放入 0 ± 1℃ 的试验环境中,当温度重新达到 0 ± 1℃ 时开始计时,并保持 30min;

(2)取出试样,迅速从规定高度自由坠落于混凝土地面,坠落时应使 5 个试样在五个不同位置接触地面,并应尽量使接触点为易损点;

(3)试样从离开恒温状态到完成坠落,必须在 10s 之内进行完毕。

10.答:(1)冲击破坏数位于 A 区,TIR 值小于或等于 10%;

(2)冲击破坏数位于 C 区,TIR 值大于 10%;

(3)冲击破坏数位于 B 区,应进一步取样试验,直至根据全部冲击试样的累计结果能够作出判定。

第六节　给水管材(件)

一、填空题

1.除非另有规定,塑料管材应在_____条件下进行状态调节,时间不少于_____,并在此条件下进行试验,聚丙烯管道系统还规定了湿度_____要求。

2.纵向回缩率试验的预处理,试样应在_____条件下放置_____。

3.纵向回缩率试验从一根管材上截取三个_____长的试样,对公称直径大于或等于_____的管材,可沿轴向均匀切成 4 片进行试验。

4.《热塑性塑料管材纵向回缩率的测定》规定,测定热塑性塑料管材纵向回缩率的试验有两种方法,一种是_____法,一种是_____法。

5.纵向回缩率试验中若把试样平放,则应放于垫有一层滑石粉的平板上,切片试样,应使_____朝下放置。

6.简支梁冲击试验后,检查试样破坏情况,记下_____或_____情况。

7.管材液压试验,如试验已经进行了 1000h 以上,试验过程中设备出现故障,若设备在_____内恢复,则试验可继续进行;若试验已超过 5000h,设备在_____内能恢复,则试验可继续进行。

8.给水管材液压试验一般以水作为介质,水中不得含有对试验结果有影响的杂质。由于温度对试验结果影响很大,应使试验温度偏差控制在规定范围内,并尽可能小,要求平均温差为_____,最大偏差为_____。

9.纵向回缩率试验,对公称直径大于或等于_____的管材,可沿_____均匀切成 4 片进行试验。

10.管材液压试验中,应把试样_____在恒温箱中,整个试验过程中试验介质都应保持_____直至试验结束。

11.密封接头有_____和_____两种,除非在相关标准中有特殊规定,否则应选用_____接头。仲裁试验采用_____密封接头。

12.静液压试验在_____或_____时,停止试验。如试样发生破坏,则应记录其破坏类型,判断是_____还是_____。

13.管件的静液压试验允许由_____或由_____组合而成系统进行试验。

14.静液压试验至少应准备_____个试样。当管材公称外径 D_N≤315mm 时,每个试样在两个密封接头之间的自由长度应不小于试样外径的_____,但最小不得小于_____。

15.纵向回缩率试验应从_____根管材上截取三个_____长的试样。使用划线器在试样上划两条相距_____的圆周标线,并使其一标线距任一端至少_____。

16.冷热水用聚丙烯管道系统用相同_____、_____和_____生产的同一规格的管材作为一批。

17.冷热水用聚丙烯管道系统出厂检验项目为_____、_____、_____、_____试验和静液压试验试验。

18. 给水用聚氯乙烯管材的项目中外观、颜色、_____、_____、_____中任意一条不符合规定时,则判该批为不合格。_____性能中有一项达不到要求,则在该批中随机抽取双倍样进行该项复验。

19. 冷热水用聚丙烯管件出厂检验项目为外观、尺寸、_____。

20. 给水用聚氯乙烯管件出厂检验项目为外观、注塑成型管件尺寸、管材弯制成型管件、_____、_____。

二、单项选择题

1. 纵向回缩率试验中烘箱,应能保证当试样置入后,温度在_____内重新回升到试验温度范围。
   A. 10min B. 15min C. 20min D. 30min

2. 纵向回缩率试验中,对烘箱温度计精度要求为_____℃。
   A. 0.1 B. 0.2 C. 0.5 D. 1.0

3. PP-R管纵向回缩率试验中,烘箱设顶温度为_____℃。
   A. 110 B. 135 C. 140 D. 150

4. 纵向回缩率试验中,测量标线间距L_0,精确到_____mm。
   A. 0.01 B. 0.10 C. 0.25 D. 0.50

5. 壁厚3.2mm的管材静液压试验时应在水中预处理_____h。
   A. 1 B. 1.5 C. 2 D. 3

6. 纵向回缩率试验中,使用划线器在试样上划两条相距100mm的圆周标线,并使其一标线距任一端至少_____mm。
   A. 10 B. 15 C. 20 D. 25

7. 如果试样在距离密封接头小于_____处出现破坏,则试验结果无效,应另取试样重新试验(L_0为试样的自由长度)。
   A. $0.1L_0$ B. $0.2L_0$ C. $0.3L_0$ D. $0.4L_0$

8. 管材简支梁冲击试验中,如果没有在规定时间内完成试验,但超出的时间不大于60s,则可立即在预处理温度下对试样进行再处理至少_____。
   A. 1min B. 2min C. 3min D. 5min

9. 在进行PP-R管材的简支梁冲击试验时,至少应制试样_____个。
   A. 3 B. 5 C. 10 D. 根据管径定

10. 将经过状态调节后的试样与加压设备连接起来,排净试样内的空气,在_____用尽可能短的时间均匀平衡地施加试验压力到规定值。
    A. 30s内 B. 30s~1h之间 C. 1h内 D. 15s内

11. 在计算管材的纵向回缩率时,应_____。
    A. 分别计算三个试样的回缩率作为管材的纵向回缩率
    B. 计算三个试样的算术平均值,其结果作为管材的纵向回缩率
    C. 根据其中某一个试样的回缩率作为管材的纵向回缩率
    D. 根据试样的材料、规格尺寸和加压设备的情况

12. 管道静液压试验的预处理是根据_____来定状态调节时间。
    A. 长度 B. 壁厚 C. 公称外径 D. 室温

13. 外径大于等于25mm小于75mm的管材进行简支梁冲击试验,试样应_____切割。

A. 沿纵向 B. 沿环向
C. 分别沿纵向和环向 D. 100mm 长整个管段

14. 对外径小于 25mm 的管材进行简支梁冲击试验,试样应_____切割。
A. 沿纵向 B. 沿环向
C. 分别沿纵向和环向 D. 取 100mm 长整个管段

15. 外径大于等于 75mm 的管材进行简支梁冲击试验,试样应_____切割。
A. 沿纵向 B. 沿环向
C. 分别沿纵向和环向 D. 100mm 长整个管段

16. 在进行简支梁冲击试验样品制样时,除了要考虑外径因素外,还需要考虑壁厚度,当大于下列_____厚度时需要对厚度进行加工。
A. 9.5mm B. 10.5mm C. 11.5mm D. 12.5mm

17. 进行静液压试验时,试样应_____在恒温箱中直到试验结束。
A. 平放 B. 悬放 C. 45°斜放 D. 倒挂

18. 管件静液压试验时采用管材和管件组合的方式,管件产品标准规定了环应力,需要计算得出试验压力,但此时公式中的 d_{em} 代表_____。
A. 管件的最小壁厚 B. 管件的公称壁厚
C. 与管件同等级的管材的公称外径 D. 与管件同等级的管材的最小外径

19. PP-R 管进行简支梁冲击试验,在室温为 23℃ 的情况下,试样从预处理环境中取出后,应在_____内完成冲击。
A. 10s B. 30s C. 15s D. 60s

20. PP-R 管进行简支梁冲击试验的试验温度为_____。
A. 23±2℃ B. 20±2℃ C. 0±2℃ D. 5±2℃

三、多项选择题

1. 静液压试验中的密封接头类型有_____。
A. A 型 B. B 型 C. C 型 D. D 型

2. 下列管材标准中,现行有效标准有_____。
A. GB/T 6111—1985 B. GB/T 6671—2001
C. GB/T 18743—2002 D. GB/T 18742—2002

3. 管材简支梁冲击试验中,冲击测试仪的摆锤应能提供_____冲击能量。
A. 10J B. 15J C. 20J D. 50J

4. 管材液压试验时,当试样_____时,可以停止试验,记录时间。
A. 达到规定时间 B. 破裂 C. 渗漏 D. 变形

5. 管材液压试验时的试样长度由_____决定。
A. 密封接头长度 B. 规定的自由长度 C. 管材的壁厚 D. 管材的外径

6. 管材液压试验中试样的破坏类型有_____。
A. 塑性破坏 B. 刚性破坏 C. 脆性破坏 D. 韧性破坏

7. 进行管材的液压试验需要具备的试验设备有_____。
A. 密封接头 B. 加压和测压装置 C. 测厚仪 D. 测量平均外径的尺
E. 吊架或支撑 F. 测温装置

8. 冷热水用聚丙烯管材的出厂检验项目中的液压试验包括_____。
A. 20℃、1h B. 95℃、22h C. 95℃、165h D. 95℃、100h

9. 冷热水用聚丙烯管材可以进行复验的项目有_____。
   A. 尺寸　　　　　B. 纵向回缩率　　　　C. 卫生指标　　　　D. 简支梁冲击试验
10. 冷热水用聚丙烯管件出厂检验项目有_____。
    A. 尺寸　　　　　　　　　　　　　　　B. 外观
    C. 20℃、1h 液压试验　　　　　　　　　D. 95℃、100h 液压试验
11. 冷热水用聚丙烯静液压试验的指标要求为_____。
    A. 无破裂　　　　B. 无裂纹　　　　C. 无气泡　　　　D. 无渗漏
12. 管件静液压试验时采用管材和管件组合的方式,管件产品标准规定了环应力,需要计算得出试验压力,但此时公式中的和分别代表_____。
    A. 管件的最小外径　　　　　　　　　　B. 管件的最小壁厚
    C. 与管件同等级的管材的公称外径　　　D. 与管件同等级的管材的公称壁厚
    E. 连接用管材的最小壁厚　　　　　　　F. 连接用管材的最小外径
13. 管材的纵向回缩率试验样品在烘箱中的放置形式有_____。
    A. 直接放入烘箱　　　　　　　　　　　B. 悬挂放入
    C. 浸泡在水浴锅中　　　　　　　　　　D. 平放在一层滑石粉平板上

四、判断题

1. 纵向回缩率试验,试验时间应从管件放入烘箱内开始计时。　　　　　　　　　　　　　（　）
2. 简支梁冲击试验样品的制样尺寸为:当外径小于等于 25mm 的管材其试样为 100±2mm 长的整个管段。　　　　　　　　　　　　　　　　　　　　　　　　　　　　　　　　　　　　　　（　）
3. 管件液压试验中,管件与管材相连作为试样时,应取相同或更小管系列 S 的管材与管件相连。　　　（　）
4. 由于烘箱试验法具有操作简便、设备使用广泛的优点,被大部分实验室所采用。　　　　（　）
5. 简支梁冲击试验中,对规定数目的试样冲击后,以试样破坏数对被测试样总数的百分比表示试验结果。　　　　　　　　　　　　　　　　　　　　　　　　　　　　　　　　　　　　　（　）
6. 当管材公称外径 $D_N \leq 315mm$ 时,每个试样在两个密封接头之间的自由长度应不小于试样外径的三倍,但最小不得小于 320mm。　　　　　　　　　　　　　　　　　　　　　　　　　（　）
7. 纵向回缩率试验的烘箱,应能保证当试样置入后,温度在 30min 内重新回升到试验温度范围。　　（　）
8. 纵向回缩率试验,样品应从一根管材上截取三个 200±20mm 长的试样。　　　　　　　（　）
9. 静液压测定时,试验压力应在 30s 内尽可能短的时间内完成。　　　　　　　　　　　　（　）
10. 液压试样如果在距离密封接头小于 0.1m 处出现破坏,则试验结果无效。　　　　　　　（　）
11. 纵向回缩率应在温度 23±2℃ 下测量标线间距并精确到 0.01mm。　　　　　　　　　　（　）
12. 计算三个试样的算术平均值,其结果作为管材的纵向回缩率。　　　　　　　　　　　　（　）
13. 进行简支梁冲击试验的样品对壁厚大于规范要求的需要加工,加工时应从内表面起加工至规定厚度。　　　　　　　　　　　　　　　　　　　　　　　　　　　　　　　　　　　　　（　）
14. B 型接头指用金属材料制造的承口接头,能确保与试样外表面密封,且密封接头通过连接件与另一密封接头相连,因此静液压端部推力不会作用在试样上。　　　　　　　　　　　　（　）
15. 进行静液压试验时,试样应平放在恒温箱中,直到试验结束。　　　　　　　　　　　　（　）
16. 如管件标准规定了试验压力,在进行液压试验时直接设定到试验压力即可。　　　　　　（　）
17. 如果没有在规定的时间内完成简支梁冲击试验,应放弃该试样。　　　　　　　　　　　（　）
18. 10 个试样进行简支梁冲击试验,如仅有一个破坏可以认为合格。　　　　　　　　　　　（　）

五、简答题

1. 管材纵向回缩率的测定原理。
2. 静液压试验的试样制备如何制备?
3. 管材简支梁冲击试验中,应在多长时间内完成对试样外表的冲击?
4. 简述简支梁冲击试验样品的制样方法。
5. 摆锤冲击试验时如果没有在规定的时间内完成冲击应如何处理?
6. 管材液压破坏时如何判断"脆性破坏"和"韧性破坏"?
7. 简支梁冲击试验原理。

六、计算题

冷热水用聚丙烯管道(PP-R),管系列S5,平均外径为20.3mm、最小壁厚为2.3mm,按GB/T6111确定其1h、20℃静液压试验压力。

七、操作题

1. 管材液压试验。
2. 管材纵向回缩率(烘箱法)试验的试验步骤。
3. 简支梁冲击试验步骤。

参考答案:

一、填空题

1. 23±2℃ 24h 50%±10%   2. 23±2℃ 2h
3. 200±20mm 400mm   4. 液浴法 烘箱法
5. 凸面   6. 裂纹 龟裂
7. 3d 5d   8. ±1℃ ±2℃
9. 400mm 轴向   10. 悬放 恒温
11. A型 B型 A型 A型
12. 达到规定时间 试样发生破坏、渗漏 脆性破坏 韧性破坏
13. 单个管件 管件与管材   14. 二 三倍 250mm
15. 一 200±20mm 100mm 10mm   16. 原料 配方 工艺
17. 外观 尺寸 纵向回缩率 简支梁冲击 18. 不透光性 管材尺寸 卫生指标 物理力学
19. 20℃ 1h 液压试验   20. 烘箱试验 坠落试验

二、单项选择题

1. B   2. C   3. B   4. C
5. D   6. A   7. A   8. D
9. C   10. B   11. B   12. B
13. A   14. D   15. C   16. C
17. B   18. C   19. A   20. C

三、多项选择题

1. A、B   2. B、C、D   3. B、D   4. A、B、C

5. A、B　　　　　　6. C、D　　　　　　7. A、B、C、D、E、F　8. A、B、C
9. B、D　　　　　　10. A、B、C　　　　11. A、D　　　　　　12. C、D
13. B、D

四、判断题

1. ×　　　　　　　2. ×　　　　　　　3. √　　　　　　　4. √
5. √　　　　　　　6. ×　　　　　　　7. ×　　　　　　　8. √
9. ×　　　　　　　10. ×　　　　　　　11. ×　　　　　　　12. √
13. ×　　　　　　　14. √　　　　　　　15. ×　　　　　　　16. √
17. ×　　　　　　　18. ×

五、简答题

1. 答:将规定长度的试样,置于给定温度下的加热介质中保持一定的时间。测量加热前后试样标线间的距离,以相对原始长度的长度变化百分率来表示管材的纵向回缩率。

2. 答:试验至少应准备三个试样,试样长度由密封接头长度和规定的自由长度相加决定。当管材公称外径 $D_N \leq 315mm$ 时,每个试样在两个密封接头之间的自由长度应不小于试样外径的三倍,但最小不得小于 250mm;当管材 $D_N > 315mm$ 时,其最小自由长度 $L_0 \geq 1000mm$。

3. 答:时间取决于测试温度和环境温度之间的温差,若温差小于或等于5℃,试样从预处理环境中取出后,应在60s内完成冲击,若温差大于5℃,试样从预处理环境中取出后,应在10s内完成冲击。

4. 答:简支梁冲击试验样品的制样尺寸为:当外径小于25mm的管材其试样为 $100 \pm 2mm$ 长的整个管段(试样类型1);外径大于等于25mm小于75mm的管材,试样沿纵向切割,其尺寸和形状符合标准上试样类型2的要求;外径大于等于75mm的管材,试样分别沿环向和纵向切割,其尺寸和形状同样符合标准上试样类型3的要求。

5. 答:如果没有在规定时间内完成试验,但超出的时间不大于60s,则可立即在预处理温度下对试样进行再处理至少5min,并按上述重新测试,否则,应放弃试样或按要求对试样重新进行预处理。

6. 答:在破坏区域内,不出现塑性变形破坏的为"脆性破坏",在破坏区域内,出现明显塑性变形的为"韧性破坏"。

7. 答:简支梁冲击试验原理为用一小段管材或机械加工制得的无缺口条状试样在规定测试温度下进行预处理,然后以规定的跨度将试样在水平方向呈简支梁支撑。用具有给定冲击能量的摆锤在支撑中线处迅速冲击一次。对规定数目的试样冲击后,以试样破坏数对被测试样总数的百分比表示试验结果。

六、计算题

解:$P = \sigma \dfrac{2e_{min}}{d_{em} - e_{min}} = 16 \times (2 \times 2.3)/(20.3 - 2.3) = 4.09 MPa$

七、操作题

1. 答:(1)将经过状态调节后的试样与加压设备连接起来,排净试样内的空气,然后根据试样的材料、规格尺寸和加压设备的情况,在30s至1h之间用尽可能短的时间,均匀平稳地施加试验压力至公式计算出的压力,压力偏差为 $^{+2}_{-1}$%。当达到试验压力时开始计时。

$$P = \sigma \dfrac{2e_{min}}{d_{em} - e_{min}}$$

式中　σ——由试验压力引起的环应力(MPa);
　　　d_{em}——测量得到的试样平均外径(mm);
　　　e_{min}——测量得到的试样自由长度部分壁厚的最小值(mm)。

注:在确定试验压力时,一定要看清产品标准中对环应力、试验压力的要求。

(2)把试样悬放在恒温箱中,整个试验过程中试验介质都应保持恒温直至试验结束。

(3)当达到规定时间或试样发生破坏、渗漏时,停止试验,记录时间。如试样发生破坏,则应记录其破坏类型,判断是脆性破坏还是韧性破坏。

注:在破坏区域内,不出现塑性变形破坏的为"脆性破坏",在破坏区域内,出现明显塑性变形的为"韧性破坏"。

如试验已经进行了1000h以上,试验过程中设备出现故障,若设备在3天内恢复,则试验可继续进行;若试验已超过5000h,设备在5天内能恢复,则试验可继续进行。如果设备出现故障,试样通过电磁阀或其他方法保持试验压力,即使设备故障超过上述规定,试验还可继续进行;但在这种情况下,由于试样的持续蠕变,试验压力会逐渐下降。设备出现故障的这段时间不应计入试验时间内。

如果试样在距离密封接头小于$0.1L_0$处出现破坏,则试验结果无效,应另取试样重新试验(L_0为试样的自由长度)。

2.答:试验步骤:

(1)在23 ± 2℃下,测量标线间距L_0,精确到0.25mm;

(2)将烘箱温度调节至规定值T_R;

(3)把试样放入烘箱,使样品不触及烘箱底和壁。若悬挂试样,则悬挂点应在距标线最远的一端。若把试样平放,则应放于垫有一层滑石粉的平板上,切片试样,应使凸面朝下放置;

(4)把试样放入烘箱内保持规定的时间,这个时间应从烘箱温度回升到规定温度时算起;

(5)从烘箱中取出试样,平放于一光滑平面上,待完全冷却至23 ± 2℃时,在试样表面沿母线测量标线间最大或最小距离L_i,精确至0.25mm。

注:切片试样,每一管段所切的四片应作为一个试样,测得L_i,且切片在测量时,应避开切口边缘的影响。

结果表示:

(1)按下式计算每一试样的纵向回缩率R_{Li},以百分率表示。

$$R_{Li} = \triangle L/L_0 \times 100$$

式中　$\Delta L = |L_0 - L_i|$;
　　　L_0——放入烘箱前试样两标线间距离(mm);
　　　L_i——试验后沿母线测量的两标线间距离(mm)。

选择L_i使ΔL的值最大。

(2)计算三个试样R_{Li}的算术平均值,其结果作为管材的纵向回缩率R_L。

3.答:简支梁冲击试验步骤:

(1)制样并进行预处理;

(2)将已测量尺寸的试样从预处理的环境中取出,置于相应的支座上,按规定的方式支撑,在规定时间内用规定能力对试样外表进行冲击;

(3)冲击后检查试样破坏情况,记下裂纹或龟裂情况;

(4)重复以上试验步骤,直到完成规定数目的试样;

(5)以试样破坏数对被测试样总数的百分比来表示试验结果。

第七节 阀 门

一、填空题

1. 壳体试验是对_____和_____等连接而成的整个阀门壳体进行的冷态压力试验。
2. 密封试验是检验_____和_____、_____和_____的密封性能的试验。
3. 如无特殊规定,阀门压力试验中试验介质的温度应在_____之间。
4. 上密封试验试,验结果要求:_____。
5. 密封试验的试验持压力应在_____得到保持。

二、判断题

1. 密封试验是检验阀杆与阀盖密封副密封性能的试验。( )
2. 用其他可以防止渗漏的涂层;允许无密封作用的化学防腐处理或衬里阀门的衬里存在。( )
3. 密封和上密封试验,无论规格大小,试验介质可自行选择。( )
4. 密封试验中,规定了介质流通方向的阀门,应按规定的流通方向加压。( )
5. 评定指标里,壳体试验不允许有任何泄露。( )

三、问答题

1. 简述上密封试验的实验步骤。
2. 简述液体壳体试验、上密封试验、液体高压密封试验的评定指标。

参考答案:

一、填空题

1. 阀体 阀盖　　　　　　　　　2. 阀门启闭件　阀座密封副　阀体　阀座间
3. 5~40℃　　　　　　　　　　4. 不允许有可见的泄露
5. 试验持续时间

二、判断题

1. ×(上密封试验)　　2. √　　3. ×　　4. √　　5. ×

三、问答题

1. 答:对具有上密封结构的阀门,封闭阀门的进出各端口,向阀门壳体内充入液体的试验介质,排净阀门体腔内的空气,用阀门设计给定的操作机构开启阀门到全开位置,逐渐加压到1.1倍的CWP,当阀门公称尺寸≤DN50时,上密封试验保持试验压力最短持续时间为15s,其他规格的阀门上密封试验保持试验压力最短持续时间为60s,要求保持试验压力,观察阀杆填料处的情况。

2. 答:
(1)壳体试验:
壳体试验时,不应有结构损伤,不允许有可见渗漏通过阀门壳壁和任何固定的阀体连接处(如:中口法兰);如果试验介质为液体,则不得有明显可见的液滴或表面潮湿。如果试验介质是空气或其他气体,应无气泡漏出。

(2)上密封试验:

不允许有可见的泄漏。

(3)密封试验:

1)不允许有可见泄漏通过阀瓣、阀座背面与阀体接触面等处,并应无结构损伤(弹性阀座密封面的塑性变形不作为结构上的损坏考虑)。在试验持续时间内,试验介质通过密封副的最大允许泄漏率按规范的规定。

2)泄漏率的等级的选择应是相关阀门产品标准规定或订货合同要求中更严格的一个。若产品标准中没有特别规定时,非金属弹性密封副阀门按 A 级要求,金属密封副阀门按 D 级要求。

第八节　电工套管

一、填空题

1. 除非另有规定,电工套管所有试验应在环境温度为_____条件下进行。

2. 最小壁厚测定试验需要截取一段套管,沿横截面_____,用游标卡尺测试,其中一点为_____,取 4 点数据的_____。

3. 套管抗压力试验对硬质套管应在_____。

4. 套管冲击试验应取_____长试样 12 根,将其置于_____的烘箱内预处理240h。

5. 硬质套管试样六根,其中三根试样在_____进行,另三根试样_____。

6. 只对公称尺寸为_____进行弯扁试验。

7. 跌落试验,试验后观察套管及配件表面,要求_____。

8. 套管抗压力试验,取三根长度为_____的试件。

9. 外径变化率 D_f 的公式为_____。

10. 套管冲击试验后,12 根套管中_____。

二、单项选择题

1. 套管均匀度测定试验中每个测量值与 A 的偏差 △A 不应超出_____范围。

　A. $\pm(0.1+0.1A)$ mm　　　　　　B. $\pm(0.2+0.1A)$ mm

　C. $\pm(0.1+0.2A)$ mm　　　　　　D. $\pm(0.2+0.2A)$ mm

2. 套管抗压试验硬质套管在_____内均匀加荷达到规定的相应压力值;持荷 1min 时,测出受压处外径;撤去荷载 1min 时,再测套管受压处外径。

　A. 20s　　　　B. 25s　　　　C. 30s　　　　D. 35s

3. 套管抗压试验半硬质套管及波纹套管在加荷 30s 时,套管外径变化率在大于 30% 小于_____的范围内,且此压力值不低于规定的相应值。持荷 1min 后撤去荷载,15min 后测量套管受压处外径。

　A. 30%　　　　B. 40%　　　　C. 50%　　　　D. 60%

4 套管弯曲试验中硬质套管 -5 型和 90 型套管,低温箱温度为_____。

　A. -5℃ ±2℃　　B. -5℃ ±1℃　　C. -10℃ ±2℃　　D. -10℃ ±1℃

5. 套管弯曲试验对半硬质套管取六根试样,半硬质套管试样长度至少为其外径的_____倍。

　A. 20　　　　B. 30　　　　C. 40　　　　D. 50

6. 套管弯曲试验对波纹套管取六根试样,波纹套管每根试样长度至少为其外径的_____倍。

A. 8　　　　　　　B. 10　　　　　　　C. 12　　　　　　　D. 15

7. 下列公称尺寸可以不进行弯扁试验的是_____。

A. 16　　　　　　　B. 20　　　　　　　C. 25　　　　　　　D. 32

8. 套管及配件跌落性能试验低温箱的控制温度为_____。

A. $-15℃ \pm 1℃$　　B. $-15℃ \pm 2℃$　　C. $-20℃ \pm 1℃$　　D. $-20℃ \pm 2℃$

9. 阻燃试验中厚度小于2.5mm的电工套管施加火焰方法为:间隔性施加火焰三次,每次施加火焰25s,间隔_____s。

A. 2　　　　　　　B. 3　　　　　　　C. 4　　　　　　　D. 5

10. 套管绝缘电阻测试试验要求水温在60℃±2℃下恒温_____。

A. 2h　　　　　　B. 3h　　　　　　C. 4h　　　　　　D. 5h

三、判断题

1. 套管最小外径的技术要求,套管不能通过量规。（　　）
2. 套管最小内径测定半硬质套管及波纹套管用游标卡尺测量其内径,沿每根套管圆周均分出4个值,三根套管共测得12个内径值。（　　）
3. 套管最小内径试验,硬质套管量规应能在其自重作用下不通过套管。（　　）
4. 套管抗压试验硬质套管持荷1min时,测量受压处外径,此时的外径变化率D_f,D_f应小于25%,撤去荷载1min时,再测套管受压处外径,此时的外径变化率D_f应小于10%。（　　）
5. 套管冲击试验中硬质套管-25型和90/-25型套管,低温箱温度为$-25 \pm 2℃$。（　　）
6. 套管弯曲试验中硬质套管-15型、-25型和90/-25型套管,低温箱温度为$-15 \pm 2℃$（　　）
7. 弯扁试验对硬质套管,半硬质套管及波纹套管均要求量规应能在其之中作用下从套管中自由滑落。（　　）
8. 跌落试验下落高度为试样最低点距混凝土地面高1000mm。（　　）
9. 耐热试验中硬质套管要求游标卡尺测定的压痕直径d_1其值不应大于2mm。（　　）
10. 半硬质套管施加火焰时间$A \leq 2.5s$,一次性施加火焰,施火时间25s。（　　）

四、简答题

1. 简述套管抗压试验步骤。
2. 简述套管冲击试验步骤。

五、综合题

1. 一电工套管的型号为GY·305-20,型号中字母和数字代表的意义。
2. 以型号为GY·305-20电工套管为例说明抗压试验过程,实验数据如下表:

项目	原始外径(mm)	持荷1min时受压处外径(mm)	卸荷1min受压处外径(mm)
样品1	20.00	15.60	18.24
样品2	20.00	15.80	18.46
样品3	20.00	15.92	18.50

参考答案:

一、填空题

1. 23±2℃　　　　　　　　　　　　　2. 4个等分点　最薄点　平均值

3. 30s 内均匀加荷到规定的相应拉力值 4. 200mm 60±2℃
5. 常温下 放入低温箱内 6. 16、20、25 的硬质套管
7. 无破损或裂纹 8. 200mm 长
9. $D_f = \dfrac{受压前外径 - 受压后外径}{受压前外径} \times 100\%$
10. 至少应有 10 根不破裂或不出现可见裂纹

二、选择题

1. A	2. C	3. C	4. A
5. B	6. C	7. D	8. C
9. D	10. A		

三、判断题

1. √	2. ×	3. ×	4. √
5. ×	6. √	7. √	8. ×
9. √	10. ×		

四、简答题

1. 答：取三根长度为 200 长的试件，测出其外径然后将试样放在温度为 23±2℃ 环境中调节 10h 以上，将试样水平置于钢板上，在试样上面的中部放置正方体钢块，对正方体钢块施加压力：

(1) 硬质套管在 30s 内均匀加荷达到规定的相应压力值；持荷 1min 时，测出受压处外径；撤去荷载 1min 时，再测套管受压处外径。

(2) 半硬质套管及波纹套管在加荷 30s 时，套管外径变化率在大于 30%，小于 50% 的范围内，且此压力值不低于规定的相应值。持荷 1min 后撤去荷载，15min 后测量套管受压处外径。

(3) 外径变化率 D_f，按下式计算：

$$D_f = \dfrac{受压前外径 - 受压后外径}{受压前外径} \times 100\%$$

(4) 硬质套管持荷 1min 时，测量受压处外径，此时的外径变化率 D_f 应小于 25%，撤去荷载 1min 时，再测套管受压处外径，此时的外径变化率 D_f 应小于 10%。

(5) 半硬质套管及波纹套管持荷 1min 后撤去荷载，15min 后测量套管受压处外径，外径变化率 D_f 应小于 10%。

2. 答：(1) 取 200mm 长试样 12 根，将其置于 60±2℃ 的烘箱内预处理 240h。

(2) 将冲击试验仪及预处理后的样品一起放入低温箱中，冲击仪下面应垫有一块 40mm 厚的泡沫橡胶垫。低温箱内温度控制如下：

1) -5 型和 90 型套管，低温箱温度为 -5±1℃；

2) -15 型套管，低温箱温度为 -15±1℃；

3) -25 型和 90/-25 型套管，低温箱温度为 -25±1℃。

(3) 试样及冲击试验仪在低温箱规定温度下放置 2h 后，将试样放在装置的底座上。选择相应规定的重锤及下落高度，冲击套管。试验后 12 根套管中至少应有 10 根不破裂或不出现可见裂纹。

五、综合题

1. 答：此套管为硬质套管，温度等级为 5 型，机械性能为中型，公称尺寸为 20mm。

2. 答：取三根长度为 200mm 长的试件，测出其外径然后将试样放在温度为 23±2℃ 环境中调节

10h以上,将试样水平置于钢板上,在试样上面的中部放置正方体钢块,对正方体钢块施加压力,硬质套管在30s内均匀加荷达到750N;持荷1min时,测出受压处外径,测得数据,撤去荷载1min时,再测套管受压处外径,测得数据。

利用公式 $D_f = \dfrac{受压前外径 - 受压后外径}{受压前外径} \times 100\%$,计算结果

据表中数据带入计算得:

项目	持荷1min时外径变化率 $D_f(\%)$	卸荷1min时外径变化率 $D_f(\%)$
样品1	22.0	8.8
样品2	21.0	7.7
样品3	20.4	7.5

计算结果可看出,持荷1min时,电工套管此时的外径变化率 D_f 均小于25%,撤去荷载1min时,电工套管此时的外径变化率 D_f 均小于10%。所以,此电工套管抗压试验判定合格

第九节 开　　关
第十节 插　　座

一、填空题

1. GB 16915.1—2003 规定,家用和类似用途固定式电气装置开关用于＿＿＿＿流电、额定电压不超过＿＿＿＿V,额定电流不超过＿＿＿＿A。

2. GB 16915.1—2003 和 GB 2099.1—2008 规定,开关插座如无特殊规定,其试验环境温度为＿＿＿＿℃,怀疑时选用＿＿＿＿℃试验。

3. GB 16915.1—2003 规定,电气强度施加电压要求为＿＿＿＿,持续时间为＿＿＿＿。

4. GB 16915.1—2003 规定,开关潮湿试验的温湿度条件应满足＿＿＿＿,试样放置潮湿试验箱时间有＿＿＿＿h 和＿＿＿＿h。

5. GB 16915.1—2003 规定,开关防潮湿试验后作＿＿＿＿和＿＿＿＿。

6. GB 16915.1—2003 规定,开关按连接方式分为:单极开关、＿＿＿＿、＿＿＿＿、三极加分合中线的开关、双控开关、＿＿＿＿、有一个断开位置的双控开关、＿＿＿＿、＿＿＿＿。

7. GB 16915.1—2003 规定,开关按防有害进水保护等级分为:没有防有害进水保护的开关、＿＿＿＿、＿＿＿＿。

8. GB 16915.1—2003 规定,开关按起动方法分为＿＿＿＿、＿＿＿＿、＿＿＿＿。

9. GB 16915.1—2003 规定,开关按触头断开情况分为＿＿＿＿、＿＿＿＿。

10. GB 16915.1—2003 规定,开关按安装方法分为＿＿＿＿、＿＿＿＿、＿＿＿＿、框缘安装式开关。

11. GB 2099.1—2008 规定,插座分断容量上所施加交流电压要求为:＿＿＿＿。

12. GB 2099.1—2008 规定,插座电气强度的试验电压要求为:对额定电压130V及以下电器附件施加＿＿＿＿V＿＿＿＿波形,频率＿＿＿＿Hz的电压1min,对额定电压130V以上电器附件施加＿＿＿＿V＿＿＿＿波形,频率＿＿＿＿Hz的电压1min。

13. GB 2099.1—2008 规定,分断容量插座所用试验插头的插销应由_____制成,最大的规定尺寸,偏差为_____mm,而且插销与插销之间的间距为标称距离,偏差为_____mm,插销的端部应_____。

14. GB 2099.1—2008 规定,插座正常操作试验用插销,在第_____个和第_____个行程后更换。

15. GB 2099.1—2008 规定,插座正常操作试验时,插头插入和拔出插座_____次。

16. GB 2099.1—2008 规定,插座正常操作试验时插拔速率如下:额定电流不大于16A,额定电压小于等于250V 的电器附件,每分钟_____个行程;其他电器附件,每分钟_____个行程。

17. GB 2099.1—2008 规定,插座正常操作试验,使用的交流电为 $\cos\phi$ =_____。

18. GB 2099.1—2008 规定,插座拔出插头所需的力叫做插头从插座_____和单级插销量规从插套组件_____。

二、选择题

1. 下列开关是按照触头断开情况分类的有_____。
   A. 正常间隙结构开关　　　　　　B. 小间隙结构开关
   C. 微间隙结构开关　　　　　　　D. 无触头间隙开关

2. 下列开关是按照安装方法分类的有_____。
   A. 明装式开关　　B. 暗装式开关　　C. 半暗装式开关　　D. 面板安装式开关

3. _____是属于按连接方式分类的开关形式。
   A. 单极开关　　B. 防溅开关　　C. 双控开关　　D. 倒扳开关

4. 开关插座试验环境温度如无特殊要求,一般为_____。
   A. 25~35℃　　B. 15~30℃　　C. 15~35℃　　D. 15~25℃

5. 不装有信号灯的一般开关且只标有一种额定电压和一种额定电流的开关,需送检_____试样。
   A. 3个　　B. 6个　　C. 9个　　D. 12个

6. 开关防潮试验的潮湿箱温度、相对湿度维持在_____。
   A. 23±2℃,80%~95%之间　　　　B. 20±2℃,91%~95%之间
   C. 40±2℃,90%~95%之间　　　　D. 40±2℃,91%~95%之间

7. 开关防潮试验中试样放进潮湿箱的放置时间为_____。
   A. 2d 和 7d　　B. 68h 和 168h　　C. 3d 和 7d　　D. 48h 和 168h

8. 开关按不同型号,正常操作次数有_____次。
   A. 40000　　B. 20000　　C. 10000　　D. 5000

9. 开关耐燃试验灼烧温度有_____。
   A. 750℃　　B. 850℃　　C. 650℃　　D. 550℃

10. 开关耐燃试验标准环境条件下放置_____。
    A. 12h　　B. 24h　　C. 48h　　D. 72h

11. 插头按连接设备类别分类方法有_____。
    A. 0类设备用插头　　B. 无外壳插头　　C. Ⅰ类设备用插头　　D. Ⅱ类设备用插头

12. 以下按安装方法分类的插座有_____。
    A. 明装式插座　　B. 镶板式插座　　C. 有外壳插座　　D. 移动式插座

13. 插座试验环境温度如无特殊要求,有怀疑时应选择_____环境条件。
    A. 15±5℃　　B. 20±5℃　　C. 25±5℃　　D. 30±5℃

14. 插座分断容量试验中,插头插入拔出插座_____次。
A. 30　　　　　　　B. 50　　　　　　　C. 100　　　　　　　D. 150

15. 插座正常操作试验中,插头插入、拔出插座_____。
A. 5000 次　　　　B. 10000 次　　　　C. 5000 个行程　　　D. 10000 个行程

16. 插座耐燃试验要求停止灼烧_____s 内火焰熄灭。
A. 10　　　　　　　B. 20　　　　　　　C. 30　　　　　　　D. 40

17. 插座耐燃试验灼烧温度有_____℃。
A. 850　　　　　　B. 750　　　　　　C. 650　　　　　　D. 550

18. 插座电气强度试验电压有_____V。
A. 1000　　　　　 B. 1250　　　　　 C. 2000　　　　　 D. 2250

19. 插座分断容量试验速度有_____。
A. 每分钟 15 个行程　　　　　　　　B. 每分钟 20 个行程
C. 每分钟 25 个行程　　　　　　　　D. 每分钟 30 个行程

20. 插座分断容量中,插头与插座插拔过程通电流时间有_____s。
A. 1 + 0.5　　　　B. 1.5 + 0.5　　　C. 3 + 0.5　　　　D. 5 + 0.5

三、判断题

1. 所有开关试验按 GB 16915.1—2003 规定均需相同数量样品。（　　）
2. GB 16915.1—2003 和 GB 2099.1—2008 规定开关插座防潮试验条件相同。（　　）
3. GB 16915.1—2003 和 GB 2099.1—2008 规定开关插座正常操作中插头插入和拔出插座次数相同。（　　）
4. GB 16915.1—2003 和 GB 2099.1—2008 规定开关插座耐燃试验温度相同。（　　）
5. GB 16915.1—2003 规定开关正常操作次数均为 4000 次。（　　）
6. GB 16915.1—2003 规定开关正常操作不出现密封胶渗漏判该项合格。（　　）
7. GB 16915.1—2003 规定耐燃试验固定载流部件和接地电路部件至正常位置所需绝缘材料部件试验温度 650℃。（　　）
8. GB 16915.1—2003 规定耐燃试验固定接地端子所需绝缘材料部件试验温度 650℃。（　　）
9. GB 16915.1—2003 规定耐燃试验将一个试样按 GB 10580 规定标准环境条件下放置 24h。（　　）
10. GB 16915.1—2003 规定开关通断能力试验时需断开信号灯。（　　）

四、简答题

1. 简述 GB 16915.1—2003 中规定开关防潮试验过程。
2. 简述 GB 2099.1—2008 中规定有关插座等电器附件如何作结果评定?
3. GB 16915.1—2003 中规定按开关启动方式分类分为哪几种?
4. GB 2099.1—2008 中规定插座按安装方法分为哪几种?
5. 对比 GB 16915.1—2003 中规定开关与 GB 2099.1—2008 中规定插座的防潮试验环境条件是否一致? 分别是什么条件?
6. 简述 GB 16915.1—2003 中规定开关通断能力的施加电压和电流要求。
7. 分别简述 GB 16915.1—2003 中规定开关的通断能力的操作速度。
8. 简述 GB 16915.1—2003 与 GB 2099.1—2008 中规定耐燃试验温度如何选择。

五、综合题

1. 论述 GB 16915.1—2003 与 GB 2099.1—2008 中结果如何判定？
2. 论述 GB 16915.1—2003 与 GB 2099.1—2008 中开关与插座的正常操作不同点。
3. 论述 GB 16915.1—2003 中开关通断能力试验过程。

参考答案：

一、填空题

1. 交　440　63
2. 15~35　20±5
3. 约500V的直流电压　1min
4. 空气相对湿度应维持在91%~95%之间　空气温度维持在40℃±2℃　48　168
5. 绝缘电阻测量试验　电气强度试验
6. 双极开关　三极开关　带公共进线的双路开关　双控双极开关　双控换向开关（或中间开关）
7. 防溅开关　防喷开关
8. 旋转开关　倒扳开关　跷板开关　按钮开关　拉线开关
9. 正常间隙结构开关　小间隙结构开关　微间隙结构开关　无触头间隙开关
10. 明装式开关　面板安装式开关　半暗装式开关　暗装式开关
11. 试验电压是额定电压的1.1倍，交流电为 $\cos\phi = 0.6 \pm 0.05$
12. 1250　正弦　50　2000　正弦　50
13. 黄铜　−0.06　+0.05　倒圆
14. 4500　9000
15. 5000
16. 30　15
17. $=0.8\pm0.05$
18. 拔出最大力　拔出最小力

二、选择题

1. A、B、C、D	2. A、B、C、D	3. A、C	4. C
5. C	6. D	7. A、D	8. A、B、C、D
9. B、C	10. B	11. A、C、D	12. A、B、D
13. B	14. B	15. A、D	16. C
17. A、B、C	18. B、C	19. A、D	20. B、C

三、判断题

1. ×	2. √	3. √	4. ×
5. ×	6. ×	7. ×	8. √
9. √	10. √		

四、简答题

1. 答：试验步骤分以下四步：

(1) 潮湿处理前检查：

将3个开关在放入潮湿箱前检查如有进线孔，应让进线孔敞开着；如有敲落孔，则将其中一个敲落孔打开；不用工具即可拆下的部件要拆下并与主要部件一起经受潮湿处理；在处理期间，弹簧盖要打开；

(2) 调节潮湿箱里空气相对湿度应维持在91%~95%之间，空气温度维持在40℃±2℃；

(3) 潮湿箱温湿度满足条件后，将试样放进潮湿箱里，放置时间如下：

①防护等级等于IPX0的开关：2d(48h)；

②防护等级高于IPX0的开关：7d(168h)。

(4) 达到规定时间后，将试样取出立即进行其他试验。

2. 答：GB 2099.1—2008中有关插座等电器附件结果判定为：

(1) 用试样按顺序进行所有有关试验，如果所有试样各项试验均合格，判定为合格。有多于一个试样任一试验不合格，即判该试样不符合标准要求。

(2) 如果只有一个试样由于装配或制造上的缺陷，在一项试验中不合格，应在另一整组试样上按要求的顺序重复该项试验，以及对该项试验结果有影响的前面的所有试验，而且，这整组试样试验结果均应符合要求后仍判定为合格。

(3) 送检单位可在按规定的数目送交试样的同时，送交附加的一组试样，以备万一有试样不合格时需要。这样，检测单位无需等送检单位再次提出要求，即可对附加试样进行试验，并且只有再出现不合格时，才判为不合格。不同时送检附加试样者，一有试样不合格，便判为不合格。

3. 答：GB 16915.1—2003中按开关启动方式分为：旋转开关、倒扳开关、跷板开关、按钮开关、拉线开关。

4. 答：GB 2099.1—2008中插座按安装方法分为：明装式插座、暗装式插座、半暗装式插座、镶板式插座、框缘式插座、移动式插座、台式插座、地板暗装式插座、电器上的插座。

5. 答：GB 16915.1—2003中开关与GB 2099.1—1996中插座的防潮试验环境条件一致，空气相对湿度应维持在91%~95%之间，空气温度维持在40℃±2℃。

6. 答：GB 16915.1—2003中开关通断能力的施加电压和电流要求分为两种情况：

(1) 额定电流不超过16A且额定电压不超过250V的开关和代号为3和03且额定电压超过250V的开关，施加开关额定电压和1.2倍额定电流进行试验；

(2) 除额定电流不超过16A且额定电压不超过250V的开关和代号为3和03且额定电压超过250V的开关，其他开关施加1.1倍额定电压和1.25倍额定电流试验。

7. 答：GB 16915.1—2003中开关通断能力的操作速度为：

(1) 额定电流不超过10A的开关，每分钟30次操作；

(2) 额定电流超过10A但小于25A的开关，每分钟15次操作；

(3) 额定电流不小于25A的开关，每分钟7.5次操作。

8. 答：GB 16915.1—2003中耐燃试验温度选择如下：

(1) 固定载流和接地电路部件至正常位置所需绝缘材料部件试验温度850℃；

(2) 固定接地端子所需绝缘材料部件试验温度650℃；

(3) 固定载流部件和接地电路部件至非正常位置所需绝缘材料部件试验温度650℃。

GB 2099.1—2008中耐燃试验温度选择如下：

(1) 用于固定式电器部件的载流部件和接地电路部件至正常位置所需绝缘材料部件试验温度850℃；

(2) 用于固定移动式电器部件的载流部件和接地电路部件至正常位置所需绝缘材料部件试验温度750℃；

(3)固定载流部件和接地电路部件至非正常位置所需绝缘材料部件试验温度650℃。

五、综合题

1.答：

GB 16915.1—2003中结果判定规则：

(1)用试样按顺序进行所有有关试验,如果所有试验均合格,则试样符合相关标准要求。有多于一个试样任一试验不合格,即判该试样不符合相关标准要求。

(2)如果只有一个试样由于装配或制造上的缺陷,在一项试验中不合格,应在另一整组试样上按要求的顺序重复该项试验以及对该项试验结果有影响的前面的所有试验,而且,这整组试样试验结果均应符合要求后仍判定为合格。

(3)送检单位可在按送样要求规定的数目送交试样的同时,送交附加的一组试样,以备万一有试样不合格时需要。这样,检测单位无需等送检单位再次提出要求,即可对附加试样进行试验,并且只有再出现不合格时,才判为不合格。不同时送检附加试样者,一有试样不合格,便判为不合格。

GB 2099.1—1996中结果判定规则：

(1)用试样按顺序进行所有有关试验,如果所有试样各项试验均合格,判定为合格。有多于一个试样任一试验不合格,即判该试样不符合标准要求。

(2)如果只有一个试样由于装配或制造上的缺陷,在一项试验中不合格,应在另一整组试样上按要求的顺序重复该项试验以及对该项试验结果有影响的前面的所有试验,而且,这整组试样试验结果均应符合要求后仍判定为合格。

(3)送检单位可在按第四条规定的数目送交试样的同时,送交附加的一组试样,以备万一有试样不合格时需要。这样,检测单位无需等送检单位再次提出要求,即可对附加试样进行试验,并且只有再出现不合格时,才判为不合格。不同时送检附加试样者,一有试样不合格,便判为不合格。

2.答：GB 16915.1—2003与GB 2099.1—1996中开关与插座的正常操作不同点：

(1)插座正常操作要用试验插头来试验,且试验用插销在4500和9000个行程后需更换,而开关正常操作仅需断开信号灯；

(2)插座的正常操作需插头插入和拔出插座5000次(10000个行程),插拔速率分两种：每分钟30个行程和每分钟15个行程,而开关操作次数根据额定电流不同从5000~40000次不等,速度根据额定电流不同分为每分钟30、15、7.5个行程三种分类；

(3)插座的正常操作使用($\cos\phi = 0.8 \pm 0.05$)的交流电以额定电压和一定电流进行试验,而开关正常操作以额定电压和额定电流进行试验；

(4)插座的正常操作的插拔过程通电流时间有时间要求,开关正常操作无要求。

3.答：GB 16915.1—2003中开关通断能力试验过程：

(1)将3个开关分别接上规定的PVC绝缘硬的铜导线,按GB 16915.1—2003图13中不同代号开关的连接方式连接,断开信号灯；

(2)除额定电流不超过16A且额定电压不超过250V的开关和代号为3和03且额定电压超过250V的开关,其他开关施加1.1倍额定电压和1.25倍额定电流试验200次,试验操作速度如下：

——额定电流不超过10A的开关,每分钟30次操作；

——额定电流超过10A但小于25A的开关,每分钟15次操作；

——额定电流不小于25A的开关,每分钟7.5次操作。

(3)额定电流不超过16A且额定电压不超过250V的开关和代号为3和03且额定电压超过250V的开关,需施加开关额定电压和1.2倍额定电流进行试验。试验时需用若干个200W钨丝灯来进行,且钨丝灯个数尽量少,短路电流至少1500A,试验速度同前。

第三章　建筑智能

第一节　通信网络系统检测、信息网络系统检测

一、填空题

1. 计算机网络是指将分布在不同地理位置具有独立功能的多台计算机及其外设,用通信设备和通信线路连接起来,在_____和_____及网络管理软件的管理协调下,实现资源共享、信息传递的系统。
2. 通信链路是指两个网络节点之间承载信息和数据的线路,它分为_____和_____。
3. 1969年12月,internet的前身——美国的_____网投入运行,它标志着我们常称的计算机网络的兴起。
4. 计算机网络软件系统主要包括_____、_____和各类网络应用系统。
5. 计算机网络是由_____和_____组成的;从拓扑结构看计算机网络由_____和_____组成;从逻辑功能上看,计算机网络是由_____和_____组成。
6. 按照网络中计算机所处的地位将计算机网络划分为_____和_____。
7. 计算机网络的功能主要有_____、实现数据信息的快速传递、提高可靠性、提供负载均衡与分布式处理能力、集中管理和综合信息服务等。
8. 数据通信系统的主要技术指标有数据传输率、波特率、吞吐量、_____和_____。
9. 局域网主要是由网络硬件和_____两个部分组成。
10. 调制解调器(Modem)是一种通过_____实现计算机通信的设备。
11. 程控交换机按信息传送方式可分为_____和_____。
12. 有线电视系统一般包括_____、_____和_____三个部分。
13. 移动通信系统由空间系统和地面系统两部分组成,其中地面系统包括_____、_____和_____。
14. 《江苏省建设工程质量检测行业职业道德准则》第十二条要求检测人员要遵循科学、公正、准确的原则开展检测工作,检测行为要_____,检测数据要_____。
15. 计算机网络主要应用于_____、办公自动化、过程控制和管理信息系统。
16. 计算机的网络资源包括硬件资源、软件资源和_____。
17. 计算机网络硬件系统主要包括各种计算机系统、终端和_____。
18. 国际化标准组织ISO在1984年正式颁布了_____,使计算机网络体系结构实现了标准化。
19. 计算机网络按拓扑结构可将网络分为_____、_____、_____、树型网和网格型网。
20. 数据通信是通过各种不同的方式和传输介质,把处在不同位置的终端和计算机,或计算机与计算机连接起来,从而完成_____、_____和_____等任务。
21. 局域网中的以太网结构采用_____,使用的通信协议是_____,它是一种_____协议。
22. 局域网主要具有覆盖范围小、_____、数据错误率低三个特点。

23. 数据传输方式依其数据在传输线上是原样不变地传输还是调制变样后再传输,可以分为基带传输_____和_____等方式。局域网主要是由网络硬件和_____两个部分组成。
24. 局域网的覆盖范围为_____,传输速率通常为_____Mbps。
25. 广播电视卫星系统主要由_____、_____和_____三部分组成。
26. 程控交换机按信息传送方式分为_____和_____,按接续方式分为_____和_____。

二、单项选择题

1. 计算机网络的目标是_____。
   A. 分布式处理　　　　　　　　　B. 将多台计算机连接起来
   C. 提高计算机的可靠性　　　　　D. 共享软件、硬件和数据资源
2. 用数字信号进行的传输称为_____。
   A. 模拟传输　　　B. 数字传输　　　C. 数据传输　　　D. 信息传输
3. 广域网和局域网是按照_____来划分的。
   A. 网络使用者　　B. 信息交换方式　C. 网络覆盖范围　D. 传输控制规程
4. 在数字通信信道上,直接传输基带信号的方法称为_____。
   A. 基带传输　　　B. 频带传输　　　C. 宽带传输　　　D. 以上均不对
5. 分布在一座大楼中的网络可称为_____。
   A. 专用网　　　　B. WAN　　　　　C. 公用网　　　　D. LAN
6. 根据 ISO 定义,"信息"与"数据"的关系是_____。
   A. 数据是指对人们有用的信息　　　B. 信息是指对人们有用的数据
   C. 信息仅指加工后的数值数据　　　D. 信息包含数据
7. 在数据传输中,需要建立连接的是_____。
   A. 电路交换　　　B. 报文交换　　　C. 信元交换　　　D. 数据报交换
8. 分组交换可以进一步分成虚电路交换方式和_____。
   A. 包交换　　　　B. 永久虚电路　　C. 呼叫虚电路　　D. 数据报
9. 在 OSI 参考模型中,下列哪一层提供建立、维护和有序地中断虚电路、传输差错校验和恢复以及信息控制机制_____。
   A. 表示层　　　　B. 传输层　　　　C. 物理层　　　　D. 数据链路层
10. 在局域网中以太网的拓扑结构为_____。
    A. 星型结构　　　B. 环型结构　　　C. 总线型结构　　D. 树型结构
11. 中国 1 号信令协议属于_____的协议。
    A. ccs　　　　　　B. cas　　　　　　C. ip　　　　　　D. atm
12. isdnpri 协议全称是_____。
    A. 综合业务模拟网基速协议　　　　B. 综合业务模拟网模拟协议
    C. 综合业务数字网基率协议　　　　D. 综合业务数字网基次协议
13. 脉冲编码调制的简称是_____。
    A. pcm　　　　　B. pam　　　　　C. (delta) M　　　D. atm
14. 通信网络包括以_____为核心的、以话音为主兼有数据与传真通信的电话网等其他网络。
    A. 路由器　　　　B. 以太网交换机　C. 数字程控交换机　D. 服务器
15. 公用电话交换网的缩写是_____。
    A. ISDN　　　　　B. DDN　　　　　C. VPN　　　　　D. PSTN

16. 码分多址分组数据传输技术是指_____。
   A. TDMA   B. CDMA   C. GPRS   D. AMPS
17. 有线电视一般有一次变频、二次变频、_____三种传输方式。
   A. 三次变频   B. 同频   C. 调频   D. 邻频
18. 面向字符的同步控制协议是较早提出的同步协议，其典型代表是_____。
   A. IBM 公司的二进制同步通信协议 BSC
   B. ISO 的高级数据链路控制规程 HDLC
   C. IBM 公司的 SDLC 协议
   D. 以上均不对
19. 标准 10Mbps802、3LAN 的波特率为_____。
   A. 20M 波特   B. 10M 波特   C. 5M 波特   D. 40M 波特
20. IEEE802、3 采用的媒体访问控制方法为_____。
   A. 1－坚持算法的 CSMA/CD   B. 非坚持算法的 CSMA/CD
   C. P－坚持算法的 CSMA/CD   D. 以上均不对
21. 数据通信中信息传递的方式主要有_____。
   A. 单工   B. 全双工   C. 半双工   D. 以上都是
22. _____是网络最基本的功能之一。
   A. 降低成本   B. 数据通信   C. 共享数据   D. 共享硬盘
23. 目前共用电话网广泛使用的交换方式为_____。
   A. 电路交换   B. 分组交换   C. 数据报交换   D. 报文交换
24. 计算机网络是按_____相互通信的。
   A. 信息交换方式   B. 分类标准   C. 网络协议   D. 传输装置
25. 计算机网络通信中传输的是_____。
   A. 数字信号   B. 模拟信号
   C. 数字信号或模拟信号   D. 数字脉冲信号
26. 从网络安全的角度来看，当你收到陌生电子邮件时，处理其中附件的正确态度应该是_____。
   A. 暂时先保存它，日后打开   B. 立即打开运行
   C. 删除它   D. 先用反病毒软件进行检测后再作决定
27. Internet 的核心协议是_____。
   A. X、25   B. TCP/IP   C. ICMP   D. UDP
28. ATM 技术的特点是_____。
   A. 调整、低传输延迟、信元小   B. 网状拓扑
   C. 以帧为数据传输单位   D. 针对局域网互连
29. 随着电信和信息技术的发展，国际上出现了"三网融合"的趋势，下列不属于三网之一的是_____。
   A. 传统电信网   B. 计算机网（主要指互联网）
   C. 有线电视网   D. 卫星通信网
30. 目前流行的 modem 产品速率是_____。
   A. 28、8Kbps   B. 56Kbps   C. 128Kbps   D. 2Kbps
31. 中国七号信令协议属于_____的协议。
   A. ccs   B. cas   C. ip   D. atm

32. dtmf 全称是_____。
 A. 双音多频　　　B. 多音双频　　　C. 多音三频　　　D. 三音多频
33. 普通电话线接口专业称呼是_____。
 A. rj11　　　　　B. rj45　　　　　C. rs232　　　　D. bnc
34. 有线电视系统中,传输的数字电视信号调制方式通常采用_____。
 A. QAM　　　　　B. QPSK　　　　C. FSK　　　　　D. CDMA
35. 在数字广播电视系统选用的编解码设备一般采用_____标准。
 A. MPEG-1　　　B. MPEG-2　　　C. JPEG　　　　D. MPEG-4
36. 就交换技术而言,局域网中的以太网采用的是_____。
 A. 分组交换技术　　　　　　　　　B. 电路交换技术
 C. 报文交换技术　　　　　　　　　D. 分组交换与电路交换结合技术
37. E1 载波的数据传输为_____。
 A. 1544Mbps　　　　　　　　　　B. 1Mbps
 C. 2048Mbps　　　　　　　　　　D. 10Mbps
38. 采用曼彻斯特编码的数字信道,其数据传输速率为波特率的_____。
 A. 2 倍　　　　　B. 4 倍　　　　　C. 1/2 倍　　　　D. 1 倍
39. 帧中继是继 X、25 之后发展起来的数据通信方式,但帧中继与 X、25 不同,其复用和转接是发生在_____。
 A. 物理层　　　　B. 网络层　　　　C. 链路层　　　　D. 运输层
40. 若两台主机在同一子网中,则两台主机的 IP 地址分别与它们的子网掩码相"与"的结果一定_____。
 A. 为全 0　　　　B. 为全 1　　　　C. 相同　　　　　D. 不同

三、多项选择题

1. 利用载波信号频率的不同,实现电路复用的方法有_____。
 A. FDM　　　　　B. WDM　　　　　C. TDM　　　　　D. ASK
2. Ethernet 的物理层协议主要有_____。
 A. 10BASE-T　　B. 1000BASE-T　　C. FDDI　　　　D. 100BASE-T
3. 常用的通信信道,分为模拟通信信道和数字通信信道,其中模拟通信信道是_____。
 A. ASK　　　　　B. FSK　　　　　C. PSK　　　　　D. NRZ
4. 计算机网络中,分层和协议的集合称为计算机网络的_____。其中,实际应用最广泛的是_____,由它组成了一整套协议。
 A. 体系结构　　　B. 组成结构　　　C. TCP/IP 参考模型　　D. ISO/OSI 网
5. 第一类基础电信业务需要建设全国性的网络设施,以下属于第一类基础电信业务的有_____。
 A. 无线寻呼业务　　　　　　　　　B. 蜂窝移动通信业务
 C. 网络接入业务　　　　　　　　　D. 固定通信业务
6. 与模拟通信相比,数字通信的优点有_____。
 A. 误码率低　　　　　　　　　　　B. 抗干扰能力强
 C. 能保证远距离传输质量　　　　　D. 能适应各种通信业务要求
7. 广义信道有_____等种类型。
 A. 编码信道　　　B. 数字信道　　　C. 有线信道　　　D. 调制信道

8. 光纤通信的优点有_____。
A. 速度快　　　　　B. 传输距离远　　　C. 容量大　　　　　D. 衰减小
E. 成本低
9. GSM 系统包括以下哪_____个频段。
A. 800MHz　　　　B. 900MHz　　　　C. 1800MHz　　　　D. 1900MHz
10. 数据通信的主要质量指标有_____。
A. 工作速率　　　　B. 阻塞率　　　　　C. 频带利用率　　　D. 差错率

四、判断题

1. 计算机网络资源包括硬件资源和软件资源。（　　）
2. Internet 网是世界上最大的网络。（　　）
3. 无线电广播和电视广播都采用半双工通信方式。（　　）
4. 基带传输和频带传输传送的信号为数字信号。（　　）
5. 计算机网络最突出的优点是运算速度快。（　　）
6. 在环型拓扑结构中，数据的传输是单方向的。（　　）
7. 以太网的通信协议是有冲突的一种协议。（　　）
8. 集群通信业务属于第二类基础电信业务。（　　）
9. 程控时分交换机一般在话路部分传送和交换的是模拟信号。（　　）
10. 有线电视台需要昂贵的发射机和巨大的铁塔，所以建台费用高，发展速度相对较慢。（　　）
11. 电话系统中采用电路交换数据交换技术。（　　）
12. ATM 是一种面向连接的交换技术，分为三个功能：ATM 物理层、ATM 层和 ATM 适配层。
（　　）
13. 异步传输模式又叫信元交换技术，该模式下信息的传输、复用和交换的长度都是 53 个字节为基本单位的信元。传输的数据可以是实时视频、高质量的语音、图像等。（　　）
14. 选择网络拓扑结构时，应考虑的主要因素有可靠性、扩充性和费用高低等。（　　）
15. 局域网中的以太网采用的通信协议是 X.25。（　　）
16. 中继器多用于同类局域网之间的互联。（　　）
17. PSTN 是一种以数字技术为基础的电话交换网络。（　　）
18. 公共广播系统采用全数字制式，由前端设备、调制器、终端设备组成。（　　）
19. 我们常用的数字电视编码是 PCM 编码，主要分为取样、量化、编码三个步骤。（　　）
20. OTDR 只能用来测量光纤的距离，光功率计只能测量光功率。（　　）

五、简答题

1. 简述桌面型会议扩声系统的组成。
2. 简述程控交换机的主要任务和基本构成。
3. 什么是广播电视卫星系统？
4. 简要说明资源子网与通信子网的联系与区别。
5. 写出现代计算机网络的五个方面的应用。
6. 什么叫频分多路复用（FDM）？
7. 简述公共广播系统的概念及特点。
8. 什么是程控交换机？
9. 什么是有线电视系统？

六、计算题

1. 某公司采用一条租用专线(Leasedline)与在外地的分公司相连,使用的 Modem 的数据传输率为2400bps,现有数据 12×10 字节,若以异步方式传送,不加校验位,1 位停止位,则最少需要多少时间(以秒为单位)才能传输完(设数据信号在线路上的传播延迟时间忽略不计)?

2. 某令牌环媒体长度为10km,信号传播速度为 $200m/\mu s$,数据传输率为4Mbps,环路上共有 50 个站点,每个站点的接口引入 1 位延迟。试计算环的比特长度。

3. 试给出 T1 载波的帧结构,并计算其开销百分比。

4. 若10Mbps 的 CSMA/CD 局域网的节点最大距离为 2.5km,信号在媒体中的传播速度为 $2\times10^8 m/s$。求该网的最短帧长。

参考答案:

一、填空题

1. 网络操作系统　通信协议
2. 物理链路　逻辑链路
3. ARPA
4. 网络通信协议网络　操作系统
5. 网络硬件系统　网络软件系统　网络节点　通信链路　资源子网　通信子网
6. 对等网络　客户机/服务器网络
7. 实现资源共享
8. 误码率　信道的传播延迟
9. 网络软件
10. 电话线
11. 模拟交换机　数字交换机
12. 发送　传输　接收
13. 移动无线电台　天线　基站
14. 公正公平　真实可靠
15. Internet 应用
16. 数据资源
17. 通信设备
18. 开放系统互连
19. 星型网　环型网　总线型网
20. 数据传输　信息交换　通信处理
21. 总线型　CSMA/CD 有冲突
22. 数据传输率高
23. 频带传输　宽带传输　网络软件
24. 0　1~10km　10~100
25. 上行发射　星体接收与转发　地面接收
26. 模拟交换机　数字交换机　空分交换机　时分交换机

二、单项选择题

1. D	2. B	3. C	4. A
5. D	6. B	7. A	8. D
9. D	10. C	11. B	12. C
13. A	14. C	15. D	16. B
17. D	18. A	19. A	20. A
21. A	22. B	23. A	24. A
25. C	26. D	27. B	28. A
29. D	30. B	31. A	32. A
33. A	34. A	35. B	36. A
37. C	38. C	39. C	40. C

三、多项选择题

1. A、B 2. A、B、D 3. A、B、C 4. A、C
5. B、D 6. B、C、D 7. A、D 8. A、B、C、D
9. B、C、D 10. A、C、D

四、判断题

1. √ 2. √ 3. × 4. ×
5. × 6. √ 7. √ 8. √
9. × 10. × 11. √ 12. √
13. √ 14. √ 15. × 16. √
17. × 18. × 19. √ 20. ×

五、简答题

1. 答：桌面型会议扩声系统由1台主控机、1台主席单元和若干台代表单元组成，每个单元配置1支鹅颈会议话筒和一个小型扬声器。

2. 答：程控交换机的主要任务是实现用户间通话的接续，主要由两部分构成：
   话路设备，包括各种接口和交换网络电路。
   控制设备，包括中央处理器（CPU），存储器和输入/输出设备

3. 答：广播电视卫星系统是由设置在赤道上空的地球同步卫星，先接收地面电视台通过卫星地面站发射的电视信号，然后再将其转发到地球上指定的区域，由地面上的设备接收供电视机收看。

4. 答：资源子网与通信子网两者结合组成计算机网络。前者提供用户使用计算机共享资源，后者的功能是传输信号与数据。

5. 答：万维网（WWW）信息浏览、电子邮件（E-mail）、文件传输（FTP）、远程登录（Telnet）、电子公告牌（BBS）、电子商务、远程教育等。

6. 答：在物理信道的可用带宽超过单个原始信号所需带宽的情况下，可将该物理信道的总带宽分割成若干个与传输单个信号带宽相同（或略宽）的子信道，每个子信道传输一路信号，这就是频分多路复用。

7. 答：公共广播系统是专为公共场所提供背景音乐、广播及消防报警的智能专业设备。最大特点是将数码技术应用到公共广播系统中，从而使公共广播系统安装更方便，功能更强大，应用更广泛，操作更简便。能够提供运输层及运输层以上各层协议转换的网络互连设备。

8. 答：程控交换机通过存储程序控制将用户的信息和交换机的控制、维护管理功能预先编成程序存储到计算机的存储器内。当交换机工作时，控制部分自动监测用户的状态变化和所拨号码，并根据要求执行程序，从而完成各种交换功能。

9. 答：有线电视也叫电缆电视（CATV），是相对于无线电视（开路电视）而言的一种新型广播电视传播方式，是从无线电视发展而来的。有线和无线电视有相同的目的和共同的电视频道，不同的是信号的传输和服务方式以及业务运行机制。
   有线电视一般包括节目发送、传输和接收三个部分。

六、计算题

1. 解：以异步方式传输一个字节数据，需加1位起始位，一位停止位，实际需传送10位。
$12 \times 10^6 \times 10/2400$

$$= 5 \times 10^4 (\text{s})$$

最少需 5×10^4 s 才能传输完毕。

2. 解:环的比特长度 $= 10\text{km} \times (1/200)\mu\text{s/m} \times 4\text{Mbps} + 1\text{bit} \times 50$
$\qquad\qquad\qquad = 10\text{km} \times (1000/200)\mu\text{s/km} \times 4\text{Mbps} + 1\text{bit} \times 50$
$\qquad\qquad\qquad = 10 \times 5 \times 10^{-6} \times 4 \times 10^6 + 50$
$\qquad\qquad\qquad = 200 + 50 = 250(\text{bit})$

该环比特长度为 250bit。

3. 解:T1 载波的帧结构为 24 路采样声音信号复用一个通道,每一个帧包含 193 位,每一帧用 125us 时间传送。

T1 系统的数据传输速率为 1.544Mbps。

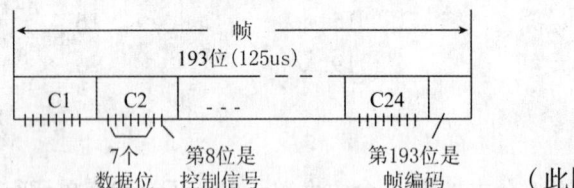

（此图可不画出）

T1 载波的开销比为:$(24+1)/193 \times 100\% = 13\%$

4. 解:最短帧长 $= 2 \times (2.5 \times 10^3 \text{m}/2 \times 10^8 \text{m/s}) \times 10 \times 10^2 \text{b/s}$
$\qquad\qquad = 250\text{bit}$

通信网络系统检测、信息网络系统检测模拟试卷(A)

一、填空题(每空 1 分,共计 30 分)

1. 计算机网络是指将分布在不同地理位置具有独立功能的多台计算机及其外设,用通信设备和通信线路连接起来,在_____和_____及网络管理软件的管理协调下,实现资源共享、信息传递的系统。

2. 通信链路是指两个网络节点之间承载信息和数据的线路,它分为_____和_____。

3. 1969 年 12 月,internet 的前身——美国的_____网投入运行,它标志着我们常称的计算机网络的兴起。

4. 计算机网络软件系统主要包括_____、_____和各类网络应用系统。

5. 计算机网络是由_____和_____组成的;从拓扑结构看计算机网络由_____和_____组成;从逻辑功能上看,计算机网络是由_____和_____组成。

6. 按照网络中计算机所处的地位将计算机网络划分为_____和_____。

7. 计算机网络的功能主要有_____、实现数据信息的快速传递、提高可靠性、提供负载均衡与分布式处理能力、集中管理和综合信息服务等。

8. 数据通信系统的主要技术指标有数据传输率、波特率、吞吐量、_____和_____。

9. 局域网主要是由网络硬件和_____两个部分组成。

10. 调制解调器(Modem)是一种通过_____实现计算机通信的设备。

11. 程控交换机按信息传送方式可分为:_____和_____。

12. 有线电视系统一般包括_____、_____和_____三个部分。

13. 移动通信系统由空间系统和地面系统两部分组成,其中地面系统包括_____、_____和_____。

14.《江苏省建设工程质量检测行业职业道德准则》第十二条要求检测人员要遵循科学、公正、准确的原则开展检测工作,检测行为要_____,检测数据要_____。

二、单项选择题(每题1分,共计20分)

1. 计算机网络的目标是_____。
   A. 分布式处理　　　　　　　　　B. 将多台计算机连接起来
   C. 提高计算机的可靠性　　　　　D. 共享软件、硬件和数据资源
2. 用数字信号进行的传输称为_____。
   A. 模拟传输　　　B. 数字传输　　　C. 数据传输　　　D. 信息传输
3. 广域网和局域网是按照_____来划分的。
   A. 网络使用者　　B. 信息交换方式　C. 网络覆盖范围　D. 传输控制规程
4. 在数字通信信道上,直接传输基带信号的方法称为_____。
   A. 基带传输　　　B. 频带传输　　　C. 宽带传输　　　D. 以上均不对
5. 分布在一座大楼中的网络可称为_____。
   A. 专用网　　　　B. WAN　　　　　C. 公用网　　　　D. LAN
6. 根据ISO定义,"信息"与"数据"的关系是_____。
   A. 数据是指对人们有用的信息　　B. 信息是指对人们有用的数据
   C. 信息仅指加工后的数值数据　　D. 信息包含数据
7. 在数据传输中,需要建立连接的是_____。
   A. 电路交换　　　B. 报文交换　　　C. 信元交换　　　D. 数据报交换
8. 分组交换可以进一步分成虚电路交换方式和_____。
   A. 包交换　　　　B. 永久虚电路　　C. 呼叫虚电路　　D. 数据报
9. 在OSI参考模型中,下列哪一层提供建立、维护和有序地中断虚电路、传输差错校验和恢复以及信息控制机制_____。
   A. 表示层　　　　B. 传输层　　　　C. 物理层　　　　D. 数据链路层
10. 在局域网中以太网的拓扑结构为_____。
    A. 星型结构　　　B. 环形结构　　　C. 总线型结构　　D. 树形结构
11. 中国1号信令协议属于_____的协议。
    A. ccs　　　　　　B. cas　　　　　　C. ip　　　　　　D. atm
12. isdnpri协议全称是_____。
    A. 综合业务模拟网基速协议　　　B. 综合业务模拟网模拟协议
    C. 综合业务数字网基率协议　　　D. 综合业务数字网基次协议
13. 脉冲编码调制的简称是_____。
    A. pcm　　　　　B. pam　　　　　C. (delta)M　　　D. atm
14. 通信网络包括以_____为核心的、以话音为主兼有数据与传真通信的电话网等其他网络。
    A. 路由器　　　　B. 以太网交换机　C. 数字程控交换机　D. 服务器
15. 公用电话交换网的缩写是_____。
    A. ISDN　　　　　B. DDN　　　　　C. VPN　　　　　D. PSTN
16. 码分多址分组数据传输技术是指_____。
    A. TDMA　　　　B. CDMA　　　　C. GPRS　　　　D. AMPS
17. 有线电视一般有一次变频、二次变频、_____三种传输方式。

A. 三次变频   B. 同频   C. 调频   D. 邻频

18. 面向字符的同步控制协议是较早提出的同步协议,其典型代表是_____。
A. IBM 公司的二进制同步通信协议 BSC
B. ISO 的高级数据链路控制规程 HDLC
C. IBM 公司的 SDLC 协议
D. 以上均不对

19. 标准 10Mbps802、3LAN 的波特率为_____。
A. 20M 波特   B. 10M 波特   C. 5M 波特   D. 40M 波特

20. IEEE802、3 采用的媒体访问控制方法为_____。
A. 1 - 坚持算法的 CSMA/CD   B. 非坚持算法的 CSMA/CD
C. P - 坚持算法的 CSMA/CD   D. 以上均不对

三、多项选择题(每题 2 分,共计 20 分,少选、多选、错选均不得分)

1. 利用载波信号频率的不同,实现电路复用的方法有_____。
A. FDM   B. WDM   C. TDM   D. ASK

2. Ethernet 的物理层协议主要有_____。
A. 10BASE - T   B. 1000BASE - T   C. FDDI   D. 100BASE - T

3. 常用的通信信道,分为模拟通信信道和数字通信信道,其中模拟通信信道是_____。
A. ASK   B. FSK   C. PSK   D. NRZ

4. 计算机网络中,分层和协议的集合称为计算机网络的_____。其中,实际应用最广泛的是_____,由它组成了一整套协议。
A. 体系结构   B. 组成结构   C. TCP/IP 参考模型   D. ISO/OSI 网

5. 第一类基础电信业务需要建设全国性的网络设施,以下属于第一类基础电信业务的有_____。
A. 无线寻呼业务   B. 蜂窝移动通信业务
C. 网络接入业务   D. 固定通信业务

6. 与模拟通信相比,数字通信的优点有_____。
A. 误码率低   B. 抗干扰能力强
C. 能保证远距离传输质量   D. 能适应各种通信业务要求

7. 广义信道有_____类型。
A. 编码信道   B. 数字信道   C. 有线信道   D. 调制信道

8. 光纤通信的优点有_____。
A. 速度快   B. 传输距离远   C. 容量大
D. 衰减小   E. 成本低

9. GSM 系统包括以下哪几个频段:_____。
A. 800MHz   B. 900MHz   C. 1800MHz   D. 1900MHz

10. 数据通信的主要质量指标有_____。
A. 工作速率   B. 阻塞率   C. 频带利用率   D. 差错率

四、判断题(每题 1 分,共计 10 分,对的打√,错的打×)

1. 计算机网络资源包括硬件资源和软件资源。 ( )
2. Internet 网是世界上最大的网络。 ( )

3. 无线电广播和电视广播都采用半双工通信方式。( )
4. 基带传输和频带传输传送的信号为数字信号。( )
5. 计算机网络最突出的优点是运算速度快。( )
6. 在环型拓扑结构中,数据的传输是单方向的。( )
7. 以太网的通信协议是有冲突的一种协议。( )
8. 集群通信业务属于第二类基础电信业务。( )
9. 程控时分交换机一般在话路部分传送和交换的是模拟信号。( )
10. 有线电视台需要昂贵的发射机和巨大的铁塔,所以建台费用高,发展速度相对较慢。( )

五、简答题(每题 5 分,共计 30 分)

1. 什么叫计算机对等网络?
2. OSI 参考模型层次结构(从上到下)的七层名称是什么?
3. 什么是网络协议(Protocol)?
4. 简述桌面型会议扩声系统的组成。
5. 简述程控交换机的主要任务和基本构成。
6. 什么是广播电视卫星系统?

六、计算题(每题 5 分,共计 10 分)

1. 某公司采用一条租用专线(Leasedline)与在外地的分公司相连,使用的 Modem 的数据传输率为 2400bps,现有数据 12×10 字节,若以异步方式传送,不加校验位,1 位停止位,则最少需要多少时间(以秒为单位)才能传输完(设数据信号在线路上的传播延迟时间忽略不计)。

2. 某令牌环媒体长度为 10km,信号传播速度为 $200m/\mu s$,数据传输率为 4Mbps,环路上共有 50 个站点,每个站点的接口引入 1 位延迟,试计算环的比特长度。

通信网络系统检测、信息网络系统检测模拟试卷(B)

一、填空题(每空 1 分,共计 30 分)

1. 计算机网络主要应用于_____、办公自动化、过程控制和管理信息系统。
2. 计算机的网络资源包括硬件资源、软件资源和_____。
3. 计算机网络硬件系统主要包括各种计算机系统、终端和_____。
4. 国际化标准组织 ISO 在 1984 年正式颁布了_____,使计算机网络体系结构实现了标准化。
5. 计算机网络按拓扑结构可将网络分为_____、_____、_____、树形网和网格型网。
6. 数据通信是通过各种不同的方式和传输介质,把处在不同位置的终端和计算机,或计算机与计算机连接起来,从而完成_____、_____和_____等任务。
7. 局域网中的以太网结构采用_____,使用的通信协议是_____,它是一种_____协议。
8. 局域网主要具有覆盖范围小、_____、数据错误率低三个特点。
9. 数据传输方式依其数据在传输线上是原样不变地传输还是调制变样后再传输,可以分为基带传输_____和_____等方式。局域网主要是由网络硬件和_____两个部分组成。

10. 调制解调器(Modem)是一种通过_____实现计算机通信的设备。
11. 局域网的覆盖范围为_____，传输速率通常为_____Mbps。
12. 广播电视卫星系统主要由_____、_____和_____三部分组成。
13. 程控交换机按信息传送方式分为_____和_____，按接续方式分为_____和_____。
14. 《江苏省建设工程质量检测行业职业道德准则》第十二条要求检测人员要遵循_____、_____、_____的原则开展检测工作，检测行为要公正公平，检测数据要真实可靠。

二、单项选择题（每题1分，共计20分）

1. 数据通信中信息传递的方式主要有_____。
   A. 单工　　　　　　B. 全双工　　　　　C. 半双工　　　　　D. 以上都是
2. _____是网络最基本的功能之一。
   A. 降低成本　　　　B. 数据通信　　　　C. 共享数据　　　　D. 共享硬盘
3. 目前共用电话网广泛使用的交换方式为_____。
   A. 电路交换　　　　B. 分组交换　　　　C. 数据报交换　　　D. 报文交换
4. 计算机网络是按_____相互通信的。
   A. 信息交换方式　　B. 分类标准　　　　C. 网络协议　　　　D. 传输装置
5. 计算机网络通信中传输的是_____。
   A. 数字信号　　　　　　　　　　　　　B. 模拟信号
   C. 数字信号或模拟信　　　　　　　　　D. 数字脉冲信号
6. 从网络安全的角度来看，当你收到陌生电子邮件时，处理其中附件的正确态度应该是_____。
   A. 暂时先保存它，日后打开　　　　　　B. 立即打开运行
   C. 删除它　　　　　　　　　　　　　　D. 先用反病毒软件进行检测后再作决定
7. Internet 的核心协议是_____。
   A. X.25　　　　　　B. TCP/IP　　　　　C. ICMP　　　　　　D. UDP
8. ATM 技术的特点是_____。
   A. 调整、低传输延迟、信元小　　　　　B. 网状拓扑
   C. 以帧为数据传输单位　　　　　　　　D. 针对局域网互连
9. 随着电信和信息技术的发展，国际上出现了"三网融合"的趋势，下列不属于三网之一的是_____。
   A. 传统电信网　　　　　　　　　　　　B. 计算机网(主要指互联网)
   C. 有线电视网　　　　　　　　　　　　D. 卫星通信网
10. 目前流行的 modem 产品速率是_____。
    A. 28.8Kbps　　　　B. 56Kbps　　　　　C. 128Kbps　　　　 D. 2Kbps
11. 中国七号信令协议属于_____的协议。
    A. ccs　　　　　　 B. cas　　　　　　　C. ip　　　　　　　D. atm
12. dtmf 全称是_____。
    A. 双音多频　　　　B. 多音双频　　　　C. 多音三频　　　　D. 三音多频
13. 普通电话线接口专业称呼是_____。
    A. rj11　　　　　　B. rj45　　　　　　C. rs232　　　　　　D. bnc
14. 有线电视系统中，传输的数字电视信号调制方式通常采用_____。
    A. QAM　　　　　　 B. QPSK　　　　　　C. FSK　　　　　　 D. CDMA

15. 在数字广播电视系统选用的编解码设备一般采用_____标准。
    A. MPEG－1   B. MPEG－2   C. JPEG   D. MPEG－4
16. 就交换技术而言,局域网中的以太网采用的是_____。
    A. 分组交换技术   B. 电路交换技术
    C. 报文交换技术   D. 分组交换与电路交换结合技术
17. E1 载波的数据传输为_____。
    A. 1544Mbps   B. 1Mbps   C. 2048Mbps   D. 10Mbps
18. 采用曼彻斯特编码的数字信道,其数据传输速率为波特率的_____。
    A. 2 倍   B. 4 倍   C. 1/2 倍   D. 1 倍
19. 帧中继是继 X.25 之后发展起来的数据通信方式,但帧中继与 X.25 不同,其复用和转接是发生在_____。
    A. 物理层   B. 网络层   C. 链路层   D. 运输层
20. 若两台主机在同一子网中,则两台主机的 IP 地址分别与它们的子网掩码相"与"的结果一定_____。
    A. 为全 0   B. 为全 1   C. 相同   D. 不同

三、多项选择题(每题 2 分,共计 20 分,少选、多选、错选均不得分)

1. 常用的通信信道,分为模拟通信信道和数字通信信道,其中模拟通信信道是_____。
   A. ASK   B. FSK   C. PSK   D. NRZ
2. 计算机网络中,分层和协议的集合称为计算机网络的_____。其中,实际应用最广泛的是_____,由它组成了一整套协议。
   A. 体系结构   B. 组成结构   C. TCP/IP 参考模型   D. ISO/OSI 网
3. 利用载波信号频率的不同,实现电路复用的方法有_____。
   A. FDM   B. WDM   C. TDM   D. ASK
4. Ethernet 的物理层协议主要有_____。
   A. 10BASE－T   B. 1000BASE－T   C. FDDI   D. 100BASE－T
5. 智能建筑中使用的电话通信系统的组成部分有_____。
   A. 传输设备   B. 计算机   C. 用户终端设备   D. 电话交换机
6. 以下属于程控交换机接入公用电话网的中继方式有_____。
   A. 光纤接入方式   B. 全自动直拨中继方式
   C. 混合进网中继方式   D. 双绞线接入方式
7. IP 电话与传统电话的区别有_____。
   A. 交换方式不同   B. IP 电话带宽远小于传统电话
   C. 语音传输媒介不同   D. IP 电话资费相对传统电话便宜
8. 公共广播系统按传播方式可以分为_____。
   A. 射频传播方式   B. 微波传播方式
   C. 载波传输方式   D. 音频传输方式
9. _____属于背景音乐系统的组成部分。
   A. 功率放大部分   B. 放音部分   C. 布线部分   D. 音源部分
10. 有线电视系统中的前端设备有_____。
    A. 干线放大器   B. 频道转换器   C. 滤波器   D. 均衡器

四、判断题(每题 1 分,共计 10 分,对的打√,错的打×)

1. 电话系统中采用电路交换数据交换技术。( )
2. ATM 是一种面向连接的交换技术,分为三个功能:ATM 物理层、ATM 层和 ATM 适配层。( )
3. 异步传输模式又叫信元交换技术,该模式下信息的传输、复用和交换的长度都是 53 个字节为基本单位的信元。传输的数据可以是实时视频、高质量的语音、图像等。( )
4. 选择网络拓扑结构时,应考虑的主要因素有可靠性、扩充性和费用高低等。( )
5. 局域网中的以太网采用的通信协议是 X.25。( )
6. 中继器多用于同类局域网之间的互联。( )
7. PSTN 是一种以数字技术为基础的电话交换网络。( )
8. 公共广播系统采用全数字制式,由前端设备、调制器、终端设备组成。( )
9. 我们常用的数字电视编码是 PCM 编码,主要分为取样、量化、编码三个步骤。( )
10. OTDR 只能用来测量光纤的距离,光功率计只能测光功率。( )

五、简答题(每题 5 分,共计 30 分)

1. 简要说明资源子网与通信子网的联系与区别。
2. 写出现代计算机网络的五个方面的应用。
3. 什么叫频分多路复用(FDM)?
4. 简述公共广播系统的概念及特点?
5. 什么是程控交换机?
6. 什么是有线电视系统?

六、计算题(每题 5 分,共计 10 分)

1. 试给出 T1 载波的帧结构,并计算其开销百分比。
2. 若 10Mbps 的 CSMA/CD 局域网的节点最大距离为 2.5km,信号在媒体中的传播速度为 2×10^8 m/s。求该网的最短帧长。

第二节 综合布线系统检测

一、填空题

1. 综合布线系统是现代化建筑中重要的通信基础设施,它为大楼内的_____、_____、_____等信息流的传输提供物理平台。
2. 一套规模化的、完整的综合布线系统是由_____、_____、_____、_____、_____、_____等子系统构成。
3. 根据三类、五类、超五类、六类的不同布线等级,其传输带宽分别为_____ MHz、_____ MHz、_____ MHz。
4. 与早期专用的总线式计算机网络布线系统不同,综合布线系统的基本拓扑结构为_____拓扑,它可以将电话语音及网络数据的传输运行于一套布线系统上。
5. 依据布线系统的规模及建筑结构,综合布线系统一般有_____和_____两种基本结构。
6. 综合布线系统在计算机网络 OSI(开放式系统互联)模型中(物理层、数据链路层、网络层、传输层、会话层、表示层、应用层)的位置为_____。

7. 综合布线系统的常用的传输介质为_____和_____。

8. 检测人员应遵守国家法律法规和本单位规章制度,认真履行岗位职责;不在与检测工作相关的机构_____,不得利用检测工作之便谋求_____。

9. 在综合布线系统中,信息插座既可接插计算机网络终端(PC)跳线,又可以接插电话机终端跳线,这种信息插座端口采用的是通用的_____标准插口。

10. 水平链路由_____、_____及_____等构成一条完整的链路。

11. 根据综合布线的相关标准,在一套布线系统中,双绞线与信息插座及双绞线与配线架的端接必须按_____或_____标准中的一种进行端接,不可混用。

12. 在综合布线工程中,验证性测试主要用于_____阶段,认证性测试主要用于_____阶段。

13. 布线系统的传输带宽的单位是_____,网络系统的传输速率的单位是_____。

14. 在信息传输系统中,带宽表示信道的传输_____,速率表示信号的传输_____。

15. 五类布线系统及六类布线系统的带宽为分别为_____MHz,及_____MHz。

16. 我国最新颁布了两个综合布线系统方面的新标准:GB/T 50311—2007、GB/T 50312—2007,它们分别是_____规范及_____规范。

17. 在工程实施的不同阶段,检测链路的连接质量可采用_____测试,检测链路的电气传输性能需要采用_____测试。

18. 对于一名检测人员,在检测工作中,应遵循科学、公正、准确的原则开展检测工作,检测____要公正公平,检测_____要真实可靠。

二、单项选择题

1. 中华人民共和国国家标准《建筑与建筑群综合布线系统工程验收规范》的编号为_____。
   A. ISO11801:2002　　　　　　　　B. GB/T 50311—2007
   C. TIA/EIA-568B.2.1　　　　　　D. GB/T 50312—2007

2. 综合布线系统中的非屏蔽双绞线由_____组成。
   A. 双芯铜线　　B. 四芯铜线　　C. 六芯铜线　　D. 八芯铜线

3. 非屏蔽双绞线常用_____符号表示。
   A. FPT　　B. SFPT　　C. UTP　　D. Coax

4. 非屏蔽双绞线的线芯是对绞螺旋结构,目的是为了_____。
   A. 减小邻近无关信号的干扰　　　　B. 增加线缆的强度
   C. 便于敷设施工　　　　　　　　　D. 满足线缆生产工艺上的需要

5. "62.5/125μm"多模光纤"的62.5/125μm"指的是_____。
   A. 光纤的内径/外径　　　　　　　B. 光纤可传输的光波波长
   C. 光缆内外径　　　　　　　　　　D. 光缆可传输的光波波长

6. 连接各建筑物之间的传输介质和各种相关连接设备,经组合后可构成_____综合布线系统。
   A. 垂直干线　　B. 水平　　C. 建筑群　　D. 总线间

7. 现今的综合布线系统一般采用的是_____。
   A. 总线型拓扑结构　　　　　　　　B. 环型拓扑结构
   C. 星型拓扑结构　　　　　　　　　D. 网状拓扑结构

8. _____构成综合布线的传输链路。

A. 光纤　　　　　B. 双绞线　　　　C. 光纤+双绞线　　D. 线缆+连接器件

9. 下列选项中,不属于水平链路组成器件的是＿＿＿＿＿＿＿。
  A. 配线机柜　　　B. 线缆　　　　　C. 信息插座模块　　D. 配线架

10. Cat.6UTP 与 Cat.5eUTP 是常用的线缆,它们的线规分别是 AWG23 及 AWG24,下列相应的正确选项是＿＿＿＿＿＿＿。
  A. Cat.6 的线径为 0.57mm,Cat.5e 的线径为 0.51mm
  B. Cat.6 的线径为 0.51mm,Cat.5e 的线径为 0.57mm
  C. Cat.6 的经径为 7mm,Cat.5e 的线径为 6mm
  D. 两者线径相等,只是材质不同

11. 在布线系统交付使用前,需要对系统进行测试和记录,以评定系统的工程质量,并通过对有问题的链路进行纠错和整改,这种测试是指＿＿＿＿＿＿＿。
  A. 链路的验证性测试　　　　　　B. 链路的电气性能测试
  C. 链路的认证性测试　　　　　　D. 链路的连通性测试

12. 当信号在一个线对上传输时,在发射端附近会同时将一小部分信号感应到其他线对上,这种现象是＿＿＿＿＿＿＿。
  A. 近端串扰(NEXT)　　　　　　B. 衰减(Attenuation/InsertionLoss)
  C. 回波损耗(ReturnLoss)　　　　D. 延迟偏差(Delayskew)

13. ＿＿＿＿＿＿＿是线缆中各线对从一端传输至另一端时,信号到达的不同时性,对于多对并行数据传输的系统这是个重要参数。
  A. 传输延迟(Propagationdelay)　　B. 衰减(Attenuation/InsertionLoss)
  C. 回波损耗(ReturnLoss)　　　　D. 延迟偏差(Delayskew)

14. 在光纤连接的过程中,主要有＿＿＿＿＿＿＿等连接器。
  A. FC、BNC…　B. SC、BNC…　C. MT-RJ、BNC…　D. ST、SC…

15. 下列选项中,＿＿＿＿＿＿＿不属于链路认证测试中的电气性能指标。
  A. 回波损耗(ReturnLoss)　　　　B. 串扰衰减比(ACR)
  C. 近端串扰(NEXT)　　　　　　D. 线图(WireMap)

16. 多模光纤采用＿＿＿＿＿＿＿波长的单色光进行传输。
  A. 850nm、1310nm　　　　　　B. 1310nm、1300nm
  C. 1310nm、1550nm　　　　　　D. 850nm、1300nm

17. 对竣工后的超五类及六类综合布线系统在认证测试时应选用＿＿＿＿＿＿＿模型进行测试。
  A. 基本链路(BaseLink)　　　　　B. 信道(Channel)
  C. 永久链路(PermanentLink)　　　D. 基本链路+信道(BaseLink+Channel)

18. 对一个将要投入使用的计算机网络系统,链路的两端需要用设备跳线分别连接交换机及服务器(或 PC),以构成一条完整的传输链路,试问:若对该链路进行认证测试,需要选择＿＿＿＿＿＿＿测试模型进行认证。
  A. 基本链路(BaseLink)　　　　　B. 信道(Channel)
  C. 永久链路(PermanentLink)　　　D. 导通性测试

19. 在认证测试中,线图(WireMap)子项反应出＿＿＿＿＿＿＿。
  A. 链路两端线序排列的对应关系　　B. 链路的电气传输性能
  C. 布线系统的拓扑结构　　　　　　D. 线缆敷设路由图

20. NVP 值的含义是＿＿＿＿＿＿＿。
  A. 光信号在真空中的速度

B. 电信号在电缆中的速度
C. 信号通过电缆的速度相对于光速的百分比
D. 信号通过光缆的速度相对于光速的百分比

21. 信号在链路传输过程中所造成的信号损耗的现象称为_____。
   A. 传输延迟（Propagationdelay）　　　B. 延迟偏差（Delayskew）
   C. 衰减（Attenuation）　　　　　　　D. 回波损耗（ReturnLoss）

22. 下面不是非屏蔽双绞线常用符号表示的是_____。
   A. FPT　　　B. SFPT　　　C. UTP　　　D. Coax

23. 四对双绞线的线芯基本色标是按国际标准进行定义的,它们是_____。
   A. 蓝、橙、绿、棕　　　　　　　　　B. 蓝、红、黄、绿
   C. 橙、棕、黑、灰　　　　　　　　　D. 棕、蓝、灰、白

24. 多模光纤的使用的传输光源是_____。
   A. 激光　　　B. 白炽灯光　　　C. 发光二极管光　　　D. 电弧光

25. 对于规模比较小的建筑物或办公层,由双绞线、配线架、信息插座等就可构建一套具有星形拓扑的_____综合布线系统。
   A. 分布式　　　B. 建筑群　　　C. 集中式　　　D. 设备间

26. 现今的综合布线系统一般采用的是_____。
   A. 总线形拓扑结构　　B. 环形拓扑结构　　C. 星形拓扑结构　　D. 网状拓扑结构

27. _____构成综合布线的传输链路。
   A. 光纤　　　B. 双绞线　　　C. 光纤+双绞线　　　D. 线缆+端接器件

28. 下列选项中,不属于水平链路组成器件的是_____。
   A. 配线机柜　　　B. 线缆　　　C. 信息插座模块　　　D. 配线架

29. 很多 Cat.6UTP 的线缆内部结构中加入了十字形尼龙"骨架",这是为了_____。
   A. 增架线缆的弹性
   B. 使线缆的绞距保持在固定位置,避免施工时产生绞距的变化
   C. 便于线缆的成批生产
   D. 增加线缆的柔韧性

30. 在布线系统交付使用前,需要对系统进行测试和记录,以评定系统的工程质量,并通过对有问题的链路进行纠错和整改,这种测试是指_____。
   A. 链路的的连通性测试　　　　　　　B. 线缆的电气性能测试
   C. 线缆的认证性测试　　　　　　　　D. 链路的认证性测试

31. 当信号在一个线对上传输过程中,有时在途中的某一位置将一部分信号反射回来,这种现象称为_____。
   A. 近端串扰（NEXT）　　　　　　　B. 衰减（Attenuation/InsertionLoss）
   C. 回波损耗（ReturnLoss）　　　　　D. 远端串扰（FEXT）

32. _____是线缆对通过信号的阻碍能力。它受直流电阻,电容和电感的影响,对于一条合格的线缆,还会受施工质量的影响。在理想状态下,要求在整条电缆中必须保持是一个常数。
   A. 传输延迟（Propagationdelay）　　　B. 衰减（Attenuation/InsertionLoss）
   C. 综合近端串扰（PSNEXT）　　　　　D. 特性阻抗（Impedance）

33. 在光纤连接的过程中,有_____等多种连接器。
   A. SC、MT-RJ…　　B. SC、RJ11、BNC…　　C. ST、BNC…　　D. FC、RJ45…

34. 对六类布线系统进行认证测试,需要选用_____精度等级以上仪器。

A. Ⅰ级精度　　　　B. Ⅱ级精度　　　　C. Ⅱe级精度　　　　D. Ⅲ级精度

35. 对竣工后的超五类及六类综合布线系统在认证测试时应选用_____模型进行测试。

A. 基本链路　　　B. 永久链路　　　C. 信道　　　D. 基本链路+信道

36. 进行"信道"测试时,连接仪器的跳线应该选用_____。

A. 专用的测试跳线　　　　　　　B. 仪器自带的跳线

C. 临时现场制作跳线　　　　　　D. 准备今后与设备连接的用户跳线

37. 在认证性测试中,近端串扰(NEXT)是否通过,说明_____。

A. 线缆中的发射信号在近端就被耦合给自身的接收端

B. 线缆中有开路故障

C. 信号产生了异常的反射

D. 线缆特性阻抗改变

38. 单模光纤采用_____波长的单色光进行传输。

A. 850nm、1310nm　　B. 1310nm、1300nm　　C. 1310nm、1550nm　　D. 850nm、1300nm

三、多项选择题

1. _____属组成综合布线系统的部分子系统。

A. 水平子系统　　B. 主干子系统　　C. 光纤子系统　　D. 工作区子系统

2. 工作区子系统由_____器件构成。

A. 终端PC　　B. 配线架　　C. 信息插座模块　　D. 终端跳线

3. 综合布线中的双绞线缆有_____等多种规格。

A. FTP　　B. RVV　　C. SFTP　　D. UTP

4. 以下选项中,_____是光纤作为传输介质所具备的特点。

A. 高带宽　　B. 传输距离远　　C. 抗电磁干扰　　D. 造价很低

5. 下列选项中,_____不属于认证测试中电气性能的内容。

A. 开路(Open)　　　　　　　　B. 传输延迟(Propagation delay)

C. 线图(WireMap)　　　　　　D. 短路(Short)

6. _____因素会影响近端串扰值(NEXT)。

A. 产品本身的质量　　　　　　B. 施工及安装工艺

C. 测试人员主观因素　　　　　D. 线缆工作频率

7. 光纤连接器有多种类型,_____连接器是合适的。

A. ST　　B. RJ45　　C. SC　　D. MT-RJ

8. _____属于链路认证测试中的测试项。

A. 长度(Length)　　　　　　　B. 线图(WireMap)

C. 串扰衰减比(ACR)　　　　　D. 综合近端串扰(PSNEST)

9. 链路认证测试时,利用仪器对故障链路进行定位分析的手段有_____。

A. 时域串扰分析(DTX)　　　　B. 线图(WireMap)

C. 时域反射分析(DTR)　　　　D. 回波损耗(ReturnLoss)

10. 选择认证测试的检测仪表必须具有_____功能。

A. 类似万用表的功能

B. 与不同等级的链路相匹配的精度标准

C. 其测试带宽不小于被测链路的标称带宽

D. 可以自动测试、单项测试、故障定位分析并存贮测试结果等

11. 水平子链路由_____器件构成。
A. 配线机柜　　　　B. 线缆　　　　　　C. 信息插座模块　　D. 配线架
12. 光纤链路两端的连接器通常采用_____方式进行安装连接。
A. 尾纤熔接　　　　B. 机械压接　　　　C. 专用胶粘结　　　D. 配线架安装
13. 近端串扰(NEXT)是链路测试中的一个重要指标,_____因素会影响其示值。
A. 线缆敷设时,线缆绞距改变　　　　B. 端接处平行开绞距离过长
C. 接头质量低劣　　　　　　　　　　D. 端接质量差
14. 光缆与铜缆相比所具有的特点是_____。
A. 高的传输带宽　　B. 良好的抗干扰性　C. 较低的造价　　　D. 传输距离远
15. 在认证性测试中,线图(WireMap)是否通过,直接反应出_____。
A. 链路两端线序排列是否符合标准　　B. 是否有连通性故障,如开路,断路等
C. 布线系统的拓扑结构图　　　　　　D. 线缆的敷设路由
16. _____可利用时域反射分析手段(DTR)进行故障定位诊断。
A. 开路的位置　　　B. 短路的位置　　　C. 衰减　　　　　　D. 阻抗异常点们位置
17. 给出下列选项中不能利用时域串扰分析手段(DTX)进行故障诊断的是_____。
A. 阻抗异常点的位置　　　　　　　　B. 线缆长度
C. 近端串扰源的位置　　　　　　　　D. 短路点的位置
18. 工程中,影响光纤链路的衰减值的主要因素有_____。
A. 附近电磁场对线缆的干扰　　　　　B. 光纤的弯曲半经
C. 与光纤主干规格不匹配的测试跳线　D. 光纤末端连接器端面及耦合器内的灰尘

四、判断题

1. 综合布线系统就是将与强电、弱电等有关各种线缆综合在一起进行布线施工的新的布线方式。　　　　　　　　　　　　　　　　　　　　　　　　　　　　　　　　　　　　(　)
2. 在综合布线系统中,配线架到信息插座的水平链路长度不得超过90m,加上两端的数据跳线后其链路的总长度不得超过100m。　　　　　　　　　　　　　　　　　　　　　(　)
3. 双绞线有两种常用的端接标准,因此在进行端接安装时,可以将配线架一端采用T568A线序标准,信息插座一端采用T568B线序标准的混合端接方式。　　　　　　　　　(　)
4. 五类等级以上的双绞线进行端接时,其平行开绞长不得超过13mm,否则,该端接部位将可能成为串扰源。　　　　　　　　　　　　　　　　　　　　　　　　　　　　(　)
5. 超五类(Cat.5e)UTP与五类UTP(Cat.5)的传输带宽是一样的,这就意味着它们的其他性能指标也是一样的。　　　　　　　　　　　　　　　　　　　　　　　　　　　　(　)
6. 光纤具有高带宽、传输距离远等诸多优点,已广泛用于建筑群及建筑物的综合布线系统中,但在设计时需要考虑采取抗电磁干扰措施。　　　　　　　　　　　　　　　　(　)
7. 用于认证性测试的仪器也可以用于验证性测试,但使用成本较高。　　　　　　　(　)
8. 回波损耗(ReturnLoss)是超五类及六类布线系统的测试指标之一,如果测试不通过,该链路仍可用于百兆以下的以太网(100Base-T),但用于千兆以太网(1000Base-T)将会严重影响信号的传输质量。　　　　　　　　　　　　　　　　　　　　　　　　　　　　　　(　)
9. 对光纤链路进行测试时,需要测试链路的工作波长、衰减、近端串扰、延迟偏差等指标。(　)
10. 综合近端串扰(PSNEXT)是线缆中其中的三个线对另一线对的串扰,因此需要对四种组合方式全部进行测试。这对于使用四对线来传输的千兆以太网来说是非常重要的测试参数。(　)
11. 综合布线系统中的一根双绞线由四对组成,对于目前的百兆以太网只用了其用的两对线

芯,因此另两对就可以就用于电话传输,这样可以大大节省系统的用线量,从而降低造价。 （ ）

12. T568A 与 T568B 是双绞线两种常用的端接标准,但在一个布线系统中,只能采用其中的一种端接标准进行端接。 （ ）

13. 五类等级以上的双绞线进行端接时,其平行开绞长不得超过 13mm,否则,该端接部位将可能产生很大的阻抗异常。从而使回波损耗值超标。 （ ）

14. 超五类(Cat.5e)UTP 与五类 UTP(Cat.5)具有相同的传输带宽,但超五类 UTP 的电气传输性能指标却要优于五类 UTP。 （ ）

15. 永久链路的极限长度为 100m,信道的极限长度为 90m。 （ ）

16. 用于认证性测试的仪器除了能够快速而准确的测出链路的性能值外,另一个作用是可以迅速找出被测链路的故障点。 （ ）

17. 在测试回波损耗(ReturnLoss)、近端串扰(NEXT)等参数时,考虑到链路长度对信号衰减的影响,需要从链路的两端进行双向发射及接收测试,只有这样才能全面反应整条链路的真实参数。
 （ ）

18. 近端串扰(NEXT)是四对线缆中的任一线对另一线对串扰,因此需要对四种组合方式全部进行测试。 （ ）

19. 对多模光纤链路进行测试时,可以采用发光二极管光源,也可以采用激光光源,全面测试链路的工作波长、衰减、近端串扰、延迟偏差等指标。 （ ）

五、简答题

1. 在进行双绞线链路认证测试前,为什么要对仪器的 NVP 值进行标定?

2. 如果发现被测链路出现开路,并且已找到了具体的开路位置,是否可以将开路处的线缆进行焊接修复? 为什么?

3. 认证合格后的永久链路投入实际使用时,链路的两端还需配置用户跳线设备跳线,由于永久链路经过检测合格,因此是否就可以认为两端户跳线的质量好坏不会影响整条链路的传输质量? 为什么?

4. 简述 NVP 的含义,对认证测试有何实际意义?

5. 测试报告中有两类计算结果值,请简述 Margin 与 Headroom 的含义及区别?

6. 如果发现在链路的非端接位置以外出现回波损耗故障点,是否可以对这条链路进行纠错修复?

六、实践题

1. 请简述对综合布线系统进行认证测试前,需要具备哪些条件?

2. 请分析哪些因素会对以下测试参数产生影响(不考虑产品质量因素)?

(1) 线图(WireMap)不正确;

(2) 衰减/插入损耗(Attenuation/InsertionLoss)超标;

(3) 近端串扰(NEXT)超标;

(4) 回波损耗(ReturnLoss)超标。

参考答案:

一、填空题

1. 数据 语音 图像
2. 主干子系统 水平子 系统设备间子系统 建筑群子系统 管理子系统 工作区子系统
3. 10 100 1000
4. 星形
5. 集中式 分布式
6. 物理层
7. 铜缆 光缆
8. 任职 私利
9. RJ45
10. 线缆 配线架 信息插座
11. T568A T568B
12. 施工安装 竣工验收前
13. MHz bit/s 或 bps
14. 容量 速度
15. 100 250
16. 建筑与建筑群综合布线系统工程设计 建筑与建筑群综合布线系统工程施工
17. 验证性 认证性
18. 行为 数据

二、单项选择题

1. D	2. B	3. C	4. A
5. A	6. C	7. C	8. D
9. A	10. A	11. C	12. A
13. A	14. D	15. D	16. D
17. C	18. B	19. A	20. C
21. C	22. D	23. A	24. C
25. C	26. C	27. D	28. A
29. B	30. D	31. C	32. D
33. A	34. D	35. D	36. B
37. D	38. A		

三、多项选择题

1. A、B、D	2. C、D	3. A、C、D	4. A、B、C
5. A、C	6. A、B、C、D	7. A、C、D	8. A、B、C、D
9. A、C	10. B、C、D	11. B、C、D	12. A、B、C
13. A、B、C、D	14. A、B、D	15. A、B	16. A、B、D
17. A、B、D	18. B、C、D		

四、判断题

1. ×	2. √	3. ×	4. √
5. ×	6. ×	7. √	8. √
9. ×	10. √	11. ×	12. √
13. √	14. √	15. √	16. √
17. ×	18. √	19. √	

五、简答题

1. 答:NVP值给出了被测电缆的额定传输速度,因为每批电缆各有不同的NVP值,在进行行链路测试前,必须对一条已知长度的电缆(≥15m)进行 NVP 值标定,只有对被测电缆进行了 NVP 值进行标定后,才能对被测线缆长度进行精确测量及故障定位进行准确测定。

2.答:不可以用焊接方式修复,因为:(1)焊接接点处的线缆绞距已被破坏;(2)焊接点处的特征阻抗已改变,这种通过焊接后的链路,在焊接点处会引起较大的近端串扰和回波损耗。

3.答:合格的永久链路只说明配线架到信息插座这一长度区域内的性能是合格的,这是综合布线系统提交用户时的测试标准。但在用户今后的应用过程中,还需要在永久链路的两端还要加入跳线,构成整条信道链路,因此永久链路的质量并不能代表信道链路的质量。

4.答:NVP 是信号在电缆中的额定传输速度相对于光速的百分比,通过用被测电缆对仪器的 NVP 进行标定,才可以精确对链路进行长度测量及对故障链路进行精确定位。

5.答:Margin 表示被测链路中各参数的实测值与标准极限值之差。
Headroom 表示整个线缆中某指标中最差参数与标准极限值间的余量。

6.答:对于这种不在链路两端的回波损耗故障点,无法进行修复,只能通过得新更换电缆来解决。

六、实践题

1.答:需要具备下列条件:
(1)布线工程已安装结束。
(2)已通过验证测试(已完成物理连通性检测)。
(3)综合布线系统图(布线系统的拓扑结构)。
(4)布线系统点位图(信息点在平面图上的准确位置)。
(5)链路两端的配线架、信息插座标有明确的编号。
(6)配线架与信息插座的端口对应关系表。
(7)线缆布设路由图。
(8)链路自测报告。

2.答:
(1)线缆端接不符合标准造成错对、串绕等。
施工时线缆受损造成线缆开路、短路。
(2)线缆超长(超过链路长度根限值)。
安装时端接不牢靠;采用了过细的金属导管。
(3)端接时平行开绞长度超过相关标准。
线缆施工时由于拉力过大,造成线缆塑性变形,导致线缆的绞距改变。
端接线序错误。
(4)线缆与端接器件的阻抗匹配性不好。
施工及安装工艺;线缆施工中产生塑性变形而受损;接头质量低劣,端接不牢靠;线缆受损(受重压、曲率过大、捆绑过紧等)。

综合布线系统检测模拟试卷(A)

一、填空题(每空 1 分,共计 20 分)

1.综合布线系统是现代化建筑中重要的通信基础设施,它为大楼内的_____、_____、_____等信息流的传输提供物理平台。

2. 一套规模化的、完整的综合布线系统是由_____、_____、_____、_____、_____、_____等子系统构成。

3. 根据三类、五类、超五类、六类的不同布线等级,其传输带宽分别为_____MHz、_____MHz、_____MHz。

4. 与早期专用的总线式计算机网络布线系统不同,综合布线系统的基本拓扑结构为_____拓扑,它可以将电话语音及网络数据的传输运行于一套布线系统上。

5. 依据布线系统的规模及建筑结构,综合布线系统一般有_____和_____两种基本结构。

6. 综合布线系统在计算机网络 OSI(开放式系统互联)模型中(物理层、数据链路层、网络层、传输层、会话层、表示层、应用层)的位置为_____。

7. 综合布线系统的常用的传输介质为_____和_____。

8. 检测人员应遵守国家法律法规和本单位规章制度,认真履行岗位职责;不在与检测工作相关的机构_____,不得利用检测工作之便谋求_____。

二、单项选择题(每题 1 分,共计 20 分)

1. 中华人民共和国国家标准《建筑与建筑群综合布线系统工程施工规范》的编号为_____。
A. ISO11801:2002　　　　　　　　B. GB/T50311:2007
C. TIA/EIA-568B.2.1　　　　　　D. GB/T50312:2007

2. 综合布线系统中的非屏蔽双绞线由_____组成。
A. 双芯铜线　　B. 四芯铜线　　C. 六芯铜线　　D. 八芯铜线

3. 非屏蔽双绞线常用_____符号表示。
A. FPT　　　　B. SFPT　　　　C. UTP　　　　D. Coax

4. 非屏蔽双绞线的线芯是对绞螺旋结构,目的是为了_____。
A. 减小邻近无关信号的干扰　　　　B. 增加线缆的强度
C. 便于敷设施工　　　　　　　　　D. 满足线缆生产工艺上的需要

5. "62.5/125μm"多模光纤"的 62.5/125μm"指的是_____。
A. 光纤的内径/外径　　　　　　　B. 光纤可传输的光波波长
C. 光缆内外径　　　　　　　　　　D. 光缆可传输的光波波长

6. 连接各建筑物之间的传输介质和各种相关连接设备,经组合后可构成_____综合布线系统。
A. 垂直干线　　B. 水平　　　　C. 建筑群　　　D. 总线间

7. 现今的综合布线系统一般采用的是_____。
A. 总线型拓扑结构　　　　　　　B. 环形拓扑结构
C. 星型拓扑结构　　　　　　　　D. 网状拓扑结构

8. _____构成综合布线的传输链路。
A. 光纤　　　B. 双绞线　　　C. 光纤+双绞线　　　D. 线缆+连接器件

9. 下列选项中,不属于水平链路组成器件的是_____。
A. 配线机柜
B. 线缆
C. 信息插座模块
D. 配线架

10. Cat.6UTP 与 Cat.5eUTP 是常用的线缆,它们的线规分别是 AWG23 及 AWG24,正确选项是_____。
A. Cat.6 的线径为 0.57mm,Cat.5e 的线径为 0.51mm
B. Cat.6 的线径为 0.51mm,Cat.5e 的线径为 0.57mm

C. Cat.6 的线径为 7mm，Cat.5e 的线径为 6mm
D. 两者线径相等，只是材质不同

11. 在布线系统交付使用前，需要对系统进行测试和记录，以评定系统的工程质量，并通过对有问题的链路进行纠错和整改，这种测试是指_____。
 A. 链路的验证性测试 B. 链路的电气性能测试
 C. 链路的认证性测试 D. 链路的连通性测试

12. 当信号在一个线对上传输时，在发射端附近会同时将一小部分信号感应到其他线对上，这种现象是_____。
 A. 近端串扰（NEXT） B. 衰减（Attenuation/InsertionLoss）
 C. 回波损耗（ReturnLoss） D. 延迟偏差（Delayskew）

13. _____是线缆中各线对从一端传输至另一端时，信号到达的不同时性，对于多对并行数据传输的系统这是个重要参数。
 A. 传输延迟（Propagationdelay） B. 衰减（Attenuation/InsertionLoss）
 C. 回波损耗（ReturnLoss） D. 延迟偏差（Delayskew）

14. 在光纤连接的过程中，主要有_____等连接器。
 A. FC、BNC… B. SC、BNC… C. MT-RJ、BNC… D. ST、SC…

15. 下列选项中，_____不属于链路认证测试中的电气性能指标。
 A. 回波损耗（ReturnLoss） B. 串扰衰减比（ACR）
 C. 近端串扰（NEXT） D. 线图（WireMap）

16. 多模光纤采用_____波长的单色光进行传输。
 A. 850nm、1310nm B. 1310nm、1300nm
 C. 1310nm、1550nm D. 850nm、1300nm

17. 对竣工后的超五类及六类综合布线系统在认证测试时应选用_____模型进行测试。
 A. 基本链路（BaseLink） B. 信道（Channel）
 C. 永久链路（PermanentLink） D. 基本链路+信道（BaseLink+Channel）

18. 对一个将要投入使用的计算机网络系统，链路的两端需要用设备跳线分别连接交换机及服务器（或PC），以构成一条完整的传输链路，试问：若对该链路进行认证测试，需要选择_____测试模型进行认证。
 A. 基本链路（BaseLink） B. 信道（Channel）
 C. 永久链路（PermanentLink） D. 导通性测试

19. 在认证测试中，线图（WireMap）子项反应出_____。
 A. 链路两端线序排列的对应关系 B. 链路的电气传输性能
 C. 布线系统的拓扑结构 D. 线缆敷设路由图

20. NVP 值的含义是_____。
 A. 光信号在真空中的速度
 B. 电信号在电缆中的速度
 C. 信号通过电缆的速度相对于光速的百分比
 D. 信号通过光缆的速度相对于光速的百分比

三、多项选择题（每题 2 分，共计 20 分，少选、多选、错选均不得分）

1. _____组成综合布线系统的部分子系统。
 A. 水平子系统 B. 主干子系统

C. 光纤子系统　　　　　　　　　　　D. 工作区子系统

2. 工作区子系统由_____器件构成。
   A. 终端 PC　　　B. 配线架　　　C. 信息插座模块　　　D. 终端跳线

3. 综合布线中的双绞线缆有_____等多种规格。
   A. FTP　　　B. RVV　　　C. SFTP　　　D. UTP

4. 以下选项中,_____是光纤作为传输介质所具备的特点。
   A. 高带宽　　　B. 传输距离远　　　C. 抗电磁干扰　　　D. 造价很低

5. 下列选项中,_____不属于认证测试中电气性能的内容。
   A. 开路(Open)　　　　　　　　　B. 传输延迟(Propagationdelay)
   C. 线图(WireMap)　　　　　　　D. 短路(Short)

6. _____会影响近端串扰值(NEXT)。
   A. 产品本身的质量　　　　　　　B. 施工及安装工艺
   C. 测试人员主观因素　　　　　　D. 线缆工作频率

7. 光纤连接器有多种类型,以下_____连接器是合适的。
   A. ST　　　B. RJ45　　　C. SC　　　D. MT-RJ

8. _____属于链路认证测试中的测试项。
   A. 长度(Length)　　　　　　　　B. 线图(WireMap)
   C. 串扰衰减比(ACR)　　　　　　D. 综合近端串扰(PSNEST)

9. 链路认证测试时,利用仪器对故障链路进行定位分析的手段有_____。
   A. 时域串扰分析(DTX)　　　　　B. 线图(WireMap)
   C. 时域反射分析(DTR)　　　　　D. 回波损耗(ReturnLoss)

10. 选择认证测试的检测仪表必须具有_____功能。
    A. 类似万用表的功能
    B. 与不同等级的链路相匹配的精度标准
    C. 其测试带宽不小于被测链路的标称带宽
    D. 可以自动测试、单项测试、故障定位分析并存贮测试结果等

四、判断题(每题1分,共计10分,对的打√,错的打×)

1. 综合布线系统就是将与强电、弱电等有关各种线缆综合在一起进行布线施工的新的布线方式。(　)

2. 在综合布线系统中,配线架到信息插座的水平链路长度不得超过90m,加上两端的数据跳线后其链路的总长度不得超过100m。(　)

3. 双绞线有两种常用的端接标准,因此在进行端接安装时,可以将配线架一端采用T568A线序标准,信息插座一端采用T568B线序标准的混合端接方式。(　)

4. 五类等级以上的双绞线进行端接时,其平行开绞长不得超过13mm,否则,该端接部位将可能成为串扰源。(　)

5. 超五类(Cat.5e)UTP与五类UTP(Cat.5)的传输带宽是一样的,这就意味着它们的其他性能指标也是一样的。(　)

6. 光纤具有高带宽、传输距离远等诸多优点,已广泛用于建筑群及建筑物的综合布线系统中,但在设计时需要考虑采取抗电磁干扰措施。(　)

7. 用于认证性测试的仪器也可以用于验证性测试,但使用成本较高。(　)

8. 回波损耗(ReturnLoss)是超五类及六类布线系统的测试指标之一,如果测试不通过,该链路

仍可用于百兆以下的以太网(100Base-T),但用于千兆以太网(1000Base-T)将会严重影响信号的传输质量。( )

9. 对光纤链路进行测试时,需要测试链路的工作波长、衰减、近端串扰、延迟偏差等指标。( )

10. 综合近端串扰(PSNEXT)是线缆中其中的三个线对另一线对的串扰,因此需要对四种组合方式全部进行测试。这对于使用四对线来传输的千兆以太网来说是非常重要的测试参数。( )

五、简答题(每题5分,共计20分)

1. 综合布线系统的相关标准规定,两个有源设备之间的水平链路极限长度为100m,为什么在进行永久链路进行测试时,却规定其极限长度为90m,请说明理由。

2. 在进行双绞线链路认证测试前,为什么要对仪器的NVP值进行标定?

3. 在链路测试过程中,如果发现链路中有短路现象,请问是否有办法找出该故障点的具体位置?采用什么分析手段来进行故障定位?

4. 如果发现被测链路出现开路,并且已找到了具体的开路位置,是否可以将开路处的线缆进行焊接修复?为什么?

六、计算题(共计10分)

在综合布线系统中,ACR值是评价链路信噪比的一个重要指标。经对某条链路进行测试,在12.9MHz频点上,其NEXT为63.4dB。Attenuation为3dB。请计算出该链路的ACR值为多少?

七、实践题(每题10分,共计20分)

1. 请简述对综合布线系统进行认证测试前,需要具备哪些条件?

2. 请分析哪些因素会对以下测试参数产生影响(不考虑产品质量因素)?
1) 线图(WireMap)不正确。
2) 衰减/插入损耗(Attenuation/InsertionLoss)超标。
3) 近端串扰(NEXT)超标。
4) 回波损耗(ReturnLoss)超标。

综合布线系统检测模拟试卷(B)

一、填空题(每空1分,共计20分)

1. 在综合布线系统中,信息插座既可接插计算机网络终端(PC)跳线,又可以接插电话机终端跳线,这种信息插座端口采用的是通用的_____标准插口。

2. 水平链路由_____、_____及_____等构成一条完整的链路。

3. 根据综合布线的相关标准,在一套布线系统中,双绞线与信息插座及双绞线与配线架的端接必须按_____或_____标准中的一种进行端接,不可混用。

4. 在综合布线工程中,验证性测试主要用于_____阶段,认证性测试主要用于_____阶段。

5. 布线系统的传输带宽的单位是_____,网络系统的传输速率的单位是_____。

6. 在信息传输系统中,带宽表示信道的传输_____,速率表示信号的传输_____。

7. 五类布线系统及六类布线系统的带宽为分别为_____MHZ,及_____MHZ。

8. 我国最新颁布了两个综合布线系统方面的新标准:GB/T50311:2007、GB/T50312:2007,它们分别是_____规范及_____规范。

9.在工程实施的不同阶段,检测链路的连接质量可采用_____测试,检测链路的电气传输性能需要采用_____测试。

10.对于一名检测人员,在检测工作中,应遵循科学、公正、准确的原则开展检测工作,检测_____要公正公平,检测_____要真实可靠。

二、单项选择题(每题1分,共计20分)

1.综合布线系统中的非屏蔽双绞线由_____组成。
A.双芯铜线　　　　B.四芯铜线　　　　C.六芯铜线　　　　D.八芯铜线

2.信号在链路传输过程中所造成的信号损耗的现象称为_____。
A.传输延迟(Propagationdelay)　　　　B.延迟偏差(Delayskew)
C.衰减(Attenuation)　　　　D.回波损耗(ReturnLoss)

3.下面不是非屏蔽双绞线常用符号表示的是_____。
A.FPT　　　　B.SFPT　　　　C.UTP　　　　D.Coax

4.四对双绞线的线芯基本色标是按国际标准进行定义的,它们是_____。
A.蓝、橙、绿、棕　　　　B.蓝、红、黄、绿
C.橙、棕、黑、灰　　　　D.棕、蓝、灰、白

5.多模光纤的使用的传输光源是_____。
A.激光　　　　B.白炽灯光　　　　C.发光二极管光　　　　D.电弧光

6.对于规模比较小的建筑物或办公层,由双绞线、配线架、信息插座等就可构建一套具有星形拓扑的_____综合布线系统。
A.分布式　　　　B.建筑群　　　　C.集中式　　　　D.设备间

7.现今的综合布线系统一般采用的是_____。
A.总线型拓扑结构　　　　B.环形拓扑结构
C.星型拓扑结构　　　　D.网状拓扑结构

8._____构成综合布线的传输链路。
A.光纤　　　　B.双绞线　　　　C.光纤+双绞线　　　　D.线缆+端接器件

9.下列选项中,不属于水平链路组成器件的是_____。
A.配线机柜　　　　B.线缆　　　　C.信息插座模块　　　　D.配线架

10.很多Cat.6UTP的线缆内部结构中加入了十字型尼龙"骨架",这是为了_____。
A.增架线缆的弹性
B.使线缆的绞距保持在固定位置,避免施工时产生绞距的变化
C.便于线缆的成批生产
D.增加线缆的柔韧性

11.在布线系统交付使用前,需要对系统进行测试和记录,以评定系统的工程质量,并通过对有问题的链路进行纠错和整改,这种测试是指_____。
A.链路的的连通性测试　　　　B.线缆的电气性能测试
C.线缆的认证性测试　　　　D.链路的认证性测试

12.当信号在一个线对上传输过程中,有时在途中的某一位置将一部分信号反射回来,这种现象称为_____。
A.近端串扰(NEXT)　　　　B.衰减(Attenuation/InsertionLoss)
C.回波损耗(ReturnLoss)　　　　D.远端串扰(FEXT)

13. _____是线缆对通过信号的阻碍能力。它受直流电阻,电容和电感的影响,对于一条合格的线缆,还会受施工质量的影响。在理想状态下,要求在整条电缆中必须保持是一个常数。
   A. 传输延迟(Propagationdelay)   B. 衰减(Attenuation/InsertionLoss)
   C. 综合近端串扰(PSNEXT)   D. 特性阻抗(Impedance)

14. 在光纤连接的过程中,有_____等多种连接器。
   A. SC、MT-RJ…   B. SC、RJ11、BNC…   C. ST、BNC…   D. FC、RJ45…

15. 下列选项中,_____不属于链路认证测试中的电气性能指标。
   A. 回波损耗(ReturnLoss)   B. 串扰衰减比(ACR)
   C. 近端串扰(NEXT)   D. 线图(WireMap)

16. 对六类布线系统进行认证测试,需要选用_____精度等级以上仪器。
   A. Ⅰ级精度   B. Ⅱ级精度   C. Ⅱe级精度   D. Ⅲ级精度

17. 对竣工后的超五类及六类综合布线系统在认证测试时应选用_____模型进行测试。
   A. 基本链路   B. 永久链路   C. 信道   D. 基本链路+信道

18. 进行"信道"测试时,连接仪器的跳线应该选用_____。
   A. 专用的测试跳线   B. 仪器自带的跳线
   C. 临时现场制作跳线   D. 准备今后与设备连接的用户跳线

19. 在认证性测试中,近端串扰(NEXT)是否通过,说明_____。
   A. 线缆中的发射信号在近端就被耦合给自身的接收端
   B. 线缆中有开路故障
   C. 信号产生了异常的反射
   D. 线缆特性阻抗改变

20. 单模光纤采用_____波长的单色光进行传输。
   A. 850nm、1310nm   B. 1310nm、1300nm
   C. 1310nm、1550nm   D. 850nm、1300nm

三、多项选择题(每题2分,共计20分,少选、多选、错选均不得分)

1. _____属组成综合布线系统的部分子系统。
   A. 主干子系统   B. 设备间子系统
   C. 工作区子系统   D. 配线架子系统

2. 综合布线中的双绞线缆有_____等多种规格。
   A. FTP   B. RVVP   C. SFTP   D. UTP

3. 水平子链路由_____构成。
   A. 配线机柜   B. 线缆   C. 信息插座模块   D. 配线架

4. 光纤链路两端的连接器通常采用_____方式进行安装连接。
   A. 尾纤熔接   B. 机械压接   C. 专用胶粘结   D. 配线架安装

5. 近端串扰(NEXT)是链路测试中的一个重要指标,_____会影响其示值。
   A. 线缆敷设时,线缆绞距改变   B. 端接处平行开绞距离过长
   C. 接头质量低劣   D. 端接质量差

6. 光缆与铜缆相比所具有的特点是_____。
   A. 高的传输带宽   B. 良好的抗干扰性
   C. 较低的造价   D. 传输距离远

7. 在认证性测试中,线图(WireMap)是否通过,直接反应出_____。

A. 链路两端线序排列是否符合标准
B. 是否有连通性故障,如开路,断路等
C. 布线系统的拓扑结构图
D. 线缆的敷设路由

8. _____可利用时域反射分析手段(DTR)进行故障定位诊断。
A. 开路的位置　　　　B. 短路的位置　　　　C. 衰减　　　　D. 阻抗异常点们位置

9. 给出下列选项中不能利用时域串扰分析手段(DTX)进行故障诊断:_____。
A. 阻抗异常点的位置　　　　　　B. 线缆长度
C. 近端串扰源的置　　　　　　　D. 短路点的位置

10. 工程中,影响光纤链路的衰减值的主要因素有_____。
A. 附近电磁场对线缆的干扰
B. 光纤的弯曲半经
C. 与光纤主干规格不匹配的测试跳线
D. 光纤末端连接器端面及耦合器内的灰尘

四、判断题(每题1分,共计10分,对的打√,错的打×)

1. 综合布线系统中的一根双绞线由四对组成,对于目前的百兆以太网只用了其用的两对线芯,因此另两对就可以就用于电话传输,这样可以大大节省系统的用线量,从而降低造价。　　(　　)

2. 在综合布线系统中,配线架到信息插座的水平链路长度不得超过90m,加上两端的数据跳线后其链路的总长度不得超过100m。　　(　　)

3. T568A与T568B是双绞线两种常用的端接标准,但在一个布线系统中,只能采用其中的一种端接标准进行端接。　　(　　)

4. 五类等级以上的双绞线进行端接时,其平行开绞长不得超过13mm,否则该端接部位将可能产生很大的阻抗异常。从而使回波损耗值超标。　　(　　)

5. 超五类(Cat.5e)UTP与五类UTP(Cat.5)具有相同的传输带宽,但超五类UTP的电气传输性能指标却要优于五类UTP。　　(　　)

6. 永久链路的极限长度为100m,信道的极限长度为90m。　　(　　)

7. 用于认证性测试的仪器除了能够快速而准确的测出链路的性能值外,另一个作用是可以迅速找出被测链路的故障点。　　(　　)

8. 在测试回波损耗(ReturnLoss)、近端串扰(NEXT)等参数时,考虑到链路长度对信号衰减的影响,需要从链路的两端进行双向发射及接收测试,只有这样才能全面反应整条链路的真实参数。
　　(　　)

9. 近端串扰(NEXT)是四对线缆中的任一线对另一线对串扰,因此需要对四种组合方式全部进行测试。　　(　　)

10. 对多模光纤链路进行测试时,可以采用发光二极管光源,也以采用激光光源,全面测试链路的工作波长、衰减、近端串扰、延迟偏差等指标。　　(　　)

五、简答题(每题5分,共计20分)

1. 认证合格后的永久链路投入实际使用时,链路的两端还需配置用户跳线设备跳线,由于永久链路已经过检测合格,因此是否就可以认为两端户跳线的质量好坏不会影响整条链路的传输质量?为什么?

2. 简述NVP的含义,对认证测试有何实际意义?

3. 测试报告中有两类计算结果值,请简述 Margin 与 Headroom 的含义及区别?
4. 如果发现在链路的非端接位置以外出现回波损耗故障点,是否可以对这条链路进行纠错修复?

六、计算题(共计 10 分)

某综合布线系统永久链路测试长度为 64m,在投入使用前用户在交换机端和工作区端各配置了一根 3m 的跳线,则用信道认证测试后,其链路总长度为多少米?

七、实践题(每题 10 分,共计 20 分)

1. 请简述,认证测试前需要对仪器进行哪些主要的设置?
2. 请分析哪些因素对以下测试参数产生影响(不考虑产品质量因素)?
1) 线图(WireMap)不正确。
2) 衰减/插入损耗(Attenuation/InsertionLoss)超标。
3) 近端串扰(NEXT)超标。
4) 回波损耗(ReturnLoss)超标。

第三节 智能化系统集成、电源与接地检测、环境系统检测

一、填空题

1. 智能建筑中的"_____"主要是通过其中的各种智能化系统来实现的。
2. 建筑智能化系统主要包括建筑设备自动化系统、消防自动化系统、安全防范自动化系统、_____、_____、_____和集成系统。
3. 对智能化系统的检测主要分为_____和_____。
4. 智能化系统集成网络连接检测中,相连接的硬件产品和接口的性能、_____、_____、_____和接地、可靠性及电磁兼容性应符合设计要求。
5. 电源与接地检测的仪器设备有_____、直流耐压试验仪、_____、游标卡尺、声级计。
6. 智能化系统的其他专用电源设备和电源箱的抽检数量不应低于_____。
7. 采用便携式绝缘电阻测试仪实测或检查绝缘电阻测试记录的方法,检查蓄电池组母线对地的绝缘电阻值,110V 的蓄电池组不应小于_____MΩ;220V 的蓄电池组不应小于_____MΩ。
8. 空间环境检测中,采用目测或用钢卷尺检测门的_____、_____,室内顶棚_____、楼板厚度、架空地板的高度。符合设计要求为合格。
9. 电源与接地检测中,稳压、稳流、_____、_____和充电设备应全数检测。
10. 系统数据集成检测中,服务器端要求能够显示子各系统的数据,界面应_____和_____,数据显示应准确,响应时间等性能指标应符合设计要求。现场检验。用秒表读取响应时间。对各子系统应_____,100% 合格为检测合格。
11. 系统集成整体协调检测中,在现场模拟火灾信号,在操作员站观察报警和做出判断情况,记录视频安防监控系统、门禁系统、紧急广播系统、_____、_____和_____的联动逻辑是否符合设计文件要求。符合设计要求的为检测合格,否则为检测不合格。
12. 等电位连接和共用接地的检测中,检查共用接地装置与室内总等电位接地端子板连接,接

地装置应在不同处采用_____根连接导体与总等电位接地端子板连接；其连接导体的截面积，铜质接地线不变小于_____，钢质接地线不应小于_____。

13. GB/T 12325—2003 规定中，供电电压的允许偏差，35kV 及以上供电电压正、负偏差的绝对值之和不超过标称系统电压的_____；10kV 及以下三相供电电压允许偏差为标称系统电压的_____。

14. GB/T 15543-1995 规定中，电力系统公共连接点正常运行方式下不平衡度允许值为_____，短时间不得超过_____。

15. 采用便携式绝缘电阻测试仪实测或检查绝缘电阻测试记录的方法，检查直流屏主回路线间和线对地间绝缘电阻值；_____所附蓄电池组的充、放电是否符合产品技术条件；_____的输出特性是否符合产品技术条件。在检测时，应将屏内电子器件从_____上退出。

二、单项选择题

1. 环境系统检测中，室内空气环境质量检查项目的合格率不应低于_____。
   A. 70%   B. 80%   C. 90%   D. 100%

2. 按《防盗报警控制器通用技术条件》GB 12663—1990 的规定，备用电源应_____保持系统能连续工作。
   A. 12h   B. 24h   C. 36h   D. 48h

3. 智能化系统的其他专用电源设备和电源箱的抽检数量不应低于_____。
   A. 10%   B. 20%   C. 30%   D. 40%

4. 防雷接地与交流工作接地、直流工作接地、安全保护接地共用_____组接地装置时，接地装置的接地电阻值必须按接入设备中要求的最小值确定。
   A. 1   B. 2   C. 3   D. 4

5. 等电位联接和共用接地的检测中，检查楼层配线柜的接地线，应采用带绝缘层的铜导线，其截面积不应小于_____。
   A. 12mm²   B. 14mm²   C. 16mm²   D. 18mm²

6. 智能化人工接地装置的检测中，接地模块顶面埋深不应小于_____。
   A. 0.5m   B. 0.6m   C. 0.7m   D. 0.8m

7. 电源与接地检测中，检测结果符合设计要求为合格，被检设备的合格率应为_____。
   A. 70%   B. 80%   C. 90%   D. 100%

8. 等电位联接和共用接地的检测中，其连接导体的截面积，铜质接地线不应小于_____。
   A. 30mm²   B. 35mm²   C. 40mm²   D. 45mm²

9. 智能建筑的供电接地系统宜采用_____。
   A. TN-S 系统   B. TN-C-S 系统   C. TN-C 系统   D. TN-S-C 系统

10. 建筑物接地符合设计要求时，共用接地电阻应不大于_____。
    A. 1Ω   B. 2Ω   C. 3Ω   D. 4Ω

三、多项选择题

1. 环境系统检测仪器设备有_____。
   A. CO 测量仪   B. 风速计   C. 声级计   D. 电磁场强仪

2. 智能化人工接地装置的检测中，接地模块间距不应小于模块长度的_____。
   A. 2 倍   B. 3 倍   C. 4 倍   D. 5 倍

3. 在 GB/T 12325—2003 规定中，220V 单相供电电压允许偏差为标称系统电压的_____。

A. ±7% B. +7% C. ±10% D. -10%

4. _____ 属于智能建筑中常见的电气接地系统。
A. TN-C 系统 B. TN-S-C 系统 C. TN-C-S 系统 D. TN-S 系统

四、简答题

1. 机房工程的配电要求主要有哪些？
2. 什么是1类声环境功能区？其限值是多少？用什么仪器测量？仪器有什么要求？
3. 机房设备的防雷接地有哪些要求？
4. 智能化系统接地线缆敷设的检测应符合哪些要求？
5. 简述接地方式有哪两组成部分？

参考答案：

一、填空题

1. 智能
2. 通信网络系统　办公自动化系统　综合布线系统
3. 功能检测　性能检测
4. 功能　安全性　电源
5. 电源质量分析仪　绝缘电阻测试仪　交流耐压试验仪
6. 20%
7. 0.1　0.2
8. 宽度　高度　净高
9. 不间断电源装置　蓄电池组
10. 汉化　图形化　全部检测
11. 空调系统　通风系统　电梯及自动扶梯系统
12. 2　35mm²　80mm²
13. 10%　±7%
14. 2%　4%
15. 直流屏　整流器　回路

二、单项选择题

1. C   2. B   3. B   4. A
5. C   6. B   7. D   8. B
9. A   10. A

三、多项选择题

1. A、B、D   2. B、C、D   3. B、D   4. A、C、D

四、简答题

1. 答：电源质量应符合相关标准规定。
机房内应设 UPS 不间断电源，应急照明装置等。

2. 答：1类声环境功能区：指以居民住宅、医疗卫生、文化教育、科研设计、行政办公为主要功能，需要保持安静的区域。其限值为：昼间：55dB(A)，夜间：45dB(A)。
测量仪器精度为2型及2型以上的积分平均声级计或环境噪声自动监测仪器，其性能需符合 GB3785 和 GB/T17181 的规定，并定期校验。测量前后使用声校准器校准测量仪器的示值偏差不得大于0.5dB，否则，测量无效。声校准器应满足 GB/T15173 对1级或2级声校准器的要求。测量时传声器应加防风罩。

3.答:在建筑物接地符合设计要求时,共用接地电阻应不大于1Ω。

若是未达到设计要求时,此时应按GB50343标准规定,在建筑物外建设自身防雷接地网。

电源采用B级防雷标准,进出机房的线缆均需采用防雷保护器。

4.答:(1)接地线的截面积、敷设路由、安装方法应符合设计要求;

(2)接地线在穿越墙体、楼板和地坪时应加装保护管。

5.答:接地方式的组成部分可分为电气设备和配电系统两部分。

(1)电气设备的接地部分:

1)接地体:与大地紧密接触并与大地形成电气连接的一个或一组导体。

2)外露可导电部分:电气设备能触及的可导电部分。正常时不带电,故障时可能带电,通常为电气设备的金属外壳。

3)主接地端子板:一个建筑物或部分建筑物内各种接地(如工作接地、保护接地)的端子和等电位连接线的端子的组合。如成排排列,则称为主接地端子排。

4)保护线(PE):将上述外露可导电部分,主接地端子板、接地体以及电源接地点(或人工接地点)任何部分作电气连接的导体。对于连接多个外露可导电部分的导体称为保护干线。

5)接地线:将主接地端子板或将外露可导电部分直接接到接地体的保护线。对于连接多个接地端子板的接地线称为接地干线。

6)等电位连接:指各外露可导电部分和装置外导电部分的电位实质上相等的电气连接。

(2)配电系统的接地部分:

1)相线(L)。输送电能的导体,正常情况下不接地。

2)中性线(N)。与系统中性点相连,并能起输送电能作用的导体。

3)保护中性线(PEN)。兼有保护线和中性线作用的导体。

4)电源接地点。将电源可以接地的一点(通常是中性点)进行接地。

智能化系统集成、电源与接地检测、环境系统检测模拟试卷(A)

一、填空题(每空1分,共计20分)

1.智能建筑中的"_____"主要是通过其中的各种智能化系统来实现的。

2.建筑智能化系统主要包括建筑设备自动化系统、消防自动化系统、安全防范自动化系统、_____、_____、_____和集成系统。

3.对智能化系统的检测主要分为_____和_____。

4.智能化系统集成网络连接检测中,相连接的硬件产品和接口的性能、_____、_____、_____和接地、可靠性及电磁兼容性应符合设计要求。

5.电源与接地检测的仪器设备有_____、_____、直流耐压试验仪、_____、游标卡尺、声级计。

6.智能化系统的其他专用电源设备和电源箱的抽检数量不应低于_____。

7.采用便携式绝缘电阻测试仪实测或检查绝缘电阻测试记录的方法,检查蓄电池组母线对地的绝缘电阻值,110V的蓄电池组不应小于_____MΩ;220V的蓄电池组不应小于_____MΩ。

8.空间环境检测中,采用目测或用钢卷尺检测门的_____、_____,室内顶棚_____、楼板厚度、架空地板的高度。符合设计要求为合格。

9.电源与接地检测中,稳压、稳流、_____、_____和充电设备应全数检测。

二、单项选择题(每题2分,共计20分)

1. 环境系统检测中,室内空气环境质量检查项目的合格率不应低于_____。
   A. 70%　　　　　B. 80%　　　　　C. 90%　　　　　D. 100%

2. 备用电源的连续工作时间:按《防盗报警控制器通用技术条件》GB 12663—1990 的规定,备用电源_____应保持系统能连续工作。
   A. 12h　　　　　B. 24h　　　　　C. 36h　　　　　D. 48h

3. 智能化系统的其他专用电源设备和电源箱的抽检数量不应低于_____。
   A. 10%　　　　　B. 20%　　　　　C. 30%　　　　　D. 40%

4. 防雷接地与交流工作接地、直流工作接地、安全保护接地共用_____组接地装置时,接地装置的接地电阻值必须按接入设备中要求的最小值确定。
   A. 1　　　　　　B. 2　　　　　　C. 3　　　　　　D. 4

5. 等电位连接和共用接地的检测中,检查楼层配线柜的接地线,应采用带绝缘层的铜导线,其截面积不应小于_____。
   A. 12mm²　　　　B. 14mm²　　　　C. 16mm²　　　　D. 18mm²

6. 智能化人工接地装置的检测中,接地模块顶面埋深不应小于_____。
   A. 0.5m　　　　　B. 0.6m　　　　　C. 0.7m　　　　　D. 0.8m

7. 电源与接地检测中,检测结果符合设计要求为合格,被检设备的合格率应为_____。
   A. 70%　　　　　B. 80%　　　　　C. 90%　　　　　D. 100%

8. 等电位连接和共用接地的检测中,其连接导体的截面积,铜质接地线不应小于_____。
   A. 30mm²　　　　B. 35mm²　　　　C. 40mm²　　　　D. 45mm²

9. 智能建筑的供电接地系统宜采用_____。
   A. TN-S 系统　　B. TN-C-S 系统　　C. TN-C 系统　　D. TN-S-C 系统

10. 建筑物接地符合设计要求时,共用接地电阻应不大于_____。
    A. 1Ω　　　　　B. 2Ω　　　　　C. 3Ω　　　　　D. 4Ω

三、多项选择题(每题5分,共计20分,少选、多选、错选均不得分)

1. 环境系统检测仪器设备有_____。
   A. CO 测量仪　　B. 风速计　　C. 声级计　　D. 电磁场强仪

2. 智能化人工接地装置的检测中,接地模块间距不应小于模块长度的_____。
   A. 2 倍　　　　　B. 3 倍　　　　　C. 4 倍　　　　　D. 5 倍

3. 在 GB/T 12325—2003 规定中,220V 单相供电电压允许偏差为标称系统电压的_____。
   A. ±7%　　　　　B. +7%　　　　　C. ±10%　　　　　D. -10%

4. _____属于智能建筑中常见的电气接地系统。
   A. TN-C 系统　　B. TN-S-C 系统　　C. TN-C-S 系统　　D. TN-S 系统

四、简答题(每题15分,共计60分)

1. 我国智能建筑系统集成经历了哪几个发展阶段?
   (评分标准:每回答对一题得4分,全部答对得15分)

2. 什么是系统集成?它的目的是什么?

3. 机房工程的配电要求主要有哪些?

4. 什么是1类声环境功能区?其限值是多少?用什么仪器测量?仪器有什么要求?

智能化系统集成、电源与接地检测、环境系统检测模拟试卷(B)

一、填空题(每空1分,共计20分)

1. 系统数据集成检测中,服务器端要求能够显示子各系统的数据,界面应_____和_____,数据显示应准确,响应时间等性能指标应符合设计要求。现场检验。用秒表读取响应时间。对各子系统应_____,100%合格为检测合格。

2. 系统集成整体协调检测中,在现场模拟火灾信号,在操作员站观察报警和做出判断情况,记录视频安防监控系统、门禁系统、紧急广播系统、_____、_____和_____的联动逻辑是否符合设计文件要求。符合设计要求的为检测合格,否则为检测不合格。

3. 等电位连接和共用接地的检测中,检查共用接地装置与室内总等电位接地端子板连接,接地装置应在不同处采用_____根连接导体与总等电位接地端子板连接;其连接导体的截面积,钢质接地线不应小于_____。

4. GB/T 12325—2003规定中,供电电压的允许偏差,35kV及以上供电电压正、负偏差的绝对值之和不超过标称系统电压的_____;10kV及以下三相供电电压允许偏差为标称系统电压的_____。

5. GB/T 15543-1995规定中,电力系统公共连接点正常运行方式下不平衡度允许值为_____,短时间不得超过_____。

6. 采用便携式绝缘电阻侧测仪实测或检查绝缘电阻测试记录的方法,检查直流屏主回路线间和线对地间绝缘电阻值;_____所附蓄电池组的充、放电是否符合产品技术条件;_____的输出特性是否符合产品技术条件。在检测时,应将屏内电子器件从_____上退出。

7. 建筑智能化系统主要包括建筑设备自动化系统、消防自动化系统、安全防范自动化系统、_____、_____、_____和集成系统。

8. 智能建筑中的"_____"主要是通过其中的各种智能化系统来实现的。

二、单项选择题(每题2分,共计20分)

1. 电源与接地检测中,检测结果符合设计要求为合格,被检设备的合格率应为_____。
A. 70%   B. 80%   C. 90%   D. 100%

2. 等电位连接和共用接地的检测中,检查楼层配线柜的接地线,应采用带绝缘层的铜导线,其截面积不应小于_____。
A. 12mm^2 B. 14mm^2 C. 16mm^2 D. 18mm^2

3. 建筑物接地符合设计要求时,共用接地电阻应不大于_____。
A. 1Ω   B. 2Ω   C. 3Ω   D. 4Ω

4. 防雷接地与交流工作接地、直流工作接地、安全保护接地共用_____组接地装置时,接地装置的接地电阻值必须按接入设备中要求的最小值确定。
A. 1   B. 2   C. 3   D. 4

5. 智能化人工接地装置的检测中,接地模块顶面埋深不应小于_____。
A. 0.5m   B. 0.6m   C. 0.7m   D. 0.8m

6. 智能建筑的供电接地系统宜采用_____。
A. TN-S系统   B. TN-C-S系统   C. TN-C系统   D. TN-S-C系统

7. 备用电源的连续工作时间:按《防盗报警控制器通用技术条件》GB 12663—1990的规定,备用电源应_____保持系统能连续工作。

A. 12h　　　　　B. 24h　　　　　C. 36h　　　　　D. 48h
8. 环境系统检测中,室内空气环境质量检查项目的合格率不应低于_____。
A. 70%　　　　　B. 80%　　　　　C. 90%　　　　　D. 100%
9. 智能化系统的其他专用电源设备和电源箱的抽检数量不应低于_____。
A. 10%　　　　　B. 20%　　　　　C. 30%　　　　　D. 40%
10. 等电位连接和共用接地的检测中,其连接导体的截面积,铜质接地线不应小于_____。
A. 30mm^2　　　B. 35mm^2　　　C. 40mm^2　　　D. 45mm^2

三、多项选择题(每题5分,共计20分,少选、多选、错选均不得分)

1. 在 GB/T 12325—2003 规定中,220V 单相供电电压允许偏差为标称系统电压的_____。
A. ±7%　　　　　B. +7%　　　　　C. ±10%　　　　D. -10%
2. 环境系统检测仪器设备有_____。
A. CO 测量仪　　B. 风速计　　　　C. 声级计　　　　D. 电磁场强仪
3. _____属于智能建筑中常见的电气接地系统。
A. TN-C 系统　　B. TN-S-C 系统　C. TN-C-S 系统　D. TN-S 系统
4. 智能化人工接地装置的检测中,接地模块间距不应小于模块长度的_____。
A. 2 倍　　　　　B. 3 倍　　　　　C. 4 倍　　　　　D. 5 倍

四、简答题(第1、2题为15分,第3题为30分,共计60分)

1. 机房设备的防雷接地有哪些要求?
2. 智能化系统接地线缆敷设的检测应符合哪些要求?
3. 简述接地方式有哪两组成部分?
(评分标准:总分30分,每部分各15分)

第四节　建筑设备监控系统检测

一、填空题

1. 智能建筑是通过对建筑物的四个基本要素,即_____、_____、服务和管理以及它们之间的内在联系进行最优化设计,从而提供具有高效、舒适、安全、便捷环境的建筑空间。
2. 建筑智能化系统主要包括_____、_____、_____、通信网络系统、办公自动化系统、综合布线系统和集成系统。
3. 空气处理机组(AHU)和新风机组(PAU)的检测的检测数量,每类机组按总数_____抽检,且不得少于_____台,不足_____台时全部检测。
4. 在检测的 VAV 系统中,在 VAVBOX 的 DDC 上人工改变温度设定值_____℃,记录 VAVBox 风阀开度的变化及_____的变化。当室内温度达到控制目标,精度在_____为合格。
5. 对冷冻机、冷却塔、冷冻水泵、冷却水泵的工作状态、故障状态、手/自动模式进行_____与显示值的比对,_____为合格。
6. 人工关闭中央站,抽检_____个 DDC。记录 DDC 工作状态,各 DDC 能_____为合格。
7. 人工断电,重启电源后,中央站和 DDC_____,系统能_____为合格。
8. 对照明状态、_____状态、_____状态进行现场与显示值的比对,_____为合格。
9. 温度控制功能检测中,在中央站人工改变温度设定值_____,系统按预定控制逻辑正常工作,并能达到控制目标(AHU 为室内温湿度,PAU 为送风温度),记录温度_____与温度_____,记录在技术文件合同的规定允许范围内为合格。

10. 将系统内所有 VAVBox 投入运行,用_____测试总风量,然后分别关闭_____总数的 VAVBox、_____总数的 VAVBox、3/4 总数的 VAVBox。测量总风量的变化,总风量调节过度稳定,无显著波动且总风量呈_____相应递减关系为合格。

11. 电压、电流、_____、_____、用电量的测试,采用现场数据与显示值比对方式检测。相对误差不超过_____为合格。

12. 系统安全性测试中,检测历史数据记录的_____及_____,符合技术文件要求为合格。

13. 对每类系统(给水系统、排水系统和中水系统)应按其数量的_____抽检,且不得小于_____套,当总数小于_____套时,应全数检测。检测结果符合设计要求者为合格,被检设备的合格率应为_____。

14. 照明系统主要有_____控制和_____控制两种,其中_____环控制分定时控制和合成照度控制,_____控制分集中控制、时间控制、照度控制、室内检测控制。

二、单项选择题

1. 变配电系统检测,低压回路数的检测数量为_____。
A. 10%　　　　　　B. 20%　　　　　　C. 30%　　　　　　D. 40%

2. 电压、电流、有功功率、无功功率、用电量的测试,采用现场数据与显示值比对方式检测。相对误差不超过_____为合格。
A. 2%　　　　　　B. 4%　　　　　　C. 6%　　　　　　D. 8%

3. 在中央站发出启/停命令,通过时间记录查询命令响应时间,响应时间不大于_____为合格。
A. 1s　　　　　　B. 2s　　　　　　C. 3s　　　　　　D. 4s

4. 系统可维护性测试中,I/O 点位的总冗余数不少于_____为合格。
A. 5%　　　　　　B. 10%　　　　　　C. 15%　　　　　　D. 20%

5. 传感器精度测试中,实测值与显示值相对误差在_____以内为合格。
A. ±2%　　　　　B. ±3%　　　　　C. ±4%　　　　　D. ±5%

6. 空气处理机组(AHU)和新风机组(PAU)的检测仪器中,风速仪的精度为_____。
A. ±1%　　　　　B. ±3%　　　　　C. ±5%　　　　　D. ±7%

7. 冷冻站系统功能检测中,对比冷冻机机内所侧冷冻水、冷却水进出口温度与中央站的显示值,偏差不超过_____为合格。
A. 0.4℃　　　　　B. 0.5℃　　　　　C. 0.6℃　　　　　D. 0.7℃

8. 数据通信接口测试中,传输时间不超过_____为合格。
A. 6s　　　　　　B. 7s　　　　　　C. 8s　　　　　　D. 9s

9. 空气处理机组(AHU)和新风机组(PAU)的防冻保护中,停止机组工作,设定室外温度为_____,记录水阀、风阀工作状态,系统按防冻设计要求工作为合格。
A. -1℃　　　　　B. 0℃　　　　　　C. 1℃　　　　　　D. 2℃

10. 在检测的变风量(VAV)空调系统中,每个系统分别抽测_____个房间。
A. 2　　　　　　　B. 4　　　　　　　C. 6　　　　　　　D. 8

三、多项选择题

1. 空气处理机组(AHU)和新风机组(PAU)的检测的仪器设备有_____。

A. 压力表　　　　B. 温度计　　　　C. 秒表　　　　D. 风速仪

2. 公共照明系统检测项目有＿＿＿＿。

A. 状态显示测试　　B. 亮度测试　　C. 电力测试　　D. 启/停控制

3. BAS 的监控范围有＿＿＿＿。

A. 暖通空调　　　B. 给排水　　　C. 电梯　　　D. 报警

4. 下列属于新风系统的是＿＿＿＿。

A. 风机　　　B. 排风口　　　C. 风速仪　　　D. 各种管理通道

四、简答题

1. 照明系统主要有哪些控制方法？
2. 供配电监控系统对电力系统的控制,一般执行哪些程序？
3. 热源系统功能的检测应包括哪些内容？
4. 建筑设备监控中对电梯和自动扶梯的监控主要有哪些功能？
5. 简要说明空气处理机组(AHU)和新风机组(PAU)的检测项目。

参考答案：

一、填空题

1. 结构　系统
2. 建筑设备自动化系统　消防自动化系统　安全防范自动化系统
3. 20%　5　5
4. 1~2　室内温度　允许范围
5. 现场值　全部一致
6. 2~3　坚持独立工作
7. 无系统数据丢失　正常工作
8. 故障状态　手/自动状态　全部一致
9. 1~2℃　调节过度时间　稳定值
10. 风速仪　1/3　1/2　相应递减
11. 有功功率　无功功率　2%
12. 种类　时间
13. 50%　5　5　100%
14. 环境照度　照明节能　环境照度　照明节能

二、单项选择题

1. B　　2. A　　3. D　　4. B
5. D　　6. C　　7. B　　8. C
9. B　　10. A

三、多项选择题

1. B、C、D　　2. A、D　　3. A、B、C　　4. A、B、D

四、简答题

1. 答：主要有环境照度控制和照明节能控制两种,其中环境照度控制分定时控制和合成照度控制,照明节能控制分集中控制、时间控制、照度控制、室内检测控制。

2. 答：供配电监控系统通常执行以下几方面的控制：
(1) 按顺序自动接通、分断高、低压断路器及相应开关设备。
(2) 按需要自动接通、分断高、低压母联断路器。
(3) 按需投切备用柴油发电机组,控制配电屏内开关设备按顺序自动合闸,运行"正常/事故"

供配电运行方式转换。

(4)对大型动力设备进行定时启停及顺序控制。

(5)按需自动投切蓄电池设备。

3.答:(1)热源系统各类监控参数;

(2)热源系统燃烧系统自动调节;

(3)锅炉、水泵等设备顺序启/停控制;

(4)锅炉房可燃气体、有害物质浓度检测报警;

(5)烟道温度超限报警和蒸汽压力超限报警;

(6)设备故障报警和安全保护功能;

(7)燃料消耗量统计记录。

4.答:(1)监视功能。电梯及自动扶梯的运行状态,电梯紧急情况状态报警。

(2)管理功能。管理电梯在高、低峰时间的运行状态,电梯紧急情况状态报警。

(3)控制功能。当发生火警时,在备用电源自动切换投入运行 5min 内,将电梯分几次全部降落到底层,并自动切除除消防梯外的其他电梯电源。

5.答:(1)传感器精度测试。

(2)执行机构性能测试。

(3)状态显示值测试。

(4)启/停控制。

(5)故障报警检测。

(6)温湿度控制功能检测。

(7)AHU 多工况运行调节测试。

(8)冬、夏季工况切换控制检测。

(9)防冻保护。

建筑设备监控系统检测模拟试卷(A)

一、填空题(每空1分,共计20分)

1.智能建筑是通过对建筑物的四个基本要素,即_____、_____、服务和管理以及它们之间的内在联系进行最优化设计,从而提供具有高效、舒适、安全、便捷环境的建筑空间。

2.建筑智能化系统主要包括_____、_____、_____、通信网络系统、办公自动化系统、综合布线系统和集成系统。

3.空气处理机组(AHU)和新风机组(PAU)的检测的检测数量,每类机组按总数_____抽检,且不得少于_____台,不足_____台时全部检测。

4.在检测的 VAV 系统中,在 VAVBOX 的 DDC 上人工改变温度设定值_____℃,记录 VAVBox 风阀开度的变化及_____的变化。当室内温度达到控制目标,精度在_____为合格。

5.对冷冻机、冷却塔、冷冻水泵、冷却水泵的工作状态、故障状态、手/自动模式进行_____与显示值的比对,_____为合格。

6.人工关闭中央站,抽检_____个 DDC。记录 DDC 工作状态,各 DDC 能_____为合格。

7.人工断电,重启电源后,中央站和 DDC_____,系统能_____为合格。

8.对照明状态、_____状态、_____状态进行现场与显示值的比对,_____为合格。

二、单项选择题(每题 2 分,共计 20 分)

1. 变配电系统检测,低压回路数的检测数量_____。
   A. 10%　　　　B. 20%　　　　C. 30%　　　　D. 40%

2. 电压、电流、有功功率、无功功率、用电量的测试,采用现场数据与显示值比对方式检测。相对误差不超过_____为合格。
   A. 2%　　　　B. 4%　　　　C. 6%　　　　D. 8%

3. 在中央站发出启/停命令,通过时间记录查询命令响应时间,响应时间不大于_____为合格。
   A. 1s　　　　B. 2s　　　　C. 3s　　　　D. 4s

4. 系统可维护性测试中,I/O 点位的总冗余数不少于_____为合格。
   A. 5%　　　　B. 10%　　　　C. 15%　　　　D. 20%

5. 传感器精度测试中,实测值与显示值相对误差在_____以内为合格。
   A. ±2%　　　　B. ±3%　　　　C. ±4%　　　　D. ±5%

6. 空气处理机组(AHU)和新风机组(PAU)的检测仪器中,风速仪的精度为_____。
   A. ±1%　　　　B. ±3%　　　　C. ±5%　　　　D. ±7%

7. 冷冻站系统功能检测中,对比冷冻机机内所测冷冻水、冷却水进出口温度与中央站的显示值,偏差不超过_____为合格。
   A. 0.4℃　　　　B. 0.5℃　　　　C. 0.6℃　　　　D. 0.7℃

8. 数据通信接口测试中,传输时间不超过_____为合格。
   A. 6s　　　　B. 7s　　　　C. 8s　　　　D. 9s

9. 空气处理机组(AHU)和新风机组(PAU)的防冻保护中,停止机组工作,设定室外温度为_____,记录水阀、风阀工作状态,系统按防冻设计要求工作为合格。
   A. -1℃　　　　B. 0℃　　　　C. 1℃　　　　D. 2℃

10. 在检测的变风量(VAV)空调系统中,每个系统分别抽测_____个房间。
    A. 2　　　　B. 4　　　　C. 6　　　　D. 8

三、多项选择题(每题 5 分,共计 20 分,少选、多选、错选均不得分)

1. 空气处理机组(AHU)和新风机组(PAU)的检测的仪器设备有_____。
   A. 压力表　　　B. 温度计　　　C. 秒表　　　D. 风速仪

2. 公共照明系统检测项目有_____。
   A. 状态显示测试　　　　　　B. 亮度测试
   C. 电力测试　　　　　　　　D. 启/停控制

3. BAS 的监控范围有_____。
   A. 暖通空调　　B. 给排水　　C. 电梯　　D. 报警

4. 下列属于新风系统的是_____。
   A. 风机　　B. 排风口　　C. 风速仪　　D. 各种管理通道

四、简答题(每题 15 分,共计 60 分)

1. 简要说明空气处理机组(AHU)和新风机组(PAU)的检测项目?
   (评分标准:每答对一条得 2 分,答对 7 条以上得 15 分)

2. 简要说明智能化系统检测步骤?

（评分标准：每答对一条得 4 分，全部答对得 15 分）

3. 照明系统主要有哪些控制方法？
4. 供配电监控系统对电力系统的控制，一般执行哪些？

建筑设备监控系统检测模拟试卷(B)

一、填空题（每空 1 分，共计 20 分）

1. 温度控制功能检测中，在中央站人工改变温度设定值_____，系统按预定控制逻辑正常工作，并能达到控制目标（AHU 为室内温湿度，PAU 为送风温度），记录温度_____与温度_____，记录在技术文件合同的规定允许范围内为合格。

2. 将系统内所有 VAVBox 投入运行，用_____测试总风量，然后分别关闭_____总数的 VAVBox、_____总数的 VAVBox、3/4 总数的 VAVBox。测量总风量的变化，总风量调节过度稳定，无显著波动且总风量呈_____相应递减关系为合格。

3. 电压、电流、_____、_____、用电量的测试，采用现场数据与显示值比对方式检测。相对误差不超过_____为合格。

4. 系统安全性测试中，检测历史数据记录的_____及_____，符合技术文件要求为合格。

5. 对每类系统（给水系统、排水系统和中水系统）应按其数量的_____抽检，且不得小于_____套，当总数小于_____套时，应全数检测。检测结果符合设计要求者为合格，被检设备的合格率应为_____。

6. 照明系统主要有_____控制和_____控制两种，其中_____环控制分定时控制和合成照度控制，_____控制分集中控制、时间控制、照度控制、室内检测控制。

二、单项选择题（每题 2 分，共计 20 分）

1. 空气处理机组（AHU）和新风机组（PAU）的防冻保护中，停止机组工作，设定室外温度为_____，记录水阀、风阀工作状态，系统按防冻设计要求工作为合格。
   A. -1℃   B. 0℃   C. 1℃   D. 2℃

2. 空气处理机组（AHU）和新风机组（PAU）的检测仪器中，风速仪的精度为_____。
   A. ±1%   B. ±3%   C. ±5%   D. ±7%

3. 在检测的变风量（VAV）空调系统中，每个系统分别抽测_____个房间。
   A. 2   B. 4   C. 6   D. 8

4. 数据通信接口测试中，传输时间不超过_____为合格。
   A. 6s   B. 7s   C. 8s   D. 9s

5. 冷冻站系统功能检测中，对比冷冻机机内所测冷冻水、冷却水进出口温度与中央站的显示值，偏差不超过_____为合格。
   A. 0.4℃   B. 0.5℃   C. 0.6℃   D. 0.7℃

6. 电压、电流、有功功率、无功功率、用电量的测试，采用现场数据与显示值比对方式检测。相对误差不超过_____为合格。
   A. 2%   B. 4%   C. 6%   D. 8%

7. 在中央站发出启/停命令，通过时间记录查询命令响应时间，响应时间不大于_____为合格。

A. 1s　　　　　　B. 2s　　　　　　C. 3s　　　　　　D. 4s

8. 变配电系统检测，低压回路数的检测数量为_____。

A. 10%　　　　　B. 20%　　　　　C. 30%　　　　　D. 40%

9. 系统可维护性测试中，I/O 点位的总冗余数不少于_____为合格。

A. 5%　　　　　　B. 10%　　　　　C. 15%　　　　　D. 20%

10. 传感器精度测试中，实测值与显示值相对误差在_____以内为合格。

A. ±2%　　　　　B. ±3%　　　　　C. ±4%　　　　　D. ±5%

三、多项选择题（每题 5 分，共计 20 分，少选、多选、错选均不得分）

1. 公共照明系统检测项目有_____。

A. 状态显示测试　　B. 亮度测试　　C. 电力测试　　D. 启/停控制

2. 下列属于新风系统的是_____。

A. 风机　　　　　　B. 排风口　　　C. 风速仪　　　D. 各种管理通道

3. BAS 的监控范围有_____。

A. 暖通空调　　　　B. 给排水　　　C. 电梯　　　　D. 报警

4. 空气处理机组（AHU）和新风机组（PAU）的检测的仪器设备有_____。

A. 压力表　　　　　B. 温度计　　　C. 秒表　　　　D. 风速仪

四、简答题（每题 15 分，共计 60 分）

1. 简要说明智能化系统检测步骤？

（评分标准：每答对一条得 4 分，全部答对得 15 分）

2. BAS 的监控范围和目的是什么？

3. 热源系统功能的检测应包括哪些内容？

（评分标准：每答对一题得 2 分，全部答对得 15 分）

4. 建筑设备监控中对电梯和自动扶梯的监控主要有哪些功能？

（评分标准：每答对一题得 5 分，全部答对得 15 分）

第五节　安全防范系统检测

一、填空题

1. 技术防范是利用各种各样的技术和警戒设备，如各种防盗报警器、_____和_____等设备来替代或制约保卫人员站岗、巡逻、警戒的一项措施。

2. 社会公共安全防范技术涉及方方面面，社会上的重要单位和要害部门，这些单位的安全保卫工作_____，是安全防范技术工作的_____。

3. 利用防范技术加强安全防范工作，首先对犯罪分子构成威慑作用，使其不敢_____，对预防犯罪_____。

4. 安全防范系统通常由前端设备、传输通道、_____、_____和显示设备等部分组成。

5. 检测机构应当对从业人员进行教育和督促，让其_____的原则，树立正确的_____。

6. 检测人员应依靠科学技术，提高检测水平和对社会的_____，确保检测行为_____。

7. 检测人员应树立全局观念，维护集体荣誉，坚持_____，_____

8. 检测人员应廉洁自律_____，遵守国家_____。

9. 用于安全防范事业的产品名目繁衍，可按其工作原理，_____，_____使用范围来进行分类。

10. 报警设备按其警戒范围分为点、线、_____和_____报警器。

二、单项选择题

1. GA/T75标准规定,安全防范工程的风险等级分为_____级。
   A. 6   B. 5   C. 4   D. 3

2. GB12663标准规定,用于联动的警灯警报器,在额定电压下,距离音响器件中心正前方1m处,在室外,警铃的声级应大于_____dB。
   A. 90   B. 100   C. 110   D. 115

3. GB12663标准规定,用于联动的警灯警报器,在额定电压下,距离音响器件中心正前方1m处,在室内,警铃的声级应大于_____dB。
   A. 50   B. 60   C. 70   D. 80

4. 依据GB/T16676标准规定,在防护区域内,入侵探测器的盲区边缘与防御目标间的距离不得小于_____m。
   A. 3   B. 4   C. 5   D. 6

5. 依据标准规定,视频监控系统与其联动的周界报警系统联动时,监控系统应对沿警戒线_____m宽的警戒范围实施监控。
   A. 4   B. 5   C. 6   D. 7

6. 确定为一级风险的文物系统,应采用视频图像复合为主,现场声音复合为辅的,且具有_____种以上不同探测器技术组成的主体,交叉深入探测系统。
   A. 3   B. 4   C. 2   D. 5

7. 安全防范系统采用五级损伤主观评价的图像质量,达到五级中第_____分等级和灰度等级_____以上的图像质量判为合格。

附五级损伤判评分分级表

项目	图像质量损伤主观评价	图像等级	灰度等级
A	不觉察	5	9
B	可觉察,但不令人讨厌	4	8
C	有明显察觉,令人较讨厌	3	4
D	较严重,令人相当讨厌	2	6

8. 安全防范系统(监视器和摄像机)的清晰度,黑白机高于_____线,彩色机高于_____线时,则判为合格。
   A. 黑380线 彩260线   B. 黑380线 彩270线
   C. 黑400线 彩260线   D. 黑400线 彩270线

9. GB/T16572标准规定,报警反应速度：
   直接输入式控制台收到入侵探测器信号后,_____内报警；
   直接输入式控制台收到紧急报警信号后,_____内报警；
   直接输入式控制台收到故障信号后,_____内报警；
   间接输入式控制台应在收到报警信号后,_____内报警。
   A. 1s 1s 2s 2s   B. 2s 2s 2s 2s

C. 2s 1s 4s 4s D. 2s 1s 3s 3s

10. GB12663 等标准规定:进入延时报警时间为_____可调,外出_____。
   A. 0~10s 40s   B. 0~20s 60s
   C. 0~30s 80s   D. 0~40s 100s

三、多项选择题

1. 公共安全防范系统的功能应至少符合_____。
   A. 系统应具有对火灾,非法入侵、自然灾害,重大安全和各种突发事故等危害人们生命财产安全的要求
   B. 系统应是应急和长效的技术防范保障体系
   C. 系统应以人为本,平战结合,应急联动和安全可靠
   D. 系统应按国家相关标准规定要求建设

2. 应急联动系统应具有_____。
   A. 对火灾、非法入侵等事件进行准确探测和异地报警
   B. 系统应采取多种通信手段,对自然灾害,重大安全事故,公共卫生事件和社会安全事件实施本地报警和异地报警
   C. 系统应设指挥调度和事故现场紧急处理机构
   D. 系统应有紧急疏散与逃生导引等预案处理系统

3. 安全防范系统应符合_____。
   A. 综合运用安全防范技术,电子信息技术和信息网络技术等。构成先进,可靠,经济,适用和配套的安全技术防范体系
   B. 系统应包括综合管理,入侵报警,紧急广播与背景音乐,视频监控,出入口控制,电子巡更,访客对讲,停车场管理和物业管理等相关的安全技术防范系统
   C. 系统应以结构化,模块化和集成化的方式实现组合
   D. 本系统应包括建筑设备监控管理系统如电梯、空调、给排水、变风量、供配电等

4. 当前智能化信息系统机房工程有:_____。
   A. 信息中心设备机房、数字程控交换机系统设备机房,通信系统总配线设备机房
   B. 消防监控中心机房,安防监控中心机房,应急指挥中心机房
   C. 多媒体教学演播中心
   D. 有线电视前端设备机房,配电间及其他智能化系统的设备机房等

5. 机房工程应包括_____。
   A. 机房配电及照明系统,机房电源含 UPS 及备用电源
   B. 机房空调,机房环境监控,机房的气体灭火系统及自身防护设施
   C. 机房的防雷接地,抗静电地板和电磁兼容性
   D. 电视墙、操作台等工程

6. 安全防范系统及机房工程的配电要求是_____。
   A. 电源输出端应设电涌保护装置
   B. 电源质量应符合相关标准规定
   C. 机房内应采用无弦荧光灯具或节能灯具,其照明符合 GB50311 等有关标准之规定
   D. 机房内应设 UPS 不间断电源,应急照明装置等

7. 机房设备的防雷接地要求是_____。
   A. 在建筑物接地符合设计要求时,共用接地电阻应不大于 1Ω

B. 当采用独立接地时,其接地电阻应不大于4Ω,接地引下线采用截面25mm² 以上的铜导体,系统应设局部等电位联结

C. 若是未达到设计要求时,此时应按 GB50343 标准规定,在建筑物外建设自身防雷接地网

D. 电源采用 B 级防雷标准,进出机房的线缆均需采用防雷保护器

8. 安全防范系统质量主观评价方法和要求是_____。

A. 主观评价应在摄像机标准照度下进行

B. 主观评价应采用符合国家标准的监视器

C. 观看距离应为荧光屏面高度的六倍,光线柔和,评价人员不应少于五名,独立打分,取算术平均值为评价结果

D. 主观评价项目为:随机信噪比,单频干扰,电源干扰,脉冲干扰

9. 火灾报警系统应符合_____。

A. 在建筑物内,其主要场所,应选用智能型火灾探测器

B. 对于重要的建筑物或重要的安防工程,火灾自动报警系统的主机宜设热备份

C. 火灾报警系统应按人性化要求,采用汉化操作界面,操作软件应简单

D. 火灾报警系统应与安防系统实现互联,互为辅助手段,监控中心可单独设置,亦可与其他中心共用。但分别设置,共享有关资源

10. 报警设备的安全性要求是_____。

A. 泄漏电流应小于 10mA(交流,峰值)

B. 在 50Hz 交流电压下的,抗电强度试验,历时 1min 应无击穿和飞弧现象

C. 设备外壳的阻燃性,在外壳经火焰燃烧五次,每次 5s,不应起火

D. 电源插头或电源引入端子与设备外壳之间的绝缘电阻,在正常大气条件下,不应小于 100MΩ;在湿热条件下,不应小于 10MΩ

四、实践题

1. 试画一幅闭路监控系统图。

要求:(1)由两层楼组成,一层 8 台彩色固定摄像机、4 台彩色云台摄像机;二层 4 台彩色半球摄像机、12 台彩色固定摄像机、4 台彩色一体化快球;

(2)摄像机视频线采用 SYV-75-5,电源线 RVV2X0.5,控制线 RVV4×0.5;

(3)由两台 16 路数字硬盘录像机、8 台 20″ 监视器组成;

(4)系统图包括下列设备:彩色固定摄像机、彩色云台摄像机、彩色半球摄像机、彩色一体化快球、电源箱、视频分配器、16 路数字硬盘录像机、矩阵主机、键盘、稳压电源、20″ 监视器;

(5)摄像机图例见下表,没有的设备用矩形加文字代替。

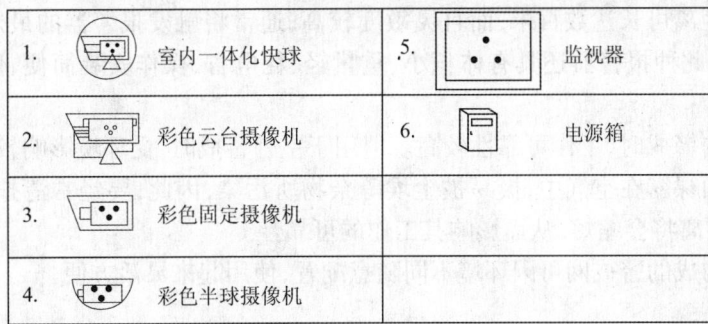

2. 阐述主动红外报警器的优缺点。

参考答案：

一、填空题

1. 防火报警器　视频监控
2. 极为重要　重点之处
3. 轻易作案　相当有效
4. 控制设备　存储设备
5. 恪守诚信服务　职业道德
6. 服务能力　公正公平
7. 真理　实事求是
8. 自尊自爱　法律法规
9. 结构形式　物理特性
10. 面　空间

二、单项选择题

1. D   2. B   3. D   4. C
5. B   6. A   7. B   8. D
9. C   10. D

三、多项选择题

1. A、B、C、D   2. B、C、D   3. A、C   4. A、B、D
5. A、B、C   6. B、D   7. A、C、D   8. A、B、C、D
9. A、B、C、D   10. B、C、D

四、实践题

1. 答：系统图如下：

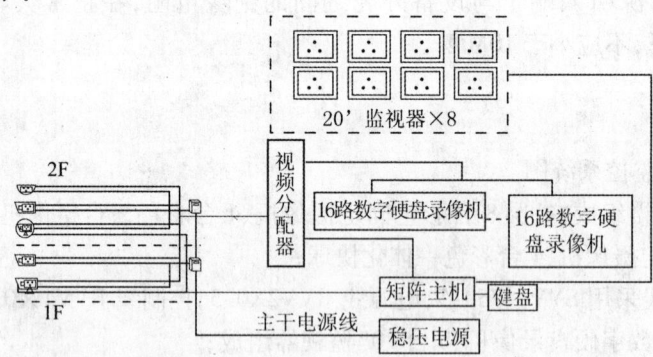

2. 答：(1)主动红外报警器属线控制型探测器，其控制范围为一线状分布的狭长的空间，同时，由于红外光是一种非可见光，具有较好的隐蔽性。

(2)主动红外报警器的监控距离可长达数百米，而且灵敏度较高，通常将触发报警器的最短遮光时间，设计成0.02s左右。同时此种报警器还具有体积小、重量轻、耗电省、操作安装简便、价格低廉等优点。

(3)主动红外报警器用于室内警戒时，工作可靠性较高。但用于室外警戒时，受环境影响较大。

(4)由于光学系统的透镜表面裸露在空气中，极易被尘埃等杂物所污染，因此，要经常清扫，保持镜面的清洁。否则，实际监控距离将会缩短，从而影响其工作的可靠性。

(5)由于主动红外报警器所构成的警戒网可因环境不同随意配置，使用起来灵活方便。

安全防范系统检测模拟试卷(A)

一、填空题(每空1分,共计20分)

1. 技术防范是利用各种各样的技术和警戒设备,如各种防盗报警器、_____和_____等设备来替代或制约保卫人员站岗、巡逻、警戒的一项措施。
2. 社会公共安全防范技术涉及到方方面面,社会上的重要单位和要害部门,这些单位的安全保卫工作_____,是安全防范技术工作的_____。
3. 利用防范技术加强安全防范工作,首先对犯罪分子构成威慑作用,使其不敢_____,对预防犯罪_____。
4. 安全防范系统通常由前端设备、传输通道、_____、_____和显示设备等部分组成。
5. 检测机构应当对从业人员进行教育和督促,让其_____的原则,树立正确的_____。
6. 检测人员应依靠科学技术,提高检测水平和对社会的_____,确保检测行为_____。
7. 检测人员应树立全局观念,维护集体荣誉,坚持_____,_____。
8. 检测人员应廉洁自律_____,遵守国家_____。
9. 用于安全防范事业的产品名目繁衍,可按其工作原理,_____,_____使用范围来进行分类。
10. 报警设备按其警戒范围分为点、线、_____和_____报警器。

二、单项选择题(每题2分,共计20分)

1. GA/T75标准规定,安全防范工程的风险等级分为_____级。
   A. 6　　　　　　B. 5　　　　　　C. 4　　　　　　D. 3
2. GB12663标准规定,用于联动的警灯警报器,在额定电压下,距离音响器件中心正前方1m处,在室外,警铃的声级应大于_____dB。
   A. 90　　　　　　B. 100　　　　　C. 110　　　　　D. 115
3. GB12663标准规定,用于联动的警灯警报器在额定电压下,距离音响器件中心正前方1m处,在室内,警铃的声级应大于_____dB。
   A. 50　　　　　　B. 60　　　　　　C. 70　　　　　　D. 80
4. 依据GB/T16676标准规定,在防护区域内,入侵探测器的盲区边缘与防御目标间的距离不得小于_____m。
   A. 3　　　　　　B. 4　　　　　　C. 5　　　　　　D. 6
5. 依据标准规定,视频监控系统与其联动的周界报警系统联动时,监控系统应对沿警戒线_____m宽的警戒范围实施监控。
   A. 4　　　　　　B. 5　　　　　　C. 6　　　　　　D. 7
6. 确定为一级风险的文物系统,应采用视频图像复合为主,现场声音复合为辅的,且具有_____种以上不同探测器技术组成的主体,交叉深入探测系统。
   A. 3　　　　　　B. 4　　　　　　C. 2　　　　　　D. 5
7. 安全防范系统采用五级损伤主观评价的图像质量,达到五级中第_____分等级和灰度等级_____以上的图像质量判为合格。

附五级损伤判评分分级表

	图像质量损伤主观评价	图像等级	灰度等级
A	不觉察	5	9
B	可觉察,但不令人讨厌	4	8
C	有明显察觉,令人较讨厌	3	4
D	较严重,令人相当讨厌	2	6

8. 安全防范系统(监视器和摄像机)的清晰度,黑白机高于_____线,彩色机高于_____线时,则判为合格。
  A. 黑380线　彩260线　　　　　　　B. 黑380线　彩270线
  C. 黑400线　彩260线　　　　　　　D. 黑400线　彩270线

9. GB/T16572 标准规定,报警反应速度:
直接输入式控制台收到入侵探测器信号后,_____s 内报警;
直接输入式控制台收到紧急报警信号后,_____s 内报警;
直接输入式控制台收到故障信号后,_____s 内报警;
间接输入式控制台应在收到报警信号后,_____s 内报警。
  A. 1s　1s　2s　2s　　　　　　　　B. 2s　2s　2s　2s
  C. 2s　1s　4s　4s　　　　　　　　D. 2s　1s　3s　3s

10. GB12663 等标准规定:进入延时报警时间为_____可调,外出_____。
  A. 0~10s　40s　　　　　　　　　　B. 0~20s　60s
  C. 0~30s　80s　　　　　　　　　　D. 0~40s　100s

三、多项选择题(每题 3 分,共计 30 分,少选、多选错选均不得分)

1. 公共安全防范系统的功能应至少符合_____。
  A. 系统应具有对火灾,非法入侵、自然灾害、重大安全和各种突发事故等危害人们生命财产安全的要求
  B. 系统应是应急和长效的技术防范保障体系
  C. 系统应以人为本,平战结合,应急联动和安全可靠
  D. 系统应按国家相关标准规定要求建设

2. 应急联动系统应具有_____。
  A. 对火灾、非法入侵等事件进行准确探测和异地报警
  B. 系统应采取多种通信手段,对自然灾害,重大安全事故,公共卫生事件和社会安全事件实施本地报警和异地报警
  C. 系统应设指挥调度和事故现场紧急处理机构
  D. 系统应有紧急疏散与逃生导引等预案处理系统

3. 安全防范系统应符合_____。
  A. 综合运用安全防范技术,电子信息技术和信息网络技术等。构成先进、可靠、经济、适用和配套的安全技术防范体系
  B. 系统应包括综合管理,入侵报警,紧急广播与背景音乐,视频监控,出入口控制,电子巡更,访客对讲,停车场管理和物业管理等相关的安全技术防范系统
  C. 系统应以结构化,模块化和集成化的方式实现组合
  D. 本系统应包括建筑设备监控管理系统如电梯、空调、给排水、变风量、供配电等

4. 当前智能化信息系统机房工程有_____。

A. 信息中心设备机房、数字程控交换机系统设备机房,通信系统总配线设备机房

B. 消防监控中心机房,安防监控中心机房,应急指挥中心机房

C. 多媒体教学演播中心

D. 有线电视前端设备机房,配电间及其他智能化系统的设备机房等

5. 机房工程应包括_____。

A. 机房配电及照明系统,机房电源含 UPS 及备用电源

B. 机房空调,机房环境监控,机房的气体灭火系统及自身防护设施

C. 机房的防雷接地,抗静电地板和电磁兼容性

D. 电视墙、操作台等工程

6. 安全防范系统及机房工程的配电要求是_____。

A. 电源输出端应设电涌保护装置

B. 电源质量应符合相关标准规定

C. 机房内应采用无弦荧光灯具或节能灯具,其照明符合 GB50311 等有关标准之规定

D. 机房内应设 UPS 不间断电源,应急照明装置等

7. 机房设备的防雷接地要求是_____。

A. 在建筑物接地符合设计要求时,共用接地电阻应不大于 1Ω

B. 当采用独立接地时,其接地电阻应不大于 4Ω 接地引下线采用截面 $25mm^2$ 以上的铜导体,系统应设局部等电位联结

C. 若是未达到设计要求时,此时应按 GB50343 标准规定,在建筑物外建设自身防雷接地网

D. 电源采用 B 级防雷标准,进出机房的线缆均需采用防雷保护器

8. 安全防范系统质量主观评价方法和要求是_____。

A. 主观评价应在摄像机标准照度下进行

B. 主观评价应采用符合国家标准的监视器

C. 观看距离应为荧光屏面高度的六倍,光线柔和,评价人员不应少于五名,独立打分,取算术平均值为评价结果

D. 主观评价项目为:随机信噪比,单频干扰,电源干扰,脉冲干扰

9. 火灾报警系统应符合_____。

A. 在建筑物内,其主要场所,应选用智能型火灾探测器

B. 对于重要的建筑物或重要的安防工程,火灾自助报警系统的主机宜设热备份

C. 火灾报警系统应按人性化要求,采用汉化操作界面,操作软件应简单

D. 火灾报警系统应与安防系统实现互联,互为辅助手段,监控中心可单独设置,亦可与其他中心共用。但分别设置,共享有关资源

10. 报警设备的安全性要求是_____。

A. 泄漏电流应小于 10mA(交流,峰值)

B. 在 50Hz 交流电压下的,抗电强度试验,历时 1min 应无击穿和飞弧现象

C. 设备外壳的阻燃性,在外壳经火焰燃烧五次,每次 5s,不应起火

D. 电源插头或电源引入端子与设备外壳之间的绝缘电阻,在正常大气条件下,不应小于 $100M\Omega$;在湿热条件下,不应小于 $10M\Omega$

四、问答题(每题 10 分,共计 30 分)

1. 简要叙述安全防范系统工程检验实施细则。

2. 简要叙述出具检测报告的依据。

3. 叙述安全防范系统工程对检测单位,检测用仪器设备的要求。

五、实践题(每题 10 分,共计 20 分)

1. 试画一幅闭路监控系统图。

要求:(1)由两层楼组成,一层 8 台彩色固定摄像机、4 台彩色云台摄像机;二层 4 台彩色半球摄像机、12 台彩色固定摄像机、4 台彩色一体化快球;

(2)摄像机视频线采用 SYV-75-5,电源线 RVV2X0.5,控制线 RVV4×0.5;

(3)由两台 16 路数字硬盘录像机、8 台 20″监视器组成;

(4)系统图包括下列设备:彩色固定摄像机、彩色云台摄像机、彩色半球摄像机、彩色一体化快球、电源箱、视频分配器、16 路数字硬盘录像机、矩阵主机、键盘、稳压电源、20″监视器;

(5)摄像机图例见下表,没有的设备用矩形加文字代替。

1.	室内一体化快球	5.	监视器
2.	彩色云台摄像机	6.	电源箱
3.	彩色固定摄像机		
4.	彩色半球摄像机		

2. 阐述主动红外报警器的优缺点。

安全防范系统检测模拟试卷(B)

一、填空题(每空 1 分,共计 20 分)

1. 利用防范技术加强安全防范工作,首先对犯罪分子构成威慑作用,使其不敢_____,对预防犯罪_____。

2. 社会公共安全防范技术涉及方方面面,社会上的重要单位和要害部门,这些单位的安全保卫工作_____,是安全防范技术工作的_____。

3. 技术防范是利用各种各样的技术和警戒设备,如各种防盗报警器、_____和_____等设备来替代或制约保卫人员站岗、巡逻、警戒的一项措施。

4. 检测机构应当对从业人员进行教育和督促,让其_____的原则,树立正确的_____。

5. 安全防范系统通常由前端设备、传输通道、_____、_____和显示设备等部分组成。

6. 检测人员应依靠科学技术,提高检测水平和对社会的_____,确保检测行为_____。

7. 检测人员应树立全局观念,维护集体荣誉,坚持_____,_____。

8. 报警设备按其警戒范围分为点、线、_____和_____报警器。

9. 用于安全防范事业的产品名目繁衍,可按其工作原理、_____、_____使用范围来进行分类。

10. 检测人员应廉洁自律_____,遵守国家_____。

二、单项选择题(每题2分、共计20分)

1. GB12663标准规定,用于联动的警灯警报器在额定电压下,距离音响器件中心正前方1m处,在室内,警铃的声级应大于_____ dB。
   A. 50　　　　　　B. 60　　　　　　C. 70　　　　　　D. 80

2. GB12663标准规定,用于联动的警灯警报器,在额定电压下,距离音响器件中心正前方1m处,在室外,警铃的声级应大于_____ dB。
   A. 90　　　　　　B. 100　　　　　　C. 110　　　　　　D. 115

3. GA/T75标准规定,安全防范工程的风险等级分为_____级。
   A. 3　　　　　　B. 4　　　　　　C. 5　　　　　　D. 6

4. 依据GB/T16676标准规定,在防护区域内,入侵探测器的盲区边缘与防御目标间的距离不得小于_____ m。
   A. 3　　　　　　B. 4　　　　　　C. 5　　　　　　D. 6

5. 确定为一级风险的文物系统,应采用视频图像复合为主,现场声音复合为辅的,且具有_____种以上不同探测器技术组成的主体,交叉深入探测系统。
   A. 2　　　　　　B. 3　　　　　　C. 4　　　　　　D. 5

6. 依据标准规定,视频监控系统与其联动的周界报警系统联动时,监控系统应对沿警戒线_____ m宽的警戒范围实施监控。
   A. 4　　　　　　B. 5　　　　　　C. 6　　　　　　D. 7

7. 安全防范系统采用五级损伤主观评价的图像质量,达到五级中第_____分等级和灰度等级_____以上的图像质量判为合格。

附五级损伤判评分分级表:

项目	图像质量损伤主观评价	图像等级	灰度等级
A	不觉察	5	9
B	可觉察,但不令人讨厌	4	8
C	有明显察觉,令人较讨厌	3	4
D	较严重,令人相当讨厌	2	6

8. GB12663等标准规定:进入延时报警时间_____为可调,外出_____。
   A. 0～10s　40s　　B. 0～20s　60s　　C. 0～30s　80s　　D. 0～40s　100s

9. GB/T16572标准规定,报警反应速度:
   直接输入式控制台收到入侵探测器信号后,_____内报警
   直接输入式控制台收到紧急报警信号后,_____内报警
   直接输入式控制台收到故障信号后,_____内报警
   间接输入式控制台应在收到报警信号后,_____内报警
   A. 1s　1s　2s　2s　　　　　　B. 2s　2s　2s　2s
   C. 2s　1s　4s　4s　　　　　　D. 2s　1s　3s　3s

10. 安全防范系统(监视器和摄像机)的清晰度,黑白机高于_____线,彩色机高于_____线时,则判为合格。
    A. 黑380线　彩260线　　　　　　B. 黑380线　彩270线
    C. 黑400线　彩260线　　　　　　D. 黑400线　彩270线

三、多项选择题(每题3分,共计30分,少选、多选错选均不得分)

1. 应急联动系统应具有_____功能。
   A. 对火灾、非法入侵等事件进行准确探测和异地报警
   B. 系统应采取多种通信手段,对自然灾害,重大安全事故,公共卫生事件和社会安全事件实施本地报警和异地报警
   C. 系统应设指挥调度和事故现场紧急处理机构
   D. 系统应有紧急疏散与逃生导引等预案处理系统

2. 公共安全防范系统的功能应至少符合_____要求。
   A. 系统应具有对火灾,非法入侵、自然灾害,重大安全和各种突发事故等危害人们生命财产安全的要求
   B. 系统应是应急和长效的技术防范保障体系
   C. 系统应以人为本,平战结合,应急联动和安全可靠
   D. 系统应按国家相关标准规定要求建设

3. 当前智能化信息系统机房工程有_____。
   A. 信息中心设备机房、数字程控交换机系统设备机房,通信系统总配线设备机房
   B. 消防监控中心机房,安防监控中心机房,应急指挥中心机房
   C. 多媒体教学演播中心
   D. 有线电视前端设备机房,配电间及其他智能化系统的设备机房等

4. 安全防范系统应符合_____要求。
   A. 综合运用安全防范技术,电子信息技术和信息网络技术等。构成先进,可靠,经济,适用和配套的安全技术防范体系
   B. 系统应包括综合管理,入侵报警,紧急广播与背景音乐,视频监控,出入口控制,电子巡更,访客对讲,停车场管理和物业管理等相关的安全技术防范系统
   C. 系统应以结构化,模块化和集成化的方式实现组合
   D. 本系统应包括建筑设备监控管理系统如电梯、空调、给排水、变风量、供配电等

5. 机房工程应包括_____。
   A. 机房配电及照明系统,机房电源含UPS及备用电源
   B. 机房空调,机房环境监控,机房的气体灭火系统及自身防护设施
   C. 机房的防雷接地,抗静电地板和电磁兼容性
   D. 电视墙、操作台等工程

6. 机房设备的防雷接地要求是_____。
   A. 在建筑物接地符合设计要求时,共用接地电阻应不大于1Ω
   B. 当采用独立接地时,其接地电阻应不大于4Ω,接地引下线采用截面$25mm^2$以上的铜导体,系统应设局部等电位联结
   C. 若是未达到设计要求时,此时应按GB50343标准规定,在建筑物外建设自身防雷接地网
   D. 电源采用B级防雷标准,进出机房的线缆均需采用防雷保护器

7. 安全防范系统及机房工程的配电要求是_____。
   A. 电源输出端应设电涌保护装置
   B. 电源质量应符合相关标准规定
   C. 机房内应采用无弦荧光灯具或节能灯具,其照明符合GB50311等有关标准之规定
   D. 机房内应设UPS不间断电源,应急照明装置等

8. 安全防范系统质量主观评价方法和要求是_____。
A. 主观评价应在摄像机标准照度下进行
B. 主观评价应采用符合国家标准的监视器
C. 观看距离应为荧光屏面高度的六倍,光线柔和,评价人员不应少于五名,独立打分,取算术平均值为评价结果
D. 主观评价项目为:随机信噪比,单频干扰,电源干扰,脉冲干扰

9. 报警设备的安全性要求是_____。
A. 泄漏电流应小于10mA(交流,峰值)
B. 在50HZ交流电压下的,抗电强度试验,历时1min应无击穿和飞弧现象
C. 设备外壳的阻燃性,在外壳经火焰燃烧五次,每次5s,不应起火
D. 电源插头或电源引入端子与设备外壳之间的绝缘电阻,在正常大气条件下,不应小于100MΩ;在湿热条件下,不应小于10MΩ

10. 火灾报警系统应符合_____。
A. 在建筑物内,其主要场所,应选用智能型火灾探测器
B. 对于重要的建筑物或重要的安防工程,火灾自动报警系统的主机宜设热备份
C. 火灾报警系统应按人性化要求,采用汉化操作界面,操作软件应简单
D. 火灾报警系统应与安防系统实现互联,互为辅助手段,监控中心可单独设置,亦可与其他中心共用。但分别设置,共享有关资源

四、问答题(每题10分,共计30分)

1. 叙述安全防范系统工程对检测单位、检测用仪器设备的要求。
2. 简要叙述出具检测报告的依据。
3. 简要叙述安全防范系统工程检验实施细则。

五、实践题(每题10分,共计20分)

1. 试画一幅闭路监控系统图。
要求:(1)由两层楼组成,一层8台彩色固定摄像机、4台彩色云台摄像机;二层4台彩色半球摄像机、12台彩色固定摄像机、4台彩色一体化快球;
(2)摄像机视频线采用SYV-75-5,电源线RVV2X0.5,控制线RVV4×0.5;
(3)由两台16路数字硬盘录像机、8台20″监视器组成;
(4)系统图包括下列设备:彩色固定摄像机、彩色云台摄像机、彩色半球摄像机、彩色一体化快球、电源箱、视频分配器、16路数字硬盘录像机、矩阵主机、键盘、稳压电源、20″监视器;
(5)摄像机图例见下表,没有的设备用矩形加文字代替。

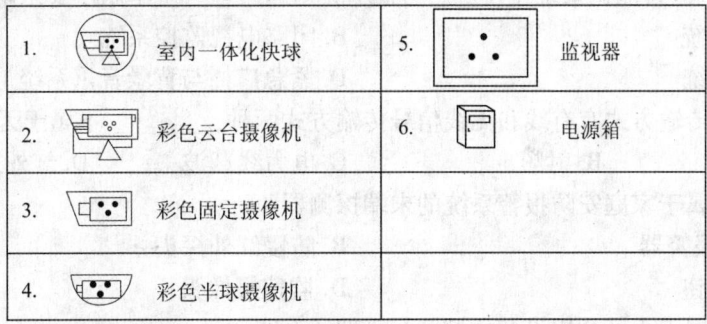

2. 阐述主动红外报警器的优缺点。

第六节 住宅智能化系统检测

一、填空题

1. 智能化住宅是指通过_____将家庭住宅内的各种与信息相关的通信设备、执行终端、___和家庭保安及防灾害装置都并入网络中，进行集中式的监视控制操作并提供高效率的管理家庭事务。

2. 家庭智能化系统应包括安装在住宅内的智能传感和执行设备、_____及家庭智能控制器这三个基本部分。家庭智能控制器既是家庭智能化系统的中心，也是_____上的智能节点。

3. 住宅小区可视对讲系统由管理中心主机、_____、_____及信号转换器、UPS 电源、电控锁和闭门器等设备构成。

4. 电视监控系统按照传输模式不同分为模拟信号传输和_____传输；按照传输距离不同分为短距离和远距离传输；按照应用场合不同分为民用电视监控和_____系统。

5. 停车场管理系统与门禁系统一样，也有_____总线通信方式和采用 TCP/IP 方式的驱动，采用 TCP/IP 方式功能强大、系统稳定性和_____好，正成为发展的主流。

6. 综合布线系统由室外连接电缆或光缆子系统、垂直干线子系统、水平干线子系统、工作站区子系统、设备室子系统、_____子系统等六个独立的子系统组成。目前它提供的传输介质主要有_____和非屏蔽对绞线两种。

7. 现代化物业管理要求对公用设备进行智能化集中管理，主要包括对小区的采暖热交换系统、生活热水热交换系统、水箱液位、照明回路、_____系统等信号进行采集和控制，实现设备管理系统自动化，起到集中管理、_____、节能降耗的作用。

8. 自动抄表系统的实现主要有几种模式，即_____式抄表系统、_____式抄表系统和利用电话线路载波方式等。

9. 根据《江苏省建设工程质量检测行业职业道德准则》要求检测机构要做到制度公开：公开_____、公开检测工作流程、公开窗口人员身份、公开_____、公开_____、公开_____等，主动接受社会监督。

二、单项选择题

1. 中华人民共和国国家标准《安全防范工程技术规范》的编号为_____。
 A. GB/T50314 B. GB50198 C. GB50348 D. GB50339

2. 根据《居住小区智能化系统建设要点与技术导则》，_____不属于安全防范子系统的范畴。
 A. 可视对讲系统 B. 闭路电视监控系统
 C. 电子巡更系统 D. 紧急广播与背景音乐系统

3. 家居布线的传输方式有有线和无线信号传输方式两种，_____不属于无线信号传输方式。
 A. 光纤 B. 射频 C. 电力线载波 D. 红外遥控

4. _____不属于家庭安防报警系统的末端探测器。
 A. 烟感、煤气报警器 B. 防侵红外探头
 C. 紧急报警按钮 D. 监控摄像头

5. _____不属于小区公用设备的控制与管理子系统。
 A. 给排水系统智能化管理 B. 楼宇对讲的设备状态

C. 风机的启停状态　　　　　　　　　　D. 电梯运行状态及故障报警

6. 卫星广播电视接收系统由室外部件和室内部件两部分组成，_____不属于室内部件。
　　A. 功分器　　　　B. 下变频器　　　　C. 调谐解调器　　　　D. 接收机

7. 住宅智能化系统检测中，火灾自动报警及消防联动系统的检测应主要按照国标_____执行。
　　A. GB16796　　　　B. GB10408　　　　C. GB50166　　　　D. GB50339

8. _____不属于安全防范系统的检测内容。
　　A. 有线电视系统　　　B. 巡视监控系统　　　C. 入侵报警系统　　　D. 视频系统

9. 自动抄表系统的检测，如耗能表为普通型表具，则86型接线盒应预埋在耗能表附近_____范围内。
　　A. 100~300mm　　　　　　　　　　B. 300~500mm
　　C. 500~700mm　　　　　　　　　　D. 700~900mm

10. 下列不属于安全防范系统检测仪器设备的是_____。
　　A. 示波器　　　B. 视频场强仪　　　C. 信号发生器　　　D. 音频分析仪

11. 根据《居住小区智能化系统建设要点与技术导则》，宽带一网通多网融合技术提倡在_____划分上应用。
　　A. 一星级　　　B. 二星级　　　C. 三星级　　　D. 二、三星级

12. 住宅小区单元门禁读卡器可内置在_____设备内。
　　A. 对讲门口机　　　B. 巡更模块　　　C. 报警模块　　　D. 交换机

13. 关于出入口控制系统中，_____方式最安全可靠且价格适中。
　　A. 锁　　　B. 锁+识别卡　　　C. 锁+识别卡+密码　　　D. 锁+特征识别

14. 小区的综合网络系统可以传输语音、数据、图像等信息，并采用窄带和宽带的网络来支持信息传输。住宅小区综合网络系统由下列子网组成，提倡采用多网融合技术。其中不正确的是_____。
　　A. 宽带接入网　　　B. 有线电视网　　　C. 电话网　　　D. 无线网

15. 下面不属于VOD视频点播系统组成部分的是_____。
　　A. 视频服务器　　　　　　　　　　B. 家用摄像机
　　C. 制作管理系统　　　　　　　　　D. 通信网络、客户端设备

16. 下列有关家庭控制器检测项目中，不正确的是_____。
　　A. 家庭报警　　　　　　　　　　　B. 家用表具数据采集
　　C. 家用电器监控　　　　　　　　　D. 家庭可视对讲分机

17. 下列有关室外管网、线路敷设检测的叙述中，错误的是_____。
　　A. 有屏蔽要求的保护管应选用金属管，选用金属管的保护管接口处可不做防水处理
　　B. 室外管网采用架空、管道、直埋等形式敷设，管网系统的路由设计应不妨碍人们日常生活，且易于维护
　　C. 相同电压等级、相同电流等级的信息电缆（如电话线缆、视频电缆、宽带接入网线缆等）宜采用同路由或同管、孔、槽敷设，但不得与电力电缆共管孔敷设
　　D. 对管网、线缆的防潮、防水、防冻、防腐、屏蔽、接地等项的检测

18. 住宅智能化检测对工作场所要求有固定的办公、试验场所，建筑面积不少于_____m²，并能够满足检测需求。
　　A. 100　　　B. 200　　　C. 300　　　D. 400

19. 一箱普通的双绞线有_____m。

A. 200   B. 300   C. 400   D. 500

20. 《居住小区智能化系统建设要点与技术导则》一星级要求信息网络子系统每户应配置不少于_____个电视插座。

A. 1   B. 2   C. 3   D. 4

三、多项选择题

1. 电视监控系统由_____组成。
   A. 前端摄像机   B. 画面处理设备   C. 传输网络   D. 控制设备、存储设备

2. 一卡通系统集_____技术为一体，其特点是分散的设备组成和统一的接口标准，并以此形成了开放式结构体系。
   A. 机械、电子   B. 计算机、网络及通信
   C. 停车场   D. 自动控制、智能卡

3. 智能住宅的家庭控制器，由一系列功能模块组成，大致可分成如下几个部分，正确的有_____。
   A. 家庭可视对讲分机   B. 家庭通信网络单元
   C. 家庭控制器主机   D. 家庭安全防范单元

4. _____属于物业管理子系统。
   A. 财务管理子系统   B. 收费管理子系统
   C. 查询子系统   D. 维修养护管理子系统

5. 以公共电话网作传输媒介的自动抄表系统由下列部分组成，其中正确的有_____。
   A. 脉冲电能表或多功能电能表   B. 数据处理单元
   C. 公共电话网   D. 中心通信控制器、PC 机或工作站

6. 现场总线(FieldBus)是一种互连现场自动化设备及其控制系统的双向数字通信协议，现场总线是控制系统中最底层的通信网络。下列属于现场总线技术的有_____。
   A. RS485 总线   B. CAN 总线   C. RS232 总线   D. LonWorks 总线

7. _____属于火灾自动报警及消防联动系统的检测内容。
   A. 报警装置   B. 灭火装置   C. 疏散装置   D. 可燃气体报警

8. 下列关于综合布线系统检测主要仪器设备中正确的有_____。
   A. 数字电缆测试仪   B. 智能网络分析仪
   C. 光纤测试套件   D. 秒表

9. 通信网络系统检测中有复验要求的项或参数包括_____。
   A. 局内障碍率   B. 局间接通率   C. 数据误码率   D. 传输信道速率

10. 下列有关住宅智能化系统说法正确的有_____。
    A. 可视对讲系统按是否传输报警信号分安防型和安保型(或保全型)两种，对讲信号和报警信号走同一条线路称为安防型
    B. 结构化综合布线系统的设计标准有商业建筑配线标准和常规通信标准等，可以支持多种厂家
    C. 家庭防盗器主要可以提供三种预警方式，即：在家状态、外出状态、经常状态
    D. 住宅小区宽带接入网的类型可采用以下所列类型之一或其组合：FTTX、HFC、XDSL 或其他类型的数据网络

四、判断题

1. 智能化住宅的发展分为三个层次，首先是家庭电子化，其次是住宅自动化，最后是住宅现代

化。　　　　　　　　　　　　　　　　　　　　　　　　　　　　　　　　（　）

2. 电视监控系统是通过摄像机摄取监控现场的画面(还可以包括声音)，并通过传输网络和画面处理设备显示和存储，提供实时监视和事后分析两种主要功能的系统。　　（　）

3. 出入口控制系统主要由出入口部分、控制部分、系统管理三部分组成。　　（　）

4. 电子巡更系统可有效管理巡更员巡视活动，加强保安防范措施，是安全防范系统以技防为主的管理系统。　　　　　　　　　　　　　　　　　　　　　　　　　　　　（　）

5. 一卡通系统是以 IC 卡为身份识别和统一的数据库管理系统为核心的，实现集中式控制执行和分散式管理的综合管理系统。　　　　　　　　　　　　　　　　　　　　　　（　）

6. 入侵探测和防盗报警是家庭安防的重点，其工作模式是用探测传感器监视门窗和室内，如果传感器被触发而启动则产生报警信号。因此，如果非法破坏传感器则报警信号将无法传输至管理中心或电话远传。　　　　　　　　　　　　　　　　　　　　　　　　　　　（　）

7. 以公共电话网作传输媒介的自动抄表系统较用无线信道或电力线载波进行通信方式干扰小，因而更为可靠。不但节省初期投资，而且安装使用简便。　　　　　　　　（　）

8. 底层控制网络总线中，在任何时刻，RS485 总线只允许一个发送器发送数据，其他发送器必须处于关闭(高阻)状态。　　　　　　　　　　　　　　　　　　　　　　　　（　）

9. 小区局域网系统采用树型拓扑结构。分为系统中心(小区管理控制中心)、楼栋中心和单元用户三级。　　　　　　　　　　　　　　　　　　　　　　　　　　　　　　（　）

10. 家庭紧急求助报警装置只能单独设置，不能纳入访客对讲子系统。　　（　）

五、简答题

1. 现代化物业管理要求对公用设备进行智能化集中管理，请问给排水系统的智能管理可供选择的功能有哪些？

2. LonWorks 总线是由美国 Echelon 公司推出并与 Motorola 和东芝公司共同倡导，于1990年正式公布而形成的现场总线标准。它采用了 ISO/OSI 模型的全部七层通信协议，采用了面向对象的设计方法。在智能小区中，采用 LonWorks 技术可以实现哪些系统或设备的数据采集和自动控制？

3. 简述住宅智能化系统的检测前提。

4. 住宅智能化的竣工验收应在系统正常连续投运时间不少于 3 个月后进行，竣工验收文件和记录应包括哪些内容？

六、计算题

1. 在综合布线系统中，ACR 值是评价链路信噪比的一个重要指标。经对某条链路进行测试，在12.9MHz 频点上，其 NEXT 为 63.4dB，Attenuation 为 3dB，请计算出该链路的 ACR 值为多少？

2. 某综合布线系统永久链路测试长度为 64m，在投入使用前用户在交换机端和工作区端各配置了一根 3m 的跳线，则用信道认证测试后，其链路总长度为多少米？

七、实践题

1. 住宅智能化系统检测中，周界安全防范系统应重点检测哪些内容？

2. 家庭控制器是将家庭中语音、数据、图像的传输及控制点集中管理，便于使用、维护、维修。家庭控制器包括报警系统、安全防范、紧急求助、照明控制、家电控制、表具数据采集及处理、小区信息服务等功能，下图是家庭控制器的组成系统图，请将下表设备的代码正确填入系统图内。

代码	①	②	③	④	⑤	⑥	⑦	⑧
设备	空调	电灯	警笛	计算机	可视对讲	烟感探测器	紧急按钮	脉冲式电表

参考答案：

一、填空题

1. 家庭总线　家用电器　　2. 家庭布线系统　小区智能化网络
3. 门口机　可视室内机　　4. 数字信号　专业电视监控
5. RS-485　可扩性　　6. 配线管理　多模光缆
7. 变配电　分散控制　　8. 总线　电力载波
9. 检测依据　检测收费标准　检测项目承诺期　投诉方式

二、单项选择题

1. C	2. D	3. A	4. D
5. B	6. B	7. C	8. A
9. B	10. D	11. C	12. A
13. C	14. D	15. B	16. D
17. A	18. C	19. B	20. B

三、多项选择题

1. A、B、C、D　　2. A、B、D　　3. B、C、D　　4. A、B、C、D
5. A、C、D　　6. B、D　　7. A、B、C、D　　8. A、C
9. A、B、C、D　　10. B、C、D

四、判断题

1. ×	2. √	3. √	4. ×
5. ×	6. ×	7. √	8. √
9. ×	10. ×		

五、简答题

1. 答：(1) 各水箱、水池的低位预警。
(2) 各水泵的运行状态与故障集中监控。
(3) 生活水泵、潜水泵、污水泵故障报警、程序启动,停止。
(4) 污水池最高限控制水位报警及夜间抽污水的控制。
(5) 定期自动开列各水泵的保养工作单。
(6) 各泵轮流交替使用。
(7) 设备管理中心电脑屏幕显示水系统的运转现状,如有异状,自动调出报警画面显示并提供声响报警及打印数据。

2. 答：家居安防、自动抄表、周边防范、一卡通、公共照明控制、高低压配电、给排水设备。

3. 答：应在工程安装调试完成；
经过不少于一个月的系统试运行；

具备正常投运条件后进行。

4.答:(1)工程实施及质量控制记录；

(2)设备和系统检测记录；

(3)竣工图纸和竣工技术文件；

(4)技术、使用和维护手册；

(5)其他文件包括：

1)工程合同及技术文件；

2)相关工程质量事故报告等。

六、计算题

1.解：$ACR = 63.4\text{dB} - 3\text{dB}$
$= 60.4\text{dB}$

该链路的 ACR 为 60.4dB。

2.解：链路总长度 $= 64\text{m} + 3\text{m} + 3\text{m}$
$= 70\text{m}$

该链路总长度为 70m。

七、实践题

1.答：

(1)周界安全防范系统是住宅小区的外围防线，由栅栏和周界探测报警系统以及保安人员组成；

(2)栅栏沿小区周界封闭设置，栅栏高度不应低于1.8m，孔洞宽度不应大于15cm，阻止人们攀登、翻越、钻入住宅小区内；

(3)如无栅栏，对封闭式住宅小区的周界进行入侵探测报警系统的无盲区设防，系统由住宅小区安防监控中心监测，当有人经非正常途径进入小区时，系统能探测到信号、发出警报、在显示屏上显示报警区域、报警时间并能自动记录与保存报警时间；

(4)当周界入侵探测系统被拆除或线路被切断时，安防监控中心应能接收到报警信号；

(5)保安管理中心采用电子地图指示报警区域，配置声、光提示，居住小区周界采用视频监视，或采用周界入侵探测报警装置与视频监视联动，并留有对外报警接口。

2.答：

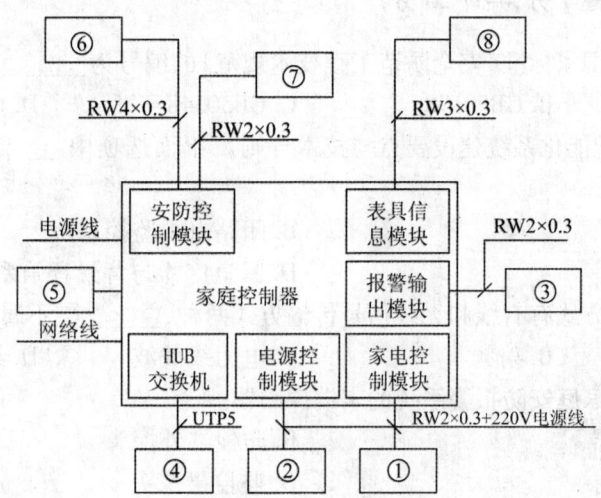

住宅智能化系统检测模拟试卷(A)

一、填空题(每空1分,共计20分)

1. 智能化住宅是指通过_____将家庭住宅内的各种与信息相关的通信设备、执行终端、_____和家庭保安及防灾害装置都并入网络中,进行集中式的监视控制操作并提供高效率的管理家庭事务。

2. 家庭智能化系统应包括安装在住宅内的智能传感和执行设备、_____及家庭智能控制器这三个基本部分。家庭智能控制器既是家庭智能化系统的中心,也是_____上的智能节点。

3. 住宅小区可视对讲系统由管理中心主机、_____、_____及信号转换器、UPS电源、电控锁和闭门器等设备构成。

4. 电视监控系统按照传输模式不同分为模拟信号传输和_____传输;按照传输距离不同分为短距离和远距离传输;按照应用场合不同分为民用电视监控和_____系统。

5. 停车场管理系统与门禁系统一样,也有_____总线通信方式和采用TCP/IP方式的驱动,采用TCP/IP方式功能强大、系统稳定性和_____好,正成为发展的主流。

6. 综合布线系统由室外连接电缆或光缆子系统、垂直干线子系统、水平干线子系统、工作站区子系统、设备室子系统、_____子系统等六个独立的子系统组成。目前它提供的传输介质主要有_____和非屏蔽对绞线两种。

7. 现代化物业管理要求对公用设备进行智能化集中管理,主要包括对小区的采暖热交换系统、生活热水热交换系统、水箱液位、照明回路、_____系统等信号进行采集和控制,实现设备管理系统自动化,起到集中管理、_____、节能降耗的作用。

8. 自动抄表系统的实现主要有几种模式,即_____式抄表系统、_____式抄表系统和利用电话线路载波方式等。

9. 根据《江苏省建设工程质量检测行业职业道德准则》要求检测机构要做到制度公开:公开_____、公开检测工作流程、公开窗口人员身份、公开_____、公开_____、公开_____等,主动接受社会监督。

二、单项选择题(每题1分,共计20分)

1. 中华人民共和国国家标准《安全防范工程技术规范》的编号为_____。
   A. GB/T50314   B. GB50198   C. GB50348   D. GB50339

2. 根据《居住小区智能化系统建设要点与技术导则》,下面选项中_____不属于安全防范子系统的范畴。
   A. 可视对讲系统   B. 闭路电视监控系统
   C. 电子巡更系统   D. 紧急广播与背景音乐系统

3. 家居布线的传输方式有有线和无线信号传输方式两种,_____不属于无线信号传输方式。
   A. 光纤   B. 射频   C. 电力线载波   D. 红外遥控

4. _____不属于家庭安防报警系统的末端探测器。
   A. 烟感、煤气报警器   B. 防侵红外探头
   C. 紧急报警按钮   D. 监控摄像头

5. _____不属于小区公用设备的控制与管理子系统。

A. 给排水系统智能化管理　　　　　　　　B. 楼宇对讲的设备状态
C. 风机的启停状态　　　　　　　　　　　D. 电梯运行状态及故障报警

6. 卫星广播电视接收系统由室外部件和室内部件两部分组成。＿＿＿＿＿＿不属于室内部件。
A. 功分器　　　　B. 下变频器　　　　C. 调谐解调器　　　　D. 接收机

7. 住宅智能化系统检测中,火灾自动报警及消防联动系统的检测应主要按照国标＿＿＿＿＿＿执行。
A. GB16796　　　B. GB10408　　　C. GB50166　　　D. GB50339

8. ＿＿＿＿＿＿不属于安全防范系统的检测内容。
A. 有线电视系统　　　　　　　　　　　　B. 视频监控系统
C. 入侵报警系统　　　　　　　　　　　　D. 巡更系统

9. 自动抄表系统的检测,如耗能表为普通型表具,则 86 型接线盒应预埋在耗能表附近＿＿＿＿＿＿范围内。
A. 100～300mm　　B. 300～500mm　　C. 500～700mm　　D. 700～900mm

10. 下列不属于安全防范系统检测仪器设备的是:＿＿＿＿＿＿。
A. 示波器　　　　B. 视频场强仪　　　C. 信号发生器　　　D. 音频分析仪

11. 根据《居住小区智能化系统建设要点与技术导则》,宽带一网通多网融合技术提倡在＿＿＿＿＿＿划分上应用。
A. 一星级　　　　B. 二星级　　　　C. 三星级　　　　D. 二、三星级

12. 住宅小区单元门禁读卡器可内置在＿＿＿＿＿＿设备内。
A. 对讲门口机　　B. 巡更模块　　　C. 报警模块　　　D. 交换机

13. 关于出入口控制系统中,＿＿＿＿＿＿方式最安全可靠且价格适中。
A. 锁　　　　　　B. 锁+识别卡　　　C. 锁+识别卡+密码　　　D. 锁+特征识别

14. 小区的综合网络系统可以传输语音、数据、图像等信息,并采用窄带和宽带的网络来支持信息传输。住宅小区综合网络系统由下列子网组成,提倡采用多网融合技术。其中不正确的是＿＿＿＿＿＿。
A. 宽带接入网　　B. 有线电视网　　C. 电话网　　　　D. 无线网

15. 下面不属于 VOD 视频点播系统组成部分的是＿＿＿＿＿＿。
A. 视频服务器　　　　　　　　　　　　　B. 家用摄像机
C. 制作管理系统　　　　　　　　　　　　D. 通信网络、客户端设备

16. 下列有关家庭控制器检测项目中,不正确的是＿＿＿＿＿＿。
A. 家庭报警　　　　　　　　　　　　　　B. 家用表具数据采集
C. 家用电器监控　　　　　　　　　　　　D. 家庭可视对讲分机

17. 下列有关室外管网、线路敷设检测的叙述中,错误的是＿＿＿＿＿＿。
A. 有屏蔽要求的保护管应选用金属管,选用金属管的保护管接口处可不做防水处理
B. 室外管网采用架空、管道、直埋等形式敷设,管网系统的路由设计应不妨碍人们日常生活,且易于维护
C. 相同电压等级、相同电流等级的信息电缆(如电话线缆、视频电缆、宽带接入网线缆等)宜采用同路由或同管、孔、槽敷设,但不得与电力电缆共管孔敷设
D. 对管网、线缆的防潮、防水、防冻、防腐、屏蔽、接地等项的检测

18. 住宅智能化检测对工作场所要求有固定的办公、试验场所,建筑面积不少于＿＿＿＿＿＿m^2,并能够满足检测需求。
A. 100　　　　　B. 200　　　　　C. 300　　　　　D. 400

19. 一箱普通的双绞线有_____m。
A. 200　　　　　B. 300　　　　　C. 400　　　　　D. 500

20.《居住小区智能化系统建设要点与技术导则》一星级要求,信息网络子系统每户应配置不少于_____个电视插座。
A. 1　　　　　B. 2　　　　　C. 3　　　　　D. 4

三、多项选择题(每题2分,共计20分,少选、多选、错选均不得分)

1. 电视监控系统由_____设备组成。
A. 前端摄像机　　　　　　　　B. 画面处理设备
C. 传输网络　　　　　　　　　D. 控制设备、存储设备

2. 一卡通系统集_____技术为一体,其特点是分散的设备组成和统一的接口标准,并以此形成了开放式结构体系。
A. 机械、电子　　　　　　　　B. 计算机、网络及通信
C. 停车场　　　　　　　　　　D. 自动控制、智能卡

3. 智能住宅的家庭控制器,由一系列功能模块组成,大致可分成如下几个部分,正确的有_____。
A. 家庭可视对讲分机　　　　　B. 家庭通信网络单元
C. 家庭控制器主机　　　　　　D. 家庭安全防范单元

4. _____属于物业管理子系统。
A. 财务管理子系统　　　　　　B. 收费管理子系统
C. 查询子系统　　　　　　　　D. 维修养护管理子系统

5. 以公共电话网作传输媒介的自动抄表系统由下列部分组成,其中正确的有_____。
A. 脉冲电能表或多功能电能表　B. 数据处理单元
C. 公共电话网　　　　　　　　D. 中心通信控制器、PC机或工作站

6. 现场总线(FieldBus)是一种互连现场自动化设备及其控制系统的双向数字通信协议,现场总线是控制系统中最底层的通信网络。下列属于现场总线技术的有_____。
A. RS485总线　　　B. CAN总线　　　C. RS232总线　　　D. LonWorks总线

7. _____属于火灾自动报警及消防联动系统的检测内容。
A. 报警装置　　　　　　　　　B. 灭火装置
C. 疏散装置　　　　　　　　　D. 可燃气体报警

8. 下列关于综合布线系统检测主要仪器设备中正确的有_____。
A. 数字电缆测试仪　　　　　　B. 智能网络分析仪
C. 光纤测试套件　　　　　　　D. 秒表

9. 通信网络系统检测中有复验要求的项或参数包括_____。
A. 局内障碍率　　　　　　　　B. 局间接通率
C. 数据误码率　　　　　　　　D. 传输信道速率

10. 下列有关住宅智能化系统说法正确的有_____。
A. 可视对讲系统按是否传输报警信号分安防型和安保型(或保全型)两种,对讲信号和报警信号走同一条线路称为安防型
B. 结构化综合布线系统的设计标准有商业建筑配线标准和常规通信标准等,可以支持多种厂家
C. 家庭防盗器主要可以提供三种预警方式.即:在家状态、外出状态、经常状态

D. 住宅小区宽带接入网的类型可采用以下所列类型之一或其组合：FTTX、HFC. XDSL 或其他类型的数据网络

四、判断题（每题 1 分，共计 10 分，对的打√，错的打×）

1. 智能化住宅的发展分为三个层次，首先是家庭电子化，其次是住宅自动化，最后是住宅现代化。（　）
2. 电视监控系统是通过摄像机摄取监控现场的画面（还可以包括声音），并通过传输网络和画面处理设备显示和存储，提供实时监视和事后分析两种主要功能的系统。（　）
3. 出入口控制系统主要由出入口部分、控制部分、系统管理三部分组成。（　）
4. 电子巡更系统可有效管理巡更员巡视活动，加强保安防范措施，是安全防范系统以技防为主的管理系统。（　）
5. 一卡通系统是以 IC 卡为身份识别和统一的数据库管理系统为核心的，实现集中式控制执行和分散式管理的综合管理系统。（　）
6. 入侵探测和防盗报警是家庭安防的重点，其工作模式是用探测传感器监视门窗和室内，如果传感器被触发而启动则产生报警信号。因此，如果非法破坏传感器则报警信号将无法传输至管理中心或电话远传。（　）
7. 以公共电话网作传输媒介的自动抄表系统较用无线信道或电力线载波进行通信方式干扰小，因而更为可靠。不但节省初期投资，而且安装使用简便。（　）
8. 底层控制网络总线中，在任何时刻，RS485 总线只允许一个发送器发送数据，其他发送器必须处于关闭（高阻）状态。（　）
9. 小区局域网系统采用树型拓扑结构，分为系统中心（小区管理控制中心）、楼栋中心和单元用户三级。（　）
10. 家庭紧急求助报警装置只能单独设置，不能纳入访客对讲子系统。（　）

五、简答题（每题 5 分，共计 30 分）

1. 现代化物业管理要求对公用设备进行智能化集中管理，请问给排水系统的智能管理可供选择的功能有哪些？
2. LonWorks 总线是由美国 Echelon 公司推出并与 Motorola 和东芝公司共同倡导，于 1990 年正式公布而形成的现场总线标准。它采用了 ISO/OSI 模型的全部七层通信协议，采用了面向对象的设计方法。在智能小区中，采用 LonWorks 技术可以实现哪些系统或设备的数据采集和自动控制？
3. 《智能建筑设计标准》GB 50314—2006 中对家庭智能化的基本配置要求有哪些？
4. 家庭报警探测器检测内容包括哪些末端探测器？
5. 简述住宅智能化系统的检测前提。
6. 住宅智能化的竣工验收应在系统正常连续投运时间不少于 3 个月后进行，竣工验收文件和记录应包括哪些内容？

六、实践题（每题 10 分，共计 20 分）

1. 住宅智能化系统检测中，周界安全防范系统应重点检测哪些内容？
2. 家庭控制器是将家庭中语音、数据、图像的传输及控制点集中管理，便于使用、维护、维修。家庭控制器包括报警系统、安全防范、紧急求助、照明控制、家电控制、表具数据采集及处理、小区信息服务等功能，下图是家庭控制器的组成系统图，请将下表设备的代码正确填入系统图内。

代码	①	②	③	④	⑤	⑥	⑦	⑧
设备	空调	电灯	警笛	计算机	可视对讲	烟感探测器	紧急按钮	脉冲式电表

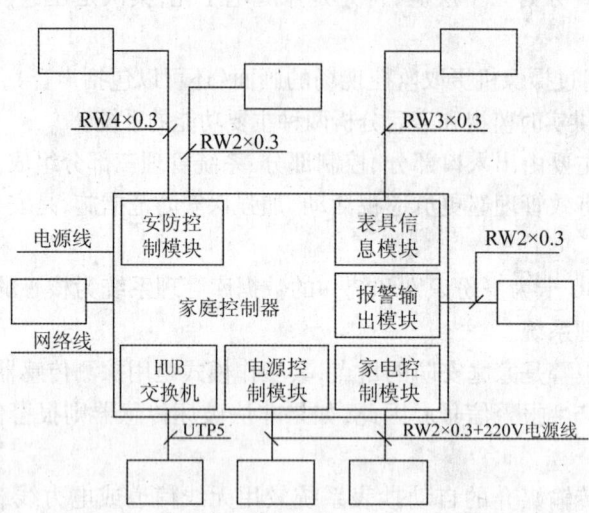

住宅智能化系统检测模拟试卷(B)

一、填空题(每空1分,共计20分)

1. 住宅小区可视对讲系统由管理中心主机、_____、_____及信号转换器、UPS 电源、电控锁和闭门器等设备构成。

2. 电视监控系统按照传输模式不同分为模拟信号传输和_____传输;按照传输距离不同分为短距离和远距离传输;按照应用场合不同分为民用电视监控和_____系统。

3. 智能化住宅是指通过_____将家庭住宅内的各种与信息相关的通信设备、执行终端、_____和家庭保安及防灾害装置都并入网络中,进行集中式的监视控制操作并提供高效率的管理家庭事务。

4. 家庭智能化系统应包括安装在住宅内的智能传感和执行设备、_____及家庭智能控制器这三个基本部分。家庭智能控制器既是家庭智能化系统的中心,也是_____上的智能节点。

5. 现代化物业管理要求对公用设备进行智能化集中管理,主要包括对小区的采暖热交换系统、生活热水热交换系统、水箱液位、照明回路、_____系统等信号进行采集和控制,实现设备管理系统自动化,起到集中管理、_____、节能降耗的作用。

6. 综合布线系统由室外连接电缆或光缆子系统、垂直干线子系统、水平干线子系统、工作站区子系统、设备室子系统、_____子系统等六个独立的子系统组成。目前它提供的传输介质主要有_____和非屏蔽对绞线两种。

7. 停车场管理系统与门禁系统一样,也有_____总线通信方式和采用 TCP/IP 方式的驱动,采用 TCP/IP 方式功能强大、系统稳定性和_____好,正成为发展的主流。

8. 自动抄表系统的实现主要有几种模式,即_____式抄表系统、_____式抄表系统和利用电话线路载波方式等。

9. 根据《江苏省建设工程质量检测行业职业道德准则》要求,检测机构要做到制度公开、公开

_____、公开检测工作流程、公开窗口人员身份、公开_____、公开_____、公开_____等,主动接受社会监督。

二、单项选择题(每题1分,共计20分)

1. 家居布线的传输方式有有线和无线信号传输方式两种,_____不属于无线信号传输方式。
   A. 射频　　　　　　B. 光纤　　　　　　C. 电力线载波　　　　D. 红外遥控

2. 根据《居住小区智能化系统建设要点与技术导则》,下面选项中_____不属于安全防范子系统的范畴。
   A. 可视对讲系统　　　　　　　　　　B. 闭路电视监控系统
   C. 紧急广播与背景音乐系统　　　　　D. 电子巡更系统

3. 中华人民共和国国家标准《安全防范工程技术规范》的编号为_____。
   A. GB/T50314　　B. GB50198　　　C. GB50339　　　D. GB50348

4. _____不属于家庭安防报警系统的末端探测器。
   A. 烟感、煤气报警器　　　　　　　B. 防侵红外探头
   C. 监控摄像头　　　　　　　　　　D. 紧急报警按钮

5. 卫星广播电视接收系统由室外部件和室内部件两部分组成,_____不属于室内部件。
   A. 下变频器　　　B. 功分器　　　　C. 调谐解调器　　　D. 接收机

6. _____不属于小区公用设备的控制与管理子系统。
   A. 楼宇对讲的设备状态　　　　　　B. 给排水系统智能化管理
   C. 风机的启停状态　　　　　　　　D. 电梯运行状态及故障报警

7. 住宅智能化系统检测中,火灾自动报警及消防联动系统的检测应主要按照国标_____执行。
   A. GB16796　　　B. GB10408　　　C. GB50339　　　D. GB50166

8. _____不属于安全防范系统的检测内容。
   A. 视频监控系统　　　　　　　　　B. 有线电视系统
   C. 入侵报警系统　　　　　　　　　D. 巡更系统

9. 自动抄表系统的检测,如耗能表为普通型表具,则86型接线盒应预埋在耗能表附近_____范围内。
   A. 100~300mm　　B. 300~500mm　　C. 500~700mm　　D. 700~900mm

10. 下列不属于安全防范系统检测仪器设备的是_____。
    A. 示波器　　　　B. 视频场强仪　　C. 音频分析仪　　　D. 信号发生器

11. 根据《居住小区智能化系统建设要点与技术导则》,宽带一网通多网融合技术提倡在_____划分上应用。
    A. 一星级　　　　B. 二星级　　　　C. 三星级　　　　　D. 二、三星级

12. 住宅小区单元门禁读卡器可内置在_____设备内。
    A. 巡更模块　　　B. 对讲门口机　　C. 报警模块　　　　D. 交换机

13. 关于出入口控制系统中,_____方式最安全可靠且价格适中。
    A. 锁　　　　　　　　　　　　　　B. 锁+识别卡
    C. 锁+识别卡+密码　　　　　　　　D. 锁+特征识别

14. 小区的综合网络系统可以传输语音、数据、图像等信息,并采用窄带和宽带的网络来支持信息传输。住宅小区综合网络系统由下列子网组成,提倡采用多网融合技术。其中不正确的是_____。

A. 宽带接入网　　　　B. 有线电视网　　　　C. 无线网　　　　D. 电话网

15. 下面不属于 VOD 视频点播系统组成部分的是_____。
　　A. 家用摄像机　　　　　　　　　　B. 视频服务器
　　C. 制作管理系统　　　　　　　　　D. 通信网络、客户端设备

16. 下列有关家庭控制器检测项目中，不正确的是_____。
　　A. 家庭报警　　　　　　　　　　　B. 家用表具数据采集
　　C. 家庭可视对讲分机　　　　　　　D. 家用电器监控

17. 下列有关室外管网、线路敷设检测的叙述中，错误的是_____。
　　A. 室外管网采用架空、管道、直埋等形式敷设，管网系统的路由设计应不妨碍人们日常生活，且易于维护
　　B. 有屏蔽要求的保护管应选用金属管，选用金属管的保护管接口处可不做防水处理
　　C. 相同电压等级、相同电流等级的信息电缆（如电话线缆、视频电缆、宽带接入网线缆等）宜采用同路由或同管、孔、槽敷设，但不得与电力电缆共管孔敷设
　　D. 对管网、线缆的防潮、防水、防冻、防腐、屏蔽、接地等项的检测

18. 住宅智能化检测对工作场所要求有固定的办公、试验场所，建筑面积不少于_____ m^2，并能够满足检测需求。
　　A. 100　　　　　B. 200　　　　　C. 300　　　　　D. 400

19. 一箱普通的双绞线有_____ m。
　　A. 200　　　　　B. 300　　　　　C. 400　　　　　D. 500

20.《居住小区智能化系统建设要点与技术导则》一星级要求信息网络子系统每户应配置不少于_____个电视插座。
　　A. 1　　　　　　B. 2　　　　　　C. 3　　　　　　D. 4

三、多项选择题（每题 2 分，共计 20 分，少选、多选、错选均不得分）

1. 一卡通系统集_____技术为一体，其特点是分散的设备组成和统一的接口标准，并以此形成了开放式结构体系。
　　A. 机械、电子　　　　　　　　　　B. 计算机、网络及通信
　　C. 停车场　　　　　　　　　　　　D. 自动控制、智能卡

2. 电视监控系统由_____设备组成。
　　A. 前端摄像机　　　　　　　　　　B. 画面处理设备
　　C. 传输网络　　　　　　　　　　　D. 控制设备、存储设备

3. 智能住宅的家庭控制器，由一系列功能模块组成，大致可分成如下几个部分，正确的有_____。
　　A. 家庭可视对讲分机　　　　　　　B. 家庭通信网络单元
　　C. 家庭控制器主机　　　　　　　　D. 家庭安全防范单元

4. 以公共电话网作传输媒介的自动抄表系统由下列部分组成，其中正确的有：_____。
　　A. 脉冲电能表或多功能电能表　　　B. 数据处理单元
　　C. 公共电话网　　　　　　　　　　D. 中心通信控制器、PC 机或工作站

5. _____属于物业管理子系统。
　　A. 财务管理子系统　　　　　　　　B. 收费管理子系统
　　C. 查询子系统　　　　　　　　　　D. 维修养护管理子系统

6. 现场总线（FieldBus）是一种互连现场自动化设备及其控制系统的双向数字通信协议，现场总

线是控制系统中最底层的通信网络。下列属于现场总线技术的有_____。

A. RS485 总线　　　　　　　　　B. CAN 总线

C. RS232 总线　　　　　　　　　D. LonWorks 总线

7.下列关于综合布线系统检测主要仪器设备中正确的有_____。

A. 数字电缆测试仪　　　　　　　B. 智能网络分析仪

C. 光纤测试套件　　　　　　　　D. 秒表

8._____属于火灾自动报警及消防联动系统的检测内容。

A. 报警装置　　B. 灭火装置　　C. 疏散装置　　　D. 可燃气体报警

9.通信网络系统检测中有复验要求的项或参数包括_____。

A. 局内障碍率　　　　　　　　　B. 局间接通率

C. 数据误码率　　　　　　　　　D. 传输信道速率

10.下列有关住宅智能化系统说法正确的有_____。

A. 可视对讲系统按是否传输报警信号分安防型和安保型(或保全型)两种,对讲信号和报警信号走同一条线路称为安防型

B. 结构化综合布线系统的设计标准有商业建筑配线标准和常规通信标准等,可以支持多种厂家

C. 家庭防盗器主要可以提供三种预警方式.即:在家状态、外出状态、经常状态

D. 住宅小区宽带接入网的类型可采用以下所列类型之一或其组合:FTTX、HFC.XDSL 或其他类型的数据网络

四、判断题(每题 1 分,共计 10 分,对的打√,错的打 ×)

1.出入口控制系统主要由出入口部分、控制部分、系统管理三部分组成。　　　　　(　)

2.电视监控系统是通过摄像机摄取监控现场的画面(还可以包括声音),并通过传输网络和画面处理设备显示和存储,提供实时监视和事后分析两种主要功能的系统。　　　　(　)

3.智能化住宅的发展分为三个层次,首先是家庭电子化,其次是住宅自动化,最后是住宅现代化。　　　　　　　　　　　　　　　　　　　　　　　　　　　　　　　　　　(　)

4.电子巡更系统可有效管理巡更员巡视活动,加强保安防范措施,是安全防范系统以技防为主的管理系统。　　　　　　　　　　　　　　　　　　　　　　　　　　　　　(　)

5.以公共电话网作传输媒介的自动抄表系统较用无线信道或电力线载波进行通信方式干扰小,因而更为可靠。不但节省初期投资,而且安装使用简便。　　　　　　　　　(　)

6.入侵探测和防盗报警是家庭安防的重点,其工作模式是用探测传感器监视门窗和室内,如果传感器被触发而启动则产生报警信号。因此,如果非法破坏传感器则报警信号将无法传输至管理中心或电话远传。　　　　　　　　　　　　　　　　　　　　　　　　　　(　)

7.一卡通系统是以 IC 卡为身份识别和统一的数据库管理系统为核心的,实现集中式控制执行和分散式管理的综合管理系统。　　　　　　　　　　　　　　　　　　　　(　)

8.小区局域网系统采用树型拓扑结构.分为系统中心(小区管理控制中心)、楼栋中心和单元用户三级。　　　　　　　　　　　　　　　　　　　　　　　　　　　　　　　(　)

9.底层控制网络总线中,在任何时刻,RS485 总线只允许一个发送器发送数据,其他发送器必须处于关闭(高阻)状态。　　　　　　　　　　　　　　　　　　　　　　　(　)

10.家庭紧急求助报警装置只能单独设置,不能纳入访客对讲子系统。　　　　　(　)

五、简答题(每题 5 分,共计 30 分)

1.现代化物业管理要求对公用设备进行智能化集中管理,请问给排水系统的智能管理可供选

择的功能有哪些？

2. LonWorks 总线是由美国 Echelon 公司推出并与 Motorola 和东芝公司共同倡导,于 1990 年正式公布而形成的现场总线标准。它采用了 ISO/OSI 模型的全部七层通信协议,采用了面向对象的设计方法。在智能小区中,采用 LonWorks 技术可以实现哪些系统或设备的数据采集和自动控制？

3.《智能建筑设计标准》GB 50314—2006 中对家庭智能化的基本配置要求有哪些？

4. 家庭报警探测器检测内容包括哪些末端探测器？

5. 简述住宅智能化系统的检测前提。

6. 住宅智能化的竣工验收应在系统正常连续投运时间不少于 3 个月后进行,竣工验收文件和记录应包括哪些内容？

六、实践题(每题 10 分,共计 20 分)

1. 住宅智能化系统检测中,周界安全防范系统应重点检测哪些内容？

2. 家庭控制器是将家庭中语音、数据、图像的传输及控制点集中管理,便于使用、维护、维修。家庭控制器包括报警系统、安全防范、紧急求助、照明控制、家电控制、表具数据采集及处理、小区信息服务等功能,下图是家庭控制器的组成系统图,请将下表设备的代码正确填入系统图内。

代码	①	②	③	④	⑤	⑥	⑦	⑧
设备	空调	电灯	警笛	计算机	可视对讲	烟感探测器	紧急按钮	脉冲式电表

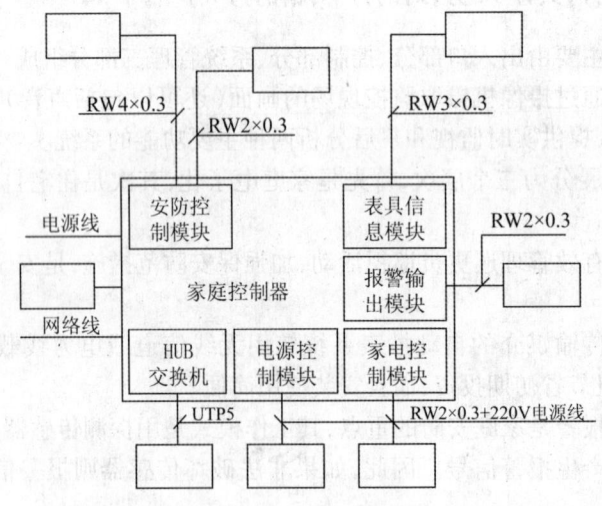